新型五金器材手册

顾纪清　主编

上海科学技术出版社

图书在版编目(CIP)数据

新型五金器材手册 / 顾纪清主编. —上海：上海科学技术出版社，2013.9

ISBN 978-7-5478-1545-8

Ⅰ.①新… Ⅱ.①顾… Ⅲ.①五金制品-手册 Ⅳ.①TS914-62

中国版本图书馆 CIP 数据核字(2012)第 265108 号

上海世纪出版股份有限公司
上海科学技术出版社 出版、发行
(上海钦州南路 71 号 邮政编码 200235)
新华书店上海发行所经销
上海书刊印刷有限公司印刷
开本 889×1194 1/32 印张:45.5 插页:4
字数：2140 千字
2013 年 9 月第 1 版 2013 年 9 月第 1 次印刷
ISBN 978-7-5478-1545-8/TS·106
定价：98.00 元

内 容 提 要

本手册共7篇、42章，涵盖新型金属材料、通用机械配件、工具五金、新能源及节能减排五金器材、建筑工程新型五金器材、新型农业五金器材、民生工程五金器材等多个方面。经过广泛的市场调研，精心选择如下新型五金器材：

(1) 国内研发的新型五金器材(已批量生产)。

(2) 国外或中外合资著名企业研发并投放市场的新型五金器材，如日本日立电动工具，日本KTC，美国巨霸，德国FEIN泛音、百得，瑞士FSF等。

(3) 国内外工具五金十五强企业工具精品。

(4) 近几年国际五金展览会五金展品样本中挑选精品。

(5) 拾遗补缺，将在保障产品质量和提高经济效益中发挥实效的更多五金工具、检测仪器和器材信息纳入手册，填补空白，使新型五金器材得到普及应用并发挥作用。

本书可供与五金商品有关的销售、采购、生产、设计、咨询及科研等方面的人员和一般用户使用。

前　言

改革开放后，五金商品飞跃发展，新品不断涌现，深受市场青睐。2000 年，编者传经送宝千里行，宣传新品信息，指点迷津，提供新材料信息和标准，使同行得益不浅，有效降低了工程造价。同时笔者深感业内人士渴望了解五金新品、应用新品，期待有一本多功能、最有应用价值的《新型五金器材手册》作为良师益友，常伴身旁。

进入 21 世纪后，我国注重"工作高效率，经济高效益，产品高质量"。五金商品从低端向高端发展，品种向节能型、环保型、智能化、人性化发展，只有提高科技含量，延长使用年限，五金器材方能适应时代发展。《新型五金器材手册》希望能担负此新使命，发挥新作用。

本手册选材紧跟国家重点产业政策，为振兴工业，发展农业、建筑和新兴产业服务。全书有较完善的功能和较好的使用价值，内容涵盖了新型金属材料、通用机械配件、新型工具五金、新能源及节能减排器材、建筑装饰五金、农林五金、民生工程五金及相关的新型器材，取材上注重"新型、通用、先进、实用"，有如下特点。

新：注重新型号、新款式、新品种、新材料、新技术、新国标和新内涵。进入 21 世纪后，我国加快标准修订，与国际 ISO 标准接轨，本手册注重引入新品种、新材料、新技术，摘录 70 余份最新国家标准。

全：资料搜集门类较全。选编有新能源器材如光伏电池、锂电池、LED 新光源、节能产品，新型节水装置，以及新型建筑装饰器材、厨卫设备、新型管道、水暖器材。本手册拾遗补缺，可找到专业手册中找不到的数据。

多：科技信息和商品信息多，并有从应用实践中积累的金点子，助读者一臂之力。

高：起点高、视野广，紧跟产品向高档发展的趋势，高档五金器材市场容量大，需求旺盛。

精：选材求精求实。许多五金器材产地加大科技投入，从内涵创新，合理选新材，注重人机工效学等多方面改进，提高耐用度和工作效率，减轻劳动强度，提高安全性，因此本书内容注重选编知名品牌企业的产品。

手册中列举了机械化大批量生产的五金器材新品，适用的标准件、通用件是首选品种，应用得当，可降本增利，显见效益。

本手册附录一“五金企业及其产品信息”，是读者联系产地的纽带；附录二“五金产品应用科技常识”、附录三“新型五金器材选用与采购指南”，内藏金点子，为读者指点迷津，帮助读者用好五金器材。

本手册内容新颖，取材实用，图文并茂，查找方便，十分适宜设计师、工艺师和施工者应用；更可供采购、仓储和物流等人员阅读以及外贸、科研和节能减排工作者使用。

笔者在编写过程中得到上海市科委支持，中国五金制品协会常务理事杨栋江总工、上海市工具工业研究所胡祖训主任等专家指导，从五金新兴大市场、众多科研机构、厂商以及历届中国国际五金展览会获得新品样本和技术资料，在此致以诚挚的感谢。本手册内容丰富，难免有疏漏和不足之处，恳切希望广大读者批评指正。

编　者

导　读

《新型五金器材手册》是最有实用价值的综合性新型工具书，其对读者的帮助作用有两点：

(1) 吸纳新知识：把新型五金器材商品介绍给读者。近些年五金器材新品不断提高科技含量，向高端发展，使用价值高，今非昔比。例如工具五金注重人性化设计，改进结构，增强性能，握控手感好，工效高；切削刀具花样多，如新型钻具挖空圆周，舍弃圆芯，工效增数倍；新型防爆工具，保障安全不可少；新型机械配件、紧固件、管件、建筑装饰器材、新能源及节能减排商品品种繁多，全书均一一分门别类收入，让读者一读为快。

(2) 学以致用：应用是硬道理，新品的最终落脚点是应用。在应用中，“实践出真知”例子颇多，把真知总结，提高到理性认识，再用于指导应用，效果明显(见附录三中“指点迷津，应用金点子选择器材”)。若选用失误，影响全局(附录三中有实例)。本手册用金点子选用五金器材，收效明显，值得一读。附录一“五金企业及其产品信息”中 249 家五金器材厂商是读者通向五金大市场的纽带，更是信息的源泉。

“五金器材”在国民经济建设中应用广泛、发展很快，被称为大工程的“配角”、机械设备的“百搭”。国外曾有报导：某航天器因为油管的“管接头”故障造成漏油，使航天器在升空时“夭折”，可见“配角”的重大作用。要认真造好“百搭”，当好“配角”，应用好新型五金器材，发挥它最大的使用价值。

编者在从事产品设计、制作工艺及项目施工中应用五金器材五十余年，体会颇深，现把如何应用五金器材的体会写出来介绍给读者。新型五金器材好、应用有窍门，找到金点子，有望降本增利见成效。

目　录

第二篇　通用机械配件

第六篇　新型农业五金器材

第七篇　民生工程五金器材

第一篇　新型金属材料

第一章　黑色金属材料

1. 新型钢材

(1) 概　　述

我国改革开放以来，国民经济建设和钢结构工程迅速发展，开发了一大批新型钢材，如热轧、焊接H型钢，冷轧Z型钢、高性能建材、管材等。因其型号新、钢种新（钢材种类简称钢种）、钢号新（钢材牌号简称钢号），因此统称为新型钢材。特点如下所述。

① 创新科技含量，提高钢材性能，满足工程质量。规定质量等级（分A、B、C、D、E级），确保低温冲击吸收功、防止冷脆断裂；开发厚度方向（Z向）性能钢，防止层状撕裂；满足建筑要求，开发高耐候结构钢、耐火钢以及轻工业用新钢种。

② 标准新。我国近来加速标准的修订。例如1988版的国标已修订为2006、2008版，有的参考、引用了国际标准ISO、EN；与国际接轨，标准内容作了较大更新，有的引进新钢号。常用钢材所属标准修订概述见下表。

序号	钢材名称及标准	标准修订概述	钢材特点和用途
1	碳素结构钢 GB/T 700—2006 （详见本章4）	曾用标准：GB/T 700—1988 GB/T 700—1979 新标准中、取消牌号Q255、Q235与美国A36，日本SS41、SM41，德国ST37牌号等同	现行标准中保留四个牌号：Q195、Q215、Q235、Q275 Q235钢和16Mn(Q345)均为普通结构钢、用量很大，几乎占全部钢结构用钢的85%左右
2	锅炉和压力容器用钢板 GB 713—2008 （详见本章8）	由两个标准合并而成，GB 713—1997《锅炉用钢板》 GB 6654—1996《压力容器用钢板》 新标准特点： 取消了15MnVR、15MnVNR； 20R和20g合并为Q245R； 16MnR和16Mng合并为Q345R； 13MnNiMoNbR和13MnNiCrMoNbg合并为13MnNiMoR	新标准中纳入： ① 14Cr1MoR，12Cr2Mo1R牌号 ② 降低各牌号的S、P含量 ③ 提高各牌号的V型冲击吸收功指标 ④ 使用量大，范围广
3	热轧型钢 GB/T 706—2008 （详见本章9）	由五个标准合并而成 GB/T 706—1988 热轧工字钢 GB/T 707—1988 热轧槽钢 GB/T 9787—1988 热轧等边角钢 GB/T 9788—1988 热轧不等边角钢 GB/T 9946—1988 热轧L型钢 参考了ISO国际标准	新标准新增了20多个型号规格 增加了尺寸、外形、重量及允许偏差 使用量大，范围广

(续)

序号	钢材名称及标准	标准修订概述	钢材特点和用途
4	钢筋混凝土用钢　热轧光圆钢筋 GB 1499.1—2008 (详见本章 10)	代替 GB 13013—1991《钢筋混凝土用热轧光圆钢筋》和 GB/T 701—1997《低碳钢热轧圆盘条》相应部分 新标准中,增加 300 强度级别;增加产品规格	热轧钢筋广泛用于建筑,是土建的主心骨,十分重要
5	钢筋混凝土用钢　热轧带肋钢筋 GB 1499.2—2007 (详见本章 11)	GB 1499—1998 修订,对应国际标准 ISO 6935:1991《钢筋混凝土用钢　第 2 部分:带肋钢筋》,与 ISO 6935-2:1991 的一致性程度为非等效 参考了国际标准的修订稿"ISO/DIS 6935-2(2005)"	新标准中增加了细晶粒热轧钢筋 HRBF335、HRBF400、HRBF500 新钢种
6	冷轧钢板和钢带的尺寸、外形、重量及允许偏差 GB/T 708—2006 (详见本章 12)	GB/T 708—1988 修订与 ISO 16162—2000《连续冷轧钢薄板产品尺寸和形状公差》的一致性程度为非等效,取消了原标准中对钢板尺寸的规定	表面质量好,尺寸精度高,力学性能、工艺性能优于热轧钢板,已大量代替碳素结构钢热轧钢板
7	热轧钢板和钢带的尺寸、外形、重量及允许偏差 GB/T 709—2006 (详见本章 13)	代替 GB 709—1988 与 ISO 7452:2002 《热轧结构钢板尺寸和形状偏差》(英文版)、ISO 16160:2000《热轧钢板及钢带——尺寸和外形偏差》(英文版)的一致程度为非等效。 修订时取消了钢板钢带公称尺寸表、规定尺寸范围和推荐的公称尺寸	钢板厚度增加到 400 mm,宽度加大到 5 000 mm,钢带宽度加大到 2 200 mm,纵切钢带的宽度正负偏差改为正偏差 调整长度允许偏差 按厚度偏差种类分为: N类偏差 A类偏差 B类偏差 C类偏差
8	碳素结构钢冷轧薄钢板及钢带 GB/T 11253—2007	代替 GB/T 11253—1989《碳素结构钢和低合金结构钢冷轧薄钢板及钢带》(新标准中删除了低合金结构钢内容)	牌号四种: Q195、Q215、Q235、Q275 表面质量好、尺寸精度高、光滑美观、应用广泛

2. 我国结构钢编号方法和新旧牌号对照

(1) 我国结构钢编号方法

我国现行国家标准《碳素结构钢》、《低合金结构钢》把屈服点的"屈"字的汉语拼音字母"Q"作为结构钢编号的第一个字母。Q235 即表示其屈服点 $\sigma_s = 235\ N/mm^2$,其化学成分与过去的 A3 钢基本一致;Q345 即 $\sigma_s = 345\ N/mm^2$,与原来 16Mn 低合金钢可以相对应;这种编号方法比较合理。

国外目前钢材的编号方法，其单位虽然改成 N/mm² 或 MPa，但一般均以钢材抗拉强度 σ_b 为出发点。例如日本的 SS400 钢，其抗拉强度下限 $\sigma_b = 400\,N/mm^2$；美国的 SA645 钢，其 $\sigma_b = 645 \sim 795\ N/mm^2$，德国的 RSt37—2 钢，其 $\sigma_b = 340 \sim 470\ N/mm^2$。

国际上钢材强度单位，趋向于采用 N/mm²（即 MPa）。我国已采用 N/mm²，国外有些国家也已采用。例如日本的旧牌号钢 SS41，其抗拉强度单位为 41 kgf/mm²，对应新牌号为 SS400，其抗拉强度单位采用了 N/mm²。因此在参照国外钢号时，必须分清是屈服强度还是抗拉强度。

（2）我国结构钢新旧牌号对照

① 我国碳素结构钢新旧牌号对照表。

新标准 GB/T 700—2006			旧标准 GB 700—1988	
新牌号	说　明		旧牌号	说　明
Q195	不分等级，化学成分和力学性能（抗拉强度、伸长率和冷弯性能）均需保证。但在轧制薄板或盘条之类产品时，力学性能保证项目可根据产品特点和使用要求，在有关标准中另行规定		1 号钢 （A1、B1）	Q195 的化学成分与本标准 1 号钢的乙类钢 B1 同，力学性能（抗拉强度、伸长率和冷弯性能）与甲类钢 A1 同（A1 的冷弯试验是附加保证条件）。1 号钢没有特类钢
Q215	A 级 B 级	做常温冲击试验（V 型缺口）	A2 C2	A2 钢保证力学性能 C2 钢保证化学成分和力学性能与 Q215 基本同
Q235	A 级 B 级 C 级 D 级	不做冲击试验 做常温冲击试验（V 型缺口） 做0 ℃冲击试验（V 型缺口） 做−20 ℃冲击试验（V 型缺口） C 级作为重要焊接结构用	A3 C3 — —	附加保证常温冲击试验，U 型缺口 附加保证常温或−20 ℃冲击试验，U 型缺口
Q275		不分等级，化学成分和力学性能均需保证	C5	保证化学成分及力学性能，与 Q275 钢基本相同

② 我国低合金结构钢新旧牌号对照表。

新标准　GB/T 1591—2008		旧标准　GB 1591—1994	
新牌号	Q345、Q390	旧牌号	09MnV，09MnNb，12Mn
	Q420、Q460		12MnV，16Mn，16MnRE
	Q500、Q550		15MnV，15MnTi，16MnNb
	Q620、Q690		15MnVN，14MnVTiRE

③ 我国桥梁结构钢新旧牌号对照表。

新标准　GB/T 714—2008		旧标准　GB 714—1965	
新牌号	Q235q　Q460q	旧牌号	16q
	Q345q		16Mnq
	Q370q		16MnCuq
	Q420q		15MnVq

注：新标准中推荐使用的牌号有：Q500q、Q550q、Q620q、Q690q。

(3) 钢材代号和符号

新标准钢的牌号由代表屈服点 Q 的数值、质量等级符号、脱氧方法符号等四个部分按顺序组成。例如 Q235 A－F，符号 Q 及后面的三位数字表示钢材的屈服强度 σ_s；A、B、C、D 分别为质量等级，表示冲击吸收功的数值(J)，这关系到钢材低温冲击韧性，规定了何种质量等级的钢适合于某种环境温度条件下使用，这是防止钢结构件在严寒地区产生冷脆断裂的重要措施。

脱氧方法符号：

F——沸腾钢，“沸”字的汉语拼音首位字母；

b——半镇静钢；

Z——镇静钢；

TZ——特殊镇静钢，在牌号表示方法中，“Z”与“TZ”一般予以省略。

(4) 选择钢材指南

① 材料是工程的基础，选择材料就显得尤为重要。在选择材料时首先要了解牌号、质量等级、脱氧方法等符号、代号的确切含义。否则符号搞错，采购失误，就有可能导致钢材性能不达标。比如要购买镇静钢，结果误订了沸腾钢，“F”与“Z”一字之差，就会导致工件报废。

② 新标准比旧标准多了“质量等级”。查阅新标准时，在核准牌号的同时，还要注意后面的“A、B、C、D”质量等级符号。因为即使牌号相同，但质量等级不同，钢材的性能也有很大差别。

③ 订购时务必详细了解钢材的技术标准、冶炼方法、交货状态、试验方法、检验规则、包装、标志及质量证明书等细节，因为这些都与钢材的性能息息相关。例如：控制钢材中的含碳量是保证可焊性的必要条件，但有些钢材，出厂时即注明，不保证其含碳量。如 JIS G3101—1995 中的“SS”系列钢材不保证化学成分中的含碳量，这是属于普通结构用轧制钢材(一般用于螺栓结构)，而“SM”系列属焊接结构用钢，可以保证含碳量。这些问题在订供货协议时，双方需事先协商一致。

3. 优质碳素结构钢(GB/T 699—1999)

(1) 优质碳素结构钢的化学成分

序号	牌号	化学成分(%)							
		C	Si	Mn	P	S	Ni	Cr	Cu
					≤				
1	08F	0.05～0.11	≤0.03	0.25～0.50	0.035	0.035	0.25	0.10	0.25
2	10F	0.07～0.14	≤0.07	0.25～0.50	0.035	0.035	0.25	0.15	0.25

（续）

序号	牌号	化学成分(%)							
		C	Si	Mn	P	S	Ni	Cr	Cu
					≤				
3	15F	0.12～0.19	≤0.07	0.25～0.50	0.035	0.035	0.25	0.25	0.25
4	08	0.05～0.12	0.17～0.37	0.35～0.65	0.035	0.035	0.25	0.10	0.25
5	10	0.07～0.14	0.17～0.37	0.35～0.65	0.035	0.035	0.25	0.15	0.25
6	15	0.12～0.19	0.17～0.37	0.35～0.65	0.035	0.035	0.25	0.25	0.25
7	20	0.17～0.24	0.17～0.37	0.35～0.65	0.035	0.035	0.25	0.25	0.25
8	25	0.22～0.30	0.17～0.37	0.50～0.80	0.035	0.035	0.25	0.25	0.25
9	30	0.27～0.35	0.17～0.37	0.50～0.80	0.035	0.035	0.25	0.25	0.25
10	35	0.32～0.40	0.17～0.37	0.50～0.80	0.035	0.035	0.25	0.25	0.25
11	40	0.37～0.45	0.17～0.37	0.50～0.80	0.035	0.035	0.25	0.25	0.25
12	45	0.42～0.50	0.17～0.37	0.50～0.80	0.035	0.035	0.25	0.25	0.25
13	50	0.47～0.55	0.17～0.37	0.50～0.80	0.035	0.035	0.25	0.25	0.25
14	55	0.52～0.60	0.17～0.37	0.50～0.80	0.035	0.035	0.25	0.25	0.25
15	60	0.57～0.65	0.17～0.37	0.50～0.80	0.035	0.035	0.25	0.25	0.25
16	65	0.62～0.70	0.17～0.37	0.50～0.80	0.035	0.035	0.25	0.25	0.25
17	70	0.67～0.75	0.17～0.37	0.50～0.80	0.035	0.035	0.25	0.25	0.25
18	75	0.72～0.80	0.17～0.37	0.50～0.80	0.035	0.035	0.25	0.25	0.25
19	80	0.77～0.85	0.17～0.37	0.50～0.80	0.035	0.035	0.25	0.25	0.25
20	85	0.82～0.90	0.17～0.37	0.50～0.80	0.035	0.035	0.25	0.25	0.25
21	15Mn	0.12～0.19	0.17～0.37	0.70～1.00	0.035	0.035	0.25	0.25	0.25
22	20Mn	0.17～0.24	0.17～0.37	0.70～1.00	0.035	0.035	0.25	0.25	0.25
23	25Mn	0.22～0.30	0.17～0.37	0.70～1.00	0.035	0.035	0.25	0.25	0.25
24	30Mn	0.27～0.35	0.17～0.37	0.70～1.00	0.035	0.035	0.25	0.25	0.25
25	35Mn	0.32～0.40	0.17～0.37	0.70～1.00	0.035	0.035	0.25	0.25	0.25
26	40Mn	0.37～0.45	0.17～0.37	0.70～1.00	0.035	0.035	0.25	0.25	0.25
27	45Mn	0.42～0.50	0.17～0.37	0.70～1.00	0.035	0.035	0.25	0.25	0.25
28	50Mn	0.48～0.56	0.17～0.37	0.70～1.00	0.035	0.035	0.25	0.25	0.25
29	60Mn	0.57～0.65	0.17～0.37	0.70～1.00	0.035	0.035	0.25	0.25	0.25
30	65Mn	0.62～0.70	0.17～0.37	0.90～1.20	0.035	0.035	0.25	0.25	0.25
31	70Mn	0.67～0.75	0.17～0.37	0.90～1.20	0.035	0.035	0.25	0.25	0.25

注：1. 冷冲压用沸腾钢硅(Si)含量≤0.03%。
2. 经供需双方协商，08～25钢可供应硅(Si)含量≤0.17%的半镇静钢，其牌号为08b～25b。

(2) 优质碳素结构钢的力学性能

序号	牌号	试样毛坯尺寸(mm)	推荐热处理(℃)			力学性能					硬度HB ≤	
			正火	淬火	回火	σ_b (N/mm^2)	σ_s (N/mm^2)	σ_5 (%)	ψ (%)	A_K (J)	未热处理	退火钢
						≥						
1	08F	25	930			295	175	35	60		131	
2	10F	25	930			315	185	33	55		137	
3	15F	25	920			355	205	29	55		143	
4	08	25	930			325	195	33	60		131	
5	10	25	930			335	205	31	55		137	
6	15	25	920			375	225	27	55		143	
7	20	25	910			410	245	25	55		156	
8	25	25	900	870	600	450	275	23	50	71	170	
9	30	25	880	860	600	490	295	21	50	63	179	
10	35	25	870	850	600	530	315	20	45	55	197	
11	40	25	860	840	600	570	335	19	45	47	217	187
12	45	25	800	840	600	600	355	16	40	39	220	197
13	50	25	830	830	600	630	375	14	40	31	241	207
14	55	25	820	820	600	645	380	13	35		255	217
15	60	25	810			675	400	12	35		255	229
16	65	25	810			695	410	10	30		255	229
17	70	25	790			715	420	9	30		269	229
18	75	试样		820	480	1 080	880	7	30		285	241
19	80	试样		820	480	1 080	930	6	30		285	241
20	85	试样		820	480	1 130	980	6	30		302	255
21	15Mn	25	920			410	245	26	55		163	
22	20Mn	25	910			450	275	24	50		197	
23	25Mn	25	900	870	600	490	295	22	50	71	207	
24	30Mn	25	880	860	600	540	315	20	45	63	217	187
25	35Mn	25	870	850	600	560	335	18	45	55	229	197
26	40Mn	25	860	840	600	590	355	17	45	47	229	207

（续）

序号	牌号	试样毛坯尺寸(mm)	推荐热处理(℃)			力学性能					硬度 HB ≤	
			正火	淬火	回火	σ_b (N/mm²)	σ_s (N/mm²)	σ_5 (%)	ψ (%)	A_K (J)	未热处理	退火钢
						≥						
27	45Mn	25	850	840	600	620	375	15	40	39	241	217
28	50Mn	25	830	830	600	645	390	13	40	31	255	217
29	60Mn	25	810			695	410	11	35		269	229
30	65Mn	25	810			735	430	9	30		285	229
31	70Mn	25	790			785	450	8	30		285	229

注：1. HB为钢材交货状态硬度。

2. 75、80、85 钢用留有加工余量的试样进行热处理。

3. 对于直径或厚度小于 25 mm 的钢材，在与成品截面尺寸相同的试样毛坯上进行热处理。

4. 表中所列正火推荐保温时间不少于 30 min，空冷；淬火推荐保温时间不少于 30 min，水冷；回火推荐保温时间不少于 1 h。

4. 碳素结构钢(GB 700—2006)

① 碳素结构钢的牌号和化学成分(熔炼分析)。

牌号	统一数字代号[a]	等级	厚度(或直径)(mm)	脱氧方法	化学成分(质量分数)(%)≤				
					C	Si	Mn	P	S
Q195	U11952	—	—	F、Z	0.12	0.30	0.50	0.035	0.040
Q215	U12152	A	—	F、Z	0.15	0.35	1.20	0.045	0.050
	U12155	B							0.045
Q235	U12352	A	—	F、Z	0.22	0.35	1.40	0.045	0.050
	U12355	B			0.20[b]				0.045
	U12358	C		Z	0.17			0.040	0.040
	U12359	D		TZ				0.035	0.035
Q275	U12752	A	—	F、Z	0.24	0.35	1.50	0.045	0.050
	U12755	B	≤40	Z	0.21			0.045	0.045
			>40		0.22				
	U12758	C	—	Z	0.20			0.040	0.040
	U12759	D		TZ				0.035	0.035

② 碳素结构钢材的拉伸和冲击试验。

牌号	等级	屈服强度[a] R_{eH}(N/mm²)≥						抗拉强度[b] R_m(N/mm²)	断后伸长率 A(%)≥					冲击试验（V型缺口）	
		厚度(或直径)(mm)							厚度(或直径)(mm)					温度(℃)	冲击吸收功(纵向)(J)≥
		≤16	>16～40	>40～60	>60～100	>100～150	>150～200		≤40	>40～60	>60～100	>100～150	>150～200		
Q195	—	195	185	—	—	—	—	315～430	33	—	—	—	—	—	—
Q215	A	215	205	195	185	175	165	335～450	31	30	29	27	26	—	—
	B													+20	27
Q235	A	235	225	215	215	195	185	370～500	26	25	24	22	21	—	—
	B													+20	27[c]
	C													0	
	D													−20	
Q275	A	275	265	255	245	225	215	410～540	22	21	20	18	17	—	—
	B													+20	27
	C													0	
	D													−20	

注：1. Q195 的屈服强度值仅供参考，不作交货条件。

2. 厚度大于 100 mm 的钢材，抗拉强度下限允许降低 20 N/mm²。宽带钢(包括剪切钢板)抗拉强度上限不作交货条件。

3. 厚度小于 25 mm 的 Q235B 级钢材，如供方能保证冲击吸收功值合格，经需方同意，可不作检验。

5. 低合金结构钢(GB/T 1591—2008)

(1) 低合金结构钢的化学成分

牌号	质量等级	化学成分(%)										
		C ≤	Mn	Si ≤	P ≤	S ≤	V	Nb	Ti	Al ≥	Cr ≤	Ni ≤
Q345	A	0.20	1.00～1.60	0.55	0.045	0.045	0.02～0.15	0.015～0.060	0.02～0.20	—		
	B	0.20	1.00～1.60	0.55	0.040	0.040	0.02～0.15	0.015～0.060	0.02～0.20	—		
	C	0.20	1.00～1.60	0.55	0.035	0.035	0.02～0.15	0.015～0.060	0.02～0.20	0.015		
	D	0.18	1.00～1.60	0.55	0.030	0.030	0.02～0.15	0.015～0.060	0.02～0.20	0.015		
	E	0.18	1.00～1.60	0.55	0.025	0.025	0.02～0.15	0.015～0.060	0.02～0.20	0.015		

（续）

牌号	质量等级	C ≤	Mn	Si ≤	P ≤	S ≤	V	Nb	Ti	Al ≥	Cr ≤	Ni ≤
Q390	A	0.20	1.00～1.60	0.55	0.045	0.045	0.02～0.20	0.015～0.060	0.02～0.20	—	0.30	0.70
	B	0.20	1.00～1.60	0.55	0.040	0.040	0.02～0.20	0.015～0.060	0.02～0.20	—	0.30	0.70
	C	0.20	1.00～1.60	0.55	0.035	0.035	0.02～0.20	0.015～0.060	0.02～0.20	0.015	0.30	0.70
	D	0.20	1.00～1.60	0.55	0.030	0.030	0.02～0.20	0.015～0.060	0.02～0.20	0.015	0.30	0.70
	E	0.20	1.00～1.60	0.55	0.025	0.025	0.02～0.20	0.015～0.060	0.02～0.20	0.015	0.30	0.70
Q420	A	0.20	1.00～1.70	0.55	0.045	0.045	0.02～0.20	0.015～0.060	0.02～0.20	—	0.40	0.70
	B	0.20	1.00～1.70	0.55	0.040	0.040	0.02～0.20	0.015～0.060	0.02～0.20	—	0.40	0.70
	C	0.20	1.00～1.70	0.55	0.035	0.035	0.02～0.20	0.015～0.060	0.02～0.20	0.015	0.40	0.70
	D	0.20	1.00～1.70	0.55	0.030	0.030	0.02～0.20	0.015～0.060	0.02～0.20	0.015	0.40	0.70
	E	0.20	1.00～1.70	0.55	0.025	0.025	0.02～0.20	0.015～0.060	0.02～0.20	0.015	0.40	0.70
Q460	C	0.20	1.00～1.70	0.55	0.035	0.035	0.02～0.20	0.015～0.060	0.02～0.20	0.015	0.70	0.70
	D	0.20	1.00～1.70	0.55	0.030	0.030	0.02～0.20	0.015～0.060	0.02～0.20	0.015	0.70	0.70
	E	0.20	1.00～1.70	0.55	0.025	0.025	0.02～0.20	0.015～0.060	0.02～0.20	0.015	0.70	0.70

注：1. 表中的铝(Al)为全铝含量。如化验酸溶铝时，其含量应不小于0.010%。
2. Q295的碳(C)含量到0.18%也可交货。
3. 不加钒(V)、铌(N_b)、钛(Ti)的Q295级钢，当碳(C)含量≤0.12%时，锰(Mn)含量上限可提高到1.80%。
4. Q345级钢的锰(Mn)含量上限可提高到1.70%。
5. 厚度≤6 mm的钢板、钢带和厚度≤16 mm的热连轧钢板、钢带的锰(Mn)含量下限可降低0.20%。
6. 在保证钢材力学性能符合本标准规定的情况下，用Nb作为细化晶粒元素时，其Q345、Q390级钢的锰(Mn)含量下限可低于表中的下限含量。

低合金结构钢化学成分(续表)

牌号	质量等级	化学成分(质量分数)% C	Si	Mn	P ≤	S ≤	Nb ≤	V ≤	Ti ≤	Cr ≤	Ni ≤	Cu ≤	N ≤	Mo ≤	B ≤	AlS ≤
Q500	C	≤0.18	≤0.6	≤1.8	0.030	0.030	0.11	0.12	0.20	0.60	0.80	0.55	0.015	0.20	0.004	0.015
	D				0.030	0.025										
	E				0.025	0.020										
Q550	C	≤0.18	≤0.6	≤2.0	0.03	0.03	0.11	0.12	0.20	0.80	0.80	0.80	0.015	0.30	0.004	0.015
	D				0.030	0.025										
	E				0.025	0.020										

(续)

牌号	质量等级	化学成分(质量分数)%														
		C	Si	Mn	P	S	Nb	V	Ti	Cr	Ni	Cu	N	Mo	B	AlS
					≤											
Q620	C	≤0.18	≤0.6	≤2.0	0.025	0.03	0.11	0.12	0.20	1.00	0.80	0.80	0.015	0.30	0.004	0.015
	D				0.025	0.025										
	E				0.03	0.02										
Q690	C	≤0.18	≤0.6	≤2.0	0.03	0.03	0.11	0.12	0.20	1.00	0.80	0.80	0.015	0.30	0.004	0.015
	D				0.03	0.025										
	E				0.025	0.02										

注：型材及棒材，P、S可提高到0.005%，A级钢上限可为0.045%，当细化晶粒元素组合加入时，20(Nb+V+Ti)≤0.22%，20(Mo+Cr)≤0.30%。

(2) 低合金结构钢力学性能

牌号	质量等级	屈服点 σ_s(MPa) 厚度(直径,边长)(mm) ≤16	>16~35	>35~50	>50~100	抗拉强度 σ_b(MPa)	伸长率 σ_5(%)	冲击功 A_{kv}(纵向)(J) +20℃	0℃	−20℃	−40℃	180°弯曲试验 d=弯心直径; a=试样厚度(直径) 钢材厚度(直径)(mm) ≤16	>16~100
		≥					≥						
Q345	A	345	325	295	275	470~630	21					$d=2a$	$d=3a$
	B	345	325	295	275	470~630	21	34				$d=2a$	$d=3a$
	C	345	325	295	275	470~630	22		34			$d=2a$	$d=3a$
	D	345	325	295	275	470~630	22			34		$d=2a$	$d=3a$
	E	345	325	295	275	470~630	22				27	$d=2a$	$d=3a$
Q390	A	390	370	350	330	490~650	19					$d=2a$	$d=3a$
	B	390	370	350	330	490~650	19	34				$d=2a$	$d=3a$
	C	390	370	350	330	490~650	20		34			$d=2a$	$d=3a$
	D	390	370	350	330	490~650	20			34		$d=2a$	$d=3a$
	E	390	370	350	330	490~650	20				27	$d=2a$	$d=3a$
Q420	A	420	400	380	360	520~680	18					$d=2a$	$d=3a$
	B	420	400	380	360	520~680	18	34				$d=2a$	$d=3a$
	C	420	400	380	360	520~680	19		34			$d=2a$	$d=3a$
	D	420	400	380	360	520~680	19			34		$d=2a$	$d=3a$
	E	420	400	380	360	520~680	19				27	$d=2a$	$d=3a$

（续）

牌号	质量等级	屈服点 σ_s(MPa)				抗拉强度 σ_b(MPa)	伸长率 σ_5(%)	冲击功 A_{kV}(纵向)(J)				180°弯曲试验 d = 弯心直径；a = 试样厚度(直径)	
		厚度(直径,边长)(mm)						+20℃	0℃	−20℃	−40℃	钢材厚度(直径)(mm)	
		≤16	>16~35	>35~50	>50~100								
		≥						≥				≤16	>16~100
Q460	C	460	440	420	400	550~720	17		34			$d=2a$	$d=3a$
	D	460	440	420	400	550~720	17			34		$d=2a$	$d=3a$
	E	460	440	420	400	550~720	17				27	$d=2a$	$d=3a$
Q500	C	500	>16~40	>40~63	>63~80	610~730	17		55			≤40	>40~100
	D		480	470	450					47		A≥16%	A≥17%
	E										31		
Q550	C	550	>16~40	>40~63	>63~80	670~780	16		55			≤40	>40~100
	D		530	520	500					47		A≥16%	A≥16%
	E										31		
Q620	C	620	>16~40	>40~63	>63~80	710~860	15		55			≤40	>40~100
	D		600	590	570					47		A≥15%	A≥15%
	E										31		
Q690	C	690	>16~40	>40~63	>63~80	710~900	14		55			≤40	>40~100
	D		670	660	640					47		A≥14%	A≥14%
	E										31		

注：1. Q500C、Q500D、Q500E 钢，厚度>80～100 mm 屈服强度(R_{eL})≥440 MPa；Q550C、Q550D、Q550E 钢，厚度>80～100 mm，屈服强度(R_{eL})≥490 MPa。
2. 表中 Q500、Q550、Q620、Q690，A 为断后伸长率(%)。
3. 厚度大于 6 mm 或直径>12 mm 的钢材应做冲击试验，Q345 B、C、D、E 级钢板厚>150 mm～250 mm。冲击吸收能量≥27(J)。(试验温度−40 ℃)。
4. 进行拉伸和弯曲试验时，钢板、钢带应取横向试样，宽度小于 600 mm 的钢带、型钢和钢棒应取纵向试样。
5. 钢板和钢带的伸长率值允许比上表降低 1%(绝对值)。
6. Q345 级钢比厚度大于 35 mm 的钢板伸长率可降低 1%(绝对值)。
7. A 级钢应作弯曲试验，其他质量级别的钢如供方能保证弯曲试验结果符合上表规定，可不作检验。
8. Q460 和各牌号 D、E 级钢一般不供应型钢、钢棒。

6. 碳素结构钢冷轧薄钢板及钢带(摘自 GB/T 11253—2007)

(1) 用　　途

冷轧钢板的特点是表面质量好、尺寸精度高、光滑美观、力学和工艺性能比热轧钢板好,因此应用十分广泛,已大量代替碳素结构钢热轧钢板,用于机械、轻工、建筑、电工、电子及民用等各个领域。

(2) 牌号、化学成分和力学性能

牌号和化学成分应符合 GB/T 700《碳素结构钢》。

力学性能应符合 GB/T 700—2006《碳素结构钢》。

分类及代号:较高级表面代号"FB",高级表面代号"FC"。

钢板和钢带尺寸、外形、重量及允许偏差应符合 GB/T 708—2006 的规定。

7. 耐大气腐蚀用钢(耐候钢)及耐火钢

(1) 耐大气腐蚀用钢(高耐候性结构钢)

此类钢性能比焊接结构用耐候钢好,故称为高耐候性结构钢,它是在钢中加入少量合金元素,如 Cu、P、Cr、Ni、Mo、Ti、Zr 和 V 等,使其在基体表面形成保护层,以提高钢材的耐候性能,其化学成分及力学性能见下表。

① 高耐候性结构钢的化学成分(GB/T 4171—2008)。

牌号	化学成分(质量分数)(%)								
	C	Si	Mn	P	S	Cu	Cr	Ni	其他元素
Q265GNH	≤0.12	0.10~0.40	0.20~0.50	0.07~0.12	≤0.020	0.20~0.45	0.30~0.65	0.25~0.50[e]	a, b
Q295GNH	≤0.12	0.10~0.40	0.20~0.50	0.07~0.12	≤0.020	0.25~0.45	0.30~0.65	0.25~0.50[e]	a, b
Q310GNH	≤0.12	0.25~0.75	0.20~0.50	0.07~0.12	≤0.020	0.20~0.50	0.30~1.25	≤0.65	a, b
Q355GNH	≤0.12	0.20~0.75	≤1.00	0.07~0.15	≤0.020	0.25~0.55	0.30~1.25	≤0.65	a, b

注:其他元素供需双方协商。

② 高耐候钢力学性能。

牌号	拉伸试验									180°弯曲试验弯心直径		
	下屈服强度 R_{eL}(N/mm²) ≥				抗拉强度 R_m(N/mm²)	断后伸长率 A(%) ≥						
	≤16	>16~40	>40~60	>60		≤16	>16~40	>40~60	>60	≤6	>6~16	>16
Q295GNH	295	285	—	—	430~560	24	24	—	—	a	$2a$	$3a$
Q355GNH	355	345	—	—	490~630	22	22	—	—	a	$2a$	$3a$

（续）

牌号	拉伸试验									180°弯曲试验 弯心直径		
	下屈服强度 R_{eL}(N/mm²) ≥				抗拉强度 R_m(N/mm²)	断后伸长率 A(%) ≥						
	≤16	>16 ~40	>40 ~60	>60		≤16	>16 ~40	>40 ~60	>60	≤6	>6 ~16	>16
Q265GNH	265	—	—	—	≥410	27	—	—	—	a	—	—
Q310GNH	310	—	—	—	≥450	26	—	—	—	a	—	—

注：1. a 为钢材厚度。

2. 当屈服现象不明显时，可以采用 $R_{P0.2}$。

3. Q：表示屈服强度；

GNH：表示高耐候。

4. 上两表摘录常用的高耐候钢的 4 个牌号（化学成分和力学性能），另 7 个牌号省略。

③ 高耐候钢冲击吸收能量 KV_2(J)应符合下表规定。

质量等级	V型缺口冲击试验		
	试样方向	温度(℃)	冲击吸收能量 KV_2(J)
A	纵向	—	—
B		+20	≥47
C		0	≥34
D		−20	≥34
E		−40	≥27[b]

注：1. 冲击试样尺寸为 10 mm×10 mm×55 mm。

2. 经供需双方协商，平均冲击功值可以≥60 J。

④ 高耐候钢牌号和用途。

类别	牌　号	生产方式	用　　途
高耐候钢	Q295GNH、Q355GNH	热轧	车辆、集装箱、建筑、塔架或其他结构件等结构用，与焊接耐候钢相比，具有较好的耐大气腐蚀性能
	Q265GNH、Q310GNH	冷轧	

(2) 耐 火 钢

耐火钢对火灾有一定的抵抗力，我国将它列入建筑低合金结构钢的范畴，但它不同于普通建筑用钢。众所周知，钢材在室温条件下力学性能很高，可是遇火燃烧后，强度急剧下降。为了在减少直至省去绝热涂层后，仍使耐火钢在高温下保持较高的强度水平，则需在耐火钢熔炼时加入铂、铝等元素令其合金化，使其能在 350～600 ℃的高温下 1～2 h 内仍能保持较高的强度水平（不低于室温强度的 70%），从而增强建筑物抵抗火灾的能力，提高建筑物的安全性。

耐火钢在我国已有较快发展，宝钢、武钢、攀钢相继成功开发出耐火钢板；鞍钢、包钢积极开发耐火中厚板；马钢、莱钢相继开发出耐火 H 型钢。

目前耐火耐候钢已开始用于一些耐火耐候等级要求较高的大型工、民建厂房，居民楼，商务楼等工程中，且深受好评。由于应用耐火耐候钢后，可以省去繁琐的涂刷防火涂料工序，因而可以缩短建造周期，减轻建筑物的质量，增强建筑物安全性，降低建造成本，故具有显著的经济效益和社会效益，相信经过不断实践完善，耐火耐候钢必将显示其优势，在建筑行业得到广泛的应用。

8. 锅炉和压力容器用钢板(摘自 GB 713—2008)

(1) 范　　围

本标准适用于锅炉及其附件和中常温压力容器的受压元件用厚度为 3～200 mm 的钢板。

(2) 化学成分

牌号	化学成分(质量分数)(%)										
	C[②]	Si	Mn[③]	Cr	Ni	Mo	Nb	V	P	S	Alt
Q245R[①]	≤0.20	≤0.35	0.50～1.00[c]						≤0.025	≤0.015	≥0.020
Q345R[①]	≤0.20	≤0.55	1.20～1.60						≤0.025	≤0.015	≥0.020
Q370R	≤0.18	≤0.55	1.20～1.60				0.015～0.050		≤0.025	≤0.015	
18MnMoNbR	≤0.22	0.15～0.50	1.20～1.60			0.45～0.65	0.025～0.050		≤0.020	≤0.010	
13MnNiMoR	≤0.15	0.15～0.50	1.20～1.60	0.20～0.40	0.60～1.00	0.20～0.40	0.005～0.020		≤0.020	≤0.010	
15CrMoR	0.12～0.18	0.15～0.40	0.40～0.70	0.80～1.20		0.45～0.60			≤0.025	≤0.010	
14Cr1MoR	0.05～0.17	0.50～0.80	0.40～0.65	1.15～1.50		0.45～0.65			≤0.020	≤0.010	
12Cr2Mo1R	0.08～0.15	≤0.50	0.30～0.60	2.00～2.50		0.90～1.10			≤0.020	≤0.010	
12Cr1MoVR	0.08～0.15	0.15～0.40	0.40～0.70	0.90～1.20		0.25～0.35		0.15～0.30	≤0.025	≤0.010	

注：① 如果钢中加入 Nb、Ti、V 等微量元素，Alt 含量的下限不适用。

② 经供需双方协议，并在合同中注明，C 含量下限可不作要求。

③ 厚度大于 60 mm 的钢板，Mn 含量上限可至 1.20%。

(3) 力学性能和工艺性能

牌号	交货状态	钢板厚度(mm)	拉伸试验			冲击试验		弯曲试验
			抗拉强度 R_m(N/mm²)	屈服强度① R_{eL}(N/mm²)	伸长率 A(%)	温度(℃)	V型冲击吸收功 A_{KV}(J)	180° $b=2a$
				≥			≥	
Q245R	热轧控轧或正火	3～16	400～520	245	25	0	31	$d=1.5a$
		>16～36		235				
		>36～60		225				
		>60～100	390～510	205	24			$d=2a$
		>100～150	380～500	185				
Q345R		3～16	510～640	345	21	0	34	$d=2a$
		>16～36	500～630	325				$d=3a$
		>36～60	490～620	315				
		>60～100	490～620	305	20			
		>100～150	480～610	285				
		>150～200	470～600	265				
Q370R	正火	10～16	530～630	370	20	−20	34	$d=2a$
		>16～36		360				$d=3a$
		>36～60	520～620	340				
18MnMoNbR		30～60	570～720	400	17	0	41	$d=3a$
		>60～100		390				
13MnNiMoR		30～100	570～720	390	18	0	41	$d=3a$
		>100～150		380				
15CrMoR	正火加回火	6～60	450～590	295	19	20	31	$d=3a$
		>60～100		275				
		>100～150	440～580	255				
14Cr1MoR		6～100	520～680	310	19	20	34	$d=3a$
		>100～150	510～670	300				
12Cr2Mo1R		6～150	520～680	310	19	20	34	$d=3a$
12Cr1MoVR		6～60	440～590	245	19	20	34	$d=3a$
		>60～100	430～580	235				

注：① 如屈服现象不明显，屈服强度取 $R_{P0.2}$。

1.16

(4) 高温力学性能

牌号	厚度(mm)	试验温度(℃)						
		200	250	300	350	400	450	500
		屈服强度① R_{eL}或 $R_{P0.2}$(N/mm²)≥						
Q245R	>20～36	186	167	153	139	129	121	
	>36～60	178	161	147	133	123	116	
	>60～100	164	147	135	123	113	106	
	>100～150	150	135	120	110	105	95	
Q345R	>20～36	255	235	215	200	190	180	
	>36～60	240	220	200	185	175	165	
	>60～100	225	205	185	175	165	155	
	>100～150	220	200	180	170	160	150	
	>150～200	215	195	175	165	155	145	
Q370R	>20～36	290	275	260	245	230		
	>36～60	280	270	255	240	225		
18MnMoNbR	30～60	360	355	350	340	310	275	
	>60～100	355	350	345	335	305	270	
13MnNiMoR	30～100	355	350	345	335	305		
	>100～150	345	340	335	325	300		
15CrMoR	>20～60	240	225	210	200	189	179	174
	>60～100	220	210	196	186	176	167	162
	>100～150	210	199	185	175	165	156	150
14Cr1MoR	>20～150	255	245	230	220	210	195	176
12Cr2Mo1R	>20～150	260	255	250	245	240	230	215
12Cr1MoVR	>20～100	200	190	176	167	157	150	142

注：① 如屈服现象不明显，屈服强度取 $R_{P0.2}$。

(5) 试验方法

每批钢板的检验项目、取样数量、取样方法及试验方法应符合下表的规定。

检验项目、取样数量、取样方法及试验方法

序号	检验项目	取样数量(个)	取样方法	取样方向	试验方法
1	化学成分	1/每炉	GB/T 20066		GB/T 223 或 GB/T 4336
2	拉伸试验	1	GB/T 2975	横向	GB/T 228

（续）

序号	检验项目	取样数量(个)	取样方法	取样方向	试验方法
3	Z向拉伸	3	GB/T 5313		GB/T 5313
4	弯曲试验	1	GB/T 2975	横向	GB/T 232
5	冲击试验	3	GB/T 2975	横向	GB/T 229
6	高温拉伸	1/每炉	GB/T 2975	横向	GB/T 4338
7	落锤试验		GB/T 6803		GB/T 6803
8	超声检测	逐张			GB/T 2970 或 JB/T 4730.3
9	尺寸、外形	逐张			符合精度要求的适宜量具
10	表面	逐张			目视

(6) 检验规则

① 钢板的质量由供方质量技术监督部门进行检查和验收。

② 钢板应成批验收，每批钢板由同一牌号、同一炉号、同一厚度、同一轧制或热处理制度的钢板组成，每批重量不大于 30 t。

③ 对长期生产质量稳定的钢厂，提出申请报告并附出厂检验数据，由国家特种设备安全监察机构审查合格批准后，按批准扩大的批重交货。

④ 根据需方要求，经供需双方协议，厚度大于 16 mm 的钢板可逐轧制坯进行力学性能检验。

⑤ 钢板尺寸、外形及允许偏差应符合 GB/T 709 的规定，厚度允许偏差应符合 GB/T 709 B类偏差。

⑥ 根据需方要求，经供需双方协议、钢板可逐张进行超声检测，检测方法按 GB/T 2970 或 JB/T 4730.3 的规定，检验标准和合格级别应在合同中注明。

9. 热轧型钢(摘自 GB/T 706—2008)

(1) 范　　围

本标准适用于热轧等边角钢、热轧不等边角钢、热轧 L 型钢及腿部内侧有斜度的热轧 I 字钢和热轧槽钢。

钢的牌号、化学成分和力学性能应符合 GB/T 700 或 GB/T 1591。

(2) 热轧等边角钢

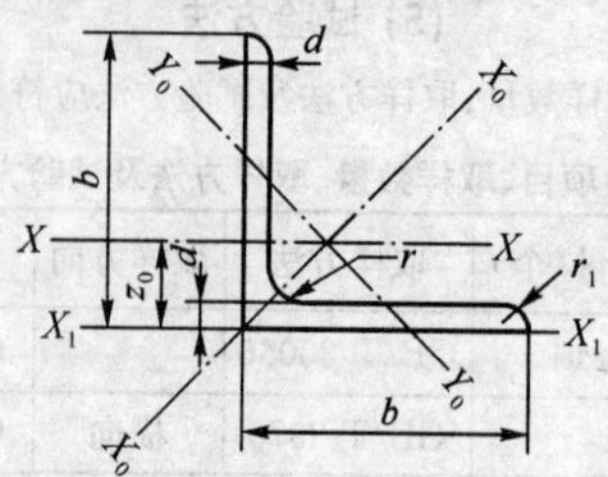

① 等边角钢截面尺寸、截面面积、理论重量及截面特性。

型号	截面尺寸(mm)			截面面积	理论重量	外表面积	惯性矩(cm^4)				惯性半径(cm)			截面模数(cm^3)			重心距离(cm)
	b	d	r	(cm^2)	(kg/m)	(m^2/m)	I_x	I_{x1}	I_{x0}	I_{y0}	i_x	i_{x0}	i_{y0}	W_x	W_{x0}	W_{y0}	Z_0
2	20	3	3.5	1.132	0.889	0.078	0.40	0.81	0.63	0.17	0.59	0.75	0.39	0.29	0.45	0.20	0.60
		4		1.459	1.145	0.077	0.50	1.09	0.78	0.22	0.58	0.73	0.38	0.36	0.55	0.24	0.64
2.5	25	3		1.432	1.124	0.098	0.82	1.57	1.29	0.34	0.76	0.95	0.49	0.46	0.73	0.33	0.73
		4		1.859	1.459	0.097	1.03	2.11	1.62	0.43	0.74	0.93	0.48	0.59	0.92	0.40	0.76
3.0	30	3	4.5	1.749	1.373	0.117	1.46	2.71	2.31	0.61	0.91	1.15	0.59	0.68	1.09	0.51	0.85
		4		2.276	1.786	0.117	1.84	3.63	2.92	0.77	0.90	1.13	0.58	0.87	1.37	0.62	0.89
3.6	36	3		2.109	1.656	0.141	2.58	4.68	4.09	1.07	1.11	1.39	0.71	0.99	1.61	0.76	1.00
		4		2.756	2.163	0.141	3.29	6.25	5.22	1.37	1.09	1.38	0.70	1.28	2.05	0.93	1.04
		5		3.382	2.654	0.141	3.95	7.84	6.24	1.65	1.08	1.36	0.70	1.56	2.45	1.00	1.07
4	40	3	5	2.359	1.852	0.157	3.59	6.41	5.69	1.49	1.23	1.55	0.79	1.23	2.01	0.96	1.09
		4		3.086	2.422	0.157	4.60	8.56	7.29	1.91	1.22	1.54	0.79	1.60	2.58	1.19	1.13
		5		3.791	2.976	0.156	5.53	10.74	8.76	2.30	1.21	1.52	0.78	1.96	3.10	1.39	1.17
4.5	45	3		2.659	2.088	0.177	5.17	9.12	8.20	2.14	1.40	1.76	0.89	1.58	2.58	1.24	1.22
		4		3.486	2.736	0.177	6.65	12.18	10.56	2.75	1.38	1.74	0.89	2.05	3.32	1.54	1.26
		5		4.292	3.369	0.176	8.04	15.2	12.74	3.33	1.37	1.72	0.88	2.51	4.00	1.81	1.30
		6		5.076	3.985	0.176	9.33	18.36	14.76	3.89	1.36	1.70	0.8	2.95	4.64	2.06	1.33

（续）

型号	截面尺寸(mm)			截面面积(cm^2)	理论重量(kg/m)	外表面积(m^2/m)	惯性矩(cm^4)				惯性半径(cm)			截面模数(cm^3)			重心距离(cm)
	b	d	r				I_x	I_{x1}	I_{x0}	I_{y0}	i_x	i_{x0}	i_{y0}	W_x	W_{x0}	W_{y0}	Z_0
5	50	3	5.5	2.971	2.332	0.197	7.18	12.5	11.37	2.98	1.55	1.96	1.00	1.96	3.22	1.57	1.34
		4		3.897	3.059	0.197	9.26	16.69	14.70	3.82	1.54	1.94	0.99	2.56	4.16	1.96	1.38
		5		4.803	3.770	0.196	11.21	20.90	17.79	4.64	1.53	1.92	0.98	3.13	5.03	2.31	1.42
		6		5.688	4.465	0.196	13.05	25.14	20.68	5.42	1.52	1.91	0.98	3.68	5.85	2.63	1.46
5.6	56	3	6	3.343	2.624	0.221	10.19	17.56	16.14	4.24	1.75	2.20	1.13	2.48	4.08	2.02	1.48
		4		4.390	3.446	0.220	13.18	23.43	20.92	5.46	1.73	2.18	1.11	3.24	5.28	2.52	1.53
		5		5.415	4.251	0.220	16.02	29.33	25.42	6.61	1.72	2.17	1.10	3.97	6.42	2.98	1.57
		6		6.420	5.040	0.220	18.69	35.26	29.66	7.73	1.71	2.15	1.10	4.68	7.49	3.40	1.61
		7		7.404	5.812	0.219	21.23	41.23	33.63	8.82	1.69	2.13	1.09	5.36	8.49	3.80	1.64
		8		8.367	6.568	0.219	23.63	47.24	37.37	9.89	1.68	2.11	1.09	6.03	9.44	4.16	1.68
6	60	5	6.5	5.829	4.576	0.236	19.89	36.05	31.57	8.21	1.85	2.33	1.19	4.59	7.44	3.48	1.67
		6		6.914	5.427	0.235	23.25	43.33	36.89	9.60	1.83	2.31	1.18	5.41	8.70	3.98	1.70
		7		7.977	6.262	0.235	26.44	50.65	41.92	10.96	1.82	2.29	1.17	6.21	9.88	4.45	1.74
		8		9.020	7.081	0.235	29.47	58.02	46.66	12.28	1.81	2.27	1.17	6.98	11.00	4.88	1.78
6.3	63	4	7	4.978	3.907	0.248	19.03	33.35	30.17	7.89	1.96	2.46	1.26	4.13	6.78	3.29	1.70
		5		6.143	4.822	0.248	23.17	41.73	36.77	9.57	1.94	2.45	1.25	5.08	8.25	3.90	1.74

（续）

型号	截面尺寸(mm)			截面面积(cm^2)	理论重量(kg/m)	外表面积(m^2/m)	惯性矩(cm^4)				惯性半径(cm)			截面模数(cm^3)			重心距离(cm)
	b	d	r				I_x	I_{x1}	I_{x0}	I_{y0}	i_x	i_{x0}	i_{y0}	W_x	W_{x0}	W_{y0}	Z_0
6.3	63	6	7	7.288	5.721	0.247	27.12	50.14	43.03	11.20	1.93	2.43	1.24	6.00	9.66	4.46	1.78
		7		8.412	6.603	0.247	30.87	58.60	48.96	12.79	1.92	2.41	1.23	6.88	10.99	4.98	1.82
		8		9.515	7.469	0.247	34.46	67.11	54.56	14.33	1.90	2.40	1.23	7.75	12.25	5.47	1.85
		10		11.657	9.151	0.246	41.09	84.31	64.85	17.33	1.88	2.36	1.22	9.39	14.56	6.36	1.93
7	70	4	8	5.570	4.372	0.275	26.39	45.74	41.80	10.99	2.18	2.74	1.40	5.14	8.44	4.17	1.86
		5		6.875	5.397	0.275	32.21	57.21	51.08	13.31	2.16	2.73	1.39	6.32	10.32	4.95	1.91
		6		8.160	6.406	0.275	37.77	68.73	59.93	15.61	2.15	2.71	1.38	7.48	12.11	5.67	1.95
		7		9.424	7.398	0.275	43.09	80.29	68.35	17.82	2.14	2.69	1.38	8.59	13.81	6.34	1.99
		8		10.667	8.373	0.274	48.17	91.92	76.37	19.98	2.12	2.68	1.37	9.68	15.43	6.98	2.03
7.5	75	5	9	7.412	5.818	0.295	39.97	70.56	63.30	16.63	2.33	2.92	1.50	7.32	11.94	5.77	2.04
		6		8.797	6.905	0.294	46.95	84.55	74.38	19.51	2.31	2.90	1.49	8.64	14.02	6.67	2.07
		7		10.160	7.976	0.294	53.57	98.71	84.96	22.18	2.30	2.89	1.48	9.93	16.02	7.44	2.11
		8		11.503	9.030	0.294	59.96	112.97	95.07	24.86	2.28	2.88	1.47	11.20	17.93	8.19	2.15
		9		12.825	10.068	0.294	66.10	127.30	104.71	27.48	2.27	2.86	1.46	12.43	19.75	8.89	2.18
		10		14.126	11.089	0.293	71.98	141.71	113.92	30.05	2.26	2.84	1.46	13.64	21.48	9.56	2.22
8	80	5		7.912	6.211	0.315	48.79	85.36	77.33	20.25	2.48	3.13	1.60	8.34	13.67	6.66	2.15

（续）

型号	截面尺寸(mm)			截面面积	理论重量	外表面积	惯性矩(cm^4)				惯性半径(cm)			截面模数(cm^3)			重心距离(cm)
	b	d	r	(cm^2)	(kg/m)	(m^2/m)	I_x	I_{x1}	I_{x0}	I_{y0}	i_x	i_{x0}	i_{y0}	W_x	W_{x0}	W_{y0}	Z_0
8	80	6	9	9. 397	7. 376	0. 314	57. 35	102. 50	90. 98	23. 72	2. 47	3. 11	1. 59	9. 87	16. 08	7. 65	2. 19
		7		10. 860	8. 525	0. 314	65. 58	119. 70	104. 07	27. 09	2. 46	3. 10	1. 58	11. 37	18. 40	8. 58	2. 23
		8		12. 303	9. 658	0. 314	73. 49	136. 97	116. 60	30. 39	2. 44	3. 08	1. 57	12. 83	20. 61	9. 46	2. 27
		9		13. 725	10. 774	0. 314	81. 11	154. 31	128. 60	33. 61	2. 43	3. 06	1. 56	14. 25	22. 73	10. 29	2. 31
		10		15. 126	11. 874	0. 313	88. 43	171. 74	140. 09	36. 77	2. 42	3. 04	1. 56	15. 64	24. 76	11. 08	2. 35
9	90	6	10	10. 637	8. 350	0. 354	82. 77	145. 87	131. 26	34. 28	2. 79	3. 51	1. 80	12. 61	20. 63	9. 95	2. 44
		7		12. 301	9. 656	0. 354	94. 83	170. 30	150. 47	39. 18	2. 78	3. 50	1. 78	14. 54	23. 64	11. 19	2. 48
		8		13. 944	10. 946	0. 353	106. 47	194. 80	168. 97	43. 97	2. 76	3. 48	1. 78	16. 42	26. 55	12. 35	2. 52
		9		15. 566	12. 219	0. 353	117. 72	219. 39	186. 77	48. 66	2. 75	3. 46	1. 77	18. 27	29. 35	13. 46	2. 56
		10		17. 167	13. 476	0. 353	128. 58	244. 07	203. 90	53. 26	2. 74	3. 45	1. 76	20. 07	32. 04	14. 52	2. 59
		12		20. 306	15. 940	0. 352	149. 22	293. 76	236. 21	62. 22	2. 71	3. 41	1. 75	23. 57	37. 12	16. 49	2. 67
10	100	6	12	11. 932	9. 366	0. 393	114. 95	200. 07	181. 98	47. 92	3. 10	3. 90	2. 00	15. 68	25. 74	12. 69	2. 67
		7		13. 796	10. 830	0. 393	131. 86	233. 54	208. 97	54. 74	3. 09	3. 89	1. 99	18. 10	29. 55	14. 26	2. 71
		8		15. 638	12. 276	0. 393	148. 24	267. 09	235. 07	61. 41	3. 08	3. 88	1. 98	20. 47	33. 24	15. 75	2. 76
		9		17. 462	13. 708	0. 392	164. 12	300. 73	260. 30	67. 95	3. 07	3. 86	1. 97	22. 79	36. 81	17. 18	2. 80
		10		19. 261	15. 120	0. 392	179. 51	334. 48	284. 68	74. 35	3. 05	3. 84	1. 96	25. 06	40. 26	18. 54	2. 84

（续）

型号	截面尺寸(mm)			截面面积(cm²)	理论重量(kg/m)	外表面积(m²/m)	惯性矩(cm⁴)				惯性半径(cm)			截面模数(cm³)			重心距离(cm)
	b	d	r				I_x	I_{x1}	I_{x0}	I_{y0}	i_x	i_{x0}	i_{y0}	W_x	W_{x0}	W_{y0}	Z_0
10	100	12	12	22.800	17.898	0.391	208.90	402.34	330.95	86.84	3.03	3.81	1.95	29.48	46.80	21.08	2.91
		14		26.256	20.611	0.391	236.53	470.75	374.06	99.00	3.00	3.77	1.94	33.73	52.90	23.44	2.99
		16		29.627	23.257	0.390	262.53	539.80	414.16	110.89	2.98	3.74	1.94	37.82	58.57	25.63	3.06
11	110	7	12	15.196	11.928	0.433	177.16	310.64	280.94	73.38	3.41	4.30	2.20	22.05	36.12	17.51	2.96
		8		17.238	13.535	0.433	199.46	355.20	316.49	82.42	3.40	4.28	2.19	24.95	40.69	19.39	3.01
		10		21.261	16.690	0.432	242.19	444.65	384.39	99.98	3.38	4.25	2.17	30.60	49.42	22.91	3.09
		12		25.200	19.782	0.431	282.55	534.60	448.17	116.93	3.35	4.22	2.15	36.05	57.62	26.15	3.16
		14		29.056	22.809	0.431	320.71	625.16	508.01	133.40	3.32	4.18	2.14	41.31	65.31	29.14	3.24
12.5	125	8		19.750	15.504	0.492	297.03	521.01	470.89	123.16	3.88	4.88	2.50	32.52	53.28	25.86	3.37
		10		24.373	19.133	0.491	361.67	651.93	573.89	149.46	3.85	4.85	2.48	39.97	64.93	30.62	3.45
		12		28.912	22.696	0.491	423.16	783.42	671.44	174.88	3.83	4.82	2.46	41.17	75.96	35.03	3.53
		14		33.367	26.193	0.490	481.65	915.61	763.73	199.57	3.80	4.78	2.45	54.16	86.41	39.13	3.61
		16		37.739	29.625	0.489	537.31	1 048.62	850.98	223.65	3.77	4.75	2.43	60.93	96.28	42.96	3.68
14	140	10	14	27.373	21.488	0.551	514.65	915.11	817.27	212.04	4.34	5.46	2.78	50.58	82.56	39.20	3.82
		12		32.512	25.522	0.551	603.68	1 099.28	958.79	248.57	4.31	5.43	2.76	59.80	96.85	45.02	3.90
		14		37.567	29.490	0.550	688.81	1 284.22	1 093.56	284.06	4.28	5.40	2.75	68.75	110.47	50.45	3.98

（续）

型号	截面尺寸(mm)			截面面积	理论重量	外表面积	惯性矩(cm^4)				惯性半径(cm)			截面模数(cm^3)			重心距离(cm)
	b	d	r	(cm^2)	(kg/m)	(m^2/m)	I_x	I_{x1}	I_{x0}	I_{y0}	i_x	i_{x0}	i_{y0}	W_x	W_{x0}	W_{y0}	Z_0
14	140	16	14	42.539	33.393	0.549	770.24	1 470.07	1 221.81	318.67	4.26	5.36	2.74	77.46	123.42	55.55	4.06
15	150	8		23.750	18.644	0.592	521.37	899.55	827.49	215.25	4.69	5.90	3.01	47.36	78.02	38.14	3.99
		10		29.373	23.058	0.591	637.50	1 125.09	1 012.79	262.21	4.66	5.87	2.99	58.35	95.49	45.51	4.08
		12		34.912	27.406	0.591	748.85	1 351.26	1 189.97	307.73	4.63	5.84	2.97	69.04	112.19	52.38	4.15
		14		40.367	31.688	0.590	855.64	1 578.25	1 359.30	351.98	4.60	5.80	2.95	79.45	128.16	58.83	4.23
		15		43.063	33.804	0.590	907.39	1 692.10	1 441.09	373.69	4.59	5.78	2.95	84.56	135.87	61.90	4.27
		16		45.739	35.905	0.589	958.08	1 806.21	1 521.02	395.14	4.58	5.77	2.94	89.59	143.40	64.89	4.31
16	160	10	16	31.502	24.729	0.630	779.53	1 365.33	1 237.30	321.76	4.98	6.27	3.20	66.70	109.36	52.76	4.31
		12		37.441	29.391	0.630	916.58	1 639.57	1 455.68	377.49	4.95	6.24	3.18	78.98	128.67	60.74	4.39
		14		43.296	33.987	0.629	1 048.36	1 914.68	1 665.02	431.70	4.92	6.20	3.16	90.95	147.17	68.24	4.47
		16		49.067	38.518	0.629	1 175.08	2 190.82	1 865.57	484.59	4.89	6.17	3.14	102.63	164.89	75.31	4.55
18	180	12		42.241	33.159	0.710	1 321.35	2 332.80	2 100.10	542.61	5.59	7.05	3.58	100.82	165.00	78.41	4.89
		14		48.896	38.383	0.709	1 514.48	2 723.48	2 407.42	621.53	5.56	7.02	3.56	116.25	189.14	88.38	4.97
		16		55.467	43.542	0.709	1 700.99	3 115.29	2 703.37	698.60	5.54	6.98	3.55	131.13	212.40	97.83	5.05
		18		61.055	48.634	0.708	1 875.12	3 502.43	2 988.24	762.01	5.50	6.94	3.51	145.64	234.78	105.14	5.13
20	200	14	18	54.642	42.894	0.788	2 103.55	3 734.10	3 343.26	863.83	6.20	7.82	3.98	144.70	236.40	111.82	5.46

（续）

型号	截面尺寸(mm)			截面面积(cm^2)	理论重量(kg/m)	外表面积(m^2/m)	惯性矩(cm^4)				惯性半径(cm)			截面模数(cm^3)			重心距离(cm)
	b	d	r				I_x	I_{x1}	I_{x0}	I_{y0}	i_x	i_{x0}	i_{y0}	W_x	W_{x0}	W_{y0}	Z_0
20	200	16	18	62.013	48.680	0.788	2 366.15	4 270.39	3 760.89	971.41	6.18	7.79	3.96	163.65	265.93	123.96	5.54
		18		69.301	54.401	0.787	2 620.64	4 808.13	4 164.54	1 076.74	6.15	7.75	3.94	182.22	294.48	135.52	5.62
		20		76.505	60.056	0.787	2 867.30	5 347.51	4 554.55	1 180.04	6.12	7.72	3.93	200.42	322.06	146.55	5.69
		24		90.661	71.168	0.785	3 338.25	6 457.16	5 294.97	1 381.53	6.07	7.64	3.90	236.17	374.41	166.65	5.87
22	220	16	21	68.664	53.901	0.866	3 187.36	5 681.62	5 063.73	1 310.99	6.81	8.59	4.37	199.55	325.51	153.81	6.03
		18		76.752	60.250	0.866	3 534.30	6 395.93	5 615.32	1 453.27	6.79	8.55	4.35	222.37	360.97	168.29	6.11
		20		84.756	66.533	0.865	3 817.49	7 112.04	6 150.08	1 592.90	6.76	8.52	4.34	244.77	395.34	182.16	6.18
		22		92.676	72.751	0.865	4 199.23	7 830.19	6 668.37	1 730.10	6.73	8.48	4.32	266.78	428.66	195.45	6.26
		24		100.512	78.902	0.864	4 517.83	8 550.57	7 170.55	1 865.11	6.70	8.45	4.31	288.39	460.94	208.21	6.33
		26		108.264	84.987	0.864	4 827.58	9 273.39	7 656.98	1 998.17	6.68	8.41	4.30	309.62	492.21	220.49	6.41
25	250	18	24	87.842	68.956	0.985	5 268.22	9 379.11	8 369.04	2 167.41	7.74	9.76	4.97	290.12	473.42	224.03	6.84
		20		97.045	76.180	0.984	5 779.34	10 426.97	9 181.94	2 376.74	7.72	9.73	4.95	319.66	519.41	242.85	6.92
		24		115.201	90.433	0.983	6 763.93	12 529.74	10 742.67	2 785.19	7.66	9.66	4.92	377.34	607.70	278.38	7.07
		26		124.154	97.461	0.982	7 238.08	13 585.18	11 491.33	2 948.84	7.63	9.62	4.90	405.50	650.05	295.19	7.15
		28		133.022	104.422	0.982	7 700.60	14 643.62	12 219.39	3 181.81	7.61	9.58	4.89	433.22	691.23	311.42	7.22
		30		141.807	111.318	0.981	8 151.80	15 705.30	12 927.26	3 376.34	7.58	9.55	4.83	460.51	731.28	327.12	7.30
		32		150.508	118.149	0.981	8 592.01	16 770.41	13 615.32	3 568.71	7.56	9.51	4.87	487.39	770.20	342.33	7.37
		35		163.402	128.271	0.980	9 332.44	18 374.95	14 611.16	3 853.72	7.52	9.46	4.86	526.97	826.53	364.30	7.48

注：截面图中的 $r_1 = 1/3d$ 及表中 r 的数据用于孔型设计，不做交货条件。

② 角钢尺寸及外形允许偏差。

角钢尺寸、外形允许偏差

(mm)

项目		允许偏差		图示
		等边角钢	不等边角钢	
边宽度(B, b)	边宽度[①]≤56	±0.8	±0.8	
	>56～90	±1.2	±1.5	
	>90～140	±1.8	±2.0	
	>140～200	±2.5	±2.5	
	>200	±3.5	±3.5	
边厚度(d)	边宽度[①]≤56	±0.4		
	>56～90	±0.6		
	>90～140	±0.7		
	>140～200	±1.0		
	>200	±1.4		
顶端直角		$a \leqslant 50'$		
弯曲度		每米弯曲度≤3 mm 总弯曲度≤总长度的0.30%		适用于上下、左右大弯曲

注：①不等边角钢按长边宽度 B。

(3) 热轧不等边角钢

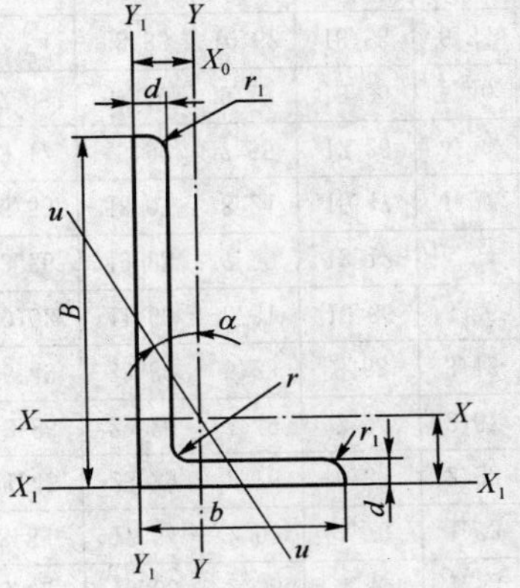

不等边角钢截面尺寸、截面面积、理论重量及截面特性。

型号	截面尺寸(mm)				截面面积 (cm^2)	理论重量 (kg/m)	外表面积 (m^2/m)	惯性矩(cm^4)					惯性半径(cm)			截面模数(cm^3)			tgα	重心距离 (cm)	
	B	b	d	r				I_x	I_{x1}	I_y	I_{y1}	I_u	i_x	i_y	i_u	W_x	W_y	W_u		X_0	Y_0
2.5/1.6	25	16	3	3.5	1.162	0.912	0.080	0.70	1.56	0.22	0.43	0.14	0.78	0.44	0.34	0.43	0.19	0.16	0.392	0.42	0.86
			4		1.499	1.176	0.079	0.88	2.09	0.27	0.59	0.17	0.77	0.43	0.34	0.55	0.24	0.20	0.381	0.46	1.86
3.2/2	32	20	3		1.492	1.171	0.102	1.53	3.27	0.46	0.82	0.28	1.01	0.55	0.43	0.72	0.30	0.25	0.382	0.49	0.90
			4		1.939	1.522	0.101	1.93	4.37	0.57	1.12	0.35	1.00	0.54	0.42	0.93	0.39	0.32	0.374	0.53	1.08

（续）

型号	截面尺寸(mm)				截面面积 (cm²)	理论重量 (kg/m)	外表面积 (m²/m)	惯性矩(cm⁴)					惯性半径(cm)			截面模数(cm³)			tgα	重心距离 (cm)	
	B	b	d	r				I_x	I_{x1}	I_y	I_{y1}	I_u	i_x	i_y	i_u	W_x	W_y	W_u		X_0	Y_0
4/2.5	40	25	3	4	1.890	1.484	0.127	3.08	5.39	0.93	1.59	0.56	1.28	0.70	0.54	1.15	0.49	0.40	0.385	0.59	1.12
			4		2.467	1.936	0.127	3.93	8.53	1.18	2.14	0.71	1.36	0.69	0.54	1.49	0.63	0.52	0.381	0.63	1.32
4.5/2.8	45	28	3	5	2.149	1.687	0.143	445	9.10	1.34	2.23	0.80	1.44	0.79	0.61	1.47	0.62	0.51	0.383	0.64	1.37
			4		2.806	2.203	0.143	5.69	12.13	1.70	3.00	1.02	1.42	0.78	0.60	1.91	0.80	0.66	0.380	0.68	1.47
5/3.2	50	32	3	5.5	2.431	1.908	0.161	6.24	12.49	2.02	3.31	1.20	1.60	0.91	0.70	1.84	0.82	0.68	0.404	0.73	1.51
			4		3.177	2.494	0.160	8.02	16.65	2.58	4.45	1.53	1.59	0.90	0.69	2.39	1.06	0.87	0.402	0.77	1.60
5.6/3.6	56	36	3	6	2.743	2.153	0.181	8.88	17.54	2.92	4.70	1.73	1.80	1.03	0.79	2.32	1.05	0.87	0.408	0.80	1.65
			4		3.590	2.818	0.180	11.45	23.39	3.76	6.33	2.23	1.79	1.02	0.79	3.03	1.37	1.13	0.408	0.85	1.78
			5		4.415	3.466	0.180	13.86	29.25	4.49	7.94	2.67	1.77	1.01	0.78	3.71	1.65	1.36	0.404	0.88	1.82
6.3/4	63	40	4	7	4.058	3.185	0.202	16.49	33.30	5.23	8.63	3.12	2.02	1.14	0.88	3.87	1.70	1.40	0.398	0.92	1.87
			5		4.993	3.920	0.202	20.02	41.63	6.31	10.86	3.76	2.00	1.12	0.87	4.74	2.07	1.71	0.396	0.95	2.04
			6		5.908	4.638	0.201	23.36	49.98	7.29	13.12	4.34	1.96	1.11	0.86	5.59	2.43	1.99	0.393	0.99	2.08
			7		6.802	5.339	0.201	26.53	58.07	8.24	15.47	4.97	1.98	1.10	0.86	6.40	2.78	2.29	0.389	1.03	2.12
7/4.5	70	45	4	7.5	4.547	3.570	0.226	23.17	45.92	7.55	12.26	4.40	2.26	1.29	0.98	4.86	2.17	1.77	0.410	1.02	2.15
			5		5.609	4.403	0.225	27.95	57.10	9.13	15.39	5.40	2.23	1.28	0.98	5.92	2.65	2.19	0.407	1.06	2.24
			6		6.647	5.218	0.225	32.54	68.35	10.62	18.58	6.35	2.21	1.26	0.98	6.95	3.12	2.59	0.404	1.09	2.28
			7		7.657	6.011	0.225	37.22	79.99	12.01	21.84	7.16	2.20	1.25	0.97	8.03	3.57	2.94	0.402	1.13	2.32
7.5/5	75	50	5	8	6.125	4.808	0.245	34.86	70.00	12.61	21.04	7.41	2.39	1.44	1.10	6.83	3.30	2.74	0.435	1.17	2.36

（续）

型号	截面尺寸(mm)				截面面积	理论重量	外表面积	惯性矩(cm^4)					惯性半径(cm)			截面模数(cm^3)			tgα	重心距离(cm)	
	B	b	d	r	(cm^2)	(kg/m)	(m^2/m)	I_x	I_{x1}	I_y	I_{y1}	I_u	i_x	i_y	i_u	W_x	W_y	W_u		X_0	Y_0
7.5/5	75	50	6	8	7.260	5.699	0.245	41.12	84.30	14.70	25.37	8.54	2.38	1.42	1.08	8.12	3.88	3.19	0.435	1.21	2.40
			8		9.467	7.431	0.244	52.39	112.50	18.53	34.23	10.87	2.35	1.40	1.07	10.52	4.99	4.10	0.429	1.29	2.44
			10		11.590	9.098	0.244	62.71	140.80	21.96	43.43	13.10	2.33	1.38	1.06	12.79	6.04	4.99	0.423	1.36	2.52
8/5	80	50	5		6.375	5.005	0.255	41.96	85.21	12.82	21.06	7.66	2.56	1.42	1.10	7.78	3.32	2.74	0.388	1.14	2.60
			6		7.560	5.935	0.255	49.49	102.53	14.95	25.41	8.85	2.56	1.41	1.08	9.25	3.91	3.20	0.387	1.18	2.65
			7		8.724	6.848	0.255	56.16	119.33	46.96	29.82	10.18	2.54	1.39	1.08	10.58	4.48	3.70	0.384	1.21	2.69
			8		9.867	7.745	0.254	62.83	136.41	18.85	34.32	11.38	2.52	1.38	1.07	11.92	5.03	4.16	0.381	1.25	2.73
9/5.6	90	56	5	9	7.212	5.661	0.287	60.45	121.32	18.32	20.53	10.98	2.90	1.59	1.23	9.92	4.21	3.49	0.385	1.25	2.91
			6		8.557	6.717	0.286	71.03	145.59	21.42	35.58	12.90	2.88	1.58	1.23	11.74	4.96	4.13	0.384	1.29	2.95
			7		9.880	7.756	0.286	81.01	169.60	24.36	41.71	14.67	2.86	1.57	1.22	13.49	5.70	4.72	0.382	1.33	3.00
			8		11.183	8.779	0.286	91.03	194.17	27.15	47.93	16.34	2.85	1.56	1.21	15.27	6.41	5.29	0.380	1.36	3.04
10/6.3	100	63	6	10	9.617	7.550	0.320	99.06	199.71	30.94	50.50	18.42	3.21	1.79	1.38	14.64	6.35	5.25	0.394	1.43	3.24
			7		11.111	8.722	0.320	113.45	233.00	35.26	59.14	21.00	3.20	1.78	1.38	16.88	7.29	6.02	0.394	1.47	3.28
			8		12.534	9.878	0.319	127.37	266.32	39.39	67.88	23.50	3.18	1.77	1.37	19.08	8.21	6.78	0.391	1.50	3.32
			10		15.467	12.142	0.319	153.81	333.06	47.12	85.73	28.33	3.15	1.74	1.35	23.32	9.98	8.24	0.387	1.58	3.40
10/8	100	80	6		10.637	8.350	0.354	107.04	199.83	61.24	102.68	31.65	3.17	2.40	1.72	15.19	10.16	8.37	0.627	1.97	2.95
			7		12.301	9.656	0.354	122.73	233.20	70.08	119.98	36.17	3.16	2.39	1.72	17.52	11.71	9.60	0.626	2.01	3.0
			8		13.944	10.946	0.353	137.92	266.61	78.58	137.37	40.58	3.14	2.37	1.71	19.81	13.21	10.80	0.625	2.05	3.04

（续）

型号	截面尺寸(mm)				截面面积 (cm²)	理论重量 (kg/m)	外表面积 (m²/m)	惯性矩(cm^4)					惯性半径(cm)			截面模数(cm^3)			tgα	重心距离 (cm)	
	B	b	d	r				I_x	I_{x1}	I_y	I_{y1}	I_u	i_x	i_y	i_u	W_x	W_y	W_u		X_0	Y_0
10/8	100	80	10	10	17.167	13.476	0.353	166.87	333.63	94.65	172.48	49.10	3.12	2.35	1.69	24.24	16.12	13.12	0.622	2.13	3.12
11/7	110	70	6	10	10.637	8.350	0.354	133.37	265.78	42.92	69.08	25.36	3.54	2.01	1.54	17.85	7.90	6.53	0.403	1.57	3.53
			7		12.301	9.656	0.354	153.00	310.07	49.01	80.82	28.95	3.53	2.00	1.53	20.60	9.09	7.50	0.402	1.61	3.57
			8		13.944	10.946	0.353	172.04	354.39	54.87	92.70	32.45	3.51	1.98	1.53	23.30	10.25	8.45	0.401	1.65	3.62
			10		17.167	13.476	0.353	208.39	443.13	65.88	116.83	39.20	3.48	1.96	1.51	28.54	12.48	10.29	0.397	1.72	3.70
12.5/8	125	80	7	11	14.096	11.066	0.403	227.98	454.99	74.42	120.32	43.81	4.02	2.30	1.76	26.86	12.01	9.92	0.408	1.80	4.01
			8		15.989	12.551	0.403	256.77	519.99	83.49	137.85	49.15	4.01	2.28	1.75	30.41	13.56	11.18	0.407	1.84	4.06
			10		19.712	15.474	0.402	312.04	650.09	100.67	173.40	59.45	3.98	2.26	1.74	37.33	16.56	13.64	0.404	1.92	4.14
			12		23.351	18.330	0.402	364.41	780.39	116.67	209.67	69.35	3.95	2.24	1.72	44.01	19.43	16.01	0.400	2.00	4.22
14/9	140	90	8	12	18.038	14.160	0.453	365.64	730.53	120.69	195.79	70.83	4.50	2.59	1.98	38.48	17.34	14.31	0.411	2.04	4.50
			10		22.261	17.475	0.452	445.50	913.20	140.03	245.92	85.82	4.47	2.56	1.96	47.31	21.22	17.48	0.409	2.12	4.58
			12		26.400	20.724	0.451	521.59	1 096.09	169.79	296.89	100.21	4.44	2.54	1.95	55.87	24.95	20.54	0.406	2.19	4.66
			14		30.456	23.908	0.451	594.10	1 279.26	192.10	348.82	114.13	4.42	2.51	1.94	64.18	28.54	23.52	0.403	2.27	4.74
15/9	150	90	8		18.839	14.788	0.473	442.05	898.35	122.80	195.96	74.14	4.84	2.55	1.98	43.86	17.47	14.48	0.364	1.97	4.92
			10		23.261	18.260	0.472	539.24	1 122.85	148.62	246.26	89.86	4.81	2.53	1.97	53.97	21.38	17.69	0.362	2.05	5.01
			12		27.600	21.666	0.471	632.08	1 347.50	172.85	297.46	104.95	4.79	2.50	1.95	63.79	25.14	20.80	0.359	2.12	5.09
			14		31.856	25.007	0.471	720.77	1 572.38	195.62	349.74	119.53	4.76	2.48	1.94	73.33	28.77	23.84	0.356	2.20	5.17
			15		33.952	26.652	0.471	763.62	1 684.93	206.50	376.33	126.67	4.74	2.47	1.93	77.99	30.53	25.33	0.354	2.24	5.21

（续）

型号	截面尺寸(mm)				截面面积 (cm^2)	理论重量 (kg/m)	外表面积 (m^2/m)	惯性矩(cm^4)					惯性半径(cm)			截面模数(cm^3)			tgα	重心距离(cm)	
	B	b	d	r				I_x	I_{x1}	I_y	I_{y1}	I_u	i_x	i_y	i_u	W_x	W_y	W_u		X_0	Y_0
15/9	150	90	16	12	36.027	28.281	0.470	805.51	1 797.55	217.07	403.24	133.72	4.73	2.45	1.93	82.60	32.27	26.82	0.352	2.27	5.25
16/10	160	100	10	13	25.315	19.872	0.512	668.69	1 362.89	205.03	336.59	121.74	5.14	2.85	2.19	62.13	26.56	21.92	0.390	2.28	5.24
			12		30.054	23.592	0.511	784.91	1 635.56	239.06	405.94	142.33	5.11	2.82	2.17	73.49	31.28	25.79	0.388	2.36	5.32
			14		34.709	27.247	0.510	896.30	1 908.50	271.20	476.42	162.23	5.08	2.80	2.16	84.56	35.83	29.56	0.385	0.43	5.40
			16		29.281	30.835	0.510	1 003.04	2 181.79	301.60	548.22	182.57	5.05	2.77	2.16	95.33	40.24	33.44	0.382	2.51	5.48
18/11	180	110	10	14	28.373	22.273	0.571	956.25	1 940.40	278.11	447.22	166.50	5.80	3.13	2.42	78.96	32.49	26.88	0.376	2.44	5.89
			12		33.712	26.440	0.571	1 124.72	2 328.38	325.03	538.94	194.87	5.78	3.10	2.40	93.53	38.32	31.66	0.374	2.52	5.98
			14		38.967	30.589	0.570	1 286.91	2 716.60	369.55	631.95	222.30	5.75	3.08	2.39	107.76	43.97	36.32	0.372	2.59	6.06
			16		44.139	34.649	0.569	1 443.06	3 105.15	411.85	726.46	248.94	5.72	3.06	2.38	121.64	49.44	40.87	0.369	2.67	6.14
20/12.5	200	125	12		37.912	29.761	0.641	1 570.90	3 193.85	483.16	787.74	285.79	6.44	3.57	2.74	116.73	49.99	41.23	0.392	2.83	6.54
			14		43.687	34.436	0.640	1 800.97	3 726.17	550.83	922.47	326.58	6.41	3.54	2.73	134.65	57.44	47.34	0.390	2.91	6.62
			16		49.739	39.045	0.639	2 023.35	4 258.88	615.44	1 058.86	366.21	6.38	3.52	2.71	152.18	64.89	53.32	0.388	2.99	6.70
			18		55.526	43.588	0.639	2 238.30	4 792.00	677.19	1 197.13	404.83	6.35	3.49	2.70	169.33	71.74	59.18	0.385	3.06	6.78

注：截面图中的 $r_1 = 1/3d$ 及表中 r 的数据用于孔型设计，不做交货条件。

(4) 热轧 L 型钢

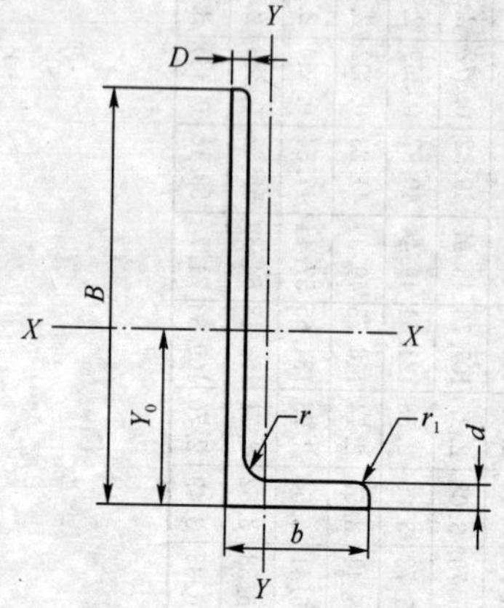

B——长边宽度；

b——短边宽度；

D——长边厚度；

d——短边厚度；

r——内圆弧半径；

r_1——边端圆弧半径；

Y_0——重心距离。

① L 型钢截面尺寸、截面面积、理论重量及截面特性。

型　　号	截面尺寸(mm)						截面面积 (cm^2)	理论重量 (kg/m)	惯性矩 I_x (cm^4)	重心距离 Y_0 (cm)
	B	b	D	d	r	r_1				
L250×90×9×13	250	90	9	13	15	7.5	33.4	26.2	2 190	8.64
L250×90×10.5×15			10.5	15			38.5	30.3	2 510	8.76
L250×90×11.5×16			11.5	16			41.7	32.7	2 710	8.90
L300×100×10.5×15	300	100	10.5	15			45.3	35.6	4 290	10.6
L300×100×11.5×16			11.5	16			49.0	38.5	4 630	10.7
L350×120×10.5×16	350	120	10.5	16	20	10	54.9	43.1	7 110	12.0
L350×120×11.5×18			11.5	18			60.4	47.4	7 780	12.0
L400×120×11.5×23	400	120	11.5	23			71.6	56.2	11 900	13.3
L450×120×11.5×25	450	120	11.5	25			79.5	62.4	16 800	15.1
L500×120×12.5×33	500	120	12.5	33			98.6	77.4	25 500	16.5
L500×120×13.5×35			13.5	35			105.0	82.8	27 100	16.6

② L 型钢尺寸、外形允许偏差。 (mm)

<table>
<tr><th colspan="3">项　目</th><th>允 许 偏 差</th><th>图　示</th></tr>
<tr><td colspan="3">边宽度(B，b)</td><td>±4.0</td><td rowspan="6"> 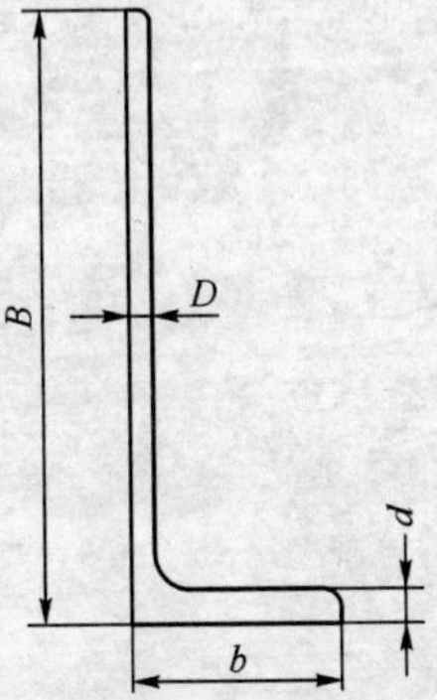</td></tr>
<tr><td rowspan="5">边厚度</td><td colspan="2">长边厚度(D)</td><td>+1.6
−0.4</td></tr>
<tr><td rowspan="3">短边厚度(d)</td><td>≤20</td><td>+2.0
−0.4</td></tr>
<tr><td>>20～30</td><td>+2.0
−0.5</td></tr>
<tr><td>>30～35</td><td>+2.5
−0.6</td></tr>
<tr><td colspan="3">垂直度(T)</td><td>$T \leqslant 2.5\%b$</td><td> 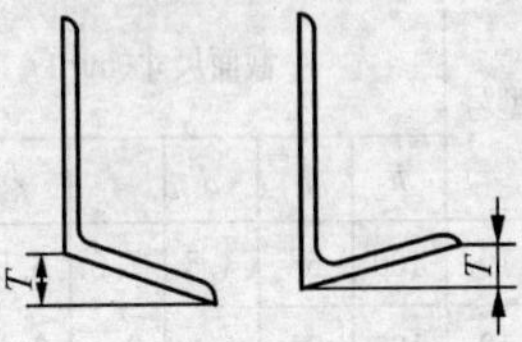</td></tr>
<tr><td colspan="3">长边平直度(W)</td><td>$W \leqslant 0.15D$</td><td> </td></tr>
<tr><td colspan="3">弯曲度</td><td>每米弯曲度≤3 mm
总弯曲度≤总长度的 0.30%</td><td>适用于上下、左右大弯曲</td></tr>
</table>

(5) 热轧 I 字钢

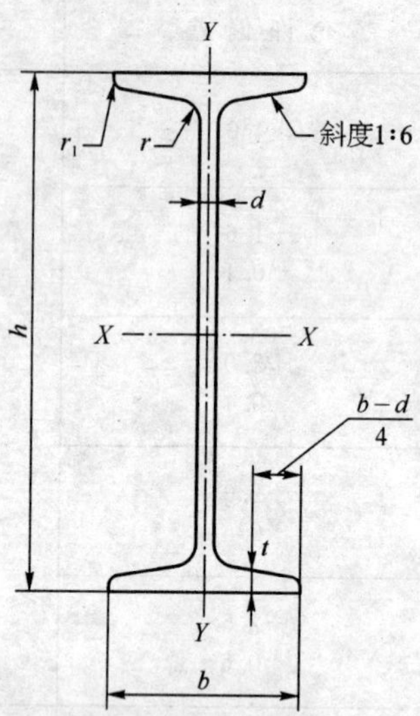

① 工字钢截面尺寸、截面面积、理论重量及截面特性。

型号	截面尺寸(mm)						截面面积(cm^2)	理论重量(kg/m)	惯性矩(cm^4)		惯性半径(cm)		截面模数(cm^3)	
	h	b	d	t	r	r_1			I_x	I_y	i_x	i_y	W_x	W_y
10	100	68	4.5	7.6	6.5	3.3	14.345	11.261	245	33.0	4.14	1.52	49.0	9.72
12	120	74	5.0	8.4	7.0	3.5	17.818	13.987	436	46.9	4.95	1.62	72.7	12.7
12.6	126	74	5.0	8.4	7.0	3.5	18.118	14.223	488	46.9	5.20	1.61	77.5	12.7
14	140	80	5.5	9.1	7.5	3.8	21.516	16.890	712	64.4	5.76	1.73	102	16.1
16	160	88	6.0	9.9	8.0	4.0	26.131	20.513	1 130	93.1	6.58	1.89	141	21.2
18	180	94	6.5	10.7	8.5	4.3	30.756	24.143	1 660	122	7.36	2.00	185	26.0
20a	200	100	7.0	11.4	9.0	4.5	35.578	27.929	2 370	158	8.15	2.12	237	31.5
20b		102	9.0				39.578	31.069	2 500	169	7.96	2.06	250	33.1
22a	220	110	7.5	12.3	9.5	4.8	42.128	33.070	3 400	225	8.99	2.31	309	40.9
22b		112	9.5				46.528	36.524	3 570	239	8.78	2.27	325	42.7
24a	240	116	8.0	13.0	10.0	5.0	47.741	37.477	4 570	280	9.77	2.42	381	48.4
24b		118	10.0				52.541	41.245	4 800	297	9.57	2.38	400	50.4
25a	250	116	8.0				48.541	38.105	5 020	280	10.2	2.40	402	48.3
25b		118	10.0				53.541	42.030	5 280	309	9.94	2.40	423	52.4

（续）

型号	截面尺寸(mm)						截面面积 (cm^2)	理论重量 (kg/m)	惯性矩 (cm^4)		惯性半径 (cm)		截面模数 (cm^3)	
	h	b	d	t	r	r_1			I_x	I_y	i_x	i_y	W_x	W_y
27a	270	122	8.5	13.7	10.5	5.3	54.554	42.825	6 550	345	10.9	2.51	485	56.6
27b		124	10.5				59.954	47.064	6 870	366	10.7	2.47	509	58.9
28a	280	122	8.5				55.404	43.492	7 110	345	11.3	2.50	508	56.6
28b		124	10.5				61.004	47.888	7 480	379	11.1	2.49	534	61.2
30a	300	126	9.0	14.4	11.0	5.5	61.254	48.084	8 950	400	12.1	2.55	597	63.5
30b		128	11.0				67.254	52.794	9 400	422	11.8	2.50	627	65.9
30c		130	13.0				73.254	57.504	9 850	445	11.6	2.46	657	68.5
32a	320	130	9.5	15.0	11.5	5.8	67.156	52.717	11 100	460	12.8	2.62	692	70.8
32b		132	11.5				73.556	57.741	11 600	502	12.6	2.61	726	76.0
32c		134	13.5				79.956	62.765	12 200	544	12.3	2.61	760	81.2
36a	360	136	10.0	15.8	12.0	6.0	76.480	60.037	15 800	552	14.4	2.69	875	81.2
36b		138	12.0				83.680	65.689	16 500	582	14.1	2.64	919	84.3
36c		140	14.0				90.880	71.341	17 300	612	13.8	2.60	962	87.4
40a	400	142	10.5	16.5	12.5	6.3	86.112	67.598	21 700	660	15.9	2.77	1 090	93.2
40b		144	12.5				94.112	73.878	22 800	692	15.6	2.71	1 140	96.2
40c		146	14.5				102.112	80.158	23 900	727	15.2	2.65	1 190	99.6
45a	450	150	11.5	18.0	13.5	6.8	102.446	80.420	32 200	855	17.7	2.89	1 430	114
45b		152	13.5				111.446	87.485	33 800	894	17.4	2.84	1 500	118
45c		154	15.5				120.446	94.550	35 300	938	17.1	2.79	1 570	122
50a	500	158	12.0	20.0	14.0	7.0	119.304	93.654	46 500	1 120	19.7	3.07	1 860	142
50b		160	14.0				129.304	101.504	48 600	1 170	19.4	3.01	1 940	146
50c		162	16.0				139.304	109.354	50 600	1 220	19.0	2.96	2 080	151
55a	550	166	12.5	21.0	14.5	7.3	134.185	105.335	62 900	1 370	21.6	3.19	2 290	164
55b		168	14.5				145.185	113.970	65 600	1 420	21.2	3.14	2 390	170
55c		170	16.5				156.185	122.605	68 400	1 480	20.9	3.08	2 490	175
56a	560	166	12.5				135.435	106.316	65 600	1 370	22.0	3.18	2 340	165
56b		168	14.5				146.635	115.108	68 500	1 490	21.6	3.16	2 450	174
56c		170	16.5				157.835	123.900	71 400	1 560	21.3	3.16	2 550	183
63a	630	176	13.0	22.0	15.0	7.5	154.658	121.407	93 900	1 700	24.5	3.31	2 980	193
63b		178	15.0				167.258	131.298	98 100	1 810	24.2	3.29	3 160	204
63c		180	17.0				179.858	141.189	102 000	1 920	23.8	3.27	3 300	214

注：表中 r、r_1 的数据用于孔型设计，不做交货条件。

② 工字钢、槽钢尺寸、外形允许偏差。 (mm)

	高度	允许偏差	图示
高度(h)	<100	±1.5	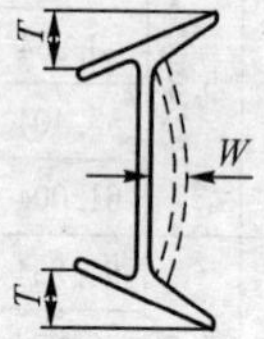
	100～<200	±2.0	
	200～<400	±3.0	
	≥400	±4.0	
腿宽度(b)	<100	±1.5	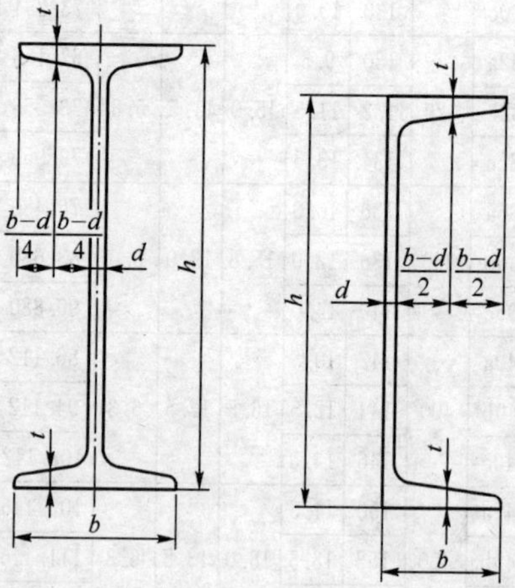
	100～<150	±2.0	
	150～<200	±2.5	
	200～<300	±3.0	
	300～<400	±3.5	
	≥400	±4.0	
腰厚度(d)	<100	±0.4	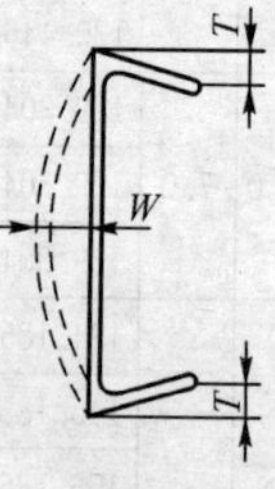
	100～<200	±0.5	
	200～<300	±0.7	
	300～<400	±0.8	
	≥400	±0.9	

注：1. 型钢长度允许偏差：长度≤8 000 mm，允许偏差 $^{+50}_{-0}$ mm；长度>8 000 mm，允许偏差 $^{+80}_{-0}$ mm。

2. 腹板弯腰挠度 $W \leqslant 0.15d$。

3. 工字钢，弯曲度：≤2 mm/m，总弯曲≤总长的 0.20%；
槽钢，弯曲度：≤3 mm/m，总弯曲≤总长的 0.30%。

(6) 热轧槽钢

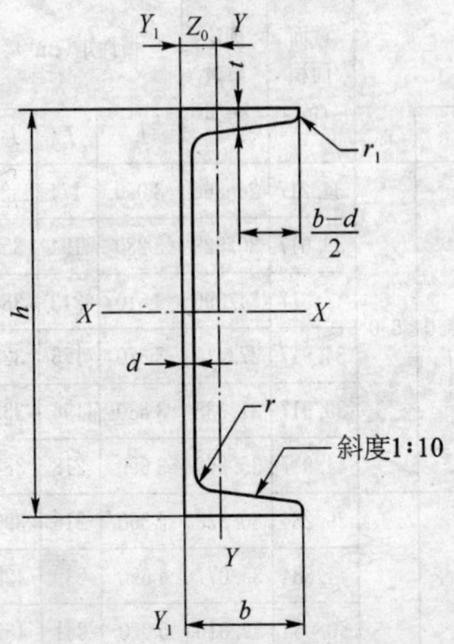

槽钢截面尺寸、截面面积、理论重量及截面特性

型号	截面尺寸(mm)						截面面积 (cm^2)	理论重量 (kg/m)	惯性矩(cm^4)			惯性半径 (cm)		截面模数 (cm^3)		重心距离 (cm)
	h	b	d	t	r	r_1			I_x	I_y	I_{y1}	i_x	i_y	W_x	W_y	Z_0
5	50	37	4.5	7.0	7.0	3.5	6.928	5.438	26.0	8.30	20.9	1.94	1.10	10.4	3.55	1.35
6.3	63	40	4.8	7.5	7.5	3.8	8.451	6.634	50.8	11.9	28.4	2.45	1.19	16.1	4.50	1.36
6.5	65	40	4.3	7.5	7.5	3.8	8.547	6.709	55.2	12.0	28.3	2.54	1.19	17.0	4.59	1.38
8	80	43	5.0	8.0	8.0	4.0	10.248	8.045	101	16.6	37.4	3.15	1.27	25.3	5.79	1.43
10	100	48	5.3	8.5	8.5	4.2	12.748	10.007	198	25.6	54.9	3.95	1.41	39.7	7.80	1.52
12	120	53	5.5	9.0	9.0	4.5	15.362	12.059	346	37.4	77.7	4.75	1.56	57.7	10.2	1.62
12.6	126	53	5.5	9.0	9.0	4.5	15.692	12.318	391	38.0	77.1	4.95	1.57	62.1	10.2	1.59
14a	140	58	6.0	9.5	9.5	4.8	18.516	14.535	564	53.2	107	5.52	1.70	80.5	13.0	1.71
14b		60	8.0				21.316	16.733	609	61.1	121	5.35	1.69	87.1	14.1	1.67
16a	160	63	6.5	10.0	10.0	5.0	21.962	17.24	866	73.3	144	6.28	1.83	108	16.3	1.80
16b		65	8.5				25.162	19.752	935	83.4	161	6.10	1.82	117	17.6	1.75
18a	180	68	7.0	10.5	10.5	5.2	25.699	20.174	1 270	98.6	190	7.04	1.96	141	20.0	1.88
18b		70	9.0				29.299	23.000	1 370	111	210	6.84	1.95	152	21.5	1.84
20a	200	73	7.0	11.0	11.0	5.5	28.837	22.637	1 780	128	244	7.86	2.11	178	24.2	2.01
20b		75	9.0				32.837	25.777	1 910	144	268	7.64	2.09	191	25.9	1.95
22a	220	77	7.0	11.5	11.5	5.8	31.846	24.999	2 390	158	298	8.67	2.23	218	28.2	2.10
22b		79	9.0				36.246	28.453	2 570	176	326	8.42	2.21	234	30.1	2.03

(续)

型号	截面尺寸(mm)						截面面积(cm^2)	理论重量(kg/m)	惯性矩(cm^4)			惯性半径(cm)		截面模数(cm^3)		重心距离(cm)
	h	b	d	t	r	r_1			I_x	I_y	I_{y1}	i_x	i_y	W_x	W_y	Z_0
24a	240	78	7.0	12.0	12.0	6.0	34.217	26.860	3 050	174	325	9.45	2.25	254	30.5	2.10
24b		80	9.0				39.017	30.628	3 280	194	355	9.17	2.23	274	32.5	2.03
24c		82	11.0				43.817	34.396	3 510	213	388	8.96	2.21	293	34.4	2.00
25a	250	78	7.0				34.917	27.410	3 370	176	322	9.82	2.24	270	30.6	2.07
25b		80	9.0				39.917	31.335	3 530	196	353	9.41	2.22	282	32.7	1.98
25c		82	11.0				44.917	35.260	3 690	218	384	9.07	2.21	295	35.9	1.92
27a	270	82	7.5	12.5	12.5	6.2	39.284	30.838	4 360	216	393	10.5	2.34	323	35.5	2.13
27b		84	9.5				44.684	35.077	4 690	239	428	10.3	2.31	347	37.7	2.06
27c		86	11.5				50.084	39.316	5 020	261	467	10.1	2.28	372	39.8	2.03
28a	280	82	7.5				40.034	31.427	4 760	218	388	10.9	2.33	340	35.7	2.10
28b		84	9.5				45.634	35.823	5 130	242	428	10.6	2.30	366	37.9	2.02
28c		85	11.5				51.234	40.219	5 500	268	463	10.4	2.29	393	40.3	1.95
30a	300	85	7.5	13.5	13.5	6.8	43.902	34.463	6 050	260	467	11.7	2.43	403	41.1	2.17
30b		87	9.5				49.902	39.173	6 500	289	515	11.4	2.41	433	44.0	2.13
30c		89	11.5				55.902	43.883	6 950	316	560	11.2	2.38	463	46.4	2.09
32a	320	88	8.0	14.0	14.0	7.0	48.513	38.083	7 600	305	552	12.5	2.50	475	46.5	2.24
32b		90	10.0				54.913	43.107	8 140	336	593	12.2	2.47	509	49.2	2.16
32c		92	12.0				61.313	48.131	8 690	374	643	11.9	2.47	543	52.6	2.09
36a	360	96	9.0	16.0	16.0	8.0	60.910	47.814	11 900	455	818	14.0	2.73	660	63.5	2.44
36b		98	11.0				68.110	53.466	12 700	497	880	13.6	2.70	703	66.9	2.37
36c		100	13.0				75.310	59.118	13 400	536	948	13.4	2.67	746	70.0	2.34
40a	400	100	10.5	18.0	18.0	9.0	75.068	58.928	17 600	592	1 070	15.3	2.81	879	78.8	2.49
40b		102	12.5				83.068	65.208	18 600	640	114	15.0	2.78	932	82.5	2.44
40c		104	14.5				91.068	71.488	19 700	688	1 220	14.7	2.75	986	86.2	2.42

注：表中 r、r_1 的数据用于孔型设计，不做交货条件。

10. 钢筋混凝土用钢第 1 部分：热轧光圆钢筋(摘自 GB 1499.1—2008)

(1) 说　明

本部分为 GB 1499 的第一部分，对应国际标准 ISO 6935—1：1991《钢筋混凝土用钢　第一部分：光圆钢筋》与 ISO 6935—1，1991 的一致性程度为非等效，同时参考了国际标准修订稿“ISO/DIS 6935—1(2005)”。

2008年9月1日起，GB/T 701—1997《低碳钢热轧圆盘条》中的建筑用盘条部分，GB 13013—1991《钢筋混凝土用热轧光圆钢筋》作废。

与GB 13013—1991比，增加300强度级别，结合GB/T 701—1997，增加产品规格；将GB 13013—1991的强度等级代号R235和GB/T 701—1997中建筑用牌号Q235统一为HPB235。

(2) 范　　围

本部分适用于钢筋混凝土用热轧直条、盘条光圆钢筋。不适用于由成品钢材再次轧制成的再生钢筋。

(3) 牌号的化学成分、力学性能和工艺性能应符合下表

牌号	化学成分(质量分数)(%)≤					力学性能(≥)				冷弯试验180° a—弯芯直径 d—钢筋公称直径
	C	Si	Mn	P	S	R_{eL} (MPa)	R_m (MPa)	A (%)	A_{gt} (%)	
HPB235	0.22	0.30	0.65	0.045	0.050	235	370	25.0	10.0	$d=a$
HPB300	0.25	0.55	1.50			300	420			

注：化学成分允许偏差应符合GB/T 222规定，钢筋应无有害的表面缺陷。

(4) 尺寸外形重量及允许偏差应符合下表规定

公称直径(mm)	公称横截面面积(mm^2)	理论重量(kg/m)	允许偏差(mm)	不圆度(mm)
6(6.5)	28.27(33.18)	0.222(0.260)	±0.3	≤0.4
8	50.27	0.395		
10	78.54	0.617		
12	113.1	0.888		
14	153.9	1.210	±0.4	
16	201.1	1.580		
18	254.5	2.000		
20	314.2	2.47		
22	380.1	2.98		

注：1. 本部分推荐钢筋直径为d(mm)，6、8、10、12、16、20。

2. 钢筋按实际重量交货，也可按理论重量交货，允许偏差应符合下表规定。

公称直径d(mm)	实际重量与理论重量的偏差(%)
6～12	±7
14～22	±5

(5) 长度及允许偏差

钢筋按直条或盘卷交货。直条钢筋长度在合同中指明，长度允许偏差为：0～+50 mm。

(6) 弯曲度和端部

弯曲度应不影响正常使用，总弯曲度不大于钢筋总长的0.4%，钢筋端部应剪切正直，局部变形应不影响正常使用。

11. 钢筋混凝土用热轧带肋钢筋(摘自GB 1499.2—2007)

(1) 范　围

适用于钢筋混凝土用普通热轧带肋钢筋和细晶粒热轧带肋钢筋，不适用于由成品钢材再次轧制成的再生钢筋及余热处理钢筋。

(2) 钢筋类别、牌号及化学成分

牌　号	化学成分(质量分数)(%)≤					
	C	Si	Mn	P	S	Ceq
HRB335 HRBF335	0.25	0.80	1.60	0.045	0.045	0.52
HRB400 HRBF400						0.54
HRB500 HRBF500						0.55

注：1. HRB为普通热轧钢筋类。
2. HRBF为细晶粒热轧钢筋类。
3. Ceq(百分比)为碳当量，是评价可焊性指标。

(3) 力学性能

牌　号	R_{eL}(MPa)	R_m(MPa)	A(%)	A_{gt}(%)
	≥			
HRB335 HRBF335	335	455	17	7.5
HRB400 HRBF400	400	540	16	
HRB500 HRBF500	500	630	15	

注：1. 直径28～40 mm各牌号钢筋的断后伸长率A可降低1%；直径大于40 mm各牌号钢筋的断后伸长率A可降低2%。
2. 有较高要求的抗震结构适用牌号为：在上表中已有牌号后加E(例如HRB400E、HRBF400E)的钢筋。该类钢筋除应满足以下a)、b)、c)的要求外，其他要求与相对应的已有牌号钢筋相同。
a) 钢筋实测抗拉强度与实测屈服强度之比R_m°/R_{eL}°不小于1.25。
b) 钢筋实测屈服强度与表6规定的屈服强度特征值之比R_{eL}°/R_{eL}不大于1.30。
c) 钢筋的最大力总伸长率A_{gt}不小于9%。
3. R_m°为钢筋实测抗拉强度；R_{eL}°为钢筋实测屈服强度。

(4) 工艺性能

① 弯曲性能。

按下表规定的弯芯直径弯曲 180°后，钢筋受弯曲部位表面不得产生裂纹。

(mm)

牌　号	公称直径 d	弯芯直径
HRB335 HRBF335	6～25	3 d
	28～40	4 d
	＞40～50	5 d
HRB400 HRBF400	6～25	4 d
	28～40	5 d
	＞40～50	6 d
HRB500 HRBF500	6～25	6 d
	28～40	7 d
	＞40～50	8 d

② 反向弯曲性能。

根据需方要求，钢筋可进行反向弯曲性能试验。

(a) 反向弯曲试验的弯芯直径比弯曲试验相应增加一个钢筋公称直径。

(b) 反向弯曲试验：先正向弯曲 90°后再反向弯曲 20°。两个弯曲角度均应在去载之前测量。经反向弯曲试验后，钢筋受弯曲部位表面不得产生裂纹。

(5) 公称横截面积与理论重量

公称直径 (mm)	公称横截面面积(mm^2)	理论重量 (kg/m)	公称直径 (mm)	公称横截面面积(mm^2)	理论重量 (kg/m)
6	28.27	0.222	22	380.1	2.98
8	50.27	0.395	25	490.9	3.85
10	78.54	0.617	28	615.8	4.83
12	113.1	0.888	32	804.2	6.31
14	153.9	1.21	36	1 018	7.99
16	201.1	1.58	40	1 257	9.87
18	254.5	2.00	50	1 964	15.42
20	314.2	2.47			

注：上表中理论重量按密度为 7.85 g/cm³ 计算。公称直径 14、18、22、28、36 为非推荐规格。

(6) 带肋钢筋尺寸允许偏差及表面形状

① 横肋与钢筋轴线的夹角 β 不应小于 45°，当该夹角不大于 70°时，钢筋相对两面上横肋的方向应相反。

② 横肋公称间距不得大于钢筋公称直径的 0.7 倍。

③ 横肋侧面与钢筋表面的夹角 α 不得小于 45°。

④ 钢筋相邻两面上横肋末端之间的间隙(包括纵肋宽度)总和不应大于钢筋公称周长的 20%。

⑤ 当钢筋公称直径不大于 12 mm 时,相对肋面积不应小于 0.055;公称直径为 14 mm 和 16 mm 时,相对肋面积不应小于 0.060;公称直径大于 16 mm 时,相对肋面积不应小于 0.065。相对肋面积的计算可参考附录 C(GB 1499.2—2007)。

⑥ 带肋钢筋通常带有纵肋,也可不带纵肋。

⑦ 带有纵肋的月牙肋钢筋,其外形如图 1 所示,尺寸及允许偏差应符合下表的规定。

带肋钢筋尺寸及允许偏差

(mm)

公称直径 d	内径 d_1		横肋高 h		纵肋高 h_1(不大于)	横肋宽 b	纵肋宽 a	间距 l		横肋末端最大间隙(公称周长的10%弦长)
	公称尺寸	允许偏差	公称尺寸	允许偏差				公称尺寸	允许偏差	
6	5.8	±0.3	0.6	±0.3	0.8	0.4	1.0	4.0	±0.5	1.8
8	7.7	±0.4	0.8	+0.4 −0.3	1.1	0.5	1.5	5.5		2.5
10	9.6		1.0	±0.4	1.3	0.6	1.5	7.0		3.1
12	11.5		1.2	+0.4 −0.5	1.6	0.7	1.5	8.0		3.7
14	13.4		1.4		1.8	0.8	1.8	9.0		4.3
16	15.4		1.5		1.9	0.9	1.8	10.0		5.0
18	17.3		1.6	±0.5	2.0	1.0	2.0	10.0		5.6
20	19.3	±0.5	1.7		2.1	1.2	2.0	10.0	±0.8	6.2
22	21.3		1.9		2.4	1.3	2.5	10.5		6.8
25	24.2		2.1	±0.6	2.6	1.5	2.5	12.5		7.7
28	27.2		2.2		2.7	1.7	3.0	12.5		8.6
32	31.0	±0.6	2.4	+0.8 −0.7	3.0	1.9	3.0	14.0	±1.0	9.9
36	35.0		2.6	+1.0 −0.8	3.2	2.1	3.5	15.0		11.1
40	38.7	±0.7	2.9	±1.1	3.5	2.2	3.5	15.0		12.4
50	48.5	±0.8	3.2	±1.2	3.8	2.5	4.0	16.0		15.5

注:1. 纵肋斜角 θ 为 0°~30°。

2. 尺寸 a、b 为参考数据。

3. 不带纵肋的月牙肋钢筋,其内径尺寸可按上表作适当调整,但重量允许偏差应符合以下规定:公称直径 ϕ6~12 mm,ϕ14~20 mm,ϕ22~50 mm,实际重量与理论重量偏差(%),分别为:±7、±5、±4。

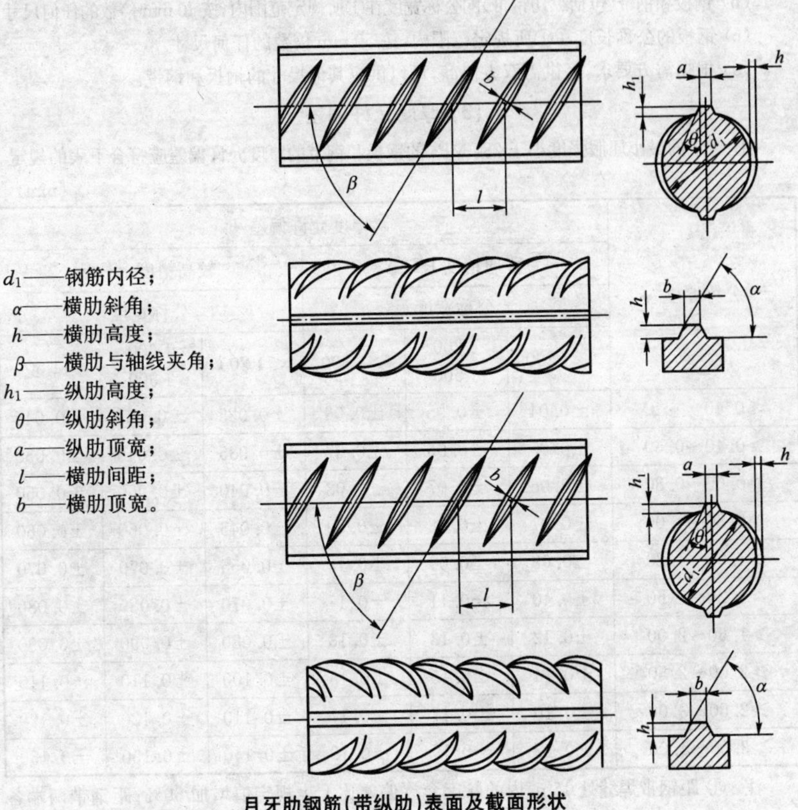

月牙肋钢筋(带纵肋)表面及截面形状

12. 冷轧钢板和钢带的尺寸、外形、重量及允许偏差
(摘自 GB/T 708—2006)

(1) 范　围

本标准适用于轧制宽度不小于 600 mm 的冷轧宽钢带及其剪切钢板(下称钢板)，纵切钢带。单张冷轧钢板亦可参照执行。

(2) 尺　寸

① 钢板和钢带的尺寸范围。

钢板和钢带(包括纵切钢带)的公称厚度 0.30～4.00 mm。

钢板和钢带的公称宽度 600～2 050 mm。

钢板的公称长度 1 000～6 000 mm。

② 钢板和钢带推荐的公称尺寸。

(a) 钢板和钢带(包括纵切钢带)的公称厚度在①所规定范围内，公称厚度小于 1 mm 的钢板和钢带按 0.05 mm 倍数的任何尺寸；公称厚度不小于 1 mm 的钢板和钢带按 0.1 mm 倍数的任何尺寸。

(b) 钢板和钢带(包括纵切钢带)的公称宽度在①所规定范围内,按 10 mm 倍数的任何尺寸。

(c) 钢板的公称长度在①所规定范围内,按 50 mm 倍数的任何尺寸。

(d) 根据需方要求,经供需双方协商,可以供应其他尺寸的钢板和钢带。

(3) 厚度允许偏差

① 规定的最小屈服强度小于 280 MPa 的钢板和钢带的厚度允许偏差应符合下表的规定。

(mm)

公称厚度	厚度允许偏差①					
	普通精度 PT. A			较高精度 PT. B		
	公称宽度			公称宽度		
	≤1 200	>1 200~1 500	>1 500	≤1 200	>1 200~1 500	>1 500
≤0.40	±0.04	±0.05	±0.06	±0.025	±0.035	±0.045
>0.40~0.60	±0.05	±0.06	±0.07	±0.035	±0.045	±0.050
>0.60~0.80	±0.06	±0.07	±0.08	±0.040	±0.050	±0.050
>0.80~1.00	±0.07	±0.08	±0.09	±0.045	±0.060	±0.060
>1.00~1.20	±0.08	±0.09	±0.10	±0.055	±0.070	±0.070
>1.20~1.60	±0.10	±0.11	±0.11	±0.070	±0.080	±0.080
>1.60~2.00	±0.12	±0.13	±0.13	±0.080	±0.090	±0.090
>2.00~2.50	±0.14	±0.15	±0.15	±0.100	±0.110	±0.110
>2.50~3.00	±0.16	±0.17	±0.17	±0.110	±0.120	±0.120
>3.00~4.00	±0.17	±0.19	±0.19	±0.140	±0.150	±0.150

注:① 距钢带焊缝处 15 m 内的厚度允许偏差比上表规定值增加 60%;距钢带两端各 15 m内的厚度允许偏差比上表规定值增加 60%。

② 规定的最小屈服强度为 280~<360 MPa 的钢板和钢带的厚度允许偏差比上表规定值增加 20%;规定的最小屈服强度为不小于 360 MPa 的钢板和钢带的厚度允许偏差比上表规定值增加 40%。

(4) 宽度允许偏差

① 切边钢板、钢带的宽度允许偏差应符合下表的规定;不切边钢板、钢带的宽度允许偏差由供需双方商定。

(mm)

公 称 宽 度	宽度允许偏差	
	普通精度 PW. A	较高精度 PW. B
≤1 200	+4 0	+2 0
>1 200~1 500	+5 0	+2 0
>1 500	+6 0	+3 0

② 纵切钢带的宽度允许偏差应符合下表的规定。

(mm)

公称厚度	宽度允许偏差				
	公称宽度				
	≤125	>125～250	>250～400	>400～600	>600
≤0.40	+0.3 0	+0.6 0	+1.0 0	+1.5 0	+2.0 0
>0.40～1.0	+0.5 0	+0.8 0	+1.2 0	+1.5 0	+2.0 0
>1.0～1.8	+0.7 0	+1.0 0	+1.5 0	+2.0 0	+2.5 0
>1.8～4.0	+1.0 0	+1.3 0	+1.7 0	+2.0 0	+2.5 0

(5) 长度允许偏差

钢板的长度允许偏差应符合下表的规定。

(mm)

公称长度	长度允许偏差	
	普通精度 PL. A	高级精度 PL. B
≤2 000	+6 −0	+3 −0
>2 000	+0.3%×公称长度 0	+0.15%×公称长度 0

(6) 钢板不平度

规定的最小屈服强度(MPa)	公称宽度(mm)	普通精度 PF. A			较高精度 PF. B		
		公称厚度的不平度(≤)(mm)					
		<0.70	0.70～<1.20	≥1.20	<0.70	0.70～<1.20	≥1.20
<280	≤1 200	12	10	8	5	4	3
	>200～1 500	15	12	10	6	5	4
	>1 500	19	17	15	8	7	6
280～<360	≤1 200	15	13	10	8	6	5
	>1 200～1 500	18	15	13	9	8	6
	>1 500	22	20	19	12	10	9

注：1. 按较高精度 PF. B 供货时，对于公称宽度<1 500 mm 钢板，波浪高度小于波长的 1%，对于公称宽度>1 500 mm 钢板，波浪高度应小于波长的 1.5%。

2. 最小屈服强度>360 MPa 的钢板不平度，供需双方协议。

13. 热轧钢板和钢带的尺寸、外形、重量及允许偏差（摘自 GB/T 709—2006）

本标准适用于轧制宽度不小于 600 mm 的单张轧制钢板（以下简称单轧钢板）钢带及其剪切钢板（以下简称连轧钢板）和纵切钢带。

(1) 厚度允许偏差

热轧钢板的厚度允许偏差(N 类)

(mm)

公称厚度	下列公称宽度的厚度允许偏差			
	≤1 500	>1 500～2 500	>2 500～4 000	>4 000～4 800
3.00～5.00	±0.45	±0.55	±0.65	—
>5.00～8.00	±0.50	±0.60	±0.75	—
>8.00～15.0	±0.55	±0.65	±0.80	±0.90
>15.0～25.0	±0.65	±0.75	±0.90	±1.10
>25.0～40.0	±0.70	±0.80	±1.00	±1.20
>40.0～60.0	±0.80	±0.90	±1.10	±1.30
>60.0～100	±0.90	±1.10	±1.30	±1.50
>100～150	±1.20	±1.40	±1.60	±1.80
>150～200	±1.40	±1.60	±1.80	±1.90
>200～250	±1.60	±1.80	±2.00	±2.20
>250～300	±1.80	±2.00	±2.20	±2.40
>300～400	±2.00	±2.20	±2.40	±2.60

注：正偏差和负偏差相等，适用于单轧钢板。

单轧钢板的厚度允许偏差(A 类)

(mm)

公称厚度	下列公称宽度的厚度允许偏差			
	≤1 500	>1 500～2 500	>2 500～4 000	>4 000～4 800
3.00～5.00	+0.55 −0.35	+0.70 −0.40	+0.85 −0.45	—
>5.00～8.00	+0.65 −0.35	+0.75 −0.45	+0.95 −0.55	—
>8.00～15.0	+0.70 −0.40	+0.85 −0.45	+1.05 −0.55	+1.20 −0.60
>15.0～25.0	+0.85 −0.45	+1.00 −0.50	+1.15 −0.65	+1.50 −0.70
>25.0～40.0	+0.90 −0.50	+1.05 −0.55	+1.30 −0.70	+1.60 −0.80

(续)

公称厚度	下列公称宽度的厚度允许偏差			
	≤1 500	>1 500～2 500	>2 500～4 000	>4 000～4 800
>40.0～60.0	+1.05 −0.55	+1.20 −0.60	+1.45 −0.75	+1.70 −0.90
>60.0～100	+1.20 −0.60	+1.50 −0.70	+1.75 −0.85	+2.00 −1.00
>100～150	+1.60 −0.80	+1.90 −0.90	+2.15 −1.05	+2.40 −1.20
>150～200	+1.90 −0.90	+2.20 −1.00	+2.45 −1.15	+2.50 −1.30
>200～250	+2.20 −1.00	+2.40 −1.20	+2.70 −1.30	+3.00 −1.40
>250～300	+2.40 −1.20	+2.70 −1.30	+2.95 −1.45	+3.20 −1.60
>300～400	+2.70 −1.30	+3.00 −1.40	+3.25 −1.55	+3.50 −1.70

单轧钢板厚度允许偏差(B类)

(mm)

公称厚度	下列公称宽度的厚度的允许偏差							
	≤1 500		>1 500～2 500		>2 500～4 000		>4 000～4 800	
3.00～5.00	−0.30	+0.60	−0.30	+0.80	−0.30	+1.00	—	
>5.00～8.00	−0.30	+0.70	−0.30	+0.90	−0.30	+1.20	—	
>8.00～15.0	−0.30	+0.80	−0.30	+1.00	−0.30	+1.30	−0.30	+1.50
>15.0～25.0	−0.30	+1.00	−0.30	+1.20	−0.30	+1.50	−0.30	+1.90
>25.0～40.0	−0.30	+1.10	−0.30	+1.30	−0.30	+1.70	−0.30	+2.10
>40.0～60.0	−0.30	+1.30	−0.30	+1.50	−0.30	+1.90	−0.30	+2.30
>60.0～100	−0.30	+1.50	−0.30	+1.80	−0.30	+2.30	−0.30	+2.70
>100～150	−0.30	+2.10	−0.30	+2.50	−0.30	+2.90	−0.30	+3.30
>150～200	−0.30	+2.50	−0.30	+2.90	−0.30	+3.30	−0.30	+3.50
>200～250	−0.30	+2.90	−0.30	+3.30	−0.30	+3.70	−0.30	+4.10
>250～300	−0.30	+3.30	−0.30	+3.70	−0.30	+4.10	−0.30	+4.50
>300～400	−0.30	+3.70	−0.30	+4.10	−0.30	+4.50	−0.30	+4.90

单轧钢板的厚度允许偏差(C类)

(mm)

公称厚度	下列公称宽度的厚度允许偏差							
	≤1 500		>1 500~2 500		>2 500~4 000		>4 000~4 800	
3.00~5.00	0	+0.90	0	+1.10	0	+1.30	0	—
>5.00~8.00		+1.00		+1.20		+1.50		—
>8.00~15.0		+1.10		+1.30		+1.60		+1.80
>15.0~25.0		+1.30		+1.50		+1.80		+2.20
>25.0~40.0		+1.40		+1.60		+2.00		+2.40
>40.0~60.0		+1.60		+1.80		+2.20		+2.60
>60.0~100		+1.80		+2.20		+2.60		+3.00
>100~150		+2.40		+2.80		+3.20		+3.60
>150~200		+2.80		+3.20		+3.60		+3.80
>200~250		+3.20		+3.60		+4.00		+4.40
>250~300		+3.60		+4.00		+4.40		+4.80
>300~400		+4.00		+4.40		+4.80		+5.20

注：只允许正公差，不允许负公差。

钢带(包括连轧钢板)的厚度允许偏差

(mm)

公称厚度	钢带厚度允许偏差[①]							
	普通精度 PT.A				较高精度 PT.B			
	公称宽度				公称宽度			
	600~1 200	>1 200~1 500	>1 500~1 800	>1 800	600~1 200	>1 200~1 500	>1 500~1 800	>1 800
0.8~1.5	±0.15	±0.17	—	—	±0.10	±0.12	—	—
>1.5~2.0	±0.17	±0.19	±0.21	—	±0.13	±0.14	±0.14	—
>2.0~2.5	±0.18	±0.21	±0.23	±0.25	±0.14	±0.15	±0.17	±0.20
>2.5~3.0	±0.20	±0.22	±0.24	±0.26	±0.15	±0.17	±0.19	±0.21
>3.0~4.0	±0.22	±0.24	±0.26	±0.27	±0.17	±0.18	±0.21	±0.22
>4.0~5.0	±0.24	±0.26	±0.28	±0.29	±0.19	±0.21	±0.22	±0.23
>5.0~6.0	±0.26	±0.28	±0.29	±0.31	±0.21	±0.22	±0.23	±0.25
>6.0~8.0	±0.29	±0.30	±0.31	±0.35	±0.23	±0.24	±0.25	±0.28
>8.0~10.0	±0.32	±0.33	±0.34	±0.40	±0.26	±0.26	±0.27	±0.32
>10.0~12.5	±0.35	±0.36	±0.37	±0.43	±0.28	±0.29	±0.30	±0.36
>12.5~15.0	±0.37	±0.38	±0.40	±0.46	±0.30	±0.31	±0.33	±0.39
>15.0~25.4	±0.40	±0.42	±0.45	±0.50	±0.32	±0.34	±0.37	±0.42

注：① 规定最小屈服强度 $R_e \geqslant 345$ MPa 的钢带，厚度偏差应增加10%。

(2) 宽度允许偏差

(mm)

钢板名称	公称宽度(及相应厚度)		允许偏差	
	公称宽度	公称厚度	上偏差	下偏差
切边单轧钢板宽度允许偏差	≤1 500	3~16	+10	0
	>1 500		+15	0
	≤2 000	>16	+20	0
	>2 000~3 000		+25	0
	>3 000		+30	0
不切边钢带(含连轧钢板)宽度允许偏差	≤1 500		+20	0
	>1 500		+25	0
切边钢带(含连轧钢板)宽度允许偏差	≤1 200		+3	0
	>1 200~1 500		+5	0
	>1 500		+6	0
纵切钢带宽度允许偏差	120~160	≤4.0	+1	0
		>4.0~8.0	+2	0
		>8.0	+2.5	0
	>160~250	≤4.0	+1	0
		>4.0~8.0	+2	0
		>8.0	+2.5	0
	>250~600	≤4.0	+2.0	0
		>4.0~8.0	+2.5	0
		>8.0	+3.0	0
	>600~900	≤4.0	+2.0	0
		>4.0~8.0	+2.5	0
		>8.0	+3.0	0

(3) 长度允许偏差

(mm)

钢板名称	公称长度	允许偏差	
		上偏差	下偏差
单轧钢板	2 000~4 000	+20	0
	>4 000~6 000	+30	0
	>6 000~8 000	+40	0
	>8 000~10 000	+50	0
	>10 000~15 000	+70	0

(续)

钢板名称	公称长度	允许偏差	
		上偏差	下偏差
单轧钢板	>15 000～20 000	+100	0
	>20 000	由供需双方协商	
连轧钢板	2 000～8 000	+5%×公称长度	
	>8 000	+40	0

(4) 钢板不平度

① 单轧钢板的不平度不得超过下表规定。

(mm)

公称厚度	钢类 L				钢类 H			
	下列公称宽度钢板的不平度≤							
	≤3 000		>3 000		≤3 000		>3 000	
	测量长度							
	1 000	2 000	1 000	2 000	1 000	2 000	1 000	2 000
3～5	9	14	15	24	12	17	19	29
>5～8	8	12	14	21	11	15	18	26
>8～15	7	11	11	17	10	14	16	22
>15～25	7	10	10	15	10	13	14	19
>25～40	6	9	9	13	9	12	13	17
>40～400	6	8	8	11	8	11	11	15

注：测量用直尺或线，若两点间距小于 1 000 mm，钢类 L 最大不平度为两点间距的 1%；H 类钢，最大不平度为两点间距的 1.5%，但两者均不得超过上表规定。钢类 L 是最低屈服强度≤460 MPa，未经淬火或淬火加回火处理的钢板，钢类 H 是指最低屈服强度>460～700 MPa 以及经淬火或淬火加回火处理的钢板。

② 连轧钢板不平度，按下表规定。

(mm)

公称厚度	公称宽度	不平度≤		
		规定的屈服强度，R_e		
		<220 MPa	220 MPa～320 MPa	>320 MPa
≤2	≤1 200	21	26	32
	>1 200～1 500	25	31	36
	>1 500	30	38	45
>2	≤1 200	18	22	27
	>1 200～1 500	23	29	34
	>1 500	28	35	42

(5) 镰刀弯及切斜

① 单轧钢板镰刀弯应不大于实际长度的 0.2%。

② 钢板的斜切应不大于实际宽度的 1%。

14. 结构用热连轧钢板及钢带(Q/BQB 303—2003、BZJ 371—2003)

(1) 结构用热连轧钢板

材料类别 \ 标准及牌号	宝钢企业标准			相当国际标准	
	标准号	牌号		标准号	牌号
热轧低碳钢					
热轧低碳钢用于制造冷成型加工的工件	Q/BQB 302	SPHC SPHD SPHE		JIS G3131	SPHC SPHD SPHE
		StW22 StW23 StW24		DIN 1614 (EN 10111)	StW22(DD11) StW23(DD12) StW24(DD13)
结构用钢					
一般结构用钢 用于建筑、桥梁、船舶、车辆等一般结构件	Q/BQB 303	SS 330 SS 400 SS 490 SS 540		JIS G3101	SS 330 SS 400 SS 490 SS 540
		St33 St37－2 St37－3 St44－2 St50－2 St52－3		DIN 17100 (EN10025)	St33(S185) St37－2(S235JG) St37－3(S235JO) St44－2(S275JR) St50－2(E295) St52－3(S355JO)
焊接结构用钢 ① 用于建筑、桥梁、船舶、车辆、石油罐、工程机械等性能优良的焊接件。 ② 混凝土搅拌机筒体用热连轧钢板。 ③ 用于焊接结构的高强度钢板及工程机械、采矿机械等。	Q/BQB 303	①	SM400A SM400B SM400C SM490A SM490B SM490C SM490YA SM490YB SM520B SM520C	JIS G3106	SM400A SM400B SM400C SM490A SM490B SM490C SM490YA SM490YB SM520B SM520C
		②	B520JJ	—	—
		③	Welten590RE	NSC	Welten590RE
		B590GJA B590GJB		—	—

（续）

材料类别 \ 标准及牌号	宝钢企业标准			相当国际标准	
	标准号	牌号		标准号	牌号
机械结构用钢 用于经切削等加工并热处理后使用的机械结构件	Q/BQB 303	C22 C35 S20C S35C		DIN 17200 JIS G4501	C22 C35 S20C S35C
细晶粒结构钢 用于焊接的细晶粒结构钢	Q/BQB 303	StE255 StE355		DIN 17102	StE255 StE355
专业用钢					
钢管用钢 用于焊接钢管	Q/BQB 303	SPHT1 SPHT2 SPHT3		JIS G3132	SPHT1 SPHT2 SPHT3
汽车结构用钢 ① 用于要求具有成型性，加工性能的汽车构架、车轮等汽车结构件 ② 冷变形用热轧细晶粒钢，用于要求具有良好冷成型性能并有较高强度的汽车大梁等结构件 ③ 有良好冷成型性能，用于汽车滚型车轮轮网及轮辐 ④ 制造汽车传动轴管用 ⑤ 制造汽车大梁和横梁用	Q/BQB 310	①	SAPH 310 SAPH 370 SAPH 400 SAPH 440	JIS G3113	SAPH 310 SAPH 370 SAPH 400 SAPH 440
	Q/BQB 310	②	QStE 340TM QStE 380TM QStE 420TM QStE 460TM QStE 500TM	SEW 092 (EN10149－2)	QStE 340TM (S355MC) QStE 380TM QStE 420TM (S420MC) QStE 460TM (S460MC) QStE 500TM (S500MC)
		③	B330CL B380CL B420CL	—	—
		④	B440QZR B480QZR	—	—
		⑤	B320L B550L B510L B420L B510DL	—	—

（续）

材料类别 \ 标准及牌号	宝钢企业标准		相当国际标准	
	标准号	牌号	标准号	牌号
锅炉及压力容器用钢 ① 用于制造蒸汽锅炉设备、较高工作温度的压力容器及类似结构 ② 焊接气瓶用钢板	Q/BQB 320	① HII 19Mn6	DIN 17155 (EN10028-2)	HII (P265GH) 19Mn6 (P355GH)
		SB410	JIS G3103	SB410
	Q/BQB 321	② B440HP B490HP	JIS G3116	SG295 SG325
船体结构用钢	Q/BQB 330	一般船体结构钢，A、B、D、E	LR，BV GL，DNV 及 ABS 船规	A B D E
		高强度船体结构钢 AH32 AH36		
直缝焊套管用热连轧钢带 用于直缝焊管	QBQB 372—2003	J55 公称厚度 5.0～11.0(mm)	API-5CT	
高韧性管线用热连轧钢带 供螺旋焊管，用于石油输送管	BZJ 371—2003	×60RL ×70RL 公称厚度 6～10(mm)	API-5L	×60 ×70 A、B ×52 ×56
深冲用热连轧钢带 工件深冲用	BZJ 305—2003	BRC3 公称厚度： 2.5～6.0(mm) 表面酸洗		
自行车用热连轧钢带	BZJ 304—2003	牌号	公称厚度(mm)	用途
		SPHT1Z	3.0　4.0	接头、前叉肩
		SPHT2Z	3.0	接头、车把横管
		SPHT3Z	3.0　4.0	链条箱、中轴瓦
		SPHDZ	2.0　2.5	抱闸盘
		SM490BZ	2.5　2.75	车架管
		SM520BZ	3.0	链条片

(续)

材料类别 \ 标准及牌号	宝钢企业标准		相当国际标准	
	标准号	牌号	标准号	牌号
花纹钢板及钢带 扁豆型花纹钢板	Q/BQB－390	BCP270 BCP340 BCP400	3.0～10.0	建筑平台、船舶内部走道及平台
特殊钢				
耐大气腐蚀钢 用于制造铁道车辆、石油井架、工程机械耐大气腐蚀的钢结构。	Q/BQB 340	WTSt37－2 WTSt52－3①	SEW087 (EN10155)	WTSt37－2 (S235J2W) WTSt52－3 (S355J2G1W)
		NAW 400② NAW 490	NSC	NAW 400 NAW 490
		B460NQR③ B490NQR④	—	—
耐硫酸腐蚀钢 用于制造盛放 H_2S 的容器		S－ten2⑤	NSC	S－ten2
耐海水腐蚀钢 用于采油平台、港口、船舶钢结构	Q/BQB 340	Mariloy G41A⑥ Mariloy S50A	NSC	Mariloy G41A Mariloy S50A
高耐候性结构钢 用于制造集装箱结构件	Q/BQB 340	B480GNQR⑦	—	—
厚度方向性能热连轧钢板 用于高层钢结构建筑、海上石油平台及要求有良好抗层状撕裂的钢结构和要求厚度性能的钢结构	Q/BQB 350	Z15 Z25 Z35	—	—

(续)

材料类别 \ 标准及牌号	宝钢企业标准		相当国际标准	
	标准号	牌号	标准号	牌号
表面硬化钢 高纯低碳钢、供进行表面渗碳或渗氮后作淬火硬化，制造表层高硬耐磨，芯部具有高韧性的结构件	Q/BQB 360	C10 C15	DIN 17210	C10 C15
		S09CK S15CK	JIS G4051	S09CK S15CK
抗氢诱裂纹管线用热连轧钢带 供螺旋埋弧焊或直缝电阻焊生产具有抗HIC性能的石油天然气输送用	BZJ 371—2003	B×52H B×60H B×65H 公称厚度 6.0～13.0(mm)		

注：① 公称厚度4.0～10 mm。
② 公称厚度1.6～6.0 mm。
③ 公称厚度3.0～6.0 mm。
④ 公称厚度4.5～12.0 mm。
⑤ 公称厚度1.6～6.0 mm。
⑥ 公称厚度6.0～25.4 mm。
⑦ 公称厚度4.5～12.0 mm。

(2) 各规格钢板、钢带的可供范围及生产能力

品种		厚度(mm)	宽度(mm)	长度(或带卷内径)(mm)	生产能力(万吨/年)
钢板	切边	0.35～3.5	900～1 830	1 000～6 000	70
	不切边		900～1 850		
钢带	切边	0.35～3.5	900～1 830	610(内径)	55
	不切边		900～1 850		
纵切钢带		0.35～3.5	120～<900		25

(3) 各类型钢的可供牌号及标准

材料类别 \ 标准及牌号	宝钢企业标准		相当国际标准		用途说明
	标准号	牌号	标准号	牌号	
一般用	Q/BQB 403 Q/BQB402	St12 SPCC	DIN 1623 JISG3141	St12 SPCC	冰箱等家电外壳、油桶、钢家具等一般成形加工用
冲压级	Q/BQB 403 Q/BQB 402	St13 SPCD	DIN 1623 JISG3141	St13 SPCD	汽车、家电及建筑等冲压成形加工用钢
深冲级	Q/BQB 403 Q/BQB 402	St14, (F, HF, ZF) SPCE (F, HF, ZF)	DIN 1623 JISG3141	St14 SPCE	汽车前车灯,油箱,轿车门、窗等深冲压成形加工用钢
特深冲用钢	Q/BQB 403	St15 St14T			汽车前车灯、复杂的车底板、油底壳等
超深冲用钢	BZJ 407	St16 BSC2 BSC3			汽车门内板、复杂的车底板、油底壳、轮罩、前后翼子板等
搪瓷钢	BZJ 404	BTC－1			浴缸、搪瓷制品
硬质钢	Q/BQB 402	SPCC4D SPCC8D SPCC1D	JISG3141	1/4 硬质, 1/8 硬质	自行车车圈用钢及文具用钢
结构钢	Q/BQB 410 BZJ 410	St37－2G St44－3G St52－3G	DIN 1623	St37－2G St44－3G St52－3G	建筑、车体、支架
耐大气钢	BZJ 441	B400NQ B450NQ B460NQ B500NQ			汽车、火车车厢外板、集装箱板、门窗、冷弯型钢及其他构件
电视机专用钢	Q/BQB 470	SPCCCK St12CK SPCCCE SECCCD St50CB BCK－1			彩色显像管荫罩框架、彩色显像管耳环、彩色显像管防爆板用电镀锌钢带、彩色显像管防爆用钢、彩色显像管框架等

（续）

标准及牌号 材料类别	宝钢企业标准		相当国际标准		用途说明
	标准号	牌号	标准号	牌号	
汽车车轮用钢	BZJ 412	B320LW B360LW			汽车车轮轮网用钢
汽车传动轴用钢	BZJ 413	B440QZ			汽车传动轴专用
自行车用钢	BZJ 405	SPCCZ SPCC4Z			自行车车圈及链罩等
包装用钢带	Q/BQB 460	St37－2 St50 C45 Q235			包装用捆带
含磷钢	BZJ 411	BP340 BP380			汽车顶盖、底板、挡泥板、门板等
造币用钢	BZJ 406	BZB			镀镍硬币钢芯
烘烤硬化钢	BZJ 416	BH340 BH340A			汽车车身覆盖件
汽车离合器摩擦片用钢	BZJ 414	BMCP84			汽车离合器摩擦片用钢
汽车底盘零件用钢	BZJ 417	St12Q			汽车底盘零件用钢

(4) 盘条的宝钢企业标准与其他常用标准对照

标准 产品	宝钢企业标准 Q/BQB	国家标准 GB	日本工业标准 JIS	美国钢铁协会标准 AISI
焊接用钢铁盘条	①511 SWRH32 ER70S－6	GB 3429 H08E H11MnSiA	G3503 SWRY11 —	— AWS A5.18 ER70S－6

（续）

产品 \ 标准	宝钢企业标准 Q/BQB	国家标准 GB	日本工业标准 JIS	美国钢铁协会标准 AISI
优质碳素钢盘条	512 SWRH32 SWRH42A～ SWRH82A SWRH42A～ SWRH82A	GB 699 30～80 40Mn～70Mn	G3506 SWRH32 SWRH42A～ SWRH82A SWRH42A～ SWRH82A	1030～1080
低碳钢盘条	513 SWRM8～ SWRM20	GB 701 Q195～Q235(F)	G3505 SWRM～ SWRM20	1008～1020
冷镦钢盘条	517 SWRCH～ SWRCH22A SWRCH10K～ SWRCH50K SCM435	GB 6478 ML08～ML45 ML25Mn～ ML45Mn ML35CrMo	G3507 SWRCH16A～ SWRCH22A SWRCH10K～ SWRCH50K G4105 SCM435	1008～1050 4137

15. 彩色涂层产品可供范围

基板种类	热镀锌、电镀锌基板	产品规格
公称板厚(mm)	0.3～2.0	0.22～1.30
公称板宽(mm)	700～1 550	700～1 250
公称长度(mm)	1 000～4 000	1 000～4 000
钢卷内径(mm)	508/610	508/610
钢卷质量(t)	3～15	3～15
涂料种类	聚酯、氟碳、硅改性聚酯	聚酯、氟碳、硅改性聚酯
表面质量	符合 Q/BQB 440—2002	符合 Q/BQB 440—2002
包装方式	立式或卧式	立式或卧式
生产能力(万吨/年)	22.5	17
用途	建筑外用、内用，钢窗、家电、家具及其他	

16. 厚钢板

(1) Q/BQB 614—2004 焊接结构用耐大气腐蚀厚钢板

<table>
<tr><th>牌号</th><th>公称厚度
(mm)</th><th>牌号与
JIS 3114—1998 对照</th><th>用途</th></tr>
<tr><td>SMA400AW
SMA400BW
SMA400CW
SMA400AP
SMA400BP
SMA400CP
SMA490AW
SMA490BW</td><td>5～150</td><td rowspan="3">SMA400AW
SMA400BW
SMA400CW
SMA400AP
SMA400BP
SMA400CP
SMA490AW
SMA490BW
SMA490CW
SMA490AP
SMA490BP
SMA490CP
SMA570W
SMA570P</td><td rowspan="3">焊接结构用耐大气腐蚀钢板，用于要求优良焊接性能的桥梁、建筑和其他结构件
牌号带“W”的钢板，通常在裸露下使用或进行耐腐蚀的化学处理后使用
牌号带“P”的钢板，通常在涂装后使用</td></tr>
<tr><td>SMA490CW
SMA490AP
SMA490BP
SMA490CP</td><td>5～100</td></tr>
<tr><td>SMA570W
SMA570P</td><td>5～100</td></tr>
</table>

(2) Q/BQB 615—2004 机械结构用厚钢板

<table>
<tr><th>牌号</th><th>公称厚度(mm)</th><th>与 JIS G4051—1979 对照</th><th>用途</th></tr>
<tr><td>S10C
S12C
S15C
S17C
S20C
S22C
S25C
S28C
S30C
S33C
S35C
S38C
S40C
S43C
S45C
S48C
S50C
S53C
S55C
S58C</td><td>5～150</td><td>S10C
S12C
S15C
S17C
S20C
S22C
S25C
S28C
S30C
S33C
S35C
S38C
S40C
S43C
S45C
S48C
S50C
S53C
S55C
S58C</td><td>机械结构圆柱状零部件，通常用圆钢锻造，机械切削加工后进行热处理，或作调质处理后机械切削加工成形
对于机械结构用碳素钢非柱形工件，一般可用厚钢板切割成条、块状，进一步锻造和热处理后使用</td></tr>
</table>

(3) Q/BQB 611—2004 焊接结构用厚钢板

牌　号	公称厚度(mm)	对照国家标准钢材牌号	用　途
SM400A SM400B SM400C SM490A SM490B	5～150	Q235A、Q235B、Q255A、Q255B、20 Q235C、Q255B、20 Q235D、20 Q275、Q345A、Q345B Q275、Q345C	焊接结构用钢板，主要用于要求具有优良焊接性能的桥梁、船舶、车辆、石油贮槽、容器和其他建筑钢结构
SM490C SM490YA SM490YB SM520B SM520C SM570C	5～100	Q275、Q345D Q345A、Q345B Q345C Q390A、Q390B Q390C Q460C、Q460D	

(4) Q/BQB 612—2004 建筑结构用厚钢板

牌　号	公称厚度(mm)	标准及牌号	用　途
SN400A SN400B	6～100 6～100	YB/T 4104—2000　Q235GJ YB/T 4104—2000　Q235GJ	用于建筑结构
SN400C	16～100	YB/T 4104—2000　Q235GJ—Z25	
SN490B	6～100	YB/T 4104—2000　Q345GJ	
SN490C	16～100	YB/T 4101—2000　Q345GJ—Z25	

(5) Q/BQB 613—2004 焊接结构用高强度厚钢板

牌　号	公称厚度(mm)	标准及牌号	用　途
SHY685 SHY685N SHY685NS	6～100 6～100 6～100	GB/T 16270—1996　Q690D GB/T 16270—1996　Q690D GB/T 16270—1996　Q690D	焊接结构用高屈服强度厚钢板，用于要求具有优良焊接性能的压力容器、高压设备及其他结构

(6) Q/BQB 680—2004 塑料模具用厚钢板

牌　号	公称厚度(mm)	行业标准	用　途
BM35C BM45C BM48C BM50C	5～150	YB/T 107—1997　SM45 YB/T 107—1997　SM48 YB/T 107—1997　SM50	用于制作塑料模具

17. 电镀锡板

(1) 一次冷轧电镀锡板

代号	公称厚度(mm)	公称宽度(mm)	钢板公称长度(mm)
T-2.5	>0.22～0.26 >0.26～0.35 >0.35～0.45 >0.45～0.55	700～1 050 700～1 200 700～1 200 >900～1 200	公称长度或钢卷内径 500～1 168(420)
T-3	0.18～0.22 0.22～0.26 0.26～0.35 0.35～0.45 >0.45～0.55	700～840 700～1 050 700～1 200 800～1 200 >900～1 200	
T-3.5	0.20～0.22 >0.22～0.26	700～900 700～1 050	
T-4	0.18～0.22 >0.22～0.26 >0.26～0.30 >0.30～0.35	700～1 050 700～1 200 700～1 080 800～1 080	
T-5	0.18～0.22 >0.22～0.26	700～1 050 700～1 200	

注：产地参见附录 1 中⚠ 1。

(2) 二次冷轧电镀锡板

项　目	公称尺寸(mm)	项　目	公称尺寸(mm)
公称厚度	0.120～0.360	钢板公称长度	500～1 168
公称宽度	700～1 020	钢卷内径	420

第二章 新型不锈钢材料

1. 不锈钢性能速查

(1) 不锈钢钢种及特征

<table>
<tr><th>按金相组织特征分</th><th colspan="3">按钢中化学成分、合金成分分类</th></tr>
<tr><td rowspan="2">马氏体不锈钢
(铁-铬合金)</td><td>马氏体铬不锈钢</td><td>低碳马氏体不锈钢
中碳马氏体不锈钢
高碳马氏体不锈钢</td><td rowspan="2">1Cr12、1Cr13、Y1Cr13、2Cr13、3Cr13、1Cr13Mo、Y3Cr13、3Cr13Mo、4Cr13、1Cr17Ni2、7Cr17、8Cr17、9Cr18、8Cr17、Y11Cr17、9Cr18Mo、9Cr18Mov、0Cr17Ni7A1</td></tr>
<tr><td>马氏体铬镍不锈钢</td><td>普通马氏体铬镍不锈钢
沉淀硬化不锈钢
马氏体时效不锈钢</td></tr>
<tr><td>铁素体不锈钢
(铁-铬合金)</td><td colspan="3">Cr 11%～15% 0Cr13A1、00Cr12
Cr 16%～20% 1Cr17、Y1Cr17、1Cr17Mo
Cr 21%～30% 00Cr30Mo2、00Cr27Mo</td></tr>
<tr><td>奥氏体不锈钢</td><td colspan="3">铬镍不锈钢,大量生产和使用的牌号有:0Cr18Ni9、00Cr18Ni10、0Cr17Ni12Mo2、00Cr17Ni14Mo2
铬镍锰不锈钢:2Cr13Ni14Mn9
(又称铬镍氮不锈钢,或铬锰镍氮不锈钢)</td></tr>
<tr><td>双相不锈钢
(通常是铁-铬-镍合金)</td><td colspan="3">按金相分,有半马氏体型不锈钢、半铁素体型不锈钢、半奥氏体型不锈钢
按合金成分分有:
低合金型双相不锈钢:00Cr23Ni4N、00Cr21Mn5NiN、1Cr21Ni5Ti
中合金型双相不锈钢:00Cr18Ni5Mo3Si2、00Cr18Ni5Mo3si22Nb、00Cr22Ni5Mo3N
高合金型双相不锈钢:00Cr25Ni5Ti、00Cr25Ni6Mo2N、00Cr25Ni7Mo3N、00Cr25Ni7Mo3WCuN、OCr25Ni6Mo3CuN
高级双相不锈钢,有:00Cr25Ni7Mo4N、UNSS32550(UR52N)、S32750(SAF2507)</td></tr>
</table>

注:1. 按钢的含碳量分,有:低碳不锈钢,C≤0.1%,钢号前面冠以“0”;超低碳不锈钢。C≤0.03%,钢号前面冠以“00”;极低碳不锈钢,C≤0.01%,钢号前面冠以“000”。

2. 按钢的性能特点分,有:耐硝酸(硝酸级)不锈钢、耐硫酸不锈钢、耐点蚀不锈钢、耐应力腐蚀不锈钢、高强度不锈钢以及尿素级不锈钢等。

(2) 不锈钢体系特性及用途

钢　种	特　性　提　要
铁素体不锈钢(铁-铬合金)	1. 具备不锈钢的耐腐蚀性、制作时有时很难焊接。 2. 有磁性。 3. 冷加工可使其轻微硬化。 4. 品种:S40900(409),含 10.5%~11.7% Cr; S43000(430),含 16%~18% Cr,基本元素是铁。 5. 用途:用铁素体不锈钢制成的消费品价格较低,如汽车排气系统、装饰和扁平餐具等
奥氏体不锈钢(铁-铬-镍、铁-铬-锰-镍合金)特殊用途的还含有氮、铜、硅及其他元素	1. 在旧的 AISI 系统中属 200、300 系列。 2. 通常没有磁性。 3. 冷加工可使其显著硬化,具有优异的成型性和焊接性。 4. 与碳钢相比,导热率低、热膨胀系数大。 5. 牌号主要有:S30400(304)、18%~20% Cr, 8%~10.5% Ni,其余是铁,主要指 18-8 不锈钢,这两个数字表示铬和镍的大致含量。 6. 主要用途:各类设备,包括工业产品生产和加工行业所用的容器、管材、建筑、公共设施、装饰及许多生活消费品,如水池、水箱、清洗用的盆、厨具、锅和扁平餐桌用具等,工件需要焊接时,常用低碳钢种:S30403(304L)
马氏体不锈钢(铁-铬合金)	1. 碳含量及其他硬化剂的含量高于铁素体。 2. 有磁性。 3. 坚固、强度高、延展性不如奥氏体。 3. 可热处理强化。 4. 不易焊接制作。 5. 典型的钢种有:S41000(410), 11.5%~13.5% Cr,碳的最大含量为 0.15%,其余为铁。 6. 用途:制作耐腐蚀轴承、刀剪、阀门和压缩机部件
双相不锈钢(铁-铬-镍合金)	1. 镍含量低于奥氏体钢,具有奥氏体和铁素体双相结构。 2. 与奥氏体钢相比有两大优点:更能抗氯化物应力腐蚀断裂;机械性能更高。 3. 在正常操作温度仍能保持良好的韧性情况下,其屈服强度一般要高出 2~3 倍,抗拉强度要高出 25%,其耐点蚀的能力优于 316L 或与 316L 相当。 4. 具有耐晶间腐蚀及海水腐蚀性能。 5. 线膨胀系数与碳钢相似,与碳钢结构焊件内应力小。 6. 用途:主要用于化工、石油、造船等行业,特别是需要耐氯化物应力腐蚀性能较好的环境中,例如 2205 双相不锈钢,已在国内用于建造化学品船。
沉淀硬化或时效硬化不锈钢(主要是铁-铬-镍合金)	1. 是在马氏体、奥氏体、双相不锈钢组织上经过热处理沉淀,析出细小、弥散的硬化相,当这些细小的硬化相出现时,会使晶格扭曲,使合金硬化或强化。 2. S17400(17—4PH)常用的成分是 15%~17.5% Cr, 3%~5% Cu, 0.15%~0.45% Nb, 3%~5% Ni,其余为铁。 3. 用途:通常用于对强度和耐蚀性要求很高的环境下,有很多钢种可以在软化退火状态下作成型加工,随后进行硬化或"时效"处理

(3) 常用不锈钢物理性能

钢　种	密度 ρ (g·cm^{-3})	弹性模量 E (<20 ℃)(MPa)	线胀系数 α (20～200 ℃)($10^{-6}K^{-1}$)	热导率 λ(<20 ℃) (W·m^{-1}·K^{-1})	比热容 C (<20 ℃)(J·kg^{-1}·K^{-1})	比电阻 ρ (<20 ℃)(nΩ·m)
马氏体类	7.7	215 000	10.5×10^{-6}	30	400	0.55
铁素体类	7.7	220 000	10×10^{-6}	25	460	0.60
奥氏体类	7.9	200 000	16×10^{-6}	15	500	0.73
双相钢类	7.8	200 000	13×10^{-6}	15	500	0.80

(4) 常用不锈钢化学成分

UNS 牌号	EN 牌号	AISI 牌号	GB 牌号	C≤	Cr	Mo	Ni	组织结构
S17400①	1.454 2	17-4PH②		0.07	15～17.5	—	3.0～5.0	PH③
S41000	1.400 6	410	1Cr13	0.15	11.5～13.5	—	—	Mart
S43000	1.401 6	430	1Cr17	0.12	16.0～18.0	—	—	Ferr
S30400	1.430 1	304	0Cr18Ni9	0.08	18.0～20.0	—	8.0～10.5	Aus
S30403	1.430 6	304 L	00Cr19Ni10	0.03	18.0～20.0	—	8.0～12.0	Aus
S31600	1.440 1	316	0Cr17Ni12Mo2	0.08	16.0～18.0	2.0～3.0	10.0～14.0	Aus
S31603	1.440 4	316 L	00Cr17Ni14Mo2	0.03	16.0～18.0	2.0～3.0	10.0～14.0	Aus
S31703	1.443 8	317 L	00Cr19Ni13Mo3	0.03	18.0～20.0	3.0～4.0	11.0～15.0	Aus
N08904	1.453 9	904 L		0.02	19.0～23.0	4.0～5.0	23.0～28.0	Aus
S31803①	1.446 2	2205	00Cr22Ni5Mo3N	0.03	21.0～23.0	2.5～3.5	4.5～6.5	Dup
S32205	1.446 2	2205 N		0.03	22.0～23.0	3.0～3.5	4.5～6.5	Dup

注：① S17400 也包括 3.0%～5.0% Cu 和 0.15%～0.45% Nb，S31803 也包括 0.08%～0.20% N。S32205 也包括 0.14%～0.20% N。
② 不是 AISI 牌号，一般在北美用。
③ 组织结构名的缩写：PH，沉淀硬化马氏体；Mart，马氏体；Fert，铁素体；Aus，奥氏体；Dup，双相（铁素体＋奥氏体）。
④ 说明：GB—中国，UNS—美国，EN—欧洲，SUS—日本，DIN—德国，BS—美国，NF—法国，AISI—美国钢铁学会。

(5) 常用不锈钢退火后的最低力学性能

UNS 牌号	EN 牌号	AISI 牌号	屈服强度 σ_s		抗拉强度 σ_b		延长率(%)
			(MPa)	/ksi	(MPa)	/ksi	
S17400①	1.454 2	17—4 PH②	1 172	170	1 310	190	10
S41000	1.400 6	410	207	30	448	65	22
S43000	1.401 6	430	207	30	448	65	22
S30400	1.430 1	304	207	30	517	75	40
S30403	1.430 6	304 L	172	25	483	70	40
S31600	1.440 1	316	207	30	517	75	40
S31603	1.440 4	316L	172	25	483	70	40
S31703	1.443 8	317L	207	30	517	75	40
N08904	1.453 9	904L②	220	31	490	71	35
S31803	1.446 2	2205②	450	65	620	90	25
S32205	1.446 2	2205②	450	65	620	90	25

注：① 此钢在 927 ℃(1 700℉)固溶退火冷却，在 482 ℃(900℉)1 h 硬化，空冷。
② 不是 AISI 牌号一般在北美用。

(6) 不锈钢板质量计算方法

不锈钢板基本质量。

牌　　号	基本质量	牌　　号	基本质量
1Cr17Mn6Ni5N	7.93	00Cr17Mo	7.70
1Cr18Mn8Ni5N	7.93	7Cr17	7.70
1Cr17Ni7	7.93	0Cr26Ni5Mo2	7.80
1Cr17Ni8	7.93	1Cr12	7.75
1Cr18Ni9	7.93	0Cr13Al	7.75
1Cr18Ni9Si3	7.93	1Cr13	7.75
0Cr19Ni9	7.93	0Cr13	7.75
00Cr19Ni11	7.93	00Cr12	7.75
0Cr19Ni9N	7.93	2Cr13	7.75
00Cr18Ni10N	7.93	3Cr13	7.75
1Cr18Ni12	7.93	0Cr17Ni12Mo2	7.98
0Cr23Ni13	7.93	00Cr17Ni14Mo2	7.98
0Cr25Ni20	7.98	0Cr17Ni12Mo2N	7.98

（续）

牌　　号	基本质量	牌　　号	基本质量
00Cr17Ni13Mo2N	7.98	000Cr19Ni15	8.005
0Cr18Ni12Mo2Cu2	7.98	00Cr20Ni25Mo4.5Cu	8.00
00Cr18Ni14Mo2Cu2	7.98	00Cr18Ni18Mo5	8.00
0Cr19Ni13Mo3	7.98	1Cr18Ni12Mo2Ti	8.00
00Cr19Ni13Mo3	7.98	0Cr18Ni12Mo2Ti	8.00
0Cr18Ni16Mo5	8.00	0Cr18NiMo2Ti	7.9
0Cr18Ni11Ti	7.93	1Cr18Ni12Mo2Ti	7.9
0Cr18Ni11Nb	7.98	SAF 2304 0Cr21Ni5Ti 1Cr21Ni5Ti SAF 2205 SAF 2507 255 UR 52 N+ 00Cr25Ni7Mo3WCuN	7.8
0Cr18Ni13Si4	7.75		
00Cr18Mo2	7.75		
00Cr30Mo2	7.64	00Cr17Ni14Mo2(316)	7.96
1Cr15	7.70	00Cr25Ni20N6	7.94
3Cr16	7.70	0Cr18Ni9Ti	7.90
1Cr17	7.70	1Cr18Ni9Ti	7.90
00Cr17	7.70	00Cr18Ni10	7.90
1Cr17Mo	7.70	1Cr118Ni11N6	7.90
00Cr27Mo	7.67	00Cr18Ni18Mo2Cu2Ti	7.90
0Cr17Ni7Al	7.93	0Cr26Ni5Mo2	7.80
0Cr18Ni12Mo3Ti	8.10	0Cr18Ni13Si4	7.75
1Cr18Ni12Mo3Ti	8.10	00Cr17Mo(3RE60)	7.70
1Cr18Ni16Mo5	8.0	0Cr12Ni5Ti	7.82
0Cr18Ni12Mo2Ti	8.0	0Cr18Ni18Si2RE	7.86
1Cr18Ni12Mo2Ti	8.0	00Cr17Ni15Si4N6	7.72
00Cr18Ni15Mo2N	7.98	0Cr17Mn13N	7.78
00Cr25Ni22Mo2N	7.98	2Cr15Mn15Ni2N	7.76
00Cr17Ni14Mo3	7.98	1Cr17Mo2Ti	7.60
0Cr12Ni25Mo3Cu3Si12N6	8.01	00Cr25Ni20Mn3Mo3N	7.97
0Cr20Ni26Mo3Cu3Si2N6	8.07	00Cr19Ni10	7.93
00Cr18Ni14Mo2Cu	8.03		

注：基本质量单位：kg/(m^2·mm)。

(7) 不锈钢板质量速算法

① 公式:质量(G)=钢板面积(m^2)×厚度(mm)×基本质量[kg/(m^2·mm)]。

② 实例:已知某不锈钢板规格(mm):3×1 000×4 000,牌号:1Cr18Ni9Ti,从表查得基本质量:7.9 kg/(m^2·mm),求得面积:1 000×4 000=4 m^2,代入公式,得质量(G)=4 m^2×3 mm×7.9 kg/(m^2·mm)=94.8 kg。

③ 精确计算。

钢板有正负公差,为精确计算,可事先测定钢板实际厚度,然后按实测厚度计算。

2. 各牌号不锈钢的主要特性及应用速查表

序号	代号及牌号	主要特性	应用
1	S35350 1Cr17Mn6Ni5N	节镍不锈钢,冷加工后有磁性,焊后有晶间腐蚀倾向	制造铁道车辆及零部件
2	S35450 1Cr18Mn8NiN	室温强度高于 18-8 型不锈钢,在 800 ℃以下有较好的抗氧化性和中温强度	制造较低温度稀硝酸的化工设备、稀硝酸地下贮槽、硝铵真空蒸发器等
3	S35550 1Cr18Mn10Ni5Mo3N	以 Mn.N 代 Ni 型不锈钢,经固溶处理后在有机酸等介质中有良好耐蚀性,有良好力学及工艺性能	可用于自然循环法制造尿素、生产维尼纶和丙烯腈等设备
4	S30110 1Cr17Ni7(301)	在弱介质中具有良好耐蚀性,经冷加工后具有高强度	制造铁道车辆及零部件
5	S30210 1Cr18Ni9(302)	在≤65%的硝酸中具有良好的耐蚀性,加工性良好,焊后有晶间腐蚀倾向	在建筑上做装饰部件;也可用于要求有一定耐蚀性的结构件和低磁性部件
6	S30314 Y1Cr18Ni9	奥氏体型易切削不锈钢,在钢中提高硫磷含量,从而提高切削性能	螺栓、螺母自动车床加工耐蚀性标准件
7	S30315 Y1Cr18Ni9Se	在 1Cr18Ni9 钢基础上,添加 0.15%以上的硒(Se),并提高硫磷含量	适用于自动车床加工的标准件,如螺栓、螺母等
8	S30408 0Cr18Ni9(304)	优良的耐蚀性及冷加工冲压性,低温性能好,在-180 ℃条件下,力学性能仍佳	是奥氏体型不锈钢中,生产和用量最多的牌号之一,如输酸管道,容器以及非磁性部件
9	S30403 00Cr19Ni10(304L)	奥氏体型超低碳不锈钢,耐晶间腐蚀,焊接工艺广泛,焊后可以不作热处理	石油、化工、化肥设备中的容器、管道及各种零部件以及焊后不作热处理的设备

(续)

序号	代号及牌号	主要特性	应用
10	S30458 0Cr19Ni9N	加入氮可提高强度、塑性不下降，可减少零件厚度，改善耐蚀性	用于制造既要求耐蚀又要求具有一定强度的结构件
11	S30478 0Cr19Ni10N6N	加入 Nb 改善钢耐晶间腐蚀，加入 N 显著提高强度	用于制造要求高强度，且耐晶间腐蚀的焊接设备和部件
12	S30453 00Cr18Ni10N(304LN)	添加 N 提高钢的强度，又因为是超低碳，耐晶间腐蚀性能好	用于制造要求耐晶间腐蚀，又有一定强度的结构件；如食品、化工等工业设备
13	S30510 1Cr18Ni12(305)	与 0Cr19Ni9 钢相比，加工硬化性低，拉拔旋压性好	多用于制造冷镦及特殊拉拔和旋压加工的零部件
14	S30908 0Cr23Ni13(309S)	耐蚀性比 0Cr19Ni9 好	用于制造耐蚀的部件，实际上多用于制造耐热(抗高温腐蚀的耐热钢)部件
15	S31008 0Cr25Ni20(310S)	抗氧化性比 0Cr23Ni13 好，耐蚀性优于 18－8 型钢	适用于硝酸浓度 65%～85%的耐蚀部件；实际上常作为耐热钢制造部件
16	S31608 0Cr17Ni12Mo2(316)	常用的奥氏体不锈钢，在海水和稀的还原性(硫酸、磷酸、醋酸和甲酸)介质中，耐蚀性优于 0Cr19Ni9(因为此钢中含有 Mo)	主要用于制造耐稀的还原性介质和耐点蚀的结构件和零部件
17	S31660 1Cr18Ni12Mo2Ti	加入 Ti 提高焊后抗晶间腐蚀性能，其他性能与 0Cr17Ni12Mo2 基本相同	用于制造耐低温稀硫酸、磷酸、甲酸、乙酸和各种温度浓度醋酸并要求强度的设备
18	S31668 0Cr18Ni12Mo2Ti (316Ti)	有良好的耐晶间腐蚀性，其综合性能并不理想，钢号保留，而不推荐使用	用于制造抵抗硫酸、磷酸、甲酸和醋酸的设备，要求焊后无晶间腐蚀倾向
19	S31603 00Cr17Ni14Mo2(316L)	超低碳奥氏体不锈钢，焊接性能良好，适合多层焊、焊后无刀口腐蚀倾向，对亚硫酸、硫酸、磷酸、醋酸、甲酸，氯盐、卤素、亚硫酸盐均有良好的耐蚀性	可用于制造合成纤维、石油、化工、纺织、化肥、印染等工业设备，如塔、槽、容器、管道等
20	S31683 00Cr18Ni14Mo2Cu2 (316 JIL)	此钢在硫酸、磷酸及有机酸等介质中具有良好的耐蚀性和耐晶间腐蚀性能，尤其在稀、中等浓度的硫酸介质中具有较高的耐腐蚀性能	用于制造化工、化肥和化纤等工业设备，如容器、管道及结构体

（续）

序号	代号及牌号	主要特性	应用
21	S31658 0Cr17Ni12Mo2N (316N)	在钢号0Cr17Ni12Mo2中加入N，提高强度、保持塑性，可使工件厚度减薄	用于制造既要求耐蚀性不低于0Cr17Ni12Mo2，又要求具有较高强度的零部件
22	S31653 00Cr17Ni13Mo2N (316LN)	为了提高强度，在00Cr17Ni13Mo钢中加入氮（0.12%～0.22%）降低钢中含Ni量，耐蚀性并不降低	用于制造耐晶间腐蚀性好，又要求具有一定强度的零部件
23	S31688 0Cr18Ni12Mo2Cu2 (316JI)	此钢相当于在0Cr18Ni12Mo2中加入约2%Cu，可明显提高耐稀硫酸、磷酸的性能	用于制造耐稀硫酸、磷酸等腐蚀的设备和零部件
24	S31780 0Cr19Ni13Mo3(317)	此钢比0Cr17Ni12Mo2钢耐点腐蚀性能好	用于制造染色设备和耐腐蚀的零部件
25	S31703 00Cr19Ni13Mo3(317L)	奥氏体超低碳不锈钢，耐晶间腐蚀性能比0Cr19Ni13Mo3钢好	用于制造耐晶间腐蚀和耐点蚀要求比较高的部件，例如染色设备
26	S31760 1Cr18Ni12Mo3Ti (316Ti)	此钢特点是含Mo量比1Cr18Ni12Mo2Ti高，所以在海洋大气及在稀硫酸、磷酸和有机酸、碱类介质中抗腐蚀性能有进一步提高	使用条件与1Cr18Ni12Mo2Ti相同，可在更苛刻的环境中使用
27	S31768 0Cr18Ni12Mo3Ti (316Ti)	此钢含Mo量比序号18钢高，因此在稀硫酸、磷酸、有机酸、碱和海洋大气中耐蚀性能有所提高	用于制造在稀硫酸和有机酸中的工件，如染料、造纸工业设备
28	S31848 0Cr18Ni16Mo5(317Ti)	此钢为高Mo奥氏体不锈钢，耐蚀性更好，因此，在硫酸、磷酸和一些有机酸中及海水介质中，当含Mo<4%的钢无法满足要求时，可选此钢	用于制造含氯离子溶液的热交换器、醋酸设备、磷酸设备、漂白装置等设备
29	S32160 1Cr18Ni9Ti(321)	在氧化性介质中有较好的耐蚀性，早期曾得到广泛应用，后来被低碳及超低碳不锈钢代替	适用于制造食品、化工、医药、原子能等工业设备
30	S32168 0Cr18Ni10Ti(321)	含碳量C≤0.08%，耐晶间腐蚀性能稍优外，其特性和用途基本与1Cr18Ni9Ti钢相同，含Ti是提高耐晶间腐蚀性能	不推荐作装饰部件

(续)

序号	代号及牌号	主 要 特 性	应 用
31	S34778 0Cr18Ni11Nb(347)	使钢有良好的耐晶间腐蚀性能、加入Nb、在多种酸、碱溶液中均有良好抗蚀性	应用于石油、化工、食品、造纸、合成纤维等工业设备,如制造焊接容器、设备
32	S34888 0Cr18Ni9Cu	为提高钢的冷加工性能,适合于深冲和冷作,在钢中加入3%~4%铜	应用于深冲、冷镦及各种耐蚀标准件的制作
33	S38108 0Cr18Ni13Si4	在0Cr19Ni9钢中增加Ni及添加Si,提高耐应力腐蚀性能,其特性是耐浓硝酸、高浓氯化物应力腐蚀性能良好	应用于含氯离子环境的设备
34	S38010 1Cr18Ni9Si3(302B)	比1Cr18Ni9钢耐氧化性好,在900 ℃以下与0Cr25Ni20具有相同的耐氧化性和强度	应用于汽车排气净化装置、工业炉等高温装置部件
35	S35020 2Cr13Ni4Mn9	具有良好的耐大气腐蚀性能,在蒸汽、碱溶液及其他弱腐蚀介质中有一定耐蚀性,易产生晶间腐蚀	此钢切削加工性较差,用于代替1Cr18Ni9、2Cr18Ni9钢制造有一定不锈要求的冲压件、结构件及低磁部件,用于飞机
36	S30120 1Cr17Ni8(301J1)	切削加工性和弯曲性能比0Cr19Ni9钢好,加工硬化性处于0Cr19Ni9与1Cr17Ni7钢之间	应用于制造餐具、弹簧、卷曲加工的零部件,如建筑、车辆上的装饰物件
37	S30404 0Cr19Ni11(308)	具有较好的耐晶间腐蚀性能,由于Ni高,其奥氏体组织较0Cr18Ni9稳定,加工硬化倾向小,具有低磁性	应用于深、冷加工和有低磁要求的工件,如食品设备、普通化工用设备和原子能工业用设备
38	S32161 1Cr18Ni11Ti(321H)	较好的耐晶间腐蚀性能、在氧化性介质中有较好的耐蚀性,具有较好的耐热性和抗氧化性	应用于制造锅炉过热器、热交换器、冷凝器、催化管、裂化装置等钢管及管件
39	S31600 1Cr17Ni12Mo2(316H)	性能与0Cr17Ni12Mo2相近(见序号16)	多应用于制造锅炉过热器、热交换器、冷凝器、催化管等钢管及管件
40	S34771 1Cr19Ni11Nb(347H)	有良好的耐晶间腐蚀性能,在海水及酸、碱溶液中均有良好的耐蚀性及一定的耐热性。常作耐热材料应用	制造石油化工、食品造纸,合成纤维设备及航空发动机排气总管、支管、涡轮压气机热气管道以及＜850 ℃工作件

(续)

序号	代号及牌号	主要特性	应用
41	S31713 00Cr18Ni13Mo3	超低碳奥氏体不锈钢,其晶间腐蚀等性能比0Cr18Ni13Mo3钢好	可应用于有严格耐晶间腐蚀要求的设备,还常用于外科植入物
42	S31723 00Cr18Ni14Mo3(316L)	此钢特性与序号25.41两钢相近	可应用于与这两种钢环境及腐蚀介质基本相同的条件下的工件,也可作为外科植入材料使用
43	S31753 00Cr18Ni15Mo3N	此钢含Ni量较高,且加入0.10%～0.20% N,钢中奥氏体更加稳定,耐蚀性优于00Cr18Ni3Mo3和00Cr18Ni14Mo3	此钢常作为外科植入材料
44	S22608 0Cr26Ni5Mo2(329)	屈服强度约为奥氏体型不锈钢的2倍,抗氧化性、耐点蚀性好,在海水中具有较好的耐点蚀和缝隙腐蚀能力、在水介质中有较好的耐应力腐蚀能力	用于制造耐海水腐蚀设备,如海水冷却器等。此钢属双相不锈钢
45	S21680 1Cr18Ni11Si4AlTi	钢中含有3.4%～4.0%的Si,具有良好的耐浓硝酸(≥85%)腐蚀性能,有优良的耐高浓氯化物	应力腐蚀性能(此钢属双相不锈钢)。应用于抗高温浓硝酸介质的设备和零件
46	S21803 00Cr18Ni5Mo3Si2	此钢属双相不锈钢,强度和韧性等综合性能良好、冷热加工及冷成型工艺性能均较好,焊后易在熔合线附近产生纯铁素体组织,丧失双相钢的特性。适用于含氯离子环境	用于炼油、化肥、造纸、石油、化工等工业制造热交换器、冷凝器等
47	S22453 00Cr24Ni6Mo3N	此钢属双相不锈钢,耐点蚀、应力腐蚀、缝隙腐蚀、腐蚀疲劳等性能优于Cr-Ni-Mo、Cr-Ni不锈钢和序号44、46双向不锈钢	适用于制造化工、石化和动力工业中以河水、地下水和海水为介质的换热设备
48	00Cr22Ni5Mo3N(2205)	此钢为双向不锈钢,在中性氯化物溶液和H_2S中耐应力腐蚀优于304L、316L及18-5Mo型双向不锈钢,有良好的强度和韧性等综合性能,可进行冷热加工及成型,可焊性良好,是目前应用最普遍的双相不锈钢	可用于制造化学品、船构件

(续)

序号	代号及牌号	主要特性	应用
49	S22160 1Cr21Ni5Ti	此钢为双向不锈钢,强度较高,在不同温度和浓度的氧化性腐蚀介质中具有良好的耐蚀性	应用于化学工业、食品工业等耐氧化性酸腐蚀的容器及部件,如航空工业中用来制造航空发动机壳体、火箭发动机部件
50	S11348 0Cr13Al(405)	此钢特点是从高温下冷却不产生显著硬化。加入铝,使钢的抗氧化性能提高	用于汽轮机材料、淬火用部件、汽轮机叶片、结构架、不锈设备衬里、紧固件螺栓、螺帽等
51	S11203 00Cr12(410L)	此钢为超低碳铁素体型不锈耐酸钢,由于含碳量≤0.03%,焊件焊缝部位弯曲,加工和耐高温氧化性能均良好	用于汽车排气、系统装置、锅炉燃烧室和喷嘴等
52	S11710 1Cr17(430)	耐蚀性良好的通用钢种,室温脆性较大。在氧化性类溶液中有良好的耐蚀性,尤其在稀硝酸中	用于制造硝酸用化工设备,如硝酸热交换器、酸槽、罐、输送管,也可用于制造食品和酿酒设备、管道和家庭用具、餐具
53	S11714 Y1Cr17(430F)	此钢为铁素体型易切削的不锈耐酸钢,由于含S.P比1Cr17高从而提高了切削性能	用于制造自动车床加工螺栓、螺母等标准件
54	S11790 1Cr17Mo(434)	此钢是1Cr17改良钢种,在1Cr17中加入0.75%~1.25% Mo,提高钢的切削性及耐盐溶液腐蚀能力	用于制造汽车外装材料
55	S13093 00Cr30Mo2	高纯铁素体型不锈钢、超低碳、高铬,提高钢的耐蚀能力(特别是耐点蚀和应力腐蚀)具有软磁性	应用于制造与醋酸、乳酸等有机酸有关的设备,生产苛性碱设备及要求耐卤素离子应力腐蚀和耐点蚀条件下的设备
56	S12793 00Cr27Mo	性能特点与00Cr30Mo2钢类似	应用于制造设备及工件的品种与00Cr30Mo2相类似,又可制作软磁性部件
57	S11703 00Cr17(430LX)	此钢含碳量≤0.03%,是超低碳型不锈钢,改善了加工性、可焊性和耐蚀性	应用于制造热水供应器、温水槽、卫生洁具、家庭用具、自行车轮缘等

（续）

序号	代号及牌号	主要特性	应用
58	S11510 1Cr15(429)	可焊性比 1Cr17 钢好，并有良好的耐蚀性	用于建筑内部装饰、家用电器部件、家庭用具
59	S11793 00Cr17Mo(436L)	超低碳铁素体型不锈钢，改善加工性和焊接性	用于建筑内外装饰、车辆部件、厨房用具、餐具
60	S11893 00Cr18Mo2(444)	含 Mo1.75%～2.5%，比 00Cr17Mo 钢含 Mo 高，因此耐蚀性提高	用于制造太阳能温水器、贮水槽、热交换器、食品机械、印染机械和耐应力腐蚀设备等
61	S125600 1Cr25Ti	此钢在 700～800 ℃空冷状态下具有良好的耐晶间腐蚀性能，在 1 000～1 100 ℃具有良好的抗氧化性能	用于制造氯化钠溶液，不同浓度发烟硝酸或磷酸的容器以及换热器等设备
62	S40310 1Cr12(403)	此钢在一定温度下，能承受高应力；在淡水、蒸汽条件下可耐腐蚀	用于制造汽轮机叶片及高应力部件
63	S41010 1Cr13(410)	具有良好的耐蚀性，较高的韧性和冷变形性，在＜30 ℃弱腐蚀介质中（盐水溶液、稀硝酸等）有良好的耐蚀性；在淡水、蒸汽、湿大气条件下，也有足够的抗锈性，切削加工性好，可焊性差	用于制造汽轮机叶片、水压机阀及紧固件
64	S41008 0Cr13(410S)	比 1Cr13 的耐蚀性、加工成形性优良，具有较好的韧性、塑性和冷变形性，其耐锈蚀、腐蚀性、可焊性均优于 1Cr13～4Cr13	用于制造耐水蒸气、碳酸氢氨母液、热的含硫石油腐蚀介质等设备的衬里
65	S41514 Y1Cr13(416)	马氏体型易切削不锈钢，其切削性能是不锈钢中较好的钢种	用于制造自动车床加工的零件和标准件，如螺栓、螺母等
66	S45710 1Cr13Mo	是在 1Cr13 钢中加入 0.30%～0.60%的 Mo 发展起来的，提高了钢的耐蚀性和强度	用于制造要求韧性较高，承受冲击负荷的零件，如汽轮机叶片，水压机零件和耐高温用的零部件
67	S42020 2Cr13(420)	性能与 1Cr13 钢相似，强度、硬度比 1Cr13 略高，其韧性、耐蚀性稍低	用于制造汽轮机叶片、热油泵轴和轴套、叶轮、水压机阀片等

(续)

序号	代号及牌号	主 要 特 性	应 用
68	S42030 3Cr13(420)	含碳量高、具有更高强度、硬度和淬透性、耐蚀性、热稳定性低,可焊性差	用于制造 300 ℃以下工作的刃具、弹簧;400 ℃以下工作的轴、阀门及医用工具
69	S42034 Y3Cr13(420F)	马氏体型易切削不锈钢,并具有 3Cr13 耐大气腐蚀、耐弱酸腐蚀的能力,但可焊性差	用于制造自动车床加工零件和标准件
70	S45830 3Cr13Mo	主要性能与 3Cr13 钢相同,耐蚀性比 3Cr13 钢好,此钢经淬火并回火后,在腐蚀介质中具有承受高机械载荷能力及耐磨性,可焊性差	用于制造强度要求较高且受腐蚀介质作用,要求耐磨损的工件,如测量工具、医疗用品
71	S42040 4Cr13	强度、硬度比 3Cr13 钢高,此钢可焊性差,通常不作焊接件	用于制造外科医疗器械、手术工具、医用剪刀等及要求具有一定耐蚀性的轴承、阀门、弹簧、刃具、餐具
72	S43110 1Cr17Ni2(431)	含铬量高、具有很高强度和硬高对氧化酸类(一定温度、浓度的硝酸、大部分有机酸)及有机盐水溶液有良好耐蚀性	用于制造生产硝酸、食品、醋酸和有机酸腐蚀性的零件、容器和设备,如芯轴、轴、活塞杆、泵,也用于外科手术器件、工具等
73	S44070 7Cr17(440A)	含碳量高、在硬化状态下坚硬,较 8Cr17、11Cr17 韧性高,但可焊性差	用于制造刃具、量具、轴承
74	S4408 8Cr17(4408)	此钢加入≤0.75% Mo,可称作 8Cr17Mo 钢,在硬化状态下,比 7Cr17 钢更硬,比 11Cr17 钢韧性好,可焊性差	制造刃具、阀座等
75	S44090 9Cr18(440C)	淬火后有较高的硬度和耐磨性、在大气、水以及某些酸类、盐类水溶液中具有优良的不锈性和耐蚀性	制造切片机械刃具、手术刀片、轴承等承受高度摩擦并在腐蚀介质中工作的零部件(不宜作焊接件)
76	S44091 11Cr17	含碳量高达 0.95%~1.20%,是不锈钢和耐热钢中最硬的钢号,淬火并回火后,HRc≥58	用于制造喷嘴、轴承等

（续）

序号	代号及牌号	主 要 特 性	应 用
77	S44094 Y11Cr17(440F)	马氏体型易切削不锈钢，此钢含硫、磷较高，改善了钢的切削性能	用于制造自动车床加工的标准件
78	S45990 9Cr18Mo(440C)	高碳马氏体不锈钢。基本性能与 9Cr18 钢相似，由于加入 Mo，提高了钢的耐蚀性和强度	用于制造在腐蚀环境和无润滑、强氧化气氛中工作的轴承，如石化、船舶机械中的轴承、耐蚀高温轴承、医用手术刀具
79	S46990 9Cr18MoV	高碳马氏体型不锈钢，基本性能优于 9Cr18 钢	用于切片、机械刀具、量具、刃具、外科手术刀具、轴承及耐磨零件等
80	S44030 3Cr16	具有良好的耐蚀性和耐磨性	适用于要求耐磨性和耐蚀性的零部件，如摩托车闸、盘等
81	S51748 0Cr17Ni4Cu4Nb(630)	马氏体沉淀硬化型不锈钢，含碳量低，抗蚀性和可焊性均比一般马氏体型不锈钢好，与 18－8 型不锈钢类似，热处理工艺简单、切削性好，但较难满足深、冷成型加工	用于制造耐蚀性高、强度高的零部件，如轴类、汽轮机零件
82	S51778 0Cr17Ni7Al(631)	此两钢均属于半奥氏体沉淀硬化不锈钢。其特点是在成分区间内可借热处理工艺控制马氏体相变温度，使钢在成型及制作过程中处于奥氏体组织状态，并具有其工艺特性，随后通过马氏体相变和沉淀硬化，又具有马氏体不锈钢的高强度特性。此两钢低温韧性较差（＜100 ℃变脆），易出现加工硬化，在＜550 ℃有优良的高强度	用于制造耐蚀性好，并有高强度的各种容器、管道、弹簧、膜片、船轴、压缩机盘、反应堆部件及化工设备工件等
83	S51578 0Cr15Ni7Mo2Al(632)		

注：1. 序号 1～43 为奥氏体不锈钢；序号 44～49 为奥氏体＋铁素体(双相)不锈钢；序号 50～61 为铁素体型不锈钢；序号 62～80 为马氏体型不锈钢；序号 80～83 为沉淀硬化型不锈钢。

2. 牌号栏内括号中代号是常用的“牌号主题词”。

3. 奥氏体-铁素体双相不锈钢

目前广泛应用的 α+γ 双相不锈钢含有约 50%奥氏体和约 50%铁素体。奥氏体相的存在，降低了高铬铁素体钢的脆性，提高了其韧性和可焊性；铁素体相的存在，提高了奥氏体不锈钢的强度，特别是屈服强度显著提高，同时增强了钢的耐晶间腐蚀、抗氯化物应力腐蚀和抗腐蚀疲劳性能。双相不锈钢线胀系数与碳钢接近，适合与碳钢工件焊接；冷加工工艺和冷成形塑性优于铁素体不锈钢。目前，奥氏体-铁素体双相不锈钢凭其良好的综合性能，在广大用户中深受青睐，已成为减轻工程重量、节约投资、延长使用年限的新型工程材料。

(1) 低合金型双相不锈钢

1) 00Cr23Ni4N(商业牌号 SAF2304)。

此型号钢为瑞典开发，具有高强度和价格低廉的特点，能代替 SUS304L 和 SUS316L，已被美国机械工程师协会(ASME)确认可用于锅炉、压力容器及化工厂炼油厂管道。美国钢种 UNSS32304。

① SAF 2304 双相不锈钢的化学成分。 (%)

钢种	C≤	Si≤	Mn≤	S≤	P≤	Cr	Ni	Mo	N	Cu
UNSS 32304	0.03	1.0	2.5	0.03	0.04	21.5～24.5	3.0～5.5	0.05～0.6	0.05～0.2	0.05～0.6
SAF 2304	0.03	0.5	1.2	0.04	0.04	23	4.5	—	—	—

② SAF 2304 双相不锈钢的力学性能。

品种	室温力学性能				品种	高温力学性能		
	σ_b(MPa)	$\sigma_{0.2}$(MPa)	δ_5(%)	A_K(J)		温度(℃)	σ_b(MPa)	$\sigma_{0.2}$(MPa)
钢管外径≤254 mm	≥690	≥450	≥25	—	钢板	50 100	600 570	370 330
钢板	≥600	≥400	≥25	≥100		200 300	530 500	290 260

③ SAF 2304 双相不锈钢的耐蚀性。

点蚀	点蚀指数 DRE=25，与 SUS 316 L 钢耐蚀性相当
应力腐蚀	在中性氯化物溶液中，若工件应力相当于该温度下的屈服强度，且温度低于 150 ℃时，一般不发生应力腐蚀
均匀腐蚀	在硝酸中有很好的耐腐蚀性，可与 SUS 304 L 钢媲美；在硫酸中，耐腐蚀性与 SUS 316 L 相当
晶间腐蚀	耐晶间腐蚀性能良好

2) 00Cr21Mn5NiN(LDX2101)。

① LDX2101 双相不锈钢的化学成分。 (%)

钢种	C	Si	Mn	Cr	Ni	Mo	Cu	N
LDX2101	0.03	0.70	5.00	21.50	1.50	0.30	0.30	0.22

注：LDX2101 是瑞典 Avesta polarit 开发的新牌号，其强度高，耐蚀性与 SUS 304 相当，耐晶间腐蚀性能良好。

② LDX2101 双相不锈钢室温下的力学性能。

钢板状态	σ_b(MPa)	$\sigma_{0.2}$(MPa)	δ_5(%)	HB
热轧板(厚 15 mm)	700	480	38	225
热轧板(厚 4 mm)	790	570	38	230
冷轧板(厚 1 mm)	840	600	40	230

③ LDX2101 双相不锈钢的焊接性能及用途。

LDX2101 双相不锈钢的焊接性能良好，并有着较好的综合性能，且其潜在用途范围很宽，尤其在用作结构件方面，例如可代替(SAF2205)双相不锈钢用于制作桥梁结构及混凝土钢筋。

3) 1Cr21Ni5Ti 双相不锈钢。

此钢特点是节约镍用量，可代替 1Cr18Ni9Ti，且较之 0Cr21Ni5Ti 强度更高，但塑性略低。

① 1Cr21Ni5Ti 双相不锈钢的化学成分。 (%)

钢种	C	Si	Mn	P	S	Cr	Ni	Ti
1Cr21Ni5Ti	0.09～0.14	≤0.8	≤0.8	≤0.035	≤0.030	20～22	4.8～5.8	5(C%-0.02)～0.8

注：Ti 行内，C%为含碳量，即 0.09～0.14。

② 1Cr21Ni5Ti 双相不锈钢室温下的力学性能。

热处理制度或状态	工件规格(mm)	σ_b(MPa)	$\sigma_{0.2}$(MPa)	δ_5(%)	φ(%)	A_K(J)	弯曲次数或角度(°)
950～1 100 ℃水冷或空冷		600	σ_s 350	20	40		
980 ℃ 40 min 水冷	ϕ20 棒材	678	469	28	64.3	135	
980 ～ 1 050 ℃ 30 min 空冷	板厚 6 mm	794～813	592	26.6～27.1			
热处理状态	板厚 15 mm	700～850	520～600	22～32			4～6 次

（续）

热处理制度或状态	工件规格（mm）	σ_b（MPa）	$\sigma_{0.2}$（MPa）	δ_5（%）	φ（%）	A_K（J）	弯曲次数或角度（°）
冷轧状态		900～1 150	700～900	8～10			2～3 次
固溶后 500 ℃，时效		950	900	4～10			100°～180°

③ 1Cr21Ni5Ti 双相不锈钢高温时的力学性能。

加热温度（℃）	σ_b（MPa）	$\sigma_{0.2}$（MPa）	δ_5（%）	备　注
100	700	450	20	试样以 2 mm/min 的加热速度加热至所需温度
200	600	400	10	
500	450	300	15	
700	150	100	20	
1 100	20		90	
1 200	10		145	

（2）中合金型双相不锈钢

1）Cr18 型双相不锈钢。

20 世纪 60 年代初期，瑞典开发了“3RE60”耐应力腐蚀双相不锈钢，用于纸浆和造纸工业，后来我国在该钢基础上，成功开发了 00Cr18Ni5Mo3Si2 和 00Cr18Ni5Mo3Si2Nb（简称 Cr18），并在国内大量推广应用。

① Cr18 型双相不锈钢的化学成分。（%）

钢种	C≤	Si	Mn	S≤	P≤	Cr	Ni	Mo	N	Nb
00Cr18Ni5Mo3-Si2	0.03	1.3～2.0	1.0～2.0	0.03	0.03	18～19.5	4.5～5.5	2.5～3.0	0.06～0.1	—
00Cr18Ni5Mo3-Si2Nb	0.03	1.5～2.0	1.0～2.0	0.03	0.035	18～19	5.5～6.5	2.5～3.0	—	—
3RE60[①]	0.03	1.4～2.0	1.2～2.0	0.03	0.03	18～19	4.25～5.25	2.5～3.0	—	—

注：① 摘自“ASTM A669”美国不锈钢标准。

② Cr18 型双相不锈钢的力学性能。

温度与性能	钢　种	温度（℃）	σ_b（MPa）	$\sigma_{0.2}$（MPa）	δ_5（%）	φ（%）	A_K（J）	HR_C
室温力学性能	00Cr18Ni5Mo3Si2	室温	≥630	≥400	≥25	≥60	≥150	～20
	00Cr18Ni5Mo3Si2Nb		720	460	35	60	≥150	—
	3RE60		700～900	450	30		150	26

(续)

温度与性能	钢 种	温度(℃)	σ_b (MPa)	$\sigma_{0.2}$ (MPa)	δ_5 (%)	φ (%)	A_K (J)	HR_C
高温力学性能	00Cr18Ni5Mo3Si2	100	678	500	41	—	—	—
		200	640	395	35	—	—	—
		300	635	375	31	—	—	—
		400	648	355	30	—	—	—
	3RE60	100	—	370	—	—	—	—
		200	—	330	—	—	—	—
		300	—	320	—	—	—	—
		400	—	310	—	—	—	—

2) 00Cr22Ni5Mo3N(SAF2205)。

瑞典针对油气工业管线用材，首先开发了 SAF 2205 钢，我国在 20 世纪 80 年代研制了 00Cr22Ni5Mo3N 钢，相对应的美国牌号为 UNSS31803，德国牌号为 1.4462，法国牌号为 Z2CND2205 - 03。

① 00Cr22Ni5Mo3N(SAF2205)双相不锈钢的化学成分。

钢 种	C≤	Si≤	Mn≤	S≤	P≤	Cr	Ni	Mo	N
00Cr22Ni5Mo3N	0.03	1.0	1.0	0.03	0.035	21～23	5.5～6.5	2.5～3.5	0.1～0.2
SAF2205	0.03	1.0	2.0	0.02	0.030	22	5.5	3.2	0.18
W-Nr 1.4462	0.03	1.0	2.0	0.015	0.035	21～23	4.5～6.5	2.5～3.5	0.10～0.22
UNS S31803①	0.03	1.0	2.0	0.02	0.030	21～23	4.5～6.5	2.5～3.5	0.08～0.20
UNS S32205①	0.03	1.0	2.0	0.02	0.030	22～23	4.5～6.5	3.0～3.5	0.14～0.20

注：取自 ASTM A240/A240M - 990。

② 00Cr22Ni5Mo3N(SAF2205)双相不锈钢的力学性能。

温度与性能	钢 号	产品规格 (mm)	温度(℃)	σ_b (MPa)	$\sigma_{0.2}$ (MPa)	δ_5 (%)	A_K (J)	HRC
室温力学性能	00Cr22Ni5Mo3N SAF 2205	ϕ20 棒材	室温	≥680	≥450	≥25	≥150	～20
		δ≤20 管材		680～880	≥450	≥25		Hv～260
		毛坯厚≤200 锻件		680～880	≥410	≥25		Hv～260

（续）

温度与性能	钢　号	产品规格(mm)	温度(℃)	σ_b(MPa)	$\sigma_{0.2}$(MPa)	δ_5(%)	A_K(J)	HRC
高温力学性能	00Cr22Ni5Mo-3N SAF 2205	ϕ20，棒材	100	710	470	37	—	
			200	680	393	32	—	
			300	650	380	30	—	
	00Cr22Ni5Mo-3N SAF 2205	$\delta \leqslant 20$，管材	100	＞630	＞370	—	—	
			200	＞580	＞330	—	—	
			300	＞560	＞310	—	—	
	00Cr22Ni5Mo-3N SAF 2205	毛坯厚≤200锻件	100	＞630	＞365	—	—	
			200	＞580	＞315	—	—	
			300	＞560	＞285	—	—	

注：σ-厚度。

(3) 高合金型双相不锈钢

1) 00Cr25NiTi。

我国研制成功的00Cr25Ni5Ti双相不锈钢，主要用于核反应堆上，其圆满地解决了一些不锈钢部件的应力腐蚀断裂和腐蚀疲劳问题。

① 00Cr25Ni5Ti双相不锈钢的化学成分。　(%)

钢　种	C≤	Si≤	Mn≤	Cr	Ni	Ti
00Cr25Ni5Ti	0.03	0.80	1.00	25～27	5.5～7.0	0.2～0.4

② 00Cr25Ni5Ti双相不锈钢室温下的力学性能。

钢　种	σ_b(MPa)	$\sigma_{0.2}$(MPa)	δ_5(%)	ψ(%)	A_K(J)
00Cr25Ni5Ti	＞650	450～550	≥25	≥60	≥12

③ 00Cr25Ni5Ti双相不锈钢的特性和用途。

00Cr25Ni5Ti双相不锈钢具有良好的耐氯化物应力腐蚀性能，不会产生晶间腐蚀，且可焊性良好，不必焊前预热或焊后热处理，易热加工，冷加工性能亦佳。经长期在含有NaCl的水介质中使用，其耐应力腐蚀和耐腐蚀疲劳性能仍可完全满足工程要求。

2) 00Cr25Ni6Mo2N、00Cr25Ni7Mo3N(统称Cr25)。

① Cr25型双相不锈钢的化学成分。　(%)

钢　种	C≤	Si≤	Mn≤	S≤	P≤	Cr	Ni	Mo	N
00Cr25Ni6Mo2N	0.03	1.0	1.0	0.03	0.035	24～26	5.5～6.5	1.5～2.5	0.1～0.2
00Cr25Ni7Mo3N	0.03	1.0	1.0	0.03	0.035	24～26	6.0～7.5	2.5～3.0	0.1～0.2
NTK R-4	0.03	1.0	1.0	0.03	0.035	23～26	4～6	1.0～2.5	—

② Cr25 型双相不锈钢室温下的力学性能。

钢　　种	σ_b(MPa)	$\sigma_{0.2}$(MPa)	δ_5(%)	ψ(%)	A_K(J)	HRC
00Cr25Ni6Mo2N(锻态)	≥640	≥490	≥25	≥45	≥100	～20
00Cr25Ni6Mo2N(铸态)	697	640	30	—	—	HB229
00Cr25Ni7Mo3N	≥640	≥490	≥25	≥45	≥100	～20
NIK R－4	≥640	≥450	≥25	≥40	—	—

注：表中数据是∅20 mm 圆棒状的 Cr25 型双相不锈钢的瞬时拉伸力学性能。

③ Cr25 型双相不锈钢的性能特性及用途。

Cr25 型双相不锈钢对 475 ℃脆性，σ 相脆性及高温脆性敏感。焊接性与 18－8 型不锈钢相当，弯曲和冲压性能较 18－8 型不锈钢差，相当于 0Cr13Al 型铁素体不锈钢。此钢必须避免在 1 300 ℃以上高温加热和在 475 ℃左右长时间加热。

Cr25 型双相不锈钢广泛应用于化工、化肥、石油化工等行业，大多数用作制造热交换器及蒸发器等设备，国内主要将其用于尿素装置、甲铵泵泵体及阀门等部件。

3）00Cr25Ni7Mo3WCuN。

① 00Cr25Ni7Mo3WCuN 双相不锈钢的化学成分。　　(%)

<table>
<tr><th>钢　号</th><th>C≤</th><th>Si≤</th><th>Mn≤</th><th>S≤</th><th>P≤</th><th>Cr</th><th>Ni</th><th>Mo</th><th>W</th><th>Cu</th><th>N</th></tr>
<tr><td>美国 UNS 531260</td><td rowspan="3">0.03</td><td>0.75</td><td>1.0</td><td>0.03</td><td>0.03</td><td>24～26</td><td>5.5～7.5</td><td>2.5～3.5</td><td>0.1～0.5</td><td>0.2～0.8</td><td>0.1～0.3</td></tr>
<tr><td>00Cr25Ni7Mo3WCuN</td><td>1.0</td><td>1.2</td><td>0.03</td><td>0.03</td><td>24～26</td><td>6.6～7.4</td><td>2.75～3.25</td><td>0.2～0.4</td><td>0.3～0.5</td><td>—</td></tr>
<tr><td>日本 DP3</td><td>0.75</td><td>1.0</td><td>0.03</td><td>0.03</td><td>24～26</td><td>5.5～7.5</td><td>2.5～3.5</td><td>0.1～0.5</td><td>0.2～0.8</td><td>0.1～0.3</td></tr>
</table>

② 00Cr25Ni7Mo3WCuN 双相不锈钢和 DP3 钢的力学性能。

<table>
<tr><th rowspan="2">钢　种</th><th colspan="5">室温下的力学性能</th><th colspan="5">高温时的力学性能</th></tr>
<tr><th>σ_b (MPa)</th><th>$\sigma_{0.2}$ (MPa)</th><th>δ_5 (%)</th><th>A_K (J)</th><th>HRC</th><th>试验温度 (℃)</th><th>σ_b (MPa)</th><th>$\sigma_{0.2}$ (MPa)</th><th>δ_5 (%)</th><th>ψ (%)</th></tr>
<tr><td>00Cr25Ni7Mo3WCuN</td><td>≥650</td><td>≥450</td><td>≥25</td><td>≥150</td><td>～20</td><td>100</td><td>727</td><td>518</td><td>32</td><td>78</td></tr>
<tr><td rowspan="2">DP3</td><td rowspan="2">650～690</td><td rowspan="2">440～450</td><td rowspan="2">25～30</td><td rowspan="2">—</td><td rowspan="2"><30.5</td><td>200</td><td>690</td><td>446</td><td>31</td><td>75</td></tr>
<tr><td>300</td><td>745</td><td>426</td><td>29</td><td>69</td></tr>
</table>

③ 00Cr25Ni7Mo3WCuN 双相不锈钢的特性及用途。

00Cr25Ni7Mo3WCrN 双相不锈钢的冷加工硬化效应较大，但有较好的塑性和韧性，可冲压成形，热成形温度应控制在 1 000 ℃以上，其热作范围较窄，只有 250～300 ℃，且可焊性较好，热裂缝倾向低。

该钢在高铬、钼的基础上添加了钨和铜，以提高钢的耐缝隙腐蚀性能，适用于常温海水、热海水和盐卤水等介质条件的工件，耐应力腐蚀性能也很好，美国已将其列入ASTMA790标准，日本以SUS329J2L牌号将其列入JISG3463标准。该钢广泛适用于制造在沿海电厂、化工厂、盐厂及船上用的海水和卤水热交换器、冷却器、泵、阀等。

4) 0Cr25Ni6Mo3CuN(255)钢。

0Cr25Ni6Mo3CuN(255)钢源于英国生产，牌号为FERRALIUN alloy255，美国UNS系统的牌号为S32550，此钢是第二代双相不锈钢代表钢种之一，应用范围很广，我国也发展了此钢种。

① 0Cr25Ni6Mo3CuN钢的化学成分。 (%)

钢　种	C≤	Si≤	Mn≤	S≤	P≤	Cr	Ni	Mo	Cu	N
0Cr25Ni6Mo3CuN	0.06	1.0	1.5	0.03	0.035	24～27	5.5～7.0	2.5～3.0	1.6～2.0	0.1～0.2
UNS S32550	0.04	1.0	1.5	0.03	0.04	24～27	5.5～7.0	2.9～3.9	1.5～2.5	0.1～0.25

② 0Cr25Ni6Mo3CuN钢室温下的力学性能。

钢　种	状态	σ_b (MPa)	$\sigma_{0.2}$ (MPa)	δ_5 (%)	A_K (J)	HBC
0Cr25Ni6Mo3CuN	1 050 ℃水冷	≥750	≥500	≥25	≥120	～120
	1 050 ℃+500 ℃时效	≥850	≥550	≥18	≥70	≥24
0Cr25Ni6Mo3CuN（铸态）	1 050 ℃水冷	757	505	27	125	20
	1 050 ℃+500 ℃时效	799	529	25	90	25
Ferra Lium alloy－225	1 120 ℃水冷	780	530	30	120	
	1 120 ℃+510 ℃时效	880	650	28	70	

③ 0Cr25Ni6Mo3CuN钢高温时的力学性能。

钢　　种	温度(℃)	σ_b(MPa)	$\sigma_{0.2}$(MPa)	δ_5(MPa)
0Cr25Ni6Mo3CuN	100	740	505	33
	200	710	460	30
	300	700	450	30
0Cr25Ni6Mo3CuN(铸态)	100	680	455	31
	200	603	358	27
	300	625	348	29
Ferra lium alloy－255	100	825	650	16
	200	730	545	16
	300	705	525	15

注：此钢在475 ℃时易产生脆性，按ASME压力容器标准要求，长时间连续使用，应控制温度，不允许超过250 ℃。

④ 0Cr25Ni6Mo3CuN 钢的特性及用途。

在含氯环境中，此钢耐点蚀性能优于 18－5Mo 型双相不锈钢，更优于 SUS 316 L 奥氏体不锈钢。焊接工艺与焊接奥氏体不锈钢相似。

4. 含铌铁素体不锈钢

高铬(Cr≥16%)铁素体不锈钢存在室温脆性，焊接韧性和耐蚀性亦较低，且其成形不如奥氏体不锈钢，因此长期来应用受到限制。随着科学的发展和技术的创新，出现了现代含铌铁素体不锈钢，其耐蚀性、高温强度、抗蠕变性以及深冲压等加工性明显提高，且成本较低，国外对其已广泛应用，且应用比例已增长到 30%～40%，相信在未来，含铌铁素体不锈钢必然有着更为广阔的发展空间。

(1) 含铌商用不锈钢

1) 中国含铌不锈钢。

① 中国含铌不锈钢(部分)牌号的化学成分。 (%)

牌号和统一数字代号	C≤	Mn≤	Si≤	P≤	S≤	Ni	Cr	Nb≥	N	Cu
0Cr18Ni11Nb S34778	0.08	2.00	1.00	0.035	0.030	9～13	17～19	10×C%	—	—
0Cr19Ni10－NbNS30478	0.08	2.00	1.00	0.035	0.030	7～10.5	18～20	<0.15	0.15～0.30	
0Cr17Ni4Cu4Nb S51748	0.07	1.00	1.00	0.035	0.030	3～5	15.5～17.5	0.15～0.45	—	3～5

注：S34778 为奥氏体型；S51748 为沉淀硬化型。

② 中国含铌不锈钢(部分)牌号的力学性能。

牌号统一数字代号	热处理状态	σ_s (MPa)	σ_b (MPa)	δ_5(%)	HB≤	标准号
0Cr18Ni11Nb S34778	固溶处理	≥205	≥520	≥40	—	GB/T 1220 GB/T 3280 GB/T 4237 GB/T 12770
	焊后热处理(焊态)	≥210	≥520	≥35 ≥25	—	
0Cr19Ni10NbN S340478	奥氏体型钢棒	≥345	≥685	≥35	250	GB/T 1220 GB/T 3280 GB/T 4237 GB/T 4239
	固溶处理	≥345	≥685	≥35	250	
0Cr17Ni4Cu4Nb S51748	480 ℃时效①	≥1 180	≥1 310	≥10		GB/T1220 不锈钢棒
	550 ℃时效	≥1 000	≥1 060	≥12		
	580 ℃时效	≥865	≥1 000	≥13		
	620 ℃时效	≥725	≥930	≥16		

注：指经固溶处理后，470～480 ℃空冷。

2）宝钢高纯铁素体不锈钢 444

宝钢 444 是一种含铬 18%并具有一定钼含量，且碳、氮含量很低的高纯铁素体不锈钢。该钢具有优异的抗应力腐蚀性能、耐氯离子点腐蚀性能和高温抗氧化性能等特点，特别适用于各种水处理装置。目前产地已成功应用此钢制造了洋山深水港、浦东机场二期工程的水箱工程，广东东莞应用此钢制造的不锈钢水箱群已达 6 000 多 m^3。

过去应用 SUS 304、SUS 316 L 奥氏体型不锈钢材料制造水箱，面临两个问题，一是价格高，二是 SUS304 耐氯离子应力腐蚀开裂能力较差。改用宝钢 444 材料后，耐氯离子点腐蚀能力明显优于 SUS304，与 SUS316 L 相当，且宝钢 444 由于不含镍，价格较低，降低了造价。

① 宝钢 444 材料的化学成分。 (%)

标准	牌号	C	N	Cr	Ni	Mo	其　他
宝钢	444	0.020	0.020	17～20	—	1.75～2.50	Nb 或 Ti：8×(C%＋N%)～0.80
JIS G4305	SUS 444	0.025	0.025	17～20	—	1.75～2.50	Nb 或 Ti 或 Zr：8×(C%＋N%)～0.80
	SUS 304	0.08	—	18～20	8～10.5	—	—
	SUS 316 L	0.030	—	16～18	12～15	2.0～3.0	—

② 宝钢 444 材料的力学性能。

牌号	σ_s 屈服强度 (MPa)	σ_b 抗拉强度 (MPa)	延伸率 δ_5 (%)	维氏硬度	冷弯 180°d＝2a
宝钢 444	310	480	30	160	合格
SUS 444	≥245	≥410	≥20	≤230	合格
SUS 304	≥205	≥520	≥40	≤200	—
SUS 316 L	≥175	≥480	≥40	≤200	—

注：宝钢 444 材料的基本特征为密度 7.75 g/cm^3，热导率(100 ℃)26.8 W/(m · k)，导热性好，易散热，热胀系数(0～100 ℃)11.0×10^{-6} μm/(m · k)，焊接变形少。

③ 宝钢 444 材料的可供规格。

表面状态	厚度(mm)	宽度(mm)	形式
2B 或 2D	0.7～3.0	1 000～1 219	卷/平板
NO.1	3.0～10.0	1 000～1 520	卷/平板

④ 产地可供水箱压制板规格。 (mm)

侧板	500×1 000	1.0	1.2	1.5	2.0	2.5	3.0
	1 000×1 000	1.0	1.2	1.5	2.0	2.5	3.0
	1 500×1 000	1.0	1.2	1.5	2.0	2.5	3.0
底板	1 500×1 000	1.0	1.2	1.5	2.0	2.5	3.0

注：产地参见附录 1 中△ 32。

3）日本开发的含铌商用不锈钢。

行业	钢种代号	相似标准	主要成分	主要特征	制品形状	用途
汽车工业	NSSER-1	SUSXM15J1	19Cr13Ni3SiNb	耐热抗氧化	C	汽车排气部件
	NSS430M4	SUS430LX	17Cr-Nb-Lc	高耐蚀	C	轮圈
	NSS442M3	SUS430JIL	19Cr-0.5Cu-Nb-Lc	高耐蚀	CWT	汽车排气、装饰
	R434LN2	SUS444	LCN-19Cr-2Mo-Nb	耐热、耐蚀	C	汽车排气、热水器
	YUS450-MS	SUS429	14Cr-0.5Mo-0.3Nb-0.1Ti-Lc	高温强度抗氧化	C	汽车排气
	YUS190EM	SUS444	19Cr-2Mo-Nb-Ti-Lc	同上	C	汽车排气
	NAS430LM	SUS430JIL	18Cr-0.5Cu-0.3Mo-Nb-Ti	高耐蚀	C	汽车排气
	430MA	SUS430JIL	19Cr-0.3Ni-0.4Cu-0.4Nb-Lc	耐蚀性	NC	汽车装修
	436LM	SUS445J1	22Cr-1Mo-0.4Nb-0.4Cu-Lc	高耐蚀	NC	汽车建材
	TUS430M	SUS430JIL	19Cr-Nb-Cu-LCM	高耐蚀加工性	C NC	汽车部件、各种深冲部件
	NAR-2M1		18Cr-1Mo	高温强度抗氧化	C	汽车排气
建材	R30-2	SUS447J1	LCN-30Cr-2Mo-Nb	耐蚀	C	屋顶板、热交换器
	YUS220M	SUS445J2	22Cr-1.5Mo-Ti-Nb-LCM	焊件	C	屋顶板、墙板
	NAS445AM	SUS445J2	22Cr-2Mo-0.5Cu-Nb	高耐蚀	C	屋顶板外装件
	NTKU-22	SUS445Jz	22Cr-2Mo-Nb-ULCN	耐蚀	C	屋顶板
	NSS447M1	SUS447J1	30Cr-2Mo-Nb-Ti-41-Lc	高耐蚀	C	建材外装

（续）

行业	钢种代号	相似标准	主要成分	主要特征	制品形状	用途
家电	NAR315J2	SUS315J2	19Cr-12.5Ni-3Si-2Cu-1Mo-NbN	耐应力腐蚀	C	热水器
	YUS190	SUS444	ULCN19Cr-2Mo-Ti-Nb	焊件	CST WWT	热水器，贮水槽
	NSS444N	SUS444	19Cr-2Mo-Nb-ULCN	高耐蚀	C	同上
	NSS445M2	SUS445JIL	22Cr-1.2Mo-Nb-Ti-Lc	高耐蚀	C	电热水器、贮水槽
	NAS444	SUS444	19Cr-2Mo-Ti(Nb)	高耐蚀	PC	同上，太阳能热水器配管
水设备	NSL-444UL	SUS444	18Cr-2Mo-Nb-Lc	高耐蚀、焊件	P	贮水槽
	NTK-20		28Cr-3.5Mo-Nb-ULCN	耐海水、孔蚀	C	水管
造船	NAS630	SUS630	17Cr-4Ni-4Cu-0.3Nb	高强度	C B	造船、冲压板带钢
紧固件	QSH6	SUS630	16Cr-6Ni-1Mo-Cu-Nb	高强度	ST、BW	螺栓轴
	AUS630	SUS630	15.5Cr-4.8Ni-3Cu-Nb	冷锻	BW	螺栓连接器
	NAS436LX	SUS436L	18Cr-0.8Mo-Nb	耐蚀性 成形性	C	螺栓接头
石化	YUS190L	SUS444	ULCN19Cr-2Mo-Nb-V	焊件韧性	PW	石油、化工装置热交换器

注：1. C—宽幅薄板；P—厚板；NC—窄板；WT—焊管；ST—无缝管；W—线材；B—棒材；CT—铸管。

2. 不锈钢结构可承受700℃以上高温，因此其耐高温防火性能很好，并能耐大气腐蚀，其刚度与铝合金相当。这些优点使不锈钢在建筑领域应用发展迅速。许多大型建筑应用低成本、高耐蚀性的含铌铁素体不锈钢，如430、446、447等。日本在2001年又开发了铁素体不锈钢NSS447M1，其特点是改善了耐大气腐蚀性能。

3. 表中所述家电不锈钢，日本将其广泛用于家用电器，并且正在逐步替代塑料和普碳钢，近期新开发了SUS445M2，其成形性、焊接性和耐蚀性比SUS444好。

(2) 含银抗菌不锈钢

银的抗菌能力为铜的100倍，为镍的800倍，因此研制含银抗菌不锈钢。不锈钢中加银，不损失耐蚀性能和加工性能。已经实用的抗菌不锈钢有SUS430L×(17Cr0.4Nb)，工业牌号为R430LN-AB。力学性能见下表。

钢　种	板厚(mm)	表面精度	σ_s(MPa)	σ_b(MPa)	δ(%)
R430LN-AB	1.0	2B	320	490	35.5
SUS430LX	1.0	2B	320	470	35.3

5. 不锈钢方形空心型钢和矩形空心型钢

【特点】 是型钢史上的第五代型钢，是当今最新型钢。其特点

① 结构合理，力学性能更佳。将H型钢腹板材料移至翼板边缘组成空心型钢，增大了惯性矩 I_y 和截面模数 W_y 从而增强了 y 轴方向的抗弯能力(明显高于常规型钢)。

② 增强翼缘刚性，减少翼边变形。

【用途】 适用于建筑装潢和机械制造。

【说明】 冷弯型钢的弯角外圆弧半径 r 值应符合下表的规定。可用圆角规进行测量。

外圆弧半径 r 值

(mm)

厚　度 t(mm)	r	
	碳素钢($\sigma_s \leqslant$320 MPa)	低合金钢($\sigma_s >$320 MPa
$t \leqslant 3$	1.0～2.5t	1.5～2.5t
$3 < t \leqslant 6$	1.5～2.5t	2.0～3.0t
$6 < t \leqslant 10$	2.0～3.0t	2.0～3.5t
$t > 10$	2.0～3.5t	2.5～4.0t
注：σ_s 值指标准中规定的最低值。		

① 型钢弯曲角度的允许偏差不大于±1.5。

② 型钢通常长度4～9 m，如需超长，经供需双方协议，并在合同中注明。

③ 冷弯型钢弯曲度每米不得大于2 mm，总弯曲度不得大于总长的0.2%。

④ 标记示例。

冷弯空心型钢 $\dfrac{\text{J 50×30×2.5－GB/T 6728—2002}}{\text{0Cr18Ni9－GB/T 3280—2007}}$

用奥氏体不锈钢0Cr18Ni9制造的，尺寸为50 mm×30 mm×2.5 mm冷弯矩形空心型钢。

⑤ 结构用冷弯空心型钢特点是：连接方便、结构轻捷、造型美观，用途甚广，要求有更多型号满足旺盛的市场需求，在国家标准GB 6728—2002修订时，增加了39个型号，方形空心型钢，从□20×20×1.5到□500×500×8；矩形空心型钢，从□30×20×1.5到□600×400×8，不但用于装潢装饰，还广泛用于建筑钢结构。在日本积木式抗震房中使用量很大。

⑥ GB 6278 原用于黑色金属，后来不锈钢材料的冷弯空心型钢，通常按 GB 6278—2002 标准生产。

1）方型空心型钢。

【代号】 F

【材质】 SUS304、SUS304L、SUS321

SUS316、SUS316L、SUS310S 等。

【标准】 GB/T 6728—2002，J/SG3466、ASTMA500。

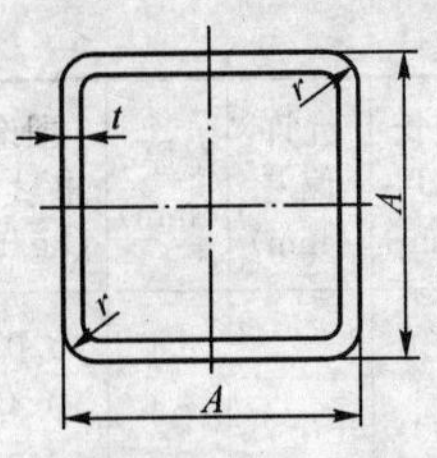

方形空心型钢截面示意图

【规格与主要参数】

边长 A (mm)	尺寸允许偏差(mm)		壁厚 (mm)	理论重量 (kg·m^{-1})	截面面积 (cm^2)	惯性矩 (cm^4)	回转半径(cm)	截面模数(cm^3)	扭转常数	
	普通精度	较高精度				$I_x = I_y$	$r_x = r_y$	$W_x = W_y$	I_t (cm^4)	W_t (cm^3)
20	±0.5	±0.25	1.2	0.679	0.865	0.498	0.759	0.498	0.823	0.75
			1.5	0.826	1.052	0.583	0.744	0.583	0.985	0.88
			1.75	0.941	1.199	0.642	0.732	0.642	1.106	0.98
			2.0	1.050	1.340	0.692	0.720	0.692	1.215	1.06
25	±0.60	±0.30	1.2	0.867	1.105	1.025	0.963	0.820	1.655	1.352
			1.5	1.061	1.352	1.216	0.948	0.973	1.998	1.643
			1.75	1.215	1.548	1.357	0.936	1.086	2.261	1.871
			2.0	1.363	1.736	1.482	0.923	1.860	2.502	2.085
30			2.5	2.032	2.589	3.154	1.103	2.102	5.347	3.720
			3.0	2.361	3.008	3.500	1.078	2.333	6.060	4.269
40	±0.80	±0.40	2.5	2.817	3.589	8.213	1.512	4.106	13.539	6.970
			3.0	3.303	4.208	9.320	1.488	4.660	15.628	8.109
			4.0	4.198	5.347	11.064	1.438	5.532	19.152	10.120
50	±1.00	±0.50	2.5	3.602	4.589	16.941	1.921	6.776	27.436	11.220
			3.0	4.245	5.408	19.463	1.897	7.785	31.972	13.149
			4.0	5.454	6.947	23.725	1.847	9.490	40.047	16.680
60	±1.20	±0.60	2.5	4.387	5.589	30.340	2.329	10.113	48.539	16.470
			3.0	5.187	6.608	35.130	2.305	11.710	56.892	19.389
			4.0	6.710	8.547	43.539	2.256	14.513	72.188	24.840
			5.0	8.129	10.356	50.468	2.207	16.822	85.560	29.767
70			3.0	6.129	7.808	57.522	2.714	16.434	92.188	26.829
			4.0	7.966	10.147	72.108	2.665	20.602	117.975	34.600
			5.0	9.699	12.356	84.602	2.616	24.172	141.183	41.767
80	±1.40	±0.70	3.0	7.071	9.008	87.838	3.122	21.959	139.660	35.469
			4.0	9.222	11.747	111.031	3.074	27.575	179.808	45.960
			5.0	11.269	14.356	131.414	3.025	32.853	216.628	55.767

(续)

边长 B (mm)	允许偏差 (mm)	壁厚 t (mm)	理论重量 M (kg/m)	截面面积 $A(cm^2)$	惯性矩 $I_x=I_y$ (cm^4)	惯性半径 $r_x=r_y$ (cm)	截面模数 $W_x=W_y$ (cm^3)	扭转常数	
								$I_t(cm^4)$	$C_t(cm^3)$
90	±0.75	3.0	8.013	10.208	127.277	3.531	28.283	201.108	42.51
		4.0	10.478	13.347	161.907	3.482	35.979	260.088	54.17
		5.0	12.839	16.356	192.903	3.434	42.867	314.896	64.71
		6.0	15.097	19.232	220.420	3.385	48.982	365.452	74.16
100	±0.80	4.0	11.734	11.947	226.337	3.891	45.267	361.213	68.10
		5.0	14.409	18.356	271.071	3.842	54.214	438.986	81.72
		6.0	16.981	21.632	311.415	3.794	62.283	511.558	94.12
110	±0.90	4.0	12.99	16.548	305.94	4.300	55.625	486.47	83.63
		5.0	15.98	20.356	367.95	4.252	66.900	593.60	100.74
		6.0	18.866	24.033	424.57	4.203	77.194	694.85	116.47
120	±0.90	4.0	14.246	18.147	402.260	4.708	67.043	635.603	100.75
		5.0	17.549	22.356	485.441	4.659	80.906	776.632	121.75
		6.0	20.749	26.432	562.094	4.611	93.683	910.281	141.22
		8.0	26.840	34.191	696.639	4.513	116.106	1 155.010	174.58
130	±1.00	4.0	15.502	19.748	516.97	5.117	79.534	814.72	119.48
		5.0	19.120	24.356	625.68	5.068	96.258	998.22	144.77
		6.0	22.634	28.833	726.64	5.020	111.79	1 173.6	168.36
		8.0	28.921	36.842	882.86	4.895	135.82	1 502.1	209.54
140	±1.10	4.0	16.758	21.347	651.598	5.524	53.085	1 022.176	139.8
		5.0	20.689	26.356	790.523	5.476	112.931	1 253.565	169.78
		6.0	24.517	31.232	920.359	5.428	131.479	1 475.020	197.9
		8.0	31.864	40.591	1 153.735	5.331	164.819	1 887.605	247.69
150	±1.20	4.0	18.014	22.948	807.82	5.933	107.71	1 264.8	161.73
		5.0	22.26	28.356	982.12	5.885	130.95	1 554.1	196.79
		6.0	26.402	33.633	1 145.9	5.837	152.79	1 832.7	229.84
		8.0	33.945	43.242	1 411.8	5.714	188.25	2 364.1	289.03
160	±1.20	4.0	19.270	24.547	987.152	6.341	123.394	1 540.134	185.25
		5.0	23.829	30.356	1 202.317	6.293	150.289	1 893.787	225.79
		6.0	28.285	36.032	1 405.408	6.245	175.676	2 234.573	264.18
		8.0	36.888	46.991	1 776.496	6.148	222.062	2 876.940	333.56
170	±1.30	4.0	20.526	26.148	1 191.3	6.750	140.15	1 855.8	210.37
		5.0	25.400	32.356	1 453.3	6.702	170.97	2 285.3	256.80
		6.0	30.170	38.433	1 701.6	6.654	200.18	2 701.0	300.91
		8.0	38.969	49.642	2 118.2	6.532	249.2	3 503.1	381.28

(续)

边长 B (mm)	允许偏差 (mm)	壁厚 t (mm)	理论重量 M (kg/m)	截面面积 A(cm^2)	惯性矩 $I_x=I_y$ (cm^4)	惯性半径 $r_x=r_y$ (cm)	截面模数 $W_x=W_y$ (cm^3)	扭转常数	
								I_t(cm^4)	C_t(cm^3)
180	±1.40	4.0	21.800	27.70	1 422	7.16	158	2 210	237
		5.0	27.000	34.40	1 737	7.11	193	2 724	290
		6.0	32.100	40.80	2 037	7.06	226	3 223	340
		8.0	41.500	52.80	2 546	6.94	283	4 189	432
190	±1.50	4.0	23.00	29.30	1 680	7.57	176	2 607	265
		5.0	28.50	36.40	2 055	7.52	216	3 216	325
		6.0	33.90	43.20	2 413	7.47	254	3 807	381
		8.0	44.00	56.00	3 208	7.35	319	4 958	486
200	±1.60	4.0	24.30	30.90	1 968	7.97	197	3 049	295
		5.0	30.10	38.40	2 410	7.93	241	3 763	362
		6.0	35.80	45.60	2 833	7.88	283	4 459	426
		8.0	46.50	59.20	3 566	7.76	357	5 815	544
		10	57.00	72.60	4 251	7.65	425	7 072	651
220	±1.80	5.0	33.2	42.4	3 238	8.74	294	5 038	442
		6.0	39.6	50.4	3 813	8.70	347	5 976	521
		8.0	51.5	65.6	4 828	8.58	439	7 815	668
		10	63.2	80.6	5 782	8.47	526	9 533	804
		12	73.5	93.7	6 487	8.32	590	11 149	922
250	±2.00	5.0	38.0	48.4	4 805	9.97	384	7 443	577
		6.0	45.2	57.6	5 672	9.92	454	8 843	681
		8.0	59.1	75.2	7 229	9.80	578	11 598	878
		10	72.7	92.6	8 707	9.70	697	14 197	1 062
		12	84.8	108	9 859	9.55	789	16 691	1 226
280	±2.20	5.0	42.7	54.4	6 810	11.2	486	10 513	730
		6.0	50.9	64.8	8 054	11.1	575	12 504	863
		8.0	66.6	84.8	10 317	11.0	737	16 436	1 117
		10	82.1	104.6	12 479	10.9	891	20 173	1 356
		12	96.1	122.5	14 232	10.8	1 017	23 804	1 574
300	±2.40	6.0	54.7	69.6	9 964	12.0	664	15 434	997
		8.0	71.6	91.2	12 801	11.8	853	20 312	1 293
		10	88.4	113	15 519	11.7	1 035	24 966	1 572
		12	104	132	17 767	11.6	1 184	29 514	1 829

(续)

边长 B (mm)	允许偏差 (mm)	壁厚 t (mm)	理论重量 M (kg/m)	截面面积 $A(cm^2)$	惯性矩 $I_x=I_y$ (cm^4)	惯性半径 $r_x=r_y$ (cm)	截面模数 $W_x=W_y$ (cm^3)	扭转常数	
								$I_t(cm^4)$	$C_t(cm^3)$
350	±2.80	6.0 8.0 10 12	64.1 84.2 104 123	81.6 107 133 156	16 008 20 618 25 189 29 054	14.0 13.9 13.8 13.6	915 1 182 1 439 1 660	24 683 32 557 40 127 47 598	1 372 1 787 2 182 2 552
400	±3.20	8.0 10 12 14	96.7 120 141 163	123 153 180 208	31 269 38 216 44 319 50 414	15.9 15.8 15.7 15.6	1 564 1 911 2 216 2 521	48 934 60 431 71 843 82 735	2 362 2 892 3 395 3 877
450	±3.60	8.0 10 12 14	109 135 160 185	139 173 204 236	44 966 55 100 64 164 73 210	18.0 17.9 17.7 17.6	1 999 2 449 2 851 3 254	70 043 86 629 103 150 119 000	3 016 3 702 4 357 4 989
500	±4.00	8.0 10 12 14 16	122 151 179 207 235	155 193 228 264 299	62 172 76 341 89 187 102 010 114 260	20.0 19.9 19.8 19.7 19.6	2 487 3 054 3 568 4 080 4 570	96 483 119 470 142 420 164 530 186 140	3 750 4 612 5 440 6 241 7 013

注：表中理论重量按密度 7.85 g/cm^3 计算。

2）矩形空心型钢。

【代号】 J。

【材质】 SUS304、SUS304L、SUS321、SUS316、SUS316L、SUS310S 等。

【标准】 GB/T 6728—2002、JIS 3466、ASTM A500。

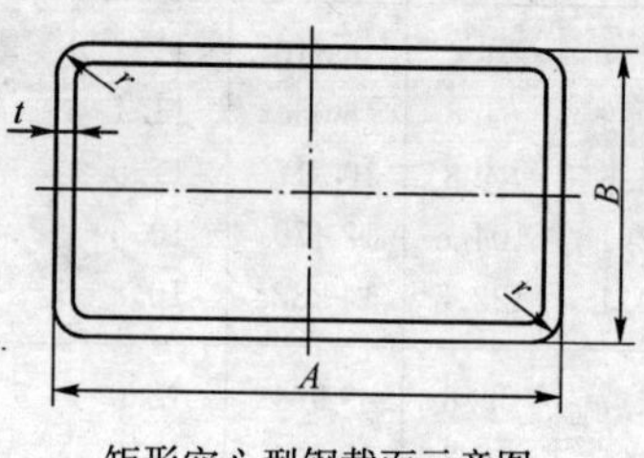

矩形空心型钢截面示意图

【规格与主要参数】

边长(mm)		允许偏差 (mm)	壁厚 t (mm)	理论重量 M(kg/m)	截面面积 $A(cm^2)$	惯性矩(cm^4)		惯性半径(cm)		截面模数(cm^3)		扭转常数	
H	B					I_x	I_y	r_x	r_y	W_x	W_y	$I_t(cm^4)$	$C_t(cm^3)$
30	20	±0.50	1.5	1.06	1.35	1.59	0.84	1.08	0.788	1.06	0.84	1.83	1.40
			1.75	1.22	1.55	1.77	0.93	1.07	0.777	1.18	0.93	2.07	1.56
			2.0	1.36	1.74	1.94	1.02	1.06	0.765	1.29	1.02	2.29	1.71
			2.5	1.64	2.09	2.21	1.15	1.03	0.742	1.47	1.15	2.68	1.95
40	20	±0.50	1.5	1.30	1.65	3.27	1.10	1.41	0.815	1.63	1.10	2.74	1.91
			1.75	1.49	1.90	3.68	1.23	1.39	0.804	1.84	1.23	3.11	2.14
			2.0	1.68	2.14	4.05	1.34	1.38	0.793	2.02	1.34	3.45	2.36
			2.5	2.03	2.59	4.69	1.54	1.35	0.770	2.35	1.54	4.06	2.72
			3.0	2.36	3.01	5.21	1.68	1.32	0.748	2.60	1.68	4.57	3.00
40	25	±0.50	1.5	1.41	1.80	3.82	1.84	1.46	1.010	1.91	1.47	4.06	2.46
			1.75	1.63	2.07	4.32	2.07	1.44	0.999	2.16	1.66	4.63	2.78
			2.0	1.83	2.34	4.77	2.28	1.43	0.988	2.39	1.82	5.17	3.07
			2.5	2.23	2.84	5.57	2.64	1.40	0.965	2.79	2.11	6.15	3.59
			3.0	2.60	3.31	6.24	2.94	1.37	0.942	3.12	2.35	7.00	4.01
40	30	±0.50	1.5	1.53	1.95	4.38	2.81	1.50	1.199	2.19	1.87	5.52	3.02
			1.75	1.77	2.25	4.96	3.17	1.48	1.187	2.48	2.11	6.31	3.42
			2.0	1.99	2.54	5.49	3.51	1.47	1.176	2.75	2.34	7.07	3.79
			2.5	2.42	3.09	6.45	4.10	1.45	1.153	3.23	2.74	8.47	4.46
			3.0	2.83	3.61	7.27	4.60	1.42	1.129	3.63	3.07	9.72	5.03

（续）

边长(mm)		允许偏差(mm)	壁厚 t (mm)	理论重量 M(kg/m)	截面面积 A(cm^2)	惯性矩(cm^4)		惯性半径(cm)		截面模数(cm^3)		扭转常数	
H	B					I_x	I_y	r_x	r_y	W_x	W_y	I_t(cm^4)	C_t(cm^3)
50	25	±0.50	1.5	1.65	2.10	6.65	2.25	1.78	1.04	2.66	1.80	5.52	3.41
			1.75	1.90	2.42	7.55	2.54	1.76	1.024	3.02	2.03	6.32	3.54
			2.0	2.15	2.74	8.38	2.81	1.75	1.013	3.35	2.25	7.06	3.92
			2.5	2.62	2.34	9.89	3.28	1.72	0.991	3.95	2.62	8.43	4.60
			3.0	3.07	3.91	11.17	3.67	1.69	0.969	4.47	2.93	9.64	5.18
50	30	±0.50	1.5	1.767	2.252	7.535	3.415	1.829	1.231	3.014	2.276	7.587	3.83
			1.75	2.039	2.598	8.566	3.868	1.815	1.220	3.426	2.579	8.682	4.35
			2.0	2.305	2.936	9.535	4.291	1.801	1.208	3.814	2.861	9.727	4.84
			2.5	2.817	3.589	11.296	5.050	1.774	1.186	4.518	3.366	11.666	5.72
			3.0	3.303	4.206	12.827	5.696	1.745	1.163	5.130	3.797	13.401	6.49
			4.0	4.198	5.347	15.239	6.682	1.688	1.117	6.095	4.455	16.244	7.77
50	40	±0.50	1.5	2.003	2.552	9.300	6.602	1.908	1.608	3.720	3.301	12.238	5.24
			1.75	2.314	2.948	10.603	7.518	1.896	1.596	4.241	3.759	14.059	5.97
			2.0	2.619	3.336	11.840	8.348	1.883	1.585	4.736	4.192	15.817	6.673
			2.5	3.210	4.089	14.121	9.976	1.858	1.562	5.648	4.988	19.222	7.965
			3.0	3.775	4.808	16.149	11.382	1.833	1.539	6.460	5.691	22.336	9.123
			4.0	4.826	6.148	19.493	13.677	1.781	1.492	7.797	6.839	27.82	11.06

（续）

边长(mm)		允许偏差(mm)	壁厚 t (mm)	理论重量 M(kg/m)	截面面积 A(cm^2)	惯性矩(cm^4)		惯性半径(cm)		截面模数(cm^3)		扭转常数	
H	B					I_x	I_y	r_x	r_y	W_x	W_y	I_t(cm^4)	C_t(cm^3)
55	25	±0. 50	1. 5	1. 767	2. 252	8. 453	2. 460	1. 937	1. 045	3. 074	1. 968	6. 273	3. 458
			1. 75	2. 039	2. 598	9. 606	2. 779	1. 922	1. 034	3. 493	2. 223	7. 156	3. 916
			2. 0	2. 305	2. 936	10. 689	3. 073	1. 907	1. 023	3. 886	2. 459	7. 992	4. 342
55	40	±0. 50	1. 5	2. 121	2. 702	11. 674	7. 158	2. 078	1. 627	4. 245	3. 579	14. 017	5. 794
			1. 75	2. 452	3. 123	13. 329	8. 158	2. 065	1. 616	4. 847	4. 079	16. 175	6. 614
			2. 0	2. 776	3. 536	14. 904	9. 107	2. 052	1. 604	5. 419	4. 553	18. 208	7. 394
55	50	±0. 60	1. 75	2. 726	3. 473	15. 811	13. 660	2. 133	1. 983	5. 749	5. 464	23. 173	8. 415
			2. 0	3. 090	3. 936	17. 714	15. 298	2. 121	1. 971	6. 441	6. 119	26. 142	9. 433
60	30	±0. 60	2. 0	2. 620	3. 337	15. 046	5. 078	2. 123	1. 234	5. 015	3. 385	12. 57	5. 881
			2. 5	3. 209	4. 089	17. 933	5. 998	2. 094	1. 211	5. 977	3. 998	15. 054	6. 981
			3. 0	3. 774	4. 808	20. 496	6. 794	2. 064	1. 188	6. 832	4. 529	17. 335	7. 950
			4. 0	4. 826	6. 147	24. 691	8. 045	2. 004	1. 143	8. 230	5. 363	21. 141	9. 523
60	40	±0. 60	2. 0	2. 934	3. 737	18. 412	9. 831	2. 220	1. 622	6. 137	4. 915	20. 702	8. 116
			2. 5	3. 602	4. 589	22. 069	11. 734	2. 192	1. 595	7. 356	5. 867	25. 045	9. 722
			3. 0	4. 245	5. 408	25. 374	13. 436	2. 166	1. 576	8. 458	6. 718	29. 121	11. 175
			4. 0	5. 451	6. 947	30. 974	16. 269	2. 111	1. 530	10. 324	8. 134	36. 298	13. 653

(续)

边长(mm)		允许偏差(mm)	壁厚 t (mm)	理论重量 M(kg/m)	截面面积 A(cm²)	惯性矩(cm⁴)		惯性半径(cm)		截面模数(cm³)		扭转常数	
H	B					I_x	I_y	r_x	r_y	W_x	W_y	I_t(cm⁴)	C_t(cm³)
70	50	±0.60	2.0	3.562	4.537	31.475	18.758	2.634	2.033	8.993	7.503	37.454	12.196
			3.0	5.187	6.608	44.046	26.099	2.581	1.987	12.584	10.439	53.426	17.06
			4.0	6.710	8.547	54.663	32.210	2.528	1.941	15.618	12.884	67.613	21.189
			5.0	8.129	10.356	63.435	37.179	2.171	1.894	18.121	14.871	79.908	24.642
80	40	±0.70	2.0	3.561	4.536	37.355	12.720	2.869	1.674	9.339	6.361	30.881	11.004
			2.5	4.387	5.589	45.103	15.255	2.840	1.652	11.275	7.627	37.467	13.283
			3.0	5.187	6.608	52.246	17.552	2.811	1.629	13.061	8.776	43.680	15.283
			4.0	6.710	8.547	64.780	21.474	2.752	1.585	16.195	10.737	54.787	18.844
			5.0	8.129	10.356	75.080	24.567	2.692	1.540	18.770	12.283	64.110	21.744
80	60	±0.70	3.0	6.129	7.808	70.042	44.886	2.995	2.397	17.510	14.962	88.111	24.143
			4.0	7.966	10.147	87.945	56.105	2.943	2.351	21.976	18.701	112.583	30.332
			5.0	9.699	12.356	103.247	65.634	2.890	2.304	25.811	21.878	134.503	35.673
90	40	±0.75	3.0	5.658	7.208	70.487	19.610	3.127	1.649	15.663	9.805	51.193	17.339
			4.0	7.338	9.347	87.894	24.077	3.066	1.604	19.532	12.038	64.320	21.441
			5.0	8.914	11.356	102.487	27.651	3.004	1.560	22.774	13.825	75.426	24.819
90	50	±0.75	2.0	4.190	5.337	57.878	23.368	3.293	2.093	12.862	9.347	53.366	15.882
			2.5	5.172	6.589	70.263	28.236	3.266	2.070	15.614	11.294	65.299	19.235

(续)

边长(mm)		允许偏差 (mm)	壁厚 t (mm)	理论重量 M(kg/m)	截面面积 A(cm^2)	惯性矩(cm^4)		惯性半径(cm)		截面模数(cm^3)		扭转常数	
H	B					I_x	I_y	r_x	r_y	W_x	W_y	I_t(cm^4)	C_t(cm^3)
90	50	±0.75	3.0	6.129	7.808	81.845	32.735	3.237	2.047	18.187	13.094	76.433	22.316
			4.0	7.966	10.147	102.696	40.695	3.181	2.002	22.821	16.278	97.162	27.961
			5.0	9.699	12.356	120.570	47.345	3.123	1.957	26.793	18.938	115.436	36.774
90	55	±0.75	2.0	4.346	5.536	61.75	28.957	3.340	2.287	13.733	10.53	62.724	17.601
			2.5	5.368	6.839	75.049	33.065	3.313	2.264	16.678	12.751	76.877	21.357
90	60	±0.75	3.0	6.600	8.408	93.203	49.764	3.329	2.432	20.711	16.588	104.552	27.391
			4.0	8.594	10.947	117.499	62.387	3.276	2.387	26.111	20.795	133.852	34.501
			5.0	10.484	13.356	138.653	73.218	3.222	2.311	30.811	24.406	160.273	40.712
95	50	±0.75	2.0	4.347	5.537	66.084	24.521	3.455	2.104	13.912	9.808	57.458	16.804
			2.5	5.369	6.839	80.306	29.647	3.247	2.082	16.906	11.895	70.324	20.364
100	50	±0.80	3.0	6.690	8.408	106.451	36.053	3.558	2.070	21.290	14.421	88.311	25.012
			4.0	8.594	10.947	134.124	44.938	3.500	2.026	26.824	17.975	112.409	31.35
			5.0	10.484	13.356	158.155	52.429	3.441	1.981	31.631	20.971	133.758	36.804
120	50	±0.90	2.5	6.350	8.089	143.97	36.704	4.219	2.130	23.995	14.682	96.026	26.006
			3.0	7.543	9.608	168.58	42.693	4.189	2.108	28.097	17.077	112.87	30.317
120	60	±0.90	3.0	8.013	10.208	189.113	64.398	4.304	2.511	31.581	21.466	156.029	37.138
			4.0	10.478	13.347	240.724	81.235	4.246	2.466	40.120	27.078	200.407	47.048

（续）

边长(mm)		允许偏差(mm)	壁厚 t (mm)	理论重量 M(kg/m)	截面面积 A(cm²)	惯性矩(cm⁴)		惯性半径(cm)		截面模数(cm³)		扭转常数	
H	B					I_x	I_y	r_x	r_y	W_x	W_y	I_t(cm⁴)	C_t(cm³)
120	60	±0.90	5.0	12.839	16.356	286.941	95.968	4.188	2.422	47.823	31.989	240.869	55.846
			6.0	15.097	19.232	327.950	108.716	4.129	2.377	54.658	36.238	277.361	63.597
120	80	±0.90	3.0	8.955	11.408	230.189	123.430	4.491	3.289	38.364	30.857	255.128	50.799
			4.0	11.734	11.947	294.569	157.281	4.439	3.243	49.094	39.320	330.438	64.927
			5.0	14.409	18.356	353.108	187.747	4.385	3.198	58.850	46.936	400.735	77.772
			6.0	16.981	21.632	105.998	214.977	4.332	3.152	67.666	53.744	165.940	83.399
140	80	±1.00	4.0	12.990	16.547	429.582	180.407	5.095	3.301	61.368	45.101	410.713	76.478
			5.0	15.979	20.356	517.023	215.914	5.039	3.256	73.860	53.978	498.815	91.834
			6.0	18.865	24.032	569.935	247.905	4.983	3.211	85.276	61.976	580.919	105.83
150	100	±1.20	4.0	14.874	18.947	594.585	318.551	5.601	4.110	79.278	63.710	660.613	104.94
			5.0	18.334	23.356	719.164	383.988	5.549	4.054	95.888	79.797	806.733	126.81
			6.0	21.691	27.632	834.615	444.135	5.495	4.009	111.282	88.827	915.022	147.07
			8.0	28.096	35.791	1 039.101	519.308	5.388	3.917	138.546	109.861	1 147.710	181.85
160	60	±1.20	3	9.898	12.608	389.86	83.915	5.561	2.580	48.732	27.972	228.15	50.14
			4.5	14.498	18.469	552.08	116.66	5.468	2.513	69.01	38.886	324.96	70.085
160	80	±1.20	4.0	14.216	18.117	597.691	203.532	5.738	3.348	71.711	50.883	493.129	88.031
			5.0	17.519	22.356	721.650	214.089	5.681	3.304	90.206	61.020	599.175	105.9

（续）

边长(mm)		允许偏差 (mm)	壁厚 t (mm)	理论重量 M(kg/m)	截面面积 A(cm²)	惯性矩(cm⁴)		惯性半径(cm)		截面模数(cm³)		扭转常数	
H	B					I_x	I_y	r_x	r_y	W_x	W_y	I_t(cm⁴)	C_t(cm³)
160	80	±1.20	6.0	20.749	26.433	835.936	286.832	5.623	3.259	104.192	76.208	698.881	122.27
			8.0	26.810	33.644	1 036.485	343.599	5.505	3.170	129.560	85.899	876.599	149.54
180	65	±1.20	3.0	11.075	14.108	550.35	111.78	6.246	2.815	61.15	34.393	306.75	61.849
			4.5	16.264	20.719	784.13	156.47	6.152	2.748	87.125	48.144	438.91	86.993
180	100	±1.30	4.0	16.758	21.317	926.020	373.879	6.586	4.184	102.891	74.755	852.708	127.06
			5.0	20.689	26.356	1 124.156	451.738	6.530	4.140	124.906	90.347	1 012.589	153.88
			6.0	24.517	31.232	1 309.527	523.767	6.475	4.095	145.503	104.753	1 222.933	178.88
			8.0	31.861	40.391	1 643.149	651.132	6.362	4.002	182.572	130.226	1 554.606	222.49
200			4.0	18.014	22.941	1 199.680	410.261	7.230	4.230	119.968	82.152	984.151	141.81
			5.0	22.259	28.356	1 459.270	496.905	7.173	4.186	145.920	99.381	1 203.878	171.94
			6.0	26.101	33.632	1 703.224	576.855	7.116	4.141	170.322	115.371	1 412.986	200.1
			8.0	34.376	43.791	2 145.993	719.014	7.000	4.052	214.599	143.802	1 798.551	249.6
200	120	±1.40	4.0	19.3	24.5	1 353	618	7.43	5.02	135	103	1 345	172
			5.0	23.8	30.4	1 649	750	7.37	4.97	165	125	1 652	210
			6.0	28.3	36.0	1 929	874	7.32	4.93	193	146	1 947	245
			8.0	36.5	46.4	2 386	1 079	7.17	4.82	239	180	2 507	308

（续）

边长(mm)		允许偏差(mm)	壁厚 t (mm)	理论重量 M(kg/m)	截面面积 A(cm^2)	惯性矩(cm^4)		惯性半径(cm)		截面模数(cm^3)		扭转常数	
H	B					I_x	I_y	r_x	r_y	W_x	W_y	I_t(cm^4)	C_t(cm^3)
200	150	±1.50	4.0	21.2	26.9	1 584	1 021	7.67	6.16	158	136	1 942	219
			5.0	26.2	33.4	1 935	1 245	7.62	6.11	193	166	2 391	267
			6.0	31.1	39.6	2 268	1 457	7.56	6.06	227	194	2 826	312
			8.0	40.2	51.2	2 892	1 815	7.43	5.95	283	242	3 664	396
220	140	±1.50	4.0	21.8	27.7	1 892	948	8.26	5.84	172	135	1 987	224
			5.0	27.0	34.4	2 313	1 155	8.21	5.80	210	165	2 447	274
			6.0	32.1	40.8	2 714	1 352	8.15	5.75	247	193	2 891	321
			8.0	41.5	52.8	3 389	1 685	8.01	5.65	308	241	3 746	407
250	150	±1.60	4.0	24.3	30.9	2 697	1 234	9.34	6.32	216	165	2 665	275
			5.0	30.1	38.4	3 304	1 508	9.28	6.27	264	201	3 285	337
			6.0	35.8	45.6	3 886	1 768	9.23	6.23	311	236	3 886	396
			8.0	46.5	59.2	4 886	2 219	9.08	6.12	391	296	5 050	504
260	180	±1.80	5.0	33.2	42.4	4 121	2 350	9.86	7.45	317	261	4 695	426
			6.0	39.6	50.4	4 856	2 763	9.81	7.40	374	307	5 566	501
			8.0	51.5	65.6	6 145	3 493	9.68	7.29	473	388	7 267	642
			10	63.2	80.6	7 363	4 174	9.56	7.20	566	646	8 850	772

（续）

边长(mm)		允许偏差 (mm)	壁厚 t (mm)	理论重量 M(kg/m)	截面面积 A(cm^2)	惯性矩(cm^4)		惯性半径(cm)		截面模数(cm^3)		扭转常数	
H	B					I_x	I_y	r_x	r_y	W_x	W_y	I_t(cm^4)	C_t(cm^3)
300	200	±2.00	5.0	38.0	48.4	6 241	3 361	11.4	8.34	416	336	6 836	552
			6.0	45.2	57.6	7 370	3 962	11.3	8.29	491	396	8 115	651
			8.0	59.1	75.2	9 389	5 042	11.2	8.19	626	504	10 627	838
			10	72.7	92.6	11 313	6 058	11.1	8.09	754	606	12 987	1 012
350	250	±2.20	5.0	45.8	58.4	10 520	6 306	13.4	10.4	601	504	12 234	817
			6.0	54.7	69.6	12 457	7 458	13.4	10.3	712	594	14 554	967
			8.0	71.6	91.2	16 001	9 573	13.2	10.2	914	766	19 136	1 253
			10	88.4	113	19 407	11 588	13.1	10.1	1 109	927	23 500	1 522
400	200	±2.40	5.0	45.8	58.4	12 490	4 311	14.6	8.60	624	431	10 519	742
			6.0	54.7	69.6	14 789	5 092	14.5	8.55	739	509	12 069	877
			8.0	71.6	91.2	18 974	6 517	14.4	8.45	949	652	15 820	1 133
			10	88.4	113	23 003	7 864	14.3	8.36	1 150	786	19 368	1 373
			12	104	132	26 248	8 977	14.1	8.24	1 312	898	22 782	1 591
400	250	±2.60	5.0	49.7	63.4	14 440	7 056	15.1	10.6	722	565	14 773	937
			6.0	59.4	75.6	17 118	8 352	15.0	10.5	856	668	17 580	1 110
			8.0	77.9	99.2	22 048	10 744	14.9	10.4	1 102	860	23 127	1 440
			10	96.2	122	26 806	13 029	14.8	10.3	1 340	1 042	28 423	1 753
			12	113	144	30 766	14 926	14.6	10.2	1 538	1 197	33 597	2 042

（续）

边长(mm)		允许偏差	壁厚 t	理论重量	截面面积	惯性矩(cm^4)		惯性半径(cm)		截面模数(cm^3)		扭转常数	
H	B	(mm)	(mm)	M(kg/m)	A(cm^2)	I_x	I_y	r_x	r_y	W_x	W_y	I_t(cm^4)	C_t(cm^3)
450	250	±2.80	6.0	64.1	81.6	22 724	9 245	16.7	10.6	1 010	740	20 687	1 253
			8.0	84.2	107	29 336	11 916	16.5	10.5	1 304	953	27 222	1 628
			10	104	133	35 737	14 470	16.4	10.4	1 588	1 158	33 473	1 983
			12	123	156	41 137	16 663	16.2	10.3	1 828	1 333	39 591	2 314
500	300	±3.20	6.0	73.5	93.6	33 012	15 151	18.8	12.7	1 321	1 010	32 420	1 688
			8.0	96.7	123	42 805	19 624	18.6	12.6	1 712	1 308	42 767	2 202
			10	120	153	52 328	23 933	18.5	12.5	2 093	1 596	52 736	2 693
			12	141	180	60 604	27 726	18.3	12.4	2 424	1 848	62 581	3 156
550	350	±3.60	8.0	109	139	59 783	30 040	20.7	14.7	2 174	1 717	63 051	2 856
			10	135	173	73 276	36 752	20.6	14.6	2 665	2 100	77 901	3 503
			12	160	204	85 249	42 769	20.4	14.5	3 100	2 444	92 646	4 118
			14	185	236	97 269	48 731	20.3	14.4	3 537	2 784	106 760	4 710
600	400	±4.00	8.0	122	155	80 670	43 564	22.8	16.8	2 689	2 178	88 672	3 591
			10	151	193	99 081	53 429	22.7	16.7	3 303	2 672	109 720	4 413
			12	179	228	115 670	62 391	22.5	16.5	3 856	3 120	130 680	5 201
			14	207	264	132 310	71 282	22.4	16.4	4 410	3 564	150 850	5 962
			16	235	299	148 210	79 760	22.3	16.3	4 940	3 988	170 510	6 694

注：表中理论重量按密度 7.85 g/cm^3 计算。

6. 不锈耐酸钢板薄壁无缝钢管(GB/T 3089—2008)

【用途】 主要用于化工、石油、轻工、食品、机械、仪表等工业用耐酸容器及输送管道和机械仪表的结构件与制品。

【规格】 1) 不锈耐酸钢板薄壁无缝钢管尺寸。

外径×壁厚(mm)

10.3×0.15	35.0×0.50	55×0.50	67.8×0.40	89.8×0.40	110.9×0.45
12.4×0.20	40.4×0.20	59.6×0.30	70.2×0.60	90.2×0.40	125.7×0.35
15.4×0.20	40.6×0.30	60.0×0.25	74.0×0.50	90.5×0.25	150.8×0.40
18.4×0.20	41.0×0.50	60.0×0.50	75.5×0.25	90.7×0.30	250.8×0.40
20.4×0.20	41.2×0.60	61.0×0.35	75.6×0.30	90.8×0.40	注:钢管长度通常为0.5～6 m,表中以外规格,供需双方协议
24.5×0.20	48.0×0.25	61.0×0.50	82.8×0.40	95.6×0.30	
26.4×0.20	50.5×0.25	61.2×0.60	83.0×0.50	10.1×0.50	
32.4×0.20	53.2×0.60	67.6×0.30	89.6×0.30	102.6×0.30	

注:内径允许偏差:直径10～250(mm)普通级 $^{+0.05}_{-0.10}$ mm,高级±0.05 mm。

2) 不锈耐酸钢板薄壁无缝钢管壁厚公差(mm)。

钢管尺寸		壁厚允许偏差		钢管尺寸		壁厚允许偏差	
外径	壁厚	普通级	高级	外径	壁厚	普通级	高级
≤60	≤0.20	±0.03	$^{+0.03}_{-0.01}$	>60	≤0.25	±0.04	±0.03
	0.25	$^{+0.04}_{-0.03}$	$^{+0.03}_{-0.02}$		0.30	±0.04	$^{+0.04}_{-0.03}$
	0.30	±0.04	±0.03		0.35	±0.05	±0.04
	0.35	$^{+0.05}_{-0.04}$	$^{+0.04}_{-0.03}$		0.40	±0.05	$^{+0.05}_{-0.04}$
	0.40	±0.05	±0.04		0.50	±0.06	±0.05
	0.50	±0.05	$^{+0.05}_{-0.04}$		0.60	±0.08	±0.05
	0.60	±0.08	±0.05	钢管每M直线度不大于5 mm			

3) 不锈耐酸钢板薄壁无缝钢管力学性能。

序号	统一数字代号	新牌号	旧牌号	抗拉强度 R_m (N/mm²)	断后伸长率 A(%)
				≥	
1	S30408	06Cr19Ni10	0Cr18Ni9	520	35
2	S30403	022Cr19Ni10	00Cr19Ni10	440	40

（续）

序号	统一数字代号	新牌号	旧牌号	抗拉强度 R_m (N/mm^2)	断后伸长率 A(%)
				≥	
3	S31603	022Cr17Ni12Mo2	00Cr17Ni14Mo2	480	40
4	S31668	06Cr17Ni12Mo2Ti	0Cr18Ni12Mo3Ti	540	35
5	S32168	06Cr18Ni11Ti	0Cr18Ni10Ti	520	40

注：以热处理状态交货的钢管应按 GB/T 4334.5 进行晶间腐蚀试验，试验结果不允许有晶间腐蚀倾向；不经热处理交货的钢管不进行晶间腐蚀试验。

7. 薄壁不锈钢水管(GT/T 151—2001)

【用途】 适用于工作压力不大于 1.6 MPa，输送饮用净水、生活饮用水、热水和温度不大于 135 ℃的高温水等，其他如海水、空气和医用气体等管道亦可参照使用。

【规格】 1）薄壁不锈钢水管尺寸(mm)。

<table>
<tr><th>公称通径
DN</th><th>管子外径
Dw</th><th>外径允许偏差</th><th colspan="2">壁厚
S</th></tr>
<tr><td rowspan="2">10</td><td>10</td><td rowspan="8">±0.10</td><td rowspan="6">0.6</td><td rowspan="4">0.8</td></tr>
<tr><td>12</td></tr>
<tr><td rowspan="2">15</td><td>14</td></tr>
<tr><td>16</td></tr>
<tr><td rowspan="2">20</td><td>20</td><td rowspan="4">1.0</td></tr>
<tr><td>22</td></tr>
<tr><td rowspan="2">25</td><td>25.4</td><td rowspan="2">0.8</td></tr>
<tr><td>28</td></tr>
<tr><td rowspan="2">32</td><td>35</td><td rowspan="3">±0.12</td><td rowspan="4">1.0</td><td rowspan="4">1.2</td></tr>
<tr><td>38</td></tr>
<tr><td rowspan="2">40</td><td>40</td></tr>
<tr><td>42</td><td>±0.15</td></tr>
</table>

<table>
<tr><th>公称通径
DN</th><th>管子外径
Dw</th><th>外径允许偏差</th><th colspan="2">壁厚
S</th></tr>
<tr><td rowspan="2">50</td><td>50.8</td><td>±0.15</td><td>1.0</td><td rowspan="2">1.2</td></tr>
<tr><td>54</td><td>±0.18</td><td rowspan="3">1.2</td></tr>
<tr><td rowspan="2">65</td><td>67</td><td rowspan="2">±0.20</td><td rowspan="2">1.5</td></tr>
<tr><td>70</td></tr>
<tr><td rowspan="2">80</td><td>76.1</td><td>±0.23</td><td rowspan="4">1.5</td><td rowspan="5">2.0</td></tr>
<tr><td>88.9</td><td>±0.25</td></tr>
<tr><td rowspan="2">100</td><td>102</td><td rowspan="4">±0.4%
Dw</td></tr>
<tr><td>108</td></tr>
<tr><td>125</td><td>133</td><td rowspan="2">2.0</td></tr>
<tr><td>150</td><td>159</td><td>3.0</td></tr>
</table>

2）薄壁不锈钢水管牌号力学性能和用途。

牌　　号	σ_b(MPa)	伸长率(%)	用　　途
0Cr18Ni9(304)	≥520		饮用净水、生活饮用水、医用气体、热水管
0Cr17Ni12Mo2(316)	≥520	≥35	耐腐蚀性比 0Cr18Ni9 更高场合
00Cr17Ni14Mo2(316L)	≥480		海水

8. 不锈钢小直径无缝钢管(GB/T 3090—2000)

【用途】 适用于航空、航天、机电、仪器仪表元件及医用针管等

【规格】 1)不锈钢小直径无缝钢管尺寸。

(mm)

外径	壁　厚	外径	壁　厚
0. 30	0. 10	2. 50	0. 10 (△0. 05) 0. 60 (△0. 10) 1. 00
0. 35	0. 10	2. 80	0. 10 (△0. 05) 0. 60 (△0. 10) 1. 00
0. 40	0. 10、0. 15	3. 00	0. 10 (△0. 05) 0. 60 (△0. 10) 1. 00
0. 45	0. 10、0. 15	3. 20	0. 10 (△0. 05) 0. 60 (△0. 10) 1. 00
0. 50	0. 10、0. 15	3. 40	0. 10 (△0. 05) 0. 60 (△0. 10) 1. 00
0. 55	0. 10、0. 15	3. 60	0. 10 (△0. 05) 0. 60 (△0. 10) 1. 00
0. 60	0. 10、0. 15、0. 20	3. 80	0. 10 (△0. 05) 0. 60 (△0. 10) 1. 00
0. 70	0. 10、0. 15、0. 20、0. 25	4. 00	0. 10 (△0. 05) 0. 60 (△0. 10) 1. 00
0. 80	0. 10、0. 15、0. 20、0. 25	4. 20	0. 10 (△0. 05) 0. 60 (△0. 10) 1. 00
0. 90	0. 10、0. 15、0. 20、0. 25、0. 30	4. 50	0. 10 (△0. 05) 0. 60 (△0. 10) 1. 00
1. 00	0. 10、0. 15、0. 20、0. 25、0. 30、0. 35	4. 80	0. 10 (△0. 05) 0. 60 (△0. 10) 1. 00
1. 20	0. 10 (△0. 05) 0. 45	5. 00	0. 15 (△0. 05) 0. 60 (△0. 10) 1. 00
1. 60	0. 10 (△0. 05) 0. 55	5. 50	0. 15 (△0. 05) 0. 60 (△0. 10) 1. 00
2. 00	0. 10 (△0. 05) 0. 60 0. 70	6. 00	0. 15 (△0. 05) 0. 45
2. 20	0. 10 (△0. 05) 0. 60 0. 70 0. 80		

注：表中△0. 05、△0. 10 表示壁厚间隔，例如外径 5. 0 mm，其壁厚从 0. 15～0. 60 每间隔 0. 05 mm；从 0. 60～1. 00 每间隔 0. 10 mm。

2）不锈钢小直径无缝钢管允许偏差。（mm）

外径允许偏差				壁厚允许偏差			
尺寸		普通级	高级	尺寸		普通级	高级
外径	≤1.0	±0.03	±0.02	壁厚	<0.2	+0.02 −0.03	+0.02 −0.01
	>1.6～2.0	±0.04	±0.02		0.2～0.5	±0.04	±0.03
	≥2.0	±0.05	±0.03		>0.5	±10%	±7.5%

注：1. 当需方在合同中未注明钢管尺寸允许偏差时，按普通级供应。

2. 钢管牌号化学成分，参照 GB 3280—92 不锈冷轧钢板，有关牌号。

3）不锈钢小直径无缝钢管力学性能。

牌　号	推荐热处理制度（℃）	抗拉强度 σ_b（MPa）	断后伸长率 σ_5（%）	密度 ρ （$g \cdot cm^{-3}$）
		≥	≥	
0Cr18Ni9	1 010～1 150 急冷	520	35	7.93
00Cr19Ni10	1 010～1 150 急冷	480	35	7.93
0Cr18Ni10Ti	920～1 150 急冷	520	35	7.95
0Cr17Ni12Mo2	1 010～1 150 急冷	520	35	7.90
00Cr17Ni14Mo2	1 010～1 150 急冷	480	35	7.98
1Cr18Ni9Ti	1 000～1 100 急冷	520	35	7.90

注：1. 外径小于 3.2 mm，或壁厚小于 0.3 mm，伸长率不小于 25%。

2. 硬态交货的钢管不作力学性能检验，软态钢管力学性能应符合上表规定，半冷硬态钢管的力学性能由供需双方协议。

3. 根据需方要求，并在合同中注明，钢管可逐根进行液压试验，试验压力 7.0 MPa，在试验压力下，应稳压不少于 5 s，钢管不得出现渗水或漏水。

9. 常用不锈钢装潢圆管

牌号:进口 AISI304(0Cr18Ni9)

光度:500#,定尺长度:6 m

(mm)

直径	壁厚	直径	壁厚	直径	壁厚	直径	壁厚
φ9.5	0.4 0.5 0.6 0.7 0.8 0.9 1.0	φ22.2	0.5 0.6 0.7 0.8 0.9 1.0 1.2	50.8	0.8 0.9 1.0 1.2 1.5 2.0	φ108	1.5 2.0 2.5 3.0
φ12.7	0.5 0.6 0.7 0.8 0.9 1.0	φ25.4	0.5 0.6 0.7 0.8 0.9 1.0 1.2 1.5	φ63.5	0.9 1.0 1.2 1.5 2.0	φ114	1.5 2.0 2.5 3.0
φ15.9	0.5 0.6 0.7 0.8 0.9 1.0 1.2	φ31.8	0.6 0.7 0.8 1.0 1.2 1.5 2.0	φ76.2	0.8 0.9 1.0 1.2 1.5 2.0	φ133	1.5 2.0 2.5 3.0
φ19.5	0.5 0.6 0.7 0.8 0.9 1.0 1.2	φ38.1	0.7 0.8 0.9 1.0 1.2 1.5 2.0	φ88.9	1.0 1.2 1.5 2.0	φ141	1.5 2.0 2.5 3.0
				φ102	1.2 1.5 2.0 2.5 3.0	φ159	2.0 2.5 3.0
						φ168	2.0 2.5 3.0
						φ219	2.0 2.5 3.0

注:材质,可以是国产 0Cr18Ni9 不锈钢管,也可以是进口 304。表中直径是英制化成公制。

10. 结构用不锈钢无缝钢管(GB/T 14975—2002)

【用途】 适用于一般结构及机械结构。

【规格】 1) 热轧钢管外径和壁厚。

(mm)

外　　径	壁厚	外径	壁厚	外径	壁厚
68，70，73，76，80，83，89	4.5～12	168	7～18	237	12～28
95、102、108	4.5～14	180，194	8～18	325～351	12～26
114、121、127、133	5～14	219	8～28	377	12～24
140，146，152，159	6～16	245	10～28	426	12～20
壁厚系列　4.5，5，6，7，8，9，10，11，12，13，14，15，16，17，18，19，20，22，24，25，26，28					

2) 冷拔钢管外径和壁厚。

(mm)

外径	壁厚	外径	壁厚	外径	壁厚
10，11	1.0～2.5	35，36，38，40	1.0～7.0	75	2.5～10
12，13	1.0～3.0	42	1.0～7.5	76	2.5～12
14，15	1.0～3.5	45，48	1.0～8.5	80，83	2.5～15
16，17	1.0～4.0	50，51	1.0～9.0	85，89	2.5～15
18，19，20	1.0～4.5	53	1.0～9.5	90，95	3.0～15
21，22，23	1.0～5.0	54，56，57，60	1.0～10	100	3.0～15
24	1.0～5.5	63，65	1.5～10	102，108	3.5～15
25，27	1.0～6.0	68	1.5～12	114，127	3.5～15
28	1.0～6.5	70	1.6～12	133，140	3.5～15
30，32，34	1.0～7.0	73	2.5～12	146，159	3.5～15
壁厚系列　1.0，1.2，1.4，1.5，1.6，2.0，2.2，2.5，2.8，3.0，3.2，3.5，4.0，4.5，5.0，5.5，6.0，7.0，7.5，8.0，8.5，9.0，9.5，10，11，12，13，14，15					

注　1. 钢管长度(m)热轧钢管通常 2～12 m，冷轧钢管，通常 1～10.5 m。

2. 交货状态：经热处理并酸洗交货，凡经整体磨镗或经保护气氛热处理的钢管，以及供机械加工用钢管可不经酸洗交货，钢管按实际重量交货也可按理论重量交货。

3. 钢管弯曲度不得大于如下规定：壁厚≤15 mm：1.5 mm/m；壁厚＞15 mm，20 mm/m；热扩管：30 mm/m。

4. 钢管允许偏差：参阅“流体输送用不锈钢无缝钢管的允许偏差(GB/T 14976—2002)”，见参考文献[19]。

3) 化学成分(质量分数)(%)。

组织类型	序号	牌号	化学成分(质量分数)(%)									
			C	Si	Mn	P	S	Ni	Cr	Mo	Ti	其他
奥氏体	1	0Cr18Ni9	≤0.07	≤1.00	≤2.00	≤0.035	≤0.030	8.00～11.00	17.00～19.00			
	2	1Cr18Ni9	≤0.15	≤1.00	≤2.00	≤0.035	≤0.030	8.00～10.00	17.00～19.00			
	3	00Cr19Ni10	≤0.030	≤1.00	≤2.00	≤0.035	≤0.030	8.00～12.00	18.00～20.00			
	4	0Cr18Ni10Ti	≤0.08	≤1.00	≤2.00	≤0.035	≤0.030	9.00～12.00	17.00～19.00		≥5C%	
	5	0Cr18Ni11Nb	≤0.08	≤1.00	≤2.00	≤0.035	≤0.030	9.00～13.00	17.00～19.00			Nb≥10C%
奥氏体型	6	0Cr17Ni12Mo2	≤0.08	≤1.00	≤2.00	≤0.035	≤0.030	10.00～14.00	16.00～18.50	2.00～3.00		
	7	00Cr17Ni14Mo2	≤0.030	≤1.00	≤2.00	≤0.035	≤0.030	12.00～15.00	16.00～18.00	2.00～3.00		
	8	0Cr18Ni12Mo2Ti	≤0.08	≤1.00	≤2.00	≤0.035	≤0.030	11.00～14.00	16.00～19.00	1.80～2.50	5C%～0.70	
	9	1Cr18Ni12Mo2Ti	≤0.12	≤1.00	≤2.00	≤0.035	≤0.030	11.00～14.00	16.00～19.00	1.80～2.50	5(C%—0.02)～0.80	
	10	0Cr18Ni12Mo3Ti	≤0.08	≤1.00	≤2.00	≤0.035	≤0.030	11.00～14.00	16.00～19.00	2.50～3.50	5C%～0.70	
	11	1Cr18Ni12Mo3Ti	≤0.12	≤1.00	≤2.00	≤0.035	≤0.030	11.00～14.00	16.00～19.00	2.50～3.50	5(C%—0.02)～0.80	
	12	1Cr18Ni9Ti	≤0.12	≤1.00	≤2.00	≤0.035	≤0.030	8.00～11.00	17.00～19.00		5(C%—0.02)～0.80	
	13	0Cr19Ni13Mo3	≤0.08	≤1.00	≤2.00	≤0.035	≤0.030	11.00～15.00	18.00～20.00	3.00～4.00		
	14	00Cr19Ni13Mo3	≤0.030	≤1.00	≤2.00	≤0.035	≤0.030	11.00～15.00	18.00～20.00	3.00～4.00		
	15	00Cr18Ni10N	≤0.030	≤1.00	≤2.00	≤0.035	≤0.030	8.50～11.50	17.00～19.00			N:0.12～0.22

（续）

组织类型	序号	牌号	化学成分(质量分数)(%)									
			C	Si	Mn	P	S	Ni	Cr	Mo	Ti	其他
奥氏体型	16	0Cr19Ni9N	≤0.08	≤1.00	≤2.00	≤0.035	≤0.030	7.00～10.50	18.00～20.00			N:0.10～0.25
	17	00Cr17Ni13Mo2N	≤0.030	≤1.00	≤2.00	≤0.035	≤0.030	10.50～14.50	16.00～18.50	2.0～3.0		0.12～0.22
	18	0Cr17Ni12Mo2N	≤0.08	≤1.00	≤2.00	≤0.035	≤0.030	10.00～14.00	16.00～18.00	2.0～3.0		0.10～0.22
铁素体型	19	1Cr17	≤0.12	≤0.75	≤1.00	≤0.035	≤0.030	*	16.00～18.00			
马氏体型	20	0Cr13	≤0.08	≤1.00	≤1.00	≤0.035	≤0.030	*	11.50～13.50			
	21	1Cr13	≤0.15	≤1.00	≤1.00	≤0.035	≤0.030	*	11.50～13.50			
	22	2Cr13	0.16～0.25	≤1.00	≤1.00	≤0.035	≤0.030	*	12.00～14.00			
奥-铁双相型	23	00Cr18Ni5Mo3Si2	≤0.030	1.30～2.00	1.00～2.00	≤0.035	≤0.030	4.50～5.50	18.00～19.00	2.50～3.00		

注：1. 1Cr18Ni9Ti 不推荐使用。

2. 残余元素 w(Ni)≤0.60。

4）推荐热处理制度及钢管力学性能。

组织类型	序号	牌 号	推荐热处理制度	力学性能			密度（kg·dm^{-3}）
				σ_b（MPa）	$\sigma_{p0.2}$（MPa）	σ_5（%）	
				≥			
奥氏体	1	0Cr18Ni9	1 010～1 150 ℃，急冷	520	205	35	7.93
	2	1Cr18Ni9	1 010～1 150 ℃，急冷	520	205	35	7.90
	3	00Cr19Ni10	1 010～1 150 ℃，急冷	480	175	35	7.93
	4	0Cr18Ni10Ti	920～1 150 ℃，急冷	520	205	35	7.95
	5	0Cr18Ni11Nb	980～1 150 ℃，急冷	520	205	35	7.98
	6	0Cr17Ni12Mo2	1 010～1 150 ℃，急冷	520	205	35	7.98
	7	00Cr17Ni14Mo2	1 010～1 150 ℃，急冷	480	175	35	7.98
	8	0Cr18Ni12Mo2Ti	1 000～1 100 ℃，急冷	530	205	35	8.00
	9	1Cr18Ni12Mo2Ti	1 000～1 100 ℃，急冷	530	205	35	8.00
	10	0Cr18Ni12Mo3Ti	1 000～1 100 ℃，急冷	530	205	35	8.10
	11	1Cr18Ni12Mo3Ti	1 000～1 100 ℃，急冷	530	205	35	8.10
	12	1Cr18Ni9Ti	1 000～1 100 ℃，急冷	520	205	35	7.90
	13	0Cr19Ni13Mo3	1 010～1 150 ℃，急冷	520	205	35	7.98
	14	00Cr19Ni13Mo3	1 010～1 150 ℃，急冷	480	175	35	7.98
	15	00Cr18Ni10N	1 010～1 150 ℃，急冷	550	245	40	7.90
	16	0Cr19Ni9N	1 010～1 150 ℃，急冷	550	275	35	7.90
	17	00Cr17Ni13Mo2N	1 010～1 150 ℃，急冷	550	245	40	8.00
	18	0Cr17Ni12Mo2N	1 010～1 150 ℃，急冷	550	275	35	7.80
铁素体型	19	1Cr17	780 ℃～850 ℃空冷或缓冷	410	245	20	7.7
马氏体型	20	0Cr13	800 ℃～900 ℃缓冷或750 ℃快冷	370	180	22	7.7
	21	1Cr13	800 ℃～900 ℃，缓冷	410	205	20	7.7
	22	2Cr13	800 ℃～900 ℃，缓冷	470	215	19	7.7
奥-铁双相型	23	00Cr18Ni5-Mo3Si2	920 ℃～1 150 ℃，急冷	590	390	20	7.98

11. 冷轧钢板(GB/T 3280—2007)

【规格】

(mm)

公称厚度	在下列钢板宽度时的最小和最大长度(mm)																			
	600	650	700	(710)	750	800	850	900	950	1 000	1 100	1 250	1 400	(1 420)	1 500	1 600	1 700	1 800	1 900	2 000
0.20 0.25 0.30 0.35 0.40 0.45	1 200 2 500	1 300 2 500	1 400 2 500	1 400 2 500	1 500 2 500	1 500 2 500	1 500 2 500	1 500 3 000	1 500 3 000	1 500 3 000	1 500 3 000	—	—	—	—	—	—	—	—	—
0.56 0.60 0.65	1 200 2 500	1 300 2 500	1 400 2 500	1 400 2 500	1 500 2 500	1 500 2 500	1 500 2 500	1 500 3 000	1 500 3 000	1 500 3 000	1 500 3 000	1 500 3 500	—	—	—	—	—	—	—	—
0.70 0.75	1 200 2 500	1 300 2 500	1 400 2 500	1 400 2 500	1 500 2 500	1 500 2 500	1 500 2 500	1 500 3 000	1 500 3 000	1 500 3 000	1 500 3 000	1 500 3 500	2 000 4 000	2 000 4 000	—	—	—	—	—	—
0.80 0.90 1.00	1 200 3 000	1 300 3 000	1 400 3 000	1 400 3 000	1 500 3 000	1 500 3 000	1 500 3 000	1 500 3 500	1 500 3 500	1 500 3 500	1 500 3 500	1 500 4 000	2 000 4 000	2 000 4 000	2 000 4 000	—	—	—	—	—
1.1 1.2 1.3	1 200 3 000	1 300 3 000	1 400 3 000	1 400 3 000	1 500 3 000	1 500 3 000	1 500 3 000	1 500 3 500	1 500 3 500	1 500 3 500	1 500 3 500	1 500 4 000	2 000 4 000	2 000 4 000	2 000 4 000	2 000 4 000	2 000 4 200	2 000 4 200	—	—

(续)

公称厚度	在下列钢板宽度时的最小和最大长度(mm)																			
	600	650	700	(710)	750	800	850	900	950	1 000	1 100	1 250	1 400	(1 420)	1 500	1 600	1 700	1 800	1 900	2 000
1.4 1.5 1.6 1.7 1.8 2.0	1 200 3 000	1 300 3 000	1 400 3 000	1 400 3 000	1 500 3 000	1 500 3 000	1 500 3 000	1 500 3 000	1 500 3 000	1 500 4 000	1 500 4 000	1 500 6 000	2 000 6 000	2 000 6 000	2 000 6 000	2 000 6 000	2 000 6 000	2 500 6 000	—	—
2.2 2.5	1 200 3 000	1 300 3 000	1 400 3 000	1 400 3 000	1 500 3 000	1 500 3 000	1 500 3 000	1 500 3 000	1 500 3 000	1 500 4 000	1 500 4 000	2 000 6 000	2 000 6 000	2 000 6 000	20 000 6 000	2 000 6 000	2 500 6 000	2 500 6 000	2 500 6 000	2 500 6 000
2.8 3.0 3.2	1 200 3 000	1 300 3 000	1 400 3 000	1 400 3 000	1 500 3 000	1 500 3 000	5 100 3 000	1 500 3 000	1 500 3 000	1 500 4 000	1 500 4 000	2 000 6 000	2 000 6 000	2 000 6 000	2 000 6 000	2 000 2 750	2 500 2 750	2 500 2 700	2 500 2 700	2 500 2 700
3.5 3.8 3.9	—	—	—	—	—	—	—	—	—	—	—	2 000 4 500	2 000 4 500	2 000 4 500	2 000 4 750	2 000 2 750	2 500 2 750	2 500 2 700	2 500 2 700	2 500 2 700
4.0 4.2 4.5	—	—	—	—	—	—	—	—	—	—	—	2 000 4 500	2 000 4 500	2 000 4 500	2 000 4 500	1 500 2 500	1 500 2 500	1 500 2 500	1 500 2 500	1 500 2 500
4.8 5.0	—	—	—	—	—	—	—	—	—	—	—	2 000 4 500	2 000 4 500	2 000 4 500	2 000 4 500	1 500 2 300	1 500 2 300	1 500 2 300	1 500 2 300	1 500 2 300

12. 不锈钢和耐热钢冷轧钢带(GB/T 4239—2007)

(1) 术语及符号

术 语	符号	术 语	符号
软钢带	R	切边钢带	Q
低冷作硬化钢带	DY	不切边钢带	BQ
半冷作硬化钢带	BY	宽度普通精度钢带	P
冷作硬化钢带	Y	宽度高精度钢带	K
特殊冷作硬化钢带	TY		

(2) 钢带厚度允许偏差

宽度不大于 600 mm 钢带的厚度允许偏差 (mm)

厚 度	宽 度			
	20～150	>150～250	>250～400	>400～600
0.05～0.10	±0.010	±0.010	±0.010	—
>0.10～0.15	±0.010	±0.010	±0.010	—
>0.15～0.25	+0.010 −0.020	+0.010 −0.020	+0.010 −0.020	±0.020
>0.25～0.45	±0.020	±0.020	±0.020	+0.020 −0.030
>0.45～0.65	+0.020 −0.030	+0.020 −0.030	+0.020 −0.030	±0.030
>0.65～0.90	±0.030	±0.030	+0.030 −0.040	±0.040
>0.90～1.20	+0.030 −0.040	±0.040	±0.040	+0.040 −0.050
>1.20～1.50	+0.040 −0.050	±0.050	±0.050	+0.050 −0.060
>1.50～1.80	±0.060	+0.060 −0.070	+0.060 −0.070	±0.070
>1.80～2.00	±0.060	±0.070	+0.070 −0.080	±0.080
>2.00～2.30	±0.070	±0.080	+0.08 −0.09	±0.090
>2.30～2.50	±0.070	±0.080	+0.08 −0.09	±0.090

厚　度	宽　度			
	20～150	＞150～250	＞250～400	＞400～600
＞2.50～3.10	±0.080	±0.090	+0.09 −0.10	±0.100
＞3.10～＜4.00	±0.090	±0.100	+0.10 −0.11	±0.110

宽度大于 600 mm 钢带的厚度允许偏差 (mm)

厚　度	较高精度(A)		一般精度(B)
	＞600～1 000	＞1 000～1 250	＞600～125
＞0.25～0.45	±0.040	±0.040	±0.040
＞0.45～0.65	±0.040	±0.040	±0.050
＞0.65～0.90	±0.050	±0.050	±0.060
＞0.90～1.20	±0.050	±0.060	±0.080
＞1.20～1.50	±0.060	±0.070	±0.110
＞1.50～1.80	±0.070	±0.080	±0.120
＞1.80～2.00	±0.090	±0.100	±0.130
＞2.00～2.30	±0.100	±0.110	±0.140
＞2.30～2.50	±0.100	±0.110	±0.140
＞2.50～3.10	±0.110	±0.120	±0.160
＞3.10～＜4.00	±0.120	±0.130	±0.180

(3) 冷轧钢带宽度允许公差

冷轧钢带宽度普通精度(P)的允许偏差 (mm)

边缘状态	宽　度						
	20～50	＞50～150	＞150～250	＞250～400	＞400～600	＞600～1 000	＞1 000～1 250
切边钢带	+1.0 0	+2.0 0	+3.0 0	+4.0 0	+5 0	+5 0	+5 0
不切边钢带	+2 −1	+3 −2	+6 −2	+7 −3	+20 0	+25 0	+30 0

切边钢带宽度高级精度(K)的允许偏差 (mm)

厚度	宽度				
	20～150	>150～250	>250～400	>400～600	>600～1 000
0.05～0.50	±0.15	±0.20	±0.25	±0.30	±0.50
>0.50～1.00	±0.20	±0.25	±0.25	±0.30	±0.50
>1.00～1.50	±0.20	±0.30	±0.30	±0.40	±0.60
>1.50～2.50	±0.25	±0.35	±0.35	±0.50	±0.70
>2.50～4.00	±0.30	±0.40	±0.40	±0.50	±0.80

13. 装饰用焊接不锈钢管(GB/T 18705—2002)

(1) 用 途

适用于市政建设施工、车船制造、道桥护栏、建筑装饰、钢结构网架、医疗器械、家具及一般机械等装饰用。

(2) 分类及代号

按表面交货状态分	按截面形状分
a, 表面未抛光(SNB)	a, 圆管(R)
b, 表面抛光(SB)	b, 方管(S)
c, 表面磨光(SP)	c, 矩形管(Q)
d, 表面喷砂(SA)	

(3) 钢管外径、壁厚允许偏差

钢管的外径允许偏差 (mm)

供货状态	外径 D	允许偏差
磨光、抛光状态(SB、SP)	≤25	±0.20
	>25～40	±0.22
	>40～50	±0.25
	>50～60	±0.28
	>60～70	±0.30
	>70～80	±0.35
	>80	±0.5%D
未抛光、喷砂状态(SNB、SA)	≤25	±0.25
	>25～50	±0.30
	>50	±1.0%D

注：1. 方形和矩形管的边长允许偏差，由供需双方协商。

2. 钢管壁厚允许偏差应符合下述规定：

管壁厚≥0.40 mm～1.00 mm，允许偏差±0.05 mm；

管壁厚>1.00 mm～1.90 mm，允许偏差±0.10 mm；

管壁厚≥2.00 mm，允许偏差±0.15 mm。

(4) 标记示例

① 采用牌号为 0Cr18Ni9 的钢，截面形状为圆形，交货表面为抛光状态，外径 25.4 mm，壁厚 1.2 mm，长度为 6 000 mm 定尺的管，其标记为：

0Cr18Ni9－25.4×1.2×6 000－GB/T 18705—2002

注：钢管以圆截面形状，抛(磨)光状态交货的，可不标注其代号。

② 采用牌号为 1Cr18Ni9 的钢，截面形状为方形，交货表面为喷砂状态，边长 30 mm，壁厚 1.4 mm，长度为 6 000 mm 定尺的方形管，其标记为：

1Cr18Ni9/Q235B－S. SA30×30×1.4×6 000－GB/T 18705—2002

(5) 化学成分

牌 号	各化学成分的质量分数(%)						
	C	Si	Mn	P	S	Ni	Gr
0Cr18Ni9(304)	≤0.07	≤1.00	≤2.00	≤0.035	≤0.030	8.00～11.00	17.00～19.00
1Cr18Ni9(302)	≤0.15	≤1.00	≤2.00	≤0.035	≤0.030	8.00～10.00	17.00～19.00

注：经供需双方协商，可供应表中所列以外的牌号。

钢管的化学成分允许偏差应符号 GB/T 222 的规定。

(6) 力学性能

牌 号	推荐热处理制度	屈服强度 $\sigma_{p0.2}$/MPa ≥	抗拉强度 σ_b/MPa ≥	断后伸长率 δ_5/% ≥	硬度 HB ≤
0Cr18Ni9 (304)	1 010 ℃～1 150 ℃ 急冷	205	520	35	187
1Cr18Ni9 (302)	1 010 ℃～1 150 ℃ 急冷	205	520	35	187

(7) 外　　形

① 钢管的弯曲度不得大于如下规定：

外径<89.0 mm　　弯曲度不得大于 1.5 mm/m；

外径≥89.0 mm　　弯曲度不得大于 2.0 mm/m；

② 钢管不得有明显的扭转。

③ 钢管两端头外形应与钢管轴线垂直，并应平整，不得有毛刺。由于切断方法造成的较少变形和轻微缺陷允许存在。

(8) 工艺试验

① 压扁试验　将钢管试样的外径压扁至管径的 1/3 时，不得有裂纹和裂口。

② 扩口试验　顶心锥度为 60°，将钢管试样的外径扩至管径的 6%时，不得有裂纹和裂口。

③ 弯曲试验　弯曲角度为 90°，弯心半径为钢管外径的 3 倍，钢管试样弯曲处内侧面不得有皱褶。

第三章　锌及锌合金

1. 概　　述

在中学化学教科书中谈到，金属依靠其化学活动性的强弱来排列(叫做电动序)；钾、钙、镁、铝、锌、铁、镍、锡、铅、铜。排列在前面的金属，化学活泼性强，位于后面的金属，容易吸收活泼金属飞来的电子，成为阴极。利用这一原理，当钢结构处在电解质中，锌是阳极，用锌来保护钢结构，取得良好效果，因此锌大量用于钢材防腐，见下表。

项 目 名 称	目　　的	效　　果
锌-铝-镉合金牺牲阳极	保护钢结构、免遭腐蚀	良好，已列入国家标准 GB/T 4950—2002
热镀锌、热浸锌、热喷锌、电镀锌、电弧喷锌	保护基体免遭腐蚀	良好，广泛应用
锌加保护(干膜中有 96%以上是纯锌)	为钢板提供良好阴极保护世界上已有 120 多个国家地区使用	源于比利时锌加金属公司，我国已引进使用
高科牌 LS－1 水性无机富锌涂料	由大量的微细锌粉和基料配制而成，与钢铁接触后起阴极保护作用	效果良好，广泛使用
富锌底漆	锌粉发生化学反应，形成致密的钝化层保护钢铁	

综上所述，以锌为主要原料的涂料，有很好的防护效果，利用锌作为牺牲阳极是惯用的阴极保护。

2. 锌锭(GB/T 470—2008)

牌号		化学成分(%)										锌锭颜色标志
		Zn≥	杂质含量≤									
现行	曾用		Pb	Cd	Fe	Cu	Sn	Al	As	Sb	总和	
Zn 99.995	Zn 0	99.995	0.003	0.002	0.001	0.001		≤0.001			0.005	红色二条
Zn 99.99	Zn 1	99.99	0.005	0.003	0.003		0.001	≤0.002	—	—	0.010	红色一条
Zn 99.95	Zn 2	99.95	0.030	0.01	0.020	0.002		≤0.01			0.050	黑色一条
Zn 99.5	Zn 4	99.5	0.45	0.01	0.05	—	—	—	0.005	0.01	0.50	绿色二条
Zn 98.5	Zn 5	98.5	1.40	0.01	0.05	—	—	—	0.01	0.02	1.50	绿色一条
锌锭重量 20～25 kg，锌锭厚度 30～50 mm，锌锭表面不允许有熔洞、缩孔、夹层、浮渣及夹杂物												

注：1. Zn 99.995%用于间接法生产氧化锌时，Cu≤0.000 1%，Al≤0.03%。
2. Zn 99.5%用于生产含锡合金时 Sn≤0.05%　Al≤0.03%。
3. Zn 99.95%，Al≤0.03%。

3. 铸造锌合金(GB/T 1175—1997)

序号	牌号(代号)	合金元素(%)				杂质含量(%)					铸造方法及状态	力学性能		
		Al	Cu	Mg	Zn	Fe	Pb	Cd	Sn	其他		σ_b (MPa) ≥	δ_5 (%)≥	HRS ≥
1	ZZnAl4Cu1Mg (ZA4-1)	3.5~ 4.5	0.75~ 1.25	0.03~ 0.08	余量	0.1	0.015	0.005	0.003	—	JF	175	0.5	80
2	ZZnAl4Cu3Mg (ZA4-3)	3.5~ 4.3	2.5~ 3.2	0.03~ 0.06		0.075	(Pb+Cd) 0.009		0.002	—	SF JF	220 240	0.5 1	90 100
3	ZZnAl6Cu1 (ZA6-1)	5.6~ 6.0	1.2~ 1.6	—		0.075	(Pb+Cd) 0.009		0.002	Mg 0.005	SF JF	180 220	1 1.5	80 80
4	ZZnAl8Cu1Mg (ZA8-1)	8.0~ 8.8	0.8~ 1.3	0.15~ 0.30		0.075	0.006	0.006	0.005	Mn 0.01 Cr 0.01 Ni 0.01	SF JF	250 225	1 1	80 85
5	ZZnAl9Cu2Mg (ZA9-2)	8.0~ 10.0	1.0~ 2.0	0.03~ 0.06		0.2	0.03	0.02	0.01	Si 0.1	SF JF	275 315	0.7 1.5	90 105
6	ZZnAl11Cu1Mg (ZA11-1)	10.5~ 11.5	0.5~ 1.0	0.015~ 0.03		0.075	0.006	0.006	0.003	Mn 0.01 Cr 0.01 Ni 0.01	SF JF	280 310	1 1	90 90
7	ZZnAl1Cu5Mg (ZA11-5)	10.0~ 12.0	4.0~ 5.5	0.03~ 0.06		0.2	0.03	0.02	0.01	Si 0.05	SF JF	275 295	0.5 1.0	80 100
8	ZZnA27Cu22Mg (ZA27-2)	25~ 28	2.0~ 2.5	0.010~ 0.020		0.075	0.006	0.006	0.003	Mn 0.01 Cr 0.01 Ni 0.01	SF SF3 JF	400 310 420	3 8 1	110 90 110

注：序号 5 杂质总和 0.35；序号 7 杂质总和 0.35。

4. 压铸锌合金(GB/T 13818—2009)

序号	牌　号	代号	化 学 成 分(%)								
			主要成分				杂质含量≤				
			Al	Cu	Mg	Zn	Fe	Pb	Sn	Cd	Cu
1	ZZnAl4Y	YX040	3.5~ 4.3	—	0.02~ 0.06	其余	0.1	0.005	0.003	0.004	0.25
2	ZZnAl4CuY	YX041		0.75~ 1.25	0.03~ 0.08						
3	ZZnAl4Cu3Y	YX043		2.5~ 3.0	0.02~ 0.08						
4	YZZnAl4Cu3	YX043	3.9~ 4.3	2.7~ 3.3	0.025~ 0.05	其余	0.035	0.005	0.0015	0.003	
5	YZZnAl18Cu1	YX081	8.2~ 8.8	0.9~ 1.3	0.020~ 0.30		0.050	0.005	0.005	0.002	

（续）

序号	牌　号	代号	化学成分(%)								
			主要成分				杂质含量≤				
			Al	Cu	Mg	Zn	Fe	Pb	Sn	Cd	Cu
6	YZZnAl11Cu1	YX111	10.8～11.5	0.5～1.2	0.020～0.30	其余		0.005	0.005	0.002	
7	YZZnAl27Cu2	YX272	25.5～28.0	2～2.5	0.012～0.02		0.070	0.005	0.005	0.002	

	牌　号	代号	力学性能≥			
			抗拉强度 σ_b(MPa)	伸长率 δ(%) (L_0=50)	布氏硬度 HBS 5/250/30	冲击韧性 α_K(J)
1	ZZnAl4Y	YX040	250	1	80	35
2	ZZnAl4Cu1Y	YX041	270	2	90	39
3	ZZnAl4Cu3Y	YX043	320		95	42

注：YX-□□□，代号中 YX 表示压铸锌合金，前二位数表示 Cu 含量(%)，末位数表示 Al 含量(%)。

5. 热镀用锌合金锭(GB/T 2282—2000)

化学成分(%)与杂质含量(%)			牌　号(代号)		
			RZnA10.36 (R36)	RZnA1042 (R42)	RZnA15RE (RE5)
主要成分(%)		Zn	余量	余量	余量
		Al	0.34～0.38	0.40～0.44	4.7～6.2
		Pb	0.06～0.09	0.06～0.09	—
		La+Ce	—	—	0.03～0.10
杂质含量(%)≤		Fe	0.006	0.006	0.075
		Cd	0.01	0.01	0.005
		Sn	0.01	0.01	0.002
		Cu	0.01	0.01	—
		Pb	—	—	0.005
		Si	—	—	0.015
	其他杂质元素	单个	—	—	0.02
		总和	—	—	0.04
	杂质元素	总和	0.04	0.04	—

注：1. 合金按形状规格分为：大锭呈短 T 字形，质量分别为：(1 600±200)kg 和(1 000±200)kg 两种；小锭，呈长方梯形，锭底铸有两条凹槽质量 20～25 kg。

2. 表面不得有熔渣和外来夹杂物，不得有明显裂缝。

6. 电池锌板(YS/T 2241—1994)

【化学成分】

牌号	化学成分(%)					
	Fe	Cd	Pb	Cu	Sn	总和
MD1	0.011	0.20～0.35	0.30～0.50	0.002	0.002	0.02
MD2	0.008～0.015	0.03～0.06	0.35～0.80		0.003	0.025

注：Zn 为余量。

【规格】 宽度(mm)：$(100\sim160)^{+1}$，长度：$(750\sim1\,200)^{+5}$。

厚度(mm)：$0.25^{+0.02}_{-0.01}$，(0.28，0.30，0.35)允许偏差±0.02，(0.40，0.45，0.50，0.60)允许公差$^{+0.02}_{-0.03}$。

7. 锌阳极板(GB/T 2058—2005)

【化学成分】

牌号	化学成分(%)				
	Zn	Cd	Fe	杂质≤	杯突试验
Zn1	≥99.99		0.01	—	
Zn2	≥99.95		0.05	—	

【规格】

牌号	厚度(mm)	厚度允许偏差(mm)	宽度(mm)						理论质量(kg/m^2)
			150	200	300	400	450	500	
			最大长度(mm)						
Zn1 Zn2	3	±0.15	1 000	1 000	1 000	1 000	950	850	35.8
	6	±0.20	900	900	900	900	800	750	42.9
	8	±0.30	700	900	700	700	600	500	57.2
	10	±0.35	600	600	600	500	450	400	71.5
	12	±0.40	600	600	400	400			85.9

注：板材长度挠度(不平度)≤10 mm/m。

8. 照相制版用微晶锌板(YS/T 225—1994)

【化学成分】

化学成分(%)			杂质含量(%)≤						布氏硬度HBS
Al	Mg	Zn	Pb	Fe	Cd	Cu	Sn	总和	
0.02—0.10	0.05—0.15	余量	0.005	0.006	0.005	0.001	0.001	0.013	>50

【规格】

(mm)

厚度	公差	宽度	公差	长度	公差	同板差
0.8	±0.03	381～510	+3	600～1 200	+5	0.05
1.0	±0.04			550～1 200	+5	
1.2						
1.5	±0.05			600～1 200	+5	
1.6						

注：板材不平度≤2 mm/m。

9. 锌粉(GB/T 6890—2000)

【等级及化学成分】

锌粉等级	化学成分(%)		杂质含量(%)≤			
	全锌	金属锌	Pb	Fe	Cd	酸不溶物
一级	98	96	0.1	0.05	0.1	0.2
二级	98	94	0.2	0.2	0.2	0.2
三级	98	92	0.3			0.2
四级	92	88				0.2

【规格】

按粒度分	筛余物		粒度分布(%)≤		包装桶标志颜色
	最大粒径(mm)	含量(%)	<30 μm	<10 μm	
FZn30	45		99.5	80	黑色
FZn45	90	0.3			黄色
FZn90	125	0.1			绿色
FZn125	200	1.0			蓝色

10. 特别提示

熔铸、盛放锌液切莫用铁器，以防影响化学成分。

最早应用在船舶上的牺牲阳极是用纯锌(俗称锌板)，锌的纯度要求达到99.99%，由于在熔铸锌板时，用铁质器具盛放，铁质掺入锌板，使锌纯度下降，船体遭到腐蚀，锌板却完好无损，原因就是锌板中的铁形成了一层硬质的保护膜，阻碍了锌板的阳极作用。

第四章　硬质合金

1. 硬质合金代号

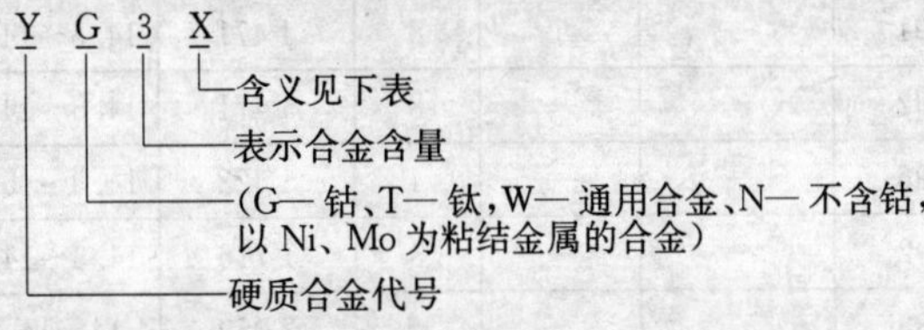

符　号	含　　义
X	由细颗粒碳化钨组成的合金
C	由粗颗粒碳化钨组成的合金
A	含少量碳化钽的合金
N	含少量碳化铌的合金

2. 硬质合金的类别与牌号

类　别	牌　　号
钨钴合金	YG3X、YG6X、YG6A、YG6、YG8N、YG8、YG4C、YG8C、YG11C、YG15
钨钛钽(铌)钴合金	YW1、YW2
钨钛钴合金	YT5、YT14、YT30
碳化钛镍钼合金	YN10

3. 硬质合金的化学成分与力学性能(摘自 YS/T 400—94)

牌号	化学成分(%)				力学与物理性能≥		
	碳化钨	碳化钛	碳化钽(铌)	钴	抗弯强度(MPa)	密度(g/cm^2)	硬度(HRA)
YG3X	96.5	—	<0.5	3	1 079	15～15.3	91.5
YG6X	93.5	—	<0.5	6	1 373	14.6～15	91
YG6A	92	—	2	6	1 373	14.6～15	91.5
YG6	94	—	—	6	1 422	14.6～15	89.5

（续）

牌号	化学成分(%)				力学与物理性能≥		
	碳化钨	碳化钛	碳化钽（铌）	钴	抗弯强度（MPa）	密度（g/cm^2）	硬度（HRA）
YG8N	91	—	1	8	1 471	14.5～14.9	89.5
YG8	92	—	—	8	1 471	14.5～14.9	89
YG4C	96	—	—	4	1 422	14.9～15.2	89.5
YG8C	92	—	—	3	1 716	14.5～14.9	88
YG11C	89	—	—	11	2 059	14～14.4	86.5
YG15	85	—	—	15	2 059	13～14.2	87
YW1	84～85	6	3～4	6	1 177	12.6～13.5	91.5
YW2	82～83	6	3～4	8	1 324	12.4～13.5	90.5
YT5	85	5	—	10	1 373	12.5～13.2	89.5
YT14	78	14	—	8	1 177	11.2～12.0	90.5
YT30	66	30	—	4	883	9.3～9.7	92.5
YN10	15	62	1	Ni 12 Mo 10	1 079	＞6.3	92

4. 切削刀具用硬质合金的选择

加工类别	被加工材料									加工条件及特征
	碳素钢及合金钢	特殊难加工钢（包括马氏体不锈钢）	奥氏体不锈钢	淬火钢	钛及钛合金	铸铁		有色金属及其合金	非金属材料	
						HB≤240	HB=400～700			
	推荐使用的硬质合金牌号									
车削	YT5 YG8 YG8C	YG8 YG8C	YG8C	—	—	YG8 YG8C	YG8 YG8C	YG6 YG8	—	锻件、冲压件、铸件表皮及氧化皮不均匀断面的断续并带冲击的粗车
	YT14 YT5	YG8 YG8C	YG8	—	YG8	YG8	YG6X	YG6	—	均匀断面的连续粗车
	YT14	YT5 YG8	YG6X	—	YG8	YG6	YG6X	YG3X	—	较均匀断面表皮的连续粗车
	YT14 YT5	YG8 YG8C	—	YT5 YG8	YG8	YG6 YG8	—	YG3X	YG3X	不连续面的半精车及精车

（续）

加工类别	被加工材料：碳素钢及合金钢	特殊难加工钢（包括马氏体不锈钢）	奥氏体不锈钢	淬火钢	钛及钛合金	铸铁 HB≤240	铸铁 HB=400～700	有色金属及其合金	非金属材料	加工条件及特征
	推荐使用的硬质合金牌号									
车削	YT30 YT14 YN10	YT14 YT5	YG6X	YT14 YT5	YG8	YG3X	YG6X	YG3X	YG3X	连续面的半精车及精车
车削	YT14 YT5 YG8	—	—	—	—	YG6 YG8	—	YG6	YG6	成型面的初加工
车削	YT14 YT5	—	—	—	YG8	YG3X	—	YG3X	YG3X	成型面的最终加工
车削	YT14 YT5	YG8 YG8C	YG6X	—	YG8	YG6 YG8	—	YG3X	YG3X	切断及切槽
车削	YT14	YT14	YG6X	YG6X	YG8	YG3X	YG6X	YG6	YG3X	粗车螺纹
车削	YT30 YT14	YT30 YT14	YG6X	YG6X	YG8	YG3X	YG6X	YG3X	YG3X	精车螺纹
刨削及插削	YG8C YG15	—	—	—	—	YG8 YG8C	—	YG8	YG6 YG8	粗加工
刨削及插削	YT5 YG8 YG8C	—	—	—	—	YG6 YG8	—	YG6	YG6	半精加工及精加工
铣削	YT14 YT5	YT5 YG8	—	—	YG8	YG6 YG8	—	YG6 YG8	YG3X	粗铣
铣削	YT14	YT14 YT5	—	—	YG8	YG3X	YG6X	YG3X	YG3X	半精铣及精铣
钻削	YT5 YG8 YG8C	YG8 YG8C	—	—	YG8 YG8C	YG6 YG8	YG8 YG8C	YG6 YG8	YG3X	一般孔钻削
钻削	YT14 YT5 YG8	—	—	—	—	YG6 YG8	YG8 YG8C	YG6 YG8	YG3X	深孔钻削
钻削	YT14 YT5	—	—	—	—	YG6 YG8		YG6 YG8	—	环形深孔钻

(续)

加工类别	碳素钢及合金钢	特殊难加工钢（包括马氏体不锈钢）	奥氏体不锈钢	淬火钢	钛及钛合金	铸铁 HB≤240	铸铁 HB=400～700	有色金属及其合金	非金属材料	加工条件及特征
	推荐使用的硬质合金牌号									
钻削	YT14 YT5	YG8	YG8	YT14 YT5 YG8	YG8	YG3X	YG6X	YG3X	YG3X	一般孔的扩钻
钻削	YT5 YG8 YG8C	YG8 YG8C	—	—	YG6 YG8	YG6 YG8	YG6 YG8	YG6 YG8	—	铸孔、锻孔或冲压孔的一般扩钻
钻削	YT14	YG8	YG8	YT14 YT5 YG8	—	YG3X	YG6X	YG3X	YG3X	深的通孔扩钻
钻削	YT5 YG8 YG8C	YG8 YG8C	—	—	—	YG8 YG8C	—	YG8 YG8C	—	深的铸孔、锻孔、冲压孔以及断续车削加工的公差不均匀的深孔扩钻等
划钻	YT14 YT5 YG8	YT5 YG8	YG6X	—	YG8	YG6 YG8	YG6X	YG6 YG8	YG6	粗加工
划钻	YT14 YT5	YT14 YT5	YG6X	—	YG8	YG3X	YG6X	YG3X	YG3X	半精加工及精加工
铰削	YT30 YT14	YT30 YT14	YG6X	YT30	YG8	YG3X	YG6X	YG3X	YG3X	预铰及精铰

5. 常用硬质合金性能及用途

类别	牌号	使用性能	用途
钨钴合金	YG3X	有极高的耐磨性，是钨钴合金中最好的一种合金；使用强度、耐冲击性、耐振动性和耐崩裂性较差	适用于铸铁、有色金属及其合金的精加工和半精加工，也可用于合金钢、淬火钢的精加工 还适用于制作强烈磨粒磨损条件下工作的工具和喷砂机喷嘴等耐磨零件
钨钴合金	YG6X	耐磨性较 YG6 高，使用强度、耐冲击，耐振动、耐崩刃性较 YG6 稍差，在加工灰铸铁时耐磨性较 YG6 合金优越	适于加工冷硬合金铸铁与耐热合金钢，也适用于普通铸铁的精加工以及钢材、有色金属材料的细丝拉伸模具

(续)

类别	牌号	使用性能	用途
钨钴合金	YG6	耐磨性较高，但低于YG3及YG3X合金，能使用较YG8合金为高的切削速度	适用于铸铁、有色金属及其合金、不锈钢与非金属材料连续切削时的粗加工，间断切削时的半精加工和精加工、小断面精加工，粗加工螺纹，旋风车丝，连续断面的精铣与半精铣，孔的粗扩与精扩，用于制作量具
	YG6A	耐磨性高，使用强度和其他性能均较YG6X有所提高，并具备一定的通用性	适用于冷硬铸铁、球墨铸铁等工件的半精加工及高锰钢、淬火钢、不锈钢、耐热钢工件的半精加工及精加工
	YG8	使用强度较高，抗冲击、抗震动性能较YG6合金好，但耐磨性和容许的切削速度较YG6低	用作载荷不大、应力不显著条件下的冲压模及冷顶锻模 适用于无冲击面和切削均匀的外圆精加工和半精加工、钻孔、扩孔及螺纹车削等，用于制作量具
	YG8C	耐磨性比YG8低，但有较高的使用强度、耐冲击性、耐震动性和耐崩裂性	适用于载荷较大、有一定拉应力条件下工作的冲压模及冷顶锻模—冲压或顶锻黑色金属材料，如螺钉、螺栓、铆钉、垫圈等
	YT15	使用强度较以上合金均高，抗冲击性最好，但耐磨性较低	用作制造凿岩工具、压缩率大的钢棒、钢管拉伸模、冲压模
	YT5	在钨钴钛合金中，强度最高，抗冲击和抗震性能最好，不易崩刃，但耐磨性较差，允许的切削速度较低	作为工具用于碳素钢和合金钢不平整断面和间断切削时的粗车、粗刨、非连续断面的粗铣及钻孔
	YT14	使用强度高，抗冲击和抗震性能好，但较YT5稍次，而耐磨性和允许的切削速度较高	适用于碳钢与合金钢加工中，不平整断面和连续切削时的粗加工、间断切削时的半精加工与精加工，铸孔和锻孔的扩钻与粗扩
	YT30	耐磨性和允许的切削速度是钨钴钛合金中最高的，但使用强度、耐冲击、耐振动和耐崩韧性较差；对冲击、振动敏感，要求按正确的工艺进行焊接和刃磨	适用于碳钢和合金钢工件的精加工，如用于小断面的精车、精镗、精扩等
通用合金	YW1	红硬性较好，能承受一定的冲击负荷，是一种通用性较好的合金	适用于铸铁及钢件加工，耐热钢、高锰钢和不锈钢等难加工的工件加工
	YW2	耐磨性稍次于YW1，但其使用强度较高，能承受较大的冲击负荷，允许采用较高的切削速度	适用于耐热钢、高锰钢、不锈钢和高级合金钢等难加工的工件加工和半精加工及普通钢材和铸件的加工

（续）

类别	牌号	使用性能	用途
碳化钛镍钼合金	YN10	是 TiC 基、以 Ni－Mc 为粘结剂的硬质合金，价格低于以钴作粘结剂的合金。性能与 YT30 基本相同，其特点是耐磨性优良，是硬质合金中耐磨性最好的；但焊接性能差，通常作成可换式机械夹固式刀具使用	可代 YT30，用于碳素钢、合金钢、工具钢、淬火钢等连续切削精加工；对于尺寸较大的工件和表面光洁度要求高的工件，精加工的效果尤为显著

6. 切削工具用硬质合金牌号（摘自 GB/T 18376.1—2008）

(1) 分类分组代号

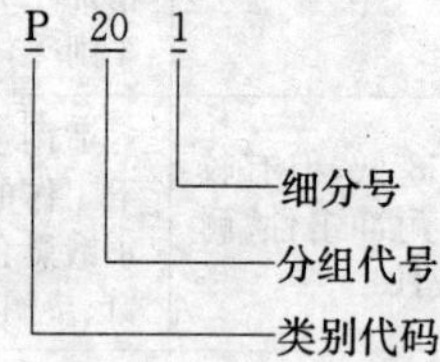

(2) 切削工具用硬质合金各组别的基本成分及力学性能

组别		基本成分	力学性能		
类别	分组号		洛氏硬度 HRA≥	维氏硬度 HV_3≥	抗弯强度 R_{tr}(MPa)≥
P	01	以 TiC、WC 为基，以 Co(Ni+Mo、Ni+Co)作粘结剂的合金/涂层合金	92.3	1 750	700
	10		91.7	1 680	1 200
	20		91.0	1 600	1 400
	30		90.2	1 500	1 550
	40		89.5	1 400	1 750
M	01	以 WC 为基，以 Co 作粘结剂，添加少量 TiC(TaC、NbC)的合金/涂层合金	92.3	1 730	1 200
	10		91.0	1 600	1 350
	20		90.2	1 500	1 500
	30		89.9	1 450	1 650
	40		88.9	1 300	1 800

(续)

组别		基本成分	力学性能		
类别	分组号		洛氏硬度 HRA≥	维氏硬度 HV_3≥	抗弯强度 R_{tr}(MPa)≥
K	01	以 WC 为基,以 Co 作粘结剂,或添加少量 TaC、NbC 的合金/涂层合金	92.3	1 750	1 350
	10		91.7	1 680	1 460
	20		91.0	1 600	1 550
	30		89.5	1 400	1 650
	40		88.5	1 250	1 800
N	01	以 WC 为基,以 Co 作粘结剂,或添加少量 TaC、NbC 或 CrC 的合金/涂层合金	92.3	1 750	1 450
	10		91.7	1 680	1 560
	20		91.0	1 600	1 650
	30		90.0	1 450	1 700
S	01	以 WC 为基,以 Co 作粘结剂,或添加少量 TaC、NbC 或 TiC 的合金/涂层合金	92.3	1 730	1 500
	10		91.5	1 650	1 580
	20		91.0	1 600	1 650
	30		90.5	1 550	1 750
H	01	以 WC 为基,以 Co 作粘结剂,或添加少量 TaC、NbC 或 TiC 的合金/涂层合金	92.3	1 730	1 000
	10		91.7	1 680	1 300
	20		91.0	1 600	1 650
	30		90.5	1 520	1 500

注:1. 洛氏硬度和维氏硬度中任选一项。
2. 以上数据为非涂层硬质合金要求,涂层产品可按对应的维氏硬度下降 30~50。

(3) 切削工具用硬质合金作业条件

分类分组代号	作业条件		性能提高方向	
	被加工材料	适应的加工条件	切削性能	合金性能
P01	钢、铸钢	高切削速度、小切屑截面,无震动条件下精车、精镗	↑切削速度 ↓进给量	↑耐磨性 ↓韧性
P10	钢、铸钢	高切削速度、中、小切屑截面条件下的车削、仿形车削、车螺纹和铣削		
P20	钢、铸钢、长切屑可锻铸铁	中等切屑速度、中等切屑截面条件下的车削、仿形车削和铣削、小切削截面的刨削		

(续)

分类分组代号	作业条件		性能提高方向	
	被加工材料	适应的加工条件	切削性能	合金性能
P30	钢、铸钢、长切屑可锻铸铁	中或低等切屑速度、中等或大切屑截面条件下的车削、铣削、刨削和不利条件下*的加工	↑切削速度 ↓进给量	↑耐磨性 ↓韧性
P40	钢、含砂眼和气孔的铸钢件	低切削速度、大切屑角、大切屑截面以及不利条件下*的车、刨削、切槽和自动机床上加工		
M01	不锈钢、铁素体钢和铸钢	高切削速度、小载荷、无震动条件下精车、精镗		
M10	钢、铸钢、锰钢、灰口铸铁和合金铸铁	中和高等切削速度、中、小切屑截面条件下的车削		
M20	钢、铸钢、奥氏体钢和锰钢、灰口铸铁	中等切削速度、中等切屑截面条件下的车削铣削		
M30	钢、铸钢、奥氏体钢、灰口铸铁、耐高温合金	中等切削速度、中等或大切屑截面条件下的车削、铣削、刨削		
M40	低碳易削属钢、低强度钢、有色金属和轻合金	车削、切断，特别适于自动机床上加工		
K01	特硬灰口铸铁、淬火钢、冷硬铸铁、高硅铝合金、高耐磨塑料、硬纸板、陶瓷	车削、精车、铣削、镗削、刮削		
K10	布氏硬度高于220的铸铁、短切屑的可锻铸铁、硅铝合金、铜合金、塑料、玻璃、陶瓷、石料	车削、铣削、镗削、刮削、拉削		
K20	布氏硬度低于220的灰口铸铁、有色金属：铜、黄铜、铝	用于要求硬质合金有高韧性的车削、铣削、镗削、刮削、拉削		
K30	低硬度灰口铸铁、低强度钢、压缩木料	用于在不利条件下*可能采用大切削角的车削、铣削、刨削、切槽加工		
K40	有色金属、软木和硬木	用于在不利条件下*可能采用大切削角的车削铣削、刨削、切槽加工		

4.8

（续）

分类分组代号	作业条件		性能提高方向	
	被加工材料	适应的加工条件	切削性能	合金性能
N01	有色金属、塑料、木材、玻璃	高切削速度下，有色金属铝、铜、镁、塑料、木材等非金属材料的精加工	↑切削速度 ↓进给量	↑耐磨性 ↓韧性
N10		较高切削速度下，有色金属铝、铜、镁、塑料、木材等非金属材料的精加工或半精加工		
N20	有色金属、塑料	中等切削速度下，有色金属铝、铜、镁、塑料等的半精加工或粗加工		
N30		中等切削速度下，有色金属铝、铜、镁、塑料等的粗加工		
S01	耐热和优质合金：含镍、钴、钛的各类合金材料	中等切削速度下，耐热钢和钛合金的精加工		
S10		低切削速度下，耐热钢和钛合金的半精加工或粗加工		
S20		较低切削速度下，耐热钢和钛合金的半精加工或粗加工		
S30		较低切削速度下，耐热钢和钛合金的断续切削，适于半精加工或粗加工		
H01	淬硬钢、冷硬铸铁	低切削速度下，淬硬钢、冷硬铸铁的连续轻载精加工		
H10		低切削速度下，淬硬钢、冷硬铸铁的连续轻载精加工、半精加工		
H20		较低切削速度下，淬硬钢、冷硬铸铁的连续轻载半精加工、粗加工		
H30		较低切削速度下，淬硬钢、冷硬铸铁的半精加工、精加工		

注：* 不利条件系指原材料或铸造、锻造的零件表面硬度不匀，加工时的切削深度不匀，间断切削以及振动等情况。

7. 地质、矿山工具用硬质合金(摘自 GB/T 18376.2—2001)

(1) 分类分组代号

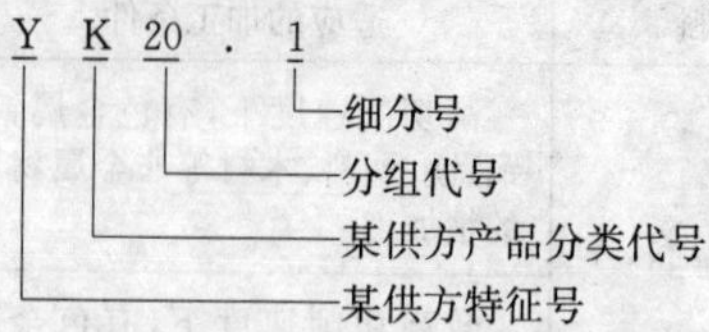

(2) 基本组成(参考值)和力学性能

分类	分组代号	基本组成			力学性能		
		Co	Wc	其他	洛氏硬度 HRA≥	维氏硬度 HV≥	抗弯强度 (MPa)≥
G	05	3~6	余	微量	88.0	1 200	1 600
	10	5~9	余	微量	87.0	1 100	1 700
	20	6~11	余	微量	86.5	1 050	1 800
	30	8~12	余	微量	86.0	1 050	1 900
	40	10~15	余	微量	85.5	1 000	2 000
	50	12~17	余	微量	85.0	950	2 100

(3) 用　　途

分类分组代号	作业条件推荐	合金性能
G05	适应于单轴抗压强度小于 60 MPa 的软岩或中硬岩	↑耐磨性 ↓韧性
G10	适应于单轴抗压强度为 60~120 MPa 的软岩或中硬岩	
G20	适应于单轴抗压强度为 120~200 MPa 的中硬岩或硬岩	
G30	适应于单轴抗压强度为 120~200 MPa 的中硬岩或硬岩	
G40	适应于单轴抗压强度为 120~200 MPa 的中硬岩或硬岩	
G50	适应于单轴抗压强度大于 200 MPa 的坚硬岩或极坚硬岩	

8. 耐磨零件用硬质合金(摘自 GB/T 18376.3—2001)

(1) 分类分组代号

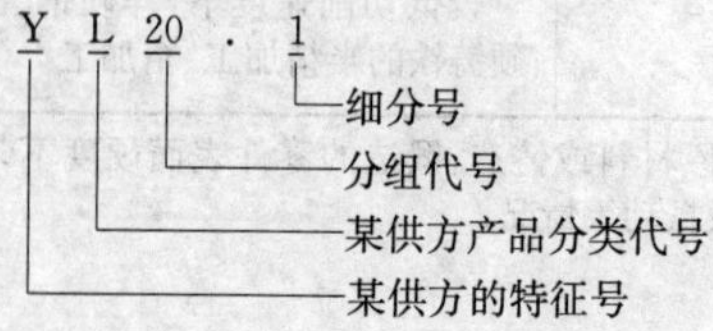

(2) 基本组成和力学性能

分类	分组代号	基本组成			力学性能		
		Co(Ni、Mo)	Wc	其他	洛氏硬度 HRA≥	维氏硬度 HV≥	抗弯强度 (MPa)≥
LS	10	3～6	余	微量	90.0	1 550	1 300
	20	5～9	余	微量	89.0	1 400	1 600
	30	7～12	余	微量	88.0	1 200	1 800
	40	11～17	余	微量	87.0	1 100	2 000
LT	10	13～18	余	微量	85.0	950	2 000
	20	17～25	余	微量	82.5	850	2 100
	30	23～30	余	微量	79.0	650	2 200
LQ	10	5～7	余	微量	89.0	1 300	1 800
	20	6～9	余	微量	88.0	1 200	2 000
	30	8～15	余	微量	86.5	1 050	2 100
LV	10	14～18	余	微量	85.0	950	2 100
	20	17～22	余	微量	82.5	850	2 200
	30	20～26	余	微量	81.0	750	2 250
	40	25～30	余	微量	79.0	650	2 300

(3) 用　　途

分类分组代号		作业条件推荐
LS	10	适用于金属线材直径小于 6 mm 的拉制用模具、密封环等
	20	适用于金属线材直径小于 20 mm，管材直径小于 10 mm 的拉制用模具、密封环等
	30	适用于金属线材直径小于 50 mm，管材直径小于 35 mm 的拉制用模具
	40	适用于大应力、大压缩力的拉制用模具
LT	10	M9 以下小规格标准紧固件冲压用模具
	20	M12 以下中、小规格标准紧固件冲压用模具
	30	M20 以下大、中规格标准紧固件、钢球冲压用模具
LQ	10	人工合成金刚石用顶锤
	20	人工合成金刚石用顶锤
	30	人工合成金刚石用顶锤、压缸

(续)

分类分组代号		作业条件推荐
LV	10	适用于高速线材高水平轧制精轧机组用辊环
	20	适用于高速线材较高水平轧制精轧机组用辊环
	30	适用于高速线材一般水平轧制精轧机组用辊环
	40	适用于高速线材预精轧机组用辊环

注：1. LS,表示金属线、棒、管拉制用硬质合金。
2. LT,表示冲压模具用硬质合金。
3. LQ,表示高温、高压构件用硬质合金。
4. LV,表示线材轧制辊环用硬质合金。

第五章　新型铜及铜合金

铜及铜合金棒材、线材广泛用于新型五金及器材，并发展为环保新铜材，具有五高特性(见9)，用途更广，本章重点介绍《铜及铜合金线材》，(GB/T 21652—2008)铜棒和环保新型铜材，用国家标准开阔视野，全面了解铜及铜合金产品的牌号、状态、规格和力学性能，化学成分，为应用作指南。同时落实到五金市场的商品上，为铜及铜合金应用打好基础。

1. 铜及铜合金线材(摘自GB/T 21652—2008)

(1) 产品的牌号、状态、规格

类别	牌　号	状　态	直径(对边距)(mm)
纯铜线	T2、T3	软(M)，半硬(Y_2)，硬(Y)	0.05～8.0
	TU1、TU2	软(M)，硬(Y)	0.05～8.0
黄铜线	H62、H63、H65	软(M)，1/8硬(Y_8)，1/4硬(Y_4)，半硬(Y_2)，3/4硬(Y_1)，硬(Y)	0.05～13.0
		特硬(T)	0.05～4.0
	H68、H70	软(M)，1/8硬(Y_8)，1/4硬(Y_4)，半硬(Y_2)，3/4硬(Y_1)，硬(Y)	0.05～8.5
		特硬(T)	0.1～6.0
黄铜线	H80、H85、H90、H96	软(M)，半硬(Y_2)，硬(Y)	0.05～12.0
	HSn60-1、HSn62-1	软(M)，硬(Y)	0.5～6.0
	HPb63-3、HPb59-1	软(M)，半硬(Y_2)，硬(Y)	
	HPb59-3	半硬(Y_2)，硬(Y)	1.0～8.5
	HPb61-1	半硬(Y_2)，硬(Y)	0.5～8.5
	HPb62-0.8	半硬(Y_2)，硬(Y)	0.5～6.0
	HSb60-0.9、HSb61-0.8-0.5、HBi60-1.3	半硬(Y_2)，硬(Y)	0.8～12.0
	HMn62-13	软(M)，1/4硬(Y_4)，半硬(Y_2)，3/4硬(Y_1)，硬(Y)	0.5～6.0
青铜线	QSn6.5-0.1、QSn6.5-0.4、QSn7-0.2、QSn5-0.2、QSi3-1	软(M)，1/4硬(Y_4)，半硬(Y_2)，3/4硬(Y_1)，硬(Y)	0.1～8.5
	QSn4-3	软(M)，1/4硬(Y_4)，半硬(Y_2)，3/4硬(Y_1)	0.1～8.5
		硬(Y)	0.1～6.0

(续)

<table>
<tr><th>类别</th><th>牌　号</th><th>状　态</th><th>直径(对边距)(mm)</th></tr>
<tr><td rowspan="7">青铜线</td><td>QSn4-4-4</td><td>半硬(Y_2),硬(Y)</td><td>0.1~8.5</td></tr>
<tr><td>QSn15-1-1</td><td>软(M),1/4 硬(Y_4),半硬(Y_2),3/4 硬(Y_1),硬(Y)</td><td>0.5~6.0</td></tr>
<tr><td>QAl7</td><td>半硬(Y_2),硬(Y)</td><td>1.0~6.0</td></tr>
<tr><td>QAl9-2</td><td>硬(Y)</td><td>0.6~6.0</td></tr>
<tr><td>QCr1、QCr1-0.18</td><td>固溶+冷加工+时效(CYS),固溶+时效+冷加工(CSY)</td><td>1.0~12.0</td></tr>
<tr><td>QCr4.5-2.5-0.6</td><td>软(M),固溶+冷加工+时效(CYS),固溶+时效+冷加工(CSY)</td><td>0.5~6.0</td></tr>
<tr><td>QCd1</td><td>软(M),硬(Y)</td><td>0.1~6.0</td></tr>
<tr><td rowspan="11">白铜线</td><td>B19</td><td rowspan="2">软(M),硬(Y)</td><td rowspan="2">0.1~6.0</td></tr>
<tr><td>BFe10-1-1,BFe30-1-1</td></tr>
<tr><td>BMn3-12</td><td rowspan="2">软(M),硬(Y)</td><td rowspan="2">0.05~6.0</td></tr>
<tr><td>BMn40-1.5</td></tr>
<tr><td rowspan="2">BZn9-29,BZn12-26,BZn15-20
BZn18-20</td><td>软(M),1/8 硬(Y_8),1/4 硬(Y_4),半硬(Y_2),3/4 硬(Y_1),硬(Y)</td><td>0.1~8.0</td></tr>
<tr><td>特硬(T)</td><td>0.5~4.0</td></tr>
<tr><td rowspan="2">BZn22-16,BZn25-18</td><td>软(M),1/8 硬(Y_8),1/4 硬(Y_4),半硬(Y_2),3/4 硬(Y_1),硬(Y)</td><td>0.1~8.0</td></tr>
<tr><td>特硬(T)</td><td>0.1~4.0</td></tr>
<tr><td>BZn40-20</td><td>软(M),1/4 硬(Y_4),半硬(Y_2),3/4 硬(Y_1),硬(Y)</td><td>1.0~6.0</td></tr>
</table>

(2) 标　记

产品标记按产品名称、牌号、状态、精度、规格和标准编号的顺序表示。标记示例如下：

示例 1:用 BZn40-20 合金制造的、1/4 硬态、较高精度、直径为 3 mm 的圆形线材标记为：

圆形铜线 BZn40-20Y_4 较高 3.0 GB/T 21652—2008

示例 2:用 BZn12-26 合金制造的、半硬态、普通精度、对边距为 4.5 mm 的正方形线材标记为：

方形铜线 BZn12-26Y_2 普通 4.5 GB/T 21652—2008

示例 3:用 HSb60-0.9 合金制造的、硬态、较高精度、对边距为 5 mm 的正六角形线材标记为：

六角形铜线 HSb60-0.9Y 较高 5 GB/T 21652—2008

5.2

(3) 铜合金化学成分

组别	牌号	质量分数(%)												
		Cu	Mn	Ni+Co	Ti+Al	Pb	Fe	Si	B	P	Sb	Bi	Zn	杂质总和
锰黄铜	HMn62-13	59~65	10~15	0.05~0.5	0.5~2.5	0.03	0.05	0.05	0.01	0.005	0.005	0.005	余量	0.15

组别	牌号	质量分数(%)									
		Cu	Sb	B、Ni、Fe、Sn等	Si	Fe	Bi	Pb	Cd	Zn	杂质总和
锑黄铜	HSb60-0.9	58~62	0.3~1.5	0.05<Ni+Fe+B<0.9	—	—	—	0.2	0.01	余量	0.2
锑黄铜	HSb61-0.8-0.5	59~63	0.4~1.2	0.05<Ni+Sn+B<1.2	0.3~1.0	0.2	—	0.2	0.01	余量	0.3
锑黄铜	HBi60-1.3	58~62	0.05<Sb+B+Ni+Sn<1.2		—	0.1	0.3~2.3	0.2	0.01	余量	0.3

组别	牌号	质量分数(%)												
		Cr	Zr	Pb	Mg	Fe	Si	P	Sb	Bi	Al	B	Cu	杂质总和
青铜	QCr1-0.18	0.5~1.5	0.05~0.30	0.05	0.05	0.10	0.10	0.10	0.01	0.01	0.05	0.02	余量	0.3

组别	牌号	质量分数(%)					
		Sn	P	Pb	Fe	Zn	Cu
青铜	QSn5-0.2(C51000)	4.2~5.8	0.03~0.35	0.05	0.10	0.30	余量

(续)

	牌号	质量分数(%)										
		Sn	B	Zn	Fe	Cr	Ti	Ni+Co	Mn	P	Cu	杂质总和
青铜	QSn15 - 1 - 1	12～18	0.002～1.2	0.5～2	0.1～1	—	0.002	—	0.6	0.5	余量	1.0
	QCr4.5 - 2.5 - 0.6	—	—	0.05	0.05	3.5～5.5	1.5～3.5	0.2～1.0	0.5～2	0.005	余量	0.1

	牌号	质量分数(%)															
		Cu	Ni+Co	Fe	Mn	Pb	Si	Sn	P	Al	Ti	C	S	Sb	Bi	Zn	杂质总和
白铜	BZn9 - 29	60.0～63.0	7.2～10.4	0.3	0.5	0.03	0.15	0.08	0.005	0.005	0.005	0.03	0.005	0.002	0.002	余量	0.8
	BZn12 - 26	60.0～63.0	10.5～13.0	0.3	0.5	0.03	0.15	0.08	0.005	0.005	0.005	0.03	0.005	0.002	0.002	余量	0.8
	BZn18 - 20	60.0～63.0	16.5～19.5	0.3	0.5	0.03	0.15	0.08	0.005	0.005	0.005	0.03	0.005	0.002	0.002	余量	0.8
	BZn22 - 16	60.0～63.0	20.5～23.5	0.3	0.5	0.03	0.15	0.08	0.005	0.005	0.005	0.03	0.005	0.002	0.002	余量	0.8
	BZn25 - 18	56.0～59.0	23.5～26.5	0.3	0.5	0.03	0.15	0.08	0.005	0.005	0.005	0.03	0.005	0.002	0.002	余量	0.8
	BZn40 - 20	38.0～42.0	38.0～41.5	0.3	0.5	0.03	0.15	0.08	0.005	0.005	0.005	0.10	0.005	0.002	0.002	余量	0.8

注：1. 元素含量为上下限者为合金元素，元素含量为单个数值者为杂质元素，单个数值表示最高限量。
2. 杂质总和为表中所列杂质元素实测值总和。
3. 表中用“余量”表示的元素含量为100%减去表中所列元素实测值所得。
4. “51000”铜合金 Cu＋所列出元素总和≥99.5%。

5.4

(4) 线材的室温纵向力学性能

牌　　号	状态	直径(对边距) (mm)	抗拉强度 R_m (N/mm^2)	伸长率 $A_{100\,mm}$ (%)
TU1 TU2	M	0.05～8.0	≤255	≥25
	Y	0.05～4.0	≥345	—
		>4.0～8.0	≥310	≥10
T2 T3	M	0.05～0.3	≥195	≥15
		>0.3～1.0	≥195	≥20
		>1.0～2.5	≥205	≥25
		>2.5～8.0	≥205	≥30
	Y_2	0.05～8.0	255～365	—
	Y	0.05～2.5	≥380	—
		>2.5～8.0	≥365	—
H62 H63	M	0.05～0.25	≥345	≥18
		>0.25～1.0	≥335	≥22
		>1.0～2.0	≥325	≥26
		>2.0～4.0	≥315	≥30
		>4.0～6.0	≥315	≥34
		>6.0～13.0	≥305	≥36
	Y_8	0.05～0.25	≥360	≥8
		>0.25～1.0	≥350	≥12
		>1.0～2.0	≥340	≥18
		>2.0～4.0	≥330	≥22
		>4.0～6.0	≥320	≥26
		>6.0～13.0	≥310	≥30
	Y_4	0.05～0.25	≥380	≥5
		>0.25～1.0	≥370	≥8
		>1.0～2.0	≥360	≥10
		>2.0～4.0	≥350	≥15
		>4.0～6.0	≥340	≥20
		>6.0～13.0	≥330	≥25

(续)

牌　　号	状态	直径(对边距) (mm)	抗拉强度 R_m (N/mm²)	伸长率 $A_{100\,mm}$ (%)
H62 H63	Y_2	0.05～0.25	≥430	—
		>0.25～1.0	≥410	≥4
		>1.0～2.0	≥390	≥7
		>2.0～4.0	≥375	≥10
		>4.0～6.0	≥355	≥12
		>6.0～13.0	≥350	≥14
	Y_1	0.05～0.25	590～785	—
		>0.25～1.0	540～735	—
		>1.0～2.0	490～685	—
		>2.0～4.0	440～635	—
		>4.0～6.0	390～590	—
		>6.0～13.0	360～560	—
	Y	0.05～0.25	785～980	—
		>0.25～1.0	685～885	—
		>1.0～2.0	635～835	—
		>2.0～4.0	590～785	—
		>4.0～6.0	540～735	—
		>6.0～13.0	490～685	—
	T	0.05～0.25	≥850	—
		>0.25～1.0	≥830	—
		>1.0～2.0	≥800	—
		>2.0～4.0	≥770	—
H65	M	0.05～0.25	≥335	≥18
		>0.25～1.0	≥325	≥24
		>1.0～2.0	≥315	≥28
		>2.0～4.0	≥305	≥32
		>4.0～6.0	≥295	≥35
		>6.0～13.0	≥285	≥40

（续）

牌　号	状态	直径（对边距）(mm)	抗拉强度 R_m (N/mm²)	伸长率 $A_{100\,mm}$ (%)
H65	Y_8	0.05～0.25	≥350	≥10
		>0.25～1.0	≥340	≥15
		>1.0～2.0	≥330	≥20
		>2.0～4.0	≥320	≥25
		>4.0～6.0	≥310	≥28
		>6.0～13.0	≥300	≥32
	Y_4	0.05～0.25	≥370	≥6
		>0.25～1.0	≥360	≥10
		>1.0～2.0	≥350	≥12
		>2.0～4.0	≥340	≥18
		>4.0～6.0	≥330	≥22
		>6.0～13.0	≥320	≥28
	Y_2	0.05～0.25	≥410	—
		>0.25～1.0	≥400	≥4
		>1.0～2.0	≥390	≥7
		>2.0～4.0	≥380	≥10
		>4.0～6.0	≥375	≥13
		>6.0～13.0	≥360	≥15
	Y_1	0.05～0.25	540～735	—
		>0.25～1.0	490～685	—
		>1.0～2.0	440～635	—
		>2.0～4.0	390～590	—
		>4.0～6.0	375～570	—
		>6.0～13.0	370～550	—
	Y	0.05～0.25	685～885	—
		>0.25～1.0	635～835	—
		>1.0～2.0	590～785	—
		>2.0～4.0	540～735	—
		>4.0～6.0	490～685	—
		>6.0～13.0	440～635	—

（续）

牌　　号	状态	直径（对边距）(mm)	抗拉强度 R_m (N/mm²)	伸长率 $A_{100\,mm}$ (%)
H65	T	0.05～0.25	≥830	—
		>0.25～1.0	≥810	—
		>1.0～2.0	≥800	—
		>2.0～4.0	≥780	—
H68 H70	M	0.05～0.25	≥375	≥18
		>0.25～1.0	≥355	≥25
		>1.0～2.0	≥335	≥30
		>2.0～4.0	≥315	≥35
		>4.0～6.0	≥295	≥40
		>6.0～8.5	≥275	≥45
	Y_8	0.05～0.25	≥385	≥18
		>0.25～1.0	≥365	≥20
		>1.0～2.0	≥350	≥24
		>2.0～4.0	≥340	≥28
		>4.0～6.0	≥330	≥33
		>6.0～8.5	≥320	≥35
	Y_4	0.05～0.25	≥400	≥10
		>0.25～1.0	≥380	≥15
		>1.0～2.0	≥370	≥20
		>2.0～4.0	≥350	≥25
		>4.0～6.0	≥340	≥30
		>6.0～8.5	≥330	≥32
	Y_2	0.05～0.25	≥410	—
		>0.25～1.0	≥390	≥5
		>1.0～2.0	≥375	≥10
		>2.0～4.0	≥355	≥12
		>4.0～6.0	≥345	≥14
		>6.0～8.5	≥340	≥16

5.8

（续）

牌　　号	状态	直径（对边距）（mm）	抗拉强度 R_m（N/mm²）	伸长率 $A_{100\,mm}$（%）
H68 H70	Y_1	0.05～0.25	540～735	—
		>0.25～1.0	490～685	—
		>1.0～2.0	440～635	—
		>2.0～4.0	390～590	—
		>4.0～6.0	345～540	—
		>6.0～8.5	340～520	—
	Y	0.05～0.25	735～930	—
		>0.25～1.0	685～885	—
		>1.0～2.0	635～835	—
		>2.0～4.0	590～785	—
		>4.0～6.0	540～735	—
		>6.0～8.5	490～685	—
	T	0.1～0.25	≥800	—
		>0.25～1.0	≥780	—
		>1.0～2.0	≥750	—
		>2.0～4.0	≥720	—
		>4.0～6.0	≥690	—
H80	M	0.05～12.0	≥320	≥20
	Y_2	0.05～12.0	≥540	—
	Y	0.05～12.0	≥690	—
H85	M	0.05～12.0	≥280	≥20
	Y_2	0.05～12.0	≥455	—
	Y	0.05～12.0	≥570	—
H90	M	0.05～12.0	≥240	≥20
	Y_2	0.05～12.0	≥385	—
	Y	0.05～12.0	≥485	—
H96	M	0.05～12.0	≥220	≥20
	Y_2	0.05～12.0	≥340	—
	Y	0.05～12.0	≥420	—

（续）

牌　　号	状态	直径（对边距）(mm)	抗拉强度 R_m (N/mm^2)	伸长率 $A_{100\ mm}$ (%)
HPb59－1	M	0.5～2.0	≥345	≥25
		>2.0～4.0	≥335	≥28
		>4.0～6.0	≥325	≥30
	Y_2	0.5～2.0	390～590	—
		>2.0～4.0	390～590	—
		>4.0～6.0	375～570	—
	Y	0.5～2.0	490～735	—
		>2.0～4.0	490～685	—
		>4.0～6.0	440～635	—
HPb59－3	Y_2	1.0～2.0	≥385	—
		>2.0～4.0	≥380	—
		>4.0～6.0	≥370	—
		>6.0～8.5	≥360	—
	Y	1.0～2.0	≥480	—
		>2.0～4.0	≥460	—
		>4.0～6.0	≥435	—
		>6.0～8.5	≥430	—
HPb61－1	Y_2	0.5～2.0	≥390	≥10
		>2.0～4.0	≥380	≥10
		>4.0～6.0	≥375	≥15
		>6.0～8.5	≥365	≥15
	Y	0.5～2.0	≥520	—
		>2.0～4.0	≥490	—
		>4.0～6.0	≥465	—
		>6.0～8.5	≥440	—
HPb62－0.8	Y_2	0.5～6.0	410～540	≥12
	Y	0.5～6.0	450～560	—
HPb63－3	M	0.5～2.0	≥305	≥32
		>2.0～4.0	≥295	≥35
		>4.0～6.0	≥285	≥35

5.10

(续)

牌　　号	状态	直径(对边距)(mm)	抗拉强度 R_m (N/mm^2)	伸长率 $A_{100\,mm}$ (%)
HPb63-3	Y_2	0.5～2.0	390～610	≥3
		>2.0～4.0	390～600	≥4
		>4.0～6.0	390～590	≥4
	Y	0.5～6.0	570～735	—
HSn60-1 HSn62-1	M	0.5～2.0	≥315	≥15
		>2.0～4.0	≥305	≥20
		>4.0～6.0	≥295	≥25
	Y	0.5～2.0	590～835	—
		>2.0～4.0	540～785	—
		>4.0～6.0	490～735	—
HSb60-0.9	Y_2	0.8～12.0	≥330	≥10
	Y	0.8～12.0	≥380	≥5
HSb61-0.8-0.5	Y_2	0.8～12.0	≥380	≥8
	Y	0.8～12.0	≥400	≥5
HBi60-1.3	Y_2	0.8～12.0	≥350	≥8
	Y	0.8～12.0	≥400	≥5
HMn62-13	M	0.5～6.0	400～550	≥25
	Y_4	0.5～6.0	450～600	≥18
	Y_2	0.5～6.0	500～650	≥12
	Y_1	0.5～6.0	550～700	—
	Y	0.5～6.0	≥650	—
QSn6.5-0.1 QSn6.5-0.4 QSn7-0.2 QSn5-0.2 QSi3-1	M	0.1～1.0	≥350	≥35
		>1.0～8.5		≥45
	Y_4	0.1～1.0	480～680	—
		>1.0～2.0	450～650	≥10
		>2.0～4.0	420～620	≥15
		>4.0～6.0	400～600	≥20
		>6.0～8.5	380～580	≥22
	Y_2	0.1～1.0	540～740	—

（续）

牌　　号	状态	直径（对边距）（mm）	抗拉强度 R_m（N/mm^2）	伸长率 $A_{100\,mm}$（%）
QSn6.5-0.1 QSn6.5-0.4 QSn7-0.2 QSn5-0.2 QSi3-1	Y_2	>1.0～2.0	520～720	—
		>2.0～4.0	500～700	≥4
		>4.0～6.0	480～680	≥8
		>6.0～8.5	460～660	≥10
	Y_1	0.1～1.0	750～950	—
		>1.0～2.0	730～920	—
		>2.0～4.0	710～900	—
		>4.0～6.0	690～880	—
		>6.0～8.5	640～860	—
	Y	0.1～1.0	880～1 130	—
		>1.0～2.0	860～1 060	—
		>2.0～4.0	830～1 030	—
		>4.0～6.0	780～980	—
		>6.0～8.5	690～950	—
QSn4-3	M	0.1～1.0	≥350	≥35
		>1.0～8.5		≥45
	Y_4	0.1～1.0	460～580	≥5
		>1.0～2.0	420～540	≥10
		>2.0～4.0	400～520	≥20
		>4.0～6.0	380～480	≥25
		>6.0～8.5	360～450	—
	Y_2	0.1～1.0	500～700	—
		>1.0～2.0	480～680	—
		>2.0～4.0	450～650	—
		>4.0～6.0	430～630	—
		>6.0～8.5	410～610	—
	Y_1	0.1～1.0	620～820	—
		>1.0～2.0	600～800	—
		>2.0～4.0	560～760	—

(续)

牌　　号	状态	直径(对边距)(mm)	抗拉强度 R_m (N/mm^2)	伸长率 $A_{100\ mm}$ (%)
QSn4－3	Y_1	＞4.0～6.0	540～740	—
		＞6.0～8.5	520～720	—
	Y	0.1～1.0	880～1 130	—
		＞1.0～2.0	860～1 060	—
		＞2.0～4.0	830～1 030	—
		＞4.0～6.0	780～980	—
QSn4－4－4	Y_2	0.1～8.5	≥360	≥12
	Y	0.1～8.5	≥420	≥10
QSn15－1－1	M	0.5～1.0	≥365	≥28
		＞1.0～2.0	≥360	≥32
		＞2.0～4.0	≥350	≥35
		＞4.0～6.0	≥345	≥36
	Y_4	0.5～1.0	630～780	≥25
		＞1.0～2.0	600～750	≥30
		＞2.0～4.0	580～730	≥32
		＞4.0～6.0	550～700	≥35
	Y_2	0.5～1.0	770～910	≥3
		＞1.0～2.0	740～880	≥6
		＞2.0～4.0	720～850	≥8
		＞4.0～6.0	680～810	≥10
	Y_1	0.5～1.0	800～930	≥1
		＞1.0～2.0	780～910	≥2
		＞2.0～4.0	750～880	≥2
		＞4.0～6.0	720～850	≥3
	Y	0.5～1.0	850～1 080	—
		＞1.0～2.0	840～980	—
		＞2.0～4.0	830～960	—
		＞4.0～6.0	820～950	—
QAl7	Y_2	1.0～6.0	≥550	≥8
	Y	1.0～6.0	≥600	≥4

(续)

牌　　号	状态	直径(对边距) (mm)	抗拉强度 R_m (N/mm^2)	伸长率 $A_{100\ mm}$ (%)
QAl9－2	Y	0.6～1.0	≥580	—
		>1.0～2.0		≥1
		>2.0～5.0		≥2
		>5.0～6.0	≥530	≥3
QCr1、QCr1－0.18	CYS CSY	1.0～6.0	≥420	≥9
		>6.0～12.0	≥400	≥10
QCr4.5－2.5－0.6	M	0.5～6.0	400～600	≥25
	CYS, CSY	0.5～6.0	550～850	—
QCd1	M	0.1～6.0	≥275	≥20
	Y	0.1～0.5	590～880	—
		>0.5～4.0	490～735	—
		>4.0～6.0	470～685	—
B19	M	0.1～0.5	≥295	≥20
		>0.5～6.0		≥25
	Y	0.1～0.5	590～880	—
		>0.5～6.0	490～785	—
BFe10－1－1	M	0.1～1.0	≥450	≥15
		>1.0～6.0	≥400	≥18
	Y	0.1～1.0	≥780	—
		>1.0～6.0	≥650	—
BFe30－1－1	M	0.1～0.5	≥345	≥20
		>0.5～6.0		≥25
	Y	0.1～0.5	685～980	—
		>0.5～6.0	590～880	—
BMn3－12	M	0.05～1.0	≥440	≥12
		>1.0～6.0	≥390	≥20
	Y	0.05～1.0	≥785	—
		>1.0～6.0	≥685	—

5.14

(续)

牌　　号	状态	直径(对边距)(mm)	抗拉强度 R_m (N/mm^2)	伸长率 $A_{100\,mm}$ (%)
BMn40-1.5	M	0.05～0.20	≥390	≥15
BMn40-1.5	M	>0.20～0.50	≥390	≥20
BMn40-1.5	M	>0.50～6.0	≥390	≥25
BMn40-1.5	Y	0.05～0.20	685～980	—
BMn40-1.5	Y	>0.20～0.50	685～880	—
BMn40-1.5	Y	>0.50～6.0	635～835	—
BZn9-29 BZn12-26	M	0.1～0.2	≥320	≥15
BZn9-29 BZn12-26	M	>0.2～0.5	≥320	≥20
BZn9-29 BZn12-26	M	>0.5～2.0	≥320	≥25
BZn9-29 BZn12-26	M	>2.0～8.0	≥320	≥30
BZn9-29 BZn12-26	Y_8	0.1～0.2	400～570	≥12
BZn9-29 BZn12-26	Y_8	>0.2～0.5	380～550	≥16
BZn9-29 BZn12-26	Y_8	>0.5～2.0	360～540	≥22
BZn9-29 BZn12-26	Y_8	>2.0～8.0	340～520	≥25
BZn9-29 BZn12-26	Y_4	0.1～0.2	420～620	≥6
BZn9-29 BZn12-26	Y_4	>0.2～0.5	400～600	≥8
BZn9-29 BZn12-26	Y_4	>0.5～2.0	380～590	≥12
BZn15-20 BZn18-20	Y	0.1～0.2	735～980	—
BZn15-20 BZn18-20	Y	0.2～0.5	735～930	—
BZn15-20 BZn18-20	Y	>0.5～2.0	635～880	—
BZn15-20 BZn18-20	Y	>2.0～8.0	540～785	—
BZn15-20 BZn18-20	T	0.5～1.0	≥750	—
BZn15-20 BZn18-20	T	>1.0～2.0	≥740	—
BZn15-20 BZn18-20	T	>2.0～4.0	≥730	—
BZn22-16 BZn25-18	M	0.1～0.2	≥440	≥12
BZn22-16 BZn25-18	M	0.2～0.5	≥440	≥16
BZn22-16 BZn25-18	M	>0.5～2.0	≥440	≥23
BZn22-16 BZn25-18	M	>2.0～8.0	≥440	≥28
BZn22-16 BZn25-18	Y_8	0.1～0.2	500～680	≥10

（续）

牌　　号	状态	直径（对边距）(mm)	抗拉强度 R_m (N/mm^2)	伸长率 $A_{100\,mm}$ (%)
BZn22－16 BZn25－18	Y_8	＞0.2～0.5	490～650	≥12
		＞0.5～2.0	470～630	≥15
		＞2.0～8.0	460～600	≥18
	Y_4	0.1～0.2	540～720	—
		＞0.2～0.5	520～690	≥6
		＞0.5～2.0	500～670	≥8
		＞2.0～8.0	480～650	≥10
	Y_2	0.1～0.2	640～830	—
		＞0.2～0.5	620～800	—
		＞0.5～2.0	600～780	—
		＞2.0～8.0	580～760	—
	Y_1	0.1～0.2	660～880	—
		＞0.2～0.5	640～850	—
		＞0.5～2.0	620～830	—
		＞2.0～8.0	600～810	—
	Y	0.1～0.2	750～990	—
		＞0.2～0.5	740～950	—
		＞0.5～2.0	650～900	—
		＞2.0～8.0	630～860	—
	T	0.1～1.0	≥820	—
		＞1.0～2.0	≥810	—
		＞2.0～4.0	≥800	—
BZn9－29 BZn12－26	Y_4	＞2.0～8.0	360～570	≥18
	Y_2	0.1～0.2	480～680	—
		＞0.2～0.5	460～640	≥6
		＞0.5～2.0	440～630	≥9
		＞2.0～8.0	420～600	≥12
	Y_1	0.1～0.2	550～800	—
		＞0.2～0.5	530～750	—

（续）

牌　　号	状态	直径（对边距）(mm)	抗拉强度 R_m (N/mm^2)	伸长率 $A_{100\,mm}$ (%)
BZn9－29 BZn12－26	Y_1	＞0.5～2.0	510～730	—
		＞2.0～8.0	490～630	—
	Y	0.1～0.2	680～880	—
		＞0.2～0.5	630～820	—
		＞0.5～2.0	600～800	—
		＞2.0～8.0	580～700	—
	T	0.5～4.0	≥720	—
BZn15－20 BZn18－20	M	0.1～0.2	≥345	≥15
		＞0.2～0.5		≥20
		＞0.5～2.0		≥25
		＞2.0～8.0		≥30
	Y_8	0.1～0.2	450～600	≥12
		＞0.2～0.5	435～570	≥15
		＞0.5～2.0	420～550	≥20
		＞2.0～8.0	410～520	≥24
	Y_4	0.1～0.2	470～660	≥10
		＞0.2～0.5	460～620	≥12
		＞0.5～2.0	440～600	≥14
		＞2.0～8.0	420～570	≥16
	Y_2	0.1～0.2	510～780	—
		＞0.2～0.5	490～735	—
		＞0.5～2.0	440～685	—
		＞2.0～8.0	440～635	—
	Y_1	0.1～0.2	620～860	—
		＞0.2～0.5	610～810	—
		＞0.5～2.0	595～760	—
		＞2.0～8.0	580～700	—
BZn40－20	M	1.0～6.0	500～650	≥20
	Y_4	1.0～6.0	550～700	≥8

（续）

牌　　号	状态	直径（对边距）(mm)	抗拉强度 R_m (N/mm^2)	伸长率 $A_{100\,mm}$ (%)
BZn40-20	Y_2	1.0～6.0	600～850	—
	Y_1	1.0～6.0	750～900	—
	Y	1.0～6.0	800～1 000	—

注：1. 伸长率指标均指拉伸试样在标距内断裂值。

2. 经供需双方协商可供应其余规格、状态和性能的线材，具体要求应在合同中注明。

(5) 尺寸及允许偏差

① 圆形线材的直径及其允许偏差。　(mm)

公称直径	允许偏差≤	
	较高级	普通级
0.05～0.1	±0.003	±0.005
>0.1～0.2	±0.005	±0.010
>0.2～0.5	±0.008	±0.015
>0.5～1.0	±0.010	±0.020
>1.0～3.0	±0.020	±0.030
>3.0～6.0	±0.030	±0.040
>6.0～13.0	±0.040	±0.050

注：1. 经供需双方协商，可供应其他规格和允许偏差的线材，具体要求应在合同中注明。

2. 线材偏差等级须在订货合同中注明，否则按普通级供货。

3. 需方要求单向偏差时，其值为表中数值的2倍。

② 正方形、正六角形线材的对边距及其允许偏差。　(mm)

对边距	允许偏差≤		截 面 形 状
	较高级	普通级	
≤3.0	±0.030	±0.040	（六角形截面，对边距 s；正方形截面，边长 a）
>3.0～6.0	±0.040	±0.050	
>6.0～13.0	±0.050	±0.060	

注：1. 经供需双方协商，可供应其他规格和允许偏差的线材，具体要求应在合同中注明。

2. 线材偏差等级须在订货合同中注明，否则按普通级供货。

3. 需方要求单向偏差时，其值为表中数值的2倍。

③ 正方形、正六角形线材的圆角半径。 (mm)

对边距	≤2	>2～4	>4～6	>6～10	>10～13
圆角半径 r	≤0.4	≤0.5	≤0.6	≤0.8	≤1.2

(6) 技术、工艺试验要求

① 直径不小于 0.3 mm 的 TU1、TU2 线材应在氢气退火后进行反复弯曲试验，弯曲次数应不少于 10 次，弯曲处不产生裂纹。

② 直径 0.3～8.5 mm 的硅青铜线材和硬态锡青铜线材应进行反复弯曲试验，弯曲次数应不少于 3 次，弯曲处不产生裂纹。

③ 直径不大于 3.0 mm 的线材，其圆度应不大于直径允许偏差之半；直径大于 3.0 mm 的线材，其圆度应不大于直径允许偏差。

④ 硬态硅青铜线材和锡青铜线材应进行消除残余应力的处理。

⑤ 用做弹簧的锡青铜线材和硅青铜线材应进行缠绕试验，于线材两倍直径的圆柱体上缠绕 10 圈不裂。

⑥ 断口检验。当用户要求，并在合同中注明时，应进行断口的检验。断口应致密、无缩尾、气孔、分层和夹杂，允许存在不影响用户使用要求，并符合 YS/T 336 规定的轻微缺陷。

⑦ 表面质量。

(a) 线材表面应光滑、清洁、不允许有影响用户使用的缺陷。

(b) 线材表面允许有轻微的、局部的、不使线材直径超出其允许偏差的压入物和划伤。

(c) 线材表面轻微发红、发暗和氧化色，按合格处理。

⑧ 耐脱锌腐蚀性能。

当用户要求，并在合同中注明时，锑黄铜和铋黄铜线材应进行脱锌腐蚀性能的试验，并符合下表的规定。如果用户不要求时，供方可不进行该项检测，但应保证符合表中的规定。

线材耐脱锌腐蚀性能

牌　号	平均失锌层深度(μm)不大于
HSb60-0.9、HSb61-0.8-0.5、HBi60-1.3	150

(7) 市场品铜线材

① 铜线材的化学成分。

组别	牌号	元素	化学成分(%)(质量)												
			Cu (+Ag)	P	Bi	Sb	Fe	Ni (Co)	Pb	Sn	Zn	Al	Mn	Si	杂质总和
紫铜	T_2	min max	99.90 —	— —	— 0.001	— 0.002	— 0.005	— 0.005	— 0.005	— 0.002	— 0.005	— —	— —	— —	— 0.1
黄铜	H85	min max	84.0 86.0	— 0.01	— 0.002	— 0.005	— 0.10	— —	— 0.03	— —	余量	— —	— —	— —	— 0.3
	H80	min max	79.0 81.0	— 0.01	— 0.002	— 0.005	— 0.10	— —	— 0.03	— —	余量	— —	— —	— —	— 0.3

(续)

组别	牌号	元素	Cu (+Ag)	P	Bi	Sb	Fe	Ni (Co)	Pb	Sn	Zn	Al	Mn	Si	杂质总和
			化学成分(%)(质量)												
黄铜	H68	min	67.0	—	—	—	—	—	—	—	余量	—	—	—	—
		max	70.0	0.01	0.002	0.005	0.10	—	0.03	—		—	—	—	0.3
	H65	min	63.5	—	—	—	—	—	—	—	余量	—	—	—	—
		max	68.0	0.01	0.002	0.005	0.10	—	0.03	—		—	—	—	0.3
	H62	min	60.5	—	—	—	—	—	—	—	余量	—	—	—	—
		max	63.5	0.01	0.002	0.005	0.15	—	0.08	—		—	—	—	0.5
	C2700	min	63.5	—	—	—	—	—	—	—	余量	—	—	—	—
		max	67.0	—	0.002	0.005	0.05	—	0.05	—		—	—	—	0.3
	HPb63-3B	min	62.0	—	—	—	—	—	2.4	—	余量	—	—	—	—
		max	65.0	0.01	0.002	0.005	0.35	—	3.7	—		—	—	—	0.75
	HPb62-0.8	min	60.0	—	—	—	—	—	0.5	—	余量	—	—	—	—
		max	63.0	0.01	0.002	0.005	0.2	—	1.2	—		0.2	—	—	0.75
	HPb59-1	min	57.0	—	—	—	—	—	0.8	—	余量	—	—	—	—
		max	60.0	0.02	0.003	0.01	0.5	—	1.9	—		0.2	—	—	1.0
	HPb58-3	min	57.0	—	—	—	—	—	2.4	—	余量	—	—	—	—
		max	59.5	0.02	0.003	0.01	0.50	—	3.8	—		0.2	—	—	1.0
	C3601	min	59.0	—	—	—	—	—	1.8	—	余量	—	(Fe+5)		
		max	63.0	—	—	—	0.30	—	3.7	—					
	"802"	min	61.0	—	—	—	—	0.2	—	0.05	余量	—	0.1	0.1	
		max	63.0	0.01	0.002	0.005	0.15	0.5	0.08	0.15		—	0.4	0.4	
青铜	Qsi3-1	min	余量	—	—	—	—	—	—	—	—	—	1.0	2.7	—
		max		—	—	—	0.3	0.2	0.03	0.25	0.5	—	1.5	3.5	1.1
	QSn6.5-0.1	min	余量	0.10	—	—	—	—	—	6.0	—	—	—	—	—
		max		0.25	0.002	0.002	0.05	—	0.02	7.0	—	0.002	—	0.002	0.1
	QSn6.5-0.4	min	余量	0.26	—	—	—	—	—	6.0	—	—	—	—	—
		max		0.40	0.002	0.002	0.02	—	0.02	7.0	—	0.002	—	0.002	0.1
	QSn4-3	min	余量	—	—	—	—	—	—	3.5	2.7	—	—	—	—
		max		0.03	0.002	0.002	0.05	—	0.02	4.5	3.3	0.002	—	0.002	0.2
	QSn4-0.1	min	余量	0.03	—	—	—	—	—	3.5	—	—	—	—	—
		max		0.15	0.002	0.002	0.02	—	0.02	5.8	—	0.002	—	0.002	0.1
	C54400	min	余量	0.05	—	—	—	—	3.5	3.5	1.5	—	—	—	—
		max		0.50	—	—	0.10	—	4.5	4.5	4.5	—	—	—	—
白铜	BZn15-20-0.3	min	59.0	—	—	—	—	13.0	—	—	余量	—	0.05	—	—
		max	65.0	0.01	0.002	0.002	0.25	15.5	0.03	—		—	0.5	0.05	1.0
	BZn15-20	min	62.0	—	—	—	—	13.5	—	—	余量	—	—	—	—
		max	65.0	0.005	0.002	0.002	0.5	16.5	0.02	—		—	0.3	0.15	0.9
	BZn18-18	min	61.0	—	—	—	—	16.5	—	—	余量	—	0.25	—	—
		max	66.0	0.005	0.002	0.002	0.05	19.0	0.020	0.05		—	0.75	0.15	0.5
	"402"	min	62.0	—	—	—	—	12.0	1.0	—	余量	—	0.1	—	—
		max	66.0	—	0.002	0.002	0.30	16.0	2.2	—		—	1.0	—	0.7
	GM408														

注：1. BZm15-20 含 S=0.01%，含 Mg=0.05%，含 C=0.03%，含 As=0.01%。

2. T_2 含 S=0.005%，O=0.06%，含 As=0.002%(As—砷)。

3. "402"含 S=0.01%，含 C=0.01%。

② 铜线材的性能及用途。

组别	牌　号	性能及用途
紫铜（纯铜）	T_2	有高的导电、导热、耐蚀性和加工性，广泛应用于机械、化工、电子、轻工、食品制罐等
黄铜	H85、H80 H68　H65 H62　C2700	具有较高的机械性能和冷加工性能，有良好的耐蚀性，应用于电池芯、电脑接插件，金属网、螺帽、钟表、螺钉、按钮、装饰件、拉链、眼镜材料、汽车和汽灯零件
	HPb63 - 3B HPb62 - 0.8 HPb59 - 1 HPb58 - 3	具有足够的强度和良好的加工塑性、易切削，应用于钟表元件，圆珠笔芯，制锁、自行车条帽、气门芯、眼镜、螺丝、螺帽等
	C3601	塑性好，可冷镦、易于切削、加工表面质量优异。刀具损耗少，应用于通讯、电脑、电源接插件等
	802	低熔点焊料、主要用于自行车行业
青铜	C54400	良好的加工性能和机械性能，具有减磨和耐蚀性，广泛用于制作高级通讯电缆接插件及减磨和耐蚀零件
	QSi3 - 1 QSn6.5 - 0.1 QSn6.5 - 0.4 QSn4 - 3 QSn4 - 0.1	良好的加工性能和机械性能，优良的弹性、耐磨性和耐蚀性，广泛用于制作弹簧、高级接插件以及耐蚀、耐磨零件
白铜	BZn15 - 20 - 0.3 BZn15 - 20 BZn18 - 18 402	具有优良的耐蚀性和中等以上强度，弹性好、易于冷、热加工和焊接，广泛用于拉链、眼镜、制笔行业及制作弹簧、电子电器零件、接插件和耐蚀结构件等
	GM408	广泛适用于服饰用挂件、拉链、眼镜架、儿童玩具

③ 铜扁线及异型线。

(a) 铜扁线。

产品名称	牌　号	厚度×宽度(mm)	状态	用　途	执行标准
紫铜扁线	T_2	0.5～1.0×0.5～6.0 1.01～3.0×1.01～15.0	M. Y	电器元件	GB/T 3114—2008
黄铜扁线	H62、H65、H68	0.5～1.0×0.5～5.0 1.01～4.0×1.01～10.0	M. Y_2. Y	弹簧张圈	
		4.01～6.0×4.01～12.0		铜钩、拉链	
	H85	0.5～6.0×0.5～6.0	Y_2		

(续)

产品名称	牌　号	厚度×宽度(mm)	状态	用　途	执行标准
青铜扁线	QSn6.5－0.1 QSn6.5～0.4	1.0～3.0×1.0～15.0 3.01～6.0×3.01～10.0	M.Y_2.Y	弹簧张圈	GB/T 3114—2008
	QSn4－3 QSi3－1	0.5～1.0×0.5～6.0 1.01～3.0×1.01～12.0	Y	电器元件	
白铜扁线	BZn15－20－0.3	0.5～6.0×0.5～6.0	Y_2		Q/HUAR8—1996
无镍白铜扁线	GM408	0.5～6.0×0.5～6.0		服饰用挂件、拉链、眼镜架、儿童玩具	

注：扁线应符合 GB/T 3114－94 国家标准规定的厚度之比小于 1∶7 的要求，但经双方协议可供应其他规格的扁线。

(b) 异型线。

产品名称	合金代号	规格(mm)	供应状态	用　途	执行标准
黄铜方线	H62、H65、H68	0.6～5.0	Y_2. Y	接插件、螺帽	GB/T 21652—2008
青铜方线	QSn6.5－0.1 QSn6.5－0.4 QSn4－3 QSi3－1	0.6～5.0	Y	高级接插件	Q/HUAR—7－90
黄铜三角线	H62	2.0～3.0	Y_2	汽灯零件	GB 3127—82
黄铜六角线	H62 HPb59－1	2.0～6.0	M. Y_2. Y	汽车零件，螺帽	GB/T 21652—2008

产地：⚠7

2. 铜　棒

(1) 铜棒的化学成分

组别	牌　号	元素	化学成分(%)(质量)							
			Cu	Pb	Al	Fe	Sb	Bi	P	杂质总和
普通黄铜	H70	min max	68.5 71.5	— 0.03	— —	— 0.10	— 0.005	— 0.002	— 0.01	— 0.3
	H63	min max	62.0 65.0	— 0.08	— —	— 0.15	— 0.005	— 0.002	— 0.01	— 0.5
	H62	min max	60.5 63.5	— 0.08	— —	— 0.15	— 0.005	— 0.002	— 0.01	— 0.5

（续）

组别	牌号	元素	化学成分(%)(质量)							
			Cu	Pb	Al	Fe	Sb	Bi	P	杂质总和
铅黄铜	HPb63-3	min	62.0	2.4	—	—	—	—	—	—
		max	65.0	3.0	0.5	0.10	0.005	0.002	0.01	0.75
	HPb63-3B	min	62.0	2.4	—	—	—	—	—	—
		max	65.0	3.7	—	0.35	0.005	0.002	0.01	0.75
	HPb63-0.1	min	61.5	0.05	—	—	—	—	—	—
		max	63.5	0.3	0.2	0.15	0.005	0.002	0.01	0.5
	HPb59-1	min	57.0	0.8	—	—	—	—	—	—
		max	60.0	1.9	0.2	0.5	0.01	0.003	0.02	1.0
	C3602	min	59.0	1.8	—	—	Fe+Sn1.2以下		—	—
		max	63.0	3.7	—	0.5			—	—
	C3604	min	57.0	1.8	—	—	Fe+Sn1.2以下		—	—
		max	61.0	3.7	—	0.5			—	—
	C3605	min	56.0	3.5	—	—	Fe+Sn1.2以下		—	—
		max	60.0	4.5	—	0.5			—	—
	C3771	min	58.0	1.5	—	—	—	—	—	—
		max	61.0	2.5	—	0.30	—	—	—	—
锰黄铜	HMn58-2	min	57.0	—	—	—	—	—	—	—
		max	60.0	0.1	—	1.0	0.005	0.002	0.01	1.2
青铜	QSn6.5-0.1	min	余量	—	—	—	—	—	0.10	—
		max		0.02	0.002	0.05	0.002	0.002	0.25	0.1
	C54400	min	余量	3.5	—	—	—	—	0.05	—
		max		4.5	—	0.10	—	—	0.50	—

注：可根据客户要求，协商后生产相近成分或其他牌号的产品。
HMn58-2含Mn1%～2%，其余牌号"—"；QSn6.5-0.1，含Sn6%～7%，C54400含Sn3.5%～4.5%；含Zn1.5%～4.5%，其余牌号(QSn6.5-0.1除外)为余量。

(2) 铜棒的性能及用途

组别	牌号	性能及用途
普通黄铜	H70	优异的冷、热加工性能，良好的抗蚀性，适用于冷冲和深冲法加工各种形状复杂的零件
	H63	性能、用途与H62接近，尤其适用于汽车轮胎气门嘴
	H62	较好的冷、热加工性能，适于切削和焊接，应用于汽车、造船、电器、电子零件、精密机械、螺栓、螺母等五金零件
铅黄铜	HPb63-3	足够高的强度、耐磨性、抗蚀性和切削性。适用于钟表、汽车、精密仪器仪表等切削要求较高的零件
	HPb63-3B	性能、用途与HPb63-3接近，切削后表面光洁度优良，尤其适用于高精度自动切削加工钟表零件
	HPb63-0.1	切削性能优于H63，常为轮胎气门嘴制作专用材料
	HPb59-1	强度高，热加工性能好，广泛应用于机械制造工业，切削加工各种零件和标准件

（续）

组别	牌　号	性能及用途
铅黄铜	C3602	易切削，塑性好，可冷锻，加工表面质量优异，刀具损耗小，应用于电脑、钟表、齿轮、五金零件等
	C3604	易切削，加工表面质量好。广泛应用于电子零件、照相器材、阀体、建筑材料、汽车零件、螺丝、螺母等五金配件
	C3605	高精度切削，适用于精密仪表、仪器、五金零件等
	C3771	热锻性、切削性均佳，适用于精密锻造，制作阀体、表壳，机械零件等
锰黄铜	HMn58－2	较高的强度和抗蚀性，广泛应用于航海工业、兵器工业零部件和精密电器零件
青铜	QSn6.5－0.1	具有高的弹性、耐磨性和抗磁性，用于制造导电性好的触件、精密仪器中的耐磨零件和抗磁元件
	C54400	良好的加工性能和机械性能，具有减磨和耐蚀性，广泛用于制作高级通讯电缆接插件以及减磨耐蚀零件

(3) 出口铅黄铜拉制棒

【分类、规格】

种类＼规格	3	＞3～6	＞6～10	＞10～20	＞20～35	＞35～50	＞50～55
圆棒	±0.03	±0.04	±0.04	±0.06	±0.08	±0.10	±0.15
六角棒、方棒	±0.05	±0.06	±0.08	±0.11	±0.18	±0.25	±0.30
自动车用圆棒	－0.03	－0.04	－0.05	－0.07	－0.08	－0.12	—

【力学性能】

牌号	状态	规格	抗拉强度 σ_b (N/mm²)	伸长率 δ_{10} (%)	维氏硬度 HV (0.5 以上)
C3602	Y	3～35	≥400	≥5	≥120
	Y_2	6～55	≥315	≥10	≥75
C3604	Y	3～35	≥450	—	≥120
	Y_2	6～55	≥360	—	≥80
C3771	Y	3～35	≥390	—	≥120
	Y_2	6～55	≥360	≥10	≥80

【用途】 出口铅黄铜拉制棒畅销海内外，广泛用于机械、电子、电器、汽车、精密仪表及五金装潢等行业，C3602 为快削性黄铜棒，有优良的切削性和较好的冷加工塑性，广泛用于自动车床加工电讯器件、钟表零件、电度表蜗杆、化油器喷嘴等。

(4) 普通黄铜拉制棒

<table>
<tr><th>品种</th><th>牌号</th><th>状态</th><th>规格
(mm)</th><th>允许偏差
(mm)</th><th>抗拉强度 σ_b
(N/mm²)</th><th>伸长率 δ_{10}
(%)</th><th>执行标准</th></tr>
<tr><td>微型棒</td><td>H62</td><td>Y_2</td><td>3～4.9</td><td>－0.12</td><td>≥370</td><td>≥10</td><td>Q/HUAQ5—1995</td></tr>
<tr><td rowspan="9">矩形棒</td><td rowspan="9">H62</td><td rowspan="9">Y_2</td><td>3</td><td>±0.07</td><td rowspan="5">≥335</td><td rowspan="5">≥15</td><td rowspan="9">GB/T 4423—2007</td></tr>
<tr><td>>3～6</td><td>±0.09</td></tr>
<tr><td>>6～10</td><td>±0.11</td></tr>
<tr><td>>10～18</td><td>±0.14</td></tr>
<tr><td>>18～20</td><td>±0.17</td></tr>
<tr><td>>20～30</td><td>±0.17</td><td rowspan="4">≥335</td><td rowspan="4">≥20</td></tr>
<tr><td>>30～50</td><td>±0.31</td></tr>
<tr><td>>50～51</td><td>±0.37</td></tr>
<tr><td>>50～51</td><td>±0.37</td></tr>
<tr><td rowspan="13">圆、六角、方形棒</td><td rowspan="7">H62</td><td rowspan="7">Y_2</td><td>5～6</td><td>－0.12</td><td rowspan="6">370</td><td rowspan="6">15</td><td rowspan="7">GB/T 4423—2007</td></tr>
<tr><td>>6～10</td><td>－0.15</td></tr>
<tr><td>>10～18</td><td>－0.18</td></tr>
<tr><td>>18～30</td><td>－0.21</td></tr>
<tr><td>>30～40</td><td>－0.39</td></tr>
<tr><td>>40～50</td><td>－0.39</td></tr>
<tr><td>>50～55</td><td>－0.46</td><td>335</td><td>20</td></tr>
<tr><td rowspan="6">H63</td><td rowspan="6">Y_2</td><td>5～6</td><td>－0.12</td><td rowspan="4">370</td><td rowspan="4">15</td><td rowspan="6">GB/T 4423—2007</td></tr>
<tr><td>>6～10</td><td>－0.15</td></tr>
<tr><td>>10～18</td><td>－0.18</td></tr>
<tr><td>>18～20</td><td>－0.21</td></tr>
<tr><td>>20～30</td><td>－0.21</td><td rowspan="2">335</td><td rowspan="2">20</td></tr>
<tr><td>>30～40</td><td>－0.39</td></tr>
<tr><td rowspan="6">异型棒</td><td rowspan="6">H62</td><td rowspan="6"></td><td>1～3</td><td>－0.14</td><td rowspan="6"></td><td rowspan="6">弯曲度≤10 mm/m</td><td rowspan="6">Q/HUAQ 6—1995</td></tr>
<tr><td>>3～6</td><td>－0.18</td></tr>
<tr><td>>6～10</td><td>－0.22</td></tr>
<tr><td>>10～18</td><td>－0.27</td></tr>
<tr><td>>18～30</td><td>－0.33</td></tr>
<tr><td>>30～50</td><td>－0.39</td></tr>
</table>

(5) 青 铜 棒

【直径允许偏差】

(mm)

牌号	规格(mm)	允许偏差	
		圆	六角、方
C54400	2~4	±0.03	—
	4~6	±0.05	±0.05
	6~10	±0.05	±0.07
	10~12	±0.05	±0.09
	>12~25	±0.08	±0.10
QSn6.5-0.1	5~6	0~0.08	
	>6~10	0~0.09	
	>10~18	0~0.11	
	>18~25	0~0.13	

【力学性能】

牌号	状态	规格(mm)	抗拉强度 σ_b(N/mm²)	伸长率 δ_5(%)
C54400	Y	(圆)>2~6	≥450	≥8
		(圆)>6~12	≥415	≥10
		(圆)>12~25	≥380	≥12
QSn6.5-0.1	Y	5~12	≥470	δ_{10}≥11
		12~25	≥440	δ_{10}≥13

上述铜棒产地:⚠ 7

(6) 黄铜磨光棒

【规格、力学性能】

牌号	供应状态	规格	直径允许偏差	不圆度	抗拉强度 σ_b (N/mm²)	伸长率 δ_{10}(%)	执行标准
HPb59-1 HPb63-3	Y, Y_2	5~8	−0.02	0.010	HPb59-1Y:≥430 HPb59-1Y_2:≥390 HPb63-3Y:≥430 HPb63-3Y_2:≥350	HPb59-1Y:≥10 HPb59-1Y_2:≥10 HPb63-3Y:≥4 HPb63-3Y_2:≥12	GB/T 13812—92
		>8~15	−0.03	0.015			
		>15~19	−0.04	0.020			
HPb63-3B C3602[①]	Y	3~6 6~14 14~15 15~19	0~−0.02 0~−0.02 0~−0.02 0~−0.04	0.005 0.005 0.010 0.020	3~9.5≥510 9.5~14≥490 14~19≥450	≥1 ≥2 ≥4	Q/HUAQ1—1997

(续)

牌号	供应状态	规格	直径允许偏差	不圆度	抗拉强度 σ_b (N/mm²)	伸长率 δ_{10}(%)	执行标准
C3604[②]	Y_2	3~6 6~14 14~15 15~19	0~−0.02 0~−0.02 0~−0.02 0~−0.04	0.005 0.005 0.010 0.020	ϕ3~9.5≥360 ϕ9.5~14≥360 ϕ14~19≥360	— — —	Q/HUAQ1—1997

注:① C3602 机械性能按协议或企业产品技术条件供货。

② C3604 机械性能按 Q/HUAQ7—1997、尺寸公差按 Q/HUAQ1—1997 供货。

上述铜棒产地:⚠ 7

3. 环保新型铜材

我国加入"WTO"后,欧盟议会理事会于 2003 年 1 月作出了关于在电子电气设备中限制某些有害物质指令,在十大类产品中禁止使用含铅、汞、镉、铬等有害物质。四川生产的高纯碲项目被国家计委批准为"2000 年西部开发国家高技术产业化示范工程",已于 2002 年通过国家验收投产,自主开发了碲铜合金系列专利产品,属于环保新型铜材,具有高导、高强、高导热,大电流下高抗电弧、高抗电蚀,高强韧性、高耐磨性和易切削加工等独特性,以及优越的性价比且无污染,将被广泛应用于制冷、半导体、汽车、摩托车、电动工具、电器仪表、机械、电子、电气、通讯、信息、交通运输、航天航空,轻工及民用工业等行业,并可在众多领域替代 Ag-Cu 合金和各类铅黄铜。

(1) 高塑性、优质锻造无铅环保型碲黄铜(牌号:HDT-1)

① 用途。用于加工螺栓、螺母、小螺丝、轴承、齿轮、阀门、钟表、精密仪器、豪华五金、门锁零部件、主要替代 Hpb59-1 的使用。

② 规格。直径 ϕ90 mm,长(0.25~5.0)m 铸造圆棒;ϕ5~40 mm,长(0.25~5.0)m 挤压拉制圆棒及异型棒。

③ 化学成分、力学性能。

化学成分(%)	抗拉强度	延伸率	硬度	切削性能	状态
Cu 57~60, Bi 0.45~0.65, Te 0.015~0.015[1], Zn 余量, Pb—, As— Cd—. 杂质总和<1.0	σ_b(Mpa)	A(%)	HBS	(%)	半硬 Y_2
	390~420	10~16	115	85	

(2) 高强、高切削性无铅环保型碲黄铜(牌号:HDT-2)

【用途】 用于机械、汽车零部件、仪器仪表零件,手表零件、水管接头、齿轮、气瓶阀门,轴承轴瓦及电器插头。

【规格】 与 HDT-1 同。

【化学成分】 Cu:57%~60%; Bi:0.70%~0.95%; Te:0.01%~0.015%; Pb<0.006%; Zn:余量;杂质<1.0%。

【物理力学性能】

状态	抗拉强度 σ_b(MPa)	延伸率(%)	硬度 HBS	切削性(%)
半硬(Y_2)	410~450	10~15	120	90

产地:⚠ 8

(3) 高延展性优质冷铆无铅环保型碲黄铜(牌号:HDT-3)

【用途】 需冷铆易切削加工的黄铜元器件、电气开关元件、汽车零件。

【规格】 与 HDT-1 相同。

【化学成分】 Cu 60%~65%, Bi 1.0%~1.25%, Te 0.01%~0.15%, Pb≤0.006%, Zn 余量。

【物理、力学性能】

状态	抗拉强度 σ_b(MPa)	延伸率(%)	硬度 HBS	易切削性(%)
半硬(Y2)	380~420	10~14	125	100

(4) 易切削磷碲铜合金(牌号:PDT)

【用途】 制造各类割嘴、导电嘴、快速接头、电极,各种需高生产率、易切削的铜合金零件。

【规格】 铸造圆棒:直径 ϕ90 mm,长度(0.25~5.0)m,挤压拉制圆棒及异形棒:直径 ϕ5~40 mm,长度(0.25~5.0)m。

【化学成分】 Cu≥99.288%; Te:0.4%~0.7%; P:0.004%~0.012%。

【主要物理性能与磷铜对比】

牌号	抗拉强度 σ_b(MPa)	延伸率 δ(%)	硬度(HBS)	切削性能(%)
PDT	350~380	9~12	103~108	85
C14500 美国	260	8~12	—	—

注:导热率:355 W/m·k;导电率:93% IACS; 弹性系数 17 000KSI。

(5) 高强、高导镁碲铜合金(牌号:MDT)

【用途】 高速或准高速铁路接触网导线及相关配件。

【规格】 与"易切削磷碲铜合金"相同。

【化学成分】 Mg:0.05%~0.010%; Te:0.3%~0.8%; Cu>99.19%。

【主要物理性能】

牌号	抗拉强度 σ_b(MPa)	延伸率 δ (%)	硬度 (HBS)	导电率 (%) IACS	导热率 W/(m·k)	起晕电压 (kv)	击穿电压 (kv)
MDT	320~570	8~11	150	75~85	300~330	16	19
MD/120(德国)	503	7	—	68.1	—	—	—

(6) 高导、高强、高抗弧碲铜合金(牌号:DT)

【用途】 在制冷、半导体、IT、汽车、摩托车、电动工具、电器开关、仪表、机械、电线、电缆行业广泛应用。

【规格】 与"易切削磷碲铜合金"相同。

【**化学成分**】 Te:0.2%～0.35%；Cu:余量；稀有金属:0.03%～0.05%。

【**主要物理性能与工业纯铜、银铜合金比较**】

牌号	状态	抗拉强度 σ_b(MPa)	延伸率 δ (%)	硬度 (HBS)	导电率 (% IACS)	导热率 W/(m·k)	起晕电压 (kv)	击穿电压 (kv)
DT	半硬(Y2)	350～380	8～11	103～108	≥99	380～440	17～18	19～21
	硬(Y)	400～450	1～3	—				
CD120 纯铜	软(M)	200～210	3～30	—	95.8	380～391	—	—
	硬(Y)	370～390	1.0～1.5	—			—	—
CTAA120	(银铜)	365	—	95	96.6	—	17	21

注：产地参见附录1中⚠8。

第六章　新型铝及铝合金

1. 概　　述

(1) 共　　性

相对密度小(约为钢的 1/3),熔点低,塑性好,无磁性,耐腐蚀。使用过铝锅、铝壶均有体会,把它擦亮后;过一些时候又变成灰褐色。原来铝和空气中的氧气非常容易化合成一层紧密的氧化膜(Al_2O_3),它能阻挡空气中的氧不再与里面的纯铝继续发生氧化,但此膜较薄。

纯铝强度很低,冷作硬化后,抗拉强度也不过 170～180 MPa,硬度 HB45,因此不能用于受力结构,为了提高其实用价值,在铝中加入镁、锰、铜、锌、硅等元素组成铝基合金(简称铝合金)。机械性能明显提高,并仍然保持重量轻等固有特性,使用价值大为提高,可以用于航空、造船、建筑等结构。

(2) 分　　类

按化学成分可分为:铝-锰合金、铝-镁合金、铝-铜合金、铝-硅合金等。按加工方法可分为铸造铝合金和变形铝合金。所谓变形铝合金是通过冲压、弯曲、辊轧等工艺成形。变形铝合金又可以分成两大类,第一类是非热处理强化铝合金,其含义是不能用淬火提高强度,例如铝-镁合金、铝-锰合金;第二类是热处理强化型合金,例如硬铝、超硬铝都属于这类合金。

(3) 变形铝合金

① 特性:A. 相对密度小;B. 铝-镁、铝-锰合金耐腐蚀性能比较稳定,硬铝、超硬铝采取表面包纯铝以及阳极氧化处理后,耐腐蚀性还可以用于腐蚀环境的工件,应涂刷专用底漆和面漆;C. 没有低温脆性,其机械性能不但不随温度下降而降低,反而有所增高;D. 可焊性,铝-镁合金可焊性很好,铝-锰合金可焊性一般,硬铝及超硬铝不能焊接;E. 无磁性;F. 易于加工;G. 弹性模量小(～7 000 kg/mm^2)吸收能量大,吸收冲击能力大,有利于减少碰撞损坏。

② 不能用热处理强化的铝合金。

(a) 退火的(M)。

(b) 半冷作硬化的(Y_2)。

(c) 冷作硬化的(Y)。

③ 热处理强化型铝合金。

(a) 退火的(M)。

(b) 淬火及自然时效的(CZ)。

(c) 淬火自然时效后冷作硬化的(CZY)。

(d) 淬火及人工时效的(CS)。

此类合金退火状态和淬火状态的强度几乎相差一半,淬火后有一个很短的潜伏期(又称孕育期),在此期间强度很低,塑性很好,随着时效时间的增长,强度逐步提高,时效结束后,强度达到稳定值。例如 2A12(LY12 或Д16),其退火(M)状态 $\sigma_b \leqslant 22.0$ MPa, 2A12(CZ), $\sigma_b = 43.5$ MPa, 2A12(CZY), $\sigma_b = 43.5$ MPa,这说明在应用铝合金时,要特别注意其状态。

④ 包铝板。硬铝、超硬铝其基体是铝铜合金，为了提高其抗腐蚀性能，在其两面包覆纯铝层，当板材厚度≤2.5 mm时，每面不得小于板材总厚度的4%，当板材厚度>2.5 mm时，包铝层不得小于板材总厚度的2%，加厚包铝板材，每面包铝层厚度不小于板材总厚度的8%。

⑤ 阳极氧化处理。用硫酸法阳极氧化处理，在铝板表面生成一层较厚的氧化膜，绝缘性好，具有很好防护性。

(4) 新型铝及铝合金材料

铝和铝合金，由于它特殊的属性，是可持续发展材料，用途极广，从军工到民用，从工程到装饰，几乎全覆盖了工业系统和民生工程。应用历史悠久的航天、航空、舰船等国防工业，至今仍在广泛应用；还在不断发展新材料，满足国防工程创新。科研工作者研制力学性能优良、耐海水腐蚀性能好、可焊性好的 Al - Mg(铝-镁合金)用于舰船，以及开发新型 Al - Li(铝-锂合金)用于航空配件。改革开放以来，我国铝及铝合金材料品种规格繁多，逐渐成为新材料领域的宠儿，不断增强到国防工业和国民经济建设的各个领域。

新型铝和铝合金材料在汽车领域有良好的应用前景，汽车技术发展趋势是节能减排、环保、安全、舒适智能，其途径是使车身铝质化，有利于改善汽车总体性能，车身轻、油耗省，例如五座轿车重量每减少1 kg，一年可节约20 L汽油。车身铝合金材料主要有2×××、5×××、6×××，及铝-锂合金和泡沫铝。全铝空间框架结构(ASF)其强度超过了现代钢质轿车车身强度和安全水平。汽车动力装置和传动件用铸造合金(以 Al - Si 系合金为主)。

为了适应建筑用铝需求，冶金行业根据市场实情，参照美国标准(ASTM B209—1996)开发了一批新型材料(详见第6节)。

铝和铝合金具有环境优势，它对环境的有利影响得到证实，对人体健康没有危害，因而广泛应用于食品工业、医药工业及民生工程，制造设备和产品包装，如易拉罐、铝箔以及铝质器皿等生活用品。

综上所述，新型铝材具有较大的发展前景。

(5) 铝及铝合金牌号变迁

从20世纪50年代至今，铝及铝合金牌号经历了三次变革，使用了40多年的牌号被现行标准中的新牌号代替。过去的施工图、技术文件及工程完工归档资料中标志和记载的均是“曾用牌号和老牌号”。为了承上启下，便于查找对照，在第3节中列出了“变形铝及铝合金牌号对照表”供参阅。我国的铝及铝合金标准与国际接轨，焕然一新。

2. 国际铝合金系列及各国牌号对照

(1) 国际四位数字体系牌号及合金用途

合金元素	合金系列	合金性能、用途举例
无(99%或更纯的铝)	1×××	如高纯度铝、工业高纯铝、工业纯铝，其含铝量≮99%，用于制造铝箔、表盘及装饰用纯铝板

(续)

合金元素	合金系列	合金性能、用途举例
铜、Al-Cu-Mg合金(铝铜合金)	2××× 例如:2A01、2B11、2B12、2A11、2A12(美国:2117、2017、2024、2024)	这种合金又称杜拉铝或硬铝,由于其重量轻、强度高(与低碳钢相当)、因此使用很广,曾作为快艇壳体及舰船上层建筑材料,其缺点是耐海水腐蚀性差,不能焊接,只能铆接。此合金是通过热处理提高强度。常用牌号2A12(旧牌号LY12,又称Д16)
锰:Al-Mn合金(铝锰合金)	3××× 我国属于防锈铝,牌号有:3A21(LF21),美国3003、前苏联AM	具有良好的机械性能、耐海水腐蚀性能和焊接性能,具有两个特点: (1) 合金强度低,塑性高。 (2) 耐海水腐蚀和可焊性好。 常用于受力不大的结构、家具和罩壳等
硅:Al-Si合金	4××× 我国列入新标准的牌号有:4004 4032 4043 4043A 4047	合金耐海水性能好,无晶间腐蚀倾向,焊接性比Al-Mn合金差,大多采用铆接结构。美国、加拿大比较喜欢应用此类合金,西欧各国用此合金作型材
镁:Al-Mg(铝镁合金)	5××× 如5083(LF4)、5056(LFS-1)、5A12(181)美国5154、5086、5083、5056等	具有良好的机械性能、耐海水腐蚀性能、可焊性好,因此使用广泛。有两个特点: (1) 强度和硬度随镁(Mg)增加而提高,用得最普遍的是Mg=3.5~5.2%的合金。 (2) 具有较高或中等强度,塑性和加工性好,耐海水腐蚀性优良,可用于制造船体。 美国常用5154、5086、5088、5456作为造舰材料。上世纪末,我国上海为境外制造两艘大型水翼艇
镁和硅:Al-Mg-Si合金	6××× 我国列入新标准的牌号有:6A51、6101、6005、6351、6060、6061、6063、6070等	以镁和硅为主要合金元素并以Mg和Si相为强化相的铝合金。 造船工业需要屈服强度更高材料,于是广泛应用了耐海水腐蚀性能良好的Al-Mg-Si合金。美国牌号有:6061、6063。随着科技发展:6×××合金逐步被5083、5086所代替

(续)

合金元素	合金系列	合金性能、用途举例
锌：Al－Zn－Mg合金	7××× 我国标准中牌号有7A03（LC3）、7A04(LC4)、7A09(LC9)、7003(LC12)等	Al－Zn－Mg合金是耐蚀、高强度、可焊性好的船用铝合金。 美国属于此类合金的牌号有7039－T6、74S－T6、B92－T等
其他元素组：箔类、高纯铝	8××× 我国标准中牌号有8A06(LC－6)、8011、8079、8006	铝箔：厚度0.06～0.20 mm 抗张强度$\sigma_b = 80 \sim 190$ MPa， (参见GB/T 3198—2003)
备用组	9×××	

(2) 各国铝合金常用牌号对照

中国		美国		日本	英国	德国	前苏联	铝合金名称
新牌号	旧牌号	ASTM	AAS	JIS	BS	DIN	ГОСТ	
5A02	LF2	GR20A	5052	$A_2[B]_1$ A5052	N4	AlMg2.5	AMг	铝镁合金
5B05	LF10		5056	$A_2[B]_2$ A5056	N6	AlMg5	AMг5п	铝镁合金
3A21	LF21	M1N	3003	$A_2[B]_3$ A3003	N3	AlMn	AMц	铝锰合金
2A01	LY1		2217	$A_3[B]_3$ A2217	HR15		Д18п	铝铜合金
2B11	LY8	CM41A	2017	$A_3[B]_2$ A2017	H14	AlCuMg	Д1п	铝铜镁合金
2B12	LY9	CG42A	2024	$A_3[B]_4$ A2024		AlCuMg	Д16п	铝铜镁合金
2A11	LY11	CM41A	2017	$A_3[B]_2$ A2017	H14	ACuMg	Д1	硬铝
2A12	LY12	CG42A	2024	$A_3[B]_4$ A2024		ACuMg	Д16	硬铝

6.4

3. 变形铝及铝合金品种

(1) 变形铝及铝合金的牌号和化学成分(GB/T 3190—2008)

现行牌号①	旧牌号②	曾用代号③	化学成分(%)													
			Si	Fe	Cu	Mn	Mg	Cr	Ni	Zn	添加元素	Ti	Zr	其他		Al
														单个	合计	
1A99	LG5	L03	0.003	0.003	0.005	—	—	—	—	—	—	—	—	0.002	—	99.99
1A97	LG4	L02	0.015	0.015	0.005	—	—	—	—	—	—	—	—	0.005	—	99.97
1A95	—		0.030	0.030	0.010	—	—	—	—	—	—	—	—	0.005	—	99.95
1A93	LG3	L01 AB0	0.040	0.040	0.010	—	—	—	—	—	—	—	—	0.007	—	99.93
1A90	LG2	L0 AB1	0.060	0.060	0.010	—	—	—	—	—	—	—	—	0.01	—	99.90
1A85	LG1	L00 AB2	0.08	0.10	0.01	—	—	—	—	—	—	—	—	0.01	—	99.85
1A80	L_6	АД	0.15	0.15	0.03	0.02	0.02	—	—	0.03	Ca:0.03 V:0.05	0.03	—	0.02	—	99.80
1A80A	L_1	A00	0.15	0.15	0.03	0.02	0.02	—	—	0.06	Ca:0.03	0.02	—	0.02	—	99.80
1070	—		0.20	0.25	0.04	0.03	0.03	—	—	0.04	V:0.05	0.03	—	0.03	—	99.70
1070A	代 L_1		0.20	0.25	0.03	0.03	0.03	—	—	0.07	—	0.03	—	0.03	—	99.70

(续)

现行牌号	旧牌号	曾用代号	化学成分(%)											其他		
			Si	Fe	Cu	Mn	Mg	Cr	Ni	Zn	添加元素	Ti	Zr	单个	合计	Al
1370	—		0.10	0.25	0.02	0.01	0.02	0.01	—	0.04	Ca:0.03;V+Ti:0.02 B:0.02	—	—	0.02	0.10	99.70
1060	L_2	A0	0.25	0.35	0.05	0.03	0.03	—	—	0.05	V:0.05	0.03	—	0.03	—	99.60
1050	—		0.25	0.40	0.05	0.05	0.05	—	—	0.05	V:0.05	0.03	—	0.03	—	99.50
1050A	代 L_3		0.25	0.40	0.05	0.05	0.05	—	—	0.07	—	0.05	—	0.03	—	99.50
1A50	LB2		0.30	0.30	0.01	0.05	0.05	—	—	0.03	Fe+Si:0.45	—	—	0.03	—	99.50
1350	—		0.10	0.40	0.05	0.01	—	0.01	—	0.05	Ca:0.03;V+Ti:0.02 B:0.05	—	—	0.03	0.10	99.50
1145	—		Si+Fe:0.55		0.05	0.05	0.05	—	—	0.05	V:0.05	0.03	—	0.03	—	99.45
1035	代 L_4		0.35	0.6	0.10	0.05	0.05	—	—	0.10	V:0.05	0.03	—	0.03	—	99.35
1A30	L4-1		0.10~0.20	0.15~0.30	0.05	0.01	0.01	—	0.01	0.02	—	0.02	—	0.03	—	99.30
1100	L5-1		Si+Fe:0.95		0.05~0.20	0.05	—	—	—	0.10	④	—	—	0.05	0.15	99.00
1200	L5		Si+Fe:1.00		0.05	0.05	—	—	—	0.10	—	0.05	—	0.05	0.15	99.00

（续）

现行牌号	旧牌号	曾用代号	化学成分(%)													
			Si	Fe	Cu	Mn	Mg	Cr	Ni	Zn	添加元素	Ti	Zr	其他		Al
														单个	合计	
1235	—		Si+Fe:0.65		0.05	0.05	0.05	—	—	0.10	V:0.05	0.06	—	0.03	—	99.35
2A01	LY1	Д18п	0.50	0.50	2.2～3.0	0.20	0.20～0.50	—	—	0.10	—	0.15	—	0.05	0.10	余量
2A02	LY2	ВДп	0.30	0.30	2.6～3.2	0.45～0.7	2.0～2.4	—	—	0.10	—	0.15	—	0.05	0.10	余量
2A04	LY4	Д19п	0.30	0.30	3.2～3.7	0.50～0.8	2.1～2.6	—	—	0.10	Be:0.001～0.01⑤	0.05～0.40	—	0.05	0.10	余量
2A06	LY6	Д19	0.50	0.50	3.8～4.3	0.50～1.0	1.7～2.3	—	—	0.10	Be:0.001～0.005⑤	0.03～0.15	—	0.05	0.10	余量
2A10	LY10	B65	0.25	0.20	3.9～4.5	0.30～0.50	0.15～0.30	—	—	0.10	—	0.15	—	0.05	0.10	余量
2A11	LY11	Д1	0.7	0.7	3.8～4.8	0.40～0.8	0.40～0.8		0.10	0.30	Fe+Ni:0.7	0.15		0.05	0.10	余量
2B11	LY8		0.50	0.50	3.8～4.5	0.40～0.8	0.40～0.8			0.10		0.15		0.05	0.10	余量
2A12	LY12	Д16	0.50	0.50	3.8～4.9	0.30～0.9	1.2～1.8		0.10	0.30	Fe+Ni:0.50	0.15		0.05	0.10	余量
2B12	LY9		0.50	0.50	3.8～4.5	0.30～0.7	1.2～1.6			0.10		0.15		0.05	0.10	余量

(续)

现行牌号	旧牌号	曾用代号	化学成分(%)										其他		
			Si	Fe	Cu	Mn	Mg	Cr	Ni	Zn	添加元素	Ti	Zr	单个	合计	Al
2A13	LY13	AM4	0.7	0.6	4.0～5.0		0.30～0.50			0.6		0.15		0.05	0.10	余量
2A14	LD10	AK8	0.6～1.2	0.7	3.9～4.8	0.40～1.0	0.40～0.8		0.10	0.30		0.15		0.05	0.10	余量
2A16	LY16	Д20	0.30	0.30	6.0～7.0	0.40～0.8	0.05			0.10		0.10～0.20	0.20	0.05	0.10	余量
2B16		LY16-1	0.25	0.30	5.8～6.8	0.20～0.40	0.05				V:0.05～0.15	0.08～0.20	0.10～0.25	0.05	0.10	余量
2A17	LY17	Д21	0.30	0.30	6.0～7.0	0.40～0.8	0.25～0.45			0.10		0.10～0.20		0.05	0.10	余量
2A20	LY20		0.20	0.30	5.8～6.8		0.02			0.10	V:0.05～0.15 B:0.001～0.01	0.07～0.16	0.10～0.25	0.05	0.15	余量
2A21	214		0.20	0.20～0.6	3.0～4.0	0.05	0.8～1.2		1.8～2.3	0.20		0.05		0.05	0.15	余量
2A25	225		0.06	0.06	3.6～4.2	0.50～0.7	1.0～1.5		0.06					0.05	0.10	余量
2A49	149		0.25	0.8～1.2	3.2～3.8	0.30～0.6	1.8～2.2		0.8～0.12			0.08～0.12		0.05	0.15	余量

（续）

现行牌号	旧牌号	曾用代号	化学成分(%)													
			Si	Fe	Cu	Mn	Mg	Cr	Ni	Zn	添加元素	Ti	Zr	其他		Al
														单个	合计	
2A50	LD5		0.7～1.2	0.7	1.8～2.6	0.40～0.8	0.40～0.8		0.10	0.30	Fe+Ni:0.7	0.15		0.05	0.10	余量
2B50	LD6		0.7～1.2	0.7	1.8～2.6	0.40～0.8	0.40～0.8	0.01～0.20	0.10	0.30	Fe+Ni:0.7	0.02～0.10		0.05	0.10	余量
2A70	LD7		0.35	0.9～1.5	1.9～2.5	0.20	1.4～1.8		0.9～1.5	0.30		0.02～0.10		0.05	0.10	余量
2B70			0.25	0.9～1.4	1.8～2.7	0.20	1.2～1.8		0.8～1.4	0.15	Pb:0.05, Su:0.05, Ti+Zr:0.20	0.10		0.05	0.15	余量
2A80	LD8		0.50～1.2	1.0～1.6	1.9～2.5	0.20	1.4～1.8		0.9～1.5	0.30		0.15		0.05	0.10	余量
2A90	LD9	AK2	0.50～1.0	0.50～1.0	3.5～4.5	0.20	0.40～0.8		1.8～2.3	0.30		0.15		0.05	0.10	余量
2004			0.20	0.20	5.5～6.5	0.10	0.50			0.10		0.05	0.30～0.50	0.05	0.15	余量
2011			0.40	0.7	5.0～6.0					0.30	Bi:0.20～0.6 Pb:0.20～0.6			0.05	0.15	余量
2014			0.50～1.2	0.7	3.9～5.0	0.40～1.2	0.20～0.8	0.10		0.25		0.15		0.05	0.15	余量

(续)

现行牌号	旧牌号	曾用代号	化学成分(%)													
			Si	Fe	Cu	Mn	Mg	Cr	Ni	Zn	添加元素	Ti	Zr	其他		Al
														单个	合计	
2014A			0.50～0.9	0.50	3.9～5.0	0.40～1.2	0.20～0.8	0.10	0.10	0.25	Ti+Zr:0.20	0.15		0.05	0.15	余量
2214			0.50～1.2	0.30	3.9～5.0	0.40～1.2	0.20～0.8	0.10		0.25	⑥	0.15		0.05	0.15	余量
2017			0.20～0.8	0.7	3.5～4.5	0.40～1.0	0.40～0.8	0.10		0.25	⑥	0.15		0.05	0.15	余量
2017A			0.20～0.8	0.7	3.5～4.5	0.40～1.0	0.40～1.0	0.10		0.25	Ti+Zr:0.25			0.05	0.15	余量
2117			0.8	0.7	2.2～3.0	0.20	0.20～0.50	0.10		0.25				0.05	0.15	余量
2218			0.9	1.0	3.5～4.5	0.20	1.2～1.8	0.10	1.7～2.3	0.25				0.05	0.15	余量
2618			0.10～0.25	0.9～1.3	1.9～2.7		1.3～1.8		0.9～1.2	0.10		0.40～0.10		0.05	0.15	余量
2219	LY19	147	0.20	0.30	5.8～6.8	0.20～0.40	0.02			0.10	V:0.05～0.15	0.20～0.10	0.10～0.25	0.05	0.15	余量
2024			0.50	0.50	3.8～4.9	0.30～0.9	1.2～1.8	0.10		0.25	⑥	0.15		0.05	0.15	余量

(续)

现行牌号	旧牌号	曾用代号	化学成分(%)													
			Si	Fe	Cu	Mn	Mg	Cr	Ni	Zn	添加元素	Ti	Zr	其他		Al
														单个	合计	
2124			0.20	0.30	3.8～4.9	0.30～0.9	1.2～1.8	0.10		0.25	⑥	0.15		0.05	0.15	余量
3A21	LF21	AMц	0.6	0.7	0.20	1.0～1.6	0.05			0.10⑦		0.15		0.05	0.10	余量
3003			0.6	0.7	0.05～0.20	1.0～1.5				0.10				0.05	0.15	余量
3103			0.50	0.7	0.10	0.9～1.5	0.30	0.10		0.20	Ti+Zr：0.10			0.05	0.15	余量
3004			0.30	0.7	0.25	1.0～1.5	0.8～1.3			0.25				0.05	0.15	余量
3005			0.6	0.7	0.30	1.0～1.5	0.20～0.6	0.10		0.25		0.10		0.05	0.15	余量
3105			0.6	0.7	0.30	0.30～0.8	0.20～0.8	0.20		0.40		0.10		0.05	0.15	余量
4A01	LT1		4.5～6.0	0.6	0.20					Zn+Sn：0.10		0.15		0.05	0.15	余量
4A11	LD11		11.5～13.5	1.0	0.50～1.3	0.20	0.8～1.3	0.10	0.50～1.3	0.25		0.15		0.05	0.15	余量

（续）

现行牌号	旧牌号	曾用代号	化学成分(%)													
			Si	Fe	Cu	Mn	Mg	Cr	Ni	Zn	添加元素	Ti	Zr	其他		Al
														单个	合计	
4A13	LT13		6.8～8.2	0.50	Cu+Zn：0.15	0.50	0.05				Ca：0.10	0.15		0.05	0.15	余量
4A17	LT17		11.0～12.5	0.50	Cu+Zn：0.15	0.50	0.05				Ca：0.10	0.15		0.05	0.15	余量
4004			9.0～10.5	0.8	0.25	0.10	1.0～2.0			0.20				0.05	0.15	余量
4032			11.0～13.5	1.0	0.50～1.3	—	0.8～1.3	0.10	0.50～1.3	0.25				0.05	0.15	余量
4043			4.5～6.0	0.8	0.30	0.05	0.05			0.10	④	0.20		0.05	0.15	余量
4043A			4.5～6.0	6.0	0.30	0.15	0.20			0.10	④	0.15		0.05	0.15	余量
4047			11.0～13.0	0.8	0.30	0.15	0.10			0.20	④			0.05	0.15	余量
4047A			11.0～13.0	0.6	0.30	0.15	0.10			0.20	④	0.15		0.05	0.15	余量
5A01	LF15	2101	Si+Fe：0.40		0.10	0.30～0.7	6.0～7.0	0.10～0.20		0.25		0.15	0.10～0.20	0.05	0.15	余量

(续)

现行牌号	旧牌号	曾用代号	化学成分(%)													
			Si	Fe	Cu	Mn	Mg	Cr	Ni	Zn	添加元素	Ti	Zr	其他		Al
														单个	合计	
5A02	LF2	AMr1	0.40	0.40	0.10	或Cr 0.15～0.40	2.0～2.8				Si+Fe:0.6	0.15		0.05	0.15	余量
5A03	LF3	AMr3	0.50～0.8	0.50	0.10	0.30～0.6	3.2～3.8			0.20		0.15		0.05	0.10	余量
5A05	LF5	AMr5	0.50	0.50	0.10	0.30～0.6	4.8～5.5			0.20				0.05	0.10	余量
5B05	LF10		0.40	0.40	0.20	0.20～0.6	4.7～5.7				Si+Fe:0.6	0.15		0.05	0.10	余量
5A06	LF6	AMr6	0.40	0.40	0.10	0.50～0.8	5.8～6.8			0.20	Be:0.000 1～0.005⑤	0.02～0.10		0.05	0.10	余量
5B06	LF14		0.40	0.40	0.10	0.50～0.8	5.8～6.8			0.20	Be:0.000 1～0.005⑤	0.10～0.30		0.05	0.10	余量
5A12	LF12	181	0.30	0.30	0.05	0.40～0.8	8.3～9.6		0.10	0.20	Be:0.005 Sb:0.004～0.05	0.05～0.15		0.05	0.10	余量
5A13	LF13		0.30	0.30	0.05	0.40～0.8	9.2～10.5		0.10	0.20	Be:0.005 Sb:0.004～0.05	0.05～0.15		0.05	0.10	余量
5A30	LF16		Si+Fe:0.40		0.10	0.50～1.0	4.7～5.5			0.25	Cr:0.05～0.20	0.03～0.15		0.05	0.10	余量

（续）

现行牌号	旧牌号	曾用代号	化学成分(%)													
			Si	Fe	Cu	Mn	Mg	Cr	Ni	Zn	添加元素	Ti	Zr	其他		Al
														单个	合计	
5A33	LF33		0.35	0.35	0.10	0.10	6.0～7.5			0.50～1.5	Be:0.000 5～0.005⑤	0.05～0.15	0.10～0.30	0.05	0.10	余量
5A41	LT41		0.40	0.40	0.10	0.30～0.6	6.0～7.0			0.20		0.02～0.10		0.05	0.10	余量
5A43	LF43		0.40	0.40	0.10	0.15～0.40	0.6～1.4					0.15		0.05	0.15	余量
5A66	LT66		0.005	0.01	0.005		1.5～2.0							0.005	0.01	余量
5005			0.30	0.7	0.20	0.20	0.50～1.1	0.10		0.25				0.05	0.15	余量
5019			0.40	0.50	0.10	0.10～0.6	4.5～5.6	0.20		0.20	Mn+Cr：0.10～0.6	0.20		0.05	0.15	余量
5050			0.40	0.7	0.20	0.10	1.1～1.8	0.10		0.25				0.05	0.15	余量
5251			0.40	0.50	0.15	0.10～0.50	1.7～2.4	0.15		0.15		0.15		0.05	0.15	余量
5052			0.25	0.40	0.10	0.10	2.2～2.8	0.15～0.35		0.10				0.05	0.15	余量
5154			0.25	0.40	0.10	0.10	3.1～3.9	0.15～0.35		0.20	④	0.20		0.05	0.15	余量

（续）

现行牌号	旧牌号	曾用代号	化学成分(%)												
			Si	Fe	Cu	Mn	Mg	Cr	Ni	Zn	添加元素	Ti	Zr	其他		Al
														单个	合计	
5154A			0. 50	0. 50	0. 10	0. 50	3. 1～3. 9	0. 25		0. 20	Mn+Cr：0. 10～0. 50	0. 20		0. 05	0. 15	余量
5454			0. 25	0. 40	0. 10	0. 50～1. 0	2. 4～3. 0	0. 05～0. 20		0. 25		0. 20		0. 05	0. 15	余量
5554			0. 25	0. 40	0. 10	0. 50～1. 0	2. 4～3. 0	0. 05～0. 20		0. 25	④	0. 05～0. 20		0. 05	0. 15	余量
5754			0. 40	0. 40	0. 10	0. 50	2. 6～3. 6	0. 30		0. 20	Mn+Cr：0. 10～0. 6	0. 15		0. 05	0. 15	余量
5056	LF5－1		0. 30	0. 40	0. 10	0. 05～0. 20	4. 5～5. 6	0. 05～0. 20		0. 10				0. 05	0. 15	余量
5356			0. 25	0. 40	0. 10	0. 05～0. 20	4. 5～5. 5	0. 05～0. 20		0. 10	④	0. 06～0. 20		0. 05	0. 15	余量
5456			0. 25	0. 40	0. 10	0. 50～1. 0	4. 7～5. 5	0. 05～0. 20		0. 25		0. 20		0. 05	0. 15	余量
5082			0. 20	0. 35	0. 15	0. 15	4. 0～5. 0	0. 15		0. 25		0. 10		0. 05	0. 15	余量
5182			0. 20	0. 35	0. 15	0. 20～0. 50	4. 0～5. 0	0. 10		0. 25		0. 10		0. 05	0. 15	余量
5083	LF4		0. 40	0. 40	0. 10	0. 40～1. 0	4. 0～4. 9	0. 05～0. 25		0. 25		0. 15		0. 05	0. 15	余量

(续)

现行牌号	旧牌号	曾用代号	化学成分(%)													
			Si	Fe	Cu	Mn	Mg	Cr	Ni	Zn	添加元素	Ti	Zr	其他		Al
														单个	合计	
5183			0.40	0.40	0.10	0.50～1.0	4.3～5.2	0.05～0.25		0.25	④	0.15		0.05	0.15	余量
5086			0.40	0.50	0.10	0.20～0.7	3.5～4.5	0.05～0.25		0.25		0.15		0.05	0.15	余量
6A02	LD2	AB	0.50～1.2	0.50	0.20～0.6	或Cr 0.15～0.35	0.45～0.9			0.20		0.15		0.05	0.10	余量
6B02	LD2-1		0.7～1.1	0.40	0.10～0.4	0.10～0.3	0.40～0.8			0.15		0.01～0.04		0.05	0.10	余量
6A51		651	0.50～0.7	0.50	0.15～0.35		0.45～0.6			0.25	Sn:0.15～0.35	0.01～0.04		0.05	0.15	余量
6101			0.30～0.7	0.50	0.10	0.30	0.35～0.8	0.03		0.10	B:0.06			0.03	0.10	余量
6101A			0.30～0.7	0.40	0.05		0.40～0.9							0.03	0.10	余量
6005			0.6～0.9	0.35	0.10	0.10	0.40～0.6	0.10		0.10		0.10		0.05	0.15	余量
6005A			0.50～0.9	0.35	0.30	0.50	0.40～0.7	0.30	—	0.20	Mn+Cr:0.12～0.50	0.10		0.05	0.15	余量

（续）

现行牌号	旧牌号	曾用代号	化学成分(%)											其他		Al
			Si	Fe	Cu	Mn	Mg	Cr	Ni	Zn	添加元素	Ti	Zr	单个	合计	
6351			0.7～1.3	0.50	0.10	0.40～0.8	0.40～0.8			0.20		0.20		0.05	0.15	余量
6060			0.30～0.6	0.10～0.30	0.10	0.10	0.35～0.6	0.05		0.15		0.10		0.05	0.15	余量
6061	LD30		0.40～0.8	0.7	0.15～0.4	0.15	0.8～1.2	0.04～0.35		0.25		0.15		0.05	0.15	余量
6063	LD31		0.20～0.6	0.35	0.10	0.10	0.45～0.9	0.10		0.10		0.10		0.05	0.15	余量
6063A			0.30～0.6	0.15～0.35	0.10	0.15	0.6～0.9	0.05		0.15		0.10		0.05	0.15	余量
6070	LD2-2		1.0～1.7	0.50	0.15～0.4	0.40～1.0	0.50～1.2	0.10		0.25		0.15		0.05	0.15	余量
6181			0.8～1.2	0.45	0.10	0.15	0.6～1.0	0.10		0.20		0.10		0.05	0.15	余量
6082			0.7～1.3	0.50	0.10	0.40～1.0	0.6～1.2	0.25		0.20		0.10		0.05	0.15	余量
7A01	LB1		0.30	0.30	0.01					0.9～1.3	Si+Fe:0.45			0.03	—	余量
7A03	LC3	B94	0.20	0.20	1.8～2.4	0.10	1.2～1.6	0.05		6.0～6.7		0.02～0.08		0.05	0.10	余量

(续)

现行牌号	旧牌号	曾用代号	化学成分(%)											其他		Al
			Si	Fe	Cu	Mn	Mg	Cr	Ni	Zn	添加元素	Ti	Zr	单个	合计	
7A04	LC4	B95	0.50	0.50	1.4~2.0	0.20~0.6	1.8~2.8	0.10~0.25		5.0~7.0		0.10		0.05	0.10	余量
7A05		705	0.25	0.25	0.20	0.15~0.40	1.1~1.7	0.05~0.15		4.4~5.0		0.02~0.06	0.10~0.25	0.05	0.15	余量
7A09	LC9	807	0.50	0.50	1.2~2.0	0.15	2.0~3.0	0.16~0.30		5.1~6.1		0.10		0.05	0.10	余量
7A10	LC10	183	0.30	0.30	0.50~1.0	0.20~0.35	3.0~4.0	0.10~0.20		3.2~4.2		0.10		0.05	0.10	余量
7A15	LC15		0.50	0.50	0.50~1.0	0.10~0.40	2.4~3.0	0.10~0.30		4.4~5.4	Be:0.005~0.01	0.05~0.15		0.05	0.15	余量
7A19	LC19	919	0.30	0.40	0.08~0.3	0.30~0.50	1.3~1.9	0.10~0.20		4.5~5.3	Be:0.000 1~0.004⑤		0.08~0.20	0.05	0.15	余量
7A31		LB321	0.30	0.6	0.10~0.4	0.20~0.4	2.5~3.3	0.10~0.20		3.6~4.5	Be:0.000 1~0.001⑤	0.02~0.10	0.08~0.25	0.05	0.15	余量
7A33		LB733	0.25	0.30	0.25~0.55	0.05	2.2~2.7	0.10~0.20		4.6~5.4		0.05		0.05	0.10	余量
7A52	LC52	5210	0.25	0.30	0.05~0.20	0.20~0.50	2.0~2.8	0.15~0.25		4.0~4.8		0.05~0.18	0.05~0.15	0.05	0.15	余量

（续）

现行牌号	旧牌号	曾用代号	化学成分(%)													
			Si	Fe	Cu	Mn	Mg	Cr	Ni	Zn	添加元素	Ti	Zr	其他		Al
														单个	合计	
7003	LC12		0.30	0.35	0.20	0.30	0.50～1.0	0.20		5.0～6.5		0.20	0.05～0.25	0.05	0.15	余量
7005			0.35	0.40	0.10	0.20～0.7	1.0～1.8	0.06～0.2		4.0～5.0		0.01～0.06	0.08～0.20	0.05	0.15	余量
7020			0.35	0.40	0.20	0.05～0.5	1.0～1.4	0.10～0.35		4.0～5.0	Zr+Ti：0.08～0.25		0.08～0.20	0.05	0.15	余量
7022			0.50	0.50	0.50～1.0	0.10～0.4	2.6～3.70	0.10～0.30		4.3～5.2	Zr+Ti：0.20			0.05	0.15	余量
7050			0.12	0.15	2.0～2.6	0.10	1.9～2.6	0.04		5.7～6.7		0.06	0.08～0.15	0.05	0.15	余量
7075			0.40	0.50	1.2～2.0	0.30	2.1～2.9	0.18～0.28		5.1～6.0	(Ti+Zr)[8] ≤0.25%	0.20		0.05	0.15	余量
7475			0.10	0.12	1.2～1.9	0.06	1.9～2.6	0.18～0.25		5.2～6.2		0.06		0.05	0.15	余量
8A06	LC6	B96	0.55	0.50	0.10	0.10	0.10			0.10	Fe+Si 1.0			0.05	0.15	余量
8011	LT98		0.5～0.9	0.6～1.0	0.10	0.20	0.05	0.05		0.10		0.08		0.05	0.15	余量
8090			0.20	0.30	1.0～1.6	0.10	0.6～1.3	0.05		0.25	锆 0.04～0.16	0.10		0.05	0.16	余量

（续）

现行牌号	旧牌号	曾用代号	化学成分(%)											其他		Al
			Si	Fe	Cu	Mn	Mg	Cr	Ni	Zn	添加元素	Ti	Zr	单个	合计	
8006			0.04	1.2～2.0	0.03	0.3～1.0	0.10			0.10				0.05	0.15	余量
8011A			0.40～0.8	0.5～1.0	0.10	0.10	0.10	0.10		0.10		0.10		0.05	0.15	余量
8079			0.05～0.30	0.7～1.3	0.05					0.10				0.05	0.15	余量

注：① 现行牌号指新标准(GB/T 3190—2008、GB/T 3198—2003 及 YS/T 91—2002)中列入的牌号。以国际四位数字体系表达牌号。

② 旧牌号指 GB 3190—82 中规定的牌号，当时将铝及铝合金分类为：高纯度铝(L01、L02)；工业高纯铝(L0、L00)；工业纯铝(L1～L7)；防锈铝(将铝锰合金与铝镁合金统称防锈铝)，牌号 LF1～LF43，硬铝 LY1～LY20；超硬铝 LC4～LC15；锻铝 LD1～LD31。

③ 曾用代号，是指新中国成立初期至 1982 年间，铝及铝合金沿用前苏联的牌号及代号。例如硬铝 2A12 的演变过程是：Д16→Ly12→2A12。

④ 用于焊条和堆焊时，铍含量不大于 0.000 8%(见牌号 1100、4043、4047A、4043A、4047、5154、5554、5356、5183)。

⑤ 铍含量均按规定量加入，可不作分析(见 2A04、2A06、7A19、7A31、5A06、5B06、5A33)。

⑥ 仅在供需双方商定时，对挤压和锻造产品限定 Ti+Zr 含量不大于 0.20%(见 2214、2017、2024、2124)。

⑦ 用作铆钉线材的 3A21 含锌量应不大于 0.03%(见 3A21)。

⑧ 仅在供需双方商定时，对挤压和锻造产品，限定 Ti+Zr 含量不大于 0.25%(见 7075)。

⑨ 食品行业用铝及铝合金化学成分应控制 $\omega(Cd+Hg+Pb+Cr^{6+})\leqslant 0.01\%$，$\omega(As)\leqslant 0.01\%$；电器、电子设备行业用铝及铝合金材料应控制 $\omega(Pb)\leqslant 0.1\%$，$\omega(Hg)\leqslant 0.1\%$，$\omega(Cd)\leqslant 0.01\%$，$\omega(Cr^{6+})\leqslant 0.1\%$（摘自 GB/T 3190—2008，3.1.2）。

(2) 变形铝合金状态及代号(摘自 GB/T 16475—2008)

① 变形铝合金状态符号对照。

名　称	现行标准	旧代号	旧代号
原始制造状态	F		
退火	O	M	M
淬火	T1 或 F	R	
自然时效	H2	Z	
人工时效		S	
淬火及自然时效	T4	CZ	T
淬火及人工时效	T6	CS	T1
淬火自然时效后冷作硬化	T0	CZY	
全硬化状态	H×8	Y	H
$\frac{3}{4}$硬、$\frac{1}{2}$硬、$\frac{1}{3}$硬、$\frac{1}{4}$硬	H×6　H×4　H×2	Y1、Y2、Y3、Y4	$\frac{3}{4}$H　$\frac{1}{2}$H　$\frac{1}{3}$H　$\frac{1}{4}$H
特硬	H×9	T	H1
热轧	H112 或 F	R	Г/К
优质表面		O	ТВ
不包铝	b	b	Б
加厚包铝	J	J	Уп
不包铝(热轧)	BR	BR	БГ/К
不包铝(退火)	BM	BM	БМ
固溶热处理状态	W	BCYO	
淬火后冷轧、人工时效	T×51　T×52 等	CYS	
固溶处理后人工时效、再冷加工	T9	CSY	
从 O 或 F 状态固溶处理再人工时效	T62	MCS	
从 O 或 F 状态固溶处理再自然时效	T42	MCZ	
固溶处理后，经时效、力学性能达标	T73	CGS1	
与 T73 状态定义相同，强度高于 T73	T76	CGS2	
与 T73 状态定义相同，强度高于 T73	T74	CGS3	
高温成型冷却，然后作人工时效	T5	RCS	

② 变形铝合金基础状态解读。

代号	名　　称	说明与应用
F	自由加工状态	适用于在成型过程中，对于加工硬化和热处理条件无特殊要求的产品。此状态产品的力学性能不作规定
O	退火状态	适用于经完全退火，获得最低强度的加工产品
H	加工硬化状态	适用于通过加工硬化提高强度的产品。 产品在加工硬化后可经过（或不经过）使强度有所降低的附加热处理。 H 代号后必须跟有两位或三位阿拉伯数字。 如：H × × └表示产品加工硬化程度、数字 8 表示硬状态，数字 9 表示比 H×8 加工硬化程度更大的超硬状态。 └1. 单纯加工硬化状态 2. 加工硬化及不完全退火状态 3. 加工硬化及稳定化处理状态 4. 加工硬化及涂漆处理状态
W	固溶热处理状态	一种不稳定状态，状态表示产品处于自然时效状态
T	热处理状态（不同于 F、O、H 状态）	适用于热处理后，经过或不经过加工硬化状态，达到稳定状态的产品
H111	加工硬化状态细项	适用于最终退火后又进行了适量加工硬化，但加工硬化程度不及 H11 状态的产品
H112	加工硬化状态细项	适用于热加工成型的产品、该状态产品力学性能有规定的要求
H116	加工硬化状态细项	适用于镁含量≥4.0%的 5××× 系合金制成的产品，这些产品具有规定的力学性能和抗剥蚀性的要求

(3) 变形铝及铝合金在轿车车身上应用

变形铝合金材料主要应用于车身系统部件，热交换系统部件和其他系统零部件（见下表）。汽车车身约占汽车总重量的 30%，汽车 70%耗油用在车身重量上，因此汽车车身应用铝合金材料（铝化）对运营经济性至关重要。

① 变形铝及铝合金材料主要应用部件

部件系统	零部件名称
车身系统部件	轿车车身传统用 2002 - T4，2117 - T4，2036 - T4，2037 - T4，2038 - T4，5182 - O，6009 - T4，6010 - T5，6111 - T4，6016 - T4，部件有车身骨架、地板、车门、发动机罩等
热交换器系统部件	发动机散热器、机油散热器、中冷器、空调冷凝器和蒸发器等
其他系统部件	冲压车轮、座椅、保险杠、车厢底板及装饰件等

② 轿车车身用变形铝合金牌号性能和用途。

铝合金牌号	总伸长率 δ (%)	均匀伸长率 δ_a (%)	硬化指数 n	板厚方向系数 r	杯突值 m	180°弯曲半径 R	合金系统特性
2002 - T4	26	20	0.25	0.63	9.6	$R=1t$	Al - Cu - Mg 系，有良好锻造性，高的强度、可焊性好等特点，可用热处理强化，有烘烤强化效应，但其耐蚀性较差
2117 - T4	25	20	0.25	0.59	8.6	$R=1t$	
2036 - T4	24	20	0.23	0.75	9.1	$R=1t$	
2037 - T4	25	20	0.24	0.70	9.4	$R=1t$	
2038 - T4	25	—	0.26	0.75	—	$R=0.5t$	
5182 - O	26	19	0.33	0.80	9.9	$R=2t$	Al - Mg 系合金强度、耐蚀、成型性较好
6009 - T4	25	20	0.23	0.70	9.7	$R=0.5t$	Al - Mg - Si 系，强度、塑性等综合性能良好，屈服强度和抗拉强度与低碳钢相近。可用模具化生产
6010 - T4	24	19	0.22	0.70	9.1	$R=1t$	
6111 - T4	27.5	—	—	—	8.4	$R=0.5t$	
6016 - T4	28.1	24.6	0.26	0.70	—	—	

4. 铝-锂合金

铝-锂(Al - Li)合金是多成分合金，是国际上新型高端铝合金在工程中应用迈开的新步伐。20 世纪 70 年代中期(1975 年左右)，航空业迫于降低能耗的压力，大规模致力研究一系列抗破损、耐裂、防腐蚀、高硬度、高强度、低密度的 Al - Li 合金。

(1) 特　　性

① 密度低。比不含锂的铝合金，密度可降低 10%。

② 弹性模量高。比不含锂的铝合金，弹性模量提高 15%。

③ 强度/质量比高。

④ 铝-锂合金有良好的冷热加工性能，允许制备各种类型半成品。

⑤ 用于新设计方法，实现合金的低密度和高硬度，可以降低 14%质量。

(2) 第一代 Al - Li 合金化学成分和关键性能指标

合金组	试样类型 AA 合金	合金元素(%)(质量)				性能	可替换的合金		
		Li	Cu	Mg	Zr		牌号	状态	系列
Al - Cu - Li	2029	1.9～2.6	2.4～3.0	<2.5	0.08～0.15	高强度	7075	T6	Al - Zn - Mg
	2091	1.7～2.3	1.8～2.5	1.1～1.9	0.04～0.16	损伤容限	2024 2214	T3 T6	Al - Cu - Mg

(续)

合金组	试样类型 AA 合金	合金元素(%)(质量)				性能	可替换的合金		
		Li	Cu	Mg	Zr		牌号	状态	系列
Al-Li	8090	2.2～2.7	1.0～1.6	0.6～1.3	0.04～0.16	损伤容限中强度	7075 2024 2014	T73 T3 T6	Al-Zn-Mg Al-Cu-Mg
	8190	1.9～2.6	1.0～1.6	0.9～1.6	0.04～0.14	损伤容限中强度	2014 7075	T6 T73	
	8091	2.4～2.8	1.6～2.2	0.5～1.2	0.08～0.16	高强度	7075	T6	Al-Zn-Mg
	8092	2.1～2.7	0.5～0.8	0.9～1.4	0.08～0.15	抗腐蚀性	7075	T73	
	8192	2.3～2.9	0.4～0.7	0.9～1.4	0.08～0.15	极低密度	6061	T6	Al-Mg-Si

注：可替换的合金，状态见 GB/T 16475—2008(本章第 3 节)；合金系列见本章第 2 节。

(3) 第一代 Al-Li 合金力学性能

合金系	AA 合金分类	性　能					
		$R_{p0.2}$(MPa)	R_m(MPa)	A(%)	ρ(g/cm³)	E(GPa)	K_{Ic}(MPa/m)
Al-Cu-Li	2029 2091	535 485	580 550	7 9	2.53 2.58	81 78	35 43
Al-Li	8090 8091	500 560	550 610	7 4	2.53 2.55	81 80	35 24

5. 泡沫铝和铝合金

铝能迅速膨胀进行发泡，形成蜂窝状结构称为泡沫铝，是多孔金属材料，孔能张能合，占总体积的 3/4 以上，其特点是特别轻，适合多方面应用，产品价格具有竞争力。

【材料性能】

铝　合　金	Al99.5 固体	Al99.5	AlCu4	AlSi12	
发泡剂	—	TiH_2	TiH_2	TiH_2	
泡沫热处理	—	无	淬硬	无	
密度(g/cm³)	2.7	0.4	0.7	0.54	0.84
气孔平均直径(mm)	—	4	3		
耐压强度(MPa)	—	3	21	7	15
预锻 30%后能量吸收/(MJ/m³)	—	0.72	5.2	2.0	4.0
/(kJ/kg)	—	1.8	7.4	3.7	4.8

（续）

铝合金	Al99.5固体	Al99.5	AlCu4	AlSi12	
弹性模量(GPa)	67	2.4	7	5	14
电导率(m/Ω·mm²)	34	2.1	3.5	n.a	n.a
电阻率(μΩ·cm)	2.9	48	29	n.a	n.a
热导率[W/(m·K)]	235	12	—	13	24
热膨胀系数(10^{-6}/K)	23.6	23	24	n.a	n.a

【用途】 ① 制备工艺灵活，能获得许多不同性能的泡沫材料；选择合适的发泡条件可以调整泡沫密度和气孔形状，生产出圆形、碟形和三维形状的泡沫铝部件。

② 用于汽车制造。泡沫铝被认为是一种大有前途的未来汽车的良好材料。泡沫铝材在汽车制造中的应用多为"三夹板"，即芯层为泡沫铝，上下两层为铝板，其结构型式与当前轻钢积木房使用的轻钢夹芯板相似。国外在轿车上使用实践，顶盖板刚度比钢构件提高约七倍，质量比钢件轻25%，一辆中型轿车应用泡沫铝可减轻车身重量27 kg左右，既可节约能源(一年可节约汽油500 L)，减少对环境污染，对汽车结构也十分有利，可简化结构系统，零部件可减少30%。据测算，汽车车身构件有20%可用泡沫铝制造。

6. 建筑用铝合金幕墙板彩涂板

(1) 铝幕墙板板基(YS/T 429.1—2000)

适用于铝幕墙板基，板基表面未进行涂漆、阳极氧化等各种表面处理。

【产品牌号状态和规格】

牌号	状态	厚度(mm)	宽度(mm)	长度(mm)
1050、1060、1100、8A06、3003、5005	H14 H24	1.5～4.0	914～2 200	1 500～5 500
3003、3004、5005、5052	O	1.5～4.0		

注：1. 需要其他合金、状态、规格时，供需双方协商。

2. 需方应优先选用3×××系和5×××系铝合金板材。

3. 标记示例：用3003制造的、H24状态，厚度2.0 mm，宽度1 500 mm，长度4 000 mm的铝板、其标记：

3003 - H24 2.0×1 500×4 000 YS/T 429.1—2000

【厚度、宽度、长度尺寸允许偏差】

厚度	厚度允许偏差	宽度允许偏差	长度允许偏差
1.5～1.6	±0.10	+3 0	+6 0
>1.6～2.0	±0.11		
>2.0～2.5	±0.12		
>2.5～3.2	±0.14		
>3.2～4.0	±0.18		

【板材不平度允许偏差】

牌　　号	不平度(mm)	
	板材宽度(mm)	
	≤1 800	>1 800
1050、1060、1100、8A06、3003、3004	≤3	≤5
5005、5052	≤5	≤7

【板材对角线允许偏差】

长　度	宽　度 W	
	≤1 000	>1 000
	两对角线长度之间的最大差值≤	
≤3 500	0.8×W/100	0.7×W/100
>3 500	1.2×W/100	1.0×W/100

注：如果规定的宽度不是100 mm的整倍数，则表中(W/100)用不小于(W/100)的最小整数代替。例如：规定宽度为1 220 mm，长度≤3 500 mm，则偏差为0.7×13 mm＝9.1 mm。如所得结果不是整数(mm)，则应把结果值化简成相邻较小的整数。如上例的最终结果为9 mm。

【力学性能】

牌号	状态	厚度(mm)	抗拉强度 σ_b(MPa)	规定非比例伸长应力 $\sigma_{p0.2}$，MPa≥	伸长率(50 mm标距) δ(%)
1060	H14 H24	1.5～2.0	85	65	8
		>2.0～4.0	85～120		10
1050	H14 H24	1.5～2.0	85	75	6
		>2.0～4.0	95～125		8
1100	H14 H24	1.5～2.0	110	85	5
		>2.0～4.0	110～145		6
8A06	H14 H24	1.5～2.0	100	—	6
		>2.0～4.0	100～145		8
3003	O	1.5～40	95～130	35	25
	H14 H24	1.5～2.0	110	115	5
		>2.0～4.0	120～170		8
3004	O	1.5～4.0	150～200	60	18

(续)

牌号	状态	厚度(mm)	抗拉强度 σ_b(MPa)	规定非比例伸长应力 $\sigma_{p0.2}$，MPa≥	伸长率(50 mm 标距) δ(%)
5005	O	1.5～4.0	105～145	35	21
	H14 H24	1.5～2.0	140	115	5
		＞2.0～4.0	120～180		6
5052	O	1.5～4.0	170～215	65	19

【化学成分】 见本章“3.变形铝及铝合金”

【工艺性能】 板材作 90°冷弯，弯曲半径＜0.5 mm，应不出现裂纹，1×××系合金 H24 状态弯折，允许有微变形纹

(2) 铝幕墙板　氟碳喷漆铝单板(YS/T 429.2—2000)

该标准规定了喷涂氟碳(聚偏二氟乙烯)漆的幕墙用铝及铝合金单层成形板(简称铝单板)的要求，涂层指喷涂在板材表面经固化(干燥)的氟碳漆薄膜，其聚偏二氟乙烯含量应大于 70%(树脂重量比)。

【铝单板的牌号、供应状态和涂层种类】

牌　号	供应状态	涂　层	种　类
1060、1050、1100、8A06	H44	二涂底漆加面漆	三涂底漆面漆加清漆
3003、3005	O、H44		
3004、5052	O		

注：H24 状态的铝单板用基材，表面经喷漆固化处理后，状态为 H44；力学性能参照 YS/T 429.1—2000。

【铝单板尺寸范围及偏差】

项　目	尺 寸 范 围	允 许 偏 差
长度、宽度(mm)	≤2 000	±1.0
	＞2 000	±1.5
折边高度(mm)	—	±0.5
对角线差(mm)	铝单板长度≤2 000	±2.0
	铝单板长度＞2 000	±3.0
折边角度(°)	—	≤1
板面平直度(mm/m)	—	≤1.5

注：1. 以上规定适用于外形为矩形或正方形的铝单板，外形为其他形状时，部分要求可参照执行。

2. 当铝单板有曲面时，其曲面与供需双方商定的标准模板间的最大间隙应≤2 mm。

(3) 铝及铝合金彩色涂层板、带材(YS/T 431—2000)

该标准彩涂板适用于建筑(户外 JW 或户内 JN)、家用电器、饮料罐盖、瓶盖及交通运输

【产品牌号状态和规格】

牌　　号	基材状态	基材厚度(mm)	板材(mm)		带材(mm)		预定用途
			宽度	长度	宽度	套筒内径	
1050、1100、3003、5052、5050、5005、8011	H12 H22 H14 H24 H16 H26 H18	0.20～1.60	500～1 560	500～4 000	50～1 560	200 300 350 405 510 600	建筑及家用电器、交通运输
3004、3104、5182、5042、5082	H18、H19						饮料罐盖及瓶盖

注：1. 基材状态和基材厚度指板、带材涂层前的状态和厚度。

2. 需要其他合金、规格或状态的材料,可双方协商。

【涂层铝带标记示例】

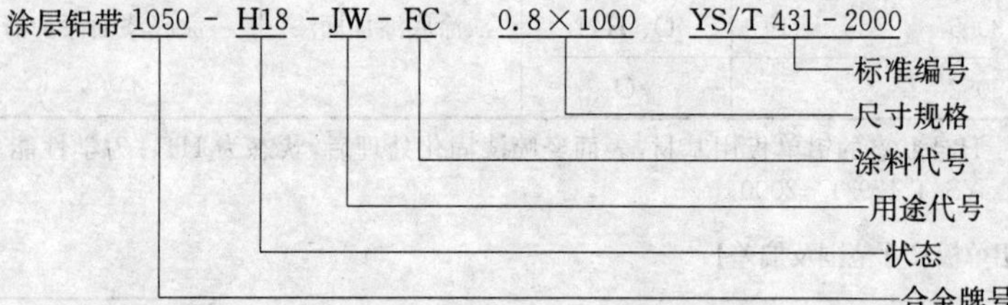

【涂层用途代号】

涂层用途	代　　号	涂层用途	代　　号
户外用	JW	饮料罐盖、瓶盖	YL
户内用	JN	交通运输	TR
家用电器	JD		

【涂料种类代号】

涂料种类	代　　号	涂料种类	代　　号
聚酯	JZ	塑料溶胶	ST
丙烯酸	AR	有机溶胶	YJ

（续）

涂料种类	代　　号	涂料种类	代　　号
氟碳涂料	FC	印刷涂料	YT

注：1. 需方如果未指定涂料种类时，由供方推荐，或供需双方协商。
2. 交通工具等其他用途的产品，视其使用需要选择类别，或由供需双方协商并确定代号。
3. 建议用户根据色标进行订货。

【3104、5043 基材化学成分】

牌号	化学成分(%)≤												Al
	Si	Fe	Cu	Mn	Mg	Cr	Zn	Ti	V	Ca	其他 单个	其他 合计	
3104	0.6	0.8	0.05～0.25	0.8～1.4	0.8～1.4	—	0.25	0.10	0.05	0.05	0.05	0.15	余量
5042	0.20	0.35	0.15	0.2～0.50	3.0～4.0	0.10	0.25	0.10	—	—	0.05	0.15	

注：用于食品包装用的涂层铝板、带材的基材的化学成分中砷、镉、铅的含量各不大于0.01%。

【基材厚度允许偏差】

厚　　度	规定的宽度		
	≤1 000	>1 000～1 500	>1 500
	厚度允许偏差		
0.2～0.25	±0.025	±0.04	—
>0.25～0.40	±0.03	±0.05	—
>0.40～0.63	±0.04	±0.06	±0.08
>0.63～0.80	±0.045	±0.07	±0.09
>0.80～1.00	±0.05	±0.08	±0.10
>1.00～1.20	±0.06	±0.09	±0.12
>1.20～1.60	±0.08	±0.10	±0.14

注：3003、3004、3104、5042、5182 和 8011 等瓶盖、饮料罐盖用料的基材厚度允许偏差为±0.01 mm；铝塑复合板用铝基材（表面不含涂层）的厚度允许偏差应符合 YS/T 431—2000 表 1 的规定；其他基材厚度允许偏差应符合上表的规定。

【涂层板长度和宽度允许偏差】

牌号	长度允许偏差(mm)		宽度允许偏差(mm)	
	长度≤2 000	长度>2 000	宽度≤1 000	宽度>1 000
3004，3104，5042，5182，8011	$^{+5}_{0}$	$^{+0.0025\times长度}_{0}$	$^{+1}_{0}$	$^{+3}_{0}$
其他	$^{+10}_{0}$	$^{+0.005\times长度}_{0}$		

注：合同中注明用作多次套印用瓶盖用涂层板材时，其长度偏差为 $^{+2}_{0}$ mm。

【基材室温力学性能】

牌号	状态	厚度(mm)	抗拉强度 σ_b(MPa)	规定非比例伸长应力 $\sigma_{p0.2}$(MPa)	伸长率(50 mm定标距)δ(%)
			≥		
1050	H18	0.2～0.5	125	—	1
		>0.5～0.8			2
		>0.8～1.3			3
		>1.3～1.6			4
	H16 H26	0.2～0.5	120～145	—	1
		>0.5～0.8		—	2
		>0.8～1.3		85	3
		>1.3～1.6		85	4
	H14 H24	0.2～0.3	95～125	—	1
		>0.3～0.5		—	2
		>0.5～0.8		75	3
		>0.8～1.3		75	4
		>1.3～1.6		75	5
	H12 H22	0.2～0.3	80～120	—	2
		>0.3～0.5		—	3
		>0.5～0.8		—	4
		>0.8～1.3		65	6
		>1.3～1.6		65	8
1100	H18	0.2～0.3	155	—	1
		>0.3～0.5			2
		>0.5～0.8			3
		>0.8～1.3			3
		>1.3～1.6			4
	H16 H26	0.2～0.5	130～165	—	1
		>0.5～0.8		—	2
		>0.8～1.3		120	3
		>1.3～1.6		120	4

（续）

牌号	状态	厚度（mm）	抗拉强度 σ_b（MPa）	规定非比例伸长应力 $\sigma_{p0.2}$（MPa）	伸长率（50 mm 定标距）δ（%）
				≥	
1100	H14 H24	0.2～0.3	120～145	—	1
		>0.3～0.5		—	2
		>0.5～0.8		95	3
		>0.8～1.3		95	4
		>1.3～1.6		95	5
	H12 H22	0.2～0.3	95～125	—	2
		>0.3～0.5		—	3
		>0.5～0.8		75	4
		>0.8～1.3		75	6
		>1.3～1.6		75	8
3003	H18	0.2～0.5	185	165	1
		>0.5～0.8			2
		>0.8～1.3			3
		>1.3～1.6			4
	H16 H26	0.2～0.3	165～205	145	1
		>0.3～0.5			2
		>0.5～0.8			3
		>0.8～1.3			3
		>1.3～1.6			4
	H14 H24	0.2～0.3	140～180	—	1
		>0.3～0.5		—	2
		>0.5～0.8		—	3
		>0.8～1.3		120	4
		>1.3～1.6		120	5
	H12 H22	0.2～0.3	120～155	—	2
		>0.3～0.5		—	3
		>0.5～0.8		—	4
		>0.8～1.3		85	5
		>1.3～1.6		85	6
3004	H18	0.2～1.6	260	215	2
	H19	0.2～1.6	275	255	2
5052	H18	0.2～0.8	275	—	3
		>0.8～1.6		225	4
	H16 H26	0.2～0.8	255～305	—	3
		>0.8～1.6		205	4

(续)

牌号	状态	厚度(mm)	抗拉强度 σ_b(MPa)	规定非比例伸长应力 $\sigma_{p0.2}$(MPa)	伸长率(50 mm定标距)δ(%)
			≥		
5052	H14 H24	0.2~0.3 >0.3~0.5 >0.5~0.8 >0.8~1.3 >1.3~1.6	235~285	— — 175 175 175	3 4 4 6 7
	H12 H22	0.2~0.3 >0.3~0.5 >0.5~0.8 >0.8~1.3 >1.3~1.6	215~265	— — — 155 155	3 4 5 5 7
5005	H18	0.2~0.8 >0.8~1.3 >1.3~1.6	175	—	1 2 3
	H16 H26	0.2~0.8 >0.8~1.3 >1.3~1.6	155~195	— 125 125	1 2 3
	H14 H24	0.2~0.8 >0.8~1.3 >1.3~1.6	135~175	— 110 110	1 2 3
	H12 H22	0.2~0.8 >0.8~1.3 >1.3~1.6	120~155	— 85 85	3 4 6
5050	H18	0.2~1.6	200	—	1
	H16 H26	0.2~0.4 >0.4~0.6 >0.6~1.6	185~230	150	2 2 3
	H14 H24	0.2~0.4 >0.4~0.6 >0.6~1.6	170~215	140	3 3 4
	H12 H22	0.2~0.4 >0.4~0.6 >0.6~1.6	150~195	110	4 4 5
5182	H18	0.2~1.6	330	285	5
	H19	0.2~1.6	340	295	5

（续）

<table>
<tr><th rowspan="2">牌号</th><th rowspan="2">状态</th><th rowspan="2">厚度
(mm)</th><th>抗拉强度
σ_b(MPa)</th><th>规定非比例伸长
应力 $\sigma_{p0.2}$(MPa)</th><th>伸长率(50 mm
定标距)δ(%)</th></tr>
<tr><th colspan="3">≥</th></tr>
<tr><td>5082</td><td>H19</td><td>0.2～1.6</td><td>350</td><td>310</td><td>5</td></tr>
<tr><td rowspan="3">8011</td><td>H18</td><td>0.2～0.4
>0.4～0.6
>0.6～1.6</td><td>160</td><td>—</td><td>1
2
3</td></tr>
<tr><td>H16
H26</td><td>0.2～0.4
>0.4～0.6
>0.6～1.6</td><td>145～180</td><td>—</td><td>2
2
4</td></tr>
<tr><td>H14
H24</td><td>0.2～0.4
>0.4～0.6
>0.6～1.6</td><td>125～160</td><td>—</td><td>2
3
5</td></tr>
</table>

(4) 铝合金建筑型材(GB 5237.1—2008)

① 室温力学性能。

<table>
<tr><th rowspan="3">合金
牌号</th><th rowspan="3" colspan="2">供应状态</th><th rowspan="3">壁厚
(mm)</th><th colspan="4">拉伸性能</th><th colspan="3">硬度[a]</th></tr>
<tr><th rowspan="2">抗拉强度
(R_m)
(N/mm²)</th><th rowspan="2">规定非比例延伸强度($R_{p0.2}$)
(N/mm²)</th><th colspan="2">断后伸长率(%)</th><th rowspan="2">试样厚度
(mm)</th><th rowspan="2">维氏硬度
HV</th><th rowspan="2">韦氏硬度
HW</th></tr>
<tr><th>A</th><th>$A_{50\,mm}$</th></tr>
<tr><td></td><td colspan="2"></td><td></td><td colspan="7">≥</td></tr>
<tr><td rowspan="7">6005</td><td colspan="2">T5</td><td>≤6.3</td><td>260</td><td>240</td><td>—</td><td>8</td><td>—</td><td>—</td><td>—</td></tr>
<tr><td rowspan="6">T6</td><td rowspan="3">实心型材</td><td>≤5</td><td>270</td><td>225</td><td>—</td><td>6</td><td>—</td><td>—</td><td>—</td></tr>
<tr><td>>5～10</td><td>260</td><td>215</td><td>—</td><td>6</td><td>—</td><td>—</td><td>—</td></tr>
<tr><td>>10～25</td><td>250</td><td>200</td><td>8</td><td>6</td><td>—</td><td>—</td><td>—</td></tr>
<tr><td rowspan="2">空心型材</td><td>≤5</td><td>255</td><td>215</td><td>—</td><td>6</td><td>—</td><td>—</td><td>—</td></tr>
<tr><td>>5～15</td><td>250</td><td>200</td><td>8</td><td>6</td><td>—</td><td>—</td><td>—</td></tr>
<tr style="display:none"><td></td></tr>
<tr><td rowspan="4">6060</td><td rowspan="2" colspan="2">T5</td><td>≤5</td><td>160</td><td>120</td><td>—</td><td>6</td><td>—</td><td>—</td><td>—</td></tr>
<tr><td>>5～25</td><td>140</td><td>100</td><td>8</td><td>6</td><td>—</td><td>—</td><td>—</td></tr>
<tr><td rowspan="2" colspan="2">T6</td><td>≤3</td><td>190</td><td>150</td><td>—</td><td>6</td><td>—</td><td>—</td><td>—</td></tr>
<tr><td>>3～25</td><td>170</td><td>140</td><td>8</td><td>6</td><td>—</td><td>—</td><td>—</td></tr>
</table>

（续）

合金牌号	供应状态	壁厚(mm)	拉伸性能				硬度[a]		
			抗拉强度(R_m)(N/mm²)	规定非比例延伸强度($R_{p0.2}$)(N/mm²)	断后伸长率(%)		试样厚度(mm)	维氏硬度HV	韦氏硬度HW
					A	A_{50mm}			
			≥						
6061	T4	所有	180	110	16	16	—	—	—
	T6	所有	265	245	8	8	—	—	—
6063	T5	所有	160	110	8	8	0.8	58	8
	T6	所有	205	180	8	8	—	—	—
6063A	T5	≤10	200	160	—	5	0.8	65	10
		>10	190	150	5	5	0.8	65	10
	T6	≤10	230	190	—	5	—	—	—
		>10	220	180	4	4	—	—	—
6463	T5	≤50	150	110	8	6	—	—	—
	T6	≤50	195	160	10	8	—	—	—
6463A	T5	≤12	150	110	—	6	—	—	—
	T6	≤3	205	170	—	6	—	—	—
		>3～12	205	170	—	8	—	—	—

注：a 硬度仅作参考。

② 外观质量。

(a) 型材表面应整洁，不允许有裂纹、起皮、腐蚀和气泡等缺陷存在。

(b) 型材表面上允许有轻微的压坑、碰伤、擦伤存在，其允许深度见下表，装饰面要在图纸中注明，未注明时按非装饰面执行。

型材表面缺陷允许深度 (mm)

状　态	缺陷允许深度≤	
	装饰面	非装饰面
T5	0.03	0.07
T4、T6	0.06	0.10

7. 铝箔和线材

名称	牌号	供应状态	试样状态	直径(mm)	抗剪强度 $\sigma_\tau \geqslant$(MPa)	伸长率 δ(%)$\geqslant$
铝箔 GB/T 3198—2003	1100 1200	O		0.006～0.009	40～105	0.5
				0.010～0.024	40～105	1.0
				0.025～0.040	50～105	3.0
				0.041～0.089	55～105	6.0
				0.090～0.139	60～115	10
				0.140～0.200	60～115	14
		H22		0.006～0.009		
				0.010～0.024		
				0.025～0.040	90～135	2
				0.041～0.089	90～135	3
				0.090～0.139	90～135	4
				0.140～0.200	90～135	5
		H24		0.006～0.009		
				0.010～0.024		
				0.025～0.040	110～160	2
				0.041～0.089	110～160	3
				0.090～0.139	110～160	4
				0.140～0.200	110～160	5
		H26		0.006～0.009		
				0.010～0.024		
				0.025～0.040	125～180	1
				0.041～0.089	125～180	1
				0.090～0.139	125～180	2
				0.140～0.200	125～180	2
		H18		0.006～0.200	140	
		H19		0.006～0.200	150	
	1×××系牌号	O		0.006～0.009	35～100	0.5
				0.010～0.024	40～100	1
				0.025～0.040	45～100	2
				0.041～0.089	45～100	4
				0.090～0.139	50～100	6
				0.140～0.200	50～100	10
		H18		0.006～0.200	135	—
	2A11	O		0.030～0.040	≤195	1.5
				0.050～0.200		3
		H18		0.030～0.049	205	
				0.050～0.200	215	

(续)

名称	牌号	供应状态	试样状态	直径 (mm)	抗剪强度 $\sigma_\tau \geqslant$(MPa)	伸长率 δ(%)$\geqslant$
铝箔 GB/T 3198—2003	2024 2A12	O		0.030～0.049 0.050～0.200	≤195 ≤205	
		H18		0.030～0.049 0.050～0.200	225 245	
	3003	O		0.030～0.099 0.100～0.200	100～140	10 15
		H14 H24 H16 H26 H18		0.050～0.200 0.100～0.200 0.020～0.200	140～170 180 185	1
	5A02	O		0.030～0.049 0.050～0.200	≤195	4
		H16 H26 H18		0.100～0.200 0.020～0.200	255 265	
	5052	O H14 H24 H16 H26 H18		0.030～0.200 0.050～0.200 0.100～0.200 0.050～0.200	179～225 250～300 270 275	4
	8011 8011A 8079	O		0.006～0.009 0.010～0.024 0.025～0.040 0.041～0.089 0.090～0.139 0.140～0.200	45～100 50～105 55～110 60～110 60～110 60～110	0.5 1 4 8 13 16
		H22		0.035～0.040 0.041～0.089 0.090～0.139 0.140～0.200	90～150 90～150 90～150 90～150	2 4 5 8
		H24		0.035～0.040 0.041～0.089 0.090～0.139 0.140～0.200	120～170	2 3 4 5
		H26		0.035～0.040 0.041～0.089 0.090～0.139 0.140～0.200	140～190	1 1 2 2
		H18 H19		0.035～0.200 0.035～0.200	160 170	

(续)

名　称	牌号	供应状态	试样状态	直径(mm)	抗剪强度 σ_τ≥(MPa)	伸长率 δ(%)≥
铝箔 GB/T 3198—2003	8006	O		0.006～0.009 0.010～0.024 0.025～0.040 0.041～0.089 0.090～0.139 0.140～0.200	80～135 85～140 85～140 90～140 90～140 90～140	1 2 6 10 15 15
		H18		0.006～0.200	170	
电缆铝箔 GB/T 3198—2003	1145 1235 1060 1050A 1200 1100	O		0.10～0.15 >0.15～0.20	60～95 70～110	15 20
	8011			>0.15～0.20	80～110	23
空调器散热片用铝箔 YS/T 95.1—2001	1100 1200 8011	O H22 H24 H26 H18		0.08～0.20	80～110 100～130 115～145 135～165 160	20 16 12 6 1
导电用铝线 GB/T 3195—2008	1A60	H19		0.80～1.00 >1.00～1.50 >1.50～3.00 >3.00～4.00 >4.00～5.00	162 157 157 137 137	1.0 1.2 1.5 1.5 2.0
		O		0.80～1.00 >1.00～2.00 >2.00～3.00 >3.00～5.00	74	10 12 15 18
铆钉用铝线材 GB/T 3196—2008	1035		H18 H14	1.6～3.0 >3.0～10	— 65	—
	5A02 5A06 5B05 3A21		H14 H12 H12 H14	1.6～10 1.6～10 1.6～10 1.6～10	115 165 155 80	—
	2A01		T4	全部直径	185	—
	2A04		T4	≤6.0 >6.0	275 265	—
	2B11 2B12		T4	全部直径	235 265	—

（续）

名　称	牌号	供应状态	试样状态	直径(mm)	抗剪强度 σ_τ≥(MPa)	伸长率 δ(%)≥
铆钉用铝线材 GB/T 3196—2008	2A10	T4		≤8.0 >8.0	245 235	—
	7A03	T5		全部直径	285	—
焊条用铝线材 GB/T 3197—2008	1070A、1060 1050A 1035 1200 8A06	H18 H14	O O	0.8～10 >3.0～10	—	—
	2A14 2A15 3A21 4A01 5A02 5A03	H18 H14	O O	>0.8～10	—	—
		H12	O	>7.0～10	—	—
	5A05 5B05 5A06 5B06	H18 H14	O O	0.8～7.0	—	—
	5A33 5183	H12	O	>7.0～10	—	—

注：1. 铝合金箔卷内径/外径(mm)：75/230、400、500、600；150/400、600、800、1200；180/400，300/600、800、1200。

2. 铆钉直径系列及选用要点见本章 13。

8. 仪表表盘及装饰用纯铝板(YS/T 242—2000)

牌号	供应状态	试样状态	厚度(mm)	抗拉强度 σ_b (MPa)≥	伸长率(%)≥ 5D	伸长率(%)≥ 50 mm
1070A 1060	O		>0.3～0.5 >0.5～0.8 >0.8～1.3 >1.3～4.0	55～95	—	20 25 30 35
	H14 H24		>0.3～0.5 >0.5～0.8 >0.8～1.3 >1.3～4.0	85～120	—	2 3 4 5
	H18		>0.3～0.5 >0.5～0.8 >0.8～1.3 >1.3～2.0	120	—	1 2 3 4
1050A	O		>0.3～0.5 >0.5～0.8 >0.8～1.3 >1.3～4.0	60～100	—	15 20 25 30
	H14 H24		>0.3～0.5 >0.5～0.8 >0.8～1.3 >1.3～4.0	95～125	—	2 3 4 5

(续)

牌号	供应状态	试样状态	厚度(mm)	抗拉强度 σ_b (MPa)≥	伸长率(%)≥	
					5D	50 mm
1050A	H18		>0.3~0.5 >0.5~0.8 >0.8~1.3 >1.3~2.0	125	—	1 2 3 4
1035 1100 1200	O		>0.3~0.5 >0.5~0.8 >0.8~1.3 >1.3~4.0	75~110	—	15 20 25 30
	H14 H24		>0.3~0.5 >0.5~0.8 >0.8~1.3 >1.3~4.0	120~145	—	2 3 4 5
	H18		>0.3~0.5 >0.5~0.8 >0.8~1.3 >1.3~2.0	155		1 2 3 4

9. 瓶盖用铝板、带材(YS/T 91—2002)

牌号	供应状态	抗拉强度 σ_{b1} (MPa) ≥	规定非比例伸长应力 $\sigma_{p0.2}$	伸长率 δ(%) ≥(50 mm)
1100	H14 H24	110~145	制耳率(%)≥3	2 3
	H16 H26	130~165		1 2
	H18	150		1
8011 8011A	H14 H24	125~155		2 3
	H16 H26	145~180		1 2
	H18	165		1
3003	H14 H24	145~180	制耳率(%)≥4	2 4
	H16 H26	170~210		1 2
	H18	190		1

（续）

牌号	供应状态	抗拉强度 σ_{b1}	规定非比例伸长应力 $\sigma_{p0.2}$	伸长率 δ(%) ≥(50 mm)
		(MPa) ≥		
3105	H14 H24	150～200	制耳率(%)	2 4
	H16 H24	175～280		1 2
	H18	195		1
5052	H18 H19	280～320 285		3 2

注：板厚 0.20～0.30(mm)

10. 易拉罐体用铝合金带材(YS/T 435—2000)

合金元素属铝锰合金，合金牌号 3104。

【化学成分】

合金牌号	化学成分(%)									其他		Al
	Si	Fe	Cu	Mn	Mg	Cr	Zn	Ti	V	Ca	单个	合计	
3104	≤0.6	≤0.8	0.05～0.25	0.8～1.4	0.8～1.3	—	≤0.25	≤0.10	≤0.05	≤0.05	≤0.05	≤0.15	余量

注：1. 铅、砷、镉的含量各不大于 0.01%。

2. “%”为重量百分比。

【室温力学性能及工艺性能】

合金牌号	状态	厚度(mm)	抗拉强度 σ_b(MPa)	规定非比例伸长应力 $\sigma_{p0.2}$(MPa)	伸长率(50 mm 定标距)δ(%)	制耳率(%)
			≥			≤
3004	H19	0.280～0.350	275	255	2	4
3104			290	270		

【尺寸允许偏差及外观质量】 ① 带材厚度 0.28～0.35 mm，允许偏差±0.05 mm。

② 带材宽度公差：宽度≤500 mm，$^{+1}_{0}$，宽度>500 mm $^{+2}_{0}$。

③ 带材表面应平整光洁；不允许有腐蚀、裂纹、夹渣、压折、起皮以及较严重的松树状花纹、擦划伤、粘伤、黑条及油斑等缺陷。

④ 带材边部应剪切整齐，无裂口和毛刺。

⑤ 带材表面应均匀涂有用户指定或认可的预涂油，预涂油涂敷量为 150～200 mg/mm^2。

11. 铝及铝合金花纹板(摘自 GB/T 3618—2006)

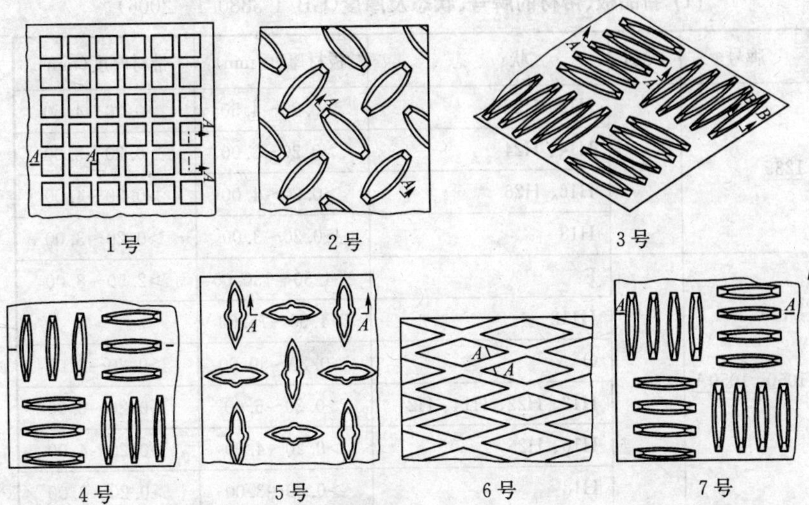

1号　2号　3号　4号　5号　6号　7号

牌号	供应状态	试样状态	抗拉强度 σ_b(MPa)≥	伸长率 δ(%) ≥(50 mm)	花纹板代号	花纹板厚度(不包括肋高)(mm)	
2A01	T4		402	10	1	1号	1.0 1.2 1.5 1.8 2.0 2.5 3.0
2A11	H16 H26		216	3	2、4、6	2号	2.0 2.5 3.0 3.5 4.0
1070A 1060 1050A 1035 1200 8A06	H18，H28		98	3	3、5	3号	1.5 2.0 2.5 3.0 3.5 4.0
5A02	O		≤147	14	3、5、7	4号	2.0 2.5 3.0 3.5 4.0
5A02	H14，H24		177	3	2、3、5		
5A02	H16，H26		196	2	2、4、7	5号	1.5 2.0 2.5 3.0 4.0
5A43	O		≤98	15	3、5	6号	3.0 4.0 5.0 6.0
	H14，H24		118	4			
6061	O		≤147	12	7	7号	2.0 2.5 3.0 3.5 4.0

注：1. 厚度为所有尺寸(mm)。

2. 1号花纹板力学性能应符合本表规定，其余代号花纹板力学性能为参考值。

3. 花纹肋高：4号 1.2(mm)；6号 0.9(mm)；7号 1.2(mm)，其余号产品、肋高均为 1.0(mm)。

4. 本标准新增了8号、9号两个品种，8号与2号相似，但每组棱形为三个并列，9号不详述，可参阅标准原件。

12. 一般工业用铝及铝合金板、带材(GB/T 3880.1～3880.2—2006)

(1) 新品板、带材的牌号、状态及厚度(GB/T 3880.1—2006)

牌号	类别	状　态	板材厚度(mm)	带材厚度(mm)
1235	A	H12、H22	>0.20～4.50	>0.20～4.50
		H14、H24	>0.20～3.00	>0.20～3.00
		H16、H26	>0.20～4.00	>0.20～4.00
		H18	>0.20～3.00	>0.20～3.00
1050、1050A	A	F	>4.50～150.00	>2.50～8.00
		H112	>4.50～75.00	—
		O	>0.20～50.00	>0.20～6.00
		H12、H22、H14、H24	>0.20～6.00	>0.20～6.00
		H16、H26	>0.20～4.00	>0.20～4.00
		H18	>0.20～3.00	>0.20～3.00
1145	A	F	>4.50～150.00	>2.50～8.00
		H112	>4.50～25.00	—
		O	>0.20～10.00	>0.20～6.00
		H12、H22、H14、H24、H16、H26、H18	>0.20～4.50	>0.20～4.50
2A11	B	F	>4.50～150.00	—
		H112	>4.50～80.00	—
		O	>0.50～10.00	>0.50～6.00
		T3、T4	>0.50～10.00	—
3004、3104	A	F	>6.30～80.00	>2.50～8.00
		H112	>6.00～80.00	—
		O	>0.20～50.00	>0.20～6.00
		H111	>0.20～50.00	—
		H12、H22、H32、H14	>0.20～6.00	>0.20～6.00
		H24、H34、H16、H26、H36、H18	>0.20～3.00	>0.20～3.00
		H28、H38	>0.20～1.50	>0.20～1.50
3005	A	O、H111、H12、H22、H14	>0.20～6.00	>0.20～6.00

（续）

牌号	类别	状 态	板材厚度(mm)	带材厚度(mm)
3005	A	H111	>0.20～6.00	—
		H16	>0.20～4.00	>0.20～4.00
		H24、H26、H18、H28	>0.20～3.00	>0.20～3.00
3105	A	O、H12、H22、H14、H24、H16、H26、H18	>0.20～3.00	>0.20～3.00
		H111	>0.20～3.00	—
		H28	>0.20～1.50	>0.20～1.50
3102	A	H18	>0.20～3.00	>0.20～3.00
5182	B	O	>0.20～3.00	>0.20～3.00
		H111	>0.20～3.00	—
		H19	>0.20～1.50	>0.20～1.50
5A03	B	F	>4.50～150.00	—
		H112	>4.50～50.00	—
		O、H14、H24、H34	>0.50～4.50	>0.50～4.50
5A05、5A06	B	F	>4.50～150.00	—
		O	>0.50～4.50	>0.50～4.50
		H112	>4.50～50.00	—
5082	B	F	>4.50～150.00	—
		H18、H38、H19、H39	>0.20～0.50	>0.20～0.50
6061	B	F	>4.50～150.00	>2.50～8.00
		O	>0.40～40.00	>0.40～6.00
		T4、T6	>0.40～12.50	—
6063	B	O	>0.50～20.00	—
		T4、T6	0.50～10.00	—
6082	B	F	>4.50～150.0	—
		O	0.40～25.00	—
		T4、T6	0.40～12.50	—
8A06	A	F	>4.50～150.00	>2.50～8.00
		H112	>4.50～80.00	—
		O	0.20～10.00	—
		H14、H24、H18	>0.20～4.50	—

(续)

牌号	类别	状态	板材厚度(mm)	带材厚度(mm)
8011A	A	O	>0.20～3.00	>0.20～3.00
		H111	>0.20～3.00	—
		H14、H24、H18	>0.20～3.00	>0.20～3.00

注：板材部分出台了11个新牌号；带材部分出台了13个新牌号(牌号下面有“—”者)。

(2) 新品板、带材厚度及力学性能(GB/T 3880.2—2006)

牌号	包铝分类	供应状态	试样状态	厚度(mm)	抗拉强度 R_m(MPa)	规定非比例延伸强度 $R_{p0.2}$(MPa)	断后伸长率(%) $A_{50\,mm}$	断后伸长率(%) $A_{5.65}$	弯曲半径
					≥				
1235	—	H12 H22	H12 H22	>0.20～0.30	95～130	—	2	—	—
				>0.30～0.50			3	—	—
				>0.50～1.50			6	—	—
				>1.50～3.00			8	—	—
				>3.00～4.50			9	—	—
		H14 H24	H14 H24	>0.20～0.30	115～150	—	1	—	—
				>0.30～0.50			2	—	—
				>0.50～1.50			3	—	—
				>1.50～3.00			4	—	—
		H16 H26	H16 H26	>0.20～0.50	130～165	—	1	—	—
				>0.50～1.50			2	—	—
				>1.50～4.00			3	—	—
		H18	H18	>0.20～0.50	145	—	1	—	—
				>0.50～1.50			2	—	—
				>1.50～3.00			3	—	—
1050	—	O	O	>0.20～0.50	60～100	—	15	—	0*t*
				>0.50～0.80			20	—	0*t*
				>0.80～1.50		20	25	—	0*t*
				>1.50～6.00			30	—	0*t*
				>6.00～50.00			28	28	—

(续)

牌号	包铝分类	供应状态	试样状态	厚度(mm)	抗拉强度 R_m(MPa)	规定非比例延伸强度 $R_{p0.2}$(MPa)	断后伸长率(%)		弯曲半径
							$A_{50\,mm}$	$A_{5.65}$	
					≥				
1050	—	H12 H22	H12 H22	>0.20～0.30	80～120	—	2	—	0*t*
				>0.30～0.50			3	—	0*t*
				>0.50～0.80			4	—	0*t*
				>0.80～1.50		65	6	—	0.5*t*
				>1.50～3.00			8	—	0.5*t*
				>3.00～6.00			9	—	0.5*t*
		H14 H24	H14 H24	>0.20～0.30	95～130	—	1	—	0.5*t*
				>0.30～0.50			2	—	0.5*t*
				>0.50～0.80			3	—	0.5*t*
				>0.80～1.50		75	4	—	1.0*t*
				>1.50～3.00			5	—	1.0*t*
				>3.00～6.00			6	—	1.0*t*
		H16 H26	H16 H26	>0.20～0.50	120～150	—	1	—	2.0*t*
				>0.50～0.80		85	2	—	2.0*t*
				>0.80～1.50			3	—	2.0*t*
				>1.50～4.00			4	—	2.0*t*
		H18	H18	>0.20～0.50	130	—	1	—	—
				>0.50～0.80			2	—	—
				>0.80～1.50			3	—	—
				>1.50～3.00			4	—	—
		H112	H112	>4.50～6.00	85	45	10	—	—
				>6.00～12.50	80	45	10	—	—
				>12.50～25.00	70	35	—	16	—
				>25.00～50.00	65	30	—	22	—
				>50.00～75.00	65	30	—	22	—
		F	—	>2.50～150.00		—			—

（续）

牌号	包铝分类	供应状态	试样状态	厚度(mm)	抗拉强度 R_m(MPa)	规定非比例延伸强度 $R_{p0.2}$(MPa)	断后伸长率(%)		弯曲半径
							$A_{50\ mm}$	$A_{5.65}$	
					≥				
1050A	—	O	O	>0.20～0.50	>65～95	20	20	—	0*t*
				>0.50～1.50			22	—	0*t*
				>1.50～3.00			26	—	0*t*
				>3.00～6.00			29	—	0.5*t*
				>6.00～12.50			35	—	—
				>6.00～50.00				32	
		H12	H12	>0.20～0.50	>85～125	65	2	—	0*t*
				>0.50～1.50			4	—	0*t*
				>1.50～3.00			5	—	0.5*t*
				>3.00～6.00			7	—	1.0*t*
		H22	H22	>0.20～0.50	>85～125	55	4	—	0*t*
				>0.50～1.50			5	—	0*t*
				>1.50～3.00			6	—	0.5*t*
				>3.00～6.00			11	—	1.0*t*
		H14	H14	>0.20～0.50	>105～145	85	2	—	0*t*
				>0.50～1.50			3	—	0.5*t*
				>1.50～3.00			4	—	1.0*t*
				>3.00～6.00			5	—	1.5*t*
		H24	H24	>0.20～0.50	>105～145	75	3	—	0*t*
				>0.50～1.50			4	—	0.5*t*
				>1.50～3.00			5	—	1.0*t*
				>3.00～6.00			8	—	1.5*t*
		H16	H16	>0.20～0.50	>120～160	100	1	—	0.5*t*
				>0.50～1.50			2	—	1.0*t*
				>1.50～4.00			3	—	1.5*t*
		H26	H26	>0.20～0.50	>120～160	90	2	—	0.5*t*
				>0.50～1.50			3	—	1.0*t*
				>1.50～4.00			4	—	1.5*t*

（续）

牌号	包铝分类	供应状态	试样状态	厚度（mm）	抗拉强度 R_m（MPa）	规定非比例延伸强度 $R_{p0.2}$（MPa）	断后伸长率（%） $A_{50\,mm}$	断后伸长率（%） $A_{5.65}$	弯曲半径
					≥				
1050A	—	H18	H18	>0.20～0.50	140	120	1	—	1.0t
				>0.50～1.50			2	—	2.0t
				>1.50～3.00			2	—	3.0t
		H112	H112	>4.50～12.50	75	30	20	—	—
				>12.50～75.00	70	25	—	20	—
		F	—	>2.50～150.00	—				—
1145	—	O	O	>0.20～0.50	600～100	—	15	—	—
				>0.50～0.80			20	—	—
				>0.80～1.50		20	25	—	—
				>1.50～6.00			30	—	—
				>6.00～10.00			28	—	—
		H12 H22	H12 H22	>0.20～0.30	80～120	—	2	—	—
				>0.30～0.50			3	—	—
				>0.50～0.80			4	—	—
				>0.80～1.50		65	6	—	—
				>1.50～3.00			8	—	—
				>3.00～4.50			9	—	—
		H14 H24	H14 H24	>0.20～0.30	95～125	—	1	—	—
				>0.30～0.50			2	—	—
				>0.50～0.80			3	—	—
				>0.80～1.50		75	4	—	—
				>1.50～3.00			5	—	—
				>3.00～4.50			6	—	—
		H16 H26	H16 H26	>0.20～0.50	120～145	—	1	—	—
				>0.50～0.80			2	—	—
				>0.80～1.50		85	3	—	—
				>1.50～4.50			4	—	—

（续）

牌号	包铝分类	供应状态	试样状态	厚度(mm)	抗拉强度 R_m(MPa)	规定非比例延伸强度 $R_{p0.2}$(MPa)	断后伸长率(%) $A_{50\,mm}$	断后伸长率(%) $A_{5.65}$	弯曲半径
					≥				
1145	—	H18	H18	>0.20~0.50	125	—	1	—	—
				>0.50~0.80			2	—	—
				>0.80~1.50			3	—	—
				>1.50~4.50			4	—	—
		H112	H112	>4.50~6.50	85	45	10	—	—
				>6.50~12.50	85	45	10	—	—
				>12.50~25.00	70	35	—	16	—
		F	—	>2.50~150.00	—				—
2A11	正常包铝或工艺包铝	O	O	>0.50~3.00	≤225	—	12	—	—
				>3.00~10.00	≤235	—	12	—	—
			T42	>0.50~3.00	350	185	15	—	—
				>3.00~10.00	355	195	15	—	—
		T3	T3	>0.50~1.50	375	215	15	—	—
				>1.50~3.00			17	—	—
				>3.00~10.00			15	—	—
		T4	T4	>0.50~3.00	360	185	15	—	—
				>3.00~10.00	370	195	15	—	—
		H112	T42	>4.50~10.00	355	195	15	—	—
				>10.00~12.50	370	215	11	—	—
				>12.50~25.00	370	215	—	11	—
				>25.00~40.00	330	195	—	8	—
				>40.00~70.00	310	195	—	6	—
				>70.00~80.00	285	195	—	4	—
		F	—	>4.50~150.00	—				—
3004 3104	—	O H111	O H111	>0.20~0.50	155~200	60	13	—	0*t*
				>0.50~1.50			14	—	0*t*
				>1.50~3.00			15	—	0*t*

（续）

牌号	包铝分类	供应状态	试样状态	厚度(mm)	抗拉强度 R_m(MPa)	规定非比例延伸强度 $R_{p0.2}$(MPa)	断后伸长率(%) $A_{50\,mm}$	断后伸长率(%) $A_{5.65}$	弯曲半径
					≥				
3004 3104	—	O H111	O H111	>3.00～6.00	155～200	60	16	—	1.0t
				>6.00～12.50			16	—	2.0t
				>12.50～50.00			—	14	—
		H12	H12	>0.20～0.50	190～240	155	2	—	0t
				>0.50～1.50			3	—	0.5t
				>1.50～3.00			4	—	1.0t
				>3.00～6.00			5	—	1.5t
		H14	H14	>0.20～0.50	220～265	180	1	—	0.5t
				>0.50～1.50			2	—	1.0t
				>1.50～3.00			2	—	1.5t
				>3.00～6.00			3	—	2.0t
		H16	H16	>0.20～0.50	240～285	200	1	—	1.0t
				>0.50～1.50			1	—	1.5t
				>1.50～3.00			2	—	2.5t
		H18	H18	>0.20～0.50	260	230	1	—	1.5t
				>0.50～1.50			1	—	2.5t
				>1.50～3.00			2	—	—
		H22 H32	H22 H32	>0.20～0.50	190～240	145	4	—	0t
				>0.50～1.50			5	—	0.5t
				>1.50～3.00			6	—	1.0t
				>3.00～6.00			7	—	1.5t
		H24 H34	H24 H34	>0.20～0.50	220～265	170	3	—	0.5t
				>0.50～1.50			4	—	1.0t
				>1.50～3.00			4	—	1.5t
		H26 H36	H26 H36	>0.20～0.50	240～285	190	3	—	1.0t
				>0.50～1.50			3	—	1.5t
				>1.50～3.00			3	—	2.5t

（续）

牌号	包铝分类	供应状态	试样状态	厚度(mm)	抗拉强度 R_m(MPa)	规定非比例延伸强度 $R_{p0.2}$(MPa)	断后伸长率(%) $A_{50\,mm}$	断后伸长率(%) $A_{5.65}$	弯曲半径
					≥				
3004 3104	—	H28 H38	H28 H38	>0.20～0.50	260	220	2	—	1.5t
				>0.50～1.50			3	—	2.5t
		H112	H112	>6.00～12.50	160	60	7	—	—
				>12.50～40.00			—	6	—
				>40.00～80.00			—	6	—
		F	—	>2.50～80.00	—				—
3005	—	O H111	O H111	>0.20～0.50	115～165	45	12	—	0t
				>0.50～1.50			14	—	0t
				>1.50～3.00			16	—	0.5t
				>3.00～6.00			19	—	1.0t
		H12	H12	>0.20～0.50	145～195	125	3	—	0t
				>0.50～1.50			4	—	0.5t
				>1.50～3.00			4	—	1.0t
				>3.00～6.00			5	—	1.5t
		H14	H14	>0.20～0.50	170～215	150	1	—	0.5t
				>0.50～1.50			2	—	1.0t
				>1.50～3.00			2	—	1.5t
				>3.00～6.00			3	—	2.0t
		H16	H16	>0.20～0.50	195～240	175	1	—	1.0t
				>0.50～1.50			2	—	1.5t
				>1.50～4.00			2	—	2.5t
		H18	H18	>0.20～0.50	220	200	1	—	1.5t
				>0.50～1.50			2	—	2.5t
				>1.50～3.00			2	—	—
		H22	H22	>0.20～0.50	145～195	110	5	—	0t
				>0.50～1.50			5	—	0.5t
				>1.50～3.00			6	—	1.0t
				>3.00～6.00			7	—	1.5t

（续）

牌号	包铝分类	供应状态	试样状态	厚度(mm)	抗拉强度 R_m(MPa)	规定非比例延伸强度 $R_{p0.2}$(MPa)	断后伸长率(%) $A_{50\,mm}$	断后伸长率(%) $A_{5.65}$	弯曲半径
					≥				
3005	—	H24	H24	>0.20～0.50	170～215	130	4	—	0.5t
				>0.50～1.50			4	—	1.0t
				>1.50～3.00			4	—	1.5t
		H26	H26	>0.20～0.50	195～240	160	3	—	1.0t
				>0.50～1.50			3	—	1.5t
				>1.50～3.00			3	—	2.5t
		H28	H28	>0.20～0.50	220	190	2	—	1.5t
				>0.50～1.50			2	—	2.5t
				>1.50～3.00			3	—	—
3105	—	O H111	O H111	>0.20～0.50	100～155	40	14	—	0t
				>0.50～1.50			15	—	0t
				>1.50～3.00			17	—	0.5t
		H12	H12	>0.20～0.50	130～180	105	3	—	1.5t
				>0.50～1.50			4	—	1.5t
				>1.50～3.00			4	—	1.5t
		H14	H14	>0.20～0.50	150～200	130	2	—	2.5t
				>0.50～1.50			2	—	2.5t
				>1.50～3.00			2	—	2.5t
		H16	H16	>0.20～0.50	175～225	160	1	—	—
				>0.50～1.50			2	—	—
				>1.50～3.00			2	—	—
		H18	H18	>0.20～3.00	195	180	1	—	—
		H22	H22	>0.20～0.50	130～180	105	6	—	—
				>0.50～1.50			6	—	—
				>1.50～3.00			7	—	—
		H24	H24	>0.20～0.50	150～200	120	4	—	2.5t
				>0.50～1.50			4	—	2.5t
				>1.50～3.00			5	—	2.5t

(续)

牌号	包铝分类	供应状态	试样状态	厚度(mm)	抗拉强度 R_m(MPa)	规定非比例延伸强度 $R_{p0.2}$(MPa)	断后伸长率(%)		弯曲半径
							$A_{50\,mm}$	$A_{5.65}$	
					≥				
3105	—	H26	H26	>0.20～0.50	175～225	150	3	—	—
				>0.50～1.50			3	—	—
				>1.50～3.00			3	—	—
		H28	H28	>0.20～1.50	195	170	2	—	—
3102	—	H18	H18	>0.20～0.50	160	—	3	—	—
				>0.50～3.00			2	—	—
5182	—	O H111	O H111	>0.20～0.50	255～315	110	11	—	1.0t
				>0.50～1.50			12	—	1.0t
				>1.50～3.00			13	—	1.0t
		H19	H19	>0.20～0.50	380	320	1	—	—
				>0.50～1.50			1	—	—
5A03	—	O	O	>0.50～4.50	195	100	16	—	—
		H14、H24、H34	H14、H24、H34	>0.50～4.50	225	195	8	—	—
		H112	H112	>4.50～10.00	185	80	16	—	—
				>10.00～12.50	175	70	13	—	—
				>12.50～25.00	175	70	—	13	—
				>25.00～50.00	165	60	—	12	—
		F	—	>4.50～150.00	—	—	—	—	—
5A05	—	O	O	0.50～4.50	275	145	16	—	—
		H112	H112	>4.50～10.00	275	125	16	—	—
				>10.00～12.50	265	115	14	—	—
				>12.50～25.00	265	115	—	14	—
				>25.00～50.00	255	105	—	13	—
		F	—	>4.50～150.00	—	—	—	—	—

（续）

牌号	包铝分类	供应状态	试样状态	厚度(mm)	抗拉强度 R_m(MPa)	规定非比例延伸强度 $R_{p0.2}$(MPa)	断后伸长率(%) $A_{50\,mm}$	断后伸长率(%) $A_{5.65}$	弯曲半径
					≥	≥	≥	≥	
5A06	工艺包铝	O	O	0.50～4.50	315	155	16	—	—
		H112	H112	>4.50～10.00	315	155	16	—	—
				>10.00～12.50	305	145	12	—	—
				>12.50～25.00	305	145	—	12	—
				>25.00～50.00	295	135	—	6	—
		F	—	>4.50～150.00	—	—	—	—	—
5082	—	H18 H38	H18 H38	>0.20～0.50	335	—	1	—	—
		H19 H39	H19 H39	>0.20～0.50	355	—	1	—	—
		F	—	>4.50～150.00	—	—	—	—	—
6061	—	O	O	0.40～1.50	≤150	≤85	14	—	0.5t
				>1.50～3.00			16	—	1.0t
				>3.00～6.00			19	—	1.0t
				>6.00～12.50			16	—	2.0t
				>12.50～25.00			—	16	—
			T42	0.40～1.50	205	95	12	—	1.0t
				>1.50～3.00			14	—	1.5t
				>3.00～6.00			16	—	3.0t
				>6.00～12.50			18	—	4.0t
				>12.50～40.00			—	15	—
			T62	0.40～1.50	290	240	6	—	2.5t
				>1.50～3.00			7	—	3.5t
				>3.00～6.00			10	—	4.0t
				>6.00～12.50			9	—	5.0t
				>12.50～40.00			—	8	—
		T4	T4	0.40～1.50	205	110	12	—	1.0t
				>1.50～3.00			14	—	1.5t
				>3.00～6.00			16	—	3.0t
				>6.00～12.50			18	—	4.0t

(续)

牌号	包铝分类	供应状态	试样状态	厚度(mm)	抗拉强度 R_m(MPa)	规定非比例延伸强度 $R_{p0.2}$(MPa)	断后伸长率(%) $A_{50\ mm}$	断后伸长率(%) $A_{5.65}$	弯曲半径
					≥				
6061	—	T6	T6	0.40～1.50	290	240	6	—	2.5t
				>1.50～3.00			7	—	3.5t
				>3.00～6.00			10	—	4.0t
				>6.00～12.50			9	—	5.0t
		F	F	>2.50～150.00	—	—	—	—	—
6063	—	O	O	0.50～5.00	≤130	—	20	—	—
				>5.00～12.50			15	—	—
				>12.50～20.00			—	15	—
			T62	0.50～5.00	230	180	—	8	—
				>5.00～12.50	220	170	—	6	—
				>12.50～20.00	220	170	6	—	—
		T4	T4	0.50～5.00	150	—	10	—	—
				5.00～10.00	130		10	—	—
		T6	T6	0.50～5.00	240	190	8	—	—
				>5.00～10.00	230	180	8	—	—
6082	—	O	O	0.40～1.50	≤150	≤85	14	—	0.5t
				>1.50～3.00			16	—	1.0t
				>3.00～6.00			18	—	1.5t
				>6.00～12.50			17	—	2.5t
				>12.50～25.00	≤155	—	—	16	—
			T42	0.40～1.50	205	95	12	—	1.5t
				>1.50～3.00			14	—	2.0t
				>3.00～6.00			15	—	3.0t
				>6.00～12.50			14	—	4.0t
				>12.50～25.00			—	13	—
			T62	0.40～1.50	310	260	6	—	2.5t
				>1.50～3.00			7	—	3.5t
				>3.00～6.00			10	—	4.5t

(续)

牌号	包铝分类	供应状态	试样状态	厚度(mm)	抗拉强度 R_m(MPa)	规定非比例延伸强度 $R_{p0.2}$(MPa)	断后伸长率(%) $A_{50\,mm}$	$A_{5.65}$	弯曲半径
					≥				
6082	—	O	T62	>6.00～12.50	300	255	9	—	6.0t
				>12.50～25.00	295	240	—	8	—
		T4	T4	0.40～1.50	205	110	12	—	1.5t
				>1.50～3.00			14	—	2.0t
				>3.00～6.00			15	—	3.0t
				>6.00～12.50			14	—	4.0t
		T6	T6	0.40～1.50	310	260	6	—	2.5t
				>1.50～3.00			7	—	3.5t
				>3.00～6.00			10	—	4.5t
				>6.00～12.50	300	255	9	—	6.0t
		F	F	>4.50～150.00	—	—	—	—	—
8A06	—	O	O	>0.20～0.30	≤110	—	16	—	—
				>0.30～0.50			21	—	—
				>0.50～0.80			26	—	—
				>0.80～10.00			30	—	—
		H14 H24	H14 H24	>0.20～0.30	100	—	1	—	—
				>0.30～0.50			3	—	—
				>0.50～0.80			4	—	—
				>0.80～1.00			5	—	—
				>1.00～4.50			6	—	—
		H18	H18	>0.20～0.30	135	—	1	—	—
				>0.30～0.80			2	—	—
				>0.80～4.50			3	—	—
		H112	H112	>4.50～10.00	70	—	19	—	—
				>10.00～12.50	80		19	—	—
				>12.50～25.00	80		—	19	—
				>25.00～80.00	65		—	16	—
		F	—	>2.50～150.00	—	—	—	—	—

（续）

牌号	包铝分类	供应状态	试样状态	厚度（mm）	抗拉强度 R_m（MPa）	规定非比例延伸强度 $R_{p0.2}$（MPa）	断后伸长率（%） $A_{50\,mm}$	$A_{5.65}$	弯曲半径
					≥				
8011A	—	O H111	O H111	＞0.20～0.50	80～130	30	19	—	—
				＞0.50～1.50			21	—	—
				＞1.50～3.00			24	—	—
		H14	H14	＞0.20～0.50	125～165	110	2	—	—
				＞0.50～3.00			3	—	—
		H24	H24	＞0.20～0.50	125～165	100	3	—	—
				＞0.50～1.50			4	—	—
				＞1.50～3.00			5	—	—
		H18	H18	＞0.20～0.50	165	145	1	—	—
				＞0.50～3.00			2	—	—

（3）铝及铝合金轧制板材（传统品种）

牌号	状态代号 供应状态	试样状态	厚度（mm）	抗拉强度 σ_b	规定非比例伸长应力 $\sigma_{p0.2}$	伸长率 δ（%） 5D	50 mm
				（MPa） ≥			
1A97 1A93	H112	H112	＞4.5～80		—		
	F	—	＞4.5～150				
1A90 1A85	H112	H112	＞4.5～12.5	60		—	21
			＞12.5～20	90	—	19	—
			＞20～80				
	F	—	＞4.5～150		—		
1070 1070A 1060	O	O	＞0.2～0.3	55～95		—	15
			＞0.3～0.5				20
			＞0.5～0.8		—		25
			＞0.8～1.3				30
			＞1.3～10		15		35
	H12 H22	H12 H22	＞0.2～0.3	70～110	—	—	2
			＞0.3～0.5				3
			＞0.5～0.8				4
			＞0.8～1.3		55	—	6
			＞1.3～2.9				8
			＞2.9～4.5				9

(续)

牌号	状态代号		厚度 (mm)	抗拉强度 σ_b	规定非比例伸长应力 $\sigma_{p0.2}$	伸长率 δ (%)	
	供应状态	试样状态		(MPa) ≥		5D	50 mm
1070 1070A 1060	H14 H24	H14 H24	>0.2~0.3	85~120	—	—	1
			>0.3~0.5				2
			>0.5~0.8				3
			>0.5~1.3		65	—	4
			>1.3~2.9				5
			>2.9~4.5				6
	H16 H26	H16 H26	>0.2~0.5	100~135	—	—	1
			>0.5~0.8				2
			>0.8~1.3		75	—	3
			>1.3~4.5				4
	H18	H18	>0.2~0.5	120	—	—	1
			>0.5~0.8				2
			>0.8~1.3				3
			>1.3~4.5				4
	H112	H112	>4.5~6.5	75	35	—	13
			>6.5~12.5	70	35	—	15
			>12.5~25	60	25	20	—
			>25~80	55	15	25	—
	F	—	>4.5~150	—	—	—	—
1050 1050A 1145	O	O	>0.2~0.5	80~100	—	—	15
			>0.5~0.8				20
			>0.8~1.3		20	—	25
			>1.3~6.5				30
			>0.5~10				28
	H12 H22	H12 H22	>0.2~0.3	80~120	—	—	2
			>0.3~0.5				3
			>0.5~0.8				4
			>0.8~1.3		65	—	6
			>1.3~2.9				8
			>2.9~4.5				9
	H14 H24	H14 H24	>0.2~0.3	95~125	—	—	1
			>0.3~0.5				2
			>0.5~0.8				3
			>0.8~1.3		75	—	4
			>1.3~2.9				5
			>2.9~4.5				6

(续)

牌号	状态代号		厚度 (mm)	抗拉强度 σ_b	规定非比例伸长应力 $\sigma_{p0.2}$	伸长率 δ (%)	
	供应状态	试样状态		(MPa) ⩾		5D	50 mm
1050 1050A 1145	H16 H26	H16 H26	>0.2～0.5	120～145	—	—	1
			>0.5～0.8				2
			>0.8～1.3		85		3
			>1.3～4.5				4
	H18	H18	>0.2～0.5	125	—	—	1
			>0.5～0.8				2
			>0.8～1.3				3
			>1.3～4.5				4
	H112	H112	>4.5～6.5	85	45	—	10
			>6.5～12.5	80	45	—	10
			>12.5～25	70	35	16	—
			>25～80	65	20	22	—
	F	—	>4.5～150	—	—	—	—
1100 1200	O	O	>0.2～2.5	75～110	—	—	15
			>0.5～0.8				20
			>0.8～1.3		25	—	25
			>1.3～6.5				30
			>0.5～10				28
	H12 H22	H12 H22	>0.2～0.3	95～125	—	—	2
			>0.3～0.5				3
			>0.5～0.8				4
			>0.8～1.3		75	—	6
			>1.3～2.9				8
			>2.9～4.5				9
	H14 H24	H14 H24	>0.2～0.3	120～145	—	—	1
			>0.3～0.5				2
			>0.5～0.8				3
			>0.8～1.3		95	—	4
			>1.3～2.9				5
			>2.9～4.5				6
	H16 H26	H16 H26	>0.2～0.5	130～165	—	—	1
			>0.5～0.8				2
			>0.8～1.3		120	—	3
			>1.3～4.5				4

（续）

牌号	状态代号 供应状态	状态代号 试样状态	厚度（mm）	抗拉强度 σ_b （MPa）≥	规定非比例伸长应力 $\sigma_{p0.2}$ （MPa）≥	伸长率 δ （%） 5D	伸长率 δ （%） 50 mm
1100 1200	H18	H18	＞0.2～0.5	155	—	—	1
			＞0.5～0.8				2
			＞0.8～1.3				3
			＞1.3～4.5				4
	H112	H112	＞4.5～6.5	95	50	—	9
			＞6.5～12.5	90			9
			＞12.5～50	85	35	14	—
			＞50～80	80	25	20	—
	F	—	＞4.5～15	—	—	—	—
2017（正常包铝板或工艺包铝）	O	O	0.5～10	≤215	≤110	—	12
	O	T42	0.5～1.6	355	195	—	15
			＞1.6～2.9				17
			＞2.0～6.5				15
			＞6.5～10		185	—	12
	T3	T3	0.5～1.6	375	215	—	15
			＞1.6～2.9				17
			＞2.9～10				16
	T4	T4	0.5～1.6	355	195	—	16
			＞1.6～2.9				17
			＞2.9～10				15
	H112	T42	＞4.5～6.5	355	195	—	12
			＞6.5～12.5		185	—	—
			＞12.5～25		185	12	—
			＞25～40	330	195	8	—
			＞40～70	310	195	6	—
			＞70～80	285	195	7	—
	F	—	＞4.5～150	—	—	—	—
2A11（正常包铝或工艺包铝）	O	O	0.5～2.9	≤225	—	—	12
			＞2.9～10	≤235			
	O	T42	0.5～2.9	350	185	—	15
			＞2.9～10	355	195	—	15
	T3	T3	0.5～1.6	375	215	—	15
			＞1.6～2.9				17
			＞2.9～10				15

(续)

牌号	状态代号 供应状态	状态代号 试样状态	厚度 (mm)	抗拉强度 σ_b (MPa) ≥	规定非比例伸长应力 $\sigma_{p0.2}$ (MPa) ≥	伸长率 δ (%) 5D	伸长率 δ (%) 50 mm
2A11（正常包铝或工艺包铝）	T4	T4	0.5～2.9	360	185	—	15
			>2.9～10	370	195		
	H112	T42	>4.5～10	355	195	—	15
			>10～12.5	370	215	—	11
			>12.5～25	370	215	11	—
			>25～40	330	195	8	—
			>40～70	310	195	6	—
			>70～80	285	195	4	—
	F	—	>4.5～150	—	—	—	—
2014（工艺包铝）	O	O	0.5～10	≤205	≤95	—	16
	O	T62	0.5	425	370	—	7
			>0.5～1.0	435	380	—	7
			>1.0～10	440	395	—	8
	T6	T6	0.5	425	370	—	7
			>0.5～1.0	435	380	—	7
			>1.0～10	440	395	—	8
	H112	T62	>4.5～12.5	440	395	—	8
			>12.5～25	460	395	—	8
			>25～40	460	405	5	—
	F	—	>4.5～150	—	—	—	—
2A14（工艺包铝）	O	O	0.5～10	≤245	—	—	10
	T6	T6	0.5～10	430	340	—	5
	H112	T62	>4.5～12.5	430	340	—	5
			>12.5～40			5	—
	F	—	>4.5～150	—	—	—	—
2024（正常包铝或包铝工艺）	0	0	0.5～1.6	≤205	≤95	—	12
			>1.6～10	≤220		—	12
		T42	0.5～1.6	395	235	—	15
			>1.6～10	415	250	—	15
			0.5～1.6	415	250	—	12
	T3	T3	>1.6～6.5	405	270	—	15
			>6.5～10	420	275	—	15

(续)

牌号	状态代号 供应状态	状态代号 试样状态	厚度 (mm)	抗拉强度 σ_b (MPa) ≥	规定非比例伸长应力 $\sigma_{p0.2}$ (MPa) ≥	伸长率 δ (%) 5D	伸长率 δ (%) 50 mm
2024（正常包铝或包铝工艺）	T4	T4	0.5～1.6 >1.6～10	400 420	245 260	— —	15 15
	H112	T42	>4.5～6.5 >6.5～12.5 >12.5～25 >25～40 >40～50 >50～80	415 415 420 415 415 420	260 250 260 260 260 260	— — 7 6 5 3	15 12 — — — —
	F	—	>4.5～150	—	—	—	—
2A12（正常包铝或工艺包铝）	O	O	0.5～4.5	≤215	—	—	14
	O	O	>4.5～10	≤235	—	—	12
	O	T42	0.2～2.9 >2.9～10	300 410	245 265	— —	15 12
	T3	T3	0.5～1.6 >1.6～10	405 420	270 275		15 15
	T4	T4	0.5～2.9 >2.9～4.5 >4.5～10	405 425 425	270 275 275	— — —	15 13 12
	H112	T42	>4.5～10 >10～12.5 >12.5～25	410 420 420	265 275 275	— — 7	12 7 —
			>25～40 >40～70 >70～80	390 375 346	255 245 245	5 4 3	— — —
	F	—	>4.5～150	—	—	—	—
3003	O	O	>0.2～0.5 >0.5～1.3 >1.3～6.5 >6.5～10	95～130	35	—	20 22 25 23
	H12 H22	H12 H22	>0.2～0.5 >0.5～0.8 >0.8～1.3 >1.3～4.5	120～160	85	—	3 3 4 6

（续）

牌号	状态代号		厚度 (mm)	抗拉强度 σ_b	规定非比例伸长 应力 $\sigma_{p0.2}$	伸长率 δ (%)	
	供应 状态	试样 状态		(MPa) ≥		5D	50 mm
3003	H14 H24	H14 H24	>0.2～0.5 >0.5～0.8 >0.8～1.3 >1.3～2.9 >2.9～4.5	140～180	115	—	1 2 3 5 5
	H16 H26	H16 H26	>0.2～0.5 >0.5～0.8 >0.8～1.3 >1.3～4.5	165～205	145	—	1 2 3 4
	H18	H18	>0.2～0.5 >0.5～0.8 >0.8～1.3 >1.3～4.5	185	165	—	1 2 3 4
	H112	H112	>4.5～12.5 >12.5～50 >50～80	115 105 100	70 40 40	— 12 18	8 — —
	F	—	>4.5～150	—	—	—	—
3A21	O	O	>0.2～0.8 >0.8～4.5 >4.5～10	100～150	—	—	19 23 21
	H14 H24	H14 H24	>0.2～0.8 >0.8～1.3 >1.3～4.5	145～215	—	—	6 6 6
	H18	H18	>0.2～0.5 >0.5～0.8 >0.8～1.3 >1.3～4.5	185	—	—	1 2 3 4
	H112	H112	>4.5～10 >10～12.5 >12.5～25 >25～80	110 120 120 110	—	— — 16 16	16 16 — —
	F	—	>4.5～150	—	—	—	—
3004	O	O	>0.2～0.5 >0.5～0.8 >0.8～1.3 >1.3～6.5 >6.5～10	150～200	60	—	9 12 15 18 16

（续）

牌号	状态代号		厚度 （mm）	抗拉强度 σ_b	规定非比例伸长 应力 $\sigma_{p0.2}$	伸长率 δ （%）	
	供应 状态	试样 状态		（MPa） ≥		5D	50 mm
3004	H12 H22	H12 H22	>0.5～0.8 >0.8～1.3 >1.3～4.5	190～240	145	—	1 3 5
	H14 H24	H14 H24	>0.2～0.5 >0.5～0.8 >0.8～1.3 >1.3～4.5	220～265	170	—	1 2 3 4
	H16 H26	H16 H26	>0.2～0.5 >0.5～0.8 >0.8～1.3 >1.3～4.5	240～285	190	—	1 2 3 4
	H18	H18	>0.2～0.3 >0.3～0.8 >0.8～1.3 >1.3～1.5	260	215	—	1 1 2 4
	H112	H112	>4.5～12.5 >12.5～40 >40～80	160	60	— 6 6	7
5A02	O	O	>0.5～1.0 >1.0～10	165～225	—	—	17 19
	H14 H24 H34	H14 H24 H34	>0.5～1.0 >1.0～4.5	235	—	—	4 5
	H18	H18	>0.5～1.0 >1.0～4.5	265	—	—	3 4
	H112	H112	>4.5～12.5 >12.5～25 >25～80	175 175 155	—	— 7 6	7 — —
	F	—	>4.5～150	—	—	—	—
5A03	O	O	0.5～4.5	195	100	—	16
	H14	H24、 H34	>0.5～4.5	225	195	—	8

（续）

牌号	状态代号 供应状态	状态代号 试样状态	厚度（mm）	抗拉强度 σ_b（MPa）≥	规定非比例伸长应力 $\sigma_{p0.2}$（MPa）≥	伸长率 δ（%）5D	伸长率 δ（%）50 mm
5A03	H112	H112	＞4.5～10	185	80	—	16
			＞10～12.5	175	70	—	13
			＞12.5～25	175	70	13	—
			＞25～50	165	60	12	—
	F	—	＞4.5～150	—	—	—	—
5A05	O	O	0.5～4.5	275	145	—	16
	H112	H112	＞4.5～10	275	125	—	16
			＞10～12.5	265	115	—	14
			＞12.5～25	265	115	14	—
			＞25～30	255	305	13	—
	F	—	＞4.5～150	—	—	—	—
5A06（工艺包铝）	O	O	0.5～4.5	315	155	—	15
	H112	H112	＞4.5～10	315	155	—	16
			＞10～12.5	305	145	—	12
			＞12.5～25	305	145	12	—
			＞25～50	295	135	6	—
5052	O	O	＞0.5～0.8	170～215	65	—	15
			＞0.8～1.3				17
			＞1.3～6.5				19
			＞6.5～10				18
	H12 H22 H23		＞0.5～1.3	215～205	160	—	6
			＞1.3～4.5				7
	H14、H24 H34		＞0.5～0.8	235～285	180	—	3
			＞0.8～1.3				4
			＞1.3～4.5				6
	H16 H26 H36		0.5～0.8	235～305	200	—	3
			＞0.8～4.5				4
	H18 H38		0.5～0.8	270	220	—	3
			＞0.8～4.5				4
	H112		＞4.5～6.5	195	110	—	9
			＞6.5～12.5	195	110	—	7
			＞12.5～40	175	65	10	—
			＞40～80	175	65	14	—
	F	—	＞4.5～150	—	—	—	—

（续）

牌号	状态代号		厚度 (mm)	抗拉强度 σ_b	规定非比例伸长应力 $\sigma_{p0.2}$	伸长率 δ (%)	
	供应状态	试样状态		(MPa) ⩾		5D	50 mm
5005	O		0.5～0.8 >0.8～1.3 >1.3～6.5 >6.5～10	105～145	35	—	16 19 21 22
	H12、H32		0.5～0.8 >0.8～1.3 >1.3～4.5	125～165	95	—	3 4 7
	H14、H34		0.5～0.8 >0.8～1.3 >1.3～4.5	145～185	115	—	2 2 3
	H16、H36		0.5～0.8 >0.8～1.3 >1.3～4.5	165～205	135	—	1 2 3
	H18、H38		0.5～0.8 >0.8～1.3 >1.3～4.5	185	—	—	1 2 3
	H112		>4.5～12.5 >12.5～40 >40～80	115 105 100	—	 10 16	8 — —
	F	—	>4.5～150	—	—	—	—
5083	O		0.5～4.5	275～350	125～200		16
	H112		>4.5～6.5 >6.5～12.5 >12.5～40	275	125	— — 10	11 12 —
			>40～50	270	115	10	—
	F	—	>4.5～150	—	—	—	—
5086	O		0.5～1.3 >1.3～4.5	240～305	95	—	16 18
	H112		>4.5～12.5 >12.5～40 >40～50	250 240 255	125 105 95	— 9 12	8 — —
	F	—	>4.5～150	—	—	—	—
6A02	O	O	0.5～4.5 >4.5～10	⩽145	—	—	21 16
		T62	>0.5～4.5 >4.5～10	295	—	—	11 8

（续）

牌号	状态代号 供应状态	状态代号 试样状态	厚度（mm）	抗拉强度 σ_b (MPa) ≥	规定非比例伸长应力 $\sigma_{p0.2}$ (MPa) ≥	伸长率 δ（%） 5D	伸长率 δ（%） 50 mm
6A02	T4		0.5～0.8 ＞0.8～2.9 ＞2.9～4.5 ＞4.5～10	195 195 195 175	—	—	19 21 19 17
	T6		0.5～4.5 ＞4.5～10	295	—	—	11 8
	H112	T62	＞4.5～12.5 ＞12.5～25 ＞25～40 ＞40～80	295 295 285 275	—	— 7 6 6	8 — — —
		T42	＞4.5～12.5 ＞12.5～25 ＞25～40 ＞40～80	175 175 165 165	—	— 14 12 10	17 — — —
	F	—	＞4.5～150	—	—	—	—
7A04 7A09 （正常包铝或包铝工艺）	O	O	0.5～10	≤245	—	—	11
		T62	0.5～2.9 ＞2.9～10	470 490	390 410	—	7
	T6		0.5～2.9 ＞2.9～10	480 490	400 410	—	7
	H112	T62	＞4.5～10 ＞10～12.5 ＞12.5～25 ＞25～40	490	410	— — 4 3	7 4 — —
	F	—	＞4.5～150	—	—	—	—
7075 （正常包铝或包铝工艺）	O	O	0.5～1.6 ＞1.6～10	≤250 ≤270	≤140 ≤145	—	10
		T62	0.5～1.0 ＞1.0～1.6 ＞1.6～4.5 ＞4.5～6.5 ＞6.5～10	485 495 505 515 515	415 425 435 440 445	— — — — —	7 8 8 8 9
	T6		0.5～1.0 ＞1.0～1.6 ＞1.6～6.5 ＞6.5～10	485 495 505 515	415 425 435 445	— — — —	7 8 8 9

（续）

牌号	状态代号		厚度（mm）	抗拉强度 σ_b	规定非比例伸长应力 $\sigma_{p0.2}$	伸长率 δ（%）	
	供应状态	试样状态		（MPa） ≥		5D	50 mm
7075（正常包铝或包铝工艺）	H112	T62	＞4.5～6.5	515	440	—	8
			＞6.5～12.5	515	445	—	9
			＞12.5～25	540	470	6	—
			＞25～40	530	460	5	—
	F	—	＞4.5～150	—	—	—	—
8A06	O		＞0.2～0.3	⩽100	—	—	16
			＞0.3～0.5				21
			＞0.5～0.8				26
			＞0.8～1.0				30
	H14 H24		＞0.2～0.3	100	—	—	1
			＞0.3～0.5				3
			＞0.5～0.8				4
			＞0.8～1.0				5
			＞1.0～4.5				6
	H18		＞0.2～0.3	135	—	—	1
			＞0.3～0.8				2
			＞0.8～4.5				3
	H112		＞4.5～10	70	—	—	19
			＞10～12.5	80		—	19
			＞12.5～25	80		19	—
			＞25～80	65		16	—
	F	—	＞4.5～150	—	—	—	—
2A11、2017	H112	T42	35～80	295	—	4	—
2A12、2024	H112	T42	35～80	345	—	3	—
7A04 7A09 7075	H112	T62	35～40	390	—	2	—

注：1. 上表最后三行是铝合金厚板室温时的性能（GB/T 3880—1997），当需方提出要求并列入合同，供货方才提供此项性能。

2. GB/T 3880.1—2006 中删除了 1070A、2A12、2A14、3A21、5A02、7A04、7A09 等 7 个牌号。考虑到在查找存档图纸、技术文件时，需参阅对照，故予保留备查。

3. 在表 A 中的 A 类、B 类，是根据板、带材的加工特点，将铝及铝合金划分为 A、B 两类，见下表。

铝及铝合金类别

牌号系列	铝或铝合金类别	
	A	B
1×××	所有	—
2×××	—	所有
3×××	Mn的最大规定值不大于1.8%,Mg的最大规定值不大于1.8%,Mn的最大规定值与Mg的最大规定值之和不大于2.3%	A类外的其他合金
4×××	Si的最大规定值不大于2%	A类外的其他合金
5×××	Mg的最大规定值不大于1.8%,Mn的最大规定值不大于1.8%,Mg的最大规定值与Mn的最大规定值之和不大于2.3%	A类外的其他合金
6×××	—	所有
7×××	—	所有
8×××	不可热处理强化的合金	可热处理强化的合金

13. 铝及铝合金铆钉用线材

(1) 铝及铝合金铆钉用线材品种和规格(摘自GB/T 3196—2008)

类　别	牌　号	状态代号	直径(mm)
工业纯铝	1035	H18 H14	1.6～3.0 >3.0～10.0
铝镁合金	5A02 5A06、5B05	H14 H12	>1.6～10.0 >1.6～10.0
铝锰合金	3A21	H14	>1.6～10.0
铝铜合金(硬铝)	2B11 2B12 2A01 2A04 2A10	H14	>1.6～10.0
超硬铝	7A03	H14	>1.6～10
直径系列(mm)	1.6,2.0,2.27,2.30,2.58,2.60,2.90,3.00,3.41,3.45,3.48,3.50,3.84,3.98,4.00,4.10,4.35,4.40,4.48,4.50,4.75,4.84,5.00,5.10,5.23,5.27,5.50,5.75,5.84,6.00,6.50,7.00,7.10,7.50,7.76,7.80,8.00,8.50,8.94,9.00,9.50,9.76,9.94,10.0		
选用要点	1. 2B11(LY8)、2B12(LY9)不推荐使用 2. LY11(Д1)是经过热处理强化的硬铝铆钉,其特点是有较高的强度(经淬火及自然时效后,抗剪强度τ=220～235 MPa),淬火后有效铆接时间2 h。超过时间,铆钉硬度剧增,无法铆接,必须重新淬火后方可继续使用,工艺极其繁琐		

(续)

类 别	牌 号	状态代号	直径(mm)
选用要点	3. LY12(Д16п),经淬火及自然时效后 $\tau=255$ MPa,淬火后有效铆接时间 20 min(分)、超过时间,铆钉硬度剧增,无法铆接,只得重新淬火后再铆,工艺繁琐复杂 4. 上述两种铝铆钉已被 2A10(LY10,又称 B65)所代用,抗剪强度 $\tau=235$ MPa,是经过热处理强化的硬铝铆钉,由于其强度高、塑性好,特别是经过淬火后,具有一定的受范性,且性能稳定。工艺简单、淬火且自然时效、阳极氧化处理后,不受时间限制,随时可铆。因此已被广泛用于铝合金结构 1035、5A02、5A06、5B05、3A21 广泛用于受力不大的结构		

注:1. 规格和力学性能见第 7 节“铝箔和线材”。
2. 铆钉用线材热处理、表面处理和用途,见下表。

(2) 铝及铝合金铆钉用线材热处理及用途

类 别	现行标准牌号	旧牌号代号	前苏联代号ГОСТ	热处理	表面处理	用 途
工业纯铝	1035	L4	АД1	热处理不可强化(不用热处理)	一般作阳极氧化处理(表面有一种金黄色保护膜)	强度很低,用于纯铝结构及器皿
铝镁合金	5A02	LF2	АМг			抗剪强度较低,用于受力不大的构件,例如铝镁合金结构、器具、仪器仪表外壳等
	5A06	LF6	АМг6			
	5B05	LF10	АМг5п			
铝锰合金	3A21	LF21	АМц			强度低,用于家具结构
铝铜合金(硬铝)	2B12	LY9	Д16п	不推荐使用		
	2A04	LY4	Д19п	—		
	2B11	LY8	Д1п	不推荐使用		
	2A01	LY1	Д18п	淬火温度 500 ℃±5 ℃,直径 2~5 mm,保温 20 min,直径 6~9.5 mm,保温30 min,时效:室温 4 昼夜		
	2A10	LY10	B65	淬火温度,515 ℃±5 ℃,保温 40~50 min,时效:75 ℃±5 ℃ 24 h		
超硬铝	7A03	LC3	B94	淬火温度 470 ℃±5 ℃,保温 40~50 min,分级时效:100 ℃±5 ℃, 3 h, 168 ℃±5 ℃, 3 h		

14. 铝及铝合金焊条用线材(摘自 GB/T 3197—2008)

铝及铝合金线材牌号	状　态	直径(mm)
1070A，1060，1050A，1200，8A06	H18，O H14，O	0.8～10.0 ＞3.0～10.0
2A14，3A21，4A01，5A02，5A03	H18，O H14，O H12，O	＞0.8～10.0 ＞0.8～10.0 ＞7.0～10.0
5A05，5B05，5A06，5B06，5A33，5183	H18，O H14，O H12，O	＞0.8～10.0 ＞0.8～10.0 ＞7.0～10.0

注：1. 经供需双方协商，可供应表中规定以外的焊条用线材。
　　2. 规格及力学性能见第 7 节。

15. 铝及铝合金管(GB/T 4436—1995)

(1) 铝及铝合金圆管

(mm)

圆管公称外径	冷拉圆管	热挤压圆管	拉制圆管	圆管公称外径	冷拉圆管	热挤压圆管	拉制圆管
	壁厚	壁厚	壁厚		壁厚	壁厚	壁厚
6	0.5～1.0	—	1.0	26	0.75～5.0	—	1.0～2.5
7	0.5～1.5	—	—	27	0.75～5.0	—	—
8	0.5～2.0	—	1.0～1.5	28	0.75～5.0	3～6	1.0～2.5
9	0.5～2.0	—	—	30	0.75～5.0	3～7.5	1.0～2.5
10	0.5～2.5	—	1.0～2.0	32	0.75～5.0	3～7.5	1.0～2.5
11	0.5～2.5	—	—	34	0.75～5.0	3～10	1.0～2.5
12	0.5～3.0	—	1.0～2.0	36	0.75～5.0	3～10	1.5～3.0
14	0.5～3.0	—	1.0～2.0	38	0.75～5.0	3～10	1.5～3.0
15	0.5～3.0	—	—	40	0.75～5.0	3～12.5	1.5～3.0
16	0.5～3.5	—	1.0～2.0	42	0.75～5.0	3～12.5	1.5～3.0
18	0.5～3.5	—	1.0～2.0	45	0.75～5.0	3～15	1.5～3.0
20	0.5～4.0	—	1.0～2.0	48	0.75～5.0	3～15	1.5～3.0
22	0.5～5.0	—	1.0～2.5	50	0.75～5.0	3～15	1.5～3.0
24	0.5～5.0	—	1.0～2.5	52	0.75～5.0	5～15	2.0～3.5
25	0.5～5.0	3～5	—	55	0.75～5.0	5～15	2.0～3.5

(续)

圆管公称外径	冷拉圆管	热挤压圆管	拉制圆管	圆管公称外径	冷拉圆管	热挤压圆管	拉制圆管
	壁厚	壁厚	壁厚		壁厚	壁厚	壁厚
58	0.75～5.0	5～15	2.0～3.5	80	2.0～5.0	7.5～22.5	2.5～4.0
60	0.75～5.0	5～17.5	2.0～3.5	85	2.0～5.0	7.5～25	3.0～4.0
65	1.5～5.0	7.5～20	2.0～3.5	90	2.0～5.0	7.5～25	3.0～4.0
70	1.5～5.0	7.5～20	2.0～3.5	95	2.0～5.0	7.5～25	3.0～4.0
75	1.5～5.0	7.5～22.5	2.5～4.0	100	2.5～5.0	7.5～30	3.0～5.0

(2) 铝及铝合金方管、矩形管、椭圆形管

(mm)

方管		矩形管		椭圆形管		
公称边长a	壁厚	a×b	壁厚	A	B	壁厚
10	1.0～1.5	14×10	1.0～2.0	27	11.5	1
12	1.0～1.5	16×12	1.0～2.0	33.5	14.5	1
14	1.0～2.0	18×10	1.0～2.0	40.5	17	1
16	1.0～2.0	18×14	1.0～2.0	40.5	17	1.5
18	1.0～2.5	20×12	1.0～2.5	47	20	1
20	1.0～2.5	22×14	1.0～2.5	47	20	1.5
22	1.5～3.0	25×15	1.0～2.5	54	23	1.5
25	1.5～3.0	28×16	1.0～3.0	54	23	2
28	1.5～4.5	28×22	1.0～3.0	60.5	25.5	1.5
32	1.5～4.5	32×18	1.0～4.0	60.5	25.5	2
36	1.5～4.5	32×25	1.0～4.0	67.5	28.5	1.5
40	1.5～4.5	36×20	1.0～5.0	67.5	28.5	2
42	1.5～5.0	36×28	1.0～5.0	74	31.5	1.5
45	1.5～5.0	40×25	1.5～5.0	74	31.5	2
50	1.5～5.0	40×30	1.5～5.0	81	34	2
55	2.0～5.0	45×30	1.5～5.0	81	34	2.5
60	2.0～5.0	50×30	1.5～5.0	87.5	37	2
65	2.0～5.0	55×40	1.5～5.0	87.5	37	2.5
70	2.0～5.0	60×40	2.0～5.0	—	—	—
—	—	70×50	2.0～5.0	—	—	—

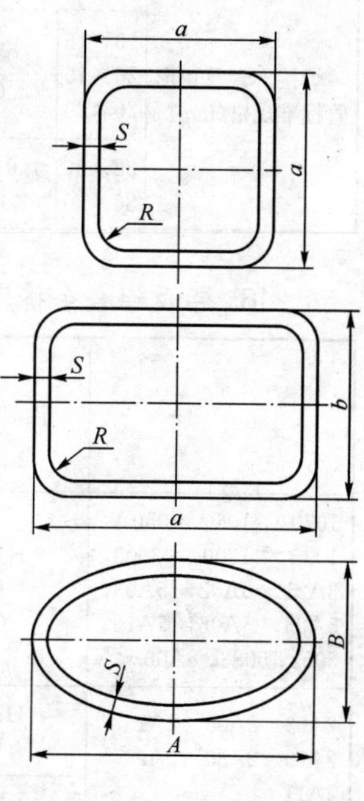

(3) 铝及铝合金焊接管的品种和规格(摘自 GB/T 10571—1996)

<table>
<tr><th>名　称</th><th colspan="4">牌　号</th><th colspan="2">状 态</th><th colspan="2">壁　厚</th></tr>
<tr><td rowspan="4">焊接管的牌号、状态和壁厚(mm)</td><td colspan="4" rowspan="3">1070A，1060，1050A，1035，1200，1100，8A06，3A21</td><td colspan="2">O</td><td colspan="2">1.0～3.0</td></tr>
<tr><td colspan="2">H14</td><td colspan="2">0.8～3.0</td></tr>
<tr><td colspan="2">H18</td><td colspan="2">0.5～3.0</td></tr>
<tr><td colspan="4">5A02</td><td colspan="2">O、H14、H18</td><td colspan="2">0.8～3.0</td></tr>
<tr><td rowspan="6">焊接圆管的标准规格(mm)</td><td colspan="2">外径</td><td colspan="2">壁厚</td><td colspan="2">外径</td><td colspan="2">壁厚</td></tr>
<tr><td colspan="2">9.5，12.7，15.9</td><td colspan="2">0.5～1.2</td><td colspan="2">30　31.8</td><td colspan="2">1.2～2.0</td></tr>
<tr><td colspan="2">16，19.1，20</td><td colspan="2">0.5～1.2</td><td colspan="2">32　33　36　40</td><td colspan="2">1.2～2.5</td></tr>
<tr><td colspan="2">22　22.2</td><td colspan="2">0.5～1.8</td><td colspan="2">50.8，65，75，76.2</td><td colspan="2">1.2～3.0</td></tr>
<tr><td colspan="2">25　25.4</td><td colspan="2">0.8～2.0</td><td colspan="2">80　85　90</td><td colspan="2">1.2～3.0</td></tr>
<tr><td colspan="2">28</td><td colspan="2">1.0～2.0</td><td colspan="2">100　105　120</td><td colspan="2">1.5～3.0</td></tr>
<tr><td rowspan="3">焊接方管及矩形管标准规格(mm)</td><td>宽×高</td><td>壁厚</td><td>宽×高</td><td>壁厚</td><td>宽×高</td><td>壁厚</td><td>宽×高</td><td>壁厚</td></tr>
<tr><td>16×16
20×15
20×20</td><td>1.0～2.0</td><td>22×10</td><td>0.8～1.5</td><td>22×20
25×15</td><td>1.0～2.0</td><td>30×16</td><td>0.8～1.5</td></tr>
<tr><td>32×30
36×20</td><td>1.0～2.0</td><td>40×20</td><td>1.0～1.5</td><td>40×25</td><td>1.2～2.0</td><td>40×40
50×30</td><td>1.2～2.5</td></tr>
</table>

16. 铝及铝合金挤压棒的品种和规格(GB/T 3191—1998)

<table>
<tr><th rowspan="3">牌　号</th><th rowspan="3">供应状态</th><th colspan="2">圆棒(直径)</th><th colspan="2">方棒、六角棒</th></tr>
<tr><th colspan="2">直径(mm)</th><th colspan="2">内切圆直径(mm)</th></tr>
<tr><th>普通棒</th><th>高强度棒</th><th>普通棒</th><th>高强度棒</th></tr>
<tr><td>1070A，1060，1050A，1035，1200，3003，3A21，5A02，5A03，5A05，5A06，5A12，5052，5083，8A06</td><td>H112
F
O</td><td>5～600</td><td>—</td><td>5～200</td><td>—</td></tr>
<tr><td rowspan="2">2A02　2A06　2A16
2A70　2A80　2A90
4A11</td><td>H112
F</td><td>5～600</td><td>—</td><td>5～200</td><td>—</td></tr>
<tr><td>T6</td><td>5～150</td><td>—</td><td>5～150</td><td>—</td></tr>
<tr><td rowspan="2">2A14　2A50　6A02
7A04　7A09</td><td>H112、F</td><td>5～600</td><td>20～160</td><td>5～200</td><td>20～100</td></tr>
<tr><td>T6</td><td>5～150</td><td>20～120</td><td>5～120</td><td>20～100</td></tr>
</table>

(续)

牌　　号	供应状态	圆棒(直径)		方棒、六角棒	
		直径(mm)		内切圆直径(mm)	
		普通棒	高强度棒	普通棒	高强度棒
2A11　2A12	H112、F T4	5～600 5～150	20～160 20～120	5～200 5～120	20～100 20～100
2A13	H112、F T4	5～600 5～150	— —	5～200 5～120	— —
6063	T5、T6 F	5～25 5～600	— —	5～25 5～200	— —
6061	H112、F T6　T4	5～600 5～150	— —	5～200 5～120	— —

注：棒的不定尺长度：直径≤50 mm，长度为 1～6 m，直径＞50 mm，长度为 0.5～6 m。

17. 铸造铝合金

(1) 铸造铝合金化学成分(GB/T 1173—1995)

序号	合金牌号	代号	化学成分(%)余量为铝									砂型铸造工艺	金属型铸造工艺
			硅	铜	镁	锌	锰	钛	镍	铍	锑	杂质总和≤	
1	ZAlSi7Mg	ZL101	6.5～7.5	—	0.25～0.45	—	—	—	—	—		1.1	1.5
2	ZAlSi7MgA	ZL101A	6.5～7.5	—	0.25～0.45	—	—	—	—	—		0.7	0.7
3	ZAlSi12	ZL102	10～13	—	—	—	—	—	—	—		2.0	2.2
4	ZAlSi9Mg	ZL104	8.0～10.5	—	0.17～0.35	—	0.2～0.5	—	—	—	—	1.1	1.4
5	ZAlSi5Cu1Mg	ZL105	4.5～5.5	1.0～1.5	0.4～0.6	—	—	—	—	—	—	1.1	1.4
6	ZAlSi5Cu1MgA	ZL105A	4.5～5.5	1.0～1.5	0.4～0.55	—	—	—	—	—	—	0.5	0.5
7	ZAlSi8Cu1Mg	ZL106	7.5～8.5	1.0～1.5	0.3～0.5	—	0.3～0.5	0.1～0.25	—	—	—	0.9	1.0

（续）

序号	合金牌号	代号	化学成分(%)余量为铝									砂型铸造工艺	金属型铸造工艺
			硅	铜	镁	锌	锰	钛	镍	铍	锑	杂质总和≤	
8	ZAlSi7Cu4	ZL107	6.5～7.5	3.5～4.5	—	—	—	—	—	—	—	1.0	1.2
9	ZAlSi12Cu2Mg1	ZL108	11.0～13.0	1.0～2.0	0.4～1.0	—	0.3～0.9	—	—	—	—	—	1.2
10	ZAlSi12Cu1Mg1-Ni1	ZL109	11.0～13.0	0.5～1.5	0.8～1.3	—	—	—	0.8～1.5	—	—	—	1.2
11	ZAlSi5Cu6Mg	ZL110	4.6～6.0	5.0～8.0	0.2～0.5	—	—	—	—	—	—	—	2.7
12	ZAlSi9Cu2Mg	ZL111	8.0～10	1.3～1.8	0.4～0.6	—	0.1～0.35	0.1～0.35	—	—	—	1.0	1.0
13	ZAlSi7Mg1A	ZL114A	6.5～7.5	—	0.45～0.60	—	—	0.1～0.2	—	0.04～0.07		0.75	0.75
14	ZAlSi5Zn1Mg	ZL115	4.8～6.2	—	0.40～0.65	1.2～1.8	—	—	—	—	0.1～0.25	0.8	1.0
15	ZAlSi8MgBe	ZL116	6.5～8.5	—	0.35～0.55	—	—	0.10～0.30	—	0.15～0.40	—	1.0	1.0
16	ZAlCu5Mg	ZL201	—	4.5～5.3	—	—	0.6～1.0	0.15～0.35	—	—		1.0	1.0
17	ZAlCu5MnA	ZL201A	—	4.8～5.3	—	—	0.6～1.0	0.15～0.35	—	—		0.4	—
18	ZAlCu4	ZL203	—	4.0～5.0	—	—	—	0.08～0.20	—	—	—	2.1	2.1
19	ZAlCu5MnCdA	ZL204A	—	4.6～5.3	—	—	0.6～0.9	0.15～0.35	镉	—	—	0.4	—
20	ZAlCu5MnCdVA	ZL205A	—	4.6～5.3	钒：0.05～0.3	—	0.3～0.5	0.15～0.35	0.15～0.25	—	—	0.3	0.3

（续）

序号	合金牌号	代号	化学成分(%)余量为铝									砂型铸造工艺	金属型铸造工艺
			硅	铜	镁	锌	锰	钛	镍	铍	锑	杂质总和≤	
21	ZAlRE5Cu3Si2	ZL207	1.6～2.0	3.0～3.4	0.15～0.25	—	0.9～1.20	—	0.2～0.3	—	—	0.8	0.8
22	ZAlMg10	ZL301	—	—	9.5～110	—	—	—	—	—	—	1.0	1.0
23	ZAlMg5Si1	ZL303	0.8～1.3	—	4.5～5.5	—	0.1～0.4	—	—	—	—	0.7	0.7
24	ZAlMg8Zn1	ZL305	—	—	7.5～9.0	1.0～1.5		0.10～0.2	—	0.03～0.10		0.9	—
25	ZAlZn11Si7	ZL401	6.0～8.0	—	0.1～0.3	9.0～13	—	—	—	—	—	1.8	2.0
26	ZAlZn6Mg	ZL402	—	—	0.5～0.65	5.0～6.5	—	0.15～0.25	—	—	铬 0.4～0.6	1.35	1.65

注：1. 与食品接触的铝合金制品，不得含铍，砷≤0.015%，锌≤0.3%，铅≤0.15%。
2. 为提高合金力学性能，ZL101、ZL102中允许含钇0.08%～0.20%。ZL203中允许含钛，0.08%～0.20%；其铁含量应≤0.3%。
3. ZL201、ZL201A用作高温条件下工作的零件、应加入锆0.05%～0.02%。
4. ZL205A，混合稀土：硼0.005%～0.06%，ZL207中混合稀土(RE)中含各种稀土总量应大于98%，其中铈含量～45%，硼4.4%～5.0%，ZL305，铍0.03%～0.1%，ZL402，铬0.4%～0.6%。

(2) 铸造铝合金的力学性能(GB/T 1173—1995)

① 合金代号。

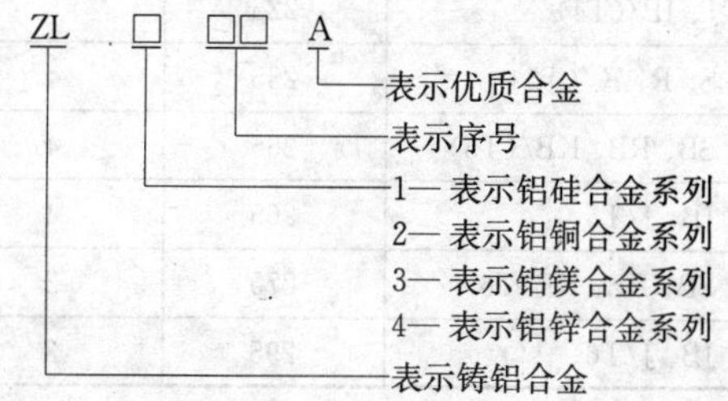

② 铸造方法及状态代号。

铸造方法代号		合金状态代号	
S	砂型铸造	F	铸态
J	金属型铸造	T1	人工时效
R	熔模铸造	T2	退火
K	壳型铸造	T4	固溶处理加自然时效
B	变质处理	T5	固溶处理加不完全人工时效
		T6	固溶处理加完全人工时效
		T7	固溶处理加稳定化处理
		T8	固溶处理加软化处理

③ 铸造铝合金力学性能。

序号	合金代号	铸造方法/合金状态	抗拉强度 σ_b（MPa）≥	伸长率 δ_5（%）≥	布氏硬度 HB
1	ZL101	S、R、J、K/F	155	2	50
		S、R、J、K/T2	138	2	45
		J、B/T4	185	4	50
		S、R、K/T4	175	4	50
		J、JB/T5	205	2	60
		S、R、K/T5	195	2	60
		SB、RB、KB/T5	195	2	60
		SB、RB、KB/T6	225	1	70
		SB、RB、KB/T7	195	2	60
		SB、RB、KB/T8	155	3	55
2	ZL101A	S、R、K/(T4)	195	5	60
		J、JB/(T4)	225	5	60
		S、R、K/(T5)	235	4	70
		SB、RB、KB/(T5)	265	4	70
		JB、J/T5	265	4	70
		SB、RB、KB/T6	275	2	80
		JB、J/T6	295	3	80

(续)

序号	合金代号	铸造方法/合金状态	抗拉强度σ_b (MPa) ≥	伸长率δ_5 (%) ≥	布氏硬度 HB
3	ZL102	SB JB RB KB/F	145	1	50
		J/F	155	2	50
		SB JB RB KB/T2	135	4	50
		J/T2	145	3	50
4	ZL104	S J R K/F	145	2	50
		J/T1	195	1.5	65
		SB RB KB/T6	225	2	70
		J JB/T6	235	2	70
5	ZL105	S J R K/T1	155	0.5	65
		S R K/T5	195	1	70
		J/T5	235	0.5	70
		S R K/T6	225	0.5	70
		S J R K/T7	175	1	65
6	ZL105A	SB R K/T5	275	1	80
		J JB/T5	295	2	80
7	ZL106	SB/F	175	1	70
		JB/T1	195	1.5	70
		SB/T5	235	2	60
		JB/T5	255	2	70
		SB/T6	245	1	80
		JB/T6	265	2	70
		SB/T7	225	2	60
		J/T7	245	2	60
8	ZL107	SB/F	165	2	65
		SB/T6	245	2	90
		J/F	195	2	70
		J/T6	275	2.5	100
9	ZL108	J/T1	195	—	85
		J/T6	255	—	90

（续）

序号	合金代号	铸造方法/合金状态	抗拉强度 σ_b (MPa)≥	伸长率 δ_5 (%)≥	布氏硬度 HB
10	ZL109	J/T1	195	0.5	90
		J/T6	245	—	100
11	ZL110	S/F	125	—	60
		J/F	155	—	80
		S/T1	145	—	80
		J/T1	165	—	90
12	ZL111	J/F	205	1.5	80
		SB/T6	255	1.5	90
		J JB/T6	315	2	100
13	ZL114A	SB/T5	290	2	85
		J JB/T5	310	3	90
14	ZL115	S/T4	225	4	70
		J/T4	275	6	80
		S/T5	275	3.5	90
		J/T5	315	5	100
15	ZL116	S/T4	255	4	70
		J/T4	275	6	80
		S/T5	295	3	85
		J/T5	335	4	90
16	ZL201	S J R K/T4	295	8	70
		S J R K/T5	335	4	90
		S /T7	315	2	80
17	ZL201A	S J R K/T5	390	8	100
18	ZL203	S R K/T4	195	6	60
		J/T4	205	6	60
		S R K/T5	215	3	70
		J/T5	225	3	70
19	ZL204A	S/T5	440	4	100
20	ZL205A	S/T5	440	7	100
		S/T6	470	3	120
		S/T7	460	2	110

（续）

序号	合金代号	铸造方法/合金状态	抗拉强度 σ_b (MPa) ≥	伸长率 δ_5 (%) ≥	布氏硬度 HB
21	ZL207	S/T1	165	—	75
		J/T1	175	—	75
22	ZL301	S J R/T4	280	10	60
23	ZL303	S J R K/F	145	1	55
24	ZL305	S/T4	290	8	90
25	ZL401	S R K/T1	195	2	80
		J/T1	245	1.5	90
26	ZL402	J/T1	235	4	70
		S/T1	215	4	65

(3) 铸造铝合金热处理工艺规范(参考)

序号	合金代号	合金状态	固溶处理		时效处理	
			温度(℃)	时间(h)	温度(℃)	时间(h)
2	ZL101A	T4	535	6～12	T5:室温≥8 h,再155 ℃, 2～12 h T6:室温≥8 h,再180 ℃, 3～8 h	
		T5				
		T6				
6	ZL105A	T5	525	4～12	160	3～5
13	ZL114A	T5	535	10～14	室温≥8 h,再160 ℃, 4～8 h	
14	ZL115	T4	540	10～12	—	—
		T5			150	3～5
15	ZL116	T4	535	10～14	—	—
		T5			175	6
19	ZL204A	T5	530	9	—	—
			再540	9	175	3～5
20	ZL205A	T5	538	10～18	155	8～10
		T6			175	4～5
		T7			190	3～4
21	ZL207	T1	—	—	200	5～10
24	ZL300	T4	435 8～10 h	再490, 6～8 h	—	—
16	ZL201A	T5	535 7～9 h	再545, 7～9 h	160	6～9

18. 压铸铝合金(GB/T 1175—1997)

合金牌号中"YZ"表示压铸。

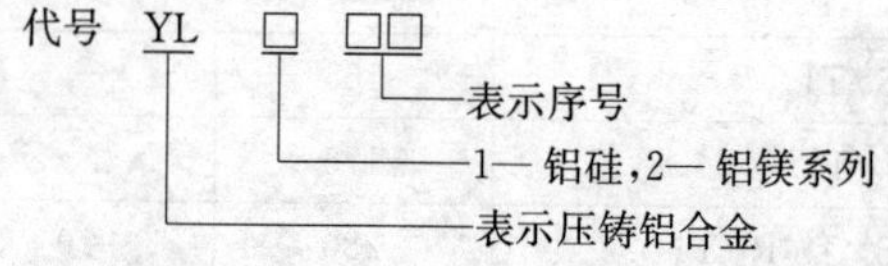

合金牌号	代号	化学成分(%)余量为铝									力学性能≥		
		硅	铜	镁	锰	铁≤	镍≤	锌≤	铅≤	锡≤	σ_b MPa	δ_5 (%)	HB
YZAlSi12	YL102	10.0~13.0	≤0.6	≤0.05	≤0.6	1.2	—	0.3	—	—	220	2	60
YZAlSi10Mg	YL104	8.0~10.5	≤0.3	0.17~0.30	0.2~0.5	1.0	—	0.3	0.05	0.01	220	2	70
YZAlSi12Cu2	YL108	11.0~13.0	1.0~2.0	0.4~1.0	0.3~0.9		0.05	1.0			240	1	90
YZAlSi9Cu4	YL112	7.5~9.5	3.0~4.0	≤0.3			0.5	1.2	0.10	0.10	240	1	85
YZAlSi11Cu3	YL113	9.6~12.0	1.5~3.5	≤0.3	≤0.5	1.2	0.5	1.0			230	1	80
YZAlSi17Cu5-Mg	YL117	16.0~18.0	4.0~5.0	0.45~0.65			0.1	1.2	钛≤0.1	钛≤0.1	230	<1	—
YZAlMg5Si1	YL302	0.8~1.3	≤0.1	4.5~5.5	0.1~0.4		—	0.2	钛≤0.2	钛≤0.2	220	2	70

第七章　钛及钛合金

钛及钛合金是一种新兴材料，且市场行情看好，市场用量每年增长10%（其中民用增长占增长量的90%），并且钛材的应用，正在从军工向民用发展，逐步走进百姓家中。

1. 钛的物理性能和力学性能

纯钛的物理性能	
项　　目	数　　据
密度 ρ　20 ℃(g/cm^3)	4.507
熔点(℃)	1 668±10
沸点(℃)	3 260
熔化热(kJ/mol)	18.8
汽化热(kJ/mol)	425.8
比热容 C　20 ℃[J/(kg·K)]	522.3
线胀系数 α_L(10^{-6}/K)	10.2
热导率 λ(W/m·K)	11.4
电阻率 ρ(nΩ·m)	420

纯钛的力学性能		
性　　能	高　纯　钛	工　业　纯　钛
抗拉强度 σ_b(MPa)	250	300～600
屈服强度 $\sigma_{0.2}$(MPa)	190	250～500
伸长率 δ(%)	40	20～30
断面收缩率 ψ(%)	60	45
体弹性模量 K(MPa)	126×10^3	104×10^3
正弹性模量 E(MPa)	108×10^3	112×10^3
切变弹性模量 G(MPa)	40×10^3	41×10^3
泊松比 μ	0.34	0.32
冲击韧性 α_K(MJ·m^{-2})	≥2.5	0.5～1.5

钛具有以下特点：

① 钛的密度小，强度高于铝合金和钢。

② 钛合金工作温度范围较宽，在－253 ℃下仍能保持良好的塑性，而耐热钛合金工作温度可达 550 ℃左右，耐热性明显高于铝合金和镁合金。

③ 钛及钛合金具有优良的抗蚀性，特别是抗海水和海洋大气环境腐蚀；钛在各种浓度的硝酸、铬酸中都很稳定；纯钛在碱溶液、大多数有机酸和化合物中的抗腐蚀性都很高。

④ 钛的导热性差（只有铁的 1/5、铝的 1/3），抗磨性也较差。

2. 钛合金各国牌号对照

合金类＼标准	中国	前苏联	美国	英国	德国	法国	日本
	GB	ГОСТ	ASTM	IMI	BWB	NF	JIS
工业纯钛	TA0 TA1 TA2 TA3	BT1－0 BT1－1 BT1－2	Ti－35A Ti－50A Ti－65A	IMI115 IMI125 IMI135	LW3.7024 LW3.7034	T－35 T－40	KS50 KS60 KS85
α 钛合金	TA4 TA5 TA6 TA7 TA8	48－T2 48－OT3 BT5 BT5－1 BT10	Ti－5Al－2.5Sn	IMI317		TA5E	KS115AS
β 钛合金	TB1 TB2 TB3	BT15					
α＋β 钛合金	TC1 TC2 TC3 TC4 TC5 TC6 TC7 TC8 TC9 TC10	OT4－1 OT4 BT6C BT6 BT3 BT3－1 AT6 BT8	Ti－6Al－4V Ti－6Al－6V－2Sn	IMI315 IMI318	LW3.7164	T－A6V T－A6V6Sn2	ST－A90

注：美、英、俄、法、日各国钛合金编号多为生产厂自定、名目繁多。有些公司直接采用元素的化学符号和数字代表所加合金元素及其含量，如 Ti－6Al－4V（相当于我国 TC4）。

3. 钛及钛合金牌号和化学成分(GB/T 3620.1—2007)

合金牌号	名义化学成分	化学成分(质量分数)(%)														
		主要成分								杂质≤						
		Ti	Al	Sn	Mo	Pd	Ni	Si	B	Fe	C	N	H	O	其他元素 单一	其他元素 总和
TA1 ELI	工业纯钛	余量	—	—	—	—	—	—	—	0.10	0.03	0.012	0.008	0.10	0.05	0.20
TA1	工业纯钛	余量	—	—	—	—	—	—	—	0.20	0.08	0.03	0.015	0.18	0.10	0.40
TA1-1	工业纯钛	余量	≤0.20	—	—	—	—	≤0.08	—	0.15	0.05	0.03	0.003	0.12	—	0.10
TA2 ELI	工业纯钛	余量	—	—	—	—	—	—	—	0.20	0.05	0.03	0.008	0.10	0.05	0.20
TA2	工业纯钛	余量	—	—	—	—	—	—	—	0.30	0.08	0.03	0.015	0.25	0.10	0.40
TA3 ELI	工业纯钛	余量	—	—	—	—	—	—	—	0.25	0.05	0.04	0.008	0.18	0.05	0.20
TA3	工业纯钛	余量	—	—	—	—	—	—	—	0.30	0.08	0.05	0.015	0.35	0.10	0.40
TA4 ELI	工业纯钛	余量	—	—	—	—	—	—	—	0.30	0.05	0.05	0.008	0.25	0.05	0.20
TA4	工业纯钛	余量	—	—	—	—	—	—	—	0.50	0.08	0.05	0.015	0.40	0.10	0.40
TA5	Ti-4Al-0.005B	余量	3.3~4.7	—	—	—	—	—	0.005	0.30	0.08	0.04	0.015	0.15	0.10	0.40
TA6	Ti-5Al	余量	4.0~5.5	—	—	—	—	—	—	0.30	0.08	0.05	0.015	0.15	0.10	0.40
TA7	Ti-5Al-2.5Sn	余量	4.0~6.0	2.0~3.0	—	—	—	—	—	0.50	0.08	0.05	0.015	0.20	0.10	0.40
TA7 ELI	Ti-5Al-2.5Sn ELI	余量	4.50~5.75	2.0~3.0	—	—	—	—	—	0.25	0.05	0.035	0.0125	0.12	0.05	0.30
TA8	Ti-0.05Pd	余量	—	—	—	0.04~0.08	—	—	—	0.30	0.08	0.03	0.015	0.25	0.10	0.40

（续）

合金牌号	名义化学成分	化学成分(质量分数)(%)															
		主要成分								杂质≤							
		Ti	Al	Sn	Mo	Pd	Ni	Si	B	Fe	C	N	H	O	其他元素	
															单一	总和
TA8-1	Ti-0.05Pd	余量	—	—	—	0.04~0.08	—	—	—	0.20	0.08	0.03	0.015	0.18	0.10	0.40
TA9	Ti-0.2Pd	余量	—	—	—	0.12~0.25	—	—	—	0.30	0.08	0.03	0.015	0.25	0.10	0.40
TA9-1	Ti-0.2Pd	余量	—	—	—	0.12~0.25	—	—	—	0.20	0.08	0.03	0.015	0.18	0.10	0.40
TA10	Ti-0.3Mo-0.8Ni	余量	—	—	0.2~0.4	—	0.6~0.9	—	—	0.30	0.08	0.03	0.015	0.25	0.10	0.40
合金牌号	名义化学成分	化学成分(质量分数)(%)														
		主要成分								杂质≤						
		Ti	Al	Sn	Mo	V	Zr	Si	Nd	Fe	C	N	H	O	其他元素	
															单一	总和
TA11	Ti-8Al-1Mo-1V	余量	7.35~8.35	—	0.75~1.25	0.75~1.25	—	—	—	0.30	0.08	0.05	0.015	0.12	0.10	0.30
TA12	Ti-5.5Al-4Sn-2Zr-1Mo-1Nd-0.25Si	余量	4.8~6.0	3.7~4.7	0.75~1.25	—	1.5~2.5	0.2~0.35	0.6~1.2	0.25	0.08	0.05	0.0125	0.15	0.10	0.40
TA12-1	Ti-5.5Al-4Sn-2Zr-1Mo-1Nd-0.25Si	余量	4.5~5.5	3.7~4.7	1.0~2.0	—	1.5~2.5	0.2~0.35	0.6~1.2	0.25	0.08	0.04	0.0125	0.15	0.10	0.30

（续）

合金牌号	名义化学成分	化学成分(质量分数)(%)														
		主要成分								杂质≤						
		Ti	Al	Sn	Mo	V	Zr	Si	Nd	Fe	C	N	H	O	其他元素	
															单一	总和
TA13	Ti-2.5Cu	余量	Cu:2.0~3.0		—	—	—	—	—	0.20	0.08	0.05	0.010	0.20	0.10	0.30
TA14	Ti-2.3Al-11Sn-5Zr-1Mo-0.2Si	余量	2.0~2.5	10.52~11.5	0.8~1.2	—	4.0~6.0	0.10~0.50	—	0.20	0.08	0.05	0.0125	0.20	0.10	0.30
TA15	Ti-6.5Al-1Mo-1V-2Zr	余量	5.5~7.1	—	0.5~2.0	0.8~2.5	1.5~2.5	≤0.15	—	0.25	0.08	0.05	0.015	0.15	0.10	0.30
TA15-1	Ti-2.5Al-1Mo-1V-1.5Zr	余量	2.0~3.0	—	0.5~1.5	0.5~1.5	1.0~2.0	≤0.10	—	0.15	0.05	0.04	0.003	0.12	0.10	0.30
TA15-2	Ti-4Al-1Mo-1V-1.5Zr	余量	3.5~4.5	—	0.5~1.5	0.5~1.5	1.0~2.0	≤0.10	—	0.15	0.05	0.04	0.003	0.12	0.10	0.30
TA16	Ti-2Al-2.5Zr	余量	1.8~2.5	—	—	—	2.0~3.0	≤0.12	—	0.25	0.08	0.04	0.006	0.15	0.10	0.30
TA17	Ti-4Al-2V	余量	3.5~4.5	—	—	1.5~3.0	—	≤0.15	—	0.25	0.08	0.05	0.015	0.15	0.10	0.30
TA18	Ti-3Al-2.5V	余量	2.0~3.5	—	—	1.5~3.0	—	—	—	0.25	0.08	0.05	0.015	0.12	0.10	0.30
TA19	Ti-6Al-2Sn-4Zr-2Mo-0.1Si	余量	5.5~6.5	1.8~2.2	1.8~2.2	—	3.6~4.4	≤0.13	—	0.25	0.05	0.05	0.0125	0.15	0.10	0.30

(续)

合金牌号	名义化学成分	化学成分(质量分数)(%)														
		主要成分								杂质≤						
		Ti	Al	Mo	V	Mn	Zr	Si	Nd	Fe	C	N	H	O	其他元素	
															单一	总和
TA20	Ti-4Al-3V-1.5Zr	余量	3.5~4.5	—	2.5~3.5	—	1.0~2.0	≤0.10	—	0.15	0.05	0.04	0.003	0.12	0.10	0.30
TA21	Ti-1Al-1Mn	余量	0.4~1.5	—	—	0.5~1.3	≤0.30	≤0.12	—	0.30	0.10	0.05	0.012	0.15	0.10	0.30
TA22	Ti-3Al-1Mo-1Ni-1Zr	余量	2.5~3.5	0.5~1.5	Ni:0.3~1.0		0.8~2.0	≤0.15	—	0.20	0.10	0.05	0.015	0.15	0.10	0.30
TA22-1	Ti-3Al-1Mo-1Ni-1Zr	余量	2.5~3.5	0.2~0.8	Ni:0.3~0.8		0.5~1.0	≤0.04	—	0.20	0.10	0.04	0.008	0.10	0.10	0.30
TA23	Ti-2.5Al-2Zr-1Fe	余量	2.2~3.0	—	Fe:0.8~1.2		1.7~2.3	≤0.15	—	—	0.10	0.04	0.010	0.15	0.10	0.30
TA23-1	Ti-2.5Al-2Zr-1Fe	余量	2.2~3.0	—	Fe:0.8~1.1		1.7~2.3	≤0.10	—	—	0.10	0.04	0.008	0.10	0.10	0.30
TA24	Ti-3Al-2Mo-2Zr	余量	2.5~3.5	1.0~2.5	—		1.0~3.0	≤0.15	—	0.30	0.10	0.05	0.015	0.15	0.10	0.30
TA24-1	Ti-3Al-2Mo-2Zr	余量	1.5~2.5	1.0~2.0	—		1.0~3.0	≤0.04	—	0.15	0.10	0.04	0.010	0.10	0.10	0.30
TA25	Ti-3Al-2.5V-0.05Pd	余量	2.5~3.5	—	2.0~3.0	—	—	Pd:0.04~0.08		0.25	0.08	0.03	0.015	0.15	0.10	0.40
TA26	Ti-3Al-2.5V-0.1Ru	余量	2.5~3.5	—	2.0~3.0	—	—	Ru:0.08~0.14		0.25	0.08	0.03	0.015	0.15	0.10	0.40

（续）

合金牌号	名义化学成分	化学成分(质量分数)(%)														
		主要成分								杂质≤						
		Ti	Al	Mo	V	Mn	Zr	Si	Nd	Fe	C	N	H	O	其他元素	
															单一	总和
TA27	Ti - 0.10Ru	余量	—	—	Ru:0.08～0.14		—	—	—	0.30	0.08	0.03	0.015	0.25	0.10	0.40
TA27 - 1	Ti - 0.10Ru	余量	—	—	Ru:0.08～0.14		—	—	—	0.20	0.08	0.03	0.015	0.18	0.10	0.40
TA28	Ti - 3Al	余量	2.0～3.0	—	—		—	—	—	0.30	0.08	0.05	0.015	0.15	0.10	0.40

合金牌号	名义化学成分	化学成分(质量分数)(%)																	
		主要成分										杂质≤							
		Ti	Al	Sn	Mo	V	Cr	Fe	Zr	Pd	Nb	Si	Fe	C	N	H	O	其他元素	
																		单一	总和
TB2	Ti - 5Mo - 5V - 8Cr - 3Al	余量	2.5～3.5	—	4.7～5.7	4.7～5.7	7.5～8.5	—	—	—	—	—	0.30	0.05	0.04	0.015	0.15	0.10	0.40
TB3	Ti - 3.5Al - 10Mo - 8V - 1Fe	余量	2.7～3.7	—	9.5～11.0	7.5～8.5	—	0.8～1.2	—	—	—	—	—	0.05	0.04	0.015	0.15	0.10	0.40
TB4	Ti - 4Al - 7Mo - 10V - 2Fe - 1Zr	余量	3.0～4.5	—	6.0～7.8	9.0～10.5	—	1.5～2.5	0.5～1.5	—	—	—	—	0.05	0.04	0.015	0.20	0.10	0.40
TB5	Ti - 15V - 3Al - 3Cr - 3Sn	余量	2.5～3.5	2.5～3.5	—	14.0～16.0	2.5～3.5	—	—	—	—	—	0.25	0.05	0.05	0.015	0.15	0.10	0.30

7.7

（续）

合金牌号	名义化学成分	化学成分(质量分数)(%)																
		主要成分										杂质≤						
		Ti	Al	Sn	Mo	V	Cr	Fe	Zr	Pd	Nb	Si	Fe	C	N	H	O	其他元素	
																		单一	总和
TB6	Ti-10V-2Fe-3Al	余量	2.6～3.4	—	—	9.0～11.0	—	1.6～2.2	—	—	—	—	—	0.05	0.05	0.012 5	0.13	0.10	0.30
TB7	Ti-32Mo	余量	—	—	30.0～34.0	—	—	—	—	—	—	—	0.30	0.08	0.05	0.015	0.20	0.10	0.40
TB8	Ti-15Mo-3Al-2.7Nb-0.25Si	余量	2.5～3.5	—	14.0～16.0	—	—	—	—	—	2.4～3.2	0.15～0.25	0.40	0.05	0.05	0.015	0.17	0.10	0.40
TB9	Ti-3Al-8V-6Cr-4Mo-4Zr	余量	3.0～4.0	—	3.5～4.5	7.5～8.5	5.5～6.5	—	3.5～4.5	≤0.10	—	—	0.30	0.05	0.03	0.030	0.14	0.10	0.40
TB10	Ti-5Mo-5V-2Cr-3Al	余量	2.5～3.5	—	4.5～5.5	4.5～5.5	1.5～2.5	—	—	—	—	—	0.30	0.05	0.04	0.015	0.15	0.10	0.40
TB11	Ti-15Mo	余量	—	—	14.0～16.0	—	—	—	—	—	—	—	0.10	0.10	0.05	0.015	0.20	0.10	0.40

(续)

合金牌号	名义化学成分	化学成分(质量分数)(%)															
		主要成分									杂质≤						
		Ti	Al	Sn	Mo	V	Cr	Fe	Mn	Cu	Si	Fe	C	N	H	O	其他元素	
																	单一	总和
TC1	Ti-2Al-1.5Mn	余量	1.0～2.5	—	—	—	—	—	0.7～2.0	—	—	0.30	0.08	0.05	0.012	0.15	0.10	0.40
TC2	Ti-4Al-1.5Mn	余量	3.5～5.0	—	—	—	—	—	0.8～2.0	—	—	0.30	0.08	0.05	0.012	0.15	0.10	0.40
TC3	Ti-5Al-4V	余量	4.5～6.0	—	—	3.5～4.5	—	—	—	—	—	0.30	0.08	0.05	0.015	0.15	0.10	0.40
TC4	Ti-6Al-4V	余量	5.5～6.75	—	—	3.5～4.5	—	—	—	—	—	0.30	0.08	0.05	0.015	0.20	0.10	0.40
TC4 ELI	Ti-6Al-4VELI	余量	5.5～6.5	—	—	3.5～4.5	—	—	—	—	—	0.25	0.08	0.03	0.012 0	0.13	0.10	0.30
TC6	Ti-6Al-1.5Cr-2.5Mo-0.5Fe-0.3Si	余量	5.5～7.0	—	2.0～3.0	—	0.8～2.3	0.2～0.7	—	—	0.15～0.40	—	0.08	0.05	0.015	0.18	0.10	0.40
TC8	Ti-6.5Al-3.5Mo-0.25Si	余量	5.8～6.8	—	2.8～3.8	—	—	—	—	—	0.20～0.35	0.40	0.08	0.05	0.015	0.15	0.10	0.40
TC9	Ti-6.5Al-3.5Mo-2.5Sn-0.3Si	余量	5.8～6.8	1.8～2.8	2.8～3.8	—	—	—	—	—	0.2～0.4	0.40	0.08	0.05	0.015	0.15	0.10	0.40
TC10	Ti-6Al-6V-2Sn-0.5Cu-0.5Fe	余量	5.5～6.5	1.5～2.5	—	5.5～6.5	—	0.35～1.0	—	0.35～1.0	—	—	0.08	0.04	0.015	0.20	0.10	0.40

（续）

合金牌号	名义化学成分	化学成分(质量分数)(%)																
		主要成分										杂质≤						
		Ti	Al	Sn	Mo	V	Cr	Fe	Zr	Nb	Si	Fe	C	N	H	O	其他元素	
																	单一	总和
TC11	Ti-6.5Al-3.5Mo-1.5Zr-0.3Si	余量	5.8～7.0	—	2.8～3.8	—	—	—	0.8～2.0	—	0.2～0.35	0.25	0.08	0.05	0.012	0.15	0.10	0.40
TC12	Ti-5Al-4Mo-4Cr-2Zr-2Sn-1Nb	余量	4.5～5.5	1.5～2.5	3.5～4.5	—	3.5～4.5	—	1.5～3.0	0.5～1.5	—	0.30	0.08	0.05	0.015	0.20	0.10	0.40
TC15	Ti-5Al-2.5Fe	余量	4.5～5.5	1.5～2.5	3.5～4.5	—	3.5～4.5	—	1.5～3.0	0.5～1.5	—	0.30	0.08	0.05	0.015	0.20	0.10	0.40
TC16	Ti-3Al-5Mo-4.5V	余量	2.2～3.8		4.5～5.5	4.0～5.0	—	—	—	—	≤0.15	0.25	0.08	0.05	0.012	0.15	0.10	0.30
TC17	Ti-5Al-2Sn-2Zr-4Mo-4Cr	余量	4.5～5.5	1.5～2.5	3.5～4.5	—	—	—	1.5～2.5	—	—	0.25	0.05	0.05	0.0125	0.08～0.13	0.10	0.30
TC18	Ti-5Al-4.75Mo-4.75V-1Cr-1Fe	余量	4.4～5.7	—	4.0～5.5	4.0～5.5	0.5～1.5	0.5～1.5	≤0.30	—	≤0.15	—	0.08	0.05	0.015	0.18	0.10	0.30
TC19	Ti-6Al-2Sn-4Zr-6Mo	余量	5.5～6.5	1.75～2.25	5.5～6.5	—	—	—	3.5～4.5	—	—	0.15	0.04	0.04	0.0125	0.15	0.10	0.40
TC20	Ti-6Al-7Nb	余量	5.5～6.5	—	—	—	—	—	—	6.5～7.5	Ta ≤0.5	0.25	0.08	0.05	0.009	0.20	0.10	0.40

（续）

合金牌号	名义化学成分	化学成分(质量分数)(%)																
		主要成分										杂　质≤						
		Ti	Al	Sn	Mo	V	Cr	Fe	Zr	Nb	Si	Fe	C	N	H	O	其他元素 单一	其他元素 总和
TC21	Ti-6Al-2Mo-1.5Cr-2Zr-2Sn-2Nb	余量	5.2～6.8	1.6～2.5	2.2～3.3	—	0.9～2.0	—	1.6～2.5	1.7～2.3	—	0.15	0.08	0.05	0.015	0.15	0.1	0.40
TC22	Ti-6Al-4V-0.05Pd	余量	5.5～6.75	—	—	3.5～4.5	—	—	—	Pd:0.04～0.08		0.40	0.08	0.05	0.015	0.20	0.10	0.40
TC23	Ti-6Al-4V-0.1Ru	余量	5.5～6.75	—	—	3.5～4.5	—	—	—	Ru:0.08～0.14		0.25	0.08	0.05	0.015	0.13	0.10	0.40
TC24	Ti-4.5Al-3V-2Mo-2Fe	余量	4.0～5.0	—	1.8～2.2	2.5～3.5	—	1.7～2.3	—	—	—	—	0.05	0.05	0.010	0.15	0.10	0.40
TC25	Ti-6.5Al-2Mo-1Zr-1Sn-1W-0.2Si	余量	6.2～7.2	0.8～2.5	1.5～2.5	—	W:0.5～1.5		0.8～2.5	—	0.10～0.25	0.15	0.10	0.04	0.012	0.15	0.10	0.30
TC26	Ti-13Nb-13Zr	余量	—	—	—	—	—	—	12.5～14.0	12.5～14.0	—	0.25	0.08	0.05	0.012	0.15	0.10	0.40

注：TA7 ELI牌号的杂质“Fe+O”的总和应不大于0.32%。

4. 钛及钛合金板材(GB/T 3621—2007)

(1) 产品牌号、制造方法、供应状态及规格分类

牌　　号	制造方法	供应状态	规　　格		
			厚度(mm)	宽度(mm)	长度(mm)
TA1、TA2、TA3、TA4、TA5、TA6、TA7、TA8、TA8-1、TA9、TA9-1、TA10、TA11、TA15、TA17、TA18、TC1、TC2、TC3、TC4、TC4ELI	热轧	热加工状态(R) 退火状态(M)	>4.75～60.0	400～3 000	1 000～4 000
	冷轧	冷加工状态(Y) 退火状态(M) 固溶状态(ST)	0.30～6	400～1 000	1 000～3 000
TB2	热轧	固溶状态(ST)	>4.0～10.0	400～3 000	1 000～4 000
	冷轧	固溶状态(ST)	1.0～4.0	400～1 000	1 000～3 000
TB5、TB6、TB8	冷轧	固溶状态(ST)	0.30～4.75	400～1 000	1 000～3 000

注：1. 工业纯钛板材供货的最小厚度为0.3 mm,其他牌号的最小厚度见后述“(6)板材横向室温力学性能”表,如对供货厚度和尺寸规格有特殊要求,可由供需双方协商。

2. 当需方在合同中注明时,可供应消应力状态(m)的板材。

(2) 标记示例

产品标记按产品名称、牌号、供应状态、规格和标准编号的顺序表示。标记示例如下：
用TA2制成的厚度为3.0 mm、宽度500 mm、长度2 000 mm的退火态板材,标记为:
板 TA2 M 3.0×500×2 000 GB/T 3621—2007

(3) 板材厚度的允许偏差

(mm)

厚　度	宽　　度		
	400～1 000	>1 000～2 000	>2 000
0.3～0.5	±0.05	—	—
>0.5～0.8	±0.07	—	—
>0.8～1.1	±0.09	—	—
>1.1～1.5	±0.11	—	—
>1.5～2.0	±0.15	—	—
>2.0～3.0	±0.18	—	—
>3.0～4.0	±0.22	—	—
>4.0～6.0	±0.35	±0.40	—

（续）

厚　度	宽　　度		
	400～1 000	>1 000～2 000	>2 000
>6.0～8.0	±0.40	±0.60	±0.80
>8.0～10.0	±0.50	±0.60	±0.80
>10.0～15.0	±0.70	±0.80	±1.00
>15.0～20.0	±0.70	±0.90	±1.10
>20.0～30.0	±0.90	±1.00	±1.20
>30.0～40.0	±1.10	±1.20	±1.50
>40.0～50.0	±1.20	±1.50	±2.00
>50.0～60.0	±1.60	±2.00	±2.50

(4) 钛及钛合金板材的宽度和长度允许偏差

(mm)

厚度	宽度	宽度允许偏差	长度	长度允许偏差
0.3～4.0	400～1 000	+10 0	1 000～3 000	+15 0
>4.0～20.0	400～3 000	+15 0	1 000～4 000	+30 0
>20.0～60.0	400～3 000	+20 0	1 000～4 000	+50 0

注：厚度大于 15 mm 的板材，需方同意时也可不切边交货。

(5) 钛及钛合金板材的平面度

平面度(mm/m)≤ / 宽度(mm) / 厚度(mm)	≤2 000	>2 000
≤4	20	—
>4～10	18	20
>10～20	15	18
>20～35	13	15
>35～60	8	13

(6) 板材横向室温力学性能

牌　号	状态	板材厚度(mm)	抗拉强度 R_m(MPa)	规定非比例延伸强度 $R_{p0.2}$(MPa)	断后伸长率[①] A(%)≥
TA1	M	0.3～25.0	≥240	140～310	30

（续）

牌　号		状态	板材厚度（mm）	抗拉强度 R_m（MPa）	规定非比例延伸强度 $R_{p0.2}$（MPa）	断后伸长率[1] A（%）≥
TA2		M	0.3～25.0	≥400	275～450	25
TA3		M	0.3～25.0	≥500	380～550	20
TA4		M	0.3～25.0	≥580	485～655	20
TA5		M	0.5～1.0 >1.0～2.0 >2.0～5.0 >5.0～10.0	≥685	≥585	20 15 12 12
TA6		M	0.8～1.5 >1.5～2.0 >2.0～5.0 >5.0～10.0	≥685	—	20 15 12 12
TA7		M	0.8～1.5 >1.6～2.0 >2.0～5.0 >5.0～10.0	735～930	≥685	20 15 12 12
TA8		M	0.8～10	≥400	275～450	20
TA8-1		M	0.8～10	≥240	140～310	24
TA9		M	0.8～10	≥400	275～450	20
TA9-1		M	0.8～10	≥240	140～310	24
TA10[2]	A类	M	0.8～10.0	≥485	≥345	18
	B类	M	0.8～10.0	≥345	≥275	25
TA11		M	5.0～12.0	≥895	≥825	10
TA13		M	0.5～2.0	540～770	460～570	18
TA15		M	0.8～1.8 >1.8～4.0 >4.0～10.0	930～1 130	≥855	12 10 8
TA17		M	0.5～1.0 >1.1～2.0 >2.1～4.0 >4.1～10.0	685～835	—	25 15 12 10
TA18		M	0.5～2.0 >2.0～4.0 >4.0～10.0	590～735	—	25 20 15

(续)

牌　号	状态	板材厚度 (mm)	抗拉强度 R_m(MPa)	规定非比例延伸强度 $R_{p0.2}$(MPa)	断后伸长率[①] A(%)≥
TB2	ST STA	1.0～3.5	≤980 1 320	—	20 8
TB5	ST	0.8～1.75 >1.75～3.18	705～945	690～835	12 10
TB6	ST	1.0～5.0	≥1 000	—	6
TB8	ST	0.3～0.6 >0.6～2.5	825～1 000	795～965	6 8
TC1	M	0.5～1.0 >1.0～2.0 >2.0～5.0 >5.0～10.0	590～735	—	25 25 20 20
TC2	M	0.5～1.0 >1.0～2.0 >2.0～5.0 >5.0～10.0	≥685	—	25 15 12 12
TC3	M	0.8～2.0 >2.0～5.0 >5.0～10.0	≥880	—	12 10 10
TC4	M	0.8～2.0 >2.0～5.0 >5.0～10.0 10.0～25.0	≥895	≥830	12 10 10 8
TC4ELI	M	0.8～25.0	≥860	≥795	10

注：① 厚度不大于 0.64 mm 的板材，延伸率按实测值。
② 正常供货按 A 类，B 类适应于复合板复材，当需方要求并在合同中注明时，按 B 类供货。

(7) 板材高温力学性能

合金牌号	板材厚度(mm)	试验温度(℃)	抗拉强度 σ_b(MPa)≥	持久强度 $\sigma_{100\,h}$(MPa)≥
TA6	0.8～10	350 500	420 340	390 195
TA7	0.8～10	350 500	490 440	440 195

（续）

合金牌号	板材厚度(mm)	试验温度(℃)	抗拉强度 σ_b(MPa)≥	持久强度 $\sigma_{100\,h}$(MPa)≥
TA11	5.0～12	425	620	—
TA15	0.8～10	500 550	635 570	440 440
TA17	0.5～10	350 400	420 390	390 360
TA18	0.5～10	350 400	340 310	320 280
TC1	0.5～10	350 400	340 310	320 295
TC2	0.5～10	350 400	420 390	390 360
TC3、TC4	0.8～10	400 500	590 440	540 195

5. 板式换热器用钛板

(1) 板式换热器用钛板的化学成分

牌号	Ti	杂质元素(%) ≤						
		Fe	C	N	H	O	其他元素	
							单个	总和
TA1－A	余量	0.15	0.05	0.03	0.012	0.10	0.10	0.40

注：用户无特殊要求时，其他元素不做检验。

(2) 板式换热器用钛板的力学和工艺性能

牌号	状态	级别	抗拉强度 σ_b(MPa)	规定残余伸长应力 $\sigma_{r0.2}$(MPa)	伸长率 δ_5(%)	弯曲度 α(°)	杯突值 (mm)
			≥				
TA1－A	M	Ⅰ级	240	170	55	140	9.5
		Ⅱ级	240	170	47	140	9.5

注：1. 产品级别应在合同中注明。

2. 用户对板材性能有其他要求时，应经双方协商，并在合同中注明。

(3) 板式换热器用钛板的牌号和规格　　(mm)

牌号	状态	厚　度	宽　度	长　度
TA1-A	M	(0.6～0.8)±0.07 (0.9～1.0)±0.09	$(300～1\,000)^{+15}_{0}$	$(800～3\,000)^{+20}_{0}$

6. 钛及钛合金铸件(GB/T 15073—1994)

(1) 铸造钛及钛合金的牌号和化学成分

铸造钛及钛合金		化学成分(质量分数)(%)							
		主要成分				杂质≤			
牌号	代号	Ti	Al	Sn	Mo	Fe	Si	N	O
ZTi1	ZTA1	基	—	—	—	0.25	0.10	0.03	0.25
ZTi2	ZTA2	基	—	—	—	0.30	0.15	0.05	0.35
ZTi3	ZTA3	基	—	—	—	0.40	0.15	0.05	0.40
ZTiAl4	ZTA5	基	3.3～4.7	—	—	0.30	0.15	0.04	0.20
ZTiAl5Sn2.5	ZTA7	基	4.0～6.0	2.0～3.0	—	0.50	0.15	0.05	0.20
ZTiMo32	ZTB32	基	—	—	30.0～34.0	0.30	0.15	0.05	0.15
ZTiAl6V4	ZTC4	基	5.5～6.8	—	—	0.40	0.15	0.05	0.25
ZTiAl6Sn4.5Nb2Mo1.5	ZTC21	基	5.5～6.5	4.0～5.0	1.0～2.0	0.30	0.15	0.05	0.20

注：1. 杂质其他元素单个含量和总量只有在有异议时才考虑分析。
2. 对杂质含量有特殊要求时，应经供需双方协商后在有关文件中注明。
3. 铸造钛及钛合金代号由 ZT 加 A、B 或 C(分别表示 α 型、β 型和 α+β 型合金)及顺序号组成，顺序号与同类型变形钛合金的表示方法相同。
4. 代号 ZTC4 含 V=3.5%～4.5%；代号 ZTC21 含 Nb 1.5%～2.0%；上表全部牌号含杂质 C≤0.1%；H≤0.015%，其他杂质：单个≤0.10%，总和≤0.40%。
5. 适用范围：石墨加工型、石墨捣实型、金属型和熔模精铸型生产的钛及钛合金铸件(工业纯钛、常用钛合金，以及耐蚀，高强钛合金铸件)。

(2) 钛及钛合金铸件的力学性能

牌号	供应状态	代号	抗拉强度 σ_b(MPa) ≥	规定残余伸长应力 $\sigma_{r0.2}$ (MPa) ≥	伸长率 δ_5(%) ≥	硬度 HBS≤	与国外牌号对照		
								日本	
ZTi1	铸态(C)	ZTA1	345	275	20	210	C－1级	KS50－C	G－T199.2
ZTi2		ZTA2	440	370	13	235	C－2级	KS50－LFC	G－199.4
ZTi3		ZTA3	540	470	12	245	C－3级	KS70－C	G－199.5
ZTiAl4	(M)	ZTA5	590	490	10	270	—	—	—
ZTiAl5Sn2.5		ZTA7	795	725	8	335	C－6级	KS115 AS－C	G－TiAl5 Sn2.5
ZTiAl6V4	(HIP)	ZTC4	895	825	6	365	C－5级	KS130 AV－C	G－TiAl6V4
ZTiMo32		ZTB32	795	—	2	260	—	—	—
ZTiAl6Sn4.5 Nb2Mo1.5	(M)	ZTC21	980	850	5	350			

注：1. 铸件应符合产品设计图纸的技术要求。
2. "M"表示消除应力退火状态，"HIP"表示热等静压状态。

7. 钛及钛合金管材(GB/T 3624—2007)

(1) 钛及钛合金管的牌号和规格

牌号	供应状态	制造方法	外径(mm)	壁厚(可以生产的规格)
TA0 TA1 TA2 TA9 TA10	退火状态(M)	冷轧(冷拔)	3～5	0.2 0.3 0.5 0.6
			＞5～10	0.3 0.5 0.6 0.8 1.0 1.25
			＞10～15	0.5 0.6 0.8 1.0 1.25 1.5 2.0
			＞15～20	0.6 0.8 1.0 1.25 1.5 2.0 2.5
			＞20～30	0.6 0.8 1.0 1.25 1.5 2.0 2.5 3.0
			＞30～40	1.0 1.25 1.5 2.0 2.5 3.0 3.5
			＞40～50	1.25 1.5 2.0 2.5 3.0 3.5 (1.25～2.5)
			＞50～60	1.5 2.0 2.5 3.0 3.5 4.0 (1.5～3.5)
			＞60～80	1.5 2.0 2.5 3.0 3.5 4.0 (2.0～4.5)
			＞80～110	2.5 3.0 3.5 4.0 4.5

牌号	供应状态	制造方法	外径(mm)	壁厚(可以生产的规格)
TA0 TA1 TA2 TA9 TA10	退火状态(M)	焊接	16	0.5 0.6 0.8 1.0
			19	0.5 0.6 0.8 1.0 1.25
			25, 27	0.5 0.6 0.8 1.0 1.25 1.5 (0.5~1.25)
			31, 32, 33	0.8 1.0 1.25 1.5 2.0
			38	1.5 2.0 2.5
			50	2.0 2.5
			63	2.0 2.5
		焊接-轧制	6~10	0.5 0.6 0.8 1.0 1.25 (0.5~1.0)
			>10~15	0.5 0.6 0.8 1.0 1.25 1.5
			>15~20	0.5 0.6 0.8 1.0 1.25 1.5 2.0
			>20~30	0.5 0.6 0.8 1.0 1.25 1.5 2.0

注：1. 化学成分应符合 GB/T 3620.1 的规定，偏差应符合 GB/T 3620.2 规定。
2. 表中规格也适用于换热器及冷凝器用钛及钛合金管，如 ϕ26×1.5 Ti 管用于全钛冷却器。

(2) 钛及钛合金管的长度

(mm)

种类	无缝管(外径)		焊接管壁厚			焊接-轧制管壁厚	
	≤15	>15	0.5~1.25	>1.25~2.0	>2.0~2.5	0.5~0.8	>0.8~2.0
不定尺长度	500~4 000	500~9 000	500~15 000	500~6 000	500~4 000	500~8 000	500~5 000

注：管材的定尺或倍尺应在其不定尺长度范围内，定尺长度的允许偏差为+10 mm，倍尺长度还应计入管材切口时的切口量，每个切口量为 5 mm。

8. 换热器及冷凝器用钛及钛合金管(GB/T 3625—2007)

该标准适用于冷轧(冷拔)方法生产的钛及钛合金无缝管和焊接法及焊接轧制法生产的钛及钛合金管，适用于制作换热器、冷凝器及各种压力容器所使用的钛及钛合金管。

(1) 钛及钛合金管外径允许偏差

(mm)

GB/T 3624—1995		GB/T 3625—2007	
外径	允许偏差	外径	允许偏差
3~10	±0.15	6~25	±0.10
>10~30	±0.3	>25~38	±0.13
>30~50	±0.5	>38~50	±0.15
>50~80	±0.65	>50~60	±0.18
>80~100	±0.75	>60~80	±0.25

(续)

GB/T 3624—1995		GB/T 3625—2007	
外径	允许偏差	外径	允许偏差
>100	±0.85		

注：壁厚允许偏差±10%。

(2) 钛及钛合金管直线度

GB/T 3624—1995		GB/T 3625—2007	
外径(mm)	直线度(mm/m)≤	外径(mm)	直线度(mm/m)≤
3～30	3	≤30	2
>30～110	4	>30～80	3

注：管材的圆度及壁厚不均不应超出外径和壁厚的允许偏差。

(3) 冷轧钛及钛合金无缝管

牌号	状态	外径(mm)	壁厚(mm)											
			0.5	0.6	0.8	1.0	1.25	1.5	2.0	2.5	3.0	3.5	4.0	4.5
TA1、TA2、TA3、TA9、TA9-1、TA10	退火状态(M)	>10～15	○	○	○	○	○	○	○	—	—	—	—	—
		>15～20	—	○	○	○	○	○	○	○	—	—	—	—
		>20～30	—	○	○	○	○	○	○	○	—	—	—	—
		>30～40	—	—	—	—	○	○	○	○	○	—	—	—
		>40～50	—	—	—	—	○	○	○	○	○	○	—	—
		>50～60	—	—	—	—	—	○	○	○	○	○	○	—
		>60～80	—	—	—	—	—	—	○	○	○	○	○	○

注："○"表示可以按本标准生产的规格。

(4) 焊接钛及钛合金管

牌号	状态	外径(mm)	壁厚(mm)							
			0.5	0.6	0.8	1.0	1.25	1.5	2.0	2.5
TA1、TA2、TA3、TA9、TA9-1、TA10	退火状态(M)	16	○	○	○	○	—	—	—	—
		19	○	○	○	○	○	—	—	—
		25、27	○	○	○	○	○	○	—	—
		31、32、33	—	—	○	○	○	○	○	—
		38	—	—	—	—	—	○	○	○
		50	—	—	—	—	—	—	○	○
		63	—	—	—	—	—	—	○	○

注："○"表示可以按本标准生产的规格。

(5) 焊接-轧制管

牌　号	状态	外径(mm)	壁厚(mm)						
			0.5	0.6	0.8	1.0	1.25	1.5	2.0
TA1、TA2、TA3、TA9-1、TA9、TA10	退火状态(M)	6～10	○	○	○	○	○	—	—
		＞10～15	○	○	○	○	○	○	—
		＞15～30	○	○	○	○	○	○	○

注："○"表示可以按本标准生产的规格。

(6) 标记示例

产品标记按产品名称、牌号、生产方式、状态、规格、标准编号的顺序表示。标记示例如下：

示例1：

按本标准生产的TA2冷轧无缝管，退火状态，外径为36 mm，壁厚为4 mm，长度为3 000 mm，标记为：

管 TA2 S M ϕ36×4×3 000 GB/T 3625—2007。

示例2：

按本标准生产的TA1焊接管，退火状态，外径为25 mm，壁厚为0.6 mm，长度为4 000 mm，标记为：

管 TA1 W M ϕ25×0.6×4 000 GB/T 3625—2007。

示例3：

按本标准生产的TA1焊接-轧制管，退火状态，外径为19 mm，壁厚为0.5 mm，长度为4 000 mm，标记为：

管 TA1 WR M ϕ19×0.5×4 000 GB/T 3625—2007。

9. 工业纯钛及钛合金的特性及应用

钛材已广泛应用于航天、航空、化工、氯碱、舰船、滨海电站、冶金、医疗、造纸、石油、农药、化肥以及与海洋、腐蚀相关的众多领域。不可小觑的是汽车工业也是一个潜力巨大的钛制品市场。美国目前对新一代汽车提出了总体减重40%的目标，这也就意味着钛市场交货量将增加近一倍。因为轿车机件用钛材可达到节油、降低发动机噪声及减振的功效，从而提高汽车使用寿命，并且钛制气门比钢制气门使用寿命长2～3倍，轿车用钛，势在必行。在其他方面，如制碱厂氨盐水溶液中使用的铸钛叶轮比铸铁叶轮使用寿命增加约48倍；钛的抗腐蚀能力比常用的不锈钢强15倍，使用寿命比不锈钢长约10倍。应用举例见下表。

工业纯钛及钛合金的特性及应用

钛材类别	牌号	主 要 特 性	应 用 举 例
工业纯钛	TA1 TA2 TA3	强度不高，塑性好，易于加工成形、冲压、焊接、可加工性能良好；在大气、海水、湿氯气及在氧化性、中性、弱还原介质	主要用于工作温度低于350 ℃，受力不大，但要求高塑性的冲压件和耐蚀结构零件：如飞机的骨架和蒙皮、发动机附件；船舶耐海水管道、

（续）

钛材类别	牌号	主要特性	应用举例
工业纯钛	TA1 TA2 TA3	中具有良好的耐蚀性，抗氧化性比大多数奥氏体不锈钢优，但耐热性较差，使用温度不宜太高。 工业纯钛实质上是一种低合金含量的钛合金，与化学纯钛相比，由于含有较多杂质元素，其强度大大提高，力学性能和化学成分与不锈钢相似，但力学性能比钛合金较低	阀门、泵、水翼、推进器；化工上的热交换器、泵体、蒸馏塔、冷却器、搅拌器、叶轮等；氯碱工业的金属阳极电解槽、核电站冷却器等。 工业上常用TA2，因其耐蚀性和综合力学性能适中；对耐磨和强度要求较高时，采用TA3；要求成形性能较好的工件采用TA1
α型钛合金	TA4	这类合金在室温和使用温度下呈α型单相状态，不能热处理强化，唯一的热处理形式是退火，主要依靠固溶处理强化。室温强度低于β型和α+β型；高于工业纯钛。高温（500～600 ℃）强度和蠕变强度高，组织稳定，抗氧化性和可焊性好，耐蚀性和可切削加工性也较好，但常温塑性低，热塑性良好、室温冲击性差	抗拉强度比工业纯钛稍高，可做中等强度工件，国内主要用作焊丝
	TA5 TA6		用于400 ℃以下在腐蚀介质中工作的零件及焊接件，如飞机蒙皮、骨架、压气机壳体、叶片、船舶零件
	TA7		TA7在退火状态下具有中等强度和足够的塑性，焊接性良好，可在500 ℃以下使用，当其氧、氢、氮等含量极低时，是优良的超低温合金之一
β型钛合金	TB2	这类合金主要合金元素是钼、铬、钒等β稳定化元素，可热处理强化，有较高的强度，焊接性能和压力加工性能良好，但不稳定，熔炼工艺复杂，因此应用不如α型、α+β型钛合金广泛	使用温度低于350 ℃，主要用于制造各种整体热处理（固溶、时效）的板材冲压件和焊接件，如压气机叶片、轮盘、轴类等重载荷旋转件以及飞机构件等。TB2在固溶处理状态下交货，在固溶时效后使用
α+β型钛合金	TC1 TC2	具有良好的综合力学性能；锻造、冲压及焊接性能均较好，可切削加工，室温强度高，150～500 ℃以下有较好的耐热性。 TC4应用最广泛，约占现在钛合金产量的50%，不仅具有良好的室温、高温和低温力学性能，且在多种介质中具有优异的耐蚀性。可通过热处理强化，在宇航、舰船、兵器及化工等工业中均广泛应用。 TC1、TC2、TC3、TC4、TC6、TC9、TC10、TC11、TC12生产钛合金棒材	400 ℃以下工作的冲压件、焊接件、模锻件和弯曲加工的各种零件，还可作低温结构材料，不能热处理
	TC3 TC4		用于400 ℃以下长期工作的零件，结构用锻件、各种容器、泵、低温部件、舰船耐压壳
	TC6		可在450 ℃下使用，用于飞机发动机结构材料
	TC9		用在500 ℃以下长期工作的零件，如飞机发动机压气盘和叶片
	TC10		用在450 ℃以下长期工作的零件，如飞机结构件、起落支架、导弹发动机外壳等

第八章　新型焊管、异型管和特种塑料管

管道被誉为工业“动脉”，日夜输送着工业的“血液”，其广泛用于石油、化工、电力、电站、锅炉、机械、船舶、冶金、压力容器、建筑、汽车以及军工领域，随着科学技术和国民经济的快速发展，管网覆盖面将继续扩大。

1. 管道分类

分类方式	类　别
按材料分	碳钢管、低合金钢管、合金钢管、铸铁管、不锈钢管、不锈钢合管、有色金属管、塑料管
按制管方式分	(1) 无缝钢管：分热轧、冷轧(拔)两类 热轧无缝钢管分一般钢管、低中压锅炉钢管、高压锅炉钢管、合金钢管、不锈钢管、石油裂化钢管、地质钢管和其他钢管等，其外径一般大于 32 mm，壁厚 2.5～7.5 mm。冷轧(拔)不锈钢管外径可以到 6 mm，壁厚可到 0.25 mm，薄壁管外径为 5 mm，壁厚小于 0.25 mm，冷轧无缝钢管比热轧无缝钢管精度高。10、20 号低碳钢制造的无缝钢管主要用于流体输送管；45、40Cr 等中碳钢制成的无缝钢管用来制造机械零件 30CrMnSi、45Mn2、40MnB 等合金结构钢无缝钢管用于制造重要设备部件；15CrMo、12CrMoV 用于制造高压锅炉。 (2) 焊接钢管：简称焊管，分直缝焊管和螺旋焊管，按用途又分为一般焊管、镀锌焊管、深井泵管、汽车用管、变压器管、电焊薄壁管、油气长输管等
按管截面形状分	圆形、方形、矩形、椭圆形、腰圆形、六角形等冷拔异型钢管；复杂断面用异型钢管

2. 管道应用指南

(1) 压力管道金属材料的特点

压力管道涉及各行各业，对它的基本要求是“安全与使用”，安全为了使用，使用必须安全，使用还涉及经济问题，即需要投资省、使用年限长，这当然与很多因素有关。而材料是工程的基础，因此，要充分使用压力管道首先要认识压力管道金属材料的特殊要求。压力管道除承受载荷外，由于处在不同的环境、温度和介质下工作，还承受着特殊的考验。

① 金属材料在高温下性能的变化。

(a) 蠕变：钢材在高温下受外力作用时，随着时间的延长，缓慢而连续产生塑性变形的现象，称为蠕变。钢材蠕变特征与温度和应力有很大关系，温度升高或应力增大，蠕变速度加快。例如，碳素钢工作温度超过 300～350 ℃，合金钢工作温度超过 300～400 ℃就会有蠕变。产生蠕变所需的应力低于试验温度时钢材的屈服强度。因此，对于高温下长期工作的锅炉、蒸汽管道、压力容器所用钢材应具有良好的抗蠕变性能，以防止因蠕变而产生大量变形导致结构破裂及造成爆炸等恶性事故。

(b) 球化和石墨化：在高温作用下，碳钢中的渗碳体由于获得能量将发生迁移和聚集，

形成晶粒粗大的渗碳体并夹杂于铁素体中，其渗碳体会从片状逐渐转变成球状，称为球化。由于石墨强度极低，并以片状出现，使材料强度大大降低，脆性增加，称为材料的石墨化。碳钢长期工作在 425 ℃以上环境时，就会发生石墨化，在高于 475 ℃时更明显。SH3059 规定碳钢最高使用温度为 425 ℃，GB 150 则规定碳钢最高使用温度为 450 ℃。

(c) 热疲劳性能：钢材如果长期冷热交替工作，那么材料内部在温差变化引起的热应力作用下，会产生微小裂纹而不断扩展，最后导致破裂。因此，在温度起伏变化工作条件下的结构、管道应考虑钢材的热疲劳性能。

(d) 材料的高温氧化：金属材料在高温氧化性介质环境中(如烟道)会被氧化而产生氧化皮，容易脱落。碳钢处于 570 ℃的高温气体中易产生氧化皮而使金属减薄，故燃气、烟道等钢管应限制在 560 ℃下工作。

② 金属材料在低温下的性能变化。

当环境温度低于该材料的临界温度时，材料冲击韧性会急剧降低，这一临界温度称为材料的脆性转变温度。实际应用中，常用低温冲击韧性(冲击功)来衡量材料的低温韧性，在低温下工作的管道，必须注意其低温冲击韧性。

③ 管道在腐蚀环境下的性能变化。

石油化工、船舶、海上石油平台等管道介质，很多有腐蚀性，事实证明，金属腐蚀的危害性十分普遍，而且也十分严重，腐蚀会造成直接或间接损失。例如，金属的应力腐蚀、疲劳腐蚀和晶间腐蚀往往会造成灾难性重大事故，金属腐蚀会造成大量的金属消耗，浪费大量资源。引起腐蚀的介质主要有以下几种。

(a) 氯化物。氯化物对碳素钢的腐蚀基本上是均匀腐蚀，并伴随氢脆发生，对不锈钢的腐蚀是点腐蚀或晶间腐蚀。防止措施可选择适宜的材料，如采用碳钢-不锈钢复合管材。

(b) 硫化物。原油中硫化物多达 250 多种，对金属产生腐蚀的有硫化氢(H_2S)、硫醇(R—SH)、硫醚(R—S—R)等。我国液化石油气中 H_2S 含量高，易造成容器出现裂缝，有的投产 87 天即发生贯穿裂纹，事后经磁粉探伤，内表面环缝共有 417 条裂纹，球体外表面无裂纹，所以由于 H_2S 含量高引起的应力腐蚀应值得重视。日本焊接学会和高压气体安全协会规定：液化石油中 H_2S 含量应控制在 100×10^{-6} 以下，而我国液化石油气中 H_2S 含量平均为 $2\,392\times10^{-6}$，高出日本 20 多倍。

(c) 环烷酸。环烷酸是原油中带来的有机物，当温度超过 220 ℃时，开始发生腐蚀，270～280 ℃时腐蚀达到最大；当温度超过 400 ℃，原油中的环烷酸已汽化完毕。316 L (00Cr17Ni14Mo2)不锈钢材料是抗环烷酸腐蚀的有效材料，常用于高温环烷酸腐蚀环境。

(2) 压力管道金属材料的选用

① 金属材料选用原则。

(a) 满足操作条件的要求。首先应根据使用条件判断该管道是否需承受压力，属于哪一类压力管道。不同类别的压力管道因其重要性各异，发生事故带来的危害程度不同，对材料的要求也不同。同时应考虑管道的使用环境和输送的介质以及介质对管体的腐蚀程度。例如插入海底的钢管桩，管体在浪溅区腐蚀速度为海底土中的 6 倍，潮差区腐蚀速度为海底土中的 4 倍，因此在选材及防腐蚀措施上应特别关注。

(b) 可加工性要求。材料应具有良好的加工性和焊接性。

(c) 耐用又经济的要求。压力管道，首先应安全耐用和经济。一台设备、一批管道工程，在投资选材前，必要时应进行可行性研究，即经济技术分析，可对拟选用的材料制定数个方案，进行经济技术分析，如有些材料初始投资略高，但是使用可靠，平时维修费用省；有的材料初始投资似乎省，但在运行中可靠性差，平时维修费用高，全寿命周期费用高。

② 常用材料的应用限制。

【限制条件】

钢种	状态或牌号	标准	限 制 条 件
普通碳素钢	沸腾钢	GB 700	(1) 设计压力 $p \leqslant 0.6$ MPa，设计温度 $t = 0 \sim 250$ ℃ (2) 不得用于易燃或有毒流体管道及石油液化气介质和应力腐蚀的环境
	镇静钢	GB 700	(1) 设计温度 $t = 0 \sim 400$ ℃ (2) 若用于应力腐蚀开裂敏感的环境时，本体硬度 HB≤160，焊缝硬度 HB≤200，进行100%无损探伤 (3) 含 C≤0.24%
	Q235A·F	GB 700	(1) 设计压力 $p \leqslant 0.6$ MPa，设计温度 $t = 0 \sim 250$ ℃，板厚 $\delta < 12$ mm (2) 不得用于易燃，毒性程度为中、高度或使用温度极度危害介质的管道
	Q235A	GB 700	(1) 设计压力 $p \leqslant 1.0$ MPa，设计温度 $t = 0 \sim 350$ ℃，板厚 $\delta < 16$ mm (2) 不得用于液化石油气、毒性程度为高度或使用温度极度危害介质的管道
	Q235B	GB 700	(1) 设计压力 $p \leqslant 1.6$ MPa，设计温度 $t = 0 \sim 350$ ℃，板厚 $\delta < 20$ mm (2) 不得用于高度或使用温度极度危害介质的管道
	Q235C	GB 700	设计压力 $p \leqslant 2.5$ MPa，设计温度 $t = 0 \sim 400$ ℃，$\delta <$ 40 mm
不锈耐热钢		GB/T 14976 GB 4237 GB 4238 GB 1120 GB 1221	(1) 含 Cr12%以上的铁素体和马氏体钢不在 400 ℃以上使用 (2) 不锈钢应避免接触氯化物或者控制物料和环境中的 Cl 浓度≤25×10^{-6} (3) 奥氏体不锈钢在其使用温度 $t > 525$ ℃时，含 C≤0.04% (4) 在有剧烈环烷酸腐蚀环境下，应选用含 Mo 不锈钢，或复合管

(3) 金属管材工艺性能试验

为确保使用要求，管材加工前，必须作工艺性能试验。

① 压扁试验：外径 $D \leqslant 40$ mm，$\geqslant 22$ mm，壁厚 $S < 40$ mm 的钢管应按工艺规定作压扁试验。

② 扩口或辘管试验：$S \leqslant 8$ mm 的管子，或技术文件中有要求必须作扩口试验或辘管试

验的管子,按成品要求进行镟管试验。

③ 水压试验:直管(弯管在弯制后)应逐根作水压试验,压力按工艺规定,最高为20 MPa,稳压时间 10 s,不得漏水或出汗。

④ 通球试验:用于流体输送管道在弯曲后作通球试验,保证通径 D_N。

⑤ 展平试验:截取 100 mm 长钢管试样,在对应于焊缝圆周上切开并展成平板,不得出现裂纹。

⑥ 设计或工艺文件上规定的其他工艺试验。

综上所述,试验目的在于暴露钢管缺陷,以免在施工中出现问题、在使用时留有隐患。例如用于高压锅炉的合金钢管,表面不起眼的"发痕",很可能是引发裂纹的原因,然而,在加工前,对其进行工艺试验,会将此缺陷暴露无遗,保证了日后使用时的安全性。

(4) 注意事项

① 金属管材用机械切割后,必须去除切口处毛刺及飞边,以免乙炔等可燃气体在一定速度流过时产生静电,引发爆燃事件。

② 管道对接,若采用焊接,根焊是关键,特别是焊工无法进入管道内腔焊接的小直径管道,不论是用于工程结构还是输送流体的压力管道,均必须对管壁全厚度焊透,即单面焊、双面成形,在管外焊接,内壁达到良好成形,有光顺合格的余高,保证通径,输送的液体能通畅流过。

对于受力的结构钢管,可用钢衬环或锁口对接,但间隙至关重要,间隙太小是导致焊不透的主要原因之一。

③ 对于机械加工零件,选择合适的异型钢管,使其截面形状与管道接近,可明显提高金属切削效率,提高原材料利用率,降低产品成本。例如某化工设备使用的铜螺母,毛坯重1.85 kg/只,净重 0.75 kg/只,切削出的铜屑达数十公斤,如果选择形状相似的异型铜管,可明显节约工料费。手表表壳就是采用异型不锈钢管制成的。本章介绍的复杂断面异型钢管,可从中受到启示。

3. 结构用无缝钢管

(1) 结构用无缝钢管(热轧)品种

品种	牌号或钢级	执行标准	规格(mm)
一般结构用无缝管	10、20、35、45、Q345A、27SiMn 等	GB/T 8162—2008、ASTM DIN、JIS	ϕ6～200×0.25～1 冷拔(轧) ϕ32～630×2.5～50 热轧
输送流体用无缝管	10、20、Q345A、Q295、A53、A106、CK45、St35	GB/T 8163—2008、ASTM、DIN、JIS	ϕ6～200×0.25～14 冷拔(轧) ϕ32～630×2.5～26 热轧
管线用无缝钢管	A、B、X42-X60、(X65-X80)	API SPEC 5L	ϕ33.4～141.3×3.38～13.49

（续）

品种	牌号或钢级	执行标准	规格(mm)
低中压锅炉管	10、20St35.8、SA106、SA192	GB3087—2008 DIN17175 ASME	ϕ10～426×1.5～26 ϕ22～159×2.0～25
高压锅炉管	20G、12Cr1MoVG、15CrMo，St45.8、SA210、SA213 等	GB 5310—2008 ASME	ϕ8～89×1～16 冷拔(轧) ϕ32～219×4～28 热轧 ϕ22～159×2.0～25
化肥用无缝管	10、20、Q345A、15CrMo	GB 6479—2000	ϕ14～273×4～40
石油裂化管	10、20、12CrMo 15CrMo、Cr5Mo	GB9948—2006	ϕ10～273×1～16
液压支柱管	27 SiMn	GB/T 17396	ϕ8～219×1～28
不锈钢无缝钢管	321、304、316、304L 321H、31S	GB/T 14976、GB 5310、GB 9948	ϕ6～219×2～12

(2) 结构用无缝钢管规格、特性(热轧、挤压或扩管)

尺寸(mm)		截面面积	重量	截面特性		
d	t	A(cm^2)	(kg/m)	I(cm^4)	W(cm^3)	i(cm)
32	2.5	2.32	1.82	2.54	1.59	1.05
	3.0	2.73	2.15	2.90	1.82	1.03
	3.5	3.13	2.46	3.23	2.02	1.02
	4.0	3.52	2.76	3.52	2.20	1.00
38	2.5	2.79	2.19	4.41	2.32	1.26
	3.0	3.30	2.59	5.09	2.68	1.24
	3.5	3.79	2.98	5.70	3.00	1.23
	4.0	4.27	3.35	6.26	3.29	1.21
42	2.5	3.10	2.44	6.07	2.89	1.40
	3.0	3.68	2.89	7.03	3.35	1.38
	3.5	4.23	3.32	7.91	3.77	1.37
	4.0	4.78	3.75	8.71	4.15	1.35
45	2.5	3.34	2.62	7.56	3.36	1.51
	3.0	3.96	3.11	8.77	3.90	1.49
	3.5	4.56	3.58	9.89	4.40	1.47
	4.0	5.15	4.04	10.93	4.86	1.46

(续)

尺寸(mm)		截面面积 $A(cm^2)$	重量 (kg/m)	截面特性		
d	t			$I(cm^4)$	$W(cm^3)$	$i(cm)$
50	2.5	3.73	2.93	10.55	4.22	1.68
	3.0	4.43	3.48	12.28	4.91	1.67
	3.5	5.11	4.01	13.90	4.56	1.65
	4.0	5.78	4.54	15.41	6.16	1.63
	4.5	6.43	5.05	16.81	6.72	1.62
	5.0	7.07	5.55	18.11	7.25	1.60
54	3.0	4.81	3.77	15.68	5.81	1.81
	3.5	5.55	4.36	17.79	6.59	1.79
	4.0	6.28	4.93	19.76	7.32	1.77
	4.5	7.00	5.49	21.61	8.00	1.76
	5.0	7.70	6.04	23.34	8.64	1.74
	5.5	8.38	6.58	24.96	9.24	1.73
	6.0	9.05	7.10	26.46	9.80	1.71
57	3.0	5.09	4.00	18.61	6.53	1.91
	3.5	5.88	4.62	21.14	7.42	1.90
	4.0	6.66	5.23	23.52	8.25	1.88
	4.5	7.42	5.83	25.76	9.04	1.86
	5.0	8.17	6.41	27.86	9.78	1.85
	5.5	8.90	6.99	29.84	10.47	1.83
	6.0	9.61	7.55	31.69	11.12	1.82
60	3.0	5.37	4.22	21.88	7.29	2.02
	3.5	6.21	4.88	24.88	8.29	2.00
	4.0	7.04	5.52	27.73	9.24	1.98
	4.5	7.85	6.16	30.41	10.14	1.97
	5.0	8.64	6.78	32.94	10.98	1.95
	5.5	9.42	7.39	35.32	11.77	1.94
	6.0	10.18	7.99	37.56	12.52	1.92
63.5	3.0	5.70	4.48	26.15	8.24	2.14
	3.5	6.60	5.18	29.79	9.38	2.12
	4.0	7.48	5.87	33.24	10.47	2.11
	4.5	8.34	6.55	36.50	11.50	2.09
	5.0	9.19	7.21	39.60	12.47	2.08
	5.5	10.02	7.87	42.52	13.39	2.06
	6.0	10.84	8.51	45.28	14.26	2.04

(续)

尺寸(mm)		截面面积	重量	截面特性		
d	t	$A(cm^2)$	(kg/m)	$I(cm^4)$	$W(cm^3)$	i(cm)
68	3.0	6.13	4.81	32.42	9.54	2.30
	3.5	7.09	5.57	36.99	10.88	2.28
	4.0	8.04	6.31	41.34	12.16	2.27
	4.5	8.98	7.05	45.47	13.37	2.25
	5.0	9.90	7.77	49.41	14.53	2.23
	5.5	10.80	8.48	53.14	15.63	2.22
	6.0	11.69	9.17	56.68	16.67	2.20
70	3.0	6.31	4.96	35.50	10.14	2.37
	3.5	7.31	5.74	40.53	11.58	2.35
	4.0	8.29	6.51	45.33	12.95	2.34
	4.5	9.26	7.27	49.89	14.26	2.32
	5.0	10.21	8.01	54.24	15.50	2.30
	5.5	11.14	8.75	58.38	16.68	2.29
	6.0	12.06	9.47	62.31	17.80	2.27
73	3.0	6.60	5.18	40.48	11.09	2.48
	3.5	7.64	6.00	46.26	12.67	2.46
	4.0	8.67	6.81	51.78	14.19	2.44
	4.5	9.68	7.60	57.04	15.63	2.43
	5.0	10.68	8.38	62.07	17.01	2.41
	5.5	11.66	9.16	66.87	18.32	2.39
	6.0	12.63	9.91	71.43	19.57	2.38
76	3.0	6.88	5.40	45.91	12.08	2.58
	3.5	7.97	6.26	52.50	13.82	2.57
	4.0	6.05	7.10	58.81	15.48	2.55
	4.5	10.11	7.93	64.85	17.07	2.53
	5.0	11.15	8.75	70.62	18.59	2.52
	5.5	12.18	9.56	76.14	20.04	2.50
	6.0	13.19	10.36	81.41	21.42	2.48
83	3.0	8.74	6.86	69.19	16.67	2.81
	4.0	9.93	7.79	77.64	18.71	2.80
	4.5	11.10	8.71	85.76	20.67	2.78
	5.0	12.25	9.62	93.56	22.54	2.76
	5.5	13.39	10.51	101.04	24.35	2.75
	6.0	14.51	11.39	108.22	26.08	2.73
	6.5	15.62	12.26	115.10	27.74	2.71
	7.0	16.71	13.12	121.69	29.32	2.70

（续）

尺寸(mm)		截面面积 $A(cm^2)$	重量 (kg/m)	截面特性		
d	t			$I(cm^4)$	$W(cm^3)$	$i(cm)$
89	3.0	9.40	7.38	86.05	19.34	3.03
	4.0	10.68	8.38	96.68	21.73	3.01
	4.5	11.95	9.38	106.92	24.03	2.99
	5.0	13.19	10.36	116.92	26.24	2.98
	5.5	14.43	11.33	126.79	28.38	2.96
	6.0	15.75	12.28	135.43	30.43	2.94
	6.5	16.85	13.22	144.22	32.41	2.93
	7.0	18.03	14.16	152.67	34.31	2.91
95	3.0	10.06	7.90	105.45	22.20	3.24
	4.0	11.44	8.98	118.60	24.97	3.22
	4.5	12.79	10.04	131.31	27.64	3.20
	5.0	14.14	11.10	143.58	30.23	3.19
	5.5	15.46	12.14	155.43	32.72	3.17
	6.0	16.78	13.17	166.86	35.13	3.15
	6.5	18.07	14.19	177.89	37.45	3.14
	7.0	19.35	15.19	188.51	39.69	3.12
102	3.0	10.83	8.50	131.52	25.79	3.48
	4.0	12.32	9.67	148.09	29.04	3.47
	4.5	13.78	10.82	164.14	32.18	3.45
	5.0	15.24	11.96	179.68	35.23	3.43
	5.5	16.67	13.09	194.72	38.18	3.42
	6.0	18.10	14.21	209.28	41.03	3.40
	6.5	19.50	15.31	223.35	43.79	3.38
	7.0	20.89	16.40	236.96	46.46	3.37
108	4.0	13.06	10.26	177.00	32.78	3.68
	4.5	14.62	11.49	196.35	36.36	3.66
	5.0	16.17	12.70	215.12	39.84	3.65
	5.5	17.70	13.90	233.32	43.21	3.63
	6.0	19.22	15.09	250.97	46.48	3.61
	6.5	20.72	16.27	268.08	49.64	3.60
	7.0	22.20	17.44	284.65	52.71	3.58
	7.5	23.67	18.59	300.71	55.69	3.56
	8.0	25.12	19.73	316.25	58.57	3.55
114	4.0	13.81	10.85	209.35	36.73	3.89
	4.5	15.48	12.15	232.41	40.77	3.87
	5.0	17.12	13.44	254.81	44.70	3.86

(续)

尺寸(mm)		截面面积 $A(cm^2)$	重量 (kg/m)	截面特性		
d	t			$I(cm^4)$	$W(cm^3)$	$i(cm)$
114	5.5	18.75	14.72	276.58	48.52	3.84
	6.0	20.36	15.98	297.73	52.23	3.82
	6.5	21.95	17.23	318.26	55.84	3.81
	7.0	23.53	18.47	338.19	59.33	3.79
	7.5	25.09	19.70	357.58	62.73	3.77
	8.0	26.64	20.91	376.30	66.02	3.76
121	4.0	14.70	11.54	251.87	41.63	4.14
	4.5	16.47	12.93	279.83	46.25	4.12
	5.0	18.22	14.30	307.05	50.75	4.11
	5.5	19.96	15.67	333.54	55.13	4.09
	6.0	21.68	17.02	359.32	59.39	4.07
	6.5	23.38	18.35	384.40	63.54	4.05
	7.0	25.07	19.68	408.80	67.57	4.04
	7.5	26.74	20.99	432.51	71.49	4.02
	8.0	28.40	22.29	455.57	75.30	4.01
127	4.0	15.64	12.13	292.61	46.08	4.35
	4.5	17.32	13.59	325.29	51.23	4.33
	5.0	19.16	15.04	357.14	56.24	4.32
	5.5	20.99	16.48	388.19	61.13	4.30
	6.0	22.81	17.90	418.44	65.90	4.28
	6.5	24.61	19.32	447.92	70.54	4.27
	7.0	26.39	20.72	476.63	75.06	4.25
	7.5	28.16	22.10	504.58	79.46	4.23
	8.0	29.91	23.48	531.80	83.75	4.22
133	4.0	16.21	12.73	337.53	50.76	4.56
	4.5	18.17	14.26	375.42	56.45	4.55
	5.0	20.11	15.78	412.40	62.02	4.53
	5.5	22.03	17.29	448.50	67.44	4.51
	6.0	23.94	18.79	483.72	72.74	4.50
	6.5	25.83	20.28	518.07	77.91	4.48
	7.0	27.71	21.75	551.58	82.94	4.46
	7.5	29.57	23.21	584.25	87.86	4.45
	8.0	31.42	24.66	616.11	92.65	4.43
140	4.5	19.16	15.04	440.12	62.87	4.79
	5.0	21.21	16.65	483.76	69.11	4.78
	5.5	23.24	18.24	526.40	75.20	4.76

(续)

尺寸(mm)		截面面积 $A(cm^2)$	重量 (kg/m)	截面特性		
d	t			$I(cm^4)$	$W(cm^3)$	$i(cm)$
140	6.0	25.26	19.83	568.06	81.15	4.74
	6.5	27.26	21.40	608.76	86.97	4.73
	7.0	29.25	22.96	648.51	92.64	4.71
	7.5	31.22	24.51	687.32	98.19	4.69
	8.0	33.18	26.04	725.21	103.60	4.68
	9.0	37.04	29.08	798.29	114.04	4.64
	10	40.84	32.06	867.86	123.98	4.61
146	4.5	20.00	15.70	501.16	68.65	5.01
	5.0	22.15	17.39	551.10	75.49	4.99
	5.5	24.28	19.06	599.95	82.19	4.97
	6.0	26.39	20.72	647.73	88.73	4.95
	6.5	28.49	22.36	694.44	95.13	4.94
	7.0	30.57	24.00	740.12	101.39	4.92
	7.5	32.63	25.62	784.77	107.50	4.90
	8.0	34.68	27.23	828.41	113.48	4.89
	9.0	38.74	30.41	912.71	125.03	4.85
	10	42.73	33.54	993.16	136.05	4.82
152	4.5	20.85	16.37	567.61	74.69	5.22
	5.0	23.09	18.13	624.43	82.16	5.20
	5.5	25.31	19.87	680.06	89.48	5.18
	6.0	27.52	21.60	734.52	96.65	5.17
	6.5	29.71	23.32	787.82	103.66	5.15
	7.0	31.89	25.03	839.99	110.52	5.13
	7.5	34.05	26.73	891.03	117.24	5.12
	8.0	36.19	28.41	940.97	123.81	5.10
	9.0	40.43	31.74	1 037.59	136.53	5.07
	10	44.61	35.02	1 129.99	148.68	5.03
159	4.5	21.84	17.15	652.27	82.05	5.46
	5.0	24.19	18.99	717.88	90.30	5.45
	5.5	26.52	20.82	782.18	98.39	5.43
	6.0	28.84	22.64	845.19	106.31	5.41
	6.5	31.14	24.45	906.92	114.08	5.40
	7.0	33.43	26.24	967.41	121.14	5.38
	7.5	35.70	28.02	1 026.65	129.14	5.36
	8.0	37.95	29.79	1 084.67	136.44	5.35
	9.0	42.41	33.29	1 197.12	150.58	5.31
	10	46.81	36.75	1 304.88	164.14	5.28

(续)

尺寸(mm)		截面面积 $A(cm^2)$	重量 (kg/m)	截面特性		
d	t			$I(cm^4)$	$W(cm^3)$	i(cm)
168	4.5	23.11	18.14	772.96	92.02	5.78
	5.0	25.60	20.10	851.14	101.33	5.77
	5.5	28.08	22.04	927.85	110.46	5.75
	6.0	30.54	23.97	1 003.12	119.42	5.73
	6.5	32.98	25.89	1 076.95	128.21	5.71
	7.0	35.41	27.79	1 149.36	136.83	5.70
	7.5	37.82	29.69	1 220.38	145.28	5.68
	8.0	40.21	31.57	1 290.01	153.57	5.66
	9.0	44.96	35.29	1 425.22	169.67	5.63
	10	49.64	38.97	1 555.13	185.13	5.60
180	5.0	27.49	21.58	1 053.17	117.02	6.19
	5.5	30.15	23.67	1 148.79	127.64	6.17
	6.0	32.80	25.75	1 242.72	138.08	6.16
	6.5	35.43	27.81	1 335.00	148.33	6.14
	7.0	38.04	29.87	1 425.63	158.40	6.12
	7.5	40.64	31.91	1 514.64	168.29	6.10
	8.0	43.23	33.93	1 602.04	178.00	6.09
	9.0	48.35	37.95	1 772.12	196.90	6.05
	10	53.41	41.92	1 936.01	215.11	6.02
	12	63.33	49.72	2 245.84	249.54	5.95
194	5.0	29.69	23.31	1 326.54	136.76	6.68
	5.5	32.57	25.57	1 447.86	149.26	6.67
	6.0	35.44	27.82	1 567.21	161.57	6.65
	6.5	38.29	30.06	1 684.61	173.67	6.63
	7.0	41.12	32.28	1 800.08	185.57	6.62
	7.5	43.94	34.50	1 913.64	197.28	6.60
	8.0	46.75	36.70	2 025.31	208.79	6.58
	9.0	52.31	41.06	2 243.08	231.25	6.55
	10	57.81	45.38	2 453.55	252.94	6.51
	12	68.61	53.86	2 853.25	294.15	6.45
203	6.0	37.13	29.15	1 803.07	177.64	6.97
	6.5	40.13	31.50	1 938.81	191.02	6.95
	7.0	43.10	33.84	2 072.43	204.18	6.93
	7.5	46.06	36.16	2 203.94	217.14	6.92
	8.0	49.01	38.47	2 333.37	229.89	6.90
	9.0	54.85	43.06	2 586.08	254.79	6.87

（续）

尺寸(mm)		截面面积 $A(cm^2)$	重量 (kg/m)	截面特性		
d	t			$I(cm^4)$	$W(cm^3)$	$i(cm)$
203	10	60.63	47.60	2 830.72	278.89	6.83
	12	72.01	56.52	3 296.49	324.78	6.77
	14	83.13	65.25	3 732.07	367.69	6.70
	16	94.00	73.79	4 138.78	407.76	6.64
219	6.0	40.15	31.52	2 278.74	208.10	7.53
	6.5	43.39	34.06	2 451.64	223.89	7.52
	7.0	46.62	36.60	2 622.04	239.46	7.50
	7.5	49.83	39.12	2 789.96	254.79	7.48
	8.0	53.03	41.63	2 955.43	269.90	7.47
	9.0	59.38	46.61	3 279.12	299.46	7.43
	10	65.66	51.54	3 593.29	328.15	7.40
	12	78.04	61.26	4 193.81	383.00	7.33
	14	90.16	70.78	4 758.50	434.57	7.26
	16	102.04	90.10	5 288.81	483.00	7.20
245	6.5	48.70	38.23	3 465.46	282.89	8.44
	7.0	52.34	41.08	3 709.06	302.89	8.42
	7.5	55.96	43.93	3 949.52	322.41	8.40
	8.0	59.56	46.76	4 186.87	341.79	8.38
	9.0	66.73	52.38	4 652.32	379.78	8.35
	10	73.83	57.95	5 105.63	416.79	8.32
	12	87.84	68.95	5 976.67	487.89	8.25
	14	101.60	79.76	6 801.68	555.24	8.18
	16	115.11	90.36	7 582.30	618.96	8.12
273	6.5	54.42	42.72	4 834.18	354.15	9.42
	7.0	58.50	45.92	5 177.30	379.29	9.41
	7.5	62.56	49.11	5 516.47	404.14	9.39
	8.0	66.60	52.28	5 851.71	428.70	9.37
	9.0	74.64	58.60	6 510.56	476.96	9.34
	10	82.62	64.86	7 154.09	524.11	9.31
	12	98.39	77.24	8 396.14	615.10	9.24
	14	114.91	89.42	9 579.75	701.84	9.17
	16	129.18	101.41	10 706.79	784.38	9.10
299	7.5	68.68	53.92	7 300.02	488.30	1 031
	8.0	73.14	57.41	7 747.42	518.22	1 029
	9.0	82.00	64.37	8 628.09	577.13	1 026
	10	90.79	71.27	9 490.15	634.79	1 022

(续)

尺寸(mm)		截面面积 A(cm^2)	重量 (kg/m)	截面特性		
d	t			I(cm^4)	W(cm^3)	i(cm)
299	12	108.20	84.93	11 159.52	746.46	10.16
	14	125.35	98.40	12 757.61	853.35	10.09
	16	142.25	111.67	14 286.48	955.62	10.02
325	7.5	74.81	58.73	9 431.80	580.42	11.23
	8.0	79.67	62.54	10 013.92	616.24	11.21
	9.0	89.35	70.14	11 161.33	686.85	11.18
	10	98.96	77.68	12 286.52	756.09	11.14
	12	118.00	92.63	14 471.45	890.55	11.07
	14	136.78	107.38	16 570.98	1 019.75	11.01
	16	155.32	121.93	18 587.38	1 143.84	10.94
351	8.0	86.21	67.67	12 684.36	722.76	12.13
	9.0	96.70	75.91	14 147.55	806.13	12.10
	10	107.13	84.10	15 584.62	888.01	12.06
	12	127.80	100.32	18 381.63	1 047.39	11.99
	14	148.22	116.35	21 077.86	1 201.02	11.93
	16	168.39	132.19	23 675.75	1 349.05	11.86
377	9	104.00	81.68	17 628.57	935.20	13.02
	10	115.24	90.51	19 430.86	1 030.81	12.98
	11	126.42	99.29	21 203.11	1 124.83	12.95
	12	137.53	108.02	22 945.66	1 217.28	12.81
	13	148.59	116.70	24 658.84	1 308.16	12.88
	14	159.58	125.33	26 342.98	1 397.51	12.84
	15	170.50	133.91	27 998.42	1 485.33	12.81
	16	181.37	142.45	29 625.48	1 571.64	12.78
402	9	111.06	87.23	21 469.37	1 068.13	13.90
	10	123.09	96.67	23 676.21	1 177.92	13.86
	11	135.05	106.07	25 848.66	1 286.00	13.83
	12	146.95	115.42	27 987.08	1 392.39	13.80
	13	158.79	124.71	30 091.82	1 497.11	13.76
	14	170.56	133.96	32 163.24	1 600.16	13.73
	15	182.28	143.16	34 201.69	1 701.58	13.69
	16	193.93	152.31	36 207.53	1 801.37	13.66
426	9	117.84	93.00	25 646.28	1 204.05	14.75
	10	130.62	102.59	28 294.52	1 328.38	14.71
	11	143.34	112.58	30 903.91	1 450.89	14.68

(续)

尺寸(mm)		截面面积 $A(cm^2)$	重量 (kg/m)	截面特性		
d	t			$I(cm^4)$	$W(cm^3)$	i(cm)
426	12	156.00	122.52	33 474.84	1 571.59	14.64
	13	168.59	132.41	36 007.67	1 690.50	14.60
	14	181.12	142.25	38 502.80	1 807.64	14.47
	15	193.58	152.04	40 960.60	1 923.03	14.54
	16	205.98	161.78	43 381.44	2 036.69	14.51
450	9	124.63	97.88	30 332.67	1 348.12	15.60
	10	138.61	108.51	33 477.56	1 487.89	15.56
	11	151.63	119.09	36 578.87	1 625.73	15.53
	12	165.04	129.62	39 637.01	1 761.65	15.49
	13	178.38	140.10	42 652.38	1 895.66	15.46
	14	191.67	150.53	45 625.38	2 027.79	15.42
	15	204.89	160.92	48 556.41	2 158.06	15.39
	16	218.04	171.25	51 445.87	2 286.48	15.35
465	9	128.87	101.21	33 533.41	1 442.30	16.13
	10	142.87	112.46	37 018.21	1 592.18	16.09
	11	156.81	123.16	40 456.34	1 740.06	16.06
	12	170.69	134.06	43 848.22	1 885.94	16.02
	13	184.51	144.81	47 194.27	2 029.86	15.99
	14	198.26	155.71	50 494.89	2 171.82	15.95
	15	211.95	166.47	53 750.51	2 311.85	15.92
	16	225.58	173.22	56 961.53	2 449.96	15.88
480	9	133.11	104.54	36 951.77	1 539.66	16.66
	10	147.58	115.91	40 800.14	1 700.01	16.62
	11	161.99	127.23	44 598.63	1 858.28	16.59
	12	176.34	138.50	48 347.69	2 014.49	16.55
	13	190.63	149.08	52 047.74	2 168.66	16.52
	14	204.85	160.20	55 699.21	2 320.80	16.48
	15	219.02	172.01	59 302.54	2 470.94	16.44
	16	233.11	183.08	62 858.14	2 619.09	16.41
500	9	138.76	108.98	41 860.49	1 674.42	17.36
	10	153.86	120.84	46 231.77	1 849.27	17.33
	11	168.90	132.65	50 548.75	2 021.95	17.29
	12	183.88	144.42	54 811.88	2 192.48	17.26
	13	198.79	156.13	59 021.61	2 360.86	17.22
	14	213.65	167.80	63 178.39	2 527.14	17.19
	15	228.44	179.40	67 282.66	2 691.31	17.15
	16	143.16	190.98	71 334.87	2 853.39	17.12

(续)

尺寸(mm)		截面面积	重量	截面特性		
d	t	A(cm²)	(kg/m)	I(cm⁴)	W(cm³)	i(cm)
530	9	147.23	115.64	50 009.99	1 887.17	18.42
	10	163.28	128.24	55 251.25	2 084.95	18.39
	11	179.26	140.79	60 431.21	2 280.42	18.35
	12	195.18	153.30	65 550.35	2 473.60	18.32
	13	211.04	165.75	70 609.15	2 664.50	18.28
	14	226.83	178.15	75 608.08	2 853.14	18.25
	15	242.57	190.51	80 547.62	3 039.53	18.22
	16	258.23	202.82	85 428.24	3 223.71	18.18
550	9	152.89	120.08	55 992.00	2 036.07	19.13
	10	169.56	133.17	61 873.07	2 249.93	19.10
	11	186.17	146.22	67 687.94	2 461.38	19.06
	12	202.72	159.22	73 437.11	2 670.44	19.03
	13	219.20	172.16	79 121.07	2 877.13	18.99
	14	235.63	185.06	84 740.31	3 081.47	18.96
	15	251.99	197.91	90 295.34	3 283.47	18.92
	16	268.28	210.71	95 786.64	3 483.15	18.89
560	9	155.71	122.30	59 154.07	2 112.65	19.48
	10	172.70	135.64	65 373.70	2 334.78	19.45
	11	189.62	148.93	71 524.61	2 554.45	19.41
	12	206.49	162.17	77 607.30	2 771.69	19.38
	13	223.29	175.37	83 622.29	2 986.51	19.34
	14	240.02	188.51	89 570.06	3 198.93	19.31
	15	256.70	201.61	95 451.14	3 408.97	19.28
	16	273.31	214.65	101 266.01	3 616.64	19.24
600	9	167.02	131.17	72 992.31	2 433.08	20.90
	10	185.26	145.50	80 696.05	2 698.87	20.86
	11	203.44	159.78	88 320.50	2 944.02	20.83
	12	221.56	174.01	95 866.21	3 195.54	20.79
	13	239.61	188.19	103 333.73	3 444.46	20.76
	14	257.54	202.32	110 723.59	3 690.79	20.72
	15	275.54	216.41	118 036.75	3 934.55	20.69
	16	293.40	230.44	125 272.54	4 175.75	20.66
630	9	175.50	137.83	84 679.83	2 688.25	21.96
	10	194.68	152.90	93 639.59	2 972.69	21.92
	11	213.80	167.92	102 511.65	3 254.34	21.89
	12	232.86	182.89	111 296.59	3 533.23	21.85

（续）

尺寸(mm)		截面面积 $A(cm^2)$	重量 (kg/m)	截面特性		
d	t			$I(cm^4)$	$W(cm^3)$	i(cm)
630	13	251.86	197.81	119 994.98	3 809.36	21.82
	14	270.79	212.68	128 607.39	4 082.77	21.78
	15	289.67	227.50	137 134.39	4 353.47	21.75
	16	308.47	242.27	145 576.54	4 621.48	21.72

注：d—外径；t—壁厚；I—截面惯性矩；W—截面抵抗矩；i—截面回转半径。

(3) 结构用无缝钢管(冷轧或冷拔)规格(摘自 GB/T 17395—2008)

壁厚系列(mm)：0.25、0.30、0.40、0.50、0.60、0.80、1.0、1.2、1.4、1.5、1.6、1.8、2.0、2.2、2.5、2.8、3.0、3.2、3.5、4.0、4.5、5.0、6.0、6.5、7.0、7.5、8.0、8.5、9.0、9.5、10、11、12、13、14

外径	壁厚系列 (mm)	外径	壁厚系列 (mm)	外径	壁厚系列 (mm)	外径	壁厚系列 (mm)
6	0.25～2.0	27	0.40～7.0	60	1.0～14	130	2.5～12
7	0.25～2.5	28	0.40～7.0	63	1.0～12	133	2.5～12
8	0.25～2.5	29	0.40～7.5	65	1.0～12	140	3.0～12
9	0.25～2.8	30	0.40～8	(68)	1.0～14	150	3.0～12
10	0.25～3.5	32	0.40～8	70	1.0～14	160	3.5～12
11	0.25～3.5	34	0.40～8	73	1.0～14	170	3.5～12
12	0.25～4.0	(35)	0.40～8	75	1.0～12	180	3.5～12
(13)	0.25～4.0	36	0.40～8	76	1.0～14	190	4.0～12
14	0.25～4.0	38	0.40～9	80	1.4～12	200	4.0～12
(15)	0.25～5.0	40	0.40～9	(83)	1.4～14		
16	0.25～5.0	42	1.0～9	85	1.4～12		
(17)	0.25～5.0	44.5	1.0～9	89	1.4～14		
18	0.25～5.0	45	1.0～10	90	1.4～12		
19	0.25～6.0	48	1.0～10	95	1.4～12		
20	0.25～6.0	50	1.0～12	100	1.4～12		
(21)	0.40～6.0	51	1.0～12	(102)	1.4～12		
22	0.40～6.0	53	1.0～12	108	1.4～12		
(23)	0.40～6.0	54	1.0～12	110	1.4～12		
(24)	0.40～7.0	56	1.0～12	120	1.5～12		
25	0.40～7.0	57	1.0～13	125	1.8～12		

说明：

查阅钢管规格，已知直径 $\phi40$，壁厚 0.40～9.0 mm，从壁厚系列中，可知钢管规格为：

$\phi40\times0.4$　$\phi40\times0.50$
$\phi40\times0.60$　$\phi40\times0.80$
$\phi40\times1.0$　$\phi40\times1.2$
$\phi40\times1.4$　$\phi40\times1.5$
$\phi40\times1.6$　$\phi40\times1.8$
$\phi40\times2.0$　$\phi40\times2.2$
$\phi40\times2.5$　$\phi40\times2.8$
$\phi40\times3.0$　$\phi40\times3.0$
……以及 $\phi40\times9.0$

注：1. 表中括号内规格不推荐使用。
2. 通常长度：热轧(挤压、扩张)钢管，3～12 m；冷拔(轧)钢管，2～10.5 m。

4. 轴承钢管(YB/Z 12—17)

【用途】 适用于制造普通滚动轴承套圈的热轧和冷拔(轧)无缝钢管。

【品种】 钢管外径为 25～180 mm,壁厚为 3.5～20 mm。交货长度应为 2～8 m。

【允许偏差】

钢管种类	尺寸	普通级	较高级
热轧管	外径	±1.0%	+1.0% −0.5%
	壁厚	+15% −10%	+15% −5%
冷拔(轧)管	外径	D≤50 mm:+0.5 mm D>50 mm:+1.0 mm	D≤65 mm: $^{+0.2}_{-0.1}$ mm D>65 mm:±0.6 mm
	壁厚	+10% −5%	+10% −2%

注:1. 钢管弯曲度规定:壁厚≤15 mm 钢管,其弯曲度≤1.0 mm(少许≤1.5 mm)。
壁厚>15 mm 钢管,其弯曲度≤1.5 mm(少许≤2.0 mm)。

2. 钢管应以退火状态交货,其布氏硬度压痕直径:GCr15 为 4.2～4.6 mm;GCr15SiMn 为 4.1～4.5 mm。

【说明】 不锈耐酸钢板薄壁无缝管(GB/T 3089—2008)、薄壁不锈钢水管(CJ/T 151—2001)、不锈钢小直径无缝钢管(GB/T 3090—2000)、结构用不锈钢无缝钢管(GB/T 14975—2002)及常用不锈钢装潢圆管等五份技术资料参见第二章不锈钢材料;钛及钛合金管,见第七章。

5. 输送流体用无缝钢管(GB 8163—2008)

钢管分热轧(挤压、扩张)钢管和冷拔(轧)钢管两种。其外径、壁厚和理论质量参见结构用无缝钢管。

【钢号和力学性能】

牌号	抗拉强度 σ_b(MPa)	屈服点 σ_s(MPa)		延伸率 δ_5(%)
		壁厚<15 mm	壁厚>15 mm	
10	335～475	≥205	≥195	≥24
20	410～530	≥245	≥235	≥20
Q295(09MnV)	430～610	≥295	≥285	≥22
Q345(16Mn)	490～665	≥325	≥315	≥21

注:通常长度:热轧(挤压、扩)钢管 3～12(m),冷拔(轧)钢管 3～10.5(m)。

6. 新型焊管

(1) 演变与发展

随着焊管技术的迅速发展,焊接钢管的用途已非常广阔,全长四千公里的西气东输工程全部采用焊接钢管，港口机械的部分结构是螺旋焊管。过去我国成品油几乎全部用火车运输，展望未来，管道输送将全部替代火车运输，未来10年管线建设将处于大发展时期。

当今世界动力锅炉的主要发展方向是提高热效率，节约能源。日本从1964年开始生产焊接锅炉管，由于焊管尺寸精度高，表面质量好，生产成本低，使用范围不断扩大，已应用于350 MW大型电站锅炉上的水壁管、加热器管及过热器管，钢种为碳素钢及低合金管(STBA12、STBA20、STBA22)。

汽车行业，为了降低运行成本，减轻车重，汽车制造首先采用高强度焊接钢管，其次是采用成本低、精度高、重量轻的薄壁焊接钢管，并在传动轴使用焊接钢管等。

过去油井大多使用无缝钢管，这样成本很高，现今随着焊接钢管技术的发展，焊接钢管尺寸精度高，晶粒细化，抗挤性能比无缝钢管高30%，抗爆裂性能高50%，且造价较低，因此越来越多的国家将ERW焊管(高频直缝电阻焊钢管)用作油井管。

焊管被大量采用，主要归功于焊接工艺这几年的成熟与先进。主要焊管种类有：

① 高频直缝电阻焊钢管(ERW)。高频电阻焊或高频感应焊焊接管缝，多用于小直径、小厚壁钢管。

② 螺旋缝双面埋弧焊钢管(SSAW)。其特点是焊缝绕着柱体旋转，一般为45°，适用于大口径、大厚壁管的制造，可以连续生产且效率高，直径偏差±1%D(D—公称外径)，焊管直线度2.5%。

③ 直缝埋弧焊钢管。直缝焊管内在质量和外观质量及成形精度均较高，管道单位长度焊缝短，优于螺旋形埋弧焊管，螺旋缝埋弧焊管特点是生产历史长，焊接工艺成熟，有一定的使用实践，直缝埋弧焊钢管是后起之秀，很有发展前途，实际上，直缝双埋弧焊钢管已成为首选的管材。

我国引进的第一套全新石油天然气管线用直缝埋弧焊管生产线(巨龙直缝埋弧焊管生产线)，其产品规格：直径406.4～1 422.4 mm，钢管长度8～12 m，当钢板材料为X70时，壁厚可达26.4 mm，最高制管年产量20万～30万t，主要用途为陆上，海洋油气，煤浆和矿浆输送以及海洋平台、电站、化工和城市建设工程结构用管。

(2) 管道材料

新型管道的一大特点是制管材料在不断更新，早在1926年，美国石油学会(API)发布的API-5L标准，最初只包括A25、A、B三种钢级，以后又发布了数次，从X42、X45、X52、X55、X60、X65、X70、X80(U80)直到X100(U100)，2000年以前，全世界使用X70约占40%，X65、X60均在30%，小口径成品油管线相当数量选用X52钢级，且多为电阻焊直管(ERW钢管)。

我国冶金行业目前正在生产X70宽板，上海宝山钢铁公司、武汉钢铁公司等生产的X70、X80的化学成分、力学性能列于下表。

【武钢X80卷板】

化学成分(%)	抗拉 σ_b (MPa)	屈服 σ_s (MPa)	伸长率 (%)	屈强比 σ_s/σ_b	冲击功 (J)	剪切面积 (%)
C0.05～0.06，Si0.23，Mn1.36，P0.013，S0.005，Ni0.14，Cr0.03，Cu0.045，Nb0.040，V0.014，Ti0.018，Mn0.017，B0.006	738①	639	27.6	0.86	80—110	100
	741②	640	29.6	0.86	86—120	100

注：① 卷号1。
② 卷号2。

【X70 钢管力学性能】

板卷厂家	钢级及钢管规格	试样类别	抗拉强度 σ_b(MPa)	屈服强度 σ_s(MPa)	延伸率 δ(%)	Y. R σ_s/σ_b	检验单位
宝钢	X70 ϕ529×7	管体横向	603	496	38.5	0.82	焊管研究所
			594	492	39.0	0.88	管材中心
		焊缝横向	659	—	—	—	焊管研究所
			666	—	—	—	管材中心

我国目前在输油管线上常用的管型有螺旋埋弧焊管(SSAW),直缝埋弧焊管(LSAW),电阻焊管(ERW)。直径小于 152 mm 者,选用无缝钢管。

(3) 常用焊管钢级、牌号及用途

序号	名称及标准	钢级或牌号	规格(mm)	用途
1	高强度 X 系列钢管 AP1-5L	B、X42、X46、X52、X56、X60、X70、X80	ϕ630×8 ϕ426×7 ϕ529×8 ϕ529×7 ϕ406.4×14.6 ϕ965×14 ϕ1 016×14.6 ϕ1 010×17.6 等	石油、天然气管线
2	石油、天然气输送用直缝焊管 GB/T 9711.1—1997	L210、L245、L290、L320、L360、L390、L415、L450	$4\frac{1}{2}$in(114.3)、$5\frac{9}{16}$in(141.3),$6\frac{5}{8}$in(219)、$8\frac{5}{8}$in(271),$12\frac{3}{4}$in(324)、14in(355.6)	石油、天然气管线
3	石油、天然气输送用直缝焊管 GB/T 9711.2—1999	L245N、L290N、L360N、L415N、L450N	$4\frac{1}{2}$in(114.3)、$6\frac{5}{8}$in(168.3),$8\frac{5}{8}$in(219.1)、$10\frac{3}{4}$in(273),$12\frac{3}{4}$in(323.9)、14in(355.6)	
4	石油裂化用无缝钢管 GB/T 9948	碳素钢、合金钢、铬钼钢、不锈钢	通径 DN6~250,壁厚 1.0~20.0 mm,共 15 个规格	常用于不宜采用 GB/T 8163 钢管标准的场合
5	流体输送用不锈钢无缝钢管,结构用无缝不锈钢管,锅炉、热交换器用无缝不锈钢管、双相不锈钢管 ASTM A789、A790、A1016、A999、A928、GB/T 14976、GB/T 14975、GB/T 13296	TP304、TP304L、TP316、TP316L、TP321、TP321L、TP310、3RE60、SAF2205、SAF2-507	DN6~100 壁厚 1.2~1.3 DN6~400 壁厚 0.5~15 DN8~250 壁厚 2.0~40 (GB/T 6479—1998)	锅炉、热交换器流体输送、化肥设备用高压无缝管

(4) 螺旋缝埋弧焊钢管

外径(mm)		重量(kg/m) 壁厚(mm) 6	7	8	9	10	12	14	16	18	20
194	7⅝″	27.82	32.28	36.96							
219.1	8⅝″	31.53	36.61	41.65							
273.1	10¾″	39.52	45.94	52.30							
323.9	12¾″	47.04	54.71	62.32	69.89	77.41					
355.6	14″	51.73	60.18	68.58	76.93	85.23					
377		54.89	63.87	72.8	81.67	90.5					
406.4	16″	59.25	68.95	78.60	88.20	97.76	116.72				
426		62.14	72.33	82.46	92.55	102.59	122.51				
457	18″	66.73	77.68	88.58	99.44	110.24	131.69				
478		69.84	81.3	92.72	104.09	115.41	137.9				
508	20″	74.28	86.49	98.65	110.75	122.81	146.79	170.56			
529		77.38	90.11	102.78	115.4	127.99	152.99	177.8			
610	24″	89.37	104.10	118.77	133.39	147.97	176.97	205.78			

（续）

外径(mm) \ 重量(kg/m) \ 壁厚(mm)		6	7	8	9	10	12	14	16	18	20
630		92.33	107.54	122.71	137.82	152.89	182.88	212.67			
711	28″	104.32	121.53	138.70	155.81	172.88	206.86	240.65	274.24		
720		105.64	123.08	140.46	157.8	175.09	209.51	243.74	277.77		
813	32″	119.41	139.14	158.82	178.45	198.03	237.05	275.86	314.48		
820		120.44	140.34	160.19	179.99	199.75	239.1	278.26	317.23		
914	36″			178.75	200.87	222.94	266.94	310.73	354.34		
920				179.92	202.19	224.41	268.7	312.79	356.68		
1 016	40″			198.87	223.51	248.09	297.12	345.95	394.58	443.02	
1 020				199.65	224.38	249.07	298.39	347.31	396.14	444.77	
1 219	48″			238.92	268.56	298.16	357.20	416.04	474.68	553.13	
1 220				239.1	268.77	298.39	357.47	416.36	475.05	533.54	
1 420						347.71	416.66	485.41	553.96	622.32	
1 422	56″					348.22	417.27	486.13	554.79	623.25	
1 620						397.03	475.84	554.56	623.87	711.11	789.12

(续)

外径(mm) \ 重量(kg/m) \ 壁厚(mm)		6	7	8	9	10	12	14	16	18	20
1 626	64″					398.53	477.64	556.56	635.28	713.80	792.13
1 820						446.35	535.02	623.5	711.79	799.87	887.76
1 829	72″							626.65	714.20	803.92	890.77
2 020								692.6	790.7	888.7	986.41
2 032	80″							696.74	795.48	894.03	992.38
2 220								761.6	869.6	977.5	1 085.8
2 235	88″							766.82	875.58	984.14	1 092.50
2 438	96″								955.68	1 074.25	1 192.63
2 440									956.5	1 075.1	1 193.6
2 540	100″								995.93	1 119.53	1 242.94
2 845	112″								1 116.28	1 254.93	1 393.37

注：外径栏内，前者为公制，单位为 mm；后者为英制，单位为 in。

(5) 中直缝双面埋弧焊钢管

外径		壁厚(mm)															
in	mm	12	14	16	18	20	22	25	28	30	32	35	36	38	40	45	50
	450	D	D	D	D	D	D	D									
18″	460	D	D	D	D	D	D	D									
20″	508	D	D	D	D	D	D	D	D	D	D						
22″	560	D	D	D	D	D	D	D	D	D	D	D	D				
24″	610	D	D	D	D	D	D	D	D	D	D	D	D				
26″	660	D	D	D	D	D	D	D	D	D	D	D	D	D	D		
28″	711	D	D	D	D	D	D	D	D	D	D	D	D	D	D		
30″	762	D	D	D	D	D	D	D	D	D	D	D	D	D	D	D	
32″	812	S/D	S/D	S/D	S/D	S/D	S/D	S/D	S/D	S/D	S/D	S/D	S/D	S/D	S/D	S/D	S/D
34″	863	S/D	S/D	S/D	S/D	S/D	S/D	S/D	S/D	S/D	S/D	S/D	S/D	S/D	S/D	S/D	S/D
36″	915	S/D	S/D	S/D	S/D	S/D	S/D	S/D	S/D	S/D	S/D	S/D	S/D	S/D	S/D	S/D	S/D
38″	965	S/D	S/D	S/D	S/D	S/D	S/D	S/D	S/D	S/D	S/D	S/D	S/D	S/D	S/D	S/D	S/D
40″	1 016	S/D	S/D	S/D	S/D	S/D	S/D	S/D	S/D	S/D	S/D	S/D	S/D	S/D	S/D	S/D	S/D
42″	1 066	S	S	S	S	S	S	S	S	S	S	S	S	S	S	S	S
44″	1 117	S	S	S	S	S	S	S	S	S	S	S	S	S	S	S	S
46″	1 168	S	S	S	S	S	S	S	S	S	S	S	S	S	S	S	S
48″	1 219	S	S	S	S	S	S	S	S	S	S	S	S	S	S	S	S
52″	1 320	S	S	S	S	S	S	S	S	S	S	S	S	S	S	S	S
56″	1 422		S	S	S	S	S	S	S	S	S	S	S	S	S	S	S

注：D—单焊缝钢管，S—双焊缝钢管，表列以外其他外径及壁厚 14 mm 以下或 50 mm 以上可协商订货。

(6) 中直缝高频焊接钢管

外径(mm) (in)		60.3 2⅜	73 2⅞	88.9 3½	114.3 4½	168.3 6⅝	177.8 7	193.7 7⅜	219.1	244.5 9⅝	273.1 10⅜	323.9 12⅜	325	339.6 13⅝	355.6 14	405.4 16	457 18	508 20
		重量(kg/m)																
壁厚(mm)	2	2.88	3.50	4.29														
	3	4.24	5.18	6.35	8.23													
	4	5.55	6.81	8.37	10.88	16.21	17.14	18.71	21.22	23.72	36.54							
	5			10.34	13.48	20.13	21.31	23.27	26.4	31.53	33.05	39.32	39.46					
	6					24.01	25.42	27.77	31.53	35.29	39.51	47.04	47.20	49.38	51.73	59.25	66.73	74.28
	7					27.04	29.40	32.23	36.61	41	45.92	54.71	54.90	57.43	60.18	68.95	77.68	86.49
	8					31.62	33.50	36.64	41.65	46.66	52.23	62.32	62.54	65.44	68.58	78.60	88.58	98.65
	9						37.47	40.99	46.63	52.27	58.60	69.80	70.13	73.40	76.93	88.20	99.44	110.75
	10						41.38	45.30	51.57	57.83	61.86	77.41	77.68	81.31	85.23	97.76	110.24	122.81
	11								56.45	63.34	71.07	84.88	88.18	89.17	93.48	107.26	120.99	134.82
	12								61.29	68.81	77.24	92.30	92.63	96.98	101.68	116.72	131.69	146.70
	13								66.08	74.22	83.36	99.67	100.06	101.74	109.8	126.12	142.35	158.70
	14											107.00	107.38	112.45	117.94	135.48	152.96	170.58
	15													131.73	136.0	144.79	163.51	182.37
	16													127.73	134.0	154.06	174.01	194.14

(7) 低压流体输送用焊接钢管(GB/T 3091—2008)

【钢管公称口径和外径与壁厚对照】

公称口径		外径		普通钢管			加厚钢管		
				壁厚		理论重量 kg/m	壁厚		理论重量 kg/m
mm	in	公称尺寸 (mm)	允许偏差 (%)	公称尺寸 (mm)	允许偏差 (%)		公称尺寸 (mm)	允许偏差 (%)	
6	1/8	10.2	+0.50 mm −0.50 mm	2.00	+12 −15	0.39	2.50	+12 −15	0.46
8	1/4	13.5		2.5		0.62	2.80		0.73
10	3/8	17.2		2.5		0.82	2.80		0.97
15	1/2	21.3		2.8		1.26	3.50		1.45
20	3/4	26.9		2.8		1.63	3.50		2.01
25	1	33.7		3.2		2.42	4.00		2.91
32	11/4	42.4		3.50		3.13	4.00		3.78
40	11/2	48.3		3.80		3.84	4.50		4.58
50	2	60.3	+1% −1%	3.80		4.88	4.50		6.16
65	21/2	76.1		4.00		6.64	4.50		7.88
80	3	88.0		4.00		8.34	5.00		9.81
100	4	114.3		4.00		10.85	5.00		13.44
125	5	139.7		4.00		13.42	5.50		18.24
150	6	168.3		4.50		17.81	6.00		21.63

【钢管力学性能】

<table>
<tr><th rowspan="3">牌　号</th><th colspan="2">屈服强度(N/mm²)</th><th>抗拉强度(N/mm²)</th><th colspan="2">断后伸长率 A(%)</th></tr>
<tr><th>$t \leqslant 16$ mm</th><th>$t > 16$ mm</th><th rowspan="2">≥</th><th>$D \leqslant$ 168.3 mm</th><th>$D >$ 168.3 mm</th></tr>
<tr><th colspan="2">≥</th><th colspan="2">≥</th></tr>
<tr><td>Q195</td><td>195</td><td>185</td><td>315</td><td rowspan="3">15</td><td rowspan="3">20</td></tr>
<tr><td>Q215A、Q215B</td><td>215</td><td>205</td><td>335</td></tr>
<tr><td>Q235A、Q235B</td><td>235</td><td>225</td><td>370</td></tr>
<tr><td>Q295A、Q295B</td><td>295</td><td>275</td><td>390</td><td rowspan="2">13</td><td rowspan="2">18</td></tr>
<tr><td>Q345A、Q345B</td><td>345</td><td>325</td><td>470</td></tr>
</table>

(8) 热镀锌焊接钢管(GB/T 3091)

<table>
<tr><th colspan="2">公 称 口 径</th><th>外径</th><th colspan="2">公称口径</th><th>外径</th></tr>
<tr><th>(mm)</th><th>(in)吋</th><th>(mm)</th><th>(mm)</th><th>(in)吋</th><th>(mm)</th></tr>
<tr><td>15</td><td>½</td><td>21.3</td><td>65</td><td>2½</td><td>75.5</td></tr>
<tr><td>20</td><td>¾</td><td>26.8</td><td>80</td><td>3</td><td>88.5</td></tr>
<tr><td>25</td><td>1</td><td>33.5</td><td>100</td><td>4</td><td>114.0</td></tr>
<tr><td>32</td><td>1¼</td><td>42.3</td><td>125</td><td>5</td><td>140.0</td></tr>
<tr><td>40</td><td>1½</td><td>48.0</td><td>150</td><td>6</td><td>165.0</td></tr>
<tr><td>50</td><td>2</td><td>60.0</td><td></td><td></td><td></td></tr>
<tr><td>壁厚系列</td><td colspan="5">2.3、2.5、2.75、3.0、3.25、3.5、3.75、4.0、4.5、5.0、5.5</td></tr>
</table>

注：为提高钢管耐腐蚀性能，对一般钢管(黑管)镀锌，分热镀锌和电镀锌两种，热镀锌锌层较厚。

(9) 石油、天然气输送管道用直缝焊管

① GB/T 9711.1—1999 规格。

公称外径				壁厚		理论质量 (kg/m)	试验压力(MPa)							
(in)	(mm)	管体公差(%)	管端公差(mm)	(mm)	允许公差(%)		L210	L245	L290	L320	L360	L390	L415	L450
4½	114.3	±0.75	+1.59 −0.4	3.2	+15 −12.5	8.77	7.1	8.2	9.7×	10.8×	12.1×	13.1×	13.9×	15.1×
				3.6		9.83	7.9	9.3	11.0×	12.1×	13.6×	14.7×	15.7×	17.0×
				4.0		10.88	8.8	10.3	12.2×	13.4×	15.1×	16.4×	17.4×	18.9×
				4.4		11.92	9.7	11.3	13.4×	14.8×	16.6×	18.0×	19.2×	20.7
				4.8		12.96	10.6	12.3	14.6×	16.1×	18.1×	19.7×	20.7	20.7
				5.2		13.99	11.5	13.4	15.8×	17.5×	19.7×	20.7	20.7	20.7
				5.6		15.01	12.3	14.4	17.0×	18.8×	20.7	20.7	20.7	20.7
				6.0		16.02	13.2	15.4	18.3×	20.2×	20.7	20.7	20.7	20.7
				6.4		17.03	14.1	16.5	19.5×	20.7	20.7	20.7	20.7	20.7
5⁹⁄₁₆	141.3			7.1		18.77	15.7	18.3	20.7	20.7	20.7	20.7	20.7	20.7
				7.9		20.73	17.4	19.3	20.7	20.7	20.7	20.7	20.7	20.7
				4.0		13.54	7.1	8.3	9.9×	10.9×	12.2×	13.2×	14.1×	15.3×
				4.8		16.16	8.6	10.0	11.8×	13.0×	14.7×	15.9×	16.9×	18.3×
				5.6		18.74	10.0	11.7	13.8×	15.2×	17.1×	18.5×	19.7×	20.7
				6.6		21.92	11.8	13.7	16.3×	17.9×	20.2×	20.7	20.7	20.7

（续）

公称外径				壁厚		理论质量(kg/m)	试验压力(MPa)							
(in)	(mm)	管体公差(%)	管端公差(mm)	(mm)	允许公差(%)		L210	L245	L290	L320	L360	L390	L415	L450
5⁹⁄₁₆	141.3	±0.75	+1.59 −0.4	7.1	+15 −12.5	23.50	12.7	14.8	17.5×	19.3×	20.7	20.7	20.7	20.7
				7.9		25.99	14.1	16.4	19.5×	20.7	20.7	20.7	20.7	20.7
				8.7		28.45	15.5	18.1	20.7	20.7	20.7	20.7	20.7	20.7
6⁵⁄₈	168.3			3.6		14.62	5.4	6.3	9.3	10.3	11.6	12.5	13.3	14.4
				4.0		16.21	6.0	7.0	10.3	11.4	12.8	13.9	14.8	16.0
				4.4		17.78	6.6	7.7	11.4	12.5	14.1	15.3	16.3	17.6
				4.8		19.35	7.2	8.4	12.4	13.7	15.4	16.7	17.8	19.3
				5.2		20.91	7.8	9.1	13.4	14.8	16.7	18.1	19.2	20.7
				5.6		22.47	8.4	9.8	14.5	16.0	18.0	19.5	20.7	20.7
				6.4		25.55	9.6	11.2	16.5	18.3	20.7	20.7	20.7	20.7
				7.1		28.22	10.6	12.4	18.4	20.7	20.7	20.7	20.7	20.7
				8.7		34.24	13.0	15.2	20.7	20.7	20.7	20.7	20.7	20.7
8⁵⁄₈	219.1			4.0		21.22	4.6	5.4	7.9	8.8	9.9	10.7	11.4	12.3
				4.8		25.37	5.5	6.4	9.5	10.5	11.8	12.8	13.6	14.8
				5.2		27.43	6.0	7.0	10.3	11.4	12.8	13.9	14.8	16.0
				5.6		29.48	6.4	7.5	11.1	12.3	13.8	15.0	15.9	17.3

(续)

公称外径				壁厚		理论质量 (kg/m)	试验压力(MPa)							
(in)	(mm)	管体公差(%)	管端公差(mm)	(mm)	允许公差(%)		L210	L245	L290	L320	L360	L390	L415	L450
8⅝	219.1	±0.75	+1.59 −0.4	6.4	+15 −12.5	33.57	7.4	8.6	12.7	14.0	15.8	17.1	18.2	19.7
				7.0		36.61	8.1	9.4	13.9	15.3	17.3	18.7	19.9	20.7
				7.9		41.14	9.1	10.6	15.7	17.3	19.5	20.7	20.7	20.7
				8.2		42.65	9.4	11.0	16.3	18.0	20.2	20.7	20.7	20.7
				8.7		45.14	10.0	11.7	17.3	19.1	20.7	20.7	20.7	20.7
				9.5		49.10	10.9	12.7	18.9	20.7	20.7	20.7	20.7	20.7
10¾	273.1			4.8		31.76	4.4	5.2	8.7	9.6	10.8	11.7	12.4	13.4
				5.2		34.35	4.8	5.6	9.4	10.4	11.7	12.6	13.4	14.6
				5.6		36.94	5.2	6.0	10.1	11.2	12.5	13.6	14.5	15.7
				6.4		42.09	5.9	6.9	11.6	12.7	14.3	15.5	16.5	17.9
				7.1		46.57	6.6	7.6	12.8	14.1	15.9	17.2	18.3	19.9
				7.8		51.03	7.2	8.4	14.1	15.5	17.5	18.9	20.1	20.7
				8.7		56.72	8.0	9.4	15.7	17.3	19.5	29.7	20.7	20.7
				9.3		60.05	8.6	10.0	16.8	18.5	20.7	20.7	20.7	20.7
				11.1		71.72	10.2	11.9	20.0	20.7	20.7	20.7	20.7	20.7

（续）

公称外径				壁厚		理论质量(kg/m)	试验压力(MPa)							
(in)	(mm)	管体公差(%)	管端公差(mm)	(mm)	允许公差(%)		L210	L245	L290	L320	L360	L390	L415	L450
12¾	323.9	±0.75	+2.38 −0.79	5.2	+15 −12.5	40.87	4.0	4.7	7.9	8.7	9.8	10.6	11.3	12.3
				5.6		43.96	4.4	5.1	8.5	9.4	10.6	11.5	12.2	13.2
				6.4		50.11	5.0	5.8	9.7	10.7	12.1	13.1	13.9	15.1
				7.1		55.47	5.5	6.4	10.8	11.9	13.4	14.5	15.5	16.8
				7.9		61.56	6.1	7.2	12.0	13.3	14.9	16.2	17.2	18.7
				8.4		65.35	6.5	7.6	12.8	14.1	15.9	17.2	18.3	19.8
				8.7		67.62	6.8	7.9	13.2	14.6	16.4	17.8	18.9	20.5
				9.5		73.65	7.4	8.6	14.5	16.0	17.9	19.4	20.7	20.7
				10.3		79.65	8.0	9.3	15.7	17.3	19.5	20.7	20.7	20.7
14	355.6			5.6		48.33	4.0	4.6	7.8	8.6	9.6	10.4	11.1	12.0
				6.4		55.11	4.5	5.3	8.9	9.8	11.0	11.9	12.7	13.8
				7.1		61.02	5.0	5.9	9.8	10.9	12.2	13.2	14.1	15.3
				7.9		67.74	5.6	6.5	11.0	12.1	13.6	14.7	15.7	17.0
				8.7		74.42	6.2	7.2	12.1	13.3	15.0	16.2	17.3	18.7
				9.5		81.08	6.7	7.9	13.2	14.5	16.3	17.7	18.8	20.4

注：1. 产地:参见附录1中⚠15。

2. 钢级屈服强度与试验压力:L245(245)，L290(290)，L320(320)，L360(360)，L390(390)，L415(415)，L450(450)。

② GB/T 9711.2—1999 规格。

公称外径				壁厚		理论质量(kg/m)	试验压力(MPa)				
(in)	(mm)	管体公差	管端公差(mm)	(mm)	允许公差(mm)		L245N(M)B	L290N(M)B	L360N(M)B	L415N(M)B	L450N(M)B
4½	114.3	±0.5 mm或±0.5%D(取较大者)但最大为±1.6 mm,椭圆度为1.5%D	±0.5 mm或±0.75%D(取较大者)但最大为±3 mm,椭圆度为2%D	3.2	+1.0 −0.5	8.76	13.0	15.4	19.1	22.1	23.9
				3.6		9.83	14.7	17.4	21.5	24.8	26.9
				4.0		10.88	16.3	19.5	23.9	27.6	29.9
				4.5		13.48	18.3	21.7	26.9	31.0	33.7
				5.0		14.18	20.4	26.5	29.9	34.5	37.4
				5.6		15.01	22.8	27.0	33.5	38.6	41.9
				6.3		16.78	25.6	30.7	37.7	43.4	47.1
				7.1		18.77	28.9	34.2	42.5	48.9	50.0
				8.0		20.97	32.6	38.6	47.9	50.0	50.0
6⅝	168.3			3.6		14.62	9.9	11.8	14.6	16.9	18.3
				4.0		16.21	11.1	13.1	16.3	18.7	20.3
				4.5		18.18	12.4	14.7	18.3	21.1	22.9
				5.0		20.14	13.8	16.4	20.3	23.4	23.4
				5.6		22.46	15.5	18.3	22.7	26.2	28.4
				6.3		25.17	17.4	20.6	25.6	29.5	32.0
				7.1		28.22	19.6	23.2	28.8	33.3	36.1
				8.0		31.62	22.1	26.2	32.5	37.5	40.6

（续）

公称外径				壁厚		理论质量(kg/m)	试验压力(MPa)				
(in)	(mm)	管体公差	管端公差(mm)	(mm)	允许公差(mm)		L245N(M)B	L290N(M)B	L360N(M)B	L415N(M)B	L450N(M)B
8⅝	219.1	±0.5 mm或±0.5%D（取较大者）但最大为±1.6 mm，椭圆度为1.5%D	±0.5 mm或±0.75%D（取较大者）但最大为±3 mm，椭圆度为2%D	4.0	+1.0 −0.5	21.21	8.5	10.1	12.5	14.4	15.6
				4.5		23.81	9.6	11.3	14.0	16.2	17.6
				5.0		26.40	10.6	12.6	15.6	18.0	19.5
				5.6		29.49	11.9	14.1	17.5	20.2	21.9
				6.3		33.06	13.4	15.8	19.7	22.7	24.6
				7.1		37.12	15.1	17.9	22.2	25.6	27.7
				8.0		41.64	17.0	20.1	25.0	28.8	31.2
				8.8		45.64	18.7	22.1	27.5	31.7	34.4
10¾	273			4.5		29.79	7.7	9.1	11.3	13.0	14.1
				5.0		33.04	8.5	10.1	12.5	14.4	15.7
				5.6		36.93	9.5	11.3	14.0	16.2	17.5
				6.3		41.43	10.7	12.7	15.8	18.2	19.7
				7.1		46.56	12.1	14.3	17.8	20.5	22.2
				8.0		52.28	13.6	16.1	20.0	23.1	25.1
				8.8		57.33	15.0	17.7	22.0	25.4	27.6
				10		64.8	17.1	20.2	25.1	28.9	31.3

（续）

公称外径				壁厚		理论质量(kg/m)	试验压力(MPa)				
(in)	(mm)	管体公差	管端公差(mm)	(mm)	允许公差(mm)		L245N(M)B	L290N(M)B	L360N(M)B	L415N(M)B	L450N(M)B
12¾	323.9	±0.5 mm或±0.5%D（取较大者）但最大为±1.6 mm，椭圆度为1.5%D	±0.5 mm或±0.75%D（取较大者）但最大为±3 mm，椭圆度为2%D	5.0	+1.0 −0.5	39.32	7.2	8.5	10.6	12.2	13.2
				5.6		43.95	8.0	9.5	11.8	13.6	14.8
				6.3		49.34	9.1	10.7	13.3	15.3	16.6
				7.1		55.47	10.2	12.1	15.0	17.3	18.7
				8.0		62.32	11.5	13.6	16.9	19.5	21.1
				8.8		68.38	12.6	15.0	18.6	21.4	23.2
14	355.6			5.6		48.33	7.3	8.7	10.8	12.4	13.5
				6.3		54.27	8.2	9.8	12.1	14.0	15.1
				7.1		61.02	9.3	11.0	13.7	15.7	17.1
				8.0		68.58	10.5	12.4	15.4	17.8	19.2
				8.8		75.26	11.5	13.6	16.9	19.5	21.2

注：产地参见附录1中△15。

③ API－5L标准规格。

公称外径				壁厚		理论质量 (kg/m)	试验压力(MPa)							
(in)	(mm)	管体公差(%)	管端公差(mm)	(mm)	允许公差(%)		A	B	X42	X46	X52	X56	X60	X65
4½	114.3	±0.75	+1.59 −0.4	3.2	+15 −12.5	8.77	7.0	8.1	9.7	10.6	12.1	13.0	13.9	15.1
				3.6		9.83	7.8	9.1	11.0	12.0	13.6	14.6	15.6	16.9
				4.0		10.88	8.7	10.1	12.2	13.3	15.1	16.2	17.4	18.8
				4.4		11.92	9.6	11.1	13.4	14.6	16.6	17.8	19.1	20.7
				4.8		12.69	10.4	12.1	14.6	16.0	18.1	19.5	20.7	20.7
				5.2		13.99	11.3	13.2	15.8	17.3	19.6	20.7	20.7	20.7
				5.6		15.01	12.2	14.2	17.0	18.6	20.7	20.7	20.7	20.7
				6.0		16.02	13.0	15.2	18.3	20.7	20.7	20.7	20.7	20.7
				6.4		17.03	13.9	16.2	19.5	20.7	20.7	20.7	20.7	20.7
				7.1		18.77	15.4	18.0	20.7	20.7	20.7	20.7	20.7	20.7
				7.9		20.73	17.2	19.3	20.7	20.7	20.7	20.7	20.7	20.7
5⁹⁄₁₆	141.3			4.0		13.54	7.0	8.2	9.9	10.8	12.2	13.1	14.1	15.2
				4.8		16.16	8.4	9.8	11.8	12.9	14.6	15.7	16.9	18.3
				5.6		18.74	9.8	11.5	13.8	15.1	17.1	18.4	19.7	20.7
				6.6		21.92	11.6	13.5	16.3	17.8	20.1	20.7	20.7	20.7

（续）

公称外径				壁厚		理论质量 (kg/m)	试验压力(MPa)							
(in)	(mm)	管体公差(%)	管端公差(mm)	(mm)	允许公差(%)		A	B	X42	X46	X52	X56	X60	X65
5⁹⁄₁₆	141.3	±0.75	+1.59 −0.4	7.1	+15 −12.5	23.50	12.5	14.5	17.5	19.1	20.7	20.7	20.7	20.7
				7.9		25.99	13.9	16.2	19.5	20.7	20.7	20.7	20.7	20.7
				8.7		28.45	15.3	17.8	20.7	20.7	20.7	20.7	20.7	20.7
5⅝	168.3			3.6		14.62	5.3	6.2	9.3	10.2	11.5	12.4	13.3	14.4
				4.0		16.21	5.9	6.9	10.3	11.3	12.8	13.8	14.8	16.0
				4.4		17.78	6.5	7.6	11.4	12.4	14.1	15.1	16.2	17.6
				4.8		19.35	7.1	8.2	12.4	13.6	15.4	16.5	17.7	19.2
				5.2		20.91	7.7	8.9	13.4	14.7	16.6	17.9	19.2	20.7
				5.6		22.47	8.3	9.6	14.5	15.8	17.9	19.3	20.7	20.7
				6.4		25.55	9.4	11.0	16.5	18.1	20.5	20.7	20.7	20.7
				7.1		28.22	10.5	12.2	18.4	20.1	20.7	20.7	20.7	20.7
				7.9		31.25	11.7	13.6	20.4	20.7	20.7	20.7	20.7	20.7
				8.7		34.24	12.8	14.9	20.7	20.7	20.7	20.7	20.7	20.7
8⅝	219.1			4.0		21.22	4.5	5.3	7.9	8.7	9.8	10.6	11.3	12.3
				4.8		25.37	5.4	6.3	9.5	10.4	11.8	12.7	13.6	14.7
				5.2		27.43	5.9	6.9	10.3	11.3	12.8	13.7	14.7	15.9

(续)

公称外径				壁厚		理论质量 (kg/m)	试验压力(MPa)							
(in)	(mm)	管体公差(%)	管端公差(mm)	(mm)	允许公差(%)		A	B	X42	X46	X52	X56	X60	X65
8⅝	219.1	±0.75	+1.59 −0.4	5.6	+15 −12.5	29.48	6.3	7.4	11.1	12.2	13.8	14.8	15.9	17.2
				6.4		33.57	7.3	8.4	12.7	13.9	15.7	16.9	18.1	19.6
				7.0		36.61	7.9	9.2	13.9	15.2	17.2	18.5	19.8	20.7
				7.9		41.14	9.0	10.4	15.7	17.1	19.4	20.7	20.7	20.7
				8.2		42.65	9.3	10.8	16.3	17.8	20.2	20.7	20.7	20.7
				8.7		45.14	9.9	11.5	17.3	18.9	20.7	20.7	20.7	20.7
				9.5		49.10	10.8	12.5	18.9	20.6	20.7	20.7	20.7	20.7
10¾	273.1			4.8		31.76	4.4	5.1	8.7	9.5	10.7	11.5	12.4	13.4
				5.2		34.35	4.7	5.5	9.4	10.3	11.6	12.5	13.4	14.5
				5.6		36.94	5.1	5.9	10.1	11.1	12.5	13.5	14.4	15.6
				6.4		42.09	5.8	6.8	11.6	12.6	14.3	15.4	16.5	17.8
				7.1		46.57	6.5	7.5	12.8	14.0	15.9	17.1	18.3	19.8
				7.8		51.03	7.1	8.3	14.1	15.4	17.4	18.7	20.1	20.7
				8.7		56.72	7.9	9.2	15.7	17.2	19.4	20.7	20.7	20.7
				9.3		60.05	8.5	9.8	16.8	18.4	20.7	20.7	20.7	20.7
				11.1		71.72	10.1	11.8	20.0	20.7	20.7	20.7	20.7	20.7

（续）

公称外径				壁厚		理论质量 (kg/m)	试验压力(MPa)							
(in)	(mm)	管体公差(%)	管端公差(mm)	(mm)	允许公差(%)		A	B	X42	X46	X52	X56	X60	X65
12¾	323.9	±0.75	+2.38 −0.79	5.2	+15 −12.5	40.87	4.0	4.6	7.9	8.7	9.8	10.5	11.3	12.2
				5.6		43.96	4.3	5.0	8.5	9.3	10.6	11.3	12.2	13.2
				6.4		50.11	4.9	5.7	9.7	10.6	12.1	13.0	13.9	15.0
				7.1		55.47	5.4	6.3	10.8	11.8	13.4	14.4	15.4	16.7
				7.9		61.56	6.1	7.1	12.0	13.1	14.9	16.0	17.2	18.6
				8.4		65.35	6.4	7.5	12.8	14.0	15.8	17.0	18.3	19.8
				8.7		67.62	6.7	7.8	13.2	14.5	16.4	17.6	18.9	20.5
				9.5		73.65	7.3	8.5	14.5	15.8	17.9	19.2	20.6	20.7
				10.3		79.65	7.9	9.2	15.7	17.1	19.4	20.7	20.7	20.7
14	355.6			5.6		48.33	3.9	4.6	7.8	8.5	9.6	10.3	11.1	12.0
				6.4		55.11	4.5	5.2	8.9	9.7	11.0	11.8	12.7	13.7
				7.1		61.02	5.0	5.8	9.8	10.8	12.2	13.1	14.1	15.2
				7.9		67.74	5.5	6.4	11.0	12.0	13.6	14.6	15.6	16.9
				8.7		74.42	6.1	7.1	12.1	13.2	14.9	16.1	17.2	18.6
				9.5		81.08	6.6	7.7	13.2	14.4	16.3	17.5	18.8	20.3

注：1. 产地参见附录 1 中△ 15。

2. 钢级屈服强度(MPa)：A(172)，B(207)，X42(289)，X46(317)，X52(358)，X56(386)，X60(413)，X65(448)，X70(482)。

(10) 深井水泵用电焊钢管(GB/T 4028—2005)

【规格】

公称外径 D(mm)	公称壁厚 S(mm)															
	2.5	3.0	3.5	4.0	4.5	5.0	5.5	6.0	6.5	7.0	8.0	9.0	10.0	11.0	12.5	14.0
	理论重量(kg/m)															
48.3	2.82	3.35	3.87	4.37												
51	2.99	3.55	4.1	4.64	5.16											
54	3.18	3.77	4.36	4.93	5.49											
57	3.36	4.00	4.62	5.23	5.83											
60.3	3.56	4.24	4.9	5.55	6.19											
63.5	3.76	4.48	5.18	5.87	6.55											
70	4.16	4.96	5.74	6.51	7.27											
73	4.35	5.18	6.00	6.81	7.60											
76.1	4.54	5.41	6.27	7.11	7.95											
82.5		5.88	6.82	7.74	8.66	9.56										
88.9		6.36	7.37	8.38	9.37	10.35										
101.6		7.29	8.47	9.63	10.78	11.91	13.03	14.15	15.24							
108		7.77	9.02	10.26	11.49	12.70	13.90	15.09	16.27							

(续)

公称外径 D(mm)	公称壁厚 S(mm)															
	2.5	3.0	3.5	4.0	4.5	5.0	5.5	6.0	6.5	7.0	8.0	9.0	10.0	11.0	12.5	14.0
	理论重量(kg/m)															
114.3			9.56	10.88	12.19	13.48	14.76	16.03	17.28							
127			10.66	12.13	13.59	15.04	16.48	17.9	19.32							
133			11.18	12.73	14.26	15.78	17.29	18.79	20.28							
139.7				13.39	15.00	16.61	18.20	19.78	21.35	22.91						
141.3				13.54	15.18	16.81	18.42	20.02	21.61	23.18						
152.4				14.64	16.41	18.18	19.93	21.66	23.39	25.1						
159				15.29	17.15	18.99	20.82	22.64	24.45	26.24	29.79	33.29				
168.3					18.18	20.14	22.08	24.02	25.94	27.85	31.63	35.36				
177.8					19.23	21.31	23.37	25.42	27.46	29.49	33.5	37.47				
193.7						23.27	25.53	27.77	30.01	32.23	36.64	40.99				
219.1						26.40	28.97	31.53	34.08	36.61	41.65	46.63				
244.5						29.53	32.42	35.29	38.15	41.00	46.66	52.27	57.83			
273						33.05	36.28	39.51	42.72	45.92	52.28	58.60	64.86			
323.9								47.04	50.88	54.71	62.32	69.89	77.41	84.88		

(续)

公称外径 D(mm)	公称壁厚 S(mm)															
	2.5	3.0	3.5	4.0	4.5	5.0	5.5	6.0	6.5	7.0	8.0	9.0	10.0	11.0	12.5	14.0
	理论重量(kg/m)															
339.7								49.38	53.41	57.43	65.44	73.40	81.31	89.17		
355.6								51.73	55.96	60.18	68.58	76.93	85.23	93.48		
377								54.9	59.39	63.87	72.80	81.68	90.51	99.29	112.36	
406.4								59.25	64.10	68.95	78.60	88.20	97.76	107.26	121.43	
426								62.15	67.25	72.33	82.47	92.55	102.59	112.58	127.47	
457								66.73	72.22	77.68	88.58	99.44	110.24	120.99	137.03	
508								74.28	80.39	86.49	98.65	110.75	122.81	134.82	152.75	
559								81.83	88.57	95.29	108.71	122.07	135.39	148.66	168.47	188.17
610								89.37	96.74	104.1	118.77	133.39	147.97	162.49	184.19	205.78
660								96.77	104.76	112.73	128.63	144.49	160.30	176.06	199.60	223.04

注：1. 钢管牌号：Q195、Q215A、Q215B、Q235A、Q235B。

2. 制管方法：采用高频电阻焊接方法制造。

3. 交货状态：以直缝平端光管状态交货，经供需双方协商，也可按焊缝热处理状态交货。

4. 定尺长度：4～12 m，定尺和倍尺长度应在通常长度范围内，允许偏差 $^{+20}_{0}$ mm，倍尺长度钢管应留 5～15 mm 的切口裕量。

【外径、壁厚允差】 (mm)

公称外径 D	公称外径允许偏差	壁厚允许偏差
$D \leqslant 48$	±0.5	+12.5%S
$48 < D \leqslant 273$	±1%D	−10%S
$D > 273$	±0.75%D	

注：钢管弯曲度不大于2 mm/m，全长不大于管长的0.12%。

【液压试验】

公称外径 D(mm)	试验压力(MPa)
$D \leqslant 114.3$	5
$114.3 < D \leqslant 219.1$	4
$D > 219.1$	3

【工艺试验】

外径 $\phi \leqslant 60.3$ mm 钢管作90°弯曲试验，弯曲半径应为管外径的6倍。外径 ϕ 大于60.3 mm钢管作压扁试验(方法按常规)。

(11) 低、中压锅炉用电焊钢管(YB 4102—2000)

【规格】

公称外径(mm)	公称壁厚(mm)								
	1.5	2.0	2.5	3.0	3.5	4.0	4.5	5.0	6.0
	理论重量(kg/m)								
10	0.314	0.395	0.462						
12	0.388	0.493	0.586						
14		0.592	0.709	0.814					
16		0.691	0.832	0.962					
17		0.740	0.894	1.04					
18		0.789	0.956	1.11					
19		0.838	1.02	1.18					
20		0.888	1.08	1.26					
22		0.986	1.20	1.41	1.60	1.78			
25		1.13	1.39	1.63	1.86	2.07			
30		1.38	1.70	2.00	2.29	2.56			
32			1.82	2.15	2.46	2.76			

（续）

公称外径（mm）	公称壁厚(mm)								
	1.5	2.0	2.5	3.0	3.5	4.0	4.5	5.0	6.0
	理论重量(kg/m)								
35			2.00	2.37	2.72	3.06			
38			2.19	2.59	2.98	3.35			
40			2.31	2.74	3.15	3.55			
42			2.44	2.89	3.32	3.75	4.16	4.56	
45			2.62	3.11	3.58	4.04	4.49	4.93	
48			2.81	3.33	3.84	4.34	4.83	5.30	
51			2.99	3.55	4.10	4.64	5.16	5.67	
57				4.00	4.62	5.23	5.83	6.41	
60				4.22	4.88	5.52	6.16	6.78	
63.5				4.44	5.14	5.82	6.49	7.15	
70				4.96	5.74	6.51	7.27	8.01	9.47
76					6.26	7.10	7.93	8.75	10.36
83					6.86	7.79	8.71	9.62	11.39
89						8.38	9.38	10.36	12.38
102						9.67	10.82	11.96	14.21
108						10.26	11.49	12.70	15.09
114						10.85	12.12	13.44	15.98

注：钢管牌号：10.20，制造方法：采用高频电焊焊接方法，或焊后冷拔。

【允许偏差】

(mm)

	外径	电焊钢管允许偏差	冷拔电焊钢管允许偏差
钢管外径允许偏差	＜25	±0.15	±0.10
	≥25～＜40	±0.20	±0.15
	≥40～＜50	±0.25	±0.20
	≥50～＜60	±0.30	±0.25
	≥60～＜80	±0.40	±0.30
	≥80～＜100	+0.40 −0.60	±0.40
	≥100～＜114	+0.40 −0.80	+0.40 −0.60

（续）

	壁　厚	普通级	高　级
钢管壁厚允许偏差	1.5～3.0	±10%	$^{+0.3\text{ mm}}_{0}$
	>3.0	±10%	$^{+18\%}_{0}$
钢管全长允许偏差	外径≤50	长度≤7 000	全长允许偏差 $^{+6}_{-0}$
		长度>7 000	全长允许偏差 $^{+15}_{-0}$
	外径>50	长度≤7 000	全长允许偏差 $^{+8}_{-0}$
		长度>7 000	全长允许偏差 $^{+15}_{-0}$

注：每米弯曲度不得大于 1.5 mm。

【高温屈服强度】

牌号	试样状态	温　度(℃)					
		$\sigma_{p0.2}$(MPa)(max)					
		200	250	300	350	400	450
10	供货状态	165	145	122	111	109	107
20		188	170	149	137	134	132

注：用于中压锅炉过热蒸汽管用钢管，高温瞬间性能($\sigma_{p0.2}$)应符合上表规定。需方在合同中应注明钢管用途及试验温度，供方可提供钢管的实际高温瞬时性能数据。

【力学性能】

牌号	抗拉强度 σ_b(MPa)	屈服点 σ_s(MPa)	断后伸长率 δ_5(%)
10	335～475	≥195	≥28
20	410～550	≥245	≥24

注：钢管以热处理状态交货，交货状态的纵向力学性能应符合上表。

【工艺试验】

① 外径大于 22 mm 的钢管应进行压扁试验，压扁后管壁上不得出现裂纹，试样长度为 40～100 mm，试验时焊缝应位于受力方向 90°的位置，两平板间的距离 $H=\dfrac{(1+a)S}{a+S/D}$　S—钢管公称壁厚(mm)，D—钢管公称外径(mm)，a(变形系数)＝0.08。

② 弯曲试验：外径<22 mm 的钢管，作 90°弯曲试验，弯心半径＝6 倍钢管外径，弯曲处不得出现裂缝裂口。

③ 扩口试验：顶角锥度 60°，当管口外径扩大到 1.2 倍外径时，不得出现裂纹。

④ 展平试验：截取 100 mm 长的钢管试样，在对应于焊缝圆周上切开并展成平板，不得出现裂纹。

⑤ 液压试验：试验压力 $P=\frac{2SR}{D}$ (MPa)，S—钢管公称壁厚(mm)；D—钢管公称外径(mm)；R—120 MPa(10 号钢)、150 MPa(20 号钢)。P_{max}：10 号钢，7.0 MPa；20 号钢，10 MPa。

(12) 换热器用电焊钢管(YB 4103—2000)

【规格】

公称外径(mm)	公称壁厚(mm)				
	2	2.5	3	3.5	4
	理论重量(kg/m)				
19	0.838	1.02			
25	1.13	1.39	1.63		
32		1.82	2.15	2.46	
38			2.59	2.98	3.35
45			3.11	3.58	4.04
57				4.62	5.23

【外径、壁厚偏差】

钢管尺寸(mm)		允许偏差	
		电焊钢管	冷拔电焊钢管
外径	≤30	±0.20 mm	±0.15 mm
	>30～50	±0.25 mm	±0.20 mm
	>50～57	±0.30 mm	±0.25 mm
壁厚	2～3	±7.5%	±7.5%
	>3～4	±10%	±10%

【长度和弯曲度】

① 通常长度：4～12 m；定尺和倍尺长度：应属于通常长度范围。允许偏差 $^{+6}_{0}$ mm，应留切割余量。

② 钢管应平直，钢管弯曲度≤1.5 mm。

【交货重量】

可按实际重量交货，也可按理论重量交货，见【规格】，或按下式计算：

$W=0.02466(D-S)S$ (kg/m)　钢管密度 7.85 kg/dm³，S—钢管公称壁厚(mm)，D—钢管公称外径(mm)。

【钢管牌号及制造方法】

采用10号优质碳素钢钢带,以高频电焊或焊后冷拔的方法制造。

【钢管纵向力学性能】

牌号	力学性能		
	抗拉强度 σ_b(MPa)	屈服点 σ_s(MPa)	断后伸长率 δ_5(%)
10	335~475	≥195	≥28

(13) 传动轴用电焊钢管(YB/T 5209—2000)

【规格】

(mm)

外径 D	壁厚 S	内径及允许偏差	外径 D	壁厚 S	内径及允许偏差
50	2.5	45±0.14	89	5.0	79±0.30
63.5	1.6	60.3±0.18	90	3.0	84±0.25
63.5	2.5	58.5±0.18	93	7.0	79±0.30
68.9	2.3	64.3±0.20	100	4.0	92±0.30
76	2.5	71±0.20	100	6.0	88±0.30
89	2.5	84±0.25	108	7.0	94±0.30
89	4.0	81±0.25			

【壁厚及允许偏差】

(mm)

类别	壁厚	允许偏差
Ⅰ	<3.0	+0.20 −0.10
	≥3.0~4.0	+0.25 −0.15
	>4.0~6.0	±0.25
	>6.0~7.0	±0.30
Ⅱ	1.6~3.6	±0.12
Ⅲ		

注:钢管的壁厚不均,不得超过壁厚公差的50%。

【钢管长度】

通常长度为3.5~8.5 m,钢管可按定尺或倍尺长度交货,定尺或倍尺长度应在通常长度范围内。全长允许偏差$^{+20}_{-0}$mm,每个倍尺应留5~7 mm切口余量。

【化学成分】

(%)

牌号	C	Si	Mn	P	S	Ti	Cr	Ni	Cu
08Z	0.05～0.12	≤0.37	0.35～0.65	≤0.035	≤0.035	≤0.14	≤0.10	≤0.25	≤0.25
20Z	0.17～0.24	0.17～0.37	0.35～0.65			—	≤0.25		

【力学性能】

类别	牌号	抗拉强度 σ_b(MPa)	屈服点 σ_s(MPa)	断后伸长率 δ_5(%)
Ⅰ、Ⅱ	08Z	≥450	≥300	≥15
	20Z	≥440	≥295	≥10
Ⅲ	20Z	460～500	≥350	≥10

【工艺试验】

① 水压试验:压力 11.8 MPa,稳压时间≥5 s。

② 压扁试验:钢管壁厚≤5.0 mm,压扁试验平板间距 1/3D;

钢管壁厚>5.0 mm,压扁试验平板间距 1/4D。

③ 扩口试验。

类别	外径扩口率	
Ⅰ	壁厚≤5.0 mm	壁厚>5.0 mm
	10%	8%
Ⅱ、Ⅲ	8%	

④ 钢管静扭矩值。

钢 管 规 格	静扭矩破坏值(N·m)≥
ϕ50×2.5，ϕ63.5×2.5	1 570
ϕ76×2.5，ϕ89×2.5	4 120
ϕ89×4.0	11 760
ϕ89×5.0	12 740
ϕ63.5×1.6，ϕ68.9×2.3 ϕ90×3.0，ϕ93×7.0	双方协议

7. 异型钢管

(1) 冷拔异型钢管(GB/T 3094—2000)

(mm)

名称	简　图	规格提要
方形管	R<2S S A A	A×A×S 12×12×0.8~280×280×18
矩形管	S B A	A×B×S 10×5×0.8~400×200×14
椭圆形管	S B A	A×B×S 6×3×0.5~90×30×2.5
窄椭圆形管	S B A	A×B×S 6×3×0.8~90×30×2.5
内六角形管	S B	B×S 8×1.5　8×2　10×1.5　10×2~10.5×6
不规则梯形管	B S H A	A×B×H×S 25×10×30×2~60×55×50×1.5

(2) 复杂断面异型钢管(YB/T 171—2000)

复杂断面异型钢管的品种有100余种,例如:三角形管、等腰梯形管、菱形管、正五角形管、正八角形管、鼓形管、平拱矩形管、拱形管、等腰梯形凹底管、直角拱形管、馒头形管、流线形管、滴水形管、枣核形管、弦月管、半圆管、鸡心形管、单凹矩形管、双凹矩形管、双孔管、阶梯形管、梅花管、柠檬管、花键管、内18齿管、外圆内八角管、外方内圆管、外六角内圆管、二十四齿管、外圆内六角管、外圆内方管、外八角内圆管、螺旋管等。现将其中16种断面异型钢管的形状摘绘如下,在实际应用中,可结合拟投产的工件,合理选用形状相当的异形钢管。

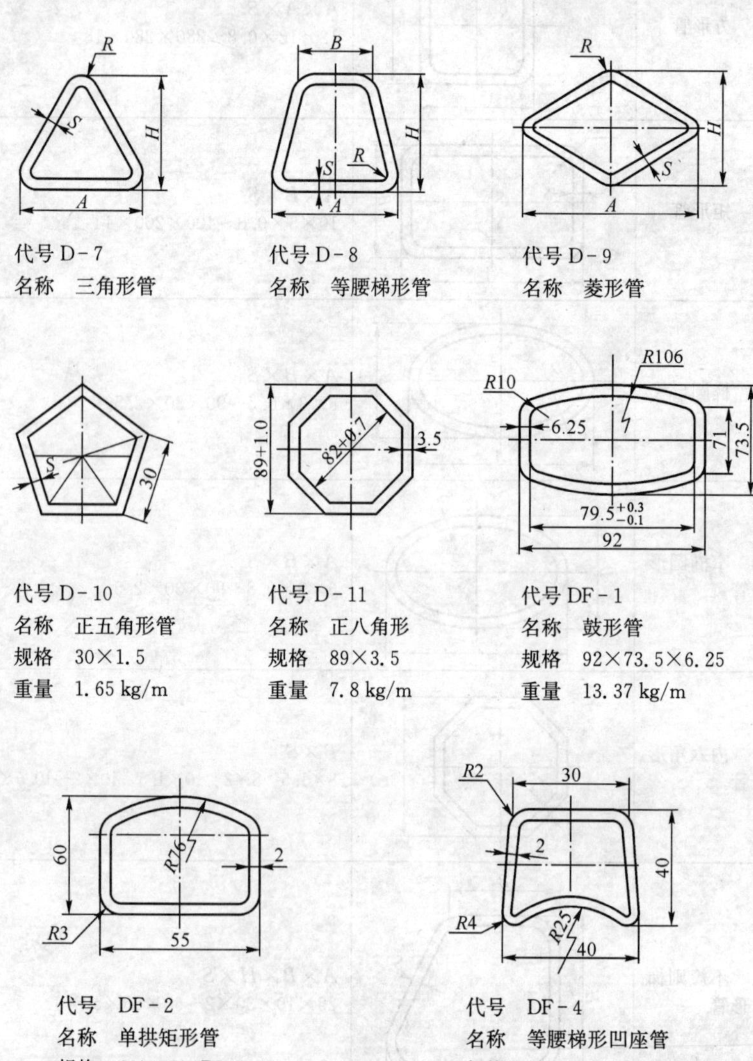

代号 D-7
名称 三角形管

代号 D-8
名称 等腰梯形管

代号 D-9
名称 菱形管

代号 D-10
名称 正五角形管
规格 30×1.5
重量 1.65 kg/m

代号 D-11
名称 正八角形
规格 89×3.5
重量 7.8 kg/m

代号 DF-1
名称 鼓形管
规格 92×73.5×6.25
重量 13.37 kg/m

代号 DF-2
名称 单拱矩形管
规格 60×55×R70×52
重量 3.4 kg/m

代号 DF-4
名称 等腰梯形凹座管
规格 40×40×30×2
重量 2.19 kg/m

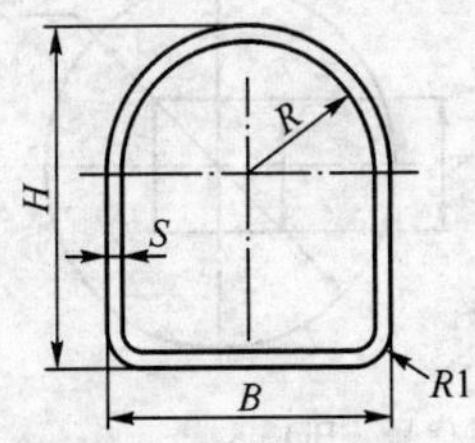

代号　DF－6
名称　馒头形管
规格　$H \times B \times 5$

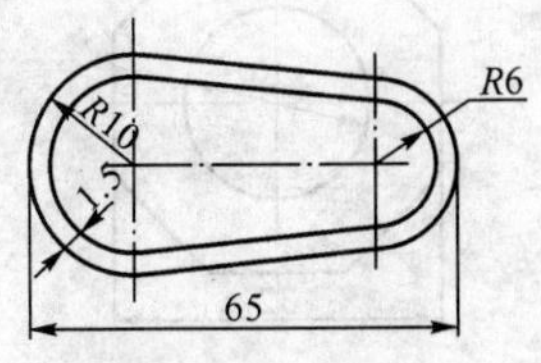

代号　DT－7
名称　流线型管
规格　$65 \times R10 \times R6 \times 1.5$

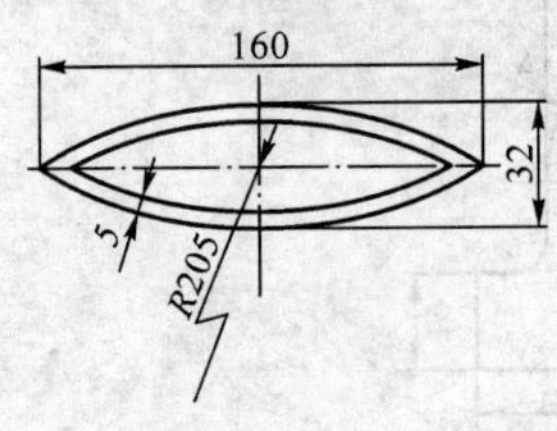

代号　DF－9
名称　枣核形管
规格　$160 \times R205 \times 32 \times 5$

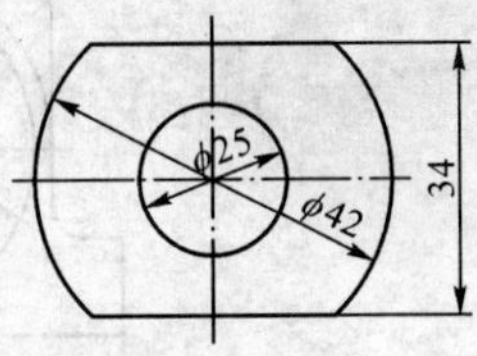

代号　BP－4
名称　内圆外平圆管
规格　$\phi 42 \times 34 \times \phi 25$
重量　5.96 kg/m

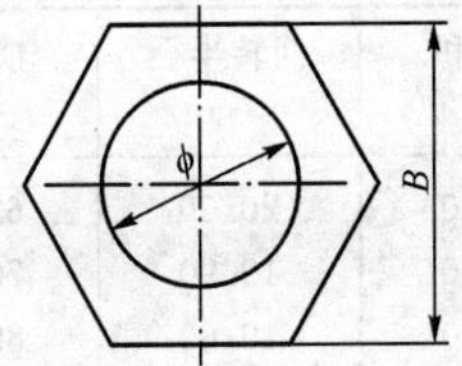

代号　BD－1
名称　外六角内圆管
规格　$B \times \phi$

B	ϕ
56	38
36	24
24	12
22	11
19	9

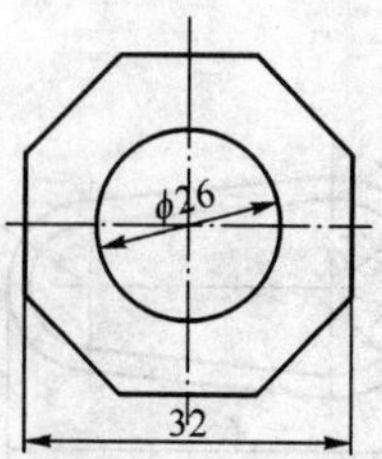

代号　BD-7
名称　外八角内圆管
规格　32×φ=6
重量　2.49 kg/m

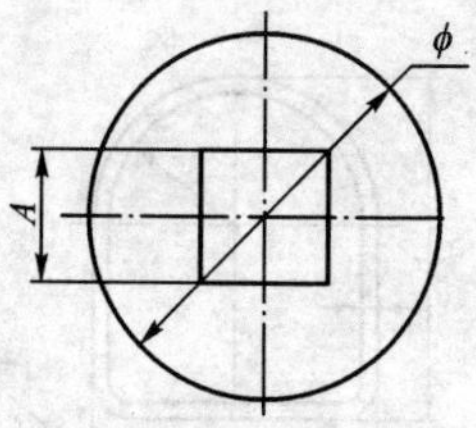

代号　BD-8
名称　外圆内方
规格　A=11×11　φ20
A=9×9　φ23

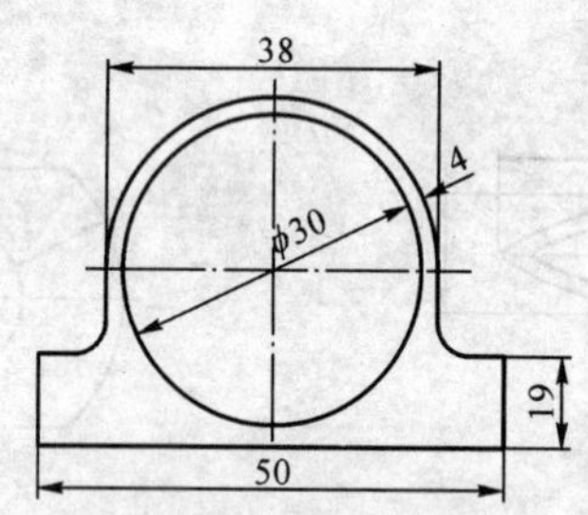

代号　BD-19
名称　Ω管
规格　φ38×19×φ30

(3) 高频焊方、矩形管及空心圆管

① 高频焊方型管(GB/T 6728—2002)。

规格(边长)(mm)	壁厚(mm)	重量(kg/m)	截面积(cm^2)	回转半径 r_x(cm)	惯性矩 I_x(cm^4)
500×500	8.0	122.0	155.0	20.00	62 172
	10	151.0	193.0	19.90	76 341
	12	179.0	228.0	19.80	89 187
	14	207.0	264.0	19.70	102 010
	16	235.0	299.0	19.60	114 260
450×450	8.0	109.0	139.0	18.00	44 966
	10	135.0	173.0	17.90	55 100
	12	160.0	204.0	17.70	64 164
	14	185.0	236.0	17.60	73 210

(续)

规格(边长)(mm)	壁厚(mm)	重量(kg/m)	截面积(cm^2)	回转半径 r_x(cm)	惯性矩 I_x(cm^4)
400×400	8.0	96.70	123.0	15.90	32 169
	10	120.0	153.0	15.80	38 216
	12	141.0	180.0	15.70	44 319
	14	163.0	208.0	15.60	50 414
350×350	6.0	64.10	81.60	14.00	16 008
	8.0	84.20	107.0	13.90	20 618
	10	104.0	133.0	13.80	25 189
	12	123.0	156.0	13.60	29 054
300×300	6.0	55.013	69.60	12.00	9 964
	8.0	72.471	91.20	11.80	12 801
	10	89.333	113.0	11.70	15 519
	12	106.069	132.0	11.60	17 767
280×280	5.0	42.979	54.40	11.20	6 810
	6.0	51.245	64.80	11.10	8 054
	8.0	67.447	84.80	11.00	1 031
	10	83.053	104.60	10.90	12 479
	12	98.533	122.50	10.80	14 232
250×250	5.0	38.269	48.40	9.97	4 805
	6.0	45.593	57.60	9.92	5 672
	8.0	59.911	75.20	9.80	7 229
	10	73.633	92.60	9.70	8 707
	12	87.229	108.0	9.55	9 859
220×220	5.0	33.559	42.40	8.74	3 238
	6.0	39.941	50.40	8.70	3 813
	8.0	52.375	65.60	8.58	4 828
	10	64.213	80.60	8.47	5 782
	12	75.925	93.70	8.32	6 487
200×200	5	30.811	39.25	7.91	2 389
	6	36.738	46.80	7.88	2 830
	8	48.358	61.60	7.75	3 567
	10	57.933	72.57	7.65	4 251.1
	12	68.389	84.06	7.50	4 730.2
180×180	4.0	22.357	27.70	7.16	1 422
	5.0	27.868	34.40	7.11	1 737

(续)

规格(边长)(mm)	壁厚(mm)	重量(kg/m)	截面积(cm^2)	回转半径 r_x(cm)	惯性矩 I_x(cm^4)
180×180	6.0	33.347	40.80	7.06	2 037
	8.0	44.023	52.80	6.94	2 546
	10	51.653	64.57	6.84	3 016.8
160×160	4.0	19.845	24.55	6.34	987.2
	5.0	24.728	30.36	6.29	1 202.3
	6.0	29.579	36.03	6.25	1 405.4
	8.0	38.999	46.99	6.15	1 776.5
	10	45.373	56.57	6.02	2 047.7
150×150	4	18.577	23.640	5.930	808.00
	4(合)	17.804	22.680		
	4.5	20.771	26.460	5.910	896.00
	5	23.040	29.350	5.890	982.00
	5(合)	22.294	28.400		
	6	27.507	35.040	5.840	1 150.0
	6(合)	26.659	33.960		
	8	36.173	46.080	5.710	1 412.0
	8(合)	34.666	44.160		
	10	42.233	52.57	5.61	1 652.5
140×140	4	17.333	21.347	5.524	651.598
	5	21.548	26.356	5.476	790.523
	6	25.764	31.232	5.428	920.359
	8	33.975	40.591	5.331	1 153.735
	10	39.093	48.57	5.20	1 311.7
130×130	4.0	15.637	19.75	5.12	517.0
	4.5	17.468	22.07	5.09	572.3
	5.0	19.272	24.36	5.07	625.7
	6.0	22.749	28.83	5.02	726.6
125×125	4.0	15.009	18.95	4.91	457.2
	4.5	16.762	21.17	4.89	505.8
	5.0	18.487	23.36	4.86	562.6
	6.0	21.807	27.63	4.82	640.9
120×120	4	14.789	18.840	4.710	402.00
	4.5	16.603	21.150	4.691	446.03
	5	18.369	23.400	4.640	478.00

(续)

规格(边长)(mm)	壁厚(mm)	重量(kg/m)	截面积(cm^2)	回转半径 r_x(cm)	惯性矩 I_x(cm^4)
120×120	6	21.902	27.900	4.611	562.094
	8	28.762	36.640	4 490	677.00
	10	32.813	40.57	4.38	776.8
100×100	3	9.302	11.850	3.943	177.370
	4	12.277	15.640	3.890	226.00
	4.5	13.741	17.505	3.870	249.00
	5	15.150	19.300	3.820	266.00
	6	18.039	22.980	3.790	311.00
	6(合)	17.521	22.320		
	8	23.676	30.160	3.724	385.40
	8(合)	23.110	29.440		
	10	26.533	32.57	3.55	411.1
90×90	4.0	11.021	13.35	3.48	161.9
	5.0	13.659	16.36	3.43	192.9
	6.0	16.297	19.23	3.39	220.5
85×85	4.0	10.393	12.55	3.28	134.9
	5.0	12.874	15.36	3.23	160.2
	6.0	15.355	18.03	3.18	182.5
80×80	3	7.348	9.360	3.122	87.838
	4	9.734	12.400	3.070	111.00
	4.5	10.915	13.905	3.050	122.00
	5	12.089	15.400	3.000	128.00
	6	14.413	18.360	2.996	151.09
75×75	4.0	9.137	10.95	2.87	90.2
	5.0	15.229	13.36	2.82	106.3
	6.0	18.181	15.63	2.77	120.2
70×70	3.0	6.453	7.81	2.71	57.5
	4.0	8.478	10.15	2.67	72.1
	5.0	10.519	12.36	2.62	84.6
	6.0	12.482	14.43	2.57	95.2
61.5×61.5	5	9.067	11.550		
60×60	2	3.721	4.740		
	2.5	4.632	5.900		

（续）

规格(边长)(mm)	壁厚(mm)	重量(kg/m)	截面积(cm^2)	回转半径 r_x(cm)	惯性矩 I_x(cm^4)
60×60	2.75	5.073	6.463		
	3	5.511	7.020	2.305	35.130
	4	7.222	9.200	2.260	43.600
	4.5	8.089	10.310	2.247	47.814
	5	8.949	11.400	2.180	48.600
	6	10.692	13.620	2.185	57.450
50.8×50.8	5	7.497	9.550		
50×50	1.5	2.331	2.970	1.971	11.083
	1.75	2.720	3.465		
	2	3.077	3.920	1.950	14.200
	2.5	3.827	4.875	1.921	16.941
	2.75	4.210	5.361		
	3	4.545	5.790	1.897	19.463
	4	6.029	7.680	1.847	23.725
	4.5	6.747	8.595		
	5	7.458	9.500	1.770	25.700
40×40	1.5	1.860	2.370	1.564	5.505
	1.75	2.171	2.765		
	2	2.465	3.140	1.540	6.940
	2.5	3.062	3.900	1.512	8.213
	2.75	3.368	4.290		
	3	3.627	4.620	1.488	9.320
	4	4.773	6.080	1.438	11.064
30×30	1.5	1.389	1.770	1.156	2.207
	1.75	1.621	2.065		
	2	1.837	2.340	1.130	2.720
	2.5	2.277	2.900	1.103	3.154
	2.75	2.504	3.190		
	3	2.685	3.420	1.078	3.500
25×25	1.5	1.166	1.485	0.948	1.216
	1.75	1.360	1.733	0.936	1.357
	2	1.539	1.960	0.923	1.482
	2.5	1.904	2.425	0.911	1.732
	2.75	2.072	2.640		

注：产地参见附录1中⚠32、⚠16。

② 高频焊矩型管(GB/T 6728—2002)。

规格(边长)(mm)	壁厚(mm)	重量(kg/m)	截面积(cm^2)	回转半径 r_x(cm)	惯性矩 I_x(cm^4)
600×400	8.0	122	155	22.8	80 670
	10	151	193	22.7	99 081
	12	179	228	22.5	115 670
	14	207	264	22.4	132 310
	16	235	299	22.3	148 210
550×350	8.0	109	139	20.7	59 783
	10	135	173	20.6	73 276
	12	160	204	20.4	85 249
	14	185	236	20.3	97 269
500×300	6.0	73.5	93.6	18.8	33 012
	8.0	96.7	123	18.6	42 805
	10	120	153	18.5	52 328
	12	141	180	18.3	60 604
450×250	6.0	64.1	81.6	16.7	22 724
	8.0	84.2	107	16.5	29 336
	10	104	133	16.4	35 737
	12	123	156	16.2	41 137
400×250	5.0	49.7	63.4	15.1	14 440
	6.0	59.4	75.6	15	17 118
	8.0	77.9	99.2	14.9	22 048
	10	96.2	122	14.8	26 806
	12	113	144	14.6	30 766
400×200	5.0	46.119	58.4	14.6	12 490
	6.0	55.013	69.6	14.5	14 789
	8.0	72.471	91.2	14.4	18 974
	10	89.333	113	14.3	23 003
	12	106.069	132	14.1	26 248
350×250	5.0	46.119	58.4	13.4	10 520
	6.0	55.013	69.6	13.4	12 457
	8.0	72.471	91.2	13.2	16 001
	10	89.333	113	13.1	19 407
	12	106.069	132.06	12.96	22 196.5
300×200	5	38.269	48.4	11.4	6 241
	6	45.593	57.6	11.3	7 370

(续)

规格(边长)(mm)	壁厚(mm)	重量(kg/m)	截面积(cm^2)	回转半径 r_x(cm)	惯性矩 I_x(cm^4)
300×200	8	59.911	75.2	11.2	9 389
	10	73.633	92.6	11.1	11 313
	12	87.229	108.06	10.88	12 787.8
300×100	5.0	30.419	39.25	7.91	2 389.0
	6.0	36.173	46.80	7.88	2 830.0
	8.0	47.651	61.60	7.75	3 567.0
	10	57.933	72.57	8.96	5 825.0
	12	68.389	84.06	8.77	6 457.9
260×180	5.0	33.559	42.4	9.86	4 121
	6.0	39.941	50.4	9.81	4 856
	8.0	52.375	65.6	9.68	6 145
	10	64.213	80.6	9.56	7 363
	12	75.925	93.66	9.38	8 245.0
250×150	5	30.811	39.250	9.260	3 270.0
	6	36.738	46.800	9.230	3 890.0
	8	48.358	61.600	9.080	4 886.0
	10	57.933	72.57	8.96	5 825.0
	12	68.389	84.06	8.77	6 457.9
200×150	4.5	24.268	30.915		
	5	26.926	34.300	7.621	1 937.37
	6	32.216	41.040	7.573	2 272.91
	8	42.516	54.160	7.478	2 895.92
200×100	4	18.577	23.640	7.245	1 027.32
	4(合)	17.804	22.680		
	4.50	20.771	26.460		
	5	23.040	29.350	7.190	1 465.98
	5(合)	22.294	28.400		
	6	27.507	35.040	7.167	1 713.38
	6(合)	26.659	33.960		
200×100	8	36.173	46.080	7.018	2 127.75
	8(合)	34.666	44.160		
	10	42.233	52.57	6.82	2 444.4
200×95	6	26.659	33.960		

(续)

规格(边长)(mm)	壁厚(mm)	重量(kg/m)	截面积(cm^2)	回转半径 r_x(cm)	惯性矩 I_x(cm^4)
180×80	4.0	15.637	19.75	6.37	802.1
	4.5	17.115	22.07	6.34	888.1
	5.0	19.272	24.36	6.31	971.0
	6.0	22.749	28.83	6.25	1 127.9
180×65	4	15.260	19.440	6.207	714.53
	4.5	17.133	21.825		
	5	18.919	24.100	6.153	865.22
	6	22.608	28.800	6.099	1 005.67
	7(合)	25.607	32.620		
	8	30.018	38.240	5.995	1 257.40
160×80	4	14.246	18.147	5.738	597.691
	4.5	16.603	21.150		
	5	17.549	22.356	5.681	721.650
	6	20.749	26.432	5.623	835.936
160×60	4	13.690	17.440	5.522	504.544
	4.5	15.366	19.575		
	5	16.956	21.600	5.468	608.694
	6	20.253	25.800	5.416	704.862
150×100	4	15.386	19.600	5.600	595.00
	4(合)	15.386	19.600		
	4.5	17.274	22.005	5.580	658.00
	5	19.154	24.400	5.520	707.00
	6	22.796	29.040	5.500	835.00
	6(合)	22.137	28.200		
	8	30.018	38.240	5.350	1 008.00
150×90	4	14.789	18.840		
	4.5	16.603	21.150		
	5	18.369	23.400		
	6	21.902	27.900		
	8	28.762	36.640		
140×80	4.0	13.125	16.55	5.10	429.6
	4.5	14.642	18.47	5.07	474.3
	5.0	16.132	20.36	5.04	517.1
	6.0	18.981	24.03	4.98	597.0

(续)

规格(边长)(mm)	壁厚(mm)	重量(kg/m)	截面积(cm^2)	回转半径r_x(cm)	惯性矩I_x(cm^4)
125×75	3	9.302	11.850		
	4	12.277	15.640	4.560	311.000
	4.5	13.741	17.505	4.530	342.000
	5	15.150	19.300	4.508	367.769
	5(合)	14.719	18.750		
	6	18.039	22.980	4.450	428.000
	8	23.676	30.160	4.377	532.497
120×80	3	9.302	11.408	4.491	230.189
	4	12.277	15.640	4.440	295.000
	4.5	13.741	17.505	4.423	326.109
	5	15.150	19.300	4.360	345.000
	5(合)	14.719	18.750		
	6	18.039	22.980	4.332	405.998
	8	23.676	30.160	4.259	504.070
	10	25.356	32.57	1.05	534.1
150×50	3	9.302	11.850	5.135	300.791
	4	12.277	15.640	5.080	385.845
	4.5	13.741	17.505		
	5	15.150	19.300	5.012	454.731
	5(合)	14.718	18.750		
	6	18.039	22.980	4.973	534.900
140×60	3	9.302	11.850		
	4	12.277	15.640		
	4.5	13.741	17.505		
	5	15.150	19.300		
	6	18.039	22.980		
120×60	3	8.313	10.590	4.304	189.113
	4	10.990	14.000	4.246	240.724
	4.5	12.328	15.705	4.237	266.938
	5	13.620	17.350	4.188	286.941
	6	16.108	20.520	4.129	327.950
120×50	2.5	6.614	8.425		
	2.75	7.275	9.270		
	3	7.913	10.080	4.203	169.713
	4	10.488	13.360	4.150	216.133

(续)

规格(边长)(mm)	壁厚(mm)	重量(kg/m)	截面积(cm^2)	回转半径r_x(cm)	惯性矩I_x(cm^4)
120×50	5	12.992	16.550	4.099	258.014
	6	15.308	19.500	4.048	295.455
120×40	3	7.348	9.360	4.075	149.604
	4	9.734	12.400	4.025	191.127
	4(合)	9.671	12.320		
	4.5	10.915	13.905	3.994	208.491
	4.5(合)	10.845	13.815		
	5	12.089	15.400	3.968	226.016
	6	14.413	18.360	3.916	258.111
115×55	3	7.913	10.080		
	4	10.488	13.360		
	5	12.992	16.550		
	6	15.308	19.500		
100×80	3	8.313	10.590	3.822	149.102
	4	10.990	14.000	3.775	190.187
	4.5	12.328	15.705		
	5	13.620	17.350	3.728	227.361
	6	16.108	20.520	3.683	260.894
100×70	3	7.913	10.080		
	4	10.488	13.360		
	5	12.992	16.550		
	6	15.308	19.500		
100×60	3	7.348	9.360	3.666	121.035
	4	9.734	12.400	3.600	153.000
	4.5	10.915	13.905		
	5	12.089	15.400	3.556	178.300
	6	14.413	18.360	3.520	189.805
100×50	2	4.663	5.940	3.621	75.208
	3	6.971	8.880	3.569	107.098
	4	9.200	11.720	3.518	135.502
	4.5	10.244	13.050		
	5	11.383	14.500	3.469	160.696
	6	13.518	17.220	3.420	182.873

(续)

规格(边长) (mm)	壁厚 (mm)	重量 (kg/m)	截面积 (cm^2)	回转半径 r_x(cm)	惯性矩 I_x(cm^4)
100×40	2.5	5.417	6.900	3.482	79.900
	2.75	5.958	7.590		
	3	6.453	8.220	3.456	93.245
	4	8.541	10.880	3.404	117.556
	4(合)	8.478	10.800		
	4.5	9.467	12.060		
	4.5(合)	9.396	11.970		
	5	10.480	13.350	3.353	138.873
90×60	3	6.947	8.850	3.329	93.203
	3(合)	6.782	8.640		
	4	9.200	11.720	3.276	117.499
	4(合)	8.949	11.400		
	4.5	10.244	13.050		
90×55	2.5	5.613	7.150		
	2.75	6.174	7.865		
	3	6.712	8.550	3.293	87.919
	4	8.886	11.320	3.244	111.017
	4.5	9.891	12.600		
	5	10.990	14.000	3.196	131.347
	6	13.047	16.620	3.150	149.147
90×50	3	6.429	8.190		
	4	8.478	10.800		
	4.5(合)	9.502	12.105		
	5(合)	10.480	13.350		
	6	12.482	15.900		
81×61	5	10.519	13.400		
80×60	2.5	5.397	6.875	3.024	60.267
	2.75	5.937	7.563		
	3	6.429	8.190	3.001	70.296
	4	8.478	10.800	2.954	88.531
	4.5	9.502	12.105		
	5	10.480	13.350	2.908	104.478
	6	12.482	15.900		
80×50	2.5	5.204	6.09	2.94	52.62
	3.0	6.005	7.21	2.91	61.15

（续）

规格（边长）(mm)	壁厚 (mm)	重量 (kg/m)	截面积 (cm^2)	回转半径 r_x(cm)	惯性矩 I_x(cm^4)
80×50	4.0	7.911	9.35	2.86	76.36
	4.5	8.902	10.97	2.83	83.06
	5.0	9.813	11.36	2.80	89.19
80×40	2	3.721	4.740	2.909	38.900
	2.5	4.612	5.875	2.850	45.399
	2.75	5.073	6.463		
	3	5.511	7.020	2.825	52.725
	4	7.222	9.200	2.775	65.823
	4.5	8.089	10.310		
	5	8.949	11.400	2.727	76.992
	6	10.692	13.620		
70×50	2	3.721	4.740	2.637	31.540
	2.5	4.612	5.875	2.613	38.148
	2.75	5.073	6.463		
	3	5.511	7.020	2.589	44.285
	4	7.222	9.200	2.542	55.244
	4.5	8.089	10.310		
	5	8.949	11.400	2.497	64.560
	6	10.692	13.620		
65×40	2.5	4.062	5.175		
	2.75	4.469	5.692		
	4	6.343	8.080	2.293	38.630
	5	7.811	9.950	2.247	44.723
60×50	2	3.407	4.340	2.297	21.829
	2.5	4.239	5.400	2.274	26.310
	2.75	4.663	5.940		
	3	5.040	6.420	2.251	30.444
	4	6.657	8.480		
	4.5	7.418	9.450		
	5	8.164	10.400		
60×40	1.5	2.331	2.970	2.241	14.133
	1.75	2.720	3.465		
	2	3.077	3.920	2.220	18.400
	2.5	3.827	4.875	2.192	22.067
	2.75	4.210	5.361		

（续）

规格(边长)(mm)	壁厚(mm)	重量(kg/m)	截面积(cm^2)	回转半径 r_x(cm)	惯性矩 I_x(cm^4)
60×40	3	4.545	5.790	2.176	25.600
	4	6.029	7.680	2.129	31.504
	4.5	6.747	8.595		
	5	7.497	9.550	2.085	36.319
60×30	1.5	2.096	2.55	2.15	11.82
	2.0	2.779	3.34	2.12	15.05
	2.5	3.454	4.09	2.09	17.94
	3.0	4.098	4.81	2.06	20.50
55×50	1.5	2.449	3.120	2.141	13.583
	1.75	2.857	3.640		
	2	3.250	4.140	2.124	17.763
	2.5	4.043	5.150	2.101	21.366
	2.75	4.447	5.665		
	3	4.828	6.150	2.079	24.667
55×25	1.5	1.860	2.370	1.937	8.300
	1.75	2.171	2.765		
	2	2.465	3.140	1.918	10.803
	2.5	3.062	3.900	1.893	12.854
	2.75	3.368	4.290		
	3	3.627	4.620	1.868	14.679
50×40	1.5	2.096	2.670	1.905	9.115
	1.75	2.445	3.115		
	2	2.779	3.540	1.887	11.887
	2.5	3.454	4.400	1.864	14.211
	2.75	3.799	4.840		
	3	4.098	5.220	1.843	16.337
50×30	1.5	1.860	2.370	1.844	7.851
	1.75	2.171	2.765		
	2	2.465	3.140	1.800	9.540
	2.5	3.062	3.900	1.774	11.296
	2.75	3.368	4.290		
	3	3.627	4.620	1.745	12.827
50×25	1.5	1.743	2.102	1.779	6.653
	1.75	2.033	2.590		
	2	2.308	2.940		

(续)

规格(边长)(mm)	壁厚(mm)	重量(kg/m)	截面积(cm^2)	回转半径 r_x(cm)	惯性矩 I_x(cm^4)
50×25	2.5	2.865	3.650		
	2.75	3.152	4.015		
	3	3.391	4.320		
45×30	4	4.459	5.680		
40×30	1.5	1.625	2.070	1.494	4.271
	1.75	1.896	2.415		
	2	2.151	2.740	1.477	5.533
	2.5	2.669	3.400	1.454	6.530
	2.75	2.936	3.740		
	3	3.156	4.020	1.432	7.395
40×25	1.5	1.507	1.920	1.454	3.727
	1.75	1.758	2.240		
	2	1.994	2.540	1.436	4.820
	2.5	2.453	3.125	1.413	5.666
	2.75	2.698	3.438		
	3	2.920	3.720	1.390	6.390
40×20	1.5	1.389	1.770	1.406	3.188
	1.75	1.621	2.065		
	2	1.837	2.340	1.388	4.114
	2.5	2.277	2.900	1.363	4.812
	2.75	2.504	3.190		
30×20	3	2.685	3.420	1.340	5.403
	1.5	1.166	1.485		
	1.75	1.360	1.733		
	2	1.539	1.960		
	2.5	1.904	2.425		
	2.75	2.072	2.640		

③ 空心圆管(GB/T 6728—2002)。

规格(外直径)(mm)	壁厚(mm)	重量(kg/m)	截面积(cm^2)	壁厚公差(%)	圆度公差(%)	直度公差(mm/m)
ϕ194	5	23.629	30.100	+12 −15	±1	≤2.0
	6	28.307	36.060			
	8	37.429	47.680			

(续)

规格（外直径）（mm）	壁厚（mm）	重量（kg/m）	截面积（cm^2）	壁厚公差（%）	圆度公差（%）	直度公差（mm/m）
ϕ183	4 5 6 8	18.024 22.451 26.800 35.482	22.960 28.600 34.141 45.200	+12 −15	±1	≤2.0
ϕ140	4 4.5 5 6 8	13.690 15.366 17.035 20.394 26.816	17.440 19.575 21.700 25.980 34.160			
ϕ133	2.5 2.75 4	8.243 9.067 13.031	10.500 11.550 16.600			
ϕ131	2	6.542	8.220			
ϕ130	2.5 2.75 3 4 6	8.027 8.829 9.608 12.623 18.746	10.225 11.248 12.240 16.080 23.880			
ϕ127	3 4 4.5 5 6	9.326 12.277 13.741 15.151 18.039	11.880 15.640 17.510 19.300 22.980			
ϕ114	2.4 2.5 2.75 3 4 4.5 5 6	6.801 7.045 7.750 8.384 11.116 12.470 13.738 16.391	8.664 8.974 9.873 10.680 14.160 15.885 17.500 20.880			
ϕ110	3 4.5 5 6	8.125 12.081 13.384 15.920	10.350 15.390 17.050 20.280			
ϕ102	3 4 4.5	7.465 9.891 11.092	9.510 12.600 14.130			

(续)

规格(外直径)(mm)	壁厚(mm)	重量(kg/m)	截面积(cm^2)	壁厚公差(%)	圆度公差(%)	直度公差(mm/m)
ϕ100	2.5 2.75 3 4 4.5 5 6	6.221 6.843 7.395 9.797 10.951 12.089 14.460	7.925 8.718 9.420 12.480 13.950 15.400 18.420	+12 −15	±1	≤2.0
ϕ89	4 5	8.572 10.676	10.920 13.600			
ϕ80	3 4	5.817 7.724	7.410 9.840			
ϕ76	2 2.5 2.75 3 4 4.5	3.768 4.671 5.138 5.558 7.348 8.195	4.800 5.950 6.545 7.080 9.360 10.440			
ϕ70	2.5 2.75 4	4.455 4.900 7.033	5.675 6.243 8.960			
ϕ62	2.5 2.75 3	3.827 4.210 4.569	4.875 5.363 5.820			
ϕ60	3	4.380	5.580			
ϕ59	3	4.310	5.490			
ϕ42	3	2.991	3.810			

④ 货架专用管。

类别	规格	
货架专用管		50×25×20×12.5×1.0−2.0
		60×40×32×20×2.0−2.5
		80×50×50×25×2.0−3.5
		110×50×80×25×2.0−4.0

（续）

类别	规格	
货架专用管		100×45×2.0−2.5
		110×45×2.0−2.5
		120×50×2.0−2.75

⑤ 扁圆管

类别	规格	
扁圆管		80×R25×1.0−2.5
		60×R40×1.5−3.0
		42×R12.5×1.5−2.5
		40×R20×1.0−2.0
		50×R20×1.0−2.0等

8. 不锈钢波纹管

用1Cr18Ni9Ti不锈钢材料制成的波纹管，是补偿轴向位移的管材。其使用温度范围：−20～400 ℃，规格有Ax、Bx、Cx、Dx四种。

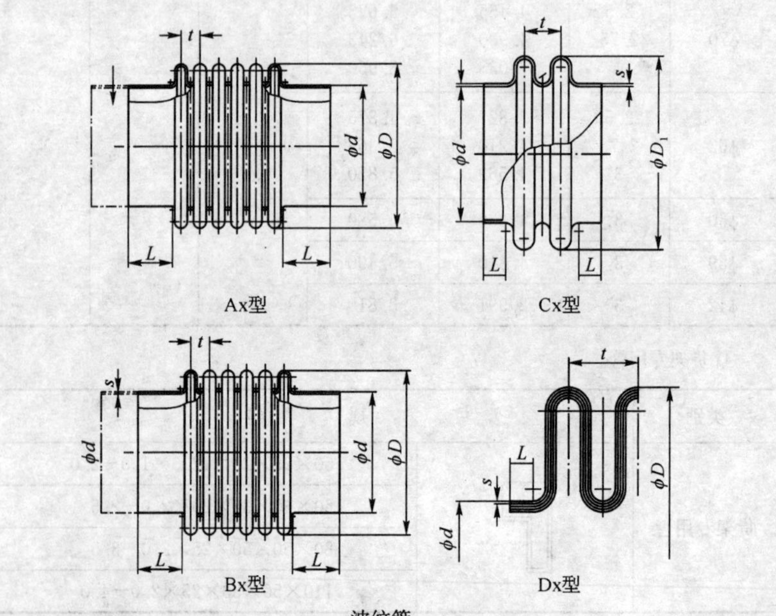

波纹管

Ax 型波纹管规格

代号	规格		外径 D (mm)	波距 t (mm)	接口长 L (mm)	不失稳最多波收 n	有效截面积 $A(\mathrm{cm}^2)$	单波刚度 K (N/mm)	最高压力	
	直径 d (mm)	壁厚 s (mm)							压力 (kPa)	单波位移 (mm)
AX-01-1	18.4	0.2	26	4	10	9	4	572	1 650	0.31
AX-02-1	24.4	0.2	34	4.5	10	9	7	378	1 020	0.48
AX-03-1	26.4	0.2	37	5	10	10	8	323	850	0.59
AX-04-1	32.4	0.2	45	5	10	13	12	227	560	0.79
AX-05-1	40.4	0.2	55	6	10	11	18	192	440	1.06
AX-06-1	50.5	0.25	66	6	10	10	27	356	550	1.00
AX-07-1	60	0.3	80	7	10	14	38	345	460	1.24
AX-08-1	65	0.5	86	8	10	13	45	1 405	1 120	0.79
AX-09-1	75.5	0.25	100	8	10	9	60	145	220	2.55
AX-10-1	95	0.5	115	13	10	10	87	2 344	1 630	0.91
AX-11-1	102.6	0.3	126	12	10	11	103	406	430	1.94

注：Ax 型波纹管由无缝钢管液压而成，公称通径 d 以接口外径为准，长度以波数多少来计算，$d = 18.4 \sim 102.6$ mm。

Bx 型波纹管规格

代号		规格		外径 D (mm)	波距 t (mm)	接口长 L (mm)	最多波数 n	有效截面积 $A(\mathrm{cm}^2)$	单波刚度 K (N/mm)	最高压力	
		直径 d (mm)	壁厚 s (mm)							压力 (MPa)	单波位移 (mm)
BX-01	1	75	0.3	100	10	30	12	60	243	0.34	2.04
	2		0.5						981	0.84	1.21
	3		0.8						3 799	2.02	0.7
	4		1.0						7 278	3.11	0.54
BX-02	1	80	0.3	105	12	30	12	67	353	0.41	1.94
	2		0.5						1 172	1.02	1.39
	3		0.8						4 025	2.45	0.84
	4		1.0						7 486	3.72	0.64
BX-03	1	95	0.3	120	14	30	12	91	379	0.4	2.07
	2		0.5						1 303	1.01	1.38
	3		0.8						4 655	2.46	0.82
	4		1.0						8 742	3.75	0.62
BX-04	1	95	0.3	120	10	30	12	91	290	0.33	2.04
	2		0.5						1 226	0.83	1.14
	3		0.8						4 793	2.05	0.68
	4		1.0						9 220	3.17	0.53

（续）

代号		规格		外径 D (mm)	波距 t (mm)	接口长 L (mm)	最多波数 n	有效截面积 A(cm²)	单波刚度 K (N/mm)	最高压力	
		直径 d (mm)	壁厚 s (mm)							压力 (MPa)	单波位移 (mm)
BX-05	1	110	0.3	143	16	30	12	126	203	0.23	3.21
	2		0.5						709	0.57	2.28
	3		0.8						2 475	1.36	1.41
	4		1.0						4 683	2.04	1.06
	5		1.2						7 903	2.87	0.86
BX-06	1	110	0.3	137	10	30	12	120	264	0.27	2.31
	2		0.5						1 139	0.69	1.28
	3		0.8						4 487	1.71	0.77
	4		1.0						8 652	2.65	0.60
	5		1.2						14 821	3.8	0.49
BX-07	1	114	0.3	148	14	30	8	135	164	0.21	3.52
	2		0.5						625	0.49	2.3
	3		0.8						2 361	1.15	1.34
	4		1.0						4 494	1.76	1.04
	5		1.2						7 636	2.49	0.85
BX-08	1	132	0.5	168	14	50	12	177	604	0.42	2.51
	2		0.8						2 317	1.0	1.44
	3		1.0						4 429	1.53	1.13
	4		1.2						7 544	2.19	0.93
	5		1.5						14 526	3.38	0.73
BX-09	1	150	0.5	195	25	50	12	234	536	0.36	3.7
	2		0.8						1 600	0.82	2.8
	3		1.0						2 807	1.23	2.24
	4		1.2						4 549	1.73	1.84
	5		1.5						8 379	2.64	1.43
BX-10	1	150	0.5	190	14	50	15	227	505	0.32	2.95
	2		0.8						1 965	0.77	1.71
	3		1.0						3 770	1.19	1.34
	4		1.2						6 437	1.7	1.1
	5		1.5						12 419	2.63	0.87
BX-11	1	164	0.5	212	20	50	4	278	362	0.27	4.47
	2		0.8						1 271	0.62	2.86
	3		1.0						2 394	0.92	2.18
	4		1.2						4 036	1.30	1.77
	5		1.5						7 694	1.99	1.38
BX-12	1	174	0.5	220	23	50	8	305	476	0.32	4.17
	2		0.8						1 555	0.75	2.81
	3		1.0						2 852	1.13	2.21
	4		1.2						4 758	1.58	1.79
	5		1.5						9 046	2.38	1.36

注：Bx 型波纹管以焊接管液压而成，公称直径 d 以接口外径为准。定货时依据壁厚、波纹、接口长度等各种性能的实际需要选用，d=75～2 200 mm。

Cx 型波纹管规格

代号		规格		外径 d (mm)	波距 t (mm)	波形半径 r (mm)	接口长 L (mm)	有效截面积 $A(cm^2)$	单波刚度 K (N/mm)	最高压力	
		直径 d (mm)	壁厚 s (mm)							压力 (kPa)	单波位移 (mm)
	1		2.5						5 134	470	17.96
CX-1	2	1 100	3.0	1 300	140	35	30	11 310	7 534	640	15.91
	3		4.0						15 010	1 090	12.13
	1		2.5						5 246	460	18.49
CX-2	2	1 200	3.0	1 400	140	35	30	13 273	7 781	640	16.23
	3		4.0						15 808	1 090	11.95
	1		2.5						3 139	300	24.27
CX-3	2	1 300	3.0	1 540	140	35	30	15 837	4 865	420	21.48
	3		4.0						10 114	720	15.93
	1		2.5						2 573	250	28.07
CX-4	2	1 400	3.0	1 660	140	35	30	18 385	5 954	470	20.89
	3		4.0						8 477	610	18.17
	1		2.5						2 156	210	32.08
CX-5	2	1 500	3.0	1 780	140	35	30	21 124	3 423	300	27.44
	3		4.0						7 259	510	20.49

注：Cx 型波纹管以焊接圆管辊轧成型，公称通径 d 以接口内径为准。d=1 100～4 000 mm。

Dx 型波纹管规格

代号		规格			外径 D (mm)	波距 t (mm)	接口长 L (mm)	模具波数 n	有效截面积 $A(cm^2)$	单波刚度 K (N/mm)	最高压力	
		直径 d (mm)	单层壁厚 s (mm)	层数 z							压力 (MPa)	单波位移 (mm)
	1		0.3	2						486	0.69	2.04
DXS-01	2	75	0.5	2	100	10	20	12	60	1 962	1.68	1.21
	3		0.5	3						2 943	2.53	1.21
	4		0.8	2						7 598	4.05	0.70
	1		0.3	2						707	0.83	1.94
DXS-02	2	80	0.5	2	105	14	20	12	67	2 343	2.04	1.39
	3		0.5	3						3 515	3.06	1.39
	4		0.8	2						8 049	4.9	0.84
	1		0.3	2						757	0.81	2.07
DXS-03	2	95	0.5	2	120	14	20	12	91	2 606	2.03	1.38
	3		0.5	3						3 910	3.05	1.38
	4		0.8	2						9 311	4.92	0.82

（续）

代号		规格			外径 D (mm)	波距 t (mm)	接口长 L (mm)	模具波数 n	有效截面积 $A(\mathrm{cm}^2)$	单波刚度 K (N/mm)	最高压力	
		直径 d (mm)	单层壁厚 s (mm)	层数 z							压力 (MPa)	单波位移 (mm)
DXS-04	1	95	0.3	2	120	12	20	12	91	579	0.66	2.04
	2		0.5	2						2 452	1.67	1.41
	3		0.5	3						3 679	2.51	1.41
	4		0.8	2						9 587	4.1	0.68

注：由多层金属组成，除层数外，其他与 Bx 型相同，四型波纹管。产地参见附录 1 中⚠19。

9. 双层卷焊钢管(GB 11258—1989)

双层卷焊钢管广泛用于汽车、冷冻设备、电热电器等工业，常用以铜为钎焊材料的双层卷焊钢管制作刹车管、燃料管、润滑油管、加热或冷却器。

钢管牌号：08、08F、08A1 冷轧钢带(板)。

化学成分：应符合 GB 699 规定。

钢管力学性能：$\sigma_b \geqslant 290\ \mathrm{N/mm^2}$，$\sigma_s \geqslant 180\ \mathrm{N/mm^2}$，$\delta_5 = 14\%$。

按需方要求，钢管外表面可以电镀锌或热镀铅锡合金。

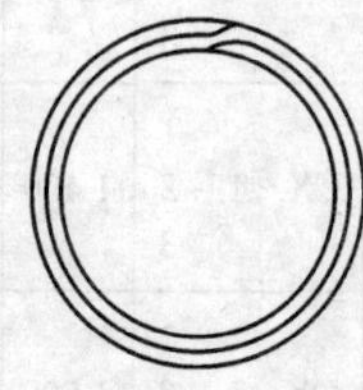

双层卷焊钢管

双层卷焊钢管的截面尺寸、理论重量

外径(mm) \ 壁厚(mm)	0.50	0.70	1.00	外径(mm) \ 壁厚(mm)	0.50	0.70	1.00
	理论重量(kg/m)				理论重量(kg/m)		
3.17	0.033	0.042	—	6.35	—	0.097	—
4.76	0.052	0.070	—	8.00	—	0.125	—
5.00	—	0.074	—	10.00	—	0.160	0.221
6.00	—	0.091	—	12.00	—	0.194	0.270

10. 塑料管材

塑料管材由于不生锈、耐腐蚀、管内外光滑、不结垢、阻力小、使用年限长、安装方便等特点，对其应用日渐广泛。塑料管材按其材质分类有：聚氯乙烯(PVC-U)，用于化工管道及给、排水管系，埋地排污废水管系；无视共聚聚丙烯(PP-R)管材用于建筑物内冷、热水、优质水、液体食品(酒类)输送等管系；聚乙烯系列(HDPEMDPE)管用于给水及燃气管系。20世纪 80 年代加拿大已成为生产塑料燃气管的先进国家，塑料燃气管的管径为 $\phi12 \sim \phi160$ (mm)，用于燃气管网支线管系，连接方法采用电热熔接，其优点是接头严密、效率高、安全可靠。日本采用中密度聚乙烯生产燃气管，用于压力 0.1 MPa 以下支线管，压力 0.4 MPa 的主线管仍用钢管，美国 1990 年使用高密度聚乙烯管(HDPE)。

(1) 化工用硬聚氯乙烯(PVC-U)管材(GB/T 4219.1—2008)

① 材料。制造管材的材料以聚氯乙烯(PVC)树脂为主,其中仅加入为提高其物理、力学性能及加工性能所需的添加剂组成的混配料,添加剂应分散均匀。

② 产品分类。

A. 管材按尺寸分为:S20、S16、S12.5、S10、S8、S6.3、S5 共七个系列。

B. 管系列 S、标准尺寸比 SDR 及管材规格尺寸,见表。

根据管材所输送的介质及应用条件,从表中选择合理的管系列。附录 B 中列出了管系列与公称

③ 外观。管材的内外表面应光滑平整、清洁,不应有气泡、划伤、凹陷、明显杂质及颜色不均等缺陷。管端应切割平整,并与管轴线垂直。

④ 管材尺寸。管材长度一般为 4 m、6 m 或 8 m,也可由供需双方协商确定。管材长度(L)、有效长度(L_1)、最小承口深度(L_{min})见图所示。长度不允许负偏差。

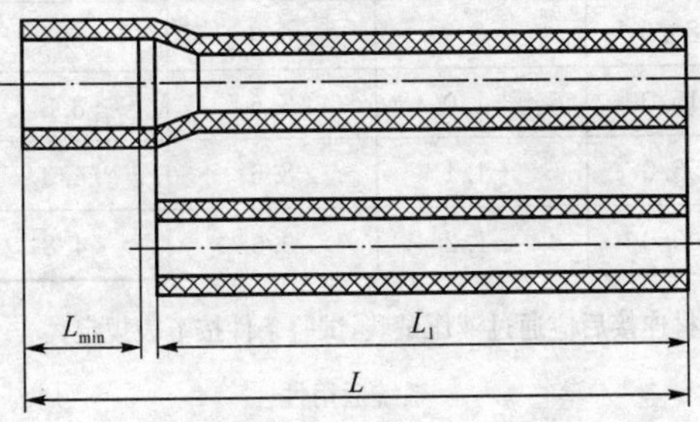

管材长度示意图

⑤ 管材的平均外径 d_{em} 及平均外径公差和不圆度的最大值,应符合下表的规定。

平均外径及平均外径偏差和不圆度 (mm)

公称外径 d_n	平均外径 $d_{em,min}$	平均外径公差	不圆度 max (S20～S16)	不圆度 max (S12.5～S5)	承口最小深度 L_{min}
16	16.0	+0.2	—	0.5	13.0
20	20.0	+0.2	—	0.5	15.0
25	25.0	+0.2	—	0.5	17.5
32	32.0	+0.2	—	0.5	21.0
40	40.0	+0.2	1.4	0.5	25.0
50	50.0	+0.2	1.4	0.6	30.0
63	63.0	+0.3	1.5	0.8	36.5
75	75.0	+0.3	1.6	0.9	42.5
90	90.0	+0.3	1.8	1.1	50.0
110	110.0	+0.4	2.2	1.4	60.0

（续）

公称外径 d_n	平均外径 $d_{em,min}$	平均外径公差	不圆度 max (S20～S16)	不圆度 max (S12.5～S5)	承口最小深度 L_{min}
125	125.0	+0.4	2.5	1.5	67.5
140	140.0	+0.5	2.8	1.7	75.0
160	160.0	+0.5	3.2	2.0	85.0
180	180.0	+0.6	3.6	2.2	95.0
200	200.0	+0.6	4.0	2.4	105.0
225	225.0	+0.7	4.5	2.7	117.5
250	250.0	+0.8	5.0	3.0	130.0
280	280.0	+0.9	6.8	3.4	145.0
315	315.0	+1.0	7.6	3.8	162.5
355	355.0	+1.1	8.6	4.3	182.5
400	400.0	+1.2	9.6	4.8	205.0

⑥ 适用性。管材连接后应通过液压试验，试验条件按下表规定。

系统适用性

项　目	试验参数			要　求
	温度/℃	环应力/MPa	时间/h	
系统液压试验	20	16.8	1 000	无破裂、无渗漏
	60	5.8	1 000	

⑦ 卫生要求。当用于输送饮用水、食品饮料、医药时，其卫生性能应按相关标准执行。

⑧ 力学性能。

项　目	试验参数			要　求
	温度/℃	环应力/MPa	时间/h	
静液压试验	20	40.0	1	无破裂、无渗漏
	20	34.0	100	
	20	30.0	1 000	
	60	10.0	1 000	
落锤冲击性能	0 ℃（−5 ℃）			TIR≤10%

⑨ 管材规格尺寸、壁厚及其偏差。 (mm)

公称外径 d_n	壁厚 e 及其偏差													
	管系列 S 和标准尺寸比 SDR													
	S20 SDR41		S16 SDR33		S12.5 SDR26		S10 SDR21		S8 SDR17		S6.3 SDR13.6		S5 SDR11	
	e_{min}	偏差	e_{min}	偏差	e_{min}	偏差	e_{min}	偏差	e_{min}	偏差	e_{min}	偏差	e_{min}	偏差
16	—	—	—	—	—	—	—	—	—	—	—	—	2.0	+0.4
20	—	—	—	—	—	—	—	—	—	—	—	—	2.0	+0.4
25	—	—	—	—	—	—	—	—	—	—	2.0	+0.4	2.3	+0.5
32	—	—	—	—	—	—	—	—	2.0	+0.4	2.4	+0.5	2.9	+0.5
40	—	—	—	—	—	—	2.0	+0.4	2.4	+0.5	3.0	+0.5	3.7	+0.6
50	—	—	—	—	2.0	+0.4	2.4	+0.5	3.0	+0.5	3.7	+0.6	4.6	+0.7
63	—	—	2.0	+0.4	2.5	+0.5	3.0	+0.5	3.8	+0.6	4.7	+0.7	5.8	+0.8
75	—	—	2.3	+0.5	2.9	+0.5	3.6	+0.6	4.5	+0.7	5.6	+0.8	6.8	+0.9
90	—	—	2.8	+0.5	3.5	+0.6	4.3	+0.7	5.4	+0.8	6.7	+0.9	8.2	+1.1
110	—	—	3.4	+0.6	4.2	+0.7	5.3	+0.8	6.6	+0.9	8.1	+1.1	10.0	+1.2
125	—	—	3.9	+0.6	4.8	+0.7	6.0	+0.8	7.4	+1.0	9.2	+1.2	11.4	+1.4
140	—	—	4.3	+0.7	5.4	+0.8	6.7	+0.9	8.3	+1.1	10.3	+1.3	12.7	+1.5
160	4.0	+0.6	4.9	+0.7	6.2	+0.9	7.7	+1.0	9.5	+1.2	11.8	+1.4	14.6	+1.7
180	4.4	+0.7	5.5	+0.8	6.9	+0.9	8.6	+1.1	10.7	+1.3	13.3	+1.6	16.4	+1.9
200	4.9	+0.7	6.2	+0.9	7.7	+1.0	9.6	+1.2	11.9	+1.4	14.7	+1.7	18.2	+2.1
225	5.5	+0.8	6.9	+0.9	8.6	+1.1	10.8	+1.3	13.4	+1.6	16.6	+1.9	—	—
250	6.2	+0.9	7.7	+1.0	9.6	+1.2	11.9	+1.4	14.8	+1.7	18.4	+2.1	—	—
280	6.9	+0.9	8.6	+1.1	10.7	+1.3	13.4	+1.6	16.6	+1.9	20.6	+2.3	—	—
315	7.7	+1.0	9.7	+1.2	12.1	+1.5	15.0	+1.7	18.7	+2.1	23.2	+2.6	—	—
355	8.7	+1.1	10.9	+1.3	13.6	+1.6	16.9	+1.9	21.1	+2.4	26.1	+2.9	—	—
400	9.8	+1.2	12.3	+1.5	15.3	+1.8	19.1	+2.2	23.7	+2.6	29.4	+3.2	—	—

注：1. 考虑到安全性，最小壁厚应不小于 2.0 mm。
2. 除了有其他规定之外，尺寸应与 GB/T 10798 一致。
3. 壁厚是以 20 ℃环(诱导)应力为 σ_s 为 6.3 MPa 确定，管系列(S)由 σ_s/p 得出。
4. 如需其他规格和壁厚的管材，可按 GB/T 10798 选取，其外径与壁厚偏差按 GB 13020 选定。
5. 对 e/d_e 的比值小于 0.035 的管材，不考核任何部位外径极限偏差。
6. 长度为 4±0.02 m；6±0.02 m 或根据用户要求。
7. 管材同一截面的壁厚偏差率不得超过 14%。
8. 直线度应符合下表的规定。

管材外径(mm)	≤32	40～200	≥225
直线度(%)	不规定	≤1.0	≤0.5

⑩ 化工用硬聚氯乙烯管材的技术指标。

项　　目	指　　标
密度(g/cm^3)	≤1.55
腐蚀度(盐酸、硝酸、硫酸、氢氧化钠)(g/m)	≤1.50
维卡软化温度(℃)	≥80
液压试验	不破裂,不渗漏
纵向回缩率(%)	≤5
丙酮浸泡	无脱层、无碎裂
扁平	无裂纹、无破裂
拉伸屈服应力(MPa)	≥45

⑪ 硬聚氯乙烯管材不宜输送的流体。

化学药物名称	浓度(质量分数)	化学药物名称	浓度(质量分数)
乙醛	40%	盐酸苯肼	97%
乙醛	100%	氯化磷(三价)	100%
乙酸	冰	吡啶	100%
乙酸酐	100%	二氧化硫	100%
丙酮	100%	硫酸	96%
丙烯醇	96%	甲苯	100%
氨水	100%	二氯乙烯	100%
戊乙酸	100%	乙酸乙烯	100%
苯胺	100%	混合二甲苯	100%
苯胺	Sat. sol①	丁酸	98%
盐酸化苯胺	Sat. sol①	氢氟酸(气)	100%
苯甲醛	0.1%	乳酸	10%~90%
苯	100%	甲基丙烯酸甲酯	100%
苯甲酸	Sat. sol①	硝酸	50%~98%
溴水	100%	发烟硫酸	10%SO_3
乙酸丁酯	100%	高氯酸	70%
丁基苯酚	100%	汽油(链烃/苯)	80/20
氢氟酸	40%	苯酚	90%
氢氟酸	60%	苯肼	100%

(续)

化学药物名称	浓度(质量分数)	化学药物名称	浓度(质量分数)
二硫化碳	100%	环己醇	100%
四氯化碳	100%	环己酮	100%
氯气(干)	100%	二氯乙烷	100%
液氯	Sat. sol	二氯甲烷	100%
氯磺酸	100%	乙醚	100%
甲酚	Sat. sol	乙酸乙酯	100%
甲苯基甲酸	Sat. sol	丙烯酸乙酯	100%
巴豆醛	100%	糖醇树脂	100%

注：① Sat. sol——在 20 ℃制备的饱和水溶液。

(2) 给水用硬聚氯乙烯(PVC - U)管材(GB/T 10002.1—2006)

用途:用于建筑物内外给水管道,可输送温度 45 ℃饮用水或一般用途水,用于室内供水管,P_N<0.6 MPa。

① 公称压力等级和规格尺寸。

公称外径 d_n(mm)	管材 S 系列 SDR 系列和公称压力						
	S16 SDR33 PN0.63	S12.5 SDR26 PN0.8	S10 SDR21 PN1.0	S8 SDR17 PN1.25	S6.3 SDR13.6 PN1.6	S5 SDR11 PN2.0	S4 SDR9 PN2.5
	公称壁厚 e_n(mm)						
20	—	—	—	—	—	2.0	2.3
25	—	—	—	—	2.0	2.3	2.8
32	—	—	—	2.0	2.4	2.9	3.6
40	—	—	2.0	2.4	3.0	3.7	4.5
50	—	2.0	2.4	3.0	3.7	4.6	5.6
63	2.0	2.5	3.0	3.8	4.7	5.8	7.1
75	2.3	2.9	3.6	4.5	5.6	6.9	8.4
90	2.8	3.5	4.3	5.4	6.7	8.2	10.1
110	2.7	3.4	4.2	5.3	6.6	8.1	10.0
125	3.1	3.9	4.8	6.0	7.4	9.2	11.4
140	3.5	4.3	5.4	6.7	8.3	10.3	12.7
160	4.0	4.9	6.2	7.7	9.5	11.8	14.6
180	4.4	5.5	6.9	8.6	10.7	13.3	16.4
200	4.9	6.2	7.7	9.6	11.9	14.7	18.2
225	5.5	6.9	8.6	10.8	13.4	16.6	—
250	6.2	7.7	9.6	11.9	14.8	18.4	—

（续）

公称外径 d_n(mm)	管材 S 系列 SDR 系列和公称压力						
	S16 SDR33 PN0.63	S12.5 SDR26 PN0.8	S10 SDR21 PN1.0	S8 SDR17 PN1.25	S6.3 SDR13.6 PN1.6	S5 SDR11 PN2.0	S4 SDR9 PN2.5
	公称壁厚 e_n(mm)						
280	6.9	8.6	10.7	13.4	16.6	20.6	—
315	7.7	9.7	12.1	15.0	18.7	23.2	—
355	8.7	10.9	13.6	16.9	21.1	26.1	—
400	9.8	12.3	15.3	19.1	23.7	29.4	—
450	11.0	13.8	17.2	21.5	26.7	33.1	—
500	12.3	15.3	19.1	23.9	29.7	36.8	—
560	13.7	17.2	21.4	26.7	—	—	—
630	15.4	19.3	24.1	30.0	—	—	—
710	17.4	21.8	27.2	—	—	—	—
800	19.6	24.5	30.6	—	—	—	—
900	22.0	27.6	—	—	—	—	—
1 000	24.5	30.6	—	—	—	—	—

注：公称壁厚(e_n)根据设计应力(σ_s)12.5 MPa 确定。

② 温度对压力的折减系数 f_t。

温度/℃	折减系数 f_t	温度/℃	折减系数 f_t
$0 < t \leqslant 25$	1	$35 < t \leqslant 45$	0.63
$25 < t \leqslant 35$	0.8		

③ 管材的平均壁厚及允许偏差。

平均壁厚 e_0(mm)		允许偏差(mm)	平均壁厚 e_0(mm)		允许偏差(mm)
>	≤		>	≤	
	2.0	+0.4 0	6.0	7.0	+0.9 0
2.0	3.0	+0.5 0	7.0	8.0	+1.0 0
3.0	4.0	+0.6 0	8.0	9.0	+1.1 0
4.0	5.0	+0.7 0	9.0	10.0	+1.2 0
5.0	6.0	+0.8 0	10.0	11.0	+1.3 0

(续)

平均壁厚 e_0(mm)		允许偏差(mm)	平均壁厚 e_0(mm)		允许偏差(mm)
>	≤		>	≤	
11.0	12.0	+1.4 0	25.0	26.0	+2.8 0
12.0	13.0	+1.5 0	26.0	27.0	+2.9 0
13.0	14.0	+1.6 0	27.0	28.0	+3.0 0
14.0	15.0	+1.7 0	28.0	29.0	+3.1 0
15.0	16.0	+1.8 0	29.0	30.0	+3.2 0
16.0	17.0	+1.9 0	30.0	31.0	+3.3 0
17.0	18.0	+2.0 0	31.0	32.0	+3.4 0
18.0	19.0	+2.1 0	32.0	33.0	+3.5 0
19.0	20.0	+2.2 0	33.0	34.0	+3.6 0
20.0	21.0	+2.3 0	34.0	35.0	+3.7 0
21.0	22.0	+2.4 0	35.0	36.0	+3.8 0
22.0	23.0	+2.5 0	36.0	37.0	+3.9 0
23.0	24.0	+2.6 0	37.0	38.0	+4.0 0
24.0	25.0	+2.7 0	38.0	39.0	+4.1 0

注：1. 不同温度应按下降系数修正见②。公称压力指管材在20 ℃条件下输送水的工作压力，若水温25～45 ℃，应用下降系数(f_t)修正，即下降系数 $f_t \times PN =$ 允许工作压力，温度 $0 < t \leqslant 25$ ℃，$f_t = 1$；$25 < t \leqslant 35$ ℃，$f_t = 0.8$；$35 < t \leqslant 45$ ℃，$f_t = 0.63$。

2. 管材直线度：外径 d(mm)≤32，不规定；$d = 40 \sim 200$，直线度<1.0(mm)；$d \geqslant 225$，直线度≤0.5(mm)。

3. 管材长度一般为4 m、6 m、8 m、12 m，也可由供需双方商定。长度极限偏差为长度的：+0.4%～0.2%。

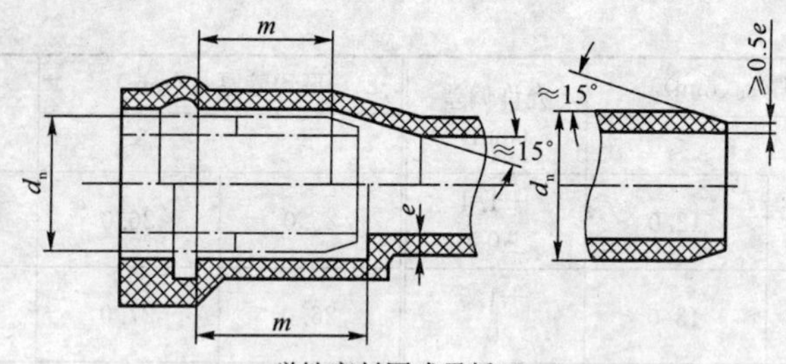

弹性密封圈式承插口

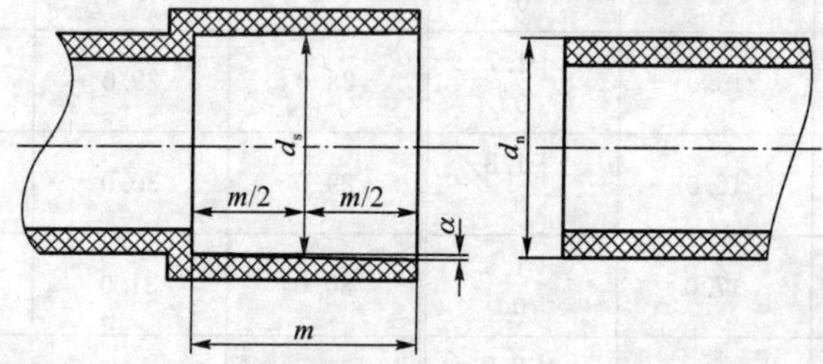

溶剂黏接式承插口

④ 承口尺寸。

公称外径 d_e(mm)	橡胶密封圈式承口深度 L(mm)	溶剂粘接式承口深度 L_{min}(mm)	溶剂粘接式承口中部平均内径(mm)		公称外径 d_e(mm)	橡胶密封圈式承口深度 L(mm)
			最小 d_{smin}	最大 d_{smax}		
20		16.0	20.1	20.3	250	105
25		18.5	25.1	25.3	280	112
32		22.0	32.1	32.3	315	118
40		26.0	40.1	40.3	355	124
50		31.0	50.1	50.3	400	130
63	64	37.5	63.1	63.3	450	138
75	67	43.5	75.1	75.3	500	145
90	70	51.0	90.1	90.3	560	154
110	75	61.0	110.1	110.4	630	165
125	78	68.5	125.1	125.4		
140	81	76.0	140.2	140.5		
160	86	86.0	160.2	160.5		
180	90	96.0	180.3	180.6		
200	94	106.0	200.3	200.6		
225	100	118.5	225.3	225.6		

注：1. 承口部分的平均内径，系指在承口深度 1/2 处所测定的相互垂直的两直径的算术平均值。承口深的最大倾角应不超过 0°30′。

2. 弹性密封圈式承口深度是按管材长度达 12 m 的规定尺寸。

⑤ 管材平均外径及偏差、圆度。

平均外径(mm)		圆度(mm)	平均外径(mm)		圆度(mm)
公称外径	允许偏差		公称外径	允许偏差	
20	+0.3 0	1.2	225	+0.7 0	4.5
25	+0.3 0	1.2	250	+0.8 0	5.0
32	+0.3 0	1.3	280	+0.9 0	6.8
40	+0.3 0	1.4	315	+1.0 0	7.6
50	+0.3 0	1.4	355	+1.1 0	8.6
63	+0.3 0	1.5	400	+1.2 0	9.6
75	+0.3 0	1.6	450	+1.4 0	10.8
90	+0.3 0	1.8	500	+1.5 0	12.0
110	+0.4 0	2.2	560	+1.7 0	13.5
120	+0.4 0	2.5	630	+1.9 0	15.2
140	+0.5 0	2.8	710	+2.0 0	17.1
160	+0.5 0	3.2	800	+2.0 0	19.2
180	+0.6 0	3.6	900	+2.0 0	21.6
200	+0.6 0	4.0	1 000	+2.0 0	24.0

⑥ 物理性能和力学性能。

项　目	技术指标
密度(kg/m^3)	1 350～1 460
维卡软化温度(℃)	≥80
纵向回缩率(%)	≤5
二氯甲烷浸渍试验(15 ℃，15 min)	表面变化不劣于 4 N
落锤冲击试验(℃)	≤5
TIR(%)	
液压试验	无裂纹　无渗漏

(3) 给水用聚乙烯(PE)管材(GB/T 13663—2000)

用途:适用于城市供水和农田灌溉,常用于压力输水,管材输送介质温度≤40 ℃,一般埋地或隐蔽安装。

城镇及乡村给水工程,一般选用PE 63管材;城市供水工程一般选用PE 80管材;大口径高压力给水工程选用PE 100管材。给水管颜色:蓝管,黑管蓝条。

① PE 63级聚乙烯管材的公称压力和规格尺寸。

公称外径 d_n(mm)	公称壁厚 e_n(mm)				
	标准尺寸比				
	SDR33	SDR26	SDR17.6	SDR13.6	SDR11
	公称压力(MPa)				
	0.32	0.4	0.6	0.8	1.0
16	—	—	—	—	2.3
20	—	—	—	2.3	2.3
25	—	—	2.3	2.3	2.3
32	—	—	2.3	2.4	2.9
40	—	2.3	2.3	3.0	3.7
50	—	2.3	2.9	3.7	4.6
63	2.3	2.5	3.6	4.7	5.8
75	2.3	2.9	4.3	5.6	6.8
90	2.8	3.5	5.1	6.7	8.2
110	3.4	4.2	6.3	8.1	10.0
125	3.9	4.8	7.1	9.2	11.4
140	4.3	5.4	8.0	10.3	12.7
160	4.9	6.2	9.1	11.8	14.6
180	5.5	6.9	10.2	13.3	16.4
200	6.2	7.7	11.4	14.7	18.2
225	6.9	8.6	12.8	16.6	20.5
250	7.7	9.6	14.2	18.4	22.7
280	8.6	10.7	15.9	20.6	25.4
315	9.7	12.1	17.9	23.2	28.6
355	10.9	13.6	20.1	26.1	32.2
400	12.3	15.3	22.7	29.4	36.3

（续）

公称外径 d_n(mm)	公称壁厚 e_n(mm)				
	标准尺寸比				
	SDR33	SDR26	SDR17.6	SDR13.6	SDR11
	公称压力(MPa)				
	0.32	0.4	0.6	0.8	1.0
450	13.8	17.2	25.5	33.1	40.9
500	15.3	19.1	28.3	36.8	45.4
560	17.2	21.4	31.7	41.2	50.8
630	19.3	24.1	35.7	46.3	57.2
710	21.8	27.2	40.2	52.2	
800	24.5	30.6	45.3	58.8	
900	27.6	34.4	51.0		
1 000	30.6	38.2	56.6		

② PE 80级聚乙烯管材的公称压力和规格尺寸。

公称外径 d_n(mm)	公称壁厚 e_n(mm)				
	标准尺寸比				
	SDR33	SDR21	SDR17	SDR13.6	SDR11
	公称压力(MPa)				
	0.4	0.6	0.8	1.0	1.25
16	—	—	—	—	—
20	—	—	—	—	—
25	—	—	—	—	2.3
32	—	—	—	—	3.0
40	—	—	—	—	3.7
50	—	—	—	—	4.6
63	—	—	—	4.7	5.8
75	—	—	4.5	5.6	6.8
90	—	4.3	5.4	6.7	8.2
110	—	5.3	6.6	8.1	10.0
125	—	6.0	7.4	9.2	11.4

（续）

公称外径 d_n(mm)	公 称 壁 厚 e_n(mm)				
	标准尺寸比				
	SDR33	SDR21	SDR17	SDR13.6	SDR11
	公称压力(MPa)				
	0.4	0.6	0.8	1.0	1.25
140	4.3	6.7	8.3	10.3	12.7
160	4.9	7.7	9.5	11.8	14.6
180	5.5	8.6	10.7	13.3	16.4
200	6.2	9.6	11.9	14.7	18.2
225	6.9	10.8	13.4	16.6	20.5
250	7.7	11.9	14.8	18.4	22.7
280	8.6	13.4	16.6	20.6	25.4
315	9.7	15.0	18.7	23.2	28.6
355	10.9	16.9	21.1	26.1	32.2
400	12.3	19.1	23.7	29.4	36.3
450	13.8	21.5	26.7	33.1	40.9
500	15.3	23.9	29.7	36.8	45.4
560	17.2	26.7	33.2	41.2	50.8
630	19.3	30.0	37.4	46.3	57.2
710	21.8	33.9	42.1	52.2	
800	24.5	38.1	47.4	58.8	
900	27.6	42.9	53.3		
1 000	30.6	47.7	59.3		

③ PE 100 级聚乙烯管材的公称压力和规格尺寸。

公称外径 d_n(mm)	公 称 壁 厚 e_n(mm)				
	标准尺寸比				
	SDR26	SDR21	SDR17	SDR13.6	SDR11
	公称压力(MPa)				
	0.6	0.8	1.0	1.25	1.6
32	—	—	—	—	3.0
40	—	—	—	—	3.7
50	—	—	—	—	4.6

(续)

公称外径 d_n(mm)	公称壁厚 e_n(mm)				
	标准尺寸比				
	SDR26	SDR21	SDR17	SDR13.6	SDR11
	公称压力(MPa)				
	0.6	0.8	1.0	1.25	1.6
63	—	—	—	4.7	5.8
75	—	—	4.5	5.6	6.8
90	—	4.3	5.4	6.7	8.2
110	4.2	5.3	6.6	8.1	10.0
125	4.8	6.0	7.4	9.2	11.4
140	5.4	6.7	8.3	10.3	12.7
160	6.2	7.7	9.5	11.8	14.6
180	6.9	8.6	10.7	13.3	16.4
200	7.7	9.6	11.9	14.7	18.2
225	8.6	10.8	13.4	16.6	20.5
250	9.6	11.9	14.8	18.4	22.7
280	10.7	13.4	16.6	20.6	25.4
315	12.1	15.0	18.7	23.2	28.6
355	13.6	16.9	21.1	26.1	32.2
400	15.3	19.1	23.7	29.4	36.3
450	17.2	21.5	26.7	33.1	40.9
500	19.1	23.9	29.7	36.8	45.4
560	21.4	26.7	33.2	41.2	50.8
630	24.1	30.0	37.4	46.3	57.2
710	27.2	33.9	42.1	52.2	
800	30.6	38.1	47.4	58.8	
900	34.4	42.9	53.3		
1 000	38.2	47.7	59.3		

(4) PP－R 管材(GB/T 18742—2002)

PP－R 管材于近 10 年投放国内市场,其学名是“无规共聚聚丙烯”(英文简称 PP－R)。20 世纪 60 年代～70 年代,国际上先后研制出“一型聚丙烯”和“二型聚丙烯”两种聚丙烯管材,分别用代号:“PP－H”和“PP－B”表示,PP－R 为第三代聚丙烯管材。

特点:外形美观、重量轻、内外壁光滑、流体阻力小,重量仅为钢管的 1/8,导热系数仅为金属管的 1/200，用于热水管道保温，节能效果很好；耐热，最高使用温度可达 95 ℃。最高公称压力可达 3.2 MPa，不锈蚀、不结垢、不产生水质污染，管道使用寿命长，在工作温度 70 ℃及工作压力 1.0 MPa 的条件下可长期使用，年限可达 50 年以上，低温使用寿命可达 100 年。

用途：民用建筑的冷、热水管系，纯净水及矿泉水等饮用水管系，空调设备、住宅取暖、太阳能设施管网、农业、园林管网等，冷水管宜选 S5、S4 系列，热水管选 S3.2 系列。

① 无规共聚聚丙烯(PP-R)冷热水给水管。

系列 S	S5	S4	S3.2	长度 (m/根)	用途
公称外径	壁厚				
	1.25 MPa	1.6 MPa	2.0 MPa		
16	—	2.0	2.2	6	适用于建筑物内冷热水、优质水、液体食品、酒类的输送及供暖系统、空调系统用水等
20	2.0	2.3	2.8		
25	2.3	2.8	3.5		
32	2.9	3.6	4.4		
40	3.7	4.5	5.5		
50	4.6	5.6	6.9		
63	5.8	7.1	8.6		
75	6.8	8.4	10.3		
90	8.2	10.1	12.3		
110	10.0	12.3	15.1		

注：选购时必须特别注意，只有真正的 PP-R(无规共聚聚丙烯)，在规定的使用条件下才能达到 50 年，而用料价低廉的 PP-H、PP-B 混充 PP-R，使用寿命大打折扣。制造厂执行企标 Q/HDBXC001-2001 和卫生标准 GB/T 17219—1998。

② 三型聚丙烯(PP)冷热水管。 (mm)

系列 S	S5		S3.2	S2.5		长度 L	用途
平均外径 de	壁厚 e						
	1.0 MPa	1.25 MPa	1.6 MPa	2.0 MPa	2.5 MPa		
16	—	2.0	2.2	2.7	3.3	4 000±10	主要用于建筑物内冷热水管道系统、采暖管道系统和中央空调管道系统等
20	—	2.3	2.8	3.4	4.1		
25	2.3	2.8	3.5	4.2	5.1		
32	2.9	3.6	4.4	5.4	6.5		
40	3.7	4.5	5.5	6.7	8.1		
50	4.6	5.6	6.9	8.3	10.1		
63	5.8	7.1	8.6	10.5	12.7		
75	6.8	8.4	10.1	12.5	15.1		
90	8.2	10.1	12.3	15.0	18.1		
110	10.0	12.3	15.1	18.3	22.1		
160	14.6	17.9	21.9	26.6	32.1		

注：1. 执行卫生标准 GB/T 17219—1998 和企业标准 Q/QJAR 521—1999，并符合 ISO/DIS 15874 标准的要求。
2. 产地参见附录 1 中△ 10。

③ 管材长期连续使用的工作压力、温度、寿命变化关系。

使用温度(℃)	使用寿命(a)	公称工作压力等级(MPa)					
		1.0	1.25	1.6	2.0	2.5	3.2
20	1	1.43	1.81	2.27	2.86	3.60	4.53
	5	1.35	1.70	2.14	2.69	3.39	4.26
	10	1.31	1.65	2.08	2.62	3.30	4.15
	25	1.27	1.59	2.01	2.53	3.18	4.01
	50	1.23	1.55	1.96	2.46	3.10	3.90
	100	1.20	1.51	1.91	2.40	3.02	3.80
40	1	1.04	1.30	1.64	2.07	2.60	3.28
	5	0.97	1.22	1.54	1.93	2.43	3.06
	10	0.94	1.18	1.49	1.88	2.36	2.97
	25	0.91	1.14	1.43	1.81	2.27	2.86
	50	0.88	1.11	1.39	1.76	2.21	2.78
	100	0.85	1.08	1.35	1.71	2.15	2.70
60	1	0.74	0.93	1.17	1.47	1.86	2.34
	5	0.69	0.87	1.09	1.37	1.73	2.17
	10	0.67	0.84	1.05	1.33	1.67	2.10
	25	0.64	0.80	1.01	1.28	1.61	2.02
	50	0.62	0.78	0.98	1.23	1.55	1.96
70	1	0.62	0.78	0.98	1.24	1.56	1.96
	5	0.58	0.73	0.91	1.15	1.45	1.82
	10	0.56	0.70	0.88	1.11	1.40	1.76
	25	0.49	0.61	0.77	0.97	1.22	1.54
	50	0.41	0.52	0.65	0.82	1.03	1.30
80	1	0.52	0.66	0.83	1.04	1.31	1.65
	5	0.48	0.61	0.76	0.96	1.21	1.52
	10	0.39	0.49	0.62	0.78	0.98	1.23
	25	0.31	0.39	0.5	0.62	0.79	0.99
95	1	0.37	0.47	0.59	0.74	0.93	1.17
	5	0.31	0.31	0.40	0.50	0.63	0.79
	10	0.27	0.27	0.34	0.42	0.53	0.67

注：上表按 DIN8077E—1996 标准引用。

(5) 燃气用埋地聚乙烯管材(GB 15558.1—2003)

① 任一点壁厚公差。 (mm)

最小壁厚 $e_{y,\min}$		允许正偏差	最小壁厚 $e_{y,\min}$		允许正偏差
>	≤		>	≤	
2.0	3.0	0.4	5.0	6.0	0.7
3.0	4.0	0.5	6.0	7.0	0.8
4.0	5.0	0.6	7.0	8.0	0.9

（续）

最小壁厚 $e_{y,\min}$		允许正偏差	最小壁厚 $e_{y,\min}$		允许正偏差
>	≤		>	≤	
8.0	9.0	1.0	33.0	34.0	3.5
9.0	10.0	1.1	34.0	35.0	3.6
10.0	11.0	1.2	35.0	36.0	3.7
11.0	12.0	1.3	36.0	37.0	3.8
12.0	13.0	1.4	37.0	38.0	3.9
13.0	14.0	1.5	38.0	39.0	4.0
14.0	15.0	1.6	39.0	40.0	4.1
15.0	16.0	1.7	40.0	41.0	4.2
16.0	17.0	1.8	41.0	42.0	4.3
17.0	18.0	1.9	42.0	43.0	4.4
18.0	19.0	2.0	43.0	44.0	4.5
19.0	20.0	2.1	44.0	45.0	4.6
20.0	21.0	2.2	45.0	46.0	4.7
21.0	22.0	2.3	46.0	47.0	4.8
22.0	23.0	2.4	47.0	48.0	4.9
23.0	24.0	2.5	48.0	49.0	5.0
24.0	25.0	2.6	49.0	50.0	5.1
25.0	26.0	2.7	50.0	51.0	5.2
26.0	27.0	2.8	51.0	52.0	5.3
27.0	28.0	2.9	52.0	53.0	5.4
28.0	29.0	3.0	53.0	54.0	5.5
29.0	30.0	3.1	54.0	55.0	5.6
30.0	31.0	3.2	55.0	56.0	5.7
31.0	32.0	3.3	56.0	57.0	5.8
32.0	33.0	3.4	57.0	58.0	5.9

② 管材力学性能。

序号	性 能	单位	要 求	试验参数	试验方法
1	静液压强度(HS)	h	破坏时间≥100	20 ℃(环应力) PE80 PE100 9.0 MPa 12.4 MPa	GB/T 6111—2003
			破坏时间≥165	80 ℃(环应力) PE80 PE100 4.5 MPa[①] 5.4 MPa[①]	
			破坏时间≥1 000	80 ℃(环应力) PE80 PE100 4.0 MPa 5.0 MPa	

(续)

序号	性　能	单位	要　求	试验参数	试验方法
2	断裂伸长率	%	≥350		GB/T 8804.3—2003
3	耐候性（仅适用于非黑色管材）		气候老化后，以下性能应满足要求： 热稳定性(表 8)② HS（165 h/80 ℃）（本表） 断裂伸长率（本表）	$E \geqslant 3.5\ \mathrm{GJ/m^2}$	附录 E GB/T 17391—1998 GB/T 6111—2003 GB/T 8804.3—2003
4	耐快速裂纹扩展(RCP)③				
	全尺寸(FS)试验： $d_n \geqslant 250$ mm 或	MPa	全尺寸试验的临界压力 $p_{c,FS} \geqslant 1.5 \times MOP$	0 ℃	ISO 13478:1997
	S4 试验： 适用于所有直径	MPa	S4 试验的临界压力 $p_{c,s4} \geqslant MOP/2.4 - 0.072$④	0 ℃	GB/T 19280—2003
5	耐慢速裂纹增长 $e_n > 5$ mm	h	165	80 ℃，0.8 MPa(试验压力)⑤ 80 ℃，0.92 MPa(试验压力)⑥	GB/T 18476—2001

注：① 仅考虑脆性破坏。如果在 165 h 前发生韧性破坏，则按本表选择较低的应力和相应的最小破坏时间重新试验。

② 热稳定性试验，试验前应去除外表面 0.2 mm 厚的材料。

③ RCP 试验适合于在以下条件下使用的 PE 管材：

——最大工作压力 MOP>0.01 MPa，$d_n \geqslant 250$ mm 的输配系统；

——最大工作压力 MOP>0.4 MPa，$d_n \geqslant 90$ mm 的输配系统。

对于恶劣的工作条件(如温度在 0 ℃以下)，也建议做 RCP 试验。

④ 如果 S4 试验结果不符合要求，可以按照全尺寸试验重新进行测试，以全尺寸试验的结果作为最终依据。

⑤ PE 80，SDR 11 试验参数。

⑥ PE 100，SDR 11 试验参数。

③ 最小壁厚。

常用管材系列 SDR17.6 和 SDR11 的最小壁厚应符合下表的规定。

允许使用根据 GB/T 10798—2001 和 GB/T 4217—2001 中规定的管系列推算出的其他标准尺寸比。

直径<40 mm，SDR17.6 和直径<32 mm，SDR11 的管材以壁厚表征。

直径≥40 mm，SDR17.6 和直径≥32 mm，SDR11 的管材以 SDR 表征。

常用 SDR17.6 和 SDR11 管材最小壁厚 (mm)

公称外径 d_n	最小壁厚 $e_{y,min}$		公称外径 d_n	最小壁厚 $e_{y,min}$	
	SDR17.6(工作压力≤0.2 MPa)	SDR11(工作压力≤0.4 MPa)		SDR17.6(工作压力≤0.2 MPa)	SDR11(工作压力≤0.4 MPa)
16	2.3	3.0	180	10.3	16.4
20	2.3	3.0	200	11.4	18.2
25	2.3	3.0	225	12.8	20.5
32	2.3	3.0	250	14.2	22.7
40	2.3	3.7	280	15.9	25.4
50	2.9	4.6	315	17.9	28.6
63	3.6	5.8	355	20.2	32.3
75	4.3	6.8	400	22.8	36.4
90	5.2	8.2	450	25.6	40.9
110	6.3	10.0	500	28.4	45.5
125	7.1	11.4	560	31.9	50.9
140	8.0	12.7	630	35.8	57.3
160	9.1	14.6			

(6) 埋地排污水废水用硬聚氯乙烯管(PVC-U)(GB/T 20221—2006)

公称外径[a] d_n	平均外径 d_{em}		壁厚					
			SN2 SDR51		SN4 SDR41		SN8 SDR34	
	min	max	e min	e_m max	e min	e_m max	e min	e_m max
110	110.0	110.3	—	—	3.2	3.8	3.2	3.8
125	125.0	125.3	—	—	3.2	3.8	3.7	4.3
160	160.0	160.4	3.2	3.8	4.0	4.6	4.7	5.4
200	200.0	200.5	3.9	4.5	4.9	5.6	5.9	6.7
250	250.0	250.5	4.9	5.6	6.2	7.1	7.3	8.3
315	315.0	315.6	6.2	7.1	7.7	8.7	9.2	10.4
(355)	355.0	355.7	7.0	7.9	8.7	9.8	10.4	11.7
400	400.0	400.7	7.9	8.9	9.8	11.0	11.7	13.1
(450)	450.0	450.8	8.8	9.9	11.0	12.3	13.2	14.8
500	500.0	500.9	9.8	11.0	12.3	13.8	14.6	16.3
630	630.0	631.1	12.3	13.8	15.4	17.2	18.4	20.5
(710)	710.0	711.2	13.9	15.5	17.4	19.4	—	—
800	800.0	801.3	15.7	17.5	19.6	21.8	—	—
(900)	900.0	901.5	17.6	19.6	22.0	24.4	—	—
1 000	1 000.0	1 001.6	19.6	21.8	24.5	27.2	—	—

注：a 括号内为非优选尺寸。

(7) 埋地排水用硬聚氯乙烯双壁波纹管材(GB/T 18477.1—2007)

① 管材按环刚度分级。

级　　别	SN2	SN4	SN8	SN12.5	SN16
环刚度(KN/m^2)	≥2	≥4	≥8	≥12.5	≥16

注：1. 密度≤1 550(kg/m^3)；冲击性能：TIR<10%。

2. 该标准适用于市政排水，埋地无压农田排水和建筑物外排水用管，在考虑到材料耐化学性和耐温性许可的情况下，亦可用作工业排污管材。

② 标记。

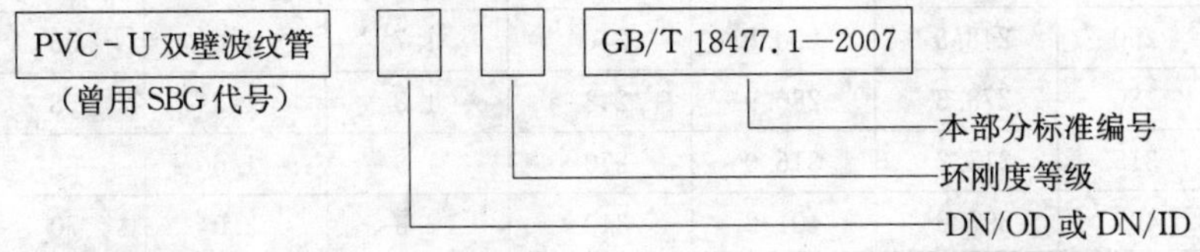

标记示例

公称尺寸 DN/ID 为 400 mm，环刚度等级为 SN8 的 PVC-U 双壁波纹管材：

PVC-U 双壁波纹管　　DN/ID400　　SN8　　GB/T 18477.1—2007

③ 管材规格尺寸(见下表)。

内径系列管材的尺寸　　(mm)

公称尺寸 DN/ID	最小平均内径 $d_{im,min}$	最小层压壁厚 e_{min}	最小内层壁厚 $e_{1,min}$	最小承口接合长度 A_{min}
100	95	1.0	—	32
125	120	1.2	1.0	38
150	145	1.3	1.0	43
200	195	1.5	1.1	54
225	220	1.7	1.4	55
250	245	1.8	1.5	59
300	294	2.0	1.7	64
400	392	2.5	2.3	74
500	490	3.0	3.0	85
600	588	3.5	3.5	96
800	785	4.5	4.5	118
1 000	985	5.0	5.0	140

外径系列管材的尺寸 (mm)

公称尺寸 DN/OD	最小平均外径 $d_{em,min}$	最大平均外径 $d_{em,max}$	最小平均内径 $d_{im,min}$	最小层压壁厚 e_{min}	最小内层壁厚 $e_{1,min}$	最小承口接合长度 A_{min}
(100)	99.4	100.4	93	0.8	—	32
110	109.4	110.4	97	1.0	—	32
125	124.3	125.4	107	1.1	1.0	35
160	159.1	160.5	135	1.2	1.0	42
200	198.8	200.6	172	1.4	1.1	50
250	248.5	250.8	216	1.7	1.4	55
280	278.3	280.9	243	1.8	1.5	58
315	313.2	316.0	270	1.9	1.6	62
400	397.6	401.2	340	2.3	2.0	70
450	447.3	451.4	383	2.5	2.4	75
500	497.0	501.5	432	2.8	2.8	80
630	626.3	631.9	540	3.3	3.3	93
710	705.7	712.2	614	3.8	3.8	101
800	795.2	802.4	680	4.1	4.1	110
1 000	994.0	1 003.0	854	5.0	5.0	130

④ 管材结构与连接

管材带扩口管材结构示意图[见下图(a)],不带扩口管材结构示意图[见下图(b)],管材典型的弹性密封圈连接示意图[见下图(c)]。

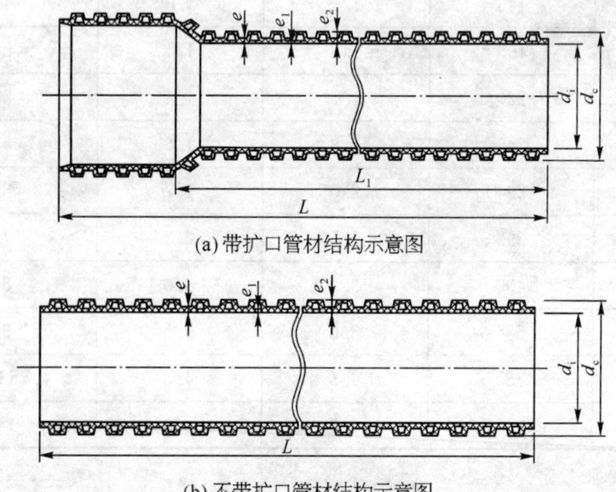

(a) 带扩口管材结构示意图

(b) 不带扩口管材结构示意图

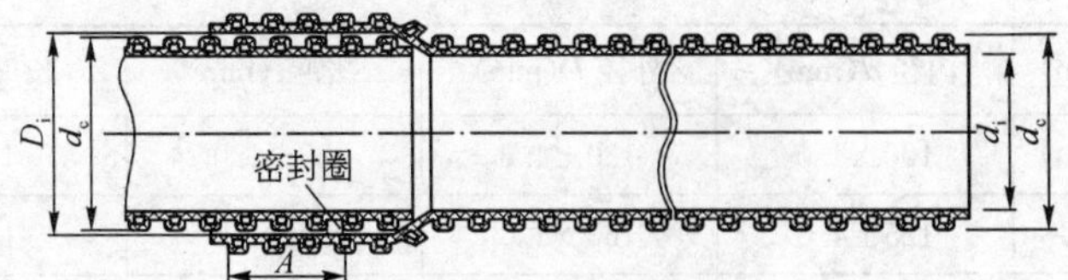

(c)典型的弹性密封圈连接示意图

图 65-13 双壁波纹管结构示意图

注：图中 e 层压壁厚，e_1 内层壁厚，e_2 波峰高，A 承口接合长度，L 管材长度。

⑤ 性能和用途：

(a) 双壁波纹管能满足较大刚度要求，同时还具有耐压、耐冲击的功能。抗冲击能力不低于混凝土管。

(b) 与板式管材相比，等长波纹管具有质量轻、材料省、节能价廉的优点。

(c) 耐腐蚀、能承受土壤中的酸、碱影响，可用于特殊场合。

(d) 接口连接方便且密封性好，在配管中可加快进度 5～10 倍。

(e) 使用范围较广，阻燃自熄，使用安全。

(f) 节约投资，使用一吨波纹管，可替代钢材 20 余吨，可节约投资 2 万余元。

(8) 塑料螺旋管

【概述】 塑料螺旋管是一种新型塑料管材，属于柔性管道中重力流管道。可分为单壁塑料螺旋管和双壁螺旋管两种类型，生产树脂有 HDPE、PVC 、ABS 等。由于螺旋缠绕筋的加强作用，因而具有较强的耐压强度，在许多场合，它能代替金属管、铁皮风管及相应实壁塑料管使用，具有广阔的发展前景。

单壁及双壁螺旋塑料管见下图，规格见下表。

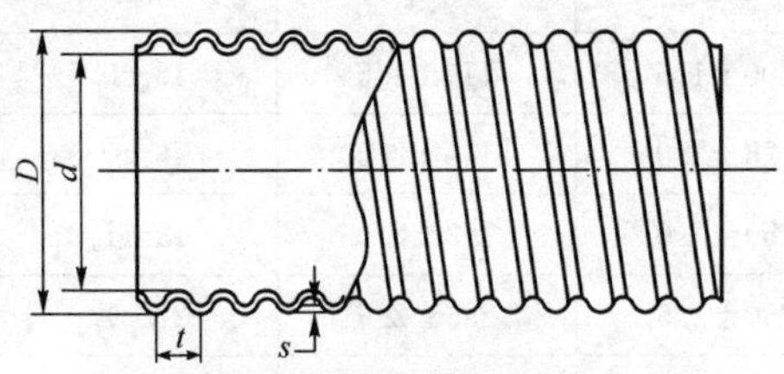

单壁螺旋塑料管的剖面图

D—外径；d—内径；s—壁厚；t—螺距

某种配方的单壁塑料螺旋管的规格

规格(mm)	内径 d(mm)	外径 D(mm)	螺距 t(mm)	长度(m)
Φ30	30±2.0	40±2.0	10±0.5	100 以上
Φ40	40±2.0	53.5±2.0	13±0.8	100
Φ50	50±2.5	64.5±2.5	17±1.0	100
Φ65	80±3.0	105±3.0	21±1.0	100

（续）

规格(mm)	内径 d(mm)	外径 D(mm)	螺距 t(mm)	长度(m)
Φ80	100±4.0	130±4.0	25±1.0	100
Φ100	125±4.0	160±4.0	30±1.0	100
Φ125	125±4.0	160±4.0	38±1.0	60
Φ150	150±4.0	188±4.0	45±1.5	50
Φ175	175±4.0	230±4.0	55±1.5	30
Φ200	200±4.0	260±4.0	60±1.5	30

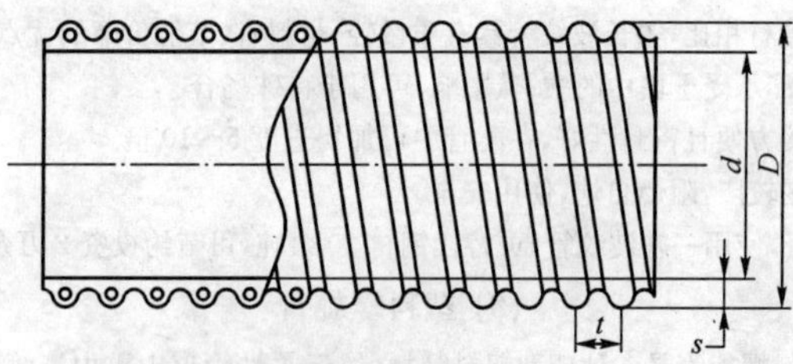

双壁螺旋塑料管的剖面图

D—外径；d—内径；s—壁厚；t—螺距

某种配方的双壁塑料螺旋管的规格 (mm)

规格	内径 d	外径 D	螺距 t	管接头长度
Φ100	100±1.5	116±1.5	15±0.5	150±5
Φ125	125±2.0	145±2.0	16±0.5	150±5
Φ150	150±2.0	173±2.0	18±1.0	180±5
Φ250	250±2.5	285±2.5	27±1.0	250±10
Φ300	300±3.0	340±3.0	30±1.0	320±10
Φ400	400±4.0	450±4.0	32±1.0	420±15
Φ450	450±4.0	516±4.0	45±1.0	420±20
Φ600	600±5.0	676±5.0	55±1.0	470+20
Φ800	800±7.0	904±7.0	68±2.5	540±30
Φ1 000	1 000±10.0	1 131±10.0	88±2.5	700±30

【物理特性】

双壁塑料螺旋管的物理特性

名　称	数　值	名　称	数　值
密度(g/cm^3)	0.95	脆化温度(℃)	−70
拉伸强度(MPa)	25.5	热变形温度(℃)	78
伸长率(%)	>200	线胀系数(℃)	2×10^{-4}
拉伸弱性模量(MPa)	765	体积电阻(Ω·cm)	10^{18}
弯曲强度(MPa)	25.5	介电常数	2.32
冲击强度($N\cdot cm/cm^2$)	>117.6	介电强度(kV/cm)	400

【技术特性】

双壁塑料螺旋管技术特性

名　称	条　件	指　标
环刚度	径向变形 5%	≥2 kN/m^2
爆破内压(MPa)		≥0.3
拉伸变形	2 500 N	5%
扁平试验	压扁变形 10%	恢复原形
扁平试验	压扁变形 40%	不破裂、两壁不开裂
接缝拉伸屈服强度(MPa)		≥20

【耐化学腐蚀性】 输送化学液体的塑料螺旋管，耐化学腐蚀性如下表。

PVC、HDPE 塑料螺旋管的耐化学腐蚀能力

化学物质	浓度(%)	PVC		HDPE	
		20 ℃	60 ℃	20 ℃	60 ℃
燃料油		S	S	S	S
溴化氢		S①	S①	S①	S①
氯化氢		S①	S①	S	S
过氧化氢	3	S	S	S	S①
	12	S	S	S	S①
	30	S	S	S	S̲
	90	U	U	S	U̲
硫化氢		S	S	S	S

（续）

化学物质	浓度(%)	PVC		HDPE	
		20 ℃	60 ℃	20 ℃	60 ℃
硝酸	5	S		S①	S①
	10	S	D	S①	S①
	25	S	D	S	S
	50	S	U	D	U
氢氧化钾	1	S	S	S	S
	10	S	S	S	S
	浓缩	S	S	S	S
高锰酸钾	10	S	S	S	S
	20	S	S	S	S
海水	—	S	S	S	S
硝酸钠		S	S	S	S
氯化钠		S	S	S	S
氢氧化钠	1	S	S	S	S
	10	S	S	S	S
	40	S	S	S	S
硫酸	10	S	S	S	S
	20	S	S	S	S
	50	S	S	S	S
	60	S	S	S	S
	80	S	S	S	
	90	D	D	S	
	98	U	U	S	U

注：①—推理结果；S—满意、U—不满意、D—出现某种程度的破坏或吸收。

(9) 聚四氟乙烯管材

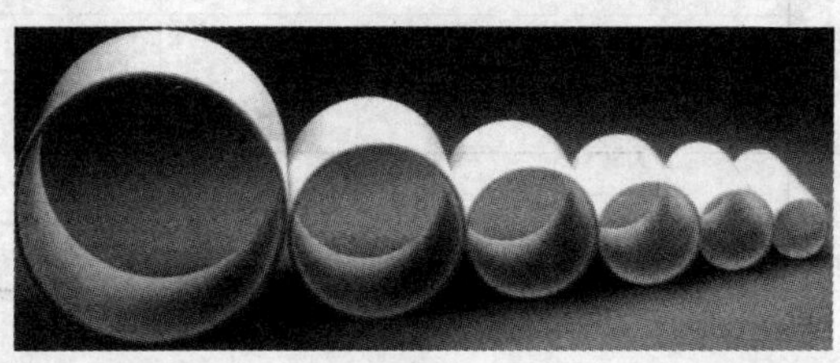

【特征】 聚四氟乙烯管材原料是悬浮聚合聚四氟乙烯树脂经柱塞挤压加工制成，此材料具有最好的耐化学腐蚀性能和介电性能。

【用途】 导线绝缘护套，腐蚀性流体介质管道。

【规格】

管材规格	外径(mm)		壁厚(mm)		长度≥(mm)	主要技术指标
	公称外径	允许公差	公称壁厚	允许公差		
24×2	24	±0.65	2	±0.30	4 000	表观密度(g/cm³) 2.10～2.30 拉伸强度(MPa) ≥18 断裂伸长率(%) ≥230
25×2	25					
29×2	29					
29.6×2	29.6					
32×2	32	±0.80				
32×3.5	32		3.5	±0.38		
40×2	40					
40×4	40		2	±0.30		
50×4	50		4	±0.38		
50×5	50		5			
51×2	51	±0.95	2	±0.30		
52×4	52		4	±0.38		
64×2.5	64		2.5			
64×4.5	64		4.5			
81×2.5	81		2.5			
82×2.5	82		2.5			
82×3	82		3			
90×3	90	±1.10	3	±0.30		
90×5	90		5			
104×3	104		3			
129×3.5	129	±1.20	3.5	±0.35		
154×4	154		4			
204×4	204		4			

注：产地参见附录1中⚠20。

(10) 聚全氟乙丙烯管

【特征】 代号:FEP，俗称F46，此材料是由聚全氟乙丙烯树脂加入(或不加入)添加剂，经挤出成型而得，具有优异的耐高低温、耐化学腐蚀性，绝缘性和不粘性等优点。

【用途】 能在－80～200 ℃范围内长期使用。YCSG－1管主要用于各种频率下使用的电线、电缆、护套、电器元件、光纤管等；YCSG－2管主要用在工况条件较为恶劣的场合，如腐蚀性流体输送管内衬管，热交换器管等。

【规格】

(mm)

外径	公差	壁厚	公差	外径	公差	壁厚	公差	技术参数
1	±0.08	0.2	±0.05	16	±0.20	1.0	±0.15	拉伸强度(MPa) 电气型≥14 通用型≥14 延伸率(%) 电气型 175 通用型 175 介电强度(MV/m) 壁厚 0.2 mm，30 壁厚 0.4 mm，25 壁厚 0.5 mm，24
2		0.2		18		1.0		
3	±0.10	0.4	±0.06	20	±0.40	1.0		
4		0.4		25		1.5	±0.20	
5		0.5	±0.10	32	±0.50	1.5		
6		0.5		36		2.0		
8	±0.20	0.5		40		2.0		
10		1.0	±0.15	50		2.0		
12		1.0		65	±0.80	3.0	±0.30	
14		1.0		80	±1.00	3.0	±0.40	

11. 复 合 管

(1) 聚四氟乙烯钢塑复合管

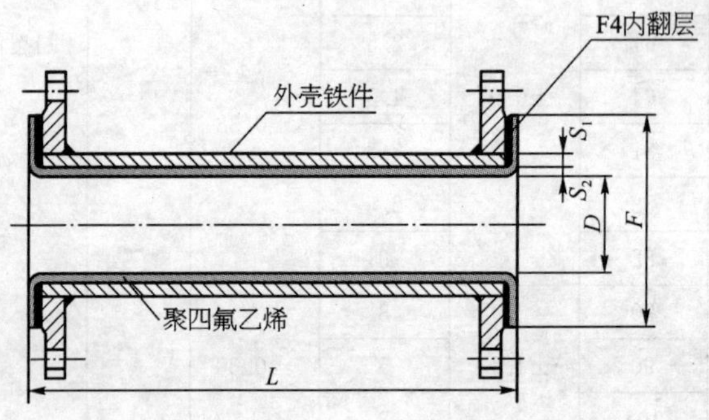

【特征】 聚四氟乙烯钢塑复合管是使用高质量柱塞挤压出管，采用特殊加工工艺，使钢管和塑料管紧密结合制成的。聚四氟乙烯钢塑复合管能承受压力：正压 1.6 MPa，负压 7.7 kPa，可在－60 ℃～260 ℃温度范围使用，具有优良耐腐蚀性，特别能耐输送高温下的强腐蚀性气体和液体。

【用途】 适用于金属管道，T形、十字形、弯形管道及封头工件须抗腐蚀的内衬。

【规格】

(mm)

公称通径 D_g	外壳厚 S_1	内衬层 S_2	D	$F \geqslant$	$L \leqslant$
25 (1″)	3.5	2	21	55	4 000
32 ($1^1/4$″)	3.5，4.0	2	28	68	
40 ($1^1/2$)	3.5	2	36	80	
50 (2″)	4.0	2	46	90	
65 ($2^1/2$)	4.5	2.5	60	105	
80 ($3^1/4$)	4.5	2.5	75	125	
100 (4″)	4.5	3	9.4	150	
125 (5″)	4.5	3.5，4.0	117	185	
150 (6″)	4.5	4.0	142	215	
200 (8″)	4.5	4.0，4.5	191	280	

注：产地参见附录 1 中⚠ 20。

(2) 不锈钢复合管(GB/T 18704—2008)

【用途】 适用于市政设施、道路桥梁护栏、建筑装饰、钢结构网架、医疗器械、家具、一般机械结构部件等不锈钢复合管(以下简称复合管)。

【分类、代号】 复合管按表面状态分为四种：①表面未抛光状态：SNB；②表面抛光状态：SB；③表面磨光状态：SP；④表面喷砂状态，SA。

复合管按截面形状分为三种：①圆管 R；②方管 S；③矩形管 Q。

【材料】 覆材：0Cr18Ni9、1Cr18Ni9，基材：Q195、Q215A、Q215B、Q235A、Q235B。

【规格】

(mm)

表面交货状态	公称外径 D	允许偏差	串花钢管规格
抛光、磨光状态(SB、SP)	≤25 ＞25～40 ＞40～50 ＞50～60 ＞60～70 ＞70～80 ＞80	±0.20 ±0.22 ±0.25 ±0.28 ±0.30 ±0.35 ±0.5% D	ϕ20、ϕ22、ϕ28、ϕ33、ϕ40、ϕ48、ϕ60、ϕ76、ϕ89、ϕ102、ϕ114、ϕ133、ϕ159
未抛光；喷砂状态(SNB、SA)	≤25 ＞25～50 ＞50	±0.25 ±0.30 ±1.0%D	

注：长度：通常 1 000～8 000 mm，$^{+15}_{0}$ mm，定尺长度：1 000～6 000 mm。

【壁厚公差】

(mm)

壁厚(t)	允许偏差	厚度(t)	允许偏差
$t \geqslant 0.4 \sim 1.00$	±0.05	$t \geqslant 2.0 \sim 3.0$	±0.15
$t > 1.00 \sim 1.90$	±0.10	$t > 3.0$	±10%t

【外形弯曲度】 外径<ϕ89 mm,弯曲度≤1.5 mm/m;外径≥ϕ89 mm,弯曲度≤2.5 mm/m。

(3) 陶瓷复合钢管(YB/T 176—2000)

【分类】 直管(TG),短节、弯管(TGW),三通(TGS),示例:钢管外径分别为 180 mm、159 mm、159 mm 的陶瓷三通钢管,表示为:TGS-180-159-159。

【规格】

(mm)

外径	40~89	89~159	159~245	245~377	426~599	≥600
壁厚	7~10	9~12	10~16	14~18	16~20	≥18

注:表中壁厚是指内衬陶瓷后加钢管总厚度,作为耐磨管道、陶瓷层厚度不得低于 2 mm。

【管子长度公差】

(mm)

长度	50~200	200~500	500~1 000	1 000~2 000	2 000~3 000	3 000~6 000
公差	±1	±2.5	±3.0	±5.0	±6.0	±10

注:1. 直管直线度:直径≤325 mm,直线度 3∶1 000;直径>325 mm,直线度 4∶1 000。
2. 端面与管子中心线垂直度≤1 mm。

【力学及物理性能】

硬度(HV)	压溃强度(MPa)	陶瓷层密度(g/cm^2)	加热水淬三次陶瓷层崩裂温度(℃)
≥1 000	≥280	≥3.4	≥800

【耐蚀性】

10% HCl	10% H_2SO_4	30% CH_2COOH	30% NaOH
耐蚀速度≤0.1	≤0.15	≤0.03	≤0.1

注:陶瓷钢管内衬层耐酸度需大于 80%。

【表面质量】 ① 陶瓷钢管内壁应平整、光滑、无剥落,不允许剥落修补。

② 耐蚀管裂纹可采用高阻值衬层电化学无损探伤法测试【方法见 YB/T 171—2000 附录 A(标准的附录)】,要求稳态电流 $I_1 \leqslant 70$ mA/m^2,沉积时间 $t_1 \geqslant 20$ min。

第九章　新型紧固件常用螺纹

1. 螺纹分类及特征

分类	名称	代号	牙型	标准	主要用途
紧固连接螺纹	米制普通螺纹	M	60°	GB/T 192—2003，BSISO68—1 ASME B1. 13M1995 ISO68—1	使用最广的一般用途机械紧固螺纹
	美制统一螺纹	UN	60°	ASMEB1 1989 BSISO68—2 1998 ISO68—2 1998	在世界贸易中广泛应用
	英制惠氏螺纹	B. S. W. Whit. S. B. S. F Whit	55° 牙顶、牙底圆弧状	BS84 1956，中国 CNS492、CN493、CN518、CN519、CN520 CN521 1970 年复审确认	机械紧固件领域的主导螺纹
	米制小螺纹	S	60°	GB/T 15054～1505. 5—1994 ASMEB1. 10M:1997 BS 4827、1972	主要用于钟表和仪器仪表行业
	米制航空航天螺纹	MJ	60°	GJB3. /A—2003 BSA358—2:2000 ASME B1. 21M:1997 SAEMA 1370，	主要用于飞机和航天器产品
	美制航空航天螺纹	UNJ	60° 牙底采用较大圆弧	ASME B1. 15:1995 SAEAS8879C:2003 FED. STD - H28/4:2003 BSA346:2000	主要用于飞机和航天器产品

(续)

分类	名称		代号	牙型	标准	主要用途
管螺纹	英制管螺纹	一般密封管螺纹	R	55° 锥度 1∶16	柱/锥 GB/T 7306. 1—2000 BS21. 1985 锥/锥 GB/T 7306. 2—2000	国际普遍使用的管螺纹、有两种配合方式:“柱/锥”和“锥/锥”,欧洲国家主要采用柱/锥配合
		非密封管螺纹	G	55°	柱/柱 GB/T 7307—2001 BS 2779—1986	
	美制管螺纹	一般密封管螺纹	NPT(圆锥) NPSC(圆柱)	60° 锥度 1∶16	GB/T 12716—2002 ASMEB1. 20. 11983 ASE AS 71051:1999(LH 左旋)	牙底与牙顶为过渡配合,精度比干密封管螺纹低
		干密封管螺纹	NPTF NPSF NPSI PTF - SAE SHORT	圆柱 60° 锥螺纹 60° 锥度 1∶16	ASME B1. 20. 3 1976 ASA B2. 2—1960	用于对密封有严格要求的特殊场合:如汽车、飞机、航天器等。也分成锥/锥、柱/锥
		非密封管螺纹	NPSM NPSL NPTR	60° 锥螺纹 1∶16		用于栏杆圆锥、紧固圆柱和锁紧螺母圆柱管螺纹
	米制管螺纹(一般密封)			60°	GB/T 1415—2008(螺纹)	只能用在不与外界直接发生关系的局部连接上,不能扩大使用范围
	米制管螺纹(非密封)			60°	GB/T 1414—2003(普通螺纹管路系列)	

（续）

分类	名称		代号	牙型	标准	主要用途
传动连接螺纹	米制梯形螺纹		（30°） （Tr）	30°	GB/T 5796.1—2005. BS5346—1976 ISO 2901—1993	主要用于机械行业中进给和升降传动、不适用于精密传动
	美制梯形螺纹	一般用途爱克姆螺纹	（29°） （ACME）	29°	ASME B1.5—1997 BS 1104—1957	通常采用
		对中爱克姆螺纹		29°	ASME B1.5—1997 FED STD H28/12—1995	使用上述螺纹有困难时采用本螺纹
		矮牙爱克姆螺纹		29°	ASME B1.8—1988 FED STD H28/13—1995	仅用于空间受限制的特殊场合
	米制锯齿螺纹 3°/30°(B)		（3°/30°B）	3°/30°	GB/T 13576.1—2008	主要用于传动装置及紧固连接
	美制锯齿形螺纹		BUTT	7°/45°	ANSI/ASME B1.9—1973 FED STD-H28/14—1993	主要用于传动装置。也可用于紧固连接场合、功能与梯形螺纹十分接近
	英制锯齿形螺纹		B. S. Buttress	7°/45°	BS 1657—1950	

9.3

2. 参与国际贸易加工螺纹要点

① 世界各国的小螺纹标准源于瑞士小螺纹标准(NIHS 06—02 和 NIHS 06—05),是得到世界各国一致认可的米制螺纹标准。

② 为了提高米制航空螺纹的抗疲劳强度,外螺纹牙底采用了较大半径的牙底圆弧,与米制普通螺纹(M)牙型不同,并采用了热处理后滚压螺纹制造工艺。我国于 1982 年～1985 年制定了米制航空航天螺纹(MJ)国家军用标准,分别等效于国际标准 ISO 5855—1:1981 和 ISO 5855—2:1981,以及国际标准草案 ISO/DIS 5855—3～5855—5 的相应部分。2003 年我国作了修订,新标准分三个部分:GJB 3.1A—2003,GJB 3.2A—2003,GJB 3.3A—2003。

③ 我国的英制密封管螺纹产品可以直接进入国际市场。而欧洲国家的管螺纹产品,由于主要采用“柱/锥”配合螺纹,而欧洲以外其他国家采用“锥/锥”配合螺纹,在国际贸易中因检验产生差异而可能不合格。2000 年后,ISO 的英制密封管螺纹标准及其量规标准是按“柱/锥”配合体系设计的。我国原有的英制密封管螺纹产品进入国际市场就会遇到困难,为此我国于 2000 年修订了英制密封管螺纹国家标准(GB/T 7306.1 和 GB/T 7306.2),以此提示设计者关注两种配合螺纹的不同和正确选用。2000 年以后的国际英制密封管螺纹市场更加复杂,国内厂家为国外加工的螺纹要加倍小心。

④ 美制一般密封管螺纹有两种配合方式:圆柱内螺纹与圆锥外螺纹组成“柱/锥”配合;圆锥内螺纹与圆锥外螺纹组成“锥/锥”配合。

⑤ 美制一般密封圆锥管螺纹特征代号 NPT;美制一般密封圆柱内螺纹特征代号 NPSC。

⑥ 美制密封管螺纹的内、外螺纹配合组对;NPTF 圆锥外螺纹与下列内螺纹配合:NPTF 圆锥内螺纹;PTF - SAE SHORT 短型圆锥内螺纹;NPSF 圆锥内螺纹;NPSI 圆柱内螺纹。PTF-SAE SHORT 短型圆弧外螺纹与 NPSI 圆柱内螺纹或 NPTF 圆锥内螺纹配合组对。

⑦ 美制非密封管螺纹主要有如下三种:栏杆圆锥管螺纹(NPTR)、紧固圆柱管螺纹(NPSM)和锁紧螺母圆柱管螺纹(NPSL)。

3. 米制普通螺纹(M)

(1) 牙　　型

米制普通螺纹的基本牙型见下图;外螺纹的设计牙型见下图。对机械性能等级高于和等于 8.8 级的外螺纹件,其牙底圆弧半径 R 不小于 0.125P。

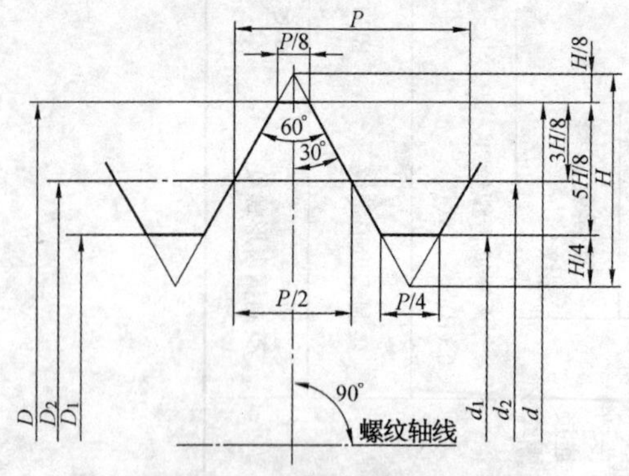

$$H=\frac{\sqrt{3}}{2}P=0.866\,025\,404P$$

$$\frac{5}{8}H=0.541\,265\,877P$$

$$\frac{3}{8}H=0.324\,759\,526P$$

$$\frac{H}{4}=0.216\,506\,351P$$

$$\frac{H}{8}=0.108\,253\,175P$$

米制普通螺纹的基本牙型(GB/T 192—2003)

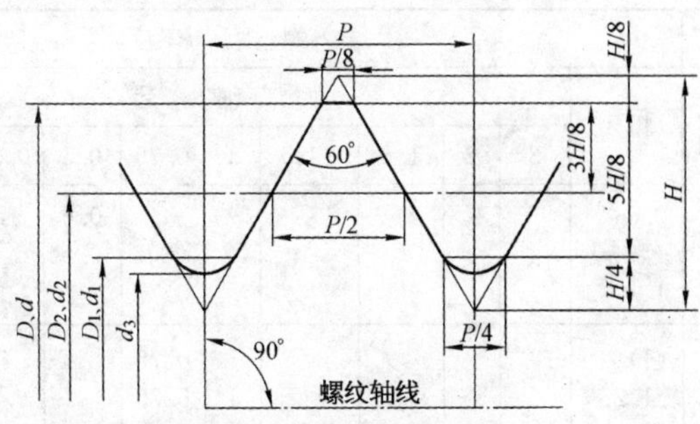

米制外螺纹的设计牙型

内螺纹的设计牙型与基本牙型相同。

(2) 规格、标记(GB/T 197—2003)

粗牙普通螺纹规格用公称直径及字母"M"表示，细牙普通螺纹规格，除上述方法还应表示螺距，当螺纹为左旋时在规格后加注"LH"。

例 1：M12，表示公称直径 12 mm 的粗牙普通螺纹；

例 2：M20×1.5，表示公称直径 20 mm，螺距为 1.5 mm 的细牙普通螺纹；

例 3：M24×1.5-LH，表示直径为 24 mm，螺距 1.5 mm 的左旋细牙普通螺纹。

米制普通螺纹的标准系列 (mm)

公称直径 D、d			螺距 P										
第一系列	第二系列	第三系列	粗牙	细牙									
				3	2	1.5	1.25	1	0.75	0.5	0.35	0.25	0.2
1			0.25										0.2
	1.1		0.25										0.2
1.2			0.25										0.2
	1.4		0.3										0.2
1.6			0.35										0.2
	1.8		0.35										0.2
2			0.4									0.25	
	2.2		0.45									0.25	
2.5			0.45								0.35		
3			0.5								0.35		
	3.5		(0.6)								0.35		
4			0.7							0.5			
	4.5		(0.75)							0.5			

(续)

公称直径 D、d			螺距 P										
第一系列	第二系列	第三系列	粗牙	细牙									
				3	2	1.5	1.25	1	0.75	0.5	0.35	0.25	0.2
5			0.8							0.5			
		5.5								0.5			
6			1						0.75				
	7		(1)						0.75				
8			1.25					1	0.75				
		9	(1.25)					1	0.75				
10			1.5				(1.25)	1	0.75				
		11	(1.5)					1	0.75				
12			1.75			1.5	(1.25)	1					
	14		2			1.5	1.25	1					
		15				1.5		(1)					
16			2			1.5		1					
		17				1.5		1					
	18		2.5		2	1.5		1					
20			2.5		2	1.5		1					
	22		2.5		2	1.5		1					
24			3		2	1.5		1					
		25			2	1.5		(1)					
		26				1.5							
	27		3		2	1.5		1					
		28			2	1.5		1					
30			3.5	(3)	2	1.5		1					
		32			2	1.5							
	33		3.5	(3)	2	1.5							
		35[10]				1.5							
36			4	3	2	1.5							
		38				1.5							
	39		4	3	2	1.5							

公称直径 D、d			螺距 P						
第一系列	第二系列	第三系列	粗牙	细牙					
				8	6	4	3	2	1.5
		40					(3)	(2)	1.5
42			4.5			4	3	2	1.5
	45		4.5			(4)	3	2	1.5

9.6

(续)

公称直径 D、d			螺距 P						
第一系列	第二系列	第三系列	粗牙	细牙					
				8	6	4	3	2	1.5
48			5			(4)	3	2	1.5
		50					(3)	(2)	1.5
	52		5			(4)	3	2	1.5
		55				(4)	(3)	2	1.5
56			5.5			4	3	2	1.5
		58				(4)	(3)	2	1.5
	60		(5.5)			4	3	2	1.5
		62				(4)	(3)	2	1.5
64			6			4	3	2	1.5
		65				4	3	2	1.5
	68		6			4	3	2	1.5
		70			6	4	3	2	1.5
72					6	4	3	2	1.5
		75				4	3	2	1.5
	76				6	4	3	2	1.5
		78						2	
80					6	4	3	2	1.5
		82						2	
	85				6	4	3	2	
90					6	4	3	2	
	95				6	4	3	2	
100					6	4	3	2	
	105				6	4	3	2	
110					6	4	3	2	
	115				6	4	3	2	
	120				6	4	3	2	
125				8	6	4	3	2	

注：1. 优先选用第一系列直径，其次选择第二系列直径，最后才选择第三系列直径，尽量不选括号内螺距。

2. M14×1.25 仅用于火花塞，M35×1.5 仅用于滚动轴承锁紧螺母。

3. M140～M600 公称直径及螺距系列从略，请参阅 GB 193—81。

米制普通螺纹的优选系列 (mm)

公称直径 D、d		螺距 P		公称直径 D、d		螺距 P	
第一系列	第二系列	粗牙	细牙	第一系列	第二系列	粗牙	细牙
1		0.25			18	2.5	2、1.5
1.2		0.25		20		2.5	2、1.5
	1.4	0.3			22	2.5	2、1.5
1.6		0.35		24		3	2
	1.8	0.35			27	3	2
2		0.4		30		3.5	2
2.5		0.45			33	3.5	2
3		0.5		36		4	3
	3.5	0.6			39	4	3
4		0.7		42		4.5	3
5		0.8			45	4.5	3
6		1		48		5	3
	7	1			52	5	4
8		1.25	1	56		5.5	4
10		1.5	1.25、1		60	5.5	4
12		1.75	1.5、1.25	64		6	4
	14	2	1.5				
16		2	1.5				

注：优先选用第一系列直径。

(3) 基本尺寸

米制普通螺纹的基本尺寸见下表，其中：$D_2 = d_2 = D - 0.6495P$；$D_1 = d_1 = D - 1.0825P$。

米制普通螺纹的基本尺寸 (mm)

公称直径（大径）D、d	螺距 P	中径 D_2、d_2	小径 D_1、d_1	公称直径（大径）D、d	螺距 P	中径 D_2、d_2	小径 D_1、d_1
1	0.25	0.838	0.729	1.6	0.35	1.373	1.221
	0.2	0.870	0.783		0.2	1.470	1.383
1.1	0.25	0.938	0.829	1.8	0.35	1.573	1.421
	0.2	0.970	0.883		0.2	1.670	1.583
1.2	0.25	1.038	0.929	2	0.4	1.740	1.567
	0.2	1.070	0.983		0.25	1.838	1.729
1.4	0.3	1.205	1.075	2.2	0.45	1.908	1.713
	0.2	1.270	1.183		0.25	2.038	1.929

(续)

公称直径(大径) D、d	螺距 P	中径 D_2、d_2	小径 D_1、d_1	公称直径(大径) D、d	螺距 P	中径 D_2、d_2	小径 D_1、d_1
2.5	0.45 0.35	2.208 2.273	2.013 2.121	14	2 1.5 1.25 1	12.701 13.026 13.188 13.350	11.835 12.376 12.647 12.917
3	0.5 0.35	2.675 2.773	2.459 2.621	15	1.5 1	14.026 14.350	13.376 13.917
3.5	0.6 0.35	3.110 3.273	2.850 3.121	16	2 1.5 1	14.701 15.026 15.350	13.835 14.376 14.917
4	0.7 0.5	3.545 3.675	3.242 3.459	17	1.5 1	16.026 16.350	15.376 15.917
4.5	0.75 0.5	4.013 4.175	3.688 3.959	18	2.5 2 1.5 1	16.376 16.701 17.026 17.350	15.294 15.835 16.376 16.917
5	0.8 0.5	4.480 4.675	4.134 4.459	20	2.5 2 1.5 1	18.376 18.701 19.026 19.350	17.294 17.835 18.376 18.917
5.5	0.5	5.175	4.959	22	2.5 2 1.5 1	20.376 20.701 21.026 21.350	19.294 19.835 20.376 20.917
6	1 0.75	5.350 5.513	4.917 5.188	24	3 2 1.5 1	22.051 22.701 23.026 23.350	20.752 21.835 22.376 22.917
7	1 0.75	6.350 6.513	5.917 6.188	25	2 1.5 1	23.701 24.026 24.350	22.835 23.376 23.917
8	1.25 1 0.75	7.188 7.350 7.513	6.647 6.917 7.188	26	1.5	25.026	24.376
9	1.25 1 0.75	8.188 8.350 8.513	7.647 7.917 8.188	27	3 2 1.5 1	25.051 25.701 26.026 26.350	23.752 24.835 25.376 25.917
10	1.5 1.25 1 0.75	9.026 9.188 9.350 9.513	8.376 8.647 8.917 9.188				
11	1.5 1 0.75	10.026 10.350 10.513	9.376 9.917 10.188				
12	1.75 1.5 1.25 1	10.863 11.026 11.188 11.350	10.106 10.376 10.647 10.917				

（续）

公称直径（大径）D、d	螺距 P	中径 D_2、d_2	小径 D_1、d_1
28	2 1.5 1	26.701 27.026 27.350	25.835 26.376 26.917
30	3.5 3 2 1.5 1	27.727 28.051 28.701 29.026 29.350	26.211 26.752 27.835 28.376 28.917
32	2 1.5	30.701 31.026	29.835 30.376
33	3.5 3 2 1.5	30.727 31.051 31.701 32.026	29.211 29.752 30.835 31.376
35	1.5	34.026	33.376
36	4 3 2 1.5	33.402 34.051 34.701 35.026	31.670 32.752 33.835 34.376
38	1.5	37.026	36.376
39	4 3 2 1.5	36.402 37.051 37.701 38.026	34.670 35.752 36.835 37.376
40	3 2 1.5	38.051 38.701 39.026	36.752 37.835 38.376
42	4.5 4 3 2 1.5	39.077 39.402 40.051 40.701 41.026	37.129 37.670 38.752 39.835 40.376
45	4.5 4 3 2 1.5	42.077 42.402 43.051 43.701 44.026	40.129 40.670 41.752 42.835 43.376
48	5 4 3 2 1.5	44.752 45.402 46.051 46.701 47.026	42.587 43.670 44.752 45.835 46.376
50	3 2 1.5	48.051 48.701 49.026	46.752 47.835 48.376
52	5 4 3 2 1.5	48.752 49.402 50.051 50.701 51.026	46.587 47.670 48.752 49.835 50.376
55	4 3 2 1.5	52.402 53.051 53.701 54.026	50.670 51.752 52.835 53.376
56	5.5 4 3 2 1.5	52.428 53.402 54.051 54.701 55.026	50.046 51.670 52.752 53.835 54.376
58	4 3 2 1.5	55.402 56.051 56.701 57.026	53.670 54.752 55.835 56.376
60	5.5 4 3 2 1.5	56.428 57.402 58.051 58.701 59.026	54.046 55.670 56.752 57.835 58.376
62	4 3 2 1.5	59.402 60.051 60.701 61.026	57.670 58.752 59.835 60.376

9.10

（续）

公称直径（大径）D、d	螺距 P	中径 D_2、d_2	小径 D_1、d_1	公称直径（大径）D、d	螺距 P	中径 D_2、d_2	小径 D_1、d_1
64	6 4 3 2 1.5	60.103 61.402 62.051 62.701 63.026	57.505 59.670 60.752 61.835 62.376	82	2	80.701	79.835
				85	6 4 3 2	81.103 82.402 83.051 83.701	78.505 80.670 81.752 82.835
65	4 3 2 1.5	62.402 63.051 63.701 64.026	60.670 61.752 62.835 63.376	90	6 4 3 2	86.103 87.402 88.051 88.701	83.505 85.670 86.752 87.835
68	6 4 3 2 1.5	64.103 65.402 66.051 66.701 67.026	61.505 63.670 64.752 65.835 66.376	95	6 4 3 2	91.103 92.402 93.051 93.701	88.505 90.670 91.752 92.835
70	6 4 3 2 1.5	66.103 67.402 68.051 68.701 69.026	63.505 65.670 66.752 67.835 68.376	100	6 4 3 2	96.103 97.402 98.051 98.701	93.505 95.670 96.752 97.835
72	6 4 3 2 1.5	68.103 69.402 70.051 70.701 71.026	65.505 67.670 68.752 69.835 70.376	105	6 4 3 2	101.103 102.402 103.051 103.701	98.505 100.670 101.752 102.835
75	4 3 2 1.5	72.402 73.051 73.701 74.026	70.670 71.752 72.835 73.376	110	6 4 3 2	106.103 107.402 108.051 108.701	103.505 105.670 106.752 107.835
76	6 4 3 2 1.5	72.103 73.402 74.051 74.701 75.026	69.505 71.670 72.752 73.835 74.376	115	6 4 3 2	111.103 112.402 113.051 113.701	108.505 110.670 111.752 112.835
78	2	76.700	75.835	120	6 4 3 2	116.103 117.402 118.051 118.701	113.505 115.670 116.752 117.835
80	6 4 3 2 1.5	76.103 77.402 78.051 78.701 79.026	73.505 75.670 76.752 77.835 78.376	125	6 4 3 2	121.103 122.402 123.051 123.701	118.505 120.670 121.752 122.835

4. 美制统一螺纹(UN)

(1) 牙　　型

统一螺纹的基本牙型见下图。

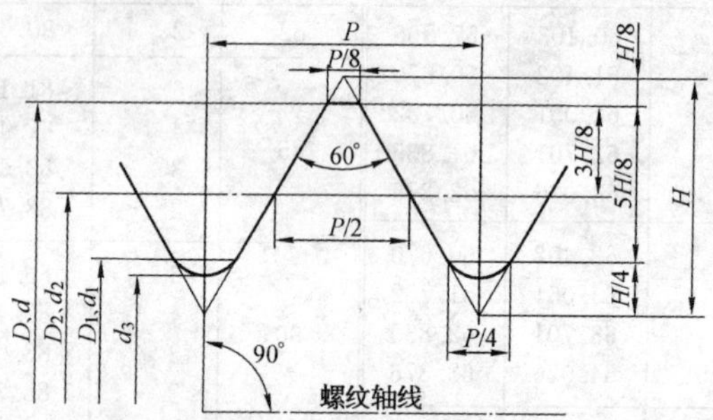

外螺纹的设计牙型(与米制外螺纹设计牙型同)

(2) 规　　格

统一螺纹的标准系列

公称尺寸		基本大径 (in)	牙数										
			分类螺距系列			恒定螺距系列							
第一系列	第二系列		粗牙 UNC	细牙 UNF	超细牙 UNEF	4UN	6UN	8UN	12UN	16UN	20UN	28UN	32UN
0	—	0.060 0	—	80	—	—	—	—	—	—	—	—	—
—	1	0.073 0	64	72	—	—	—	—	—	—	—	—	—
2	—	0.086 0	56	64	—	—	—	—	—	—	—	—	—
—	3	0.099 0	48	56	—	—	—	—	—	—	—	—	—
4	—	0.112 0	40	48	—	—	—	—	—	—	—	—	—
5	—	0.125 0	40	44	—	—	—	—	—	—	—	—	—
6	—	0.138 0	32	40	—	—	—	—	—	—	—	—	UNC
8	—	0.164 0	32	36	—	—	—	—	—	—	—	—	UNC
10	—	0.190 0	24	32	—	—	—	—	—	—	—	—	UNF
—	12	0.216 0	24	28	32	—	—	—	—	—	—	UEF	UNEF
1/4	—	0.250 0	20	28	32	—	—	—	—	—	UNC	UNF	UNEF
5/16	—	0.312 5	18	24	32	—	—	—	—	—	20	28	UNEF
3/8	—	0.375 0	16	24	32	—	—	—	—	UNC	20	28	UNEF
7/16	—	0.437 5	14	20	28	—	—	—	—	16	UNF	UNEF	32
1/2	—	0.500 0	13	20	28	—	—	—	—	16	UNF	UNEF	32
9/16	—	0.562 5	12	18	24	—	—	—	UNC	16	20	28	32
5/8	—	0.625 0	11	18	24	—	—	—	12	16	20	28	32
—	11/16	0.687 5	—	—	24	—	—	—	12	16	20	28	32
3/4	—	0.750 0	10	16	20	—	—	—	12	UNF	UNEF	28	32

(续)

公称尺寸		基本大径(in)	牙数										
			分类螺距系列			恒定螺距系列							
第一系列	第二系列		粗牙 UNC	细牙 UNF	超细牙 UNEF	4UN	6UN	8UN	12UN	16UN	20UN	28UN	32UN
—	13/16	0.812 5	—	—	20	—	—	—	12	16	UNEF	28	32
7/8	—	0.875 0	9	14	20	—	—	—	12	16	UNEF	28	32
—	15/16	0.937 5	—	—	20	—	—	—	12	16	UNEF	28	32
1	—	1.000 0	8	12	20	—	—	UNC	UNF	16	UNEF	28	32
—	1 1/16	1.062 5	—	—	18	—	—	8	12	16	20	28	—
1 1/8	—	1.125 0	7	12	18	—	—	8	UNF	16	20	28	—
—	1 3/16	1.187 5	—	—	18	—	—	8	12	16	20	28	—
1 1/4	—	1.250 0	7	12	18	—	—	8	UNF	16	20	28	—
—	1 5/16	1.312 5	—	—	18	—	—	8	12	16	20	28	—
1 3/8	—	1.375 0	6	12	18	—	UNC	8	UNF	16	20	28	—
—	1 7/16	1.437 5	—	—	18	—	6	8	12	16	20	28	—
1 1/2	—	1.500 0	6	12	18	—	UNC	8	UNF	16	20	28	—
—	1 9/16	1.562 5	—	—	18	—	6	8	12	16	20	—	—
1 5/8	—	1.625 0	—	—	18	—	6	8	12	16	20	—	—
—	1 11/16	1.687 5	—	—	18	—	6	8	12	16	20	—	—
1 3/4	—	1.750 0	5	—	—	—	6	8	12	16	20	—	—
—	1 13/16	1.812 5	—	—	—	—	6	8	12	16	20	—	—
1 7/8	—	1.875 0	—	—	—	—	6	8	12	16	20	—	—
—	1 15/16	1.937 5	—	—	—	—	6	8	12	16	20	—	—
2	—	2.000 0	4 1/2	—	—	—	6	8	12	16	20	—	—
—	2 1/8	2.125 0	—	—	—	—	6	8	12	16	20	—	—
2 1/4	—	2.250 0	4 1/2	—	—	—	6	8	12	16	20	—	—
—	2 3/8	2.375 0	—	—	—	—	6	8	12	16	20	—	—
2 1/2	—	2.500 0	4	—	—	UNC	6	8	12	16	20	—	—
—	2 5/8	2.625 0	—	—	—	4	6	8	12	16	20	—	—
2 3/4	—	2.750 0	4	—	—	UNC	6	8	12	16	20	—	—
—	2 7/8	2.875 0	—	—	—	4	6	8	12	16	20	—	—
3	—	3.000 0	4	—	—	UNC	6	8	12	16	20	—	—
—	3 1/8	3.125 0	—	—	—	4	6	8	12	16	—	—	—
3 1/4	—	3.250 0	4	—	—	UNC	6	8	12	16	—	—	—
—	3 3/8	3.375 0	—	—	—	4	6	8	12	16	—	—	—
3 1/2	—	3.500 0	4	—	—	UNC	6	8	12	16	—	—	—
—	3 5/8	3.625 0	—	—	—	4	6	8	12	16	—	—	—
3 3/4	—	3.750 0	4	—	—	UNC	6	8	12	16	—	—	—

(续)

公称尺寸		基本大径(in)	牙数										
			分类螺距系列			恒定螺距系列							
第一系列	第二系列		粗牙UNC	细牙UNF	超细牙UNEF	4UN	6UN	8UN	12UN	16UN	20UN	28UN	32UN
—	3⅞	3.875 0	—	—	—	4	6	8	12	16	—	—	—
4	—	4.000 0	4	—	—	UNC	6	8	12	16	—	—	—
—	4⅛	4.125 0	—	—	—	4	6	8	12	16	—	—	—
4¼	—	4.250 0	—	—	—	4	6	8	12	16	—	—	—
—	4⅜	4.375 0	—	—	—	4	6	8	12	16	—	—	—
4½	—	4.500 0	—	—	—	4	6	8	12	16	—	—	—
—	4⅝	4.625 0	—	—	—	4	6	8	12	16	—	—	—
4¾	—	4.750 0	—	—	—	4	6	8	12	16	—	—	—
—	4⅞	4.875 0	—	—	—	4	6	8	12	16	—	—	—
5	—	5.000 0	—	—	—	4	6	8	12	16	—	—	—
—	5⅛	5.125 0	—	—	—	4	6	8	12	16	—	—	—
5¼	—	5.250 0	—	—	—	4	6	8	12	16	—	—	—
—	5⅜	5.375 0	—	—	—	4	6	8	12	16	—	—	—
5½	—	5.500 0	—	—	—	4	6	8	12	16	—	—	—
—	5⅝	5.625 0	—	—	—	4	6	8	12	16	—	—	—
5¾	—	5.750 0	—	—	—	4	6	8	12	16	—	—	—
—	5⅞	5.875 0	—	—	—	4	6	8	12	16	—	—	—
6	—	6.000 0	—	—	—	4	6	8	12	16	—	—	—

注：1. 优先选用粗牙和细牙系列。粗牙系列用于大量生产的螺纹紧固件；细牙用于高强度螺纹紧固件。
2. 超细牙系列用于微调螺纹、薄壁管和薄螺母。
3. 对粗牙、细牙和超细牙系列无法满足的特殊设计，可采用恒定螺距系列。
4. 表中小于 1/4 in 的小直径系列为公称直径代号(不是公称直径的英寸值)。
5. 对于薄壁管路，推荐选用公称直径 1/4 in～1 in，牙数为 27 牙的特殊系列统一螺纹。

(3) 基本尺寸、标记

统一粗牙螺纹(UNC 或 UNRC)的基本尺寸 (in)

公称直径	基本大径 D	牙数 n	基本中径 D_2	UNR 外螺纹设计牙型小径(参数)d_3	内螺纹基本小径 D_1
1(0.073)	0.073 0	64	0.062 9	0.054 4	0.056 1
2(0.086)	0.086 0	56	0.074 4	0.064 8	0.066 7
3(0.099)	0.099 0	48	0.085 5	0.074 1	0.076 4
4(0.112)	0.112 0	40	0.095 8	0.082 2	0.084 9

（续）

公称直径	基本大径 D	牙数 n	基本中径 D_2	UNR 外螺纹设计牙型小径(参数) d_3	内螺纹基本小径 D_1
5(0.125)	0.125 0	40	0.108 8	0.095 2	0.097 9
6(0.138)	0.138 0	32	0.117 7	0.100 8	0.104 2
8(0.164)	0.164 0	32	0.143 7	0.126 8	0.130 2
10(0.190)	0.190 0	24	0.162 9	0.140 4	0.144 9
12(0.216)	0.216 0	24	0.188 9	0.166 4	0.170 9
1/4	0.250 0	20	0.217 5	0.190 5	0.195 9
5/16	0.312 5	18	0.276 4	0.246 4	0.252 4
3/8	0.375 0	16	0.334 4	0.300 5	0.307 3
7/16	0.437 5	14	0.391 1	0.352 5	0.360 2
1/2	0.500 0	13	0.450 0	0.408 4	0.416 7
9/16	0.562 5	12	0.508 4	0.463 3	0.472 3
5/8	0.625 0	11	0.566 0	0.516 8	0.526 6
3/4	0.750 0	10	0.685 0	0.630 9	0.641 7
7/8	0.875 0	9	0.802 8	0.742 7	0.754 7
1	1.000 0	8	0.918 8	0.851 2	0.864 7
1⅛	1.125 0	7	1.032 2	0.954 9	0.970 4
1¼	1.250 0	7	1.157 2	1.079 9	1.095 4
1⅜	1.375 0	6	1.266 7	1.176 6	1.194 6
1½	1.500 0	6	1.391 7	1.301 6	1.319 6
1¾	1.750 0	5	1.620 1	1.511 9	1.533 5
2	2.000 0	4½	1.855 7	1.735 3	1.759 4
2¼	2.250 0	4½	2.105 7	1.985 3	2.009 4
2½	2.500 0	4	2.337 6	2.202 3	2.229 4
2¾	2.750 0	4	2.587 6	2.452 3	2.479 4
3	3.000 0	4	2.837 6	2.702 3	2.729 4
3¼	3.250 0	4	3.087 6	2.952 3	2.979 4
3½	3.500 0	4	3.337 6	3.202 3	3.229 4
3¾	3.750 0	4	3.587 6	3.452 3	3.479 4
4	4.000 0	4	3.837 6	3.702 3	3.729 4

统一细牙螺纹(UNF 或 UNRF)的基本尺寸

公称直径	基本大径 D	牙数 n	基本中径 D_2	UNR 外螺纹设计牙型小径 d_3(参考)	内螺纹基本小径 D_1
0(0.060)	0.060 0	80	0.051 9	0.045 1	0.046 5
1(0.073)	0.073 0	72	0.064 0	0.056 5	0.058 0
2(0.086)	0.086 0	64	0.075 9	0.067 4	0.069 1
3(0.099)	0.099 0	56	0.087 4	0.077 8	0.079 7
4(0.112)	0.112 0	48	0.098 5	0.087 1	0.089 4

（续）

公称直径	基本大径 D	牙数 n	基本中径 D_2	UNR 外螺纹设计牙型小径 d_3(参考)	内螺纹基本小径 D_1
5(0.125)	0.1250	44	0.1102	0.0979	0.1004
6(0.138)	0.1380	40	0.1218	0.1082	0.1109
8(0.164)	0.1640	36	0.1460	0.1309	0.1339
10(0.190)	0.1900	32	0.1697	0.1528	0.1562
12(0.216)	0.2160	28	0.1928	0.1734	0.1773
1/4	0.2500	28	0.2268	0.2074	0.2113
5/16	0.3125	24	0.2854	0.2629	0.2674
3/8	0.3750	24	0.3479	0.3254	0.3299
7/16	0.4375	20	0.4050	0.3780	0.3834
1/2	0.5000	20	0.4675	0.4405	0.4459
9/16	0.5625	18	0.5264	0.4964	0.5024
5/8	0.6250	18	0.5889	0.5589	0.5649
3/4	0.7500	16	0.7094	0.6763	0.6823
7/8	0.8750	14	0.8286	0.7900	0.7977
1	1.0000	12	0.9459	0.9001	0.9098
1⅛	1.1250	12	1.0709	1.0258	1.0348
1¼	1.2500	12	1.1959	1.1508	1.1598
1⅜	1.3750	12	1.3209	1.2758	1.2848
1½	1.5000	12	1.4459	1.4008	1.4098

统一超细牙螺纹(UNEF 或 UNREF)的基本尺寸 (in)

公称直径		基本大径 D	牙数 n	基本中径 D_2	UNR 外螺纹设计牙型小径(参考)d_3	内螺纹基本小径 D_1
第一系列	第二系列					
—	12(0.216)	0.2160	32	0.1957	0.1788	0.1822
1/4	—	0.2500	32	0.2297	0.2128	0.2162
5/16	—	0.3125	32	0.2922	0.2753	0.2787
3/8	—	0.3750	32	0.3547	0.3378	0.3412
7/16	—	0.4375	28	0.4143	0.3949	0.3988
1/2	—	0.5000	28	0.4768	0.4574	0.4613
9/16	—	0.5625	24	0.5354	0.5129	0.5174
5/8	—	0.6250	24	0.5979	0.5754	0.5799
—	11/16	0.6875	24	0.6604	0.6379	0.6424
3/4	—	0.7500	20	0.7175	0.6905	0.6959
—	13/16	0.8125	20	0.7800	0.7530	0.7584
7/8	—	0.8750	20	0.8425	0.8155	0.8209

(续)

公称直径		基本大径 D	牙数 n	基本中径 D_2	UNR 外螺纹设计牙型小径(参考)d_3	内螺纹基本小径 D_1
第一系列	第二系列					
—	15/16	0.937 5	20	0.905 0	0.878 0	0.883 4
1	—	1.000 0	20	0.967 5	0.940 5	0.945 9
—	1 1/16	1.062 5	18	1.026 4	0.996 4	1.002 4
1 1/8	—	1.125 0	18	1.088 9	1.058 9	1.064 9
—	1 3/16	1.187 5	18	1.151 4	1.121 4	1.127 4
1 1/4	—	1.250 0	18	1.213 9	1.183 9	1.189 9
—	1 5/16	1.312 5	18	1.276 4	1.246 4	1.252 4
1 3/8	—	1.375 0	18	1.338 9	1.308 9	1.314 9
—	1 7/16	1.437 5	18	1.401 4	1.371 4	1.377 4
1 1/2	—	1.500 0	18	1.463 9	1.433 9	1.439 9
—	1 9/16	1.562 5	18	1.526 4	1.496 4	1.502 4
1 5/8	—	1.625 0	18	1.588 9	1.558 9	1.564 9
—	1 11/16	1.687 5	18	1.651 4	1.621 4	1.627 4

4 牙系列统一螺纹(4-UN 或 4-UNR)的基本尺寸 (in)

公称直径		基本大径 D	基本中径 D_2	UNR 外螺纹设计牙型小径(参考)d_3	内螺纹基本小径 D_1
第一系列	第二系列				
2 1/2	—	2.500 0	2.337 6	2.202 3	2.229 4
—	2 5/8	2.625 0	2.462 6	2.327 3	2.354 4
2 3/4	—	2.750 0	2.587 6	2.452 3	2.479 4
—	2 7/8	2.875 0	2.712 6	2.577 3	2.604 4
3	—	3.000 0	2.837 6	2.702 3	2.729 4
—	3 1/8	3.125 0	2.962 6	2.827 3	2.854 4
3 1/4	—	3.250 0	3.087 6	2.952 3	2.979 4
—	3 3/8	3.375 0	3.212 6	3.077 3	3.104 4
3 1/2	—	3.500 0	3.337 6	3.202 3	3.229 4
—	3 5/8	3.625 0	3.462 6	3.327 3	3.354 4
3 3/4	—	3.750 0	3.587 6	3.452 3	3.479 4
—	3 7/8	3.875 0	3.712 6	3.577 3	3.604 4
4	—	4.000 0	3.837 6	3.702 3	3.729 4
—	4 1/8	4.125 0	3.962 6	3.827 3	3.854 4
4 1/4	—	4.250 0	4.087 6	3.952 3	3.979 4
—	4 3/8	4.375 0	4.212 6	4.077 3	4.104 4
4 1/2	—	4.500 0	4.337 6	4.202 3	4.229 4

(续)

公称直径		基本大径 D	基本中径 D_2	UNR 外螺纹设计牙型小径(参考) d_3	内螺纹基本小径 D_1
第一系列	第二系列				
—	4⅝	4.625 0	4.462 6	4.327 3	4.354 4
4¾	—	4.750 0	4.587 6	4.452 3	4.479 4
—	4⅞	4.875 0	4.712 6	4.577 3	4.604 4
5	—	5.000 0	4.837 6	4.702 3	4.729 4
—	5⅛	5.125 0	4.962 6	4.827 3	4.854 4
5¼	—	5.250 0	5.087 6	4.952 3	4.979 4
—	5⅜	5.375 0	5.212 6	5.077 3	5.104 4
5½		5.500 0	5.337 6	5.202 3	5.229 4
—	5⅝	5.625 0	5.462 6	5.327 3	5.354 4
5¾		5.750 0	5.587 6	5.452 3	5.470 4
—	5⅞	5.875 0	5.712 6	5.577 3	5.604 4
6		6.000	5.837 6	5.702 3	5.729 4

统一螺纹标记示例：

例 1：1/2″—13UNC，表示公称直径为 1/2″，每英寸 13 牙的粗牙统一螺纹。

例 2：1″—12UNF，表示公称直径为 1″，每英寸 12 牙的细牙统一螺纹。

5. 英制惠氏螺纹(B. S. W.、B. S. F.、Whits 和 Whit)

(1) 牙　　型

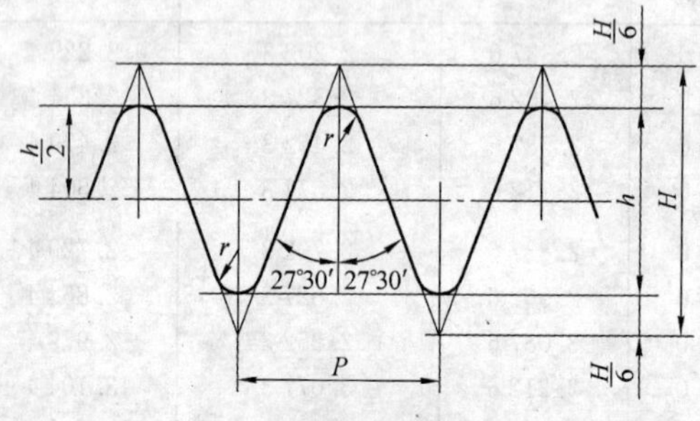

惠氏螺纹的设计牙型

图中：$H = 0.960\,491P$

$\frac{H}{6} = 0.160\,082P$

$h = 0.640\,327P$

$r = 0.137\,329P$

(2) 规　　格

① 惠氏螺纹的标准系列。

公称直径 (in)	牙　　数		公称直径 (in)	牙　　数	
	粗牙(B. S. W.)	细牙(B. S. F.)		粗牙(B. S. W.)	细牙(B. S. F.)
1/8	(40)		7/32		(28)
3/16	24	(32)	1/4	20	26

公称直径(in)	牙数		公称直径(in)	牙数	
	粗牙(B.S.W.)	细牙(B.S.F.)		粗牙(B.S.W.)	细牙(B.S.F.)
9/32		(26)	1¾	5	7
5/16	18	22	2	4.5	7
3/8	16	20	2¼	4	6
7/16	14	18	2½	4	6
1/2	12	16	2¾	3.5	6
9/16	(12)	16	3	3.5	5
5/8	11	14	3¼	(3.25)	5
11/16	(11)	(14)	3½	3.25	4.5
3/4	10	12	3¾	(3)	4.5
7/8	9	11	4	3	4.5
1	8	10	4¼		4
1⅛	7	9	4½	2.875	
1¼	7	9	5	2.75	
1⅜		(8)	5½	2.625	
1½	6	8	6	2.5	
1⅝		(8)			

注：优先选用不带括号的牙数。

② 惠氏螺纹特殊系列。

若需使用特殊系列，首先选用下表（Whit. S)。若还不能满足要求，则选 Whit 螺距系列。

惠氏螺纹的选择组合系列(Whit. S.)

公称直径(in)		牙数							
第一系列	第二系列	4	6	8	12	16	20	26	32
1/4									32
5/16								26	32
3/8								26	32
7/16								26	
1/2							20	26	
9/16							20	26	
5/8							20	26	

（续）

公称直径(in)		牙数							
第一系列	第二系列	4	6	8	12	16	20	26	32
	11/16					16	20	26	
3/4						16	20	26	
	13/16					16	20	26	
7/8						(16)	20	(26)	
	15/16				12	(16)	20	(26)	
1					12	(16)	20	(26)	
	$1\frac{1}{16}$				12	(16)	20	(26)	
$1\frac{1}{8}$					12	(16)	20	(26)	
	$1\frac{3}{16}$			(8)	12	(16)	20	(26)	
$1\frac{1}{4}$					12	(16)	20	(26)	
	$1\frac{5}{16}$		(6)	(8)	12	(16)	20	(26)	
$1\frac{3}{8}$			(6)		12	(16)	20	(26)	
	$1\frac{7}{16}$		(6)	(8)	12	(16)	20	(26)	
$1\frac{1}{2}$					12	(16)	20	(26)	
	$1\frac{5}{8}$		(6)		12	16	20	(26)	
$1\frac{3}{4}$					12	16	20	(26)	
	$1\frac{7}{8}$		(6)	(8)	12	16	20	(26)	
2					12	16	20	(26)	
	$2\frac{1}{8}$		(6)	8	12	16	(20)		
$2\frac{1}{4}$				8	12	16	(20)		
	$2\frac{3}{8}$		(6)	8	12	16	(20)		
$2\frac{1}{2}$				8	12	16	(20)		
	$2\frac{5}{8}$		(6)	8	12	16	(20)		
$2\frac{3}{4}$				8	12	16	(20)		
	$2\frac{7}{8}$		(6)	8	12	16	(20)		
3			(6)	8	12	16	(20)		
	$3\frac{1}{8}$		(6)	8	(12)	16			
$3\frac{1}{4}$			(6)	8	(12)	16			

(续)

公称直径(in)		牙数							
第一系列	第二系列	4	6	8	12	16	20	26	32
	3⅜		(6)	8	(12)	16			
3½			(6)	8	(12)	16			
	3⅝		(6)	8	(12)	16			
3¾			(6)	8	(12)	16			
	3⅞		(6)	8	(12)	16			
4			(6)	8	(12)	16			
	4⅛		(6)	8	(12)	16			
4¼			(6)	8	(12)	16			
	4⅜	4	(6)	8	(12)	16			
4½		4	(6)	8	(12)	16			
	4⅝	4	(6)	8	(12)	16			
4¾		4	(6)	8	(12)	16			
	4⅞	4	(6)	8	(12)	16			
5		4	(6)	8	(12)	16			
	5⅛	4	(6)	8	(12)	16			
5¼		4	(6)	8	(12)	16			
	5⅜	4	(6)	8	(12)	16			
5½		4	(6)	8	(12)	16			
	5⅝	4	(6)	8	(12)	16			
5¾		4	(6)	8	(12)	16			
	5⅞	4	(6)	8	(12)	16			
6		4	(6)	8	(12)	16			
	6¼	4	(6)	8	(12)	16			
6½		4	(6)	8	(12)	16			
	6¾	4	(6)	8	(12)	16			
7		4	6	8	12	16			

注：1. 优先选用第一系列直径。
2. 优先选用不带括号的牙数。
3. Whit 螺距系列牙数，优先选用 4、6、8、12、16、20、26、32、40，然后再选用 10、11、14、18、24、28、36。

(3) 惠氏螺纹基本尺寸和标记示例

惠氏粗牙螺纹和细牙螺纹基本尺寸见下表;特殊惠氏螺纹基本尺寸按下列公式计算:

$$D_2 = d_2 = D - 0.640\,327P$$
$$D_1 = d_1 = D - 1.280\,654P$$

标记示例:

例 1:3/8″- 16BSW,表示公称直径 3/8″,每英寸 16 牙的粗牙惠氏螺纹。

例 2:1″- 10BSF,表示公称直径 1″,每英寸 10 牙的细牙惠氏螺纹。

惠氏粗牙螺纹(B. S. W.)的基本尺寸 (in)

公称直径	牙数	螺距	牙高	大径	中径	小径
1/8	40	0.025 00	0.016 0	0.125 0	0.109 0	0.093 0
3/16	24	0.041 67	0.026 7	0.187 5	0.160 8	0.134 1
1/4	20	0.050 00	0.032 0	0.250 0	0.218 0	0.186 0
5/16	18	0.055 56	0.035 6	0.312 5	0.276 9	0.241 3
3/8	16	0.062 50	0.040 0	0.375 0	0.335 0	0.295 0
7/16	14	0.071 43	0.045 7	0.437 5	0.391 8	0.346 1
1/2	12	0.083 33	0.053 4	0.500 0	0.446 6	0.393 2
9/16	12	0.083 33	0.053 4	0.562 5	0.509 1	0.455 7
5/8	11	0.090 91	0.058 2	0.625 0	0.566 8	0.508 6
11/16	11	0.090 91	0.058 2	0.687 5	0.629 3	0.571 1
3/4	10	0.100 00	0.064 0	0.750 0	0.686 0	0.622 0
7/8	9	0.111 11	0.071 1	0.875 0	0.803 9	0.732 8
1	8	0.125 00	0.080 0	1.000 0	0.920 0	0.840 0
1⅛	7	0.142 86	0.091 5	1.125 0	1.033 5	0.942 0
1¼	7	0.142 86	0.091 5	1.250 0	1.158 5	1.067 0
1½	6	0.166 67	0.106 7	1.500 0	1.393 3	1.286 6
1¾	5	0.200 00	0.128 1	1.750 0	1.621 9	1.493 8
2	4.5	0.222 22	0.142 3	2.000 0	1.857 7	1.715 4
2¼	4	0.250 00	0.160 1	2.250 0	2.089 9	1.929 8
2½	4	0.250 00	0.160 1	2.500 0	2.339 9	2.179 8
2¾	3.5	0.285 71	0.183 0	2.750 0	2.567 0	2.384 0
3	3.5	0.285 71	0.183 0	3.000 0	2.817 0	2.634 0
3¼	3.25	0.307 69	0.197 0	3.250 0	3.053 0	2.856 0
3½	3.25	0.307 69	0.197 0	3.500 0	3.303 0	3.106 0

(续)

公称直径	牙数	螺距	牙高	大径	中径	小径
3¾	3	0.333 33	0.213 4	3.750 0	3.536 6	3.323 2
4	3	0.333 33	0.213 4	4.000 0	3.786 6	3.573 2
4½	2.875	0.347 83	0.222 7	4.500 0	4.277 3	4.054 6
5	2.75	0.363 64	0.232 8	5.000 0	4.767 2	4.534 4
5½	2.625	0.380 95	0.243 9	5.500 0	5.256 1	5.012 2
6	2.5	0.400 00	0.256 1	6.000 0	5.743 9	5.487 8

惠氏细牙螺纹(B.S.F.)的基本尺寸 (in)

公称直径	牙数	螺距	牙高	大径	中径	小径
3/16	32	0.031 25	0.020 0	0.187 5	0.167 5	0.147 5
7/32	28	0.035 71	0.022 9	0.218 8	0.195 9	0.173 0
1/4	26	0.038 46	0.024 6	0.250 0	0.225 4	0.200 8
9/32	26	0.038 46	0.024 6	0.281 2	0.256 6	0.232 0
5/16	22	0.045 45	0.029 1	0.312 5	0.283 4	0.254 3
3/8	20	0.050 00	0.032 0	0.375 0	0.343 0	0.311 0
7/16	18	0.055 56	0.035 6	0.437 5	0.401 9	0.366 3
1/2	16	0.062 50	0.040 0	0.500 0	0.460 0	0.420 0
9/16	16	0.062 50	0.040 0	0.562 5	0.522 5	0.482 5
5/8	14	0.071 43	0.045 7	0.625 0	0.579 3	0.533 6
11/16	14	0.071 43	0.045 7	0.687 5	0.641 8	0.596 1
3/4	12	0.083 33	0.053 4	0.750 0	0.696 6	0.643 2
7/8	11	0.090 91	0.058 2	0.875 0	0.816 8	0.758 6
1	10	0.100 00	0.064 0	1.000 0	0.936 0	0.872 0
1⅛	9	0.111 11	0.071 1	1.125 0	1.053 9	0.982 8
1¼	9	0.111 11	0.071 1	1.250 0	1.178 9	1.107 8
1⅜	8	0.125 00	0.080 0	1.375 0	1.295 0	1.215 0
1½	8	0.125 00	0.080 0	1.500 0	1.420 0	1.340 0
1⅝	8	0.125 00	0.080 0	1.625 0	1.545 0	1.465 0
1¾	7	0.142 86	0.091 5	1.750 0	1.658 5	1.567 0
2	7	0.142 86	0.091 5	2.000 0	1.908 5	1.817 0
2¼	6	0.166 67	0.106 7	2.250 0	2.143 3	2.036 6
2½	6	0.166 67	0.106 7	2.500 0	2.393 3	2.286 6

(续)

公称直径	牙数	螺距	牙高	大径	中径	小径
2¾	6	0.166 67	0.106 7	2.750 0	2.643 3	2.536 6
3	5	0.200 00	0.128 1	3.000 0	2.871 9	2.743 8
3¼	5	0.200 00	0.128 1	3.250 0	3.121 9	2.993 8

6. 英制管螺纹(一般密封管螺纹 R)

(1) 牙　型

英制密封圆柱内螺纹的设计牙型见下图,英制密封圆锥螺纹的设计牙型见下图。

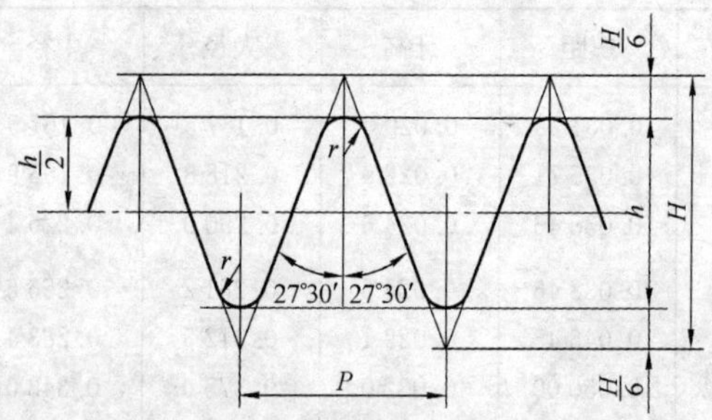

图中:$H = 0.960\ 491P$; $r = 0.137\ 329P$;
$h = 0.640\ 327P$; $P = 25.4/n$。

英制密封圆柱内螺纹的设计牙型

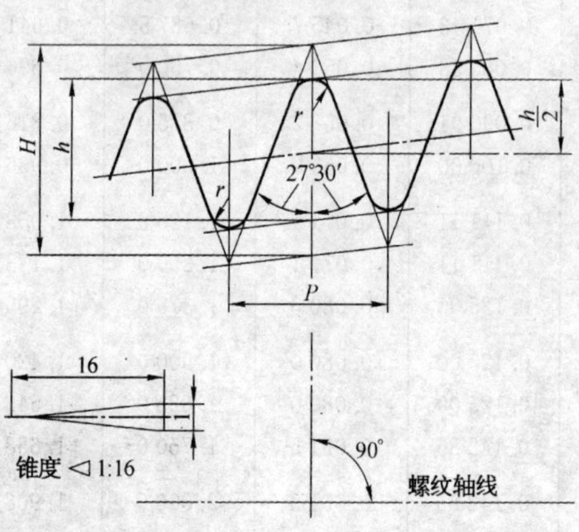

图中:$H = 0.960\ 237P$; $r = 0.137\ 278P$;
$h = 0.640\ 327P$; $P = 25.4/n$。

英制密封圆锥螺纹的设计牙型

(2) 螺纹尺寸

英制密封圆锥外螺纹上主要尺寸见下图,英制密封内螺纹上主要尺寸见下图。

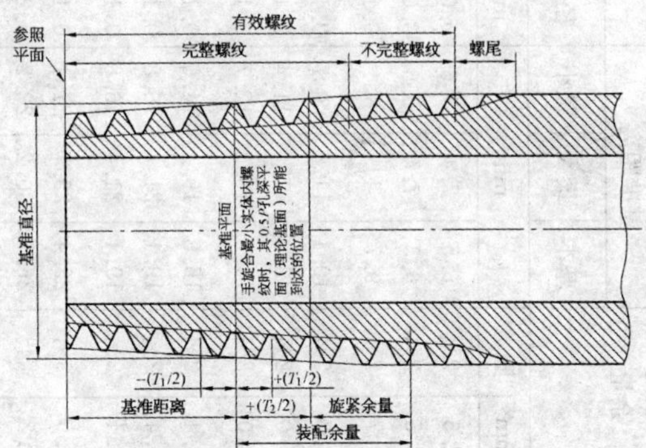

英制密封圆锥外螺纹上主要尺寸的分布位置

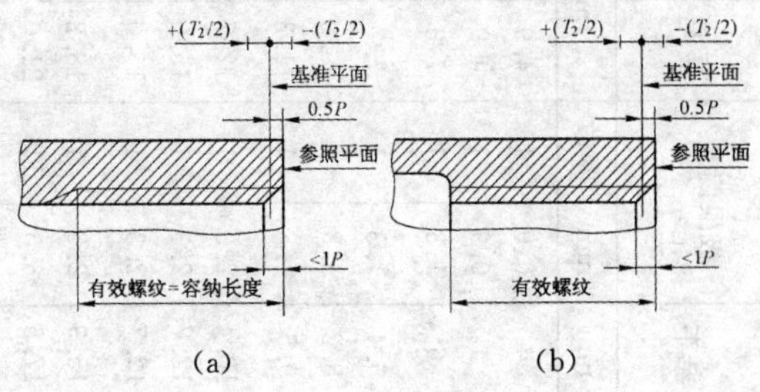

(a) (b)

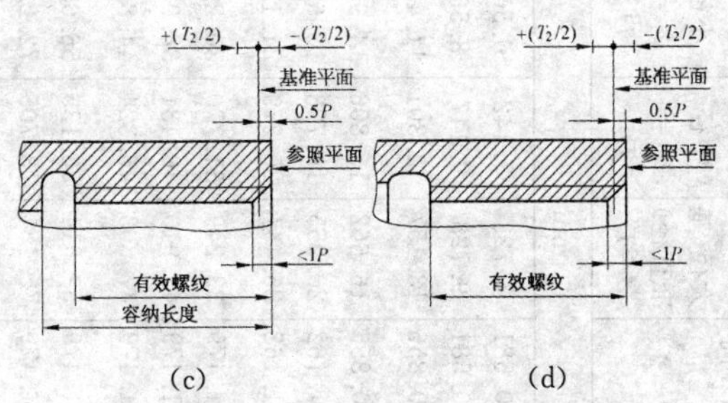

(c) (d)

英制密封内螺纹上主要尺寸的分布位置

(3) 基本尺寸

英制密封管螺纹的基本尺寸及其公差见下表,其中：$D_2 = d_2 = D - 0.640\,327P$；$D_1 = d_1 = D - 1.280\,654P$。

9.26

英制密封管螺纹的基本尺寸及其公差

1	2	3	4	5	6	7	8	9	10	11	12	13	14	15	16	17	18	19
尺寸代号	牙数 n	螺距 P	牙高 h	基准平面内的基本直径			基准距离					装配余量		外螺纹的有效螺纹不小于			内螺纹直径的极限偏差 $\pm T_2/2$	
				大径(基准直径) $d=D$	中径 $d_2=D_2$	小径 $d_1=D_1$	基本	极限偏差 $\pm T_1/2$		最大	最小			基准距离				
														基本	最大	最小	径向	轴向
		mm					mm	mm	圈数	mm		mm	圈数	mm			mm	圈数
1/16	28	0.907	0.581	7.723	7.142	6.561	4	0.9	1	4.9	3.1	2.5	2¾	6.5	7.4	5.6	0.071	1¼
1/8	28	0.907	0.581	9.728	9.147	8.566	4	0.9	1	4.9	3.1	2.5	2¾	6.5	7.4	5.6	0.071	1¼
1/4	19	1.337	0.856	13.157	12.301	11.445	6	1.3	1	7.3	4.7	3.7	2¾	9.7	11	8.4	0.104	1¼
3/8	19	1.337	0.856	16.662	15.806	14.950	6.4	1.3	1	7.7	5.1	3.7	2¾	10.1	11.4	8.8	0.104	1¼
1/2	14	1.814	1.162	20.955	19.793	18.631	8.2	1.8	1	10.0	6.4	5.0	2¾	13.2	15	11.4	0.142	1¼
3/4	14	1.814	1.162	26.441	25.279	24.117	9.5	1.8	1	11.3	7.7	5.0	2¾	14.5	16.3	12.7	0.142	1¼
1	11	2.309	1.479	33.249	31.770	30.291	10.4	2.3	1	12.7	8.1	6.4	2¾	16.8	19.1	14.5	0.180	1¼
1¼	11	2.309	1.479	41.910	40.431	38.952	12.7	2.3	1	15.0	10.4	6.4	2¾	19.1	21.4	16.8	0.180	1¼
1½	11	2.309	1.479	47.803	46.324	44.845	12.7	2.3	1	15.0	10.4	6.4	2¾	19.1	21.4	16.8	0.180	1¼
2	11	2.309	1.479	59.614	58.135	56.656	15.9	2.3	1	18.2	13.6	7.5	3¼	23.4	25.7	21.1	0.180	1¼
2½	11	2.309	1.479	75.184	73.705	72.226	17.5	3.5	1½	21.0	14.0	9.2	4	26.7	30.2	23.2	0.216	1½
3	11	2.309	1.479	87.884	86.405	84.926	20.6	3.5	1½	24.1	17.1	9.2	4	29.8	33.3	26.3	0.216	1½
4	11	2.309	1.479	113.030	111.551	110.072	25.4	3.5	1½	28.9	21.9	10.4	4½	35.8	39.3	32.3	0.216	1½
5	11	2.309	1.479	138.430	136.951	135.472	28.6	3.5	1½	32.1	25.1	11.5	5	40.1	43.6	36.6	0.216	1½
6	11	2.309	1.479	163.830	162.351	160.872	28.6	3.5	1½	32.1	25.1	11.5	5	40.1	43.6	36.6	0.216	1½

(4) 配合方式

配合方式	体　　系	应用惯例
柱/锥配合	圆柱内螺纹与圆锥外螺纹组成	欧洲国家主要采用"柱/锥"配合螺纹
锥/锥配合	圆锥内螺纹与圆锥外螺纹组成	欧洲以外国家主要采用"锥/锥"配合螺纹

注：两种螺纹的检验量规有所不同，目前 ISO 英制密封管螺纹量规标准(ISO 7－2：2000)是按"柱/锥"配合体系设计的。

(5) 螺纹长度

① 外螺纹长度。最小的有效螺纹长度＝基准距离＋装配余量。对应基准距离为最大、基本和最小尺寸三种情况，其中最小有效螺纹长度分别见上表，第 15、16 和 17 栏。

② 内螺纹长度。当内螺纹的尾部未采用退刀槽结构时，其最小有效螺纹长度应能够容纳具有上表第 16 栏长度的圆锥外螺纹，见前述"英制密封内螺纹上主要尺寸的分布位置"图 a。

当内螺纹的尾部采用了退刀槽结构时，其容纳长度应能够容纳具有上表第 16 栏长度的圆锥外螺纹；其最小有效螺纹长度应不小于上表第 17 栏长度的 80%，见前述"英制密封内螺纹上主要尺寸的分布位置"图 b～d。

注：螺纹始端倒角的轴向长度不得大于一牙。倒角部分包含在有效螺纹长度之内。

(6) 螺纹标记

英制密封管螺纹的完整标记由螺纹特征代号、螺纹尺寸代号和旋向代号组成。

英制密封圆柱内螺纹的特征代号为：R_p；

英制密封圆锥内螺纹的特征代号为：R_c；

英制密封圆锥外螺纹的特征代号为：R_1(与英制密封圆柱内螺纹配合使用)；

R_2(与英制密封圆锥内螺纹配合使用)；

左旋螺纹的旋向代号为 LH；右旋螺纹的旋向代号省略不标。

对密封管螺纹，利用 R_p/R_1 和 R_c/R_2 分别表示"柱/锥"和"锥/锥"螺纹副。

示例：

尺寸代号为 3/4 的右旋、英制密封圆柱内螺纹：R_p 3/4；

与密封圆柱内螺纹配合、尺寸代号为 3/4 的右旋、英制密封圆锥外螺纹：R_1 3/4；

尺寸代号为 3/4 的左旋、英制密封圆锥内螺纹：R_c 3/4 LH；

与密封圆锥内螺纹配合、尺寸代号为 3/4 的右旋、英制密封圆锥外螺纹：R_2 3/4；

尺寸代号为 3/4 的右旋、英制密封圆柱内螺纹与圆锥外螺纹组成的螺纹副：R_p/R_1 3/4；

尺寸代号为 3/4 的左旋、英制密封圆锥内螺纹与圆锥外螺纹组成的螺纹副：R_c/R_2 3/4 LH。

7. 一般密封米制管螺纹(ZM. M)(GB/T 1415—2008)

(1) 牙　　型

① 一般密封米制圆锥内螺纹的牙型见下图。

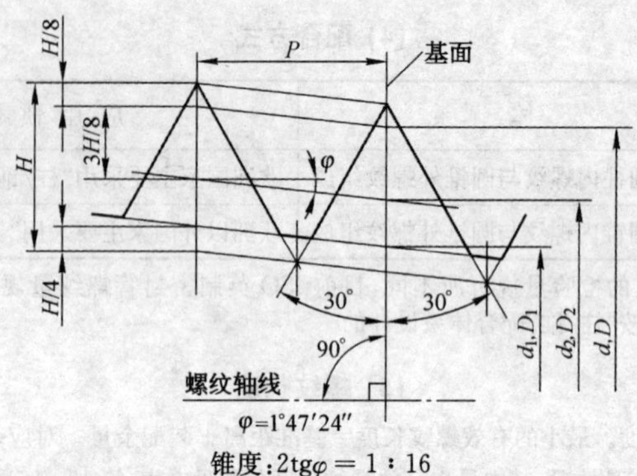

图中：$H = \frac{\sqrt{3}}{2}P = 0.866\,025\,404P$；　$\frac{H}{4} = 0.216\,506\,351P$；

$\frac{5}{8}H = 0.541\,265\,877P$；　$\frac{H}{8} = 0.108\,253\,175P$。

一般密封米制圆锥螺纹的牙型

② 基准平面理论位置及轴向尺寸分布位置见下图。一般密封米制圆锥外螺纹基准平面的理论位置位于垂直于螺纹轴线、与小端面(参考平面)相距一个基准距离的平面内；一般密封米制圆锥和圆柱内螺纹基准平面的理论位置位于垂直于螺纹轴线的端面(参考平面)内。

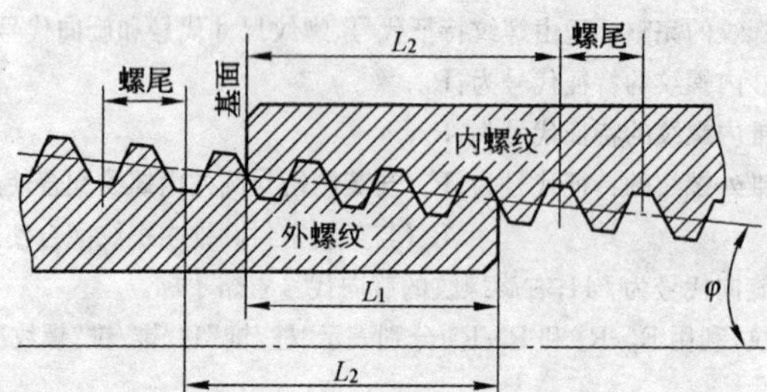

密封米制管螺纹基准平面理论位置及轴向尺寸分布位置

(2) 基本尺寸(见下表)

外螺纹上的轴向尺寸分布位置见上图，其中 $D_2 = d_2 = D - 0.649\,5P$；$D_1 = d_1 = D - 1.082\,5P$。

一般密封米制管螺纹的基本尺寸　(mm)

公称直径 d, D	螺距 P	基面上螺纹直径			基准距离 L_1		有效螺纹长度 L_2	
		大径 $d = D$	中径 $d_2 = D_2$	小径 $d_1 = D_1$	标准基准距离	短型基准距离	标准有效螺纹长度	短型有效螺纹长度
6	1	6.000	5.350	4.917	5.5	2.5	8	5.5
8		8.000	7.350	6.917	5.5	2.5	8	5.5
10		10.000	9.350	8.917	5.5	2.5	8	5.5

（续）

公称直径 d，D	螺距 P	基面上螺纹直径			基准距离 L_1		有效螺纹长度 L_2	
		大径 $d=D$	中径 $d_2=D_2$	小径 $d_1=D_1$	标准基准距离	短型基准距离	标准有效螺纹长度	短型有效螺纹长度
12	1.5	12.000	11.026	10.376	5.5	2.5	8	5.5
14		14.000	13.026	12.376	7.5	3.5	11	8.5
16		16.000	15.026	14.376	7.5	3.5	11	8.5
18		18.000	17.026	16.376	7.5	3.5	11	8.5
20		20.000	19.026	18.376	7.5	3.5	11	8.5
22		22.000	21.026	20.376	7.5	3.5	11	8.5
24		24.000	23.026	22.376	7.5	3.5	11	8.5
27	2	27.000	25.701	24.835	11	5	16	12
30		30.000	28.701	27.835	11	5	16	12
33		33.000	31.701	30.835	11	5	16	12
36		36.000	34.701	33.835	11	5	16	12
39		39.000	37.701	36.835	11	5	16	12
42		42.000	40.701	39.835	11	5	16	12
45		45.000	43.701	42.835	11	5	16	12
48		48.000	46.701	45.835	11	5	16	12
52		52.000	50.701	49.835	11	5	16	12
56		56.000	54.701	53.835	11	5	16	12
60		60.000	58.701	57.835	11	5	16	12

(3) 配合方式

一般密封米制管螺纹有两种配合方式：圆柱内螺纹与圆锥外螺纹组成“柱/锥”配合；圆锥内螺纹与圆锥外螺纹组成“锥/锥”配合。

(4) 公　差

一般密封米制圆锥管螺纹基准平面轴向位置的极限偏差见下表。

一般密封米制圆锥管螺纹基准平面轴向位置的极限偏差　(mm)

公称直径 d，D		螺距 P	外螺纹基准距离的极限偏差(±T)	内螺纹基面轴向位置极限偏差(±T)
≥6	≤10	1	±0.9	±1.2
>10	≤24	1.5	±1.1	±1.5
>24	≤60	2	±1.4	±1.8

一般密封米制圆柱内螺纹的中径公差带为6H，小径公差带为4H，其公差值在普通螺纹

公差表中查取；一般密封米制圆柱内螺纹的大径极限偏差见下表。

一般密封米制圆柱内螺纹的大径极限偏差 (mm)

公称直径 D		螺距 P	大径极限偏差
≥6	≤10	1	±0.045
＞10	≤24	1.5	±0.065
＞24	≤60	2	±0.085

(5) 标记示例

① 基本标注。米制密封螺纹标记由螺纹特征代号、尺寸代号和基准距离组别代号组成。

圆锥螺纹的特征代号为“Mc”；圆柱内螺纹的特征代号为“Mp”。

螺纹尺寸代号为“公称直径×螺距”，公称直径和螺距数值的单位为毫米。

当采用标准型基准距离时，可以省略基准距离组别代号(N)；短型基准距离的组别代号为“S”。

标记示例：

公称直径为 12 mm、螺距为 1 mm、标准型基准距离、右旋的圆锥螺纹：Mc12×1；

公称直径为 20 mm、螺距为 1.5 mm、短型基准距离、右旋的圆锥外螺纹：Mc20×1.5－S；

公称直径为 42 mm、螺距为 2 mm、短型基准距离、右旋的圆柱内螺纹：Mp42×2－S。

② 左旋螺纹。对左旋螺纹，应在基准距离组别代号之后标注“LH”。右旋螺纹不标注旋向代号。

标记示例：

公称直径为 12 mm、螺距为 1 mm、标准型基准距离、左旋的圆锥螺纹：Mc12×1－LH。

③ 螺纹副。对“锥/锥”配合螺纹(标准型)，其内螺纹、外螺纹和螺纹副三者的标注方法相同，没有差异。

对“柱/锥”配合螺纹(短型)，螺纹副的特征代号为“Mp/Mc”。前面为内螺纹的特征代号，后面为外螺纹的特征代号，中间用斜线分开。

标记示例：

公称直径为 12 mm、螺距为 1 mm、标准型基准距离、右旋的圆锥螺纹副：Mc12×1；

公称直径为 20 mm、螺距为 1.5 mm、短型基准距离、右旋的圆柱内螺纹与圆锥外螺纹副：Mp/Mc20×1.5－S

(6) 螺纹检验

两种配合螺纹所使用的量规不同。用圆锥螺纹塞规和环规以及圆锥光滑塞规和环规综合检验“锥/锥”配合密封螺纹；用圆锥螺纹塞规和圆柱螺纹环规综合检验“柱/锥”配合密封螺纹。

因控制质量需要，允许在合同中增加进行螺纹单项要素检验要求。

8. 米制锯齿形(3°、30°)螺纹

1. 牙　　型(GB/T 13576・1—2008)

(1) 范　　围

通常应用于一般用途的机械传动和紧固的锯齿形螺纹连接。

(2) 代　　号

D——基本牙型和设计牙型上的内螺纹大径；

d——基本牙型和设计牙型上的外螺纹大径(公称直径)；

D_2——基本牙型和设计牙型上的内螺纹中径；

d_2——基本牙型和设计牙型上的外螺纹中径；

D_1——基本牙型和设计牙型上的内螺纹小径；

d_1——基本牙型上的外螺纹小径；

d_3——设计牙型上的外螺纹小径；

P——螺距；

H——原始三角形高度；

H_1——基本牙型牙高和设计牙型上的内螺纹牙高；

h_3——设计牙型上的外螺纹牙高；

a_c——小径间隙；

R——外螺纹牙底倒角圆弧半径。

(3) 牙　　型

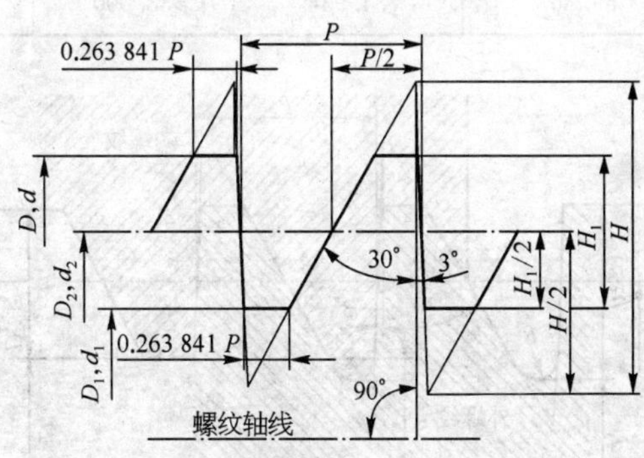

基本牙型

基本牙型尺寸　　(mm)

螺距 P	H 1.587 911P	$H/2$ 0.793 956P	H_1 0.75P	牙顶和牙底宽 0.263 841P
2	3.176	1.588	1.500	0.528
3	4.764	2.382	2.250	0.792
4	6.352	3.176	3.000	1.055

(续)

螺距 P	H 1.587 911P	$H/2$ 0.793 956P	H_1 0.75P	牙顶和牙底宽 0.263 841P
5	7.940	3.970	3.750	1.319
6	9.527	4.764	4.500	1.583
7	11.115	5.558	5.250	1.847
8	12.703	6.352	6.000	2.111
9	14.291	7.146	6.750	2.375
10	15.879	7.940	7.500	2.638
12	19.055	9.527	9.000	3.166
14	22.231	11.115	10.500	3.694
16	25.407	12.703	12.000	4.221
18	28.582	14.291	13.500	4.749
20	31.758	15.879	15.000	5.277
22	34.934	17.467	16.500	5.805
24	38.110	19.055	18.000	6.332
28	44.462	22.231	21.000	7.388
32	50.813	25.407	24.000	8.443
36	57.165	28.582	27.000	9.498
40	63.516	31.758	30.000	10.554
44	69.868	34.934	33.000	11.609

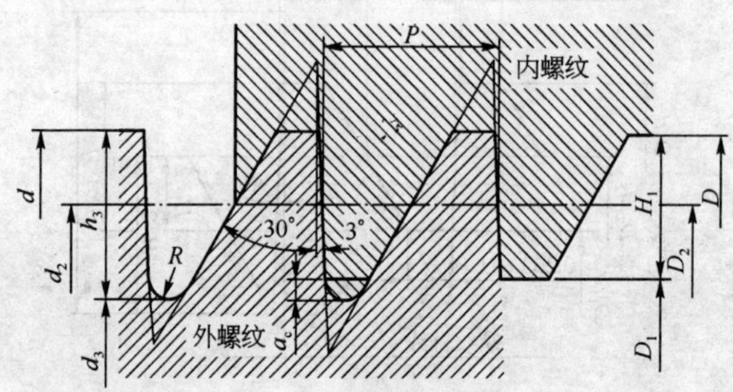

设计牙型

设计牙型尺寸 (mm)

螺距 P	a_c 0.117 767P	h_3 0.867 767P	R 0.124 271P
2	0.236	1.736	0.249
3	0.353	2.603	0.373
4	0.471	3.471	0.497

(续)

螺距 P	a_c $0.117\,767P$	h_3 $0.867\,767P$	R $0.124\,271P$
5	0.589	4.339	0.621
6	0.707	5.207	0.746
7	0.824	6.074	0.870
8	0.942	6.942	0.994
9	1.060	7.810	1.118
10	1.178	8.678	1.243
12	1.413	10.413	1.491
14	1.649	12.149	1.740
16	1.884	13.884	1.988
18	2.120	15.620	2.237
20	2.355	17.355	2.485
22	2.591	19.091	2.734
24	2.826	20.826	2.983
28	3.297	24.297	3.480
32	3.769	27.769	3.977
36	4.240	31.240	4.474
40	4.711	34.711	4.971
44	5.182	38.182	5.468

2. 直径与螺距系列(GB/T 13576·2—2008)

(1) 直径与螺距系列及其选择

锯齿形螺纹的直径与螺距标准组合系列见 p9.33～9.35。

表 1 中,优先选用第一系列直径,其次选用第二系列直径。

新产品设计中,不宜选用表 1 内的第三系列直径。

表 1 中,应选择与直径处于同一行内的螺距。优先选用粗黑框内的螺距。

如果需要使用表 1 规定以外的螺距,则选用表中邻近直径所对应的螺距。

(2) 螺纹标记

标准锯齿形螺纹的标记应由螺纹特征代号“B”、公称直径和导程的毫米值、螺距代号“P”和螺距毫米值组成。公称直径与导程之间用“×”号分开;螺距代号“P”和螺距值用圆括号括上。对单线锯齿形螺纹,其标记应省略圆括号部分(螺距代号“P”和螺距值)。

对标准左旋锯齿形螺纹,其标记内应添加左旋代号“LH”。右旋锯齿形螺纹不标注其旋向代号。

标记示例:

公称直径为 40 mm、导程和螺距为 7 mm 的右旋单线锯齿形螺纹标记为:B40×7;

公称直径为 40 mm、导程为 14 mm、螺距为 7 mm 的右旋双线锯齿形螺纹标记为:B40×14(P7);

公称直径为 40 mm、导程和螺距为 7 mm 的左旋单线锯齿形螺纹标记为：B40×7LH。

直径与螺距的标准组合系列 (mm)

公称直径			螺距																				
第一系列	第二系列	第三系列	44	40	36	32	28	24	22	20	18	16	14	12	10	9	8	7	6	5	4	3	2
10																							2
12																						3	2
	14																					3	2
16																					4		2
	18																				4		2
20																					4		2
	22																8			5		3	
24																	8			5		3	
	26																8			5		3	
28																	8			5		3	
	30														10				6			3	
32															10				6			3	
	34														10				6			3	
36															10				6			3	
	38														10			7				3	
40															10			7				3	
	42														10			7				3	
44														12				7				3	
	46													12			8					3	
48														12			8					3	
	50													12			8					3	
52														12			8					3	
	55												14			9						3	
60													14			9						3	
	65											16			10						4		
70												16			10						4		
	75											16			10						4		
80												16			10						4		
	85										18			12							4		
90											18			12							4		
	95										18			12							4		
100										20				12							4		
		105								20				12							4		

(续)

公称直径			螺距																			
第一系列	第二系列	第三系列	44	40	36	32	28	24	22	20	18	16	14	12	10	9	8	7	6	5	4	3	2
	110									20				12					6				
		115							22				14								4		
120									22				14						6				
		125							22				14						6				
	130								22				14						6				
		135						24					14						6				
140								24					14						6				
		145						24					14						6				
	150							24				16							6				
		155						24				16							6				
160							28					16							6				
		165					28					16							6				
	170						28					16					8						
		175					28					16							6				
180							28				18						8						
		185				32					18						8						
	190					32					18						8						
		195				32					18						8						
200						32					18						8						
	210				36					20							8						
220					36					20							8						
	230				36					20							8						
240					36				22								8						
	250			40					22					12									
260				40					22					12									
	270			40				24						12									
280				40				24						12									
	290		44					24						12									
300			44					24						12									
	320		44											12									
340			44											12									
	360													12									
380														12									

(续)

公称直径			螺距																				
第一系列	第二系列	第三系列	44	40	36	32	28	24	22	20	18	16	14	12	10	9	8	7	6	5	4	3	2
	400													12									
420											18												
	440										18												
460											18												
	480										18												
500											18												
	520							24															
540								24															
	560							24															
580								24															
	600							24															
620								24															
	640							24															

3. 螺纹基本尺寸(GB/T 13576・3—2008)

(1) 代　　号

a_c ——小径间隙；

D ——设计牙型上的内螺纹大径；

D_2——设计牙型上的内螺纹中径；

D_1——设计牙型上的内螺纹小径；

d ——设计牙型上的外螺纹大径(公称直径)；

d_2——设计牙型上的外螺纹中径；

d_3——设计牙型上的外螺纹小径；

H_1——基本牙型牙高和设计牙型上的内螺纹牙高；

h_3——设计牙型上的外螺纹牙高；

P ——螺距；

R ——外螺纹牙底倒角圆弧半径。

(2) 基本尺寸

各直径在设计牙型上的所处位置见牙型图，有关设计牙型的尺寸规定见 GB/T 13576.1。

锯齿形螺纹的基本尺寸值应符合表 1 的规定。其中：

$$d_2 = D_2 = d - H_1 = d - 0.75P$$

$$D_1 = d - 2H_1 = d - 1.5P$$

$$d_3 = d - 2h_3 = d - 1.735\,534P$$

基本尺寸 (mm)

公称直径 d			螺距 P	中径 $d_2=D_2$	小径	
第一系列	第二系列	第三系列			d_3	D_1
10			2	8.500	6.529	7.000
12			2 3	10.500 9.750	8.529 6.793	9.000 7.500
	14		2 3	12.500 11.750	10.529 8.793	11.000 9.500
16			2 4	14.500 13.500	12.529 9.058	13.000 10.000
	18		2 4	16.500 15.000	14.529 11.058	15.000 12.000
20			2 4	18.500 17.000	16.529 13.058	17.000 14.000
	22		3 5 8	19.750 18.250 16.000	16.793 13.322 8.116	17.500 14.500 10.000
24			3 5 8	21.750 20.250 18.000	18.793 15.322 10.116	19.500 16.500 12.000
	26		3 5 8	23.750 22.250 20.000	20.793 17.322 12.116	21.500 18.500 14.000
28			3 5 8	25.750 24.250 22.000	22.793 19.322 14.116	23.500 20.500 16.000
	30		3 6 10	27.750 25.500 22.500	24.793 19.587 12.645	25.500 21.000 15.000
32			3 6 10	29.750 27.500 24.500	26.793 21.587 14.645	27.500 23.000 17.000
	34		3 6 10	31.750 29.500 26.500	28.793 23.587 16.645	29.500 25.000 19.000
36			3 6 10	33.750 31.500 28.500	30.793 25.587 18.645	31.500 27.000 21.000

(续)

公称直径 d			螺距 P	中径 $d_2=D_2$	小径	
第一系列	第二系列	第三系列			d_3	D_1
	38		3 7 10	35.750 32.750 30.500	32.793 25.851 20.645	33.500 27.500 23.000
40			3 7 10	37.750 34.750 32.500	34.793 27.851 22.645	35.500 29.500 25.000
	42		3 7 10	39.750 36.750 34.500	36.793 29.851 24.645	37.500 31.500 27.000
44			3 7 12	41.750 38.750 35.000	38.793 31.851 23.174	39.500 33.500 26.000
	46		3 8 12	43.750 40.000 37.000	40.793 32.116 25.174	41.500 34.000 28.000
48			3 8 12	45.750 42.000 39.000	42.793 34.116 27.174	43.500 36.000 30.000
	50		3 8 12	47.750 44.000 41.000	44.793 36.116 29.174	45.500 38.000 32.000
52			3 8 12	49.750 46.000 43.000	46.793 38.116 31.174	47.500 40.000 34.000
	55		3 9 14	52.750 48.250 44.500	49.793 39.380 30.703	50.500 41.500 34.000
60			3 9 14	57.750 53.250 49.500	54.793 44.380 35.703	55.500 46.500 39.000
	65		4 10 16	62.000 57.500 53.000	58.058 47.645 37.231	59.000 50.000 41.000
70			4 10 16	67.000 62.500 58.000	63.058 52.645 42.231	64.000 55.000 46.000

(续)

公称直径 d			螺距 P	中径 $d_2=D_2$	小径	
第一系列	第二系列	第三系列			d_3	D_1
	75		4 10 16	72.000 67.500 63.000	68.058 57.645 47.231	69.000 60.000 51.000
80			4 10 16	77.000 72.500 68.000	73.058 62.645 52.231	74.000 65.000 56.000
	85		4 12 18	82.000 76.000 71.500	78.058 64.174 53.760	79.000 67.000 58.000
90			4 12 18	87.000 81.000 76.500	83.058 69.174 58.760	84.000 72.000 63.000
	95		4 12 18	92.000 86.000 81.500	88.058 74.174 63.760	89.000 77.000 68.000
100			4 12 20	97.000 91.000 85.000	93.058 79.174 65.289	94.000 82.000 70.000
		105	4 12 20	102.000 96.000 90.000	98.058 84.174 70.289	99.000 87.000 75.000
	110		4 12 20	107.000 101.000 95.000	103.058 89.174 75.289	104.000 92.000 80.000
		115	6 14 22	110.500 104.500 98.500	104.587 90.703 76.818	106.000 94.000 82.000
120			6 14 22	115.500 109.500 103.500	109.587 95.703 81.818	111.000 99.000 87.000
		125	6 14 22	120.500 114.500 108.500	114.587 100.703 86.818	116.000 104.000 92.000
	130		6 14 22	125.500 119.500 113.500	119.587 105.703 91.818	121.000 109.000 97.000

（续）

公称直径 d			螺距 P	中径 $d_2=D_2$	小径	
第一系列	第二系列	第三系列			d_3	D_1
		135	6 14 24	130.500 124.500 117.000	124.587 110.703 93.347	126.000 114.000 99.000
140			6 14 24	135.500 129.500 122.000	129.587 115.703 98.347	131.000 119.000 104.000
		145	6 14 24	140.500 134.500 127.000	134.587 120.703 103.347	136.000 124.000 109.000
	150		6 16 24	145.500 138.000 132.000	139.587 122.231 108.347	141.000 126.000 114.000
		155	6 16 24	150.500 143.000 137.000	144.587 127.231 113.347	146.000 131.000 119.000
160			6 16 28	155.500 148.000 139.000	149.587 132.231 111.405	151.000 136.000 118.000
		165	6 16 28	160.500 153.000 144.000	154.587 137.231 116.405	156.000 141.000 123.000
	170		6 16 28	165.500 158.000 149.000	159.587 142.231 121.405	161.000 146.000 128.000
		175	8 16 28	169.000 163.000 154.000	161.116 147.231 126.405	163.000 151.000 133.000
180			8 18 28	174.000 166.500 159.000	166.116 148.760 131.405	168.000 153.000 138.000
		185	8 18 32	179.000 171.500 161.000	171.116 153.760 129.463	173.000 158.000 137.000
	190		8 18 32	184.000 176.500 166.000	176.116 158.760 134.463	178.000 163.000 142.000

（续）

公称直径 d			螺距 P	中径 $d_2=D_2$	小径	
第一系列	第二系列	第三系列			d_3	D_1
		195	8 18 32	189.000 181.500 171.000	181.116 163.760 139.463	183.000 168.000 147.000
200			8 18 32	194.000 186.500 176.000	186.116 168.760 144.463	188.000 173.000 152.000
	210		8 20 36	204.000 195.000 183.000	196.116 175.289 147.521	198.000 180.000 156.000
220			8 20 36	214.000 205.000 193.000	206.116 185.289 157.521	208.000 190.000 166.000
	230		8 20 36	224.000 215.000 203.000	216.116 195.289 167.521	218.000 200.000 176.000
240			8 22 36	234.000 223.500 213.000	226.116 201.818 177.521	228.000 207.000 186.000
	250		12 22 40	241.000 233.500 220.000	229.174 211.818 180.579	232.000 217.000 190.000
260			12 22 40	251.000 243.500 230.000	239.174 221.818 190.579	242.000 227.000 200.000
	270		12 24 40	261.000 252.000 240.000	249.174 228.347 200.579	252.000 234.000 210.000
280			12 24 40	271.000 262.000 250.000	259.174 238.347 210.579	262.000 244.000 220.000
	290		12 24 44	281.000 272.000 257.000	269.174 248.347 213.637	272.000 254.000 224.000
300			12 24 44	291.000 282.000 267.000	279.174 258.347 223.637	282.000 264.000 234.000

（续）

公称直径 d			螺距 P	中径 $d_2=D_2$	小径	
第一系列	第二系列	第三系列			d_3	D_1
	320		12 44	311.000 287.000	299.174 243.637	302.000 254.000
340			12 44	331.000 307.000	319.174 263.637	322.000 274.000
	360		12	351.000	339.174	342.000
380			12	371.000	359.174	362.000
	400		12	391.000	379.174	382.000
420			18	406.500	388.760	393.000
	440		18	426.500	408.760	413.000
460			18	446.500	428.760	433.000
	480		18	466.500	448.760	453.000
500			18	486.500	468.760	473.000
	520		24	502.000	478.347	484.000
540			24	522.000	498.347	504.000
	560		24	542.000	518.347	524.000
580			24	562.000	538.347	544.000
	600		24	582.000	558.347	564.000
620			24	602.000	578.347	584.000
	640		24	622.000	598.347	604.000

第十章　新型紧固件

1. 新型紧固件的发展和选用指南

(1) 发　展

螺栓、螺柱、螺钉和螺母等紧固件，广泛应用在工、农业生产上，是工程和设备的重要零件。在国民经济建设中发挥重要作用。随着科学技术迅速发展，紧固件档次向中、高档(端)提升，新品增多，产品质量提高，安装紧固件的工作效率明显提高。

为了适应经济建设的需要，很多紧固件生产厂增加科技投入，自主科技创新，不断研制新品；如钢结构用大六角头螺栓连接副和扭剪型高强度螺栓连接副等新型螺栓，又如过去用的平机螺丝品种较少，现在有开槽沉头、半沉头、十字槽沉头，内六角锥端、柱端、凹端；开槽锥端、凹端长圆柱端紧定螺钉等十余个品种，过去对于非金属采用自钻或自攻螺钉，现在发展到在钢、铝结构上也能自钻自攻，特别适用于单面操作，简化工序、节约人工，大大提高了工作效率。具有规模的螺钉厂，拥有国内外先进的拉丝机，多工位螺钉成型机，数控机床等生产设备和先进的检测仪器，为建设工程开发了不少新型螺钉、螺栓，其产品深受建筑、机电、船舶、电力、化工等各行业的青睐，并远销国际市场。本手册中精选了螺钉、螺栓厂的新品和部分传统的中、高档(端)产品，介绍给读者，了解紧固件的发展和新品。过去把机电设备上容易磨损的螺丝称作易损件，也容易更换。但是使用螺钉的环境和部位发生变化，易损后不易更换，例如轻钢彩涂板房屋面及墙身使用的自钻自攻螺钉选择不当，会影响工程质量和使用年限，常存在如下误区。一是按母材选购螺钉，彩钢板基材是碳钢，选择碳钢螺钉，在酸雨侵蚀下，使用年限与经过精心防腐处理的彩涂钢板相差悬殊，彩钢板可使用 30 年以上，低档次的碳钢螺钉用不了几年就会生锈烂断而漏水；二是认为螺钉是易损件，坏了可以换，其实自钻自攻螺钉坏了不能换，半截螺钉留在结构中，拔不出，空穴形成漏水之源；三是图眼前不顾长远。轻钢彩板房漏水屡见不鲜，不少是因为选择螺钉失误，有的彩钢板被大风掀掉；四是盲目求“省”，采购低档次螺钉，由于其抗腐蚀能力差，平时维修费剧增。

(2) 选择螺钉指南

① 设计是灵魂。尊重设计，从设计把关，按图纸规定的螺钉型号、规格、材料牌号及技术要求选购螺钉。

② 螺钉的使用年限必须与母材相当。例如，根据国外经验介绍，采用 AISI 304 或 AISI 316 奥氏体不锈钢螺钉，可以与彩涂钢板寿命相当。

③ 重视螺钉的力学性能，确保足够的剪切强度、抗拔力等重要指标，符合设计要求，确保使用安全和使用年限。

2. 紧固件机械性能等级、材料及螺栓有效面积

(1) 碳钢与合金钢螺栓、螺钉、螺柱的机械性能等级及材料

① 螺栓、螺钉、螺柱的机械性能等级(GB 3098.1—2000)。

机械性能		性能等级										
		3.6	4.6	4.8	5.6	5.8	6.8	8.8 ≤16 M	8.8 >M16	9.8	10.9	12.9
抗拉强度 σ_b(MPa)	公称	300	400	400	500	500	600	800	800	900	1 000	1 200
	最小	330	400	420	500	520	600	800	830	900	1 040	1 220
屈服点 σ_s (MPa)	公称	180	240	320	300	400	480	—	—	—	—	—
	最小	190	240	340	300	420	480					
屈服强度 $\sigma_{s0.2}$(MPa)	公称	—	—	—	—	—	—	640	640	720	900	1 080
	最小							640	660	720	940	1 100
维氏硬度 (HV30)	最小	95	120	130	155	160	190	250	255	290	320	385
	最大	220(250)						320	335	336	380	435
伸长率 δ_5 (%)	最小	25	22		20			12	12	10	9	8
冲击吸收功 A_k(J)	最小	—	—		25			30	30	25	20	15
头部坚固性	在头部及钉杆与头部交接的圆角处不应有裂缝											
螺纹未脱碳层的最小高度 E								$H_1/2$			$H_1/3$	$3/4H_1$

② 螺栓、螺钉、螺柱的材料。

性能等级	材料和热处理	化学成分(%) C 最低	C 最高	P 最高	S 最高	最低回火温度(℃)	备注
3.6	低碳钢	—	0.20	0.05	0.06		允许采用易切削钢制造。其S、P和铅的最大含量分别为:0.34%,0.11%和0.35%
4.6	低碳钢或中碳钢	—	0.55	0.05	0.06		
4.8							
5.6	低碳钢或中碳钢	0.15	0.55	0.05	0.06		
5.8		—					
6.8							
8.8	低碳合金钢(如硼、锰或铬),淬火并回火	0.15	0.35	0.04	0.05	340	为保证良好的淬透性,螺纹直径>20 mm的紧固件,必须采用10.9级合金钢
	中碳钢,淬火并回火	0.25	0.55	0.04	0.05	450	

10.2

（续）

性能等级	材料和热处理	化学成分(%) C 最低	C 最高	P 最高	S 最高	最低回火温度(℃)	备注
9.8	低碳合金钢（如硼、锰或铬），淬火并回火	0.15	0.35	0.04	0.05	340	
	中碳钢，淬火并回火	0.25	0.55	0.04	0.05	410	
10.9	低碳合金钢（如硼、锰或铬），淬火并回火	0.15	0.35	0.04	0.05	340	10.9 表示由低碳马氏体钢制造
10.9	中碳钢，淬火并回火	0.25	0.55	0.04	0.05	425	应具有良好的淬透性，以保证螺纹截面的心部在淬火后、回火前得到约 90％的马氏体组织
	低、中碳合金钢（如硼、锰或铬），淬火并回火	0.20	0.55	0.04	0.05	425	
	合金钢，淬火并回火	0.20	0.55	0.035	0.035	425	
12.9	合金钢，淬火并回火	0.20	0.50	0.035	0.035	380	

(2) 碳钢螺母机械性能等级及材料（GB 3098.2—2000）

① 螺母的机械性能等级。

<table>
<tr><td rowspan="3">公称高度≥0.8D螺母的机械性能等级</td><td>螺母性能等级代号</td><td>4</td><td colspan="2">5</td><td>6</td><td>8</td><td colspan="2">9</td><td>10</td><td>12</td><td rowspan="6">本标准适用于粗牙螺纹直径 D≤39 mm，环境温度为10～35 ℃条件下进行试验的螺母机械性能
不适用特殊情况下使用的螺母：
(1) 要求特殊的锁紧性能螺母。
(2) 有特殊耐腐蚀性的螺母。
(3) 工作温度高于+300 ℃或低于－50 ℃的性能要求的螺母。
(4) 用易切削钢制造的螺母不能用于+250 ℃以上的工件</td></tr>
<tr><td>相配螺栓、螺钉或螺柱性能代号</td><td>3.6
4.6
4.8</td><td>3.6
4.6
4.8</td><td>5.6
5.8</td><td>6.8</td><td>8.8</td><td>8.8</td><td>9.8</td><td>10.9</td><td>12.9</td></tr>
<tr><td>相配螺栓、螺钉或螺柱的螺纹直径</td><td>>M16</td><td>≤M16</td><td colspan="3">所有直径</td><td>>M16～M39</td><td>≤M16</td><td>所有直径</td><td>≤39</td></tr>
<tr><td rowspan="3">公称高度≥0.5D且<0.8D螺母性能等级</td><td>螺母性能等级代号</td><td colspan="4">04</td><td colspan="5">05</td></tr>
<tr><td>公称保证应力(MPa)</td><td colspan="4">400</td><td colspan="5">500</td></tr>
<tr><td>实际保证应力(MPa)</td><td colspan="4">380</td><td colspan="5">500</td></tr>
</table>

② 螺母材料。

<table>
<tr><th rowspan="2">螺母性能</th><th rowspan="2">等级代号</th><th colspan="4">化学成分(%)</th><th rowspan="2">说　明</th></tr>
<tr><th>C≤</th><th>Mn≥</th><th>P≤</th><th>S≤</th></tr>
<tr><td>4、5、6</td><td></td><td>0.05</td><td>—</td><td>0.110</td><td>0.150</td><td rowspan="4">4、5、6、04 级螺母允许用易切削钢制造，其硫、磷和铅的最大含量分别为 0.34%，0.11%和 0.35%；10、12 和 05 级必要时可增添合金元素、改善力学性能</td></tr>
<tr><td>8、9</td><td>04</td><td>0.58</td><td>0.25</td><td>0.060</td><td>0.150</td></tr>
<tr><td>10</td><td>05</td><td>0.58</td><td>0.30</td><td>0.048</td><td>0.058</td></tr>
<tr><td>12</td><td></td><td>0.58</td><td>0.45</td><td>0.048</td><td>0.058</td></tr>
</table>

注：05、8(大于 M16 的Ⅰ型螺母)，10、12 级螺母应淬火并回火处理。

(3) 碳钢细牙螺母的机械性能等级及材料(GB 3098.4—2000)

<table>
<tr><td rowspan="5">公称高度≥0.8D细牙螺母的性能等级代号</td><td colspan="2">细牙螺母性能等级代号</td><td>5</td><td>6</td><td>8</td><td>10</td><td>12</td><td rowspan="5">本标准不适用于有特殊性能要求的螺母，如锁紧性能、耐腐蚀性、可焊性、工作温度高于＋300 ℃或低于－50 ℃的性能要求。
用易切削钢制造的螺母不能用于＋250 ℃的工作环境</td></tr>
<tr><td rowspan="2">相配的螺栓、螺钉和螺柱</td><td>性能等级代号</td><td>3.6
4.6
4.8
5.6
5.8</td><td>6.8</td><td>8.8</td><td>10.9</td><td>12.9</td></tr>
<tr><td>螺纹直径(mm)</td><td>≤39</td><td colspan="3">≤39</td><td>≤16</td></tr>
<tr><td rowspan="2">螺母的螺纹直径D(mm)</td><td>1 型</td><td>≤39</td><td colspan="2">≤39</td><td>≤16</td><td>—</td></tr>
<tr><td>2 型</td><td>—</td><td>—</td><td>≤16</td><td>≤39</td><td>≤16</td></tr>
<tr><td rowspan="3">公称高度≥0.5<i>D</i>且<0.8<i>D</i>细牙螺母的性能等级代号</td><td colspan="3">细牙螺母性能等级代号</td><td colspan="2">04</td><td colspan="3">05</td></tr>
<tr><td colspan="3">公称保证应力(MPa)</td><td colspan="2">400</td><td colspan="3">500</td></tr>
<tr><td colspan="3">实际保证应力(MPa)</td><td colspan="2">380</td><td colspan="3">500</td></tr>
</table>

(4) 碳钢与合金钢紧定螺钉的机械性能(GB/T 3098.3—2000)

适用范围，规定了由碳钢与合金钢制造的螺纹直径为 1.6～24 mm 的紧定螺钉及类似不受拉应力的紧固件，且其工作温度为 10～35 ℃时的机械性能；本标准不适用于特殊性能要求的紧定螺钉，例如：规定拉应力、可焊性、耐腐蚀性、工作温度高于＋300 ℃或低于－50 ℃的性能要求。用易切削钢制造的紧定螺钉不能用在＋250 ℃以上环境中工作。

机 械 性 能		性 能 等 级[①]			
		14H	22H	33H	45H
维氏硬度 HV10	min	140	220	330	450
	max	290	300	440	560

（续）

机械性能			性能等级①			
			14H	22H	33H	45H
布氏硬度 HB，$F=30D^2$		min	133	209	314	438
		max	276	285	418	532
洛氏硬度	HRB	min	75	95②	—	—
		max	105		—	—
	HRC	min	—	30②	33	45
		max	—		44	53
螺纹未脱碳层的最小高度 E_{min}③			—	$\frac{H_1}{2}$	$\frac{2}{3}H_1$	$\frac{3}{4}H_1$
全脱碳层的最大深度 G_{max}(mm)			—	0.015	0.015	不允许
表面硬度 HV0.3 max			—	320	450	580

注：① 内六角紧定螺钉无 14H、22H 和 33H 级。

② 若进行洛氏硬度试验，对 22H 级需采用 HRB 试验最小值和 HRC 试验最大值。

③ H_1—最大实体条件下外螺纹的牙型高度。H_1 和 E_{min} 具体数值参见 GB/T 3098.3—2000 的规定。

螺纹直径 d(mm)		3	4	5	6	8	10	12	16	20	24
试验内六角紧定螺钉的最小长度(mm)	平　端	4	5	6	8	10	12	16	20	25	30
	锥　端	5	6	8	8	10	12	16	20	25	30
	圆柱端	6	8	8	10	12	16	20	25	30	35
	凹　端	5	6	6	8	10	12	16	20	25	30
保证扭矩(N·m)		0.9	2.5	5	8.5	20	40	65	160	310	520

材料化学成分：14H(材料碳钢)：C≤0.50%　P≤0.11%　S≤0.15%；
22H(材料碳钢)：C≤0.50%　P≤0.05%　S≤0.05%；
33H(材料碳钢)：C≤0.50%　P≤0.05%　S≤0.05%；
45H(材料合金钢)：C 0.19%～0.50%　P≤0.05%　S≤0.05%；

以上材料热处理：淬火并回火。

(5) 最小拉力载荷的计算

① 粗牙普通螺纹的最小拉力载荷。

d	P	A_s	性能等级									
			3.6	4.6	4.8	5.6	5.8	6.8	8.8	9.8	10.9	12.9
(mm)		(mm^2)	最小拉力载荷($A_s \times \sigma_{bmin}$)(kN)									
3	0.5	5.03	1.66	2.01	2.11	2.51	2.62	3.02	4.02	4.53	5.23	6.14
3.5	0.6	6.78	2.24	2.71	2.85	3.39	3.53	4.07	5.42	6.10	7.05	8.27

（续）

d	P	A_s	性能等级									
			3.6	4.6	4.8	5.6	5.8	6.8	8.8	9.8	10.9	12.9
(mm)		(mm^2)	最小拉力载荷($A_s \times \sigma_{bmin}$)(kN)									
4	0.7	8.78	2.90	3.51	3.69	4.39	4.57	5.27	7.02	7.90	9.13	10.7
5	0.8	14.2	4.69	5.68	5.96	7.10	7.38	8.52	11.35	12.8	14.8	17.3
6	1	20.1	6.63	8.04	8.44	10.0	10.4	12.1	16.1	18.1	20.9	24.5
7	1	28.9	9.54	11.6	12.1	14.4	15.0	17.3	23.1	26.0	30.1	35.3
8	1.25	36.6	12.1	14.6	15.4	18.3	19.0	22.0	29.2	32.9	38.1	44.6
10	1.5	58.0	19.1	23.2	24.4	29.0	30.2	34.8	46.4	52.2	60.3	70.8
12	1.75	84.3	27.8	33.7	35.4	42.2	43.8	50.6	67.4	75.9	87.7	103
14	2	115	38.0	46.0	48.3	57.5	59.8	69.0	92.0	104	120	140
16	2	157	51.8	62.8	65.9	78.5	81.6	94.0	125	141	163	192
18	2.5	192	63.4	76.8	80.6	96.0	99.8	115	159	—	200	234
20	2.5	245	80.8	98.0	103	122	127	147	203	—	255	299
22	2.5	303	100	121	127	152	158	182	252	—	315	370
计算举例	1. 已知 $d=10$、$A_s=58$、性能等级 3.6、$\sigma_{bmin}=330$ MPa 最小拉力载荷：$A_s \times \sigma_{bmin} = 58 \times 330 = 19.1$(kN) 2. 已知 $d=10$、$A_s=58$、性能等级 4.8，$\sigma_{bmin}=420$ MPa 最小拉力载荷：$A_s \times \sigma_{bmin} = 58 \times 420 = 24.4$(kN)											

注：1. d—螺纹直径；P—螺距；A_s—螺纹的应力截面积；σ_{bmin}—最小抗拉强度。

2. 最小抗拉强度 σ_{bmin}，见本章第一表。

3.

d	24	27	30	33	36	39
A_s	353	459	561	694	817	976

② 细牙普通螺纹的最小拉力载荷。

d	P	A_s	性能等级									
			3.6	4.6	4.8	5.6	5.8	6.8	8.8	9.8	10.9	12.9
(mm)		(mm^2)	最小拉力载荷($A_s \times \sigma_{bmin}$)(kN)									
8	1	39.2	12.9	15.7	16.5	19.6	20.4	23.5	31.4	35.3	40.8	47.8
10	1	64.5	21.3	25.8	27.1	32.3	33.5	38.7	51.6	58.1	67.1	78.7
10	1.25	61.2	20.2	24.5	25.7	30.6	31.8	36.7	49.0	55.1	63.6	74.7
12	1.25	92.1	30.4	36.8	38.7	46.1	47.9	55.3	73.7	82.9	95.8	112
12	1.5	88.1	29.1	35.2	37.0	44.1	45.8	52.9	70.5	79.3	91.6	108
14	1.5	125	41.2	50.0	52.5	62.5	65.0	75.0	100	112	130	152
16	1.5	167	55.1	66.8	70.1	83.5	86.8	100	134	150	174	204
18	1.5	216	71.3	86.4	90.7	108	112	130	179	—	225	264
20	1.5	272	89.8	109	114	136	141	163	226	—	283	332

10.6

(续)

d	P	A_s	性能等级									
			3.6	4.6	4.8	5.6	5.8	6.8	8.8	9.8	10.9	12.9
(mm)		(mm^2)	最小拉力载荷($A_s \times \sigma_{bmin}$)(kN)									
22	1.5	333	110	133	140	166	173	200	276	—	346	406
24	2	384	127	154	161	192	200	230	319	—	399	469
27	2	496	164	198	208	248	258	298	412	—	516	605
计算实例	1. $d=20$、$A_s=272$、性能等级 3.6、$\sigma_{bmin}=330$ MPa 最小拉力载荷：$A_s \times \sigma_{bmin}=272\times330=\underline{89.8}$(kN) 2. $d=20$、$A_s=272$、性能等级 4.8、$\sigma_{bmin}=420$ MPa 最小拉力载荷：$A_s \times \sigma_{bmin}=272\times420=\underline{114.2}$(kN)											

注：d—螺纹直径；P—螺距；A_s—螺纹的应力截面积；σ_{bmin}—最小抗拉强度(见本章第一表)。

d	24	27	30	33	36	39
A_s	353	459	561	694	817	976

(6) 螺栓的有效面积

计算公式：螺栓有效面积 $A_e=\frac{\pi}{4}\left(d-\frac{13}{24}\sqrt{3}P\right)^2$

螺栓直径 d(mm)	螺距 P(mm)	螺栓有效直径 d_e(mm)	螺栓有效面积 A_e(mm^2)	螺栓直径 d(mm)	螺距 P(mm)	螺栓有效直径 d_e(mm)	螺栓有效面积 A_e(mm^2)
16	2	14.1236	156.7	52	5	47.3090	1758
18	2.5	15.6545	192.5	56	5.5	50.8399	2030
20	2.5	17.6545	244.8	60	5.5	54.8399	2362
22	2.5	19.6545	303.4	64	6	58.3708	2676
24	3	21.1854	352.5	68	6	62.3708	3055
27	3	24.1854	459.4	72	6	66.3708	3460
30	3.5	26.7163	560.6	76	6	70.3708	3889
33	3.5	29.7163	693.6	80	6	74.3708	4344
36	4	32.2472	816.7	85	6	79.3708	4948
39	4	35.2472	975.8	90	6	84.3708	5591
42	4.5	37.7781	1121	95	6	89.3708	6273
45	4.5	40.7781	1306	100	6	94.3708	6995
48	5	43.3090	1473				

(7) 螺栓的选用和标记

螺栓分 A、B、C 三级：

A 级，通称精制螺栓，用于 $d \leqslant 24$，$l \leqslant 10d$ 或 $l \leqslant 150$ mm(按较小值)的螺栓。

B 级，通称半精制螺栓，用于 $d \geqslant 24$，$l \geqslant 10d$ 或 $l > 150$ mm(按较小值)的螺栓。

A 级和 B 级螺栓用毛坯在车床上切削加工而成，安装时螺栓杆和螺孔间空隙甚小，适用于拆装式结构或连接部位需传递大剪力的重要结构。

C 级，通称粗制螺栓，由钢圆杆压制而成，一般 C 级螺栓直径较螺栓孔径小 1～2 mm，承受剪力相对较差，或在钢结构安装中作临时固定之用，对于重要的连接件中，若采用 C 级螺栓，须另加剪力板等特殊支托来承受剪力。

螺栓标记示例：

螺栓 GB 5782—2000 M12×80：螺栓规格 $d=$ M12、公称长度 $l=80$ mm、性能等级为 8.8 级、表面氧化，A 级六角头螺栓

3. 不锈钢螺栓、螺钉和螺柱(GB/T 3098.6—2000)

适用的产品其螺纹直径 $d\leqslant 39$ mm，环境温度 15～25 ℃条件下进行试验的奥氏体、马氏体和铁素体不锈钢制造的螺栓、螺钉和螺柱的机械性能列于下表。

所有奥氏体钢产品在退火状态下，通常是无磁的；经过冷加工后，有些磁性可能是明显的。

(1) 钢的组别和性能等级的标记

类别	组别	组别和性能等级的组合标记				备　注
		软	冷加工	高强度	淬火并回火	
奥氏体	A1 A2 A3 A4 A5	A1-50 A2-50 A3-50 A4-50 A5-50	A1-70 A2-70 A3-70 A4-70 A5-70	A1-80 A2-80 A3-80 A4-80 A5-80		含碳量低于 0.03%
马氏体	C1 C3 C4	C1-50 C4-50			C1-70，C1-110 C3-80 C4-70	
铁素体	F1	F1-45	F1-60			

(2) 材料化学成分

类别	组别	化学成分(%)≤									备　注
		C	Si	Mn	P	S	Cr	Mo	Ni	Cu	
A 奥氏体	A1	0.12	1	6.5	0.2	0.15～0.35	16～19	0.7	5～10	1.75～2.25	是广泛使用的亚稳定型不锈钢，Ti 含量应≥5×C%～0.8%
	A2	0.1	1	2	0.05	0.03	15～20	—	8～19	4	
	A3	0.08	1	2	0.045	0.03	17～19	—	9～12	1	A3 是稳定型不锈钢
	A4	0.08	1	2	0.045	0.03	16～18.5	2～3	10～15	1	A4 是亚稳定型耐酸钢，通常用于化纤工业
	A5	0.08	1	2	0.045	0.03	16～18.5	2～3	10.5～14	1	A5 是稳定型耐酸钢，Ti≥5×C%～0.8%

(续)

类别	组别	化学成分(%)≤									备 注
		C	Si	Mn	P	S	Cr	Mo	Ni	Cu	
C 马氏体	C1	0.09～0.15	1	1	0.05	0.03	11.5～14	—	1	—	耐腐蚀性有限,用于涡轮、泵
	C3	0.17～0.25	1	1	0.04	0.03	16～18	—	1.5～2.5	—	耐腐蚀性比 C_1 好,但仍有限,用于泵、阀
	C4	0.08～0.15	1	1.5	0.06	0.15～0.35	12～14	0.6	1	—	用于机械加工材料
F 铁素体	F1	0.12	1	1	0.04	0.03	15～18	—	1	—	Ti 含量≥5×C%～0.8%

注：备注中C代表含碳量。

(3) 机械性能

钢的类别	钢的组别	性能等级	螺纹直径 d(mm)	抗拉强度 σ_b (MPa) ≥	屈服强度 $\sigma_{p0.2}$ (MPa) ≥	伸长量 δ(%) ≥	硬 度		
							HB	HRC	HV
奥氏体	A1、A2、A3、A4、A5	50	≤M39	500	210	0.6d	—	—	—
		70	≤M24	700	450	0.4d			
		80	≤M24	800	600	0.3d			
马氏体	C1	50	—	500	250	0.2d	147～209	—	155～220
		70	—	700	410	0.2d	209～314	20～34	220～330
		110	—	1 100	820	0.2d	—	36～45	350～440
	C3	80	—	800	640	0.2d	228～323	21～35	240～340
	C4	50	—	500	250	0.2d	147～209	—	155～220
		70	—	700	410	0.2d	209～314	20～34	220～330
铁素体	F1	45	—	450	250	0.2d	128～209	—	135～220
		60	—	600	410	0.2d	171～271	—	180～285

注：C1-110 应淬火并回火、最低回火温度 275 ℃；F1 组钢适用的螺纹直径 d≤M24。

(4) 奥氏体钢螺栓和螺钉的破坏扭矩

螺纹规格(粗牙)	性能等级			螺纹规格(粗牙)	性能等级		
	50	70	80		50	70	80
	破坏扭矩 T(N·m)(min)				破坏扭矩 T(N·m)(min)		
M1.6	0.15	0.2	0.24	M2	0.3	0.4	0.48

（续）

螺纹规格（粗牙）	性能等级			螺纹规格（粗牙）	性能等级		
	50	70	80		50	70	80
	破坏扭矩 T(N·m)(min)				破坏扭矩 T(N·m)(min)		
M2.5	0.6	0.9	0.96	M8	23	32	37
M3	1.1	1.6	1.8	M10	46	65	74
M4	2.7	3.8	4.3	M12	80	110	130
M5	5.5	7.8	8.8	M16	210	290	330
M6	9.3	13	15				

4. 有色金属螺栓、螺钉、螺柱和螺母(GB/T 3098.10—1993)

GB/T 3098.10—1993 规定了由铜及铜合金或铝及铝合金制造的，螺纹直径为 M1.6～M39 mm、粗牙螺纹的螺栓、螺钉、螺柱和螺母的机械性能（见下表）。

(1) 机械性能

性能等级	材料牌号	标准编号	螺纹直径 d(mm)	抗拉强度 $\sigma_b \geqslant$(MPa)	屈服强度 $\sigma_{p0.2} \geqslant$ (MPa)	伸长率 $\delta \geqslant$(%)
CU1	T2	GB/T 5231	≤39	240	160	14
CU2	H63	GB/T 5232	≤6 >6～39	440 370	340 250	11 19
CU3	HPb58-2	GB/T 5232	≤6 >6～39	440 370	340 250	11 19
CU4	QSn6.5-0.4	GB/T 5233	≤12 >12～39	470 400	340 200	22 33
CU5	QSi1-3	GB/T 5233	≤39	590	540	12
CU6	①		>6～39	440	180	18
CU7	QAl10-4-4	GB/T 5233	>12～39	640	270	15
AL1	LF2	GB/T 3190	≤10 >10～20	270 250	230 180	3 4
AL2	LF11、LF5	GB/T 3190	≤14 >14～36	310 280	205 200	6 6
AL3	LF43	GB/T 3190	≤6 >6～39	320 310	250 260	7 10
AL4	LY8、LD9	GB/T 3190	≤10 >10～39	420 380	290 260	6 10
AL5	②		≤39	460	380	7
AL6	LC9	GB/T 3190	≤39	510	440	7

注：① CU6 的相应国际标准材料牌号为 CuZn40Mn1Pb。
② AL5 的相应国际标准材料牌号为 AlZnMgCu0.5。

(2) 最小拉力载荷

① 铜及铜合金螺栓、螺钉和螺柱的最小拉力载荷。

螺纹直径 d、D(mm)	螺距 P(mm)	公称应力截面积 A_s(mm^2)	性能等级						
			CU1	CU2	CU3	CU4	CU5	CU6	CU7
			最小拉力载荷($A_s \times \sigma_b$)(kN)						
3	0.5	5.03	1.21	2.21	2.21	2.36	2.97	—	—
3.5	0.6	6.78	1.63	2.98	2.98	3.19	4.00	—	—
4	0.7	8.78	2.11	3.86	3.86	4.13	5.18	—	—
5	0.8	14.2	3.41	6.25	6.25	6.67	8.38	—	—
6	1	20.1	4.82	8.84	8.84	9.45	11.86	—	—
7	1	28.9	6.94	10.69	10.69	13.58	17.05	12.72	—
8	1.25	36.6	8.78	13.54	13.54	17.20	21.59	16.10	—
10	1.5	58.0	13.92	21.46	21.46	27.26	34.22	25.52	—
12	1.75	84.3	20.23	31.19	31.19	39.62	49.74	37.09	—
14	2	115	27.60	42.55	42.55	46.00	67.85	50.60	73.60
16	2	157	37.68	58.09	58.09	62.80	92.63	69.08	100.5
18	2.5	192	46.08	71.04	71.04	76.80	113.3	84.48	122.9
20	2.5	245	58.80	90.65	90.65	98.00	144.5	107.8	156.8
22	2.5	303	72.72	112.1	112.1	121.2	178.8	133.3	193.9
24	3	353	84.72	130.6	130.6	141.2	208.3	155.3	225.9
27	3	459	110.2	169.8	169.8	183.6	270.8	202.0	293.8
30	3.5	561	134.6	207.6	207.6	224.4	331.0	246.8	359.0
33	3.5	694	166.6	256.8	256.8	277.6	—	305.4	444.2
36	4	817	196.1	302.3	302.3	326.8	—	359.5	522.9
39	4	976	234.2	361.1	361.1	390.4	—	429.4	624.6

② 铝及铝合金螺栓、螺钉和螺柱的最小拉力载荷。

螺纹直径 d 或 D(mm)	螺距 P (mm)	公称应力截面积 A_s(mm^2)	性能等级					
			AL1	AL2	AL3	AL4	AL5	AL6
			最小拉力载荷($A_s \times \sigma_b$)(kN)					
3	0.5	5.03	1.36	1.56	1.61	2.11	2.31	2.57
3.5	0.6	6.78	1.83	2.10	2.17	2.85	3.12	3.46
4	0.7	8.78	2.37	2.72	2.81	3.69	4.04	4.48
5	0.8	14.2	3.83	4.40	4.54	5.96	6.53	7.24
6	1	20.1	5.43	6.23	6.43	8.44	9.25	10.25
7	1	28.9	7.80	8.96	8.96	12.14	13.29	14.74
8	1.25	36.6	9.88	11.35	11.35	15.37	16.84	18.67
10	1.5	58.0	15.66	17.98	17.98	24.36	26.68	29.58
12	1.75	84.3	21.08	26.13	26.13	32.03	38.78	42.99
14	2	115	28.75	35.65	35.65	43.70	52.90	58.65
16	2	157	39.25	43.96	48.67	59.60	72.22	80.07

（续）

螺纹直径 d 或 D(mm)	螺距 P (mm)	公称应力截面积 A_s(mm²)	性能等级					
			AL1	AL2	AL3	AL4	AL5	AL6
			最小拉力载荷($A_s\times\sigma_b$)(kN)					
18	2.5	192	48.00	53.76	59.52	72.96	88.32	97.92
20	2.5	245	61.25	68.60	75.95	93.10	112.7	124.9
22	2.5	303	—	84.84	93.93	115.1	139.4	154.5
24	3	353	—	98.84	109.4	134.1	162.4	180.0
27	3	459	—	128.5	142.3	174.4	211.1	234.1
30	3.5	561	—	157.1	173.9	213.2	258.1	286.1
33	3.5	694	—	194.3	215.1	263.7	319.2	353.9
36	4	817	—	228.8	253.3	310.5	375.8	416.7
39	4	976	—	—	302.6	370.9	449.0	497.8

5. 新型建筑类紧固件

(1) 钢结构用高强度大六角头螺栓连接副

① 钢结构用高强度大六角头螺栓(GB/T 1228—2006)。

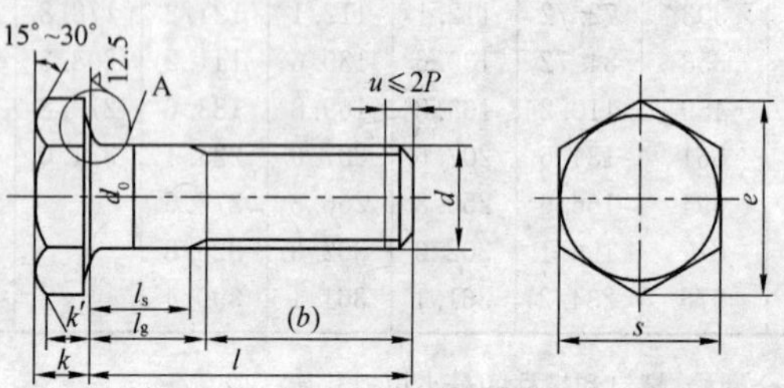

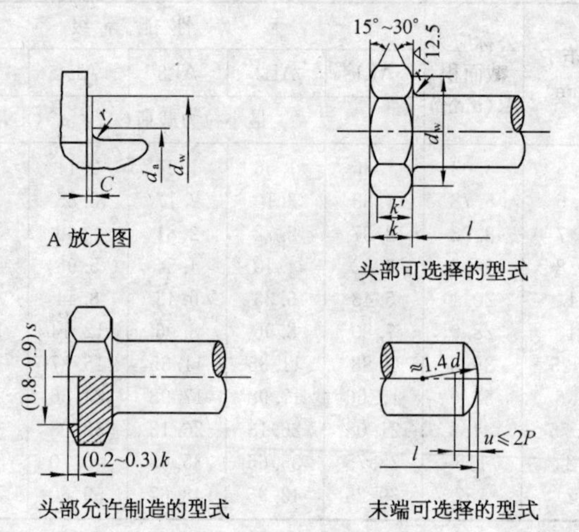

大六角头螺栓尺寸

（mm）

螺纹规格 d	螺距 P	头部高度 k	对边宽度 s	对角宽度 e	垫圈部分高度 c	无螺纹杆径 d_s	过渡圆直径 d_a	垫圈面直径 d_w	扳拧高度 k^1	公称长度 l 范围	公称长度 l / 螺纹长度 b		公称长度 l
M12	1.75	7.5±0.45	20.16～21	22.78	0.4～0.8	11.57～12.43	15.23	19.2	4.9	35～75	≤40/25	≥45/30	35～50±1.25
M16	2	10±0.75	26.16～27	29.56		15.57～16.43	19.23	24.9	6.5	45～130	≤50/30	≥55/35	55～80±1.5
M20	2.5	12.5±0.9	33～34	37.29		19.48～20.52	24.32	31.4	8.1	50～160	≤60/35	≥65/40	85～120±1.75
（M22）	2.5	14±0.9	35～36	39.55		21.48～22.52	26.32	33.3	9.2	55～220	≤65/40	≥70/45	130～150±2.0
M24	3	15±0.9	40～41	45.20		23.48～24.52	28.32	38.0	9.9	60～240	≤70/45	≥75/50	160～180±4
（M27）	3	17±0.9	45～46	50.85		26.16～27.84	32.84	42.8	11.3	65～260	≤75/50	≥80/55	190～240±4.6
M30	3.5	18.7±1.05	49～50	55.37		29.16～30.84	35.84	46.5	12.4	70～260	≤80/55	≥85/60	260±5.2

大六角头螺栓每千件钢制品理论重量(kg)

螺栓长度 l(mm)	M12	M16	M20	(M22)	M24	(M27)	M30
	1 000 个螺栓重量 G(kg)						
35	49.2						
40	54.2						
45	57.8	113					
50	62.5	121.3	207.3				
55	67.3	127.9	220.3	269.3			
60	72.1	136.2	233.3	284.9	357.2		
65	76.8	144.5	243.6	300.5	375.7	503.2	
70	81.6	152.8	256.5	313.2	394.2	527.1	658.2
75	86.3	161.2	269.5	328.9	409.1	551.0	607.5
80		169.5	282.5	344.5	428.6	570.2	716.8
85		177.8	295.5	360.1	446.1	594.1	740.3
90		186.5	308.5	375.8	464.7	617.9	769.6
95		194.4	321.4	391.4	483.2	641.8	799.0
100		202.8	334.4	407	501.7	665.7	828.3
110		219.4	360.4	438.3	538.8	713.5	886.9
120		236.1	386.3	469.6	575.9	761.3	945.6
130		252.7	412.3	500.8	612.9	809.1	1 004.2
140			438.3	532.1	650	856.9	1 062.8
150			464.2	563.4	687.1	904.7	1 121.5
160			490.2	594.6	724.2	952.4	1 180.1
170				625.9	761.2	1 000.2	1 238.7
180				657.2	798.3	1 048.0	1 297.4
190				688.4	835.4	1 095.8	1 356.0
200				719.7	872.4	1 143.6	1 414.7
220				782.2	946.6	1 239.2	1 531.9
240					1 020.7	1 334.7	1 649.2
260						1 430.3	1 766.5

注：l—公称长度

M22、M27 为第二选择系列

标记示例：

粗牙普通螺纹，直径 24 mm，长 80 mm，性能等级为 10.9S 高强度大六角头螺栓；标记为：螺栓 GB 1228—2006，M24×80－10.9S

10.14

② 钢结构用高强度大六角头螺母(GB/T 1229—2006)。

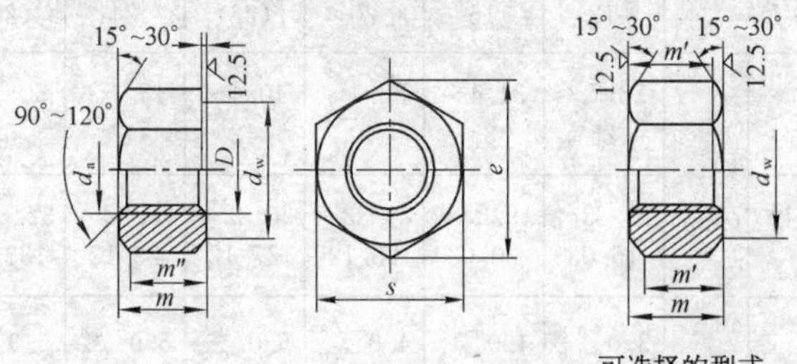

可选择的型式

大六角螺母的尺寸与重量

螺 纹 规 格		M12	M16	M20	(M22)	M24	(M27)	M30
螺距 P		1.75	2	2.5	2.5	3	3	3.5
对边宽度 s		20.16~21	26.16~27	33~34	35~36	40~41	45~46	49~50
垫圈部分高 c		0.4~0.8						
过渡圆直径 d_a		12~13	16~17.3	20~21.6	22~23.8	24~25.9	27~29.1	30~32.4
螺母高 m	(mm)	11.87~12.3	16.4~17.1	19.4~20.7	22.3~23.6	22.9~24.2	26.3~27.6	29.1~30.7
对角宽度 c		22.78	29.56	37.29	39.55	45.20	50.85	55.37
垫圈面直径 d_w		19.2	24.9	31.4	33.3	38.0	42.8	46.5
扳拧高度 m'		9.5	13.1	15.5	17.8	18.3	21.0	23.3
扳拧高度 m''		8.3	11.5	13.6	15.6	16.0	18.4	20.4
支承面垂直度公差		0.29	0.38	0.47	0.50	0.57	0.64	0.70
每1 000个螺母重量	(kg)	27.68	61.51	118.8	146.59	202.7	288.5	374.01

注：带括号的规格为第二选择系列，不推荐采用。

标记示例：

粗牙普通螺纹，直径 20 mm，性能等级为 10H 钢结构用高强度大六角螺母标记为：螺母 GB 1229—2006 M20 - 10H。

③ 钢结构用高强度垫圈(GB/T 1230—2006)。

垫圈尺寸(mm)与重量

规 格 D		12	16	20	(22)	24	(27)	30
内径 d_1	(mm)	13~13.43	17~17.43	21~21.52	23~23.52	25~25.52	28~28.52	31~31.62

(续)

规　格 D		12	16	20	(22)	24	(27)	30
外径 d_2	(mm)	23.7～25	31.4～33	38.4～40	40.4～42	45.4～47	50.1～52	54.1～56
倒角端内径 d_3		15.23～16.03	19.23～20.03	24.32～25.12	26.32～27.12	28.32～29.12	32.84～33.6	35.87～36.64
厚度 s		$3.0^{+0.8}_{-0.5}$	$4.0^{+0.8}_{-0.5}$	$4.0^{+0.8}_{-0.5}$	$5.0^{+0.8}_{-0.5}$	$5.0^{+0.8}_{-0.5}$	$5.0^{+0.8}_{-0.5}$	$5.0^{+0.8}_{-0.5}$
每 1 000 个垫圈重量	(kg)	10.47	23.40	33.55	43.34	55.76	66.52	75.42

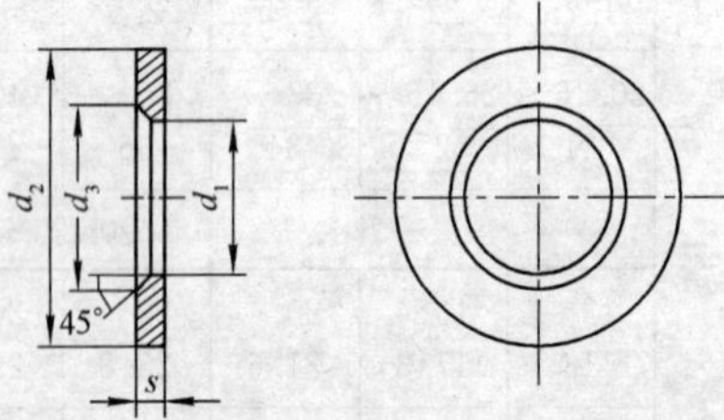

标记示例:公称直径 20 mm、热处理硬度为 35～45HRC 钢结构用高强度垫圈,标记:垫圈 GB 1230—2006。

(2) 钢结构用扭剪型高强度螺栓连接副(GB/T 3632—2008)

① 螺栓连接副形式。

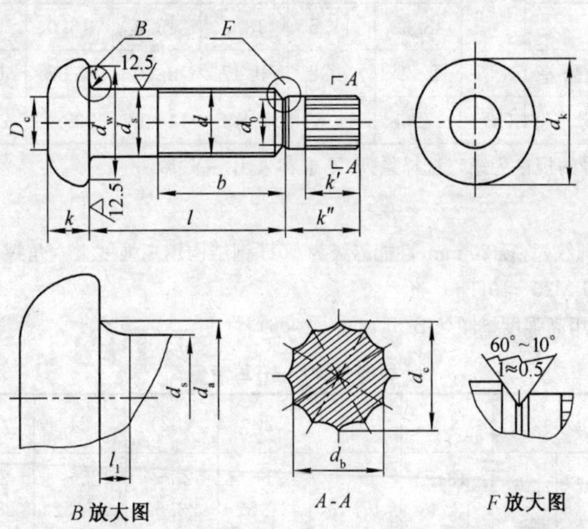

扭剪型高强度螺栓形式与尺寸表(一)

d		M16	M20	(M22)	M24
无螺纹杆径 d_s	公称	16	20	22	24
	最大	16.43	20.52	22.52	24.52
	最小	15.57	19.48	21.48	23.48
头部高度 K	公称	10	13	14	15
	最大	10.57	13.9	14.9	15.9
	最小	9.25	12.1	13.1	14.1
d_a	最大	18.83	24.4	26.4	28.4
r	最小	1.2	1.2	1.2	1.6
K''	最大	17	19	21	23
K'	公称	13	15	16	17
	最大	13.9	15.9	16.9	17.9
	最小	12.1	14.1	15.1	16.1
d_K	最大	30	37	41	44
d_W	最小	27.9	34.5	38.5	41.5
d_S	≈	13	17	18	20
d_b	公称	11.1	13.9	15.4	16.7
	最大	11.3	14.1	15.6	16.9
	最小	11	13.8	15.3	16.6
d_e	≈	12.8	17	18	20
d_0	公称	10.9	13.6	15.1	16.4
	最大	11	13.7	15.2	16.5
	最小	10.8	13.5	15	16.3
I_i	≈	4	5	5.5	6

注：d_s 的测量位置应在距支承面 $d/4$ 处。

扭剪型高强度螺栓形式与尺寸表(二)

(mm)

<table>
<tr><th colspan="3" rowspan="2">L</th><th colspan="4">d</th></tr>
<tr><th>16</th><th>20</th><th>(22)</th><th>24</th></tr>
<tr><th>公称</th><th>最小</th><th>最大</th><th colspan="4">b(不包括螺尾)</th></tr>
<tr><td>40</td><td>38.75</td><td>41.25</td><td rowspan="5">30</td><td></td><td></td><td rowspan="7">45</td></tr>
<tr><td>45</td><td>43.75</td><td>46.25</td><td rowspan="6">35</td><td></td></tr>
<tr><td>50</td><td>48.75</td><td>51.25</td><td rowspan="5">40</td></tr>
<tr><td>55</td><td>53.5</td><td>56.5</td></tr>
<tr><td>60</td><td>58.5</td><td>61.5</td></tr>
<tr><td>65</td><td>63.5</td><td>66.5</td><td></td></tr>
<tr><td>70</td><td>68.5</td><td>71.5</td><td></td></tr>
</table>

（续）

<table>
<tr><th colspan="3" rowspan="2">L</th><th colspan="4">d</th></tr>
<tr><th>16</th><th>20</th><th>（22）</th><th>24</th></tr>
<tr><th>公称</th><th>最小</th><th>最大</th><th colspan="4">b(不包括螺尾)</th></tr>
<tr><td>75</td><td>73.5</td><td>76.5</td><td rowspan="8">35</td><td rowspan="10">40</td><td rowspan="12">45</td><td rowspan="14">50</td></tr>
<tr><td>80</td><td>78.5</td><td>81.5</td></tr>
<tr><td>85</td><td>83.25</td><td>86.75</td></tr>
<tr><td>90</td><td>88.25</td><td>91.75</td></tr>
<tr><td>95</td><td>93.25</td><td>96.75</td></tr>
<tr><td>100</td><td>98.25</td><td>101.75</td></tr>
<tr><td>110</td><td>108.25</td><td>111.75</td></tr>
<tr><td>120</td><td>118.25</td><td>121.75</td></tr>
<tr><td>130</td><td>128</td><td>132</td><td rowspan="6"></td></tr>
<tr><td>140</td><td>138</td><td>142</td></tr>
<tr><td>150</td><td>148</td><td>152</td><td rowspan="4"></td></tr>
<tr><td>160</td><td>156</td><td>164</td></tr>
<tr><td>170</td><td>166</td><td>174</td><td rowspan="2"></td></tr>
<tr><td>180</td><td>176</td><td>184</td></tr>
</table>

注：1. 螺纹长度 b 值在表内虚折线上方的螺栓，允许螺杆上全部制出螺纹。

2. 括号内的规格尽可能不采用。

扭剪型高强度螺栓形式与尺寸表(三)

L(mm)	d			
	16	20	（22）	24
公称	每 1 000 个钢螺栓重量(kg)≈			
40	118.34			
45	126.66	219.63		
50	134.98	232.6	285.87	
55	143.3	245.57	301.49	372.49
60	151.61	258.55	317.12	391.5
65	157.78	271.52	332.75	410.51
70	166.09	284.5	348.37	429.53
75	174.41	294.11	364	448.54
80	182.73	307.08	375.89	467.55
85	191.05	320.06	391.52	481.4
90	199.36	333.03	407.14	500.42
95	207.68	346.01	422.77	519.43
100	216	358.98	438.39	538.44
110	232.63	384.93	469.65	576.46
120	249.26	410.88	500.9	614.49
130		436.82	532.15	652.51
140		462.77	563.4	690.54
150			594.65	728.56
160			625.9	766.58
170				804.61
180				842.63

② 螺母形式与尺寸(摘录自 GB 3632—2008)。

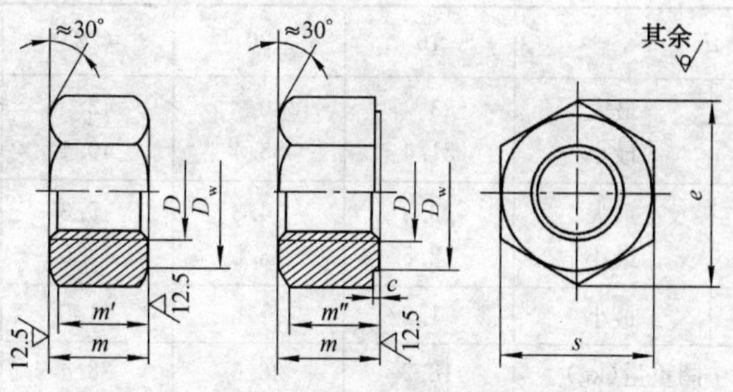

(mm)

D		16	20	(22)	24
s	最大 最小	27 26.16	34 33	36 35	41 40
m	最大 最小	16.4 15.7	20.6 19.5	22.7 21.4	24.7 23.4
c		0.4～0.8			
e	最小	29.56	37.29	39.55	45.2
m'	最小	13.10	15.5	17.8	18.3
m''	最小	11.5	13.6	15.6	16
D_w	最小	24.9	29.5	33.3	38
支承面与螺纹轴心成垂直度		0.43	0.51	0.58	0.66
每 1 000 个钢螺母重量(kg)		57.27	92.12	135.96	189.3

注:1. 括号内的规格,尽可能不采用。
2. D_w 的最大尺寸等于 s 实际尺寸。

③ 钢结构高强度垫圈形式与尺寸(摘录自 GB 3632—2008)。

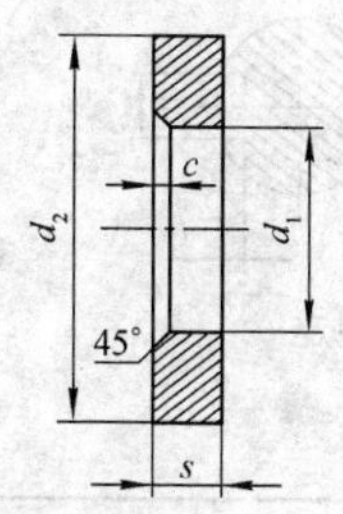

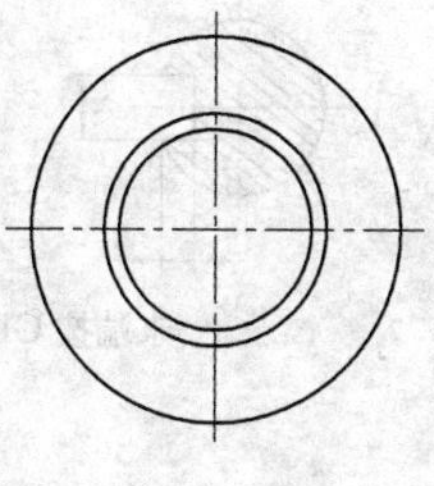

(mm)

d		16	20	(22)	24
d_1	最大 最小	17.7 17	21.84 21	23.84 23	25.84 25

(续)

d		16	20	(22)	24
d_2	最大 最小	33 31.4	40 38.4	42 40.4	47 45.4
S	最大 最小	3.3 2.5	4.3 3.5	5.3 4.5	5.3 4.5
c	最小	1.2	1.6	1.6	1.6
1 000 个钢垫圈重量(kg)		18.2	26.6	28.4	36.7

注：1. 常用的工具有千分表式手动扭矩扳手、带音响式手动扭矩扳手、扭剪型手动扭矩扳手和电动扳手。扳手必须能指示出扭矩值，上班前应校正，下班后校验，误差不大于±5%。

2. 按图纸指定的螺栓规格、型号，领取螺栓连接副，并查看出厂合格证，查看螺栓头上性能等级代号(10.9S 还是 8.8S)，检查螺纹是否损伤，螺栓、螺母、垫圈是否有生锈以及影响高强度螺栓扭矩值的油污、脏物。鉴定合格后才能用于结构。

(3) 钢网架螺栓球节点用高强度螺栓(摘自 GB/T 16939—1997)

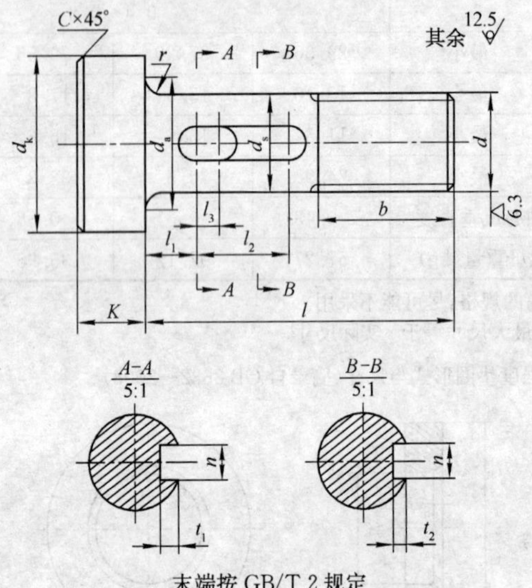

末端按 GB/T 2 规定

① 规格尺寸。

(mm)

螺纹规格 d		M12	M14	M16	M20	M22	M24	M27	M30	M33	M36
P		1.75	2	2	2.5	2.5	3	3	3.5	3.5	4
b	min	15	17	20	25	27	30	33	37	40	44
	max	18.5	21	24	30	32	36	39	44	47	52

（续）

螺纹规格 d		M12	M14	M16	M20	M22	M24	M27	M30	M33	M36
$c \approx$		1.5			2.0			2.5			
d_K	max	18	21	24	30	34	36	41	46	50	55
	min	17.38	20.38	23.38	29.38	33.38	35.38	40.38	45.38	49.38	54.26
d_s	max	12.35	14.35	16.35	20.42	22.42	24.42	27.42	30.42	33.50	36.50
	min	11.65	13.65	15.65	19.58	21.58	23.58	26.58	29.58	32.50	35.50
K	公称	6.4	7.5	10	12.5	14	15	17	18.7	21	22.5
	max	7.15	8.25	10.75	13.4	14.9	15.9	17.9	19.75	22.05	23.55
	min	5.65	6.75	9.25	11.6	13.1	14.1	16.1	17.65	19.95	21.45
r	min	0.8			1.0			1.5			
d_a	max	15.20	17.29	19.20	24.40	26.40	28.40	32.40	35.40	38.40	42.40
l	公称	50	54	62	73	75	82	90	98	101	125
	max	50.80	54.95	62.95	73.95	75.95	83.1	91.1	99.1	102.1	126.25
	min	49.20	53.05	61.05	72.05	74.05	80.9	88.9	96.9	99.9	123.75
l_1	公称	18		22	24			28			43
	max	18.35		22.42	24.42			28.42			43.50
	min	17.65		21.58	23.58			27.58			42.50
l_2	参考	10		13	16		18	20	24		26
l_3		4									
n	max	3.3			5.3			6.3			8.36
	min	3			5			6			8
t_1	max	2.8			3.30			4.38			5.38
	min	2.2			2.70			3.62			4.62
t_2	max	2.3			2.80			3.30			4.38
	min	1.7			2.20			2.70			3.62

螺纹规格 d		M39	M42	M45	M48	M52	M56×4	M60×4	M64×4
P		4	4.5	4.5	5	5	4	4	4
b	min	47	50	55	58	62	66	70	74
	max	55	59	64	68	72	74	78	82
$c \approx$		3.0						3.5	
d_K	max	60	65	70	75	80	90	95	100
	min	59.26	64.26	69.26	74.26	79.26	89.13	94.13	99.13
d_s	max	39.50	42.50	45.50	48.50	52.60	56.60	60.60	64.60
	min	38.50	41.50	44.50	47.50	51.40	55.40	59.40	63.40

(续)

螺纹规格 d		M39	M42	M45	M48	M52	M56×4	M60×4	M64×4
K	公称	25	26	28	30	33	35	38	40
	max	26.05	27.05	29.05	31.05	34.25	36.25	39.25	41.25
	min	23.95	24.95	26.95	28.95	31.75	33.75	36.75	38.75
r	min	2.0					2.5		
d_a	max	45.40	48.60	52.60	56.60	62.60	67.00	71.00	75.00
l	公称	128	136	145	148	162	172	196	205
	max	129.25	137.25	146.25	149.25	163.25	173.25	197.45	206.45
	min	126.75	134.75	143.75	146.75	160.75	170.75	194.55	203.55
l_1	公称	43		48			53		58
	max	43.50		48.50			53.60		58.60
	min	42.50		47.50			52.40		57.40
l_2	参考	26	30			38	42	57	
l_3		4							
n	max	8.36							
	min	8							
t_1	max	5.38							
	min	4.62							
t_2	max	4.38							
	min	3.62							

注：推荐的六角套、封板或锥头底厚及螺栓旋入球体长度等见 GB/T 16939—1997 中附录 A。

表面处理：氧化处理。

② 螺栓性能等级和推荐材料。

螺纹规格 d	性能等级	推荐材料	材料标准编号
M12～M24	10.9S	20MnTiB、40Cr、35CrMo	GB/T 3077
M27～M36		35VB、40Cr、35CrMo	GB/T 16939—1997 中附录 B GB/T 3077
M39～M64×4	9.8S	35CrMo、40Cr	GB 3077

注：性能等级中的“S”表示钢结构用螺栓。

③ 标记示例。

螺纹规格 $d=30$ mm、公称长度 $l=98$ mm、性能等级为 10.9S、表面氧化的钢网架螺栓节点用高强度螺栓的标记：

螺栓　GB/T 16939　M30×98

(4) 栓接结构用大六角头螺栓

① 栓接结构用大六角头螺栓，螺纹长度按 GB/T 3106—C 级—8.8 和 10.9 级，(GB/T 18230.1—2000)

用途：

主要适用于在钢结构件上裸露使用，需要耐风化和抗大气腐蚀，共有七个标准组成，GB/T 18230.1—2000～GB/T 18230.7—2000，其中 GB/T 18230.1～GB/T 18230.2 规定了螺纹规格为 M12～M36，性能等级 8.8 和 10.9 级，产品等级为 C 级的栓结构用大六角头螺栓。

表面处理：

可选用镀锌钝化(GB/T 5267)，镀镉钝化(GB/T 5267)，热浸镀锌(GB/T 3912)和粉末渗锌(GB/T 5067)等，表面处理后应采取驱氢措施。

对具有镀层厚度的内、外螺纹，采取预留间隙、容纳镀层厚度的方法。

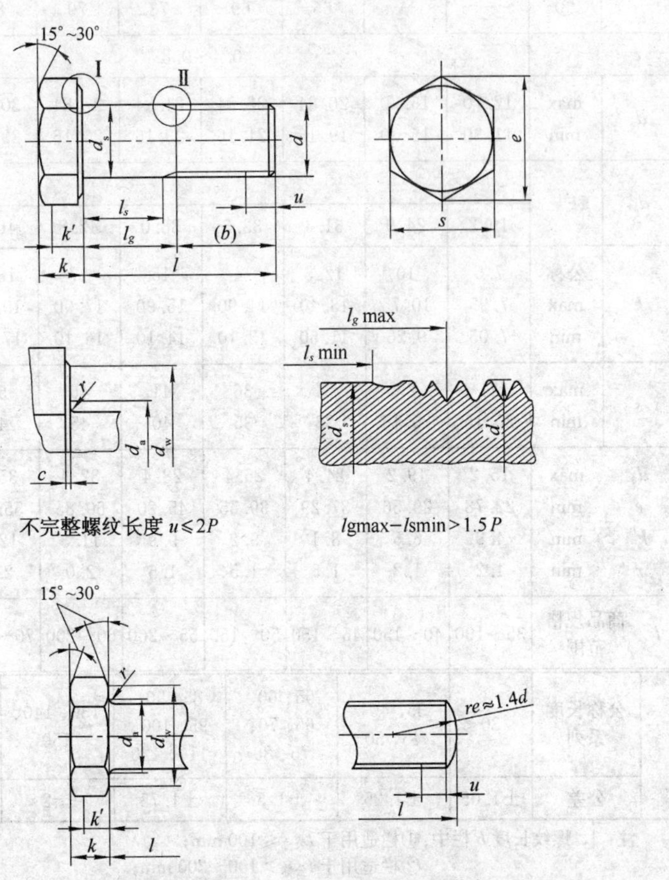

② 标准的配套使用推荐。

组合件	螺栓标准号	螺母标准号	垫圈标准号
配套方式之一	GB/T 18230.1—2000	GB/T 18230.3—2000	GB/T 18230.5—2000
配套方式之二	GB/T 18230.2—2000	GB/T 18230.4—2000	GB/T 18230.5—2000

③ 大六角头螺栓规格参数。

尺寸(mm)									
螺纹规格 d		M12	M16	M20	(M22)	M24	(M27)	M30	M36
螺距 P		1.75	2	2.5	2.5	3	3	3.5	4
b 参考	①	30	38	46	50	54	60	66	78
	②	—	44	52	56	60	66	72	84
	③	—	—	65	69	73	79	85	97
c		0.4～0.8							
d_s	max	12.70	16.70	20.84	22.84	24.84	27.84	30.84	37.00
	min	11.30	15.30	19.16	21.16	23.16	26.16	29.16	35.00
d_w		19.2	24.9	31.4	33.3	38.0	42.8	46.5	55.9
k	公称	7.5	10	12.5	14	15	17	18.7	22.5
	max	7.95	10.75	13.40	14.90	15.90	17.90	19.75	23.55
	min	7.05	9.25	11.60	13.10	14.10	16.10	17.65	21.45
s	max	21	27	34	36	41	46	50	60
	min	20.16	26.16	33	35	40	45	49	58.8
d_a	max	15.2	19.2	24.4	26.4	28.4	32.4	35.4	42.4
e	min	22.78	29.56	37.29	39.55	45.20	50.85	55.37	66.44
k'	min	4.9	6.5	8.1	9.2	9.9	11.3	12.4	15.0
r	min	1.2	1.2	1.5	1.5	1.5	2.0	2.0	2.0
l	商品规格范围	35～100	40～150	45～150	50～150	55～200	60～200	70～200	85～200

l							
	公称长度系列	30	35、40、45、50	55、60、65、70、75、80	85、90、95、100、110、120	130、140、150	160、170、180、190、200
	公差	±1.05	±1.25	±1.5	±1.75	±2	±4

注：1. 螺纹长度 b 栏中：①栏适用于 $l_{公称} \leqslant 100$ mm；
②栏适用于 $l_{公称} > 100 \sim 200$ mm；
③栏适用于 $l_{公称} > 200$ mm。

2. b—螺纹长度；c—垫圈部分高度；d_a—过渡圆直径；d_s—无螺纹杆径；d_w—垫圈面直径；e—对角宽度；k—头部高度；k'—扳拧高度；l—公称长度；l_g—最末一扣完整螺纹至支承面距离；l_s—无螺纹杆部长度；r—圆角半径；s—对边宽度。
3. 表列尺寸,对热浸镀锌螺栓为镀前尺寸。
4. 由于技术原因,M12 不是优选规格。带括号的规格尽量不采用。
5. $l_{gmax}=l_{公称}-b_{参考}$；$l_{smin}=l_{gmax}-3P$。
6. 当 $l_{smin}<0.5d$ 时,即取 $l_{smin}=0.5d$。这时的螺栓采用较短螺纹长度,取 $l_{gmax}=l_{smin}+3P$。
7. 螺栓的性能等级的标志方法：
在螺栓的性能等级符号后面加注“s”,表示“栓接结构用大六角头螺栓”,例：8.8 s或10.9 s;如经供需双方协议,螺栓的镀前螺纹按 6az 外螺纹极限尺寸制造时,在螺栓的性能等级符号后面再加注“U”,例:8.8 sU 或 10.9 sU。
8. GB/T 18230.1—2000 与 GB/T 3106 尺寸相同,后者公差详细。

④ 栓接结构用大六角头螺栓—短螺纹长度—C 级—8.8 和 10.9 级(GB/T 18230.2—2000)。

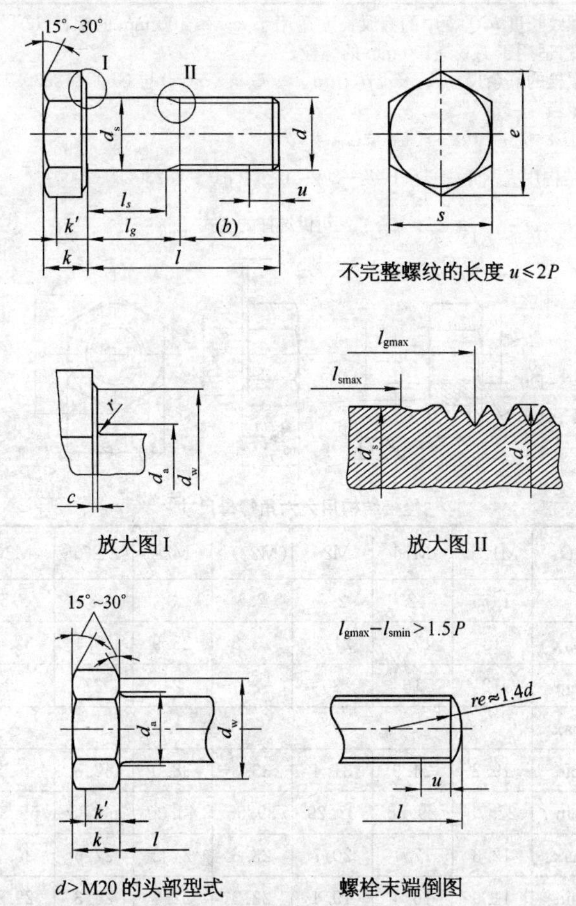

尺寸(mm)									
螺纹规格 d		M12	M16	M20	(M22)	M24	(M27)	M30	M36
螺距 P		1.75	2	2.5	2.5	3	3	3.5	4
螺纹长度 b参考	①	25	31	36	38	41	44	49	56
	②	32	38	43	45	48	51	56	63
l	商品规格 范围	40～100	45～150	55～150	60～150	65～200	70～200	80～200	90～200

l							
l	公称长度	30	35、40、45、50	55、60、65、70、75、80	85、90、95、100、110、120	130、140、150	160、170、180、190、200
	公差	±1.05	±1.25	±1.5	±1.75	±2	±4

注：1. 螺纹长度 b，①栏中的螺纹长度适用于 $l_{公称} \leqslant 100$ mm 的螺栓，②栏中的螺纹长度，适用于 $l_{公称} > 100$ mm 的螺栓。

2. 螺栓的其余尺寸(c、d_a、d_s、d_w、e、k、k'、r、s)与 GB/T 18230.1—2000 规定相当。

3. $l_{gmax} = l_{公称} - b_{参考}$；$l_{smin} = l_{gmax} - 3P$。

⑤ 栓接结构用大六角螺母—B 级—8 和 10 级(GB/T 18230.3—2000)。

可供选择的型式

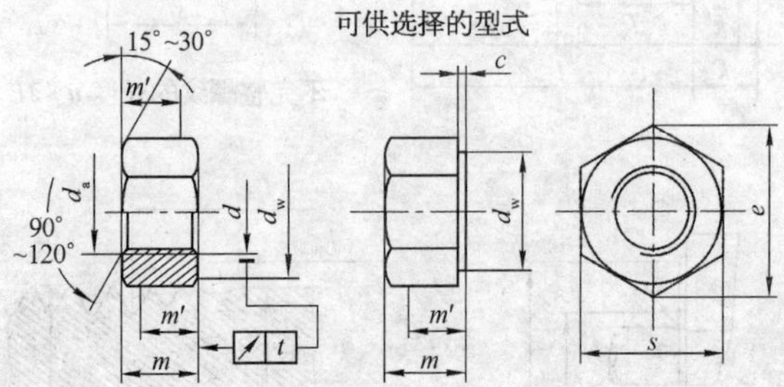

栓接结构用大六角螺母尺寸① (mm)

螺纹规格 D		M12②	M16	M20	(M22)③	M24	(M27)③	M30	M36
P④		1.75	2	2.5	2.5	3	3	3.5	4
d_a	max	13	17.3	21.6	23.8	25.9	29.1	32.4	38.9
	min	12	16	20	22	24	27	30	36
d_w	max	⑤							
	min	19.2	24.9	31.4	33.3	38.0	42.8	46.5	55.9
e	min	22.78	29.56	37.29	39.55	45.20	50.85	55.37	66.44
m	max	12.3	17.1	20.7	23.6	24.2	27.6	30.7	36.6
	min	11.9	16.4	19.4	22.3	22.9	26.3	29.1	35.0

(续)

螺纹规格 D		M12②	M16	M20	(M22)③	M24	(M27)③	M30	M36
m'	min	9.5	13.1	15.5	17.8	18.3	21.0	23.3	28.0
c	max	0.8	0.8	0.8	0.8	0.8	0.8	0.8	0.8
	min	0.4	0.4	0.4	0.4	0.4	0.4	0.4	0.4
s	max	21	27	34	36	41	46	50	60
	min	20.16	26.16	33	35	40	45	49	58.8
t		0.38	0.47	0.58	0.63	0.72	0.80	0.87	1.05

注：① 对热浸镀锌螺母为镀前尺寸。
② 由于技术原因，不是优选规格。
③ 尽可能不采用括号内的规格。
④ P——螺距。
⑤ $d_{wmax}=s_{实际}$。

技术条件和引用标准

材　料		钢
通用技术条件		GB/T 16938
螺纹	公差	6H 或 6AX①
	标准	GB/T 196、GB/T 197
机械性能	级别	8②或 10②
	标准	GB/T 3098.2
公差	产品等级	除 m、c 和支承面垂直度公差外，其余按 B 级
	标准	GB/T 3103.1
表面处理	常规	氧化
	可选择的③	镀锌钝化④(GB/T 5267) 镀镉钝化④(GB/T 5267) 热浸镀锌④(GB/T 13912) 粉末渗锌④(JB/T 5067)
验收及包装		GB/T 90
推荐的配套螺栓		GB/T 18230.1
推荐的配套垫圈		GB/T 18230.5

注：① 为加大热浸镀锌螺母的攻丝尺寸，可采用 6A×螺纹公差带(GB/T 18230.3—2000 中附录 A)，或按供需双方协议提供镀后为 6H 的螺纹。6H 热浸镀锌螺母仅与 8.8SU 或 10.9SU 的螺栓配套使用。
② 保证载荷见 GB/T 18230.3—2000 中第 6 章。
③ 其他表面处理由供需双方协议。
④ 必须有驱氢措施。

⑥ 栓接结构用Ⅰ型大六角螺母—B级—10级(GB/T 18230.4—2000)。

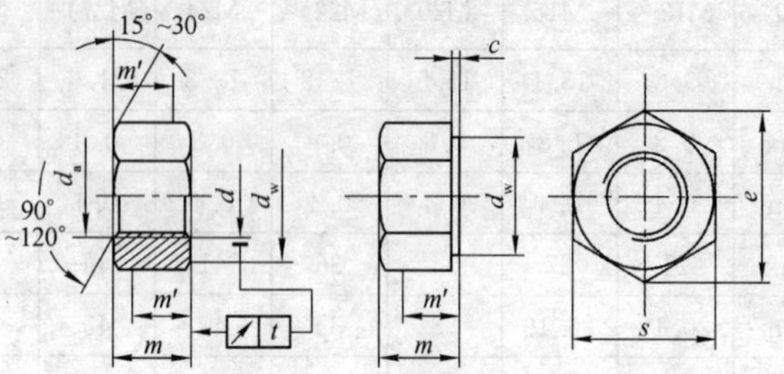

GB/T 18230.4—2000 螺母部分参数

尺 寸(mm)									
螺纹规格 D		M12	M16	M20	(M22)	M24	(M27)	M30	M36
螺 距 P		1.75	2	2.5	2.5	3	3	3.5	4
m	max	10.8	14.8	18	19.4	21.5	23.8	25.6	31
	min	10.37	14.1	16.9	18.1	20.2	22.5	24.3	29.4
m'	min	8.3	11.28	13.52	14.48	16.16	18	19.44	23.52
c	max	0.6	0.8	0.8	0.8	0.8	0.8	0.8	0.8
	min	0.15	0.2	0.2	0.2	0.2	0.2	0.2	0.2

注：1. 上表中为部分参数，其余尺寸与GB/T 18230.3—2000相同。

2. M22、M27尽量不用。

3. 图中符号说明：d_a—倒角口径直径，d_w—垫圈面直径，c—螺母顶角距离，m—螺母高度，m'—扳拧高度。

4. 表列尺寸，对于热镀锌螺母为镀前尺寸。

⑦ 栓接结构用平垫圈—淬火并回火(GB/T 18230.5—2000)。

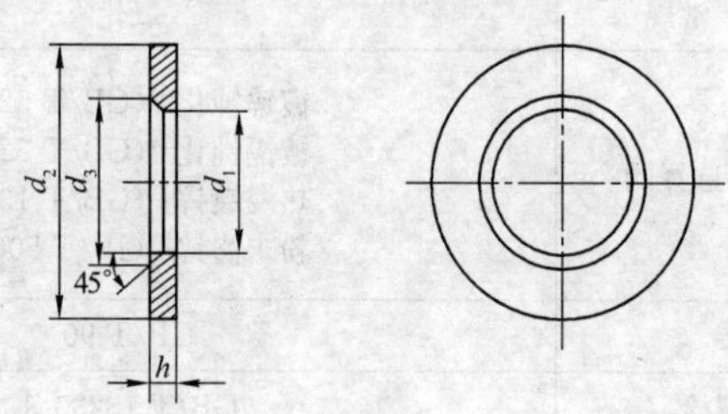

尺 寸(mm)									
公称规格（螺纹大径）		12	16	20	(22)	24	(27)	30	36
平垫圈内径 d_1	min	13	17	21	23	25	28	31	37
	max	13.43	17.43	21.52	23.52	25.52	28.52	31.62	37.62

(续)

尺寸(mm)									
公称规格 (螺纹大径)		12	16	20	(22)	24	(27)	30	36
平垫圈 外径 d_2	min max	23.7 25	31.4 33	38.4 40	40.4 42	45.4 47	50.1 52	54.1 56	64.1 66
平垫圈 厚度 h	公称 min max	3.0 2.5 3.8	4.0 3.5 4.8	4.0 3.5 4.8	5.0 4.5 5.8	5.0 4.5 5.8	5.0 4.5 5.8	5.0 4.5 5.8	5.0 4.5 5.8
沉孔直 径 d_3	min max	15.2 16.04	19.2 20.04	24.4 25.24	26.4 27.44	28.4 29.44	32.4 33.4	35.4 36.4	42.4 43.4

注：(22)、(27)规格尽量不用。

⑧ 栓接结构用Ⅰ型六角螺母—热浸镀锌(加大攻丝尺寸)—A和B级—5、6和8级(GB/T 18230.6—2000)。

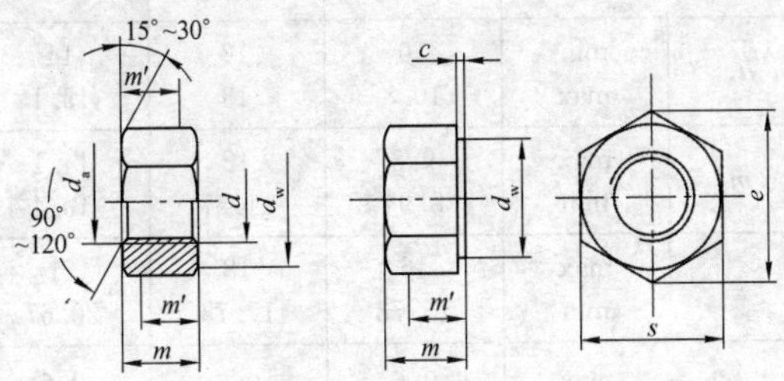

尺寸(mm)									
螺纹规格 D		M10	M12	(M14)	M16	M20	M24	M30	M36
螺　　距 P		1.5	1.75	2	2	2.5	3	3.5	4
沉孔直 径 d_a	min max	10 10.8	12 13	14 15.1	16 17.3	20 21.6	24 25.9	30 32.4	36 38.9
螺母高 度 m	max min	8.4 8.04	10.8 10.37	12.8 12.1	14.8 14.1	18 16.9	21.5 20.2	25.6 24.3	31 29.4
对边宽 度 S	max min	16 15.73	18 17.73	21 20.67	24 23.67	30 29.16	36 35	46 45	55 53.8
c d_w e m'	max min min min	0.6 14.6 17.77 6.43	0.6 16.6 20.03 8.3	0.6 19.6 23.35 9.68	0.8 22.5 26.75 11.28	0.8 27.7 32.95 13.52	0.8 33.2 39.55 16.16	0.8 42.7 50.85 19.44	0.8 51.1 60.79 23.52

注：1. (M14)规格尽量不用。

2. 表中：c—垫圈部分高度；d_w—垫圈面直径；e—对角宽度；m'—扳拧高度。

3. GB/T 18230.6和GB/T 18230.7螺母标准是配合热浸镀锌的六角螺母、螺栓采用镀后加大攻丝尺寸，以保证螺纹连接副的旋合。

⑨ 栓接结构用 2 型六角螺母—热浸镀锌(加大攻丝尺寸)—A 级—9 级(GB/T 18230.7—2000)。

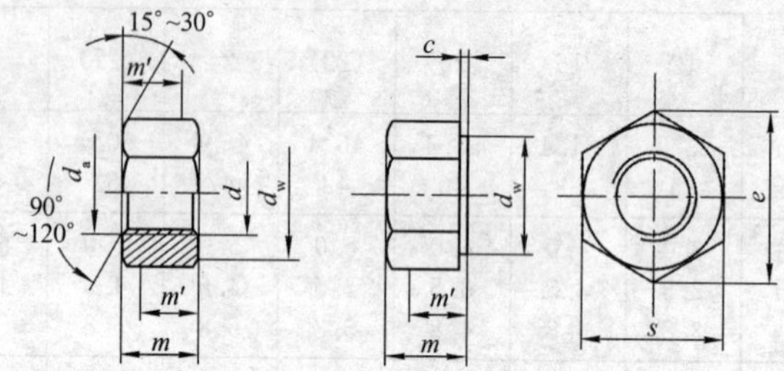

可供选择的型式

尺寸(mm)						
螺纹规格	D		M10	M12	(M14)	M16
螺距	P		1.5	1.75	2	2
沉孔直径	d_a	min	10	12	14	16
		max	10.8	13	15.1	17.3
螺母高度	m	max	9.3	12	14.1	16.4
		min	8.94	11.57	13.4	15.7
对边宽度	s	max	16	18	21	24
		min	15.73	17.73	20.67	23.67
垫圈部分高度	c	max	0.6	0.6	0.6	0.8
垫圈面直径	d_w	min	14.6	16.6	19.6	22.5
对角宽度	e	min	17.77	20.03	23.35	26.75
扳拧高度	m′	min	7.15	9.26	10.7	12.6

注：1. (M14)规格尽量不采用。

2. 内容见上表注 2、注 3。

6. 机械用六角头螺栓和方头螺栓

(1) 六角头螺栓—全螺纹—C 级(摘自 GB/T 5781—2000)

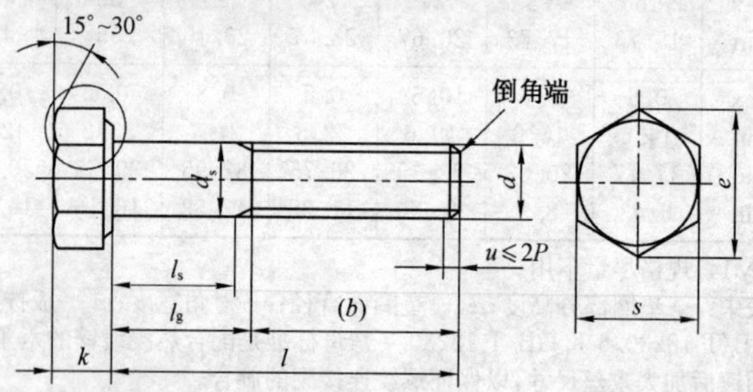

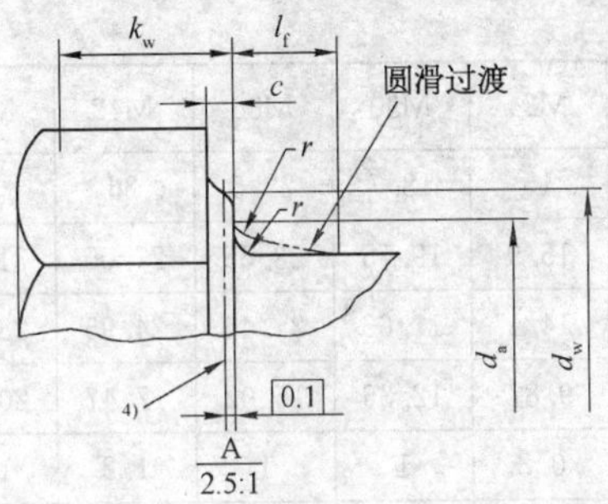

① 规格。

(mm)

螺纹规格 d		M5	M6	M8	M10	M12	M16	M20
螺距 P		0.8	1	1.25	1.5	1.75	2	2.5
a	max	2.4	3	4.00	4.5	5.30	6	7.5
	min	0.8	1	1.25	1.5	1.75	2	2.5
c	max	0.5	0.5	0.6	0.6	0.6	0.8	0.8
d_a	max	6	7.2	10.2	12.2	14.7	18.7	24.4
d_w	min	6.74	8.74	11.47	14.47	16.47	22	27.7
e	min	8.63	10.89	14.2	17.59	19.85	26.17	32.95
k	公称	3.5	4	5.3	6.4	7.5	10	12.5
	max	3.875	4.375	5.675	6.85	7.95	10.75	13.4
	min	3.125	3.625	4.925	5.95	7.05	9.25	11.6
k_w	min	2.19	2.54	3.45	4.17	4.94	6.48	8.12
r	min	0.2	0.25	0.4	0.4	0.6	0.6	0.8
s	公称=max	8.00	10.00	13.00	16.00	18.00	24.00	30.00
	min	7.64	9.64	12.57	15.57	17.57	23.16	29.16
螺纹规格 d		M24	M30	M36	M42	M48	M56	M64
螺距 P		3	3.5	4	4.5	5	5.5	6
a	max	9	10.5	12	13.5	15	16.5	18
	min	3	3.5	4	4.5	5	5.5	6
c	max	0.8	0.8	0.8	1	1	1	1
d_a	max	28.4	35.4	42.4	48.6	56.6	67	75
d_w	min	33.25	42.75	51.11	59.95	69.45	78.66	88.16
e	min	39.55	50.85	60.79	71.3	82.6	93.56	104.86

(续)

螺纹规格 d		M24	M30	M36	M42	M48	M56	M64
k	公称	15	18.7	22.5	26	30	35	40
	max	15.9	19.75	23.55	27.05	31.05	36.25	41.25
	min	14.1	17.65	21.45	24.95	28.95	33.75	38.75
k_w	min	9.87	12.36	15.02	17.47	20.27	23.63	27.13
r	min	0.8	1	1	1.2	1.6	2	2
s	公称 max	36	46	55.0	65.0	75.0	85.0	95.0
	min	35	45	53.8	63.1	73.1	82.8	92.8

注：螺纹公差：8 g。机械性能等级：$d \leqslant 39$ mm，3.6，4.6，4.8；$d > 39$ mm，按协议。
表面处理：电镀技术要求按 GB/T 5267。

② 六角头螺栓—全螺纹—C 级的长度和重量。

l	G	l	G	l	G	l	G	l	G
M5		M8		M10		M14		M16	
10	2.54	16	10.46	60	39.77	30	52.73	55	107.2
12	2.78	20	11.71	65	42.24	35	57.64	60	113.8
16	3.26	25	13.28	70	44.71	40	62.55	65	120.4
20	3.75	30	14.84	80	49.65	45	67.45	70	126.9
25	4.35	35	16.41	90	54.60	50	72.36	80	140.1
30	4.96	40	17.97	100	59.54	55	77.27	90	153.2
35	5.56	45	19.54	M12		60	82.17	100	166.4
40	6.17	50	21.10	25	33.00	65	87.08	110	179.5
45	6.77	55	22.67	30	36.59	70	91.99	120	192.7
50	7.38	60	24.23	35	40.17	80	101.8	130	205.8
M6		65	25.80	40	43.76	90	111.6	140	219.0
12	4.49	70	27.37	45	47.34	100	121.4	150	232.1
16	5.18	80	30.50	50	50.93	110	131.2	160	245.3
20	5.87	M10		55	54.52	120	141.1	M18	
25	6.73	20	19.99	60	58.10	130	150.9	35	108.5
30	7.60	25	22.46	65	61.69	140	160.7	40	116.7
35	8.46	30	24.93	70	65.27	M16		45	124.8
40	9.32	35	27.40	80	72.45	30	74.37	50	133.0
45	10.19	40	29.88	90	79.62	35	80.94	55	141.2
50	11.05	45	32.35	100	86.79	40	87.51	60	149.4
55	11.91	50	34.82	110	93.96	45	94.08	65	157.5
60	12.77	55	37.29	120	101.1	50	100.7	70	165.7

(续)

l	G
M18	
80	182.1
90	198.4
100	214.8
110	231.1
120	247.5
130	263.8
140	280.2
150	296.5
160	312.9
180	345.6
M20	
40	151.7
45	162.0
50	172.3
55	182.6
60	192.9
65	203.2
70	213.5
80	234.1
90	254.7
100	275.4
110	296.0
120	316.6
130	337.2
140	357.8
150	378.4
160	399.0
180	440.3
200	481.5
M22	
45	213.5
50	226.1
55	238.8
60	251.5
65	264.2
70	276.9
80	302.3

l	G
M22	
90	327.6
100	353.0
110	378.4
120	403.7
130	429.1
140	454.5
150	479.8
160	505.2
180	556.0
200	606.7
220	657.4
M24	
50	268.1
55	283.0
60	297.8
65	312.7
70	327.5
80	357.2
90	386.9
100	416.5
110	446.3
120	476.0
130	505.7
140	535.4
150	565.1
160	594.8
180	654.1
200	713.5
220	772.9
240	832.3
M27	
55	388.2
60	407.3
65	426.5
70	445.7
80	484.1
90	522.4

l	G
M27	
100	560.8
110	569.2
120	637.5
130	675.9
140	714.3
150	752.7
160	791.0
180	867.8
200	944.5
220	1 021
240	1 098
260	1 175
280	1 251
M30	
60	528.7
65	552.2
70	575.7
80	622.7
90	669.7
100	716.7
110	763.7
120	810.7
130	857.8
140	904.8
150	951.8
160	998.8
180	1 093
200	1 187
220	1 281
240	1 375
260	1 469
280	1 563
300	1 657
M33	
65	703.9
70	732.8
80	790.6

l	G
M33	
90	848.4
100	906.2
110	964.0
120	1 022
130	1 080
140	1 137
150	1 195
160	1 223
180	1 368
200	1 184
220	1 600
240	1 715
260	1 831
280	1 946
300	2 062
320	2 177
340	2 293
360	2 409
M36	
70	902
80	970.3
90	1 039
100	1 107
110	1 175
120	1 243
130	1 312
140	1 380
150	1 448
160	1 517
180	1 653
200	1 790
220	1 926
240	2 063
260	2 199
280	2 336
300	2 473
320	2 609
340	2 746

l	G
M36	
360	2 882
M39	
80	1 212
90	1 293
100	1 374
110	1 455
120	1 537
130	1 618
140	1 699
150	1 780
160	1 861
180	2 024
200	2 186
220	2 348
240	2 510
260	2 673
280	2 835
300	2 997
320	3 160
340	3 322
360	3 484
380	3 647
400	3 809
M42	
80	1 422
90	1 516
100	1 600
110	1 703
120	1 796
130	1 890
140	1 983
150	2 077
160	2 171
180	2 358
200	2 545
220	2 732
240	2 919

（续）

l	G	l	G	l	G	l	G	l	G
M42		M45		M52		M52		M60	
260	3 106	420	5 402	120	3 059	240	5 605	380	9 329
280	3 293	440	5 619	130	3 205	260	5 942	400	9 720
300	3 480	M48		140	3 351	280	6 279	420	10 110
320	3 667			150	3 496	300	6 616	440	10 501
340	3 854	100	2 271	160	3 642	320	6 953	460	10 891
360	4 041	110	2 394	180	3 933	340	7 290	480	11 282
380	4 228	120	2 516	200	4 225	360	7 627	500	11 672
400	4 415	130	2 639	220	4 516	380	7 964	M64	
420	4 602	140	2 762	240	4 807	400	8 301		
M45		150	2 884	260	5 099	420	8 638	120	4 902
		160	3 007	280	5 390	440	8 975	130	5 123
90	1 822	180	3 253	300	5 682	460	9 312	140	5 346
100	1 930	200	3 498	320	5 973	480	9 649	150	5 567
110	2 039	220	3 743	340	6 264	500	9 986	160	5 788
120	2 147	240	3 989	360	6 556	M60		180	6 231
130	2 256	260	4 234	380	6 847			200	6 674
140	2 364	280	4 480	400	7 139	120	4 251	220	7 117
150	2 473	300	4 725	420	7 430	130	4 447	240	7 561
160	2 581	320	4 970	440	7 721	140	4 642	260	8 004
180	2 798	340	5 216	460	8 013	150	4 837	280	8 447
200	3 015	360	5 461	480	8 304	160	5 033	300	8 890
220	3 232	380	5 707	500	8 596	180	5 423	320	9 333
240	3 449	400	5 952	110	3 414	200	5 814	340	9 776
260	3 666	420	6 197	120	3 583	220	6 204	360	10 219
280	3 883	440	6 442	130	3 751	240	6 595	380	10 662
300	4 100	460	6 688	140	3 920	260	6 985	400	11 106
320	4 317	480	6 934	150	4 088	280	7 276	420	11 549
340	4 524	M52		160	4 257	300	7 767	440	11 992
360	4 751			180	4 594	320	8 157	460	12 435
380	4 968	100	2 768	200	4 931	340	8 548	480	12 878
400	5 185	110	2 913	220	5 268	360	8 938	500	13 321

注：l—公称长度(mm)；G—每千件螺栓大致重量：(kg)

③ 标记示例。

螺栓规格 M12，公称长度 l=80 mm，性能等级为 4.8 级，不经表面处理、全螺纹、产品等级为 C 级的六角头螺栓的标记：螺栓 GB/T 5781　M12×80

(2) 六角头螺栓(摘自 GB/T 5782—2000)

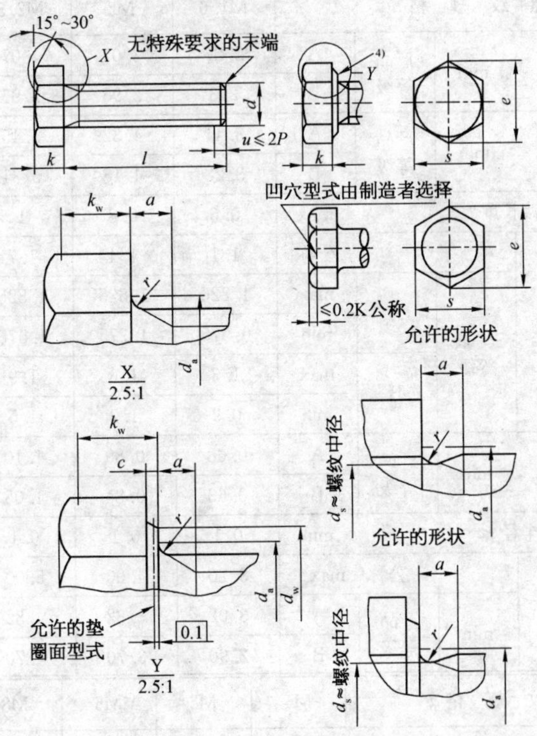

该产品的旧标准(GB/T 5782—1986)名称为"六角头螺栓—A和B级"。

① 优选的螺纹尺寸。 (mm)

螺纹规格 d				M1.6	M2	M2.5	M3
螺距 P				0.35	0.4	0.45	0.5
螺纹长度 b（参考）			2)	9	10	11	12
			3)	15	16	17	18
			4)	28	29	30	31
垫圈部分高度 c			max	0.25	0.25	0.25	0.40
			min	0.10	0.10	0.10	0.15
过渡圆直径 d_a			max	2	2.6	3.1	3.6
无螺纹杆径 d_s	公称=max			1.60	2.00	2.50	3.00
	min	产品等级	A	1.46	1.86	2.36	2.86
			B	1.35	1.75	2.25	2.75

（续）

螺纹规格 d				M1.6	M2	M2.5	M3
垫圈面直径 d_w	min	产品等级	A	2.27	3.07	4.07	4.57
			B	2.3	2.95	3.95	4.45
对角宽度 e	min	产品等级	A	3.41	4.32	5.45	6.01
			B	3.28	4.18	5.31	5.88
过渡长度 l_f			max	0.6	0.8	1	1
头部高度 k			公称	1.1	1.4	1.7	2
	产品等级	A	max	1.225	1.525	1.825	2.125
			min	0.975	1.275	1.575	1.875
		B	max	1.3	1.6	1.9	2.2
			min	0.9	1.2	1.5	1.8
扳拧高度 k_w	min	产品等级	A	0.68	0.89	1.10	1.31
			B	0.63	0.84	1.05	1.26
头下圆角半径 r			min	0.1	0.1	0.1	0.1
对边宽度 s	公称＝max			3.20	4.00	5.00	5.50
	min	产品等级	A	3.02	3.82	4.82	5.32
			B	2.90	3.70	4.70	5.20

螺纹规格 d				M4	M5	M6	M8	M10
螺距 P				0.7	0.8	1	1.25	1.5
螺纹长度 b 参考			2)	14	16	18	22	26
			3)	20	22	24	28	32
			4)	33	35	37	41	45
垫圈部分高度 c			max	0.40	0.50	0.50	0.60	0.60
			min	0.15	0.15	0.15	0.15	0.15
过渡圆直径 d_a			max	4.7	5.7	6.8	9.2	11.2
无螺纹杆径 d_s	公称＝max			4.00	5.00	6.00	8.00	10.00
	min	产品等级	A	3.82	4.82	5.82	7.78	9.78
			B	3.70	4.70	5.70	7.64	9.64
垫圈面直径 d_w		产品等级	A	5.88	6.88	8.88	11.63	14.63
			B	5.74	6.74	8.74	11.47	14.47
对角宽度 e		产品等级	A	7.66	8.79	11.05	14.38	17.77
			B	7.50	8.63	10.89	14.20	17.59

（续）

螺纹规格 d				M4	M5	M6	M8	M10
过渡长度 l_f			max	1.2	1.2	1.4	2	2
头部高度 k			公称	2.8	3.5	4	5.3	6.4
	产品等级	A	max	2.925	3.65	4.15	5.45	6.58
			min	2.675	3.35	3.85	5.15	6.22
		B	max	3.0	3.26	4.24	5.54	6.69
			min	2.6	2.35	3.76	5.06	6.11
扳拧高度 k_w	min	产品等级	A	1.87	2.35	2.70	3.61	4.35
			B	1.82	2.28	2.63	3.54	4.28
头下圆角半径 r			min	0.2	0.2	0.25	0.4	0.4
对边宽度 s	公称=max			7.00	8.00	10.00	13.00	16.00
	min	产品等级	A	6.78	7.78	9.78	12.73	15.73
			B	6.64	7.64	9.64	12.57	15.57

注：1. 材料：钢、不锈钢、有色金属。

2. 产品等级：$d \leqslant 24$ mm 和 $l \leqslant 10d$ 或 $l \leqslant 150$ mm（按较小值），为 A 级；$d \geqslant 24$ mm 或 $l \geqslant 10d$ 或 $l \geqslant 150$ mm（按较小值），为 B 级。

② 六角头螺栓的长度和重量。

l	G
M1.6	
12	0.21
16	0.27
M2	
16	0.45
20	0.55
M2.5	
16	0.76
20	0.91
25	1.10
M3	
20	1.31
25	1.58
30	1.86

l	G
M3.5	
20	1.75
25	2.13
30	2.50
35	2.88
M4	
25	2.88
30	3.38
35	3.87
40	4.36
M5	
25	4.55
30	5.32
35	6.09
40	6.87

l	G
M5	
45	7.64
50	8.41
M6	
30	7.99
35	9.10
40	10.21
45	11.32
50	12.43
55	13.54
60	14.65
M8	
40	19.02
45	21.01
50	22.99

l	G
M8	
55	24.96
60	26.93
65	28.91
70	30.88
80	34.83
M10	
45	33.92
50	37.00
55	40.09
60	43.17
65	46.25
70	49.34
80	55.50
90	61.67
100	67.84

l	G
M12	
50	53.08
55	57.52
60	61.96
65	66.40
70	70.84
80	79.72
90	88.60
100	97.48
110	106.4
120	115.2
M14	
60	86.96
65	93.0
70	99.04
80	111.1

（续）

l	G
M14	
90	123.2
100	135.3
110	147.4
120	159.5
130	170.2
140	182.3
M16	
65	126.5
70	134.3
80	150.1
90	165.9
100	181.7
110	197.5
120	213.3
130	227.5
140	243.3
150	259.1
160	274.9
M18	
70	173.2
80	193.2
90	213.2
100	233.2
110	253.2
120	273.1
130	290.9
140	310.9
150	330.9
160	350.9
180	390.8
M20	
80	245.1
90	269.8
100	294.5
110	319.1
120	343.8
130	366.0
140	390.7
150	415.4
160	440
180	489.4
200	538.7
M22	
90	274.9
100	304.8
110	334.6
120	364.5
130	391.6
140	421.6
150	451.3
160	481.2
180	540
200	600.6
220	654.5
M24	
90	401.5
100	437.0
120	508.1
130	540.1
140	575.6
150	611.2
160	646.7
180	717.7
200	788.8
220	852.2
240	923.3
M27	
100	577.0
110	621.9
120	666.9
130	707.9
140	752.9
150	797.8
160	842.8
180	932.7
200	1 023
220	1 104
240	1 194
260	1 284
M30	
110	785.8
120	841.4
130	891.8
140	947.3
150	1 003
160	1 058
180	1 169
200	1 280
220	1 380
240	1 491
260	1 602
280	1 713
300	1 824
M33	
130	1 103
140	1 167
150	1 232
160	1 297
180	1 426
200	1 555
220	1 676
240	1 805
260	1 934
280	2 064
300	2 193
320	2 322
M36	
140	1 421
150	1 501
160	1 581
180	1 741
200	1 901
220	2 046
240	2 205
260	2 365
280	2 525
300	2 685
320	2 845
340	3 005
360	3 165
M39	
150	1 818
160	1 909
180	2 090
200	2 272
220	2 441
240	2 623
260	2 805
280	2 985
300	3 168
320	3 350
340	3 531
360	3 713
380	3 895
M42	
160	2 233
180	2 450
200	2 668
220	2 866
240	3 083
260	3 301
280	3 518
300	3 736
320	3 953
340	4 171
360	4 389
380	4 606
400	4 824
420	5 041
440	5 259
M45	
180	3 332
200	3 575
220	3 855
240	4 093
260	4 336
280	4 578
300	4 821
320	5 064
340	5 307
360	5 550
380	5 793
400	6 036
420	6 279
440	6 522
M48	
180	3 342
200	3 626
220	3 885
240	4 160
260	4 454
280	4 738
300	5 022
320	5 306
340	5 590
360	5 875
380	6 159
400	6 443
420	6 727

（续）

l	G	l	G	l	G	l	G	l	G
M48		M52		M56		M60		M64	
440	7 011	380	7 215	340	7 727	300	8 035	280	8 745
460	7 295	400	7 539	360	8 114	320	8 469	300	9 251
480	7 580	420	7 863	380	8 500	340	8 902	320	9 756
M52		440	8 187	400	8 887	360	9 335	340	10 261
200	4 319	460	8 511	420	9 274	380	9 768	360	10 766
220	4 622	480	8 835	440	9 661	400	10 201	380	11 271
240	4 946	M56		460	10 048	420	10 634	400	11 777
260	5 270	220	5 406	480	10 434	440	11 067	420	12 282
280	5 594	240	5 793	500	10 821	460	11 500	440	12 787
300	5 919	260	6 180	M60		480	11 934	460	13 292
320	6 243	280	6 566	240	6 736	500	12 367	480	13 797
340	6 567	300	6 953	260	7 149	M64		500	14 303
360	6 891	320	7 340	280	7 602	260	8 240		

注：l—公称长度(mm)，G—每千件螺栓大约重量(kg)

③ 标记示例。

螺纹规格 d=M12，公称长度 l=80 mm，性能等级为 8.8 级，表面氧化、产品等级为 A 级的六角头螺栓的标记：

螺栓 GB/T 5782　M12×80

(3) 六角头螺栓—全螺纹(摘自 GB/T 5783—2000)

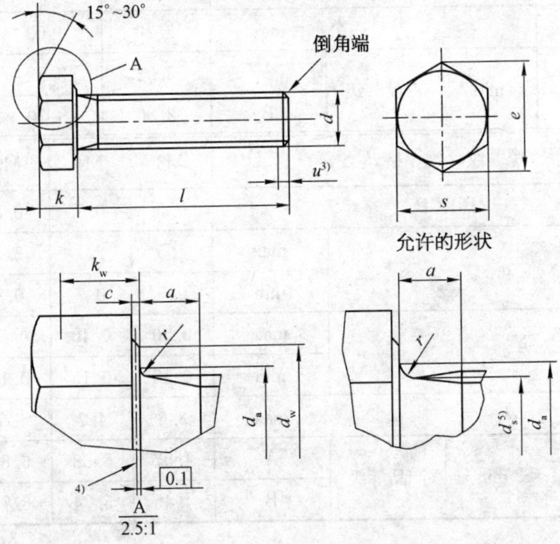

① 优选的螺纹尺寸。

（mm）

螺纹规格 d				M1.6	M2	M2.5
P[1)]				0.35	0.4	0.45
a			max[2)]	1.05	1.2	1.35
			min	0.35	0.4	0.45
c			max	0.25	0.25	0.25
			min	0.10	0.10	0.10
d_a			max	2	2.6	3.1
d_w	min	产品等级	A	2.27	3.07	4.07
			B	2.30	2.95	3.95
e	min	产品等级	A	3.41	4.32	5.45
			B	3.28	4.18	5.31
k	公称			1.1	1.4	1.7
	产品等级	A	max	1.225	1.525	1.825
			min	0.975	1.275	1.575
		B	max	1.3	1.6	1.9
			min	0.9	1.2	1.5
k_w	min	产品等级	A	0.68	0.89	1.10
			B	0.63	0.84	1.05
r			min	0.1	0.1	0.1
s	公称=max			3.20	4.00	5.00
	min	产品等级	A	3.02	3.82	4.82
			B	2.90	3.70	4.70

螺纹规格 d				M3	M4	M5	M6
螺距 P				0.5	0.7	0.8	1
a			max	1.5	2.1	2.4	3
			min	0.5	0.7	0.8	1
c			max	0.40	0.40	0.50	0.50
			min	0.15	0.15	0.15	0.15
d_a			max	3.6	4.7	5.7	6.8
d_w	min	产品等级	A	4.57	5.88	6.88	8.88
			B	4.45	5.74	6.74	8.74

（续）

螺纹规格 d				M3	M4	M5	M6
e	min	产品等级	A	6.01	7.66	8.79	11.05
			B	5.88	7.50	8.63	10.89
k	公称			2	2.8	3.5	4
	产品等级	A	max	2.125	2.925	3.65	4.15
			min	1.875	2.675	3.35	3.85
		B	max	2.2	3.0	3.74	4.24
			min	1.8	2.6	3.26	3.76
k_w	min	产品等级	A	1.31	1.87	2.35	2.70
			B	1.26	1.82	2.28	2.63
r			min	0.1	0.2	0.2	0.25
S	公称＝max			5.50	7.00	8.00	10.00
	min	产品等级	A	5.32	6.78	7.78	9.78
			B	5.20	6.64	7.64	9.64

注：1. 材料：钢、不锈钢，有色金属。

2. 公差：产品等级 $d \leqslant 24$ mm 和 $l \leqslant 10d$ 或 $l \leqslant 150$ mm（按较小值）：A；$d > 24$ mm 或 $l > 10d$ 或 $l > 150$ mm（按较小值）：B。标准：GB/T 3103.1。

② 六角头螺栓的长度和重量。

l	G	l	G	l	G	l	G	l	G
M1.6		M2		M2.5		M3		M4	
2	0.08	5	0.21	12	0.60	25	1.43	8	1.43
3	0.10	6	0.23	16	0.72	30	1.64	10	1.58
4	0.11	8	0.27	20	0.83	M3.5		12	1.73
5	0.12	10	0.30	25	0.98			16	2.03
6	0.13	12	0.34	M3		8	0.98	20	2.33
8	0.15	16	0.41			10	1.10	25	2.71
10	0.17	M2.5		6	0.62	12	1.22	30	3.09
12	0.19			8	0.70	16	1.45	35	3.46
16	0.24	5	0.40	10	0.79	20	1.68	40	3.84
M2		6	0.43	12	0.88	25	1.97	M5	
		8	0.48	16	1.05	30	2.26		
4	0.20	10	0.54	20	1.22	35	2.55	10	2.57

（续）

l	G
M5	
12	2.81
16	3.30
20	3.78
25	4.39
30	4.99
35	5.60
40	6.20
45	6.81
50	7.41
M6	
12	4.54
16	5.23
20	5.92
25	6.78
30	7.65
35	8.51
40	9.37
45	10.24
50	11.10
55	11.96
60	12.83
M8	
16	10.57
20	11.82
25	13.38
30	14.95
35	16.51
40	18.08
45	19.64
50	21.21
55	22.78
60	24.34
65	25.91
70	27.47
80	30.60
M10	
20	20.15
25	22.62
30	25.10
35	27.57
40	30.04
45	32.51
50	34.98
55	37.46
60	39.93
65	42.40
70	44.87
80	49.82
90	54.76
100	59.71
M12	
25	33.22
30	36.81
35	40.40
40	43.98
45	47.57
50	51.15
55	54.74
60	58.33
65	61.91
70	65.50
80	72.67
90	79.84
100	87.01
110	94.19
120	101.4
M14	
30	53.87
35	58.78
40	63.69
45	68.59
50	73.50
55	78.41
60	83.31
65	88.22
70	93.13
80	102.9
90	112.8
100	122.6
110	132.4
120	142.6
130	152.0
140	161.8
M16	
30	75.91
35	82.49
40	89.08
45	95.66
50	102.3
55	108.8
60	115.4
65	122.0
70	128.5
80	141.8
90	154.9
100	168.1
110	181.3
120	194.5
130	207.6
140	220.8
150	234
160	247.2
180	273.6
200	300
M18	
35	110.4
40	118.5
45	126.7
50	134.9
55	143.1
60	151.2
65	159.4
70	167.6
80	184
90	200.3
100	216.7
110	233.0
120	249.4
130	265.7
140	282.1
150	298.4
160	314.7
180	331
200	347.3
M20	
40	154
45	164.3
50	174.6
55	184.9
60	195.2
65	205.5
70	215.8
80	236.4
90	257.0
100	277.6
110	298.3
120	318.9
130	339.5
140	360.1
150	380.7
160	401.3
180	442.5
200	483.7
M22	
45	215.5
50	228.2
55	240.9
60	253.4
65	266.3
70	279.0
80	304.3
90	329.7
100	355.1
110	380.5
120	405.8
130	431.2
140	456.6
150	481.9
160	507.3
180	558.1
200	608.8
M24	
50	270.5
55	285.4
60	300.2
65	315.1
70	329.9
80	359.6
90	389.3
100	419.0
110	448.7
120	478.4
130	508.1
140	537.8
150	567.4
160	597.1
180	656.5

(续)

l	G
M24	
200	715.9
M27	
55	387.9
60	407
65	426.2
70	445.4
80	483.8
90	522.1
100	560.5
110	598.9
120	637.2
130	675.6
140	714.0
150	752.4
160	790.7
180	867.5
200	944.2
M30	
60	528.3
65	551.8
70	575.3
80	622.3
90	669.3
100	716.3
110	763.3
120	810.4
130	857.4
140	904.4
150	951.4

l	G
M30	
160	998.4
180	1 092
200	1 186
M33	
65	703.5
70	732.4
80	790.2
90	847.9
100	905.7
110	963.5
120	1 021
130	1 079
140	1 137
150	1 195
160	1 252
180	1 368
200	1 484
M36	
70	901.5
80	969.8
90	1 038
100	1 106
110	1 175
120	1 243
130	1 311
140	1 379
150	1 448
160	1 516
180	1 653

l	G
M36	
200	1 789
M39	
80	1 211
90	1 292
100	1 373
110	1 454
120	1 536
130	1 617
140	1 698
150	1 779
160	1 860
180	2 023
200	2 185
M42	
80	1 421
90	1 515
100	1 608
110	1 702
120	1 795
130	1 889
140	1 982
150	2 076
160	2 169
180	2 356
200	2 543
M45	
90	2 156
100	2 301

l	G
M45	
110	2 447
120	2 593
130	2 738
140	2 884
150	3 030
160	3 175
180	3 467
200	3 758
M48	
100	2 269
110	2 392
120	2 515
130	2 636
140	2 760
150	2 883
160	3 006
180	3 251
200	3 496
M52	
100	2 766
110	2 912
120	3 057
130	3 203
140	3 349
150	3 494
160	3 640
180	3 932

l	G
M52	
200	4 223
M56	
110	3 415
120	3 584
130	3 752
140	3 921
150	4 089
160	4 258
180	4 595
200	4 932
M60	
120	4 249
130	4 444
140	4 639
150	4 835
160	5 030
180	5 421
200	5 811
M64	
120	4 899
130	5 121
140	5 343
150	5 564
160	5 786
180	6 229
200	6 672

注：1. l—公称长度(mm)。2. G—每千件螺栓大约重量(kg)。

③ 标记示例。

螺纹规格 d=M12、公称长度 l=80 mm、性能等级 4.8 级、表面氧化、全螺纹、产品等级为 A 级的六角头螺栓的标记：

螺栓　GB/T 5783　M12×80

（4）六角头螺栓—细牙（摘自 GB/T 5785—2000）

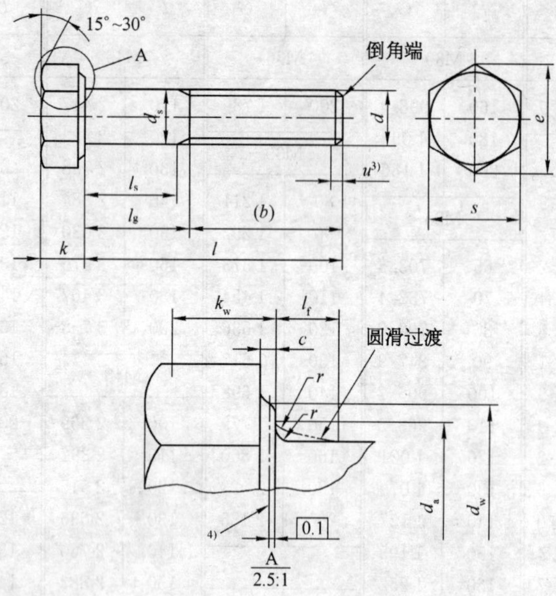

① 优选的螺纹规格。

(mm)

螺纹规格 $d \times P$				M8×1	M10×1	M12×1.5	M16×1.5
$b_{参考}$			1)	22	26	30	38
			2)	28	32	36	44
			3)	41	45	49	57
c			max	0.60	0.60	0.60	0.8
			min	0.15	0.15	0.15	0.2
d_a			max	9.2	11.2	13.7	17.7
d_s	公称=max			8.00	10.00	12.00	16.00
	min	产品等级	A	7.78	9.78	11.73	15.73
			B	7.64	9.64	11.57	15.57
d_w	min	产品等级	A	11.63	14.63	16.63	22.49
			B	11.47	14.47	16.47	22
e	min	产品等级	A	14.38	17.77	20.03	26.75
			B	14.2	17.59	19.85	26.17
l_f			max	2	2	3	3

(续)

螺纹规格 $d \times P$				M8×1	M10×1	M12×1.5	M16×1.5
k			公称	5.3	6.4	7.5	10
	产品等级	A	max	5.45	6.58	7.68	10.18
			min	5.15	6.22	7.32	9.82
		B	max	5.54	6.69	7.79	10.29
			min	5.06	6.11	7.21	9.71
k_w	min	产品等级	A	3.61	4.35	5.12	6.87
			B	3.54	4.28	5.05	6.8
r			min	0.4	0.4	0.6	0.6
s			公称=max	13.00	16.00	18.00	24.00
	min	产品等级	A	12.73	15.73	17.73	23.67
			B	12.57	15.57	17.57	23.16

螺纹规格 $d \times P$				M20×1.5	M24×2	M30×2	M36×3
$b_{参考}$			1)	46	54	66	—
			2)	52	60	72	84
			3)	65	73	85	97
c			max	0.8	0.8	0.8	0.8
			min	0.2	0.2	0.2	0.2
d_a			max	22.4	26.4	33.4	39.4
d_s			公称=max	20.00	24.00	30.00	36.00
	min	产品等级	A	19.67	23.67	—	—
			B	19.48	23.48	29.48	35.38
d_w	min	产品等级	A	28.19	33.61	—	—
			B	27.7	33.25	42.75	51.11
e	min	产品等级	A	33.53	39.98	—	—
			B	32.95	39.55	50.85	60.79
l_f			max	4	4	6	6
k			公称	12.5	15	18.7	22.5
	产品等级	A	max	12.715	15.215	—	—
			min	12.285	14.785	—	—
		B	max	12.85	15.35	19.12	22.92
			min	12.15	14.65	18.28	22.08

(续)

螺纹规格 $d \times P$				M20×1.5	M24×2	M30×2	M36×3
k_w	min	产品等级	A	8.6	10.35	—	—
			B	8.51	10.26	12.8	15.46
r			min	0.8	0.8	1	1
S	公称=max			30.00	36.00	46	55.0
	min	产品等级	A	29.67	35.38	—	—
			B	29.16	35	45	53.8

螺纹规格 $d \times P$					M42×3	M48×3	M56×4	M64×4
$b_{参考}$				1)	—	—	—	—
				2)	96	108	—	—
				3)	109	121	137	153
c				max	1.0	1.0	1.0	1.0
				min	0.3	0.3	0.3	0.3
d_a				max	45.6	52.6	63	71
d_s	公称			max	42.00	48.00	56.00	64.00
	min	产品等级		A	—	—	—	—
				B	41.38	47.38	55.26	63.26
d_w	min	产品等级		A	—	—	—	—
				B	59.95	69.45	78.66	88.16
e	min	产品等级		A	—	—	—	—
				B	71.3	82.6	93.56	104.86
l_f				max	8	10	12	13
k				公称	26	30	35	40
	产品等级	A		max	—	—	—	—
				min	—	—	—	—
		B		max	26.42	30.42	35.5	40.5
				min	25.58	29.58	34.5	39.5
k_w	min	产品等级		A	—	—	—	—
				B	17.91	20.71	24.15	27.65
r				min	1.2	1.6	2	2
S	公称			max	65.0	75.0	85.0	95.0
	min	产品等级		A	—	—	—	—
				B	63.1	73.1	82.8	92.8

② 六角头螺栓—细牙的长度和重量。

l	*G*
M8×1	
40	19.45
(△5)	(△*G*1.98)
70	31.29
80	34.91
M10×1	
45	35.19
(△5)	(△*G*3.08)
70	50.60
80	56.77
90	62.94
100	69.10
M10×1.25	
45	34.56
(△5)	(△*G*3.08)
70	49.97
80	56.14
90	62.31
100	68.48
M12×1.25	
50	54.84
(△5)	4.44
70	72.60
(△10)	(△*G*8.88)
120	117
M12×1.5	
50	53.95
(△5)	(△*G*4.44)
70	71.71
(△10)	(△*G*8.88)
120	116.1
M14×1.5	
60	89.29
65	95.28
70	101.4
(△10)	(△*G*12.1)
140	184.9
M16×1.5	
65	129.4
70	137.3
(△10)	(△*G*15.7)
160	278.2
M18×1.5	
70	180.7
(△10)	(△*G*20)
160	359.2
180	399.1
M20×1.5	
80	254.1
△10	(△*G*24.48)
160	450
180	499.3
200	548.6
M20×2	
80	249.6
(△10)	(△*G*24.6)
160	444.9
180	494.3
200	543.6
M22×1.5	
80	249.6
(△10)	(△*G*24.6)
160	444.9
180	494.3
200	543.6
M24×2	
100	449.7
(△10)	(△*G*35.6)
160	660.5
(△20)	(△*G*71)
240	939.5
M27×2	
110	631.6
(△10)	(△*G*43.2)
160	846.1
(△20)	(△*G*86.4)
260	1 275
M30×2	
120	870.4
(△10)	(△*G*52.5)
160	1 089
(△20)	(△*G*111)
300	1 860
M33×2	
130	1 140
(△10)	(△*G*64)
160	1 333
(△20)	(△*G*128.9)
320	2 364
M36×3	
140	1 450
150	1 530
160	1 610
(△20)	(△*G*160)
360	3 197
M39×3	
150	1 851
160	1 942
(△20)	(△*G*182)
380	3 932
M42×3	
160	2 290
(△20)	(△*G*218)
440	5 323
M45×3	
180	2 934
(△20)	(△*G*243)
440	6 082
M48×3	
200	3 725
(△20)	(△*G*284)
480	7 688
M52×4	
200	4 434
(△20)	(△*G*324)
480	8 960
M56×4	
220	5 513
△20	(△*G*387)
500	10 928
M60×4	
240	6 856
△20	(△*G*434)
500	12 487
M64×4	
260	8 422
△20	(△*G*505)
500	14 485

注：1. △是螺栓长度间隔，例如 45～70 间△5，说明：螺栓每档长度相差 5 mm；同例，△10、△20，长度分别相差 10 mm、20 mm。

2. △*G* 是螺栓长度间隔的重量。表中 *l*—公称长度(mm)，*G*—千件螺栓约重(kg)。

3. 举例：设计时欲选用 M30×2 长 130 mm 的六角头细牙螺栓，查上表，可知 *l*＝120～160 间△10，有 120、130、140……规格，M30×2 *l*＝130 mm，其每 1 000 个重量：870.4＋52.5＝922.9(kg)。

(5) 六角法兰面螺栓—加大系列—B级(GB/T 5789—2000)

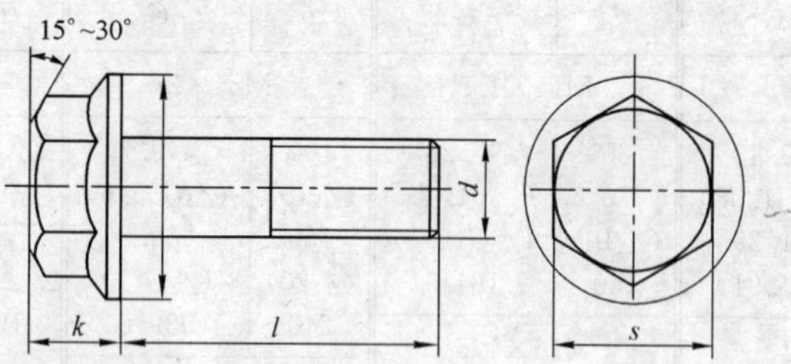

这是一种新型六角头螺栓,特点是扳拧部分由六角头与法兰面(支承部分)组成,比同一公称直径标准六角头螺栓具有更大的"支承面积与应力面积的比值",可达3.5左右(标准六角头螺栓仅为1左右),能承受更高的预紧力。

用途:广泛用于汽车发动机和重型机械等机件上。

① 规格。

六角法兰面螺栓—加大系列—B级的尺寸

螺纹规格	d		M5	M6	M8	M10	M12	(M14)	M16	M20
法兰厚度	c	min	1	1.1	1.2	1.5	1.8	2.1	2.4	3
法兰直径	d_c	max	11.8	14.2	18	22.3	26.6	30.5	35	43
头部高度	k	max	5.4	6.6	8.1	9.2	10.4	12.4	14.1	17.7
对边宽度	S	max	8	10	13	15	18	21	24	30
对角宽度	e	min	8.56	10.8	14.08	16.32	19.68	22.58	25.94	32.66
扳拧高度	k_w	min	2	2.5	3.2	3.6	4.6	5.5	6.2	7.9
无螺纹杆径	d_s	max	5	6	8	10	12	14	16	20
		min	4.82	5.82	7.78	9.78	11.73	13.73	15.73	19.67
	d_u	max	5.5	6.6	9	11	13.5	15.5	17.5	22
长度	l		10~50	12~60	16~80	20~100	25~120	30~140	35~160	40~200

注:1. 螺纹公差:6g。

2. 性能等级:钢:8.8,10.9;不锈钢:A2-70。

3. 表面处理:钢:氧化或镀锌钝化;不锈钢:不处理。

② 六角法兰面螺栓—加大系列—B级的长度及重量。

l	G	l	G	l	G	l	G	l	G
M5		M5		M5		M6		M6	
10	2.98	16	3.70	▲5	▲G0.711	12	5.44	20	6.12
12	3.22	20	4.18	50	8.45	16	6.12	▲5	▲G1.11

（续）

l	G	l	G	l	G	l	G	l	G
M6		M10		M12		M14		M20	
60	15	▲5	▲G2.8	90	88.98	140	197.8	▲5	▲G10.86
M8		70	48.91	100	97.41	M16		70	230.8
		80	54.77	110	105.8			▲10	▲G23.48
16	11.96	90	60.62	120	114.3	35	88.45	160	442.1
20	13.20	100	66.48	M14		▲5	▲G6.5	180	489.6
▲5	▲G1.80	M12				70	138.5	200	537.0
70	31.25			30	67.67	▲10	▲G15.1		
80	34.96	25	35.99	▲5	▲G6.04	160	274.0		
M10		▲5	▲G4.0	70	116.0	M20			
		70	72.13	80	127.6				
20	20.89	80	80.55	▲10	▲G11.6	40	165.6		

注：l—公称长度(mm)；G—每千件螺栓大约重量；▲5—长度间隔 5(mm)。
▲10—长度间隔 10(mm)；右侧▲G,相应长度间隔的重量。

③ 标记示例。

螺纹规格 d=M10,公称长度 l=80 mm,性能等级 4.8 级,标记:GB/T 5789　M10×80。

(6) 六角头铰制孔用螺栓—A 和 B 级(GB 27—1988)

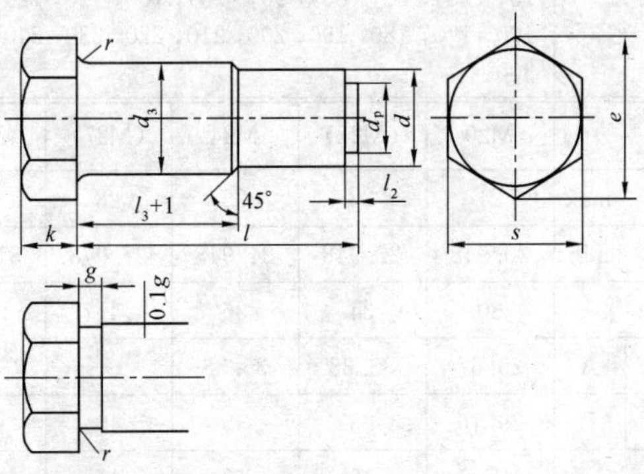

① 六角头铰制孔用螺栓—A 和 B 级规格。

螺纹规格			M6	M8	M10	M12	(M14)	M16	(M18)
d_s	max		7	9	11	13	15	17	19
	min		6.964	8.964	10.957	12.957	14.957	16.957	18.948
S	max		10	13	16	18	21	24	27
	min	A	9.78	12.73	15.73	17.73	20.67	23.67	26.67
		B	9.64	12.57	15.57	17.57	20.16	23.16	26.16

（续）

螺纹规格			M6	M8	M10	M12	(M14)	M16	(M18)
k	公称		4	5	6	7	8	9	10
	A	min	3.85	4.85	5.85	6.82	7.82	8.82	9.82
		max	4.15	5.15	6.15	7.18	8.18	9.18	10.18
	B	min	3.76	4.76	5.76	6.71	7.71	8.71	9.71
		max	4.24	5.24	6.24	7.29	8.29	9.29	10.29
r		min	0.25	0.4	0.4	0.6	0.6	0.6	0.6
d_p			4	5.5	7	8.5	10	12	13
l_2			1.5		2		3		
e_{min}	A		11.05	14.38	17.77	20.03	23.35	26.75	30.14
	B		10.89	14.20	17.59	19.85	22.78	26.17	29.56
g			2.5				3.5		
l 范围			25～65	25～80	30～120	35～180	40～180	45～200	50～200
l—l_3			12	15	18	22	25	28	30
l 系列			25，(28)，30，(32)，35，(38)，40，45，50，(55)，60，(65)，70，(75)，80，(85)，90，(95)，100，110，120，130，140，150，160，170，180，190，200，210，220，230，240，250，260，280，300						

螺纹规格			M20	(M22)	M24	(M27)	M30	M36
d_s	max		21	23	25	28	32	38
	min		20.948	22.948	24.948	27.948	31.938	37.938
S	max		30	34	36	41	46	55
	min	A	29.67	33.38	35.38	—	—	—
		B	29.16	33	35	40	45	53.8
k	公称		11	12	13	15	17	20
	A	min	10.78	11.78	12.78	—	—	—
		max	11.22	12.22	13.22	—	—	—
	B	min	10.65	11.65	12.65	14.65	16.65	19.58
		max	11.35	12.35	13.35	15.35	17.35	20.42
r		min	0.8	0.8	0.8	1	1	1
d_p			15	17	18	21	23	28
l_2			4			5		6

10.50

(续)

螺纹规格		M20	(M22)	M24	(M27)	M30	M36
e_{min}	A	33.53	37.72	39.98	—	—	—
	B	32.95	37.29	39.55	45.2	50.85	60.79
g		3.5		5			
l 范围		55～200	60～200	65～200	75～200	80～230	90～300
l—l_3		32	35	38	42	50	55
l 系列		25，(28)，30，(32)，35，(38)，40，45，50，(55)，60，(65)，70，(75)，80，(85)，90，(95)，100，110，120，130，140，150，160，170，180，190，200，210，220，230，240，250，260，280，300					

注：尽可能不采用括号内规格，公称长度 l 范围为商品规格。

② 六角头铰制孔用螺栓(A 和 B 级)的长度和重量。

l	G
M6	
25	8.28
(28)	9.18
30	9.77
(32)	10.36
35	11.25
(38)	12.15
40	12.74
△5	△G1.49
65	20.17
M8	
25	14.64
(28)	16.11
30	17.10
(32)	18.08
35	19.56
(38)	21.04
40	22.02
△5	△G2.46
80	41.71
M10	
30	26.88
(32)	28.35

l	G
M10	
35	30.56
(38)	32.77
40	34.24
△5	△G3.68
100	78.37
110	85.72
120	93.08
M12	
35	42.73
(38)	45.82
40	47.87
△5	△G5.15
100	109.6
110	119.9
△10	△G10.3
180	191.9
M14	
40	65.94
△5	△G6.86
100	148.2
△10	△G13.7
180	257.8

l	G
M16	
45	97.93
△5	△G8.8
100	194.8
△10	△G17.6
200	371.0
M18	
50	137
△5	△G11
100	246.9
△10	△G22
200	466.9
M20	
55	187.3
△5	△G13.4
100	308.3
△10	△G26.8
200	577.1
M22	
60	252.4
△5	△G16.12
100	381.4

l	G
M22	
△10	△G32.3
200	704
M24	
(65)	316.5
△5	△G19
100	449.9
△10	△G38
200	831.2
M27	
(75)	467.7
△5	△G23.9
100	587.3
△10	△G47.8
200	1 066
M30	
80	636.5
△5	△G31.2
100	761.5
△10	△G62.5
230	1 574

l	G
M36	
90	1 044
(95)	1 088
100	1 132
△10	△G88.2
260	2 543
280	2 720
300	2 896
M42	
110	1 722
△10	△G118.3
260	3 496
280	3 733
300	3 969
M48	
120	2 489
△10	△G152.7
260	4 628
280	4 933
300	5 239

注：l—公称长度(mm)；G—每千件螺栓约重(kg)；△5—螺栓间隔长度 5 mm；△10—螺栓间隔长度 10 mm；△G，分别为间隔长度约重(kg)；以下长度规格，尽量不采用，28、32、38、55、65、75、85、95。

(7) 方头螺栓—C 级(GB/T 8—1988)

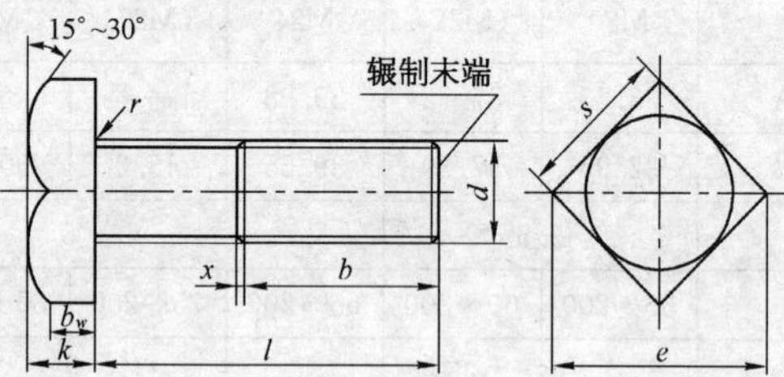

又称毛方头螺栓，方头螺栓(粗制)，其特点是这种螺栓方头较大，便于扳手卡住其头部。常用于比较粗糙的结构上如汽车车身及纺织机械，也可用于带 T 形槽的零件中，便于调整螺栓位置。

① 方头螺栓—C 级规格。 (mm)

螺纹规格 d	螺纹长度 b			对边宽度 S		对角宽度 e	r	x	螺栓头部高度 k			扳拧高度 k_w
(mm)	$l \leqslant 125$	$l>125$ $l \leqslant 200$	$l>200$	max	min	min	min	max	公称	max	min	min
5	16	—	—	8	7.64	9.93	0.2	2	—	—	—	—
6	18	—	—	10	9.64	12.53	0.25	2.5	—	—	—	—
8	22	28	—	13	12.57	16.34	0.4	3.2	—	—	—	—
10	26	32	—	16	15.57	20.24	0.4	3.8	7	7.45	6.55	5.21
12	30	36	—	18	17.57	22.84	0.6	4.3	8	8.45	7.55	5.91
(14)	34	40	53	21	20.16	26.21	0.6	5	9	9.45	8.55	6.61
16	38	44	57	24	23.16	30.11	0.6	5	10	10.75	9.25	6.47
(18)	42	48	61	27	26.16	34.01	0.8	6.3	12	12.9	11.1	7.77
20	46	52	65	30	29.16	37.91	0.8	6.3	13	13.9	12.1	8.47
(22)	50	56	69	34	33	42.9	0.8	6.3	14	14.9	13.1	9.17
24	54	60	73	36	35	45.5	0.8	7.5	15	15.9	14.1	9.87
(27)	60	66	79	41	40	52.0	1	7.5	17	17.9	16.1	11.27
30	66	72	85	46	45	58.5	1	8.8	19	20.05	17.95	12.56
36	78	84	97	55	53.5	69.94	1	10	23	24.05	21.95	15.36
42	—	96	109	65	63.1	82.03	1.2	11.3	26	27.05	24.95	17.46
48	—	108	121	75	95.05	95.05	1.6	12.5	30	31.05	28.95	20.26

② 方头螺栓—C 级长度和重量。

l	G	l	G	l	G	l	G	l	G
M10		M10		M12		M14		M14	
20	21.01	100	60.30	△5	△G3.47	25	48.48	140	160.6
△5	△G2.45	M12		70	66.15	△5	△G4.87	M16	
70	45.56			△10	△G7.12	70	92.36		
△10	△G4.92	25	34.09	120	101.8	△10	△G9.8	30	74.61

（续）

l	*G*
M16	
△5	△*G*6.54
70	127.0
△10	△*G*13.1
160	244.7
M18	
35	111.0
△5	△*G*8.11
70	167.8
△10	△*G*16.3
160	314
180	346.5
M20	
35	144.5
△5	△*G*10.2
70	216.2

l	*G*
M20	
△10	△*G*20.5
160	400.5
180	441.5
200	482.4
M22	
50	226.5
△5	△*G*12.6
70	276.5
△10	△*G*25.2
160	503.7
△20	△*G*50.5
220	655.0
M24	
55	283.3
△5	△*G*14.8

l	*G*
M24	
70	327.6
△10	△*G*29.5
160	593.1
△20	△*G*59
240	829
M27	
60	408
65	427
70	446.1
△10	△*G*38.1
160	789.1
△20	△*G*76
260	1 170
M30	
60	533.8

l	*G*
M30	
65	557.1
70	580.5
△10	△*G*46.7
160	1 001
△20	△*G*93.4
300	1 655
M36	
80	981.4
△10	△*G*67.8
160	1 524
△20	△*G*135.7
300	2 474
M42	
80	1 426
△10	△*G*93

l	*G*
M42	
160	2 169
△20	△*G*186
300	3 470
M48	
110	2 397
△10	△*G*122
160	3 007
△20	△*G*244
300	4 713

注：*l*—公称长度(mm)；*G*—每千件螺栓重量(kg)；△5，△10，△20 分别为长度间隔 5、10、20(mm)、右侧△*G* 后面数字相应间隔长度的重量(kg)。例：估算 M20×50 规格，1 000 件螺栓重量：*G*=144.5(kg)+3×10.2(kg)=175.1(kg)。

7. 活节螺栓(GB/T 798—1988)

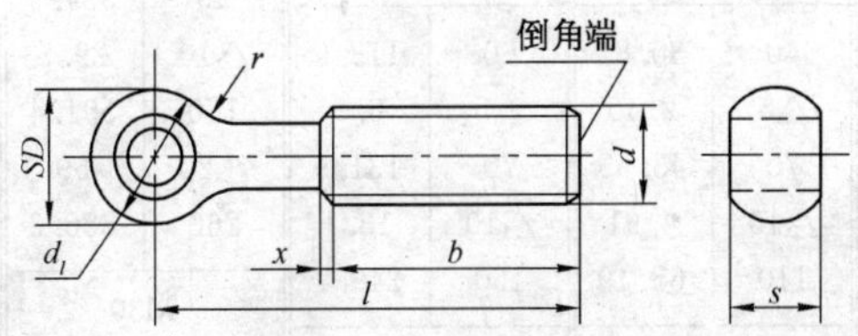

① 活节螺栓尺寸。 (mm)

螺纹规格 *d*		M4	M5	M6	M8	M10	M12	M16	M20	M24	M30	M36
d_1	公称	3	4	5	6	8	10	12	16	20	25	30
	max	3.160	4.190	5.19	6.19	8.23	10.23	12.275	16.275	20.32	25.32	30.320
	min	3.060	4.070	5.070	6.070	8.08	10.08	12.09	16.10	20.11	25.11	30.110

（续）

螺纹规格 d		M4	M5	M6	M8	M10	M12	M16	M20	M24	M30	M36
D		8	10	12	14	18	20	28	34	42	52	64
S	公称	5	6	8	10	12	14	18	22	26	34	40
	max	4.93	5.93	7.92	9.92	11.905	13.9	17.9	21.89	25.89	33.88	39.87
	min	4.75	5.75	7.70	9.70	11.635	13.63	17.63	21.56	25.56	33.50	39.48
b		14	16	18	22	26	30	38	52	60	72	84
R		3	4	5	5	6	8	10	12	16	20	22
x		1.75	2	2.5	3.2	3.8	4.2	5	6.3	7.5	8.8	10
l 范围		20～35	25～45	30～55	35～70	40～110	50～130	60～160	70～180	90～260	110～300	130～300

注：d_1—头部孔径；*D*—头部外径；*S*—头部宽度；*b*—螺纹长度；*r*—头下圆角半径；*x*—螺纹收尾长度，无螺纹部分杆径约等于螺纹中径或大径。

② 活节螺栓的长度和重量。

l	*G*	*l*	*G*	*l*	*G*	*l*	*G*	*l*	*G*
M4		M8		M12		M20		M30	
20	2.63	35	16.47	70	62.87	160	392.4	△20	93
25	3.00	△5	1.56	△10	7.12	180	433.3	300	1 632
30	3.38	70	27.35	130	105.6	M24		M36	
35	3.75	M10		M16		90	384.9	130	1 317
M5		40	30.81	60	118.9	△10	29.5	△10	68
25	5.05	△5	2.45	△5	6.5	160	591.4	160	1 521
△5	0.60	70	45.55	70	131.9	△20	59	△20	135
45	7.45	△10	4.91	△10	13.1	260	886.3	300	2 470
M6		110	65.19	160	249.7	M30			
30	8.90	M12		M20		110	745.1		
△5	0.86	50	48.62	70	208.1	△10	46.7		
55	13.19	△5	3.54	△10	20.5	160	978.6		

注：*l*—公称长度(mm)；*G*—每千件活节螺栓大约重量(kg)；△5，△ 10，△20 分别为长度间隔 5、10、20(mm)，右侧数字为相应重量(kg)。

8. 地脚螺栓和钢锚栓

(1) 地脚螺栓(GB/T 799—1988)

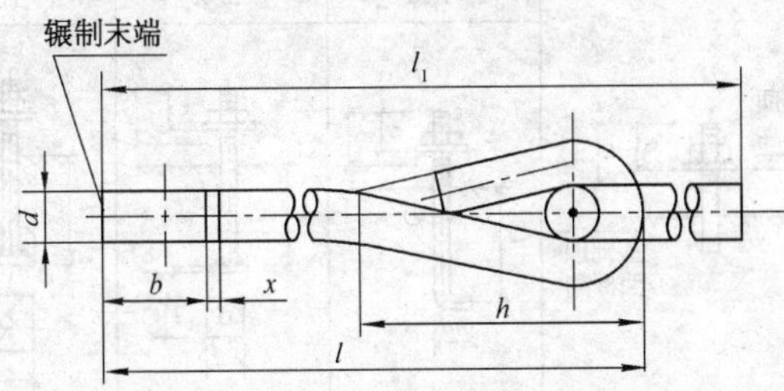

① 地脚螺栓规格。 (mm)

螺纹规格 d	螺纹长度 b		头部内圆直径 D	头部长度 h	落料长度 l_1	螺纹收尾长度 x_{max}	l 范围(公称长度)
	max	min					
M6	27	24	10	41	l+37	2.5	80～160
M8	31	28	10	46	l+37	3.2	120～220
M10	36	32	15	65	l+53	3.8	160～300
M12	40	36	20	82	l+72	4.2	160～400
M16	50	44	20	93	l+72	5.0	220～500
M20	58	52	30	127	l+110	6.3	300～630
M24	68	60	30	139	l+110	7.5	300～800
M30	80	72	45	192	l+165	8.8	400～1 000
M36	94	84	60	244	l+217	10.0	500～1 000
M42	106	96	60	261	l+217	11.3	630～1 250
M48	118	108	70	302	l+225	12.5	630～1 560

注:无螺纹部分杆径约等于螺纹中径或等于螺纹大径 l 的公差:(mm):l=(80～400)±8,l=(500～1 500)±12(mm)。

② 标记示例。

螺栓 GB 799—1988, M20×400:螺纹规格 d=M20,公称长度 l=400 mm,性能等级为3.6级、不经表面处理的地脚螺栓。

(2) 钢 锚 栓

① Q235钢锚栓。

用途:将钢柱、钢构架固定于混凝土基础的螺栓连接,仅承受拉力,不考虑承受剪力,强度按Q235或Q345计算,施工时应预埋入基础并保证所需锚固长度(见下表)。

Q235 钢锚栓选用表

锚栓直径 d (mm)	锚栓截面有效面积 A_s (cm²)	连接尺寸(mm) 单螺母 a	单螺母 b	双螺母 a	双螺母 b	锚固长度 l(mm) Ⅰ型 C15	Ⅰ型 C20	Ⅱ型 C15	Ⅱ型 C20	Ⅲ型 C15	Ⅲ型 C20	锚板尺寸 c (mm)	锚板尺寸 t (mm)	每个锚栓的受拉承载力设计值 N_a (kN)
20	2.448	45	75	60	90	500	400							34.3
22	3.034	45	75	65	95	550	440							42.5
24	3.525	50	80	70	100	600	480							49.4
27	4.594	50	80	75	105	675	540							64.3
30	5.606	55	85	80	110	750	600							78.5
33	6.936	55	90	85	120	825	660							97.1
36	8.167	60	95	90	125	900	720							114.3
39	9.758	65	100	95	130	1 000	780							136.6
42	11.21	70	105	100	135			1 050	840	630	505	140	20	156.9
45	13.06	75	110	105	140			1 125	900	675	540	140	20	182.8
52	17.58	85	125	120	160			1 560	1 300	935	780	200	20	316.4
56	20.30	90	130	130	170			1 680	1 400	1 010	840	200	20	365.4
60	23.62	95	135	140	180			1 800	1 500	1 080	900	240	25	425.2
64	26.76	100	145	150	195			1 920	1 600	1 150	960	240	25	481.7
68	30.55	105	150	160	205			2 040	1 700	1 225	1 020	280	30	549.9
72	34.60	110	155	170	215			2 160	1 800	1 300	1 080	280	30	622.8
76	38.89	115	160	180	225			2 280	1 900	1 370	1 140	320	30	700.0
80	43.44	120	165	190	235			2 400	2 000	1 440	1 200	350	40	781.9
85	49.48	130	180	200	250			2 550	2 125	1 530	1 275	350	40	890.6
90	55.91	140	190	210	260			2 700	2 250	1 620	1 350	400	40	1 006
95	62.73	150	200	220	270			2 850	2 375	1 710	1 425	450	45	1 129
100	69.95	160	210	230	280			3 000	2 500	1 800	1 500	500	45	1 259

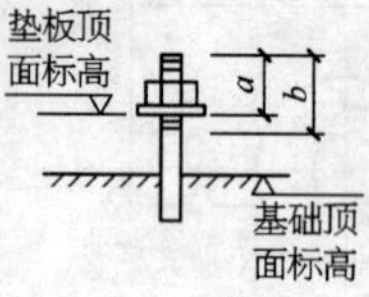

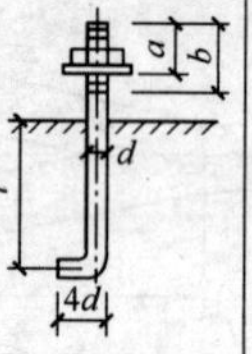

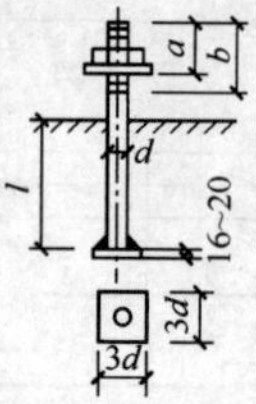

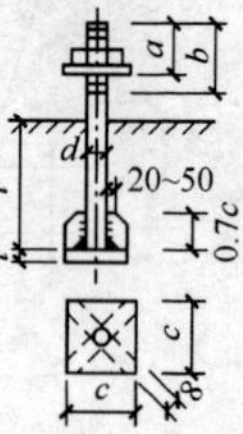

② Q345 钢锚栓。

用途：本锚栓用在混凝土基础上，固定钢柱、钢结构、塔桅等柱脚，仅受拉力，不考虑剪力，锚栓材料为 Q345 钢，按此计算力学性能。施工时应埋入基础并保证所需长度(见下表)。

Q345 钢锚栓选用表

锚栓直径 d (mm)	锚栓截面有效面积 A_e (cm^2)	连接尺寸(mm) 垫板顶面标高；基础顶面标高				锚固长度及细部尺寸								每个锚栓的受拉承载力设计值 N_a (kN)
		单螺母		双螺母		锚固长度 l(mm) Ⅰ型		Ⅱ型		Ⅲ型		锚板尺寸		
						基础混凝土的强度等级								
		a	b	a	b	C15	C20	C15	C20	C15	C20	c (mm)	t (mm)	
20	2.448	45	75	60	90	600	500							44.1
22	3.034	45	75	65	95	660	550							54.6
24	3.525	50	80	70	100	720	600							63.5
27	4.594	50	80	75	105	810	675							82.7
30	5.606	55	85	80	110	900	750							100.9
33	6.936	55	90	85	120	990	625							124.8
36	8.167	60	95	90	125	1 080	900							147.0
39	9.758	65	100	95	130	1 170	1 000							175.6
42	11.21	70	105	100	135			1 260	1 050	755	630	140	20	201.8
45	13.06	75	110	105	140			1 350	1 125	810	675	140	20	235.1
48	14.73	80	120	110	150			1 440	1 200	865	720	200	20	265.1
48	14.73	80	120	110	150			1 200	960	720	575	200	20	206.2
52	17.58	85	125	120	160			1 300	1 040	780	625	200	20	246.1
56	20.30	90	130	130	170			1 400	1 120	840	670	200	20	284.2
60	23.62	95	135	140	180			1 500	1 200	900	720	240	25	330.7
64	26.76	100	145	150	195			1 600	1 280	960	770	240	25	374.6
68	30.55	105	150	160	205			1 700	1 360	1 020	815	280	30	427.7
72	34.60	110	155	170	215			1 800	1 440	1 080	865	280	30	484.4
76	38.89	115	160	180	225			1 900	1 520	1 140	910	320	30	544.5
80	43.44	120	165	190	235			2 000	1 600	1 200	960	350	40	608.2
85	49.48	130	180	200	250			2 125	1 700	1 275	1 020	350	40	692.7
90	55.91	140	190	210	260			2 250	1 800	1 350	1 080	400	40	782.7
95	62.73	150	200	220	270			2 375	1 900	1 425	1 140	450	45	878.2
100	69.95	160	210	230	280			2 500	2 000	1 500	1 200	500	45	979.3

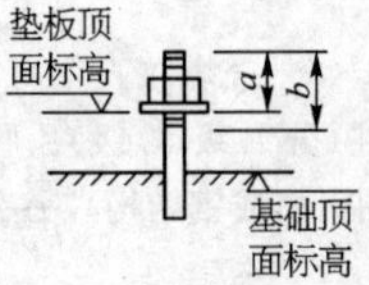

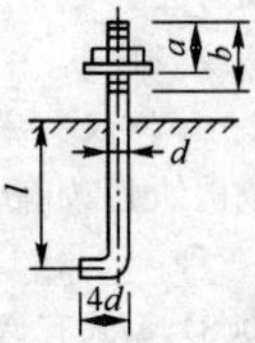

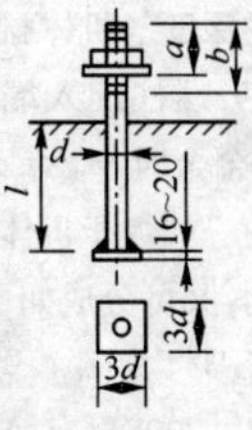

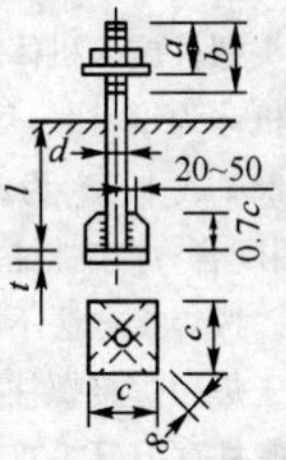

注：螺栓作为紧固件用于上表所列结构，必须根据实际外力和弯矩校核强度、保障安全。

9. 双头螺柱(GB/T 897—1988)

双头螺柱的功能是连接两个机件,其一端旋入带内螺纹孔的机体中,另一端(又称螺母端),将带有通孔的机件套在此端,装妥垫圈、螺母拧紧,达到螺栓的作用,使机体与机件连接成整体。

双头螺柱旋入机体的深度与机体材质有关。

当机体为钢材时,双头螺柱旋入端螺纹长度 $b_m=1d$(d——螺纹直径);当为铸铁时,$b_m=1.25d$ 或 $1.5d$,为铝合金时,$b_m=2d$。等长双头螺柱(分 B 级、C 级)。两端均需用螺母、垫圈配合;焊接螺柱的一端焊于机体或构件上(如船舶甲板或钢结构),另一端起到螺栓的作用。按焊接方法不同,又可分成如下三种:

手工焊用焊接螺柱(GB/T 902.1—2008),型式有 A 型、B 型,规格:M3～M20;机动弧焊用焊接螺柱(GB/T 902.2—2008),有 A、B 型,规格:M3～M20;储能焊用焊接螺柱(GB/T 902.3—2008),有 A、B 型,规格:M3～M20。

等长双头螺柱——B级(GB/T 901)可根据需要采用 30Cr、40Cr、30CrMnSi、35CrMoA 或 40B 等材料。焊接螺柱化学成分应符合焊接要求(C 不大于 0.20%,$S<0.05\%$,$P<0.045\%$)。且不得采用易切削钢制造,机械性能应符合下表要求。

(1) 螺柱名称机械性能及表面处理

<table>
<tr><th>螺柱名称</th><th>标准号</th><th>b_m</th><th>性能等级</th><th>螺柱名称</th><th>标准号</th><th>性能等级</th></tr>
<tr><td rowspan="4">双头螺柱</td><td>GB/T 897—1988</td><td>1d</td><td rowspan="5">钢:4.8,5.8,6.8,8.8,10.9,12.9
不锈钢 A2-50 A2-70</td><td>等长双头螺柱—C级</td><td>GB/T 953—1988</td><td>钢 4.8,6.8,8.8</td></tr>
<tr><td>GB/T 898—1988</td><td>1.25d</td><td>手工焊用焊接螺柱</td><td>GB/T 902.1—2008</td><td rowspan="3">钢 4.8</td></tr>
<tr><td>GB/T 899—1988</td><td>1.5d</td><td>机动弧焊用焊接螺柱</td><td>GB/T 902.2—2008</td></tr>
<tr><td>GB/T 900—1988</td><td>2.0d</td><td>储能焊用焊接螺柱</td><td>GB/T 902.3—2008</td></tr>
<tr><td>等长双头螺柱—B级</td><td>GB/T 901—1988</td><td></td><td></td><td></td><td></td></tr>
</table>

注:产品等级:B 级;螺纹公差:6 g;规格范围:双头螺柱:$b_m=1d$,$1.25d$,$1.5d$,M5～M48;$b_m=2d$,M2～M48;等长双头螺柱—B 级,M2～M56,C 级:M8～M48,焊接螺柱:M3～M20;机械性能等级,见上表,碳钢表面处理有:不经处理、氧化、镀锌钝化处理。型式:A 型、B 型。

(2) 双头螺柱 $b_m=1d$、$1.25d$、$1.5d$、$2d$ 参数

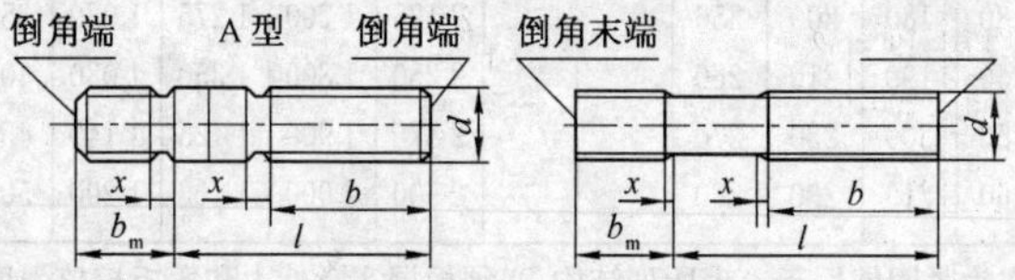

① 双头螺柱技术参数(GB/T 897～900—1988)。 (mm)

螺纹规格 d	b_m(公称)				无螺纹杆径 d_s		l(公称)/b
	$b_m=1d$	$b_m=1.25d$	$b_m=1.5d$	$b_m=2d$			
M5	5	6	8	10	max	5	$\frac{16\sim22}{10}$，$\frac{25\sim50}{16}$
					min	4.7	
M6	6	8	10	12	max	6	$\frac{20\sim22}{10}$，$\frac{25\sim30}{14}$，$\frac{32\sim75}{18}$
					min	5.7	
M8	8	10	12	16	max	8	$\frac{20\sim22}{12}$，$\frac{25\sim30}{16}$，$\frac{32\sim90}{22}$
					min	7.64	
M10	10	12	15	20	max	10	$\frac{25\sim28}{14}$，$\frac{30\sim38}{16}$，$\frac{40\sim120}{26}$，$\frac{130}{32}$
					min	9.64	
M12	12	15	18	24	max	12	$\frac{25\sim30}{16}$，$\frac{32\sim40}{20}$，$\frac{45\sim120}{30}$，$\frac{130\sim180}{36}$
					min	11.57	
(M14)	14	18	21	28	max	14	$\frac{30\sim35}{18}$，$\frac{38\sim45}{25}$，$\frac{50\sim120}{34}$，$\frac{130\sim180}{40}$
					min	13.57	
M16	16	20	24	32	max	16	$\frac{30\sim38}{20}$，$\frac{40\sim55}{30}$，$\frac{60\sim120}{38}$，$\frac{130\sim200}{44}$
					min	15.57	
(M18)	18	22	27	36	max	18	$\frac{35\sim40}{22}$，$\frac{45\sim60}{35}$，$\frac{65\sim120}{42}$，$\frac{130\sim200}{48}$
					min	17.57	
M20	20	25	30	40	max	20	$\frac{35\sim40}{25}$，$\frac{45\sim65}{35}$，$\frac{70\sim120}{46}$，$\frac{130\sim200}{52}$
					min	19.48	
(M22)	22	28	33	44	max	22	$\frac{40\sim45}{30}$，$\frac{50\sim70}{40}$，$\frac{75\sim120}{50}$，$\frac{130\sim200}{55}$
					min	21.48	
M24	24	30	36	48	max	24	$\frac{45\sim50}{30}$，$\frac{55\sim75}{45}$，$\frac{80\sim120}{54}$，$\frac{130\sim200}{60}$
					min	23.48	

(续)

螺纹规格 d	b_m(公称)				无螺纹杆径 d_s		$\frac{l(\text{公称})}{b}$
	$b_m=1d$	$b_m=1.25d$	$b_m=1.5d$	$b_m=2d$			
(M27)	27	35	40	54	max	27	$\frac{50\sim60}{35}$, $\frac{65\sim85}{50}$, $\frac{90\sim120}{60}$, $\frac{130\sim200}{66}$
					min	26.48	
M30	30	38	45	60	max	30	$\frac{60\sim65}{40}$, $\frac{70\sim90}{50}$, $\frac{95\sim120}{65}$, $\frac{130\sim200}{72}$, $\frac{210\sim250}{85}$
					min	29.48	
(M33)	33	41	49	66	max	33	$\frac{65\sim70}{45}$, $\frac{75\sim95}{60}$, $\frac{100\sim120}{72}$, $\frac{130\sim200}{78}$, $\frac{210\sim300}{91}$
					min	32.38	
M36	36	45	54	72	max	36	$\frac{65\sim75}{45}$, $\frac{80\sim110}{60}$, $\frac{120}{78}$, $\frac{130\sim200}{84}$, $\frac{210\sim300}{97}$
					min	35.38	
(M39)	39	49	58	78	max	39	$\frac{70\sim85}{50}$, $\frac{90\sim110}{65}$, $\frac{120}{84}$, $\frac{130\sim200}{90}$, $\frac{210\sim300}{103}$
					min	38.38	
42	42	52	63	84	max	42	$\frac{70\sim80}{50}$, $\frac{85\sim110}{70}$, $\frac{120}{90}$, $\frac{130\sim200}{96}$, $\frac{210\sim300}{109}$
					min	41.38	
48	48	60	72	96	max	48	$\frac{80\sim90}{60}$, $\frac{95\sim110}{80}$, $\frac{120}{102}$, $\frac{130\sim200}{108}$, $\frac{210\sim300}{121}$
					min	47.38	

公称长度 l 的系列：16，(18)，20，(22)，25，(28)，30，(32)，35，(38)，40～100(5 进位)，100～260(10 进位)，280；300

注：1. 尽可能不采用括号内的规格。

2. 公称长度 l 的范围为商品规格。

3. 当 $b-b_m \leqslant 5$ mm 时，旋螺母一端应制成倒圆端。

标记示例：

螺柱 GB 898—1988　M10×50：两端均为粗牙普通螺纹，$d=10$ mm　$l=50$ mm，性能等级为 4.8 级，不经表面处理，B 型，$b_m=1.25d$ 的双头螺柱；

10.60

② 双头螺柱　$b_m = 1d$(GB/T 897—1988)公称长度与重量。

l	*G*
M5	
16	2.60
(18)	2.87
20	3.14
(22)	3.41
25	3.72
(28)	4.13
30	4.40
(32)	4.67
35	5.08
(38)	5.48
40	5.73
45	6.43
50	7.11
M6	
20	4.69
(22)	5.09
25	5.58
(28)	6.17
30	6.57
(32)	6.85
35	7.45
(38)	8.05
40	8.45
△5	1.0
75	15.42
M8	
20	8.99
(22)	9.71
25	10.59
(28)	11.67
30	12.38
(32)	12.82
35	13.89
(38)	14.96
40	15.68
△5	1.79
90	33.56
M10	
25	17.87
(28)	19.58
30	20.56
35	23.41
(38)	25.12
40	25.48
△5	2.84
100	59.63
110	65.33
120	71.02
130	76.24
M12	
25	27.05
(28)	29.51
30	31.15
(32)	32.36
35	34.82
(38)	37.28
40	38.92
△5	4.10
100	87.04
△10	8.2
180	152
M14	
30	44.27
(32)	46.53
35	49.91
(38)	52.23
40	54.48
△5	5.64
100	120.8
△10	11.3
180	210.1
M16	
30	61.43
(32)	64.40
35	68.85
(38)	73.31
40	74.51
△5	7.43
100	162.2
△10	14.8
200	309.7
M18	
35	88.55
(38)	94.23
40	98.01
△5	9.4
100	206.1
△10	19
200	393.7
M20	
35	114.4
(38)	121.3
40	126
△5	11.6
100	259.7
△10	23.1
200	490.5
M22	
40	158.2
△5	14.1
100	321.6
△10	28.1
200	602.5
M24	
45	208
△5	16.9
100	383.5
△10	33.5
200	718.7
M27	
50	298.6
△5	21.5
100	501.2
△10	42.7
200	927.9
M30	
60	430
△5	26.6
100	625.9
△10	53.0
250	1 412
M33	
65	572.6
△5	29.50
100	779
△10	63.8
260	1 794
280	1 922
300	2 051
M36	
65	697.5
△5	36.5
100	952.6
△10	74.5
260	2 147
280	2 300
300	2 454
M39	
70	892.2
△5	42.6
100	1 148
△10	87.9
260	2 556
280	2 736
300	2 917
M42	
70	1 056
△5	52
100	1 347
△10	101.8
260	2 979
280	3 180
300	3 398
M48	
(73)	1 605
△5	66.5
100	1 824
△10	133
260	3 960
280	4 235
300	4 510

注：*l*—公称长度(mm)、*G*—每 1 000 件螺柱重量(kg)；△5，△10 分别为螺柱长度间隔 5 mm 和 10 mm，右侧数字为相应重量(kg)。

10. 手工焊用焊接螺柱(GB/T 902.1—2008)

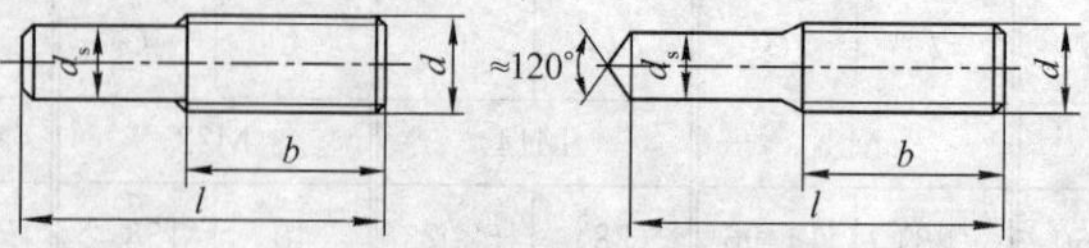

(1) 手工焊用焊接螺柱尺寸

螺纹规格 d		M3	M4	M5	M6	M8	M10	M12	(M14)	M16	(M18)	M20
螺纹长度 b	标准	12	14	16	18	22	26	30	34	38	42	46
	加长	15	20	22	24	28	45	49	53	57	61	65
公称长度 l		10～80	10～80	12～90	16～100	20～200	25～240	30～240	35～280	45～280	50～300	60～300

注：螺纹长度 b 的公差 $^{+2}_{-0}p$（p—螺距）；加长螺纹长度代号为 Q。在标记时，加在规格的最后面。例：GB 902.1　M16×57－Q。

(2) 手工焊用焊接螺柱的长度和重量

l	G
M3	
10	0.42
12	0.51
16	0.68
20	0.85
△5	0.21
70	2.97
80	3.40
M4	
10	0.75
12	0.9
16	1.2
20	1.5
△5	0.37
70	5.24
80	5.99
M5	
12	1.44
16	1.92

l	G
M5	
20	2.40
△5	0.60
70	8.41
80	9.61
90	10.81
M6	
16	2.74
20	3.43
△5	0.86
70	12.00
80	13.71
90	15.43
100	17.14
M8	
20	6.22
△5	1.55
70	21.77
△10	3.11

l	G
M8	
160	49.76
180	55.98
200	62.20
M10	
25	12.28
△5	2.46
70	34.38
△10	4.91
160	78.58
△20	9.83
240	117.9
M12	
30	21.37
△5	3.56
70	49.87
△10	7.16
160	114.0
△20	14.2

l	G
M12	
240	171.0
M14	
35	34.12
△5	4.87
70	68.24
△10	9.75
160	156
△20	19.5
280	273
M16	
45	58.88
△5	6.55
70	91.60
△10	13.0
160	209.4
△20	26.1
280	366.4

l	G
M18	
50	81.21
△5	8.1
70	113.7
△10	16.24
160	259.9
△20	32.48
300	487.3
M20	
60	122.9
65	133.1
70	143.3
△10	20.48
160	327.6
△20	40.96
300	614.3

注：l—公称长度(mm)，G—每 1 000 件螺柱重量(kg)；△5、△10、△20 分别为螺柱间隔长度 5、10、20(mm)，右侧数字为相应重量(kg)。

11. 螺　　母

(1) 常用螺母的品种、特征和用途

序号	品种名称与标准号	规格范围	产品等级	螺纹公差	机械性能或材料等级	表面处理	用　　途
1	六角螺母—C级 GB/T 41—2000	M5～M64	C级	7H	钢：$D\leqslant16.5$:5 $D>16\sim39$:4.5	a）不经处理 b）电镀 c）非电解锌粉覆盖层	
2	Ⅰ型六角螺母 GB/T 6170—2000	M1.6～M64	A级：($D\leqslant16$) B级：($D>16$)	6H	钢：$D\geqslant3\sim39$ 6、8、10		应用最广
3	Ⅰ型六角螺母—细牙（A、B级） GB/T 6171	M8×1～M64×4	A级：($D\leqslant16$) B级：($D>16$)	6H	钢：$D\leqslant39$:6、8 $D\leqslant16$:10		
4	Ⅱ型六角螺母 GB/T 6172.1—2000	M1.6～M64	A级：($D\leqslant16$) B级：($D>16$)	6H	钢：$3\leqslant D\leqslant39$ 04、05		螺母高度 m 比Ⅰ型六角螺母 m 高10%，机械性能较好
					有色金属：CU2、CU3、AL4	简单处理	
5	六角薄螺母—细牙（A、B级） GB 6173—2000	M8×1～M60×4	A级：($D\leqslant16$) B级：($D>16$)	6H	同上	同上	高度 m 为Ⅰ型六角螺母高度 m 的60%，在防松装置中作副螺母，起锁紧主螺母作用

（续）

序号	品种名称与标准号	规格范围	产品等级	螺纹公差	机械性能或材料等级	表面处理	用　　途
6	六角薄螺母—无倒角 GB/T 6174—2000	M1.6～M10	B级	6H	钢:110HV30	a）不经处理 b）电镀 c）非电解锌粉覆盖层	同序号5
					有色金属CU2、CU3、AL4	简单处理	
7	2型六角螺母 GB/T 6175—2000	M5～M36	A级:$D \leqslant 16$ B级:$D>16$	6H	钢:9、12	a）氧化 b）电镀 c）非电解锌粉覆盖层	
8	2型六角螺母—细牙 GB/T 6176—2000	M8×1～M36×3	A级:($D \leqslant 16$) B级:($D>16$)	6H	钢:$D \leqslant 16$:8、12 $D \leqslant 39$:10	同上	
9	六角法兰面螺母 GB/T 6177.1—2000	M5～M20	A级:($D \leqslant 16$) B级:($D>16$)	6H	钢:$D \leqslant 16$:8(1型);$D \geqslant$ 16.8(2型);$D \leqslant 20$:9和12(2型):10(1型)	a）氧化 b）电镀	防松性能好,不必再用弹簧垫圈
10	六角法兰面螺母—细牙 GB/T 6177.2—2000	M8×1～M20×1.5	A级:($D \leqslant 16$) B级:($D>16$)	6H	钢:$D \leqslant 16$:8(2型) 12(2型): $D>16$:8(1型) $D \leqslant 20$、10(2型)	a）氧化 b）电镀	防松性能好,不必再用弹簧垫圈

（续）

序号	品种名称与标准号	规格范围	产品等级	螺纹公差	机械性能或材料等级	表面处理	用　途
11	1型六角开槽螺母—A和B级 GB/T 6178—1986	M4～M36	A级:($D\leqslant16$) B级:($D>16$)	6H	钢:6、8、10	a）氧化 b）不经处理 c）镀锌钝化	配以开口销、与螺杆带孔螺栓配合、用于承受振动、交变载荷场合，可以防止螺母松动脱出
12	1型六角开槽螺母—C级 GB/T 6179—1986	M5～M36	C级	7H	钢:4、5	a）不经处理 b）镀锌钝化	
13	2型六角开槽螺母—A和B级 GB/T 6180—1986	M5～M36	A级:($D\leqslant16$) B级:($D>16$)	6H	钢:9、12	a）氧化 b）镀锌处理	
14	1型金属六角锁紧螺母 GB/T 6184—2000	M5～M36	A级:$D\leqslant16$ B级:$D>16$	6H	钢:5、8、10	a）氧化 b）电镀	
15	精密机械用六角螺母 GB/T 18195—2000	M1～M	F级	5H	钢:11H、14H	a）不经处理 b）电镀	
					不锈钢 A1－50、A4－50	简单处理	

注：序号2:不锈钢:$D\leqslant24$，A2－70　A4－70　$D>24\sim39$，A2－50　A4－50　有色金属:CU2，CU3，AL4表面作简单处理。
序号3:不锈钢，有色金属，同序号2。
序号4:不锈钢 $D\leqslant24$　A2－035，A4－035，$24<D\leqslant39$，A2－025　A4－025，表面作简单处理。

(2) 六角螺母——C级(GB/T 41—2000)

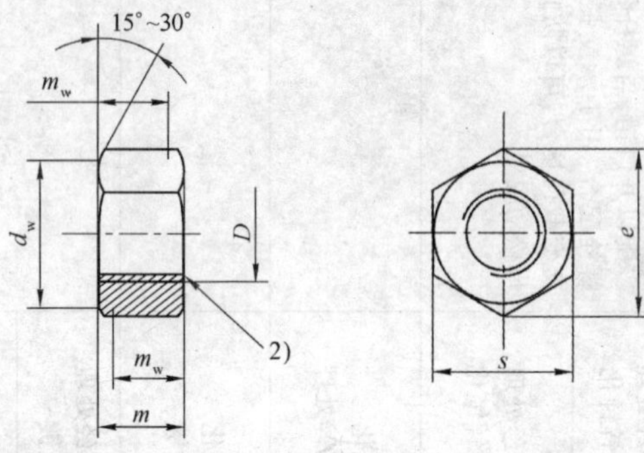

① 优选的螺纹尺寸。 (mm)

螺纹规格 D	螺距 P	d_w min	e min	m max	m min	m_w min	S 公称 max	S min
M5	0.8	6.7	8.63	5.6	4.4	3.5	8.0	7.64
M6	1.0	8.7	10.89	6.4	4.9	3.7	10	9.64
M8	1.25	11.5	14.20	7.9	6.4	5.1	13	12.57
M10	1.5	14.5	17.59	9.5	8.0	6.4	16	15.57
M12	1.75	16.5	19.85	12.20	10.4	8.3	18	17.57
M16	2.0	22	26.17	15.9	14.1	11.3	24	23.16
M20	2.5	27.7	32.95	19	16.9	13.5	30	29.16
M24	3.0	33.3	39.55	22.3	20.2	16.2	36	35
M30	3.5	42.8	50.85	26.4	24.3	19.4	46	45
M36	4.0	51.1	60.79	31.9	29.4	23.2	55	53.8
M42	4.5	60	71.3	34.9	32.4	25.9	65	63.1
M48	5.0	69.5	82.6	38.9	36.4	29.1	75	73.1
M56	5.5	78.7	93.56	45.9	43.4	34.7	85	82.8
M64	6.0	88.2	104.86	52.4	49.4	39.5	95	92.8

② 非优选的螺纹尺寸。 (mm)

螺纹规格 D		M14	M18	M22	M27	M33	M39	M45	M52	M60
P①		2	2.5	2.5	3	3.5	4	4.5	5	5.5
d_w	min	19.2	24.9	31.4	38	46.6	55.9	64.7	74.2	83.4
e	min	22.78	29.56	37.29	45.2	55.37	66.44	76.95	88.25	99.21

（续）

螺纹规格 D		M14	M18	M22	M27	M33	M39	M45	M52	M60
m	max	13.9	16.9	20.2	24.7	29.5	34.3	36.9	42.9	48.9
	min	12.1	15.1	18.1	22.6	27.4	31.8	34.4	40.4	46.4
m_w	min	9.7	12.1	14.5	18.1	21.9	25.4	27.5	32.3	37.1
s	公称值 max	21	27	34	41	50	60	70	80	90
	min	20.16	26.16	33	40	49	58.8	68.1	78.1	87.8

注：① P—螺距。

③ 技术条件和引用标准。

材料		钢
通用技术条件		GB/T 16938
螺纹	公差	7H
	标准	GB/T 196、GB/T 197
机械性能	等级	D≤M16：5 M16<D≤M39：4、5 D>M39：按协议
	标准	d≤M39：GB/T 3098.2 d>M39：按协议
公差	产品等级	C
	标准	GB/T 3103.1
表面处理		不经处理 电镀技术要求按 GB/T 5267。 非电解锌粉覆盖层技术要求按 ISO 10683。 如需其他表面镀层或表面处理，应由供需双方协议
验收及包装		GB/T 90

(3) Ⅰ型六角螺母（GB 6170—2000）

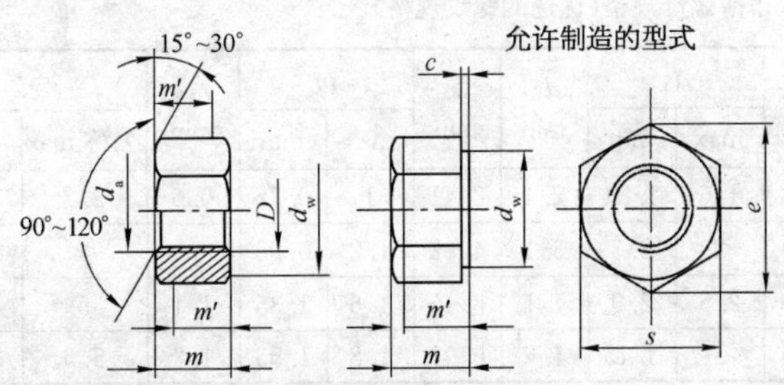

螺纹规格 D	d_a		d_w	e	GB 6170—86						
					c	m		m'	m''	s	
	min	max	min	min	max	max	min	min	min	max	min
M3	3	3.45	4.6	6.01	0.4	2.4	2.15	1.7	1.5	5.5	5.32
M4	4	4.6	5.9	7.66		3.2	2.9	2.3	2	7	6.78
M5	5	5.75	6.9	8.79	0.5	4.7	4.4	3.5	3.1	8	7.78
M6	6	6.75	8.9	11.05		5.2	4.9	3.9	3.4	10	9.78
M8	8	8.75	11.6	14.38		6.8	6.44	5.1	4.5	13	12.73
M10	10	10.8	14.6	17.77	0.6	8.4	8.04	6.4	5.6	16	15.73
M12	12	13	16.6	20.03		10.8	10.37	8.3	7.3	18	17.73
M16	16	17.3	22.5	26.75		14.8	14.1	11.3	9.9	24	23.67
M20	20	21.6	27.7	32.95		18	16.9	13.5	11.8	30	29.16
M24	24	25.9	33.2	39.55	0.8	21.5	20.2	16.2	14.1	36	35
M30	30	32.4	42.7	50.85		25.6	24.3	19.4	17	46	45
M36	36	38.9	51.1	60.79		31	29.4	23.5	20.6	55	53.8

注：A级用于 $D \leqslant 16$，B级用于 $D<16$。

标记示例：

螺母 GB 6170—2000M12：螺纹规格 D=M12、性能等级为 10 级、不经表面处理、A 级的Ⅰ型六角螺母

(4) Ⅱ型六角薄螺母(GB/T 6172.1—2000)

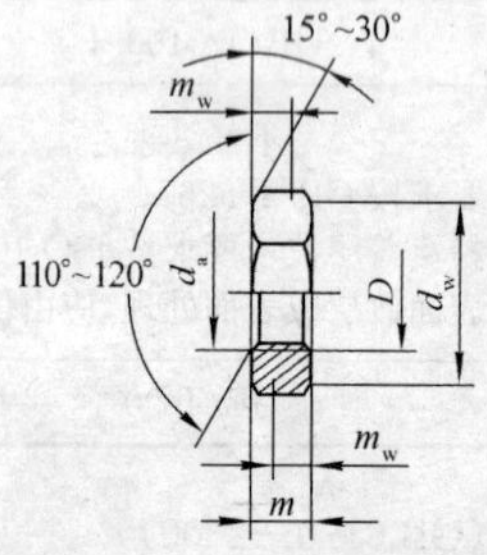

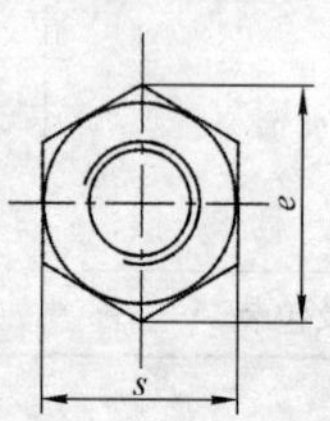

① Ⅱ型六角薄螺母规格(优选的螺纹规格)。

螺纹规格 D	螺距 P	d_a		d_w min	e min	m		m_w min	S		重量 G (kg)
		max	min			max	min		公称 max	min	
M1.6	0.35	1.6	1.84	2.4	3.41	1	0.75	0.6	3.2	3.02	0.04
M2	0.40	2	2.3	3.1	4.32	1.2	0.95	0.8	4	8.82	0.07
M2.5	0.45	2.5	2.9	4.1	8.45	1.6	1.35	1.1	5	4.82	0.16
M3	0.50	3	3.45	4.6	6.01	1.8	1.55	1.2	5.6	5.32	0.22

（续）

螺纹规格 D	螺距 P	d_a		d_w	e	m		m_w	S		重量 G (kg)
		max	min	min	min	max	min	min	公称 max	min	
M4	0.70	4	4.6	5.9	7.66	2.2	1.95	1.6	7	6.78	0.43
M5	0.80	5	5.75	6.9	8.79	2.7	2.45	2	8	7.78	0.66
M6	1	6	6.75	8.9	11.05	3.2	2.9	2.3	10	9.78	1.29
M8	1.25	8	8.75	11.6	14.38	4	3.7	3	13	2.73	2.72
M10	1.5	10	10.8	14.6	17.77	5	4.7	3.8	16	15.73	5.21
M12	1.75	12	13	16.6	20.03	6	5.7	4.6	18	17.73	7.51
M16	2	16	17.3	22.5	26.75	8	7.42	5.9	24	23.67	17.18
M20	2.5	20	21.6	27.7	32.96	10	9.10	7.3	30	29.16	31.43
M24	3	24	25.9	33.2	39.55	12	10.9	8.7	36	35	54.26
M30	3.5	30	32.4	42.8	50.85	15	13.9	11.1	46	45	117.4
M36	4	36	38.9	51.1	60.79	18	16.6	13.5	55	53.8	202.2
M42	4.5	42	45.4	60	71.3	21	19.7	15.8	65	63.1	325.2
M48	5	48	51.8	69.5	82.6	24	22.7	18.2	75	73.1	509.4
M56	5.5	56	60.5	78.7	93.56	28	26.7	21.4	85	82.8	739.2
M64	6	64	69.1	88.2	104.86	32	30.4	24.3	95	92.8	1 027

注：G—每千件螺母的约重。

② 非优选的螺纹尺寸。 (mm)

螺纹规格 D			M3.5	M14	M18	M22	M27	M33	M39	M45	M52	M60
P[1)]			0.6	2	2.5	2.5	3	3.5	4	4.5	5	5.5
d_a		min	3.5	14	18	22	27	33	39	45	52	60
		max	4	15.1	19.5	23.7	29.1	35.6	42.1	48.6	56.2	64.8
d_w		min	5.1	19.6	24.9	31.4	38	46.6	55.9	64.7	74.2	83.4
e		min	6.58	23.35	29.56	37.29	45.2	55.37	66.44	76.95	88.25	99.21
m		max	2	7	9	11	13.5	16.5	19.5	22.5	26	30
		min	1.75	6.42	8.42	9.9	12.4	15.4	18.2	21.2	24.7	28.7
m_w		min	1.4	5.1	6.7	7.9	9.9	12.3	14.6	17	19.8	23
s	公称值	max	6	21	27	34	41	50	60	70	80	90
		min	5.82	20.67	26.16	33	40	49	58.8	68.1	78.1	87.8
1 000 件螺母重 G(kg)			0.28	11.46	23.59	44.85	81.19	151.1	260.9	408.6	618.9	876.9

注：1) P—螺距

③ 标记示例。

螺母 GB 6172—2000 M12：螺纹规格 D＝M12、性能等级为 04 级、不经表面处理、A 级的六角薄螺母。

(5) 六角薄螺母(无倒角)(GB/T 6174—2000)

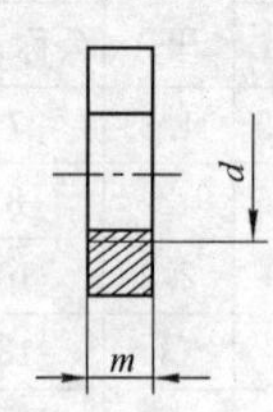

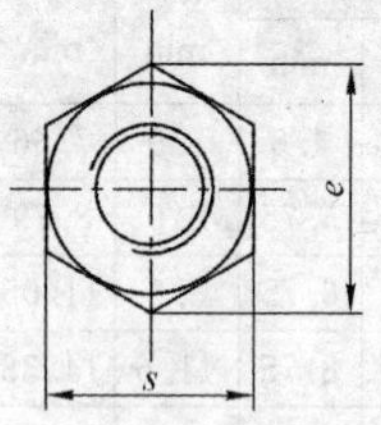

① 六角薄螺母(无倒角)尺寸。 (mm)

螺纹规格 D			M1.6	M2	M2.5	M3	(M3.5)[1]	M4	M5	M6	M8	M10
P			0.35	0.4	0.45	0.5	0.6	0.7	0.8	1	1.25	1.5
e		min	3.28	4.18	5.31	5.88	6.44	7.5	8.63	10.89	14.2	17.59
m		max	1.00	1.20	1.60	1.80	2.00	2.20	2.70	3.2	4.0	5.0
		min	0.75	0.95	1.35	1.55	1.75	1.95	2.45	2.9	3.7	4.7
s	公称值	max	3.2	4.0	5.0	5.5	6.0	7.00	8.00	10.00	13.00	16.00
		min	2.9	3.7	4.7	5.2	5.7	6.64	7.64	9.64	12.57	15.57

注:1. 尽可能不采用括号内的规格。
2. P——螺距。

② 技术条件和引用标准。

材料		钢	有色金属
通用技术条件		GB/T 16938	
螺纹	公差	6H	
	标准	GB/T 196、GB/T 197	
机械性能	等级	硬度 110HV30, min	CU2、CU3、AL4
	标准	—	参照 GB/T 3098.10 由供需双方协议
公差	产品等级	B	
	标准	GB/T 3103.1	
表面缺陷		GB/T 5779.2	
表面处理		不经处理	简单处理
		电镀技术要求按 GB/T 5267。 非电解锌粉覆盖层技术要求按 ISO 10683。 如需其他表面镀层或表面处理,应由供需双方协议	
验收及包装		GB/T 90	

③ 标记示例。

螺纹规格 D=M6、性能等级(硬度)为 110HV30、产品等级为 B 级、无倒角的六角薄螺母的标记:

螺母　GB/T 6174　M6

(6) Ⅱ型六角螺母(GB/T 6175—2002)

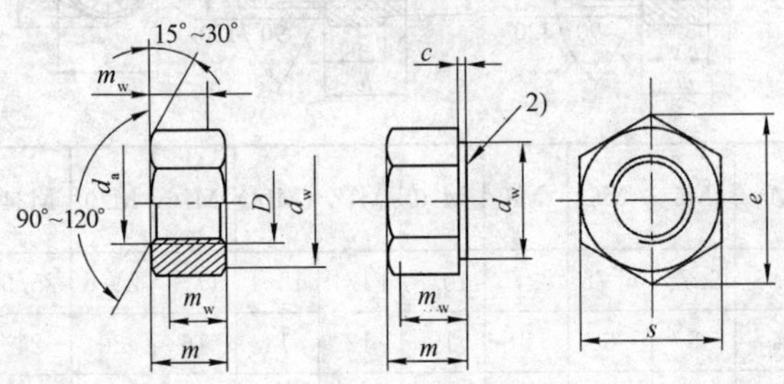

螺纹直径 D	螺距 P	d_a max	d_a min	d_w min	e min	m max	m min	m_w	S 公称	S min	1 000 件螺母重量 G(kg)
M5	0.80	5.75	5	6.9	8.79	5.1	4.8	3.84	8	7.78	1.30
M6	1	6.75	6	8.9	11.05	5.7	5.4	4.32	10	9.78	2.41
M8	1.25	8.75	8	11.6	14.38	7.5	7.14	5.71	13	12.73	5.25
M10	1.5	10.8	10	14.6	17.77	9.3	8.94	7.15	16	15.73	9.90
M12	1.75	13.0	12	16.6	20.03	12.0	11.57	9.26	18	17.73	15.25
M14		15.1	14	19.6	23.36	14.1	13.4	10.70	21	20.67	23.96
M16	2	17.3	16	22.5	26.75	16.4	15.7	12.6	24	23.67	36.36
M18		19.5	18	24.85	29.55	17.6	16.9	13.52	27	26.16	—
M20	2.5	21.5	20	27.7	32.95	20.3	19.0	15.20	30	29.16	65.62
M22		23.7	22	31.55	37.29	21.8	20.5	16.40	34	33	—
M24	3	25.9	24	33.25	39.55	23.9	22.6	18.08	36	35	112.5
M27		29.1	27	38.0	45.20	26.7	25.4	20.32	41	40	—
M30	3.5	32.4	30	42.70	50.85	28.6	27.3	21.84	46	45	230.5
M33		35.6	33	46.55	55.37	32.5	30.9	24.72	50	49	—
M36	4	38.9	36	51.11	60.79	34.7	33.1	26.48	55	53.8	396.0

注:c—垫圈部分高度:D=5 或 6,c=0.5,D=8~14,c=0.6~0.15,D=16~36,c=0.2~0.8。

d_a—沉孔直径,d_w—支承面直径　e—对角宽度　m—螺母高度　m_w—扳拧高度　S—对边宽度,G—大约重量(kg)。

(7) Ⅰ型六角开槽螺母—A和B级(GB 6178—1986)

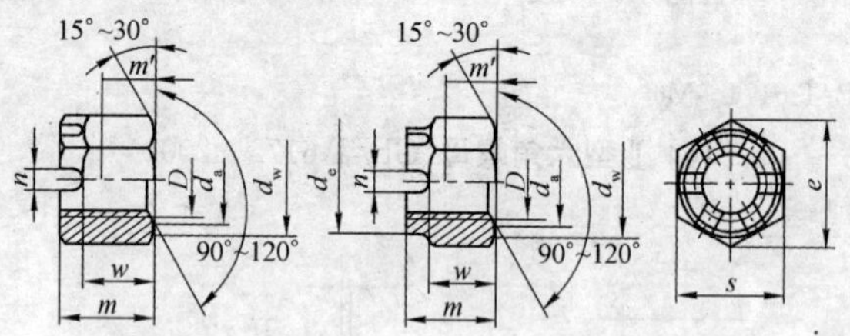

螺纹规格 D		M4	M5	M6	M8	M10	M12	(M14)	M16	M20	M24	M30	M36
d_a	max	4.6	5.75	6.75	8.75	10.8	12	15.1	17.3	21.6	25.9	32.4	38.9
	min	4	5	6	8	10	12	14	16	20	24	30	36
d_e	max	—	—	—	—	—	—	—	—	28	34	42	50
	min	—	—	—	—	—	—	—	—	27.16	33	41	49
d_w	min	5.9	6.9	8.9	11.6	14.6	16.6	19.4	22.5	27.7	33.2	42.7	51.1
e	min	7.66	8.79	11.05	14.38	17.77	20.03	23.35	26.75	32.95	39.55	50.85	60.79
m	max	5	6.7	7.7	9.8	12.4	15.8	17.8	20.8	24	29.5	34.6	40
	min	4.7	6.4	7.34	9.44	11.97	15.37	17.37	20.28	23.16	28.66	33.6	39
m'	min	2.32	3.52	3.92	5.15	6.43	8.3	9.68	11.28	13.52	16.16	19.44	23.52
n	min	1.2	1.4	2	2.5	2.8	3.5	3.5	4.5	4.5	5.5	7	7
	max	1.8	2	2.6	3.1	3.4	4.25	4.25	5.7	5.7	6.7	8.5	8.5
s	max	7	8	10	13	16	18	21	24	30	36	46	55
	min	6.78	7.78	9.78	12.73	15.73	17.73	20.67	23.67	29.16	35	45	53.8
w	max	3.2	4.7	5.2	6.8	8.4	10.8	12.8	14.8	18	21.5	25.6	31
	min	2.9	4.4	4.9	6.44	8.04	10.37	12.37	14.37	17.37	20.88	24.98	30.38
开口销		1×10	1.2×12	1.6×14	2×16	2.5×20	3.2×22	3.2×26	4×28	4×36	5×40	6.3×50	6.3×65
G(kg)		0.80	1.33	2.49	5.36	10.34	15.34	24.76	36.94	65	114.7	233.2	394.3

注：1. A级用于 $D \leqslant 16$，B级用于 $D < 16$。
2. 尽量不采用M14。
3. G—1 000 件螺母约重(kg)。

标记示例：

螺母　GB 6178—86　M5：螺纹规格 D＝M5、性能等级为8级、不经表面处理、A级的Ⅰ型六角开槽螺母。

(8) 六角开槽薄螺母—A 和 B 级(GB 6181—1986)

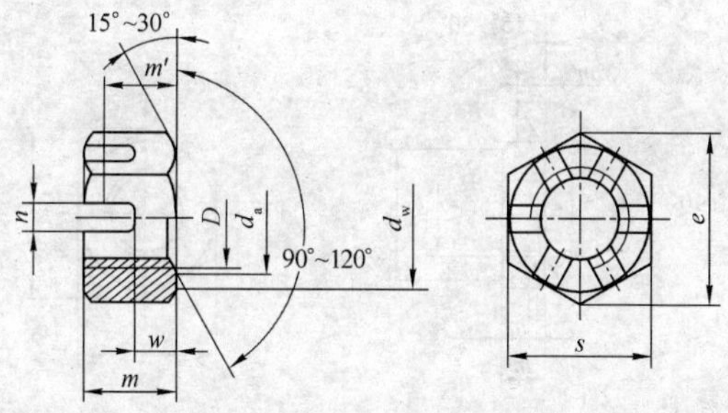

螺纹规格 D		M5	M6	M8	M10	M12	(M14)	M16	M20	M24	M30	M36
d_a	max	5.75	6.75	8.75	10.8	13	15.1	17.3	21.6	25.9	32.4	38.9
	min	5	6	8	10	12	14	16	20	24	30	36
d_w	min	6.9	8.9	11.6	14.6	16.6	19.4	22.5	27.7	33.2	42.7	51.1
e	min	8.79	11.05	14.38	17.77	20.03	23.35	26.75	32.95	39.55	50.85	60.79
m	max	5.1	5.7	7.5	9.3	12	14.1	16.4	20.3	23.9	28.6	34.7
	min	4.8	5.4	7.14	8.94	11.57	13.4	15.7	19	22.6	27.3	33.1
m'	min	3.84	4.32	5.71	7.15	9.26	10.7	12.6	15.2	18.1	21.8	26.5
n	max	2	2.6	3.1	3.4	4.25	4.25	5.7	5.7	6.7	8.5	8.5
	min	1.4	2	2.5	2.8	3.5	3.5	4.5	4.5	5.5	7	7
s	max	8	10	13	16	18	21	24	30	36	46	55
	min	7.78	9.78	12.73	15.73	17.73	20.67	23.67	29.16	35	45	53.8
w	max	3.1	3.5	4.5	5.3	7	9.1	10.4	14.3	15.9	19.6	23.7
	min	2.8	3.2	4.2	5	6.64	8.74	9.97	13.87	15.41	19.08	23.18
开口销		1.2×12	1.6×14	2×16	2.5×20	3.2×22	3.2×26	4×28	4×36	5×40	6.3×50	6.3×65
G(kg)		0.96	1.71	3.87	7.35	11.00	18.38	27.7	52.74	88.88	186.1	332.9

注：1. A 级用于 $D\leqslant16$，B 级用于 $D>16$。

2. 尽可能不采用 M14。

3. G—1 000 件螺母约重。

标记示例：

螺母　GB 6181—1986　M12：螺纹规格 D=M12、性能等级为 04 级、不经表面处理、A 级的六角形开槽薄螺母。

(9) 精密机械用六角螺母(GB/T 18195—2000)

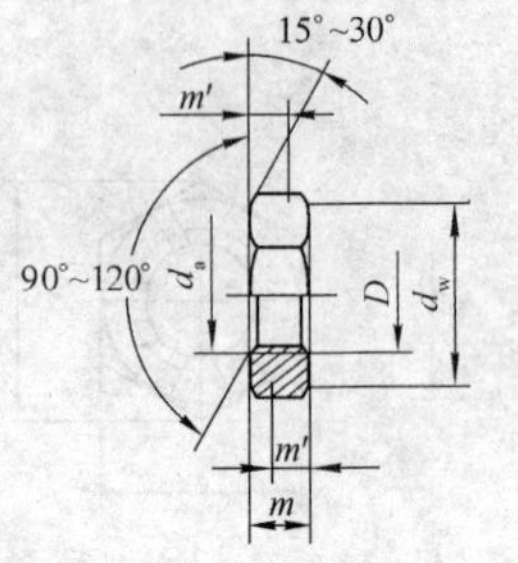

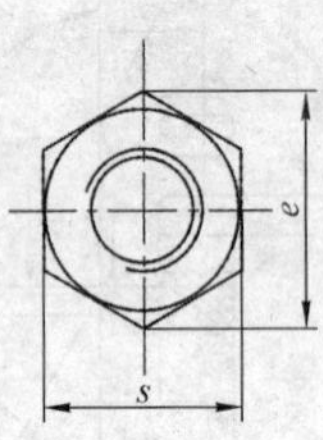

① 规格尺寸。 (mm)

螺纹规格 D		M1	M1.2	M1.4
螺距 P		0.25	0.25	0.3
d_a	min	1	1.2	1.4
	max	1.15	1.35	1.6
d_w	min	2.25	2.7	2.7
e	min	2.69	3.25	3.25
m	max	0.8	1	1.2
	min	0.66	0.86	1.06
m'	min	0.53	0.69	0.85
s	max	2.5	3	3
	min	2.4	2.9	2.9
1 000 件螺母约重 G(kg)		0.02	0.04	0.05

② 技术条件和引用标准。

材　料		钢		不锈钢
通用技术条件		GB/T 16938		
螺纹	公差	5H		
	标准	GB/T 196、GB/T 197		
机械性能	等级	11H 维氏硬度≥110HV	14H 维氏硬度≥140HV	A1-50、A4-50
	标准	—		GB/T 3098.15

（续）

<table>
<tr><td colspan="2">材　　料</td><td>钢</td><td>不锈钢</td></tr>
<tr><td rowspan="2">公差</td><td>产品等级</td><td colspan="2">F</td></tr>
<tr><td>标准</td><td colspan="2">GB/T 3103.2</td></tr>
<tr><td colspan="2" rowspan="2">表面处理</td><td>不经处理</td><td>简单处理</td></tr>
<tr><td colspan="2">电镀技术要求按 GB/T 5267。
如需其他表面镀层或表面处理，应由供需双方协议</td></tr>
<tr><td colspan="2">验收及包装</td><td colspan="2">GB/T 90</td></tr>
</table>

③ 标记示例。

螺纹规格 D=M1.2、性能等级为 11H、不经表面处理、产品等级为 F 级的精密机械用六角螺母的标记：

螺母　GB/T 18195　M1.2

(10) 环形螺母(GB/T 63—1988)

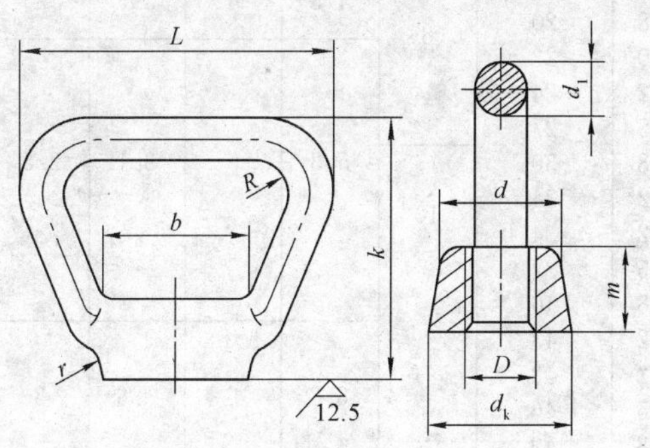

(mm)

<table>
<tr><td colspan="2">螺纹规格 D(mm)</td><td>M12</td><td>(M14)</td><td>M16</td><td>(M18)</td><td>M20</td><td>(M22)</td><td>M24</td></tr>
<tr><td>d_k</td><td rowspan="8">(mm)</td><td colspan="2">24</td><td colspan="2">30</td><td colspan="2">36</td><td>46</td></tr>
<tr><td>d</td><td colspan="2">20</td><td colspan="2">26</td><td colspan="2">30</td><td>38</td></tr>
<tr><td>m</td><td colspan="2">15</td><td colspan="2">18</td><td colspan="2">22</td><td>26</td></tr>
<tr><td>k</td><td colspan="2">52</td><td colspan="2">60</td><td colspan="2">72</td><td>84</td></tr>
<tr><td>L</td><td colspan="2">66</td><td colspan="2">76</td><td colspan="2">86</td><td>98</td></tr>
<tr><td>d_1</td><td colspan="2">10</td><td colspan="2">12</td><td colspan="2">13</td><td>14</td></tr>
<tr><td>R</td><td colspan="4">6</td><td colspan="2">8</td><td>10</td></tr>
<tr><td>r</td><td colspan="2">6</td><td colspan="2">8</td><td colspan="2">11</td><td>14</td></tr>
<tr><td>重量 G</td><td>(kg)</td><td>153.9</td><td>149.3</td><td>262.9</td><td>256.3</td><td>370</td><td>358</td><td>368.9</td></tr>
</table>

注：螺纹材料：铸黄铜 ZCuZn40Mn2，螺纹公差：6H，表面不处理；G—每千件螺母大约重量；带括号规格尽量不用。

(11) 圆螺母(GB/T 812—1988)

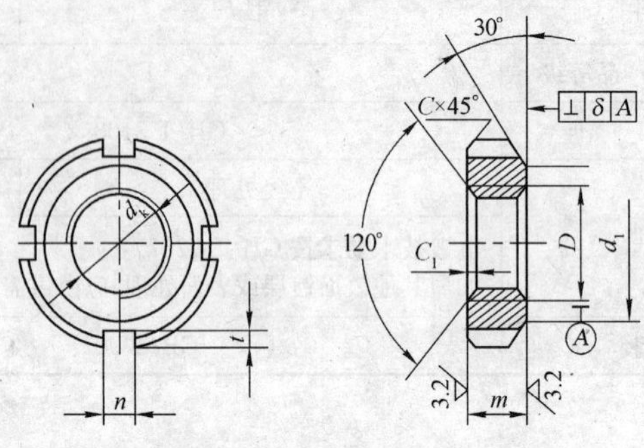

(mm)

螺纹规格 $D\times P$	外径 d_k	30°倒角端面直径 d_1	螺母高度 m	开槽宽度 n		开槽深度 t		倒角宽度 c	重量 G (kg)
				max	min	max	min		
M10×1	22	16	8	4.3	4	2.6	2	0.5	16.82
M12×1.25	25	19							21.58
M14×1.5	28	20							26.82
M16×1.5	30	22		5.3	5	3.1	2.5		28.44
M18×1.5	32	24							31.19
M20×1.5	35	27							37.31
M22×1.5	38	30	10					1.0	54.91
M24×1.5	42	34							68.88
M25×1.5★	42	34							65.88
M27×1.5	45	37							75.49
M30×1.5	48	40							82.11
M33×1.5	52	43		6.3	6	3.6	3		93.32
M35×1.5★	52	43							84.99
M36×1.5	55	46						1.5	100.3
M39×1.5	58	49							107.3
M40×1.5★	58	49							102.3

注：表中 G 为千件螺母的大约重量(kg)；图中 $C_1=0.5$(mm)；表中规格为商品规格，带★的规格仅用于滚动轴承锁紧装置。

(12) 蝶形螺母(GB/T 62—2004)

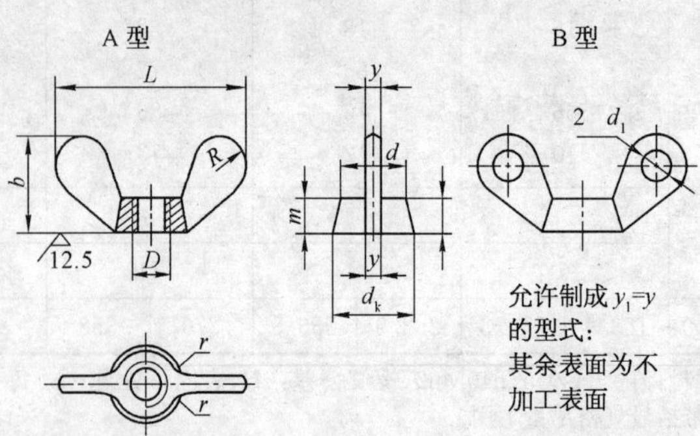

D—公称直径 P—螺距	底部外径	顶部外径	总长	总高	螺母高度	翼厚		孔径	翼圆弧	圆角半径	重量
螺纹规格 D×P (mm)	d_k	d	L	k	m	y	y_1	d_1	R	r	G (kg)
M3×0.5	7	6	20	8	3.5	1.25	1.5	3	3	2	1.72
M4×0.7	8	7	24	10	4	1.5	2	4	3.5	2.5	2.72
M5×0.8	10	8	28	12	5	2	2.5	4	4.5	3	5.12
M6×1	12	10	32	14	6	2.5	3	5	5	3.5	8.42
M8×1.25	15	13	40	18	8	3	3.5	6	6	4	16.04
M8×1	15	13	40	18	8	3	3.5	6	6	4	16.04
M10×1.5	18	15	48	22	10	3.5	4	7	7	5	26.28
M10×1.25	18	15	48	22	10	3.5	4	7	7	5	26.28
M12×1.75	22	19	58	27	12	4	5	8	8.5	6	46.55
M12×1.5	22	19	58	27	12	4	5	8	8.5	6	46.55
(M14×2)	26	23	64	30	14	5	6	9	9	7	71.64
(M14×1.5)	26	23	64	30	14	5	6	9	9	7	71.64
M16×2	30	26	72	32	14	6	7	10	10	8	98.86
M16×1.5	30	26	72	32	14	6	7	10	10	8	98.86

注：G—每千件螺母大约重量；表列规格为商品规格。
材料：钢 Q215、Q235 或可锻铸铁　KT30－6。

(13) 六角法兰面螺母(GB/T 6177.1—2000)

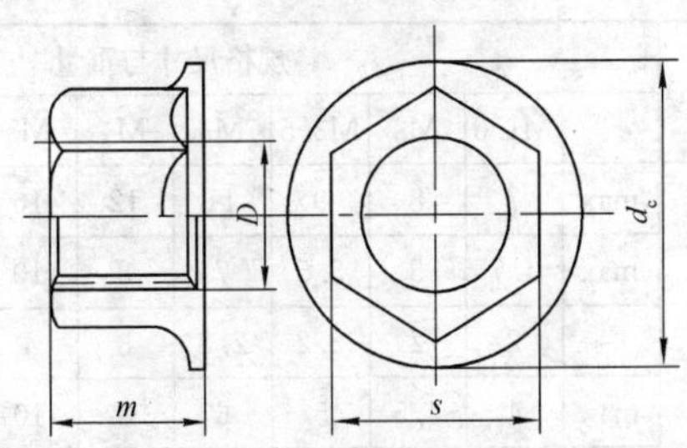

螺纹规格 D	法兰厚度 c max	法兰直径 d_c max	螺母高度 m max	对边宽度 s max	重量 G (每 1 000 件重)
	(mm)				(kg)
M5 M6	1 1.1	11.8 14.2	5 6	8 10	1.42 2.76

(续)

螺纹规格 D	法兰厚度 c max	法兰直径 d_c max	螺母高度 m max	对边宽度 s max	重量 G (每1 000件重)
	(mm)				(kg)
M8	1.2	17.9	8	13	6.00
M10	1.5	21.8	10	15	9.63
M12	1.8	26	12	18	16.66
(M14)	2.1	29.9	14	21	25.80
M16	2.4	34.5	16	24	38.64
M20	3	42.8	20	30	70.90

注：产品等级:A级($D \leqslant 16$)，B级($D > 16$)；

材料:钢 $D \leqslant 16.8$(1型)，$D > 16.8$(2型)，$D \leqslant 20$，9和12(2型)，10(1型)。

(14) 滚花高螺母(GB/T 806—1988)

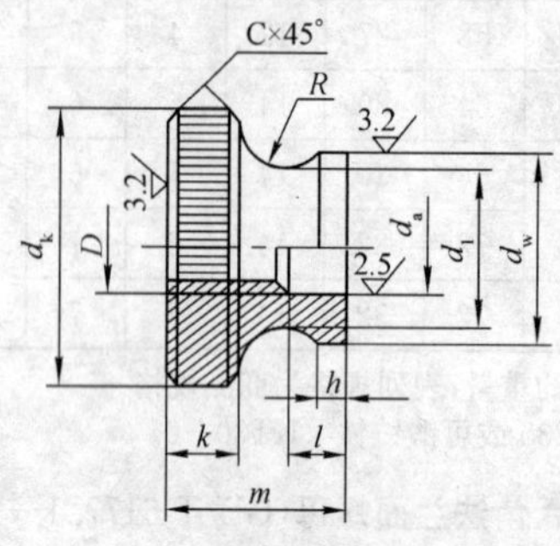

螺纹规格 D	(mm)		规格尺寸与重量								
			M1.6	M2	M2.5	M3	M4	M5	M6	M8	M10
滚花部直径 d_k	(mm)	max	7	8	9	11	12	16	20	24	30
螺母高度 m		max	4.7	5	5.5	7	8	10	12	16	20
滚花部高度 k			2	2	2.2	2.8	3	4	5	6	8
支承面直径 d_w		max	4	4.5	5	6	8	10	12	16	20
倒角宽度 c			0.2	0.2	0.2	0.3	0.3	0.5	0.5	0.8	0.8
法兰厚度 h			0.8	1	1	1.2	1.5	2	2.5	3	3.8
凹颈半径 R		min	1.25	1.25	1.5	2	2	2.5	3	4	5
光孔深度 t		max	1.5	1.5	2	2	2.5	3	4	5	6.5
光孔直径 d_a		min	1.8	2.2	2.7	3.2	4.2	5.2	6.2	8.5	10.5
每千件重 G	(kg)		0.71	0.91	1.26	2.36	3.26	7.82	14.9	26.9	56.7

(15) 组合式盖形螺母(GB/T 802.1—2008)

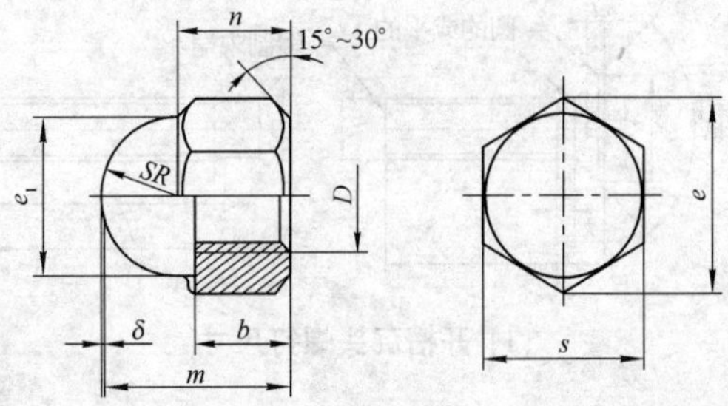

主要尺寸与每千件大约重量 G(kg)　　(mm)

螺纹规格 D^a													
螺纹规格 D^a	第1系列	M4	M5	M6	M8	M10	M12	(M14)	M16	(M18)	M20	(M22)	M24
	第2系列	—	—	—	M8×1	M10×1	M12×1.5	(M14×1.5)	M16×1.5	(M18×1.5)	M20×2	(M22×1.5)	M24×2
	第3系列	—	—	—	—	M10×1.25	M12×1.25	—	—	(M18×2)	M20×1.5	(M22×2)	—
P		0.7	0.8	1	1.25	1.5	1.75	2	2	2.5	2.5	2.5	3
d_a	max	4.6	5.75	6.75	8.75	10.8	13	15.1	17.3	19.5	21.6	23.7	25.9
	min	4	5	6	8	10	12	14	16	18	20	22	24
d_k	≈	6.2	7.2	9.2	13	16	18	20	22	25	28	30	34
d_w	min	5.9	6.9	8.9	11.6	14.6	16.6	19.6	22.5	24.9	27.7	31.4	33.3
e	min	7.66	8.79	11.05	14.38	17.77	20.03	23.35	26.75	29.56	32.95	37.29	39.55
h	max	7	9	11	15	18	22	24	26	30	35	38	40
m	≈	4.5	5.5	6.5	8	10	12	13	15	17	19	21	22
b	≈	2.5	4	5	6	8	10	11	13	14	16	18	19
m_w	min	3.6	4.4	5.2	6.4	8	9.6	10.4	12	13.6	15.2	16.8	17.6
SR	≈	3.2	3.6	4.6	6.5	8	9	10	11.5	12.5	14	15	17
s	公称	7	8	10	13	16	18	21	24	27	30	34	36
	min	6.78	7.78	9.78	12.73	15.73	17.73	20.67	23.67	26.16	29.16	33	35
δ	≈	0.5	0.5	0.8	0.8	0.8	1	1	1	1.2	1.2	1.2	1.2
重量:G(kg)		—	1.6	3.28	6.71	12.15	17.40	24.80	36.80	50	68.50	98	113

注:括号规格,尽量不采用;P—粗牙螺纹螺距。

12. 开槽沉头螺钉(GB/T 68—2000)

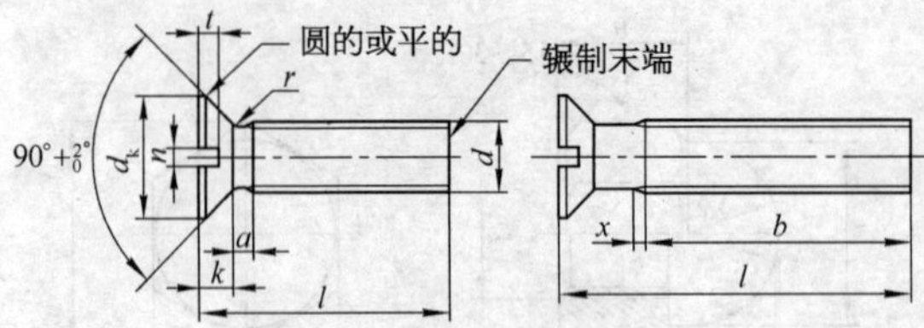

(1) 开槽沉头螺钉尺寸

(mm)

螺纹规格 d			M1.6	M2	M2.5	M3	(M3.5)
螺距 P			0.35	0.4	0.45	0.5	0.6
a		max	0.7	0.8	0.9	1	1.2
b		min	25	25	25	25	38
d_k	理论值	max	3.6	4.4	5.5	6.3	8.2
	实际值	公称值 max	3.0	3.8	4.7	5.5	7.30
		min	2.7	3.5	4.4	5.2	6.94
k		公称值 max	1	1.2	1.5	1.65	2.35
n		公称	0.4	0.5	0.6	0.8	1
		max	0.60	0.70	0.80	1.00	1.20
		min	0.46	0.56	0.66	0.86	1.06
r		max	0.4	0.5	0.6	0.8	0.9
t		max	0.50	0.6	0.75	0.85	1.2
		min	0.32	0.4	0.50	0.60	0.9
x		max	0.9	1	1.1	1.25	1.5
螺纹规格 d			M4	M5	M6	M8	M10
螺距 P			0.7	0.8	1	1.25	1.5
a		max	1.4	1.6	2	2.5	3
b		min	38	38	38	38	38
d_k	理论值	max	9.4	10.4	12.6	17.3	20
	实际值	公称值 max	8.40	9.30	11.30	15.80	18.30
		min	8.04	8.94	10.87	15.37	17.78
k		公称值 max	2.7	2.7	3.3	4.65	5

(续)

螺纹规格 d		M4	M5	M6	M8	M10
n	公称	1.2	1.2	1.6	2	2.5
	max	1.51	1.51	1.91	2.31	2.81
	min	1.26	1.26	1.66	2.06	2.56
r	max	1	1.3	1.5	2	2.5
t	max	1.3	1.4	1.6	2.3	2.6
	min	1.0	1.1	1.2	1.8	2.0
x	max	1.75	2	2.5	3.2	3.8

注：无螺纹部分杆径约等于螺纹中径或允许等于螺纹大径。

(2) 开槽沉头螺钉长度和重量

l	G	l	G	l	G	l	G	l	G
d=M1.0		d=M2.5		d=M3		d=M4		d=M8	
2.5	0.053	4	0.206	20	0.996	40	3.56	10	5.68
3	0.058	5	0.236	25	1.22	d=M5		12	6.32
4	0.069	6	0.266	30	1.44			(14)	6.96
5	0.081	8	0.326	d=M3.5		8	1.48	16	7.60
6	0.093	10	0.386			△2	0.24	20	8.88
8	0.116	12	0.446	6	0.633	16	2.44	△5	1.6
10	0.139	(14)	0.507	△2	0.12	20	2.92	80	28.1
12	0.162	16	0.567	16	1.23	△5	0.60	d=M10	
(14)	0.185	20	0.687	20	1.47	50	6.52		
16	0.208	25	0.838	25	1.77	d=M6		12	9.54
d=M2		d=M3		30	2.07			14	10.6
				35	2.37	8	2.38	16	11.6
3	0.101	5	0.335	d=M4		△2	0.35	20	13.6
4	0.119	6	0.379			16	3.78	△5	2.53
5	0.137	8	0.467	6	0.903	20	4.48	80	43.9
6	0.152	10	0.555	△2	0.155	△5	0.88		
△2	0.061	12	0.643	16	1.68	60	11.5		
16	0.343	14	0.731	20	2.00				
20	0.417	16	0.820	△5	0.39				

注：l—螺钉公称长度；G—每千件螺钉重量(kg)；△2、△5 分别表示螺纹长度间隔为 2、5(mm)，其右侧数字分别表示重量(kg)。

13. 开槽半沉头螺钉(GB 69—2000)

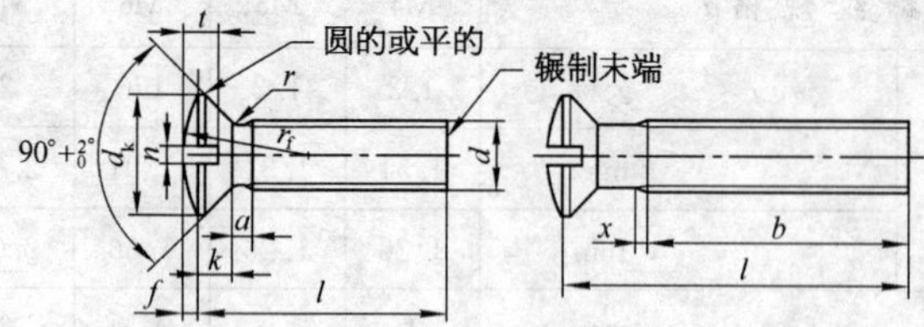

(1) 开槽半沉头螺钉尺寸

螺纹规格 d			M1.6	M2	M2.5	M3	(M3.5)
螺距 P			0.35	0.4	0.45	0.5	0.6
a		max	0.7	0.8	0.9	1	1.2
b		min	25	25	25	25	38
d_k	理论值	max	3.6	4.4	5.5	6.3	8.2
	实际值	公称值 max	3.0	3.8	4.7	5.5	7.30
		min	2.7	3.5	4.4	5.2	6.94
f		≈	0.4	0.5	0.6	0.7	0.8
k		公称值 max	1	1.2	1.5	1.65	2.35
n		公称	0.4	0.5	0.6	0.8	1
		max	0.60	0.70	0.80	1.00	1.20
		min	0.46	0.56	0.66	0.86	1.06
r		max	0.4	0.5	0.6	0.8	0.9
r_f		≈	3	4	5	6	8.5
t		max	0.80	1.0	1.2	1.45	1.7
		min	0.64	0.8	1.0	1.20	1.4
x		max	0.9	1	1.1	1.25	1.5
螺纹规格 d			M4	M5	M6	M8	M10
螺距 P			0.7	0.8	1	1.25	1.5
a		max	1.4	1.6	2	2.5	3
b		min	38	38	38	38	38
d_k	理论值	max	9.4	10.4	12.6	17.3	20
	实际值	max	8.40	9.30	11.30	15.80	18.30
		min	8.04	8.94	10.87	15.37	17.78

(续)

螺纹规格 d		M4	M5	M6	M8	M10
f	≈	1	1.2	1.4	2	2.3
k	公称值 max	2.7	2.7	3.3	4.65	5
n	公称	1.2	1.2	1.6	2	2.5
	max	1.51	1.51	1.91	2.31	2.81
	min	1.26	1.26	1.66	2.06	2.56
r	max	1	1.3	1.5	2	2.5
r_1	≈	9.5	9.5	12	16.5	19.5
t	max	1.9	2.4	2.8	3.7	4.4
	min	1.6	2.0	2.4	3.2	3.8
x	max	1.75	2	2.5	3.2	3.8

(2) 开槽半沉头螺钉长度和重量

l	G	l	G	l	G	l	G	l	G
d=M1.6		d=M2		d=M3		d=M5		d=M8	
2.5	0.062	(14)	0.325	20	1.06	8	1.73	12	7.53
3	0.057	16	0.362	25	1.28	△2	0.24	(14)	8.17
4	0.078	20	0.436	30	1.50	16	2.69	16	8.81
5	0.090	d=M2.5		d=M3.5		20	3.17	20	10.1
6	0.102					△5	0.60	△5	1.6
8	0.125	4	0.242	6	0.729	50	6.76	80	29.3
10	0.145	5	0.272	△2	0.12	d=M6		d=M10	
12	0.165	6	0.302	16	1.33				
14	0.185	△2	0.06	20	1.57	8	2.79	12	11.4
16	0.205	16	0.603	△5	0.30	10	3.14	14	12.5
d=M2		20	0.723	35	2.47	12	3.49	16	13.5
		25	0.874	d=M4		(14)	3.84	20	15.5
3	0.119	d=M3				16	4.19	△5	2.53
4	0.138			6	1.07	20	4.89	80	45.8
5	0.156	5	0.395	△2	0.16	△5	0.875		
6	0.175	6	0.439	16	1.85	60	11.9		
8	0.212	8	0.527	20	2.17	d=M8			
10	0.249	△2	0.088	△5	0.39				
12	0.287	16	0.879	40	3.73	10	6.89		

(3) 开槽半沉头螺钉技术条件和引用标准

<table>
<tr><td colspan="2">材　　料</td><td>钢</td><td>不锈钢</td><td>有色金属</td></tr>
<tr><td colspan="2">通用技术条件</td><td colspan="3">GB/T 16938</td></tr>
<tr><td rowspan="2">螺纹</td><td>公差</td><td colspan="3">6 g</td></tr>
<tr><td>标准</td><td colspan="3">GB/T 196、GB/T 197</td></tr>
<tr><td rowspan="2">机械性能</td><td>等级</td><td>4.8、5.8</td><td>A2－50、A2－70</td><td>CU2、CU3、AL4</td></tr>
<tr><td>标准</td><td>GB/T 3098.1</td><td>GB/T 3098.6</td><td>GB/T 3098.10</td></tr>
<tr><td rowspan="2">公差</td><td>产品等级</td><td colspan="3">A</td></tr>
<tr><td>标准</td><td colspan="3">GB/T 3103.1</td></tr>
<tr><td colspan="2">表面缺陷</td><td colspan="3">GB/T 5779.1</td></tr>
<tr><td colspan="2" rowspan="2">表面处理</td><td>不经处理</td><td>简单处理</td><td>简单处理</td></tr>
<tr><td colspan="3">电镀技术要求按 GB/T 5267。
如需其他表面镀层或表面处理,应由供需双方协议</td></tr>
<tr><td colspan="2">验收及包装</td><td colspan="3">GB/T 90</td></tr>
</table>

14. 十字槽沉头螺钉-钢 4.8 级(GB/T 819.1—2000)

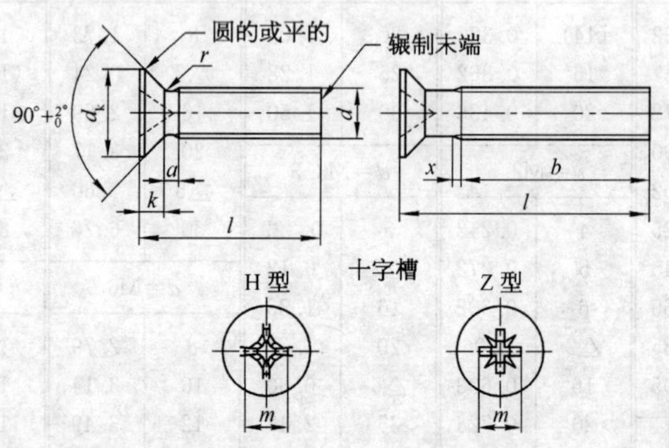

(1) 十字槽沉头螺钉(钢 4.8 级)尺寸

(mm)

螺 纹 规 格 *d*		M1.6	M2	M2.5	M3	(M3.5)
螺距 *P*		0.35	0.4	0.45	0.5	0.6
a	max	0.7	0.8	0.9	1	1.2
b	min	25	25	25	25	38

（续）

螺纹规格 d			M1.6	M2	M2.5	M3	(M3.5)
d_k	理论值	max	3.6	4.4	5.5	6.3	8.2
	实际值	公称值 max	3.0	3.8	4.7	5.5	7.30
		min	2.7	3.5	4.4	5.2	6.94
k		公称值 max	1	1.2	1.5	1.65	2.35
r		max	0.4	0.5	0.6	0.8	0.9
x		max	0.9	1	1.1	1.25	1.5
十字槽（系列1，深的）	槽号	No.	0		1		2
	H型	m 参考	1.6	1.9	2.9	3.2	4.4
		插入深度 max	0.9	1.2	1.8	2.1	2.4
		插入深度 min	0.6	0.9	1.4	1.7	1.9
	Z型	m 参考	1.6	1.9	2.8	3	4.1
		插入深度 max	0.95	1.20	1.73	2.01	2.20
		插入深度 min	0.70	0.95	1.48	1.76	1.75

螺纹规格 d			M4	M5	M6	M8	M10
螺距 P			0.7	0.8	1	1.25	1.5
a		max	1.4	1.6	2	2.5	3
b		min	38	38	38	38	38
d_k	理论值	max	9.4	10.4	12.6	17.3	20
	实际值	公称值 max	8.40	9.30	11.30	15.80	18.30
		min	8.04	8.94	10.87	15.37	17.78
k		公差值 max	2.7	2.7	3.3	4.65	5
r		max	1	1.3	1.5	2	2.5
x		max	1.75	2	2.5	3.2	3.8
十字槽的深度	槽号	No.	2		3	4	
	H型	m 参考	4.6	5.2	6.8	8.9	10
		插入深度 max	2.6	3.2	3.5	4.6	5.7
		插入深度 min	2.1	2.7	3.0	4.0	5.1
	Z型	m 参考	4.4	4.9	6.6	8.8	9.8
		插入深度 max	2.51	3.05	3.45	4.60	5.64
		插入深度 min	2.06	2.60	3.00	4.15	5.19

(2) 十字槽沉头螺钉长度和重量

参阅 GB/T 68—2000《开槽沉头螺钉》。

(3) 技术条件和引用标准

材　　料		钢
通用技术条件		GB/T 16938
螺纹	公差	6 g
	标准	GB/T 196、GB/T 197
机械性能	等级	4.8
	标准	GB/T 3098.1
公差	产品等级	A
	标准	GB/T 3103.1
表面缺陷		GB/T 5779.1
表面处理		不经处理 电镀技术要求按 GB/T 5267。 如需其他表面镀层或表面处理，应由供需双方协议
验收及包装		GB/T 90

(4) 标记示例

螺纹规格 d=M5、公称长度 l=20 mm、性能等级为 4.8 级、H 型十字槽、不经表面处理的 A 级十字槽沉头螺钉的标记：

螺钉　GB/T 819.1　M5×20

15. 十字槽沉头螺钉　第 2 部分：钢 8.8、不锈钢 A2－70 和有色金属 CU2 或 CU3（摘自 GB/T 819.2—1997）

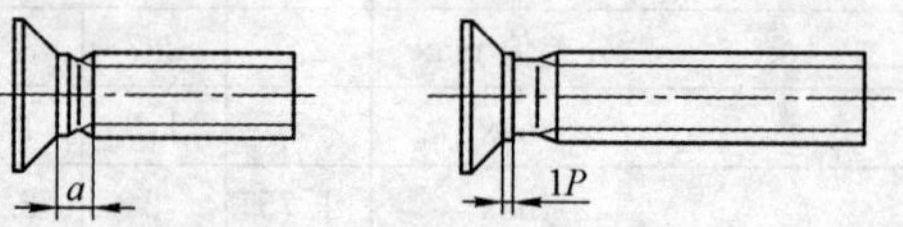

$a_{max} = 2.5P$

注：其余尺寸见以下四图。

头下带台肩的螺钉(见 GB/T 5279.2)，用于插入深度系列 1(深的)

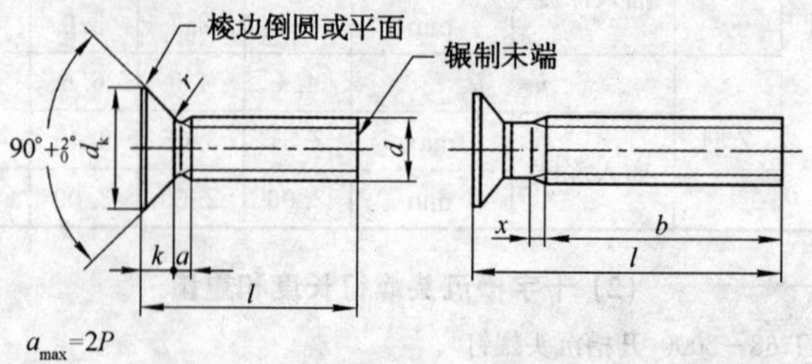

$a_{max}=2P$

头下不带台肩的螺钉(见 GB/T 5279.2),用于插入深度系列 2(浅的)

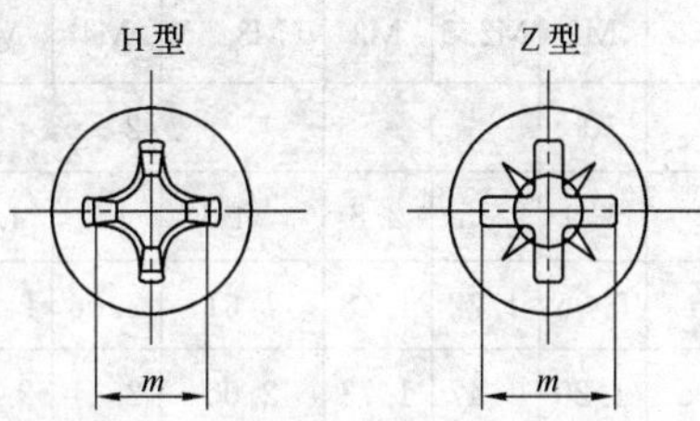

(1) 十字槽沉头螺钉钢 8.8、不锈钢 A2-70 和有色金属 CU2 和 CU3 尺寸

(mm)

螺纹规格 d			M2	M2.5	M3	(M3.5)	M4	M5	M6	M8	M10
螺距	P		0.4	0.45	0.5	0.6	0.7	0.8	1	1.25	1.5
b	min		25	25	25	38	38	38	38	38	38
d_k	理论 max		4.4	5.5	6.3	8.2	9.4	10.4	12.6	17.3	20
	实际 max		3.8	4.7	5.5	7.3	8.4	9.3	11.3	15.8	18.3
	实际 min		3.5	4.4	5.2	6.9	8.0	8.9	10.9	15.4	17.8
k	max		1.2	1.5	1.65	2.35	2.7	2.7	3.3	4.65	5
r	max		0.5	0.6	0.8	0.9	1	1.3	1.5	2	2.5
x	max		1	1.1	1.25	1.5	1.75	2	2.5	3.2	3.8
系列 1H 型	槽号 No		0	1			2		3		4
	m 参考		1.9	2.9	3.2	4.4	4.6	5.2	6.8	8.9	10
	插入深度	min	0.9	1.4	1.7	1.9	2.1	2.7	3.0	4.0	5.1
		max	1.2	1.8	2.1	2.4	2.6	3.2	3.5	4.6	5.7
系列 1Z 型	槽号 No		0	1			2		3		4
	m 参考		1.9	2.8	3	4.1	4.4	4.9	6.6	8.8	9.8
	插入深度	min	0.95	1.48	1.76	1.75	2.06	2.60	3.00	4.15	5.19
		max	1.20	1.73	2.01	2.20	2.51	3.05	3.45	4.60	5.64
系列 2H 型	槽号 No		0	1			2		3		4
	m 参考		1.9	2.7	2.9	4.1	4.6	4.8	6.6	8.7	9.6
	插入深度	min	0.9	1.25	1.4	1.6	2.1	2.3	2.8	3.9	4.8
		max	1.2	1.55	1.8	2.1	2.6	2.8	3.3	4.4	5.3

(续)

螺纹规格 d			M2	M2.5	M3	(M3.5)	M4	M5	M6	M8	M10
系列2Z型	槽号 No		0	1		2			3	4	
	m参考		1.9	2.5	2.8	4	4.4	4.6	6.3	8.5	9.4
	插入深度	min	0.95	1.22	1.48	1.61	2.06	2.27	2.73	3.87	4.78
		max	1.20	1.47	1.73	2.05	2.51	2.72	3.18	4.32	5.23

注：系列1是深的，系列2是浅的。

公称长度 l 系列：(mm) 3、4、5、6、8、10、12、(14)、16、20、25、30、35、40、45、50、(55)、60，千件螺钉大约重量与 GB/T 68—2000 开槽沉头螺钉重量相似。

(2) 标记示例：螺钉 GB/T 819.2　M6×20

螺钉 GB/T 819.2　M8×30 - H_1 指定 H 型系列 1(深的)。

16. 内六角锥端紧定螺钉(GB/T 78—2007)

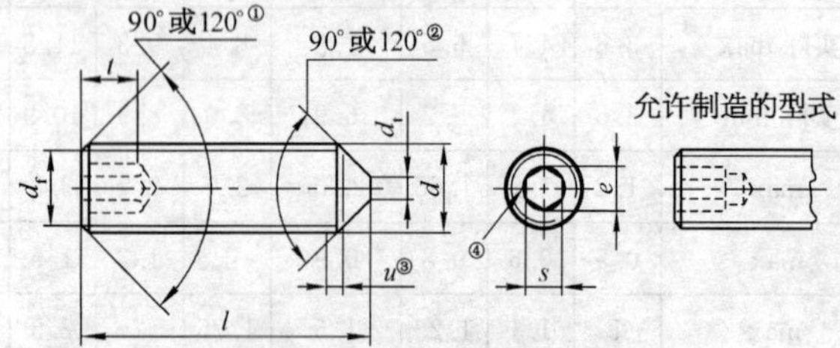

允许制造的内六角型号

注：* 对切制内六角，当尺寸达到最大极限时，由于钻孔造成的过切不应超过内六角任何一面长度(t)的 1/3。

① 公称长度 l 小于或等于表中带 * 符号的短螺钉应制成 120°。

② 该角仅适用于螺纹小径以内的末端部分；120°用于公称长度在表中虚折线以上的螺钉，而 90°用于其余长度。

③ 不完整螺纹的长度 $u \leqslant 2P$。

④ 允许稍许倒圆或沉孔。

(1) 内六角锥端紧定螺钉主要尺寸

(mm)

螺纹规格 d		M1.6	M2	M2.5	M3	M4	M5	M6	M8	M10	M12	M16	M20	M24
螺距 P		0.35	0.4	0.45	0.5	0.7	0.8	1	1.25	1.5	1.75	2	2.5	3
d_1	max	0.4	0.5	0.65	0.75	1	1.25	1.5	2	2.5	3	4	5	6
d_t	min	≈螺纹小径												
e	min	0.809	1.011	1.454	1.733	2.303	2.873	3.443	4.583	5.723	6.863	9.149	11.429	13.716

（续）

螺纹规格 d		M1.6	M2	M2.5	M3	M4	M5	M6	M8	M10	M12	M16	M20	M24
s	公称	0.7	0.9	1.3	1.5	2	2.5	3	4	5	6	8	10	12
	max	0.724	0.913	1.300	1.58	2.08	2.58	3.08	4.095	5.14	6.14	8.175	10.175	12.212
	min	0.710	0.887	1.275	1.52	2.02	2.52	3.02	4.02	5.02	6.02	8.025	10.025	12.032
t	min	0.7	0.8	1.2	1.2	1.5	2	2	3	4	4.8	6.4	8	10
	min	1.5	1.7	2	2	2.5	3	3.5	5	6	8	10	12	15

注：1. P—螺距。

2. $e_{min}=1.14S_{min}$。

(2) 内六角锥端紧定螺钉公称长度及重量

l	G
M1.6	
2	0.021
2.5*	0.025
3	0.029
4	0.037
5	0.046
6	0.054
8	0.070
M2	
2	0.029
2.5*	0.037
3	0.044
4	0.059
5	0.074
6	0.089
8	0.119
10	0.148
M2.5	
2.5	0.063
3*	0.075
4	0.100
5	0.125

l	G
M2.5	
6	0.150
△2	0.05
12	0.299
M3	
2.5	0.07
3*	0.09
4	0.13
5	0.17
6	0.21
8	0.29
10	0.37
12	0.45
16	0.61
M4	
3	0.10
4*	0.18
5	0.26
6	0.34
△2	0.16
12	0.82
16	1.14

l	G
M4	
20	1.46
M5	
4	0.25
5*	0.37
6	0.49
8	0.73
10	0.97
12	1.21
16	1.69
20	2.17
25	2.77
M6	
5	0.515
6*	0.69
8	1.04
10	1.39
12	1.74
16	2.44
20	3.14
△5	0.87
30	4.89

l	G
M8	
6	1.09
8*	1.72
10	2.35
12	2.98
16	4.24
20	5.50
△5	0.42
40	11.8
M10	
8	2.4
10*	3.41
12	4.42
16	6.43
20	8.44
△5	2.5
50	23.5
M12	
10	4.7
12*	6.1
16	8.9
20	11.7

l	G
M12	
△5	5.5
60	39.8
M16	
12	9.7
16*	14.9
20	20.1
△5	6.5
60	72.2
M20	
16	22.2
20*	30.4
△5	10.3
60	113
M24	
20	39.7
25*	54.2
△5	15
60	156

注：l—公称长度(mm)；G—1 000 件螺钉重量(kg)；△1、△2、△5 分别表示螺钉长度间隔为 1、2、5(mm)，右侧数字分别表示重量(kg)。

技术条件和引用标准

<table>
<tr><td colspan="2">材　　料</td><td>钢</td><td>不锈钢</td><td>有色金属</td></tr>
<tr><td colspan="2">通用技术条件</td><td colspan="3">GB/T 16938</td></tr>
<tr><td rowspan="2">螺纹</td><td>公差</td><td colspan="3">45H 级：5 g、6 g；其他等级：6 g</td></tr>
<tr><td>标准</td><td colspan="3">GB/T 196、GB/T 197</td></tr>
<tr><td rowspan="2">机械性能</td><td>等级</td><td>45H</td><td>A1、A2</td><td>CU2、CU3、AL4</td></tr>
<tr><td>标准</td><td>GB/T 3098.3</td><td>GB/T 3098.6</td><td>GB/T 3098.10</td></tr>
<tr><td rowspan="2">公差</td><td>产品等级</td><td colspan="3">A</td></tr>
<tr><td>标准</td><td colspan="3">GB/T 3103.1</td></tr>
<tr><td colspan="2">表面缺陷</td><td colspan="3">GB/T 5779.1、GB/T 5779.3</td></tr>
<tr><td colspan="2" rowspan="2">表面处理</td><td>氧化</td><td>简单处理</td><td>简单处理</td></tr>
<tr><td colspan="3">电镀技术要求按 GB/T 5267
如需其他表面镀层或表面处理，应由供需双方协议</td></tr>
<tr><td colspan="2">验收及包装</td><td colspan="3">GB/T 90</td></tr>
</table>

17. 内六角圆柱端紧定螺钉(GB/T 79—2007)

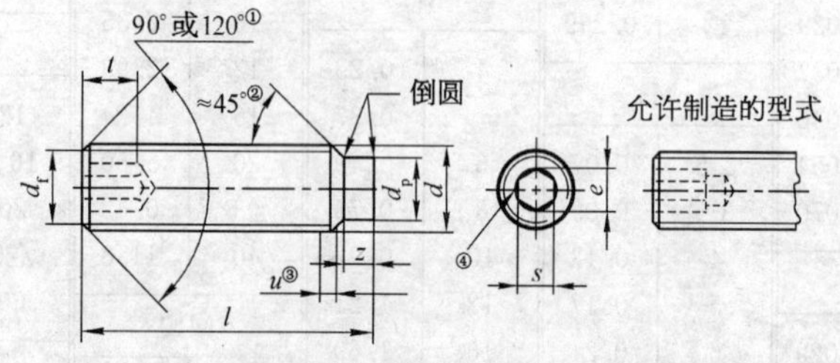

允许制造的内六角型式

注：* 对切制内六角，当尺寸达到最大极限时，由于钻孔造成的过切不应超过内六角任何一面长度(t)的 20%。

① 公称长度 l 小于或等于表中带 * 符号的短螺钉应制成 120°。

② 45°角仅适用于螺纹小径以内的末端部分。

③ 不完整螺纹的长度 $u \leqslant 2P$。

④ 允许稍许倒圆或沉孔。

(1) 规格和尺寸

(mm)

<table>
<tr><td colspan="2">螺纹规格 d</td><td>M1.6</td><td>M2</td><td>M2.5</td><td>M3</td><td>M4</td><td>M5</td><td>M6</td><td>M8</td><td>M10</td><td>M12</td><td>M16</td><td>M20</td><td>M24</td></tr>
<tr><td colspan="2">螺距 P</td><td>0.35</td><td>0.4</td><td>0.45</td><td>0.5</td><td>0.7</td><td>0.8</td><td>1</td><td>1.25</td><td>1.5</td><td>1.75</td><td>2</td><td>2.5</td><td>3</td></tr>
<tr><td rowspan="2">d_p</td><td>max</td><td>0.80</td><td>1.00</td><td>1.50</td><td>2.00</td><td>2.50</td><td>3.5</td><td>4.0</td><td>5.5</td><td>7.0</td><td>8.5</td><td>12.0</td><td>15.0</td><td>18.0</td></tr>
<tr><td>min</td><td>0.55</td><td>0.75</td><td>1.25</td><td>1.75</td><td>2.25</td><td>3.2</td><td>3.7</td><td>5.2</td><td>6.64</td><td>8.14</td><td>11.57</td><td>14.57</td><td>17.57</td></tr>
<tr><td>d_f</td><td>min</td><td colspan="13">≈螺纹小径</td></tr>
</table>

(续)

螺纹规格 *d*			M1.6	M2	M2.5	M3	M4	M5	M6	M8	M10	M12	M16	M20	M24
e		min	0.809	1.011	1.454	1.733	2.303	2.873	3.443	4.583	5.723	6.863	9.149	11.429	13.716
s		公称	0.7	0.9	1.3	1.5	2	2.5	3	4	5	6	8	10	12
		max	0.724	0.913	1.300	1.58	2.08	2.58	3.08	4.095	5.14	6.14	8.175	10.175	12.212
		min	0.710	0.887	1.275	1.52	2.02	2.52	3.02	4.02	5.02	6.02	8.025	10.025	12.032
t		min	0.7	0.8	1.2	1.2	1.5	2	2	3	4	4.8	6.4	8	10
		min	1.5	1.7	2	2	2.5	3	3.5	5	6	8	10	12	15
z	短圆柱端	max	0.65	0.75	0.88	1.00	1.25	1.50	1.75	2.25	2.75	3.25	4.3	5.3	6.3
		min	0.40	0.50	0.63	0.75	1.00	1.25	1.50	2.00	2.50	3.0	4.0	5.0	6.0
	长圆柱端	max	1.05	1.25	1.50	1.75	2.25	2.75	3.25	4.3	5.3	6.3	8.36	10.36	12.43
		min	0.80	1.00	1.25	1.50	2.00	2.50	3.0	4.0	5.0	6.0	8.0	10.0	12.0

(2) 公称长度和重量

l	*G*	*l*	*G*	*l*	*G*	*l*	*G*	*l*	*G*	*l*	*G*
M1.6		M2.5		M4.0		M6		M10		M20	
2	0.024	4	0.110	8	0.442	16	2.31	25	10.5	25*	38.6
2.5	0.028	5	0.125	10	0.602	20	2.99	△5	2.5	△5	10.3
3	0.029	6	0.150	12	0.763	25	3.84	50	23.0	60	107
4	0.037	8	0.199	16	1.08	30	4.69				
								M12		M24	
5	0.046	10	0.240	20	1.40						
						M8					
6	0.054	12	0.299					12	6.06	25	55.4
				M5.0							
8	0.07					8	1.68	16*	8.94	30	69.9
		M3.0									
				6*	0.528	10	2.31	20	11.0	35	78.4
M2											
		4	0.12	8	0.708	12	2.68	△5	3.6	40	92.9
2.5	0.046	5*	0.161	10	0.948	16	3.94	60	39.8	45	107
3*	0.053	6	0.186	12	1.19	20	5.20			50	122
								M16			
4	0.059	8	0.266	16	1.67	△5	1.58			55	136
5	0.074	10	0.346	20	2.15	40	11.5	16	15.0	60	151
6	0.089	12	0.427	25	2.75			20*	20.3		
						M10					
8	0.119	16	0.586					△5	6.6		
				M6							
10	0.148					10	3.6	60	71.3		
		M4.0									
				8	1.07	12*	4.58				
M2.5								M20			
		5	0.239	10	1.29	16	6.05				
3	0.085	6*	0.319	12	1.65	20	8.02	20	28.3		

注：*l*—公称长度(mm)；*G*—1 000 件钢螺钉重量(kg)；△1、△2、△5 分别表示螺钉长度间隔为：1、2、5(mm)，右侧数字分别表示重量(kg)。

技术条件和引用标准

材料		钢	不锈钢	有色金属
通用技术条件		GB/T 16938		
螺纹	公差	45H 级:5 g、6 g;其他等级:6 g		
	标准	GB/T 196、GB/T 197		
机械性能	等级	45H	A1、A2	CU2、CU3、AL4
	标准	GB/T 3098.3	GB/T 3098.6	GB/T 3098.10
公差	产品等级	A		
	标准	GB/T 3103.1		
表面缺陷		GB/T 5779.1、GB/T 5779.3		
表面处理		氧化	简单处理	简单处理
		电镀技术要求按 GB/T 5267 如需其他表面镀层或表面处理,应由供需双方协议		
验收及包装		GB/T 90		

(3) 标记示例

螺纹规格 d=M6、公称长度 l=12 mm、性能等级为 45H 级、表面氧化的 A 级内六角圆柱端紧定螺钉的标记:螺钉 GB/T 79 M6×12

18. 内六角凹端紧定螺钉(GB/T 80—2007)

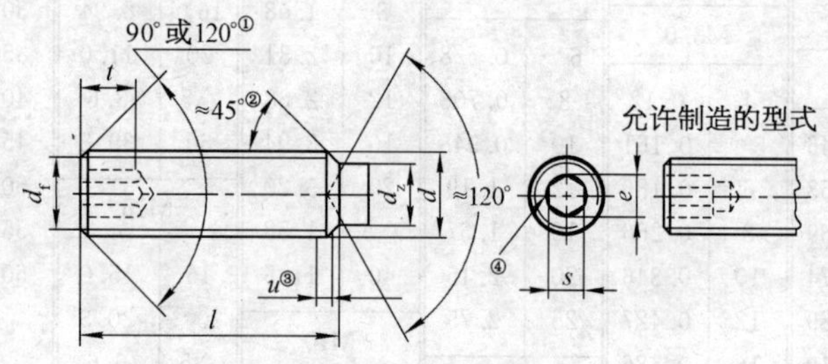

允许制造的内六角型式

注: * 对切制内六角,当尺寸达到最大极限时,由于钻孔造成的过切不应超过内六角任何一面长度(t)的 20%。

① 公称长度 l 小于或等于表中带 * 符号的短螺钉应制成 120°。

② 45°角仅适用于螺纹小径以内的末端部分。

③ 不完整螺纹的长度 $u \leqslant 2P$。

④ 允许稍许倒圆或沉孔。

(1) 规格和尺寸

(mm)

螺纹规格 d		M1.6	M2	M2.5	M3	M4	M5	M6	M8	M10	M12	M16	M20	M24
螺距 P		0.35	0.4	0.45	0.5	0.7	0.8	1	1.25	1.5	1.75	2	2.5	3
d_z	max	0.80	1.00	1.20	1.40	2.00	2.50	3.0	5.0	6.0	8.0	10.0	14.0	16.0
	min	0.55	0.75	0.95	1.15	1.75	2.25	2.75	4.7	5.7	7.64	9.64	13.57	15.57
d_f	min	≈螺纹小径												
e	min	0.809	1.011	1.454	1.733	2.303	2.873	3.443	4.583	5.723	6.863	9.149	11.429	13.716
s	公称	0.7	0.9	1.3	1.5	2	2.5	3	4	5	6	8	10	12
	max	0.724	0.913	1.300	1.58	2.08	2.58	3.08	4.095	5.14	6.14	8.175	10.175	12.212
	min	0.710	0.887	1.275	1.52	2.02	2.52	3.02	4.02	5.02	6.02	8.025	10.025	12.032
t	min	0.7	0.8	1.2	1.2	1.5	2	2	3	4	4.8	6.4	8	10
	min	1.5	1.7	2	2	2.5	3	3.5	5	6	8	10	12	15

(2) 螺钉公称长度及重量

l	G
M1.6	
2*	0.019
2.5	0.025
3	0.029
4	0.037
5	0.046
6	0.054
7	0.070
M2	
2	0.029
2.5*	0.037
3	0.044
△1	0.015
6	0.089
8	0.119
10	0.148
M2.5	
2	0.050
2.5	0.063
3*	0.075
4	0.100

l	G
M2.5	
5	0.125
6	0.150
8	0.199
10	0.249
12	0.299
M3	
2.5	0.079
3	0.10
4*	0.14
5	0.18
6	0.22
8	0.30
10	0.38
12	0.46
16	0.62
M4	
3	0.155
4	0.230
5*	0.305
6	0.38

l	G
M4	
△2	0.15
12	0.83
16	1.13
20	1.42
M5	
4	0.30
5*	0.42
4	0.30
5*	0.42
6	0.54
8	0.78
10	1.02
12	1.26
16	1.74
20	2.22
25	2.82
M6	
5	0.565
6*	0.74
△2	0.35

l	G
M6	
12	1.79
16	2.49
20	3.19
25	4.07
30	4.94
M8	
6	1.25
8*	1.88
10	2.51
12	3.14
16	4.40
20	5.66
△5	1.6
40	12.0
M10	
8	2.71
10*	3.72
12	4.73
16	6.73
20	8.72

l	G
M10	
△5	2.48
50	23.6
M12	
10	5.3
12*	6.7
16	9.5
20	12.3
△5	3.5
60	40.1
M16	
12	10.5
16*	16.7
20	20.9
△5	6.5
60	72.8
M20	
16	22.9
20*	31.1
△5	10.36

l	G
M20	
60	114
M24	
20	40.2
25*	55.2
△5	15
60	160

注：l—公称长度(mm)；G—1 000 件钢螺钉重量(kg)；△1、△2、△5 分别表示螺钉长度间隔为 1、2、5(mm)，右侧数字分别表示重量(kg)。

19. 开槽锥端紧定螺钉(GB 71—1985)

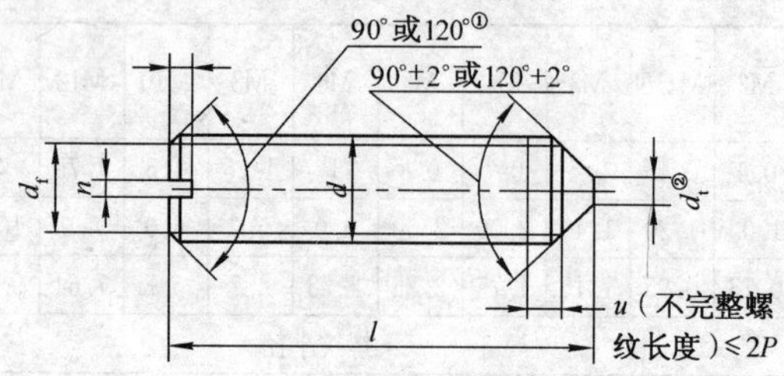

注：① 公称长度 l 小于或等于表中带 * 符号的短螺钉应制成 120°,其余为长螺钉,应制成 90°。

② ≤M5 的螺钉不要求锥端有平面部分(d_1),可以倒圆。

标记示例：

螺钉　GB 71—1985　M5×12:螺纹规格 d=M5、公称长度 l=12 mm、性能等级为 14H 级、表面氧化的开槽锥端紧定螺钉。

(1) 规格和尺寸

螺纹规格 d	螺距 P	钳端 d_1 max	n			t		l范围
			公称	min	max	min	max	
M1.2	0.25	0.12	0.2	0.26	0.4	0.4	0.52	2～6
M1.6	0.35	0.16	0.25	0.31	0.45	0.56	0.74	2～8
M2	0.4	0.20	0.25	0.31	0.45	0.64	0.84	3～10
M2.5	0.45	0.25	0.40	0.46	0.6	0.72	0.95	3～12
M3	0.5	0.3	0.40	0.46	0.6	0.80	1.05	4～16
M4	0.7	0.4	0.60	0.66	0.8	1.12	1.42	6～20
M5	0.8	0.5	0.80	0.86	1.0	1.28	1.63	8～25
M6	1.0	1.5	1.0	1.06	1.2	1.60	2.0	8～30
M8	1.25	2	1.2	1.26	1.51	2	2.5	10～40
M10	1.5	2.5	1.6	1.66	1.91	2.4	3	12～50
M12	1.76	3	3	2.06	2.31	2.8	3.6	14～60

注：d_f(平端)≈螺纹小径。

(2) 螺钉公称长度和重量

l	G	l	G	l	G	l	G	l	G	l	G
M1.2		M1.2		M1.6		M2.0		M2.5		M2.5	
2*	0.01	6	0.03	3	0.03	3	0.04	3*	0.06	10	0.27
2.5	0.01	M1.6		4	0.04	4	0.06	4	0.09	12	0.32
3	0.02			5	0.05	5	0.08	5	0.12	M3.0	
4	0.02	2	0.02	6	0.06	6	0.10	6	0.15		
5	0.03	2.5*	0.02	8	0.08	8	0.13	8	0.21	4	0.13

（续）

l	G	l	G	l	G	l	G	l	G	l	G
M3.0		M4.0		M5		M6		M8		M10	
5	0.17	8	0.51	12	1.26	20	3.19	25	7.21	50	23.42
6	0.22	10	0.66	(14)	1.50	25	4.04	△5	1.55	M12	
8	0.30	12	0.81	16	1.74	30	4.90	40	11.87		
10	0.39	(14)	0.96	20	2.22	M8		M10		14	7.98
12	0.47	16	1.11	25	2.82					16	9.41
(14)	0.56	20	1.41	M6		10	2.54	12	4.76	20	12.26
16	0.64	M5				12	3.16	14	5.74	25	15.82
M4.0				8	1.13	(14)	3.78	16	6.72	△5	3.56
		8	0.78	△2	0.34	16	4.41	20	8.69	60	40.76
6	0.36	10	1.02	16	2.50	20	5.65	△5	2.46		

注：l—公称长度(mm)；G—1 000 件钢螺钉重量(kg)；△2、△5 分别表示螺钉长度间隔为 2、5(mm)，右侧数字表示重量(kg)。

20. 开槽平端紧定螺钉(GB 73—1985)

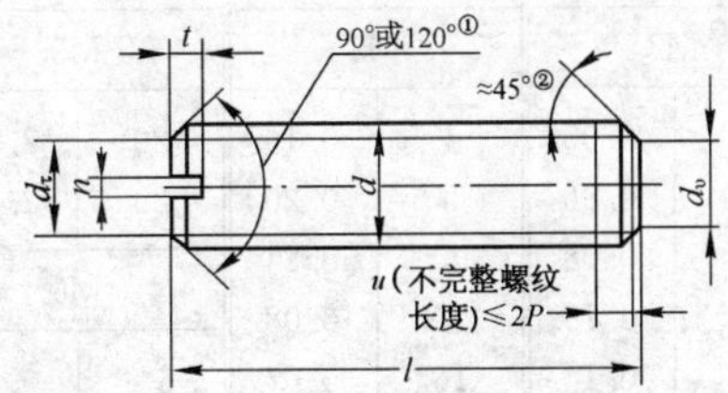

注：① 公称长度 l 小于或等于表中带 * 符号的短螺钉应制成 120°；其余为长螺钉制成 90°。

② 45°仅适用于螺纹小径以内的末端部分，不完整螺纹长度 $u \leqslant 2P$，倒角面直径 d_f(max)≈螺纹小径。

标记示例：

螺钉 GB 73—1985 M5×12：螺纹规格 d=M5、公称长度 l=12 mm、性能等级为 14H 级、表面氧化的开槽平端紧定螺钉。

(1) 规格和尺寸

螺纹规格 d	螺距 P	d_p		n			t		l
		min	max	公称	min	max	min	max	范围
M1.2	0.25	0.35	0.6	0.2	0.26	0.4	0.4	0.52	2～6
M1.6	0.35	0.55	0.8	0.25	0.31	0.45	0.56	0.74	2～8
M2	0.4	0.75	1.0	0.25	0.31	0.45	0.64	0.84	2～10

（续）

螺纹规格 d	螺距 P	d_p		n			t		l
		min	max	公称	min	max	min	max	范围
M2.5	0.45	1.25	1.5	0.4	0.46	0.6	0.72	0.95	2.5～12
M3	0.5	1.75	2.0	0.4	0.46	0.6	0.8	1.05	3～16
M4	0.7	2.25	2.5	0.6	0.66	0.8	1.12	1.42	4～20
M5	0.8	3.2	3.5	0.8	0.86	1.0	1.28	1.63	5～25
M6	1.0	3.7	4.0	1.0	1.06	1.2	1.6	2.0	6～30
M8	1.25	5.2	3.5	1.2	1.26	1.51	2.0	2.5	8～40
M10	1.5	6.64	7.0	1.6	1.66	1.91	2.4	3.0	10～50
M12	1.75	8.14	8.5	2.0	2.06	2.8	2.8	3.6	12～60

注：d_1(max)≈螺纹小径。

(2) 螺钉长度和重量

l	G	l	G	l	G	l	G	l	G
M1.2		M2		M3		M5		M10	
2	0.01	3	0.05	4	0.16	20	2.35	10	4.51
2.5	0.01	4	0.06	5	0.20	25	2.95	△2	0.98
3	0.02	5	0.08	6	0.24	M6		16	7.46
4	0.02	6	0.10	△2	0.08	6*	0.93	20	9.42
5	0.03	8	0.14	16	0.67	△2	0.34	△5	2.45
6	0.04	10	0.17	M4		16	2.64	50	24.16
M1.6		M2.5		4*	0.27	20	3.33	M12	
2*	0.02	2.5	0.06	5	0.34	25	4.18	12	7.87
2.5	0.02	3*	0.08	6	0.42	30	5.04	(14)	9.29
3	0.03	4	0.11	△2	0.14	M8		16	10.72
4	0.04	5	0.13	16	1.16	8	2.28	20	13.57
5	0.05	6	0.16	20	1.46	△2	0.62	△5	3.56
6	0.06	8	0.22	M5		16	4.77	60	42.06
8	0.08	10	0.28	5*	0.55	20	6.01		
M2		12	0.34	6	0.67	△5	1.55		
2	0.03	M3		△2	0.24	40	12.23		
2.5*	0.04	3*	0.12	16	1.87				

注：l—公称长度(mm)，l=14 尽可能不采用；G—1 000 件钢螺钉重量(kg)；△1、△2、△5 分别表示螺钉长度间隔为 1、2、5 mm，右侧数字表示重量(kg)。

21. 开槽凹端紧定螺钉(GB 74—1985)

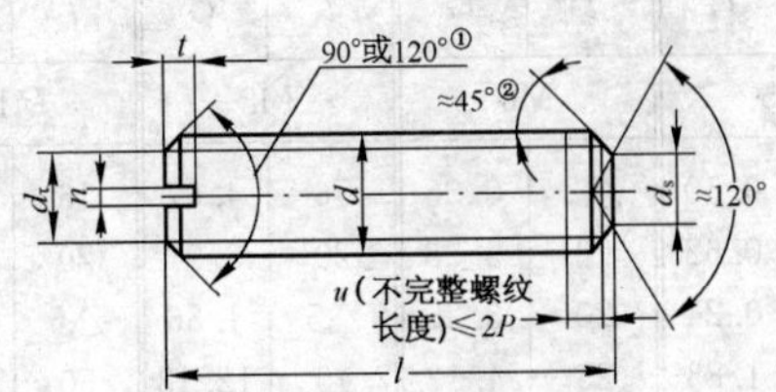

注：① 公称长度 l 小于或等于表中带 * 符号的短螺钉应制成 120°。

② 45°仅适用于螺纹小径以内的末端部分。

(1) 标记示例

螺钉　GB 74—1985　M5×12：螺纹规格 d＝M5、公称长度 l＝12 mm、性能等级为 14H 级、表面氧化的开槽凹端紧定螺钉。

(2) 规格和尺寸

(mm)

螺纹规格 d	螺距 P	d_z		n			t		l
		min	max	公称	min	max	min	max	范围
M1.6	0.35	0.55	0.8	0.25	0.31	0.45	0.56	0.74	2～8
M2	0.4	0.75	1.0	0.25	0.31	0.45	0.64	0.84	2.5～10
M2.5	0.45	0.95	1.2	0.40	0.46	0.60	0.72	0.95	3～12
M3	0.5	1.15	1.4	0.40	0.46	0.60	0.80	1.05	3～16
M4	0.7	1.75	2.0	0.60	0.66	0.80	1.12	1.42	4～20
M5	0.8	2.25	2.5	0.80	0.86	1.0	1.28	1.63	5～25
M6	1.0	2.75	3.0	1.0	1.06	1.2	1.6	2.0	6～30
M8	1.25	4.7	5.0	1.2	1.26	1.51	2.0	2.5	8～40
M10	1.5	5.7	6.0	1.6	1.66	1.91	2.4	3.0	10～50
M12	1.75	7.7	8.0	2.0	2.06	2.31	2.8	3.6	12～60

注：d_1≈螺纹小径。

(3) 螺钉长度和重量

l	G	l	G	l	G	l	G	l	G	l	G
M1.6		M1.6		M2		M2		M2.5		M3	
2*	0.02	6	0.06	3	0.05	10	0.17	5	0.13	3	0.11
2.5	0.02	8	0.08	4	0.06	M2.5		6	0.16	4*	0.15
3	0.03	M2		5	0.08			8	0.22	5	0.19
4	0.04			6	0.10	3*	0.07	10	0.27	6	0.23
5	0.05	2.5*	0.04	8	0.14	4	0.10	12	0.33	△2	0.086

(续)

l	G	l	G	l	G	l	G	l	G	l	G
M3		M5		M6		M8		M10		M12	
16	0.66	5*	0.50	△2	0.35	16	4.67	16	7.23	20	13.22
M4		6	0.62	16	2.58	20	5.91	20	9.19	△5	3.56
		△2	0.24	20	3.26	△5	1.56	△5	2.45	60	41.72
4	0.25	16	1.83	25	4.12	40	12.13	50	23.93		
5*	0.33	20	2.31	30	4.98	M10		M12			
6	0.40	25	2.91	M8							
△2	0.15	M6				10*	4.28	12*	7.52		
16	1.15			8*	2.18	12	5.26	(14)	8.95		
20	1.45	6*	0.86	△2	0.62	(14)	6.24	16	10.37		

注：l—公称长度(mm)，l=14 尽量不用；G—1 000 件钢螺钉重量(kg)；△1、△2、△5 分别表示螺钉长度间隔为 1、2、5(mm)，右侧数字表示重量(kg)。

22. 开槽长圆柱端紧定螺钉(GB 75—1985)

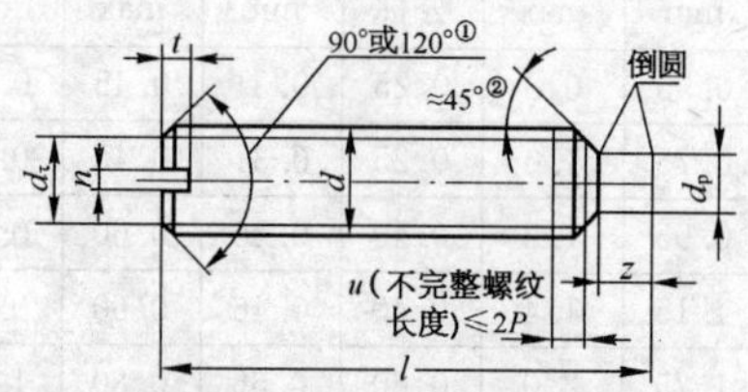

注：① 公称长度 l 小于或等于表中带 * 符号的短螺钉应制成 120°；

② 45°仅适用于螺纹小径以内的末端部分。

标记示例：

螺钉 GB 75—85 M5×12：螺纹规格 d=M5、公称长度 l=12 mm、性能等级为 14H 级、表面氧化的开槽长圆柱端紧定螺钉。

(1) 规格和尺寸

螺纹规格 d	螺距 P	d_p		n			t		z	
		min	max	公称	min	max	min	max	min	max
M1.6	0.35	0.55	0.8	0.25	0.31	0.45	0.56	0.74	0.8	1.05
M2	0.4	0.75	1.0	0.25	0.31	0.45	0.64	0.84	1.0	1.25
M2.5	0.45	1.25	1.5	0.4	0.46	0.6	0.72	0.95	1.25	1.5
M3	0.5	1.75	2.0	0.4	0.46	0.6	0.80	1.05	1.50	1.75
M4	0.7	2.25	2.5	0.6	0.66	0.8	1.12	1.42	2.0	2.25
M5	0.8	3.2	3.5	0.8	0.86	1.0	1.28	1.63	2.5	2.75

（续）

螺纹规格 d	螺距 P	d_p		n			t		z	
		min	max	公称	min	max	min	max	min	max
M6	1.0	3.7	4.0	1.0	1.06	1.2	1.6	2.0	3.0	3.25
M8	1.25	5.2	5.5	1.2	1.26	1.51	2.0	2.5	4.0	4.3
M10	1.5	6.64	7.0	1.6	1.66	1.91	2.4	3.0	5.0	5.3
M12	1.75	8.14	8.5	2.0	2.02	2.31	2.8	3.6	6.0	6.3

注：螺钉 d_1≈螺纹小径。

(2) 螺钉长度和重量

l	G
M1.6	
2.5*	0.03
3	0.03
4	0.04
5	0.05
6	0.06
8	0.09
M2	
3*	0.05
4	0.06
5	0.08
6	0.10
8	0.14
10	0.17
M2.5	
4	0.12
5	0.15
6	0.17
8	0.23
10	0.29
12	0.35
M3	
5*	0.23
6	0.27
△2	0.086
16	0.70
M4	
6*	0.48
△2	0.15
16	1.23
20	1.53
M5	
8*	1.06
10	1.30
12	1.54
(14)	1.78
16	2.02
20	2.51
25	3.11
M6	
8	1.52
10*	1.86
12	2.21
(14)	2.55
16	2.89
20	3.58
25	4.43
30	5.29
M8	
10	3.57
12	4.19
(14)	4.81
16	5.43
20	6.68
△5	1.56
40	12.90
M10	
12	6.84
(14)	7.82
16*	8.81
20	10.77
△5	2.45
50	25.51
M12	
(14)	11.73
16	13.15
20*	16.0
△5	3.56
(55)	40.94
60	44.50

注：l—公称长度(mm)，l=14.55 尽量不用；G—1 000 件钢螺钉重量(kg)；△1、△2、△5 分别表示螺钉长度间隔为 1、2、5(mm)，右侧数字表示重量(kg)。

23. 墙板自攻螺钉(GB/T 14210—1993)

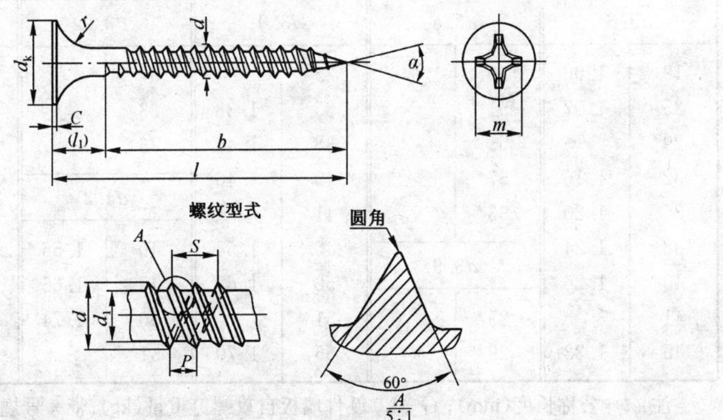

(1) 规格和尺寸

(mm)

螺纹规格 d			3.5	3.9	4.2
螺距 P			1.4	1.6	1.7
导程 S			2.8	3.2	3.4
d_k	max		8.58	8.58	8.58
	min		8.00	8.00	8.00
C	max		0.8	0.8	0.8
	min		0.5	0.5	0.5
r	≈		4.5	5.0	5.0
d	max		3.65	3.95	4.30
	min		3.45	3.75	4.10
d_1	max		2.46	2.74	2.93
	min		2.33	2.59	2.78
α			22°～28°		
H 型十字槽	槽号	No	2		
	m	参数	5.0		
	插入深度	max	3.10		
		min	2.50		

注：$l \leqslant 50$ mm 的螺钉制成全螺纹，$l_1 \approx 6$ mm；$l > 50$ mm 的螺钉，螺纹长度 $b \geqslant 45$ mm。

用途：墙板自攻螺钉用于石膏墙板等和金属龙骨之间的连接。其螺纹为双头螺纹，表面具有很高硬度(≥53HRC)，能在不钻预制孔条件下，快速拧入金属龙骨中。

(2) 螺钉长度和重量

l	G	l	G	l	G	l	G	l	G
d3.5		d3.5		d3.9		d3.9		d4.2	
19	1.00	50		32*		57*		55	1.83
25	1.07	51*		35	1.38	63*		60	1.93
29*		55		38	1.43	76*		63*	
32	1.16	57*		40	1.46	d4.2		70	2.11
35	1.20	63*		41*				76*	
38	1.24	d3.9		45	1.54	40	1.56	80*	
40	1.26			50	1.62	45	1.65	89*	
41*		25*		51*		50	1.74		
45	1.33	29*		55	1.70	51*			

注：l—公称长度(mm)；G—1 000 件墙板自攻螺钉重量(kg)；带 * 号规格为市场产品。

(3) 标记示例：

螺钉 GB/T 14210　3.5×35　螺纹规格 d 为 3.5 mm，公称长度 35 mm，表面磷化的墙板自攻螺钉的标记

24. 六角凸缘自攻螺钉(GB/T 16824.1—1997)

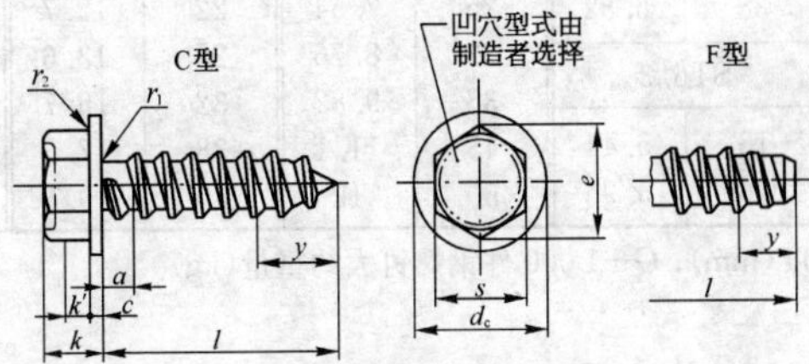

(1) 螺钉主要尺寸

螺纹规格 d		ST2.2	ST2.9	ST3.5	ST3.9	ST4.2	ST4.8	ST5.5	ST6.3	ST8
d_c	max	4.2	6.3	8.3	8.3	8.8	10.5	11	13.5	18
c	min	0.25	0.4	0.6	0.6	0.8	0.9	1	1	1.2
k	max	2	2.8	3.4	3.4	4.1	4.3	5.4	5.9	7
s	max	3	4	5.5	5.5	7	8	8	10	13
k'	min	0.9	1.3	1.5	1.5	1.8	2.2	2.7	3.1	3.3
a	螺距 max	0.8	1.1	1.3	1.3	1.4	1.6	1.8	1.8	2.1
y	C 型	2	2.6	3.2	3.5	3.7	4.3	5	6	7.5
	F 型	1.6	2.1	2.5	2.7	2.8	3.2	3.6	3.6	4.2
e	min	3.2	4.28	5.96	5.96	7.56	8.71	8.71	10.95	14.26
r_1	min	0.1	0.1	0.1	0.2	0.2	0.2	0.2	0.3	0.4
r_2	max	0.15	0.2	0.25	0.25	0.3	0.3	0.4	0.5	0.6

(2) 螺钉长度和重量

l	G	l	G	l	G	l	G	l	G
ST2.2		ST2.9		ST3.5		ST3.9		ST4.2	
4.5	0.17	9.5	0.54	16	1.44	22	1.93	25	2.95
6.5	0.21	13	0.66	19	1.59	25	2.12	ST4.8	
9.5	0.27	16	0.77	22	1.74	ST4.2		9.5	2.48
13	0.35	19	0.87	ST3.9		9.5	1.84	13	2.80
16	0.41	ST3.5		9.5	1.14	13	2.09	16	3.10
19	0.47	6.5	0.93	13	1.35	16	2.31	19	3.39
ST2.9		9.5	1.10	16	1.54	19	2.52	22	3.68
6.5	0.43	13	1.28	19	1.73	22	2.74	25	3.97

(续)

l	G	l	G	l	G	l	G	l	G
ST4.8		ST5.5		ST6.3		ST8		ST8	
32	4.66	25	5.17	19	6.49	16	10.9	50	21.1
ST5.5		32	6.06	22	7.01	19	11.8		
13	3.64	38	6.82	25	7.54	22	12.7		
16	4.01	ST6.3		32	8.76	25	13.6		
19	4.40	13	5.44	38	9.82	32	15.7		
22	4.78	16	5.96	45	11.1	38	17.5		
				50	12	45	19.6		

注：l—公称长度(mm)；G—1 000 件钢螺钉大约重量(kg)。

25. 六角凸缘自钻自攻螺钉(GB/T 15856.5—2002)

自钻自攻螺钉的特点是将钻孔和攻丝两道工序合并一次完成，它先用螺钉前面的钻头进行钻孔，接着用本螺钉进行攻丝(包括紧固连接)，节约施工时间，提高工作效率，特别适合只能单面操作的场合，例如轻钢彩板房建筑等。

盘头和六角头自攻螺钉适用于允许露出的场合，例如屋面板与檀条的连接，六角头自攻螺钉比盘头自攻螺钉承受较大的力矩。

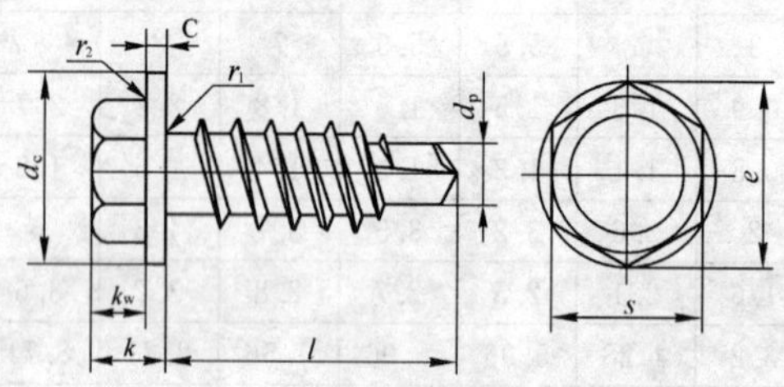

(1) 螺钉主要尺寸

螺纹规格		ST2.9	ST3.5	ST4.2	ST4.8	ST5.5	ST6.3
凸缘厚度 c	min	0.4	0.6	0.8	0.9	1	1
凸缘直径 d_c	max	6.3	8.3	8.8	10.5	11	13.5
头部高度 k	max	2.8	3.4	4.1	4.3	5.4	5.9
对边宽度 s	公称	4.0	5.5	7.0	8	8	10
螺距 P		1.1	1.3	1.4	1.6	1.8	1.8
钻头直径 d_p	≈	2.3	2.8	3.6	4.1	4.8	5.8
对边宽度 e	min	4.28	5.96	7.59	8.71	8.71	10.95
扳拧高度 k_w	min	1.3	1.5	1.8	2.2	2.7	3.1
圆角半径 r_1	max	0.4	0.5	0.6	0.7	0.8	0.9
圆角半径 r_2	max	0.2	0.25	0.3	0.3	0.4	0.5

(2) 第一扣完整螺纹至支承面间的距离　　　　l_g(min)

公称长度 l			ST2.9	ST3.5	ST4.2	ST4.8	ST5.5	ST6.3
公称	min	max						
9.5	8.75	10.25	3.25	2.85				
13	12.1	13.9	6.6	6.2	4.3	3.7		
16	15.1	16.9	9.6	9.2	7.3	5.8	5(6)	
19	18	20	12.5	12.1	10.3	8.7	8	7
22	21	23		15.1	13.3	11.7	11	10
25	24	26		18.1	16.3	14.7	14	13
32	30.75	33.25			23	21.5	21	20
38	36.75	39.25			29	27.5	27	26
45	43.75	46.25				34.5	34	33
50	48.75	51.25				39.5	39	38

(3) 螺钉长度和重量

l	G	l	G	l	G	l	G	l	G	l	G
ST2.9		ST3.5		ST4.2		ST4.8		ST5.5		ST6.3	
9.5	0.46	16	1.18	19	2.07	16	2.55	16	3.26	19	5.54
13	0.56	19	1.32	22	2.27	19	2.81	19	3.61	22	6.02
16	0.66	22	1.45	25	2.47	22	3.08	22	3.96	25	6.50
19	0.75	25	1.59	32	2.92	25	3.34	25	4.31	32	7.62
ST3.5		ST4.2		38	3.32	32	3.96	32	5.13	38	8.58
9.5	0.88	13	1.67	ST4.8		38	4.49	38	5.84	45	9.70
						45	5.12	45	6.66	50	10.50
13	1.04	16	1.87	13	2.32	50	5.56	50	7.25		

注：l—公称长度(mm)，G—1 000 件钢螺钉大致重量(kg)。

26. SFS 系列自钻自攻螺钉(AISI 316L304)

(1) 螺钉订购代码

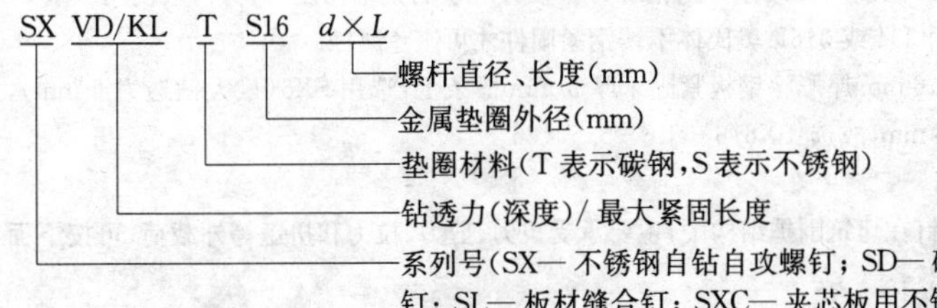

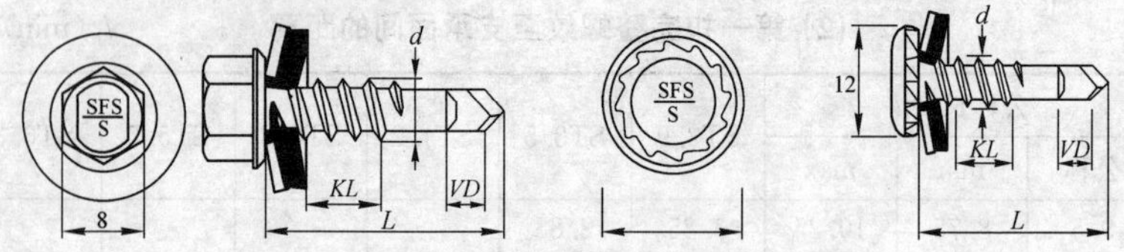

SFS伊锐®艺术螺钉

(2) SX:不锈钢自钻自攻螺钉 SX 系列(见下表)

材质:AISI 316L、AISI 304 奥氏体不锈钢。

【规格】

SX 系列 AISI 304 奥氏体不锈钢自钻自攻螺钉规格

订购代码																
系列	SX							SX			SX					
最大钻透力 VD(mm)	3	3	3	3	3	3	3	6	6	6	14	14	14	14	14	14
可紧固材料总厚度 KL(mm)	4	10	15	20	20～34	20～44	20～55	6	12	15	12	20	38	58	75	160
垫圈材料及直径 ϕ(mm)	S16	S16	S16	S16	S16	S16	S16	S16	S16	S16	S16	S16	S16	S16	S16	S16
螺钉直径 d(mm)	5.5	5.5	5.5	5.5	5.5	5.5	5.5	5.5	5.5	5.5	5.5	5.5	5.5	5.5	5.5	5.5
螺钉长度 L(mm)	22	28	38	50	52	65	75	26	32	38	38	44	61	81	98	189

注:表中资料摘自 SFS 公司产品样本。
该公司在我国已建有生产基地,我国已应用 AISI 316L、AISI 304 奥氏体不锈钢自钻自攻螺钉于建筑工程。

【代码举例】

举例 1:将 0.6 mm 彩钢板紧固于 3 mm 厚檩条上,选择最大钻透力为 3 mm,即 SX3,需紧固的材料总厚度为 $KL=3.6$ mm<4 mm。

与压型彩色钢板建筑使用年限相匹配,推荐采用 AISI 304、316L 不锈钢自钻自攻螺钉,目前国际上已经广泛使用奥氏体不锈钢螺钉。较具规模的钢结构建筑物,一般使用年限 30 年以上,只有使用 304 或 316L 奥氏体不锈钢紧固件才可避免腐蚀。

举例 2:将 0.6 mm 厚彩涂钢板紧固于厚 5 mm 檩条上,选用 SX6(最大钻透力 6 mm),$KL=5.6$ mm<6 mm,故选:SX6/6－S16－5.5×26。

【强度计算】

自钻自攻螺钉在建筑围护结构中,主要承受拔力、剪力、拉力和扭矩等外载荷,可按下面经验公式进行计算:

$$F=0.58\sigma\pi Dt$$

式中　F——可承受最大吸风力；

D——六角头下端直径；

t——彩色钢板厚度；

σ——钢板抗拉强度；

0.58——经验系数。

【特点】 一体化防水密封垫圈，水密性好。SFS根据户外使用时各种恶劣条件，设计出独特的金属、三元乙酮防水垫圈，在金属垫圈背面装配完全固化的三元乙酮(EPDM)防水垫圈，成型后二者以分子力结合、牢不可分。可耐温－50℃～＋100℃，耐臭氧、耐紫外线，能有效地防户外老化。EPDM的内圈形状经优化设计，使螺钉在安装到位时，螺杆部分能紧贴垫圈内层，保持密封。垫圈有足够的弹性，能适应螺钉的各向位移，螺钉被斜装小于15°的误差，都可被有效补偿吸收。EPDM与金属分开，能防止电化腐蚀，垫圈直径ϕ10～32 mm(一般建议屋面用ϕ19 mm，墙身用ϕ16 mm)。

【用途】 较具规模的轻钢彩板房屋面及围护普遍采用本系列。

(3) SD系列碳钢自钻螺钉

(mm)

最大钻透力 VD	3	5	5	5	5	5	14	14	14	14	14	14	14	14	14	14
紧固材料总厚度 KL	9	14	14	14	14	14	25	25	25	25	25	25	25	25	25	25
螺钉直径 d	5.5	5.5	5.5	5.5	5.5	5.5	5.5	5.5	5.5	5.5	5.5	5.5	5.5	5.5	5.5	5.5
螺钉长度 L	22	25	32	38	57	65	36	40	50	60	70	80	90	100	120	145
垫圈材质及直径 d T=不锈钢+EPDM	T15	T15	T15	T15	T15	T15	T15	T15	T15	T15	T15	T15	T15	T15	T15	T15

注：材料：表面渗碳硬化钢(带防腐涂层)。

产品代码：SD　VD/KL－T15－d×L。

【例】 将0.6 mm厚钢板紧固于5 mm檩条上，选用SD5(最大钻透力为5 mm)；需紧固的材料总厚度KL=5.6 mm，对于SD5，$KL<L-14$，故选$L\geqslant 14+5.6=19.6$ mm，所以螺钉型号：SD5－T15－5.5×25。

(4) SL系列彩板缝合专用螺钉

(mm)

最大钻透力 VD	2	2	2
紧固件材质 S—304不锈钢，T—碳钢	T	S	
垫圈材质及直径 d S—不锈钢+EPDM，A—铝+EPDM	A14	S14	
螺钉直径 d	4.8	4.8	4.8
螺钉长度 L	20	20	20
简图			

产地：参见本书附录一△98。

【产品特点】

① 螺钉尖端为特制小直径钻头：钉头以下与螺纹段之间有光滑段，可使薄板有效紧固于该段，有特制加厚印DM垫圈。

② 材料：SL－S为AISI 304整体不锈钢螺钉；SL－T为表面渗碳硬化钢（带防腐涂层）；

③ 缝合能力：3×0.4 mm至2×1.0 mm钢板或铝板；

④ 订购代码：SL－VD－S－S14－*d*×*L*，SL—系列（缝合专用螺钉）；*VD*—最大缝合（钻透）能力（mm）；S—材质为不锈钢；S14—垫圈材质及直径；*d*—直径，*L*—长度。

（5）SXC、SDT系列夹心板专用自钻螺钉

系列 SXC—夹芯板专用不锈钢自钻螺钉； SDT—夹芯板专用碳钢自钻螺钉	最大钻透力 *VD* (mm)	垫圈材质及直径 *S*=不锈钢＋EPDM *A*=铝＋EPDM 直径 *ϕ*(mm)	螺钉直径 *d* (mm)	螺钉长度 *L* (mm)	简图	最大檩条厚度 *D* (mm)	夹芯板厚度范围 (mm)
SXC	5	S19	5.5	62		5	29—37
SXC	5	S19	5.5	77		5	39—52
SXC	5	S19	5.5	87		5	49—62
SXC	5	S19	5.5	107		5	59—82
SXC	5	S19	5.5	130		5	70—102
SDT	5	A19	5.5	55		5	27—33
SDT	5	A19	5.5	67		5	31—45
SDT	5	A19	5.5	77		5	39—55
SDT	5	A19	5.5	97		5	49—75
SDT	5	A19	5.5	112		5	54—90
SDT	5	A19	5.5	137		5	69—115
SXC	14	S19	5.5	76		14	39—42
SXC	14	S19	5.5	95		14	48—62
SXC	14	S19	5.5	114		14	62—86
SXC	14	S19	5.5	134		14	81—102
SXC	14	S19	5.5	165		14	100—132
SDT	14	A19	5.5	64	同上	14	29—34
SDT	14	A19	5.5	76		14	39—45
SDT	14	A9	5.5	86		14	44—52
SDT	14	A9	5.5	93		14	48—62
SDT	14	A9	5.5	110		14	62—85
SDT	14	A9	5.5	146		14	74—115
SDT	14	A9	5.5	186		14	112—152

产地：参见本书附录一△2 98。

【产品特点】

① 螺钉上端大直径螺纹能有效紧固夹芯板，钉头以下与大直径螺纹间有光滑段供夹芯板外壁到位，大直径特制 EPDM 垫圈密封性好，有效防水；特长螺钉中段有"竹节段"，使螺钉能承受由于温差位移所引起的弯曲变形。本产品可用工具 D1600 或 CF50 安装。

② 厚度 100 mm 的夹芯板直接紧固在 10 mm 厚檩条上，选择钻透力为 14 mm 的 SXC14 或 SDT14，根据夹芯板厚度范围分别选择 134 mm、146 mm，自钻螺钉产品代码 SXC14－S19－5.5×134 或 SDT14－A19－5.5×146；材料：SXC 为 AISI 304 不锈钢；SDT 为表面渗碳硬化钢(带防腐层)；

③ 产品代码：SXC　VD－S19－$d\times L$　SDT　VD－A19－$d\times L$

SXC 表示夹芯板专用不锈钢自钻螺钉系列，SDT 表示夹芯板专用碳钢自钻螺钉系列，d——直径，L——长度。

27. 垫　　圈

(1) 小垫圈—A 级(GB/T 848—2002)

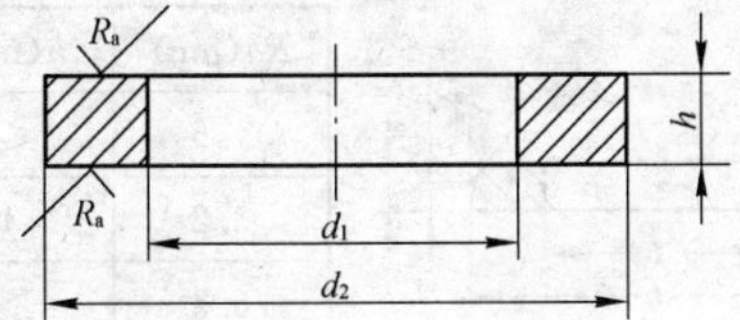

Ra(μm)	h(mm)
1.6	≤3
3.2	>3

【规格尺寸】

(mm)

公称尺寸(螺纹大径)d	内径 d_1		外径 d_2		厚度 h			每千件钢制品大约重量 G(kg)
	公称(min)	max	公称(max)	min	公称	max	min	
1.6	1.7	1.84	3.5	3.2	0.3	0.35	0.25	0.017
2.0	2.2	2.34	4.5	4.2	0.3	0.35	0.25	0.029
2.5	2.7	2.84	5	4.7	0.5	0.55	0.45	0.055
3	3.2	3.38	6	5.7	0.5	0.55	0.45	0.079
(3.5)	3.7	3.88	7	6.64	0.5	0.55	0.45	0.109
4	4.3	4.48	8	7.64	0.5	0.55	0.45	0.14
5	5.3	5.48	9	8.64	1	1.1	0.9	0.326
6	6.4	6.62	11	10.57	1.6	1.8	1.4	0.790
8	8.4	8.62	15	14.57	1.6	1.8	1.4	1.52
10	10.5	10.77	18	17.57	1.6	1.8	1.4	2.11
12	13	13.27	20	19.48	2	2.2	1.8	2.85
(14)	15	15.27	24	23.48	2.5	2.7	2.3	5.41
16	17	17.27	28	27.48	2.5	2.7	2.3	7.14
(18)	19	19.33	30	29.48	3	3.3	2.7	0.97

（续）

公称尺寸（螺纹大径）d	内径 d_1		外径 d_2		厚度 h			每千件钢制品大约重量 G(kg)
	公称(min)	max	公称(max)	min	公称	max	min	
20	21	21.33	34	33.38	3	3.3	2.7	13.22
(22)	23	23.33	37	36.38	3	3.3	2.7	15.5
24	25	25.33	39	38.38	4	4.3	3.7	22.10
(27)	28	28.33	44	43.38	4	4.3	3.7	28.4
30	31	31.39	50	49.38	4	4.3	3.7	37.95
(33)	34	34.62	56	54.8	5	5.6	4.4	61.0
36	37	37.62	60	58.8	5	5.6	4.4	68.71

注：有括号的公称尺寸规格为非优选尺寸，无括号为优选尺寸。

(2) 平垫圈—A级、平垫圈—倒角型—A级

(GB/T 97.1—2002) (GB/T 97.2—2002)

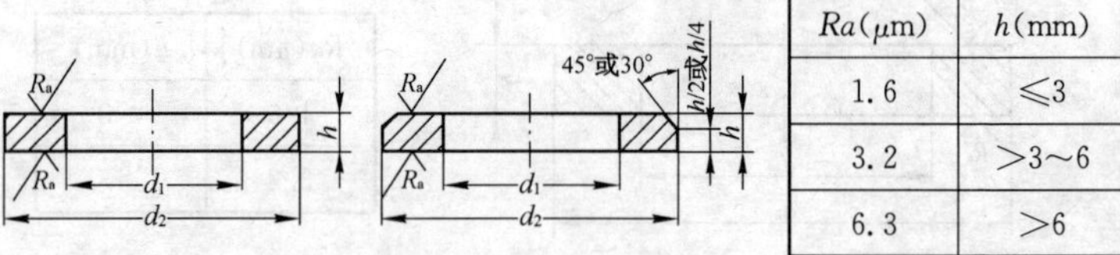

Ra(μm)	h(mm)
1.6	≤3
3.2	>3～6
6.3	>6

【规格尺寸】

(mm)

公称尺寸（螺纹大径）d	内径 d_1		外径 d_2		厚度 h			每千件垫圈大约重量 G(kg)
	公称(min)	max	公称(max)	min	公称	max	min	
1.6	1.7	1.84	4	3.7	0.3	0.35	0.25	0.024
2	2.2	2.34	5	4.7	0.3	0.35	0.25	0.037
2.5	2.7	2.84	6	5.7	0.5	0.55	0.45	0.088
3	3.2	3.38	7	6.64	0.5	0.55	0.45	0.119
4	4.3	4.48	9	8.64	0.8	0.9	0.7	0.308
5	5.3	5.48	10	9.64	1	1.1	0.9	0.443
6	6.4	6.62	12	11.57	1.6	1.8	1.4	1.02
8	8.4	8.62	16	15.57	1.6	1.8	1.4	1.83
10	10.5	10.77	20	19.48	2	2.2	1.8	3.57
12	13	13.27	24	23.48	2.5	2.7	2.3	6.27
(14)	15	15.27	28	27.48	2.5	2.7	2.3	8.62
16	17	17.27	30	29.48	3	3.3	2.7	11.30
(18)	19	19.33	34	33.38	3	3.3	2.7	14.70
20	21	21.33	37	36.38	3	3.3	2.7	17.16
(22)	23	23.33	39	38.38	3	3.3	2.7	18.35

（续）

公称尺寸（螺纹大径）d	内径 d_1		外径 d_2		厚度 h			每千件垫圈大约重量 G(kg)
	公称(min)	max	公称(max)	min	公称	max	min	
24	25	25.33	44	43.38	4	4.3	3.7	32.33
(27)	28	28.33	50	49.38	4	4.3	3.7	42.32
30	31	31.39	56	55.26	4	4.3	3.7	53.64
(33)	34	34.62	60	58.8	5	5.6	4.4	75.34
36	37	37.62	66	64.8	5	5.6	4.4	92.07
(39)	42	42.62	72	70.8	6	6.6	5.4	126.5
42	45	45.62	78	76.8	8	9	7	200.2
(45)	48	48.62	85	83.6	8	9	7	242.7
48	52	52.74	92	90.6	8	9	7	284.1
(52)	56	56.74	98	96.8	8	9	7	319.0
56	62	62.74	105	103.6	10	11	9	442.7
(60)	66	66.74	110	108.6	10	11	9	477.4
64	70	70.74	115	113.6	10	11	9	513.2

注：括号内规格为非优选尺寸。

(3) 平垫圈—A级（GB/T 96.1—2002）

【规格尺寸】 外形图参见 GB/T 97.1—2002。（mm）

规格（螺纹大径）d	内径 d_1		外径 d_2		厚度 h			每千件垫圈大约重量 G(kg)
	公称(min)	max	公称(max)	min	公称	max	min	
3	4.2	3.38	9	8.64	0.8	0.9	0.7	0.349
3.5	3.7	3.88	11	10.57	0.8	0.9	0.7	0.529
4	4.3	4.48	12	11.57	1	1.1	0.9	0.774
5	5.3	5.48	15	14.57	1	1.1	0.9	1.21
6	6.4	6.62	18	17.57	1.6	1.8	1.4	2.79
8	8.4	8.62	24	23.48	2	2.2	1.8	6.23
10	10.5	10.77	30	29.48	2.5	2.7	2.3	12.17
12	13	13.27	37	36.38	3	3.3	2.7	22.19
(14)	15	15.27	44	43.38	3	3.3	2.7	31.64
16	17	17.27	50	49.38	3	3.3	2.7	40.89
(18)	19	19.33	56	55.26	4	4.3	3.7	68.43
20	21	21.33	60	59.26	4	4.3	3.7	77.9
(22)	23	23.52	66	64.8	5	5.6	4.4	118
24	25	25.52	72	70.8	5	5.6	4.4	140.5
(27)	30	30.52	85	83.6	6	6.6	5.4	234
30	33	33.62	92	90.6	6	6.6	5.4	272.8
(33)	36	36.62	105	103.6	6	6.6	5.4	359.9
36	39	39.62	110	108.6	8	9	7	521.8

注：括号内规格为非优选尺寸。

28. 挡　　圈

(1) 挡圈的品种和用途

序号	挡圈品种及标准号	规格	技术条件	用　途
1	轴用弹性挡圈—A型 GB/T 894.1—1986	3～200 mm	GB/T 959.1 表面氧化或镀锌处理	装在轴上、作固定零部件(如滚动轴承)之用
	轴用弹性挡圈—B型 GB/T 894.2—1986	20～200 mm	同上	
2	轴用钢丝挡圈 GB/T 895.2—1986	4～125 mm	GB/T 959.2 表面氧化	
3	轴肩挡圈 GB/T 886—1986	20～120 mm	GB/T 959.3 表面不经处理或氧化	轴肩挡圈套在轴上、以加大原有轴肩的支承面
4	孔用弹性挡圈—A型 GB/T 893.1—1986	8～200 mm	GB/T 959.1 表面氧化或镀锌处理	分别装于孔内、作固定零部件(如滚动轴承)之用
	孔用弹性挡圈—B型 GB/T 893.2—1986	20～200 mm		
5	孔用钢丝挡圈 GB/T 895.1—1986	7～125 mm	GB/T 959.2 表面氧化处理	
6	锥销锁紧挡圈 GB/T 883—1986	8～130 mm	GB/T 959.3 表面氧化处理	固定在轴上,防止轴肩上零件作轴向位移
7	螺钉锁紧挡圈 GB/T 884—1986	8～200 mm		
8	带锁圈的螺钉锁紧挡圈 GB/T 885—1986	8～200 mm		
9	钢丝锁圈 GB/T 921—1986	15～236 mm	用碳素钢弹簧钢丝制造、低温回火、表面氧化	
10	螺钉紧固轴端挡圈 GB/T 891—1986	A型,B型, 20～100 mm	GB/T 959.3 表面不经处理或氧化	用于锁紧固定在轴端的零件
11	螺栓紧固轴端挡圈 GB/T 892—1986	A型,B型, 20～100 mm		
12	开口挡圈 GB/T 896—1986	1.2～15 mm	GB/T 959.1,表面氧化或镀锌钝化	用于装在小尺寸的轴槽上,作定位之用、不受轴向力
13	夹紧挡圈 GB/T 960—1986	1.5～10 mm	材料:Q215、Q235、黄铜　H62	用于装在小尺寸的轴槽上,起轴肩作用,装入后收口不拆

(2) 螺钉紧固轴端挡圈(GB 891—1986)

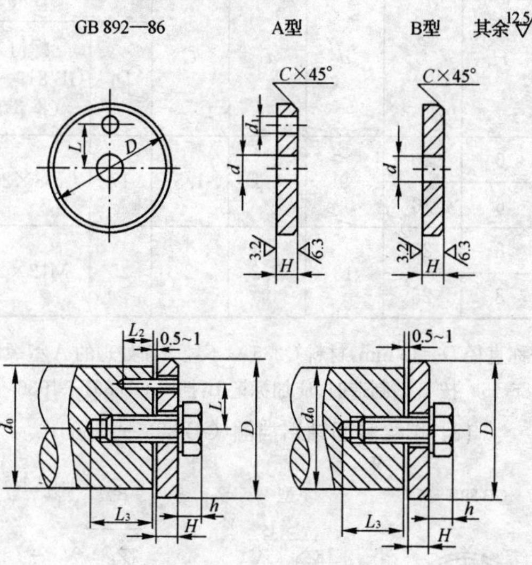

【规格尺寸】

轴径 $d_0\leqslant$	公称直径 D	H	L	d	d_1	C	GB 891—1986		
							D_1	螺钉 GB 819—85 (推荐)	圆柱销 GB 119—86 (推荐)
14	20	4	—	5.5	2.1	0.5	11	M5×12	A2×10
16	22	4	—						
18	25	4	—						
20	28	4	7.5						
22	30	4	7.5						
25	32	5	10	6.6	3.2	1	13	M6×16	A3×12
28	35	5	10						
30	38	5	10						
32	40	5	12						
35	45	5	12						
40	50	5	12						
45	55	6	16	9	4.2	1.5	17	M8×20	A4×14
50	60	6	16						
55	65	6	16						
60	70	6	20						

（续）

轴径 $d_0 \leqslant$	公称直径 D	H	L	d	d_1	C	GB 891—1986		
							D_1	螺钉 GB 819—85（推荐）	圆柱销 GB 119—86（推荐）
65	75	6	20	9	4.2	1.5	17	M8×20	A4×14
70	80	6	20						
75	90	8	25	13	5.2	2	25	M12×25	A5×16
85	100	8	25						

标记示例：公称直径 D=45 mm，材料 Q235A，不经表面处理的 A 型螺钉紧固轴端挡圈：挡圈 GB 891—1986 45　按 B 型制造时，应加标记 B：挡圈 GB 891—1986　B45

(3) 螺栓紧固轴端挡圈（GB 892—1986）

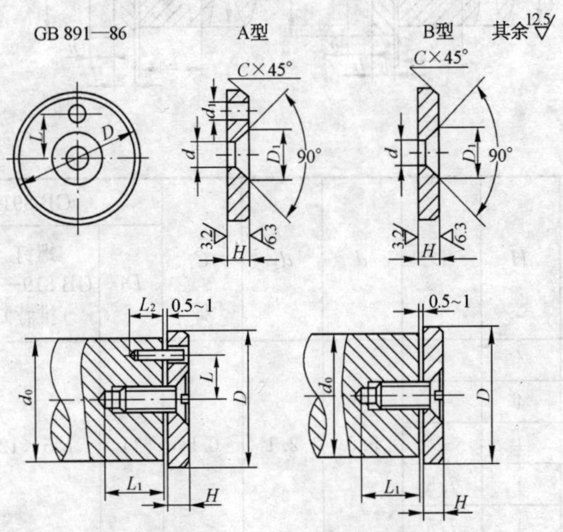

标记示例：公称直径 D=45 mm，材料为 Q235A，不经表面处理的 A 型螺栓紧固轴端挡圈：挡圈 GB 892—1986 45 按 B 型制造时，应加标记 B：挡圈 GB 892—1986 B45。

【规格尺寸】

（mm）

轴径 $d_0 \leqslant$	GB 892—1986			安装尺寸				公称直径 D	厚度 H	中心距 L	螺栓孔 d	销孔 d_1	倒角 C
	螺栓 GB 5783—85（推荐）	圆柱销 GB 119—86（推荐）	垫圈 GB 93—87（推荐）	L_1	L_2	L_3	h						
14	M5×16	A2×10	5	14	6	16	5.1	20	4	—	5.5	—	0.5
16								22	4	—		—	

(续)

轴径 $d_0 \leqslant$	GB 892—1986			安装尺寸				公称直径 D	厚度 H	中心距 L	螺栓孔 d	销孔 d_1	倒角 C
	螺栓 GB 5783—85（推荐）	圆柱销 GB 119—86（推荐）	垫圈 GB 93—87（推荐）	L_1	L_2	L_3	h						
18								25	4	—		—	
20	M5×16	A2×10	5	14	6	16	5.1	28	4	7.5	5.5	2.1	0.5
22								30	4	7.5		2.1	
25								32	5	10			
28								35	5	10			
30	M6×20	A3×12	6	18	7	20	6	38	5	10	6.6	3.2	1
32								40	5	12			
35								45	5	12			
40								50	5	12			
45								55	6	16			
50								60	6	16			
55	M8×25	A4×14	8	22	8	24	8	65	6	16	9	4.2	1.5
60								70	6	20			
65								75	6	20			
70								80	6	20			
75	M12×30	A5×16	12	26	10	28	11.5	90	8	25	13	5.2	2
85								100	8	25	13	5.2	2

(4) 螺钉锁紧挡圈(GB 884—1986)

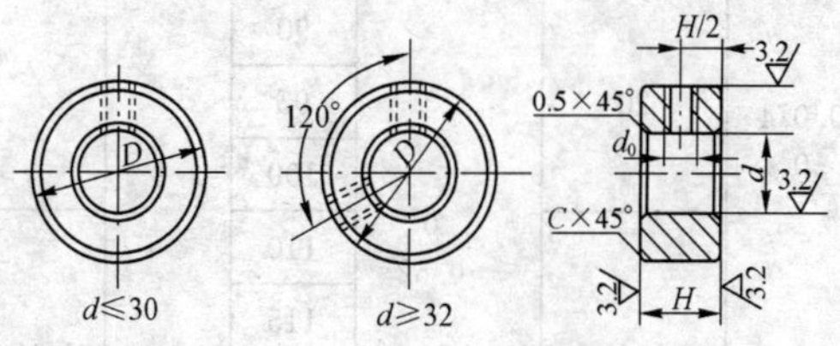

标记示例：

公称直径 d=20 mm,材料为 Q235A,不经表面处理的螺钉锁紧挡圈：

挡圈 GB 884—1986 20

【规格尺寸】

公称直径 d		H		D	C	d_0	螺钉 GB 71—85（推荐）
基本尺寸	极限偏差	基本尺寸	极限偏差				
8	+0.036 0	10	0 0.36	20	0.5	M5	M5×8
(9)				22			
10							
12	+0.043 0			25			
(13)							
14		12	0 −0.43	28	1	M6	M6×10
15				30			
16							
17				32			
18							
(19)	+0.052 0			35			
20							
22				38			
25		14		42		M8	M8×12
28				45			
30	+0.062 0			48			
32				52			
35		16		56		M10	M10×16
40				62			
45		18		70			
50				80			M10×20
55	+0.074 0			85			
60		20	0 −0.52	90			
65				95			
70				100			
75		22		110		M12	M12×25
80				115			
85	+0.087 0			120			
90				125			

（续）

公称直径 d		H		D	C	d_0	螺钉 GB 71—85（推荐）
基本尺寸	极限偏差	基本尺寸	极限偏差				
95	+0.087 0	25	0 −0.52	130	1.5	M12	M12×25
100				135			
105				140			
110		30		150			
115				155			
120				160			
(125)	+0.10 0			165			
130				170			
(135)				175			
140				180			
(145)				190			M12×30
150				200			
160				210			
170				220			
180				230			
190	+0.115 0			240			
200				250			

29. 键联接

(1) 键的类型特点和应用

类型		标准号	特点和用途
平键	普通平键	GB 1096—2003	A型用于端铣刀加工的轴槽，B型用于盘铣刀加工的轴槽，键槽的应力集中较小；C型用于轴端
	薄型平键	GB 1566—2003	应用最广，也适用于高精度、高速或承受变载、冲击的联接。 薄型平键适用于薄壁结构和其他特殊场合
	导向平键	GB 1097—2003	轴上零件能作轴向移动。键上设起键螺孔，以便于装拆 用于轴上零件轴向移动量不大的连接

（续）

类型		标准号	特点和用途
平键	滑键		键固定在轴上零件的毂槽内，并可随零件一起作轴向移动 用于轴上零件轴向移动量较大的场合
楔键	普通楔键	GB 1564—2003	靠键的上下两个工作面传递转矩，毂槽底面及与之相配的键表面均有 1∶100 的斜度
	钩头楔键	GB 1565—2003	用于精度要求不高、转速较低、转矩较大、双向传动或有振动时的连接 钩头楔键的钩头供拆卸用，用于需利用钩头拆卸的场合
切向键		GB 1574—2003	由两个斜度为 1∶100 的楔键组成。 传递双向转矩时，需相隔 120°～135°设置两个切向键 用于转矩较大、定心要求不高的联接
半圆键		GB 1098—2003	轴上键槽较深，对轴的强度削弱较大，常用于轻载，多用于锥形轴端

(2) 普通平键(GB 1096—2003)

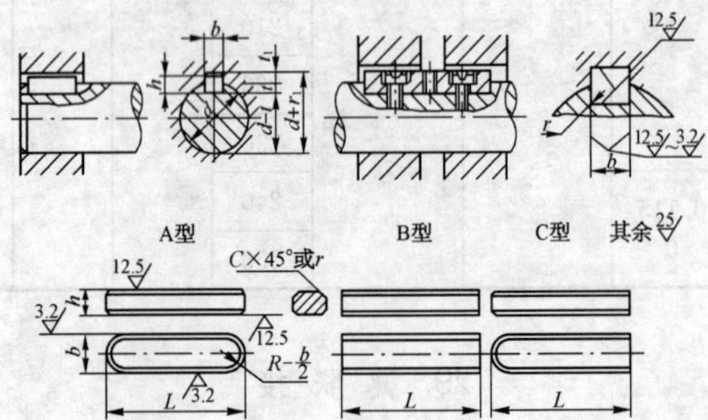

图注：上图为平键和键槽剖面尺寸(GB 1095—2003)

标记示例：

键 16×100 GB 1096—2003 圆头普通平键(A 型)，b=16 mm，h=10 mm，L=100 mm；

键 B16×100 GB1096—2003 平头普通平键(B 型)，b=16 mm，h=10 mm，L=100 mm；

键 C16×100 GB1096—2003 单圆头普通平键(C 型)，b=16 mm，h=10 mm，L=100 mm。

① 键尺寸。

轴 径 d	键的公称尺寸			
	b(h9)	h(h11)	c 或 r	L(h14)
自 6～8	2	2		6～20
>8～10	3	3	0.16～0.25	6～36
>10～12	4	4		8～45

(续)

轴　径 d	键的公称尺寸			
	b(h9)	h(h11)	c 或 r	L(h14)
>12～17 >17～22 >22～30	5 6 8	5 6 7	0.25～0.4	10～56 14～70 18～90
>30～38 >38～44 >44～50 >50～58 >58～65	10 12 14 16 18	8 8 9 10 11	0.4～0.6	22～110 28～140 36～160 45～180 50～200
>65～75 >75～85 >85～95 >95～110 >110～130	20 22 25 28 32	12 14 14 16 18	0.6～0.8	56～220 63～250 70～280 80～320 90～360
>130～150 >150～170 >170～200	36 40 45	20 22 25	1～1.2	100～400 100～400 110～450
L 系列	6, 8, 10, 12, 14, 16, 18, 20, 22, 25, 28, 32, 36, 40, 45, 50, 56, 63, 70, 80, 90, 100, 110, 125, 140, 160, 180, 200, 220, 250, 280, 320, 360, 400, 450, 500			

② 键槽尺寸。

轴　径 d	键　槽				
	t		t_1		半径 r
	公称	公差	公称	公差	
自 6～8 >8～10 >10～12	1.2 1.8 2.5	+0.1 0	1 1.4 1.8	+0.1 0	0.08～0.16
>12～17 >17～27 >22～30	3.0 3.5 4.0		2.3 2.8 3.3		0.16～0.25
>30～38 >38～44 >44～50 >50～58 >58～65	5.0 5.0 5.5 6.0 7.0	+0.2 0	3.3 3.3 3.8 4.3 4.4	+0.2 0	0.25～0.4

（续）

轴 径 d	键 槽				
	t		t_1		半径 r
	公称	公差	公称	公差	
>65～75 >75～85 >85～95 >95～110 >110～130	7.5 9.0 9.0 10.0 11	+0.2 0	4.9 5.4 5.4 6.4 7.4	+0.2 0	0.4～0.6
>130～150 >150～170 >170～200	12 13 15	+0.3 0	8.4 9.4 10.4	+0.3 0	0.7～1.0

注：1. 在工作图中，轴槽深用 t 或 $(d-t)$ 标注，毂槽深用 t_1 或 $(d+t_1)$ 标注。

2. 在满足传递所需转矩条件下，允许用较小剖面的键，但 t 和 t_1 的数值必要时应重新计算，使键侧与轴槽及轮毂槽接触高度各为 $h/2$。

3. 键高偏差对于 B 型且为方形键时应为 h9。

4. 轴槽及轮毂槽对轴及轮毂中心线的对称度根据不同要求按 GB 1184—80 对称度公差 7～9 级选取。

5. 平键轴槽长度公差用 H14，键的长度公差用 h14。

6. $(d-t)$ 和 $(d+t_1)$ 尺寸公差按相应的 t 和 t_1 的公差选取，但 $(d-t)$ 公差应取负号（－）。

7. 键槽宽度 b 公差按下表选取。

8. 当需要时，键允许带起键螺孔，起键螺孔的尺寸推荐如下。

键槽宽度 b 的公差

键的类型		平键 (GB 1095—2003)	半圆键 (GB 1098—2003)	薄型平键 (GB 1566—2003)
较松键联接	轴	H9	—	H9
	壳	D_{10}	—	D_{10}
一般键联接	轴	N9	N9	N9
	壳	Js9	Js9	Js9
较紧键联接	轴	P9	P9	P9
	壳	P9	P9	P9

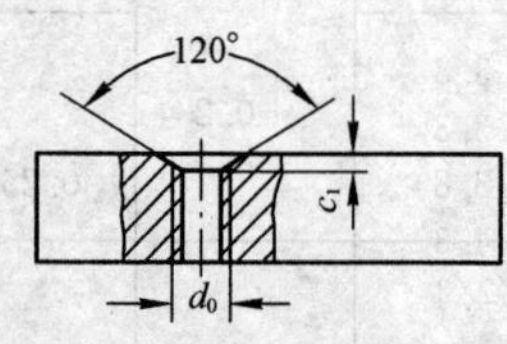

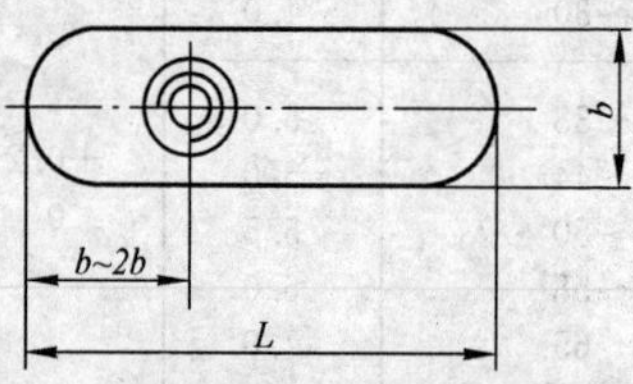

(mm)

b	8	10	12	14	16	18	20	22
d_0	M3		M4	M5		M6		
c_1	0.3		0.5					

b	25	28	32	36	40	45
d_0	M8		M10	M12		
c_1	0.5			1		

注：较长的键可以采用两个对称的起键螺孔。

(3) 薄型平键(GB 1566—2003)

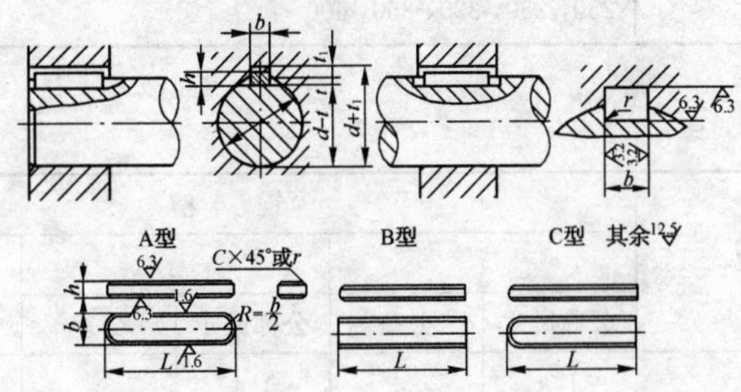

图注：上图为薄型平键槽的剖面尺寸。

标记示例：

键 16×7×100　GB 1567—2003

圆头薄型平键(A 型)，$b=16$ mm，$h=7$ mm，$L=100$ mm；

键 B16×7×100　GB 1567—2003

平头薄型平键(B 型)，$b=16$ mm，$h=7$ mm，$L=100$ mm；

键 C16×7×100　GB 1567—2003

单圆头薄型平键(C 型)，$b=16$ mm，$h=7$ mm，$L=100$ mm。

① 键尺寸。

轴　径 d	键的公称尺寸			
	b(h9)	h(h11)	c 或 r	L(h14)
自 12～17	5	3		10～56
>17～22	6	4	0.25～0.4	14～70
>22～30	8	5		18～90
>30～38	10	6		22～110
>38～44	12	6		28～140
>44～50	14	6	0.4～0.6	36～160
>50～58	16	7		45～180
>58～65	18	7		50～200

（续）

轴　径 d	键的公称尺寸			
	b(h9)	h(h11)	c 或 r	L(h14)
>65～75 >75～85 >85～95 >95～110 >110～130	20 22 25 28 32	8 9 9 10 11	0.6～0.8	56～220 63～250 70～280 80～320 90～360
130～150	36	12	1.0～1.2	100～400
L 系列	10, 12, 14, 16, 18, 20, 22, 25, 28, 32, 36, 40, 45, 50, 56, 63, 70, 80, 90, 100, 110, 125, 140, 160, 180, 200, 220, 250, 280, 320, 360, 400			

② 键槽尺寸。

(mm)

轴　径 d	键　　槽				
	t		t_1		半径 r
	公称尺寸	公差	公称尺寸	公差	
自 12～17 >17～22 >22～30	1.8 2.5 3	+0.1 0	1.4 1.8 2.3	+0.1 0	0.16～0.25
>30～38 >38～44 >44～50 >50～58 >58～65	3.5 3.5 3.5 4 4		2.8 2.8 2.8 3.3 3.3		0.25～0.4
>65～75 >75～85 >85～95 >95～110 >110～130	5 5.5 5.5 6 7	+0.2 0	3.3 3.8 3.8 4.3 4.4	+0.2 0	0.4～0.6
130～150	7.5		4.9		0.70～1.0

注：1. 在工作图中，轴槽深用 t 或$(d-t)$标注，轮毂槽深用 t_1 或$(d+t_1)$标注。
2. 键侧与轴接触高度为 $h/2$。
3. $(d-t)$和$(d+t_1)$的公差按相应的 t 和 t_1 的公差选取，但$(d-t)$公差应取负号(－)。
4. 当键长与键宽之比大于或等于 8 时，键的不直度应小于或等于键宽公差之半。
5. 键槽宽 b 公差按上表选取。
6. 轴槽长度公差用 H14。
7. 轴槽及毂槽对轴及轮毂轴心线对称度按 GB 1184，对称度公差 7～9 级选取，对称度公差的公称尺寸是指键宽 b。

30. 销 联 接

(1) 销的类型特点和应用

类型		标准号	用途
圆锥销	普通圆锥销	GB 117—2000	具有 1∶50 锥度、定位精度比圆柱销高、在受横向力时能自锁，销孔需铰制、主要用于定位，也可用于固定零件、传递动力，多用于经常拆卸的场合，内螺纹圆锥销适用于盲孔，螺尾锥销主要用于拆卸困难的场合。开尾圆锥销打入销孔后，可使锥销末端稍稍张开，以防松脱。
	内螺纹圆锥销	GB 118—2000	
	螺尾圆锥销	GB 881—2000	
	开尾圆锥销	GB 877—1986	
槽销			槽销上有三条纵向沟槽，打入销孔后可与孔壁压紧，不易松脱，能承受振动及变载荷
销轴		GB 882—2008	用开口销锁定、拆卸方便，用于铰接处
带孔销		GB 880—2008	
圆柱销	普通圆柱销	GB 119—2000	圆柱销用于定位及连接，螺纹圆柱销定位精度低，适用于精度要求不高的场合
	内螺纹圆柱销	GB 120—2000	
	螺纹圆柱销		直径偏差较大，定位精度低
	弹性圆柱销	GB 879—2000	弹性圆柱销具有弹性，能压紧孔壁，不易松脱，不适合于高精度定位，适用于有冲击、振动场合
开口销		GB 91—2000	用于锁定带孔螺栓、带孔销、销轴等，工作可靠，拆卸方便
安全销			用于传动装置和机器的过载保护，如安全联轴器等的过载剪断元件

(2) 普通圆柱销(GB 119—2000)

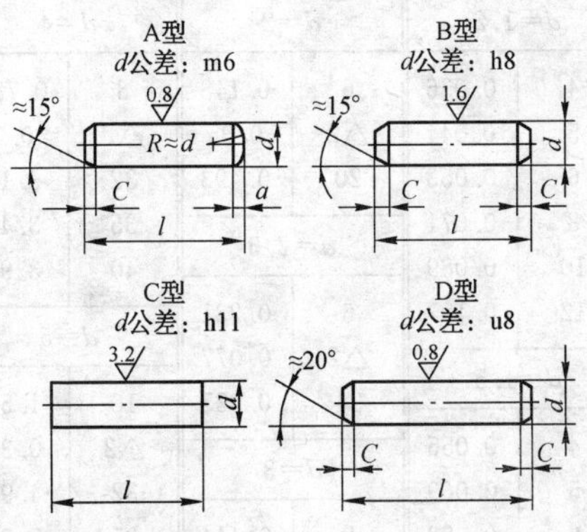

标记示例：

销 GB 119—2000　A10×50：

公称直径 d=10 mm，长度 l=50 mm，材料为 35 钢，HRC28～38，表面氧化处理的 A 型圆柱销

【规格尺寸】

d(公称)	0.6	0.8	1	1.2	1.5
a≈	0.08	0.10	0.12	0.16	0.20
C≈	0.12	0.16	0.20	0.25	0.30
l	2～6	2～8	4～10	4～12	4～16
d(公称)	2	2.5	3	4	5
a≈	0.25	0.30	0.40	0.50	0.63
C≈	0.35	0.40	0.50	0.63	0.80
l	6～20	6～24	8～30	8～40	10～50
d(公称)	6	8	10	12	16
a≈	0.80	1.0	1.2	1.6	2.0
C≈	1.2	1.6	2.0	2.5	3.0
l	12～60	14～80	18～95	22～140	26～180
d(公称)	20	25	30	40	50
a≈	2.5	3.0	4.0	5.0	6.3
C≈	3.5	4.0	5.0	6.3	8.0
l	35～200	50～200	60～200	80～200	95～200

【公称长度和重量】

l	G	l	G	l	G	l	G	l	G
d=0.6		d=1		d=1.5		d=3		d=5	
2	0.004	10	0.062	16	0.222	30	1.66	50	7.71
△1	0.002	d=1.2		d=2		d=4		d=6	
6	0.013	4	0.036	6	0.148	8	0.789	12	2.66
d=0.8		5	0.044	△2	0.05	△2	0.2	△2	0.45
2	0.008	6	0.053	20	0.493	32	3.16	32	7.10
△1	0.004	8	0.071	d=2.5		35	3.45	35	7.77
6	0.024	10	0.089	6	0.231	40	3.95	△5	1.11
8	0.032	12	0.107	△2	0.077	d=5		60	13.32
d=1		d=1.5		24	0.925	10	1.54	d=8	
4	0.025	4	0.055	d=3		△2	0.31	14	5.52
5	0.031	5	0.069	8	0.444	32	4.93	△2	0.79
6	0.037	6	0.083	△2	0.110	35	5.39	40	15.78
8	0.049	△2	0.028			△5	0.77	45	17.76

（续）

l	G	l	G	l	G	l	G	l	G
d=8		d=12		d=20		d=25		d=40	
△5	1.97	32	28.41	35	86.31	200	770.7	200	1 973
80	31.57	35	31.07	△5	12.3	d=30		d=50	
d=10		△5	4.44	100	246.6				
		100	88.78	120	295.9	60	332.9	95	1 464
18	11.10	120	106.5	140	345.3	△5	27.8	100	1 541
△2	1.23	140	124.2	160	394.6	100	554.9	△20	308
32	19.73	d=16		180	443.9	△20	111.2	200	3 083
35	21.58			200	493.2	200	1 110		
△5	3.08	26	41.04	d=25		d=40			
95	58.57	△2	3.15						
d=12		32	50.51	50	192.7	80	789.2		
		35	55.24	△5	19.26	△5	49.3		
22	19.53	△5	7.9	100	385.3	100	986.4		
△2	1.77	100	157.8	△20	77.1	△20	197		

注：d—公称直径；l—公称长度(mm)；G—1 000 个钢制品的重量(kg)；表列规格为商品规格；△1、△2、△5、△20 分别表示圆柱销长度间隔为 1、2、5、20(mm)；右侧数字表示重量(kg)。

(3) 内螺纹圆柱销—淬硬钢和马氏体不锈钢(GB/T 120.2—2000)

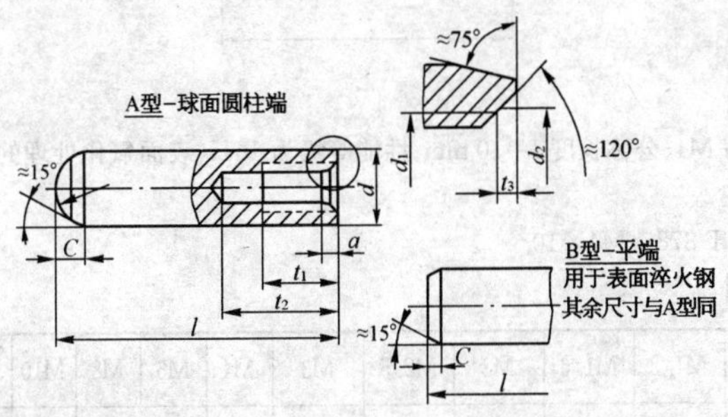

(mm)

公称直径 d	6	8	10	12	16	20	25	30	40	50
螺纹规格 d_1	M4	M5	M6	M6	M8	M10	M16	M20	M20	M24
螺距 P	0.7	0.8	1.0	1.0	1.25	1.5	2.0	2.5	2.5	3.0
孔径 d_2	4.3	5.3	6.4	6.4	8.4	10.5	17	21	21	25
孔深 t_1	6	8	10	12	16	18	24	30	30	36
孔深 t_2 min	10	12	16	20	25	28	35	40	40	50

(续)

公称直径 d	6	8	10	12	16	20	25	30	40	50
孔深 t_3	1	1.2	1.2	1.2	1.5	1.5	2	2	2.5	2.5
倒角宽度 c	2.1	2.6	3	3.8	4.6	6	6	7	8	10
倒角宽度 $a\approx$	0.8	1	1.2	1.6	2	2.5	3	4	5	6.3
公称长度 l (商品规格范围)	16～60	18～80	22～100	26～120	32～160	40～200	50～200	60～200	80～200	100～200

注：1. 表面粗糙度 $Ra\leqslant 0.8\ \mu m$ 适用于公称直径公差为 m6；

2. 公称长度系列(mm)：16、18、20、22、24、26、28、30、32、35、40、45、50、55、60、65、70、75、80、85、90、95、100、120、140、160、180、200、$l>200$，按 20 递增。

3. 公称长度 l 公差(mm)：$l\leqslant 50$ 为±0.5；$t\geqslant 55$ 为±0.75。

4. 每千件钢制品重量 G(kg)参阅 GB 119—2000。

(4) 螺纹圆柱销(GB/T 878—2007)

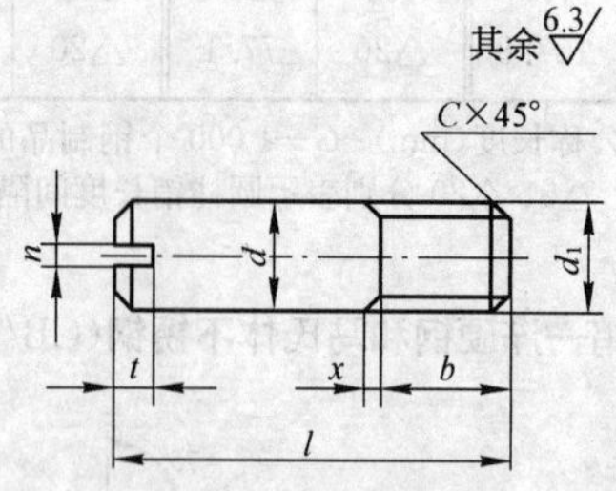

标记示例：

螺纹规格为 M4、公称长度 l=10 mm、性能等级为 14H、表面氧化处理的 A 级开槽无头螺钉的标记：

螺钉 GB/T 878 M4×10

【规格尺寸】

d(h13)	M1	M1.2	M1.6	M2	M2.5	M3	M4	M6	M8	M10	M12	M16	M20
d_1 柱径	0.86～1.0	1.06～1.2	1.46～1.6	1.86～2.0	2.36～2.5	2.86～3.0	M4	M6	M8	M10	M12	M16	M20
b^{+20}_{0}	1.2	1.4	1.9	2.4	3	3.6	4.8	7.2	9.6	12	13.2	17.6	22
n	0.26～0.4	0.31～0.45	0.36～0.50	0.36～0.50	0.46～0.60	0.56～0.70	0.6	1	1.2	1.6	2	2.5	3
t	0.63～0.78	0.63～0.79	0.88～1.06	1.0～1.2	1.10～1.33	1.25～1.5	2.05	2.9	3.6	4.25	4.8	5.5	6.8

(续)

d(h13)	M1	M1.2	M1.6	M2	M2.5	M3	M4	M6	M8	M10	M12	M16	M20
x	0.6	0.6	0.9	1	1.1	1.25	1.4	2	2.5	3	3.5	4	5
C≈							0.6	1	1.2	1.5	2		2.5
l							10～14	12～20	14～28	18～35	22～40	24～50	30～60
l系列	2.5、3、4、5、6、8、10、12、16、20、25、30、35						10，12，14，18，20，22，24，26，28，30，32，35，40，45，50，55，60						

注：1. P—螺距。

2. M1、M1.2、M1.6、M2、M2.5、M3 摘自 GB/T 878—2007，并保留原有规格，利于实用。

【公称长度与重量】

l	G	l	G	l	G	l	G	l	G
d=4		d=8		d=10		d=16		d=20	
10	0.88	14	4.75	35	20.0	△2	3.13	35	76.11
12	1.07	18	6.31	d=12		32	45.15	△5	12.25
14	1.27	△2	0.78			35	49.86	60	137.4
d=6		28	10.24	22	17.06	△5	7.84		
		d=10		△2	1.78	50	73.38		
12	2.30			32	25.88	d=20			
14	2.74	18	9.59	d=16					
18	3.63	△2	1.22			30	63.86		
20	4.07	32	18.16	24	32.61	32	68.76		

注：d—公称直径(mm)；l—公称长度(mm)；G—1 000 件圆柱销重量(kg)，△2、△5 分别表示长度间隔为 2、5(mm)，右侧数字表示重量(kg)。

(5) 弹性圆柱销—卷制—标准型(GB/T 879.4—2000)

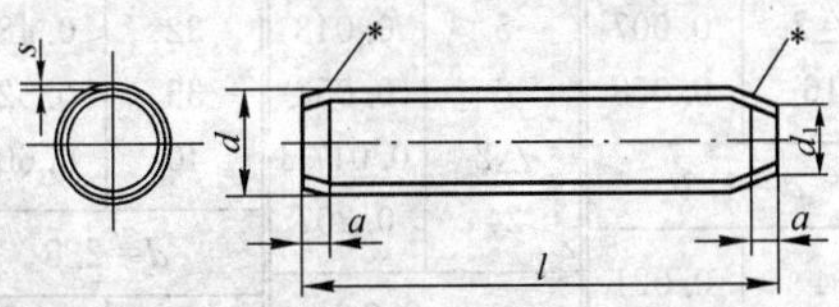

图注：有 * 处挤压倒角；销孔的公称直径应等于弹性圆柱销的公称直径(d 公称)，公差带为 H12。

【规格尺寸】

(mm)

直　　径			端面直径 d_1	倒角宽度 $a\approx$	厚度 s	公称长度 l（商品规格范围）
公称 d	装配前		装配前(max)			
	max	min				
0.8	0.91	0.85	0.75	0.3	0.07	4～16
1	1.15	1.05	0.95	0.3	0.08	4～16
1.2	1.35	1.25	1.15	0.4	0.1	4～16
1.5	1.73	1.62	1.4	0.5	0.13	4～24
2	2.25	2.13	1.9	0.7	0.17	4～40
2.5	2.78	2.65	2.4	0.7	0.21	5～45
3	3.30	3.15	2.9	0.9	0.25	6～50
3.5	3.84	3.67	3.4	1.0	0.29	6～50
4	4.4	4.2	3.9	1.1	0.33	8～60
5	5.5	5.25	4.85	1.3	0.42	10～60
6	6.50	6.25	5.85	1.5	0.5	12～75
8	8.63	8.30	7.8	2	0.67	16～120
10	10.80	10.35	9.75	2.5	0.84	20～120
12	12.85	12.40	11.7	3	1	24～160
14	14.95	14.45	13.6	3.4	1.2	28～200
16	17.0	16.45	15.6	4	1.3	32～200
20	21.1	20.4	19.6	4.5	1.7	45～200

注：公称长度 l 系列：$l\geqslant 200$，按 20 递增。

公称长度 l 公差：$l\leqslant 10$，为±0.25；$l\geqslant 12\sim 50$，为±0.5；$l\geqslant 55\sim 200$，为±0.75。

【公称长度和重量】

l	G	l	G	l	G	l	G	l	G
d=0.8		d=1		d=1.5		d=2.0		d=2.5	
4	0.010	6	0.022	4	0.035	△2	0.030	35	0.820
5	0.012	△2	0.007	5	0.043	32	0.484	40	0.937
6	0.015	16	0.058	6	0.052	35	0.529	45	1.05
8	0.020	d=1.2		△2	0.0173	40	0.605	d=3	
△2	0.005			24	0.207	d=2.5			
16	0.040	4	0.021	d=2.0				6	0.201
		5	0.027			5	0.117	8	0.268
d=1		6	0.032	4	0.060	6	0.141	△2	0.067
4	0.014	△2	0.011	5	0.076	△2	0.046	32	1.07
5	0.018	16	0.086	6	0.091	32	0.749	35	1.17

（续）

l	G	l	G	l	G	l	G	l	G
d=3		d=5		d=8		d=12		d=16	
△5	0.17	10	0.937	35	8.38	△5	2.68	35	32.74
50	1.68	△2	0.19	△5	1.20	100	53.64	△5	4.67
d=3.5		32	3.00	100	23.93	120	64.37	100	93.53
6	0.273	35	3.28	120	28.72	140	75.09	△20	18.7
△2	0.09	△5	0.468	d=10		160	85.82	200	187.1
32	1.45	60	5.62	20	7.49	d=14		d=20	
35	1.59	d=6		△2	0.75	28	20.88	45	68.06
40	1.82	12	1.61	32	11.99	30	22.37	△5	7.56
45	2.04	△2	0.27	35	13.12	32	23.86	100	151.2
50	2.27	32	4.29	△5	1.87	35	26.10	△20	30.26
d=4		35	4.69	100	37.47	△5	3.73	200	302.5
8	0.473	△5	0.67	120	44.97	100	74.58		
△2	0.118	75	10.06	d=12		120	89.40		
32	1.89	d=8		24	12.87	△20	14.96		
35	2.07	16	3.83	△2	1.072	200	149.2		
△5	0.296	△2	0.48	32	17.16	d=16			
60	3.55	32	7.66	35	18.77	32	29.93		

注：l—公称长度(mm)；G—1 000 件弹性圆柱销重量(kg)；△2、△5、△20 分别表示长度间隔 2、5、20(mm)，右侧数字表示重量。

(6) 圆锥销(GB/T 117—2000)

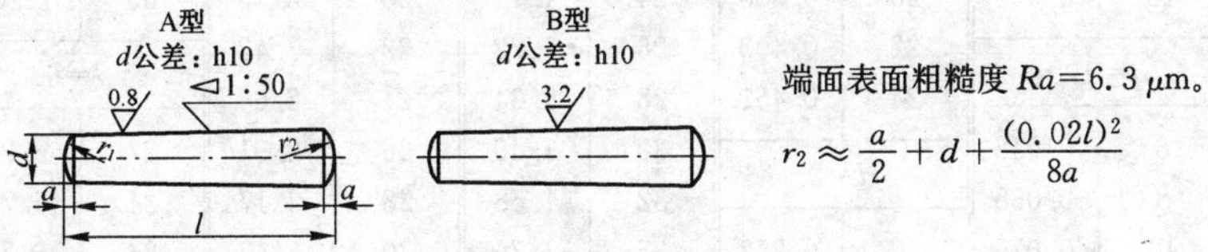

端面表面粗糙度 Ra=6.3 μm。

$$r_2 \approx \frac{a}{2} + d + \frac{(0.02l)^2}{8a}$$

标记示例：

销 GB 117—2000　A10×60：

公称直径 d=10 mm，长度 l=60 mm，材料为 35 钢，热处理硬度 HRC28～38，表面氧化处理的 A 型圆锥销

【规格尺寸】

(mm)

公称直径 d		0.6	0.8	1	1.2	1.5	2	2.5	3	4	5
a≈		0.08	0.1	0.12	0.16	0.2	0.25	0.3	0.4	0.5	0.63
l	最小	4	5	6	6	8	10	10	12	14	18
	最大	8	12	16	20	24	35	35	45	55	60

（续）

公称直径 d		6	8	10	12	16	20	25	30	40	50
$a\approx$		0.8	1	1.2	1.6	2	2.5	3	4	5	6.3
l	最小	22	22	26	32	40	45	50	55	60	65
	最大	90	120	160	180	200	200	200	200	200	200
l 系列 l>200，按 20 进级		2，3，4，5，6，8，10，12，14，16，18，20，22，24，26，28，30，32，35，40，45，50，55，60，65，70，75，80，85，90，95，100，120，140，160，180，200									

【公称长度和重量】

l	G
d=0.6	
4	0.010
5	0.013
6	0.016
8	0.023
d=0.8	
5	0.022
6	0.027
8	0.038
10	0.050
12	0.063
d=1.0	
6	0.042
8	0.058
10	0.075
12	0.093
14	0.113
16	0.134
d=1.2	
6	0.059
8	0.081
10	0.104
12	0.129
14	0.156
16	0.183
d=1.2	
18	0.213
20	0.243
d=1.5	
8	0.123
10	0.153
12	0.195
14	0.233
16	0.273
18	0.314
20	0.358
22	0.403
24	0.451
d=2	
10	0.272
12	0.333
14	0.396
16	0.461
18	0.529
20	0.598
22	0.671
24	0.745
26	0.822
28	0.902
30	0.984
32	1.07
d=2	
35	1.20
d=2.5	
10	0.417
12	0.508
14	0.602
16	0.699
18	0.798
20	0.901
22	1.01
24	1.11
26	1.22
28	1.34
30	1.46
32	1.58
35	1.76
d=3	
12	0.721
14	0.852
16	0.986
18	1.12
20	1.26
22	1.41
24	1.56
26	1.71
28	1.86
d=3	
30	2.02
32	2.18
35	2.43
40	2.86
45	3.32
d=4	
14	1.48
16	1.71
18	1.94
20	2.18
22	2.42
24	2.66
26	2.91
28	3.17
30	3.43
32	3.69
35	4.09
40	4.79
45	5.51
50	6.27
55	7.05
d=5	
18	2.98
20	3.34
22	3.70
d=5	
24	4.07
26	4.44
28	4.82
30	5.20
32	5.50
35	6.18
40	7.20
45	8.26
50	9.35
55	10.48
60	11.64
d=6	
22	5.25
24	5.76
26	6.28
28	6.81
30	7.35
32	7.80
35	8.71
40	10.11
45	11.56
50	13.05
55	14.58
60	16.16
65	17.78
70	19.44

(续)

l	G
d=6	
75	21.15
80	22.91
85	24.71
90	26.57
d=8	
22	9.17
24	10.05
26	10.94
28	11.84
30	12.75
32	13.66
35	15.05
40	17.41
45	19.83
50	22.30
55	24.82
60	27.40
65	30.04
70	32.73
75	35.49
80	38.30
85	41.17
90	44.10
95	47.09
100	50.14
120	62.97
d=10	
26	16.88
28	18.25
30	19.63
32	21.02
35	23.12
40	26.69
45	30.31
50	34.01
55	37.77
d=10	
60	41.61
65	45.51
70	49.48
75	53.52
80	57.63
85	61.82
90	66.07
95	70.40
100	74.80
120	93.16
140	112.73
160	133.57
d=12	
32	29.96
35	32.92
40	37.93
45	43.02
50	48.19
55	53.44
60	58.77
65	64.18
70	69.68
75	75.25
80	80.91
85	86.65
90	92.48
95	98.40
100	104.4
120	129.3
140	155.5
160	183.3
180	212.5
d=16	
40	66.34
45	75.09
50	83.95
d=16	
55	92.91
60	102.0
65	111.2
70	120.4
75	129.8
80	139.2
85	148.9
90	158.6
95	168.4
100	178.4
120	219.2
140	261.9
160	306.4
180	352.6
200	401.1
d=20	
45	116
50	129.6
55	143.2
60	157.0
65	170.9
70	185
75	199.2
80	213.5
85	227.9
90	242.5
95	257.2
100	272.1
120	332.9
140	395.8
160	461.1
180	528.6
200	598.4
d=25	
50	200.5
55	221.4
d=25	
60	242.5
65	263.7
70	285.1
75	306.7
80	328.4
85	350.3
90	372.4
95	394.6
100	417.0
120	508.2
140	602.1
160	698.8
180	798.2
200	900.5
d=30	
55	316.5
60	346.4
65	376.5
70	406.8
75	437.3
80	468.0
85	498.9
90	529.9
95	516.2
100	592.7
120	720.5
140	851.6
160	985.8
180	1 123
200	1 264
d=40	
60	609.8
65	662.2
70	714.9
75	767.9
80	821.3
d=40	
85	874.6
90	928.3
95	982.3
100	1 037
120	1 256
140	1 480
160	1 708
180	1 940
200	2 177
d=50	
65	1 028
70	1 109
75	1 191
80	1 273
85	1 355
90	1 438
95	1 521
100	1 604
120	1 940
140	2 281
160	2 627
180	2 979
200	3 336

注：l—公称长度(mm)；G—1 000 个圆锥钢销重量(kg)。

(7) 开尾圆锥销(GB 877—1986)

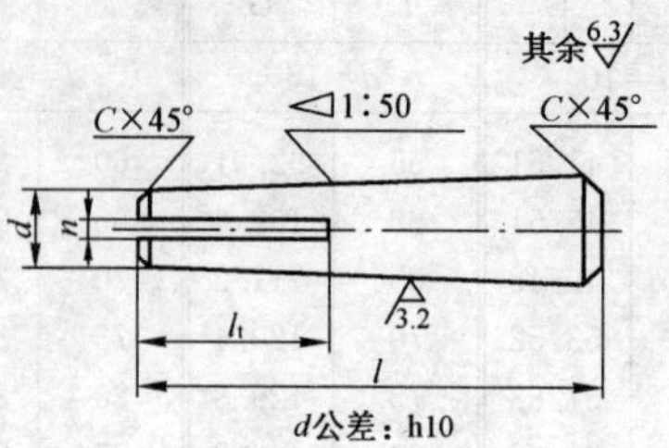

d公差：h10

标记示例

销 GB 877—1986　10×60：

公称直径 d_1=10 mm，长度 l=60 mm，材料为 35 钢，不经热处理及表面处理的开尾圆锥销

(mm)

d(h10)	3	4	5	6	8	10	12	16
n	0.8		1		1.6		2	
l_t	10		12	15	20	25	30	40
C≈	0.5		1				1.5	
l	30～55	35～60	40～80	50～100	60～120	70～160	80～200	100～200
l系列	30，32，35，40，45，50，55，60，65，70，75，80，85，90，95，100，120，140，160，180，200							

【长度和重量】

l	G
d=3	
30	1.82
32	1.98
35	2.23
40	2.66
45	3.11
50	3.59
55	4.09
d=4	
35	3.82
40	4.51
45	5.23
50	5.98
55	6.76
60	7.57
d=5	
40	6.69
45	7.74
50	8.82
55	9.94
60	11.10
65	12.30
70	13.53
75	14.81
80	16.12
d=6	
50	12.26
55	13.79
60	15.35
65	16.96
70	18.62
75	20.32
80	22.06
85	23.86
90	25.70
95	27.58
100	29.52
d=8	
60	25.23
65	27.85
70	30.53
75	33.27
80	36.06
85	38.91
90	41.82
95	44.80
100	47.83
120	60.58
d=10	
70	46.05
75	50.06
80	54.15
85	58.31
90	62.53
95	66.84
100	71.21
120	89.45
140	108.9
160	129.6
d=12	
80	74.78
85	80.49
90	86.28
95	92.16
100	98.12
120	122.8
140	148.9
160	176.5
180	205.6
200	236.2
d=16	
100	167.3
120	207.9
140	250.2
160	294.5
180	340.6
200	388.6

注：l—公称长度(mm)；G—1 000 个开尾圆锥销约重(kg)。

(8) 带孔销(又名无头销轴)(摘自 GB 880—2008)

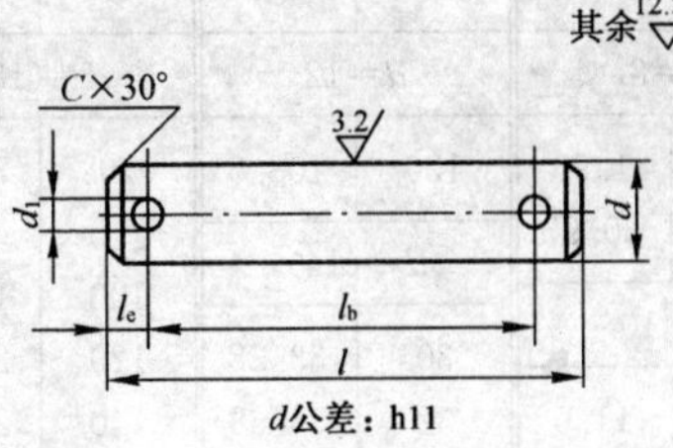

标记示例：

公称直径 d=20 mm、长度 l=100 mm、由易切钢制造的硬度为 125 HV～245 HV、表面氧化处理的 B 型无头销轴的标记：销　GB 880—2008　20×100　硬度 125 HV～245 HV、B 型

【规格尺寸】

d	h11[a]	3	4	5	6	8	10	12	14	16	18
d_1	H13[b]	0.8	1	1.2	1.6	2	3.2	3.2	4	4	5
c	max	1	1	2	2	2	2	3	3	3	3
l_e	min	1.6	2.2	2.9	3.2	3.5	4.5	5.5	6	6	7
d	h11[a]	20	22	24	27	30	33	36	40	45	50
d_1	H13[b]	5	5	6.3	6.3	8	8	8	8	10	10
c	max	4	4	4	4	4	4	4	4	4	4
l_e	min	8	8	9	9	10	10	10	10	12	12
d	h11[a]	55	60	70	80	90	100				
d_1	H13[b]	10	10	13	13	13	13				
c	max	6	6	6	6	6	6				
l_e	min	14	14	16	16	16	16				
l 系列		40，45，50，55，60，65，70，75，80，85，90，95，100，120，140，160，180，200									

注：新版标准中，增加 d 品种有：27、30、33、36、40、45、50、55、60、70、80、90、100。

【公称长度和重量】

l	G	l	G	l	G	l	G	l	G
d=3		d=3		d=4		d=4		d=5	
8 △2 32	0.42 0.11 1.74	35 △5 50	1.91 0.27 2.73	8 △2 32	0.74 0.19 3.09	35 △5 50	3.38 0.49 4.85	12 △2 32	1.68 0.30 4.74

（续）

l	G
d=5	
35	5.20
△5	0.766
60	9.03
d=6	
12	2.46
△2	0.44
32	6.87
35	7.53
△5	1.10
60	13.04
d=8	
16	5.88
△2	0.78
32	12.15
35	13.33

l	G
d=8	
△5	1.96
80	30.97
d=10	
20	11.0
△2	1.22
32	18.35
35	20.19
△5	3.06
100	60.01
d=12	
30	24.11
32	25.88
35	28.52
△5	4.41
100	85.86

l	G
d=12	
120	103.5
d=(14)	
30	33.28
32	35.68
35	39.28
△5	6.0
100	117.3
120	141.3
d=16	
30	43.91
32	47.05
35	51.75
△5	7.84
100	153.7
120	185.1

l	G
d=(18)	
40	73.88
△5	9.91
100	193.0
120	232.7
140	272.4
160	312.1
d=20	
40	91.89
△5	12.3
100	238.9
120	287.9
△20	49
200	484
d=(22)	
40	111.9

l	G
d=(22)	
△5	14.8
100	289.8
△20	59.3
200	586.3
d=25	
50	178.4
△5	19.2
100	36.99
120	446.4
140	523.0
160	599.6
180	676.2
200	752.7

注：l—公称长度(mm)、G—1 000 个带孔销重量(kg)、△2、△5、△20 分别表示长度间隔为 2、5、20(mm)，右侧数字表示间隔长度重量(kg)。

(9) 销轴(GB/T 882—2008)

A 型（无开口销孔） B 型[a、b]（带开口销孔）

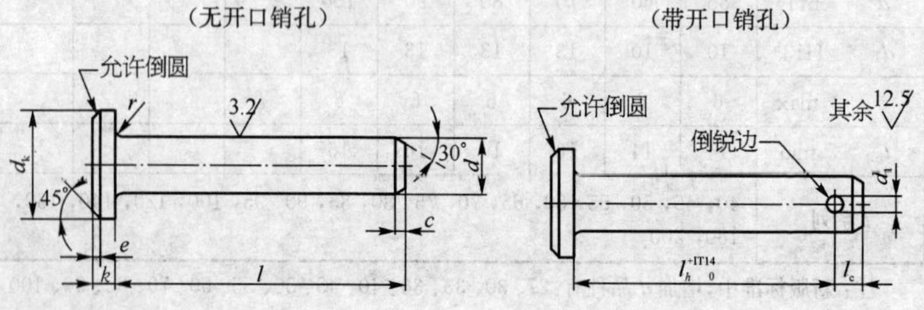

【尺寸】

d	h11①	3	4	5	6	8	10	12	14	16	18	20	22	24	27
d_k	h14	5	6	8	10	14	18	20	22	25	28	30	33	36	40
d_1	H13②	0.8	1	1.2	1.6	2	3.2	3.2	4	4	5	5	5	6.3	6.3
C	max	1	1	2	2	2	2	3	3	3	3	4	4	4	4
e	≈	0.5	0.5	1	1	1	1	1.6	1.6	1.6	1.6	2	2	2	2

(续)

k	js14	1	1	1.6	2	3	4	4	4	4.5	5	5	5.5	6	6
l_e	min	1.6	2.2	2.9	3.2	3.5	4.5	5.5	6	6	7	8	8	9	9
r		0.6	0.6	0.6	0.6	0.6	0.6	0.6	0.6	0.6	1	1	1	1	1
d	h11①	30	33	36	40	45	50	55	60	70	80	90	100		
d_k	H14	44	47	50	55	60	66	72	78	90	100	110	120		
d_1	H13②	8	8	8	8	10	10	10	10	13	13	13	13		
c	max	4	4	4	4	4	4	6	6	6	6	6	6		
e	≈	2	2	2	2	2	2	3	3	3	3	3	3		
k	js14	8	8	8	8	9	9	11	12	13	13	13	13		
l_e	min	10	10	10	10	12	12	14	14	16	16	16	16		
r		1	1	1	1	1	1	1	1	1	1	1	1		

注：① 其他公差，如 a11、c11、f8 由供需双方协议；② 孔径 d_1 等于开口销公称规格。用于铁路和开口销承受交变横向力的场合，推荐采用表 1 规定下一挡较大的开口销及相应的孔径。

GB/T 882—1986 销轴标准，公称直径 d，长度 l 及重量 G，见下表，仍有参考价值，故予保留。新标准新增四个品种，公称直径及公称长度为：(单位：毫米) $d70/l$ 140～200，$d80/l$ 160～200 $d90/l$ 180～200，$d100/l200$. 当 $l>200$，按 20 mm 递增。

【$d3$～$d60$ 销轴公称长度和重量】

l	G	l	G	l	G	l	G	l	G
$d=3$		$d=6$		$d=8$		$d=10$		$d=12$	
6	0.53	12	3.79	35	15.77	48	32.23	△5	4.41
△2	0.11	△2	0.44	40	17.73	50	33.45	100	92.67
22	1.42	32	8.20	45	19.69	△5	3.06	120	110.3
$d=4$		35	8.86	48	20.87	100	64.08	$d=14$	
		40	9.96	50	21.65	120	76.33		
6	0.89	45	11.06	△5	1.96	$d=12$		22	31.46
△2	0.20	48	11.72	80	33.42			△2	2.40
30	3.24	50	12.17	$d=10$		20	22.10	32	43.47
$d=5$		55	13.27			△2	1.77	35	47.07
		60	14.37	14	11.40	32	32.68	40	53.07
8	1.94	$d=8$		△2	1.23	35	35.33	45	59.08
△2	0.31			32	22.42	40	39.74	48	62.68
32	5.62	12	6.76	35	24.26	45	44.15	50	65.08
35	6.08	△2	0.78	40	27.32	48	46.80	△5	6.01
40	6.84	32	14.60	45	30.30	50	48.56	100	125.1

(续)

l	G
d=14	
120	149.1
d=16	
20	39.5
△2	3.14
32	58.32
35	63.03
40	70.87
45	78.71
48	83.41
50	86.55
△5	7.84
100	165
120	196.3
140	227.7
d=18	
24	57.53
△2	3.97
32	73.41
35	79.36
40	89.29
45	99.21
48	105.2
50	109.1
△5	9.93
100	208.4
120	248.1
140	287.8
d=20	
24	73.50
△2	4.90
32	93.10
35	100.5
40	112.7
45	125
48	132.3
50	137.2
△5	12.2
100	259.7
120	308.7
140	357.8
160	406.8
d=22	
24	89.67
△2	5.93
32	113.4
35	122.3
40	137.1
45	151.9
48	160.8
50	166.8
△5	14.8
100	315.0
120	374.3
140	433.6
160	492.9
d=25	
40	183.3
45	202.5
48	214.0
50	221.6
△5	19.1
100	413
△20	76.6
180	719.4
d=28	
40	230.5
45	254.5
48	268.9
50	278.5
△5	23.5
100	513.6
△20	97.2
180	902.9
d=30	
50	318.5
△5	27.5
100	594.2
△20	110.3
200	1 146
d=32	
50	370.7
△5	31.36
100	684.3
△20	125.5
200	1 312
d=36	
60	548.8
△5	39.7
100	866.3
△20	158.7
200	1 660
d=40	
70	775.8
△5	49
100	1 070
△20	196
200	2 050
d=45	
70	994.6
△5	62
100	1 367
△20	248
200	2 607
d=50	
70	1 223
△5	76.5
100	1 682
△20	306.4
200	3 214
d=55	
80	1 685
△5	92.75
100	2 056
△20	370.6
200	3 909
d=60	
90	2 220
95	2 330
100	2 441
△20	441
200	4 646

注：*l*—公称长度(mm)；*G*—1 000 个销轴大约重量(kg)；△2、△5、△20 分别表示长度间隔为 2、5、20 mm，右侧数字表示间隔长度约重(kg)。

(10) 开口销(GB/T 91—2000)

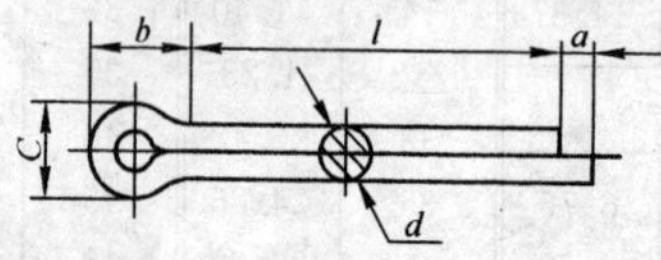

标记示例：

销 GB 91—86 5×50：

公称直径 *d*=5 mm，长度 *l*=50 mm，材料为低碳钢不经表面处理的开口销

(1) 规格尺寸

(mm)

开口销孔直径 d	0.6	0.8	1	1.2	1.6	2	2.5
C	1	1.4	1.8	2	2.8	3.6	4.6
$b\approx$	2	2.4	3	3	3.2	4	5
a	1.6		2.5				
l	4～12	5～16	6～20	8～26	8～32	10～40	12～50
开口销直径 d	3.2	4	5	6.3	8	10	12
头部直径 c	5.8	7.4	9.2	11.8	15	19	24.8
头部长度 $b\approx$	6.4	8	10	12.6	16	20	26
伸出长度 a	3.2	4				6.3	
公称长度 l	14～65	18～80	22～100	30～120	40～160	45～200	70～200
l 系列	4, 5, 6, 8, 10, 12, 14, 16, 18, 20, 22, 24, 26, 28, 30, 32, 36, 40, 45, 50, 55, 60, 65, 70, 75, 80, 85, 90, 95, 100, 120, 140, 160, 180, 200						

材料	Q215A、Q235A、Q215B、Q235B					1Cr18Ni9Ti	H62			
表面处理	不处理	氧化	镀锌钝化	镀镉钝化	镀铬	不处理	不处理	钝化	镀镍	镀铬

注：开口销公称规格等于开口销孔的直径。开口销孔的公差(推荐值)为：公称规格≤1.2，H13，公称规格>1.2，H14。

(2) 公称长度和重量

l	G
d=0.6	
4	0.005
5	0.006
6	0.07
△2	0.002
12	0.013
d=0.08	
5	0.01
6	0.02
△2	0.004
16	0.04
d=1	
6	0.03
△2	0.007 1

l	G
d=1	
20	0.08
d=1.2	
8	0.04
△2	0.01
22	0.11
25	0.13
d=1.6	
8	0.09
△2	0.02
22	0.23
25	0.26
28	0.29
32	0.33

l	G
d=2	
10	0.18
△2	0.035
22	0.39
25	0.44
28	0.49
32	0.56
36	0.63
40	0.70
d=2.5	
12	0.32
△2	0.054
22	0.59
25	0.67
28	0.75

l	G
d=2.5	
32	0.86
36	0.96
40	1.07
45	1.21
50	1.34
d=3.2	
14	0.61
△2	0.09
22	0.97
25	1.10
28	1.24
32	1.41
36	1.59
40	1.77

l	G
d=3.2	
45	1.99
50	2.21
56	2.48
63	2.79
d=4	
18	1.31
20	1.46
22	1.61
25	1.83
28	2.06
32	2.36
36	2.66
40	2.96
45	3.33

(续)

l	G
d=4	
50	3.70
56	4.15
63	4.67
71	5.27
80	5.94
d=5	
22	2.51
25	2.87
28	3.22
32	3.69
36	4.17
40	4.64
45	5.23
50	5.82
56	6.53
63	7.35
71	8.30
80	9.36
90	10.54
100	11.72

l	G
d=6.3	
32	6.05
36	6.84
40	7.64
45	8.63
50	9.62
56	10.81
63	12.19
71	13.78
80	15.56
90	17.55
100	19.53
112	21.91
125	24.48
d=8	
40	12.29
45	13.91
50	15.54
56	17.49
63	19.77
71	22.37

l	G
d=8	
80	25.29
90	28.54
100	31.79
112	35.69
125	39.92
140	44.8
160	51.30
d=10	
45	22.3
50	24.94
56	28.10
63	31.8
71	36.02
80	40.71
90	46.04
100	51.32
112	57.65
120	64.51
140	72.42
160	82.97

l	G
d=10	
180	93.53
200	104.08
d=13	
71	59.73
80	67.77
90	76.70
100	85.63
112	96.35
125	107.96
140	121.35
160	139.21
180	157.08
200	174.94
224	196.37
250	219.59
d=16	
112	147.7
125	165.8
140	186.6

l	G
d=16	
160	214.4
180	242.3
200	270.1
224	303.5
250	339.6
280	381.3
d=20	
160	335.2
180	379.2
200	423.2
224	476.1
250	533.3
280	599.4

注：l—公称长度(mm)；G—1 000 个开口销约重(kg)。

△2—表示长度间隔为 2(mm)，右侧数字表示间隔重量(kg)。

第二篇　通用机械配件

第十一章　传动链、V形带、多楔带及同步带

1. 传动用短节距精密滚子链 (GB/T 1243—2006. ISO606 1994)

主要用于传递动力，驱动机械，是应用最广、产量最高的基本链条产品。广泛应用于机械、轻工、化工、食品、农机、车辆等许多行业。本链条又派生发展了很多产品，可分为A、B两大系列。A系列符合美国链条标准的尺寸规格；B系列符合欧洲(以英国为主)链条标准的尺寸规格。A、B标准中链号的节距相同，尚有如下主要区别。

① A系列产品内链板与外链板厚度相等，通过不同的高度取得静强度的等强度效果。B系列产品内链板与外链板高度相等，通过不同厚度取得静强度的等强度效果。

② A系列销轴直径＝(5/16)P，滚子直径＝(5/8)P，链板厚度＝(1/8)P(P为链条节距)。B系列元件主要尺寸与节距不存在明显比例。

③ 同档链条破断载荷比较：B系列各档规格均高于同档的A系列产品(12B、40B、48B除外)。

④ 产品选用。可按功率曲线选用所需链条规格。若按计算选用时，安全系数应大于3(常用7～10)。

传动用短节距精密滚子链产品规格及拉伸极限载荷见下表。

ISO GB 链号	节距 P	滚子直径 d_{1max}	内节内宽 b_{1min}	销轴直径 d_{2max}	内链板高度 h_{2max}	销轴全宽 单排 b_{4max}	双排 b_{5max}	三排 b_{6max}	极限拉伸载荷 单排 min	双排 min	三排 min	排距 P_t (mm)
	(mm)								(kN)			
05B	8	5	3	2.31	7.11	8.6	14.3	19.9	4.4	7.8	11.1	5.64
06B	9.525	6.35	5.72	3.28	8.26	13.5	23.8	34	8.9	16.9	24.9	10.24
08A	12.7	7.92	7.85	3.98	12.07	17.8	32.8	46.7	13.8	27.6	41.4	14.38
08B	12.7	8.51	7.75	4.45	11.81	17	31	44.9	17.8	31.1	44.5	13.92
081	12.7	7.75	3.3	3.66	9.91	10.2	—	—	8	—	—	—
083	12.7	7.75	4.88	4.09	10.3	12.9	—	—	11.6	—	—	—
084	12.7	7.75	4.88	4.09	11.15	14.8	—	—	15.6	—	—	—
085	12.7	7.77	6.25	3.58	9.91	14	—	—	6.7	—	—	—
10A	15.875	10.16	9.4	5.09	15.09	21.8	39.9	57.9	21.8	43.6	65.4	18.11
10B	15.875	10.16	9.65	5.08	14.73	19.6	36.2	52.8	22.2	44.5	66.7	16.59
12A	19.05	11.91	12.57	5.96	18.08	26.9	49.8	72.6	31.1	62.3	93.4	22.78

（续）

ISO GB 链号	节距 P	滚子直径 d_{1max}	内节内宽 b_{1min}	销轴直径 d_{2max}	内链板高度 h_{2max}	销轴全宽			极限拉伸载荷			排距 P_t (mm)
						单排 b_{4max}	双排 b_{5max}	三排 b_{6max}	单排 min	双排 min	三排 min	
	(mm)								(kN)			
12B	19.05	12.07	11.68	5.72	16.13	22.7	42.2	61.7	28.9	57.8	86.7	19.46
16A	25.4	15.88	15.75	7.94	24.13	33.5	62.7	91.9	55.6	111.2	166.8	29.29
16B	25.4	15.88	17.02	8.28	21.08	86.1	68	99.9	60	106	160	31.88
20A	31.75	19.05	18.9	9.54	30.18	41.1	77	113	86.7	173.5	260.2	35.76
20B	31.75	19.05	19.56	10.19	26.42	43.2	79.7	116.1	95	170	250	36.45
24A	38.1	22.23	25.22	11.11	36.2	50.8	96.3	141.7	124.6	249.1	373.7	45.44
24B	38.1	25.4	25.4	14.63	33.4	53.4	101.8	150.2	160	280	425	48.36
28A	44.45	25.4	25.22	12.71	42.24	54.9	103.6	152.4	169	338.1	507.1	48.87
28B	44.45	27.94	30.99	15.9	37.08	65.1	124.7	184.3	200	360	530	59.56
32A	50.8	28.58	31.55	14.29	48.26	65.5	124.2	182.9	222.4	444.8	667.2	58.55
32B	50.8	29.21	30.99	17.81	42.29	67.4	126	184.5	250	450	670	58.55
36A	57.15	35.71	35.48	17.46	54.31	73.9	140	206	280.2	560.5	840.7	65.84
40A	63.5	39.68	37.85	19.85	60.33	80.3	151.9	223.5	347	693.9	1 040.9	71.55
40B	63.5	39.37	38.1	22.89	52.96	82.6	154.9	227.2	355	630	950	72.29
48A	76.2	47.63	47.35	23.81	72.39	95.5	183.4	271.3	500.4	1 000.8	1 501.3	87.83
48B	76.2	48.26	45.72	29.24	63.88	99.1	190.4	281.6	560	1 000	1 500	91.21
56B	88.9	53.98	53.34	34.32	77.85	114.6	221.2	—	850	1 600	2 240	106.6
64B	101.6	63.5	60.96	39.4	90.17	130.9	250.8	—	1 120	2 000	3 000	119.89
72B	114.3	72.39	68.58	44.48	103.63	147.4	283.7	—	1 400	2 500	3 750	136.27

注：1. 用户如需多排链条，可在订货时向生产厂注明。

2. 链板有∞形和平直板形，∞形为常用形式。销轴有铆接和开口销两种形式，铆接为常用形式。用户如需哪种形式，可在订货时注明。

3. 用户如需不锈钢特殊材质，可与制造厂协商。

4. 06B可用于时规链，08B、10A、12A可用于摩托车传动链。

5. 生产厂：上表中链条产品是基本产品，应用最广，产量最高，生产厂家最多，附录一中所列链条厂几乎均生产（见⚠1～79）。

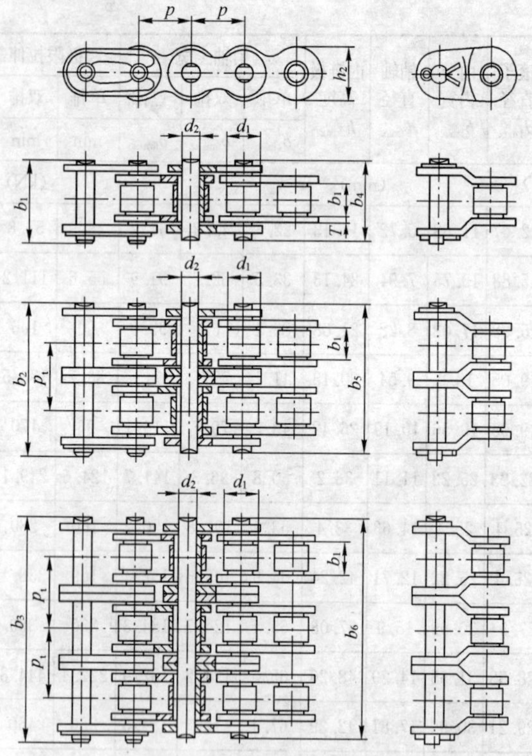

传动用短节距精密滚子链

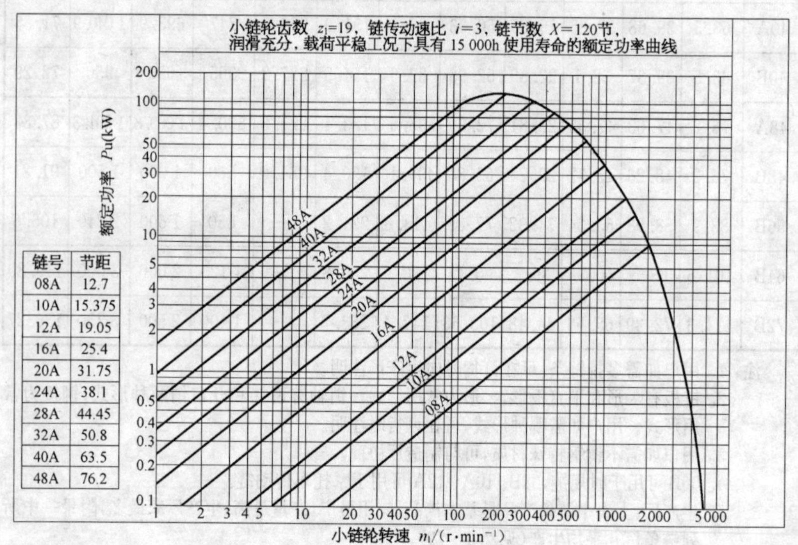

链号	节距
08A	12.7
10A	15.375
12A	19.05
16A	25.4
20A	31.75
24A	38.1
28A	44.45
32A	50.8
40A	63.5
48A	76.2

A 系列滚子链功率曲线

11.4

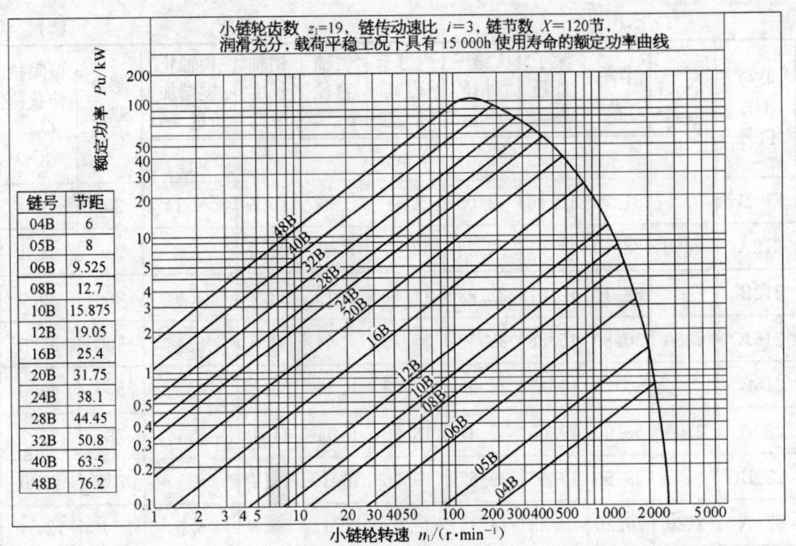

B系列滚子链功率曲线

2. 传动用双节距精密滚子链(GB 5269—2008. ISO1275—1984)

是一种轻型链条,适用于中小载荷、中低速和中心距较长的传动(图 4)。链条除链板孔距比短节距精密滚子链加长一倍外,其余的零件和链条结构均相同。

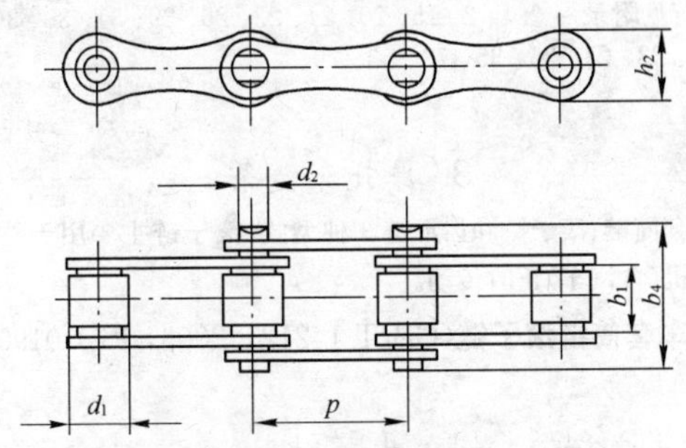

ISO GB 链号	ANSI 链号	节距 p	滚子外径 d_{1max}	大滚子外径 d_{7max}	内链节内宽 b_{1min}	销轴直径 d_{2max}	销轴长度 b_{4max}	销轴止锁端加长量 max	测量载荷 (N)	极限拉伸载荷 Q_{min} (kN)
		mm								
208A*	2 040	25.40	7.95	15.88	7.85	3.98	17.8	3.9	120	13.8
208B		25.40	8.91	15.88	7.75	4.45	17.0	3.9	120	18.0
210A*	2 050	31.75	10.16	19.05	9.40	5.09	21.8	4.1	200	21.8

（续）

ISO GB 链号	ANSI 链号	节距 p	滚子外径 d_{1max}	大滚子外径 d_{7max}	内链节内宽 b_{1min}	销轴直径 d_{2max}	销轴长度 b_{4max}	销轴止锁端加长量 max	测量载荷 (N)	极限拉伸载荷 Q_{min} (kN)
		mm								
210B		31.75	10.16	19.05	9.65	5.08	19.6	4.1	200	22.4
212A*	2060	38.10	11.91	22.23	12.57	5.96	26.9	4.6	280	31.1
212B		38.10	12.07	22.23	11.68	5.72	22.7	4.6	280	29.0
216A*	2080	50.80	15.88	28.58	15.75	7.94	33.5	5.4	500	55.6
216B		50.80	15.88	28.58	17.02	8.28	36.1	5.4	500	60.0
220A*	2100	63.50	19.05	39.67	18.90	9.54	41.1	6.1	780	86.7
220B		63.50	19.05	39.67	19.56	10.19	43.2	6.1	780	95.0
224A*	2120	76.20	22.23	44.45	25.22	11.11	50.8	6.6	1 110	124.6
224B		76.20	25.40	44.45	25.40	14.63	53.4	6.6	1 110	160
228B		88.90	27.94		30.99	15.90	65.1	7.4	1 510	200
232B		101.60	29.21		30.99	17.81	67.4	7.9	2 000	250

注：1. 带 * 者为 GB 5269—1985 采用的规格。
2. 大滚子主要用于输送链，传动链也有采用。在链号后加“L”表示大滚子。
3. 生产厂：见附录一②1、2、15、20、21、22、26、29、31、33、36、38、43、44、45、46、50、23、24、25、35、73、53、79。

3. 摩托车链条

摩托车链条有套筒链、滚子链和齿形链 3 种型式，滚子链主要用于外驱动，套筒链和齿形链主要用于发动机（含汽车）正时传动。

(1) 摩托车套筒链滚子链(GB/T 14212—2003，ISO10190—1992)

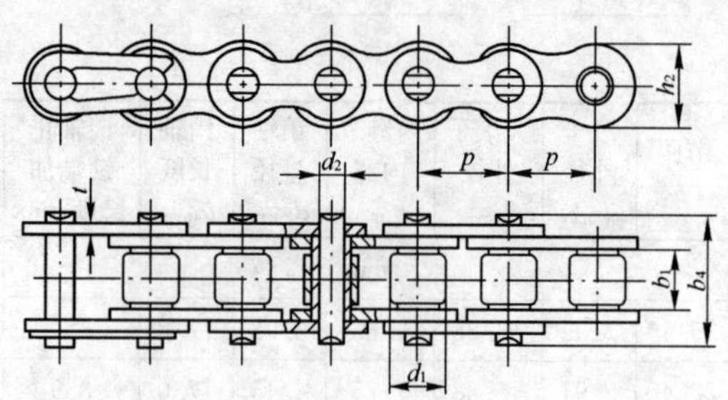

	ISO GB 链号	相当 JIS 链号	节距 p	滚子(套筒)外径 d_{1max}	内链节内宽 b_{1min}	销轴直径 d_2	销轴长度 b_{4max}	销轴止锁端加长量 max	内链板高度 h_{2max}	链板厚度 t 公称	极限拉伸载荷 Q_{min} (kN)
			mm								
套筒链	04MA	25H	6.35	3.30	3.10	2.3	9.1	1.5	6	1	4.5
	05MA	219	7.774	4.59	4.68	3.0	12	1.6	7.5	1.2	6.6
	05MB		8.00	4.77	5.72	3.3	13.9	1.6	7.5	1.4	8.9
	05MC	270	8.50	5.00	4.75	3.3	13.3	1.7	8.6	1.8	9.8
	06MA	T3F	9.525	6.00	9.50	4.5	18.6	1.8	9.3	1.8	11.8
滚子链	083		12.70	7.75	4.88	4.0	12.9	1.5	10.3	1.4	11.6
	084		12.70	7.75	4.88	4.0	14.8	1.5	11.2	1.7	15.6
	08MA	420	12.70	7.77	6.25	4.0	16	1.6	12.1	1.5	16
	08MB	428	12.70	8.51	7.75	4.4	17	2.5	12.5	1.5	17.8
	08MC	428H	12.70	8.51	7.75	4.4	19.3	2.5	12.5	2	20.6
	08MB-2	428-2	12.70	8.51	7.75	4.4	31.2	2.5	12.5	1.5	31.1
	10MA	520	15.875	10.16	6.25	5.2	19	2.5	15.3	2	26.5
	10MB	50M530	15.875	10.16	9.40	5.2	22	2.5	15.3	2	26.5
	12MA	630	19.05	11.91	9.40	5.9	24	3	18.6	2.4	35

注：1. 本表中 JIS 主要指日本摩托车链条协会 JIAS 和日本各厂家标准。
2. 链号 08MB-2 为双排链，其排距 $P_t = 14.38$ mm。
3. 生产厂：见附录一△2、4、8、28、33、34、36、37、41、42、43、44、45、46、47、48、49、50、51、53、54、56、60、61、62、63、64、65、67、68、69、72、74、75、77。

(2) 摩托车滚子链(日本 JCAS 及企业标准)

链号	节距 p	滚子外径 d_{1max}	内链节内宽 b_{1min}	销轴直径 d_{2max}	销轴长度 b_{4max}	连接轴长 max	内链板高度 h_{2max}	极限拉伸载荷 Q_{min} (kN)	重量 q (kg·m^{-1})	生产厂
	mm									
415	12.70	7.77	4.76	3.60	11.0	12.40	9.7	6.68	0.32	37 77 45
415H	12.70	7.77	4.88 4.76 4.80 4.80 4.76	3.96 3.96 3.97 3.96 3.96	13.05 13.1 12.8 13.05 13.05	 14.50 14.30 14.75 14.50	 12 11.7 11.9 12	16 14.4 19.2 15.7 18.1	0.55	28 45 65 67 74 77

（续）

链号	节距 p	滚子外径 d_{1max}	内链节内宽 b_{1min}	销轴直径 d_{2max}	销轴长度 b_{4max}	连接轴长 max	内链板高度 h_{2max}	极限拉伸载荷 Q_{min} (kN)	重量 q $(kg \cdot m^{-1})$	生产厂
	mm									
420	12.70	7.77	6.25				12.1	16		8
				3.96	16	17.50	12	16	0.55	33
				3.96	14.75	16.15	12	15.7	0.58	45
				3.97	14.80	16.40				47
				4.00	14.80	16.40				48
				4.00	14.70	16.10	12.1	16		49
				3.96	14.70	16.10	12	16	0.58	62
				4.00	14.80	16.00	12.1	16		69
				4.00	14.80	17.60	12.1	16	0.58	72 75
				3.96	15.70		12	16		77
			6.30	4.00	14.80	16.40	11.8	16		41
			6.35	3.96	14.75	15.92	12	15.68	0.8	2 4
				3.96	14.75	16.40	12	16		28
420	12.70	7.77	6.35	3.96	14.75	16.40	12	16		34
				3.96	14.80	16.40	12.07	15.7		36
				3.96	14.80	16.40	12	16	0.58	37
				3.96	14.80	16.40	12	16		42
				3.96	14.70		12	15.7		44 43 46
				3.96	14.80	16.30	12.07	15.7	0.58	50 56
				3.96	14.75	16.40	12	16		51
				3.96	14.80	16.40	12	16		60
				3.96	14.80	16.10	12	15.7		61 64
				3.97	14.4	15.9	11.7	19.2		65 67
				3.96	14.75	16.35	11.9	15		74
			6.40	4.00		16.4	11.8	16		41

（续）

链号	节距 p	滚子外径 d_{1max}	内链节内宽 b_{1min}	销轴直径 d_{2max}	销轴长度 b_{4max}	连接轴长 max	内链板高度 h_{2max}	极限拉伸载荷 Q_{min} (kN)	重量 q $(kg \cdot m^{-1})$	生产厂
	mm									
420	12.70	7.27	6.42	3.76	15.3		12	16	0.63	54
420L	12.70	8.51	5.21	3.96	14.0	15.50	12.07	15.7	0.58	36
										55
										56
420H	12.70	7.77	6.25	4.00	16.0	17.40	12.10	17		49
RS420	12.70	7.77	6.40	3.97	14.8		12.00	15.7		69
428	12.70	8.50	7.75	4.45	16.9	18.20	12.00	17.8		49
			7.85	4.45	17.00	20.90	12.07	16.27	0.70	36
										56
			7.94	4.47	16.90	18.20	12.00	17.80	0.70	54
			7.95	4.51	16.10	17.60	11.70	19.60		65
										67
			7.95	4.46	16.35	17.85	12.25	17.80		74
			7.75	4.46		17.70	12.00	17.80		75
428	12.70	8.51	7.94	4.5	16.40	17.80	12.28	17.80		2
										4
										34
			7.75	4.45	16.40	17.80	12.50	17.80		8
			7.94	4.45	16.70	18.05	12.00	17.80		28 42
			7.75	4.45	17.00	19.50	11.80	17.80		33 36
			7.75	4.40	17.00	18.30	12.10	17.80		41
			7.75	4.45	16.90	18.20	11.80	17.80	0.71	44 62
			7.75	4.45	17.00	18.05	11.80	17.80	0.66	45
			7.75	4.45		19.50	12.50	17.80	0.68	47
			7.75	4.45	16.40	17.80	12.00	17.80		48
			7.94	4.50	16.40		12.08	18.00	0.70	51
			7.75	4.40	17.00		12.50	17.80		69
			7.75	4.40		19.50	12.50	17.80	0.71	72 77
428-2	12.70	8.51	7.75	4.45	31.20	32.20	11.80	31.1	1.26	62

（续）

链号	节距 p	滚子外径 d_{1max}	内链节内宽 b_{1min}	销轴直径 d_{2max}	销轴长度 b_{4max}	连接轴长 max	内链板高度 h_{2max}	极限拉伸载荷 Q_{min} (kN)	重量 q $(kg \cdot m^{-1})$	生产厂
	mm									
428H	12.70	8.50	7.94	4.50	18.90	20.10	12.00	20.6	0.88	43 46 61
			7.94	4.45	18.90	20.10	11.80	20.6	0.82	44
			7.85	4.45	18.90	20.10	12.50	20.6		69 66
			7.95	4.46	17.55	19.05	12.10	20.6		74
			7.75	4.46		19.00	12.00	20.6		75
		8.51	7.94	4.45	18.9	20.10	12.0	20.6		77
			7.75	4.45	19.3	21.80	11.8	20.6	0.79	28
			7.94	4.50	18.45		12.08	21.0	0.78	33、48 34 51
			7.75	4.45	18.80	19.90	11.8	20.6	0.79	45 42
			7.85	4.51		21.05	11.8	20.6	0.79	47
			7.75	4.45	18.9	20.10	11.8	20.6	0.88	62
428HG	12.70	8.50	7.94	4.50	18.9	20.10	12.0	20.6		49
		8.51	7.94	4.40		21.80	12.5	20.6		72
			7.94	4.46	18.9	20.20	11.99	23.6		74
428HS	12.70	8.50	7.94	4.47	18.6		12.0	20.6		54 65
		8.51	7.95	4.51	18.1	19.60	11.7	25.0		67
RS428HT	12.70	8.51	7.95	4.45	18.3		12.0	23.0	0.81	69
08BN	12.70	8.51	5.60	4.45	14.6	15.90	11.8	17.8	0.64	43 44 61
08BHM	12.70	8.50	4.45	7.94	18.9	20.10	11.8	20.6	0.82	43 44
520	15.875	10.16	6.35	5.08	17.6		15	22.2	0.89	34
			6.35	5.08	17.45	18.85	15.09	26.5	1.00	45
			6.35	5.08	17.25		15.09	22.2	0.90	51

（续）

链号	节距 p	滚子外径 d_{1max}	内链节内宽 b_{1min}	销轴直径 d_{2max}	销轴长度 b_{4max}	连接轴长 max	内链板高度 h_{2max}	极限拉伸载荷 Q_{min}	重量 q	生产厂
	mm							(kN)	(kg·m^{-1})	
520	15.875	10.16	6.35	5.08	17.25		15.09	26.5	0.90	54
			6.35	5.09	16.95	18.40	14.60	27.5		65 67
			6.25	5.20		21.50	15.30	26.5		72
			6.40	5.06	16.95	19.05	14.85	27.5		74
			6.25	5.08	18		14.85	26.5		75
520	15.875	10.16	6.35	5.08	18.55	20.00	14.60	30.5		65 67
			6.40	5.06	18.35		14.85			74
520M	15.875	10.16	6.25	5.08	19.00	21.50	15.09	26.5	1.00	43
			6.35	5.08	17.60	18.93	15.00	26.5	1.00	46
			6.25	5.08	18.90	20.20	15.09	33.0	1.1	62
525	15.875	10.16	7.95	5.09	18.55	20.00	14.60	32.5		65 67
			79.5	5.06	18.55	20.55	14.85	27.5		74
525h	15.875	10.16	7.95	5.09	20.15	21.60	14.60	36.3		65
530	15.875	10.16	9.40	5.09	21.18	25.90	15.09	26.5		28
										42
			9.40	5.08	21.80		15.09	26.5	1.06	36
			9.40	3.08	20.30		15.09	26.5	1.06	45
			9.40	5.20	22.00		15.30	22.2		51 48
			9.40	5.08	21.20		15.09	26.5	0.98	54
			9.53	5.09	20.30	21.75	14.60	32.5		65
										67
			9.40	5.20	22.00		15.30	26.5		69
			9.40	5.20		24.50	15.30	26.5	1.06	72
			9.60	5.06	20.25	22.55	14.85	27.5		74
			9.53	5.08		21.00	14.80	26.5		75
530H	15.875	10.16	9.53	5.09	21.95	23.40	14.60	32.5		65
										67
			9.60	5.06	21.65	23.55	14.85	29.4		74
530M	15.875	10.16	9.53	5.08	20.90	22.20	15.09	21.8	1.06	44

（续）

链号	节距 p	滚子外径 d_{1max}	内链节内宽 b_{1min}	销轴直径 d_{2max}	销轴长度 b_{4max}	连接轴长 max	内链板高度 h_{2max}	极限拉伸载荷 Q_{min} (kN)	重量 q $(kg \cdot m^{-1})$	生产厂
	mm									
50M	15.875	10.16	9.40	5.08	22.00	24.50	15.09	26.5	1.06	33
			9.40	5.08	20.90	22.20	15.00	26.5	1.06	43 46
			9.40	5.08	20.90	22.20	15.09	26.5	1.06	62
10AN	15.875	10.16	6.48	5.08	17.70	19.00	15.09	21.8	0.94	43 46
630	19.05	11.91	9.40	5.94	25.90	27.70	18.00	35.0	1.54	62
			9.53	5.96	22.30	33.80	17.50	44.0		65 67
			9.40	5.90	24.00		18.60	35.0		69
630H	19.05	11.91	9.53	5.96	25.40	26.90	15.50	52.9		65

注：表中生产厂家详见附录一△2。

(3) 摩托车套筒链(日本 JCAS 及企业标准)

链号	节距 p	滚子外径 d_{1max}	内链节内宽 b_{1min}	销轴直径 d_{2max}	销轴长度 b_{4max}	连接轴长 max	内链板高度 h_{2max}	极限拉伸载荷 Q_{min} (kN)	生产厂 △2
	mm								
25H	6.35	3.3	3.10	2.31	9.50	12.0	6.02	4.5	36 55、56
					9.10	10.6	6.00	4.8	33
					8.90	9.5	6.00	4.8	43 44 49 48 53 60
					8.90	9.5	6.00	4.5	44
					9.5		6.00	4.8	54、61
					8.90	9.5	6.02	4.8	62
					9.10		6.00	4.5	63 72

（续）

链号	节距 p	滚子外径 d_{1max}	内链节内宽 b_{1min}	销轴直径 d_{2max}	销轴长度 b_{4max}	连接轴长 max	内链板高度 h_{2max}	极限拉伸载荷 Q_{min} (kN)	生产厂 ⚠2
	mm								
25H	6.35	3.3	3.10	2.31	9.10		6.00	5	68
					9.10		6.00	4.5	75
			3.175		8.76	9.6	5.79	5.2	74
			3.18		8.90	9.5	6.00	4.8	28、45
			3.18		8.70	9.7	5.80	5.8	65、67
25SH	6.35	3.3	3.18					4.5	28
			3.18	2.01	9.00		5.90	3.9	49
			3.18	2.01	9.00		6.02	3.9	62
25HX	6.35		3.20					5.99	74
04CD	6.35		3.18					6.0	28
04CDG	6.35		3.18					6.0	28
219	7.774	4.59	4.68	3.01	12.00	13.6	7.50	6.6	33
			5.00	3.01	12.00	12.7	7.60	6.6	45
			4.68	3.00	11.50		7.50	6.6	62
219H	7.77	4.59	5.00					6.6	28
	7.774	4.59	5.00	3.01	12.00	12.7	7.60	7.9	49
			4.68	3.00			7.50	6.6	61
			5.00	3.15	11.00	13.2	7.40		65、67
05CF (T8F)	8	4.69	4.8	3.28	11.6		7.6	7.84	43 44 46 60 61 62
05T	8	4.73	4.70	3.05	11.0		7.6	9.79	65、67
270	8.5	5.00	4.75	3.28	13.3		8.6	9.80	33、43 44

（续）

链号	节距 p	滚子外径 d_{1max}	内链节内宽 b_{1min}	销轴直径 d_{2max}	销轴长度 b_{4max}	连接轴长 max	内链板高度 h_{2max}	极限拉伸载荷 Q_{min} (kN)	生产厂 △2
	mm								
270	8.5	5.00	4.75	3.28	13.3		8.6	9.8	46 61
270H	8.5	5.00	4.75	3.28	13.5		8.6	9.80	36 50 61、56
					13.15		8.6	9.80	45
					13.3		8.6	9.80	62
			4.76	3.20	12.95		8.4	12.00	67、65
T3F	9.525	6.00	9.50	4.50	18.6		9.3	11.80	33 43 44 45 49 61 62 67
					21.2		9.4	11.80	36 50 56

注：1. 04、25 也为常用时规链。结构见图。

2. 生产厂详见附录一△2。

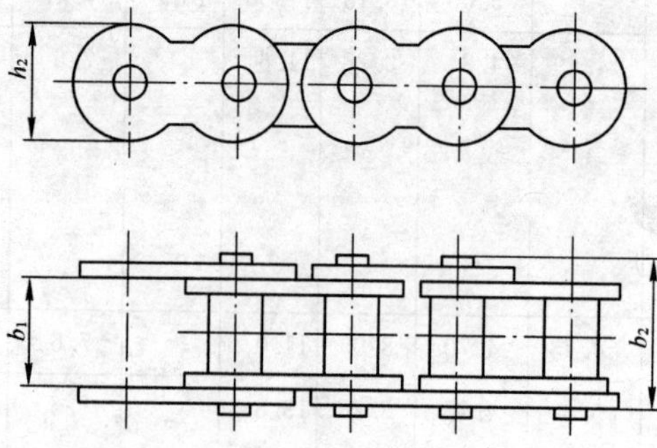

(4) 带"O"形密封圈摩托车传动链

在内外链之间加装"O"形密封圈，能有效地防止灰尘、杂质进入，可提高链条耐磨损性能。结构见图。

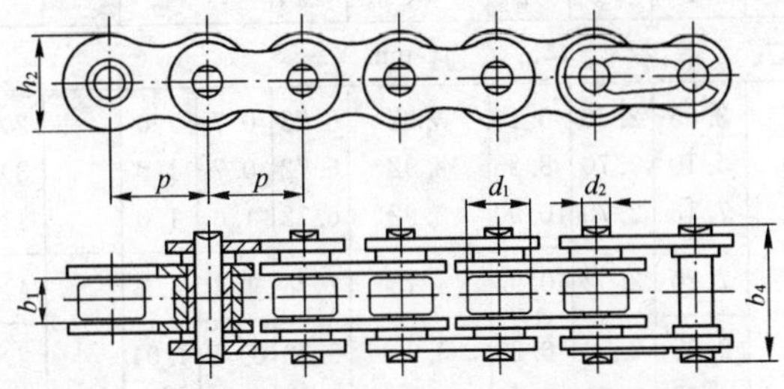

链号	节距 P	滚子外径 d_{1max}	内链节内宽 b_{1min}	销轴直径 d_{2max}	销轴长度 b_{4max}	内链板高度 h_{2max}	极限拉伸载荷 Q_{min}(kN)	重量 q (kg·m^{-1})	生产厂
	mm								
428HF	12.70	8.50	7.94	4.43(公称)	20.4	11.8	20.6	0.87	49
520F	15.875	10.16	6.50	5.10(公称)	19.5	15.0	24.0	0.96	49
10MAF	15.875	10.16	6.35	5.08(最大)	20.0	15.3	26.5	1.03	43 44

注：生产厂见附录一②。

(5) 齿形正时链

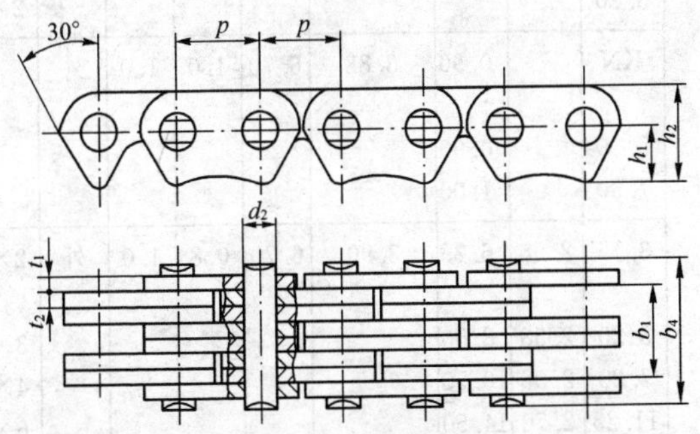

链号	节距 p	导板内宽 b_1	销轴直径 d_2	销轴长度 b_{4max}	孔心到出尖距离 h_1	链板高度 h_{2max}	链板厚度 外 t_1	链板厚度 内 t_2	导向形式	组合形式	极限拉伸载荷 Q_{min} (kN)	生产厂
	mm											
CL5	6.35	3.20								2×3	5.10	28
CL7		5.15								3×4	7.64	
CL8		6.15								4×4	8.62	
CL9		7.15								4×9	10.60	

（续）

链号	节距 p	导板内宽 b_1	销轴直径 d_2	销轴长度 b_{4max}	孔心到出尖距离 h_1	链板高度 h_{2max}	链板厚度 外 t_1	链板厚度 内 t_2	导向形式	组合形式	极限拉伸载荷 Q_{min} (kN)	生产厂
	mm											
C063-4.8WX		3.05	2.70	6.10	3.92	6.72	0.7	1.0		2×3	4.80	33
C063-6.5WX		5.10	2.70	8.25	3.92	6.72	0.7	1.0		3×4	6.86	
C063-9.5WX		7.15	2.70	10.90	3.92	6.72	1.0	1.0		4×5	9.31	
CL04F		7.20	2.52	10.95	4.15	7.15	1.2	1.2		4×4	9.80	44
CL04		2.85	2.70	6.20	3.90	6.70	0.75	1.04	外	2×3	5.88	45
CL04		4.85	2.70	8.30	3.90	6.70	0.75	1.04	外	3×4	8.82	
CL04		7.32	2.70	10.90	3.90	6.70	1.04	1.04	外	4×5	11.76	
7SRH2015		7.15	3.00	10.90	2.96	7.11	1.0	1.0	外		7.35	49
7SRH2025		11.20	3.00	14.95	2.96	7.11	1.0	1.0	外		12.25	
82RH2005		3.05	2.70	6.10	2.80	6.72	1.0	0.7	外		4.80	
82RH2010		5.10	2.70	8.25	2.80	6.72	1.0	0.7	外		6.86	
82RH2015		7.15	2.70	10.90	2.80	6.72	1.0	1.0	外		9.31	
92RH2005		3.05	2.70	6.10	2.80	6.70	1.0	6.7	外		5.10	
92RH2010		5.10	2.70	8.25	2.80	6.70	1.0	0.7	外		7.64	
92RH2015		7.15	2.70	10.30	2.80	6.70	1.0	0.7	外		10.20	
CL0412H			2.52		4.15	7.25	1.2	1.2			9.80	
C2	6.35	3.20								2×3	4.80	60
		KN		0.90	3.88	6.70	1.0	1.0	外		5.00	61 62
CL04M-7		5.30		0.90							8.2	
CL04M-9		7.30		1.00							9.30	
CL04T-5		3.15	2.58	6.25	3.90	6.70	0.8	1.0	外	2×3	6.20	63 53
CL04T-7		5.20	2.58	8.50						3×4	8.30	
CL04T-9		7.20	2.58	10.50						4×5	10.20	
CL04T-13		11.25	2.70	14.50						6×7	13.50	
C_1L04-5		4.80*	2.70	6.10					外	2×3	4.90	72
C_1L04-7		8.10*	2.70	9.50						3×4	6.00	
C_104-9		10.40*	2.70	11.80						4×5	7.50	
C_204-5		4.80*	2.31	6.10						2×3	4.90	
SC0404		3.20	2.40	6.00	3.90	6.70	1.0	1.0	外	2×3	6.00	74
SC0412		7.40	2.40	10.25						3×4	10.50	

注：1. 带 * 为链宽尺寸。

2. 生产厂详见附录一②。

(6) C. M2. 0 正时链

链号	节距 p	链宽 b_1	销轴直径 d_{2max}	销轴长度 b_{4max}	孔心到出尖距离 h_1	链板高度 h_{2max}	链板厚度 t	导向形式	极限拉伸载荷 Q_{min}(kN)
	mm								
CL06F	9.525	17	3.34	19.3	4.8	9.4	1.5	外	12.5

注：生产厂详见附录一② 43。

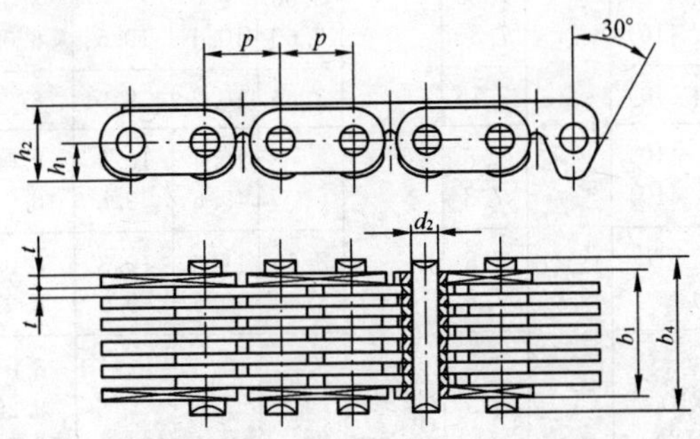

4. 轻型摩托车(助动车)及两用车链条

链 号	节距 p	滚子外径 d_1	内链节内宽 b_1	销轴直径 d_2	销轴长度 b_4	连接轴长	内链板高度 h_2	极限拉伸载荷 Q_{min}(kN)	生产厂
	mm								
083	12.70	7.75	4.88	4.09	12.9	14.4	10.30	12.00	43
410(1/2×1/8)		7.77	3.40	3.60	7.8	8.61	9.80	8.04	74
410H(1/2×1/8)			3.50					10.00	
两用车用链		8.50	5.00	3.96	13.5	14.9	11.5	13.81	2

注：生产厂见附录一△。

5. 自行车链条
(GB 3579—2006、QB/T 1716—1993　ISO 9633—1992)

(1) 单速自行车链条

链 号	节距 p	滚子外径 d_1	内链节内宽 b_1	销轴直径 d_2	销轴长度 b_4	内链板高度 h_2	极限拉伸载荷 Q_{min} (kN)	备注	生产厂
	mm								
1/2×1/8(081C、410)	12.70	7.80					8.04		4
1/2×1/8(QL410)		7.80				10.22	8.036		8

（续）

链　号	节距 p	滚子外径 d_1	内链节内宽 b_1	销轴直径 d_2	销轴长度 b_4	内链板高度 h_2	极限拉伸载荷 Q_{min} (kN)	备注	生产厂
	mm								
1/2×1/8(081C、410)	12.70	7.80					8.01		28
1/2×1/8(081C、410)		7.80					8.01		37
1/2×1/8(081C、410)		7.80		3.66	9.5	9.6	8.04		41
1/2×1/8(081C、410)		7.80		3.66	10.4	10.5	8.04		
1/2×1/8(081C、410)		7.75		3.66	10.2	9.91	8.00		43
1/2×1/8(081C、410)		7.8			10.4	10.5	8.00		65
1/2×1/8(081C、410)		7.8			9.6	9.8	8.00		
1/2×1/8(081)		7.8		3.60	11.6	10.3	8.01		72
1/2×1/8(081A)		7.8		3.60	10.6	9.9	8.01		
1/2×1/8(410)		7.77		3.60	10.6	9.8	8.04		74
1/2×1/8(Z410RB)					8.6		9.20		
1/2×1/8(Z510HX)					9.4		12.00	加强型	
1/2×1/8(Z510H)					9.4		12.00		
1/2×1/8(Z410H)					9.4		12.00		
1/2×1/8(Z410)					8.6		9.20	室内健身车	
1/2×1/8(Z510H)					9.4		12.00		
1/2″×1/8(410A)					8.6		9.20		

注：生产厂详见附录一㉒。

(2) 自行车多速链条

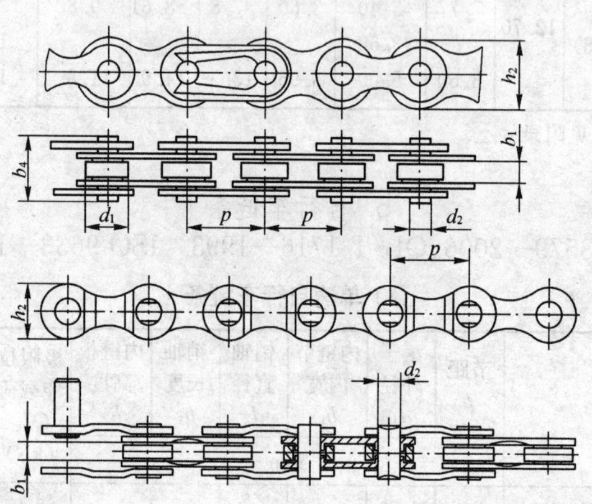

链　号	节距 p	滚子外径 d_1	内链节内宽 b_1	销轴直径 d_2	销轴长度 b_4	内链板高度 h_2	极限拉伸载荷 Q_{min} (kN)	变速范围	生产厂①
	mm								
1/2in×3/32in(408A、082C)					8.0	9.90	8.45		4
1/2in×3/32in(QL408A)								≤5	8
1/2in×3/32in(QL408B)								≤12	
1/2in×3/32in(QL408C)					8.0	9.90	8.036	≤18	
1/2in×3/32in(QL408D)								≤18	
1/2in×3/32in(QL408E)								>18	
BLA1/2in×3/32in(408A)		7.8	2.4					10～18	28
BLB1/2in×3/32in(408B)								3～5	
BLD1/2in×3/32in(408D)							8.01	>21	
BLE1/2in×3/32in(408E)								>21	
1/2in×3/32in(408A、082)				3.66	8.2	9.91	8.20		41
1/2in×3/32in(408A)				3.66	8.2	9.80	8.82		65
1/2in×3/32in(50RC、408)									有同步和非定档两种
1/2in×3/32in(50、408)		7.75	2.4		7.20		8.00	5～8	
1/2in×3/32in(50)②									77
1/2in×3/32in(IG51)					7.1				
1/2in×3/32in(IG31)	12.7				7.1		10.50		
1/2in×3/32in(HG50)					7.3				
1/2in×3/32in(UG50)					7.3				
1/2in×3/32in(HP20)					7.8		9.50	12～18	
1/2in×3/32in(Z92)			2.4					24	74
1/2in×3/32in(Z82)								24	
1/2in×3/32in(Z72)					7.1		10.50	21～24	
1/2in×3/32in(Z51)									
1/2in×3/32in(Z50EX)								18～21	
1/2in×3/32in(Z50)					7.3		9.50	18～21	
1/2in×3/32in(Z92RB)									
1/2in×3/32in(Z51RB)			1.59		7.1			18～21	
1/2in×11in/128in(Z9900)									高强
1/2in×11in/128in(Z9200)							10.50		轻型
1/2in×11in/128in(Z9000)			2.18		6.6				
1/2in×11in/128in(HG72)									
1/2in×11in/32in(Z610HX)			2.4		7.8		12.00		加强型
1/2in×11in/32in(Z610H)									

注：① 生产厂详见附录一△2。

② 为空心镀铬销轴。

6. 农用链条

链号	节距 p	排距 p_1	滚子外径 d_1	内链节内宽 b_1	链轴直径 d_2	内链板高度 h_2	极限拉伸载荷 Q_{min}(kN)	适用机型	生产厂
	mm								
08B-2	12.7	13.92	8.5	7.75	4.45	11.80	17.8	手扶拖拉机	36
12A-1	19.05		11.91	12.57	5.94	18.00	31.1	农用三轮车	44、64
12A-2	19.05	22.78	11.91	12.57	5.94	18.00	62.3	手扶拖拉机 农用三轮车	44 64
12AH	19.05		11.91	12.57	5.94	18.00	31.1		43

注：生产厂详见附录一②。

7. 传动用齿形链(JB/T 8644—2007)

为外接触式啮合，导向形式有内外两种。本产品较多参照了美国标准 ANSIB29.2M 的内容。

用途：适用于高速、高精度、平稳、无噪声的传动；也常用于大功率、较大传动比的场合。

结构：由多片齿形链板叠制，用销轴铰接而成。销轴分为圆销式、轴瓦式、滚销式 3 种，导向形式有内外两种。

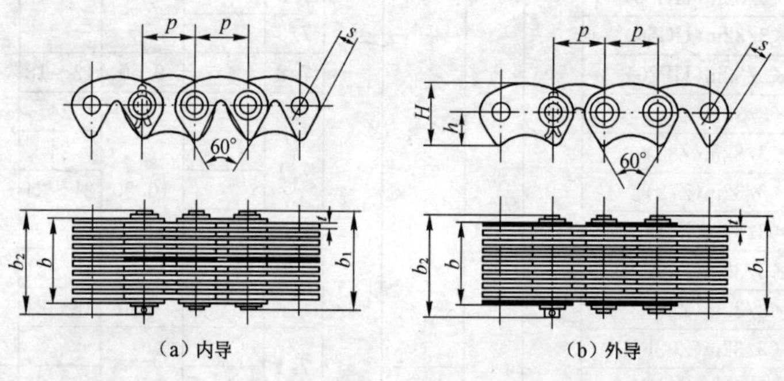

(a) 内导　　(b) 外导

GB 链号	ANSI 链号	节距 p	链宽 b_{min}	s	H_{min}	h	t	b_{1max}	b_{2max}	导向形式	片数	极限拉伸载荷 Q_{min}(N)	重量 q(kg·m^{-1})
		mm											
CL06	SC3	9.525	13.5 16.5 19.5	3.57	10.1	5.3	1.5	18.5 21.5 24.5	20 23 26	外 外 外	9 11 13	10 000 12 500 15 000	0.60 0.73 0.85

(续)

GB 链号	ANSI 链号	节距 p	链宽 b_{min}	s	H_{min}	h	t	b_{1max}	b_{2max}	导向 形式	片数	极限拉 伸载荷 Q_{min}(N)	重量 q(kg· m^{-1})
		mm											
CL06	SC3	9.525	22.5	3.57	10.1	5.3	1.5	27.5	29	外	15	17 500	1.00
			28.5					33.5	35	内	19	22 500	1.26
			34.5					39.5	41	内	23	27 500	1.53
			40.5					45.5	47	内	27	32 500	1.79
			46.5					51.5	53	内	31	37 500	2.06
			52.5					57.5	59	内	35	42 500	2.33
CL08	SC4	12.70	19.5	4.76	13.4	7.0	1.5	24.5	26	外	13	23 400	1.15
			22.5					27.5	29	外	15	27 400	1.33
			25.5					30.5	32	外	17	31 300	1.50
			28.5					33.5	35	内	19	35 200	1.68
			34.5					39.5	41	内	23	43 000	2.04
			40.5					45.5	47	内	27	50 800	2.39
			46.5					51.5	53	内	31	58 600	2.74
			52.5					57.5	59	内	35	66 400	3.10
			58.5					63.5	65	内	39	74 300	3.45
			64.5					69.5	71	内	43	82 100	3.81
			70.5					75.5	77	内	47	89 900	4.16
CL10	SC5	15.875	30	5.95	16.7	8.7	2.0	37	39	内	15	45 600	2.21
			38					45	47	内	19	58 600	2.80
			46					53	55	内	23	71 700	3.39
			54					61	63	内	27	84 700	3.99
			62					69	71	内	31	97 700	4.58
			70					77	79	内	35	111 000	5.17
			78					85	87	内	39	124 000	5.76
CL12	SC6	19.05	38	7.14	20.1	10.5	2.0	45	47	内	19	70 400	3.37
			46					53	55	内	23	86 000	4.08
			54					61	63	内	27	102 000	4.78
			62					69	71	内	31	117 000	5.50
			70					77	79	内	35	133 000	6.20
			78					85	87	内	39	149 000	6.91
			86					93	95	内	43	164 000	7.62
			94					101	103	内	47	180 000	8.33
CL16	SC8	25.40	45	9.52	26.7	14.0	3.0	53	56	内	15	111 000	5.31
			51					59	62	内	17	125 000	6.02
			57					65	68	内	19	141 000	6.73
			69					77	80	内	23	172 000	8.15
			81					89	92	内	27	203 000	9.57
			93					101	104	内	31	235 000	10.98
			105					113	116	内	35	266 000	12.41
			117					125	128	内	39	297 000	13.82

（续）

GB 链号	ANSI 链号	节距 p	链宽 b_{min}	s	H_{min}	h	t	b_{1max}	b_{2max}	导向形式	片数	极限拉伸载荷 Q_{min}(N)	重量 q(kg·m^{-1})
		mm											
CL20	SC10	31.75	57	11.91	33.4	17.5	3.0	67	70	内	19	165 000	8.42
			69					79	82	内	23	201 000	10.19
			81					91	94	内	27	237 000	11.96
			93					103	106	内	31	273 000	13.73
			105					115	118	内	35	310 000	15.5
			117					127	130	内	39	346 000	17.27
CL24	SC12	38.10	69	14.29	40.1	21.0	3.0	81	84	内	23	241 000	12.22
			81					93	96	内	27	285 000	14.35
			93					105	108	内	31	328 000	16.48
			105					117	120	内	35	371 000	18.61
			117					129	132	内	39	415 000	20.73
			129					141	144	内	43	458 000	22.86
			141					153	156	内	47	502 000	24.99

注：1. s 的公差为 h10。

2. 各生产厂可根据用户要求生产不同节距和链宽的产品。订货时须注明导向形式和铰链结构。

3. 生产厂：详见附录一⚠ 29、33、43、45、46、49、50、51、54、55、56、60、62、65。

8. 普通 V 带及窄 V 带(GB/T 11544—1997)

V 带有基准宽度制(普通 V 带和 SP 型窄 V 带)和有效宽度制(9N、15N、25N 型窄 V 带)，其尺寸见下表。

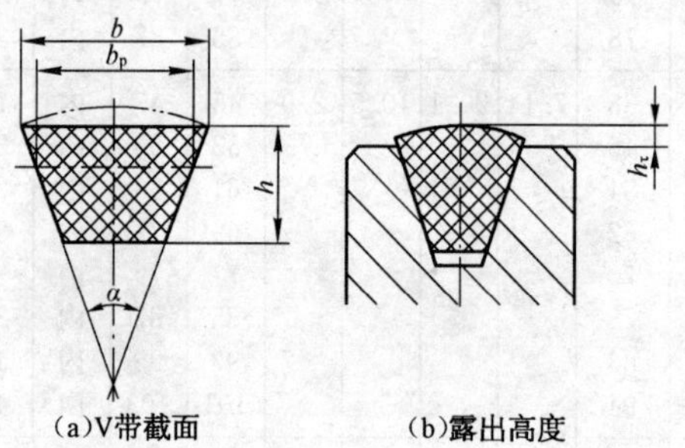

(a)V带截面　　(b)露出高度

【规格】

截型		节宽 b_P	顶宽 b	高度 h	楔角 α	露出高度	
						最大	最小
普通 V 带	Y	5.3	6.0	4.0	40°	+0.8	−0.8
	Z	8.5	10.0	6.0		+1.6	−1.6

(续)

截型		节宽 b_p	顶宽 b	高度 h	楔角 α	露出高度	
						最大	最小
普通V带	A	11.0	13.0	8.0	40°	+1.6	−1.6
	B	14.0	17.0	11.0		+1.6	−1.6
	C	19.0	22.0	14.0		+1.6	−2.0
	D	27.0	32.0	19.0		+1.6	−3.2
	E	32.0	38.0	25.0		+1.6	−3.2
窄V带	SPZ	8.5	10.0	8.0	40°	+1.1	−0.4
	SPA	11.0	13.0	10.0		+1.3	−0.6
	SPB	14.0	17.0	14.0		+1.4	−0.7
	SPC	19.0	22.0	18.0		+1.5	−1.0

注：上表普通V带和窄V带用于基准宽度(节宽 b_p)的槽形。

【基准长度】

普通V带基准长度

型号	基准长度(mm)
Y	200 224 250 280 315 355 400 450 500
Z	405 475 530 625 700 780 820 1 080 1 330 1 420 1 540
A	630 700 790 890 990 1 100 1 250 1 430 1 550 1 640 1 750 1 940 2 050 2 200 2 300 2 480 2 700
B	930 1 000 1 100 1 210 1 370 1 560 1 760 1 950 2 180 2 300 2 500 2 700 2 870 3 200 3 600 4 060 4 430 4 820 5 370 6 070
C	1 565 1 760 1 950 2 195 2 420 2 715 2 880 3 080 3 520 4 060 4 600 5 380 6 100 6 815 7 600 9 100 10 700
D	2 740 3 100 3 330 3 730 4 080 4 620 5 400 6 100 6 840 7 620 9 140 10 700 12 200 13 700 15 200
E	4 660 5 040 5 420 6 100 6 850 7 650 9 150 12 230 13 750 15 280 16 800

窄V带基准长度 (mm)

L_d	型号范围	L_d	型号范围	L_d	型号范围
630	SPZ	900	SPZ SPA	1 250	SPZ SPA SPB
710	SPZ	1 000	SPZ SPA	1 400	SPZ SPA SPB
800	SPZ SPA	1 120	SPZ SPA	1 600	SPZ SPA SPB

（续）

L_d	型号范围	L_d	型号范围	L_d	型号范围
1 800	SPZ SPA SPB	3 550	SPZ SPA SPB SPC	7 100	SPB SPC
2 000	SPZ SPA SPB SPC	4 000	SPA SPB SPC	8 000	SPB SPC
2 240	SPZ SPA SPB SPC	4 500	SPA SPB SPC	9 000	SPC
2 500	SPZ SPA SPB SPC	5 000	SPA SPB SPC	10 000	SPC
2 800	SPZ SPA SPB SPC	5 600	SPB SPC	11 200	SPC
3 150	SPZ SPA SPB SPC	6 300	SPB SPC	12 500	SPC

【极限偏差】

V带基准长度的极限偏差

基准长度 L_d	极限偏差		基准长度 L_d	极限偏差	
	Y、Z、A、B、C、D、E	SPZ、SPA、SPB、SPC		Y、Z、A、B、C、D、E	SPZ、SPA、SPB、SPC
$L_d≤250$	+8 −4	—	$2\,000<L_d≤2\,500$	+31 −16	±25
$250<L_d≤315$	+9 −4	—	$2\,500<L_d≤3\,150$	+37 −18	±32
$315<L_d≤400$	+10 −5	—	$3\,150<L_d≤4\,000$	+44 −22	±40
$400<L_d≤500$	+11 −6	±6	$4\,000<L_d≤5\,000$	+52 −26	±50
$500<L_d≤630$	+13 −6	±6	$5\,000<L_d≤6\,300$	+63 −32	±63
$630<L_d≤800$	+15 −7	±8	$6\,300<L_d≤8\,000$	+77 −38	±80
$800<L_d≤1\,000$	+17 −8	±10	$8\,000<L_d≤10\,000$	+93 −46	±100
$1\,000<L_d≤1\,250$	+19 −10	±13	$10\,000<L_d≤12\,500$	+112 −66	±125
$1\,250<L_d≤1\,600$	+23 −11	±16	$12\,500<L_d≤16\,000$	+140 −70	—
$1\,600<L_d≤2\,000$	+27 −13	±20	$16\,000<L_d≤20\,000$	+170 −85	—

9. 有效宽度制窄V带(GB/T 13575.2—2008)

因带型中有“N”,故又称N型窄V带,其截面尺寸及有效长度、极限偏差见下表。

有效宽度制窄V带(N型窄V带)有效长度

公称有效长度(mm)			极限偏差 (mm)	配组差 (mm)	公称有效长度(mm)			极限偏差 (mm)	配组差 (mm)
型　号					型　号				
9N	15N	25N			9N	15N	25N		
630			±8	4	3 550	3 550	3 550	±15	10
670			±8	4		3 810	3 810	±20	10
710			±8	4		4 060	4 060	±20	10
760			±8	4		4 320	4 320	±20	10
800			±8	4		4 570	4 570	±20	10
850			±8	4		4 830	4 830	±20	10
900			±8	4		5 080	5 080	±20	10
950			±8	4		5 380	5 380	±20	10
1 015			±8	4		5 690	5 690	±20	10
1 080			±8	4		6 000	6 000	±20	10
1 145			±8	4		6 350	6 350	±20	16
1 205			±8	4		6 730	6 730	±20	16
1 270	1 270		±8	4		7 100	7 100	±20	16
1 345	1 345		±10	4		7 620	7 620	±20	16
1 420	1 420		±10	6		8 000	8 000	±25	16
1 525	1 525		±10	6		8 500	8 500	±25	16
1 600	1 600		±10	6		9 000	9 000	±25	16
1 700	1 700		±10	6			9 500	±25	16
1 800	1 800		±10	6			10 160	±25	16
1 900	1 900		±10	6			10 800	±30	16
2 690	2 690	2 690	±15	6			11 430	±30	16
2 840	2 840	2 840	±15	10			12 060	±30	24
3 000	3 000	3 000	±15	10			12 700	±30	24
3 180	3 180	3 180	±15	10					
3 350	3 350	3 350	±15	10					

注：N窄V带截面尺寸：9N顶宽 $b=9.5$，高度 $h=8.0$(mm)；15N：$b=16$，$h=13.5$(mm)；25N：$b=25.5$，$b=23$(mm)。

10. 普通V带(GB/T 1171—2006)

【用途】 适用于一般机械传动装置，不适用于汽车、农机等特殊机械传动。

【技术指标】

型号	抗拉强度 (kN)≥		参考力伸长率(%)≤			线绳抽出强度 (kN/m)≥		帘布层间黏合强度 (kN/m)≥
	一等品	合格品	一等品	合格品		一等品	合格品	合格品
				绳芯	帘布芯			
Z	1.2		7	8	9	12	9	—
A	2.4					12		
B	3.5							
C	5.9		8	9	10	18		4.5
D	10.8					22		
E	14.7							

注：1. V带规格系列，见GB/T 11544中普通V带。
2. V带横截面为梯形，高与节宽之比为0.7，楔角40°，其基准长度等参数均按GB/T 11544中普通V带的规定。

【标记示例】 A 1600 GB/T 1171 表示：型号A，基准长度1 600(mm)。

【结构型式】

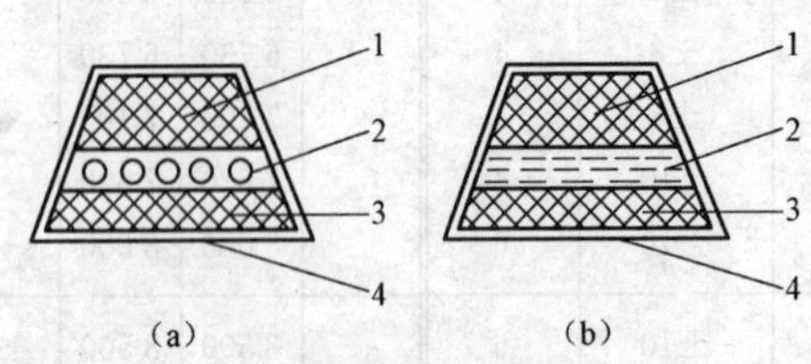

一般用普通V带的结构

(a) 绳芯V带；(b) 帘布芯V带

1—包布；2—顶胶；3—抗拉体；4—底胶

注：绳芯V带可以仅在其上下两面覆有涂胶布。帘布芯V带Z、A、B、C型可无顶胶

11. 一般用窄V带(GB/T 12730—2008)

【用途】 用于高速及大功率机械传动，也适用于一般动力传递，适用于工作在－18～60℃环境下的窄V带。

【结构型式】

一般用窄V带的结构分为：

结构1 采用在具有梯形断面、含有绳芯和橡胶的带芯的周围包覆涂有橡胶的布的结构形式；

结构2 采用在具有梯形断面、含有绳芯和橡胶的带芯的上下两面(或仅在上面)覆以涂有橡胶布的结构形式。基本结构断面如图所示。

结构型式分为包边窄V带、切边窄V带。

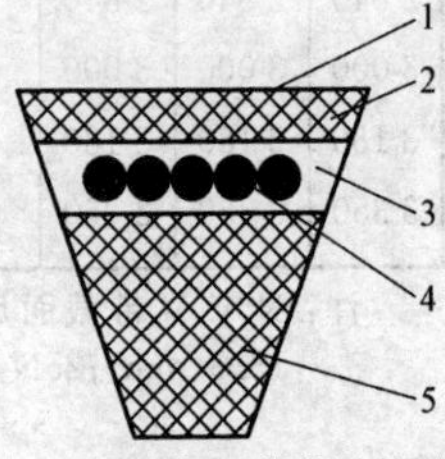

一般用窄V带的结构

1—包布；2—顶胶；3—粘胶层；4—绳芯；5—底胶

【技术指标】

项　　目	指　　标				
	SPZ、9N	SPA	SPB、15N	SPC	25N
拉伸强度(kN)　≥	2.3	3.0	5.4	9.8	12.7
参考力伸长率(%)　≤	4				5
黏合强度(kN/m)　≥	13	17	21	27	31

注：窄V带规格系列、截面尺寸、长度及极限偏差，同组长度允差均按GB/T 11544规定执行。

SPZ、SPA和SPB型窄V带疲劳寿命，优等品屈挠次数不少于 1.2×10^{8} 次，1 h后中心距变化率小于等于0.5%，24 h后中心距变化率小于等于0.8%。合格品屈挠次数不少于 1.0×10^{7} 次。1 h后中心距变化率小于等于0.8%。24 h后中心距变化率小于等于2.5%。表列数据为包边V带性能。

【标记示例】 SPA-1250，表示型号SP系列、基准长度1 250(mm)。

12. 汽车V带(GB 12732—2008　GB/T 13352—2008)

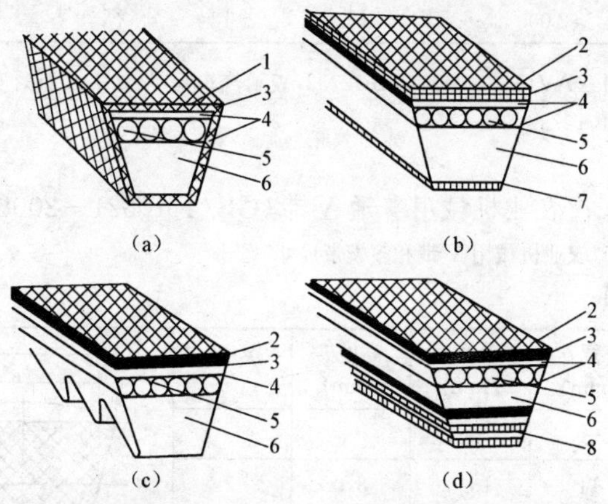

汽车V带的结构型式及各部名称(GB12732—2008)

(a) 包布带；(b) 切边带(普通式)；(c) 切边带(有齿式)；(d) 切边带(底胶夹布式)

1—包布；2—顶布；3—顶胶；4—缓冲胶；5—抗拉体；6—底胶；7—底布；8—底胶夹布

【截面尺寸及技术指标】

型号	顶宽 b (mm)	高度 h(mm)				全截面抗拉强度≮(N)	参考力伸长率≯(%)	参考力(N)
		包边式	普通切边式	底胶夹布切边式	有齿切边式			
AV10	9.7	8.0	7.5	7.5	8.0	2 260	4	700
AV13	12.7	10.0	8.5	8.5	9.0	3 140	4	1 480

（续）

型号	顶宽 b (mm)	高度 h(mm)				全截面抗拉强度 ≮(N)	参考力伸长率≯(%)	参考力 (N)
		包边式	普通切边式	底胶夹布切边式	有齿切边式			
AV15	14.7	9.0	—	—	—	3 700	5	1 800
AV17	16.8	10.5	9.5	9.5	11.0	4 420	6	2 360
AV22	21.5	14	—	—	13.0	7 060	6	2 930

【汽车 V 带有效长度偏差】

（mm）

有效长度公称值 L_e	L_e 极限偏差	配组差
$L_e \leqslant 1\,000$	±6	≯2
$1\,000 \leqslant L_e \leqslant 1\,200$	±8	有效长度 L_e 的 0.2%
$1\,200 < L_e \leqslant 1\,400$	±9	
$1\,400 < L_e \leqslant 1\,600$	±10	
$1\,600 < L_e \leqslant 2\,000$	±11	
$L_e > 2\,000$	±12	

【标记示例】 AV13×1 000 GB 12732，表示汽车 V 带型号 AV13，有效长度公称值 1 000，标准号 GB 12732。

13. 农业机械用普通 V 带（GB/T 10821—2008）

该标准属于“农业机械用 V 带和多楔带尺寸”之 3。

【截面尺寸】

型号	节宽 b_p (mm)	顶宽 b (mm)	高度 h (mm)	楔角 α (°)
HZ	—	—	—	40
HA	11	13.0	8.0	
HB	14	17.0	11.0	
HC	19	22.0	14.0	
HD	27	32.0	19.0	

【基准长度系列和极限偏差】

基本尺寸 L_d(mm)	偏差		型号范围	基本尺寸 L_d(mm)	偏差		型号范围
	上(+)	下(−)			上(+)	下(−)	
400	10	5	HZ	500	11	6	HZ
450	11	6	HZ	560	13	6	HZ

（续）

基本尺寸 L_d(mm)	偏差		型号范围	基本尺寸 L_d(mm)	偏差		型号范围
	上(+)	下(−)			上(+)	下(−)	
630	13	6	HZ HA	3 150	37	18	HB HC HD
710	15	7	HZ HA	3 550	44	22	HB HC HD
800	15	7	HZ HA	4 000	44	22	HB HC HD
900	17	8	HZ HA HB	4 500	52	26	HB HC HD
1 000	17	8	HZ HA HB	5 000	52	26	HB HC HD
1 120	19	10	HZ HA HB	5 600	63	32	HB HC HD
1 250	19	10	HZ HA HB	6 300	63	32	HC HD
1 400	23	11	HZ HA HB	7 100	77	38	HC HD
1 600	23	11	HZ HA HB	8 000	77	38	HC HD
1 800	27	13	HA HB HC	9 000	93	46	HC HD
2 000	27	13	HA HB HC	10 000	93	46	HC HD
2 240	31	16	HA HB HC	11 200	112	56	HD
2 500	31	16	HA HB HC	12 500	112	56	HD
2 800	37	18	HA HB HC HD	14 000	140	70	HD

注：基准长度的基本尺寸选自R20优先数系，若用户所需基准长度超出上表，可由供需双方商定。

型号范围表示可供规格，现行标准中已无HZ (GB/T 10821—1993中有HZ)。

14. 农业机械用变速(半宽)V带(GB/T 10821—2008)

该标准属于“农业机械用V带和多楔带尺寸”之6。

【截面尺寸】

(mm)

尺寸	节宽 W_p	顶宽 W	高度 T	节线以上高度 B	简图
HG	15.4	16.5	8	2.5	
HH	19.0	20.4	10	3	
HI	23.6	25.4	12.7	3.8	
HJ	29.6	31.8	15.1	4.7	
HK	35.5	38.1	17.5	5.7	
HL	41.4	44.5	19.8	6.6	
HM	47.3	50.8	22.2	7.6	
HN	53.2	57.2	23.9	8.5	
HO	59.1	63.5	25.4	9.5	

【基准长度系列和极限偏差】

(mm)

基本尺寸 L_d(mm)	极限偏差		型号范围	基本尺寸 L_d(mm)	极限偏差		型号范围
	上(+)	下(-)			上(+)	下(-)	
630	5	10	HG	1 900	11	22	HJ HK
670	5	10	HG	2 000	11	22	HJ HK HL HM
710	6	12	HG	2 120	13	26	HJ HK HL HM HN
750	6	12	HG				
800	6	12	HG HH	2 240	13	26	HJ HK HL
850	6	12	HG HH	2 360	13	26	HM HN HO
900	7	14	HG HH	2 500	13	26	HK HL HM HN HO
950	7	14	HG HH	2 650	15	30	
1 000	7	14	HG	2 800	15	30	
1 060	8	16	HG HH HI	3 000	15	30	
1 120	8	16	HG HH HI	3 150	15	30	HL HM HN HO
1 180	8	16	HH HI	3 350	18	36	
1 250	8	16	HH HI	3 350	18	36	
1 320	9	18	HH HI	3 750	18	36	
1 400	9	18	HH HI HJ	4 000	18	36	
1 500	9	18	HH HI HJ	4 250	22	44	HM HN HO
1 600	9	18	HH HI HJ HK	4 500	22	44	
1 700	11	22	HI HJ HK	4 750	22	44	
1 800	11	22	HI HJ HK	5 000	22	44	

注：上表带的基准长度系列选自 R40 优先数系，如需中间值可从 R80 优先数系中选取（见 GB/T 10821—2008）。

【标记示例】 HM 3750—GB/T 10821—2008

【技术指标】

型号	拉伸强度(kN) ≥	参考力伸长率(%) ≤	线绳与橡胶粘合强度(kN/m)≥	帘布层间粘合强度(kN/m)≥
HI	10.0	10	20.0	4.5
HJ	13.0		20.0	
HK	16.0		23.0	
HL	22.0		25.0	
HM	28.0		25.0	

注：摘自 GB/T 10821—1993，供参考。

15. 摩托车变速 V 带(GB/T 18860—2002)

【用途】 该标准适用于驱动摩托车的主传动及变速用的 V 带,其结构见下图。

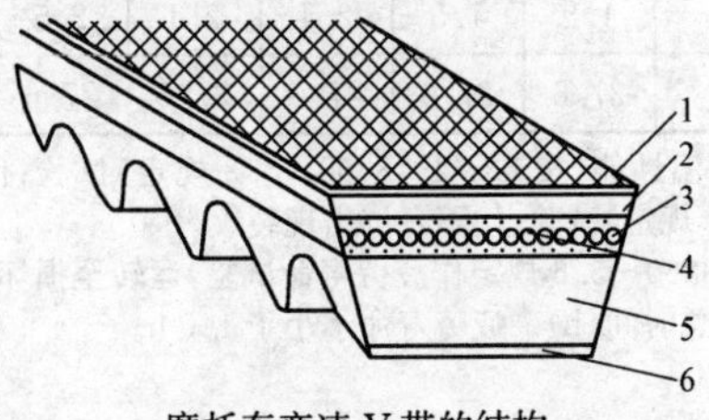

摩托车变速 V 带的结构

1—顶布;2—顶胶;3—芯绳(抗拉体);4—黏合胶;5—底胶;6—底布

型号	VS15	VS15.5	VS16.5	VS17
顶宽 b(mm)	15	15.5	16.5	17
带高 h(mm)	8.5	8.5	8.5	8.5
型号	VS18	VS19	VS20	VS22
顶宽 b(mm)	18	19	20	22
带高 h(mm)	8.5	10	10	11
极限偏差(mm)	b±0.6;h±0.6;楔角±1°			
楔角(°)	28、30、32			

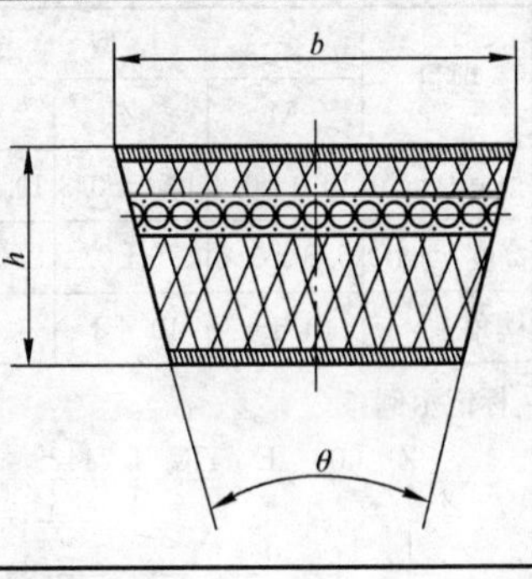

注:V 带长度以有效长度表示,其公称值由供需双方协商确定。

【标记示例】

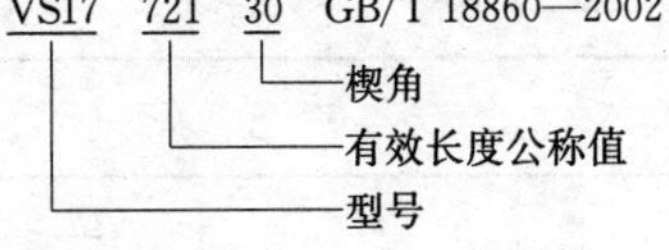

【长度极限偏差及中心距变化量】

(mm)

有效长度公称值 L_e	L_e<800	800<L_e≤1 000	L_e≥1 000
L_e 极限偏差	±4	±5	±6
中心距变化量(≤)	1.0	1.2	1.6

【拉伸性能和黏合强度】

型号	VS15	VS15.5	VS16.5	VS17	VS18	VS19	VS20	VS22
拉伸强度(kN) ≥	5.2	5.2	5.8	6.0	6.2	7.5	8.0	8.8
参考力伸长率(%) ≤	6	6	6	6	6	6	6	6

（续）

型号	VS15	VS15.5	VS16.5	VS17	VS18	VS19	VS20	VS22
参考力(kN)	1.8	1.8	2.4	2.4	2.5	2.7	3.6	3.9
黏合强度(kN/m) ≥	27.6	27.6	27.6	27.6	27.6	31.6	31.6	31.6

注：1. V带作耐高温性能（按 GB/T 18860—5.3 规定）试验；作耐低温性能（按 GB/T 18860—5.4 规定）试验，均不允许出现裂纹。

2. 按 GB/T 18860—5.6 规定作疲劳寿命试验，运转至损坏或滑差率增量第五次达到 2%时的总时间(h)。疲劳寿命不小于 100 h。

16. 洗衣机 V 带（HG/T 2441.2—2008）

【截面尺寸】

项目	型号			
	M	Z	SPZ	A
顶宽 b(mm)	10.0±0.3	10.0±0.3	10.0±0.3	13.0±0.4
高度 h(mm)	5.5±0.4	6.0±0.4	8.0±0.4	8.0±0.5
楔角 α	40°±1°	40°±1°	40°±1°	40°±1°

标记示例：

Z 600 E HG/T 2442

- HG/T 2442——标准号
- E——抗静电标志
- 600——基准长度
- Z——型号

【技术指标】

项　　目		型　　号			
		M	Z	SPZ	A
拉伸强度(kN)≥		1.8	1.8	2.3	2.5
参考力伸长率(%)≤		5	5	5	5
线绳黏合强度(kN/m)≥		12	12	12	12
防静电电阻值(MΩ)	全自动	0.5～20	0.5～20	0.5～20	0.5～20
	双桶	0～20	0～20	0～20	0～20
耐热试验后拉伸强度(kN)≥		1.8	1.8	2.3	2.5
耐水试验后收缩率(%)≤		0.15	0.15	0.15	0.15
疲劳试验寿命(h)≥		50	50	50	50
50 h 疲劳试验后伸长率(%) ≤		—	—	—	1.5

注：基准长度 $L\leqslant 600$(mm)，极限偏差±3(mm)；$600<L\leqslant 1\,000$(mm)，极限偏差±4(mm)；$1\,000<L\leqslant 1\,400$(mm)，极限偏差±5(mm)。

17. 多楔带 V 带(GB/T 16588—2009)

多楔带分聚氨酯型和橡胶型两种，它的抗拉层分布于平带位置，起传递载荷作用，楔角起着增加带与带轮间摩擦力的作用。聚氨酯楔带是以高强力、低延伸聚酯线绳作强力层，以楔形工作面与带轮楔槽作摩擦传动，它具有高效紧凑，传动功率大，传动平稳，噪声低的特点，适用高速传动，带速可达 40 m/s；目前在高精度磨床、高速钻床、高功率机床、电影放映机、纺织机械、刨木机、多孔钻床、磨粉机及汽车内燃机风扇、电动机、水泵、压缩机、动力转向泵、增压器等传动方面获广泛使用。多楔带的型号和截面尺寸见下表。工业用多楔带国家标准为 GB/T 16588—2009。

(1) 聚氨酯多楔带

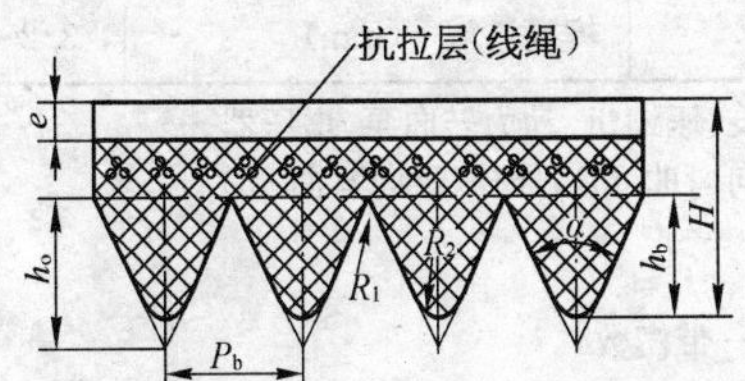

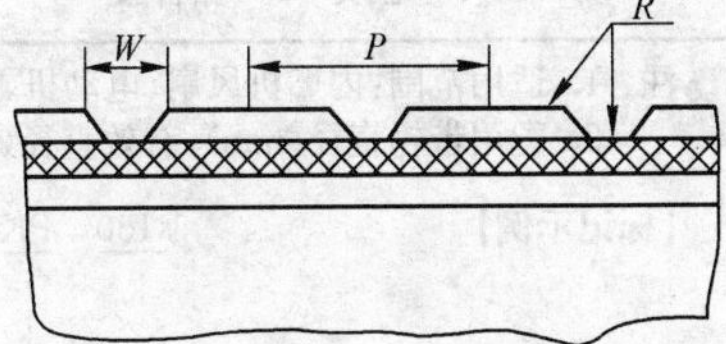

【型号及截面尺寸】

型号	楔距 P_b (mm)	理论楔高 h_o (mm)	实际楔高 h_b (mm)	带总高 H (mm)	楔角 α(°)	楔根半径 R_1 (mm)	楔顶半径 R_2 (mm)	槽节距 P(mm)	槽深 e(mm)	顶面槽半径 R(mm)	槽宽 W(mm)
I	2.0	2.75	1.6	2.5	40	0.1	0.3	3	0.3	0.1	1.0
J	2.4	3.3	2.15	4		0.2	0.4	4	0.5	0.1	1.0
L	4.8	6.6	4.68	9		0.4	0.8	5	1.0	0.2	1.4

(2) 橡胶多楔带

【型号及截面尺寸】

型号	楔距 P_b (mm)	实际楔高 h_b(mm)	理论楔高 h_o(mm)	带总高 H(mm)	楔角 α(°)	楔根半径 R_1(mm)	楔顶半径 R_2(mm)	楔数 Z
PH	1.6	1.33	2.2	3	40	0.15	0.3	2～20
PJ	2.34	2.15	3.3	4		0.2	0.4	2～20
PK	3.56	3.2	4.95	6		0.3	0.5	4～48
PL	4.70	4.68	6.6	10		0.4	0.4	4～54
PM	9.40	9.6	13.19	17		0.75	0.75	4～63

注：1. 橡胶多楔带顶面(带背)无槽形，故无 P、W、R 参数。

2. 表中所列 5 种型号及其 P_b 和 H 的尺寸，按 ISO/TC 41/SC 1N 433。

3. 多楔带宽度 $b = ZP_b$。

4. 楔距与带高的值仅为参考尺寸。

18. 汽车用多楔带(GB/T 13552—2008)

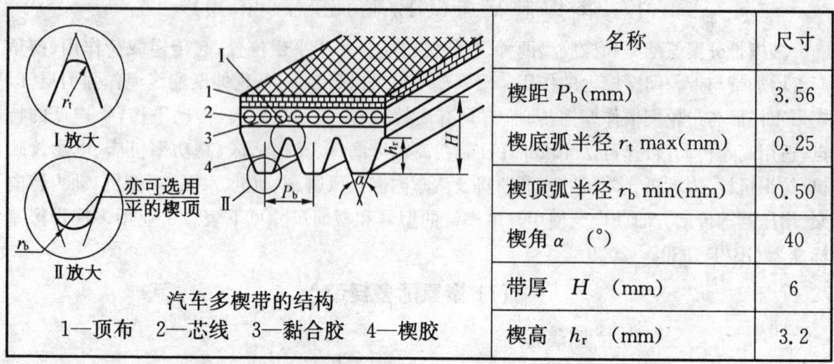

汽车多楔带的结构

1—顶布　2—芯线　3—黏合胶　4—楔胶

名称	尺寸
楔距 P_b(mm)	3.56
楔底弧半径 r_t max(mm)	0.25
楔顶弧半径 r_b min(mm)	0.50
楔角 α (°)	40
带厚 H (mm)	6
楔高 h_r (mm)	3.2

注：1. 适用范围：内燃机风扇、电动机、水泵、压缩机、动力转向泵、增压器。

2. 配用带轮直径(mm)，有效直径(正向弯曲 55)，外径(反向弯曲 85)。

【标记示例】

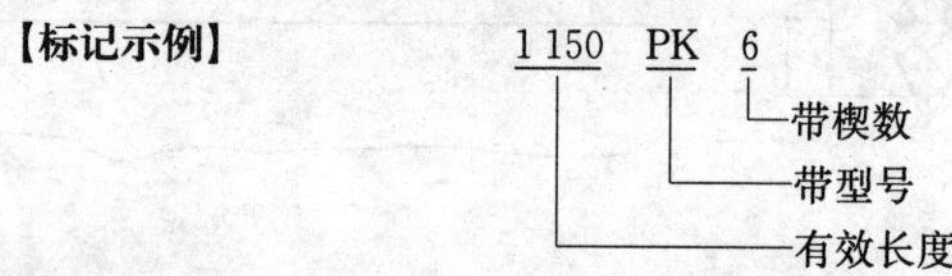

【拉伸性能】

楔数	拉伸强度(kN)	参考力伸长率(%)	参考力(kN)
3	≥2.4	≤3.0	0.75
4	≥3.2		1.00
5	≥4.0		1.25
6	≥4.8		1.50
>7	≥0.8×n		0.25/n

注：1. n 为楔数。

2. 带的外观不得有目测可见的扭曲、歪斜、裂纹、气泡、异物等缺陷。

【有效长度的极限偏差】

有效长度 L_e(mm)	极限偏差(mm)	有效长度 L_e(mm)	极限偏差(mm)
$L_e \leqslant 1\,000$	±5	$1\,500 < L_e \leqslant 2\,000$	±9
$1\,000 < L_e \leqslant 1\,200$	±6	$2\,000 < L_e \leqslant 2\,500$	±10
$1\,200 < L_e \leqslant 1\,500$	±8	$2\,500 < L_e \leqslant 3\,000$	±11

【聚氨酯楔带规格(型号×周长×宽度)】

K×170×36　K×300×45　K×360×48　K×420×46　K×500×32　K×630×98　K×750×98　K×810×95　K×950×92　J×219×26　J×235×30　J×257.6×34　J×330×34　J×340×34　J×480×32　J×500×34　J×530×34　J×550×30　J×620×60　J×670×54　J×680×58　J×750×58

(续)

J×760×54　J×850×56　J×870×38　J×974×84　J×1 050×34　J×1 050×56　J×1 090×55　J×1 000×90　J×1 151×56　J×600×56　J×1 270×80　J×1 290×68　J×1 307.5×56　J×1 600×62　J×1 650×60　特J×1 676.38×38　J×1 727×62　J×2 000×77　L×900×20　L×990×30　L×1 024×30　L×1 250×24　L×1 272×20　L×1 320×40　L×1 372×28　L×1 450×20　L×1 640×22　L×1 809×24K 中槽　L×1 809×38　L×1 880×40　L×1 971×24　特L×2 250×12　L×2 250×38　L×2 580×52　L×2 750×27　L×3 210×58　L×3 254×30　L×3 950×36

产地:上海。

19. 同步带(GB/T 11616—1989)

同步带是一种新型传动元件,它综合了带传动、链传动和齿轮传动的优点。由于其工作面呈齿形,与带轮的齿槽作啮合传动,并由带的抗拉层承受负载,保持带的节线长度不变,带与轮间无相对滑动,使主、从动轮间能作无滑差的同步传动。线速度 40 m/s 以上,速比可达 10,传动效率可达 99.5%,传动功率从几瓦到数百千瓦。

同步带传动已在各种仪器、计算机、缝纫机、纺织机、化纤机和其他通用机械如汽车、轻工、煤矿、钢铁、造纸、卷烟、印刷等行业获得广泛应用。

(1) 分　类

分类	品　种	特点及用途
按截面形状分	梯形:又分成单面同步带和双面同步带(按带齿排列又分成 A、B 型)	现在应用最多的是梯形同步带
	圆弧齿形:传动性能和承载能力比梯形好,是一种较新型的同步带	扩大了应用范围,如面粉轧粉机、橡胶炼胶机,梯形无法胜任
按尺寸分	模数制同步带:以公制模数 m 为基准,m 有 1、1.5、2.0、2.5、3、4、5、7、10　规格代号: 举例:3×120×50 带宽 50 mm 齿数 120 mm 模数 3 mm	我国仍在广泛应用,见附录一产地⚠80,生产规格见本节(5)、(6)
	周节制同步带:是以英吋制节距 P_b 为准,分 MXL、XXL、XL、L、H、XH、XXH 七种,其节距分别为:0.080、0.125、0.200、0.375、0.500、0.875、1.250 英寸(吋);换算成公制:标准节距有:2.032、3.175、5.080、9.525、12.70、22.225、31.750(mm)七种。规格代号: 420　L　050 带宽 0.50 in(12.7 mm). 节距 0.375 in(9.525 mm). 节长 42 in(1866.8 mm)	目前采用周节制的国家有英、法、美、日、德等国家。ISO 5296—1978 是以周节制为基础换算成国际单位制的,我国国家标准也是以此为基础制订的

（续）

分类	品　种	特点及用途
按尺寸分	特殊节距同步带：节距有 T2.5、T5、T10、T20 mm 四种节距，分别为：2.5、5、10、20。为便于引进配套，对德国标准 DIN 7721—1979 有关参数介绍于后面	应用的有德国、法国、日本
按材料分	聚氨酯胶带：是传动领域中新开发的传动胶带，聚氨酯同步带综合了链传动及齿传动的特点，带的工作面成齿形与带轮的齿槽作啮合传动、并由带背抗拉层承受负载以保证带的节线长度不变	以优异的耐油、耐磨性著称。主要特点是高强度、高硬度、高耐磨。有较好的低温性能，有良好的抗辐射性及电性能，已成为国内外迅速发展的新型胶带。 工作温度 t = −20～80℃
	氯丁橡胶带：由玻璃纤维抗拉层、氯丁橡胶带背、氯丁橡胶带齿、尼龙布包布层组成	耐水解、耐热、耐冲击性优于聚氨酯胶带，用于大功率传动、环境温度 −34～100℃

（2）周节制同步带

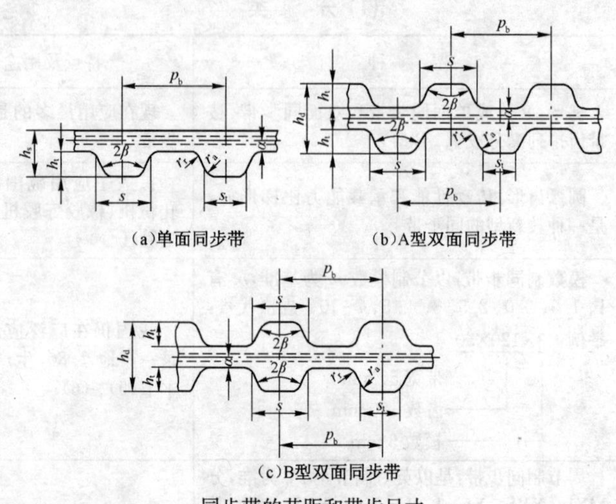

（a）单面同步带　（b）A型双面同步带　（c）B型双面同步带

同步带的节距和带齿尺寸

【节距和带齿尺寸】

型号	节距 p_b		2β (°)	齿根厚 s		齿高 h_t		齿顶厚 s_o		齿根圆角半径 r_t		齿顶圆角半径 r_a	
	(mm)	(in)		(mm)	(in)	(mm)	(in)	(mm)	(in)	(mm)	(in)	(mm)	(in)
M XL	2.032	0.080	40	1.14	0.044 8	0.51	0.02	1.13	0.044	0.13	0.005	0.13	0.005
X XL	3.175	0.125	50	1.73	0.068	0.75	0.029	1.73	0.068	0.20	0.007 8	0.30	0.011 8

（续）

型号		节距 p_b		2β (°)	齿根厚 s		齿高 h_t		齿顶厚 s_0		齿根圆角半径 r_t		齿顶圆角半径 r_a	
		(mm)	(in)		(mm)	(in)	(mm)	(in)	(mm)	(in)	(mm)	(in)	(mm)	(in)
XL		5.080	0.200	50	2.57	0.101	1.21	0.047	1.4	0.055	0.38	0.015	0.38	0.015
L		9.525	0.375	40±2	4.65	0.183	1.91	0.075	3.25	0.127	0.51	0.02	0.51	0.02
H		12.700	0.500		6.12	0.241	2.29	0.09	4.4	0.173	1.02	0.04	1.02	0.04
XH		22.225	0.875		12.57	0.495	6.53	0.257	7.9	0.31	1.57	0.061	1.19	0.047
XXH		31.75	1.250		19.05	0.75	9.58	0.377	12.1	0.476	2.29	0.09	1.52	0.060
特殊节距同步带	T2.5	2.5	0.098	40±2	1.5	0.059	0.7±0.05	0.027	1.0	0.393	0.2	0.008	0.2	0.008
	T5.0	5.0	0.196		2.65	0.10	1.2±0.05	0.047	1.8	0.07	0.4	0.016	0.4	0.016
	T10	10.0	0.393		5.30	0.208	2.5±0.1	0.098	3.5	0.137	0.6	0.024	0.6	0.024
	T20	20.0	0.787		10.15	0.40	5.0±0.15	0.196	6.5	0.256	0.8	0.032	0.8	0.032

【带高】

型号	MXL	XXL	XL	L	H	XH	XXH
单面同步带 h_s	1.14	1.52	2.30	3.60	4.30	11.20	15.70
双面同步带 h_a	1.53		3.05	4.53	5.95	15.49	22.11

【聚氨酯周节制同步带可供生产规格】

截型	模数×齿数×宽度	公称周长	截型	模数×齿数×宽度	公称周长
70MXL	1.617×35×75	177.80	68MXL	0.646 8×68×70	138.18
76MXL	1.617×38×75	193.04	75MXL	0.646 8×75×35	152.40
80MXL	1.617×40×90	203.20	103MXL	0.646 8×103×70	209.30
90MXL	1.617×45×110	228.60	123MXL	0.646 8×123×60	249.94
96MXL	1.617×48×90	243.84	132MXL	0.646 8×132×75	268.22
97MXL	0.646 8×97×120	196.91	153MXL	0.646 8×153×90	310.90
100MXL	1.617×50×105	254.00	160MXL	0.646 8×160×85	325.12
115MXL	0.646 8×115×120	233.45	193MXL	0.646 8×193×95	392.18
165MXL	0.646 8×165×120	334.95	277MXL	0.646 8×277×85	562.86
184MXL	0.646 8×184×120	373.52	346MXL	0.646 8×346×55	703.07
118MXL	0.646 8×118×100	239.54	379MXL	0.646 8×379×55	77 013
140MXL	0.646 8×140×100	284.20	380MXL	0.646 8×380×90	772.16

（续）

截型	模数×齿数×宽度	公称周长	截型	模数×齿数×宽度	公称周长
400MXL	0.646 8×400×90	812.80	108L	3.03×29×95	276.23
500MXL	0.646 8×500×90	1 016.00	142MXL	1.617×71×110	360.68
98MXL	0.646 8×98×75	199.14	150XL	1.617×75×100	381.00
110MXL	1.617×55×100	279.40	160XL	1.617×80×90	406.40
120MXL	1.617×60×90	304.80	170XL	1.617×85×110	431.80
122MXL	1.617×61×90	309.88	180XL	1.617×90×90	457.20
124MXL	1.617×62×85	314.96	184XL	1.617×92×90	467.36
132MXL	1.617×66×110	335.28	190XL	1.617×95×120	482.60
136MXL	1.617×68×110	345.44	200XL	1.617×100×90	508.00
140MXL	1.617×70×110	355.00	210XL	1.617×105×110	533.40
124L	3.03×33×120	314.33	220XL	1.617×110×100	558.80
136L	3.03×36×90	342.90	230XL	1.617×115×130	584.20
150L	3.03×40×100	318.00	240XL	1.617×120×100	609.60
165L	3.03×44×85	419.10	260XL	1.617×130×85	660.40
169L	3.03×45×90	428.63	330XL	1.617×165×130	838.20
187L	3.03×50×85	476.25	352XL	1.617×176×140	894.08
210L	3.03×56×145	533.40	270H	4.04×54×150	682.80
225L	3.03×60×80	571.50	280H	4.04×56×105	711.20
243L	3.03×65×85	619.13	300H	4.04×60×130	762.00
255L	3.03×68×120	647.70	330H	4.04×66×115	838.20
285L	3.03×76×115	723.90	360H	4.04×72×140	914.40
300L	3.03×80×115	762.00	410H	4.04×82×140	1 041.40
315L	3.03×84×190	800.10	420H	4.04×84×120	1 066.80
322L	3.03×86×120	819.15	430H	4.04×86×195	1 092.20
367L	3.03×98×85	933.45	480H	4.04×96×140	1 219.20
390L	3.03×104×100	990.60	510H	4.04×102×130	1 259.40
420L	3.03×112×140	1 066.80	540H	4.04×108×90	1 371.60
435L	3.03×116×100	1 104.90	570H	4.04×114×180	1 447.80
458L	3.03×122×140	1 162.05	600H	4.04×120×145	1 524.00

(续)

截型	模数×齿数×宽度	公称周长	截型	模数×齿数×宽度	公称周长
615H	4.04×123×180	1 562.10	1 250H	4.04×250×140	3 175.00
630H	4.04×126×180	1 600.00	1 270H	4.04×255×175	3 238.50
700H	4.04×140×140	1 778.00	1 400H	4.04×280×100	3 556.00
750H	4.04×150×180	1 905.00	1 700H	4.04×340×100	4 318.00
800H	4.04×160×195	2 032.00	360XL	1.617×180×125	914.40
850H	4.04×170×140	2 159.00	670XL	1.617×335×90	1 710.80
900H	4.04×180×140	2 286.00	460XL	1.617×230×145	1 168.39
950H	4.04×190×180	2 413.00	152XL	1.617×78×100	396.24
1 000H	4.04×200×140	2 540.00	508XH	7.07×58×165	
1 100H	4.04×220×140	2 794.00	T20	6.36×90×145	

注：摘自附录一△80模具规格，供订货单位选购，若表中无规格，可去该厂面洽。

(3) 模数制同步带

【节距、节线差及带齿尺寸】

模数	1	1.5	2	2.5	3	4	5	7	10
节距 P_b	3.142	4.712	6.283	7.854	9.425	12.566	15.708	21.991	31.416
节线差 a	0.250	0.375	0.500	0.625	0.750	1.000	1.250	1.750	2.500
齿形角 2β(°)	40								
齿根厚 s	1.44	2.16	2.87	3.59	4.31	5.75	7.18	10.06	14.37
齿顶厚 s_t	1	1.5	2	2.5	3	4	5	7	10
齿高 h_t	0.6	0.9	1.2	1.5	1.8	2.4	3.0	4.2	6
齿根圆角 r_t	0.10	0.15	0.20	0.25	0.30	0.40	0.50	0.70	1.00
齿顶圆角 r_a	0.10	0.15	0.20	0.25	0.30	0.40	0.50	0.70	1.00
单面同步带 h_o	1.2	1.65	2.2	2.75	3.3	4.4	5.5	7.7	11.0
双面同步带 h_d	1.7	2.55	3.4	4.3	5.1	6.8	8.5	11.9	17.0
带宽 b_p	4、8、10	8、10、12、16、20	10、12、16、20、25、30	10、12、16、20、25、30、40	12、16、20、25、30、40、50	16、20、25、30、40、50、60	20、25、30、40、50、60、80	25、30、40、50、60、80、100	40、50、60、80、100、120

【聚氨酯模数制同步带可供生产规格】

模数×齿数×宽度	节长(mm)	模数×齿数×宽度	节长(mm)	模数×齿数×宽度	节长(mm)
1×51×75	160.22	1.5×124×90	584.34	2×98×115	615.44
1×93×95	292.17	1.5×128×110	603.19	2×104×140	653.45
1×96×80	301.59	1.5×130×85	612.61	2×114×145	716.28
1×160×90	502.65	1.5×134×85A	631.46	2×120×145	753.98
1×266×125	835.66	1.5×144×70	678.58	2×127×135	797.96
1×80×50	251.33	1.5×163×80	768.12	2×153×175 七纺专用	961.33
1.5×85×100	400.55	1.5×182×180	857.65	2×160×140 齿形小	1 005.31
1.5×32×90	150.90	1.5×195×105	918.92	2×214×150	1 344.60
1.5×39×80	183.78	1.5×240×150	1 130.97	2.36×590×130 特	370.70
1.5×47×90	221.48	1.5×255×100	1 201.66	2.5×33×90	259.18
1.5×48×90	226.19	1.5×288×105	1 357.17	2.5×58×115	455.53
1.5×56×90	263.89	1.5×208×140	9 80.18	2.5×70×100	549.78
1.5×57×65	268.61	1.5×134×80	631.46	2.5×82×135	644.03
1.5×59×100	278.03	2×35×85	219.91	2.5×104×125	816.81
1.5×64×80	301.59	2×45×110	282.74	2.5×160×120	1 256.64
1.5×65×85	306.31	2×47×130	295.31	2.5×230×190	1 806.42
1.5×67×90	315.73	2×52×110	326.73	3×32×110	301.59
1.5×68×90	320.44	2×55×85	345.58	3×35×95	329.87
1.5×70×90	329.87	2×60×90	376.99	3×40×90	376.99
1.5×78×90	367.57	2×65×115	408.41	3×50×105	471.24
1.5×80×80	376.99	2×70×130	439.82	3×55×140	518.36
1.5×81×90	381.70	2×71×100	446.11	3×56×80	527.79
1.5×83×100	391.13	2×75×100	471.24	3×60×145	565.49
1.5×90×85	424.12	2×84×150	527.79	3×64×140	603.19
1.5×94×90	442.96	2×90×100	565.49	3×70×125	659.73
1.5×100×90	471.24	2×93×140	584.75	3×75×110	706.86
1.5×105×115	494.80	2×90×150	615.75	3×80×90	753.98
1.5×118×90	556.06	2×100×160	628.32	3×81×135	763.41

(续)

模数×齿数×宽度	节长(mm)	模数×齿数×宽度	节长(mm)	模数×齿数×宽度	节长(mm)
3×85×75	801.11	4×66×190	829.38	5×35×55	549.78
3×91×180	857.65	4×70×100	879.65	5×54×100	848.23
3×104×180	980.18	4×73×165	917.35	5×54×190	848.23
3×110×190	1 036.73	4×90×150	1 130.97	5×55×185	863.94
3×120×135	1 130.97	4×94×190	1 181.24	5×55×100	863.94
3×129×135	1 215.80	4×100×100	1 256.64	5×140×90	2 199.11
3×138×185	1 300.62	4×110×100	1 382.30	5×140×150	2 199.11
3×138×190	1 300.62	4×113×180	1 420.00	5×175×110	2 748.89
3×140×100	1 319.47	4×114×190	1 432.57	5×90×100	1 413.72
3×160×180	1 507.96	4×127×190	1 595.93	5×100×180	1 570.80
3×170×190	1 602.21	4×133×140	1 671.33	7×70×145	1 539.38
3×186×140	1 753.01	4×140×190	1 759.29	7×72×185	1 583.36
3×202×190	1 903.81	4×145×140	1 822.12	7×80×130	1 759.29
3×100×155	942.48	4×160×185	2 010.62	7×85×155	1 869.25
4×41×100	515.22	4×182×195	2 287.08	7×88×180	1 935.22
4×45×90	565.49	4×190×130	2 387.61	7×90×90	1 979.20
4×50×130	628.32	4×290×175	3 644.25	7×102×125	2 243.10
4×54×130	678.58	4×55×180	691.15	7×110×90	2 419.03
4×60×140	753.98	4×81×85	1 017.88	7×125×170	2 748.89
4×63×190	791.68				

注：上表资料摘自附录一产地⚠ 80，供读者参考。

(4) 圆弧齿同步带

【齿形尺寸】

(mm)

节距代号	节距 P_b	齿高 h	带高 H
3M	3.0	1.17	2.4
5M	5.0	2.06	3.8
8M	8.0	3.40	6.0
14M	14.0	6.00	10.0

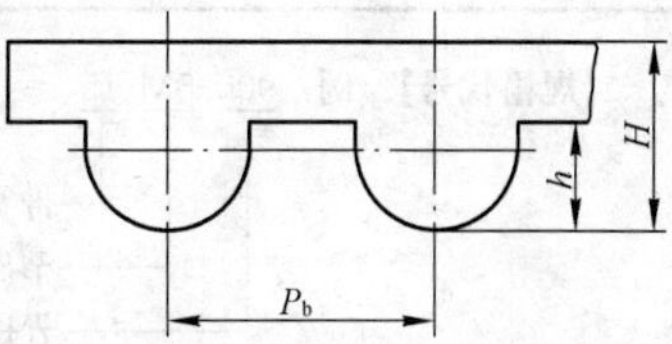

【节长】

节长代号	节长 L_p (mm)	同步带齿数 Z_b
150-3M	150	50
177-3M	177	59
201-3M	201	67
225-3M	225	75
252-3M	252	84
364-3M	364	88
276-3M	276	92
300-3M	300	100
339-3M	339	113
384-3M	384	128
420-3M	420	140
459-3M	459	156
486-3M	486	162
537-3M	537	179
564-3M	564	188
633-3M	633	211
320-5M	320	64
350-5M	350	70
375-5M	375	75
400-5M	400	80
420-5M	420	84
450-5M	450	90
475-5M	475	95
500-5M	500	100
520-5M	520	104
550-5M	550	110
560-5M	560	112
565-5M	565	113
600-5M	600	120
615-5M	615	123
635-5M	635	127

节长代号	节长 L_p (mm)	同步带齿数 Z_b
670-5M	670	134
695-5M	695	139
710-5M	710	142
740-5M	740	148
800-5M	800	160
830-5M	830	166
890-5M	890	173
900-5M	900	180
920-5M	920	184
950-5M	950	190
1000-5M	1 000	200
1050-5M	1 050	210
1125-5M	1 125	225
1145-5M	1 145	229
1270-5M	1 270	254
1290-5M	1 290	259
1350-5M	1 350	270
1380-5M	1 380	276
1420-5M	1 420	284
1595-5M	1 595	319
1800-5M	1 800	360
1870-5M	1 870	374
2000-5M	2 000	400
480-8M	480	60
560-8M	560	70
600-8M	600	75
640-8M	640	80
720-8M	720	90
760-8M	760	95
800-8M	800	100
840-8M	840	105

节长代号	节长 L_p (mm)	同步带齿数 Z_b
880-8M	880	110
900-8M	900	115
960-8M	960	120
1040-8M	1 040	130
1120-8M	1 120	140
1200-8M	1 200	150
1280-8M	1 280	160
1440-8M	1 440	180
1600-8M	1 600	200
1760-8M	1 760	220
1800-8M	1 800	225
2000-8M	2 000	250
2400-8M	2 400	300
2800-8M	2 800	350
966-14M	966	69
1190-14M	1 190	85
1400-14M	1 400	100
1610-14M	1 610	115
1778-14M	1 778	127
1890-14M	1 890	135
2100-14M	2 100	150
2310-14M	2 310	165
2450-14M	2 450	175
2590-14M	2 590	185
2800-14M	2 800	200
3150-14M	3 150	225
3500-14M	3 500	250
3850-14M	3 850	275
4326-14M	4 326	309
4578-14M	4 579	327

【规格代号】 例：900-5M-15

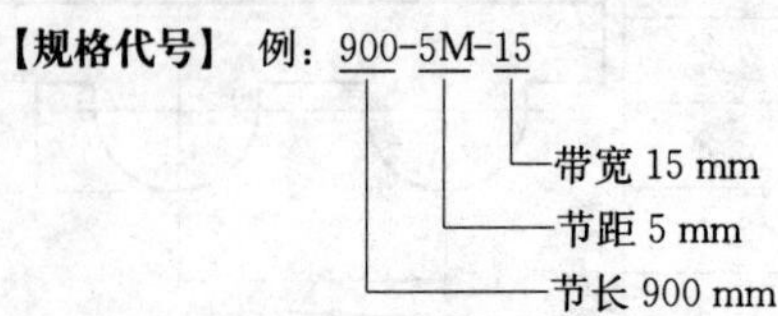

【一般传动用同步带物理性能】

项目	梯形齿					圆弧齿				
	XL	L	H	XH	XXH	3M	5M	8M	14M	20M
拉伸强度(N/mm^2)≥①	80	120	270	380	450	90	160	300	400	520
参考力(N/mm^2)	60	90	220	300	360	70	130	240	320	410
参考力伸长率(%)≤	4.0									
带背硬度(邵氏A级)≥	75±5									
包布黏合强度(N/mm^2)≥	5	6.5	8	10	12	—	6	10	12	15
芯绳黏合强度(N)≥	200	380	600	800	1 500	—	400	700	1 200	1 600
齿体剪切强度(N/mm^2)≥	50	60	70	75	90	—	50	60	80	100

注：① 表中拉伸强度值是采用切开的带段作试样时测定的结果，若用环形带做试验时，需将测定的结果除以2，再与表中数值作比较。

(5) 汽车同步带(GB/T 12734—2003)

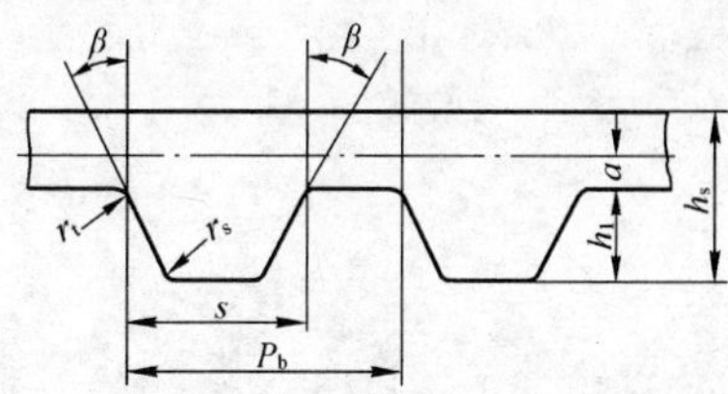

【齿尺寸】

尺寸名称	ZA型		ZB型	
	公称尺寸	极限偏差	公称尺寸	极限偏差
节距 P_b(mm)	9.525	—	9.525	—
齿形角 2β(°)	40	±3	40	±3
节根距 a(mm)	0.686	—	0.686	—
齿根圆角半径 r_t(mm)	0.51	±0.13	1.02	±0.15
齿顶圆角半径 r_s(mm)	0.51	+0.64 −0.13	1.02	±0.15
齿高 h_1(mm)	1.91	+0.10 −0.20	2.29	±0.15
齿根厚 s(mm)	4.65	+0.10 −0.25	6.12	±0.15

（续）

尺 寸 名 称	ZA 型		ZB 型	
	公称尺寸	极限偏差	公称尺寸	极限偏差
带高 h_s(mm)	4.1	±0.25	4.5	±0.25
用途	一般汽油发动机采用 ZA 型(轻型)汽车同步带		柴油发动机采用 ZB 型(重型)汽车同步带	

【标记示例】

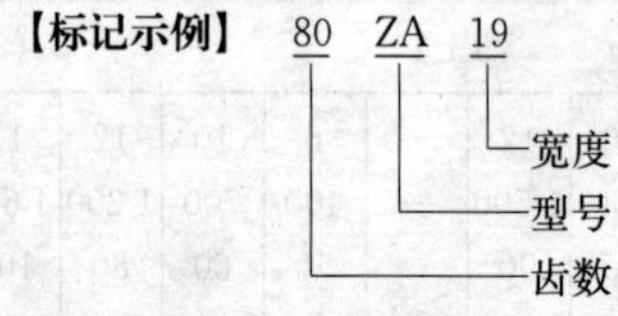

第十二章　机械密封元件

1. 机械密封用O形橡胶圈(JB/T 7757.2—2006)

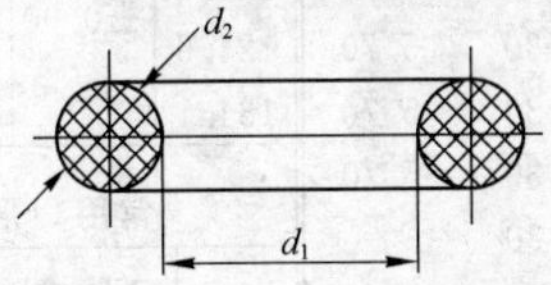

【规格】

(mm)

d_1		d_2			
11.8		1.8			
13.8		1.8			
15.8	±0.17	1.8			
16.0		2.65			
17.8		2.65	3.10	3.55	
18		2.65	3.10		
19.8		2.65	3.10	3.55	
20		2.65	3.10		
21.8		2.65	3.10	3.55	
22		2.65	3.10		
23.7		2.65	3.10	3.55	
24.7	±0.22	2.65	3.10	3.55	
25.7		2.65	3.10	3.55	
26.3			3.10	3.55	
27.7		2.65	3.10	3.55	
28.3			3.10	3.55	
29.7		2.65	3.10	3.55	
30.3			3.10	3.55	
31.7		2.65	3.10	3.55	
32.3			3.10	3.55	
32.7		2.65	3.10	3.55	
33.3			3.10	3.55	
34.7		2.65	3.10	3.55	
36.3			3.10	3.55	
37.7	±0.30	2.65	3.10	3.55	
38.3			3.10	3.55	
39.7		2.65	3.10	3.55	
41.3			3.10	3.55	
42.7		2.65	3.10	3.55	
43.3			3.10	3.55	
44.7		2.65	3.10	3.55	4.50

d_1		d_2				
47.7		2.65	3.10	3.55	4.50	
48.4		3.10	4.10	4.50	4.70	
49.7		2.65	3.10	3.55	4.10	4.50
50.4		3.10	3.55	4.10	4.70	
52.4		2.65	3.10	3.55	4.10	4.50
53.4		3.10	4.10	4.70		
54.4		2.65	3.10	3.55	4.10	4.50
55.4		3.55	4.10	4.70		
57.6		3.55	4.10	4.50	4.70	5.30
58.4		4.10	4.70			
59.6		3.55	4.10	4.50	4.70	5.30
61.4		4.10	4.50	4.70		
62.6	±0.45	3.55	4.10	4.50	4.70	5.30
64.4		4.10	4.70			
64.6		3.55	4.50	5.30		
66.4		4.50	4.70			
67.6		3.55	4.10	4.50	5.30	
69.4		4.10	4.70			
69.6		3.55	4.50	5.30		
71.4		4.50	4.70			
72.6		3.55	5.30			
74.4		4.50	4.70			
74.6		3.55	4.10	5.30		
76.4		3.55	4.50	4.70	5.30	
79.6		3.55	4.10	4.70	5.30	
80.1		4.70	5.30			
82.1		5.30				
84.6	±0.65	3.55	5.30			
85.1			5.30			
87.1			5.30			
89.6		3.55	5.30	5.70		

（续）

d_1		d_2			d_1		d_2	
84.1		3.55	5.30	5.70	119.6		5.30	
94.6		3.55	5.30	5.70	124.1	±0.90	6.40	
99.1		3.55	5.30	5.70	124.6		5.30	6.40
99.6		3.55	5.30	5.70	134.1			6.40
104.1	±0.65	3.55	5.30	5.70				
104.6		3.55	5.30					
109.1		5.70						
109.6		5.30	5.70					
114.1		5.30	5.70					
114.6		5.30						

常用O形圈的橡胶材料及代号

种类	丁腈橡胶（NBR）	乙丙橡胶（EPR）	氟橡胶（FPM）	硅橡胶（MVQ）
代号	P	E	V	S

注：d_2 公差：1.8±0.08，2.65±0.09，3.10±0.10，3.53±0.10，4.10±0.10，4.50±0.10，4.7±0.10，5.3±0.13，5.7±0.10，6.40±0.15。

2. 液压气动用O形橡胶密封圈（GB 3452.1—2005）

用于液压、气动设备机件的密封，图形见JB/T 7757.2—2006。

标记示例：O形圈内径 $d_1=5$，截面直径 $d_2=1.80$，表示为O形圈 5×1.8 GB 3452.1—2005 或用八位数字表示，前三位数字表示截面直径 d_2，后五位数字表示内径 d_1，其单位各为1/100(mm)，表示为 18 000 500 GB 3452.1—2005。

(1) 内径和O形圈截面直径

(mm)

d_1 内径	d_1 偏差	O形圈截面直径 d_2	d_1 内径	d_1 偏差	O形圈截面直径 d_2	
1.8		1.8	6.30		1.8	
2.0		1.8	6.70		1.8	
2.24		1.8	6.90		1.8	
2.50		1.8	7.10		1.8	2.65
2.80		1.8	7.50		1.8	2.65
3.15		1.8	8.00	±0.14	1.8	2.65
3.55		1.8	8.50		1.8	2.65
3.75	±0.13	1.8	8.75		1.8	2.65
4.00		1.8	9.00		1.8	2.65
4.50		1.8	9.50		1.8	2.65
4.87		1.8	10		1.8	2.65
5.00		1.8	10.6		1.8	2.65
5.15		1.8	11.2		1.8	2.65
5.30		1.8	11.8	±0.17	1.8	2.65
5.60		1.8	12.5		1.8	2.65
6.00		1.8	13.2		1.8	2.65

（续）

d_1		O形圈截面直径 d_2				
内径	偏差					
14.0		1.8	2.65			
15.0		1.8	2.65			
16.0	±0.17	1.8	2.65			
17.0		1.8	2.65			
18.0		1.8	2.65	3.55		
19.0		1.8	2.65	3.55		
20.0		1.8	2.65	3.55		
21.2		1.8	2.65	3.55		
22.4		1.8	2.65	3.55		
23.6	±0.22	1.8	2.65	3.55		
25.0		1.8	2.65	3.55		
25.8		1.8	2.65	3.55		
26.5		1.8	2.65	3.55		
28.0		1.8	2.65	3.55		
30.0		1.8	2.65	3.55		
31.5		1.8	2.65	3.55		
32.5		1.8	2.65	3.55		
33.5		1.8	2.65	3.55		
34.5		1.8	2.65	3.55		
35.5		1.8	2.65	3.55		
36.5		1.8	2.65	3.55		
37.5		1.8	2.65	3.55		
38.7		1.8	2.65	3.55		
40.0	±0.30	1.8	2.65	3.55	5.30	
41.2		1.8	2.65	3.55	5.30	
42.5		1.8	2.65	3.55	5.30	
43.7		1.8	2.65	3.55	5.30	
45.0		1.8	2.65	3.55	5.30	
46.2		1.8	2.65	3.55	5.30	
47.5		1.8	2.65	3.55	5.30	
48.7		1.8	2.65	3.55	5.30	
50.0		1.8	2.65	3.55	5.30	
51.5			2.65	3.55	5.30	
53.0			2.65	3.55	5.30	
54.5			2.65	3.55	5.30	
56.0	±0.45		2.65	3.55	5.30	
58.0			2.65	3.55	5.30	
60.0			2.65	3.55	5.30	
61.5			2.65	3.55	5.30	
63.0			2.65	3.55	5.30	
65.0			2.65	3.55	5.30	
67.0			2.65	3.55	5.30	
69.0			2.65	3.55	5.30	
71.0	±0.45		2.65	3.55	5.30	
73.0			2.65	3.55	5.30	
75.0			2.65	3.55	5.30	
77.5				3.55	5.30	
80.0			2.65	3.55	5.30	
82.5				3.55	5.30	
85			2.65	3.55	5.30	
87.5				3.55	5.30	
90.0			2.65	3.55	5.30	
92.5				3.55	5.30	
95.0			2.65	3.55	5.30	
97.5				3.55	5.30	
100			2.65	3.55	5.30	
103				3.55	5.30	
106			2.65	3.55	5.30	
109				3.55	5.30	
112			2.65	3.55	5.30	7.0
115				3.55	5.30	7.0
118			2.65	3.55	5.30	7.0
122				3.55	5.30	7.0
125			2.65	3.55	5.30	7.0
128				3.55	5.30	7.0
132			2.65	3.55	5.30	7.0
136				3.55	5.30	7.0
140			2.65	3.55	5.30	7.0
145				3.55	5.30	7.0
150			2.65	3.55	5.30	7.0
155				3.55	5.30	7.0
160			2.65	3.55	5.30	7.0
165				3.55	5.30	7.0
170			2.65	3.55	5.30	7.0
175				3.55	5.30	7.0
180			2.65	3.55	5.30	7.0
185	±1.2			3.55	5.30	7.0
190				3.55	5.30	7.0

（续）

d_1 内径	d_1 偏差	O形圈截面直径 d_2		
195	±1.2	3.55	5.30	7.0
200		3.55	5.30	7.0
206				7.0
212			5.30	7.0
218				7.0
224			5.30	7.0
230				7.0
236			5.30	7.0
243				7.0
250			5.30	7.0
258	±1.6			7.0
265			5.30	7.0
272				7.0
280			5.30	7.0
290				7.0
300			5.30	7.0
307				7.0
315			5.3	7.0
325	±2.10			7.0
335			5.3	7.0
345				7.0
355			5.3	7.0

d_1 内径	d_1 偏差	O形圈截面直径 d_2	
365	±2.10		7.0
375		5.3	7.0
387			7.0
400		5.3	7.0
412	±2.6		7.0
425			7.0
437			7.0
450			7.0
462			7.0
475			7.0
487			7.0
500			7.0
515	±3.2		7.0
530			7.0
545			7.0
560			7.0
580			7.0
600			7.0
615			7.0
630			7.0
650	±3.8		7.0
670			7.0

注：d_2 公差：1.8±0.08，2.65±0.09，3.55±0.10，5.30±0.13，7.00±0.15。

（2）橡胶的特性及用途

橡胶种类及代号	主要特性	工作温度（℃）	用途
丁腈橡胶（NBR）	耐油、耐热、耐磨性好，耐强酸性、抗蒸汽性良	−40～120	制造O型橡胶密封圈，适用于一般液压、气动系统
氢化丁腈胶（HNBR）	耐油、耐热、耐磨性好，强度高，耐老化性能好	−40～150	适用于高温、高速的往复密封和旋转密封
聚氨酯橡胶（PUR）	耐热、耐老化性能好，强度高，耐冲击性优，不耐强酸	−20～80	适用于工程机械和冶金设备中高压、高速系统密封
聚丙烯酸酯橡胶（ACM）	耐热优于NBR、可在含机油添加剂的各种润滑油、液压油、石油系液压油中工作，耐水较差、耐冲击性差	−20～150	用于各种小汽车油封及各种齿轮箱、变速箱，可耐中高温

（续）

橡胶种类及代号	主要特性	工作温度（℃）	用　　途
氟橡胶（FPM）	耐热、耐酸碱及其他化学药品，耐油（包括磷酸酯系列液压油）、润滑油、汽油、液压油、合成油，耐强酸性优	－20～280	适用于需要耐高温、耐化学药品、耐液压油的密封。在冶金、电力等行业广泛应用
硅橡胶（MVQ）	耐热、耐寒性好，压缩永久变形小，机械强度低，冲击性差，可耐强酸性	－60～230	适用于高、低温下高速旋转密封及食品机械的密封
乙丙橡胶（EPDM或EPM）	耐矿物油差，耐碱性优，耐老化、耐候性能好，耐油性能一般、耐氟利昂	－50～150	主要用于化工设备衬里、汽车散热管及发动机橡胶零件
聚四氟乙烯（PTFE）	化学稳定性好，耐热、耐寒性好，耐油、水、汽、药品等介质，机械强度较高	－55～260	制作耐磨环、导向环、挡圈。为机械常用密封材料
尼龙（PA）	耐油、耐温、耐磨性好，抗压强度高、抗冲击性能较好，但尺寸稳定性差	－40～120	用于制作导向环、支承环、压环、挡圈
橡塑胶（RP）	材料弹性模量大、强度高。其他性能与丁腈橡胶同	－30～120	用于制作O形圈、Y形圈、防尘圈等，用于工程机械
聚甲醛（POM）	耐油、耐温、耐磨性好，抗压强度高，冲击韧性较好，有较好的自润滑性能，尺寸稳定性好	－40～140	用于制造导向环、挡圈

3. 内包骨架旋转轴唇形密封圈（GB 9877.1—1988）

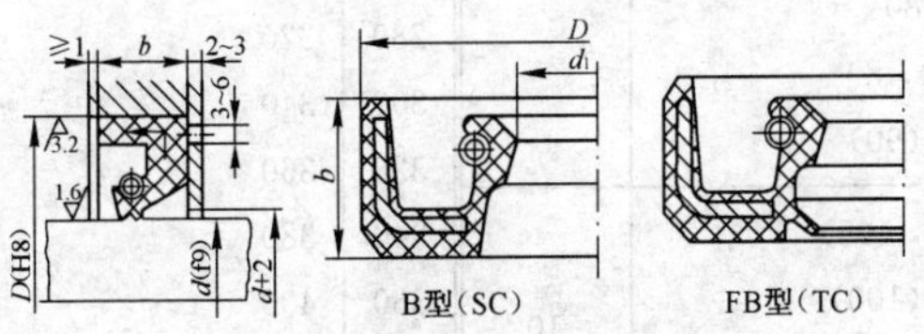

【标记示例】

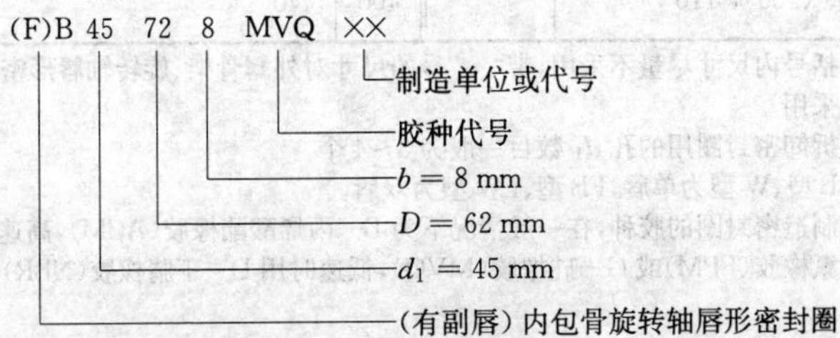

【规格】

(mm)

d_1	外径 D	宽度 b	d_1	外径 D	宽度 b
6	16，22	7	85	(105)，110，120	12
7	22		90	(110)，(115)，120	
8	22，24		95	120，(125)，(130)	
9	22		100	125，(130)，(140)	
10	22，25		(105)	130，140	
12	24，25，30		110	140，(150)	
15	26，30，35		(115)	140，150	
16	(28)，30，(35)		120	150，(160)	
18	30，35，(40)		(125)	150	
20	35，40，(45)		130	160，(170)	
22	35，40，47		140	170，(180)	15
25	40，47，52		150	180，(190)	
28	40，47，52		160	190，(200)	
30	40，47，(50)，52		170	200	
32	45，47，52	8	180	210	
35	50，52，55		190	220	
38	55，58，62		200	230	
40	55，(60)，62		220	250	
42	55，62，(65)		240	270	
45	62，65，(70)		(250)	290	
50	68，(70)，72		260	300	20
(52)	72，75，80		280	320	
55	72，(75)，80		300	340	
60	80，85，(90)		320	360	
65	85*，90，(95)	10	340	380	
70	90，95，(100)		360	400	
75	95，100		380	420	
80	100，(105)，110		400	440	

注：1. 括号内尺寸尽量不采用，带“*”号的尺寸对外露骨架、旋转轴唇形密封圈尽量不采用。

2. 拆卸密封圈用的孔 d_1 数目一般为 3～4 个。

3. B型、W型为单唇，FB型、FW型为双唇。

4. 制造密封圈的胶种，在一般情况下为 B—丙烯酸酯橡胶(ACM)，高速时可用 F—氟橡胶(FPM)或 G—硅橡胶(MVQ)，低速时用 D—丁腈橡胶(NBR)。

4. 外露骨架旋转轴唇形密封圈(GB 9877.2—1988)

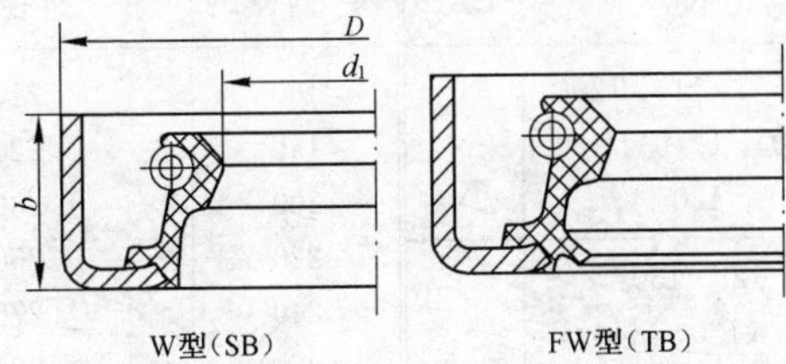

W型(SB)　　　FW型(TB)

标记示例：

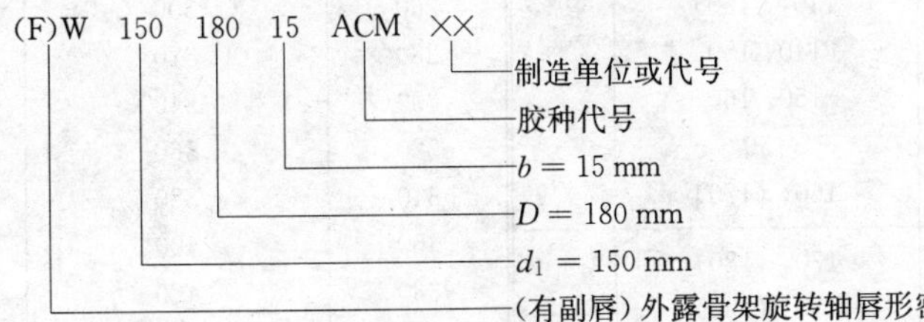

注：尺寸参数见上表(与 GB 9877.1—1988 同)。

5. 装配式旋转唇形密封圈(GB 9877.3—1988)

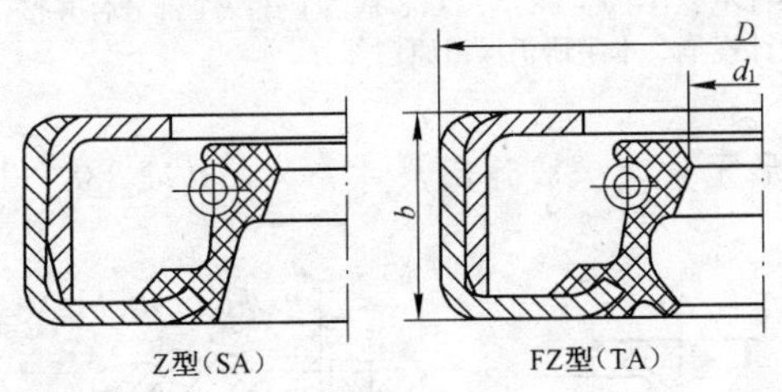

Z型(SA)　　　FZ型(TA)

标记示例：

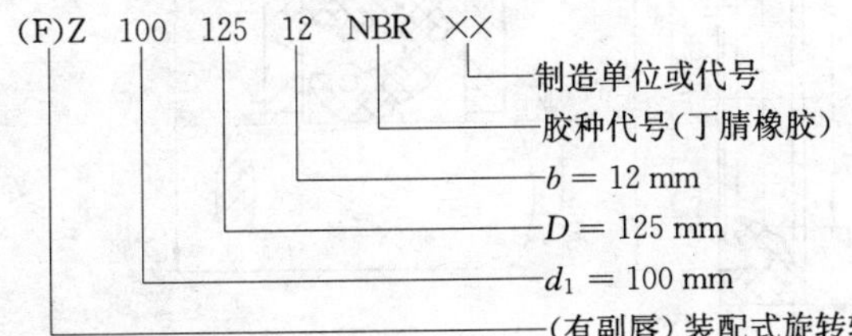

【规格】

(mm)

基本直径 d_1	外径 D	宽度 b	基本直径 d_1	外径 D	宽度 b
65	(85), 90, (95)	10	75	95, 100	10
70	90, 95, (100)		80	100, (105), 110	

(续)

基本直径 d_1	外径 D	宽度 b	基本直径 d_1	外径 D	宽度 b
85	(105)，110，120	10	180	210	15
90	(110)，(115)，120		190	220	
95	120		200	230	
(95)	125，130	12	220	250	
100	125，(130)，(140)		240	270	
(105)	130，140		(250)	290	
110	140，(150)		260	300	20
(115)	140，150		280	320	
120	150，160		300	340	
(125)	150		320	360	
130	160，(170)		340	380	
140	170，(180)	15	360	400	
150	180，(190)		380	420	
160	190，(200)		400	440	
170	200				

注：1. 括号内数字相当于国际通用骨架。

2. 标准修订纪要：GB/T 9877—2008 是由上述三个部分合并整合修订为一个整体，作为设计规范。本手册仍保留原三部分。

6. J形无骨架橡胶油封尺寸系列(HG4 338—1986)

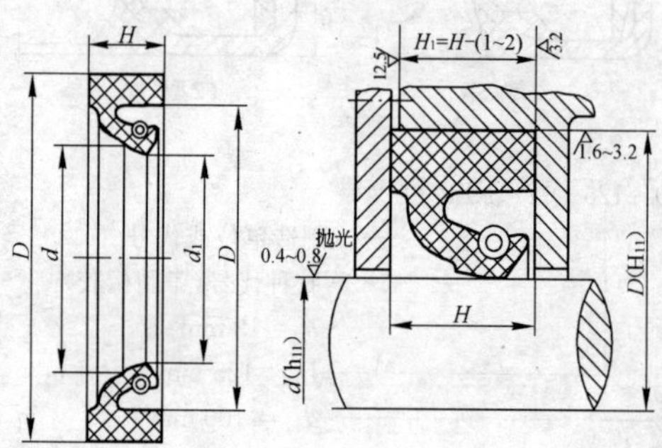

【标记示例】

公称内径 $d=110$，公称外径 $D=140$，宽度 $H=16$，材料为耐油橡胶 1—2 的 J 形无骨架橡胶油封：

油封 110×140×16　橡胶 I—2　HG4—338—1986

【规格】

（mm）

轴径 d	油封尺寸				轴径 d	油封尺寸				轴径 d	油封尺寸			
	D	H	d_1	D_1		D	H	d_1	D_1		D	H	d_1	D_1
30	55		29	46	190	225		189	210	420	470		419	442
35	60		34	51	200	235		199	220	430	480		429	452
40	65		39	56	210	245		209	230	440	490		439	462
45	70		44	61	220	255	18	219	240	450	500		449	472
50	75		49	66	230	265		229	250	460	510		459	482
55	80		54	71	240	275		239	260	470	520		469	492
60	85		59	75	250	285		249	270	480	530		479	502
65	90	12	64	81	260	300		259	280	490	540		489	512
70	95		69	86	270	310		269	290	500	550		499	522
75	100		74	91	280	320		279	300	510	560		509	532
80	105		79	96	290	330		289	310	520	570		519	542
85	110		84	101	300	340		299	320	530	580	25	529	552
90	115		89	106	310	350		309	330	540	590		539	562
95	120		94	111	320	360		319	340	550	600		549	572
100	130		99	120	330	370	20	329	350	560	610		559	582
110	140		109	130	340	380		339	360	570	620		569	592
120	150		119	140	350	390		349	370	580	630		579	602
130	160		129	150	360	400		359	380	590	640		589	612
140	170	16	139	160	370	410		369	390	600	650		599	622
150	180		149	170	380	420		379	400	630	680		629	652
160	190		159	180	390	430		389	410	710	760		709	732
170	200		169	190	400	440		399	420	800	850		799	822
180	215	18	179	200	410	460	25	409	430					

7. U形无骨架橡胶油封尺寸系列(HG 4—339—1986)

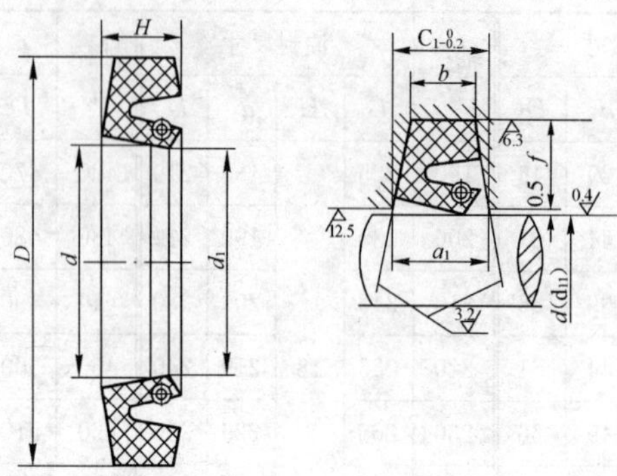

【标记示例】

公称内径 $d=65$,公称外径 $D=90$,宽度 $H=12.5$,材料为耐油橡胶Ⅰ—2的U形无骨架橡胶油封:

油封 65×90×12.5 橡胶Ⅰ—2HG4—339—1986

【规格】

(mm)

沟 槽 尺 寸					
d(d11)	30～95	100～170	180～250	260～400	410～600
a_1	14	16	18	20	25
b_1	9.6	10.8	12	13.2	16.5
c_1	13.8	15.8	17.8	19.8	24.8
f	12.5	15	17.5	20	25

轴径 d	油封尺寸 D	H	d_1	轴径 d	油封尺寸 D	H	d_1	轴径 d	油封尺寸 D	H	d_1
30	55	12.5	29	80	105	12.5	79	160	190	14	159
35	60		34	85	110		84	170	200		169
40	65		39	90	115		89	180	215	16	179
45	70		44	95	120		94	190	225		189
50	75		49	100	130	14	99	200	235		199
55	80		54	110	140		109	210	245		209
60	85		59	120	150		119	220	255		219
65	90		64	130	160		129	230	265		229
70	95		69	140	170		139	240	275		239
75	100		74	150	180		149	250	285		249

（续）

轴径 d	油封尺寸			轴径 d	油封尺寸			轴径 d	油封尺寸		
	D	H	d_1		D	H	d_1		D	H	d_1
260	300	18	259	380	420	18	379	500	550	22.5	499
270	310		269	390	430		389	510	560		509
280	320		279	400	440	22.5	399	520	570		519
290	330		289	410	460		409	530	580		529
300	340		299	420	470		419	540	590		539
310	350		309	430	480		429	550	600		549
320	360		319	440	490		439	560	610		559
330	370		329	450	500		449	570	620		569
340	380		339	460	510		459	580	630		579
350	390		349	470	520		469	590	640		589
360	400		359	480	530		479	600	650		599
370	410		369	490	540		489				

8. 盘　　根

橡胶石棉盘根是用石棉布、线（或石棉金属布、线）浸渍橡胶黏合剂，卷制或编织后压成方形，外涂高碳石墨制成。

油浸石棉盘根是用石棉线或金属石棉线浸渍润滑油和石墨，编织或扭制而成。

油浸棉、麻盘根是以棉线、麻线浸渍润滑油脂编织而成。

【用途】 橡胶石棉盘根常用作蒸汽机往复泵活塞和阀门杆上的密封材料；油浸石棉盘根用于回转轴往复活塞或阀杆作密封材料；油浸棉、麻盘根用于管道、阀门、旋塞、转轴、活塞杆等的密封材料，油浸麻盘根还适用于碱溶液等介质。

【规格】

名称及外形图	牌号	尺寸(mm)	密度 (g/cm^3)	适用温度 (℃)≤	适用压力 (MPa)≤	烧失量 (%)≤	适用介质
橡胶石棉盘根 JC 67—1996	XS 550 XS 450 XS 350 XS 250	正方形边长 3、4、5、6、8、10、13、16、19、22、25、28、32、35、38、42、45、50	无金属丝 ≥0.9； 夹金属丝 >1.1	550 450 350 250	8 6 4.5 4.5	24 27 32 40	高压蒸汽

（续）

名称及外形图	牌号		尺寸(mm)	密度 (g/cm³)	适用温度 (℃)≤	适用压力 (MPa)≤	烧失量 (%)≤	适用介质
油浸石棉盘根 (JC 68—1996)	YS350 (尺寸同上)	F	边长 3～50	无金属丝 ≥0.9；夹金属丝 ≥1.1	≤350	≤4.5		蒸汽、空气、工业用水、重质石油产品
		Y	直径 5～50					
		N	直径 3～50					
	YS 250		与 YS 350 相同		≤250			
油浸棉、麻盘根 (JC 332—1996)	形状见 JC 68—1996		正方形边长尺寸同上	≥0.9	120	≤12		水、空气、润滑油、石油

第十三章　滚动轴承、新型轴承及脚轮

1. 常用轴承参数及新旧标准对照

轴承名称	简图	新标准			旧标准				
		类型代号	尺寸系列代号	轴承代号	宽度系列代号	结构代号	类型代号	直径系列代号	轴承代号
双列角接触球轴承		(0) (0)	32 33	3200 3300	3 3	05 05	6	2 3	3056200 3056300
调心球轴承 GB/T 281—1994		1 (1) 1 (1)	(0)2 22 (0)3 23	1200 2200 1300 2300	0 0 0 0	00 00 00 00	1	2 5 3 6	1200 1500 1300 1600
调心滚子轴承		2 2 2 2 2 2 2 2	13 22 23 30 31 32 40 41	21300C 22200C 22300C 23000C 23100C 23200C 24000C 24100C	0 0 0 3 3 3 4 5	05 05 05 05 05 05 05 05	3	3 5 6 1 7 2 1 7	53300 53500 53600 3053100 3053700 3053200 4053100 4053700
推力调心滚子轴承		2 2 2	92 93 94	29200 29300 29400	9 9 9	03 03 03	9	2 3 4	9039200 9039300 9039400
圆锥滚子轴承 GB/T 297—1994		3 3 3 3 3 3 3 3 3 3	02 03 13 20 22 23 29 30 31 32	30200 30300 31300 32000 32200 32300 32900 33000 33100 33200	0 0 0 2 0 0 2 3 3 3	00 00 02 00 00 00 00 00 00 00	7	2 3 3 1 5 6 9 1 7 2	7200 7300 27300 2007100 7500 7600 2007900 3007100 3007700 3007200
双列深沟球轴承		4 4	(2)2 (2)3	4200 4300	0 0	81 81	0	5 6	810500 810600

（续）

轴承名称	简图	新标准			旧标准				
		类型代号	尺寸系列代号	轴承代号	宽度系列代号	结构代号	类型代号	直径系列代号	轴承代号
推力球轴承 GB/T 301—1995	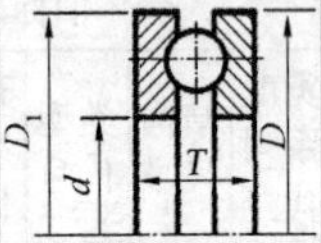	5	11	51100	0	00	8	1	8100
		5	12	51200	0	00		2	8200
		5	13	51300	0	00		3	8300
		5	14	51400	0	00		4	8400
双向推力球轴承		5	22	52200	0	03	8	2	38200
		5	23	52300	0	03		3	38300
		5	24	52400	0	03		4	38400
带球面座圈推力球轴承	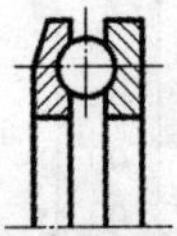	5	12①	53200	0	02	8	2	28200
		5	13	53300	0	02		3	28300
		5	14	53400	0	02		4	28400
带球面座圈双向推力球轴承	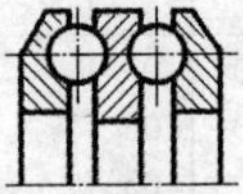	5	22②	54200	0	05	8	2	58200
		5	23	54300	0	05		3	58300
		5	24	54400	0	05		4	58400
深沟球轴承 GB/T 276—1994	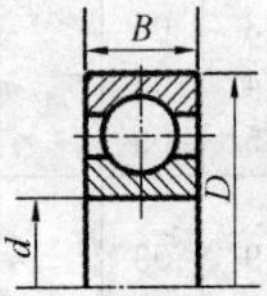	6	17	61700	1	00	0	7	1000700
		6	37	63700	3	00		7	3000700
		6	18	61800	1	00		8	1000800
		6	19	61900	1	00		9	1000900
		16	(0)0	16000	7	00		1	7000100
		6	(1)0	6000	0	00		1	100
		6	(0)2	6200	0	00		2	200
		6	(0)3	6300	0	00		3	300
		6	(0)4	6400	0	00		4	400
角接触球轴承		7	19	71900	1	03	6	9	1036900
		7	(1)0	7000	0	03		1	3 6100
		7	(0)2	7200	0	04		2	4 6200
		7	(0)3	7300	0	06		3	6 6300
		7	(0)4	7400	0			4	6400
推力圆柱滚子轴承	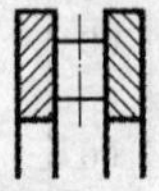	8	11	81100	0	00	9	1	9100
		8	12	81200	0	00		2	9200
内圈无挡边圆柱滚子轴承 GB/T 283—2007	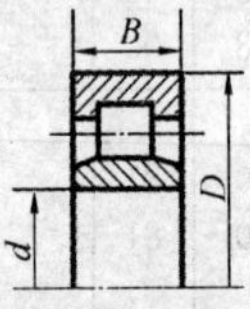	NU	10	NU1000	0	03	2	1	32100
		NU	(0)2	NU200	0	03		2	32200
		NU	22	NU2200	0	03		5	32500
		NU	(0)3	NU300	0	03		3	32300
		NU	23	NU2300	0	03		6	32600
		NU	(0)4	NU400	0	03		4	32400

13. 2

（续）

轴承名称	简图	新标准			旧标准				
		类型代号	尺寸系列代号	轴承代号	宽度系列代号	结构代号	类型代号	直径系列代号	轴承代号
内圈单挡边圆柱滚子轴承 GB/T 283—2007		NJ	(0)2	NJ200	0	04	2	2	42200
		NJ	22	NJ2200	0	04		5	42500
		NJ	(0)3	NJ300	0	04		3	42300
		NJ	23	NJ2300	0	04		6	42600
		NJ	(0)4	NJ400	0	04		4	42400
内圈单挡边并带平挡圈圆柱滚子轴承		NUP	(0)2	NUP200	0	09	2	2	92200
		NUP	22	NUP2200	0	09		5	92500
		NUP	(0)3	NUP300	0	09		3	92300
		NUP	23	NUP2300	0	09		6	92600
外圈无挡边圆柱滚子轴承		N	10	N1000	0	00	2	1	2100
		N	(0)2	N200	0	00		2	2200
		N	22	N2200	0	00		5	2500
		N	(0)3	N300	0	00		3	2300
		N	23	N2300	0	00		6	2600
		N	(0)4	N400	0	00		4	2400
外圈单挡边圆柱滚子轴承		NF	(0)2	NF200	0	01	2	2	12200
		NF	(0)3	NF300	0	01		3	12300
		NF	23	NF2300	0	01		6	12600
外圈无挡边双列圆柱滚子轴承		NN	30	NN3000	3	28	2	1	3282100
内圈无挡边双列圆柱滚子轴承		NNU	49	NNU4900	4	48	2	9	4482900
滚针轴承		NA	48	NA4800	4	54	4	8	4544800
			49	NA4900	4	54		9	4544900
			69	NA6900	6	25	4	9	6254900

注：表中括号“（ ）”表示该数字在代号中省略。

① 尺寸系列分别为 12、13、14，表示成 32、33、34。

② 尺寸系列分别为 22、23、24，表示成 42、43、44。

2. 滚动轴承结构与特征

特征 \ 轴承结构		深沟球轴承	磁电机球轴承	向心推力球轴承	双列向心推力球轴承	成对双联向心推力球轴承	四点接触球轴承	调心球轴承	圆柱滚子轴承	双列圆柱滚子轴承	单挡	带挡边圈圆柱滚子轴承
负荷能力	径向负荷	○	∘	◎	◎	◎	∘	○	◎	⊚	◎	◎
	轴向负荷	↔ ○	← ∘	← ◎	↔ ◎	↔ ◎	↔ ◎	↔ ∘	×	×	↔ ○	↔ ○
	合成负荷	○	∘	◎	◎	◎	○	∘	×	×	○	○
高速运转		⊚	◎	⊚	○	◎	◎	◎	⊚	◎	◎	◎
高精度		⊚		⊚		⊚	◎		⊚	⊚		
低噪声低扭矩		⊚							◎			

（续）

特征＼轴承结构	深沟球轴承	磁电机球轴承	向心推力球轴承	双列向心推力球轴承	成对双联向心推力球轴承	四点接触球轴承	调心球轴承	圆柱滚子轴承	双列圆柱滚子轴承	单挡	带挡边圈圆柱滚子轴承
刚性					◎			◎	⊚	◎	◎
内圈、外圈之允许倾斜	◎	○	○	○	○	○	⊚	◯	○	◯	◯
调心作用							☆				
内圈、外圈之分离		☆				☆		☆	☆	☆	☆
用于固定端	☆			☆	☆	☆	☆				☆
用于自由端	★			★	★	★	★	☆	☆		
内圈锥孔							☆		☆		
备注		将2个对置使用	接触角15°、25°、30°、40°，2个对置调整游隙		另外还有DF、DT成对双联，但是不能用于自由端	接触角为35°		包括N形	包括NNU形	包括NF形	包括NUP型

（续）

特征 \ 轴承结构	深沟球轴承	磁电机球轴承	向心推力球轴承	双列向心推力球轴承	成对双联向心推力球轴承	四点接触球轴承	调心球轴承	圆柱滚子轴承	双列圆柱滚子轴承	单挡	带挡边圈圆柱滚子轴承
参照页	B5 B31	B5 B28	B47	B47 B66	B47	B47 B68	B73	B81	B81 B106	B81	B81

注：符号含义：⊚ 非常可能 ◎ 十分可能 ◯ 可能 ○ 多少可能 × 不可能 ← 仅一个方向 ↔ 两个方向 ☆ 可以适用 ★ 可以适用。但是，要解决轴承配合上的伸缩。

（续）

特征 \ 轴承结构		滚针轴承	圆锥滚子轴承	双列、多列圆锥滚子轴承	调心滚子轴承	推力球轴承	带球面座圈的推力球轴承	双向推力角接触球轴承	推力圆柱滚子轴承	推力圆锥滚子轴承	推力调心滚子轴承
负荷能力	径向负荷	◎	◎	⊚	⊚	×	×	×	×	×	○
	轴向负荷	×	← ◎	↔ ◎	↔ ◯	← ◎	← ◎	↔ ◎	← ⊚	← ⊚	← ⊚
	合成负荷	×	◎	⊚	◎	×	×	×	×	×	○
高速运转		◎	◯	◯	◯	×	×	◯	○	○	○

（续）

轴承结构 / 特征	滚针轴承	圆锥滚子轴承	双列、多列圆锥滚子轴承	调心滚子轴承	推力球轴承	带球面座圈的推力球轴承	双向推力角接触球轴承	推力圆柱滚子轴承	推力圆锥滚子轴承	推力调心滚子轴承
高精度		◎			◎		⊚			
低噪音低扭矩										
刚性	◎	◎	⊚				◎	⊚	⊚	
内圈、外圈允许倾斜	○	◯	○	⊚	×	⊚	×	×	×	⊚
调心作用				☆		☆				☆
内圈、外圈之分离	☆	☆	☆		☆	☆	☆	☆	☆	☆
用于固定端			☆	☆						
用于自由端	☆		★	★						
内圈锥孔				☆						

注：摘自日本“NSK”手册。

3. 调心球轴承(GB/T 281—1994)

又名双列向心球面滚珠轴承，一般用于较长的传动轴，如通风机轴、圆锯及织布机的轴和滚筒和砂轮机主轴、中型蜗杆减速器轴的轴承。调心球轴承分成10000型、10000K型(内孔为圆锥孔)、10000K＋H0000型(带有紧定套，主要用于无轴肩的光轴上，拆装方便)。

10000型调心球轴承参数

轴承代号	内径 d	轴径 d_1^*	外径 D	宽度 B	质量(kg)
	(mm)				
(0)2系列					
126	6	—	19	6	0.009 6
127	7	—	22	7	0.015
129	9	—	26	8	0.023
1200	10	—	30	9	0.035
1201	12	—	32	10	0.042
1202	15	—	35	11	0.051
1203	17	—	40	12	0.076
1204	20	17	47	14	0.119
1205	25	20	52	15	0.144
1206	30	25	62	16	0.226
1207	35	30	72	17	0.318
1208	40	35	80	18	0.418
1209	45	40	85	19	0.469
1210	50	45	90	20	0.545
1211	55	50	100	21	0.722
1212	60	55	110	22	0.869
1213	65	60	120	23	0.915
1214	70	—	125	24	1.29
1215	75	65	130	25	1.35
1216	80	70	140	26	1.65
1217	85	75	150	28	2.10
1218	90	80	160	30	2.51
1219	95	85	170	32	3.06
1220	100	90	180	34	3.68
1221	105	—	190	36	4.40
1222	110	100	200	38	7.20
22系列					
2200	10	—	30	14	—
2201	12	—	32	14	—
2202	15	—	35	14	0.060
2203	17	—	40	16	0.088
2204	20	17	47	18	0.152
2205	25	20	52	18	0.187
2206	30	25	62	20	0.260
2207	35	30	72	23	0.441
2208	40	35	80	23	0.530
2209	45	40	85	23	0.553
2210	50	45	90	23	0.678
2211	55	50	100	25	0.810
2212	60	55	110	28	1.15
2213	65	60	120	31	1.50
2214	70	—	125	31	1.63
2215	75	65	130	31	1.71
2216	80	70	140	33	2.19
2217	85	75	150	36	2.53
2218	90	80	160	40	3.40
2219	95	85	170	43	4.20
2220	100	90	180	46	4.95
2221	105	—	190	50	6.66
2222	110	100	200	53	7.16
(0)3系列					
135	5	—	19	6	0.01
1300	10	—	35	11	0.06
1301	12	—	37	12	0.07
1302	15	—	42	13	0.099
1303	17	—	47	14	0.138
1304	20	17	52	15	0.174
1305	25	20	62	17	0.258
1306	30	25	72	19	0.39
1307	35	30	80	21	0.54

(续)

轴承代号	内径 d	轴径 d_1^*	外径 D	宽度 B	质量 (kg)	轴承代号	内径 d	轴径 d_1^*	外径 D	宽度 B	质量 (kg)
	(mm)						(mm)				
(0)3 系列						23 系列					
1308	40	35	90	23	0.71	2303	17	—	47	19	—
1309	45	40	100	25	0.96	2304	20	17	52	21	0.219
1310	50	45	110	27	1.21	2305	25	20	62	24	0.355
1311	55	50	120	29	1.58	2306	30	25	72	27	0.501
1312	60	55	130	31	1.96	2307	35	30	80	31	0.675
1313	65	60	140	33	2.39	2308	40	35	90	33	0.959
1314	70	—	150	35	2.98	2309	45	40	100	36	1.25
1315	75	65	160	37	3.55	2310	50	45	110	40	1.66
1316	80	70	170	39	4.19	2311	55	50	120	43	2.09
1317	85	75	180	41	4.95	2312	60	55	130	46	2.16
1318	90	80	190	43	5.99	2313	65	60	140	48	3.22
1319	95	85	200	45	6.98	2314	70	—	150	51	3.92
1320	100	90	215	47	8.66	2315	75	65	160	55	4.71
1321	105	—	225	49	9.55	2316	80	70	170	58	5.70
1322	110	100	240	50	11.8	2317	85	75	180	60	6.73
23 系列						2318	90	80	190	64	7.93
						2319	95	85	200	67	9.20
2300	10	—	35	17	—	2320	100	90	215	73	12.4
2301	12	—	37	17	—	2321	105	—	225	77	—
2302	15	—	42	17	—	2322	110	100	240	80	17.6

注：1. 轴径 d_1 仅适用于 10000K＋H0000 型轴承。

2. 10000K 型和 10000K＋H0000 型轴承的尺寸(d、D、B)，均与相同尺寸系列和内径代号的 10000 型轴承的尺寸相同。例：1308K 轴承和 1308K＋H308 轴承的尺寸，均可参照表中 1308 轴承的尺寸。

3. 10000K、10000K＋H0000 型参数略。

4. 圆锥滚子轴承(GB/T 297—1994)

又名单列圆锥滚子轴承，是应用比较广泛的轴承，适用于中、大功率减速器的轴、载重汽车轮轴、拖拉机履带辊轴、机床主轴轴承等。

30000 型圆锥滚子轴承(02 系列、03 系列)

轴承代号	内径 d	外径 D	轴承宽度 T	内圈宽度 B	外圈宽度 C	质量 (kg)	轴承代号	内径 d	外径 D	轴承宽度 T	内圈宽度 B	外圈宽度 C	质量 (kg)
	(mm)							(mm)					
02 系列							02 系列						
30202	15	35	11.75	11	10	0.050	30204	20	47	15.25	14	12	0.120
30203	17	40	13.25	12	11	0.078	30205	25	52	16.25	15	13	0.144

（续）

轴承代号	内径 d	外径 D	轴承宽度 T	内圈宽度 B	外圈宽度 C	质量 (kg)	轴承代号	内径 d	外径 D	轴承宽度 T	内圈宽度 B	外圈宽度 C	质量 (kg)
	(mm)							(mm)					
02 系列							03 系列						
30206	30	62	17.25	16	14	0.232	30304	20	52	16.25	15	13	0.168
302/32	32	65	18.25	17	15	0.267	30305	25	62	18.25	17	15	0.259
30207	35	72	18.25	17	15	0.327	30306	30	72	20.75	19	16	0.390
30208	40	80	19.75	18	16	0.400	30307	35	80	22.75	21	18	0.522
30209	45	85	20.75	19	16	0.442	30308	40	90	25.25	23	20	0.747
30210	50	90	21.75	20	17	0.520	30309	45	100	27.25	25	22	0.984
30211	55	100	22.75	21	18	0.705	30310	50	110	29.25	27	23	1.25
30212	60	110	23.75	22	19	0.886	30311	55	120	31.5	29	25	1.63
30213	65	120	24.75	23	20	1.16	30312	60	130	33.5	31	26	1.90
30214	70	125	26.25	24	21	1.25	30313	65	140	36	33	28	2.41
30215	75	130	27.25	25	22	1.34	30314	70	150	38	35	30	3.04
30216	80	140	28.25	26	22	1.65	30315	75	160	40	37	31	3.74
30217	85	150	30.5	28	24	2.03	30316	80	170	42.5	39	33	—
30218	90	160	32.5	30	26	2.56	30317	85	180	44.5	41	34	—
30219	95	170	34.5	32	27	3.17	30318	90	190	46.5	43	36	5.73
30220	100	180	37	34	29	3.73	30319	95	200	49.5	45	38	6.80
30221	105	190	39	36	30	4.40	30320	100	215	51.5	47	39	—
30222	110	200	41	38	32	—	30321	105	225	53.5	49	41	—
30224	120	215	43.5	40	34	6.21	30322	110	240	54.5	50	42	—
30226	130	230	43.75	40	34	—	30324	120	260	59.5	55	46	13.75
30228	140	250	45.75	42	36	8.80	30326	130	280	63.75	58	49	—
30230	150	270	49	45	38	10.2	30328	140	300	67.75	62	53	—
30232	160	290	52	48	40	13.5	30330	150	320	72	65	55	—
30234	170	310	57	52	43	—	30332	160	340	75	68	58	32.96
30236	180	320	57	52	43	18.5	30334	170	360	80	72	62	35.31
30238	190	340	60	55	46	—	30336	180	380	83	75	64	—
30240	200	360	64	58	48	27.8	30338	190	400	86	78	65	—
30244	220	400	72	65	54	35.5	30340	200	420	89	80	67	—
03 系列							30344	220	460	97	88	73	—
							30348	240	500	105	95	80	—
30302	15	42	14.25	13	11	0.096	30352	260	540	113	102	85	111.3
30303	17	47	15.25	14	12	0.130							

新旧轴承代号对照举例

新代号	30203	30224	30305	30312
旧代号	7203E	7224E	7305E	7312E

13.10

5. 推力球轴承(GB/T 301—1995)

又名止推轴承,只适用于承受轴向负荷、转速较低的机件上,例如起重机吊钩、立式水泵、立式离心机、千斤顶、低速减速器等。

51000 型(11 系列、12 系列)

轴承代号	内径 d	外径 D	高度 T	质量 (kg)	轴承代号	内径 d	外径 D	高度 T	质量 (kg)
	(mm)					(mm)			
11 系列					11 系列				
51100	10	24	9	0.019 3	51148	240	300	45	7.49
51101	12	26	9	0.021 4	51152	260	320	45	8.10
51102	15	28	9	0.024 3	51156	280	350	53	12.2
51103	17	30	9	0.025 3	51160	300	380	62	17.5
51104	20	35	10	0.037 6	51164	320	400	63	18.9
51105	25	42	11	0.056 2	51168	340	420	64	20.5
51106	30	47	11	0.066 5	51172	360	440	65	22.0
51107	35	52	12	0.082 6	51176	380	460	65	—
51108	40	60	13	0.120	51180	400	480	65	23.8
51109	45	65	14	0.150	51184	420	500	65	25.2
51110	50	70	14	0.160	51188	440	540	80	—
51111	55	78	16	0.240	51192	460	560	80	43.0
51112	60	85	17	0.290	51196	480	580	80	43.9
51113	65	90	18	0.324	511/500	500	600	80	47.1
51114	70	95	18	0.360	12 系列				
51115	75	100	19	0.392					
51116	80	105	19	0.404	51200	10	26	11	0.029 3
51117	85	110	19	0.460	51201	12	28	11	0.032 4
51118	90	120	22	0.480	51202	15	32	12	0.044 4
51120	100	135	25	1.00	51203	17	35	12	0.050 6
51122	110	145	25	1.08	51204	20	40	14	0.077 3
51124	120	155	25	1.16	51205	25	47	15	0.109
51126	130	170	30	1.87	51206	30	52	16	0.138
51128	140	180	31	2.10	51207	35	62	18	0.220
51130	150	190	31	2.20	51208	40	68	19	0.270
51132	160	200	31	2.30	51209	45	73	20	0.320
51134	170	215	34	3.30	51210	50	78	22	0.390
51136	180	225	34	3.50	51211	55	90	25	0.619
51138	190	240	37	4.10	51212	60	95	26	0.690
51140	200	250	37	4.20	51213	65	100	27	0.750
51144	220	270	37	4.65	51214	70	105	27	0.790

(续)

轴承代号	内径 d	外径 D	高度 T	质量 (kg)	轴承代号	内径 d	外径 D	高度 T	质量 (kg)
	(mm)					(mm)			
12 系列					12 系列				
51215	75	110	27	0.850	51236	180	250	56	8.90
51216	80	115	28	0.925	51238	190	270	62	11.9
51217	85	125	31	1.30	51240	200	280	62	12.4
51218	90	135	35	1.77	51244	220	300	63	13.7
51220	100	150	38	2.40	51248	240	340	78	23.6
51222	110	160	38	2.60	51252	260	360	79	25.5
51224	120	170	39	2.90	51256	280	380	80	27.8
51226	130	190	45	4.20	51260	300	420	95	43.7
51228	140	200	46	4.60	51264	320	440	95	44.3
51230	150	215	50	5.80	51268	340	460	96	45.5
51232	160	225	51	6.70	51272	360	500	110	71.0
51234	170	240	55	8.30					

新、旧轴承代号对照举例

新代号	51106	511/500	51201	51230
旧代号	8106	81/500	8201	8230

6. 深沟球轴承(GB/T 276—1994)

又名向心球轴承、弹子盘、钢珠轴承，是应用最广的滚动轴承。其特点是摩擦阻力小、转速高，常用于小功率电动机、汽车及拖拉机变速箱、机床齿轮箱、轻便运输车辆轴承箱、运输工具小轮以及一般机器用轴承。

6000 型深沟球轴承[(1)0、(0)1、(0)2、(0)3 系列]

轴承代号	内径 d	外径 D	宽度 B	质量 (kg)	轴承代号	内径 d	外径 D	宽度 B	质量 (kg)
	(mm)					(mm)			
(1) 0 系列					(1) 0 系列				
604	4	12	4	0.004 0	6000	10	26	8	0.019
605	5	14	5	0.004 5	6001	12	28	8	0.021
606	6	17	6	0.005 7	6002	15	32	9	0.026
607	7	19	6	0.007 3	6003	17	35	10	0.036
608	8	22	7	0.012	6004	20	42	12	0.069
609	9	24	7	0.016	60/22	22	44	12	—

(续)

轴承代号	内径 d	外径 D	宽度 B	质量 (kg)	轴承代号	内径 d	外径 D	宽度 B	质量 (kg)
	(mm)					(mm)			
(1) 0 系列					(0) 1 系列				
6005	25	47	12	0.075	6064	320	480	74	48.4
60/28	28	52	12	—	6068	340	520	82	67.2
6006	30	55	13	0.090	6072	360	540	82	68.0
60/32	32	58	13	—	6076	380	560	82	—
6007	35	62	14	0.16	6080	400	600	90	87.4
6008	40	68	15	0.20	6084	420	620	90	—
(0)1 系列					6088	440	650	94	107
					6092	460	680	100	—
6009	45	75	16	0.24	6096	480	700	100	—
6010	50	80	16	0.26	60/500	500	720	100	117
6011	55	90	18	0.38	(0)2 系列				
6012	60	95	18	0.41					
6013	65	100	18	0.54	623	3	10	4	0.001 6
6014	70	110	20	0.60	624	4	13	5	0.003 1
6015	75	115	20	0.63	625	5	16	5	0.005 0
6016	80	125	22	0.86	626	6	19	6	0.007 8
6017	85	130	22	0.90	627	7	22	7	0.014
6018	90	140	24	1.16	628	8	24	8	0.016
6019	95	145	24	1.18	629	9	26	8	0.019
6020	100	150	24	1.25	6200	10	30	9	0.030
6021	105	160	26	1.62	6201	12	32	10	0.037
6022	110	170	28	2.1	6202	15	35	11	0.046
6024	120	180	28	2.4	6203	17	40	12	0.065
6026	130	200	33	3.3	6204	20	47	14	0.107
6028	140	210	33	3.9	62/22	22	50	14	—
6030	150	225	35	4.8	6205	25	52	15	0.125
6032	160	240	38	5.9	62/28	28	58	16	—
6034	170	260	42	7.9	6206	30	62	16	0.205
6036	180	280	46	10.7	62/32	32	65	17	—
6038	190	290	46	11.1	6207	35	72	17	0.285
6040	200	310	51	14.8	6208	40	80	18	0.370
6044	220	340	56	19.0	6209	45	85	19	0.408
6048	240	360	56	20.7	6210	50	90	20	0.462
6052	260	400	65	28.8	6211	55	100	21	0.598
6056	280	420	65	32.1	6212	60	110	22	0.80
6060	300	460	74	42.8	6213	65	120	23	0.99

（续）

轴承代号	内径 d	外径 D	宽度 B	质量 (kg)
	(mm)			
(0) 2 系列				
6214	70	125	24	1.07
6215	75	130	25	1.39
6216	80	140	26	1.92
6217	85	150	28	1.92
6218	90	160	30	2.12
6219	95	170	32	2.61
6220	100	180	34	3.19
6221	105	190	36	3.66
6222	110	200	38	4.40
6224	120	215	40	5.20
6226	130	230	40	6.19
6228	140	250	42	9.44
6230	150	270	45	10.4
6232	160	290	48	15.0
6234	170	310	52	16.5
(0)2、(0)3 系列				
6236	180	320	52	16.5
6238	190	340	53	23.2
6240	200	360	58	24.8
6244	220	400	65	36.5
6248	240	440	72	52.6
6252	260	480	80	68.3
(0)3 系列				
633	3	13	5	0.003 0
634	4	16	5	0.005 3
635	5	19	6	0.008 2
6300	10	35	11	0.049
6301	12	37	12	0.059

轴承代号	内径 d	外径 D	宽度 B	质量 (kg)
	(mm)			
(0) 3 系列				
6302	15	42	13	0.082
6303	17	47	14	0.109
6304	20	52	15	1
63/22	22	56	16	—
6305	25	62	17	0.229
63/28	28	68	18	—
6306	30	72	19	0.34
63/32	32	75	20	—
6307	35	80	21	0.435
6308	40	90	23	0.636
6309	15	100	25	0.825
6310	50	110	27	1.05
6311	55	120	29	1.36
6312	60	130	31	1.67
6313	65	140	33	2.08
6314	70	150	35	2.56
6315	75	160	37	3.02
6316	80	170	39	3.68
6317	85	180	41	4.22
6318	90	190	43	4.91
6319	95	200	45	5.70
6320	100	215	47	7.20
6321	105	225	49	7.84
6322	110	240	50	9.22
6324	120	260	55	14.78
6326	130	280	58	16.52
6328	140	300	62	22.0
6330	150	320	65	26.0
6332	160	340	68	—
6334	170	360	72	35.6

新旧轴承代号对照举例

新代号	604	6002	623	6208	635	6310
旧代号	14	102	23	208	35	310

7. 圆柱滚子轴承(GB/T 283—2007)

又名向心短圆柱滚子轴承、罗拉轴承，只能用于承受径向负荷，但比同尺寸的深沟球轴承承受的径向负荷能力大，极限转速接近。常用于机床主轴、大功率电动机、电车和铁路车辆的轴箱等，型号有：NU0000 型(内圈无挡边)，N0000 型(外圈无挡边)。

NU0000 型内圈无挡边圆柱滚子轴承

轴承代号	内径 d	外径 D	宽度 B	质量 (kg)	轴承代号	内径 d	外径 D	宽度 B	质量 (kg)
	(mm)					(mm)			
10 系列					10 系列				
NU1005	25	47	12	0.105	NU1060	300	460	74	44.4
NU1006	30	55	13	0.139	NU1064	320	480	74	47.0
NU1007	35	62	14	0.180	NU1068	340	520	82	—
NU1008	40	68	15	0.220	NU1072	360	540	82	—
NU1009	45	75	16	—	NU1076	380	560	82	—
NU1010	50	80	16	0.297	NU1080	400	600	90	88.8
NU1011	55	90	18	0.450	NU1084	420	620	90	—
NU1012	60	95	18	—	NU1088	440	650	94	—
NU1013	65	100	18	0.522	NU1092	460	680	100	—
NU1014	70	110	20	0.718	NU1096	480	700	100	—
NU1015	75	115	20	—	NU10/500	500	720	100	—
NU1016	80	125	22	0.997	NU10/530	530	780	112	—
NU1017	85	130	22	—	NU10/560	560	820	115	—
NU1018	90	140	24	1.38	NU10/630	600	870	118	—
NU1019	95	145	24	—	(0)2 系列				
NU1020	100	150	24	1.50					
NU1021	105	160	26	1.90	NU202E	15	35	11	0.060
NU1022	110	170	28	2.03	NU203E	17	40	12	0.074
NU1024	120	180	28	2.37	NU204E	20	47	14	0.14
NU1026	130	200	33	3.84	NU205E	25	52	15	0.15
NU1028	140	210	33	4.27	NU206E	30	62	16	0.24
NU1030	150	225	35	4.80	NU207E	35	72	17	0.34
NU1032	160	240	38	6.20	NU208E	40	80	18	0.45
NU1034	170	260	42	8.04	NU209E	45	85	19	0.52
NU1036	180	280	46	10.6	NU210E	50	90	20	0.56
NU1038	190	290	46	11.1	NU211E	55	100	21	0.69
NU1040	200	310	51	14.1	NU212E	60	110	22	0.96
NU1044	220	340	56	19.0	NU213E	65	120	23	1.2
NU1048	240	360	56	20.4	NU214E	70	125	24	1.3
NU1052	260	400	65	29.4	NU215E	75	130	25	1.4
NU1056	280	420	65	29.8	NU216E	80	140	26	1.6

（续）

轴承代号	内径 d	外径 D	宽度 B	质量 (kg)	轴承代号	内径 d	外径 D	宽度 B	质量 (kg)
	(mm)					(mm)			
(0)2 系列					(0)3 系列				
NU217E	85	150	28	2.1	NU308E	40	90	23	0.70
NU218E	90	160	30	2.5	NU309E	45	100	25	1.02
NU219E	95	170	32	3.2	NU310E	50	110	27	1.29
NU220E	100	180	34	3.9	NU311E	55	120	29	1.74
NU221E	105	190	36	4.2	NU312E	60	130	31	2.05
NU222E	110	200	38	5.2	NU313E	65	140	33	2.54
NU224E	120	215	40	6.4	NU314E	70	150	35	3.09
NU226E	130	230	40	7.3	NU315E	75	160	37	3.76
NU228E	140	250	42	9.1	NU316E	80	170	39	4.48
NU230E	150	270	45	11.8	NU317E	85	180	41	5.25
NU232E	160	290	48	14.2	NU318E	90	190	43	6.06
NU234E	170	310	52	18.1	NU319E	95	200	45	7.05
NU236E	180	320	52	19.6	NU320E	100	215	47	8.75
NU238E	190	340	55	22.6	NU321E	105	225	49	9.80
NU240E	200	360	58	27.1	NU322E	110	240	50	11.9
(0)3 系列					NU324E	120	260	55	15.6
					NU326E	130	280	58	18.5
NU303E	17	47	14	0.15	NU328E	140	300	62	21.6
NU304E	20	52	15	0.20	NU330E	150	320	65	27.5
NU305E	25	62	17	0.28	NU332E	160	340	68	31.6
NU306E	30	72	19	0.41	NU334E*	170	360	72	38.0
NU307E	35	80	21	0.55					

注：1. NU334E 轴承为市场产品。

2. N0000 型轴承的外形尺寸（d、D、B），与相同内径的 NU0000 型轴承相同。

新旧轴承代号对照举例

新代号	NU1006	NU205E	NU307E	N1012	N208	N310
旧代号	32106	32205E	32307E	2112	2208	2310

8. 申龙ⅢA(SL－ⅢA)新型轴承

“申龙ⅢA”是一种改性高分子材料，通过稀土及纳米改性技术获得，其在水润滑条件下具有优良的耐摩擦、耐磨损特性，有高承压能力及较好的抗冲击及自润滑性。产品综合性能达到国际先进水平，得到 CCS、LR、NK、DNV、GL、ABS 等国外船级社认可证书。

用途：用于国内外船舶舰轴承、舵轴承，还广泛应用于冶金、石化、纺织、制药、食品、造纸等行业，常作为轴承、轴套、齿轮、推进滑块、耐磨衬板等使用，是替代进口的新型材料。

特性：独特的耐磨性，耐磨损量之比：黄铜 15、尼龙 8.5、铁梨木 1，改性尼龙 0.26，橡胶 0.1，SL－ⅢA 仅为 0.06，因此艉轴承正常使用寿命 6 年，舵轴承正常使用寿命 10 年。

"申龙ⅢA"密度 1.16 g/cm³，压缩强度 133 MPa，压缩模量 3 580 MPa，冲击强度＞125 kJ/m²，硬度(邵氏 D)＞65，线胀系数 5.81×10^{-5}(1/℃)。

规格：呈筒形外径 $\phi100\sim\phi900$(mm)，长度：450～900(mm)，板厚 5～50(mm)。

设计要点：最小壁厚推荐公式：$\delta=0.0435D+6.35$(mm)，D 为轴计算直径(mm)，油润滑艉轴承 $L/D=2:1$，水润滑艉轴承 $L/D=4:1$，当工作压力 $P\leqslant0.55$ N/mm² 时，$L/D=2:1$。舵轴承：舵柄轴承 $L/D=1.2\sim1.8$，舵肖轴承 $L/D=1\sim1.2$，设计压力 $p=10$ N/mm²。

9. 脚　　轮

脚轮是购物车、医疗设备、高级设备以及轻便型手推车的重要部件，且应用日渐广泛，专业厂已研制出八大系列，1 000 多个品种用于各行业，现介绍 3 系列中的三种脚轮。4 系列中一种脚轮。

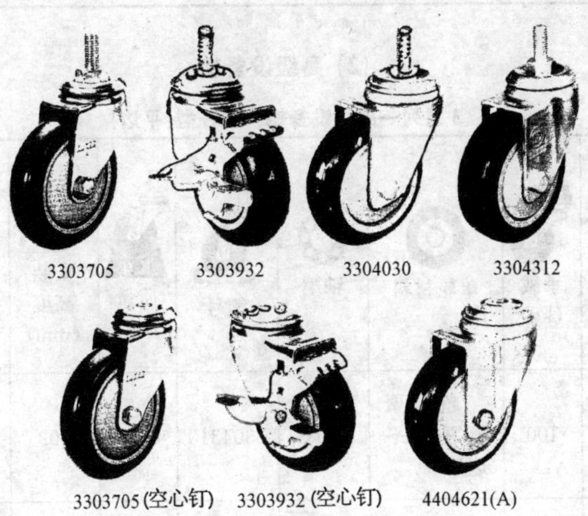

3303705　3303932　3304030　3304312

3303705(空心钉)　3303932(空心钉)　4404621(A)

(1) 购物车轮

3 系列—购物车轮—丝杆型

轮径(mm)	轮宽(mm)	承载(kg)	单轮材料	轴承	编号	质量(kg)	安装高度(mm)	丝杆规格(mm)	转动半径(mm)
75	25	70	超静聚氨酯	滚珠	3303703	0.44	104	12×25 (12×35)	70
		70	超静人造酯	滚珠	3303745				
		75	超级聚氨酯	滚珠	3303787				

（续）

轮径(mm)	轮宽(mm)	承载(kg)	单轮材料	轴承	编号	质量(kg)	安装高度(mm)	丝杆规格(mm)	转动半径(mm)
100	25	80	超静聚氨酯	滚珠	3303705	0.51	129	12×25(12×35)	82
		80	超静人造酯	滚珠	3303747				
		85	超级聚氨酯	滚珠	3303789				
125	25	82	超静聚氨酯	滚珠	3303706	0.62	154	12×25(12×35)	93
		82	超静人造酯	滚珠	3303748				
		87	超级聚氨酯	滚珠	3303790				

(2) 高级设备轮

3系列—高级设备轮—丝杆型(平边)

轮径(mm)	轮宽(mm)	承载(kg)	单轮材料	轴承	编号	质量(kg)	安装高度(mm)	丝杆规格(mm)	转动半径(mm)
75	32	100	超级聚氨酯（平边）	滚珠	3304310	0.61	109	12×25(12×35)	74
90	32	110	超级聚氨酯（平边）	滚珠	3304311	0.67	122	12×25(12×35)	81
100	32	130	超级聚氨酯（平边）	滚珠	3304312	0.72	132	12×25(12×35)	86
125	32	140	超级聚氨酯（平边）	滚珠	3304313	0.84	156	12×25(12×35)	98

(3) 平底型轮

4 系列—平底型—耐力边刹轮

轮径(mm)	轮宽(mm)	承载(kg)	单轮材料	轴承	编号	质量(kg)	安装高度(mm)	底板规格长×宽(mm)	底板孔距(mm)	孔径(mm)	转动半径(mm)
100	50	280	耐力尼龙	滚珠	4404619	2.21	145	114×100	84×71	11	82
125	50	350	耐力尼龙	滚珠	4404620	2.39	168	114×100	84×71	11	99
150	50	410	耐力尼龙	滚珠	4404621	2.65	193	114×100	84×71	11	114
200	50	420	耐力尼龙	滚珠	4404622	3.23	243	114×100	84×71	11	149

注：安装高度：底板上平面至脚轮下切线的距离；转动半径：顶板中心至脚轮垂直切线。

(4) 选择合适的脚轮

名称	必须考虑的因素
车轮的选择	(1) 考虑路面平整度、有无障碍物、残留物(铁屑、油脂)、环境温度及车轮承载等，例如，橡胶轮不耐酸、油脂及化学物品 (2) 计算承载重量：$T=\dfrac{E+Z}{M}\times N$，T——单轮或脚轮所需承载重量； E——运输设备(小车)的自重； Z——装运物品的最大荷重； M——所用单轮或脚轮的数量； N——安全系数(约 1.3～1.5) (3) 决定轮径：车轮直径愈大、愈易推动、也较能保护地面不受损坏 (4) 车轮材质：通常车轮材质有尼龙轮，超级聚氨酯轮、高强度聚氨酯轮、高强度人造胶轮、铁轮、打气轮 超级聚氨酯轮、高强度聚氨酯轮，在室内外地面行驶，均能满足搬运要求，高强度人造胶轮则适用于酒店、医疗器械、楼层、木地板、瓷砖地面以及要求行走时噪音小，宁静的地面上行驶 尼龙轮、铁轮适用于在不平的地面以及有铁屑的场地行驶 打气轮：适用于轻荷重及路面软而不平坦场合行驶 温度状况，在严寒和高温场合对脚轮影响很大。聚氨酯轮在－45 ℃低温，仍能转动灵活自如，耐高温 275 ℃下仍能转动轻便
轮架的选择	(1) 超市、学校、医院、办公楼、酒店等地方地板良好、平滑，搬运货物较轻(每只脚轮承载 10～140 kg)，适合选择 2～4 mm 薄钢板冲压成形的电镀轮架 (2) 工厂、仓库，货物搬运频繁且负荷较重(每只脚轮承载 280～420 kg)，适合选用 5～6 mm 钢板冲压热锻并焊接的双排滚珠轮架 (3) 用于搬运重物的纺织厂、汽车厂、机械厂等地方(每只脚轮承载 350～1 200 kg)，故应选择 8～12 mm 厚钢板焊成的轮架，使脚轮能承受重负荷，抗撞击等功能

第十四章　新型工程塑料及机械零件

工程塑料是指可以作为结构件的塑料，它具有类似金属的特性，可以替代各种金属用于机械零件或工程结构使用。塑料之所以在工程上获得广泛应用，是因为其原材料充沛，价格低廉，更主要是具有良好的物理、化学、力学性能以及下列特征。

1. 工程塑料特性

(1) 质轻，其密度为 0.83～2.3 g/cm^3，大多在 1～1.5 g/cm^3，仅是钢的 1/7～1/4。

(2) 比强度高(强度/密度)，与金属相当甚至高于金属。

(3) 耐化学腐蚀性好，它对酸、碱等化学物品具有良好的抗腐蚀能力。

(4) 减摩及耐磨性好，自润滑性能良好。

(5) 消声吸振性良好，用塑料制成的机械传动件噪声小，使用寿命高。

(6) 电绝缘性能优异。

塑料刚性和耐热性差，温度升高后，强度明显降低，且其导热性差、线胀系数约为钢的 10 倍，这些都是它的不足之处。

2. 塑料类别及品种

塑料按用途和特性分为通用塑料、工程塑料和耐高温塑料三类，见下表。

类　别		常用塑料品种
通用塑料		聚乙烯(PE)、聚丙烯(PP)、聚氯乙烯(PVC)、聚苯乙烯(PS)、酚醛塑料、氨基塑料等
工程塑料	通用工程塑料	聚酰胺(PA 尼龙)、聚碳酸酯(PC)、聚甲醛(POM)、聚苯醚(PPO)、热塑性聚酯、ABS 等
	特种工程塑料	聚砜(PSU)、芳香族聚酰酯、聚醚醚酮(PEEK)、氟塑料、聚酰亚胺(PI)、聚苯硫醚(PPS)、聚芳酯(PAR)、聚苯酯等
耐高温塑料		有机硅塑料、氟塑料、聚酰亚胺、聚苯硫醚、聚苯并咪唑、聚二苯醚、芳香尼龙、聚香砜等

注：1. 塑料品种下面有黑线者为热塑性塑料，这类塑料的特点是受热时软化或熔融，当被塑制成型，冷却后硬化。该过程可多次反复进行，具有可逆性。热塑性塑料的主要优点是加工成型简便，具有较好的物理力学性能，缺点是耐热性及刚性较差。

2. 通用塑料产量大、价格低、应用范围广，其产量占全部塑料产量 75%以上。

3. 工程塑料是力学性能比较好，可以代替金属用作工程结构材料的一类塑料，可用挤压、注射、浇注、模塑或压制等方法加工成型。

3. 常用热塑料综合性能

性能名称		聚甲醛(POM) 均聚	聚甲醛(POM) 共聚	聚碳酸酯 PC	氟塑料 PIFE	氟塑料 PCTFE	氟塑料 FEP
物理性能	密度(g/cm³)	1.42～1.43	1.41～1.43	1.18～1.20	2.1～2.2	2.1～2.2	2.1～2.2
	吸水率(%)	0.2～0.27	0.22～0.29	0.2～0.3	0.01～0.02	0.02	0.01
	摩擦系数	0.15～0.35	0.15～0.35	—	0.04	—	0.08
力学性能	抗拉强度(MPa)	58～70	62～68	60～88	14～25	31～42	19～22
	拉伸弹性模量(GPa)	2.9～3.1	2.8	2.5～3.0	0.4	1.1～2.1	0.35
	断后伸长率(%)	15～75	40～75	80～95	250～500	50～190	250～330
	抗压强度(MPa)	122	113	—	—	—	—
	抗弯强度(MPa)	98	91～92	94～130	18～20	52～65	—
	冲击韧度(J/m²)	64～123	53～85	640～830	107～160	192	—
	硬度(HRR)	118～120	120	68～86	50～65HD	74HD	60～65HD
热性能	线胀系数(10^{-5}/K)	10	11	6～7	10～12	4.5～7.0	8.5～10.5
	无载最高使用温度(℃)	91	100	121	288	177～199	204
	连续耐热温度(℃)	121	80	120	—	—	—
成型加工	成型收缩率(%)	2.0～2.5	2.0～3.0	0.5～0.8	1～5(模压)	1～2.5	2～5
	挤出成型温度(℃)	160～190	160～190	220～270	—	—	—
	注射成型温度(℃)	160～185	160～185	250～300	—	—	—
	注射成型压力(MPa)	60～130	60～130	80～160	—	—	—

性能名称		有机玻璃 PMMA	聚酰胺(尼龙)PA PA-6	聚酰胺(尼龙)PA PA-66	聚酰胺(尼龙)PA PA-610	聚酰胺(尼龙)PA PA-1010	聚酰胺(尼龙)PA 铸型PA-MC
物理性能	密度(g/cm³)	1.17～1.20	1.13～1.15	1.14～1.15	1.07～1.09	1.04～1.07	1.10
	吸水率(%)	0.20～0.40	1.9～2.0	1.5	0.5	0.39	0.6～1.2
	摩擦系数	—	0.15～0.4	0.15～0.40	—	—	0.15～0.30
力学性能	抗拉强度(MPa)	50～77	54～78	57～83	47～60	52～55	77～92
	拉伸弹性模量(GPa)	2.4～3.5	—	—	—	1.6	2.4～3.6
	断后伸长率(%)	2.7	150～250	40～270	100～240	100～250	20～30
	抗压强度(MPa)	—	60～90	90～120	70～90	65	—
	抗弯强度(MPa)	84～120	70～100	60～110	70～100	82～89	120～150
	冲击韧度(J/m²)	14.7	53.3～64	43～64	3.5～5.5	4～5	500～600
	硬度	10～18HBS	85～114HRR	100～118HRR	90～130HRR	71HBS	14～21HBS

（续）

性能名称		有机玻璃	聚酰胺(尼龙)PA				
		PMMA	PA-6	PA-66	PA-610	PA-1010	铸型 PA-MC
热性能	线胀系数(10^{-5}/K)	5～9	7.9～8.7	9.1～10	9.0	10.5	8～9
	无载最高使用温度(℃)	65～95	82～121	82～149	—	—	—
成型加工	成型收缩率(%)	0.2～0.6	—	1.5～2.2	1.5～2.0	1～2.5	径向 3～4 纵向 7～12
	挤出成型温度(℃)	—	230～260	250～315	230～270	210～280	—
	注射成型温度(℃)	220～250	210～280	230～300	230～260	210～240	—
	注射成型压力(MPa)	70～130	70～160	60～150	60～150	60～150	—

性能名称		聚乙烯(PE)		聚丙烯(PP)	聚氯乙烯(PVC)		聚苯乙烯(PS)	丙烯腈-丁二烯-苯乙烯(ABS)
		高密度	低密度		硬质	软质		
物理性能	密度(g/cm³)	0.941～0.965	0.91～0.925	0.90～0.91	1.30～1.58	1.16～1.35	1.04～1.10	1.03～1.06
	吸水率(%)	<0.01	<0.01	0.03～0.04	0.07～0.4	0.5～1.0	0.03～0.30	0.20～0.25
力学性能	抗拉强度(MPa)	21～38	3.9～15.7	35～40	45～50	10～25	50～60	21～63
	拉伸弹性模量(GPa)	0.4～1.03	0.12～0.24	1.1～1.6	3.3	—	2.8～4.2	1.8～2.9
	断后伸长率(%)	20～100(断裂)	90～800	200	20～40	100～450	1.0～3.7	23～60
	抗压强度(MPa)	18.6～24.5	—	—	—	—	—	18～70
	抗弯强度(MPa)	—	—	42～56	80～90	—	69～80	62～97
	冲击韧度(悬臂梁,缺口)(J/m²)	80～1 067	853.4	10～100	30～40 kJ/m²(简支梁,无缺口)	—	10～80	123～454
	硬度	60～70HD②	41～50HD②	50～102HRR	14～17HBS	50～75HA②	65～80HRM	62～121HRR
热性能	比热容[kJ/(kg·K)]	2.30	—	1.93	1.05～1.47	1.26～2.10	1.40	1.26～1.67
	线胀系数(10^{-5}/K)	11～13	16～18	10.8～11.2	5～6	7～25	3.6～8.0	5.8～8.5
	热导率[W/(m·K)]	0.46～0.52	0.35	0.1～0.21	0.15～0.21	0.13～0.17	0.10～0.14	0.19～0.33

（续）

性能名称			聚乙烯(PE)		聚丙烯(PP)	聚氯乙烯(PVC)		聚苯乙烯(PS)	丙烯腈-丁二烯-苯乙烯(ABS)
			高密度	低密度		硬质	软质		
热性能	热变形温度(℃)	1.82 MPa	43～54	—	52～60	54～79	—	79～99	87～99
		0.46 MPa	60～88	38～49	85～110	57～82	—	—	99～107
	最高使用温度(无载荷)(℃)		79～121	82～100	88～116	66～79	60～79	60～79	66～99
	连续耐热温度(℃)		85	—	—	—	—	—	130～190
成型加工	成型收缩率(%)		1.5～4.0	1.2～4.0	1.0～2.5	0.1～0.5	1～5	0.2～0.7	0.3～0.6
	挤出成型温度(℃)		150～280	120～180	150～280	140～190	120～190	—	160～200
	注射成型温度(℃)		150～280	120～230	230～290	140～190	—	170～260	200～240
	注射成型压力(MPa)		50～130	50～100	50～100	80～130	—	60～130	60～100

注：聚乙烯(高密度)：摩擦系数 0.21；聚苯乙烯：折射率 1.59no，透光率 88°。

4. 热塑性塑料的特性和应用举例

名称及代号	主要特性	工程应用举例
聚甲醛(POM)	聚甲醛树脂，系以甲醇为初始原料，由三聚甲醛，或与少量的二氧化环反应聚合而成。它是工程塑料，属高新技术类化工精细产品，综合性能良好，硬度、强度、刚度、冲击韧性、耐疲劳性、抗蠕变性等均较高，优于其他一些热塑性塑料，能替代铜、铝、锌等有色金属和合金制品。 聚甲醛略有缺口敏感性；摩擦系数低、耐磨；吸水性小，耐化学药品侵蚀；尺寸稳定性好；强度受湿度影响很小，在热水中浸泡仍能保持高弹性模量；电性能优良，受频率、温度变化的影响很小	聚甲醛被称为"塑料金属"，广泛应用于汽车制造、电子电器、机械加工、仪器仪表等生产领域。可制作轴承、齿轮、凸轮、阀门、泵叶轮、汽车仪表板、外壳、罩、盖、箱体、化工容器、配电盘等
聚乙烯 (PE)	由乙烯气体聚合而成，有高、中、低三种密度，耐化学腐蚀，电绝缘性优良，吸水性很小；强度、刚度、硬度和耐热性随密度增加而增加；冲击韧度、收缩率以及耐应力开裂性随密度增加而降低；低密度聚乙烯的柔软性、伸长率和透明度较好，超高分子量聚乙烯的冲击强度突出，能耐磨、自润滑、耐疲劳，但需冷压再烧结成型	用作耐腐蚀件，如化工管道、阀杆；可制作小载荷齿轮、轴承、电缆护套、薄膜、容器等

（续）

名称及代号	主 要 特 性	工程应用举例
聚丙烯(PP)	由丙烯气体聚合而成，分硬质和软质，是塑料中密度最小的一种。耐化学腐蚀性优良，高频绝缘性良，不受湿度影响；强度、刚度、硬度比高密度聚乙烯优；耐热性较高，可在 100 ℃左右使用；耐蒸汽，尺寸稳定性优良	用于工程的一般结构件，如泵叶轮、汽车零件、化工容器、管道、涂层、蓄电池匣等
聚氯乙烯(PVC)	可由乙炔气体和氯化氢反应制成，分硬质、半硬质和软质三类。耐化学腐蚀、耐湿性和电绝缘性能优良；气密性、耐燃性好；硬质 PVC 的耐候性、耐老化性、耐冲击性、耐磨性以及强度均较好；热稳定性较差	用于耐腐蚀件，如化工管道、通风管、泵、风机，绝缘件如插头、开关、电缆绝缘层及密封件
聚苯乙烯(PS)	可由乙烯气体与苯反应聚合而成。此种塑料无色透明，透光率仅次于有机玻璃，吸湿性低，电绝缘性、尺寸稳定性优良，硬度高；疲劳寿命长；易燃(燃烧缓慢)，因产生静电，易吸附灰尘；不耐汽油及苯等有机溶剂	用于制作仪表仪器外壳、指示灯罩、电讯零件、装饰件、耐腐蚀件，如氢氟酸槽等
丙烯腈-丁二烯-苯乙烯(ABS)	可由丙烯腈(A)、丁二烯(B)、苯乙烯(S)三种单体聚合而成：分硬质、半硬质和特殊等级。 ABS综合性能好，增加 S，可改善刚性、表面光泽和成型加工性；含 B 高，则冲击韧度高，但强度和耐候性降低；增加 A 可提高耐腐性、热稳定性和抗老化性	用于制作一般结构件，如电动机外壳、仪表壳、汽车零件、齿轮、轴承、泵叶轮、轿车车身、装饰件、蓄电池槽等
聚酰胺(又称尼龙)(PA)	可由氨基酸脱水缩聚而成，或由二元胺与二元酸反应聚合而成。其特性是坚韧、耐磨、耐疲劳、抗蠕变性优良，PA-6 的弹性、冲击韧度较高；PA-66 强度较高，摩擦系数较低；PA-1010 半透明，吸水性较小，耐寒性较好，铸型 PA 与 PA-6 相似，强度及耐蚀性较高，可制大型机械零部件，如轴承、齿轮、蜗轮等	用于汽车、机械、化工和电气零部件的制作，如轴承、齿轮、凸轮、滚子、泵叶轮、高压密封圈、阀座、输油管等
聚碳酸酯(PC)	力学性能良好，冲击韧度优异，延展性突出，尺寸稳定性高；吸水性低、耐热性高于 PA 和 POM，电性能优良；对紫外线敏感、长期暴露会发黄；减摩，耐磨和耐疲劳性能较差；不耐碱、胺、芳香烃等侵蚀	用于制作轴承、齿轮、蜗轮、齿条、凸轮、滑轮、泵叶轮、罩壳、接线板、线圈筒等电器零件，以及计算机零部件

（续）

名称及代号	主 要 特 性	工程应用举例
氟塑料 （1）聚四氟乙烯（PTFE） （2）聚三氟氯乙烯（PCTEF） （3）聚全氟乙烯丙烯（FEP）	氟塑料是总称、主要品种有：PTFE、PCTEF、FEP。 （1）聚四氟乙烯（PTFE）耐腐蚀性突出，能耐所有化学物品（包括强氧化剂“王水”），但会受熔融碱金属侵蚀；摩擦系数低（是塑料中最低的）；自润滑性优异；耐热性高、可在－200～260 ℃范围内长期使用；电性能优良，不受频率变化影响；不粘、不吸水，线膨胀系数大，尺寸稳定性差；冷流性（蠕变）大，耐磨性差；需模压烧结成型；抗辐射性和电晕性较差。 （2）聚三氟氯乙烯（PCTEF）耐腐蚀、耐高温和电性能略次于PTFE；可在－100～190 ℃范围内长期使用；硬度、抗蠕变性和抗辐射性略优于PTFE，可注塑成型。 （3）聚全氟乙烯丙烯（FEP）与PTFE相比，使用温度约低50 ℃，强度、硬度较高，冲击韧性突出，其他性能相似	用于化工设备上的耐腐蚀零部件的制作，如管道、阀门、阀座、高压密封填料、齿轮、轴承、隔膜、垫圈，反应锅、贮槽、通风机、离心机等的衬里和涂层；电子仪器高频绝缘、高频电缆、线圈绝缘等

5. 塑料棒材

(1) 尼龙1010棒材

【规格尺寸】

棒材公称直径（mm）	允许偏差（mm）	棒材公称直径（mm）	允许偏差（mm）
10	+1.0 0	60	+3.0 0
12	+1.5 0	70	
15		80	+4.0 0
20	+2.0 0	90	
25		100	
30	+3.0 0	120	+5.0 0
40		140	
50		160	

【技术指标】

项目			指标
密度(g/cm³)			1.04～1.05
抗拉屈服强度(MPa)	≥		49～59
断裂强度(MPa)	≥		41～49
相对伸长率(%)	≥		160～320
拉伸弹性模量(MPa)	≥		0.18×10^4～0.22×10^4
抗弯强度(MPa)	≥		67～80
弯曲弹性模量(MPa)	≥		0.11×10^4～0.14×10^4
抗压强度(MPa)	≥		46～56
抗剪强度(MPa)	≥		39～41
布氏硬度(MPa)	≥		7.3～8.5
冲击韧度(J/cm²)	≥	缺口	1.47～2.45
		无缺口	不断

注：用于切削加工制作成螺母、轴套、垫圈、齿轮、密封圈等机械零件，以代替铜和其他金属制件。

(2) 聚四氟乙烯棒材(QB/T 3626—1999)

【尺寸及偏差】

(mm)

直径	直径允许公差	长度及公差	直径	直径允许公差	长度及公差
1.6	+0.4 0	≥100 ±5	110	+6.0 −0.5	≥100 ±5
2.0			Δ10		
3.0			200		
4.0	±0.5		220	+10 −0.5	
Δ1			Δ20		
16.0			300		
18.0	$18\sim40^{+1.0}_{-0.5}$ $42\sim50^{+1.5}_{-0.5}$		Δ50		
Δ2			450		
50					
55	+3.0 −0.5				
Δ5					
100					

注：表中Δ1、Δ2、Δ5、Δ10、Δ20分别表示长度间隔(mm)。

【技术指标】

项　　目	指　标	
	SFB-1	SFB-2
密度(g/cm³)	2.10～2.30	2.10～2.30
直径(mm)	≤16	≥18
拉伸强度(MPa)	≥14.0	—
断裂伸长率(%)	≥140	—
用　途	用作各种腐蚀性介质中工作的衬垫、密封件和润滑材料以及在各种频率下使用的电绝缘零件	

6. 常用泡沫塑料的特性和用途

工业常用泡沫塑料制品有：聚氯乙烯泡沫塑料(分硬质和软质)、聚苯乙烯泡沫塑料(分可发性聚苯乙烯泡沫塑料和乳液聚乙烯泡沫塑料，前者简称PS型，后者简称PB型)、聚氨酯泡沫塑料(分软质和硬质)、聚乙烯泡沫塑料等。

泡沫塑料共同的特性是：①密度小，质量轻；②导热率低；③不燃烧，离火自熄；④保暖(温)、隔热、隔音、防震；⑤耐酸、碱，耐油；⑥吸水性小；⑦施工方便。

聚氯乙烯泡沫塑料的原料来源丰富，是目前产量最多的品种之一，常用于船舶、车辆、建筑及冷冻设备作为隔热装置和包装材料。

聚苯乙烯泡沫塑料，PS型强度较高，耐低温性能好，常用作隔热、保温、防水、吸音材料以及仪器仪表、工艺品、易碎易损物品的缓冲防震的包装材料，PB型硬度大，耐热性及机械强度高，泡孔均匀细致，一般用于无线电电信工业，作为高频绝缘构件，也适用于要求硬度大、耐热性及强度高的隔热和防震工程材料。

聚氨酯泡沫塑料，软质(聚醚型、聚酯型)，无毒不霉，有优良的隔热、保温、吸音及防震等特性，且有较高的延伸性，颜色鲜艳，耐油、耐皂水洗涤且快干，挺括不皱，可在－40～100℃范围内使用，广泛用于日用品工业，也用于交通运输、电讯器材、机械、建筑等行业，作为包装、吸音、隔热、过滤、吸尘和防潮等材料，因其柔软性好，亦适用于服装、手套、衬里，家具软垫。硬质的有相当的机械强度，优异的隔音、吸音、防震性能，电绝缘与抗老化性能均好，与金属、木材、水泥及其他非金属材料的粘结性能很好。成型工艺简单，可就地发泡，现场喷涂施工。主要用于制冷、造船、车辆、冷藏运输、航空、建筑、炼油、采矿以及化工管道等工业部门，作为保温、隔热、隔音防震以及零部件的包装材料。

聚乙烯泡沫塑料质轻、耐油、耐寒、隔热、吸音、耐酸碱、弹性好、吸水性小，易于弯曲，广泛用于各行业的隔热、保温、吸音和防震等工程。

泡沫塑料在用于船舶隔热时，将其紧贴轻型围壁并用装饰板封住。建筑上通常使用夹芯板，是将泡沫塑料夹在两层面板中间组合而成，面板采用彩色金属板或装饰板。目前市场上有聚苯乙烯夹心板和聚氨酯夹心板等(见第三十二章)。

可发性聚苯乙烯泡沫塑料在现场发泡时，会挥发出一种带溶剂的可燃气体，一定要注意安全，不可近火，慎防爆烧。

(1) 软质聚氨酯泡沫塑料分类及技术指标(GB/T 10802—2006)

【分类】

类 别	型 号	表观密度(kg/m³)	主要用途
聚醚类	JM-15	15.0	包装
	JM-20	20.0	家具、靠垫、床垫、服装、鞋帽衬里、包装
	JM-25	25.0	家具、坐垫、靠垫、床垫、服装、鞋帽衬里、包装
	JM-30	30.0	家具、坐垫、靠垫、床垫、地毯衬垫、服装、鞋帽衬里、包装
聚酯类	JZh-35	35.0	服装、鞋帽衬里、垫肩、包装

【规格】

长、宽基本尺寸(mm)	尺寸偏差(mm)	
	优等品和一等品	合 格 品
≤1 000	+20	+30
1 001～2 000	+30	+40
2 001～3 000	+30	+40
3 001～4 000	+40	+50
>5 000	+50	+70

【厚度及偏差】

厚度(mm)	极限偏差(mm)	厚度(mm)	极限偏差(mm)
<25	±1.5	>75～125	+4.5 −1.5
>25～75	+3 −1.5	>125	+1.5 −3

【外观质量】

项 目	外 观 要 求	
	优等品和一等品	合 格 品
色泽	基本均匀、允许有轻度黄芯	允许有杂色、黄芯
气孔	不允许有尺寸大于 3 mm 的对穿孔和大于 6 mm 的气孔	不允许有尺寸大于 6 mm 对穿孔和大于 10 mm 的气孔

(续)

项　目	外 观 要 求	
	优等品和一等品	合 格 品
裂缝	不允许有裂缝	每平方米内弥合裂缝总长小于200 mm
两侧表皮	不允许两侧有表皮	片材两侧斜表皮宽度不超过厚度的一倍，并且最大不得超过 40 mm
污染	允许轻微存在	不允许严重污染

【技术指标】

		JM-15	JM-20	JM-25	JM-30	JM-35
表观密度(kg/m³)≥	优等品	15	20	25	30	
	一等品	15	20	25	30	35
	合格品	15	20	25	30	35
拉伸强度(kPa)≥	优等品	90	100	100	100	
	一等品	85	90	90	90	200
	合格品	80	85	85	85	160
伸长率(%)≥	优等品	220	200	180	180	
	一等品	200	180	160	150	350
	合格品	180	160	140	130	300
75%压缩永久变形(%)≥	优等品	5.5	5.0	4.5	4.0	
	一等品	7.0	7.0	6.0	6.0	10
	合格品	10	10	10	10	10
回弹率(%)≥	优等品	40	45	45	45	
	一等品	35	40	40	40	25
	合格品	30	35	35	35	20
撕裂强度(N/cm)≥	优等品	3.5	3.5	2.5	2.5	
	一等品	3.0	3.0	2.2	2.2	6.0
	合格品	2.5	2.5	1.7	1.7	5.0
压陷 25%时的硬度(N)≥	优等品	70	85	85	95	
	一等品	60	80	80	90	—
	合格品	50	75	30	80	—

（续）

		JM-15	JM-20	JM-25	JM-30	JM-35
压陷 65%时的硬度(N)≥	优等品	120	130	140	180	
	一等品	90	120	130	160	—
	合格品	90	120	130	140	—
60%/25%压陷比≥	优等品	1.5	1.5	1.5	1.8	
	一等品	1.5	1.5	1.5	1.7	—
	合格品	1.4	1.4	1.5	1.5	—

注：上表为 GB/T 10802—1989 常用型号，有参考价值，现行标准 GB/T 10802—2006 技术指标见下表。

分类等级	245N	196N	151N	120N	93N	67N	40N	22N
抗拉强度(kPa)≥	100			90			80	
伸长率(%)≥	100			130			150	
撕裂强度(N/cm²)≥	1.8			2.0			2.5	
25%压陷硬度(N)	±18		±14		±12		±8	
65%/25%压陷比	>1.8							
回弹率(%)	≥35							
压缩永久变形(%)	≤8							
干热老化后拉伸强度(kPa)	≥55							
湿热老化后拉伸强度(kPa)	≥55							

(2) 高回弹软质聚氨酯泡沫塑料(QB/T 2080—1995)

【分类】

型　号	密　　度	主 要 用 途
HR-Ⅰ	≥40 kg/m³	家具、床垫、坐垫、靠垫
HR-Ⅱ	≥65 kg/m³	摩托车坐垫

【规格】

块 状 泡 沫		模 塑 制 品	
长、宽基本尺寸(mm)	极限偏差(mm)	长、宽基本尺寸(mm)	极限偏差(mm)
≤250	+5	≤600	+6
>250～500	+10	>600～800	+8

（续）

块状泡沫		模塑制品	
长、宽基本尺寸(mm)	极限偏差(mm)	长、宽基本尺寸(mm)	极限偏差(mm)
>500～1 000	+20	>800～1 000	+10
>1 000	+30	>1 000～1 200	+12
		>1 200	+14

【厚度极限偏差】

厚度基本尺寸(mm)	极限偏差(mm)	厚度基本尺寸(mm)	极限偏差(mm)
≤25	+3	>100	+5
>25～100	+4		

【外观质量】

项目	外观要求
色泽	基本均匀一致
气味	不允许有刺激皮肤、令人厌恶的气味
硬皮	不允许有影响装饰后外观的硬皮
气孔	不允许有尺寸大于 6 mm 的对穿孔和大于 10 mm 的气孔
裂缝	不允许有裂缝
凹陷	不允许有深度大于 2 mm 的凹陷，凹陷面积不得超过制品使用表面积的 7%
污染	不允许有明显污染

注：修补后的制品应符合表中要求，修补总面积不得超过制品使用表面积的 10%。

【技术指标】

项目		指标	
		HR-Ⅰ	HR-Ⅱ
密度(kg/m³)	≥	40	65
拉伸强度(kPa)	≥	80	100
断裂伸长率(%)	≥	100	90
回弹率(%)	≥	60	55
撕裂强度(N/cm)	≥	1.75	2.50
干热老化后拉伸强度最大变化率(%)(140 ℃，17 h)		±30	±30
湿热老化后拉伸强度最大变化率(%)(105 ℃ 100%RH 3 h)		±30	±30

（续）

项　　目		指　标	
		HR-Ⅰ	HR-Ⅱ
75%压缩永久变形（%）（70 ℃　22 h）	≤	10	10
压陷25%时的硬度（N）	≥	120	180
压陷65%时的硬度（N）	≥	315	468
65%/25%压陷比	≥	2.6	2.6

(3) 隔热用聚苯乙烯泡沫塑料（GB/T 3807—1994）

【分类】

分类方法	分类名称	说　明
按用途分	第Ⅰ类	应用于不承受负荷，如作为屋顶、墙壁及其他隔热材料
	第Ⅱ类	承受有限负荷，如地板隔热等
	第Ⅲ类	承受较大负荷，如停车平台隔热等
按阻燃状况分	普通型 PT	
	阻燃型 ZR	

【规格】

厚度（mm）	偏差（mm）	长宽、宽度（mm）	偏差（mm）
＜50	±2	＜1 000	±5
50～75	±3	1 000～2 000	±8
75～100	±4	＞2 000～4 000	±10
＞100	买卖双方决定	＞4 000	正偏差不限，－10

【外观质量】

项目	外 观 要 求	
	普通型（PT）	阻燃型（ZR）
色泽	白色	混有颜色的颗粒
外形	基本平整，无明显膨胀和收缩变形	同左
熔结	熔结良好，无明显掉粒	同左
杂质	无明显油渍和杂质	不准有油渍和杂质

【技术指标】

项　　目	指　标		
	Ⅰ	Ⅱ	Ⅲ
表观密度(kg/m^3)　≥	15.0	20.0	30.0
抗压强度(即在10%形变下的压缩应力)(kPa)　≥	60	100	150

(4) 冰箱、冰柜用硬质聚氨酯泡沫塑料(QB/T 2081—1995)

【技术指标】

项　　目	指　　标
表观密度(kg/m^3)	28～35
抗压强度(kPa)	≥100
热导率[W/(m·K)]	≤0.022
吸水率(体积密度)(%)	≤5
闭孔率(%)	≥90
低温尺寸稳定性(−20 ℃　24 h) 平均线性变化率(%)	≤1
高温尺寸稳定性(100 ℃　24 h) 平均线性变化率(%)	≤1.5

注：自由发泡工艺参数:乳白时间15～20(s),凝胶时间75～90(s),不粘时间100～120(s)。表观密度:22～26(kg/m^3),手工自由发泡搅拌时间10(s)速度1 500 r/min。表中乳白时间包括搅拌时间。

7. 塑料薄膜

塑料薄膜广泛用在工业、农业和包装,农业用在暖棚和田间管理。塑料薄膜的物理机械性能和规格见下表。

(1) 通用塑料薄膜物理机械性能

名　　称	软聚氯乙烯吹塑薄膜		软聚氯乙烯压延薄膜(GB 3830—2008)		聚乙烯吹塑薄膜		
					(GB 4455—2006)	包装用(GB 4456—2008)	
	工业用	农业用	工业用	农业用	农业用	厚度≤0.05(mm)	厚度≥0.05(mm)
纵、横向拉伸强度(N/mm^2)≥	18	18	14	15	12	10	10
纵、横向断裂伸长率(%)≥	200	180	200	200	300	140	250

（续）

名称		软聚氯乙烯吹塑薄膜		软聚氯乙烯压延薄膜(GB 3830—2008)		聚乙烯吹塑薄膜		
						(GB 4455—2006)	包装用(GB 4456—2008)	
		工业用	农业用	工业用	农业用	农业用	厚度≤0.05(mm)	厚度≥0.05(mm)
纵、横向低温伸长率(%)	−5 ℃时≥	10	5	10	20	—	—	—
	−5～−15 ℃时≥	15	5	—	—	—	—	—
	−15 ℃时≥	20	5	—	—	—	—	—
纵、横向直角撕裂强度(N/mm²)≥		5	4	4	4	5	4	4
粘闭力(g/cm)≤		50	—	—	—	—	—	—
加热损失率(%)≤		6	—	—	5	—	—	—

(2) 通用塑料薄膜规格

名称	用途	塑料薄膜厚度(mm)
软聚氯乙烯吹塑薄膜(SG 81—1983)	工业用	0.04，0.06，0.08，0.10，0.12，0.14，0.18，0.22
	农业用	0.06，0.08，0.10
软聚氯乙烯压延薄膜(GB 3830—2008)	工业用	0.10，0.12，0.14，0.16，0.18，0.20，0.22，0.24
	农业用	0.10，0.12
聚乙烯吹塑薄膜(GB 4456—2008)	包装用	0.02，0.03，0.04，0.05，0.06，0.08，0.10，0.12，0.15，0.18，0.20
	农业用	0.04，0.06，0.08，0.10，0.12，0.14

(3) 包装用聚乙烯吹塑薄膜(GB/T 4456—2008)

项目		PE-LD	PE-LLD	PE-MD	PE-HD	PE-LD/PE-LLD
拉伸强度(MPa) ≥		10	14	10	25	11
标断裂应变(%)	δ<0.05	130	230	100	180	100
	δ≥0.05	200	280	150	230	150

第十五章　新型焊接器材

1. 焊接材料综述

(1) 焊条牌号的表示方法

焊条牌号是根据焊条的主要用途、性能特点、药皮类型及电源种类，为产品出厂进行特定编号。1985 年后，我国参照国际标准对焊条原有标准作了修订。

① 结构钢焊条(碳钢及低合金钢焊条)牌号表示方法(GB 5117—1995、GB 5118—1995)。

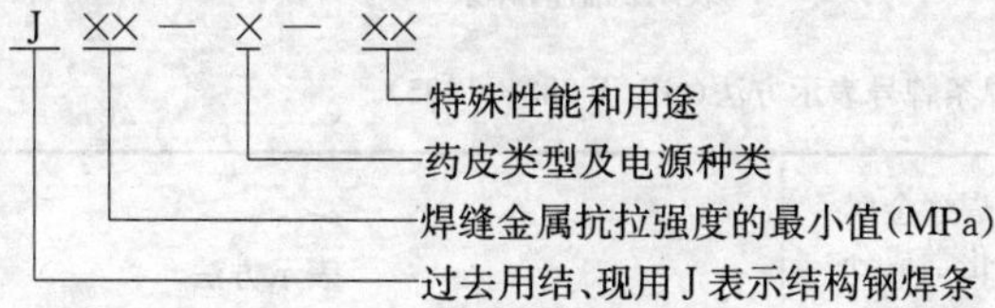

特殊用途焊条的符号

符号	特殊用途的焊条	符号	特殊用途的焊条
Fe	药皮中铁粉含量，Fe 13 熔敷效率 130%	R	压力容器专用焊条
X	表示立向下专用焊条	GR	表示高韧性压力容器专用焊条
G	高韧性焊条	LMA	表示耐湿焊条
D	封底焊专用焊条	DF	表示低氟焊条
Z	重力焊条，Z15 表示熔敷效率 150%	CuP	用于铜磷钢焊接、抗大气、H_2S 耐海水腐蚀
H	表示超低氧焊条		
GM	盖面专用焊条		

药皮类型和电源种类

焊条牌号	药 皮 类 型	电源种类及代号
J××0	不属已规定的类型	不规定
J××1	氧化钛型	直流或交流(DC 或 AC)
J××2	钛钙型	直流或交流(DC 或 AC)
J××3	钛铁矿型	直流或交流(DC 或 AC)
J××4	氧化铁型	直流或交流(DC 或 AC)
J××5	纤维素型	直流或交流(DC 或 AC)
J××6	低氢钾型	直流或交流(DC 或 AC)
J××7	低氢钠型	直流(DC)
J××8	石墨型	直流或交流(DC 或 AC)
J××9	盐基型	直流(DC)

例:J42 3 表示结构钢焊条,抗拉强度不低于 420 MPa,钛铁矿药皮;J42 5X 表示结构钢焊条,抗拉强度不低于 420 MPa,纤维素型药皮,是立向下焊专用焊条。

② 低温钢焊条牌号表示方法。

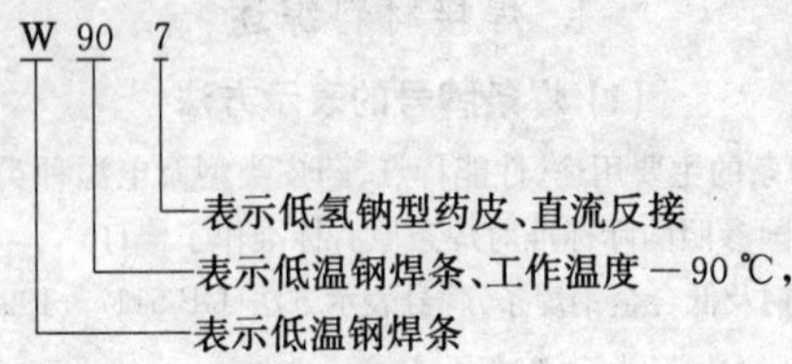

③ 不锈钢焊条牌号表示方法(GB/T 983—1995)。

牌号	焊缝金属化学成分		表示方法
	Cr(%)	Ni(%)	
G2××	13		□ × × × 药皮类型和电源种类 同一焊缝金属化学成分等级中的不同牌号 焊缝金属化学成分等级(左表) G 表示铬不锈钢焊条 A 表示奥氏体不锈钢焊条
G3××	17		
A0××	C≤0.04%		
A1××	18	8	
A2××	18	12	
A3××	22~25	18	
A4××	25~28	20	
A5××	16	25	
A6××	15~17	35	
A7××	铬、锰、氮不锈钢		
A8××	18~21	18	
A9××	待发展		

④ 有色金属焊条牌号表示方法。

镍及镍合金焊条		铜及铜合金焊条		铝及铝合金焊条	
Ni1××	纯镍	T1××	纯铜	L1××	钝铝
Ni2××	镍铜合金	T2××	青铜	L2××	铝硅合金
Ni3××	因康镍合金	T3××	白铜	L3××	铝锰合金
Ni4××	待发展	T4××	待发展	L4××	待发展

注:最后一位数表示药皮类型和电源种类。

⑤ 堆焊焊条牌号表示方法(GB 984—2001)。

牌号	用途或焊缝化学成分	表示方法
D0××	不规定	□ × × × ×(末位)—药皮类型及电源种类 ×(第二位)—同一用途,组织或焊缝金属化学成分中的不同牌号 ×(第一位)—焊条用途、焊缝化学成分 □—堆焊焊条
D1××	普通常温用	
D2××	普通常温用及常温高锰钢	
D3××	刀具及工具	
D4××	刀具及工具	
D5××	阀门用	
D6××	合金铸铁用	
D7××	碳化钨型	
D8××	钴基合金	
D9××	待发展	

例:D237 适用于普通常温及常温高锰钢堆焊焊条,低氢型药皮,直流反接。

⑥ 铸铁焊条牌号表示方法(GB 10044—2008)。

牌号	焊缝金属化学成分	表 示 方 法
Z1	碳钢或高钒钢	Z × × × ×(末位)—表示药皮类型和电源种类 ×(第二位)—表示同一焊缝金属化学成分中的不同牌号 ×(第一位)—表示焊缝金属中主要化学成分 Z—表示铸铁焊条
Z2	铸钛(含球墨铸铁)	
Z3	纯镍	
Z4	镍铁	
Z5	镍铜	
Z6	铜铁	
Z7	待发展	

例:Z408 为镍铁铸铁焊条,石墨型药皮、交直流两用。

(2) 焊条焊芯直径和长度

(mm)

焊条直径 d	碳钢焊条长度 l	低合金钢焊条长度 l		不锈钢焊条长度 l
国家标准	GB/T 5117—1995	GB/T 5118—1995		GB 983—1995
1.6	200　250			220～240
2.0	250　300	250	300	220～240
2.5	250　400	250	300	220～240 或 290～310
3.2	350　400	340	360	400～320 或 340～360

(续)

焊条直径 d	碳钢焊条长度 l	低合金钢焊条长度 l		不锈钢焊条长度 l
国家标准	GB/T 5117—1995	GB/T 5118—1995		GB 983—1995
4.0	350　400	390	410	340～360 或 380～400
5.0	400　450	390	410	340～360 或 380～400
6.0(5.8)	400　450	400	450	340～360 或 380～400
8.0	500　650	400	450	

(3) 低碳钢不同结构焊缝焊条的选择

具体结构情况		焊 条 选 用
一般结构	板厚 $\delta \leqslant 6$ mm;焊脚 $k \leqslant 4$ mm	优先选用 4313
	$\delta = 8 \sim 24$ mm; $k = 4 \sim 8$ mm	优先选用 4303
	$\delta = 25$ mm	宜优先选用 E4316、E4328、E4315
	$k > 8$ mm	宜优先选用 E4323、E4320
压力容器及在低温或动载荷下工作的重要结构		优选 E5015、E4328
硫(S)、磷(P)或杂质较高的工件		优先选用 E4316、E4320
立向下焊(自上而下的立焊)		可选用结 425F
单面焊双面成形管接头		可选用结 420 管、结 422 管、结 425 管

注：E4313,E—焊条型号,43—熔敷金属抗拉强度(MPa),末两位数的前一位数表示焊接位置(1—可全位置焊),末位数表示药皮类型及电流种类(全位置、高钛钾型、交直流正、反接)。

2. 节能型电焊机系列

科研单位对 CO_2 节能焊机的节能效果,早在 20 世纪 80 年代就作了可行性论证,国家亦大力倡导推广。时至今日,CO_2 气体保护焊节能焊机得到广泛应用,并在节约能源方面发挥其作用。

(1) CO_2 气体保护焊节能焊机的优点

① 生产效率高。CO_2 焊机电流密度为 100～300(A/mm^2),电弧热量集中,焊丝熔化效率高,熔深大,焊速较快,因此生产效率比手工电弧焊高,若用角焊小车,一个焊工可同时操作 2～3 台,效率会更高。

② 焊接质量好,CO_2 气体比空气密度大,对熔池覆盖保护作用良好,焊缝中含氢量低,对低合金钢抗冷裂纹性能好。又是明弧操作,电弧可见性好,焊丝能正确对准焊接线,由于熔深大,焊缝背面衬陶瓷垫后能单面焊双面成形(见本章 6 陶瓷衬垫焊)。

③ 焊接成本低。CO_2 气体保护焊焊丝价格低廉,工效高,焊件变形小,清理和矫正变形工时少,所以焊接成本低,每米焊缝仅为手工电弧焊的 47%。

④ 没有焊渣及焊条头,工地比较清洁,文明生产。

(2) CO_2 气体保护焊节能焊机的缺点

① 对气体要求较高。

② 药芯焊丝制造工艺较复杂。

③ 对送丝系统要求较高。

④ 在风速较大环境要加防风措施。

⑤ 飞溅较大,焊缝较粗糙。

⑥ 弧光及紫外线光较强烈,要加强防护。

⑦ 设备维护较复杂,要有一定的维护技能。

CO_2 气体保护焊是熔化极气体保护焊的一种。根据操作方式分有半自动 CO_2 焊和自动 CO_2 焊两种;按焊丝直径分有粗丝 CO_2 焊和细丝 CO_2 焊。粗丝 CO_2 焊的焊丝直径为 2.4～5.0 mm,通常采用较大电流、较高电弧电压,熔滴呈射流过渡,用于中、厚板焊接;细丝 CO_2 焊的焊丝直径≤2.0 mm,通常采用小电流,低电弧电压,熔滴呈短路过渡,用于薄板焊接,焊丝分为实芯焊丝和药芯焊丝。

CO_2 气体保护焊用途较广,广泛用于汽车、船舶、锅炉、机械行业、建筑业以及耐磨零件堆焊、铸钢件补焊等。对于一个企业来讲,推广应用了 CO_2 气体保护焊,可以降低产品成本,提高竞争能力,提升企业经济效益。

(3) 半自动 CO_2 气体保护焊的设备型号及用途

型号	用　途
NBC - 160	焊接 0.6～3.0 mm 厚的低碳钢及低合金钢
NBC1 - 160	焊接 0.5～4.0 mm 厚的低碳钢及低合金钢
NBC - 200	焊接 0.6～4.0 mm 厚的低碳钢及低合金钢
NBC1 - 200	焊接 1～4 mm 厚的低碳钢及低合金钢
NBC - 350	可焊碳钢、不锈钢和铝及铝合金(由上海辽源电焊机厂生产)
NBC - 630	适用于焊中、厚板,如碳钢、合金钢、不锈钢及有色金属
NBC - 250	用于焊接 1～8 mm 厚的低碳钢及低合金钢
NBC1 - 250	用于焊接 1～8 mm 厚的低碳钢及低合金钢
NBC - 300	用于焊接 1～10 mm 厚的低碳钢及低合金钢
NBC1 - 300	用于焊接 1～10 mm 厚的低碳钢及低合金钢
NBC - 500	用于焊接中等厚度的低碳钢及低合金钢
NBC - 500 - 2	用于焊接 4～35 mm 厚的低碳钢及低合金钢,引进国外先进技术研制而成,由唐山市电子设备厂生产 NBC - 500S
NB - 500K	是 MIG/MAG 型晶闸管弧焊电源、电弧特性可调、焊接小电流稳定用于焊接低碳钢及低合金钢,配 ZPG1 - 500 - 1 型电源
NBC - 400	适用于焊接低碳钢、低合金钢及低合金高强度钢,配用电源 ZPG1 - 500 - 1

(续)

型号	用　　途
NBC-315	适用于焊接低碳钢、低合金钢及低合金高强度钢，此型焊机为MIG/MAG/CO_2半自动焊机，是一种高效节能焊接设备，符合国际新标准机型
NBC-315	为一元化调节CO_2气体保护焊机，采用集成电路控制，实现焊接"电流-电压"一元化调节
MM-35S	额定焊接电流150(A)，焊丝直径0.6～0.8(mm)，送丝速度90-576(m/h)，用于焊接低碳钢、低合金钢薄板。
MM200S　S-325	MM200S型半自动焊机、S-32S型半自动自保护焊机是引进美国米勒(MIL-LER)公司技术制造的最新产品(产地：上海电焊机厂)
NBC-400	可焊低碳钢、低合金钢、不锈钢、铝及铝合金，可用(O_2、Ar、CO_2+Ar)
NBC-400A	适用于焊接低碳钢、及低合金钢的全位置焊接
NBC400C	可焊低碳钢、低合金钢、不锈钢(此机为电脑型CO_2弧焊机)

注：1. NBC中，N-气体焊、B-半自动、C-CO_2；NB中N-MIG、MAG焊，B-半自动；NSA为手工氩弧焊机；NBA为熔化极半自动氩弧焊机。

2. NB-200M、NB-350M、NB-500M系列熔化极氩弧焊机是在引进消化吸收国外先进技术基础后开发的一种高效节能的中厚铝板结构的理想焊接设备，也可用于铜及铜合金，或不锈钢等MIG焊。

3. NB-3501/5001 1GBT逆变焊机是半自动熔化极气体保护焊设备，也可用于自动熔化极气体保护焊。

NB系列焊机产品型号表示方法如下：

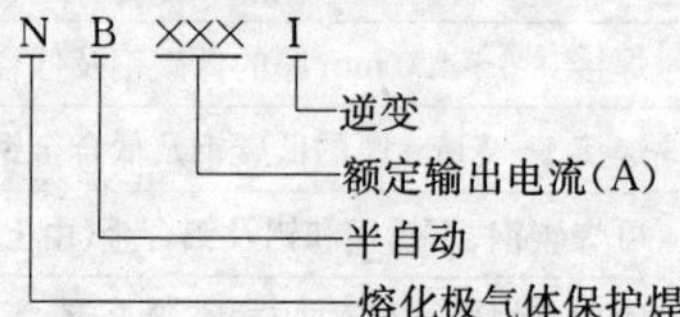

NB-3501/5001 1GBT逆变气体保护焊机可用于碳钢、不锈钢、低合金钢、铝及铝合金等材料的焊接(全位置焊接)，对于中、厚板可采用多层焊。

3. IGBT逆变焊机

逆变焊机具有焊接性能好、机动性好、动态响应速度快、体积小、质量轻、效率高、多功能、适应性强等优点，有利于实现焊接机械化和自动化，是电焊机大力发展的方向之一。按照逆变器采用的电子功率开关器件不同，逆变电源可分为四种：晶闸管型；晶体管型；场效应管型；绝缘栅双极晶体管(IGBT)型。目前国内逆变焊机主要是"IGBT"型和晶闸管型，现在许多"IGBT"逆变手弧焊电源均兼有"TIG"焊功能。

逆变式"TIG"氩弧焊机如WS-160、WS9-160S/T、WS200、WS-400A/400B、WS-500A/500B、WS-315A/315B等，均适合于不锈钢，耐热合金钢，可伐合金钢，铜、钛、镍、低碳钢等材料的焊接，具有氩弧焊(TIG)与手弧焊两用功能。

逆变焊机使用电子控制，高效节能，该焊机有良好的外特性，有电弧推力控制功能，是极具发展潜力的新型焊接设备。

4. 陶瓷衬垫焊

造船、建筑及大型钢结构工程的构件对接焊，为了确保全厚度焊透，必须在背面清根作封底焊。当采用半自动 CO_2 保护焊时，可用陶瓷衬垫垫在焊缝反面，使焊缝反面成形良好，不必清根及封底焊。

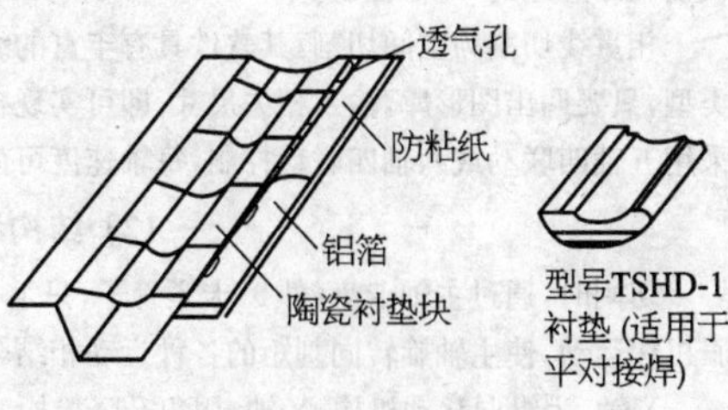

CO_2 单面焊关键是焊缝反面衬垫，用得比较好的是带槽陶瓷衬垫，目前用得较多的是 TS HD 型衬垫和 JN 系列衬垫。

5. 轻型圆管内自动埋弧焊机(MZQ－1000)

焊接钢管发展很快，主要用于钢结构桁架、立柱、钢桥大梁及高层建筑的主柱，但其直径小于 800 mm，焊工无法进入内腔焊接，常规埋弧自动焊设备也很难进入内腔焊接纵缝和环缝。目前出现了轻型圆管内自动埋弧焊机，解决了此问题。

【特点】 机头设计紧凑，小车可行走于直径 400 mm 的圆管内进行纵缝焊接。控制盒可与机头分离，减小外形，适宜在筒体内焊接。

现举例说明型号为 MZQ－1000 的轻型圆管内自动埋弧焊机的外形见下图。

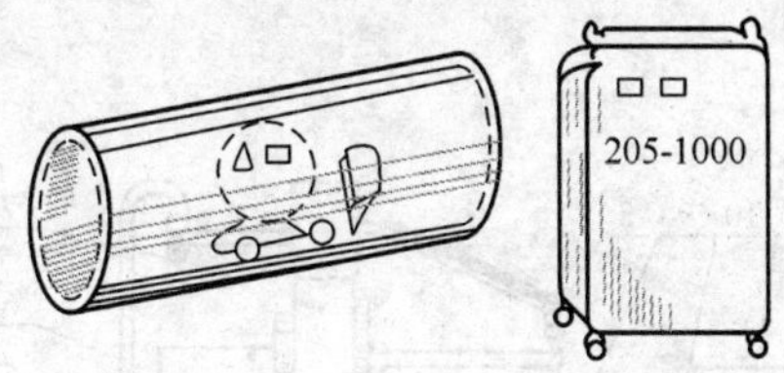

【技术参数】

项　目	技术参数	项　目	技术参数
焊丝直径(mm)	2～4	焊枪回转角度(°)	0
焊丝速度(m/h)	30～180	焊枪冷却方式	自冷
焊接速度(m/h)	15～75	外形尺寸(mm)	400×250×300
垂直调节距离(mm)	50	质量(kg)	30
横向调节距离(mm)	100	配套电源	ZD5－1000
焊机倾斜角度(°)	120		

6. 数控相贯线切割机

(1) 概　　述

在钢结构桁架工程中，有大量管件相贯线要进行切割，采用传统老办法，必须放样、金工展开、制作样板、在管壁上划线号料、火焰切割、修正边缘并组装，这样工序繁多，且精度不高，工作效率低。数控相贯线切割机，是新一代高效的管形件切割系列产品之一，该类切割机使国际先进的CNC控制、WINDOWS切割界面和三维变换加工软件相结合。

相贯线切割为空间切割，其软件具有丰富的编程图形库，涵盖了几乎所有的管形件切割类型，只要调出图形库，输入相关尺寸，即可实现自动切割，非常方便实用。该类切割机一般采用五轴四联动或六轴四联动控制，每轴速度可由程度设定，自动调整。

(2) 结构组成

切割时，通过主轴卡盘(件9)卡紧管子，只须在切割系统窗口输入相关参数，控制相关同服机构运动，使主轴旋转同割矩的各种运动相结合，便可达到对管件相贯线切割。

X轴，为纵向移动机构，Y轴，摆角升降机构，Z轴，立柱升降机构，A轴，坡口摆角机构，B轴，卡盘旋转机构，C轴，割炬径向移动定位机构，调整割炬与工件切割点的相对位置，不属于联动轴。

为了使工件能更好地绕卡盘中心进行回转运动，一般采用可调托管支架。切割系统可配备等离子切割电源或火焰切割系统，对不锈钢管、铜管、镍管及碳钢管切割可在切割中自动穿孔。

(3) 技术参数

切割管子直径：60～600 mm。

切割管子壁厚：5～50 mm(火焰)，3～25 mm(等离子)。

切割轨道长度：6 000～12 000 mm，坡口角度：火焰±30°，等离子±45°。

管子卡盘规格：三爪。

切割工件质量：*Ra*12.5～25。

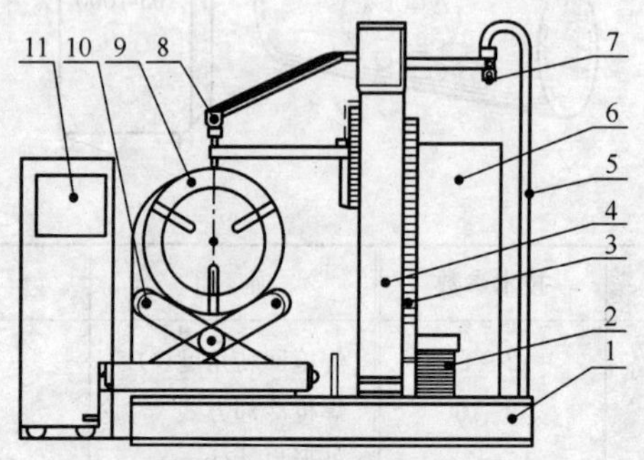

数控相贯线切割机示意图

1—床身；2—纵向拖链装置；3—升降拖链；4—割矩驱动机构；5—挂线架；6—主轴箱；7—拖线滑车；8—割炬部件；9—卡盘；10—托管支架；11—数控系统

7. 等离子弧切割机

等离子弧切割是在电流、气流及冷却水作用下，产生高达20 000～30 000 ℃高温等离子弧，熔化金属进行切割，优点是：能量高度集中，可切割任何高熔点金属、有色金属及非金属材料；弧柱温度高、直径小、冲击力大、切口较窄质量好、切速高、热影响区小、变形也小、切割厚度可达150～200 mm；成本较低，特别是采用氮气等廉价气体，成本更低。

等离子切割机主要用于对不锈钢、铝、镍、铜及其合金等的切割。

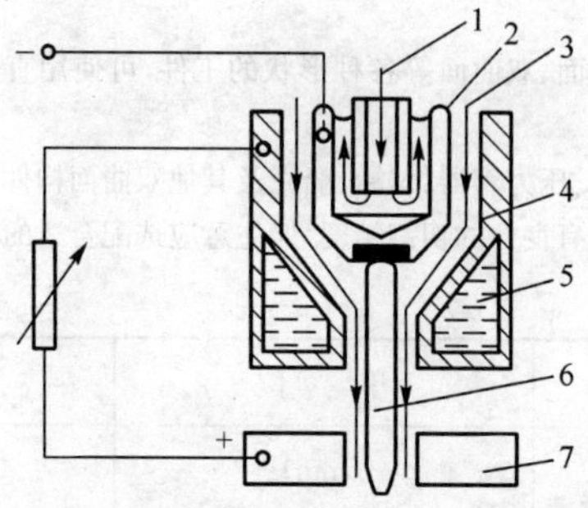

1—电极冷却水；2—电极；3—压缩空气；4—镶嵌式压缩喷嘴；
5—压缩喷嘴冷却水；6—电弧；7—焊件

部分国产非氧化性等离子弧切割机主要技术参数

型　号		自动切割机	手把式切割机	
		LG-400-1	LG3-400	LG3-400-1
额定切割电流(A)		400	400	400
引弧电流(A)		30～50	40	—
工作电压(V)		100～150	60～150	75～150
额定负载持续率(%)		60	60	60
钨极直径(mm)		5.5	5.5	5.5
切割厚度(mm)	碳素钢	80	—	—
	不锈钢	80～100	40	60
	铝	80～100	60	—
	纯铜	50	40	
电源	型号	Z×G2—400	A×8—500	—
	台数	1	2—4	—
	输入电压(三相)	380	380	380
	空载电压(V)	330	120～300	125～300
	工作电流(A)	100～500	125～600	140～400
	控制箱电压(V)	220(AC)	220(AC)	—
气体及流量(L/min)	氮气纯度(%)	>99.9	—	>99.9
	引弧	6.7	12—17	—
	主电弧	50	17～58	67
冷却水流量(L/min)		>3	1.5	4

8. 便携式 1K—72T 全方位自动气割机

【特点】

① 能切割平板、单曲面、双曲面等各种形状的工件，可使用直轨道、二维弯曲轨道和三维弯曲轨道进行切割。

② 用途较广，如储罐、压力容器、球罐、船壳及其他双曲面构件的切割。

③ 操作简便，高效并有良好的切割精度，但注意应选配合适的轨道、确保精度。

【技术参数】

项　　目	单　　位	数　　据
切割厚度	(mm)	5～50
切割速度	(mm/min)	150～700
坡口角度	(°)	0～45
割嘴		102～106
最小曲率半径	(mm)	2 000
质量	(kg)	4.5
切割机尺寸	(mm)	160×160×140
电源	(V)	直流(AC)220,50 Hz

9. 美国"海宝"HD3070 精细等离子弧切割机

【特点】

① 能量密度 9300 A，为普通型等离子切割系统能量密度的 3 倍，切割速度随电流增加而提高。

② 同类产品：HD4070 型可切割碳钢 6～32 mm，不锈钢和铝 0.5～19 mm；HT4400 型可切割碳钢 6～32 mm，不锈钢和铝 1～50 mm。输出电流 100～400 A，HT4001 型可切割碳钢6～30 mm，不锈钢 1～50 mm，铝 1～50 mm；输出电流 260～760(A)，HT2000 型可切割碳钢 3～25 mm，不锈钢 1～22 mm，铝 1～22 mm；输出电流 40～200 A，HD3070 型切割厚度见下表。

【技术参数】

板材种类	厚度(mm)	电流(A)	切割速度(mm/min)	切割气体	保护气体	板材种类	厚度(mm)	电流(A)	切割速度(mm/min)	切割气体	保护气体
低碳钢	0.9	15	2 540	O_2	O_2/N_2	低碳钢	0.8	50	6 858	O_2	O_2/N_2
	1.5		1 651				1.5		3 048		
	3.4		635				2.7		1 905		
	0.6	30	5 080				6.4		889		
	1.2		2 794				1.5	70	7 112		
	1.9		1 524				3.4		3 810		
	3.4		889				6.4		2 540		
	6.4		635				1.5		1 651		

（续）

板材种类	厚度(mm)	电流(A)	切割速度(mm/min)	切割气体	保护气体	板材种类	厚度(mm)	电流(A)	切割速度(mm/min)	切割气体	保护气体
低碳钢	3.2	100	6 985	O_2	O_2/N_2	不锈钢	0.4		6 350	空气	空气
	6.4		3 429				0.9	30	4 572		
	9.5		2 413				1.5		3 048		
	12.7		1 625				1.9		3 048		
铝	1.2	70	3 810	空气	CH_4		3.4	50	1 397		
	1.9		2 540				4.8		1 016		
	3.2		1 778				3.4		2 540		CH_4
	6.4		1 143				6.4	70	1 397		
	12.7		635				9.5		1 016		
铜	3.4	70	1 524	O_2	O_2/N_2		6.4	100	1 905	$H35/N_2$	N_2
	6.4		1 397				9.5		1 651		
	9.5		635				12.7		1 143		

注：① 使用 PAC186 割矩。

10. 电焊机用电缆

电焊机用电缆是连接电焊机与焊钳或电焊机与工件的电缆，起导电作用，主要有 YH 天然橡套电焊机电缆(245IEC81)，YHF 氯丁或其他相当性能的合成弹性体橡套电焊机电缆(245 IF C82)。

【规格】

导线标称截面(mm^2)	导电线芯 根数	导电线芯 单线标称直径(mm)	护套标称厚度(mm)	平均外径(mm)	参考截流量(A)	20 ℃导体电阻≤(Ω/μm)	参考质量(kg/km) YH	参考质量(kg/km) YHF
10	322	0.20	1.8	9.1	80	1.91	146	153.15
16	513	0.20	2.0	10.3	105	1.16	218.9	230.44
25	798	0.20	2.0	12.0	135	0.758	316.6	331.15
35	1 121	0.20	2.0	13.0	170	0.536	426	439.87
50	1 596	0.20	2.2	15.3	215	0.379	592.47	610.55
70	2 214	0.20	2.4	17.5	265	0.268	790	817.52
95	2 997	0.20	2.6	20	325	0.198	1 066.17	1 102.97
120	1 702	0.30	2.8	22	380	0.161	1 348.2	1 392.55
150	2 135	0.30	3.0	24	435	0.129	1 678.5	1 698.71
185	1 443	0.40	3.2	25.5	467	0.106	1 983.8	2 020.74

11. 脉冲等离子弧焊机

【特点】 可控制焊接线能量;在焊接薄壁构件和进行全位置焊时,能较好地控制熔池,使焊缝正、反面成形良好;焊接等厚板时,由于焊接线能量比非脉冲等离子弧焊接小,其热影响区相应减小,焊接应力与变形也小,有利于细化焊缝晶粒、降低裂缝的形成。适用于管道全位置焊接、薄壁构件以及可焊性差的材料焊接。

【技术参数】

型号		MLH-1-5	LH250	LH63	LHME315	LHM100	LHM500
额定电源容量(KVA)			21	12	14	3.2	23.1
电源输入电压(V)		三相 380					
电流调节范围(A)			20～300	小挡 0.16～3.2 大挡 3.2～64	315	小挡 0.25～5.0 大挡 5～100	10～500
脉冲参数	脉冲电流(A)	0～5	20～250	0.16～64	5～315	0.25～100	10～500
	基底电流(A)	0.01～1	20～250		30～330		
脉冲周期		0.02～0.14	0.2～0.6	0.07～4.0	0.002～4	0.07～4	0.002～4
调节范围	脉冲频率(Hz)	7～50	1.67～5	0.25～15	0.25～500	0.25～15	0.25～500
	脉冲占空比(%)			50	5～50	50	5～50
	阴极清扫比(%)				5～50		
气体消耗量	离子气(L/h)	4.5～375	<400	0.1～2.7		0.1～2.7	0.2～7
	保护气(L/h)	氢 0.3～12 Ar 12～390	1 600	2～17		2～17	4～30

注:1. MLH-1-5 型脉冲等离子弧焊机,适用于焊接膜片、膜盒、波纹管、温差电偶丝等各种微型精密零件,能焊接厚度 0.05～0.2 mm 的不锈钢,弹性合金等多种材料。焊机总体形状如钢琴。

2. LH250 型脉冲等离子弧焊机,具有熔深大、熔宽窄、焊速可调、热影响区小及电弧稳定等优点,焊接厚度 2～8 mm 的板尤为合适,可在不加填丝、不开坡口情况下一次焊成。

3. LH63 型脉冲等离子弧焊机。适合直流和脉冲直流、手工和自动焊接,可焊低碳钢、不锈钢、厚度 0.02～2.4 mm。

4. LHME315 型脉冲等离子弧焊机,可焊 1～8 mm 厚的工件,实现单面焊双面成形。

5. LHM100 型脉冲等离子弧焊机,可焊不锈钢、铜合金、铝合金、低碳钢,厚度 0.02～3.0 mm。

6. LHM500 型脉冲等离子弧焊机,可焊不锈钢(0.2～8 mm);铜合金(0.2～3 mm)、低碳钢铝合金(0.2～7 mm)。

表中未列出的几种型号简介:

1) LH1-250 型脉冲等离子弧全位置焊管机,是电站锅炉、原子能工业、石油化工行业中管子自动焊专用焊机。焊管直径 38～60 mm，壁厚 2.5～6.0 mm 的锅炉钢、耐热钢、不锈钢等材料的钢管，也可作脉冲氩弧焊机使用。

2) LH2－300 型脉冲等离子弧焊机、可对 1～8 mm 不开坡口的板材对接焊，实现单面焊双面成形，可焊接碳钢、合金钢、不锈钢、钛、钼、铜及其合金。

12. 激光焊机和激光切割机

(1) LWS－YP 激光焊接机

【特点和用途】 可用于机械、电子、真空、航天、航空等行业中有特殊要求的元器件点焊、叠焊和密封焊接，适用于多种金属材料，焊接强度高，热影响区小。

【技术参数】

项　目	技术参数
激光功率(W)	20、30、50
激光脉冲频率(Hz)	1、3、5、10
脉冲宽度(mm)	0.6～5.0
工作台(mm)	100×100、200×200、300×300
平面旋转角度(°)	360
重复精度(mm)	0.01
可焊不锈钢厚度(mm)	0.5

(2) YAG 激光点焊机

【机型特点】 具有高的深宽比、焊缝宽度小、热影响区小、变形小、焊接速度快、焊缝平整、美观。

焊缝质量高，无气孔，焊缝韧性、强度与母材相当。

可精确控制，聚焦光点小，可高精度定位，易实现自动化。

【用途】 可焊接钛、镍、锡、铜、铝、铬、铌、金和银等多种金属及其合金以及钢材、可伐合金，也可用于异种金属如铜-镍、镍-钛、铜-钛、钛-钼、黄铜-铜等焊接。

该焊机广泛用于手机电池、首饰、电子元件、传感器、钟表、精密器械、工艺品、眼镜、医疗器械等行业。

【技术参数】

型号	W150	W150A	W150S	W200	W200A	W200B
最大激光输出功率(W)	200	250	250	300	300	300
激光波长(nm)	1 064					
最大激光脉冲能量(J)	20	30	30	40	40	40
最小光斑直径(mm)	0.2	0.2	0.2	0.2	0.2	0.2
脉冲宽度(ms)	0.3～20					
焊接深度(mm)	1.5	1.5	1.5	2	2	2
脉冲频率(Hz)	1～100	1～100	1～100	1～200	1～200	1～200

(续)

型号	W150	W150A	W150S	W200	W200A	W200B
整机功率(kW)	5	5	5	5	5	5
控制系统	单片机(两轴)		PLC		PC(两轴)	PC(四轴)
监控系统	红光指示	显微镜	CCD 摄像头及监视器			
工作台行程(mm)	200×100×100　300×300×300					
主机系统(mm)	1 130×620×1 075					
冷却系统(mm)	870×590×660					

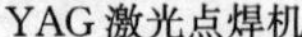

YAG 激光点焊机

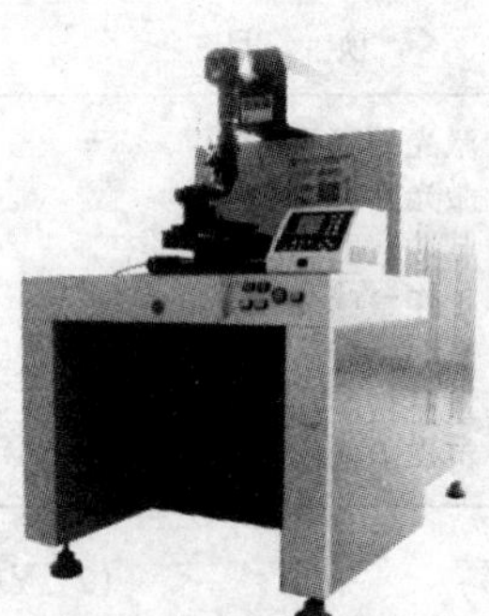

YGA 激光焊接机

(3) YGA 激光焊接机

【特点】 独有的激光器核心技术,具有焊接特性所需的最佳光斑,光电转换效率高。

【用途】 焊接金、银、白金、不锈钢、钛等金属及其合金材料,广泛应用于航天航空兵器、舰船、石化医疗、电子、仪表、汽车以及家电日用品行业。

【技术参数】

型号	TQL－LWY150	TQL－LWY300	TQL－LWY400	TQL－LWY500
激光波长(nm)	1 064			
额定输出功率(W)	150	300	400	500
最大输出功率(W)	180	350	450	550
最小光斑直径(mm)	0.2			
最大单脉冲能量(J)	40	80	100	120
脉冲宽度(ms)	0.1～20　连续可调			
重复频率(Hz)	1～150 连续可调			

注：连续输出能量稳定度≤3%,电力需求:AC 380 V/50 Hz。

15.14

(4) YAG激光切割机

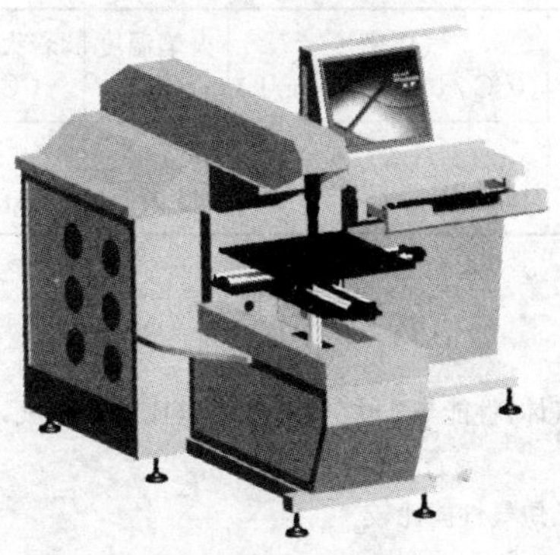

【**特点**】 割缝小,切割面光滑,切割速度快,经济效益好。

【**用途**】 适用于金属材料的激光切割、焊接、打孔。广泛用于航天航空、兵器、舰船、石化、医疗、仪表、微电子和汽车等行业。

【**技术参数**】

型号	TQL-LCY400	TQL-LCY500
平均输出功率(W)	400	500
激光波长(nm)	1 064	
脉冲宽度(mm)	0.2～10	
脉冲重复频率(Hz)	0～300	
聚集光斑直径(mm)	≤0.15	
切割厚度(mm)	0.1～6.0(视材料而定)	
切割幅面(mm)	300×300(特殊定制)500×500	

13. 新型气源

氧气和乙炔混合气体火焰切割(气焊)钢板,已应用了半个多世纪。近几年开发了一种新型气源,如特利Ⅱ型气、霞普气代替乙炔气与氧气混合后的燃烧火焰,用于气割和气焊(见特点)。还有氢氧焰气割,成本仅氧乙炔焰的1/10。

(1) 特利Ⅱ型气

【**特点及用途**】 是碳3和精丙烯的混合物,成本是乙炔的1/2,单位发热量高于乙炔,燃烧时不产生黑烟,无色、无毒、无味,不污染环境,有利于工人的身体健康,瓶内残留气体很少,在空气中爆炸性比乙炔小得多,切割不易回火,安全可靠。

切割时切口窄,不塌边、不氧化、变形小,是精密切割最理想气体。

【性能】

特利Ⅱ型气与乙炔气物理性能的对比

名　称	气体纯度 φ(%)	气体密度 (0 ℃，0.1 MPa)(g/L)	火焰温度 (℃)	着火点 (℃)	爆炸极限 (在空气中)φ(%)
特利Ⅱ型气	≥98.5	1.912	2 960	459	2.4～11.1
乙炔	≥98	1.174	3 070	305	2.2～81

(2) 霞 普 气

【特点及用途】

霞普气是一种新型气体，性能与乙炔气相当，可以代替乙炔气，适用于钢材切割和金属气焊。

【性能】　霞普气与乙炔气性能比较

名称	气体密度 (0 ℃ 0.1MPa) g/L	火焰温度 (℃)	发热量		着火点 (℃)	爆炸范围 (在空气中) φ(%)	燃烧速度 m/s
			(kJ/kg)	(kJ/m³)			
乙炔气	1.174	3 070	50 367	58 992	305	2.2～81	7.6
霞普气	1.912	2 960	48 952	93 910	459	2.4～10.3	3.9

(3) 水电解氢氧焰气割

气的来源是将水经过电解，分解成氢气和氧气，且比例恰好完全燃烧，温度 2 800～3 000 ℃，可以用于火焰加热、气割和气焊，与传统的氧乙炔焰性能相当，成本仅为氧乙炔焰的十分之一，具有良好的经济效益。

【特点】

火焰温度(℃)	2 800～3 000(乙炔火焰温度 3 100 ℃)
厚板切割	附加氧气瓶可实现厚板切割、并可长时间连续工作
成本	成本仅为氧乙炔焰的 1/10
产气迅速、操作简便	开机后不到 1 分钟(1 min)，即可气割、气焊，停机后，放空气体，无任何危险
火焰集中、无污染	燃烧时清洁卫生，无污染，且火焰集中、轴向性好

【技术参数】

型号	DQS－1	TQ100～6000	YJ－1500	YJ－3000	YJ－8000
额定功率(kVA)	21	0.4～30	7	12	30
额定产气量(m³/h)	2.2	0.1～8	1.5	3	8
气体压力(MPa)	<0.06	—	0.03～0.07	0.03～0.07	0.03～0.07

（续）

型号	DQS-1	TQ100～6000	YJ-1500	YJ-3000	YJ-8000
额定电流(A)	400	—	—	—	—
最高空载电压(V)	80	—	—	—	—
气焊钢板厚度(mm)	5	0.1～10	—	—	—
切割钢板厚度(mm)	80	0.5～500	30～70	70～120	≥120
一机多用范围	电焊、气焊、切割、喷涂、刷镀	气焊、切割	电焊、气焊、切割	电焊、气焊、切割	电焊、气焊、切割

14. 高韧性高效率及特种焊条的力学性能和用途

本章第一页第一表中列出了高韧性(G)、高效率(Fe)和其他特种用途焊条的符号，品种如下：

结构钢焊条

牌号型号	熔敷金属化学成分(%)	力学性能				特征和用途
		σ_b (MPa)	$\sigma_{0.2}$ (MPa)	δ_5 (%)	A_{KV} (J)	
J420G E4300	C≤0.12 Mn 0.35～0.70 Si≤0.30	≥420	≥330	≥22	≥27 (0 ℃)	管道用全位置焊条，交、直流两用，抗气孔性好，用于<450 ℃，p<18 MPa管道
J421 E4313	C≤0.12 Mn 0.30～0.60 Si≤0.35	≥420	≥330	≥17	≥47 (0 ℃)	交、直流两用，全位置焊、工艺性好、易再引弧，适用于薄板、小件、短焊缝和要求表面光洁的盖面焊
J421X E4313	C≈0.08 Mn≈0.50 Si≈0.25	≥420	≥330	≥17	70 (0 ℃)	立向下专用焊条，交、直流两用，工艺性好，易脱渣，用于一般船用碳钢及镀锌钢板焊接，适用于薄板
J421Fe E4313	C≤0.12 Mn 0.3～0.6 Si≤0.35	≥420	≥330	≥17	50～70 (常温)	高效铁粉焊条，全位置焊，工艺性好，易再引弧，焊接一般船用碳钢，尤适用于薄板、短焊缝
J421Fe13 E4324	C≤0.12 Mn 0.3～0.6 Si≤0.35	≥420	≥330	≥17	50～75 (常温)	铁粉焊条，交、直流两用，适于平焊、平角焊，易再引弧，工艺性好，可焊一般低碳钢结构，尤适用于薄板、短缝

(续)

牌号型号	熔敷金属化学成分(%)	力学性能				特征和用途
		σ_b (MPa)	$\sigma_{0.2}$ (MPa)	δ_5 (%)	A_{KV} (J)	
J421Fe16 E4324	C≤0.12 Mn 0.3~0.6 Si≤0.35	≥420	≥330	≥17	50~75 (常温)	钛型药皮铁粉焊条,交、直流两用,适于平焊、平角焊、再引弧易,用于一般低碳钢结构及要求表面光洁的盖面焊
J421Fe18 E4324	C≤0.12 Mn 0.3~0.6 Si≤0.35	≥420	≥330	≥17	50~75 (常温)	钛型药皮高效铁粉焊,工艺性好,电弧稳定、飞溅小,易脱渣,焊速快,烟尘小,用于低碳钢的平焊、平角焊
J421Z E4324	C≤0.12 Mn 0.3~0.6 Si≤0.35	≥420	≥330	≥17	50~75 (常温)	钛型铁粉药皮的重力焊碳钢焊条,交、直流两用
J422 E4303	C≤0.12 Mn 0.3~0.6 Si≤0.25	≥420	≥330	≥22	≥27 (0℃)	钛钙型药皮,工艺性好,电弧稳定,交、直流两用,可全位置焊,用于较重要的低碳钢结构和强度等级低的低合金钢
J422Y E4303	C≤0.12 Mn 0.3~0.55 Si≤0.25	≥420	≥330	≥22	≥27 (0℃)	钛钙型药皮,主要用于空载电压 36 V 电源,交、直流两用,工艺性好,在低电压下焊接低碳钢和相当强度的低合金钢
J422GM E4303	C≤0.12 Mn 0.3~0.55 Si≤0.25	≥420	≥330	≥22	≥27 (0℃)	钛钙型药皮盖面焊专用焊条,工艺性良好,脱渣易,交、直流两用,可全位置焊,适用于海上平台、船舶、车辆焊
J422Fe E4303	C≤0.12 Mn 0.3~0.60 Si≤0.25	≥420	≥330	≥22	≥27 (0℃)	钛钙型药皮铁粉焊条,交、直流两用,可全位置焊,适用于较重要的低碳钢结构
J422Fe13 E4323	C≤0.12 Mn 0.3~0.60 Si<0.25	≥420	≥330	≥22	≥27 (0℃)	钛钙型药皮铁粉焊条,交、直流两用,适用于较重要的低碳钢结构的平焊和平角焊
J422Fe16 E4323	C≤0.12 Mn 0.3~0.60 Si≤0.25	≥420	≥330	≥22	≥27 (0℃)	钛钙型药皮高效铁粉焊条,交、直流两用,电弧稳定,焊缝美观,适用于较重要的低碳钢结构的平焊和平角焊

（续）

牌号型号	熔敷金属化学成分(%)	力学性能				特征和用途
		σ_b (MPa)	$\sigma_{0.2}$ (MPa)	δ_5 (%)	A_{KV} (J)	
J422Fe18 E4323	C≤0.12 Mn 0.3～0.60 Si≤0.25	≥420	≥330	≥22	≥27 (0 ℃)	铁粉钛钙型药皮高效焊条,交、直流两用,电弧稳定,适用于较重要的低碳钢结构的平焊和平角焊
J422Z E4323	C≤0.12 Mn 0.3～0.60 Si≤0.25	≥420	≥330	≥22	≥27 (0 ℃)	钛钙型药皮重力焊条,适用于碳钢和其他相应等级钢结构的角焊缝、焊接
J423 E4301	C≤0.12 Mn 0.35～0.60 Si≤0.20	≥420	≥330	≥22	≥27 (0 ℃)	钛铁矿型药皮,交、直流两用,平焊、平角焊工艺性较好,可焊接较重要的低碳钢结构
J424 E4320	C≤0.12 Mn 0.50～0.90 Si≤0.25	≥420	≥330	≥22	6～110 (常温)	氧化铁型药皮,交、直流两用,熔深大,熔化速度快,抗热裂性较好,适用于平焊、平角焊,可焊较重要的碳钢结构
J424Fe14 E4327	C≤0.12 Mn 0.50～0.90 Si≤0.20	≥420	≥330	≥22	27 (−30 ℃)	铁粉氧化铁型药皮的低碳钢高效焊条,交、直流两用,电弧稳定,熔深大,熔化速度快,由于含锰量较高,抗热裂性能较好,可焊较重的碳钢结构
J424Fe16 E4327	C≤0.12 Mn 0.50～0.90 Si≤0.25	≥420	≥330	≥22	27 (−30 ℃)	铁粉氧化铁型药皮高效焊条,熔敷效率高,交、直流两用,电弧吹力大、熔深大,熔化速度快,由于焊条中含锰量较高,抗热裂性较好,适用于平角、平角焊,可焊较重要碳钢
J424Fe18 E4327	C≤0.12 Mn 0.50～0.90 Si≤0.25	≥420	≥330	≥22	27 (−30 ℃)	
J425 E4311	C≤0.20 Mn 0.30～0.60 Si≤0.30	≥420	≥330	≥22	27 (−30 ℃)	纤维素钾型药皮立向下焊专用碳钢焊条,交、直流两用,焊接效率高,适用于薄板对接角接及搭接,如电站烟道、风道、变压器油箱等低碳钢结构

(续)

牌号型号	熔敷金属化学成分(%)	力学性能				特征和用途
		σ_b (MPa)	$\sigma_{0.2}$ (MPa)	δ_5 (%)	A_{KV} (J)	
J425G E4310	C≤0.20 Mn 0.30～0.60 Si≤0.20	≥420	≥330	≥22	27 (−30 ℃)	高纤维素钠型药皮的立向下焊条,适用于管线现场环缝全位置立向下焊,采用直流反接极。用于各种碳钢钢管的环缝对接
J426 E4316	C≤0.12 Mn≤1.25 Si≤0.90	≥420	≥330	≥22	27 (−30 ℃)	低氢钾型碱性药皮,具有抗裂性,交、直流两用,可全位置焊。用于焊接重要的低碳钢和低合金钢结构,如09Mn2钢等
J426X E4316	C≤0.12 Mn≤1.25 Si≤0.90	≥420	≥330	≥22	27 (−30 ℃)	低氢钾型碱性药皮,交、直流两用立向下角焊缝专用焊条,工艺性好,用于碳钢和低合金钢结构的立向下角焊缝焊接
J426H E4316	C≤0.12 Mn≤1.25 Si≤0.90	≥420	≥330	≥22	≥27 (−30 ℃)	低氢钾型碱性药皮,扩散氢含量极低,低温韧性、塑性、抗裂性良好,交、直流两用,可全位置焊,可焊重要的碳钢和低合金钢结构
J426DF E4316	C≤0.12 Mn≤1.25 Si≤0.90	≥420	≥330	≥22	≥27 (−30 ℃)	低氢钾型碱性药皮的低尘碳钢焊条,抗裂性良好,交、直流两用,可全位置焊,烟坐量较低,用于密闭容器及通风不良场地,如09Mn2等钢的焊接
J426Fe13 E4328	C≤0.12 Mn≤1.25 Si≤0.90	≥420	≥330	≥22	≥27 (−30 ℃)	铁粉低氢钾型药皮,交、直流两用,全位置焊,焊接重要的低碳钢和低合金钢,如09Mn2等钢
J427 E4315	C≤0.12 Mn≤1.25 Si≤0.90	≥420	≥330	≥22	≥27 (−30 ℃)	低氢钠型碱性药皮,采用直流反接,可全位置焊,有优良的塑性、韧性及抗裂性能,焊接重要的低碳钢和低合金钢,如09Mn2等

(续)

牌号型号	熔敷金属化学成分(%)	力学性能				特征和用途
		σ_b (MPa)	$\sigma_{0.2}$ (MPa)	δ_5 (%)	A_{KV} (J)	
J427X E4315	C≤0.12 Mn≤1.25 Si≤0.90	≥420	≥420	≥22	≥27 (−30 ℃)	低氢钠型碱性药皮立向下角焊缝专用焊条，工艺性好，适用于碳钢和低合金钢立向下角焊缝的焊接
J427Ni E4315	C≤0.12 Mn 0.50～0.85 Si≤0.50	≥420	≥420	≥22	≥27 (−40 ℃)	低氢钠型碱性药皮，采用直流反接，可全位置焊，焊缝具有−40 ℃时低温冲击韧性，适用于焊接船舶、锅炉、桥梁、压力容器等低温下受动载荷的结构
J501Fe E5014	C≤0.12 Mn≤1.25 Si≤0.90	≥490	≥400	≥17	≥27 (0 ℃)	铁粉氧化钛型药皮，交、直流两用，可全位置焊，用于焊碳钢和低合金钢，如16Mn钢等结构(如船舶、车辆、工程机械)
J501Fe15 E5024	C≤0.12 Mn 0.8～1.4 Si≤0.90	≥490	≥400	≥17	≥27 (0 ℃)	铁粉钛型药皮的高效焊条，交、直流两用，电弧稳定，飞溅小，适用于平焊、平角焊，用于机车车辆、船舶、锅炉等结构的焊接
J501Fe18 E5024	C≈0.10 Mn≈0.80 Si≈0.50	≥490	≥400	≥23	≥47 (0 ℃)	氧化钛型高效率铁粉碳钢焊条，适用于平焊、平角焊，可用于低碳钢以及普通船用A级、D级钢的焊接
J501Z E5024	C≤0.12 Mn≤1.25 Si≤0.90	≥490	≥400	≥17	≥27 (0 ℃)	钛型药皮铁粉重力焊碳钢焊条，性能与J501Fe一样，适用于碳钢和某些低合金钢的平角焊焊接
J502 E5003	C≤0.12 Mn≤1.6 Si≤0.30	≥490	≥400	≥20	≥27 (0 ℃)	钛钙型药皮的碳钢焊条，交、直流两用，可全位置焊，主要用于16Mn等低合金钢结构焊接
J502Fe E5003	C≤0.12 Mn≤1.25 Si≤0.90	≥490	≥400	≥20	≥27 (0 ℃)	钛钙型药皮铁粉碳钢焊条，交、直流两用，全位置，适用于碳钢及相当强度的钢焊接

(续)

牌号型号	熔敷金属化学成分(%)	力学性能				特征和用途
		σ_b (MPa)	$\sigma_{0.2}$ (MPa)	δ_5 (%)	A_{KV} (J)	
J502Fe16 E5023	C≤0.12 Mn≤1.25 Si≤0.90	≥490	≥400	≥22	≥27 (0 ℃)	钛钙型药皮高效铁粉碳钢焊条,交、直流两用,适宜平焊及平角焊,工艺性好,可焊碳钢及相当强度钢
J502Fe18 E5023	C≤0.12 Mn≤1.25 Si≤0.90	≥490	≥400	≥22	≥27 (0 ℃)	钛钙型药皮高效铁粉焊条,交、直流两用,适宜于平焊及平角焊,可焊碳钢及相当强度的钢
J503 E5001	C≤0.12 Mn 0.5～0.9 Si≤0.30	≥490	≥400	≥20	≥27 (0 ℃)	钛铁矿型药皮,交、直流两用,适用于平焊及平角焊,可用于低合金钢结构如16Mn钢的焊接
J504Fe E5027	C≤0.12 Mn≤1.25 Si≤0.75	≥490	≥400	≥22	≥27 (−30 ℃)	氧化铁型药皮铁粉焊条,交、直流两用,电弧稳定,适用于平焊及平角焊,可用于低碳钢及低合金钢(如16Mn)
J504Fe14 E5027	C≤0.12 Mn 0.5～1.1 Si≤0.50	≥490	≥400	≥22	≥27 (−30 ℃)	氧化铁型药皮高效铁粉焊条,交、直流两用,电弧稳定,熔深大、熔化速度快,可焊重要的碳钢、低合金钢
J505 E5011	C≤0.20 Mn 0.40～0.60 Si≤0.20	≥490	≥400	≥20	≥27 (−30 ℃)	高纤维素钾型药皮,立向下焊,交、直流两用,用于碳钢及低合金钢(如16Mn、15MnVN)管道焊接
J505MoD E5011	C≤0.20 Mn 0.4～0.70 Si≤0.20	≥490	≥400	≥20	≥27 (−30 ℃)	纤维素钾型药皮底层焊条,交、直流两用,电弧穿透力大,不易产生气孔、夹渣,用于厚壁容器及管道底层
J506 E5016	C≤0.12 Mn≤1.6 Si≤0.75	≥490	≥400	≥22	≥27 (−30 ℃)	低氢钾型碱性药皮,抗裂性好,交、直流两用,可全位置焊,可焊中碳钢、低合金钢16Mn、09Mn2Si等
J506X E5016	C≤0.12 Mn≤1.60 Si≤0.75	≥490	≥400	≥22	≥27 (−30℃)	低氢钾型碱性药皮,交、直流向下角焊缝专用焊条,适用于船体结构的立向下角焊缝焊接

（续）

牌号型号	熔敷金属化学成分(%)	力学性能				特征和用途
		σ_b (MPa)	$\sigma_{0.2}$ (MPa)	δ_5 (%)	A_{KV} (J)	
J506H E5016-1	C≤0.12 Mn≤1.60 Si≤0.70	≥490	≥400	≥22	≥27 (−46 ℃)	低氢钾型碱性药皮底层焊条，交、直流两用，可全位置焊，可用于重要的碳钢和低合金钢焊接
J506D E5016	C≤0.12 Mn≤1.6 Si≤0.65	≥490	≥400	≥22	≥27 (−30 ℃)	低氢钾型碱性药皮底层焊条，交、直流两用，可全位置焊、电弧稳定，专用于底层打底焊接
J506DF E5016	C≤0.12 Mn≤1.6 Si≤0.75	≥490	≥400	≥22	≥27 (−30 ℃)	低氢钾型碱性药皮低尘焊条，交、直流两用，可全位置焊，适用于密闭容器及通风不良处的焊接，用于焊中碳钢和低合金钢
J506GM E5016	C≤0.09 Mn≤1.60 Si≤0.60	≥490	≥400	≥22	≥47 (−40 ℃)	低氢钾型碱性药皮的盖面焊条，交、直流两用，用于碳钢、低合金钢的压力容器、石油管道、造船等盖面焊缝
J506LMA E5018	C≤0.12 Mn≤1.60 Si≤0.75	≥490	≥400	≥22	≥27 (−30 ℃)	低氢钾型碱性药皮低吸潮焊条，交、直流两用，可全位置焊，焊缝抗裂性较好，用于焊接较重要的碳钢、低合金钢及刚性较大的船舶结构
J506Fe E5018	C≤0.12 Mn≤1.60 Si≤0.75	≥490	≥400	≥22	≥27 (−30 ℃)	低氢钾型碱性药皮铁粉焊条，交、直流两用，可全位置焊，用于碳钢及低合金钢焊接(如16Mn)
J506Fe-1 E5018-1	C≤0.12 Mn≤1.60 Si≤0.70	≥490	≥400	≥23	≥27 (−46 ℃)	低氢钾型碱性药皮铁粉焊条，交、直流两用，可全位置焊，具有良好的塑性、韧性，可用于碳钢及低合金钢。如16Mn、15MnR等
J506Fe16 E5028	C≤0.12 Mn≤1.60 Si≤0.75	≥490	≥400	≥22	≥27 (−20 ℃)	低氢钾型碱性药皮铁粉焊条，交、直流两用，适用于平焊和平角焊，用于碳钢和低合金钢的平焊和平角焊

（续）

牌号型号	熔敷金属化学成分(%)	力学性能				特征和用途
		σ_b (MPa)	$\sigma_{0.2}$ (MPa)	δ_5 (%)	A_{KV} (J)	
J506Fe18 E5028	C≤0.10 Mn≤1.60 Si≤0.75	≥490	≥400	≥22	≥27 (−20 ℃)	低氢钾型高效铁粉焊条，交、直流两用，用于碳钢及低合金钢的平焊和平角焊
J507 E5015	C≤0.12 Mn≤1.60 Si≤0.75	≥490	≥400	≥22	≥47 (−20 ℃)	低氢钠型碱性药皮焊条，采用直流反接，全位置焊接，可焊接中碳钢和09Mn2Si、16Mn、09Mn2V等
J507H E5015	C≤0.12 Mn≤1.60 Si≤0.75	≥490	≥400	≥22	≥27 (−30 ℃)	低氢钠型碱性药皮超低氢焊条，采用直流反接极，可全位置焊，用于焊接重要的低合金钢
J507X E5015	C≤0.12 Mn≤1.60 Si≤0.75	≥490	≥400	≥22	≥27 (−30 ℃)	低氢钠型碱性药皮的立向下焊专用焊条，直流反接，用于造船、建筑、车辆、机械结构角接、搭接
J507D E5015	C≤0.12 Mn≤1.60 Si≤0.75	≥490	≥400	≥22	≥27 (−30 ℃)	低氢钠型碱性药皮底层专用焊条，直流反接，可全位置焊，专用于管道及厚壁容器打底层焊
J507DF E5015	C≤0.12 Mn≤1.60 Si≤0.75	≥490	≥400	≥22	≥27 (−30 ℃)	低氢钠型碱性药皮低尘焊条，直流反接，全位置焊，适用于密闭容器场所焊接，如09Mn2Si、16Mn、09Mn2V等
J507XG E5015	C≤0.12 Mn≤0.8～1.3 Si≤0.75	≥490	≥400	≥22	≥27 (−30 ℃)	低氢钠型碱性药皮管道立向下焊条，直流反接适于壁厚≤9 mm管道立向下角焊。可焊低合金钢
J507Fe E5018	C≤0.12 Mn≤1.60 Si≤0.75	≥490	≥400	≥22	≥27 (−30 ℃)	低氢钠型碱性药皮铁粉焊条，直流反接。适用于全位置焊接，适用于低碳钢及低合金钢重要结构的焊接，如16Mn等
J507Fe16 E5028	C≤0.12 Mn≤1.60 Si≤0.75	≥490	≥400	≥22	≥27 (−30 ℃)	低氢钠型碱性药皮铁粉焊条，直流反接，适用于低碳钢、低合金钢结构的平焊和平角焊，如16Mn等

(续)

牌号型号	熔敷金属化学成分(%)	力学性能				特征和用途
		σ_b (MPa)	$\sigma_{0.2}$ (MPa)	δ_5 (%)	A_{KV} (J)	
J502GuP	C≤0.12 Mn 0.5～0.9 Si≤0.30 Cu 0.2～0.5	≥490	≥345	≥16	≥35 (常温)	钛钙型药皮的低合金钢焊条,交、直流两用,可全位置焊接,焊缝具有耐海水和大气腐蚀,适用于焊 08MnP、10MnCuPNbRe、09MnCuPTi 钢
J502NiCu E5003-G	C≤0.1 Si≤0.30 Ni 0.2～0.5 Mn 0.3～0.8 Cu 0.15～0.40 Cr 0.06～0.15	≥490	≥390	≥20	≥27 (0℃)	钛钙型药皮,交、直流两用,可全位置焊接,用于耐候铁路机车车辆的焊接,如国产 09MnCuPTi 钢等
J502WCu E5003-G	C≤0.12 Si≤0.3 Mn 0.5～0.9 Cu 0.2～0.5 W 0.2～0.5	≥490	≥390	≥20	≥27 (0℃)	钛钙型药皮的低合金耐候钢专用焊条,交、直流两用,可全位置焊接,用于耐候的铁路车辆焊接,如 09MnCuPTi 等钢
J502CuCrNi E5003-G	C≤0.1 Si≤0.30 Mn 0.45～0.75 Cu 0.1～1.3 Ni 0.3～0.5 Cr 0.25～1.45	≥490	≥390	≥22	≥27 (0℃)	钛钙型药皮的低合金钢焊条,交、直流两用,可全位置焊,可焊耐候钢车辆及耐大气腐蚀的近海工程结构的焊接,如铬铝及铜铬镍低合金钢
J506WCu E5016-G	C≤0.12 Si≤0.35 Mn 0.6～1.2 Cu 0.2～0.5 W 0.2～0.5	≥490	≥390	≥22	≥27 (−30℃)	低氢钾型药皮低合金耐候钢专用焊条,交、直流两用,可全位置焊,可焊 09MnCuPTi 钢,也可焊 16Mn 等钢
J506R E5016-G	C≤0.10 Ni≤0.70 Mn≤0.15 Si≤0.50	≥490	≥390	≥22	≥35 (−40℃)	低氢钾型药皮低合金钢高韧性焊条,交、直流两用,可全位置焊,用于低温高韧性材料,适用于焊采油平台、船舶、高压容器等重要结构
J506RH E5016-G	C≤0.10 Mn≤1.6 Si≤0.50 Ni 0.35～0.80	≥490	≥410	≥22	≥34 (−40℃)	低氢钾型药皮的低合金钢高韧性低氢焊条,交、直流两用,全位置焊接,可焊 E36、DE36、A537 等,低合金钢重要结构,如海洋平台、船舶、高压容器等

(续)

牌号型号	熔敷金属化学成分(%)	力学性能				特征和用途
		σ_b (MPa)	$\sigma_{0.2}$ (MPa)	δ_5 (%)	A_{KV} (J)	
J506RK E5016-G	C≤0.10 Mn≤0.85 Si≤0.40 Ni≤0.50	≥490	≥390	≥22	≥34 (−40 ℃)	低氢钾型药皮的低合金钢高韧性焊条，用于低温高韧性材料，适用于焊采油平台、船舶、高压容器等重要结构
J506NiCu E5016-G	C≤0.12 Si≤0.7 Mn 0.5～1.2 Cu 0.2～0.4 Ni 0.2～0.5	≥490	≥390	≥22	≥27 (−30 ℃)	低氢钾型药皮的耐候钢焊条，用于碳钢，耐候钢焊接，如车辆、近海工程结构、桥梁等
J506NiMA E5015-G	C≤0.12 Mn≥1 Si≤0.50 Ni≤0.60	≥490	≥390	≥22	≥27 (−45 ℃)	耐吸潮超低氢低合金钢焊条，可全位置焊接，用于较重要的碳钢、低合金钢，如采油平台、船舶、高压容器等焊接
J506FeNE E5018-G	C≤0.10 Cu<0.15 Mo≤0.3 Mn 0.8～1.75 Si 0.15～0.6	≥500	≥420	≥22	≥27 (−46 ℃)	低氢钾型药皮的核电工程用低合金铁粉焊条，交、直流两用，可全位置焊，用于核电工程主管道焊接以及化工容器、储罐、船舶的焊接
J506NiCrCu E5016-G	C≤0.10 Si≤0.5 Mn 0.45～1.0 Cu 0.1～1.3 Ni 0.15～0.5 Cr 0.2～1.45	≥490	≥390	≥24	≥47 (−30 ℃)	低氢钾型药皮低合金钢焊条，交、直流两用，可全位置焊，用于耐大气腐蚀的近海工程，如耐候钢车辆、铬铝钢及铜铬镍低合金钢焊接结构
J507TiBMA E5015-G	C≤0.12 Mn≤1.6 Si≤0.60	≥490	≥410	≥22	≥47 (−40 ℃)	低氢钠型超低氢耐吸潮低合金钢焊条，直流反接，用于船舶、桥梁、高压管道、压力容器、海洋工程等
J507NiCu E5015-G	C≤0.12 Mn 0.5～1.2 Si≤0.7 Cu 0.2～0.4 Ni 0.2～0.5	≥490	≥390	≥22	≥27 (−30 ℃)	低氢钠型药皮耐候钢焊条，直流反接，可全位置焊，塑性、冲击韧性、抗断裂韧性优良，用于碳钢及 500 MPa 级耐候钢，如车辆、造船、桥梁、海洋工程等焊接

（续）

牌号型号	熔敷金属化学成分(%)	力学性能				特征和用途
		σ_b (MPa)	$\sigma_{0.2}$ (MPa)	δ_5 (%)	A_{KV} (J)	
J507NiCuP E5015-G	C≤0.12 Mn 0.6～1.6 Si≤0.45 Cu 0.4～0.6 Ni 0.55～0.75	≥490	≥390	≥22	≥27 (-30 ℃)	低氢钠型药皮,低合金钢焊条,直流反接,可全位置焊,用于 10MnSiCu、09MnCuPTi 钢及相应钢种的焊接
J507WCu E5015-G	C≤0.12 Mn 0.6～1.2 Si≤0.35 Cu 0.2～0.5 W 0.2～0.5	≥490	≥390	≥22	≥27 (-30 ℃)	低氢钠型药皮,低合金耐候钢焊条,直流反接,可全位置焊,用于耐大气腐蚀的钢结构,如 15MnCuCr、09MnCuPTi 及 16Mn 等
J507R E5015-G	C≤0.12 Mn≤1.60 Si≤0.70 Ni≤0.70	≥490	≥390	≥22	≥47 (-30 ℃)	低氢钠型高韧性低合金钢焊条,采用直流反接,可全位置焊,用于压力容器焊接,也用于其他低合金钢重要结构,如 16Mn、16MnR
J507NiTiB E5015-G	C≤0.12 Mn≤1.6 Si≤0.6 Ni 0.35～0.65 Ti 0.02～0.04	≥490	≥410	≥24	≥47 (-40 ℃)	低氢钠型高韧性低合金钢焊条,有良好的塑性、优异的低温冲击韧性、工艺性良好,采用直流反接极,可全位置焊,用于船舶、桥梁、锅炉、压力容器、矿山机械、海上工程及其他重要焊接结构
J507RH E5015-G	C≤0.10 Mn≤1.60 Si≤0.50 Ni 0.35～0.80	≥490	≥410	≥22	≥47 (-30 ℃)	
J507Mo E5015-G	C≤0.12 Mn≤0.90 Si≤0.60 Mo 0.40～0.65 V≤0.20	≥490	≥390	≥22	≥27 (-30 ℃)	低氢钠型药皮抗硫化氢(H_2S)腐蚀的低合金钢焊条,采用直流反接,可全位置焊,用于含钼钒或低铝等元素的抗腐蚀钢,如 12MoVAl
J507MoNb E5015	C≤0.12 Mn 0.6～1.2 Si≤0.65 Mo 0.30～0.60 Nb 0.03～0.15	≥490	≥390	≥22	≥27 (-30 ℃)	低氢钠型药皮抗硫化氢腐蚀的低合金钢焊条,采用直流反接极,可全位置焊接,用于焊接石油化工用钢,如 12SiMoVNb、15MoV 等

(续)

牌号型号	熔敷金属化学成分(%)	力学性能				特征和用途
		σ_b (MPa)	$\sigma_{0.2}$ (MPa)	δ_5 (%)	A_{KV} (J)	
J507CuP E5015 - G	C≤0.12 Mn 0.80~1.30 Si≤0.50 Cu 0.20~0.50 P 0.06~0.12	≥490	≥390	≥22	≥27 (−30 ℃)	低氢钠型药皮低合金钢焊条,采用直流反接,可全位置焊接,焊缝抗大气耐海水腐蚀,用于铜磷系低合金钢,如16MnPNbXt、09MnCuPTi、08MnP等
J507FeNi E5018 - G	C≤0.08 Mn 0.80~1.30 Si≤0.65 Ni 1.20~2.0	≥490	≥390	≥22	≥53 (−40 ℃)	低氢型药皮低合金钢铁粉焊条,采用直流反接,可全位置焊,具有优良的低温冲击韧性,用于中碳钢、低温钢压力容器,如16MnDR等
J507MoWNbB E5015 - G	C≤0.10 Mn≤0.85 Si≤0.45 Mo 0.40~0.60 W 0.10~0.20 Nb 0.01~0.04	≥490	≥390	≥22	≥27 (常温)	低氢钠型药皮低合金钢焊条,采用直流反接,可全位置焊、工艺性良好,用于耐中温、高压(在400 ℃ 320大气压下)条件下的焊接,如12SiMoVNb

15. 低合金高强度结构钢焊条(JB/T 4709—92)

钢号	手弧焊		埋弧自动焊			CO_2 气体保护焊焊丝	氩弧焊焊丝
	焊条		焊丝钢号	焊剂			
	型号	对应牌号		型号	对应牌号		
09Mn2V	E5515 - C1	W707Ni	H08Mn2MoVA		HJ250		
09Mn2VDR 09Mn2VD	E5515 - C1	W707Ni					
06MnNbDR	E5515 - C2	W907Ni					
16Mn 16MnR 16MnRC	E5003 E5016 E5015	J502 J506 J507	H10MnSi H10Mn2	HJ401 - H08A HJ402 HJ10Mn2	HJ431 HJ350	H08Mn2SiA	H10Mn2
16MnDR 16MnD	E5016 - G E5015 - G	J506RH J507RH					

（续）

钢号	手弧焊		埋弧自动焊			CO_2 气体保护焊焊丝	氩弧焊焊丝
	焊条		焊丝钢号	焊剂			
	型号	对应牌号		型号	对应牌号		
15MnV	E5003	J502	08MnMoA H10MnSi H10Mn2	HJ401 - H08A	HJ431	H08Mn2SiA	H08Mn2SiA
15MnVR	E5016 E5015	J506 J507		HJ402 - H10Mn2	HJ350		
15MnVRC	E5515 - G	J557					
20MnMo	E5015	J507	H10MnSi H10Mn2 H08MnMoA	HJ401 - H08A	HJ431		H08Mn2Si
	E5015 - G	J557		HJ402 - H10Mn2	HJ350		

16. 铬镍不锈钢焊条

牌号	力学性能		焊条尾端色别	主 要 用 途
	$\sigma_b \geqslant$ (MPa)	$\delta \geqslant$ (%)		
A001	520	35		同类不锈钢的焊接
A002	520	35	中绿	焊接 00Cr19Ni11 和 0Cr19Ni10 钢，如合成化纤、化肥等设备
A002A	520	35		耐发红、高效率、飞溅小，引弧性好、脱渣容易，焊含钛奥氏体不锈钢
A002Mo	520	35		用于焊接超低碳不锈钢、0Cr18Ni9Ti，化肥、石化设备
A002Si	540	25		抗浓硝酸腐蚀性能佳，用于焊接超低碳 00Cr17Ni15Si4Nb 不锈钢
A022Si	540	25		为超低碳 00Cr19Ni11 Mo2Si 不锈钢焊条，可焊冶金设备中的衬板或管材
A022	490	30	大红	焊接尿素及合成纤维设备也用于焊后不热处理的铬不锈钢
A032	540	25	棕色	焊接在稀、中浓度硫酸介质中工作的合成纤维设备，也可焊接 Cr13Si 耐酸钢
A042	540	25	紫蓝	焊接尿素合成塔衬板及同类不锈钢
A042Si	550	30		相当于瑞典 AVEST AP5 超低碳不锈钢焊条
A042Mn	550	30		相当于荷兰 Philips BM310MoL 超低碳不锈钢焊条，用于同类型不锈钢

（续）

牌号	力学性能		焊条尾端色别	主要用途
	$\sigma_b \geqslant$ (MPa)	$\delta \geqslant$ (%)		
A052	490	25	银色	焊接化学耐硫酸、醋酸、磷酸腐蚀的反应器分离器，也可用于抗海水腐蚀的不锈钢及异种钢
A062	520	25		焊接合成纤维、石油化工设备中复合钢和异种钢
A072	540	25		焊接 00Cr25Ni20Nb 钢
A101	550	35	中绿	焊接 300 ℃以下耐腐蚀的 0Cr19Ni9、0Cr19Ni11Ti 钢结构
A102	550	35		
A102A	550	35		用于工作温度低于 300 ℃耐蚀的 0Cr19Ni9、0Cr19Ni1Ti 等
A107	550	35		焊接 300 ℃以下耐腐蚀的 0Cr19Ni9 不锈钢
A112	540	25		焊接一般的 Cr19Ni9 型不锈钢
A117	540	25		
A112	540	25		焊接 300 ℃下抗裂、耐蚀的 0Cr19Ni9 不锈钢
A132	520	25		钛钙型含铌不锈钢焊条，具有优良的抗晶间腐蚀性能，工艺性能优良，可用于重要的耐蚀含钛稳定化元素的 0Cr19Ni11Ti 不锈钢
A132A	520	25		
A137	520	25		
A146	540	20		用于焊接重要的 0Cr20Ni10Mn 不锈钢
A172	590	30		用于焊接 ASTM307 钢及其他异种钢
A201	520	30	大红	焊接在非氧化酸介质中工作的 0Cr17Ni12Mo2 钢及 0Cr18Ni12Mo2 钢，A201 焊条施焊时，药皮不发红，不开裂，具有良好的耐蚀、耐热性
A202	520	30		
A207	520	30		
A212	550	25	紫红	焊接重要的 0Cr17Ni12Mo2 钢，如尿素、合成纤维设备
A222	540	25		焊接同类 0Cr18Ni12Mo2Cu2 不锈钢
A232	540	25	粉红	焊接一般耐热耐蚀 0Cr19Ni9 及 0Cr17Ni12Mo2 不锈钢
A237	540	25		
A242	550	25	中蓝	焊接同类不锈钢，对非氧化性酸，如硫酸、亚硝酸、磷酸及有机酸具有较好的耐蚀性
A302	550	25	白色	焊接同类不锈钢及不锈钢衬里、异种钢（Cr19Ni9—低碳钢）
A307				

（续）

牌号	力学性能		焊条尾端色别	主要用途
	$\sigma_b \geqslant$ (MPa)	$\delta \geqslant$ (%)		
A312	550	25	淡灰	焊接耐硫酸同类不锈钢也可作不锈钢衬里以及复合钢、异种钢的焊接
A312SL	550	25		焊接 Q235、20 g 和 Cr5Mo 等表面渗铝钢
A317	550	25		用于焊接耐硫酸介质腐蚀的同类不锈钢、复合板、异种钢等
A402	550	25		用于焊接 Cr5Mo、Cr9Mo、Cr13、Cr28 等不锈钢
A407	550	25		用于焊接 Cr5Mo、Cr9Mo、Cr13、Cr28 等不锈钢
A412	550	25	天蓝	焊接在高温下工作的耐热不锈钢
A422	540	30	柠檬黄	焊补炉卷轧机上 Cr25Ni20Si2 钢及异种钢
A427				
A432	620	10		焊接 HK40 耐热钢
A447	780	20		
A502	610	30	银色	焊接淬火状态下的低合金和中合金钢，如 30CrMnSi 钢等
A507				
A607	590	25	墨绿	焊接在 850～900 ℃下工作的同类耐热不锈钢和制氢转化炉中集合管，膨胀管如 Cr20Ni30B 等
A707	690	30	深灰	用于醋酸、维尼纶、尿素等生产设备，如 Cr17Mn13MoN 不锈钢的焊接
A717	690	25		焊接 2Cr15Mn15Ni2N 低磁不锈钢和 1Cr18Ni11Ti 异种钢
A802	540	25	橘黄	焊接硫酸 50%和一定工作温度及压力的合成橡胶制造的管道等
A902	550	30		用于硫酸、硝酸、磷酸和氧化性酸腐蚀介质中 CarPenter20Cb 镍合金焊接

17. 埋弧自动焊不锈钢防裂纹焊丝

不锈钢焊丝选择，要有的放矢，工件是抗晶间腐蚀为主，还是以抗裂为主。从抗裂纹考虑，焊丝中的铬镍含量比＞2.2 可以防止裂纹，焊丝中铁素体含量为 5%～10%，可以防止裂纹。埋弧焊不锈钢，焊丝、焊剂选用见下表。

焊丝、焊剂和钢号匹配表

母材牌号	氩弧焊焊丝	埋弧焊焊丝	焊剂	焊件工作条件
0Cr18Ni9Ti	H0Cr20Ni10Ti	H0Cr20Ni10TiAl	HJ260	抗热裂、耐蚀性较高
00Cr18Ni10	H00Cr22Ni10	H00Cr21Ni10	HJ260	耐蚀性极高
0Cr17Ni13Mo2Ti	HCr19Ni11Mo3	HCr19Ni11Mo3	HJ260	耐有机酸、无机酸、碱及盐的腐蚀
00Cr17Ni13Mo3	H00Cr19Ni11Mo3	—		耐腐蚀性高
1Cr18Mn8Ni15N	H1Cr20Ni10Mn6	H1Cr20Ni20Mn9	HJ172	耐醋酸、尿素腐蚀
00Cr18Ni10N	H00Cr19Ni9	H00Cr22Ni10	HJ151 HJ172	抗裂纹性能好

18. 钛及钛合金丝(GB/T 3623—2007)

【分类和用途】 产品按用途分为两类:

结构件丝——主要用作结构件和紧固件的丝材;

焊　　丝——主要用作电极材料和焊接材料的丝材。

【牌号、状态和规格】

牌　　号	直　径(mm)	状　态
TA1、TA1ELI、TA2、TA2ELI、TA3、TA3ELI、TA4、TA4ELI、TA28、TA7、TA9、TA10、TC1、TC2、TC3	0.1～7.0	热加工态 R 冷加工态 Y 退火态 M
TA1-1、TC4、TC4ELI	1.0～7.0	

注:丝材的用途和供应状态应在合同中注明,未注明时按加工态(Y 或 R)焊丝供应。

【材料】 用于制造丝材的铸锭应采用真空自耗电弧炉熔炼,熔炼次数不得少于两次。

【室温力学性能】

牌　号	直　径(mm)	室温力学性能	
		抗拉强度 R_m(MPa)	断后伸长率 A(%)
TA1	4.0～7.0	≥240	≥24
TA2		≥400	≥20
TA3		≥500	≥18
TA4		≥580	≥15

（续）

牌　号	直　径(mm)	室温力学性能	
		抗拉强度 R_m(MPa)	断后伸长率 A(%)
TA1	0.1～<4.0	≥240	≥15
TA2		≥400	≥12
TA3		≥500	≥10
TA4		≥580	≥8
TA1-1	1.0～7.0	295～470	≥30
TC4ELI	1.0～7.0	≥860	≥10[a]
TC4	1.0～2.0	≥925	≥8
	≥2.0～7.0	≥895	≥10

注：直径小于 2.0 的丝材的延伸率不满足要求时可按实测值报出。

【丝材直径允许偏差】

（mm）

直径	0.1～0.2	>0.2～0.5	>0.5～1.0	>1.0～2.0	>2.0～4.0	>4.0～7.0
允许偏差	-0.025	-0.04	-0.06	-0.08	-0.10	-0.14

注：经供需双方协商，可供应其他规格或允许偏差的丝材。

【化学成分】

牌号	化学成分(质量分数)(%)													
	主要成分								杂质元素，不大于					
	Ti	Al	Mn	V	Sn	Pd	Mo	Ni	Fe	O	C	N	H	Si	Al
TA1-1	基	—	—	—	—	—	—	—	0.15	0.12	0.05	0.03	0.003	0.08	0.20
TA1	基	—	—	—	—	—	—	—	0.15	0.12	0.05	0.03	0.012	—	—
TA1ELI	基	—	—	—	—	—	—	—	0.08	0.10	0.03	0.012	0.005	—	—
TA2	基	—	—	—	—	—	—	—	0.20	0.18	0.05	0.03	0.012	—	—
TA2ELI	基	—	—	—	—	—	—	—	0.12	0.16	0.03	0.015	0.008	—	—
TA3	基	—	—	—	—	—	—	—	0.25	0.25	0.05	0.05	0.012	—	—
TA3ELI	基	—	—	—	—	—	—	—	0.16	0.20	0.03	0.02	0.008	—	—
TA4	基	—	—	—	—	—	—	—	0.30	0.35	0.05	0.05	0.012	—	—
TA4ELI	基	—	—	—	—	—	—	—	0.25	0.32	0.03	0.025	0.008	—	—
TA28	基	2.0～3.0	—	—	—	—	—	—	0.30	0.15	0.05	0.04	0.012	—	—
TA7	基	4.0～6.0	—	—	2.0～3.0	—	—	—	0.45	0.15	0.05	0.05	0.12	—	—

（续）

牌号	化学成分(质量分数)(%)														
	主要成分								杂质元素，不大于						
	Ti	Al	Mn	V	Sn	Pd	Mo	Ni	Fe	O	C	N	H	Si	Al
TA9	基	—	—	—	—	0.12～0.25	—	—	0.20	0.18	0.05	0.03	0.012	—	—
TA10	基	—	—	—	—	—	0.2～0.4	0.6～0.9	0.25	0.20	0.05	0.03	0.012	—	—
TC1	基	1.0～2.5	0.7～2.0	—	—	—	—	—	0.30	0.15	0.10	0.05	0.012	—	—
TC2	基	3.5～5.0	0.8～2.0	—	—	—	—	—	0.30	0.15	0.10	0.05	0.012	—	—
TC3	基	4.5～6.0	—	3.5～4.5	—	—	—	—	0.25	0.15	0.05	0.05	0.012	—	—
TC4	基	5.5～6.75	—	3.5～4.5	—	—	—	—	0.25	0.18	0.05	0.05	0.012	—	—
TC4ELI	基	5.5～6.5	—	3.5～4.5	—	—	—	—	0.20	0.03～0.11	0.03	0.012	0.005	—	—

注：1. 产品出厂时不检验其他元素，需方要求并在合同中注明时可予以检验。
2. 其余杂质元素及其含量应符合 GB/T 3620.1 相应牌号的规定；低间隙纯钛牌号中的杂质元素 Al、V、Sn，其单一含量不大于 0.05%，总和不大于 0.2%。

【钛及钛合金丝材的热处理制度】

牌　　号	加热温度(℃)	保温时间(h)
TA1-1	600～700	1
TA1	600～700	1
TA1ELI	600～700	1
TA2	600～700	1
TA2ELI	600～700	1
TA3	600～700	1
TA3ELI	600～700	1
TA4	600～700	1
TA4ELI	600～700	1
TA28	600～750	1
TA7	700～850	1
TA9	600～700	1
TA10	600～700	1

(续)

牌　　号	加热温度(℃)	保温时间(h)
TC1	650～800	1
TC2	650～800	1
TC3	650～800	1
TC4、TC4ELI	700～850	1

19. 碳弧气刨用碳棒

(1) 型号表示方法

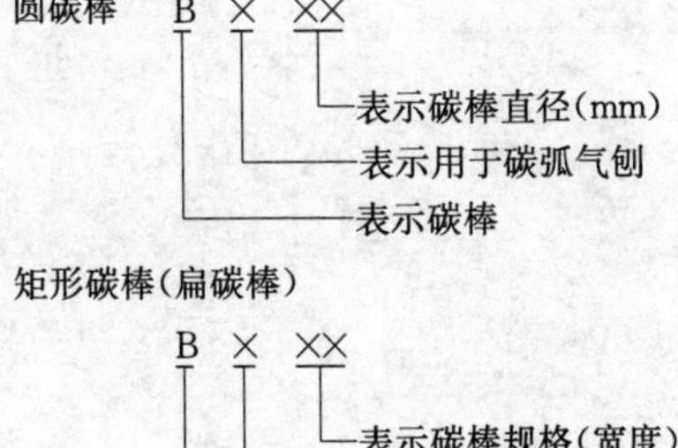

末尾字母含义:K—直流圆形空心碳棒
L—直流连接式圆形碳棒
J—交流圆形有芯碳棒

(2) 直流圆形碳棒

型号	B504	B505	B506	B507	B508	B509	B510	B511	B512	B513
适用电流(A)	150～200	200～250	300～350	350～400	400～450	450～500	500～550	550～600	800～900	900～1 000

(3) 直流圆形空心碳棒

型号	B507K	B508K	B509K	B510K
适用电流(A)	200～350	350～400	400～450	450～500

(4) 直流矩形碳棒

型号	B5412	B5512	B5518	B5520	B5525
适用电流(A)	200～300	300～350	400～450	450～500	600～650

(5) 直流连接式圆形碳棒

型号	B510L	B513L	B516L	B519L	B525L
适用电流(A)	400～450	800～900	900～1 000	1 100～1 300	1 600～1 800

(6) 交流圆形有芯碳棒

型号	B506J	B507J	B508J	B509J	B510J
适用电流(A)	250～300	300～350	350～400	400～450	450～500

注：1. 上海市场产品。

2. 碳棒长度(mm)：直流圆形碳棒 355，直流矩形碳棒 355，交流圆形有芯碳棒 230。

第十六章　新型消防器材

1. 灭火器(摘自 GB 4351.1—2005)

(1) 分类和规格

分类		规格
按充装的灭火剂分类	水基型灭火器	2 L、3 L、6 L、9 L
	干粉型灭火器	1 kg、2 kg、3 kg、4 kg、5 kg、6 kg、8 kg、9 kg、12 kg
	二氧化碳灭火器	2 kg、3 kg、5 kg、7 kg
	洁净气体灭火器	1 kg、2 kg、4 kg、6 kg
按驱动灭火器的压力型式分类	贮气瓶式灭火器	
	贮压式灭火器	灭火剂由贮于灭火器内的压缩气体或灭火剂蒸气压力驱动的灭火器

(2) 灭火器的型号

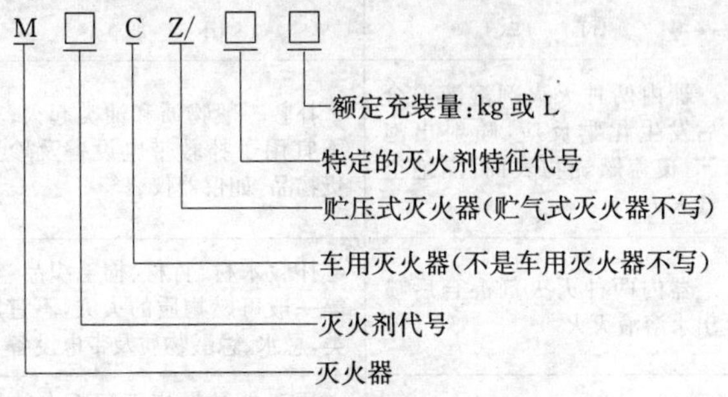

灭火剂代号和特定的灭火剂特征代号

分类	灭火剂代号	灭火剂代号含义	特定的灭火剂特征代号	特征代号含义
水基型灭火器	S	清水或带添加剂的水,但不具有发泡倍数和25%析液时间要求	AR(不具有此性能不写)	具有扑灭水溶性液体燃料火灾的能力
	P	泡沫灭火剂,具有发泡倍数和25%析液时间要求。包括:P、FP、S、AR、AFFF和FFFP等等灭火剂	AR(不具有此性能不写)	具有扑灭水溶性液体燃料火灾的能力
干粉灭火器	F	干粉灭火剂。包括:BC型和ABC型干粉灭火剂	ABC(BC干粉灭火剂不写)	具有扑灭A类火灾的能力

(续)

分类	灭火剂代号	灭火剂代号含义	特定的灭火剂特征代号	特征代号含义
二氧化碳灭火器	T	二氧化碳灭火剂	—	
洁净气体灭火器	J	洁净气体灭火剂。包括:卤代烷烃类气体灭火剂、惰性气体灭火剂和混合气体灭火剂等	—	

示例

型号:MPZAR6　含义:6 L 手提贮压式抗溶性泡沫灭火器。

型号:MFABC5　含义:5 kg 手提贮气瓶式 ABC 干粉灭火器。

型号:MFZBC8　含义:8 kg 手提贮压式 BC 干粉灭火器。

注:1. 水基型包括清洁水或带添加剂的水,如湿润剂、增稠剂、阻燃剂或发泡剂等。

2. 干粉有"BC"或"ABC"型或可以为 D 类火特别配制的。

3. 非导电的气体或汽化液体的灭火剂,这种灭火剂能蒸发,不留残余物。

4. 灭火器的总质量不应大于 20 kg,其中二氧化碳灭火器的总质量不应大于 23 kg。

(3) 灭火器特点和用途

类别	特　点	用　途	品种
化学泡沫灭火器	器内两种灭火剂溶液混合后发生化学反应,喷射出泡沫,覆盖燃烧物表面,隔绝空气灭火	扑救一般物质和油类起火;不宜用于扑救带电设备及珍贵物品,如仪器仪表等	手提式 舟车式 推车式
酸碱灭火器	器内两种灭火剂混合后喷出水溶液灭火	扑救木材、竹材、棉毛织品、稻草和纸张等一般可燃物质的火灾,不宜用于扑救油类,忌水、忌酸物质及带电设备	
二氧化碳灭火器	器内喷出二氧化碳(干冰),通过冷却和窒息作用起到灭火效果	用于扑救燃烧面积不大的珍贵设备、档案文物、仪器仪表、600 V 以下各种带电设备的火灾	手提式 推车式
1211 灭火器(二氟-氯-溴甲烷灭火剂)	器内氮气压力(20 ℃时 1.5 MPa),喷出"1211"液化气体灭火剂,快速中止燃烧连锁反应,有冷却窒息作用以扑灭火灾,其效能高,毒性小,腐蚀性低,绝缘性好,久不变质灭火后无药液污渍	适用于扑灭油类、有机溶液、精密仪器、带电设备、档案文物,不宜用于扑救钾、钠、铝、镁等金属的燃烧 灭火棒可夹持挂装在墙上,使用时开启喷口进行灭火	手提式 推车式 悬挂式 灭火棒
清水灭火器	灭火剂为清水,利用器内二氧化碳气体压力将清水喷出,扑灭火焰	适用于扑救竹木、棉毛、草和纸等一般燃烧物质,不宜进行油脂、带电设备和轻金属的灭火	手提式

(续)

类别	特　点	用　途	品种
干粉灭火机	利用器内二氧化碳产生的压力,将器内干粉灭火剂喷在燃烧物上,作为隔离层、并分解出不燃性气体,稀释燃烧区含氧量,以扑灭火灾 常用灭火剂为:碳酸氢钠、干粉或全硅化碳酸氢钠干粉	适用于扑灭易燃液体、可燃气体和带电设备灭火,也可与氟蛋白泡沫或轻水泡沫联用,扑救大面积油类大火灾 ABC干粉,又称通用干粉(磷铵盐干粉灭火剂),除具有碳酸氢钠干粉灭火剂的灭火性能外,还能扑救A类物质(木材、纸张、橡胶、棉布等)火灾	手提式储气瓶 推车式储气瓶
干粉灭火炮(大面积油库灭火的新式重型设备)	油罐、油库大面积失火时,可在远离火灾区 50～60 m处,用干粉炮将干粉灭火剂射至火灾燃烧区以扑灭火灾。一个 3 000 m^3 的油罐失火,可用4～5门灭火炮扑救	扑灭大面积油类失火,也能用于扑救建筑物、船舶大面积失火,且消防员又不能靠近的场合,作远距离扑救	干粉灭火炮

(4) 灭火器材性能参数

名称及标准号	型式	型号	灭火剂量(L)	有效时间(s)≥	喷射距离(m)≥
手提式化学泡沫灭火器 GB 4351.5—2005	普通式	MP6 MP9	6 9	40 60	6 8
	舟车式	MPZ6 MPZ9	6 9	40 60	6 8
推车式泡沫灭火器 GB 8109—2005	推车式	MPT40 MPT65 MPT100	40 65 100	90 100	8 10 10
手提式机械泡沫灭火器 GB 4351.5—2005	机械式	MJP-3 MJP-4 MJP-6 MJP-9	3 4 6 9	≥15 ≥30 ≥30 ≥40	4 4 6 6

注:M—灭火器,JP—机械泡沫灭火剂

Z—贮压式,Z后加A表示分装型,如MJP-A、MJPZA。

灭火剂代号:P—蛋白泡沫,FP—氟蛋白泡沫,AR—抗溶性泡沫,AFFF—水成膜泡沫,S—合成泡沫。推荐使用温度:4～55 ℃。

名称及标准号	型式	型号	灭火剂量(L)或(kg)	有效喷射		备注
				时间(s)	距离(m)	
手提式酸碱灭火器 (GB 4351.1—2005)	手提式	MS7	7	≥40	≥6	
		MS9	9	≥50		
手提式 GB 4351.5—2005 推车式 GB 8109—2005	手提式	MTZ2	2(kg)	≥8	≥1.5	一级品
		MTZ3	3(kg)	≥8	≥1.5	≥99.5%
		MTZ5	5(kg)	≥9	≥2	二级品
		MTZ7	7(kg)	≥12	≥2	≥99.0%
	推车式	MTT20	20(kg)	40～45	5～6	一级品
		MTT25	25(kg)	50～55		≥99.5%
		MTT28	28(kg)	60～65		二级品
1211灭火器 手提式 GB 4351.5—2005 推车式 GB 8100—2005	手提式	MY0.5	0.5(kg)	>6	≥1.5	
		MY1	1(kg)	>6	≥2.5	
		MY2	2(kg)	≥8	≥3.5	
		MY4	4(kg)	≥9	≥4.5	
		MY6	6(kg)	≥9	≥5	
	推车式	MYT25	25(kg)	≥25	7～8	
		MYT40	40(kg)	≥40	7～8	
	灭火棒	MYQ500	0.5(kg)	>6	≥1.5	
手提式清水灭火器 GB 4351.1—2005	手提式	MSQ9	9(kg)	≥50	≥7	

名称及标准	型式	型号	灭火剂量(kg)	有效喷射		电绝缘性能(kV)
				时间(s)	距离(m)	
手提式干粉灭火器 GB 4351.1—2005	手提式	MF1	1	>6	≥2.5	≥5
		MF2	2	≥8	≥2.5	
		MF3	3	≥8	≥2.5	
		MF4	4	≥9	≥4	
		MF5	5	≥9	≥4	
		MF6	6	≥9	≥4	
		MF8	8	≥12	≥5	
		MF10	10	≥12	≥5	
手提贮压式干粉灭火器 GB 4351.1—2005	手提贮压式	MFZ-1	1	≥8	≥3	≥5
		MFZ-2	2	≥8	≥3	
		(MFZ-3)	3	≥8	≥3	
		MFZ-4	4	≥8	≥3	
		MFZ-5	5	≥10	≥3.5	
		(MFZ-6)	6	≥10	≥3.5	
		MFZ-8	8	≥14	≥5.0	

16.4

(续)

名称及标准	型式	型号	灭火剂量(kg)	有效喷射		电绝缘性能(kV)
				时间(s)	距离(m)	
推车式干粉灭火器 GB 8109—2005	推车式	MFT-25 MFT-35 MFT-50 MFT-70 MFT-100	25 35 50 70 100	≥15 ≥20 ≥25 ≥30 ≥35	≥8 ≥8 ≥9 ≥9 ≥10	≥50

注：1. 灭火器内干粉一般为碳酸氢钠干粉，若采用磷酸铵盐干粉时，灭火器的型号后面须加"L"，例如 MFL、MFZL。

2. 括号内型号尽量不采用。

3. 灭火器外形尺寸，各厂不尽相同，可参阅工厂说明书进行选择。

4. 手提式干粉灭火器是通过贮气瓶的气体压力作为驱动源来喷射灭火剂的。

5. 干粉灭火剂可分成以下两种：

(1) 普通干粉灭火剂，用于扑灭 B、C 类火灾及带电设备火灾，又称 B、C 干粉，主要品种有碳酸氢钠干粉灭火剂(GB 15066—1994)；

(2) 多用干粉灭火剂，用于扑灭 A、B、C 类火灾，又称 ABC 干粉，主要品种有磷酸铵盐干粉灭火剂(GB 15606—1994)；

(注)：A 类火灾，普通固体可燃物引发火灾；B 类火灾，油脂及一切可燃流体引发火灾，C 类火灾，可燃气体引发火灾，D 类火灾，锂、钠、钙、镁、铝等金属引发火灾。

6. 干粉灭火剂标记示例：

手提式　M-F-L-X

推车式(贮气瓶式)　M-F-T-L-X

推车式(贮压式)　M-F-T-Z-L-X

M—灭火器代号；F—干粉灭火剂代号；L—表示 ABC 干粉；T—表示推车式；Z—表示贮压式；X—表示干粉质量(kg)。

2. 干粉灭火系统

(1) 特点和用途

① 灭火不用水，特别适用于缺水地区。

② 干粉灭火剂可长期储存不变质。

③ 可在较短时间内灭火，效率高，特别对石化企业、危险品仓库、化学品仓库、球罐群及有剧毒的氯气球罐、贮柜等场所，灭火效果显著。

④ 对于消防车无法到达或靠近的部位，如建筑密集区、港湾、码头，船舶失火，用干粉炮灭火，容易见效。

⑤ 对于高度 8 m 以上的钢结构建筑，失火时间一长，钢结构大梁易失效倒塌，采用干粉炮灭火有独到之处。

⑥ 不能用于扑救自身能释放氧气或氧源的化合物火灾、普通物质深位火或阴燃火及不宜扑救精密电气设备、仪器的火灾。

(2) 设备组成

干粉灭火设备由干粉储罐、干粉驱动装置(氮气瓶储气压力，一般 15 MPa，与普通氧气瓶相似)。减压阀干粉喷射器及管道和附件组成,其中干粉喷射器由干粉喷嘴(有直流喷嘴、扩散喷嘴、扇形喷嘴)、干粉喷枪组成。

(3) 干粉炮系统

主要由干粉罐、氮气瓶汇流排、管道、阀门、动力源和控制系统组成,驱动动力装置可分为气控、液控和电控。

远控消防炮系统是一种新型消防炮灭火系统,流量大,射程远,一般能远距离有线或无线控制以及就地手动控制的特点。

消防炮系统由动力系统、无线电遥控器、炮塔等组成。消防炮用在干粉灭火外,还用于水炮系统、泡沫炮系统。

几种常用的消防炮有:电控消防炮、液控消防炮、手柄式手动消防炮、手柄式手轮消防炮、圆盘移动式消防炮和支架移动式消防炮。

3. 自动灭火系统

(1) 悬挂式 1211 定温自动灭火器

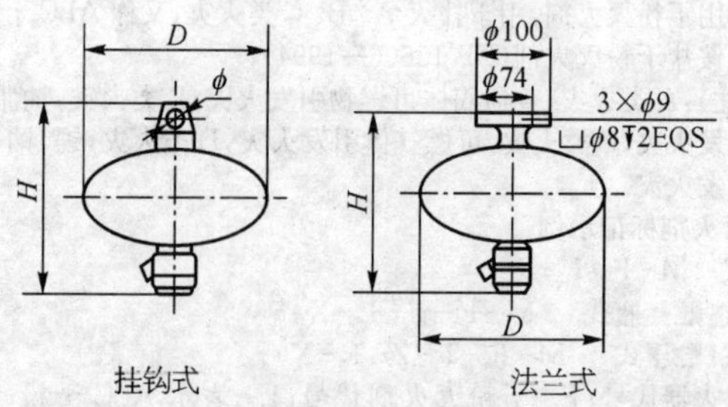

悬挂式 1211 定温自动灭火器在灭火器的喷口处安装有感温玻璃泡,发生火灾时温度升高,使玻璃泡内液体膨胀致使玻璃泡胀碎,"1211"灭火剂喷出,进行自动灭火。

适用于工矿企业的变电所、物资仓库、危险品仓库、油漆仓库等,以及船舶舱室等处。

悬挂式 1211 定温自动灭火器的规格

型号	灭火剂量(kg)	内储氮气压力(20 ℃)(MPa)	喷射时间(s)≤	始喷温度(℃)	使用温度(℃)	保护范围(5%浓度)(m^2)	外形尺寸(挂钩式) (法兰式)
MYZ4B	4	0.8	10	57～93	−20～55	10.7	225×272 225×246
MYZ6B	6	0.8	10	57～93	−20～55	16	254×305 254×279
MYZ8B	8	0.8	10	57～93	−20～55	21.3	275×315 275×289
MYZ12B	12	0.8	10	57～93	−20～55	32	304×340 304×314
MYZ16B	16	0.8	10	57～93	−20～55	42.7	340×355 340×329

注:玻璃泡起爆温度,设计有 57 ℃、68 ℃、79 ℃、93 ℃,用户可按需要,选择订货。

(2) 自动喷水灭火系统

① 玻璃球闭式喷头(GB 5135.1—2005)

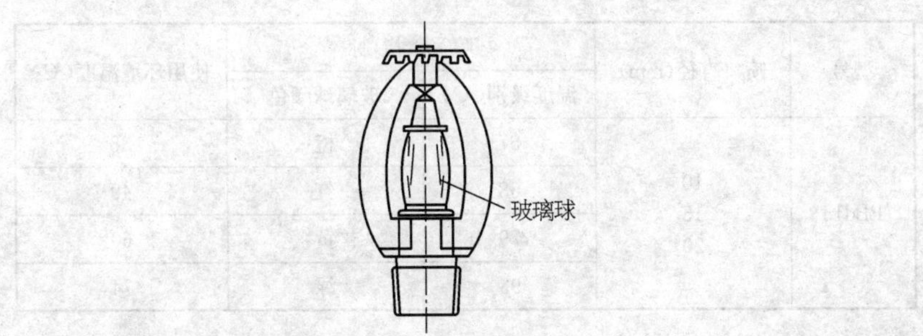

【用途】 与湿式自动喷水灭火系统相连,用于高层宾馆、综合办公大楼、展览厅、地下库房,以及重点文物保护单位的木结构古建筑等。

【规格】

喷头型号				连接螺纹(in)	公称动作温度(℃)	最高环境温度(℃)	工作液色标
普通型	边墙型	直立型	下垂型				
ZSTP 15/57	ZSTB 15/57	ZSTZ 15/57	ZSTX 15/57	ZG½	57	27	橙
ZSTP 15/68	ZSTB 15/68	ZSTZ 15/68	ZSTX 15/68	ZG½	68	38	红
ZSTP 15/79	ZSTB 15/79	ZSTZ 15/79	ZSTX 15/79	ZG½	79	49	黄
ZSTP 15/93	ZSTB 15/93	ZSTZ 15/93	ZSTX 15/93	ZG½	93	63	绿
ZSTP 15/141	ZSTB 15/141	ZSTZ 15/141	ZSTX 15/141	ZG½	141	111	蓝

② 吊顶型玻璃球闭式喷头(GB 5135.1—2005)

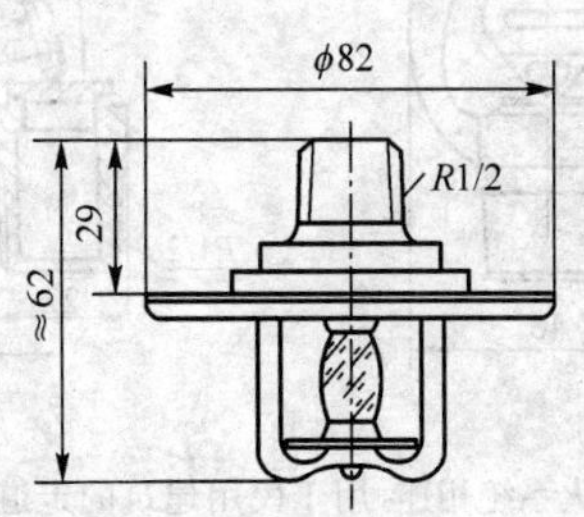

【用途】 装于各种高层、地下建筑物的屋顶下面，与湿式自动喷水灭火系统相连，起探测、启动水流、喷水灭火的作用。安装位置应离开热源一定的距离。

【规格】

型号	喷口直径(mm)	喷头指标		使用环境温度(℃)
		温度级别(℃)	玻璃球颜色	
BBd15	10 15 20	57	橙	38
		68	红	49
		79	黄	60
		93	绿	74

③ 开式雨淋喷头(GB 5135.1—2005)

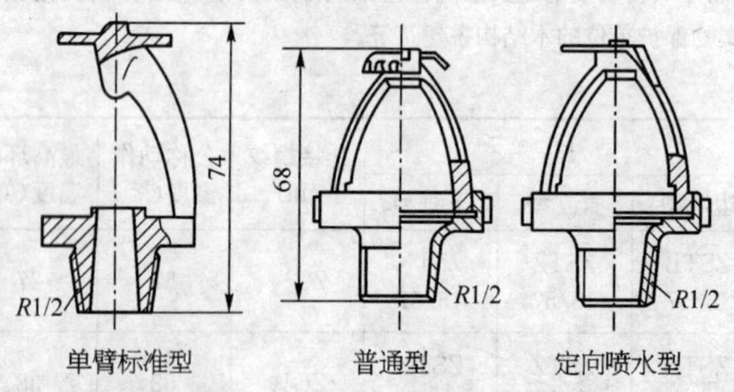

单臂标准型　　普通型　　定向喷水型

【用途】 用于高层、地下建筑物、连接湿式自动喷水灭火系统，当雨淋阀启动后，此喷头喷洒出密集粒状水滴进行灭火。

【孔径】 喷孔直径(mm)：11，15，20。

④ 易熔合金闭式喷头(GB 5135.1—2005)

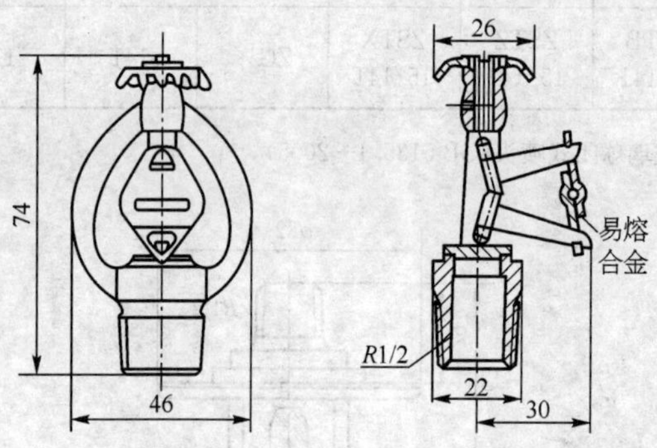

【用途】 与自动喷水灭火系统相连，用于民用建筑的走道、大厅、多功能厅、办公室、客房、仓库、天花吊顶等处。

16.8

【规格】

喷头型号			公称动作温度(℃)	最高环境温度(℃)	轭臂色标
直立型	下垂型	边墙型			
ZSTZ15/72T	ZSTX15/72Y	ZSTB15/72Y	72	42	本色
ZSTZ15/98Y	ZSTX15/98Y	ZSTB15/98Y	98	68	白
ZSTZ15/142Y	ZSTX15/142Y	ZSTB15/142Y	142	112	蓝

4. 火灾报警控制器(GB 4717—2005、GB 16806—2006)

【用途】 宾馆、饭店、办公楼、体育馆、机房、商厦、医院、学校、图书馆等室内场所。

【规格】

报警器型号	JB-QJ-LD 128K(H)A、(H)B智能型中文火灾报警控制器	JB-QB-LD 128K(Q)智能型中文火灾报警控制器				JB-QB/LD 128K(M)区域火灾报警控制器
回路输出电压	DC 24 V+DC 5 V 脉冲					
回路数量	探测回路为 4～32 路	1	1	1	1	1
手动盘 9801 接点数		0(纯报警)	0(纯报警)	0(纯报警)	0(纯报警)	
最大联动地址数	992(每回路联动地址数:31)		31	31×4		
最大报警地址数:256	8192(每回路报警地址数:256)	128	128	128	128×4	128
最多可控制联动设备数	1984		62	62	248	
安装方式	琴台式 入柜式	壁挂/入柜 7U				壁挂

注:JB QT/LD 128K(H)A 型火灾报警控制器为彩色显示屏,操作方式为触摸式,JB QT/LD 128K(H)B 型火灾报警控制器为黑白显示屏,操作方式为按键式,其余功能相同。

5. 火灾探测器(GB 4715—2005、GB 4716—2005)

【用途】 火灾探测器是警惕火情的“眼睛”,它通过烟、热、光等信息,传感给探测器,发出火灾信息并报警。

【分类】 ① 感烟式火灾探测器。

② 感温式火灾探测器(差定温探测器)。

③ 感光式火灾探测器。

④ 可燃气体火灾探测器。

⑤ 复合火灾探测器。

【选择】《火灾自动报警系统设计规范》(GB 50116—1998)对火灾探测器的选择作了规定。现择要介绍(见下表)供参考。

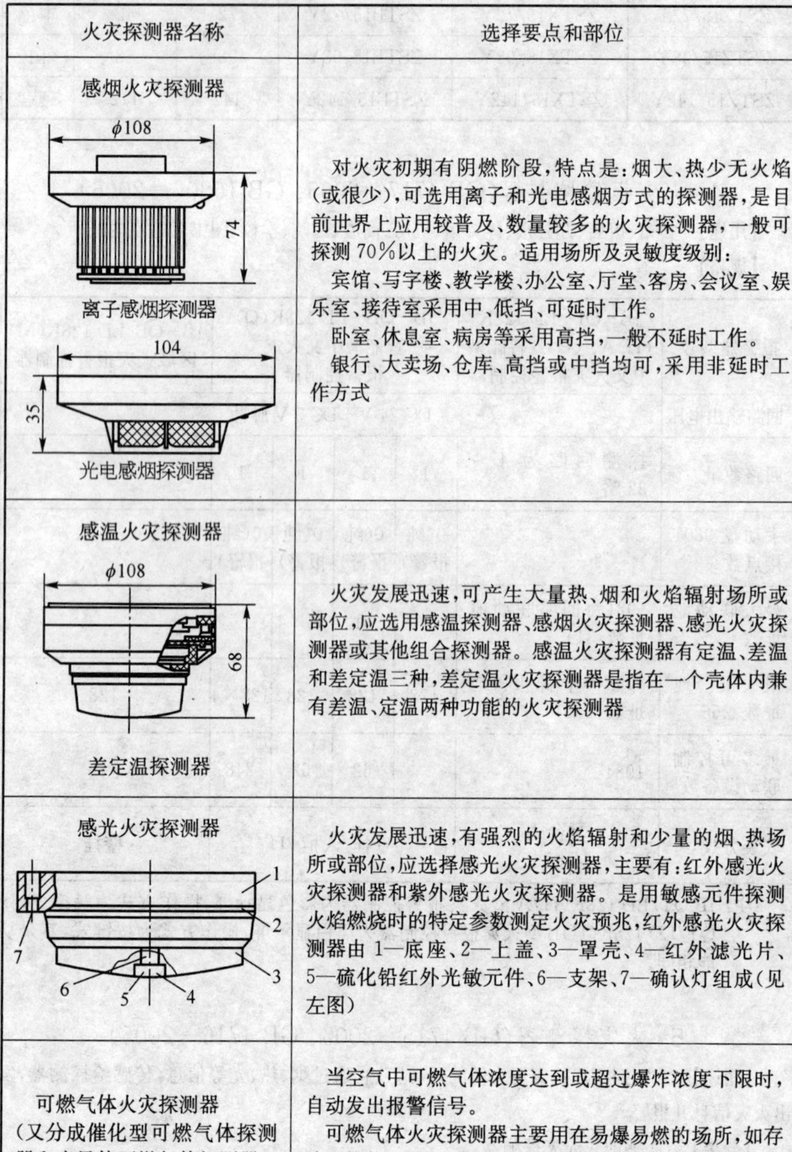

火灾探测器名称	选择要点和部位
感烟火灾探测器 离子感烟探测器 光电感烟探测器	对火灾初期有阴燃阶段,特点是:烟大、热少无火焰(或很少),可选用离子和光电感烟方式的探测器,是目前世界上应用较普及、数量较多的火灾探测器,一般可探测 70%以上的火灾。适用场所及灵敏度级别: 宾馆、写字楼、教学楼、办公室、厅堂、客房、会议室、娱乐室、接待室采用中、低挡、可延时工作。 卧室、休息室、病房等采用高挡,一般不延时工作。 银行、大卖场、仓库、高挡或中挡均可,采用非延时工作方式
感温火灾探测器 差定温探测器	火灾发展迅速,可产生大量热、烟和火焰辐射场所或部位,应选用感温探测器、感烟火灾探测器、感光火灾探测器或其他组合探测器。感温火灾探测器有定温、差温和差定温三种,差定温火灾探测器是指在一个壳体内兼有差温、定温两种功能的火灾探测器
感光火灾探测器	火灾发展迅速,有强烈的火焰辐射和少量的烟、热场所或部位,应选择感光火灾探测器,主要有:红外感光火灾探测器和紫外感光火灾探测器。是用敏感元件探测火焰燃烧时的特定参数测定火灾预兆,红外感光火灾探测器由 1—底座、2—上盖、3—罩壳、4—红外滤光片、5—硫化铅红外光敏元件、6—支架、7—确认灯组成(见左图)
可燃气体火灾探测器(又分成催化型可燃气体探测器和半导体可燃气体探测器)	当空气中可燃气体浓度达到或超过爆炸浓度下限时,自动发出报警信号。 可燃气体火灾探测器主要用在易爆易燃的场所,如存放乙炔气、液化石油气瓶的危险品仓库以及涂料车间、工场等处

第十七章　土建器械及新型防腐蚀材料

1. 土建工程器械

混凝土是土建工程的基础材料，在世界上广泛应用，量大面广。为了适应建筑施工的高速度高效率发展，我国自行创新的混凝土施工设备、沥青及黏土压实设备、砂浆泵送等设备器材，销售遍及全国及世界几十个国家。

(1) 压实器材

① HUR－160A 双向平板夯。

【用途】 适合对人行道地砖、沟槽、园林建筑及不同的养护基础的压实。

【技术参数】

项　　目	参数	项　　目	参数
压实力(kN)	30	最大输出功率(HP)	9
频率(Hz)	90	汽油箱容积(L)	5
操作高度(可调节手柄)(mm)	800～1 143	最大允许坡度(°)	19
底板尺寸(mm)	600×500	重量(kg)	173
发动机型号：HONDA　GX270			

注：产地参见附录 1 ④ 18。

② NZH－111 可逆式平板夯。

【用途】 采用高效率的夯实方法，可用于对黏土、沙土的表面夯实，如对矿渣之类填充物的房屋地基、道路、沟槽或其他表面的夯实平整。夯实效率高。

【技术参数】

项　　目	技术参数	项　　目	技术参数
电机功率(kW)	0.5	运行速度(m/min)	22
作业方向	前进、后退	振动频率(Hz)	22
电耗 kW/h	0.3	夯实面积(m^2)	0.142
噪声 DB	<85	爬坡度(°)	17
外形尺寸(mm)	1 100×460×800	电压(V)	380
夯实力(kg)	2 000	整机重量(kg)	190

③ HZR 系列平板夯。

【用途】 用于压实松散土质(包括颗粒泥土、沙砾和铺石路)，主要用于墙、道路地基及压实沥青，具有高压实与低振动相结合的特点。

【技术参数】

型号	HZR－80A	HZR－90A
压实力(kN)	15	20
发动机型号	HONDA GX160	HONDA GX160
沥青路面压实速度(m/min)	23	23
黏土路面压实速度(m/min)	20	20
爬坡压实力(kpz)	50(0.5 N/cm)	50(0.5 N/cm)
水箱容积(L)	6.5	6.5
发动机名称	5.5 HP 4 冲程	5.5 HP 4 冲程
转速(r/min)	3 600	3 600
汽油箱容积(L)	3.7	3.7
燃料	高标准汽油	
底板尺寸(mm)	500×590	500×590
重量(kg)	93	96
外形尺寸(mm)	590×500×888	590×500×888

④ 冲击夯。

【用途】 夯实基础。

【特点】 ① 采用双弹簧装置，能有效缓冲传至操作手柄及主要零部件上的冲击力，使整机使用寿命及性能得到提高。

② 采用曲轴、连捍结构代替传统的曲柄悬臂结构，使应力分布更合理，提高整机性能。

③ 内燃式冲击夯，指拨式油门控制器，使用操作更方便，内缸体采用无键槽结构，使易损件内缸体使用寿命提高一倍。

④ 整机柝装简便，维修方便，费用较低。

【技术参数】

项目	技 术 参 数	
型号	TRE－80	TRD－80
重量(kg)	80	84
冲击次数(次/min)	420～650	640
冲击力(N)	16 000	18 000
起跳高度(mm)	50～60	50～60
前进速度(m/min)	12	12
动力	本田/罗宾 4 HP/3 600 rpm	2.5 kW/2 850 rpm

HUR－160A 双向平板夯

HZR 系列平板夯

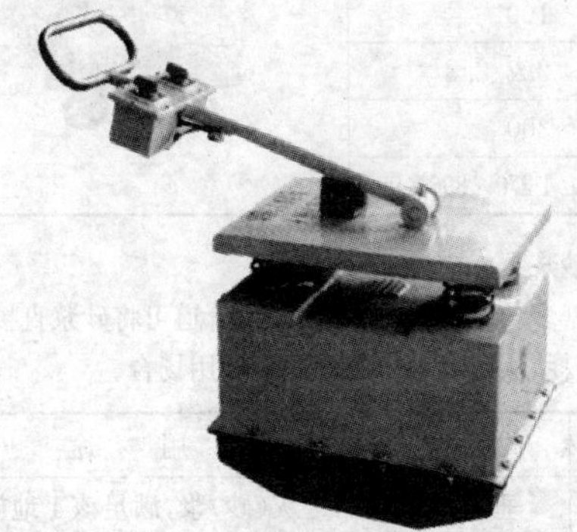

NZH 可逆式平板夯

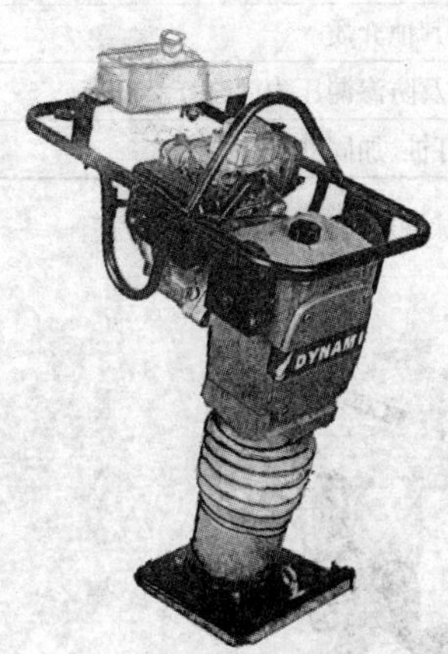

TRE－80 冲击夯

TRD－80 冲击夯

(2) 灰(砂)浆泵类

① UBJ 系列挤压式灰(砂)浆泵。

【用途】 适用于建筑、矿山、隧道、水库、桥梁等工程中喷涂内外墙底层及各式罩面层,压力灌浆,予应力后压力灌浆,砂浆输送,基础施工配合打桩机压力灌浆,在大、中型混凝土预制构件,冶金、化学工业高炉等内壁喷涂绝热、耐火材料等。本泵与二次搅拌机配套使用,砂浆经一次搅拌后,再经二次搅拌,不会产生离析、沉淀现象,延长挤压、输送管寿命,提高工作效率。

【技术参数】

项　目	参　数
出灰量(m^3/h)	0.4　0.6 1.2　1.8
最大工作压力(MPa)	1.5
垂直泵送距离(m)	10
水平输送距离(m)	100
电机功率(kW)	2.2/2.8
整机质量(kg)	300
外形尺寸(mm)	1 270×896×990

② UB 系列活塞式砂浆泵。

【用途】 是一种新型多功能施工机械,在长输管道可将砂浆直接送到使用地点,无须二次布料,避免砂浆散落损耗,从下表中可见此泵的使用场合。

使用场合	用　　途
在建筑工程中	垂直或水平输送灰(砂)浆,满足该工地施工
隧道、坑道工程	用于灌浆、喷涂支护
在冶金、钢铁部门	用于维护高炉及其他设备
在化工部门	用于输送浆状原料或其他介质
在地基工程中	用于软弱地基加固以及防渗漏压力灌浆
农田、水利工程	用于加固大坝、沙田打桩、加固井壁

【特点】 泵送扬程高、最大水平距离远、输送脉冲小,结构紧凑,灵活方便。

【技术参数】

项目	技 术 参 数	
型号	UB 4	UB 8
输送量	4 cubic meie is/hours	8 cubic meie is/hours
输送高度(m)	60	80
水平输送(m)	300	400
电动机功率(kW)	7.5	11
电动机转速(r/min)	290	290
进浆胶管直径(mm)	64	64
工作压力(kg/cm²/MPa)	40(3.90)	60(5.88)
活塞往返次数(次/min)	86	86
整机质量(kg)	400	500
外形尺寸(mm)	1 305×1 080×1 080	

(3) 浇捣器材

① 混凝土振动器。

(a) 插入式振动器。

【用途】 通过振动作用,使混凝土在受振过程中逸出构件内空气,增加构件密实强度,特点是结构紧凑,灵活轻便,广泛适用于预制件和高空建筑构件施工,是当今比较新式的便捷建筑施工器材。

【技术参数】

型号	ZN-25	ZN-35	ZN-50	ZN-70
振动直径(mm)	25	36	51	68
空载最大频率 Hz(≮)	230	200	183	183
空载最大振幅 mm(≮)	0.5	0.8	1.0	1.2
电动机输入功率(kW)	1.5	1.5	1.5	2.0
电动机额定电压(V)	380	380	380	380
混凝土坍落度(cm/h)	3.4	3.4	3.4	3.4
生产率(m³/h)≮	2.5	5.0	10	20

（续）

型号	2N-25	2N-35	2N-50	2N-70
振动棒工作长度(mm)	350	423	451	480
软轴直径及长度(mm)	8×4 000	10×4 000	13×4 000	13×4 000
重量(kg)	35	37	47	53
软管外径及长度(mm)	24×13×3 970	30×16×3 985	30×20×3 961	30×20×3 960

(b) 平板振动器。

【技术参数】

型号	振动力(N)	振动频率(Hz)	电压(V)	机重(kg)	功率(kW)
B-0.12	500	50	220～380	7.5	0.12
B-0.25	850	50	220～380	8.0	0.25
B-0.5	1 600	50	380	11	0.5
ZW-3	3 000	50	380	30	0.75
ZW-5	3 500	50	380	32	1.1
ZW-7	7 000	50	380	33	1.5
ZW-10	15 000	50	380	53	2.2

② HZX-60A 真空吸水机。

【用途】 广泛用于地面、机场、路面、船坞等混凝土工程吸水处理。

【技术参数】

最大真空度(%)	≥98	转速(r/min)	2 890
主机重量(kg)	180	功率(kW)	4
电机型号	YT 112M-2	主机外形尺寸(mm)	1 280×630×800
电压(V)	180	抽吸能力(m^3)	60
电流(A)	8.2	频率(Hz)	50

(4) 混凝土表面施工类

① 手扶式抹平机。

【用途】 为国内最新混凝土表面粗、精抹光机具，较人工手抹可提高效率数十倍，广泛应用于混凝土路面、地坪、厂房地面。

【特点】 ① 独特的安全手柄，使操作员安全控制有限振动；可调节的手柄，使操作员减少疲劳感。

② 可调节角度范围(叶片与地面的倾斜角 0～15 度)。

③ 本机重心低，操作时稳定安全。

④ 合金叶片经热处理、韧性好，经久耐用。

【技术参数】

型号	QJM-1200	QJM-1000	QJM-900	QJM-750
直径(mm)	1 170	980	900	770
转速(r/min)	70～125	70～125	70～140	70～140
重量(kg)	110	83	69	67
引擎规格	HONDA GX270	HONDA GX160		
输出功率(NP)	9	5.5	5.5	5.5
刀片数	4	4	4	4

② 电动抹平机。

【用途】 JM-900、JM-750 抹平机是同系列抹平机中性价比最高的产品，在普通混凝土地坪，如厂区和乡村道路、地下车库和露天广场等施工，完全可以替代汽油抹平机，无污染、价格低，日常维护简单易学。

【技术参数】

型号	直径(mm)	转速(rpm)	重量(kg)	功率(kW)	电压(V)	刀片数
JM-900	900	80	89	2	380	4
JM-900Ⅱ	900	80～100	89	2	380	4
JM-750	750	100	82	2	380	4
JM-600	600	90	46	0.75	380	4
JM-37	370	120	58	0.55	380	6
JM-80	800	50	80	1.1	380	—
JM-60	600	50	75	1.1	380	—

③ QUM-78 驾驶抹平机

【用途】 用于高标厂房、仓库、停车场、广场、框架式楼房的混凝土地坪抹平施工，比手抹机效率更高。

【技术参数】

作业直径(cm)	189×91.5	连续工作时间(h)	~3
重量(kg)	282	转速(r/pm)	150.15
外形尺寸(cm)	198×102×70	启动方式	电
发动机型号	HONDA 20hp/24hp	电压(V)	12
汽油箱容积(L)	12.5	电流(A)	25

注：选装件:运输轮、喷水装置、复合刀片、圆盘。

④ 切割机。

【特点与用途】 以切割混凝土路面伸缩缝为主要用途,同时能对各种规格的混凝土制品和大理石、花岗石制品切割、开槽,是混凝土筑路工程中必备施工机械。

【技术参数】

型　号	切割宽度(mm)	切割深度≤(mm)	功率(kW)	重量(kg)	外形尺寸(mm)	动力型号
HQL-12	3~5	120	5.5	153	1 360×670×1 100	Motor
HQL-18	5~10	180	7.5	173		Motor
HQL-30	5~10	260	11	200		Motor
QQL-12	5~10	120	9	108	1 100×900×800	GX 270
QQL-18	5~8	180	13	118		GX 390
QQL-30	5~8	260	20	150		GX 620
NHQ-450A	5~8	55	13	95	1 150×500×970	GX 390

⑤ 混凝土路面刻纹机。

【用途】 自动切制防滑线,是混凝土路面、机场跑道地坪抗滑、耐磨、平整度等综合指标达到要求的有效施工机械器材

【技术参数】

切纹宽度(mm)	3.5～5.0	水箱容积(L)	38
切纹深度(mm)	3.0～8.0	主电动机功率(kW)	7.5(11)
工作宽度(mm)	420	行驶电动机功率(kW)	0.55
行驶速度(m/min)	1.7～2.8	重量(kg)	280
锯片直径(mm)	150	外形尺寸(mm)	1 400×750×740

HQK 刻纹机

切割机

⑥ 强力电锤。

英国康果(kango)电动工具公司生产的强力电锤,功率大、锤击力强,性能参数见下表。

输入功率(W)	1 020	机长(mm)	675
转速(r/min)	275	重量(kg)	11.4
冲击次数(次/min)	钻 2 000 锤 2 200	钻孔能力(mm)	冲击钻直径 16～50 空芯钻直径 125

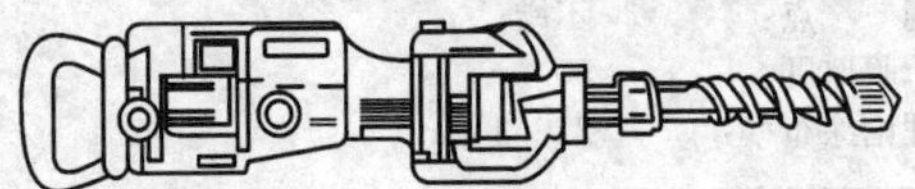

【用途】

1	用冲击钻头在混凝土、石材和砖墙上钻孔,范围 ϕ16～50 mm。 用空芯钻头在混凝土、石材和砖墙上钻孔,范围 ϕ125 mm
2	在冲击钻上安装弹性铲凿刀后、清铲作业地面和施工道路上的石灰、泥浆或较厚的水泥积层、屋面的沥青防漏层等
3	开掘混凝土路面、拆除旧的混凝土构件

（续）

4	夯实建筑基础，在强力电锤上装置带轴的圆盘夯实器，实施对松散土质、颗粒泥土沙砾和铺石路、墙基和路基夯实
5	振动捣实混凝土。强力电锤装上平面振动头后可用于木模或金属模的密实振动作业，装上橡胶振动头后则可用于混凝土浇捣施工时的模板振动而又不会损伤模板

2. 新型防腐蚀材料

我国金属件因腐蚀而造成损失，每年超过 5 000 亿元，因此加强对金属工程和制品的防腐蚀，事关持续发展，以下介绍几种新型防腐材料。

(1) 高科牌水性无机高锌涂料

【用途】 此涂料是一种新型，长效的钢铁防腐蚀涂料，可用作重防腐底漆，也可作为热喷锌、铝防腐层的封闭用漆。适用于大型钢结构、桥梁、海上平台、港口机械、水工设备、管道及贮罐，也适用于建筑钢结构等工程。

【特点】 ① 涂层干膜中含锌量达 90%，起到阴极保护作用，并采用新型水性无机黏结剂，能形成更致密的二氧化硅网状结构，因而对钢结构防腐效果更持久。

② 防锈能力强。经质量监督检测，耐人工老化试验 10 000 h，耐盐雾试验 10 000 h。

③ 安全环保。生产和施工中无挥发性有机物(零 VOC)，无毒，不燃不爆。

④ 高性价比(是国内常用防腐涂料的 2～10 倍)。

⑤ 耐高温、抗静电，长期耐油、水、有机溶剂。

⑥ 与多种面漆适配性好。

【技术参数】

表面处理	所有需涂装的钢材表面要求喷砂(抛丸)达到 GB 8923—88 中 Sa2.5 级，表面粗糙度 40～70 μm。局部修补其表面要求打磨达到 GB 8923—88 中 St3 级		
涂料参数	固体含量： 涂料密度： 闪　点： 干膜厚度： 理论涂布率：	≥80%(重量) 约 2.9 kg/L(混合后) 不燃 50 μm 220.3 g/m²	
涂膜技术指标	项目	性能指标	检测标准
	色泽：	灰色，无光	
	附着力：	一级(划圈法)	GB 1720—1989
	耐冲击强度：	50 cm	GB/T 1732—1993
	耐盐雾试验：	≥10 000 h(干膜 100 μm)	GB/T 1771—2009
	耐老化试验：	10 000 h	GB 1865—2009
	涂膜硬度：	≥4H	GB 6739—2006

(2) 锌加保护系列

“锌加”是我国引进的新型防腐蚀涂料，锌加源于比利时锌加金属公司(ZINGA)，其优点是设备简单，施工方便，防腐蚀效果好。

【特性】 ① 纯度高于 99.995%以原子化提炼的锌粉、挥发溶剂和有机树脂三部分配制成。干膜中纯锌超过 96%，且不含任何铅、镉等重金属成分，溶剂中不含甲苯、二甲苯、一氯甲烷或甲乙酮等有机溶剂。

② 可单独使用，作重腐蚀涂层，也可作底涂与其他涂料组合。

③ 具有双重的阴极保护性能和良好的屏蔽保护作用，具有优良的附着力、柔韧性、耐冲击性能及足够的摩擦力。

④ 当需要涂装面漆时，锌加是优异的底漆，多层涂装系统的保护年限＝(锌加保护年限＋面漆保护年限)×(1.8～2.5)。

⑤ 涂装 60 μm ZINGA 锌加使用年限。

无化学品污染室内，＞20 年；郊区 20 年，工业污染内陆 12 年，沿海污染 10 年。

【用途】 应用于多种领域，提供阴极保护，如钢结构建筑、桥梁、塔桅、隧道、管道、电站、储罐、金属框架、舰船、车辆、地铁及机场等。

(3) 氟碳涂料(PVDF)

氟碳涂料是在氟树脂基础上，经过改进、加工而成的一种新型涂料，性能比一般涂料优异，用于军工和民用工程，用途见下表。

【用途】

产 品 系 列	用　途
可常温固化 FC S200、FC S202	大型钢结构、建筑外墙、海洋设施、船舶
FC－W350 水性氟碳涂料	厂房、桥梁、宾馆、建筑外墙
喷涂用 FC－S300A FEVE 氟碳涂料	建筑幕墙、各种金属用品
辊涂用 FC－S300B FEVE 氟碳涂料	涂层钢板、铝板等预涂产品
高温固化 FC－HA500 PVDF 氟碳涂料	建筑幕墙、铝型材等
抗污染 FC－S600 专用氟碳涂料	电线杆、灯杆、人行道墙面、厨房、浴室
氟维特 FUVIT 无机预涂装饰板	建筑内、外墙面、防火板、吊顶等

(4) 锌-铝-镉合金牺牲阳极(GB/T 4950—2002)

本标准适用于温度低于 50 ℃和电阻率小于 15 Ω·m 的海水、淡海水、土壤等电解质中的金属构件阴极保护用的牺牲阳极，可防止船舶、港口工程设施、海洋工程、埋地金属管道、储罐、海水冷却器等钢结构的腐蚀，效果较好。

当今，埋地金属管道、储罐、海湾、海洋钢结构工程日益增多，加强防腐蚀，势在必行，因此摘录了埋地管线和贮罐用牺牲阳极规格、参数，供参考。其他品种请参阅国家标准(GB/T 4950—2002)。

埋地管线用牺牲阳极

型号	规格(mm)	铁脚尺寸(mm)				净重(kg)	毛重(kg)
	$A\times(B_1+B_2)\times C$	D	E	F	G		
ZP-1	1 000×(78+88)×85	700	100	16	30	49.0	50.0
ZP-2	1 000×(65+75)×65	700	100	16	25	32.0	33.0
ZP-3	800×(60+80)×65	600	100	12	25	24.5	25.0
ZP-4	800×(55+64)×60	500	100	12	20	21.5	22.0
ZP-5	650×(58+64)×60	400	100	12	20	17.6	18.0
ZP-6	550×(58+64)×60	400	100	12	20	14.6	15.0
ZP-7	600×(52+56)×54	460	100	12	15	12.0	12.5
ZP-8	600×(40+48)×45	360	100	12	15	8.7	9.0

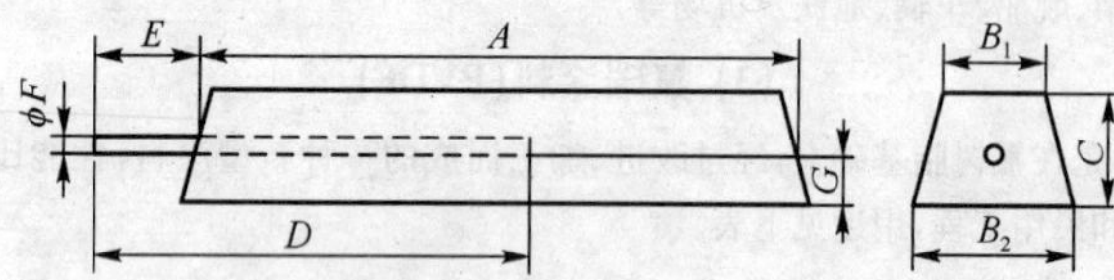

储罐内防蚀用牺牲阳极

型号	规格(mm)	铁脚尺寸(mm)			净重(kg)	毛重(kg)
	$A\times(B_1+B_2)\times C$	D	F	G		
ZC-1	750×(115+135)×130	900	16	8～10	82.0	85.0
ZC-2	500×(115+135)×130	650	16	8～10	55.0	56.0
ZC-3	500×(105+135)×100	650	16	8～10	39.0	40.0
ZC-4	300×(105+135)×100	400	12	8～10	24.6	25.0

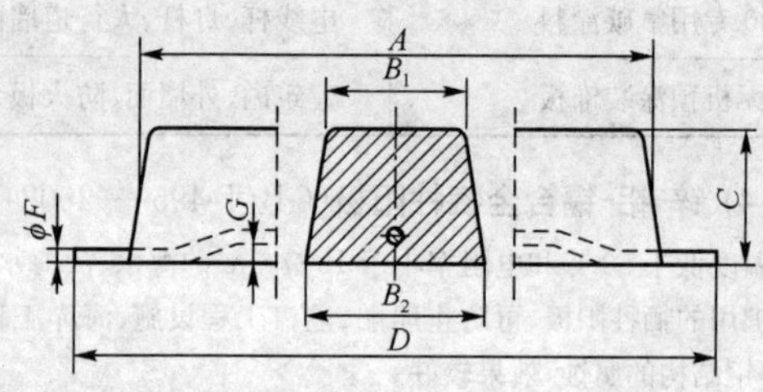

第三篇　工 具 五 金

我国生产传统的锤、钳和扳手类工具历史悠久，古代的打铁铺就用钢锤、长柄扁钳制作兵器和农具，中途曾出现过新型工具，随着时间推移，已变成传统工具。改革开放以后的科技进步，促使新型工具脱颖而出，特征如下：

① 新技术引路，制订或修订工具技术标准和规范，技术有根据、创新有目标。

② 新型工具的核心是提高产品科技含量。如华一工具在旋具上科技创新，精良的品质深得国内外用户好评。质量可靠，设计新颖、造型美观，功能提高。

③ 为减轻劳动强度而创新。采用轻质材料，改变工具造形或结构。例如高强度铝合金压铸的管子钳手柄在保证原有强度基础上，重量减轻 40%，在线缆剪上增设棘轮机构，减轻操作力。

④ 为提高工作效率而创新。例如空心钻，效率可提高 4～5 倍；如改变扳手开口的形状，不必从螺栓或螺母上取下，就可改变扳拧角度，提高使用效率，采用大力钳组装，既能提高工效，还能使皮肉及眼睛少受痛苦。

⑤ 为提高安全性而创新。见新型防爆防磁工具(第十章)。

⑥ 注重人机工效学，改进工具手柄。操作者的手与工具手柄最佳握捏状态，可减轻操作者的疲劳感。在手柄和柄套制作材料上，大量采用 ABS、PP 和 TPR 塑料。

⑦ 提升产品档次，从低档向高档发展。例如国内具备高档 A 级扳手生产能力的企业，代表了扳手生产的国际水平。我国的高档工具五金产品要成为国际市场的主导地位。

⑧ 关于工具五金技术标准。

工具技术含量至关重要。技术标准是制造工具的依托，是使用工具的依据。工具的材料、冲击韧性、表面硬度，手柄形状直接关系到使用安全、使用寿命和生产效率。本篇中列举了数显卡尺、大力钳、电讯专用剪切钳、夹扭钳、扳手等技术标准，供读者了解，在应用中便于对照技术标准。

第十八章　新型电动工具

1. 电动工具型号表示方法(GB 9088—2008)

(1) 电动工具型号组成形式

型号由6位数表示,前3位数与后3位数之间用短划相连。第一位数为大类代号,第二位数为使用电源类别代号,第三位数为品名代号,第四位数为设计单位代号,第五位数为设计序号,第六位数为规格代号。

(2) 电动工具按接触保护性能分类

Ⅰ类工具(即普通绝缘工具)。工具必须采用三极插头,使用时将接地极与已安装的固定线路中的保护(接地)导线连接起来。

Ⅱ类工具(即双重绝缘工具)。工具采用二极插头,使用时不必连接接地导线,在工具的明显部位应标有Ⅱ类结构符号"回",也可将此符号放在工具型号前。

Ⅲ类工具(即安全特低电压供电工具)。工具额定电压的优先值为24 V和42 V。

(3) 电动工具大类与品名代号表示方法

过去是按照GB/T 9088—1988《电动工具型号编制方法》,现在按照GB/T 9088—2008所示方法编制(详见下表)。

电动工具应用广泛,类别很多。下面介绍的市场商品七大类,有77个品名,是工程建设中常用的电动工具,有新型电动工具,有进口磁力钻等电动工具。

(4) 电动工具产品型号表示方法

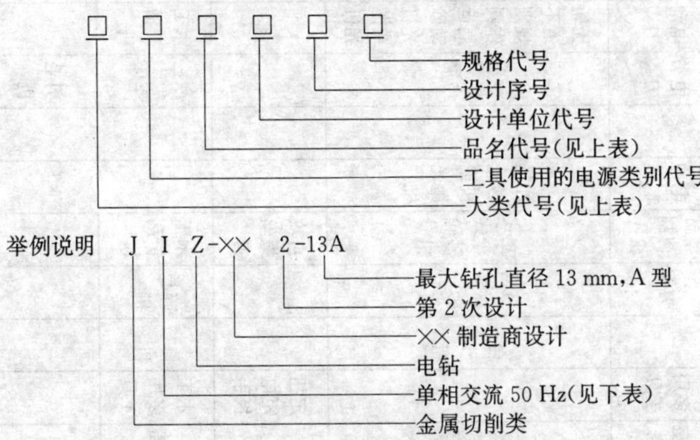

(5) 电动工具使用电源类别代号表示方法

电源类别	直流	单相交流	三相交流				
频率(Hz)	—	50	200	50	400	150	300
代号	0	1	2	3	4	5	6

18.4

电动工具的大类和品名表(GB/T 9088—2008)

大类		品名代号																									
名称	代号	A	B	C	D	E	F	G	H	I	J	K	L	M	N	O	P	Q	R	S	T	U	V	W	X	Y	Z
金属切削	J	电绞刀		磁座钻	多用工具		刀锯	型材切割机	电冲剪		电剪刀	电刮刀	往复锯	坡口机			焊缝坡口机	套丝机	双刃剪	攻丝机	带锯	锯管机			斜切割机	斜切割组合锯	电钻
砂磨类	S	盘式砂光机	摆动式砂光机	车床电磨		台式砂轮机	直向盘式砂光机	立式盘式砂轮机	往复砂光机或抛光机		模具电磨	无轨道不规则作圆周运动砂光机或抛光机		角向磨光机			抛光机	汽门座电磨		砂轮机	带式砂光机						
装配类	P		电扳手		定扭矩电扳手			自攻螺丝刀					螺丝刀	拉铆枪	定扭矩螺丝刀			铆螺母拉铆枪			钉钉机	墙板螺丝刀					胀管机
林木类	M	木工带锯	电刨	电插	木工多用工具	修枝机	碎枝机	木工铲刮机			木工车床	木工开槽机	电链锯		厚度刨		修边机	曲线锯	电木铣	木工刃磨机	木工钉钉机	摇臂锯	平刨		木工斜切机	电圆锯	木钻
农牧类	N	采茶剪									剪毛机		粮食扦样机				喷洒机				修蹄机						

（续）

大类		品名代号																									
名称	代号	A	B	C	D	E	F	G	H	I	J	K	L	M	N	O	P	Q	R	S	T	U	V	W	X	Y	Z
园艺类	Y	草剪	剪刀型草剪		修枝剪	草坪修整机	草坪修边机		草坪松砂机		草坪割草机	遮覆式割草机	步行控制的割草机	转盘式割草机	镰刀杆式割草机		连枷式割草机	悬浮式割草机	手持式园艺用吹屑机	手持式园艺用吹吸两用机	手持式园艺用吸屑机	滚筒式割草机		草坪松土机			
建筑道路类	Z	锤钻	地板抛光机	电锤	混凝土振动器	石材切割机	金刚石锯	电镐	夯实机	金刚石钻	冲击电钻		铆胀螺栓扳手	混式磨光机	插入式混凝土振动器		枕木电镐	钢筋切断机	开槽机	地板砂光机	套丝机	附着式混凝土振动器		弯管机		铲刮机	混凝土钻机
矿山类	K																							煤钻		岩石电钻	凿岩机
其他类	Q	塑料电焊枪	热风枪	裁布机	家用水泵	气泵	吹风机	管道清洗机	卷花机	捆扎机	石膏剪	雕刻机	打蜡机	千斤顶	往复式雕刻机	除锈机	电喷枪	水池清洗机	碎纸机	石膏锯	地毯剪	胸骨锯		清洗机	吸枝机	牙钻	骨钻

注：本表所列基本上属一般手持式工具，对某些特殊结构及功能的产品可增加第四个字母以示区别。即：可移式工具加“T”、软轴式工具加“R”，电子调速工具则加“E”。

2. 金属切削类电动工具

(1) 电钻(GB/T 5580—2007)

(a) JIZ - A 系列电钻　　(b) JIZ 系列电钻

【用途】 主要用于对金属件钻孔,也可用于对木材、塑料件等钻孔。

【规格】

型号	钻孔直径(mm)	额定输出功率(W)	额定转矩(N·m)	额定转速(r/min)	质量(kg)	备注
JIZ - 4A	4	≥80	≥0.35	1 150	1.2	
JIZ - 6A	6	≥120	≥0.85	1 150	1.8	
JIZ - 6B		≥160	≥1.20		—	
JIZ - 6C		≥90	≥0.50		1.4	
JIZ - 8A	8	≥160	≥1.60	1 150	—	
JIZ - 8B		≥200	≥2.20		—	
JIZ - 8C		≥120	≥1.00		1.5	
JIZ - 10A	10	≥180	≥2.20	1 150	2.3	用三爪式钻卡头
JIZ - 10B		≥230	≥3.00		—	
JIZ - 10C		≥140	≥1.50		—	
JIZ - 13A	13	≥230	≥4.0	500	2.7	
JIZ - 13B		≥320	≥6.0		2.8	
JIZ - 13C		≥200	≥2.5		—	
JIZ - 16A	16	≥320	≥7.0	500	5.0	
JIZ - 16B		≥400	≥9.0		—	
JIZ - 19A	19	≥400	≥12.0	500	5.0	
JIZ - 23A	23	≥400	≥16.00	500	5.0	用莫氏 2# 圆锥套筒
JIZ - 32A	32	≥500	≥32.0	500	—	

注:单相串励电机驱动。电源电压为 220 V,频率为 50 Hz,软电缆长度为 2.5 m。

(2) 电动攻丝机(JS02)

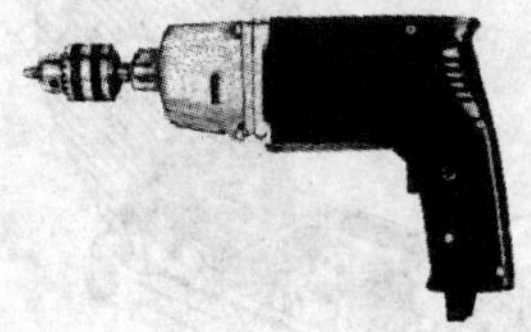

电动攻丝机

【用途】 用于在黑色和有色金属工件上加工内螺纹。能快速反转退出丝锥,过载时能自动脱扣。

【规格】 型号:JS02;螺纹规格:钢 M5 铝 M8;攻丝范围:M5~M8;输入功率(W):380;转速(r/min):正:290,反 540;质量:1.6 kg。

(3) 电剪刀(JB/T 8641—1999)

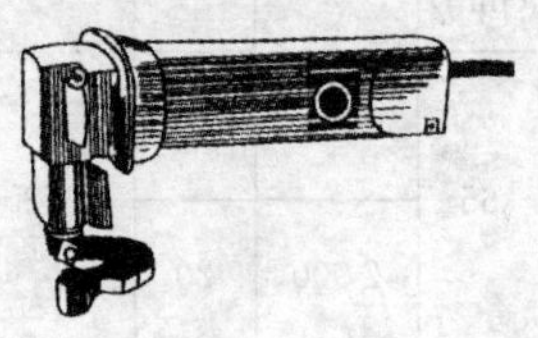

电剪刀

【用途】 广泛用于剪裁金属板材,修剪工件边角等。切割速度快,裁口精确、整齐。

【规格】

型号	J1J-1.6	J1J-2	J1J-2.5	J1J-3.2	J1J-4.5
规格(mm)	1.6	2	2.5	3.2	4.5
额定输出功率(W)	≥120	≥140	≥180	≥250	≥540
刀杆每分钟往复次数	≥2 000	≥1 100	≥800	≥650	≥400
剪切进给速度(m/min)	2~2.5		1.5~2	1~1.5	0.5~1
剪切余料宽度(mm)	45		40	35	30

注:1. 规格为剪切钢板最大厚度。

2. 电源电压为 220 V,频率为 50 Hz,软电缆长度为 2.5 m。

(4) 自动切割机

【用途】 靠电动机自重自动进给切割金属管材、角钢、圆钢用。

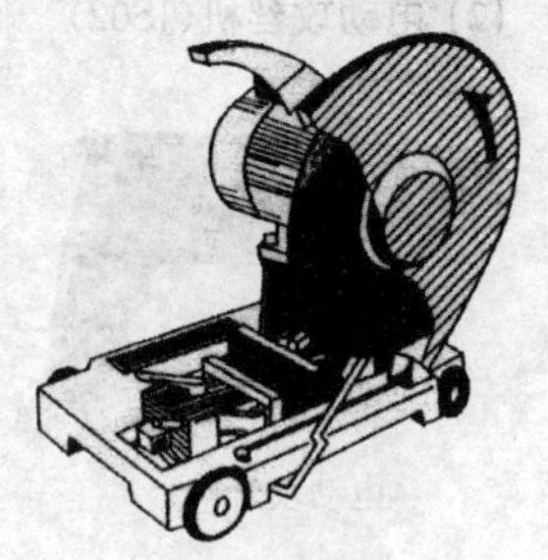

自动切割机

【规格】

型号	片砂轮线速度(m/s)	可转切削角度	最大钳口开口(mm)	切割圆钢直径(mm)	电动机转速(r/min)	工作电流(A)	电动机额定功率(kW)	额定电压(V)	频率(Hz)	外包装尺寸(mm)	质量
J3G93-400	60	0°~45°	125	65	2 880	10	2.2	380	50	520×360×430	46
J1G93-400					2 900	20		220			48

(5) 型材切割机(J1G-355 XQ14)

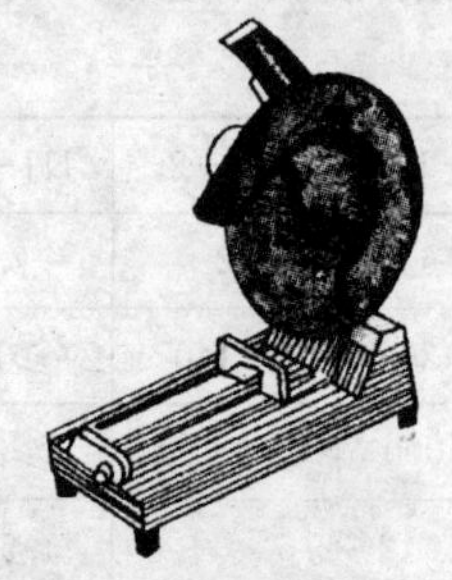

型材切割机

【用途】 安装薄片砂轮,切割型材,如圆钢、角钢、角铝、槽钢和 H 型钢等。

【规格】

锯片直径(mm)	ϕ355	额定输入功率(W)	1 380
最大锯深(mm)	100	额定电压(V)	110/220
空载转速(r/min)	3 500	额定频率(Hz)	50/60

(6) 电 冲 剪

电冲剪

【用途】 用于冲剪金属板以及塑料板、布层压板、纤维板等非金属材料。尤其适用于冲剪不同几何形状的内孔，且保证冲剪后板材不变形。

【规格】

型号	J1H-1.3	J1H-1.5	J1H-2.5	J1H-3.2
钢板厚度(mm)≤	1.3	1.5	2.5	3.2
功率(W)	230	370	430	650
每分钟冲切次数	1 250	1 500	700	900
质量(kg)	2.2	2.5	4	5.5

注：电源电压为 220 V，频率为 50 Hz，软电缆为 2.5 m。

(7) 电动刀锯(又称往复锯)

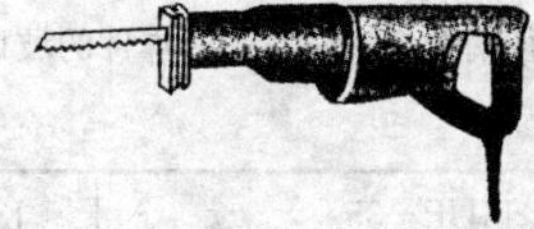

电动刀锯

【用途】 用于锯切金属板、棒、管子及合成材料、木材等。

【规格】

型号	规格(mm)	额定输出功率(W)≥	每分钟往复次数≥	往复行程(mm)	锯切管材外径/锯切钢板厚度(mm)	质量(kg)
J1F-26	26	260	550	26	锯切管材外径 115(mm)	3.2
J1F-30	30	360	600	30	锯切钢板厚度 12(mm)	3.6

注：电源电压为 220 V，频率为 50 Hz，软电缆长度为 2.5 m。

(8) 电动坡口机

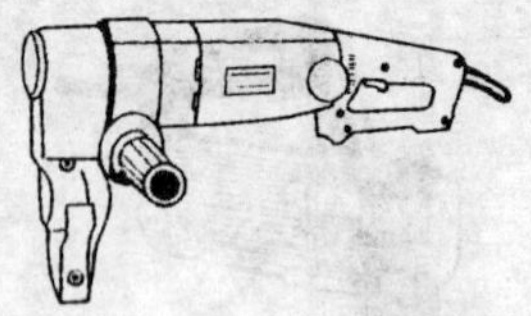

电动坡口机

【用途】 主要用于工件焊前口(V、K、Y 及双 Y 型坡口),角度 20°、25°、30°、37.5°、45°、55°、60°以及工艺规定的其他角度。

【技术参数】

型号	J1P1-10	功率(W)	2 000	冲击频率(Hz)	80
加工速度(m/min)≤2.4		工件厚度(mm)		4~25	
加工斜边最大宽度(mm)		10	质量(kg)	14	

(9) 电动自行式锯管机

电动自行式锯管机

【用途】 用铣刀切断大口径钢管、铸铁管;铣切焊件的坡口。

【规格】

型号	J3UP-35	J3UP-70
切割管径(mm)	133~1 000	200~1 000
切割深度(mm)	≤35	≤20
输出功率(W)	1 500	1 000
铣刀转速(r/min)	35	70
爬行进给速度(mm/min)	40	85
电源电压/频率	380 V/50 Hz	
质量(kg)	80	60
性能特点:切割工件	切高合金钢、不锈钢管	铸铁、普通碳钢、低合金钢管

(10) 进口电钻(双重绝缘)

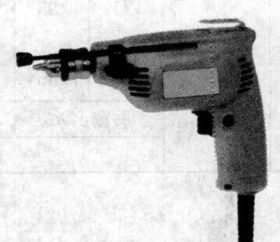

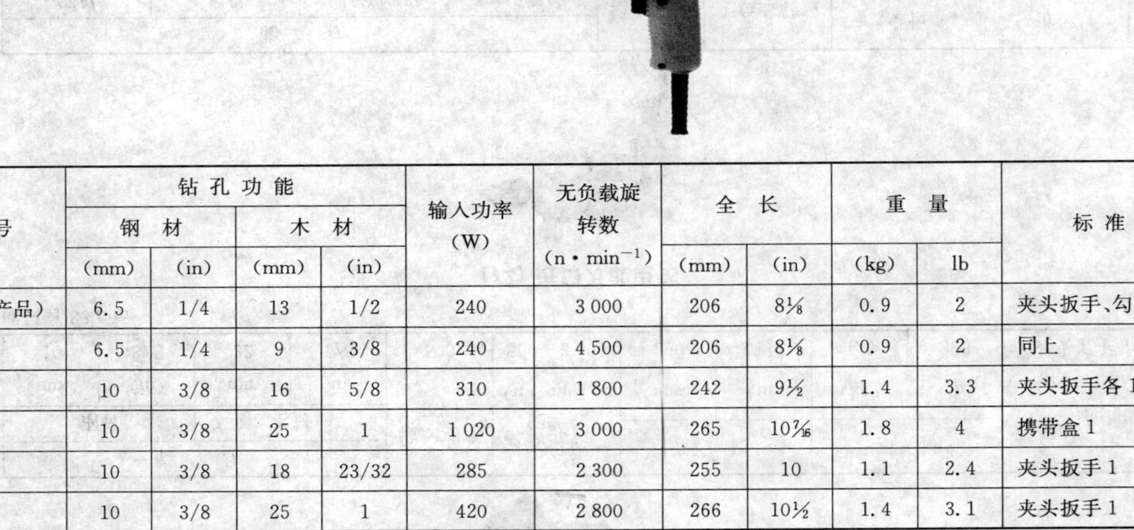

代号	钻孔功能				输入功率(W)	无负载旋转数	全长		重量		标准附件
	钢材		木材								
	(mm)	(in)	(mm)	(in)		($n\cdot min^{-1}$)	(mm)	(in)	(kg)	lb	
D6SB(新产品)	6.5	1/4	13	1/2	240	3 000	206	8⅛	0.9	2	夹头扳手、勾、停止杆各1
D6SH	6.5	1/4	9	3/8	240	4 500	206	8⅛	0.9	2	同上
D10VC	10	3/8	16	5/8	310	1 800	242	9½	1.4	3.3	夹头扳手各1
D10VF	10	3/8	25	1	1 020	3 000	265	10 7/16	1.8	4	携带盒1
FD10SA	10	3/8	18	23/32	285	2 300	255	10	1.1	2.4	夹头扳手1
FD10SB	10	3/8	25	1	420	2 800	266	10½	1.4	3.1	夹头扳手1

产地：③17

(11) 进口角向电钻(双重绝缘)

代号	能力				输入功率(W)	无负荷旋转数($n \cdot min^{-1}$)	全长		重量		标准附件
	钢材		木材								
	(mm)	(in)	(mm)	(in)			(mm)	(in)	(kg)	(lb)	
D10YB	10	3/8	22	7/8	500	500～2 300	290	11 7/16	1.5	3.3	夹头扳手 1　侧手柄 1

注：厚度只有 83 mm。

(12) 进口万能电钻

代号	能力								输入功率(W)	无负载转数($n \cdot min^{-1}$)	全长		重量		标准附件
	钢材		木材		螺丝/螺母		攻牙螺丝								
	(mm)	(in)	(mm)	(in)	(mm)	(in)	(mm)	(in)			(mm)	(in)	(kg)	(lb)	
DW15Y	10	3/8	15	5/8	6	1/4	6	1/4	400	0～2 600	255	10	1.6	3.5	夹手扳手 1 侧手柄 1 钻头 1 携带盒 1

(13) 进口电剪(双重绝缘)

代号 CN16　　代号 CE16

代号	能力								输入功率 (W)	无负载转数 ($n \cdot min^{-1}$)	全长		重量		标准附件
	钢材		不锈钢		切割宽度		最小切割半径								
	(mm)	(in)	(mm)	(in)	(mm)	(in)	(mm)	(in)			(mm)	(in)	(kg)	(lb)	
CN16	1.6		1.2		5	3/16	40	1 9/16	400	2 000	256	10 5/32	1.7	3.7	模子 1 冲头 1 扳手 2
CE16	1.6		1.2				25	1	400	4 200	256	10 5/32	1.8	4.0	刀片 1 厚薄规 1 扳手 1

(14) 进口切割机(双重绝缘)

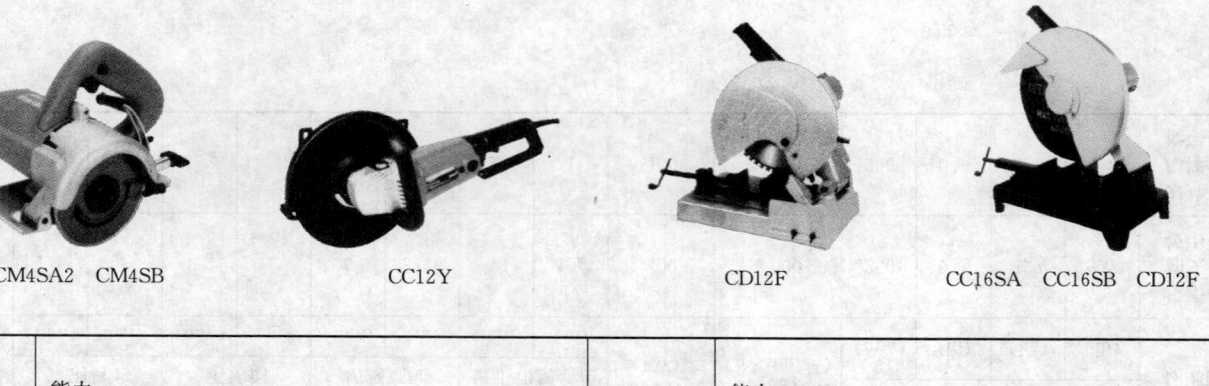

CM4SA2　CM4SB

CC12Y

CD12F

CC16SA　CC16SB　CD12F

型号	规格	型号	规格
CM4SA2 切割机	能力 砂轮直径(mm):110(4⅜/in) 最大切割深度(mm):34(1⅜/in) 每次切割深度(mm):20(25/32/in) 输入功率(W):1 050 无负载转数(n・min^{-1}):11 000 全长(mm):214(8⅖/in) 重量(kg):2.6(5.7/lb) 标准附件:扳手 2　软喉 1　木塞 1　接头 1	CC16S-A 座地式 切割机	能力 杆径(mm):75(3/in) 管径(mm):139.8(5½/in) 型钢(mm):135×135(5$\frac{5}{16}$×5$\frac{5}{16}$/in) 输入功率(W):2 000 无负载转数(n・min^{-1}):3 500 尺寸(mm):320×592×691 重量(kg):32.5(49.6/lb) 标准附件:扳手 1　切割砂轮 1

(续)

CM4SB 切割机	能力 砂轮直径(mm):110($4\frac{3}{8}$/in) 最大切割深度(mm):34($1\frac{3}{8}$/in) 每次切割深度(mm):20(25/32/in) 输入功率(W):1 240 无负载转数($n \cdot min^{-1}$)12 000 全长(mm):214($8\frac{2}{5}$/in) 重量(kg):2.8(6.2/lb) 标准附件:扳手 2　软喉 1　木塞 1　接头 1	CC16S-B 座地式 切割机	能力 杆径(mm):75(3/in) 管径(mm):130($5\frac{1}{8}$/in) 型钢(mm):110×110($4\frac{3}{8}\times4\frac{3}{8}$/in) 输入功率(W):3 700 无负载转数($n \cdot min^{-1}$):50 Hz　2 430 60 Hz　2 900 尺寸(mm):424×804×905 重量(kg):96(211.5/lb) 标准附件:扳手 1　切割砂轮 1
CC12Y 切割机	能力 砂轮直径(mm):305(12/in) 最大切割深度(mm):100(4/in) 每次切割深度(mm):50($1\frac{31}{32}$/in) 输入功率(W):2 000 无负载转数($n \cdot min^{-1}$):5 000 全长(mm):244($9\frac{2}{5}$/in) 重量(kg):10.5(23.1/lb) 标准附件:扳手 2　石料切割轮 1　金属切割轮 1	CD12F 金属切割机	能力 锯片直径(mm):305(12/in) 管径(mm):76～115(3/in～$4\frac{1}{2}$/in) 型钢(mm):W75×H75($2\frac{15}{16}\times2\frac{15}{16}$/in) 输入功率(W):1 450 无负载转数($n \cdot min^{-1}$):1 350 尺寸(mm):365×520×585 重量(kg):19(41.9/lb) 标准附件:硬质合金锯片 1　扳手 1　护目镜 1

注:后面括号内数字为英制,in—英寸,lb—磅。

产地:△17

3. 装配作业电动工具

(1) 电动攻锥(ZBK 64002—1987)

【用途】 用于装拆一字槽或十字槽螺钉、木螺钉及自攻螺钉(≤4 mm)。

【规格】

型号	P1L-6	J1S-8
螺钉规格(mm)	M6	M8
适用机器螺钉	M4～M6	M4～M8
输出功率(W)	>85	230
旋紧力矩(N·m)	2.45～8.5	—
电源电压/频率	220 V/50 Hz	220 V/50 Hz
质量(kg)	2	1.6

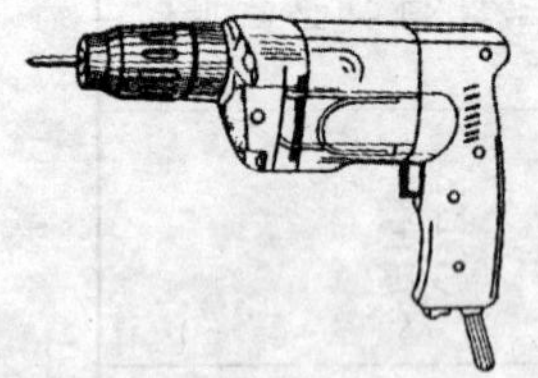

电动攻锥

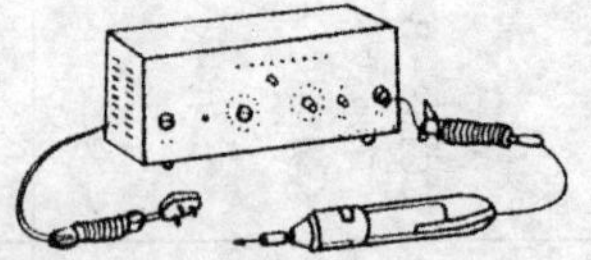

微型螺丝刀

(2) 微型螺丝刀(JB 2703—1999)

【用途】 用于装拆 M2 及以下的机器螺钉和自攻螺钉，如无线电、仪表、手表等。

【规格】

型号	POL-1	POL-2	说明 微型螺丝刀是采用控制器，控制输出电压、调节螺丝刀速度及转向 当真空度 40～67 kPa 作用下，将螺钉吸入螺丝嘴，当旋向与螺钉一致时，螺钉不会掉下。本螺丝刀适合拆装 M2 以下螺钉
最大拧紧螺钉规格(mm)	M1	M2	
额定转矩(N·m)	≥0.011	≥0.022	
额定转速(r/min)≥	800	320	
调速范围(r/min)	300～800	150～320	
控制仪用电源电压/频率	220 V/50 Hz		
永磁直流电动机用额定直流电压(V)	6, 9, 12, 24		

(3) 电动自攻螺丝刀(JB 5343—1999)

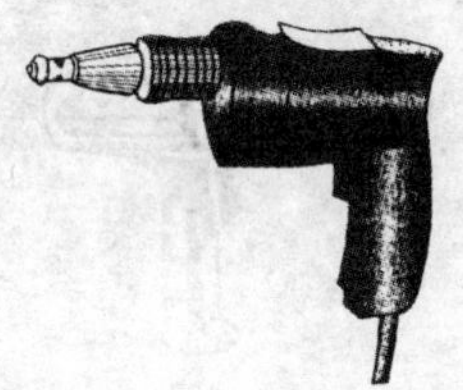

电动自攻螺丝刀

【用途】 用于装拆十字槽螺钉。

【规格】

型号	P1U-5	P1U-6	
适用自攻螺钉范围(mm)	ST3～ST5	ST4～ST6	特点 1. 有自动定位装置,并将螺钉吸附在螺丝刀头上,不会脱落 2. 有螺钉旋入深度控制器(定深装置)
输出功率(W)≥	140	200	
负载转速(r/min)≥	1 600	1 500	
电源电压/频率	220 V/50 Hz		
质量(kg)	1.8		

(4) 套丝机(JB 5334—1999)

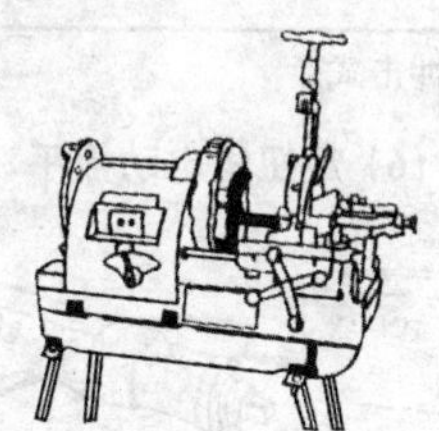

【用途】 用于金属管上套制圆锥管螺纹,也可用于切断管子及对管内孔倒角。

【规格】

型号	Z1T-50	Z3T-50	Z1T-80	Z3T-80	Z1T-100	Z3T-100	Z1T-150	Z3T-150
规格(mm)	50		80		100		150	
套制圆锥管螺纹范围(尺寸代号)	$\frac{1}{2}$～2		$\frac{1}{2}$～3		$\frac{1}{2}$～4		2½～6	
电源电压(V)	220	380	220	380	220	380	220	380
电动机额定功率(W)	≥600		≥750					
主轴额定转速(r/min)	≥16		≥10		≥8		≥5	
质量(kg)	71		105		153		260	

(5) 电动扳手(JB 5342—1991)

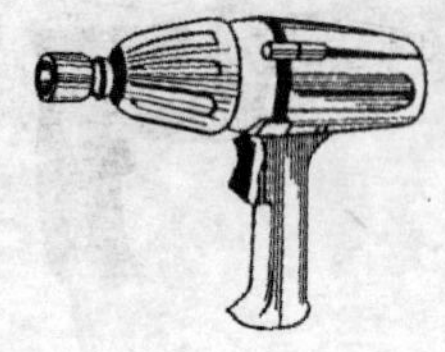

【用途】 配用六角套筒头后,可用来装拆六角头螺栓(母)。

【规格】

型号	P1B－8	P1B－12	P1B－16	P1B－20	P1B－24	P1B－30	P1B－42
最大螺栓规格(mm)	M8	M12	M16	M20	M24	M30	M42
适用范围(mm)	M6～M8	M10～M12	M14～M16	M18～M20	M22～M24	M27～M30	M36～M42
转矩范围(N·m)	4～15	15～60	50～150	120～220	220～400	380～800	750～2 000
方头公称尺寸(mm)	10×10	12.5×12.5		20×20		25×25	
边心距(mm)≤	26	36	45	≤50		56	66
电源电压/频率	220 V/50 Hz						
软电缆长度(m)	2.5						

注:A 型—离合器式,B 型—冲击式。

(6) 定扭矩电动扳手

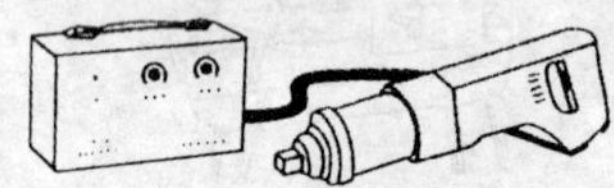

【用途】 配用六角套筒头后,用来安装高强度螺栓(母)以及对拧紧扭矩或轴向力有严格要求的螺栓安装。

【规格】

型号	P1D－60	P1D－150
额定扭矩(N·m)	600	1 500
扭矩调整范围(N·m)	250～600	400～1 500
扭矩控制精度(%)	±5	
主轴方头尺寸(mm)	25	
边心距(mm)	47	58
空载转速(r/min)	10	8
总质量(kg)	9.5	13

说明:

该扳手有定扭矩、定转角、连续定扭矩转角三种控制功能。达到设定的扭矩和转角时,扳手即停转。电源电压为 220 V,频率 50 Hz

(7) 扭剪型电动扳手(M-222EZ、S-110EZ)

【外形尺寸】

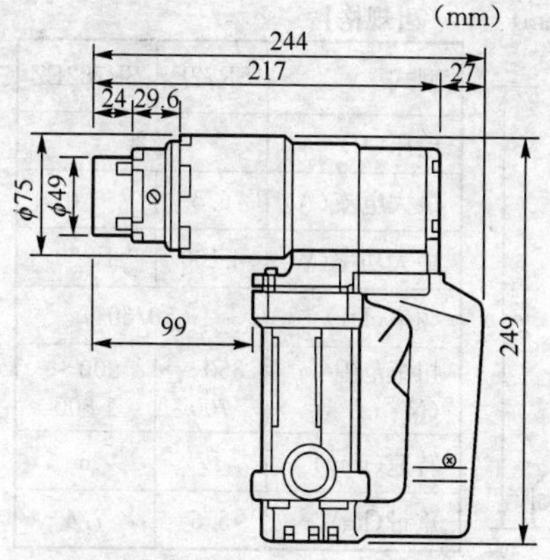

【规格】

型式	M-222EZ S-75EZ
电压(V)	220
最大电流(A)	6.5
最大功率(W)	1 300
频率(Hz)	50/60
最大扭矩(N·m)	735
转速(rpm)	17
重量(kg)	5.0

【外形尺寸】

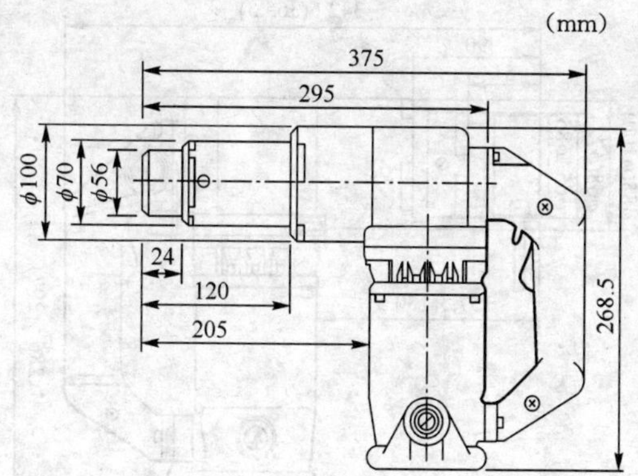

【规格】

型式	S-110EZ
电压(V)	220
最大电流(A)	7.5
最大功率(W)	1 500
频率(Hz)	50/60
最大扭矩(N·m)	1 010
转速(rpm)	16
重量(kg)	10.3

产地:△56

(8) 扭矩型电动扳手(SR72E、S180E、SR112E、SR122E)

【外形尺寸】

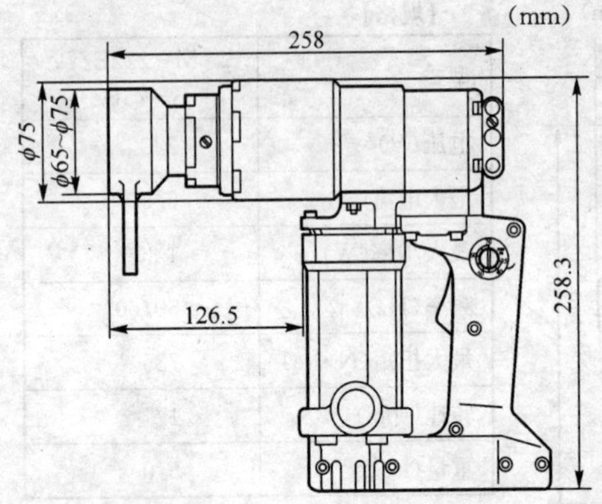

【规格】

型式	SR72E	SR182EZ
电压(V)	220	
最大电流(A)	6.5	6.0
最大功率(W)	1 100	1 200
频率(Hz)	50/60	
扭矩范围(N·m)	350~700	900~1 800
转速(rpm)	17	6
重量(kg)	5.5	7.4

【外形尺寸】

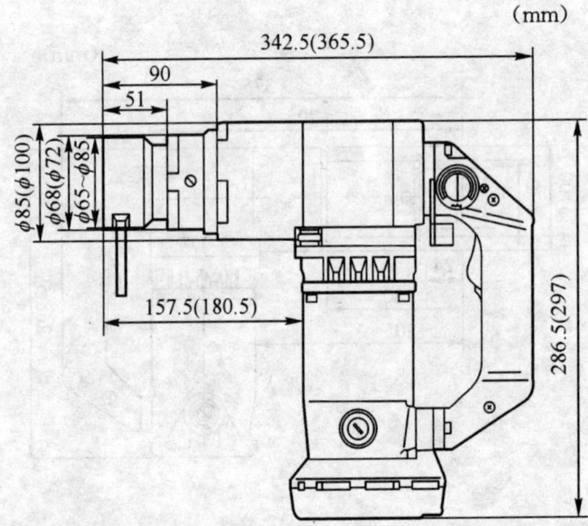

【规格】

型式	SR112E	S122E
电压(V)	220	
最大电流(A)	7.5	
最大功率(W)	1 400	
频率(Hz)	50/60	
扭矩范围(N·m)	500~1 100	600~1 200
转速(rpm)	16	
重量(kg)	8.8	

产地:△38

(9) 进口螺丝起子机(W6V3、W6VA3 双重绝缘)

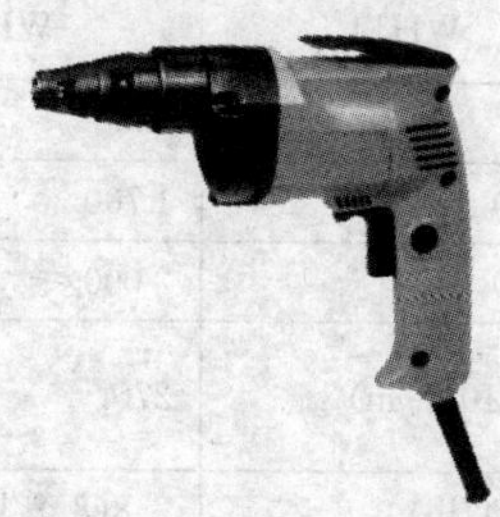

<table>
<tr><td colspan="2">代　　号</td><td>W6V3</td><td>W6VA3</td></tr>
<tr><td rowspan="3">能力</td><td>灰泥扳螺钉(mm)</td><td>6(1/4/in)</td><td>6(1/4/in)</td></tr>
<tr><td>TEKS 螺母(mm)</td><td>6(1/4/in)</td><td>6(1/4/in)</td></tr>
<tr><td>钻头(in)</td><td>六角形(1/4/in)</td><td>六角形(1/4/in)</td></tr>
<tr><td colspan="2">输入功率(W)</td><td>600</td><td>600</td></tr>
<tr><td colspan="2">无负载转数(n・min^{-1})</td><td>0～4 000</td><td>0～2 000</td></tr>
<tr><td colspan="2">全长(mm)</td><td>253(9 5/16/in)</td><td>253(9 15/16/in)</td></tr>
<tr><td colspan="2">重量(kg)</td><td>1.3(2.9/lb)</td><td>1.3(2.9/lb)</td></tr>
<tr><td colspan="2">标准附件</td><td colspan="2">电磁钻区夹头 1　辅助停止器 1　勾 1　钻头 1</td></tr>
</table>

(10) 进口冲击电扳手(WH14、WH16、WH22 双重绝缘)

WH14、WH16

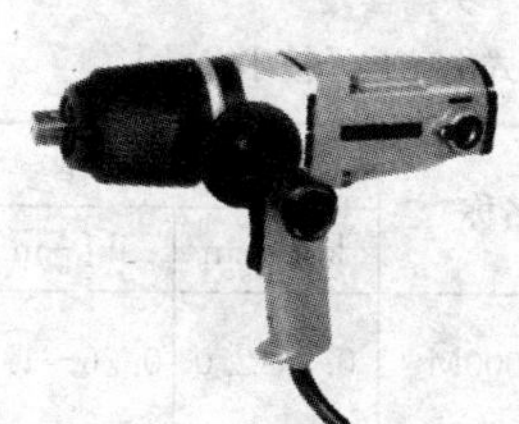

WH22

<table>
<tr><td colspan="2">代　　号</td><td>WH14</td><td>WH16</td><td>WH22</td></tr>
<tr><td rowspan="4">能力</td><td>普通螺栓(mm)</td><td>10～16(13/32～5/8/in)</td><td>12～20(15/32～25/32/in)</td><td>14～24(9/16～15/16/in)</td></tr>
<tr><td>高强度螺栓(mm)</td><td></td><td>12～16(15/32～5/8/in)</td><td>16～22(5/8～7/8/in)</td></tr>
<tr><td>方形冲头(mm)</td><td>127(1/2/in)</td><td>127(1/2/in)</td><td></td></tr>
<tr><td>转矩(kg・m^{-1})</td><td>20(144.6/in・lb^{-1})</td><td>30(217/in・lb^{-1})</td><td>60(434/in・lb^{-1})</td></tr>
</table>

（续）

代号	WH14	WH16	WH22
输入功率(W)	510	550	1 140
无负载转数(n/min)	2 100	1 700	1 600
全负载打击数(n/min)	2 600	2 000	1 800
全长(mm)	260(10¼/in)	270	528(12－29/34/in)
重量(kg)	2(4.4/lb)	2.8(8.2/lb)	5(11/lb)
标准附件	扳手 1	扳手 1	侧扳手 1　钢盒 1　套筒 1

△17

(11) 低压直流电动起子

【其他名称】 低压直流螺丝批、螺丝刀、旋凿、旋具。

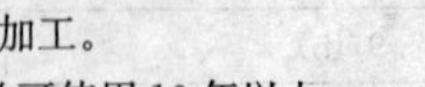

【用途】 为了提高工效，用低压直流马达电动起子旋转螺丝批、紧固或拆卸螺钉，也可在旋具轴端安装磨头进行加工。

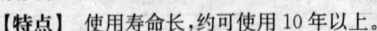

【特点】 使用寿命长，约可使用 10 年以上。

瑞士原装马达的特点是：低重量、低冲击、低松动，对防止螺丝松动特别有效，一般市售马达均有碳粉溢出污染，本电动起子无碳粉溢出污染。超迷你精确耐用，长寿命设计，直径 ϕ26 mm，全长 158 mm，体积小，重量轻(187 g)、耗电 6 W，全机 6 只传动轴承，能提高起子精度，降低起子头摇摆。

【杠杆式电动起子技术参数】

起子名称	输出扭力范围		无载转速(rpm)	适用螺丝	
	kgf－cm	ibf－in		机械牙径	自攻牙径
ASA－S2000M	0.3～2.0	0.26～1.7	1 000	1.0～2.2 mm/0.04～0.09 in	1.0～2.0 mm/0.04～0.08 in
ASA－S2000MA	0.3～2.0	0.26～1.7	1 000	1.0～2.2 mm/0.04～0.09 in	1.0～2.0 mm/0.04～0.08 in
ASA－S2500M	0.4～3.0	0.35～2.6	650	1.0～2.6 mm/0.04～0.10 in	1.0～2.0 mm/0.04～0.08 in
ASA－S2500MA	0.4～3.0	0.35～2.6	650	1.0～2.6 mm/0.04～0.10 in	1.0～2.0 mm/0.04～0.08 in
ASA－3000M	0.5～5.0	0.43～4.3	1 000	1.0～2.6 mm/0.04～0.10 in	1.0～2.3 mm/0.04～0.09 in
ASA－3000MA	0.5～5.0	0.43～4.3	1 000	1.0～2.6 mm/0.04～0.10 in	1.0～2.3 mm/0.04～0.09 in

（续）

起子名称	输出扭力范围		无载转速（rpm）	适用螺丝	
	kgf－cm	ibf－in		机械牙径	自攻牙径
ASA－4000M	1.0～6.0	0.87～5.2	1 000	1.4～2.6 mm/0.06～0.10 in	1.4～2.3 mm/0.06～0.09 in
ASA－4000MA	1.0～6.0	0.87～5.2	1 000	1.4～2.6 mm/0.06～0.10 in	1.4～2.3 mm/0.06～0.09 in

产地：△48

【杠杆式尺寸图】

ASA－S2000M，ASA－S2500M

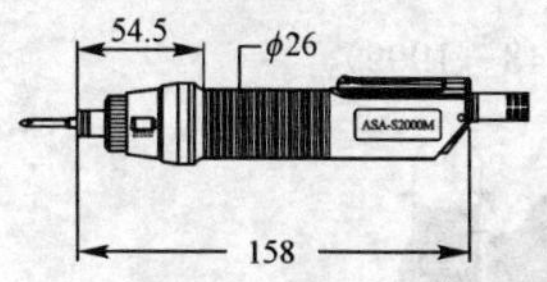

ASA－S2000MA，ASA－S2500MA

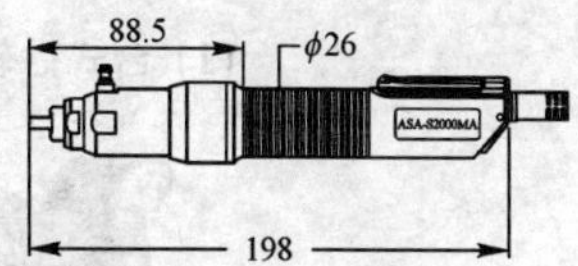

ASA－3000M，ASA－4000M

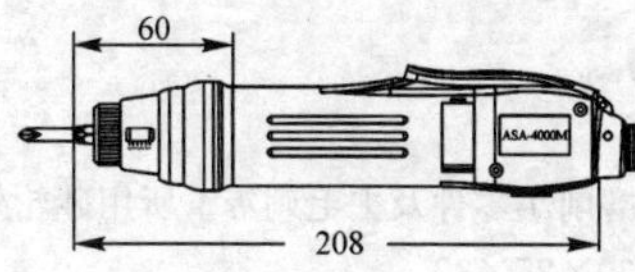

ASA－3000MA，ASA－4000MA

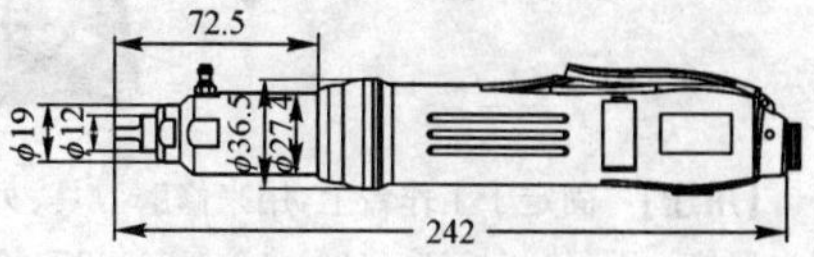

【规格】

项　　目	数　　据	
工作电压(V)	30(DC—直流)	
扭力精度	极精准	
重量(g)	迷你型 187/290	标准型 380/430
长度(mm)	迷你型 158/198	标准型 200/236
握持直径(mm)	迷你型 26	标准型 33.5
适用起子头(选购品)	φ4，6.35(¼″)	六角对边 he×Shank
握力调整	无断式	

(12) 充电起子

【其他名称】 螺丝批、螺丝刀、旋凿、旋具。

【用途】 用于紧固或拆螺丝，不用导线，比较方便，工效较高。

【规格】

型　号	电池(V)	空载转速(r/min)	重量(kg)
CQ7.2	7.2	0～600	1.1
CQ7.2 V	7.2	0～600	1.1
CQ9.6	9.6	0～600	1.5
CQ9.6 V	9.6	0～600	1.5
CQ12 V	12	0～600	1.3

4. 磨光、砂光及抛光类电动工具

(1) 台式砂轮机(JB 4143—1999)

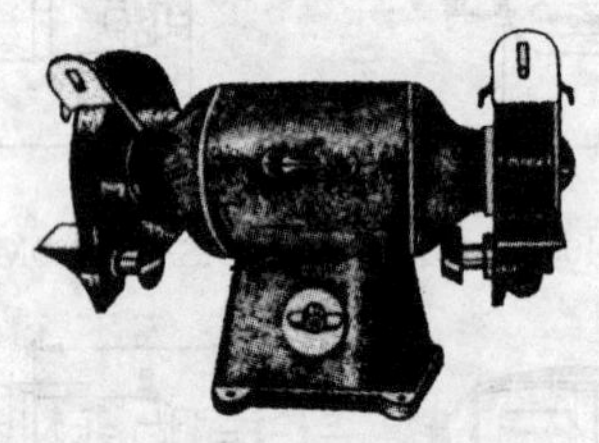

【用途】 固定于工作台上，用来修磨刀具、刃具，磨削小零件及去毛刺等。所用砂轮外径×厚度×孔径(mm)150×20×32，200×25×32，250×25×32。

【规格】

型号	MD3215	M3215	MD3220	M3220	M3225
砂轮外直径(mm)	150		200		250
输入功率(W)	250		500		750
电源电压/频率	220 V/50 Hz	380 V/50 Hz	220 V/50 Hz	380 V/50 Hz	
转速(r/min)	2 800			2 850	
砂轮安全线速(m/s)	35				40

(2) 落地式砂轮机(JB 3770—2000)

【用途】 固定于地面上，用于修磨刀、刃具，磨削小零件，清理及去毛刺等。砂轮外径×厚度×孔径(mm)200×25×32，250×25×32，300×40×75，350×40×75，400×40×127。

【规格】

型号	M3020	M3025	M3030	M3030A	M3035	M3040
砂轮外径(mm)	200	250	300		350	400
输入功率(W)	500	750	1 500		1 750	2 200
电源电压/频率	380 V/50 Hz					
转速(r/min)	2 850		1 420	2 900	1 440	1 430
砂轮安全线速(m/s)	35	40	35	50	35	35
质量(kg)	75	80	125		135	140

(3) 轻型台式砂轮机(JB 6092—2007)

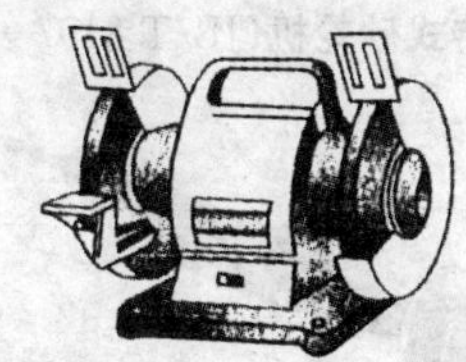

【用途】 与台式砂轮机相同。

【规格】 JB 6092—2007。

型　号	砂轮外径×孔径×厚度(mm)	输入功率(W)	电源电压/频率	转速(r/min)	安全线速(m/s)	质量(kg)
MDQ3212S	125×13×16	150	220 V/50 Hz	2 850	35	10.5
MDQ3215S	150×13×16					11

(4) 除尘式砂轮机(JB 3770—2000)

【用途】 与台式砂轮机相同，配有专用吸尘风机和布袋来除尘。

【规格】

型　号						
型　号	旧	MC3020	MC3025	MC3030	MC3035	MC3040
	新	M3320	M3325	M3330	M3335	M3340
砂轮外径(mm)		200	250	300	350	400
功率(W)		500	750	1 500	1 750	2 200
转速(r/min)		2 850		1 420	1 440	1 430
电源电压/频率		380 V/50 Hz				
风机电动机功率及转速		750 W，2 850 r/min				
粉尘浓度(mg/m³)		<10				
质量(kg)		80	85	230	240	255

注：砂轮尺寸及安全线速度与落地式砂轮机相同。

(5) 手持式砂轮机(JB/T 8197—1999)

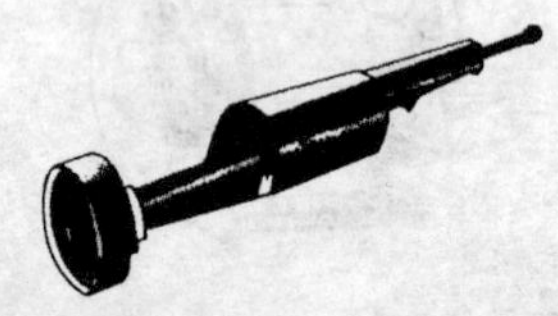

【用途】 用于对不易搬动的大型机件、铸件进行磨削加工，清除飞边、毛刺、金属焊缝和割口等。换上抛光轮，可用来抛光金属表面及清除结构件上的锈层。

【规格】 表列为三相工频手持式砂轮机规格。

型号	S3S-80A	S3S-80B	S3S-100A	S3S-100B	S3S-125A	S3S-125B	S3S-150A	S3S-150B	S3S-175A	S3S-175B
砂轮外径×孔径×厚度(mm)	80×20×20		100×20×20		125×20×20		150×20×20		175×20×20	
额定功率(W)≥	140	200		250		350		500		750
额定转矩(N·m)≥	0.45	0.64		0.80		1.15		1.60		2.40
空载转速(最大)(r/min)	≤3 000									
安全线速(m/s)	35									
质量(kg)	—		11		12				—	

(6) 电磨头(JB/T 8643—1999)

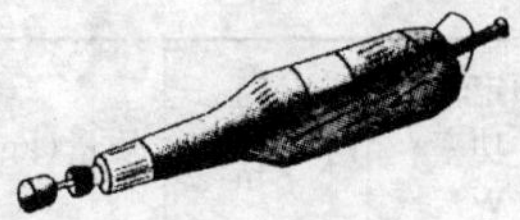

【用途】 用于对金属模、压铸模及塑料模中的复杂零件和型腔进行磨削,是以磨代粗刮的工具。也可配用各种磨头或铣刀对金属件进行磨削。配用各种磨头时的安全线速不低于35 m/s。

【规格】

型号	S1J—10	S1J—25	S1J—30
最大磨头直径×长度(mm)	10×16	25×32	30×32
额定输出功率(W)≥	40	110	150
额定转矩(N·m)≥	0.22	0.08	0.12
空载转速(最大)(r/min)	47 000	26 700	22 200
电源电压/频率	220 V/50 Hz		
质量(kg)	0.6	1.3	1.9

(7) 磨 光 机

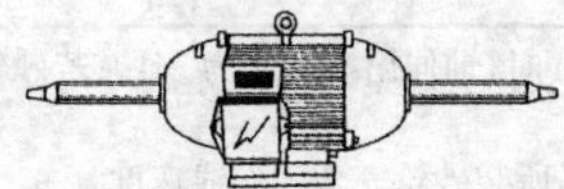

【用途】 两轴端的锥形螺纹上,可旋入磨轮、抛光轮,用于磨光、抛光各类零件。按需要可装集尘罩与吸尘系统或储灰袋连接,储集尘屑。

【规格】

型号	JP2—31—2	JP2—32—2	JP2—41—2
功率(W)	3 000	4 000	5 500
电压及频率	380 V/220 V, 50 Hz		
电流(A)	6.2/10.7		
转速(r/min)	2 900		
质量(kg)	48	55	75

(8) 角磨机(GB/T 7442—2007)

【用途】 是造船、建筑等钢结构工程中常用的工具,特点是轻巧、方便。

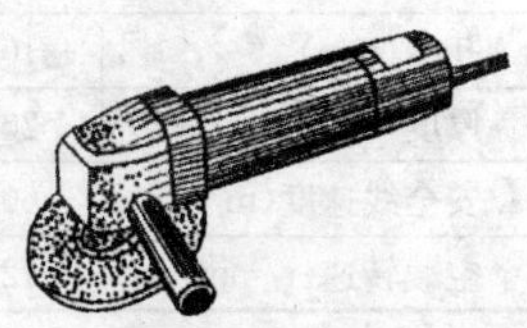

若用纤维增强钹形砂轮,可用来修磨金属件、焊前开坡口、清除毛刺与飞边。清除焊疤等缺陷,若用金刚石片砂轮,可切割砖、石。配用专用砂轮可磨玻璃。配用钢丝刷可用于除锈。配用橡胶垫及圆形砂纸，可作砂光用。

【规格】

型号	砂轮的外径×孔径(mm)	额定输出功率(W)≥	额定转矩(N·m)≥	质量(kg)	空载转速允许值(转/分)	
					72 m/s	80 m/s
S1M—100A	100×16	200	0.30	1.6	≤13 500	≤15 000
S1M—100B		250	0.38			
S1M—115A	115×16 (或×22)			1.9	≤11 900	≤13 200
S1M—115B		320	0.50			
S1M—125A	125×22			3.0	≤11 000	≤12 200
S1M—125B		400	0.63			
S1M—150A	150×22	500	0.80	4.0	≤9 160	≤10 000
S1M—180A	180×22	710	1.25	5.7	≤7 600	≤8 480
S1M—180B		1 000	2.00			
S1M—180C		1 250	2.50			
S1M—230A	230×22	1 000	2.80	6.0	≤5 950	≤6 600
S1M—230B		1 250	3.55			

注：1. 砂轮孔径为 16 mm 时，轴伸出端螺纹为 M10；若砂轮孔径为 22 mm 时，轴伸出端螺纹为 M14。

2. 72 m/s、80 m/s 是所装砂轮安全工作线速度。

3. 电源电压 220 V，频率 50 Hz。

(9) 多功能抛砂磨机(型号 MPR 3208)

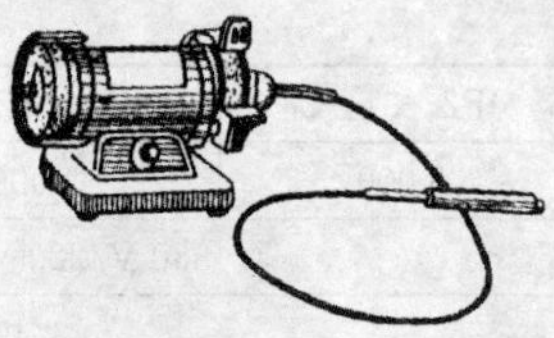

【用途】 在微型台式砂轮机外伸轴端配有带夹头的软轴、可夹持各种异型砂轮、磨头、抛光轮或铣刀、修磨、清理金属工件，将各种小零件抛光除锈，也可对木制品进行雕刻。

【规格】

砂(抛)轮直径(mm)	75	输出功率(W)	120
孔径(mm)	10	质量(kg)	3.4
厚度(mm)	20	无级调速(r/min)	0～12 000
安全线速度(m/s)	60	电源电压、频率(V、Hz)	220、50
空载转速(r/min)	12 000		

(10) 电动抛光机

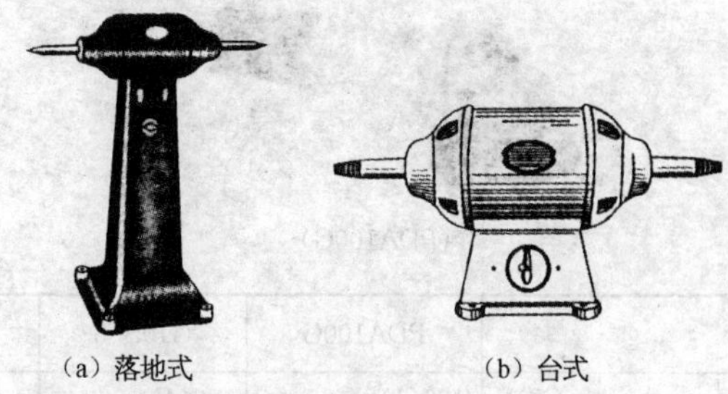

(a) 落地式　　(b) 台式

【用途】 用布、毡等抛光轮对各种材料制件的表面进行抛光。

【规格】

型式与型号	台式 2M4720	落地式 2M4620	落地式 2M4630
抛光轮外径(mm)	200	200	300
输入功率(W)	750	750	1 500
转速(r/min)	2 850	2 850	2 900
质量(kg)	45	70	125
电源电压/频率	380 V/50 Hz		

(11) DG 角向磨光机(进口产品)

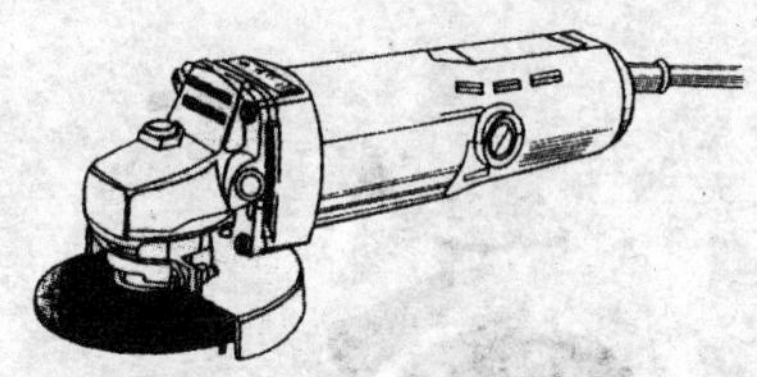

【用途】 用于清除铸件毛刺、飞边;抛光各种牌号的钢、青铜、铝及其铸制品表面;研磨焊接部分或焊接切割部分砖块、大理石、人造树脂等;用金刚石砂轮切割混凝土、石件及瓦片等。

【规格(进口产品)】

型号	电压及频率	空载转速(r/min)	砂轮尺寸(mm)			输入功率(W)	质量(不含电缆)(kg)
			外径	孔径	厚度		
DG-100H	110 V/220 V,60 Hz/50 Hz	12 000	100	15, 16	6	620	2.0

(12) 新产品角磨机(进口产品)

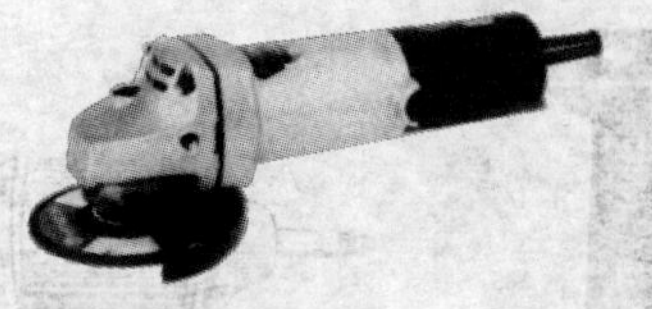

(PDA100G)

代号				PDA100G	G10SF3	G13SD
能力	砂轮外径	(mm)	(in)	100(4)	100(4)	125(5)
	孔径	(mm)	(in)	16(5/8)	16(5/8)	22(7/8)
输入功率		(W)		705	560	760
无负载转数		(min)		12 000	12 000	10 000
主轴螺纹				M10×1.5	M10×1.5	M14×2
全长		(mm)	(in)	258(10 3/16)	254(10)	250(9 7/8)
重量		(kg)	(lb)	1.5(3.3)	1.4(3.1)	1.6(3.5)
标准附件				扳手 1　砂轮 1	扳手 1　砂轮 1	扳手 1　砂轮 1 侧手柄 1

注：均为双重绝缘，有回标记。　　产地：△17

(13) 圆盘磨光机(进口产品)

代号				S15SA
能力	砂轮外径	(mm)	(in)	150(6)
	输入功率	(W)		650
无负载转数		(min)		4 000
主轴螺纹				M16×2
全长		(mm)	(in)	225(8 7/8)
重量		(kg)	(lb)	2.7(5.9)
标准附件		扳手 1　侧手柄 1　胶垫 1		

注：为双重绝缘，有回标记。　　产地：△17

(14) 轨道磨光机

FS10SA

代号			FS10SA	SV12SE
能力:皮垫	(mm)	(in)	92×184(3⅝×7¼)	114×228(4½×9)
输入功率	(W)		180	300
轨道直径	(mm)	(in)	20(3/32)	2.4(0.09)
无负载转数	(min)		主轴 10 000 轨道 20 000	主轴 10 000 轨道 20 000
全长	(mm)		184(7¼)	300(11 13/16)
重量	(kg)	(lb)	1.4(3.1)	2.6(5.7)
标准附件			砂纸 3	砂纸 1

5. 建筑及筑路类电动工具

(1) 电锤(GB/T 7443—2007)

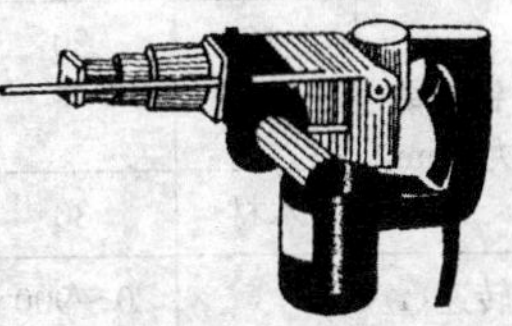

【用途】 本标准适用于在一般环境下,对混凝土、岩石、砖墙等类似材料钻孔、开槽、凿毛等作业的单相串励旋转电锤(以下简称电锤)。还可在木材、塑料等材料上钻孔、开槽、凿毛等作业。

【技术参数】

型号	在 300 号混凝土上的最大钻孔直径(mm)	钻削率 (cm³/min)≥	脱扣力矩 (N·m)	质量(kg)
Z1C-16	16	15	35	3
Z1C-18	18	18		3.1
Z1C-20	20	21		—
Z1C-22	22	24	45	4.2
Z1C-26	26	30		4.4
Z1C-32	32	40	50	6.4
Z1C-38	38	50		7.4
Z1C-50	50	70	60	—

【型号含义】

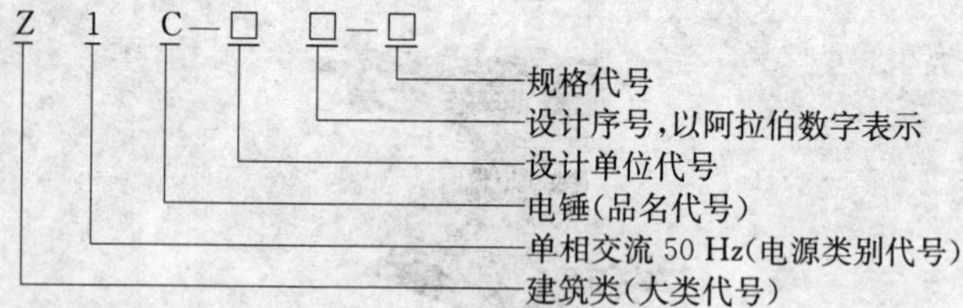

【电锤的安全措施】

① 电源、电压、频率:220 V、42 V、36 V、50 Hz;安全应满足 GB 3883.7—2005 规定。

② Ⅱ类电锤插头应与电源线制成一体,插头体绝缘应能承受 3 750 V,历时一分钟电压试验不击穿和闪络。

③ Ⅲ类电锤应采用安全隔离变压器或旋转变流机组供电,并应符合 IEC 61558.2.6—1997 规定。

(2) 电动锤钻(进口产品)

【用途】 单一旋转状态时,配用电锤钻头可在混凝土、岩石、砖墙等上面钻孔、开槽、凿毛等。冲击带旋转状态时,装上钻夹头接杆、钻夹头,再装上麻花钻或机用木工钻,可在金属、木材、塑料上钻孔。

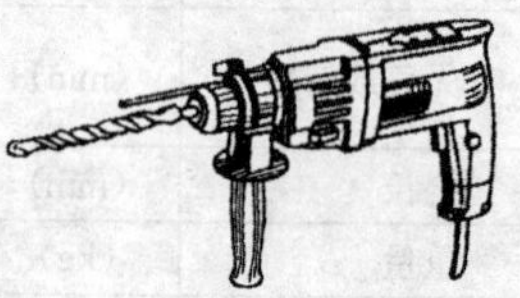

【规格(进口产品)】

规格(mm)		20	26	38	16	20	22	25
输入功率(W)		520	600	800	420	460	500	520
输出功率(W)		260	300	480	—	—	—	—
钻孔能力(mm)	混凝土	20	26	38	16	20	22	25
	钢材	13			10	13		
	木材	30	—	—	—	—	—	—
转速(r/min)		0~900	0~550	380	0~900		0~1 000	0~800
每分钟冲击次数		0~4 000	0~3 050	3 000	0~3 500		0~4 200	0~3 150
质量(kg)		2.6	3.5	5.5	3.0	3.1	2.6	4.4
电源电压/频率		220 V/50 Hz						

注:1. 规格为 20、22、25、26 mm 的,带有电子调速开关。

2. 规格为 25、38 mm 的锤钻可配装 50~90 mm 空心钻,可在混凝土上钻大孔。

代号				PR38E	DH40YB	DH50SA1
钻孔能力	混凝土(钻头)	(mm)	(in)	38($1\frac{1}{2}$)	40($1\frac{9}{16}$)	50(2)
	混凝土(空心钻)	(mm)	(in)	105($4\frac{1}{8}$)	105($4\frac{1}{8}$)	125($4\frac{29}{32}$)

(续)

代号			PR38E	DH40YB	DH50SA1
输入功率	(W)		800/1 050	950	1 140
无负载转数	(min)		400	360	290
全负载打击数	(min)		4 000	2 800	2 300
全长	(mm)	(in)	416($16\frac{3}{8}$)	425($16\frac{21}{32}$)	522($20\frac{9}{16}$)
重量	(kg)	(lb)	7.5(16.5)	6.6(14.5)	9.8(21.6)
标准附件			侧手柄 1　携带盒 1　防尘盖 1　扳手 2　给油器 1	侧手柄 1　携带盒 1　停止杆 1　润滑脂盒 1　六角扳手 2　防尘杆 1	侧手柄 1　携带盒 1　停止杆 1　润滑脂盒 1　扳手 1　防尘器 1

(3) 冲击钻(又名电动锤钻)(进口产品)

【用途】 冲击带旋转状态时,可用硬质合金冲击钻头在砖、轻质混凝土、陶瓷等脆性材料上钻孔。调至旋转状态时,用麻花钻可在金属、木材、塑料件上钻孔。附件有侧手柄、携带盒、停止杆、润滑脂盒、扳手、防尘盖等。

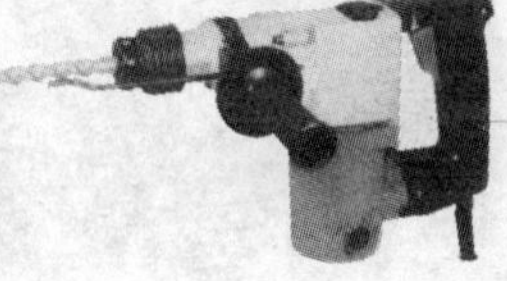

冲击钻

【规格】

型号	VRV16	DH25PA	DH40YB	DH50SA1
混凝土钻头(mm)	16($\frac{5}{8}''$)	25($\frac{31}{32}''$)	40($1\frac{9}{16}''$)	50 mm(2″)
混凝土空心钻(mm)	10($\frac{3}{8}$)	90($3\frac{17}{32}''$)	105 mm($4\frac{1}{8}''$)	125 mm($4\frac{29}{32}''$)
输入功率(W)	420	650	950	1 140
无负载旋转数(min)	0～900	0～1 100	360	290
全负载打击数(min)	0～3 500	0～4 000	2 800	2 300
全长(mm)	319	318	420	522($\frac{9}{20}''$)
重量(kg)	3.0	3.3	6.6	9.8

(4) 石材切割机(JB/T 7825—1999)

【用途】 用金刚石锯片，可切割花岗石、大理石、瓷砖等脆性材料，并可在干式和湿式两种状态下使用。用纤维增强薄片砂轮，可切割钢、铸铁件及混凝土。

【规格】

型号	Z1E—110C	Z1E—110	Z1E—125	Z1E—150	Z1E—180	Z1E—200	Z1E—250
锯片直径(mm)	110		125	150	180	200	250
最大锯切深度(mm)	20	30	40	50	60	70	75
空载转速(r/min)	11 000		7 500	—	5 000	—	3 500
额定输出功率(W)	200	450		550		650	730
质量(kg)	2.6	2.7	3.2	3.3	6.8	—	9.0

注：电源电压/频率：220 V/50 Hz，软电缆长度：2.5 m。

(5) 湿磨机(JB 5333—1999)

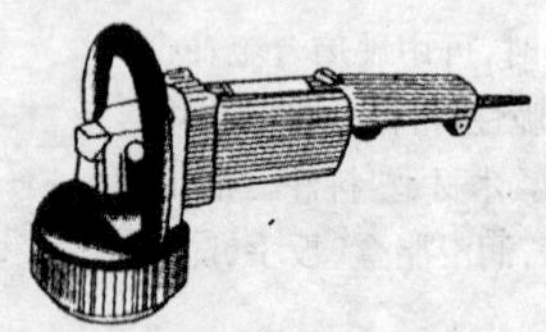

【用途】 用于注水磨削石板、石料、混凝土等。要使用安全线速≥30 m/s的陶瓷结合剂杯形砂轮或安全线速35 m/s的杯形砂轮。

【规格】

型号	砂轮尺寸(mm)			额定输出功率(W)≥	额定转矩(N·m)≥	最高空载转速(r/min)		质量(kg)
	外径	螺孔	厚度			陶瓷结合剂砂轮	树脂结合剂砂轮	
Z1M-80A	80	M10	40	200	0.4	7 150	8 350	3.1
M1M-80B	80	M10	40	250	1.1	7 150	8 350	3.1
M1M-100A	100	M14	40	340	1.0	5 700	6 600	3.9
M1M-100B	100	M14	40	500	2.4	5 700	6 600	3.9
M1M-125A	125	M14	50	450	1.5	3 800	4 500	5.2
M1M-125B	125	M14	50	500	2.5	3 800	4 500	5.2
M1M-150A	150	M14	50	850	5.2	3 800	4 400	—
M1M-150B	150	M14	50	1 000	6.1	3 800	4 400	—

注：1. 软电缆长度：4.5(m)。

2. 除Ⅲ类湿磨机外，必须与额定输出电压≤115 V的隔离变压器一起使用。

(6) 电钻锤(SB 系列进口产品)

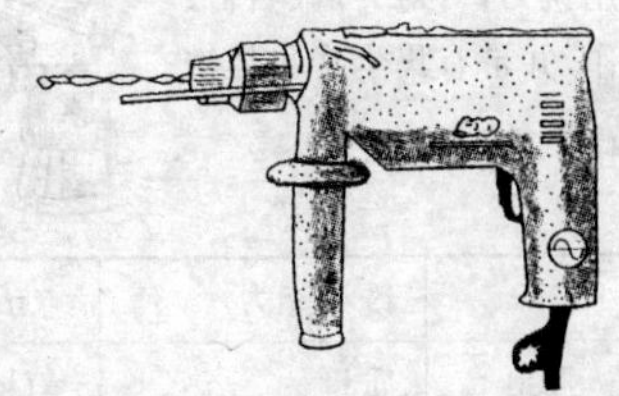

【用途】 用在混凝土、砖石建筑结构上打孔。也可用木钻头对木材、塑材进行钻孔。

【规格】 SB 系列进口产品。

型号		SBE—500R	SB2—500	SBE—400R	SB2—400N
输入功率(W)		500		400	
输出功率(W)		250		200	
空载转速(r/min)		2 800	2 300	2 600	2 300
每分钟锤动次数		42 000	2 900 43 500	39 000	2 900 43 500
钻动能力(mm)	混凝土	16		13	
	石块	18		16	
	铜、铁	10			
	木料	25		20	
夹头伸张度(mm)		1.5～13		1.5～10	
质量(kg)		1.3			
电源		AC220 V，50/60 Hz			

(7) D 系列钻头电锤钻(进口产品)

型　　号	名　称
D2530K　L 型 26 mm 重型	四坑钻头锤钻
DW570K　L 型 32 mm 重型	五坑钻头锤钻
D25500K　L 型 40 mm 重型	五坑钻头电镐锤钻
D25600K　L 型 45 mm 重型	五坑钻头电镐锤钻
D25900K　L 型 10 mm 重型	五坑钻头电镐锤钻
美国 PEWALT　得伟　高效能专业电动工具及配件	

(8) 砖墙铣沟机

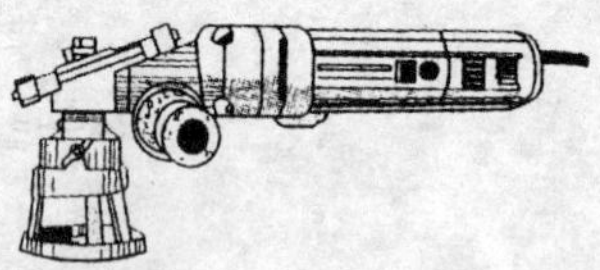

【用途】 用硬质合金专用铣刀,可对砖墙、石膏、木材等表面进行铣切沟槽工作,并带有集尘袋收集铣切碎屑。

【规格】

型号	Z1R-16		铣沟能力	(mm)	≤20×16
输入功率	(W)	400	质量	(kg)	3.1
工作转速	(r/min)	800	电源电压/频率		220 V/50 Hz
额定转矩	(N·m)	2	软电缆长度	(m)	2.5

(9) 水磨石子机

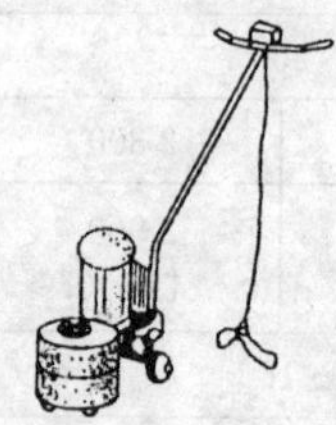

【用途】 用碳化硅砂轮湿磨大面积混凝土地面、台阶面等。湿磨分粗磨与细磨两种工序。

【规格】

型号		2MD-300	电动机转速	(r/min)	1 430
磨盘直径	(mm)	300	湿磨生产率	(m^2/h)	7～10
磨盘转速	(r/min)	392	质量	(kg)	210
砂轮规格	(mm)	75×75	电源电压	(V)	380
电动机功率	(W)	3 000	频率	(Hz)	50

6. 林木类电动工具

(1) 砂带磨光机

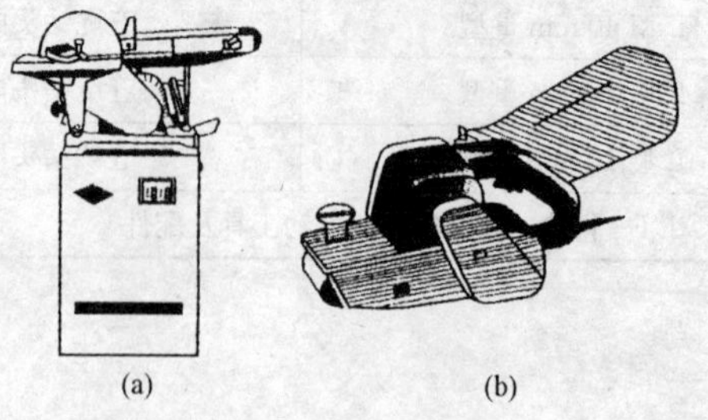

(a)　　(b)

【用途】 用于砂磨地板、木板，清除涂料，金属表面除锈，磨斧头等。

【规格】

型式	2M5415(台式)	手持式(进口产品)	手持式(进口产品)
砂带的宽度×长度(mm)	150×1 200	110×620	76×533
砂带速度(m/min)	640	350/300(双速)	450/360(双速)
输入功率(W)	750	950	
质量(kg)	60	7.3	4.4
电源电压/频率	380 V/50 Hz	220 V/50 Hz	

(2) 砂 纸 机

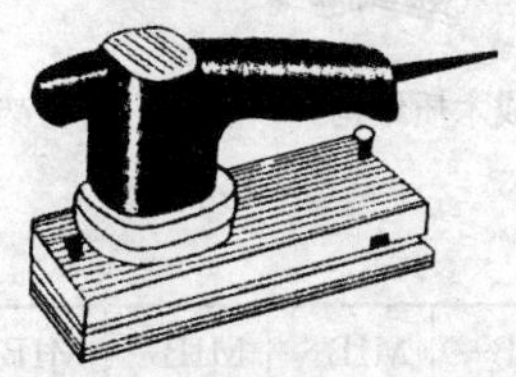

【用途】 使用条状砂纸，对金属构件及木制品表面进行砂磨和抛光，也用来清除涂料或做其他打磨用。

【规格】

底板垫的宽×长(mm)	110×110	112×100	93×185	114×234	93×185
砂纸尺寸(mm)	114×140		93×228	114×280	93×228
转速(r/min)	12 000	14 000	10 000		5 500
输入功率(W)	180	160		520	
软电缆长(mm)	2.5	2.0		2.5	
电源电压/频率	220 V/50 Hz				
质量(kg)	1.10	0.95	1.35	2.80	2.70
型式	—			附带集尘袋	防尘式

(3) 木工电钻

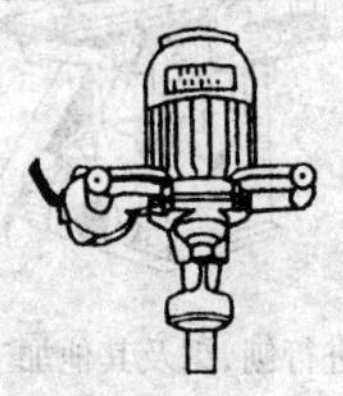

【用途】 用于在木质工件上钻大直径孔。

【规格】

型号	M32-26	转速 $r \cdot min^{-1}$	480
钻孔直径(mm)	≤26	输出功率(W)	600
钻孔深度(mm)	800	电源电压/电流/频率	380 V/1.52 A/50 Hz

(4) 木工电刨(LY/T 1223—1999)

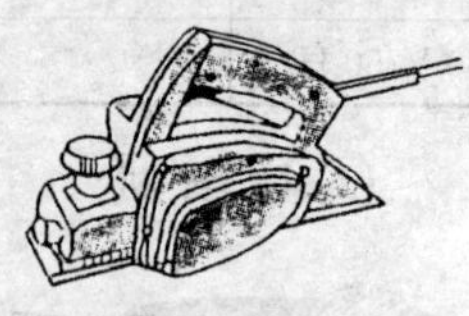

【用途】 用刨刀刨削木材或木质结构件。若装附加台架,可翻转固定于台架上作小型台刨用。

【规格】

型号	M1B—60×1	M1B—80×1	M1B—80×2	M1B—80×3	M1B—90×2	M1B—90×3	M1B—100×2
刨削宽度(mm)	60	80			90		100
刨削深度(mm)	1		2	3	2	3	2
额定输出功率(W)≥	180	250	320	370		420	
额定转矩(N·m)≥	0.16	0.22	0.30	0.35		0.42	
质量(kg)	2.2	2.5	4.2	5	5.3		4.2
电源电压/频率	220 V/50 Hz						
软电缆长度(m)	3						
壳材料	塑壳			铝壳			塑壳

(5) 木工多用机

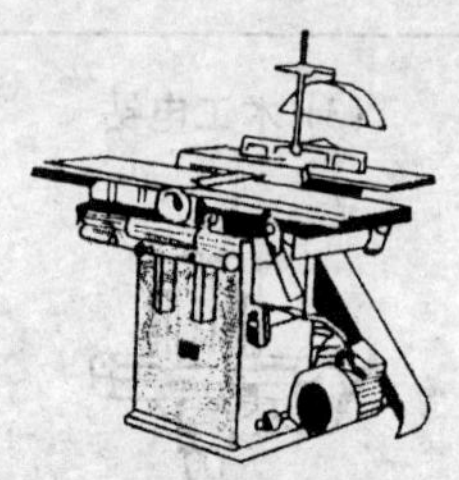

【用途】 用来对木料及木制品进行刨、锯及其他加工(如钻孔、开企口、开榫、磨刀、磨锯片、裁口、压刨等)。

【规格】

型号		MQ421	MQ422	MQ422A	MQ433A—1	MQ472	MJB180	MDJB180—2
主轴转速(r/min)		3 000		3 160	3 960		5 500	
锯片直径(mm)		200	300		350		200	
锯切厚度(mm)≤		50	90	100	—	—	60	
刨削宽度(mm)		160	200	250	320	200	180	
工作台升降范围(mm)	锯切	65	95	100	140	90	—	—
	刨削	5			5～120	5～100	—	—
电动机功率(W)		1 100	1 500	2 200	3 000	2 200	1 100	
质量(kg)		60	125	300	350	270	80	
电源电压/频率		220 V/50 Hz	380 V/50 Hz				220 V/50 Hz	
加工项目		钻孔、开企口、开榫、磨锯片	钻孔、裁口、开榫、磨刀具	裁口	压刨、开企口	压刨、开企口		开企口、开榫、开槽、磨刨刀

(6) 电动曲线锯(JB/T 3973—2006)

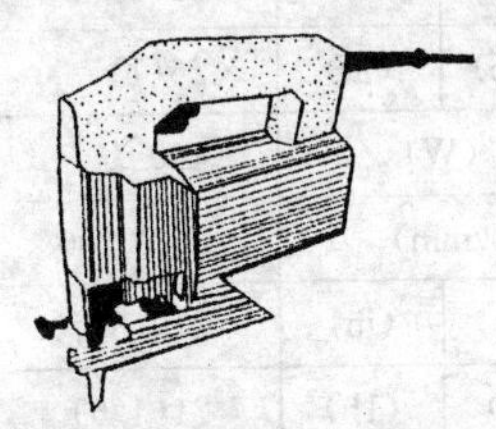

【用途】 用曲线锯条,对木材、金属、塑料、皮革、橡胶等板材进行直线或曲线锯割。装上锋利刀片可裁切橡胶、皮革、纤维织物、纸板、泡沫塑料等。

【规格】

型号		M1Q—40	M1Q—55	M1Q—65
锯切厚度(mm)	硬木	40	55	65
	钢板	3	6	8
额定输出功率(W)≥		140	200	270
每分钟往复次数≥		1 600	1 500	1 400
往复行程(mm)		18		

（续）

型号	M1Q—40	M1Q—55	M1Q—65
质量(kg)	2.5	2.5	—
电源电压/频率	220 V/50 Hz		

注：1. 锯割钢板的强度为 σ_b=390 MPa(相当于 Q390)。

2. 常用曲线锯条齿距(mm)：1.8(适用木材、塑料板)；1.4(适用层压板、钻板)；1.1(适用于钢板)。

3. 单相串联电机驱动、电源电压 220 V、频率 50 Hz、软电缆长度 2.5 m。

(7) 电动曲线锯(进口产品)

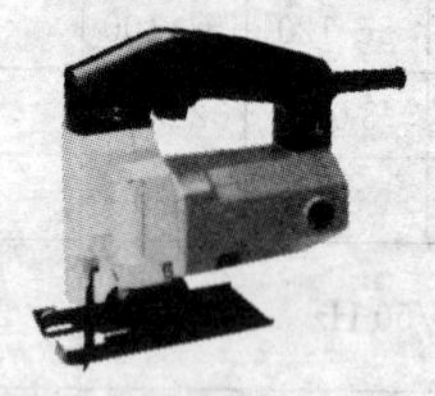

CJ60V

FCJ55

型号				CJ60V	FCJ55
加工能力	软钢	(mm)	(in)	6(1/4)	3(1/8)
	木材	(mm)	(in)	60(2⅜)	55(2 5/32)
	最小切割半径	(mm)	(in)	25(1)	
	行程长度	(mm)	(in)	26(1)	18(23/32)
输入功率		(W)		400	400
无负载转数		(min)		0～3 200	3 000
全长		(mm)	(in)	210(8¼)	185(7 9/32)
质量		(kg)	(1b)	21(4.6)	14(3.1)
标准附件				锯条 3　扳手 1　圆周导轨 1　直线导轨 1　中心定位导杆 1	锯条 1　扳手 1　锯屑罩 1　刀口板 1

(8) 电圆锯(JB/T 7838—1995)

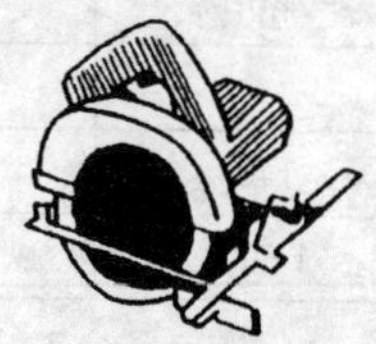

【用途】 用圆锯片对木材、纤维板、塑料、软电缆及其他类似材料进行锯割。

【规格】

型号		M1Y—160	M1Y—180	M1Y—200	M1Y—250	M1Y—315
锯片规格(mm)	外径	160	180	200	250	315
	内径	30				
锯割深度(mm)≥		50	55	60	85	105
输出功率(W)≥		450	510	560	710	900
额定转矩(N·m)≥		2.0	2.2	2.5	3.2	5.0
最大调整角度		≥45°				
质量(kg)		3.3	3.9	5.3	8	9.5
电源电压/频率		220 V/50 Hz				

注：建议根据切割材料选择锯片。(参阅下表)

材料和锯切方式	选择锯片	材料和锯切方式	选择锯片
纵切和横切作业	复合锯片	切割面细滑	刨式锯片—大凹型锯齿
斜纹锯切作业	横截锯片	锯切稍薄塑料	波浪形锯片
纵切及切割木屑板	锯开式锯片	切割一般木材、清水墙、塑料和阔叶材等	硬质合金锯片
切割铜铝等软金属	金属锯片		

(9) 电动链锯(进口产品)

【用途】 用回转的链状锯条截切与裁解木料。

【规格】

锯条尺寸(mm)	350(14 英寸)
无负载旋转数	450 m(1 475 英尺)/min
输入功率(W)	1 140(25¼英寸)
标准附件	扳手和给油器各 1 件
总长(mm)	641
质量(kg)	4.2(9.3 磅)
电源电压/频率(V)	220 V/50 Hz

注：详见第四十章。

(10) 电动木工凿眼机

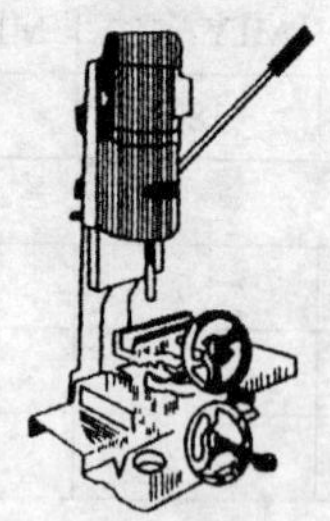

【用途】 用方眼钻头在木工件上凿方眼。换掉方眼钻头的方壳，可钻圆孔。

【规格】

<table>
<tr><td>型号</td><td>ZMK－16</td><td>电机功率/W</td><td>550</td></tr>
<tr><td>凿眼宽度(mm)</td><td>8～16</td><td>质量(kg)</td><td>74</td></tr>
<tr><td>凿眼深度(mm)</td><td><100</td><td rowspan="2">电源电压/频率</td><td>220 V/50 Hz(单相)</td></tr>
<tr><td>夹持工件尺寸(mm)</td><td>≤100×100</td><td>380 V/50 Hz(三相)</td></tr>
</table>

附件：4# 钻头夹 1 只，方眼钻头 1 套，钩扳手 1 把，方壳锥套 3 件

(11) 电动木工修边机(进口产品)

【用途】 用各种成型铣刀修整木制件的边棱、整平，斜面加工，图形切割及开槽等。

【规格】

<table>
<tr><td colspan="2">型号</td><td colspan="2">M6SA</td></tr>
<tr><td>套爪夹头</td><td>(mm)</td><td>(in)</td><td>6(1/4)</td></tr>
<tr><td>输入功率</td><td>(W)</td><td></td><td>440</td></tr>
<tr><td>无负荷转数</td><td>(n)</td><td></td><td>30 000</td></tr>
<tr><td>全长</td><td>(mm)</td><td>(in)</td><td>198(7¾)</td></tr>
<tr><td>质量</td><td>(kg)</td><td>(1b)</td><td>1.4(3.1)</td></tr>
<tr><td colspan="2">标准附件</td><td colspan="2">扳手 1　修边导杆 1　模板导杆 1　护罩 1</td></tr>
</table>

(12) 电动雕刻机(进口产品)

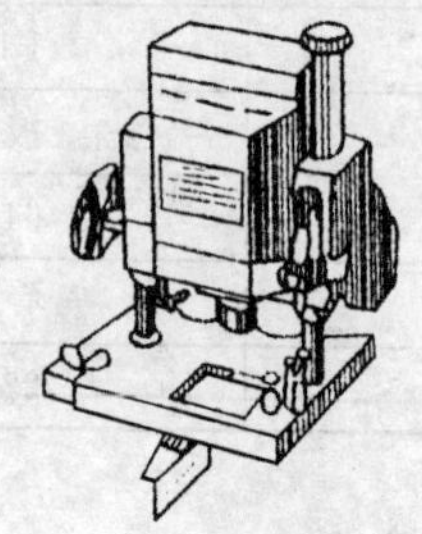

【用途】 可用各种成型铣刀，在木料上铣出各种形状的沟槽，或雕刻各种花纹图案。

【规格】

铣刀直径(mm)	8	12	12
输入功率(W)	800	1 600	1 850
主轴转速(r/min)	10 000～25 000	22 000	8 000～20 000
套爪夹头(mm)	8	12	
机高(mm)	255	280	300
软电缆长度(m)	2.5		
质量(kg)	2.8	5.2	5.3
电源电压/频率	220 V/50 Hz		

(13) MX5112 立式木工铣床

【用途】 用以下各种刀系列铣切木料 R 刀系列、墙板刀系列、地板刀系列、台面刀系列、指接刀系列、柜门刀系列、门框刀系列、门板刀系列、变幻木线刀、对边线、镜框线

【规格】

型号		MX5112 立式单轴	MX5212 立式双轴
最大加工厚度	(mm)	120	120
主轴直径	(mm)	ϕ35	ϕ35
主轴转速	(r/min)	9 000	8 000
工作台尺寸	(mm)	1 200×800	1 750×800
安装功率	(kW)	4	4×2

产地：△42

(14) MX_{508}^{5057} 木工镂铣机

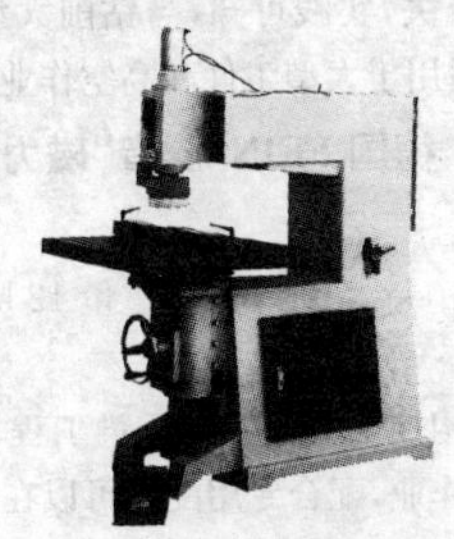

【规格】

型号		MX5057	MX508
工作台行程	(mm)	100	80
工作台尺寸	(mm)	730×500	800×800
刀柄直径	(mm)	6.3/12.7	6.3/12.7
主轴转速	$(r\cdot min^{-1})$	18 000	18 000
工作台倾斜	(°)	45	45
安装功率	(kW)	3	3

(15) 开槽机(PG21SA)

【技术参数】

项　目		技术参数
开槽(切削宽度)	(mm)	3～36
开槽(最大切削深度)	(mm)	30
圆槽(最大切削深度)	(mm)	23～64
输入功率	(W)	1 140
无负载转速	(r/min)	5 500
全长	(mm)	426
质量	(kg)	8
标准附件:	垫圈 1 工具袋 1 圆锯片 1	槽口导扳 1　木盒 1 刀片 1　扳手 2 圆锯导板 1

7. 进口磁座钻

磁座钻又名磁力钻，吸铁钻，适用于钢结构工程现场钻孔及车间固定钻床不能胜任的钻孔。磁座钻由电磁吸盘、机架、电钻、进给装置、回转机构和操纵系统等组成。使用时通过直流电磁铁吸附于工件上，运用电钻进行钻孔，与一般电钻相比，钻孔精度高并可减轻劳动强度，钻孔位置精度与电磁铁吸力有关，实践可知，当钻削大型工件侧面孔时，若磁性吸力不足，会出现钻孔位置较大偏移。适用于大型工件和高空作业钻孔。

(1) 德国 FEIN“泛音”磁力钻

【其他名称】 磁座钻、吸力钻。

【特点】 体积小，重量轻盈(10 kg)，KBM50Q 重量 12 kg，最大钻孔直径 50 mm，钻孔深度 50 mm。

【用途】 适用于复杂的钢结构加工、造船业、桥梁工程、油田开采、电厂维修、铁路建设等高空及现场钻孔、攻丝、铰孔等作业，配合专用配件可以在管道、无磁性(如铝)或凹凸不平的表面作业。

KBM 系列型号参数

型号	KBM32Q	KBM50Q	KBM52U	KBM65QF
输入功率(W)	700	1 200	1 200	1 460
输出功率(W)	450	680	640	650
负载转速(r/min)	440			
Ⅰ档转速(r/min)		260	130～260	125～255
Ⅱ档转速(r/min)		520	260～520	250～510
重量(kg)	10	12	13.7	21
空芯钻钻孔直径(mm)	12～32	12～50	12～50	12～65
麻花钻钻孔直径(mm)(钻夹头)	13	20	23(13)	23(13)
攻丝能力	M12	M16	M16	M20
钻孔深度(mm)	50	50	50	50
麻花钻头锥柄			莫氏 3 号锥柄	
磁座吸力(N)	9 000	11 000	11 000	12 000
钻架高度(mm)	373	368	368	536
上下游距(mm)	135	135	135	178
主轴行程(mm)	260	260	260	408
磁座尺寸(mm)	160×80	180×90	180×90	184×92

注：电源线长度 4(m)。　　产地：△51

(2) 德国 BDS“百得”多功能磁座钻

【其他名称】 吸力钻。

【用途】 适用于各种复杂的钢结构钻孔作业，是造船、建筑、桥梁、钻井、海上平台，电力，化工，铁路建设领域必不可少的专用设备，特别适用于现场施工。

【特点】 磁力强、重量轻、功率大、功能多。现将MAB1000(改进型)性能参数及图形介绍如下。

MAB1000(改进型)磁座钻性能

项　　目		技术参数
取芯钻孔直径(mm)		ϕ12～130
麻花钻孔直径(mm)		ϕ5～32
过渡套		莫氏3号锥柄
行程(mm)		110
电压(V)		230
功率(W)		1 800　扭力控制 过扭保护无级调速
转速	Ⅰ挡(min^{-1})	40～110
	Ⅱ挡(min^{-1})	65～175
	Ⅲ挡(min^{-1})	140～370
	Ⅳ挡(min^{-1})	220～600
磁座吸附力(N)		45 000
磁座尺寸(mm)		240×120×65
重量(kg)		38

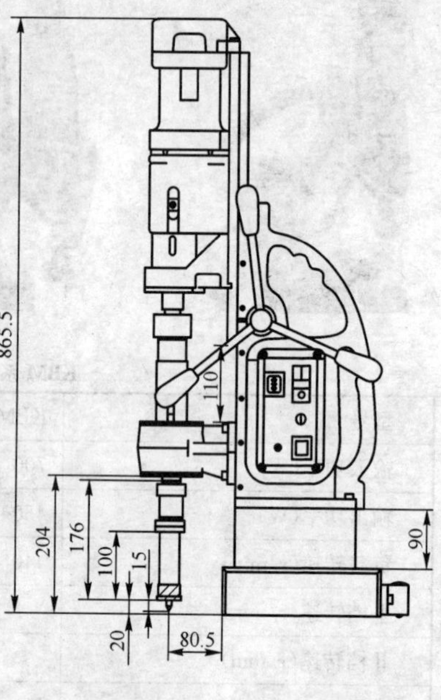

产地:△51

(3) 美国Hougen(获劲)磁座钻

【用途】 建筑、造船、桥梁、电力和化工等钢结构制作成形后现场钻孔。例如大型钢屋架制成后,支撑连接孔必须用磁座钻在现场钻孔。

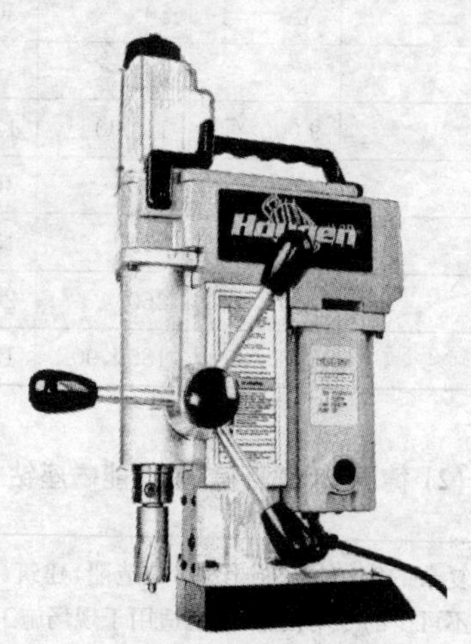

【技术参数】

型号	取芯钻孔(mm)	钻孔深度(mm)	沉头钻孔(mm)	功率(W)	转速(r/min)	接柄类型	磁座吸附力(N)	磁座尺寸(mm)	外形尺寸(mm)	重量(kg)
HMD908	12～38	50	10～40	920	450	19 mm	7 748	79×167	417×183×210	12.5
HMD501	12～60	75	10～60	1 680	两挡 250/450	19 mm	11 419	102×203	508×121×273	20.3
HMD151	12～35	25	—	920	450	快速接柄	9 630	102×178	198×165×297	10.2
备注	● 冷却系统:自动内冷 ● 电压:230 V									

【提示】 选购磁座钻时,功率等参数固然十分重要,同时必须有足够的磁座吸附力,否则,在钻工件侧面孔时,易位移,钻孔不准。

(4) 德国进口欧霸磁座钻

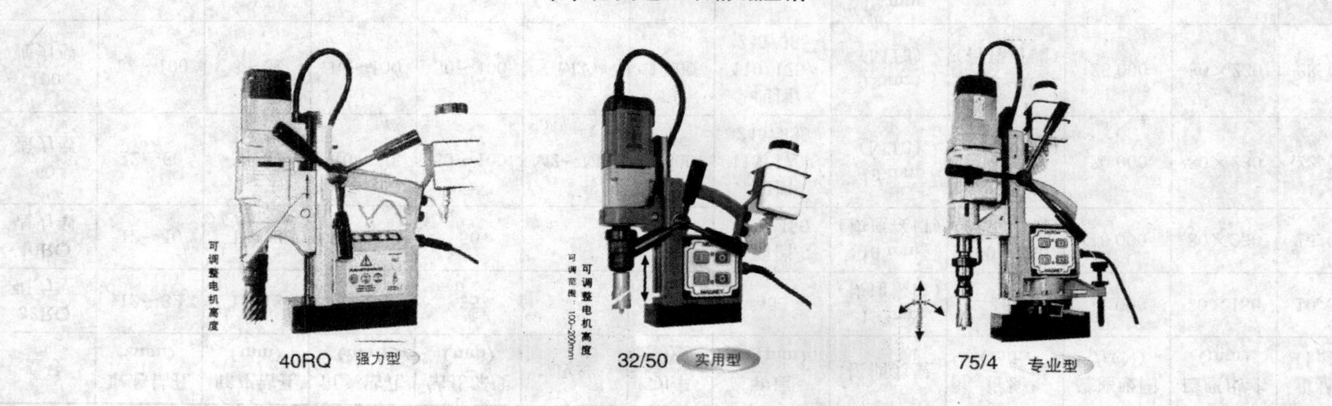

【型号及技术参数】

型号	取芯钻孔(mm)	麻花钻孔(mm)	沉头钻孔(mm)	钻孔深度(mm)	攻丝	功率(W)	转速(r/min)	接柄类型	行程(mm)	磁座吸附力(N)	磁座尺寸(mm)	重量(kg)
32RQ 强力型	12～32	1～13	10～40	35	—	900	450	19 mm（快速接口）	160	11 000	70×180	10.5
40RQ 强力型	12～40	1～13	10～40	50	—	1 200	两挡 250/450	19 mm（快速接口）	160～260（行程可调）	16 000	80×230	16.0
60 强力型	12～60	3～32	10～60	50～100	M2～M24	1 800	四挡 110/175/245/385	19 mm（MT3）	190～286（行程可调）	20 000	80×230	22.0
100 强力型	12～100	3～32	10～100	50～100	M30	1 800	四挡 110/175/245/385	19 mm（MT3）	245～400（行程可调）	25 000	80×230	28.0
32/50 实用型	12～32	1～13	10～40	50	—	1 050	400	19 mm（快速接口）（两点定位）	100～200（行程可调）	8 000	70×160	10.6
36/50 实用型	12～36	1～13	10～40	50	—	1 050	400	19 mm（快速接口）（两点定位）	115～295（行程可调）	12 000	95×200	15.2
40/2 专业型	12～40	1～13	10～40	50	—	1 200	两挡 250/450	19 mm	150	12 000	95×200	15.0
75/4 专业型	12～75	1～32	10～75	50	M20	1 800	四挡 100/175/245/385	19 mm（MT3）	240	18 000	95×200	25.0
备注	● 冷却系统：自动内冷 ● 电压：230 V											

8. 热风枪及热熔工具

名称	图示	项目				用途
（1）热风枪系列	（核心部件全部进口）	型号	97921	97922	97923	用途
		电压(V)	220　50 Hz	220　50 Hz	220　50 Hz	塑料焊接
		功率(W)	1 600	1 800	2 000	铜管锡焊
		温度(℃)	350～500	100～550	80～650	热缩套管
		风量(L/分)	350～500	250～550	200～550	包装收缩
		带电源线重(g)	680	720	780	黏合
		特点	双重绝缘保护，特有的过热保护热源器件正常运转			
（2）热风枪 RF02		型号	RF02			
		温度设定(℃)	50～550 ℃(高) 50～400 ℃(低)			
		额定输入功率(W)	2 000			
		额定电压(V)	110/220			
		额定频率(Hz)	50/60			
（3）电熔焊热熔焊焊具	开关　本体　插头 PPR 管热熔承插焊工具示意图	热熔对接焊和电熔焊是塑料管道的两种主要连接技术。热熔对接焊机技术参数				用于塑料管道的连接，一般用电熔焊，热熔承插焊。 热熔承插焊适用于公称直径小于 125 mm 塑料管管道焊接
		型号	DHJ160-63	DHJ250-110		
		管材直径范围(mm)	63～160	110～250		
		对接误差(mm)	0.2	0.2		

（续）

（3）电熔焊热熔焊焊具	PPR 管热熔承插焊工具示意图	型号	DHJ160-63	DHJ250-110	
		温控范围(℃)	0～300	0～300	
		温度误差(℃)	±3	±3	
		加热功率(kW)220 V	1.0	2.0	
		液压系统工作压力(MPa)	0～6	0～6	
		铣刀功率(kW)/220 V	0.58	1.0	
		注 ① 摘自产地△23 技术参数 ② 用于 PPR 塑料管热熔承插焊工具，市场有售			

第十九章　新型气动工具

1. 金属剪切类气动工具

(1) 气钻(JB/T 9847—1999)

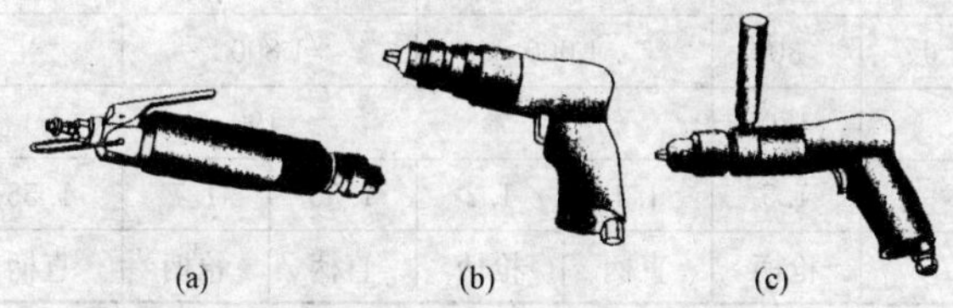

(a)　(b)　(c)

【用途】 装钻头,在金属结构上钻孔,例如钻铆钉孔,凡是有压缩空气供应的工地,都用气钻(俗称风钻),也可用于非金属件钻孔,使用气钻的优点是安全。

【规格】

产品系列(mm)	功率(kW)	空载转速(r/min)	1 kW 功率下的耗气量(L/s)	空载 A 声级噪声(dB)≤	气管内径(mm)	质量(角式允许增加 25%)(kg)
6	0.2	900	44	100	9.5	0.9
8		700				1.3
10	0.29	600	36	105	13	1.7
13		400				2.6
16	0.66	360	35	105	16	6
22	1.07	260	33	120		9
32	1.24	180	27			13
50	2.87	110	26		19	23
80		70				35

注:1. 验收气压力为 0.63 MPa。使用时压缩空气压力:≥0.4 MPa。

2. 按手柄型式分为直柄式、枪柄式、侧柄式,常用的是枪柄式,俗称手枪式;按旋转方向分单向和双向。

(2) 气动攻丝机

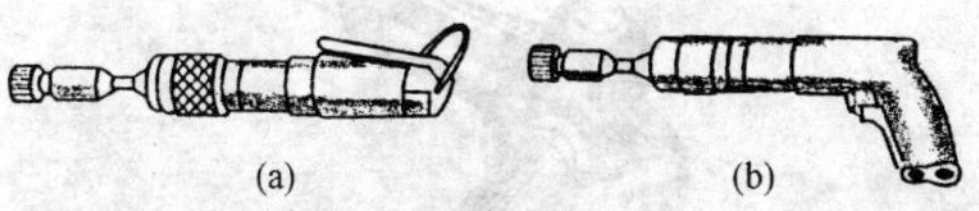

(a)　(b)

【用途】 在本机上装丝锥后在金属件上攻螺丝孔。常用于船舶舾装、车辆、机械制造。

【规格】

<table>
<tr><td colspan="2">型号</td><td>2G8—2</td><td>GS6Z10</td><td>GS6Q10</td><td>GS8Z09</td><td>GS8Q09</td><td>GS10Z06</td><td>GS10Q06</td></tr>
<tr><td rowspan="2">攻丝直径
(mm)</td><td>钢</td><td>—</td><td colspan="2">M5</td><td colspan="2">M6</td><td colspan="2">M8</td></tr>
<tr><td>铝</td><td>M8</td><td colspan="2">M6</td><td colspan="2">M8</td><td colspan="2">M10</td></tr>
<tr><td rowspan="2">空载转速
(r/min)</td><td>正</td><td>300</td><td colspan="2">1 000</td><td colspan="2">900</td><td colspan="2">550</td></tr>
<tr><td>反</td><td>30</td><td colspan="2">1 000</td><td colspan="2">1 800</td><td colspan="2">1 100</td></tr>
<tr><td colspan="2">功率(W)</td><td>170</td><td colspan="6">190</td></tr>
<tr><td colspan="2">质量(kg)</td><td>1.5</td><td>1.1</td><td>1.2</td><td>1.55</td><td>1.7</td><td>1.55</td><td>1.7</td></tr>
<tr><td colspan="2">柄部型式</td><td>枪柄</td><td>直柄</td><td>枪柄</td><td>直柄</td><td>枪柄</td><td>直柄</td><td>枪柄</td></tr>
</table>

(3) 直柄气动砂轮机(JB/T 7172—2006)

【用途】 用砂轮修磨铸件浇冒口、焊缝飞溅、工件毛刺,用布轮可进行抛光;用钢丝轮可清除金属表面的铁锈及旧漆层。

【规格】

<table>
<tr><td>产品系列(mm)</td><td>工作气压(MPa)</td><td>空载转速(r/min)</td><td>主轴功率(kW)≥</td><td>耗气量(Hs)≤</td><td>A声级噪声(dB)≤</td><td>气管内径(mm)</td><td>寿命(h)</td><td>不含砂轮的质量(kg)</td></tr>
<tr><td>40</td><td rowspan="6">0.63</td><td rowspan="2">17 500</td><td rowspan="2">—</td><td rowspan="2">—</td><td rowspan="2">108</td><td>6.35</td><td rowspan="2">200</td><td>1.0</td></tr>
<tr><td>50</td><td>9.5</td><td>1.2</td></tr>
<tr><td>60</td><td>16 000</td><td>0.36</td><td>13.1</td><td>110</td><td rowspan="2">13</td><td rowspan="2">250</td><td>2.1</td></tr>
<tr><td>80</td><td>12 000</td><td>0.44</td><td>16.3</td><td rowspan="2">112</td><td>3.0</td></tr>
<tr><td>100</td><td>9 500</td><td>9.73</td><td>27.0</td><td rowspan="2">16</td><td rowspan="2">300</td><td>4.2</td></tr>
<tr><td>150</td><td>6 600</td><td>1.14</td><td>37.5</td><td>114</td><td>6</td></tr>
</table>

注:验收气压 0.63 MPa。

(4) 端面气动砂轮机(JB 5128—1991)

【用途】 配用纤维增强钹形砂轮,可用于修磨焊缝、焊接坡口及其他金属表面,切割金

属薄板及小型钢材。配用钢丝轮，可用以除锈、清除旧漆层等。配用砂布轮，可砂磨金属表面。配用布轮，可抛光金属表面。

【规格】

名称	型号	工作气压 (MPa)	空载转速 $(r \cdot min^{-1})$	最大耗气量 $(L \cdot min^{-1})$	气管内径 (mm)	质量 (kg)	最大砂轮直径(mm)	
							高速树脂砂轮	普通陶瓷砂轮
立式端面气动砂轮机	SZD100	0.63	12 000	540(空载)	10	2		≤ϕ100
角式端面气动砂轮机	SD125	0.63	9 000	950	13	2	125	70
	SD150		8 000			2.1	150	80
	SD180		7 000			2.1	180	90

注：1. 高速树脂砂轮线速度＞$75(m \cdot s^{-1})$，普通陶瓷砂轮线速度＜$35(m \cdot s^{-1})$。

2. 主轴与输出轴线向夹角有：90°、110°及120°三种。

(5) 气动砂光机(又称气动磨光机)

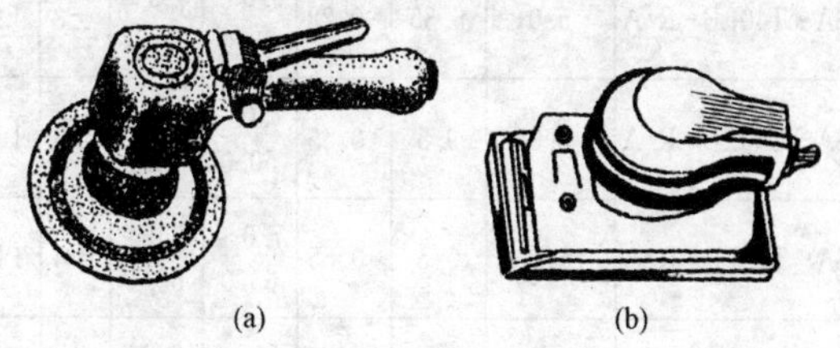

(a)　　(b)

【用途】 在底板上粘贴不同粒度的砂纸或抛光布，可对金属、木材等表面进行砂光、抛光、除锈等。在机床、汽车、造船、飞机、机械动力设备、家具等行业中广泛应用。

【规格】

型号	N3	F66	322	MG(圆盘式)
底板面积(mm)	102×204		75×150	ϕ146
功率(W)	150		1.0	0.18
空载转速(r/min)	7 500	5 500	4 000	8 500
耗气量(L/min)≤	500		400	
工作气压(MPa)	0.5		0.4	0.49
外形尺寸(mm)	280×102×130	275×120×130	225×75×120	250×70×125
质量(kg)	3	2.5	1.6	1.8

2. 装配作业类气动工具

(1) 好帮手T系列全自动杠杆式气动起子(螺丝刀)

起子机型		空压管内径及压力		耗气量 (m^3/min)	扭力范围		精度 (%)	无负荷转速 (rpm)	适用螺丝直径	
标准型	90°弯头型	进气 (kg/cm^2)	排气		(kgf·cm)	(lbf·in)			机械螺丝	自攻螺丝
ASA-T10LB	ASA-T10LB-R/A	5.0	6.35	0.2	0.5～2.0	0.4～1.7	±3	1 000	1.0～2.2	1.0～1.7
ASA-T20LB	ASA-T20LB-R/A	5.0	6.35	0.2	1.0～8.0	0.9～6.9	±3	1 000	1.7～3.3	1.3～2.7
ASA-T30LB	ASA-T30LB-R/A	5.0	6.35	0.28	2.0～16.0	1.7～13.9	±3	1 800	2.2～4.2	1.7～3.2
ASA-T40LB	ASA-T40LB-R/A	5.0	6.35	0.28	5.0～30.0	4.3～26.0	±3	1 000	2.8～5.0	2.3～4.0
ASA-T50LB	ASA-T50LB-R/A	8.0	9.5	0.55	7.0～50.0	6.0～43.4	±3	1 400	2.9～6.0	2.6～4.9
ASA-T55LB	ASA-T55LB-R/A	8.0	9.5	0.55	7.0～65.0	6.0～56.4	±3	1 000	2.9～6.4	2.6～5.4
ASA-T60LB	ASA-T60LB-R/A	8.0	9.5	0.55	15.0～95.0	13.0～82.5	±3	550	4.1～7.0	3.3～6.0

ASA T(10、20、30、40)L・R/A

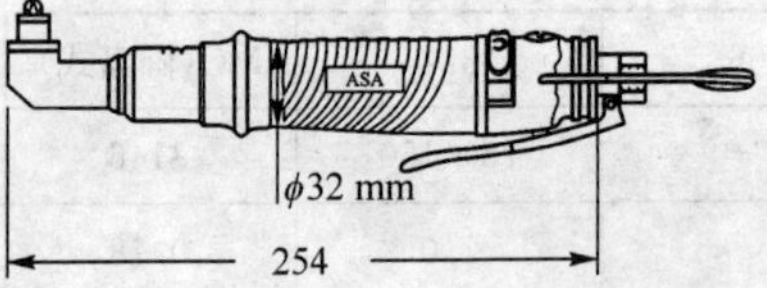

ASA T(50、55、60)L・R/A

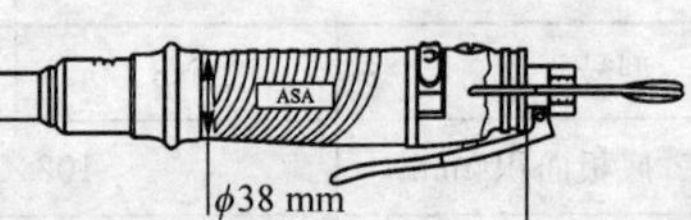

(2) 气动螺丝刀(JB 5129—2004)

【用途】 配置一字形或十字形螺钉旋具,用于拆装各种开槽机器螺钉、木螺钉和十字槽自攻螺钉。

【规格】

<table>
<tr><th rowspan="2">产品系列
(mm)</th><th rowspan="2">适用螺纹规格
(mm)</th><th rowspan="2">转矩
(N·m)</th><th rowspan="2">耗气量
(L/s)≤</th><th rowspan="2">空载A声级噪声
(dB)≤</th><th rowspan="2">接头螺纹</th><th rowspan="2">工作气压
(MPa)</th><th rowspan="2">气管内径
(mm)</th><th colspan="2">质量(kg)</th></tr>
<tr><th>直柄</th><th>枪柄</th></tr>
<tr><td>2</td><td>M1.6～M2</td><td>0.128～0.264</td><td>4.0</td><td rowspan="2">93</td><td rowspan="2">ZG $\frac{1}{8}$</td><td rowspan="5">0.63</td><td rowspan="5">6</td><td>0.50</td><td>0.55</td></tr>
<tr><td>3</td><td>M2～M3</td><td>0.264～0.935</td><td>5.0</td><td>0.70</td><td>0.77</td></tr>
<tr><td>4</td><td>M3～M4</td><td>0.935～2.300</td><td>7.0</td><td>98</td><td rowspan="3">ZG $\frac{1}{4}$</td><td>0.80</td><td>0.88</td></tr>
<tr><td>5</td><td>M4～M5</td><td>2.300～4.200</td><td>8.5</td><td>103</td><td rowspan="2">1.00</td><td rowspan="2">1.10</td></tr>
<tr><td>6</td><td>M5～M6</td><td>4.200～7.220</td><td>10.5</td><td>105</td></tr>
</table>

注：有单向和双向两种旋向。产品的六角传动孔与螺钉旋具配合尺寸应符合 GB 3229 的规定。

(3) ZB10K 型定转矩气扳机

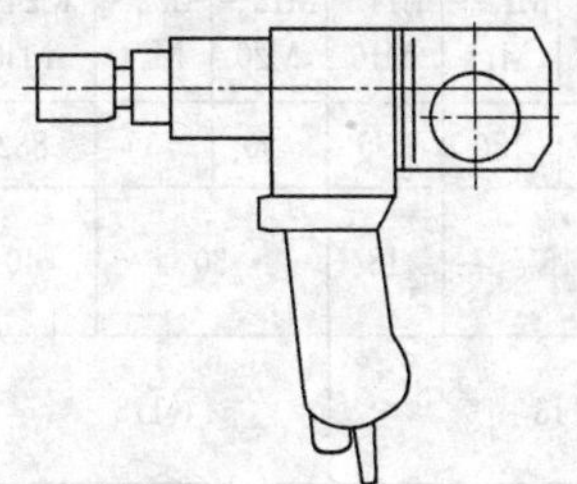

【用途】 适用于对拧紧力矩有较高精度要求的六角头螺栓(母)的装配作业。适用于机械制造、航空航天、汽车制造等行业。

【规格】

工作气压	(MPa)	0.63	A声级噪声	dB	≤92
空载转速	(r/min)	7 000	外形尺寸	(mm)	197×220×55
空载耗气量	(L/min)	900	质量	(kg)	2.6
转矩	(N·m)	70～150	适用螺钉规格	(mm)	<10

(4) BL10 型气动棘轮扳手

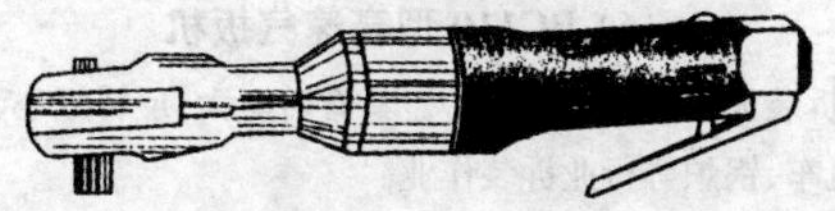

【用途】 配用12.5 mm六角套筒，用在不易作业的狭窄场所装拆六角头螺栓(母)。

【规格】

工作气压	(MPa)	0.63	螺栓规格	(mm)	≤M10
空载转速	(r/min)	120	外形尺寸	(mm)	ϕ45×310
空载耗气量	(L/s)	6.5	质　　量	(kg)	1.7

(5) 冲击式气扳机(JB/T 8411—2006)

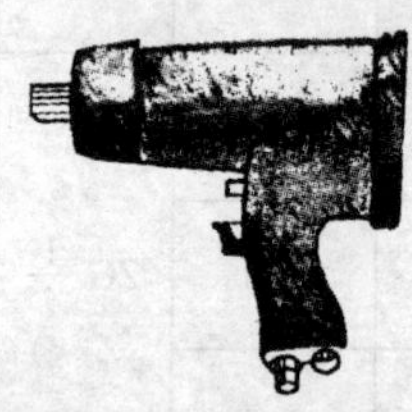

【用途】 装上套筒，可用于装拆六角头螺栓(母)。

【规格】

<table>
<tr><td>产品系列</td><td>(mm)</td><td>6</td><td>10</td><td>14</td><td>16</td><td>20</td><td>24</td><td>30</td><td>42</td><td>56</td><td>76</td><td>100</td></tr>
<tr><td>适用螺纹规格</td><td>(mm)</td><td>M5～M6</td><td>M8～M10</td><td>M12～M14</td><td>M14～M16</td><td>M18～M20</td><td>M22～M24</td><td>M24～M30</td><td>M32～M42</td><td>M45～M56</td><td>M58～M76</td><td>M78～M100</td></tr>
<tr><td>转矩</td><td>(N·m)</td><td>20</td><td>70</td><td>150</td><td>196</td><td>490</td><td>735</td><td>882</td><td>1 960</td><td>6 370</td><td>14 700</td><td>34 300</td></tr>
<tr><td>负荷耗气量</td><td>(L/s)≤</td><td>10</td><td colspan="2">16</td><td>18</td><td colspan="2">30</td><td>40</td><td>50</td><td>60</td><td>75</td><td>90</td></tr>
<tr><td>A声级噪音</td><td>(dB)≤</td><td colspan="4">113</td><td colspan="3">118</td><td colspan="4">123</td></tr>
<tr><td>气管内径</td><td>(mm)</td><td>8</td><td colspan="3">13</td><td colspan="3">16</td><td colspan="2">19</td><td colspan="2">25</td></tr>
<tr><td>传动四方尺寸</td><td>(mm)</td><td>6.3</td><td>10</td><td>12.5</td><td>16</td><td colspan="2">20</td><td>25</td><td colspan="2">40</td><td colspan="2">63</td></tr>
<tr><td>工作气压</td><td>(MPa)</td><td colspan="11">0.63</td></tr>
<tr><td>质量</td><td>(kg)≤</td><td>1.5(1)</td><td>2.2(2)</td><td>3(2.5)</td><td>3.5(3)</td><td>8(5)</td><td>9.5(6)</td><td>9.5(13)</td><td>16(20)</td><td>30(40)</td><td></td><td></td></tr>
</table>

注：1. 质量：前面数字为有减速机构，括号内数字为无减速机构。

2. 按产品结构分为，端面冲击式，圆周冲击式和储能冲击式；按手柄型式分为：直柄式、枪柄式、环柄式和侧柄式。

(6) BG110型高速气扳机

【用途】 适用于拆装大型六角螺栓(母)。具有转矩大、反转矩小、体积小等优点。常用于电厂、电站、船厂、机车、锅炉等行业拆装作业。

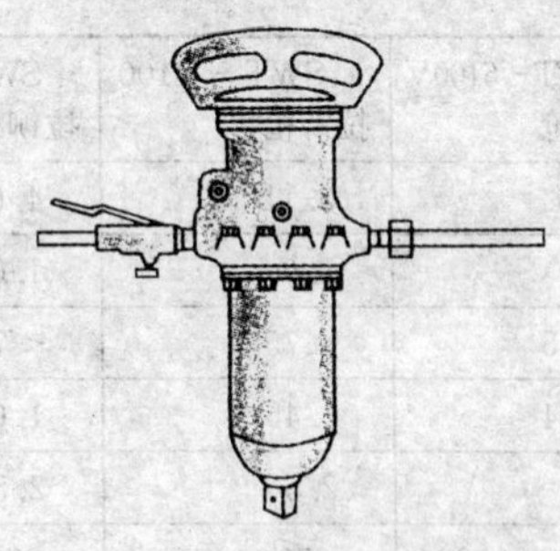

【规格】

拧紧螺栓直径	(mm)	≤M100	边心距	(mm)	105
工作气压	(MPa)	0.49～0.63	气管内径	(mm)	25
空载转速	(r/min)	4 500	传动四方尺寸	(mm)	63.5
空载耗气量	(L/s)	116	全长	(mm)	688
积累转矩	(N·m)	36 400	质量	(kg)	60

(7) 气动拉铆枪

【用途】 用于单面拉铆构件上的抽芯铆钉。

【规格】

SWT系列吸钉拉铆枪主要技术参数

型号	SWT-6100V 拉铆枪	SWT-7100 拉铆枪	SWT-6101V 拉铆枪	QLM-1 拉铆枪
工作范围(mm)	拉铆 ϕ4.8～6.4 铆钉	拉铆小于 ϕ4.8 各种铆钉	拉铆 ϕ6.4～7.8 铆钉	拉铆 2.4～5.0 铆钉
气源压力(MPa)	0.5～0.7	0.5～0.7	0.5～0.7	0.5～0.7
额定压力(MPa)	0.55	0.55	0.55	0.63
最大拉铆行程(mm)	28	17	22	
工作拉力(kN)	>14.68	>9	>16	7.2

(续)

型号	SWT-6100V 拉铆枪	SWT-7100 拉铆枪	SWT-6101V 拉铆枪	QLM-1 拉铆枪
耗气量(L/次)	4.6	2.11	4.6	2.0
工作周期(ls)	1.0	1.0	1.0	1.0
噪声(dB)	<75	<75	<75	—
重量(kg)	1.64	1.45	1.64	2.25
震动(m/s^2)	2.5	2.5	2.5	—
外形尺寸(mm)	276×312×134	276×312×119	276×312×134	290×92×260

产地:△38

(8) 专业型强力冲击扳手

总长:180 mm

双重结构,扭力强劲

【用途】 适用于使用频率相对较高场合,用于农业机械装配厂及重要环节的维修和间隙性生产工作。

【规格】

型号	01113 ½″	01122 ¾″	平均耗气量(CFM)	3.5	7.5
方头尺寸(mm)	½″(12.5 mm)	¾″(19 mm)	工作气压(kg/cm^2)	6.3	6.3
最大扭矩(N·m)	576	1 003	进气口尺寸(mm)	10	10
空转转速(r/min)	6 800	4 800	净重(kg)	2.4	45

产地:△2

(9) 强力型气动冲击扳手

【用途】 适用于汽车维修与一般工业级维修。

双锤式结构,动力强劲,五挡位正反转,冲击力可调节。

【规格】

型号	01115 ½″	平均耗气量(CFM)	4.7
方头尺寸(mm)	½″ 12.5	进气口尺寸(mm)	10
最大扭矩(N·m)	610	拧紧标准螺栓能力	M16
空转转速(r/min)	8 000	工作气压(kg/cm²)	6.3
扭矩范围(N·m)	34～450	总长(mm)	185

产地:△2

(10) ⅜″专业级强力型气钻

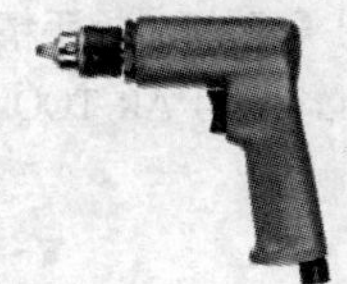

【用途】 适用于金属非金属直径小于 10 mm 钻孔,如轻型结构及铝合金结构。

【规格】

型号	01142 ⅜″	平均耗气量(CFM)	4
钻夹头尺寸(英制)	⅜″	进气口尺寸	1/4″
空转转速(r/min)	1 600	总长(mm)	163
功率(kW)	0.50	重量(kg)	1.12

产地:△2

(11) 正反转气动螺丝批

【用途】 可用于机械电子、电器、木器、玩具等行业的螺丝攻拆卸工作,攻拆操作简便。

【规格】

型号	01312	工作气压(kg/cm²)	3～6.3
螺丝攻拆能力(mm)	4～6	进气口尺寸	¼″
最大扭力(N·m)	28.5～50	总长(mm)	20
空转转速(r/min)	7 000	净重(kg)	0.8

产地:△2

(12) 4″专业级气动角磨机

【用途】 可用于除锈清除焊点等多项工作。增加握柄设计，提高操作稳定性；使用安全，使用寿命长。

【规格】

型号	01532	工作气压(kg/cm²)	6.3
砂轮直径(mm)	100	进气口尺寸	¼″
空转转速(r/min)	11 000	长度(mm)	225
平均耗气量(CFM)	4	净重(kg)	1.8

(13) 气动扭力扳手精选

【用途】 气动工具又名风动工具，用符号 AR TOOLS 表示，风动工具在装配作业中应用广泛。

【型号和规格】

型号	驱动钻	转速(r/min)	最大扭力		机械原理	螺栓直径(mm)	级别	图号
			kgf·M	N·M				
AT 5088 AT-5088L AT-5089 AT-5089L	1″ 1″附 8″锤打钻 1～½″ 1～½″附 8″锤打钻	3 000	345	3 381	框式双锤打击系统	50	工业级	(a)
AT-5186 AT-5186L	1″ 1″附 8″锤打钻	4 000	247	2 420	同上	45	专业级	(a)
AT-5186P	1″	4 000	221	2 165	同上	41		
AT-5185 AT-5185-6	1″ 1″附 8″锤打钻	4 000 3 500	207 207	2 028 2 028	同上	38 38		(a) (a)
AT-5280 AT-5280-6	1″ 1″附 6″锤打钻	4 000	179 179	1 754 1 754	同上	35 35		(b)
AT-5060 AT-5061	¾″ ¾″	5 000 4 800	69 96.6	676.2 946.7	单击锤打 冲击销打	18 25	一般级	(c)
AT-5065 AT-5066 AT-5066L	¾″ ¾″ ¾″附 6″锤打钻	4 800 6 500 6 500	96.6 103.5 103.5	946.7 1 014 1 014	冲击销打 框式双锤打击	25 25 25	专业级 工业级	(c)
AT-5069 AT-5069-4	¾″ ¾″附 4″锤打钻	4 000 4 000	131 131	1 283 1 283	同上	28 28		(d)

（续）

型号	驱动钻	转速 (r/min)	最大扭力		机械原理	螺栓直径 (mm)	级别	图号
			kgf·M	N·M				
AT-5068	¾″	4 000	124	1 215	同上	28		
AT-5163	¾″(3.47 kg)	5 500	138	1 352		28		
AT-5348	½″ 2 kg	8 000	82.8	811	同上	18		
AT-5143	½″ 1.95 kg	7 500	82.8	811		18		
AT-5243	½ 1.2 kg	11 000	27.7	271	同上	13	工业级	
AT-5345	½ 1.79 kg	6 500	41.4	406	同上	13		
AT-5165	¾″	5 500	152	1 489	同上	32		
AT-5148	½″	7 000	75.9	744	同上	18		
AT-5044	½ 2.64 kg	7 000	55.2	500	同上	16		
AT-5049	½″	7 000	55.2	500	冲击销打	16	专业级	
AT-5043	½″	7 000	52.4	513	冲击锤打	10		
AT-5041	½″	7 000	44.1	432		16		
AT-5248	½″	6 500	41.4	405		16	一般级	(c)
AT-5040	½″	7 000	31.7	310	单击锤打	16		
AT-5042	½″	9 000	26.2	257	冲击销打	13		
AT-5031	⅜″	9 000	26.2	257		13		
AT-5134	⅜″	12 000	34.5	338	框式双锤打击	14		
AT-5344	½″	12 000	34.5	338		14	工业级	
AT-5343	½″	6 000	55.2	541		16		
AT-5133	⅜″	7 000	19.3	189		11		
AT-5020	¼″	9 000	13.8	135	双锤打击	8		
AT-5039	⅜″	9 000	17.9	175	框式双锤打击	10	专业级	
AT-5341	½″	8 500	22.1	216		13		
AT-5038	⅜″	10 000	10	98	单击锤打	8	一般	
AT-5130	⅜″	9 500	17.2	168		10	专业	

注：1. 上述表格摘自美国巨霸 PUMA®集团/台湾合正机械授权福建巨霸/龙海力霸组装的产品目录。

2. 压缩空气压力单位，过去常用 kg/mm²，或用大气压表示，其换算如下：1 kg/mm² ＝9.8 MPa，1 大气压＝0.1 PMa。

3. 产地：附录 I △36，上述市场品，五金市场商店有售。

【外形图】

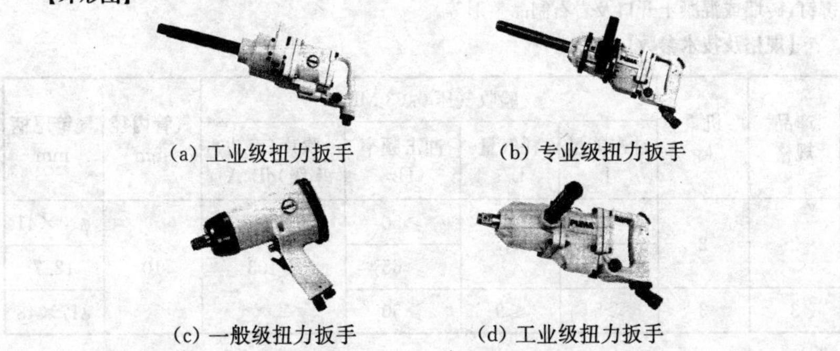

(a) 工业级扭力扳手　(b) 专业级扭力扳手

(c) 一般级扭力扳手　(d) 工业级扭力扳手

3. 气动铲、锤工具

(1) 风镐(又名气镐)(JB/T 9848—1999)

【用途】 用于煤田采煤,破碎岩石、混凝土路面、冻土层及冰层,在土木工程中凿洞、穿孔等。

【规格】

<table>
<tr><th>质量
(kg)</th><th>冲击能
(J)≥</th><th>耗气量
(L/s)≤</th><th>冲击频率
(Hz)</th><th>气管内径
(mm)</th><th>镐钎尾柄
尺寸(mm)</th><th>A级噪声
(dB)≤</th><th>清洁度
(mg)≤</th><th>工作气压
(MPa)</th></tr>
<tr><td>8</td><td>30</td><td>20</td><td>18</td><td rowspan="2">16</td><td rowspan="2">25×75</td><td>116</td><td>400</td><td rowspan="2">0.63</td></tr>
<tr><td>10</td><td>43</td><td>26</td><td>16</td><td>118</td><td>530</td></tr>
</table>

注:气缸内径:16 mm。

(2) 风铲(气铲)(JB/T 8412—2006)

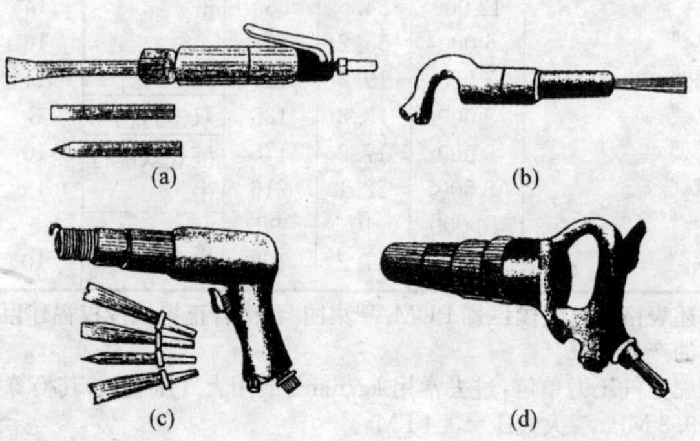

【用途】 用于铸件清砂、铲除浇冒口、毛边、坡锋,电焊缝除渣、铲平焊坡口,冷铆钢或铝铆钉,砖墙或混凝土开口及岩石制品整形等。

【规格及技术参数】

<table>
<tr><th rowspan="2">产品
规格</th><th rowspan="2">机重
kg</th><th colspan="4">验收气压 0.63 MPa</th><th rowspan="2">气管内径
mm</th><th rowspan="2">气铲尾柄
mm</th></tr>
<tr><th>冲击能量
J</th><th>耗气量
L/s</th><th>冲击频率
Hz</th><th>噪声(声功
率级)dB(A)</th></tr>
<tr><td rowspan="2">2</td><td rowspan="2">2</td><td>≥2</td><td rowspan="2">≤7</td><td>≥50</td><td rowspan="3">≤103</td><td rowspan="3">10</td><td>ϕ10×41</td></tr>
<tr><td>≥0.7</td><td>≥65</td><td>12.7</td></tr>
<tr><td>3</td><td>3</td><td>≥5</td><td>≤9</td><td>≥50</td><td>ϕ17×48</td></tr>
</table>

(续)

产品规格	机重 kg	验收气压 0.63 MPa				气管内径 mm	气铲尾柄 mm
		冲击能量 J	耗气量 L/s	冲击频率 Hz	噪声(声功率级)dB(A)		
5	5	≥8	≤19	≥35	≤116	13	ϕ17×60
6	6	≥14	≤15	≥20			
		≥15	≤21	≥32	≤120		
7	7	≥17	≤16	≥13	≤116		

注：机重应在指标值的±10%之内。

风铲铲具有推拔六角(a)，使用寿命长以及有颈铲具(c)，若颈部加工不妥，容易断裂损坏。

(3) 气动捣固机(ZBJ 48007—1999)　转号 JB/T 9849—1999

【用途】 适用于捣固铸件砂型及混凝土等工件。

【规格和技术参数】

规格	2		4	6	9	18
耗气量(L/s)≥	7	9.5	10	13	15	19
冲击频率(Hz)≥	18	16	15	14	10	8
A 声级噪声≤(dB)	105		109		110	
缸径(mm)	18	20	22	25	32	38
活塞工作行程(mm)	55	80	90	100	120	140
气管内径(mm)	10		13			
清洁度(mg)≤	250		300	450	530	800
工作气压(MPa)	0.63					
质量(kg)≤	3		5	7	10	19
最短寿命(h)	300					

(4) 手持式凿岩机

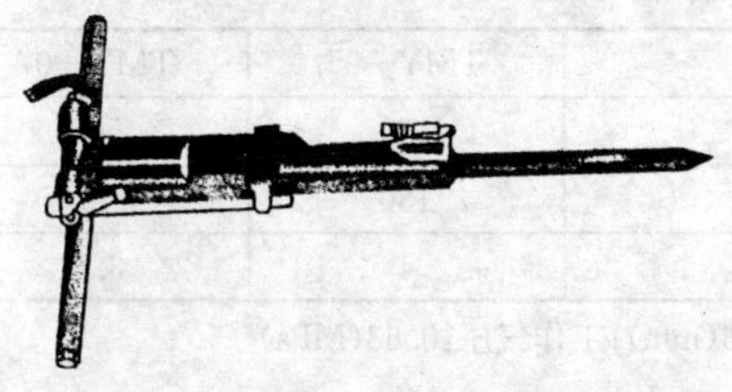

【用途】 Y3 型主要用于打建筑物 $\phi12\sim\phi28$(mm)的膨胀螺栓孔及混凝土构件上的小孔。Y26、Y19、Y19A 型主要用于矿山、铁路、水利及石方工程中打炮眼和二次爆破作业,可对中硬、坚硬岩石进行干式、湿式凿岩,向下打垂直或倾斜炮眼。

【技术参数】

型号	工作气压(MPa)	冲击能(J)	冲击频率(Hz)	耗气量(L/min)	气管内径(mm)	水管内径(mm)	钎尾尺寸(mm)	外形尺寸(mm)	质量(kg)
Y26	0.4	30	23	2 820	19	13	B22×108	650×540×125	26
Y19,Y19A	0.5	40	35	2 580				600×534×106	19
Y3	0.4	2.5	48	—	13	—	—	355×178×76	4.5

注:Y3 型配用钻头直径(mm):12、16、18、22、28

(5) SP 27E 型气锹

【用途】 用于筑路、开掘冻土层等作业

【规格】

工作气压	(MPa)	0.63	耗气量	(L/min)	1 500
冲击频率	(Hz)	35	钎尾规格	(mm)	22.4×8.25
气管内径	(mm)	13	全长	(mm)	
冲击能	(J)	22	质量	(kg)	11.2

4. 其他气动工具

(1) 气动马达

【用途】 将压缩空气转换成机械能的气动机械。

【规格】

型号	TMY—05	TMY—07	TMY—09
空载转速(r/min)	120	500	2 100
最大转矩(N·m)	180	45	11
质量(kg)	4	3.6	3.2

注:气管内径为 13(mm);工作气压:0.63(MPa)

(2) 气动圆锯(进口产品)

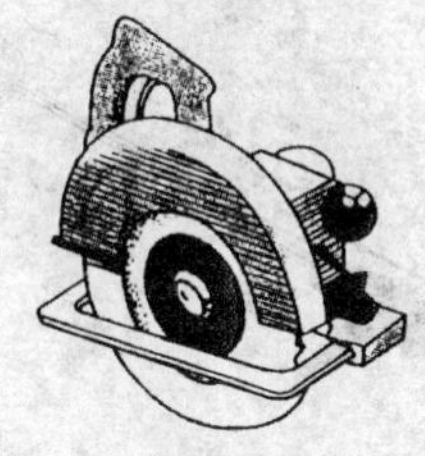

【用途】 用于切割木材、胶合板、石棉板、塑料板等。

【规格】

锯片规格	(mm)	180	耗气量	(L/min)	228
转　　速	(r/min)	4 500	锯割深度	(mm)	60
工作气压	(MPa)	0.65	切角角度	(°)	45

注:气管内径(mm):13。

(3) 气 动 泵

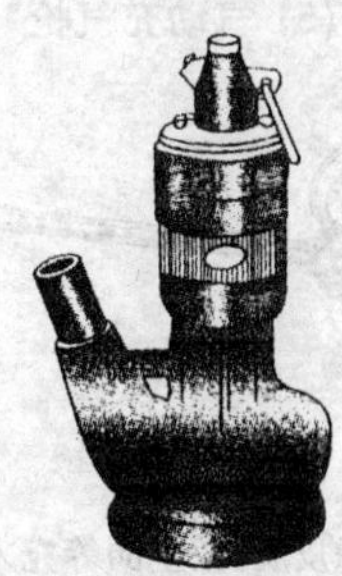

【用途】 用于排除污水、积水、污油等。特别适于易燃、易爆的工作环境中使用,因为不用电,比较安全。

【规格】

型号	TB335A	TB335B
扬程(m)≥	20	
流量(L/min)≥	335	
空载转速(r/min)≤	6 000	
负载耗气量(L/s)≤	50	45
气管内径(mm)	13	
排水管螺纹接头(mm)	M85×4	
高度(mm)	500	390
工作气压(MPa)	0.49	
质量(kg)	17	13

(4) 气动搅拌机

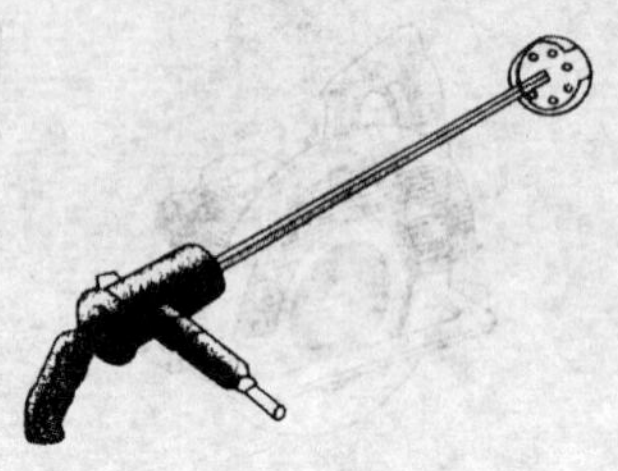

【用途】 用于搅拌各种油漆、染料、纸浆、涂料和乳剂等物料，特别适用有挥发性和可燃性的油漆或涂料。不用电，无火花，无火灾隐患。

【规格】

搅拌轮直径	(mm)	100	功率	(kW)	0.5
空载转速	(r/min)	1 800	工作气压	(MPa)	0.63
空载耗气量	(L/s)	22	质量	(kg)	3

(5) 气动充气枪

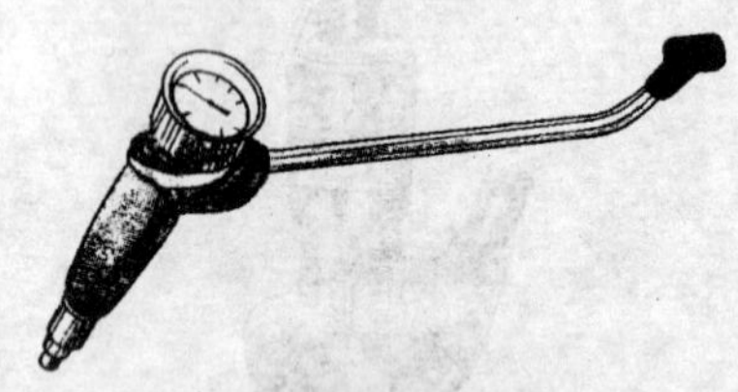

【用途】 对汽车、拖拉机轮胎，橡皮艇，救生圈等充入压缩空气用。手柄测定充气压力的压力表。

【规格】

型号		CQ	外形尺寸	(mm)	280×168
工作气压	(MPa)	0.4～0.8	质　　量	(kg)	0.47

(6) 气动洗涤枪(清洗喷枪)

【用途】 能喷射一定压力的水及洗涤剂，用以清洗物体表面上的各种污垢。适用于冲洗汽车、拖拉机、工程机械及建筑物表面的积尘。

【规格】

型号	XD		外形尺寸	(mm)	
工作气压	(MPa)	0.3～0.5	质量	(kg)	0.56

(7) 8km 型多用途铆钉枪

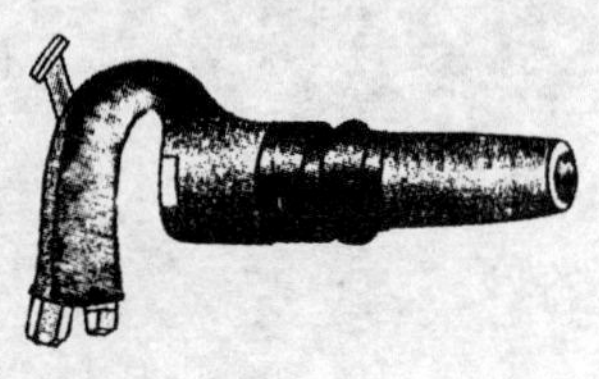

【用途】 主要用于铆接，可冷铆 8 mm 直径的钢铆钉及硬铝铆钉；也可用于铸件清砂、清除焊渣。通过改装后还可作为气铲使用于焊缝开坡口、清根及铲平焊疤。该气锤原设计口径是圆套筒，可改成内六角推拔形(锥度 1∶15)，钢凿尾部也改成 1∶15 锥度的六角形推拔，特别适用于风铲，可有效地提高凿子的使用寿命。

【规格】 属于此铆钉枪的系列有：5km、6km、8km。

型号	气缸直径(mm)	每分钟冲击次数(min)	工作气压(MPa)	气管内径(mm)	耗气量(L/s)	质量(kg)
8km	24	2 800	0.5	$\phi 16$	450	2.73

注：早期产地：东北沈阳市，现在有同类产品，产地△20，其功能，可铆接直径 $d \leqslant 8$ mm 铝合金铆钉。

(8) 气动除渣器

【用途】 用于清除各种焊接结构件表面上的焊渣及飞溅物。

【规格】

型号	CZ-25	气管内径	(mm)	8
工作气压(MPa)	0.5～0.6	全长	(mm)	236
每分钟冲击次数(min)	4 200	质量	(kg)	1.5

(9) 气动封箱机(型号 AB-35)

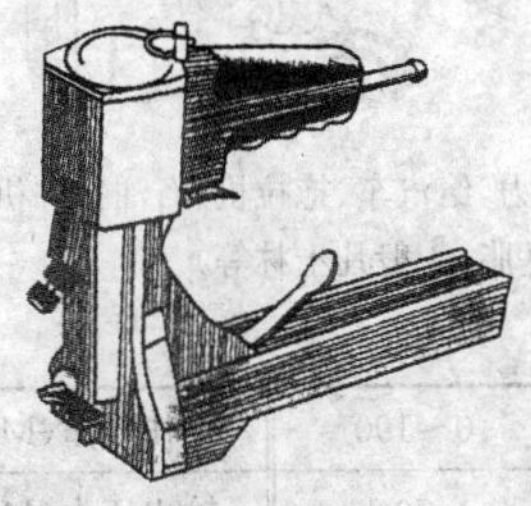

【用途】 用于对各种纸箱和钙塑箱封口。

【规格】

封箱钉型号	用　途	钉脚跨度(mm)	钉脚长(mm)	钉脚宽(mm)	工作气压(MPa)
16	单瓦楞纸箱	35	16	2.35	0.63
19	双瓦楞纸箱	35	19	2.35	

(10) 气动冷压接钳

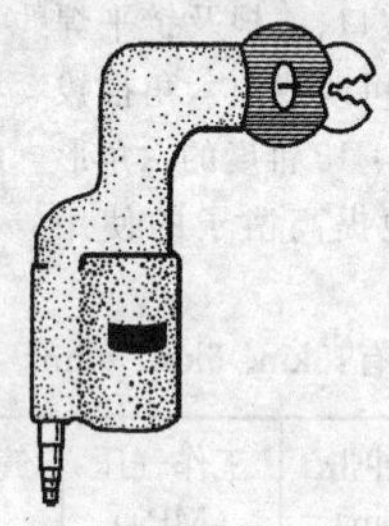

【用途】 广泛用于电器、电子、电讯等行业产品的导线与接线端子模腔挤压、产生一定比率的塑性变形而紧密结合成一体、称冷压连接,使用的工具是,气动冷压接钳。此钳也适用于造船、航天、机床、汽车、冶金、轻工、家电等行业。

【规格】

型号	XC D2	工作气压(MPa)	0.63
缸体直径(mm)	60	气管内径(mm)	10
钳口规格(mm^2)	0.5～10	质量(kg)	2.2

(11) GZ-2 型气动高压注油器

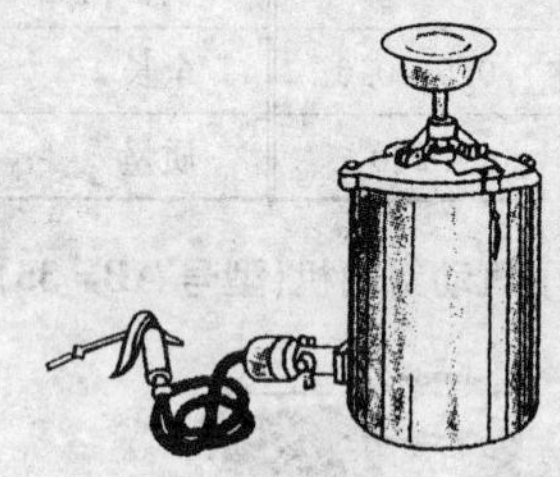

【用途】 以高压空气为动力,给汽车、拖拉机、石油钻井机、各种机床及动力机械等加注润滑脂(如锂基脂、钠基脂、钙基脂、一般凡士林等)。

【规格】

每分钟往复次数(min)	0～190	工作气压(MPa)	0.63
气缸直径(mm)	70	输出压力(MPa)	30

（续）

排油方式	双向作用	输油量(L/min)	0～0.9
行程(mm)	35	外形尺寸(mm)	250×150×880
压力比(不计损耗)	50∶1	重量(t)	10.5

(12) SWT－9900 全自动铆螺母枪

【用途】 铆螺母是单面铆接工艺，用在不能双面铆的部位，与拉铆原理相似。其方法是将铆螺母塞入孔中，通过螺杆，并用铆螺母枪将螺母一端拉紧，使螺母柱体产生变形紧固两个工件，达到铆接目的。

【产地】 △38。

【技术参数】

用途	拉铆 M3～M12 各种铆螺母
气源压力(MPa)	5～7
额定压力(MPa)	5.5
最大行程(mm)	7.0
工作拉力(kN)	＞19.1
每次用气量(L)	4.6
马达转速(RPM)	2 000
噪音(dB)	＜75
重量(kg)	2.2
外形尺寸(mm)	280×250×115

第二十章　新型金属切削刀具及磨具

1. 孔加工工具

(1) 直柄麻花钻

第 1 部分:粗直柄小麻花钻的型式和尺寸(GB/T 6135.1—2008)

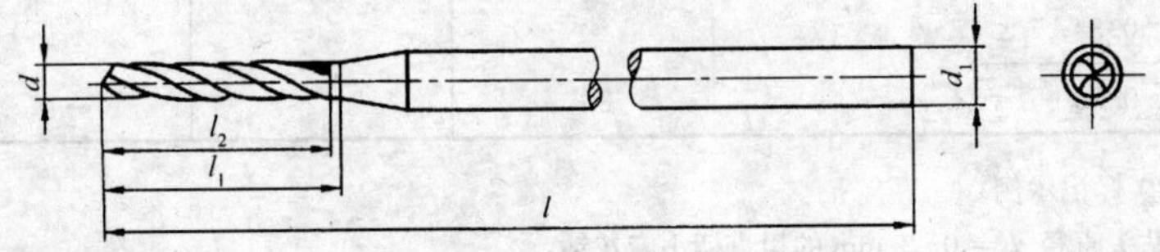

① 型式与尺寸。

<table>
<tr><th>d
h7</th><th>l
±1</th><th>l₁
js15</th><th>l₂
min</th><th>d₁
h8</th></tr>
<tr><td>0.10</td><td rowspan="10">20</td><td rowspan="3">1.2</td><td rowspan="3">0.7</td><td rowspan="10">1</td></tr>
<tr><td>0.11</td></tr>
<tr><td>0.12</td></tr>
<tr><td>0.13</td><td rowspan="3">1.5</td><td rowspan="3">1.0</td></tr>
<tr><td>0.14</td></tr>
<tr><td>0.15</td></tr>
<tr><td>0.16</td><td rowspan="4">2.2</td><td rowspan="4">1.4</td></tr>
<tr><td>0.17</td></tr>
<tr><td>0.18</td></tr>
<tr><td>0.19</td></tr>
<tr><td>0.20</td><td rowspan="11">20</td><td rowspan="5">2.5</td><td rowspan="5">1.8</td><td rowspan="11">1</td></tr>
<tr><td>0.21</td></tr>
<tr><td>0.22</td></tr>
<tr><td>0.23</td></tr>
<tr><td>0.24</td></tr>
<tr><td>0.25</td><td rowspan="6">3.2</td><td rowspan="6">2.2</td></tr>
<tr><td>0.26</td></tr>
<tr><td>0.27</td></tr>
<tr><td>0.28</td></tr>
<tr><td>0.29</td></tr>
<tr><td>0.30</td></tr>
</table>

(续)

d h7	l ±1	l_1 js15	l_2 min	d_1 h8
0.31	20	3.5	2.8	1
0.32				
0.33				
0.34				
0.35				

② 标记示例。

钻头直径 $d=0.20$ mm 的粗直柄小麻花钻：

粗直柄小麻花钻　0.20　GB/T 6135.1—2008

第 2 部分：直柄短麻花钻和直柄麻花钻的型式和尺寸(GB/T 6135.2—2008)

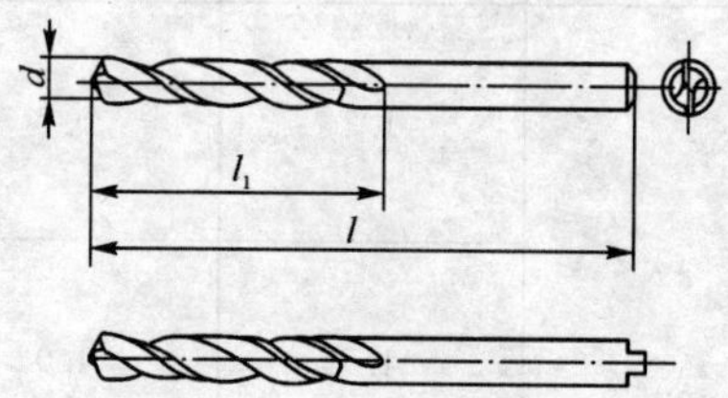

① 型式与尺寸。

d h8	l	l_1	d h8	l	l_1	d h8	l	l_1	d h8	l	l_1
0.50	20	3	3.20	49	18	6.00	66	28	8.80	84	40
0.80	24	5	3.50	52	20	6.20	70	31	9.00		
1.00	26	6	3.80	55	22	6.50			9.20		
1.20	30	8	4.00			6.80	74	34	9.50		
1.50	32	9	4.20			7.00			9.80	89	43
1.80	36	11	4.50	58	24	7.20			10.00		
2.00	38	12	4.80	62	26	7.50			10.20		
2.20	40	13	5.00			7.80	79	37	10.50		
2.50	43	14	5.20			8.00			10.80	95	47
2.80	46	16	5.50	66	28	8.20			11.00		
3.00			5.80			8.50			11.20		

20.2

(续)

d h8	l	l_1	d h8	l	l_1	d h8	l	l_1	d h8	l	l_1
11.50	95	47	17.75	123	62	24.00	151	75	30.25	174	87
11.80			18.00			24.25			30.50		
12.00	102	51	18.25	127	64	24.50			30.75		
12.20			18.50			24.75			31.00		
12.50			18.75			25.00			31.25		
12.80			19.00			25.25	156	78	31.50		
13.00			19.25	131	66	25.50			31.75	180	90
13.20			19.50			25.75			32.00		
13.50	107	54	19.75			26.00			32.50		
13.80			20.00			26.25			33.00		
14.00			20.25	136	68	26.50			33.50		
14.25	111	56	20.50			26.75	162	81	34.00	186	93
14.50			20.75			27.00			34.50		
14.75			21.00			27.25			35.00		
15.00			21.25	141	70	27.50			35.50		
15.25	115	58	21.50			27.75			36.00	193	96
15.50			21.75			28.00			36.50		
15.75			22.00			28.25	168	84	37.00		
16.00			22.25			28.50			37.50		
16.25	119	60	22.50	146	72	28.75			38.00	200	100
16.50			22.75			29.00			38.50		
16.75			23.00			29.25			39.00		
17.00			23.25			29.50			39.50		
17.25	123	62	23.50			29.75			40.00		
17.50			23.75	151	75	30.00					

② 制造中间直径的直柄短麻花钻时，总长和沟槽长度尺寸按下表的规定。

(mm)

直径范围 d	l	l_1	直径范围 d	l	l_1
≥0.50～0.53	20	3.0	>0.67～0.75	23	4.5
>0.53～0.60	21	3.5	>0.75～0.85	24	5.0
>0.60～0.67	22	4.0	>0.85～0.95	25	5.5

（续）

直径范围 d	l	l_1	直径范围 d	l	l_1
>0.95～1.06	26	6.0	>10.60～11.80	95	47
>1.06～1.18	28	7.0	>11.80～13.20	102	51
>1.18～1.32	30	8.0	>13.20～14.00	107	54
>1.32～1.50	32	9.0	>14.00～15.00	111	56
>1.50～1.70	34	10	>15.00～16.00	115	58
>1.70～1.90	36	11	>16.00～17.00	119	60
>1.90～2.12	38	12	>17.00～18.00	123	62
>2.12～2.36	40	13	>18.00～19.00	127	64
>2.36～2.65	43	14	>19.00～20.00	131	66
>2.65～3.00	46	16	>20.00～21.20	136	68
>3.00～3.35	49	18	>21.20～22.40	141	70
>3.35～3.75	52	20	>22.40～23.60	146	72
>3.75～4.25	55	22	>23.60～25.00	151	75
>4.25～4.75	58	24	>25.00～26.50	156	78
>4.75～5.30	62	26	>26.50～28.00	162	81
>5.30～6.00	66	28	>28.00～30.00	168	84
>6.00～6.70	70	31	>30.00～31.50	174	87
>6.70～7.50	74	34	>31.50～33.50	180	90
>7.50～8.50	79	37	>33.50～35.50	186	93
>8.50～9.50	84	40	>35.50～37.50	193	96
>9.50～10.60	89	43	>37.50～40.00	200	100

③ 制造带扁尾的直柄短麻花钻时，扁尾部分的尺寸和公差按 GB/T 1442。

④ 直柄麻花钻的型式和尺寸。

直柄麻花钻的型式和尺寸分别按下图和下表的规定。

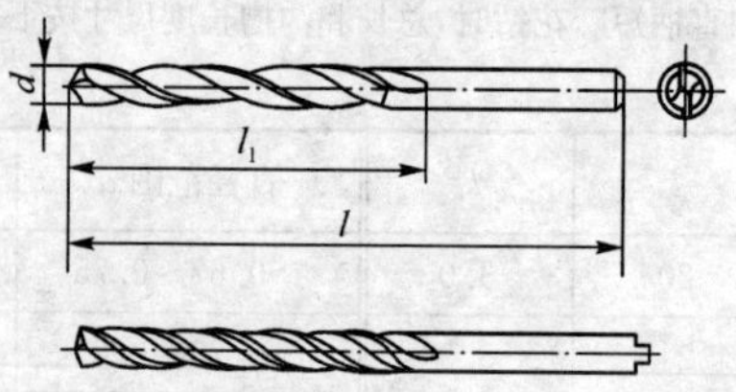

直柄麻花钻的型式和尺寸

(mm)

d h8	l	l_1	d h8	l	l_1	d h8	l	l_1	d h8	l	l_1
0.2	19	2.5	1.05	34	12	2.70	61	33	5.70	93	57
0.22			1.10	36	14	2.75			5.80		
0.25		3	1.15			2.80			5.90		
0.28			1.20	38	16	2.85			6.00		
0.30			1.25			2.90			6.10	101	63
0.32		4	1.30			2.95			6.20		
0.35			1.35	40	18	3.00			6.30		
0.38			1.40			3.10	65	36	6.40		
0.40	20	5	1.45			3.20			6.50		
0.42			1.50			3.30			6.60		
0.45			1.55	43	20	3.40	70	39	6.70		
0.48			1.60			3.50			6.80	109	69
0.50	22	6	1.65			3.60			6.90		
0.52			1.70			3.70			7.00		
0.55	24	7	1.75	46	22	3.80	75	43	7.10		
0.58			1.80			3.90			7.20		
0.60			1.85			4.00			7.30		
0.62	26	8	1.90			4.10			7.40		
0.65			1.95	49	24	4.20			7.50		
0.68	28	9	2.00			4.30	80	47	7.60	117	75
0.70			2.05			4.40			7.70		
0.72			2.10			4.50			7.80		
0.75			2.15	53	27	4.60			7.90		
0.78	30	10	2.20			4.70			8.00		
0.80			2.25			4.80	86	52	8.10		
0.82			2.30			4.90			8.20		
0.85			2.35			5.00			8.30		
0.88	32	11	2.40	57	30	5.10			8.40		
0.90			2.45			5.20			8.50		
0.92			2.50			5.30			8.60	125	81
0.95			2.55			5.40	93	57	8.70		
0.98	34	12	2.60			5.50			8.80		
1.00			2.65			5.60			8.90		

（续）

d h8	l	l_1	d h8	l	l_1	d h8	l	l_1	d h8	l	l_1
9.00	125	81	10.70	142	94	12.40	151	101	14.25	169	114
9.10			10.80			12.50			14.50		
9.20			10.90			12.60			14.75		
9.30			11.00			12.70			15.00		
9.40			11.10			12.80			15.25	178	120
9.50			11.20			12.90			15.50		
9.60	133	87	11.30			13.00			15.75		
9.70			11.40			13.10			16.00		
9.80			11.50			13.20			16.50	184	125
9.90			11.60			13.30	160	108	17.00		
10.00			11.70			13.40			17.50	191	130
10.10			11.80			13.50			18.00		
10.20			11.90	151	101	13.60			18.50	198	135
10.30			12.00			13.70			19.00		
10.40			12.10			13.80			19.50	205	140
10.50			12.20			13.90			20.00		
10.60			12.30			14.00					

⑤ 制造中间直径的直柄麻花钻时，总长和沟槽长度尺寸按下表的规定。

（mm）

直径范围 d	l	l_1	直径范围 d	l	l_1
≥0.20～0.24	19	2.5	>1.06～1.18	36	14
>0.24～0.30		3	>1.18～1.32	38	16
>0.30～0.38		4	>1.32～1.50	40	18
>0.38～0.48	20	5	>1.50～1.70	43	20
>0.48～0.53	22	6	>1.70～1.90	46	22
>0.53～0.60	24	7	>1.90～2.12	49	24
>0.60～0.67	26	8	>2.12～2.36	53	27
>0.67～0.75	28	9	>2.36～2.65	57	30
>0.75～0.85	30	10	>2.65～3.00	61	33
>0.85～0.95	32	11	>3.00～3.35	65	36
>0.95～1.06	34	12	>3.35～3.75	70	39

（续）

直径范围 d	l	l_1	直径范围 d	l	l_1
>3.75～4.25	75	43	>10.60～11.80	142	94
>4.25～4.75	80	47	>11.80～13.20	151	101
>4.75～5.30	86	52	>13.20～14.00	160	108
>5.30～6.00	93	57	>14.00～15.00	169	114
>6.00～6.70	101	63	>15.00～16.00	178	120
>6.70～7.50	109	69	>16.00～17.00	184	125
>7.50～8.50	117	75	>17.00～18.00	191	130
>8.50～9.50	125	81	>18.00～19.00	198	135
>9.50～10.60	133	87	>19.00～20.00	205	140

⑥ 制造带扁尾的直柄麻花钻时，扁尾部分的尺寸和公差按 GB/T 1442。

⑦ 标记示例。

钻头直径 $d = 15.00$ mm 的右旋直柄短麻花钻：

直柄短麻花钻　15　GB/T 6135.2—2008

钻头直径 $d = 15.00$ mm 的左旋直柄短麻花钻：

直柄短麻花钻　15-L　GB/T 6135.2—2008

钻头直径 $d = 10.00$ mm 的右旋直柄麻花钻：

直柄麻花钻　10　GB/T 6135.2—2008

钻头直径 $d = 10.00$ mm 的左旋直柄麻花钻：

直柄麻花钻　10-L　GB/T 6135.2—2008

精密级的直柄短麻花钻或直柄麻花钻应在直径前加“H-”，如：H-10，H-15。

第 3 部分：直柄长麻花钻的型式和尺寸（GB/T 6135.3—2008）

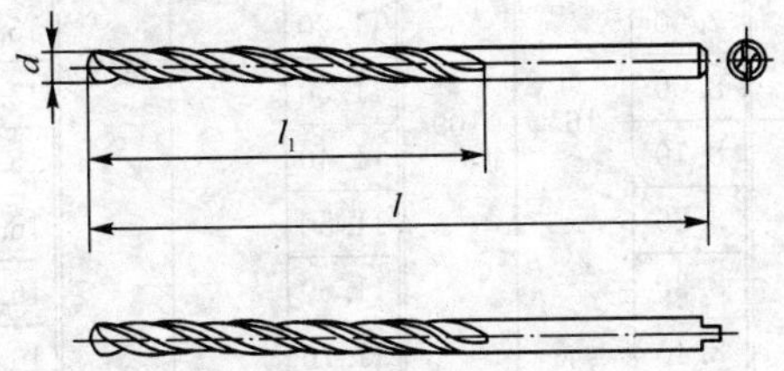

直柄长麻花钻的型式和尺寸　　　　(mm)

d h8	l	l_1	d h8	l	l_1	d h8	l	l_1	d h8	l	l_1
1.00	56	33	1.40	70	45	1.80	80	53	2.20	90	59
1.10	60	37	1.50			1.90			2.30		
1.20	65	41	1.60	76	50	2.00	85	56	2.40	95	62
1.30			1.70			2.10			2.50		

（续）

<table>
<tr><th>d
h8</th><th>l</th><th>l₁</th><th>d
h8</th><th>l</th><th>l₁</th><th>d
h8</th><th>l</th><th>l₁</th><th>d
h8</th><th>l</th><th>l₁</th></tr>
<tr><td>2.60</td><td>95</td><td>62</td><td>5.90</td><td rowspan="2">139</td><td rowspan="2">91</td><td>9.20</td><td rowspan="4">175</td><td rowspan="4">115</td><td>12.50</td><td rowspan="8">205</td><td rowspan="8">134</td></tr>
<tr><td>2.70</td><td rowspan="4">100</td><td rowspan="4">66</td><td>6.00</td><td>9.30</td><td>12.60</td></tr>
<tr><td>2.80</td><td>6.10</td><td rowspan="7">148</td><td rowspan="7">97</td><td>9.40</td><td>12.70</td></tr>
<tr><td>2.90</td><td>6.20</td><td>9.50</td><td>12.80</td></tr>
<tr><td>3.00</td><td>6.30</td><td>9.60</td><td rowspan="11">184</td><td rowspan="11">121</td><td>12.90</td></tr>
<tr><td>3.10</td><td rowspan="3">106</td><td rowspan="3">69</td><td>6.40</td><td>9.70</td><td>13.00</td></tr>
<tr><td>3.20</td><td>6.50</td><td>9.80</td><td>13.10</td></tr>
<tr><td>3.30</td><td>6.60</td><td>9.90</td><td>13.20</td></tr>
<tr><td>3.40</td><td rowspan="4">112</td><td rowspan="4">73</td><td>6.70</td><td>10.00</td><td>13.30</td><td rowspan="8">214</td><td rowspan="8">140</td></tr>
<tr><td>3.50</td><td>6.80</td><td rowspan="8">156</td><td rowspan="8">102</td><td>10.10</td><td>13.40</td></tr>
<tr><td>3.60</td><td>6.90</td><td>10.20</td><td>13.50</td></tr>
<tr><td>3.70</td><td>7.00</td><td>10.30</td><td>13.60</td></tr>
<tr><td>3.80</td><td rowspan="5">119</td><td rowspan="5">78</td><td>7.10</td><td>10.40</td><td>13.70</td></tr>
<tr><td>3.90</td><td>7.20</td><td>10.50</td><td>13.80</td></tr>
<tr><td>4.00</td><td>7.30</td><td>10.60</td><td>13.90</td></tr>
<tr><td>4.10</td><td>7.40</td><td>10.70</td><td rowspan="12">195</td><td rowspan="12">128</td><td>14.00</td></tr>
<tr><td>4.20</td><td>7.50</td><td>10.80</td><td>14.25</td><td rowspan="4">220</td><td rowspan="4">144</td></tr>
<tr><td>4.30</td><td rowspan="5">126</td><td rowspan="5">82</td><td>7.60</td><td rowspan="10">165</td><td rowspan="10">109</td><td>10.90</td><td>14.50</td></tr>
<tr><td>4.40</td><td>7.70</td><td>11.00</td><td>14.75</td></tr>
<tr><td>4.50</td><td>7.80</td><td>11.10</td><td>15.00</td></tr>
<tr><td>4.60</td><td>7.90</td><td>11.20</td><td>15.25</td><td rowspan="4">227</td><td rowspan="4">149</td></tr>
<tr><td>4.70</td><td>8.00</td><td>11.30</td><td>15.50</td></tr>
<tr><td>4.80</td><td rowspan="6">132</td><td rowspan="6">87</td><td>8.10</td><td>11.40</td><td>15.75</td></tr>
<tr><td>4.90</td><td>8.20</td><td>11.50</td><td>16.00</td></tr>
<tr><td>5.00</td><td>8.30</td><td>11.60</td><td>16.25</td><td rowspan="4">235</td><td rowspan="4">154</td></tr>
<tr><td>5.10</td><td>8.40</td><td>11.70</td><td>16.50</td></tr>
<tr><td>5.20</td><td>8.50</td><td>11.80</td><td>16.75</td></tr>
<tr><td>5.30</td><td>8.60</td><td rowspan="6">175</td><td rowspan="6">115</td><td>11.90</td><td rowspan="6">205</td><td rowspan="6">134</td><td>17.00</td></tr>
<tr><td>5.40</td><td rowspan="5">139</td><td rowspan="5">91</td><td>8.70</td><td>12.00</td><td>17.25</td><td rowspan="4">241</td><td rowspan="4">158</td></tr>
<tr><td>5.50</td><td>8.80</td><td>12.10</td><td>17.50</td></tr>
<tr><td>5.60</td><td>8.90</td><td>12.20</td><td>17.75</td></tr>
<tr><td>5.70</td><td>9.00</td><td>12.30</td><td>18.00</td></tr>
<tr><td>5.80</td><td>9.10</td><td>12.40</td><td>18.25</td><td>247</td><td>162</td></tr>
</table>

（续）

d h8	l	l_1	d h8	l	l_1	d h8	l	l_1	d h8	l	l_1
18.50	247	162	21.75	268	176	25.00	282	185	28.25	307	201
18.75			22.00			25.25	290	190	28.50		
19.00			22.25			25.50			28.75		
19.25	254	166	22.50	275	180	25.75			29.00		
19.50			22.75			26.00			29.25		
19.75			23.00			26.25			29.50		
20.00			23.25			26.50			29.75		
20.25	261	171	23.50	282	185	26.75	298	195	30.00		
20.50			23.75			27.00			30.25	316	207
20.75			24.00			27.25			30.50		
21.00			24.25			27.50			30.75		
21.25	268	176	24.50			27.75			31.00		
21.50			24.75			28.00			31.25		
									31.50		

制造中间直径的直柄长麻花钻时，总长和沟槽长度尺寸按下表的规定。

（mm）

直径范围 d	l	l_1	直径范围 d	l	l_1
≥1.00～1.06	56	33	>4.75～5.30	132	87
>1.06～1.18	60	37	>5.30～6.00	139	91
>1.18～1.32	65	41	>6.00～6.70	148	97
>1.32～1.50	70	45	>6.70～7.50	156	102
>1.50～1.70	76	50	>7.50～8.50	165	109
>1.70～1.90	80	53	>8.50～9.50	175	115
>1.90～2.12	85	56	>9.50～10.60	184	121
>2.12～2.36	90	59	>10.60～11.80	195	128
>2.36～2.65	95	62	>11.80～13.20	205	134
>2.65～3.00	100	66	>13.20～14.00	214	140
>3.00～3.35	106	69	>14.00～15.00	220	144
>3.35～3.75	112	73	>15.00～16.00	227	149
>3.75～4.25	119	78	>16.00～17.00	235	154
>4.25～4.75	126	82	>17.00～18.00	241	158

第 4 部分：直柄超长麻花钻的型式和尺寸（GB/T 6135.4—2008）

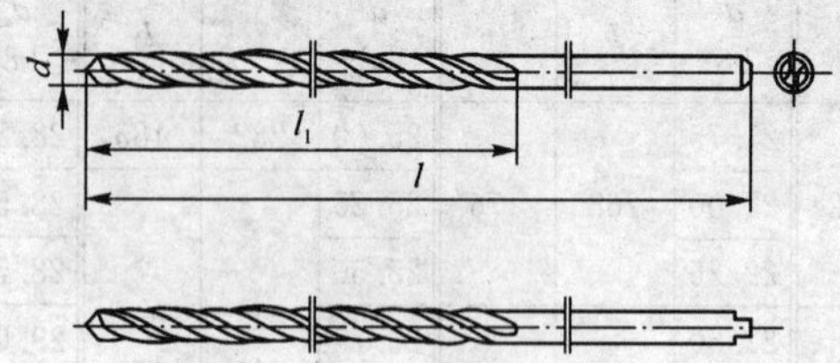

① 标记示例。

钻头直径 $d=10.0$ mm，总长 $l=250$ mm 的右旋直柄超长麻花钻：

直柄超长麻花钻　10×250　GB/T 6135.4—2008

钻头直径 $d=10.0$ mm，总长 $l=250$ mm 的左旋直柄超长麻花钻：

直柄超长麻花钻　10×250 - L　GB/T 6135.4—2008

精密级的直柄超长麻花钻应在直径前加“H -”，如：H - 10。

d h8	$l=125$ $l_1=80$	$l=160$ $l_1=100$	$l=200$ $l_1=150$	$l=250$ $l_1=200$	$l=315$ $l_1=250$	$l=400$ $l_1=300$
2.0	×	×	—	—	—	—
2.5	×	×	—	—	—	—
3.0	—	×	×	—	—	—
3.5	—	×	×	×	—	—
4.0	—	×	×	×	×	—
4.5	—	×	×	×	×	—
5.0	—	—	×	×	×	×
5.5	—	—	×	×	×	×
6.0	—	—	×	×	×	×
6.5	—	—	×	×	×	×
7.0	—	—	×	×	×	×
7.5	—	—	×	×	×	×
8.0	—	—	—	×	×	×
8.5	—	—	—	×	×	×
9.0	—	—	—	×	×	×
9.5	—	—	—	×	×	×
10.0	—	—	—	×	×	×
10.5	—	—	—	×	×	×
11.0	—	—	—	×	×	×
11.5	—	—	—	×	×	×
12.0	—	—	—	×	×	×

(续)

d h8	$l=125$ $l_1=80$	$l=160$ $l_1=100$	$l=200$ $l_1=150$	$l=250$ $l_1=200$	$l=315$ $l_1=250$	$l=400$ $l_1=300$
12.5	—	—	—	×	×	×
13.0				×	×	×
13.5				×	×	×
14.0				×	×	×

注：×——表示有的规格。

② 制造中间直径的直柄超长麻花钻时，总长和沟槽长度尺寸按下表的规定。

(mm)

直径范围 d	l	l_1	直径范围 d	l	l_1
≥2.0～2.65	125	80	>3.35～14.0	250	200
≥2.0～4.75	160	100	>3.75～14.0	315	250
>2.65～7.5	200	150	>4.75～14.0	400	300

(2) 锥柄麻花钻(GB/T 1438.1～1438.3—2008)

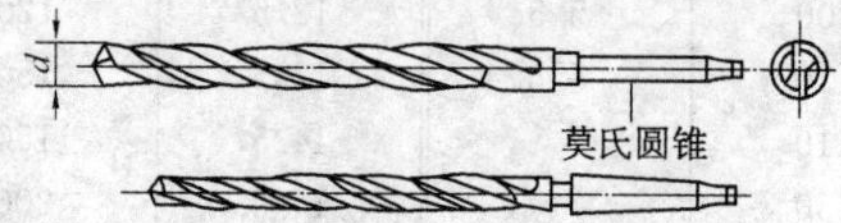

【用途】 用于金属实心工件钻孔。柄部制成莫氏锥度。

【规格】

名　称		锥柄麻花钻	粗锥柄麻花钻	锥柄长麻花钻	锥柄加长麻花钻
国标 GB/T		1438.1—1996		1438.2—1996	1438.3—1996
直径系列(mm)	直径范围	3.00～14.00 14.25～23.00 23.25～31.75 32.00～50.50 51.00～76.00 77.00～100.00	12.00～14.00 18.25～23.00 26.75～31.75 40.50～50.50 64.00～76.00	5.00～14.00 14.25～23.00 23.25～31.75 32.00～50.00	6.00～14.00 14.25～23.00 23.25～30.00
	规格间的级差	分别按： 0.20，0.50 0.80 进级 0.25 进级 0.25 进级 0.50 进级 1.00 进级 1.00 进级	分别按： 0.20，0.50 0.80 进级 0.25 进级 0.25 进级 0.50 进级 1.00 进级	分别按： 0.20，0.50 0.80 进级 0.25 进级 0.25 进级 0.50 进级	分别按： 0.20，0.50 0.80 进级 0.25 进级 0.25 进级
莫氏锥度号		分别为 1，2，3，4，5，6 号	分别为 2，3，4，5，6 号	分别为 1，2，3，4 号	分别为 1，2，3 号

(3) 硬质合金冲击钻

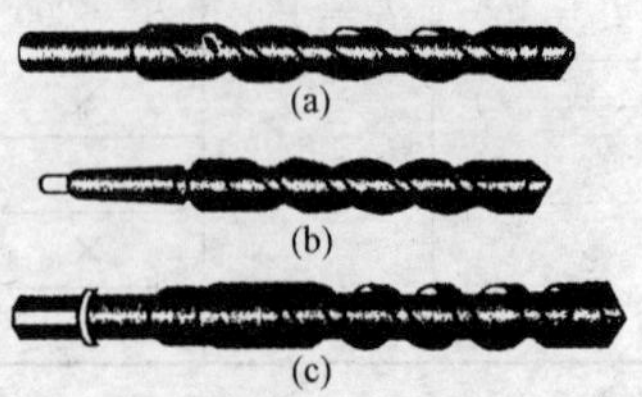

硬质合金冲击钻

(a) 直柄冲击钻；(b) 锥柄(斜柄)冲击钻；(c) 六角柄冲击钻

【用途】 安装在电锤或冲击电钻上使用,在混凝土、砖墙及花岗石等建筑上钻孔。

【规格】

(mm)

钻头直径	全长	柄部直径
ZYC 型直柄冲击钻		
6	100	5.5
6	120	5.5
8	110	7
8	150	7
10	120	9
10	150	9
10.5	120	9.5
10.5	150	9.5
12	120	11
12	150	11
12.5	120	11.5
12.5	150	11.5
14.5	150	13
14.5	200	13
16.5	150	15
16.5	200	15
19	150	17
19	200	17
ZYC—A 型直柄冲击钻		
12	120	均为 10
12	150	

钻头直径	全长	柄部直径
ZYC—A 型直柄冲击钻		
12.5	120	均为 10
12.5	150	
14.5	150	
14.5	200	
16.5	150	
16.5	200	
ZYC—B 型直柄冲击钻		
16.5	150	均为 13
16.5	200	
19	150	
19	200	
XYC 型锥柄冲击钻		
6	100	莫氏锥柄号均为 1 号
6	130	
8	120	
8	160	
10.5	120	
10.5	180	
12.5	130	
12.5	180	

（续）

钻头直径	全长	六角对边	钻头直径	全长	六角对边
LYC—1、LYC—3 型六角柄冲击钻			LYC—1、LYC—3 型六角柄冲击钻		
14.5	220	均为 14	23	250	均为 14
14.5	270		23	320	
16.5	220		23	400	
16.5	270		23	550	
19	220		25	250	
19	270		25	320	
19	320		25	400	
19	400		25	550	
21	220		27	250	
21	270		27	320	
21	320		27	400	
21	400		27	550	

注：LYC—1 与 LYC—3 的主要区别：柄部中间圆柱体直径 M(mm)不同，LYC—1 型，$M=16$；LYC—3 型，$M=22$。

(4) 扩 孔 钻

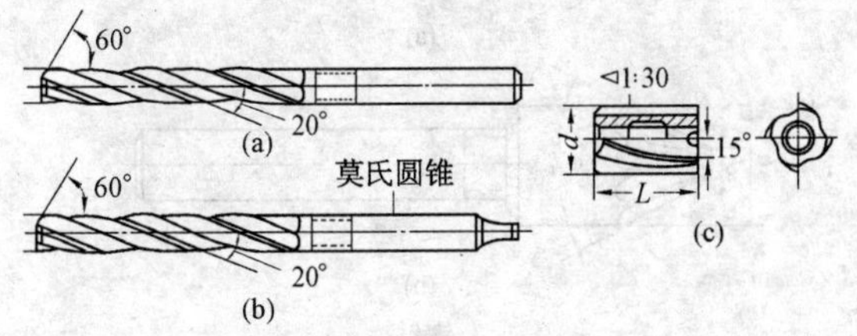

扩孔钻

(a) 直柄扩孔钻；(b) 锥柄扩孔钻；(c) 套式扩孔钻

【用途】 用于工件上已经钻出、冲制或铸出孔扩大孔径，或作铰孔前加工。

【规格】

名称	直柄扩孔钻 (GB 4256—2004)	锥柄扩孔钻(GB 4256—2004)				套式扩孔钻 (GB 1142—2004)
		莫氏锥度号				
		1	2	3	4	
公称直径 (mm)	3, 3.3, 3.5, 3.8, 4, 4.3, 4.5, 4.8, 5, 5.8, 6, 6.8, 7, 7.8, 8, 8.8,	7.8, 8, 8.8, 9, 9.8, 10, 10.75, 11, 11.75, 12, 12.75, 13,	14.75, 15, 15.75, 16, 16.75, 17, 17.75, 18, 18.7, 19,	23.7, 24, 24.7, 25, 25.7, 26, 27.7, 28, 29.7, 30,	32, 33.6, 34, 34.6, 35, 35.6, 36, 37.6, 38, 39.6,	25, 26, 27, 28, 29, 30, 31, 32, 33, 34, 35, 36, 37, 38, 39,

(续)

名称	直柄扩孔钻(GB 4256—2004)	锥柄扩孔钻(GB 4256—2004)				套式扩孔钻(GB 1142—2004)
		莫氏锥度号				
		1	2	3	4	
公称直径(mm)	9，9.8，10，10.75，11，11.75，12，12.75，13，13.75，14，14.75，15，15.75，16，16.75，17，17.75，18，18.7，19，19.7	13.75，14	19.7，20，20.7，21，21.7，22，22.7，23	31.6	40，41.6，42，43.6，44，44.6，45，45.6，46，47.6，48，49.6，50	40，42，44，45，46，47，48，50，52，55，58，60，62，65，70，72，75，80，85，90，95，100

(5) 锥面锪钻(GB 4258—2004，GB 1143—2004/ISO 3293:1975)

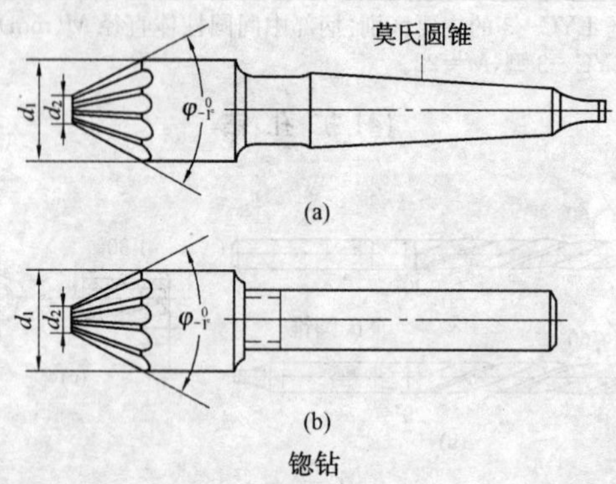

锪钻

(a) 60°、90°、120°锥柄锥面锪钻；(b) 60°、90°、120°直柄锥面锪钻

【用途】 用于制作锥面沉头孔。又称锪孔。

【规格】

名 称	公称直径 d_1 (mm)	柄部直径(mm)	钻尖角 60°	钻尖角 90°	钻尖角 120°	小端直径 d_2(mm)
			全长(mm)			
直柄锥面锪钻(GB 4258—2004)	8	8	48	44	44	
	10		50	46	46	
	12.5		52	48	48	
	16	10	60	56	56	3.2
	20		64	60	60	4.0
	25		69	65	65	7.0

（续）

名　称	公称直径 d_1 (mm)	柄部直径 (mm)		钻尖角 60°	钻尖角 90°	钻尖角 120°	小端直径 d_2(mm)
				全长(mm)			
锥柄锥面锪钻 (GB 1143—2004)	16	柄部锥度	1	97	93		3.2
	20		2	120	116		4
	25			125	121		7
	31.5			132	124		9
	40		3	160	150		12.5
	50			165	153		16
	63		4	200	185		20
	80			215	196		25

(6) 高钴麻花钻头(不锈钢专用钻头)

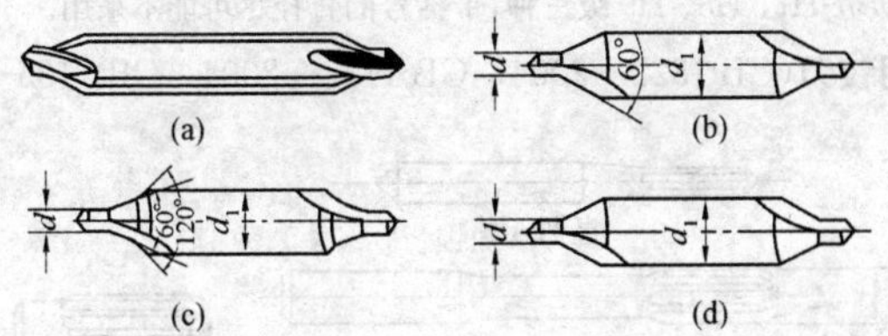

(a)　(b)　(c)　(d)

① 高钴钻头。

特点：具有耐磨耗，耐高温特性，规格：ϕ0.2～13 mm。

适合于加工：不锈钢 SUS303 SUS304 SUS316，钛合金，高强度合金材料等难加工的材料。

广泛应用于：仪器、仪表、电子五金等精密加工以及制作钟表配件、不锈钢表带、钛合金表带、首饰、工艺品等行业。

② 含 5%钴高速钢制造钻头，用于在不锈钢、耐酸钢和耐热奥氏体钢、弹簧钢、铬镍合金等钢材上钻孔。

规格：ϕ0.5～13.0 mm。

③ 高速钢锥柄麻花钻头。

规格：ϕ6～70 mm。

④ HSS 高速钢深孔麻花钻头。

规格：ϕ2～13 mm。

用于在钢、铸铁、铸钢零件上钻深孔。

产地：△32

(7) 手用铰刀(GB 1131—2004)

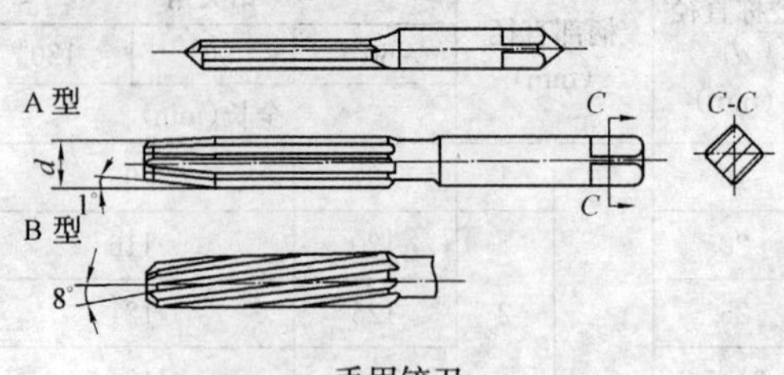

手用铰刀

【用途】 在工件上将钻成或扩成的孔进行手工铰孔,以提高孔的精度 540

【规格】

直径(mm)	1, 1.2, (1.5), 1.6, 1.8, 2.0, 2.2, 2.5, 2.8, 3, 3.5, 4, 4.5, 5, 5.5, 6, 7, 8, 9, 10, 11, 12, (13), 14, (15), 16, (17), 18, (19), 20, (21), 22, (23), (24), 25, (26), (27), 28, (30), 32, (34), (35), 36, (38), 40, (42), (44), 45, (46), (48), 50, (52), (55), 56, (58), (60), (62), 63, (67), 71

铰刀精度等级分 H7、H8、H9 级三种,带括号的直径尽可能不采用。

(8) 机用铰刀(GB 1322—2004　GB 1132—2004　GB 1135—2004)

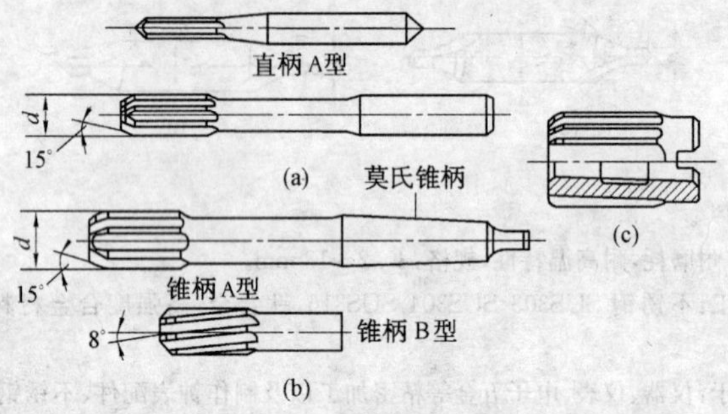

机用铰刀

(a) 直柄机用铰刀;(b) 锥柄机用铰刀;(c) 套式机用铰刀

【用途】 装在机床上铰制工件上已经钻过或扩过的孔。

【规格】

名称	直柄机用铰刀(GB 1332—84)	锥柄机用铰刀(GB 1132—2004)				套式机用铰刀(带 1∶30 锥孔)(GB 1135—2004)
		莫氏锥柄号				
		1	2	3	4	
直径(mm)	1, 1.2, 1.4, 1.6, 1.8, 2, 2.2, 2.5, 2.8,	5.5, 6, 7, 8, 9, 10, 11, 12, 14	16, 18, 20, 22	25, 28	32, 36, 40, 45, 50	25, 28, 32, 36, 40, 45, 50, 56, 63, 71, 80, 90,

（续）

名称	直柄机用铰刀（GB 1332—84）	锥柄机用铰刀（GB 1133—2004） 莫氏锥柄号 1	2	3	4	套式机用铰刀（带 1∶30 锥孔）（GB 1135—2004）
直径（mm）	3，3.2，3.5，4，4.5，5，5.5，6，7，8，9，10，11，12，14，16，18，20					100

注：铰刀按加工孔的精度等级。分 H7、H8、H9 级三种。

(9) 公制圆锥铰刀和莫氏圆锥铰刀（GB 1139—2004，GB 1140—2004）

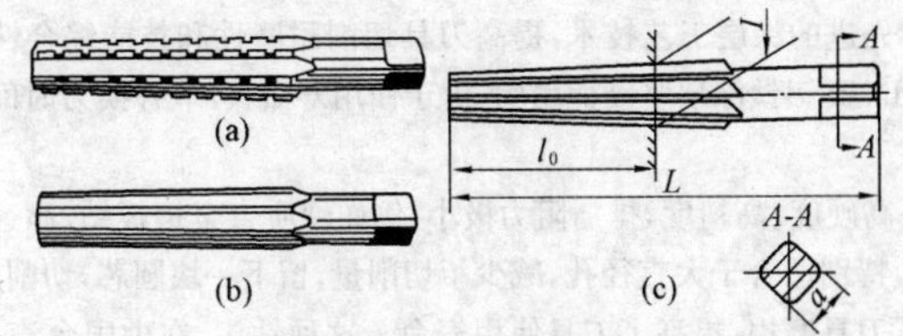

公制圆锥铰刀和莫氏圆锥铰刀

(a) 粗铰刀；(b) 精铰刀；(c) 直柄圆锥铰刀

【用途】 用于铰制公制圆锥和莫氏圆锥的圆锥孔，由粗铰刀和精铰刀各一支组成，专铰圆锥孔。

圆锥号		锥度值	基面直径 D	基面距 l_0	直柄铰刀 全长 L	直柄铰刀 方榫 a	锥柄铰刀 全长 L	莫氏锥柄号
			(mm)					
公制	4	1∶20	4	22	48	3.15	106	1
	6		6	30	63	4.00	116	
莫氏	0	1∶19.212=0.052 05	9.045	48	93	6.3	137	1
	1	1∶20.047=0.049 88	12.065	50	102	8	142	
	2	1∶20.020=0.049 95	17.780	61	121	11.2	173	2
	3	1∶19.922=0.050 20	23.825	76	146	16	212	3
	4	1∶19.254=0.051 94	31.267	97	179	20	263	4
	5	1∶19.002=0.052 63	44.399	124	222	25	331	5
	6	1∶19.180=0.052 14	63.348	176	300	35.5	389	

(10) 可调节手用铰刀(JB 3869—1999)

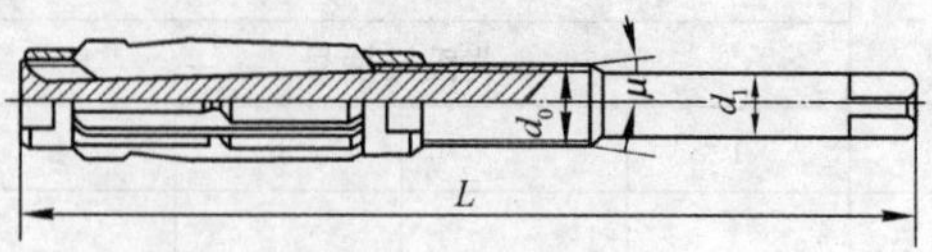

【用途】 可调节手用铰刀用于铰制工件上一定孔径尺寸范围内的孔,适用于修理、装配机件之用。

2. 新型钻头及切削工具

国内切削刀具行业,旨在提高刀具的切削效率,从以下几方面着手,创新刀具。

① 采用新材料。从国外进口超细微粒硬质棒料和含钴高速钢棒料,从德国进口瓦尔特数控加工中心全磨制,精度更高。

② 采用国际先进的涂层工艺技术,提高刀具切削耐磨性和技能综合性能,延长刀具的使用寿命。ALTIN 高铝钛涂层坚硬而耐磨,由于使用寿命长,节省换刀时间,有更高的切削效率。

③ 新型钻头高硬度、高精度,排屑阻力极小,例如硬质合金钢板钻、高速钢钢板钻,又称空心钻或取芯钻,特别适合于大直径孔,减少了切削量,留下一块圆芯,切削工作效率极大提高,同时也减少了刀具磨损,提高了刀具使用寿命。这种钻头,在中国台湾一些企业称之为“舍弃式快速钻头”。

综上所述,随着科学技术日益发展,切削刀具行业自主科技创新,刀具新品不断上市,满足机械加工的需求。刀具制造商是这样,用户也在探索刀具创新。有一家小型民营企业,在为外商加工汽车不锈钢机件时,创新磨钻头方法,将普通麻花钻刃部磨出两条排屑槽,排屑畅顺,效果显著,可提高钻孔效率。

(1) 取芯钻头

取芯钻头,又名空心钻或舍弃式快速留芯钻头,已广泛应用的有硬质合金钢板钻和高速钢钢板钻。

① 硬质合金钢板钻。

型 号	系 列	型 号	孔直径	深度	适用的磁座钻机
			(mm)		
DNT3C/DNT4C	通用快速接口系列	DNT3C DNT4C	12～65 12～65	35 50	日本磁座钻机,也可用于欧霸、百得、麦太保锐科、获劲、台湾地区等各种品牌
DNT3X/DNT4X DNT5X/DNT6X	双削平柄接口系列	DNT3X DNT4X DNT5X DNT6X	12～150 12～150 12～100 12～100	35 50 75 100	适用于欧霸、百得、麦太保、锐科、获劲、台湾地区各型磁座钻机

（续）

型　号	系　列	型　号	孔直径	深度	适用的磁座钻机
			(mm)		
DNT3F	FEIN 快速接口系列（德国泛音）	FEIN	12～65	35	适用于泛音磁座钻机
DNT4L	螺纹接口系列	DNT4L	12～65	50	适用于泛音/日立磁座钻机

② 高速钢钢板钻。

型　号	系　列	型　号	孔径 (mm)	孔深 (mm)	适用的磁座钻机
DNH2C/DNH3C/DNH4C	通用快速接口系列	DNH2C DNH3C DNH4C	12～65 12～65 12～100	25 35 50	适用于日本磁座钻机，也可用于欧霸、百德、麦太保、锐科、获劲、台湾地区各种品牌的磁座钻机
DNH2X/DNH3X DNH4X/DNH6X	双削平柄接口系列	DNH2X DNH3X DNH4X DNH6X	12～65 12～100	25 35 50 100	可用于欧霸、百德、麦太保、锐科、获劲以及台湾地区各种品牌的磁座钻机
DNH3F	FEIN 快速接口系列	DNH3F	12～65	35	适用于泛音磁座钻机
DNH3L	螺纹接口系列	DNH3L	12～65	50	适用于泛音/日立磁座钻机
DMH1X		超硬高速钢制造、适合于各种手电钻、台式钻床，可在 12 mm 以下钢管上快速钻孔			

产地：△30

③ FEIN 泛音磁力钻规格。

HSS 空心钻头　(mm)

免匙转换直径	总长度 77 深度	免匙转换直径	总长度 77 深度	免匙转换直径	总长度 77 深度
14	35	21	35	28	35
15	35	22	35	29	35
16	35	23	35	30	35
17	35	24	35	31	35
18	35	25	35	32	35
19	35	26	35		
20	35	27	35		

合金空心钻头 (mm)

免匙转换直径	总长度 77 深度	免匙转换直径	总长度 77 深度	免匙转换直径	总长度 77 深度
14	35	33	35	52	35
15	35	34	35	53	35
16	35	35	35	54	35
17	35	36	35	55	35
18	35	37	35	56	35
19	35	38	35	57	35
20	35	39	35	58	35
21	35	40	35	59	35
22	35	41	35	60	35
23	35	42	35	61	35
24	35	43	35	62	35
25	35	44	35	63	35
26	35	45	35	64	35
27	35	46	35	65	35
28	35	47	35		
29	35	48	35		
30	35	49	35		
31	35	50	35		
32	35	51	35		

注：钻头直径见上表，总长度均为 77(mm)，钻孔深度可达到 35(mm)。磁力钻配件有：免匙转换转接器、钻轧头、安全罩、真空盘、真空泵、抽气吸盘。

④ 舍弃式快速留芯钻头规格(产地△30)。

【特性】 大直径钻孔，排屑性佳、速度快、高效率、省时间、省成本、通孔专用。例：外径 ϕ100 mm×深度 100 mm，加工时间，80～90 s。

【用途】 CNC 车床、传统车床、搪床、立、卧式钻孔机等。

【代号】 BT50(中央给水型)、50 为柄径(mm)、BT50(油路刀把型)。

【规格】 有效加工长 L_1，有 200 mm 和 250 mm 两种规格，外径有：55，58，60，62，65，68，70，75，78，80，85，88，90，93，96，98，100，103，105，108，110，115，120，125，130，135，140，145，150，155，160，165，170，175，180，185，190，195，200，205，210，215，220。

【简图】

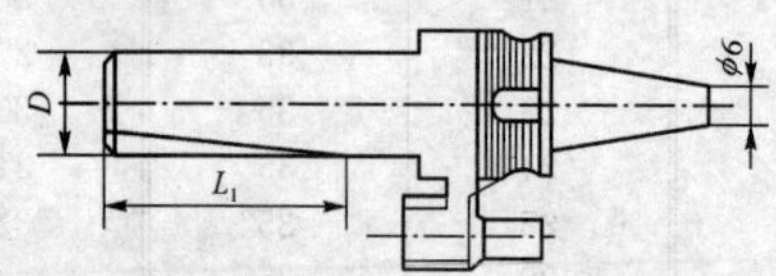

(2) H型空心钻

在金属板料上开圆孔是常有的事，其老工艺是先用圆规在工件上划出圆形线，对于铝、铜及不锈钢等材料，只能用电钻或风钻，用 4 mm 的麻花钻沿着圆弧线连续钻孔，当贯穿后去掉芯板，再用锉刀或砂轮修磨边缘，工效很低，采用下列空心钻开孔，工作效率有很大提高，且质量好。

【规格】

(mm)

<table>
<tr><th>型号</th><th>最大钻孔深度</th><th>钻孔直径</th><th>工件材质</th><th>钻孔工具及设备</th></tr>
<tr><td>HTT</td><td>20</td><td>15～120</td><td rowspan="2">能加工钢、不锈钢、铸铁和铝材等</td><td rowspan="2">适用于各种钻床、手电钻、手风钻</td></tr>
<tr><td>HMT</td><td>4</td><td>15～120</td></tr>
<tr><td>HPT</td><td>4</td><td>15～120</td><td>适用于壁厚 4 mm 以下的有色金属管道及钢管</td><td>适用于各种钻床、手电钻和手风钻</td></tr>
</table>

产地：⚠52

HTT

HMT

HPT

(3) 新材料钻头

【规格】

<table>
<tr><th>型 号 名 称</th><th colspan="2">规 格(mm)</th></tr>
<tr><td>U－111
不锈钢用-直柄高钴钻头</td><td>最小规格：ϕ0.8×33×12
最大规格：ϕ13×149×92</td><td rowspan="4">直径系列
U－111 0.8，0.85，0.9，0.95，0.98，1.0，1.05，1.1，1.15，1.18，1.2，1.25，1.3，1.35，1.4，1.45，1.5，1.55，1.6，1.65，1.7，1.75，1.8，1.85，1.9，1.95，2.0，2.1，2.2，2.3……$\Delta\phi$0.1…13
U－113 DS－106 WD－172
直径系列：1.0 1.1 1.2 1.3 1.4
直径系列：13 间隔 $\Delta\phi$0.1</td></tr>
<tr><td>U－113
氮化钛-直柄麻花钻头</td><td>最小规格：ϕ1.0×40×18
最大规格：ϕ13×152×114</td></tr>
<tr><td>DS－106
覆 TiAlN 高速短刃钻头</td><td>最小规格：ϕ1.0×26×6.0
最大规格：ϕ13×102×51</td></tr>
<tr><td>WD－172
TiAlN 钨钢直柄短刃钻头</td><td>最小规格：ϕ1.0×26×6.0
最大规格：ϕ13×102×51</td></tr>
</table>

(续)

型号名称	规格(mm)	
WD-173 TiAlN 钨钢直柄钻头	最小规格:ϕ1.0×34×12 最大规格:ϕ13×151×101	直径系列间隔 $\Delta\phi$0.1 例如 1.0 1.1 1.2 1.3 1.4……13
WP-175 TiAlN 钨钢 NC 定点钻头	ϕ3×45×10 ϕ4×50×12 ϕ5×50×15 ϕ6×60×20 ϕ8×60×25 ϕ10×75×25 ϕ12×75×30 ϕ16×100×35	
WP-176 TiAlN 钨钢 NC 定点钻头	ϕ3×45×10 ϕ4×50×12 ϕ5.0×50×15 ϕ6×60×20 ϕ8×60×25 ϕ10×75×25 ϕ12×75×30 ϕ16×100×35	

产地:△40

注:表中规格:第一位数 ϕ 是直径,第二位数是全长(mm),第三位数是沟长(mm)。

(4) 磁力钻选用空心钻

(高速钢、高锰合金钢碳化钨钢空心钻)

① 高速钢空心钻头。

【特征】 含 5%钴合金,表面淬火处理,耐用性强,钻孔深度 35 mm。

【用途】 用于磁座钻(磁力钻)进行钻孔。

钻孔直径(mm)	总长度(mm)	订货编号	钻孔直径(mm)	总长度(mm)	订货编号
12	77	63127140011	23	77	63127151019
13	77	63127141010	24	77	63127152012
14	77	63127142013	25	77	63127153016
15	77	63127143017	26	77	63127154014
16	77	63127144015	27	77	63127155018
17	77	63127145019	28	77	63127156011
18	77	63127146012	29	77	63127157015
19	77	63127147016	30	77	63127158013
20	77	63127148014	31	77	63127159017
21	77	63127149018	32	77	63127160019
22	77	63127150010			

产地:△32

② 高锰合金钢空心钻头。

【特征】 钻孔深度35 mm。

【用途】 用于磁座钻(磁力钻)进行钻孔。

钻孔直径 (mm)	总长度 (mm)	订货编号	钻孔直径 (mm)	总长度 (mm)	订货编号
12	77	63127086019	37	77	63127111013
13	77	63127087013	38	77	63127112016
14	77	63127088011	39	77	63127113010
15	77	63127089015	40	77	63127114018
15.5	77	63127238011	41	77	63127115012
16	77	63127090017	42	77	63127116015
17	77	63127091016	43	77	63127117019
17.5	77	63127239015	44	77	63127118017
18	77	63127092019	45	77	63127119011
19	77	63127093013	46	77	63127120013
19.5	77	63127240017	47	77	63127121012
20	77	63127094011	48	77	63127122015
21	77	63127095015	49	77	63127123019
22	77	63127096018	50	77	63127124017
23	77	63127097012	51	77	63127125011
24	77	63127098010	52	77	63127126014
25	77	63127099014	53	77	63127127018
26	77	63127100015	54	77	63127128016
26.5	77	63127241016	55	77	63127129010
27	77	63127101014	56	77	63127130012
28	77	63127102017	57	77	63127131011
29	77	63127103011	58	77	63127132014
30	77	63127104019	59	77	63127133018
31	77	63127105013	60	77	63127134016
32	77	63127106016	61	77	63127135010
33	77	63127107010	62	77	63127136013
34	77	63127108018	63	77	63127137017
35	77	63127109012	64	77	63127138015
36	77	63127110014	65	77	63127139019

产地:△41

③ 碳化钨空心钻头。

【特征】 带 M18 螺纹接口，钻孔深度 ϕ50 mm。

【用途】 适用于装在磁座钻中，作特硬钢的钻孔。

钻孔直径 (mm)	总长度 (mm)	订货编号	钻孔直径 (mm)	总长度 (mm)	订货编号
35	78	63127010015	62	78	63127052013
36	78	63127027019	63	78	63127053017
37	78	63127028017	64	78	63127054015
38	78	63127011014	65	78	63127055019
39	78	63127029011	12	82	63127042014
40	78	63127012017	13	82	63127043018
41	78	63127030013	14	82	63127044016
42	78	63127013011	15	82	63127045010
43	78	63127014019	16	82	63127046013
44	78	63127031012	17	82	63127047017
45	78	63127015013	18	82	63127001015
46	78	63127032015	19	82	63127019012
47	78	63127033019	20	82	63127002018
48	78	63127016016	21	82	63127020014
49	78	63127034017	22	82	63127003012
50	78	63127017010	23	82	63127021013
51	78	63127035011	24	82	63127022016
52	78	63127018018	25	82	63127004010
53	78	63127036014	26	78	63127005014
54	78	63127037018	27	78	63127023010
55	78	63127038016	28	78	63127006017
56	78	63127039010	29	78	63127024018
57	78	63127040012	30	78	63127007011
58	78	63127041011	31	78	63127025012
59	78	63127049019	32	78	63127008019
60	78	63127050011	33	78	63127026015
61	78	63127051010	34	78	63127009013

产地：德国“泛音”。

3. 新型铣刀

(1) UBT不锈钢专用铣刀

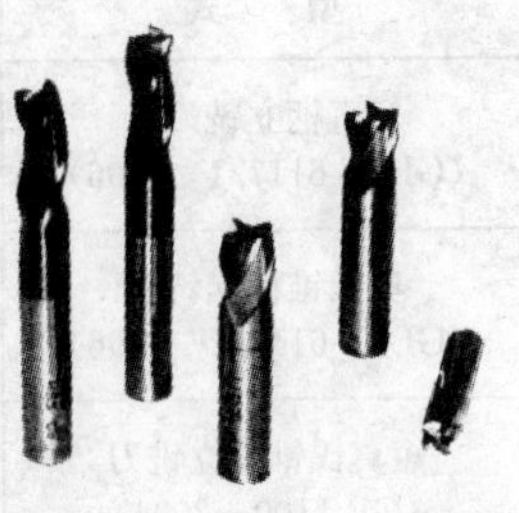

【特点】 选用优质的德国棒料生产，ALTIN高铝钛超硬涂层，以提高加工效率和刀具寿命。解决了不锈钢难加工的问题。

【用途】 适宜不锈钢、钛合金模具钢等难切削材料的加工。

【规格】

尺寸(mm)				尺寸(mm)			
刃径	柄径	刃长	总长	刃径	柄径	刃长	总长
3	3	8	50	12	12	30	75
4	4	10	50	14	14	30	75
5	6	15	50	16	16	45	100
6	6	15	50	18	18	45	100
8	8	20	60	20	20	45	100
10	10	25	75				

产地：△41

(2) 直柄及锥柄立铣刀

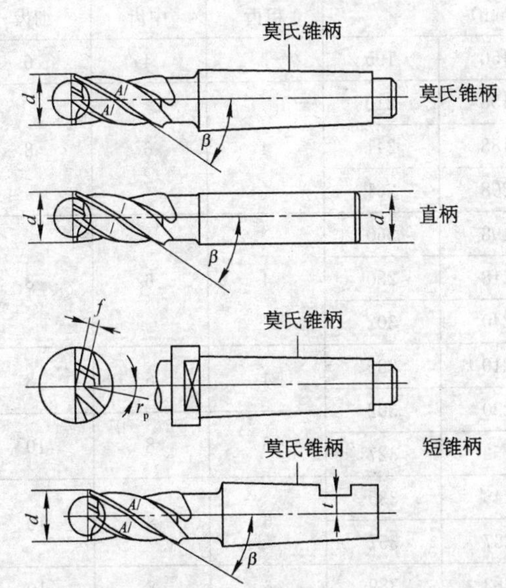

① 直柄、莫氏锥柄及短莫氏锥柄立铣刀。

<table>
<tr><th colspan="2">型　　式</th><th colspan="3">铣刀直径 d(mm)</th><th colspan="3">铣刀刀齿数(个)</th></tr>
<tr><td colspan="2">直柄立铣刀
(GB/T 6117.1—1996)</td><td colspan="3">2～71</td><td colspan="3" rowspan="2">粗齿:3, 4, 6
中齿:4, 6, 8
细齿:5, 6, 8, 10</td></tr>
<tr><td colspan="2">莫氏锥柄立铣刀
(GB/T 6117.2—1996)</td><td colspan="3">6～63</td></tr>
<tr><td colspan="2">短莫氏锥柄立铣刀
(GB 1109—2004)</td><td colspan="3">14～50</td><td colspan="3">3, 4</td></tr>
<tr><td>直径系列
基本尺寸
(mm)</td><td>2.0
2.5
3.0
3.5</td><td>4.0
5.0
6.0
7.0</td><td>8.0
9.0
10
11</td><td>12
14
16
18</td><td>20
22
25
28</td><td>32
36
40
45</td><td>50
56
63
71</td></tr>
</table>

注:莫氏锥柄立铣刀之直径范围/莫氏锥度号为:6～12 mm/1, 14～20 mm/2, 22～36 mm/3, 32～45 mm/4, 40～45 mm/5, 50 mm/4, 5, 56 mm/4, 56～63 mm/5。短莫氏锥柄立铣刀的直径范围/莫氏锥度号为:14～20 mm/2, 22～28 mm/3, 32～50 mm/4。

② 7∶24 锥柄立铣刀(GB/T 6117.3—1996)。

<table>
<tr><th>直径</th><th>标准长度系列</th><th>长系列</th><th colspan="3">刀　齿　数</th><th rowspan="2">7∶24
圆锥号</th></tr>
<tr><th colspan="3">(mm)</th><th>粗齿</th><th>中齿</th><th>细齿</th></tr>
<tr><td>25, 28</td><td>150</td><td>195</td><td>3</td><td>4</td><td>6</td><td>30</td></tr>
<tr><td rowspan="3">32, 36</td><td>158</td><td>210</td><td rowspan="3">4</td><td rowspan="3">6</td><td rowspan="3">8</td><td>30</td></tr>
<tr><td>188</td><td>241</td><td>40</td></tr>
<tr><td>208</td><td>261</td><td>45</td></tr>
<tr><td rowspan="3">40, 45</td><td>198</td><td>260</td><td rowspan="3">4</td><td rowspan="3">6</td><td rowspan="3">8</td><td>40</td></tr>
<tr><td>218</td><td>280</td><td>45</td></tr>
<tr><td>240</td><td>302</td><td>50</td></tr>
<tr><td>50</td><td>210</td><td>285</td><td>4</td><td>6</td><td>8</td><td>40</td></tr>
<tr><td rowspan="2">56</td><td>230</td><td>302</td><td rowspan="2">6</td><td rowspan="2">8</td><td rowspan="2">10</td><td>45</td></tr>
<tr><td>252</td><td>327</td><td>50</td></tr>
<tr><td rowspan="2">63, 71</td><td>245</td><td>335</td><td rowspan="2">6</td><td rowspan="2">8</td><td rowspan="2">10</td><td>45</td></tr>
<tr><td>267</td><td>357</td><td>50</td></tr>
<tr><td>80</td><td>283</td><td>389</td><td>6</td><td>8</td><td>10</td><td>50</td></tr>
</table>

(3) UBT四刃圆鼻铣刀

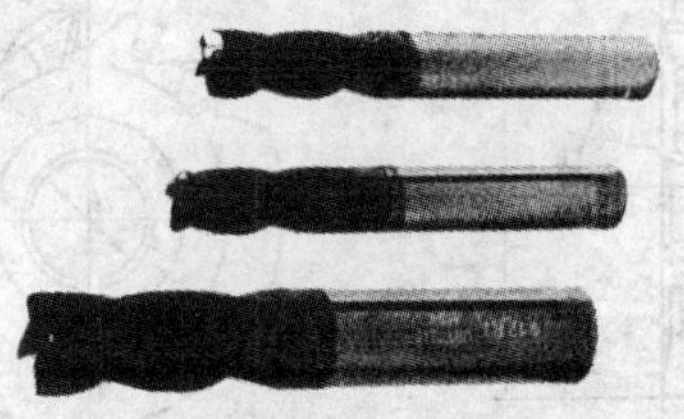

【用途】

硬质合金(钨钢)圆鼻角铣刀,是切削加工中的重要刀具,适用于模具和机械零部件内圆隅角和仿形加工,适合数控加工中心的高速加工。

【规格】

产品规格	尺　寸(mm)				
	刃径	柄径	R角	刃长	总长
UBT150406R0.5	6	6	0.5	12	60
UBT150406R1.0	6	6	1.0	12	60
UBT150408R0.3	8	8	0.3	25	75
UBT150408R0.5	8	8	0.5	25	75
UBT150408R1.0	8	8	1.0	25	75
UBT150410R0.5	10	10	0.5	30	75
UBT150410R1.0	10	10	1.0	30	75
UBT150410R1.5	10	10	1.5	30	75
UBT150412R1.0	12	12	1.0	30	75
UBT150412R1.5	12	12	1.5	30	75
UBT150412R2.0	12	12	2.0	30	75

产地:△41

(4) 三面刃铣刀(GB 6119.1—1996)

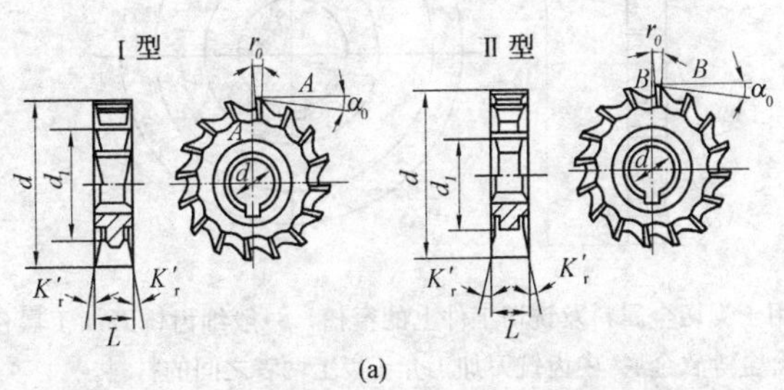

(a)

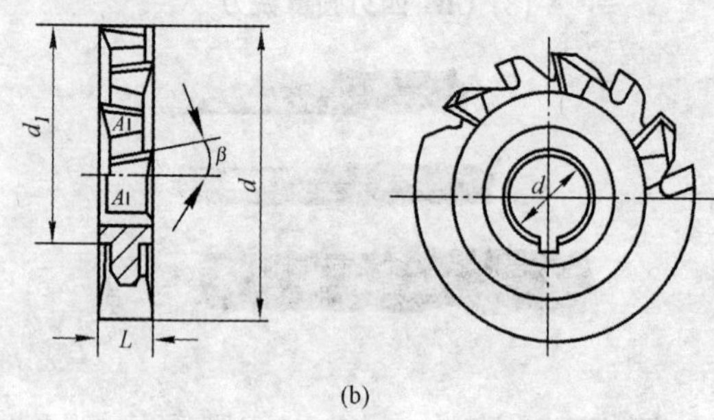

(a) 直齿三面刃铣刀；(b) 错齿三面刃铣刀

【用途】 三面刃铣刀分直齿和错齿两类，按精度分成普通级与精密级(错齿只有普通级)。此铣刀装夹在铣床上，用于铣削工件上的沟槽及端面；直齿用于铣削较浅的沟槽，错齿用于铣削较深的沟槽。

【规格】

直径 d(mm)	孔径 d_1(mm)	厚　度 L(mm)
50	16	4，5，6，8，10
63	22	4，5，6，8，10，12，14，16
80	27	5，6，8，10，12，14，16，18，20
100	32	6，8，10，12，14，16，18，20，22，25
125		8，10，12，14，16，18，20，22，25，28
160	40	10，12，14，16，18，20，22，25，28，32
200		12，14，16，18，20，22，25，28，32，36，40

(5) 锯片铣刀(GB/T 6120—1996)

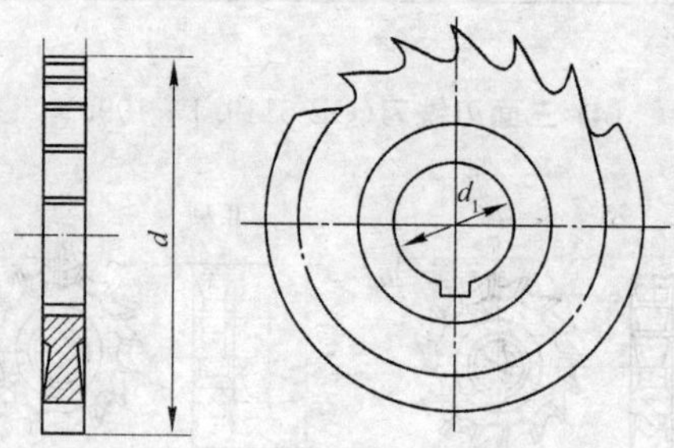

【用途】 用于锯切金属料及铣切工件上的窄槽。一般细齿铣刀加工黑色金属，粗齿铣刀加工铝及铝合金等软金属，中齿铣刀加工介于以上两者之间的材料。

【规格】 (GB/T 6120—1996)

齿形锯片	直径	孔径	厚度(mm)(用√表示)/齿数(用数字表示)															
	(mm)		0.2	0.25	0.3	0.4	0.5	0.6	0.8	1.0	1.2	1.6	2.0	2.5	3.0	4.0	5.0	6.0
细齿锯片铣刀	20	5	80	√	√	64	√	√	48	√	√	40	32					
	25	8	√	√	80	√	√	64	√	√	48	√	√	40				
	32	8	√	100	√	√	80	√	√	64	√	√	48	√	40			
	40	10 (13)	128	√	√	100	√	√	80	√	√	64	√	√	48	40		
	50	13		√	128	√	√	100	√	√	80	√	√	64	√	√	48	
	63	16			√	√	128	√	√	100	√	√	80	√	√	60	√	48
	80	22					√	√	128	√	√	100	√	√	80	√	√	64
	100	22 (27)						160	√	√	128	√	√	100	√	√	80	64
	125								√	160	√	√	128	√	√	100	√	80
	160										√	160	√	√	128	√	√	100
	200	22										√	√	160	√	√	138	100
	250												200	√	√	160	√	128
	315	40												√	200	√	√	160
中齿锯片铣刀	32	8			√	√	40	√	√	32	√	√	24	√	20			
	40	10 (13)			√	48	√	√	40	√	√	32	√	√	24	20		
	50	13			64	√	√	48	√	√	40	√	√	32	√	√	24	

(续)

齿形锯片	直径	孔径	厚度(mm)(用√表示)/齿数(用数字表示)															
	(mm)		0.2	0.25	0.3	0.4	0.5	0.6	0.8	1.0	1.2	1.6	2.0	2.5	3.0	4.0	5.0	6.0
中齿锯片铣刀	63	16			√	√	64	√	√	48	√	√	40	√	√	32	√	24
	80	22						√	64	√	√	48	√	√	40	√	√	32
	100	22							√	√	64	√	√	48	√	√	40	32
	125	(27)								80	√	√	64	√	√	48	√	40
	160										√	80	√	√	64	√	√	48
	200	32										√	√	80	√	√	64	48
	250												100	√	√	80	√	64
	315	40												√	100	√	√	80
粗齿锯片铣刀	50	13							√	√	24	√	√	20	√	√	16	
	63	16							√	32	√	√	24	√	√	20	√	16
	80	22							40	√	√	32	√	√	24	√	√	20
	100	22							√	√	40	√	√	32	√	√	24	20
	125	(27)								48	√	√	40	√	√	32	√	24
	160	23									√	48	√	√	40	√	√	32
	200	32										√	√	48	√	√	40	32
	250												64	√	√	48	√	40
	315	40												√	64	√	√	48

(6) 凸凹半圆铣刀（GB/T 1124.1—2007）

【用途】 适用于刀齿圆弧半径为 1～20 mm 的凸半圆铣刀和凹半圆铣刀。

① 凸半圆铣刀。

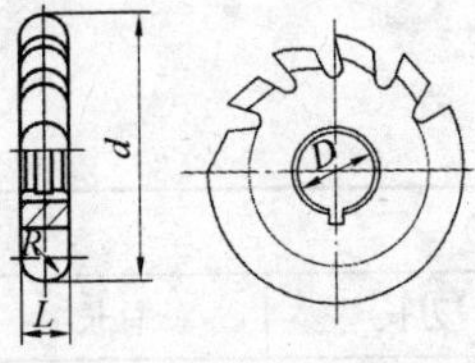

规格尺寸表 （mm）

R k11	d js16	D H7	L +0.30 0
1	50	16	2
1.25			2.5
1.6			3.2
2			4
2.5	63	22	5
3			6
4			8
5			10
6	80	27	12
8			16
10	100	32	20
12			24
16	125		32
20			40

② 凹半圆铣刀。

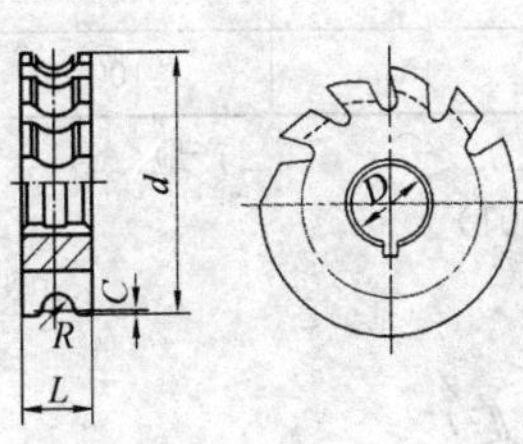

规格尺寸表 （mm）

R N11	d js16	D H7	L js16	C
1	50	16	6	0.2
1.25				
1.6			8	0.25
2			9	
2.5	63	22	10	0.3
3			12	
4			16	0.4
5			20	0.5
6	80	27	24	0.6
8			32	0.8
10	100	32	36	1.0
12			40	1.2
16	125		50	1.6
20			60	2.0

(7) UBT 硬质合金铝合金专用铣刀

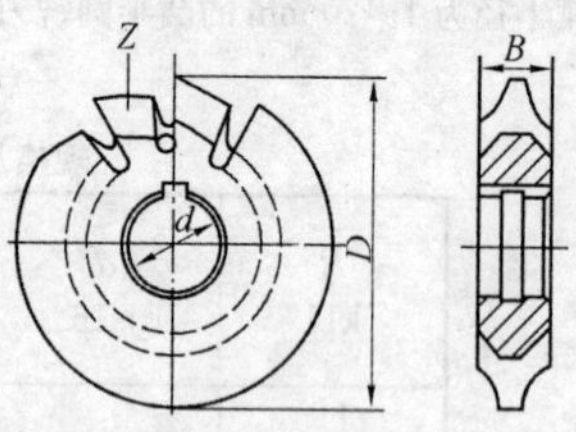

【性能】 针对铝、镁合金制造加工而设计的大螺旋升角设计，特点是排屑顺畅，加工表面光洁度高。

适合铝、镁、铜等软金属材料的切削加工。

【规格】

产品规格	尺寸(mm)			
	刃径	柄径	刃长	总长
UBT252203	3	3	9	50
UBT252204	4	4	14	50
UBT252205	5	6	16	50
UBT252206	6	6	20	50
UBT252208	8	8	22	60
UBT252210	10	10	25	75
UBT252212	12	12	30	75
UBT252214	14	14	30	75
UBT252216	16	16	45	100
UBT252218	18	18	45	100
UBT252220	20	20	45	100

产地：△3 41

(8) 齿轮滚刀(GB 6083—2001)

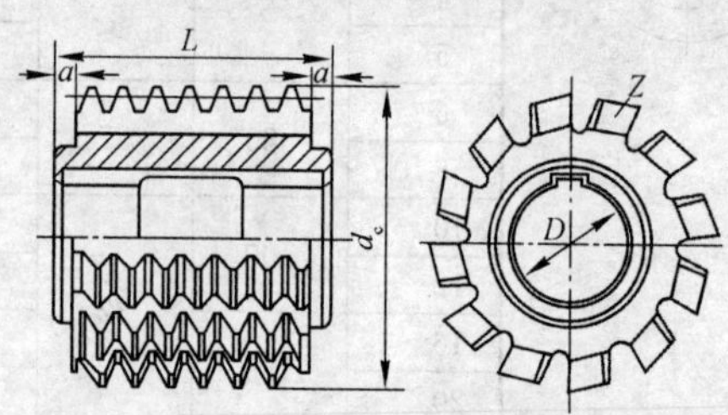

【用途】 装夹在滚齿机上，用于滚制直齿或斜齿渐开线圆柱形齿轮。

【规格】 分模数制(米制)和径节制(英制)两种。

<table>
<tr><td rowspan="2">模数系列
m
(mm)</td><td>小模数齿轮滚刀</td><td>0.1, 0.12, 0.15, 0.2, 0.25, 0.3, (0.35), 0.4, 0.5, 0.6, (0.7), 0.8, (0.9) (JB/T 2494.1—94)</td></tr>
<tr><td>模数齿轮滚刀</td><td>1, 1.25, 1.5, (1.75), 2, (2.25), 2.5, (2.75), 3, (3.25), (3.5), (3.75), 4, (4.5), 5, (5.5), 6, (6.5), (7), 8, (9), 10 (GB 6083—85)为Ⅰ、Ⅱ型模数滚刀。</td></tr>
<tr><td colspan="2">径节 DP 制滚刀系列</td><td>3, 3.5, 4, 4.5, 5, 6, 7, 8, 9, 10, 11, 12, 14, 16, 18, 20, 22, 24</td></tr>
</table>

表内不带括号的模数为第一系列模数、带括号的为第二系列模数(尽量不用)。

模数齿轮滚刀按基本尺寸分为:Ⅰ、Ⅱ型,Ⅰ型中有 AAA 级、AA 级两种精度;Ⅱ型有 AA 级、A 级、B 级、C 级四种精度。小模数齿轮滚刀有 AAA 级、AA 级、A 级和 B 级四种精度。

(9) 圆角铣刀(GB 6122—2002)

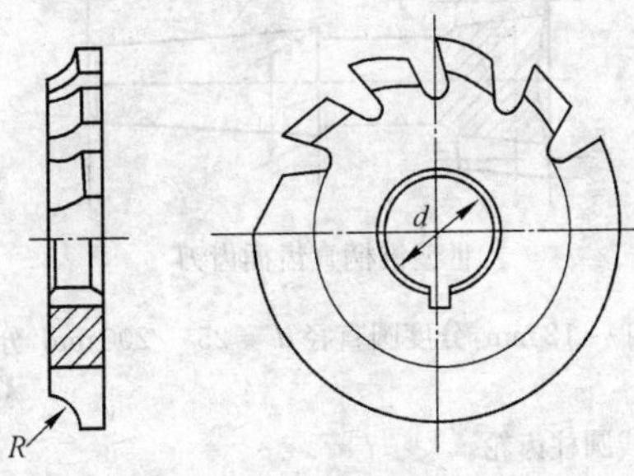

【用途】 用于铣削工件上的圆角、圆倒角。

【规格尺寸】 按齿圆半径 R(mm)分为:1, 1.25, 1.6, 2, 2.5, 3, 4, 5, 6, 8, 10, 12, 16, 20。

(10) 切口铣刀(JB/T 8366—1996)又名螺钉槽铣刀

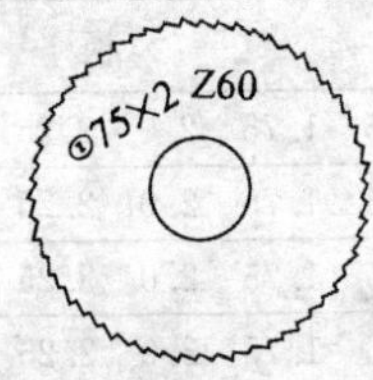

【用途】 用于铣削螺钉头部一字槽或其他工件上的窄槽。

【规格】

直径(mm)	孔径(mm)	刀齿数		厚　度(mm)
		细齿	粗齿	
40	13	90	72	0.25，0.3，0.4，0.5，0.6，0.8，1
60	16	72	60	0.4，0.5，0.6，0.8，1，1.2，1.6，2，2.5
75	22	72	60	0.6，0.8，1，1.2，1.6，2，2.5，3，4，5

(11) 直齿插齿刀(摘自 GB/T 6081—2001)

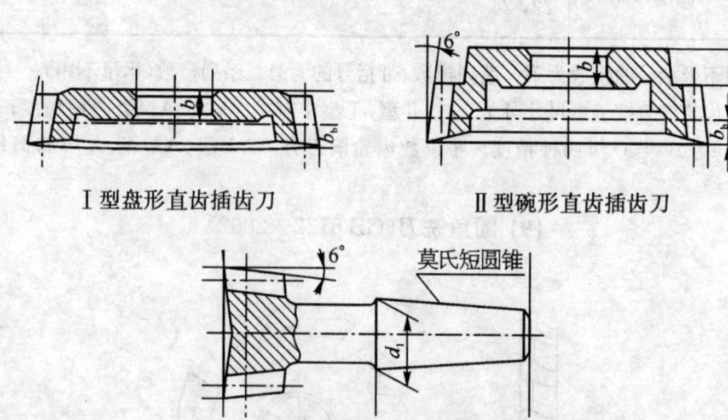

Ⅰ型盘形直齿插齿刀　　Ⅱ型碗形直齿插齿刀

Ⅲ型锥柄直齿插齿刀

【范围】　模数 $m = 1 \sim 12$ mm，分度圆直径 $d = 25 \sim 200$ mm，分度圆压力角 20° 精度等级 AA 级、A 级、B 级。

【用途】　加工渐开线圆柱齿轮。

公称分度圆直径与模数见下表：

直齿插齿刀型式	Ⅰ型	Ⅱ型	Ⅲ型
公称分度圆直径(mm)	75　100　125　160　200	50　75　100　125	25　38

(mm)

公称分度圆直径	模　　数
25	1.0　1.25　1.5　1.75　2.0　2.25　2.5　2.75
38	1.0　1.25　1.5　1.75　2.0　2.25　2.5　2.75　3.0　3.5
50	1.0　1.25　1.5　1.75　2.0　2.25　2.5　2.75　3.0　3.5
75	1.0　1.25　1.5　1.75　2.0　2.25　2.5　2.75　3.0　3.5　4
100	1.0　1.25　1.5　1.75　2.0　2.25　2.5　2.75　3.0
125	4.0　4.5　5.0　5.5　6.0　7.0　8.0
160	6.0　7.0　8.0　9.0　10
200	8.0　9.0　10　11　12

(12) 镶片圆锯(摘自 GB 6130—2001)

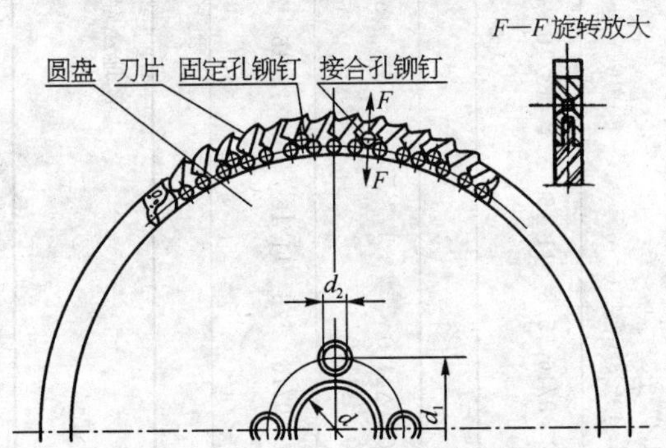

【用途】 用于锯切大截面、大直径的金属材料。按铆钉固定型式分 A 型(3 个铆钉),B 型(4 个铆钉)、C 型(3 个铆钉不对称配置)。本圆锯有细齿、中齿、粗齿和普通齿。外径 D(mm)有两个系列。

(mm)

一系列外径	250	315	400	500	630	800	1 000	1 250	1 600	2 000
二系列外径	350	410	510	610	710	810	1 010	1 430	2 010	

(13) 直柄及莫氏锥柄键槽铣刀(GB 1112.1、GB 1112.2—1997)

(a) 直柄键槽铣刀;(b) 锥柄键槽铣刀

【用途】 专门用于铣削轴件上的平行键槽。

【规格】

<table>
<tr><th colspan="4">直柄键槽铣刀</th><th colspan="3">锥柄键槽铣刀</th><th colspan="3">锥柄键槽铣刀</th></tr>
<tr><th>直径
(mm)</th><th>长度
(mm)</th><th>直径
(mm)</th><th>长度
(mm)</th><th>直径
(mm)</th><th>长度
(mm)</th><th>莫氏锥
度号</th><th>直径
(mm)</th><th>长度
(mm)</th><th>莫氏锥
度号</th></tr>
<tr><td>2</td><td>39</td><td>8</td><td>63</td><td>10</td><td>92</td><td rowspan="2">1</td><td rowspan="2">32, 36</td><td>155</td><td>3</td></tr>
<tr><td rowspan="2">3</td><td rowspan="2">40</td><td rowspan="2">10</td><td rowspan="2">72</td><td rowspan="2">12, 14</td><td>96</td><td>178</td><td rowspan="2">4</td></tr>
<tr><td>111</td><td rowspan="3">2</td><td rowspan="2">40,45</td><td>188</td></tr>
<tr><td>4</td><td>43</td><td>12, 14</td><td>83</td><td>16, 18</td><td>117</td><td>221</td><td>5</td></tr>
<tr><td rowspan="2">5</td><td rowspan="2">47</td><td rowspan="2">16, 18</td><td rowspan="2">92</td><td rowspan="2">20, 22</td><td>123</td><td rowspan="3">50,56</td><td rowspan="2">200</td><td rowspan="2">4</td></tr>
<tr><td>140</td><td rowspan="3">3</td></tr>
<tr><td>6</td><td>57</td><td>20</td><td>104</td><td rowspan="2">24, 25,
28</td><td rowspan="2">147</td><td>233</td><td rowspan="2">5</td></tr>
<tr><td>7</td><td>60</td><td></td><td></td><td>63</td><td>248</td></tr>
</table>

(14) 高钴端铣刀

(mm)

型号	名称	特点	直径系列
EM-141/142	高钴端铣刀	标准2刃、4刃型	EM-141 1.0～10 $\Delta\phi0.5$ 10—25$\Delta\phi1.0$ EM-142 2.5～10 $\Delta\phi0.5$ 10—25$\Delta\phi1.0$
EM-141/142	高钴端铣刀	标准2刃、4刃型(英寸)	1/8 3/16 1/4 5/16 3/8 7/16 1/2 9/16 5/8 11/16 3/4 13/16 7/8 15/16 1
EM-143/144	高钴端铣刀	长2刃、4刃型	3.0～25.0 直径间隔 $\Delta\phi1.0$
EM-145/146	高钴端铣刀	覆TiCN标准2刃、4刃型	EM-145 1.0～10.0 $\Delta\phi0.5$ 11～25.0 $\Delta\phi1.0$ EM-146 2.5～10.0 $\Delta\phi0.5$ 11～25.0 $\Delta\phi1.0$
EM-145/146	高钴端铣刀	覆TiCN标准2刃、4刃型(英寸)	1/8 3/16 1/4 5/16 3/8 7/16 1/2 9/16 5/8 11/16 3/4 13/16 7/8 15/16 1
EM-147/148	高钴端铣刀	覆TiCN长2刃、4刃型	3.0～25.0 直径间隔 $\Delta\phi1.0$

注：$\Delta\phi0.5$ 表示直径间隔 0.5，$\Delta\phi1.0$ 表示直径间隔 1.0。

产地⚠74

(15) 钨钢立铣刀(Solld CarbidE End Mills)

型号	名称	特点	规格	直径系列
WE-181/182	极细微粒 碳化钨立铣刀	2刃 4刃	WE-181 WE-182	1.0～13.0 $\Delta\phi0.5$；13.0～20.0 $\Delta\phi1.0$ 1.0～12.0 $\Delta\phi0.5$；12.0～20.0 $\Delta\phi1.0$

（续）

型　号	名　称	特　点	规　格	直径系列
WE－183/184	极细微粒 碳化钨长刃立铣刀	长 2 刃 长 4 刃	WE－183 WE－184	2.0，3.0，4.0～13.0　$\Delta\phi$0.5，13，14，15，16 2.0，3.0，4.0～7.0　$\Delta\phi$0.5，8，10，12，14，16，18，20，25
WE－18A/18B	极细微粒 碳化钨球型立铣刀	球型 2 刃/4 刃	WE－18A WE－18B	1.0～3.0　$\Delta\phi$0.5，4.0，5.5，6.0，7.0，8.0，9.0，10，12，14，16，20，6.0，8.0，10，12，14，16，20
WE－18C/18D	极细微粒 碳化钨园鼻立铣刀	园鼻 2 刃/4 刃	WE－18C WE－18D	1.0　1.5　2.0　3.0　4.0　5.0　6.0　8.0　10.0　12.0 3.0　4.0　5.0　6.0　8.0　10.0　12.0
WE－181S/181M	极细微粒 碳化钨小径立铣刀	微小径 2 刃 长颈小径 2 刃	WE－181S WE－181M	0.3　0.4　0.5　0.6　0.7　0.8　0.9　全长 38 1.0×60　1.5×60　2×60　2.5×60　3×75　4×75
WE－18AL/185L	极细微粒碳化钨 长柄球型立铣刀	长柄 2 刃 铝合金用长 2 刃	WE－18AL WE－185L	2.0　2.5　3.0　4.0　5.0　6.0　9.0　10　12　14　16　18　20　3.0　4.0　5.0　6.0　8.0　10　12　16　20
WE－18AS/18AM	极细微粒碳化钨 微小径球型立铣刀	微小径 2 刃 长颈小径 2 刃	WE－18AS WE－18AM	0.5　0.6　0.7　0.8　0.9　1.0　1.2　1.4　1.5　1.6　1.8　2.0　2.5　3.0　1.0　1.5　2.0　2.5　3.0　4.0
WE－185/186	极细微粒碳化钨 铝合金用标准立铣刀	标准 2 刃 标准 3 刃	WE－185 WE－186	3.0　4.0　5.0　6.0　8.0　10　12　16　20 3.0　4.0　6.0　8.0　10　12　16　20
WE－188/189	极细微粒碳化钨 标准立铣刀	3 刃 6 刃	WE－188 WE－189	3.0　4.0　5.0　6.0　8.0　10　12　16 6.0　8.0　10　12　16　20

产地：△40

4. 高速钢车刀条(GB 4211—2004)又称白钢车刀、车刀钢

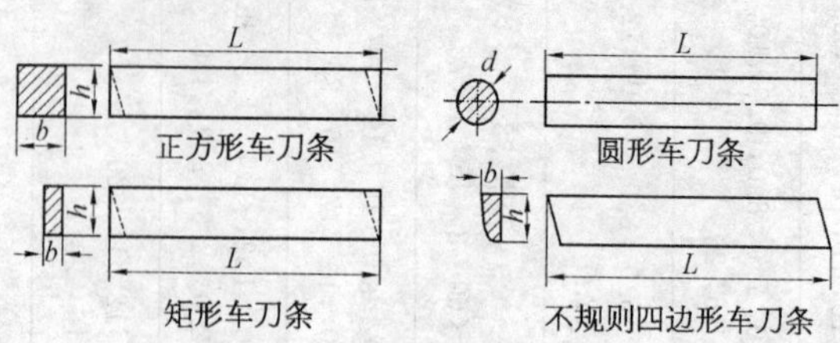

正方形车刀条　圆形车刀条

矩形车刀条　不规则四边形车刀条

【用途】 磨成适当形状和角度后,安装在机床上用于切削金属工件。

【规格】

边长 a	长度 L
正方形高速钢车刀条	
4, 5	63, 80
6, 8	63, 80, 100, 160, 200
10, 12	63, 80, 100, 160, 200
(14), 16	100, 160, 200
(18)20	160, 200
(22)25	160, 200
宽×高	矩形高速钢车刀条
4×6	100
5×8	100
6×10	100, 160, 200
8×12	100, 160, 200
10×16	100, 160, 200
12×20	160, 200
16×25	160, 200

宽×高	长度 L
矩形高速钢车刀条	
4×8	100
5×10	100
6×12	100, 160, 200
8×16	100, 160, 200
10×20	160, 200
12×25	160, 200
3×12	100, 160
4×16	100, 160, 200
5×20	160, 200
6×25	160, 200
3×16	100
4×20	100, 160, 200
5×25	160, 200

直径 b×h	长度 L'
圆形高速钢车刀条	
直径 d4.5	63　80　100
d6	63　80　100　160
d8	80　100　160
d10	80　100　160　200
d12、d16	100　160　200
d20	200
不规则四边形高速钢车刀条	
3×12	85, 120
5×12	85, 120
3×16	140, 200
4×16	140
6×16	140
4×18	140
3×20	140, 250
4×20	140, 250
4×25	250
5×25	250

5. 砂轮、磨头、砂瓦及磨石

【用途】 装于砂轮机或磨床、磨削器具上,用以磨削金属件、刀具、刃具属材料件等。

【规格】 包括砂轮形状代号、磨料种类、磨料粒度、砂轮组织、砂轮硬度、结合剂、砂轮主要尺寸及砂轮规格表示方法。

(1) 固结磨具尺寸(第1部分)外圆磨砂轮(GB/T 4127.1—2007)

外圆磨砂轮型号名称及尺寸(外径 *D* 系列)表

型号	砂轮名称	外径(*D*)系列
1型	平行砂轮	250、300、350/356、400/406、450/457、500/508、600/610、750/762、800/813、900/914、1060/1067、1250 (A系列) (B系列) 300、350、400、450、500、600、700、750、760
5型	单面凹砂轮	(A系列) 300、350/356、400/406、450/457、500/508、600/610、750/762、800/813、900/914、1060/1067 (B系列) 300、350、400、500、600、1050、1200
7型	双面凹砂轮	(A系列) 300、350/356、400/406、450/457、500/508、600/610、750/762、800/813、900/914、1060/1067 (B系列) 300、350、400、500、600、750、900、1200、1250、1320、1400、1600
20型	单面锥砂轮	250、300、300/356、400/406、450/457、500/508、600/610、700/762
21型	双面锥砂轮	外径(*D*)系列与20型相同
22型	单面凹单面锥砂轮	(A系列)300、350/356、400/406、450/457、500/508、600/610、750/762
23型	单面凹带锥砂轮	(A系列) 300、350/356、400/406、450/457、500/508、600/610、750/762 (B系列) 300、350、400、500、600、750
24型	双面凹单面锥砂轮	300、350/356、400/406、450/457、500/508、600/610、750/762
25型	单面凹双面锥砂轮	300、350/356、400/406、450/457、500/508、600/610、750/762
26型	双面凹带锥砂轮	(A系列) 300、350/356、400/406、450/457、500/508、600/610、750/762 (B系列) 500、600、750、900
38型	单面凸砂轮	(A系列) 250、300、350/356、400/406、450/457、500/508、600/610、750/762、900/914、1060/1067 (B系列) 500、600
39型	双面凸砂轮	(A系列) 250、300、350/356、400/406、450/457、500/508、600/610、750/762、900/914、1060/1067
1-N型	平形N型面砂轮	外径(*D*)系列 600、750、900

注：上述13种砂轮适用于外圆磨砂轮(工件装夹在顶间尖)，工件和砂轮是机械操纵。

外圆磨砂轮 13 种型号图形如下

型号	图　形	型号	图　形
1		5	
20		7	
21		25	
22		26	
23		38	
24		39	
		1－N	

(2) 固结磨具尺寸(第3部分)内圆磨砂轮(GB/T 4127.3—2007)

1型:平形砂轮

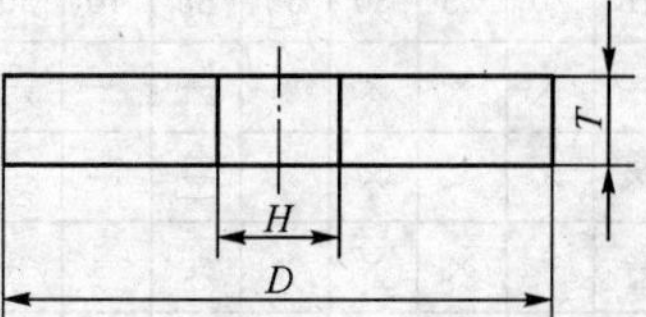

1型砂轮尺寸(A系列)

D	T										H
	6	10	13	16	20	25	32	40	50	63	
6	×	—	—	—	—	—	—	—	—	—	2.5
10	×	×	×	×	×	—	—	—	—	—	4
13	×	×	×	×	×	—	—	—	—	—	
16	×	×	×	×	×	—	—	—	—	—	6
20	×	×	×	×	×	×	×	—	—	—	
25	×	×	×	×	×	×	×	—	—	—	10
32	×	×	×	×	×	×	×	×	×	—	
40	×	×	×	×	×	×	×	×	×	—	13
50	—	×	×	×	×	×	×	×	×	×	20
63	—	—	×	×	×	×	×	×	×	×	
80	—	—	—	—	×	×	×	×	×	×	
100	—	—	—	—	×	×	×	×	×	×	32
125	—	—	—	—	—	×	×	×	×	×	
150	—	—	—	—	—	—	×	×	×	×	
200	—	—	—	—	—	—	×	×	×	×	

1型砂轮尺寸(B系列)

D	T																H
	6	8	10	13	16	20	25	30	32	35	40	50	63	75	100	120	
3	×	×	×	×	×	—	—	—	—	—	—	—	—	—	—	—	1
4	×	×	×	×	×	×	—	—	—	—	—	—	—	—	—	—	1.5
5	×	×	×	×	×	×	—	—	—	—	—	—	—	—	—	—	2
6	×	×	×	×	×	×	—	—	—	—	—	—	—	—	—	—	

(续)

D	T: 6	8	10	13	16	20	25	30	32	35	40	50	63	75	100	120	H
8	×	×	×	×	×	×	×	×	×	—	—	—	—	—	—	—	3
10	×	×	×	×	×	×	×	×	×	—	—	—	—	—	—	—	
13	—	×	—	—	—	—	×	×	×	—	—	—	—	—	—	—	4
16	×	×	×	×	×	×	—	—	—	—	—	—	—	—	—	—	
	—	×	—	—	—	—	×	×	×	—	—	—	—	—	—	—	6
20	—	×	—	—	—	—	—	×	—	×	×	×	×	×	—	—	
25	×	×	×	×	×	×	×	×	×	×	×	×	—	—	—	—	
	—	—	—	—	—	—	×	×	×	×	×	×	—	—	—	—	10
30	×	×	×	×	×	×	×	×	×	×	×	×	×	×	×	—	
35	×	×	×	×	×	×	×	×	×	×	×	×	×	—	—	—	
38	—	—	—	—	—	—	—	—	—	—	×	—	—	—	—	—	
40	×	×	×	×	×	×	×	×	×	×	×	×	—	—	—	—	
	—	×	—	—	—	—	—	×	—	×	—	—	—	—	—	—	13
	×	×	×	×	×	×	×	×	×	×	×	×	×	—	—	—	16
45	×	×	×	×	×	×	×	×	×	×	×	×	—	—	—	—	
50	×	×	×	×	×	×	×	×	×	×	×	×	—	—	—	—	13
	×	×	×	×	×	×	×	×	×	×	×	×	×	—	—	—	16
60	×	×	×	×	×	×	×	×	×	×	×	×	—	—	—	—	
	×	×	×	×	×	×	×	×	×	×	×	×	×	×	×	—	20
70	×	×	×	×	×	×	×	×	×	×	×	×	×	×	×	—	
80	×	×	×	×	×	×	×	×	—	×	—	—	—	×	×	—	
90	×	×	×	×	×	×	×	×	×	×	×	×	×	×	×	—	
100	—	—	—	—	—	—	—	—	—	—	—	—	×	×	×	×	
125	—	—	—	—	—	—	—	—	—	—	—	—	×	×	×	×	32
150	—	—	—	—	—	—	—	—	—	—	—	—	×	×	×	×	

注：砂轮厚度 T 也可按在 2、3、4、5、7、9、11、12、14、15、18、23、28 mm 中选择。

5 型单面凹砂轮(GB/T 4127.3—2007)

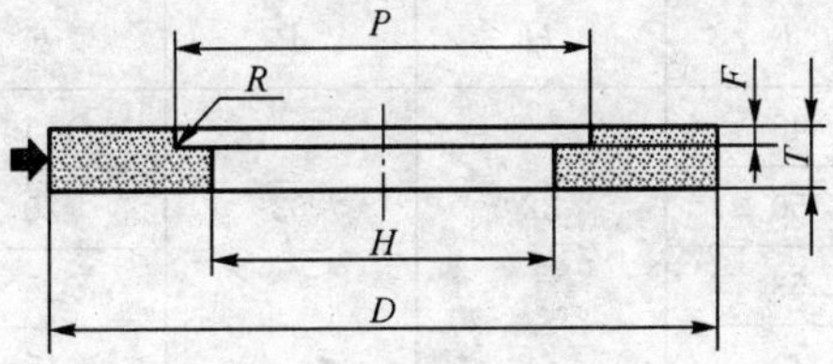

5 型砂轮的尺寸(A 系列)

D	T	H	P	F	R_{max}
13	13	4	8	6	0.3
16	10	6	10	4	
	16			6	
20	13	6	13	6	
	20			8	
25	10	6,10	16	4	
	16			6	
	25			10	
32	13	10	16	6	
	20			8	
	32			12	
40	16	13	20	6	
	25			10	
	40			15	
50	16	20	32	6	
	25			10	
	40			15	
63	25	20	40	10	
	40			15	
	50			20	
80	40	20	45	15	
	50			20	
	63			25	
100	40	32	50	15	
	50			20	
	63			25	

(续)

D	T	H	P	F	R_{max}
125	40	32	63	15	1
	50			20	
	63			25	
150	40	32	80	15	
	50			20	
	63			25	
200	50	32	100	20	3.2
	60			25	

5 型砂轮的尺寸(B 系列)

D	T									H	P
	10	13	16	20	25	32	40	50			
	F										
	5	6	8	10	13	16	20	25	30		
10	—	×	—	—	—	—	—	—	—	3	6
13	×	—	×	—	—	—	—	—	—	4	
16	—	×	—	×	—	—	—	—	—	6	10
20	—	—	×	—	×	—	—	—	—		
25	—	×	×	×	×	×	—	—	—		13
30	—	—	—	—	×	×	×	—	—	10	16
35	—	—	—	—	×	×	—	—	—		20
40	—	—	—	—	×	—	×	—	—		
	—	—	—	—	×	—	×	—	×	13	20
	—	—	—	—	—	×	×	—	—	16	20，25
50	—	—	—	—	×	—	×	×	—		
60	—	—	×	—	—	×	—	—	—		32
	—	—	—	—	×	×	×	—	×	20	
70	—	—	—	—	×	×	×	×	×	20	32，40
80	—	—	—	×	—	×	×	×	×		
100	—	—	—	—	—	×	×	×	—		50
125	—	—	—	—	—	×	—	×	—		65
	—	—	—	—	—	—	—	×	—	32	
150	—	—	—	—	—	×	—	×	—		85

注：$R \leqslant 5$。

过去的“普通磨具”现修改为“固结磨具”，(引自国际 ISO 603－1)，本部分的固结磨具适用于旋转工作的内孔面磨削，工件和砂轮由机械操纵。

(3) 磨头形状及代号(GB/T 4127—2007)

形状代号(新代号/旧代号)	名称	断面图	主要尺寸范围(mm)	用途举例
5301/MY	圆柱磨头	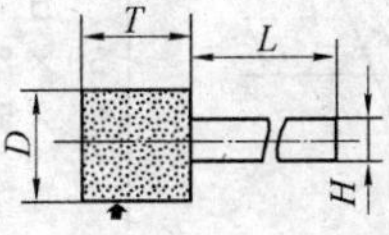 T L D H	$D\times T\times H$：4×10×1.5～40×75×10	磨特殊内圆面、模具壁面及清理毛刺
5302/MBQ	半球形磨头	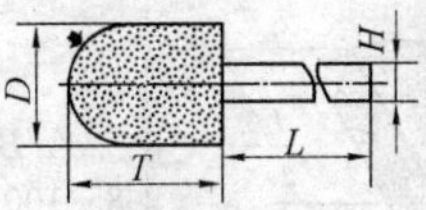 H D T L	$D\times T\times H$：25×25×6	磨特殊内圆
5303/MQ	球形磨头	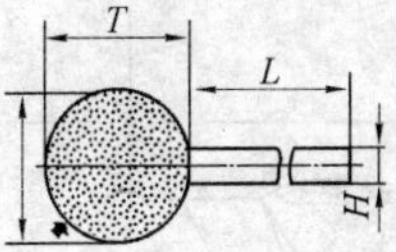 T L H	$D\times H$：10×3～30×6	磨有小圆角工件
5304/MJ	截锥磨头	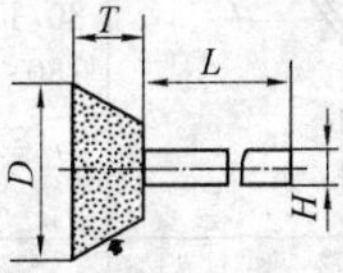 T L D H	$D\times T\times H$：16×8×3～30×10×6	磨各种形状槽及修磨角
5305/MTZ	带柄椭圆锥磨头	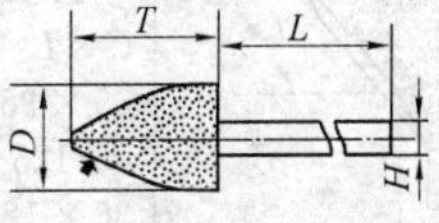 T L D H	$D\times T\times H$：10×20×3～20×40×6	磨特殊内圆及模具壁面
5306/ML	带柄 60°锥磨头	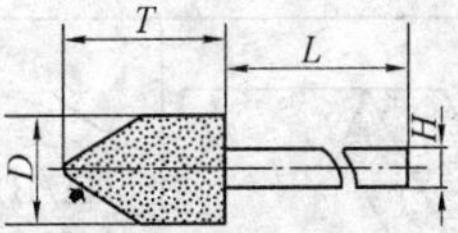 T L D H	$D\times T\times H$：10×25×3～30×50×6	磨锥面及顶孔
5307/MYT	带柄圆头锥磨头	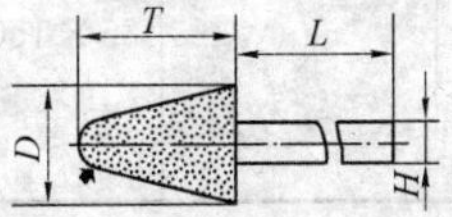 T L D H	$D\times T\times H$：16×16×3～35×75×10	磨特殊内圆及模具壁面

(4) 砂瓦形状及代号(GB/T 4127—2007)

代号(新代号/旧代号)	名称	形状图	主要尺寸范围(mm)	用途
3101/WP	平形砂瓦	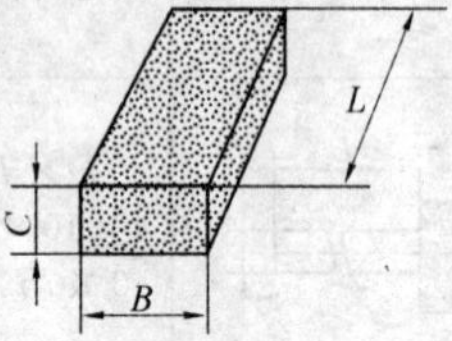	$B\times C\times L$：50×25×150～80×50×200	都可由数块拼装后，用于珩磨工件表面
3102/WPT	平凸形砂瓦	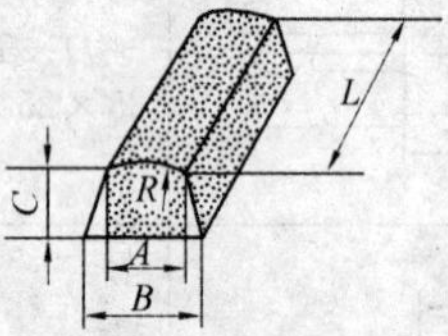	$A/B\times C\times L$：85/100×38×150	
3103/WTP	凸平形砂瓦	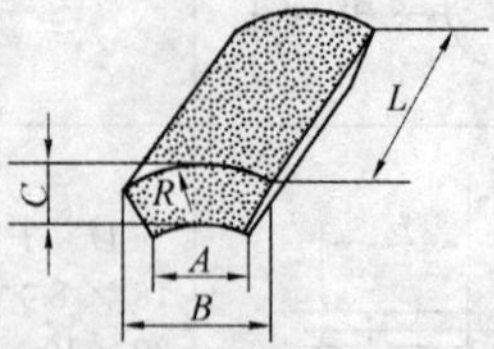	$A/B\times C\times L$：80/115×45×150	
3104/WS	扇形砂瓦	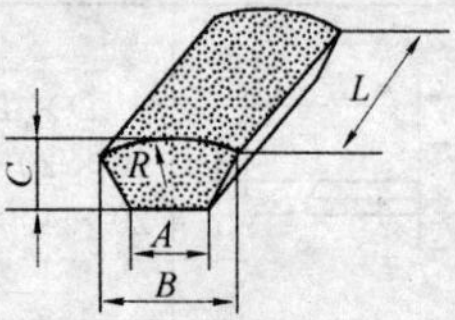	$A/B\times R\times C\times L$：40/60×85×25×75～85/125×225×35×125	
3109/WT	梯形砂瓦	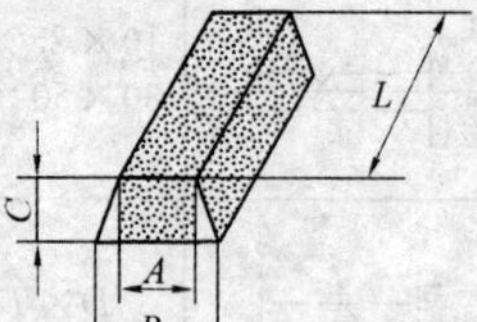	$A/B\times C\times L$：50/60×15×125～8/100×35×150	

(5) 磨石(或油石)形状及代号(GB/T 4127—2007)

代号 (新代号/旧代号)	名称	形状图	主要尺寸范围(mm)	用途举例
5410/SCH	长方珩磨油石	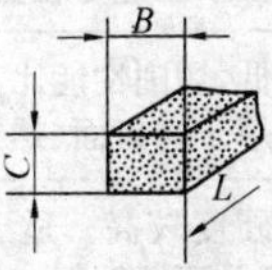	$B \times C \times L$: $4 \times 3 \times 40 \sim 16 \times 13 \times 160$	主要用于珩磨
5411/SFH	正方珩磨油石	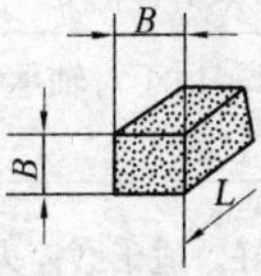	$B \times L$: $3 \times 40 \sim 16 \times 160$	主要用于珩磨
9010/SC	长方油石	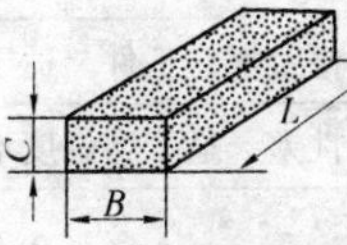	$B \times C \times L$: $20 \times 6 \times 125 \sim 75 \times 50 \times 200$	珩磨、抛光清理毛刺及錾刀等
9011/SF	正方油石	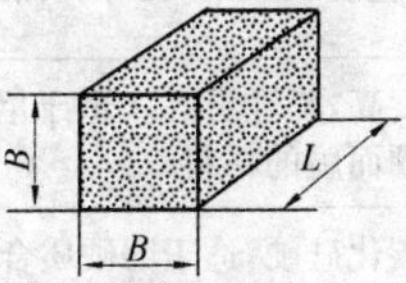	$B \times L$: $6 \times 100 \sim 40 \times 250$	超精磨、珩磨及钳工工作
9020/SJ	三角油石	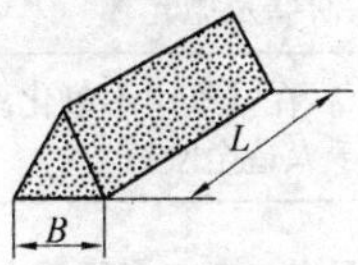	$B \times L$: $6 \times 100 \sim 25 \times 300$	珩磨齿面修磨曲轴等
9021/SD	刀形油石	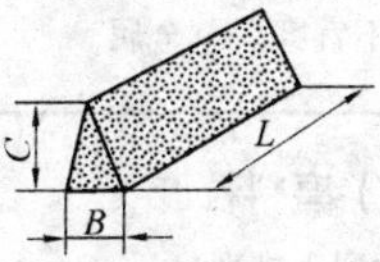	$B \times C \times L$: $10 \times 25 \times 150$ $10 \times 30 \times 150$ $20 \times 50 \times 150$	用于钳工工作
9030/SY	圆形油石	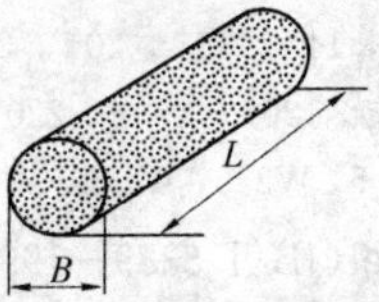	$B \times L$: $6 \times 100 \sim 20 \times 150$	珩磨齿面、球面及钳工工作等
9040/SB	半圆油石	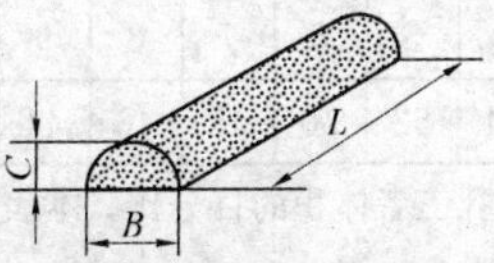	$B \times L$: $6 \times 100 \sim 25 \times 200$	用于各种钳工工作

(6) 磨料种类(GB/T 2476—1994)

分类	名称	颜色	性能及用途
刚玉系(氧化铝系)	棕刚玉	棕褐色	韧性好。适用于粗磨碳钢、合金钢、可锻铸铁及硬的有色金属等。承压能力较强
	白刚玉	白色	韧性较低,切削性能比A好。适于精磨各种合金钢、淬硬钢。多用于磨齿面、螺纹、刀具、平面磨等
	单晶刚玉	浅黄或白色	韧性及硬度较高。适于磨淬火钢、合金钢、高钒高速钢、耐热钢及不锈钢等
	微晶刚玉	棕褐色	韧性较高,适于对轴承钢、不锈钢和球墨铸铁等进行重磨削
	铬刚玉	紫红或玫瑰红	韧性较好。适于磨淬火钢及刃磨刀具等
	锆刚玉	褐灰	不易堵糊及烧伤工件。适于粗磨不锈钢、高钼钢等
	黑刚玉	黑色	硬但韧性差。适于磨硬度不高的材料及钟表件
碳化物系	黑色碳化硅	黑色	硬而脆。适于磨灰铸铁、铜、铝及岩石、皮革、硬橡胶等
	绿色碳化硅(GC)	绿色	硬度高,脆性更高。适于磨硬质合金、玻璃、玉石及玛瑙等硬而脆的材料
超硬材料	碳化硼(BC)	灰黑色	比碳化硅硬,适于磨硬质合金、陶瓷刀具及对模具精密件钻孔、研磨及抛光
	立方氮化硼(CBN)	棕黑色	韧性高,在空气中不氧化。适于磨难加工黑色金属,硬度仅次于人造金刚石
	人造金刚玉(MBD RVD)	白、绿、黑色	硬度最高。适于磨硬质合金、光学玻璃、宝石、陶瓷等材料,不宜磨黑色金属

(7) 磨料粒度

磨料粒度号数(按磨料颗粒尺寸自大到小排列):

4#,5#,6#,7#,8#,10#,12#,14#,16#,20#,22#,24#,30#,36#,40#,46#,54#,60#,70#,80#,90#,100#,120#,150#,220#,240#;W63,W50,W40,W28,W20,W14,W10,W7,W5,W3.5,W2.5,W1.5,W1.0,W0.5。

(8) 砂轮组织(JB/T 8389—1996)

组织号	0	1	2	3	4	5	6	7	8	9	10	11	12	13	14
磨料率(%)	62	60	58	56	54	52	50	48	46	44	42	40	38	36	34

注:砂轮组织即磨料、结合剂、气孔三者体积的百分比。本表只适于陶瓷或树脂结合剂的普通砂轮。

(9) 砂轮硬度(GB/T 2484—2006)

硬度代号(按由软至硬排列):A, B, C, D, E, F(超软),G(软$_1$), H(软$_2$), J(软$_3$), K(中软$_1$), L(中软$_2$), M(中$_1$), N(中$_2$), P(中硬$_1$), Q(中硬$_2$), R(中硬$_3$), S(硬$_1$), T(硬$_2$), Y(超硬)。括号内为旧标准规定的硬度等级名称。

(10) 砂轮结合剂(GB/T 2484—2006)

代号	名称	性能
V	陶瓷结合剂	耐热、耐水、耐油、性脆,不耐冲击,允许线速≤35 m/s。最常用,应用广泛
B	树脂结合剂	强度高,弹性较好,耐热性较差,不能用于碱性(>5%)切削液,允许线速≤50 m/s。适用于自由磨削、切断、粗磨及荒磨
R	橡胶结合剂	弹性最好。耐热性差,怕油、怕酸,允许线速≤50 m/s。适用于做薄砂轮,用作切断及抛光
Mg	菱苦土结合剂	强度较低,自锐性好。适于磨热敏性材料、磨具与工件接触面较大的工作,也可用于石材加工和磨米

(11) 砂轮主要尺寸(GB/T 4127—2007)

形状代号(新/旧)	名称		主要尺寸(mm)		
			外径 D	厚度 T	孔径 H
1/P	平形砂轮		300～900	32～200	75～305
5/PDA	单面凹砂轮		300～600	40～150	127～250
7/PSA	双面凹一号砂轮		300～900	50～150	127～305
23/PZA	单面凹带锥砂轮		300～750	40～75	127～305
26/PSZA	双面凹带锥砂轮		500～900	63～100	305
38/PDA	单面凸砂轮		500, 600	16, 20, 25	305
1—N/PSX$_2$	双斜边二号砂轮		600～900	25～200	305
1/P	内圆磨	平形砂轮	3～150	2～120	1～32
5/PDA		单面凹砂轮	10～150	10～50	3～32
1/P	平面磨	平形砂轮	150～900	13～300	32～305
5/PDA		单面凹砂轮	300～600	40～150	127～250
7/PSA		双面凹一号砂轮	300～900	50～150	127～305
36/PL	端面磨	螺栓紧固平形砂轮	300～1 060	40～90	20～350
2/N		筒形砂轮	90～600	80～100	7.5～60

（续）

形状代号（新/旧）	名　　称		主要尺寸(mm)		
			外径 D	厚度 T	孔径 H
1/P 或 7/PSA	无心外圆磨	砂轮	300～750	100～600	127～350
1/P		导轮	200～500	100～380	75～305
6/B	工具磨	杯形砂轮	40～250	25～100	13～150
11/BW		碗形砂轮	50～300	25～150	13～140
12/D_1		蝶形一号砂轮	75～800	8～35	13～400
12b/D_2		蝶形二号砂轮	225～450	18～29	40～127
4/PSX_1		双斜边砂轮	125～500	8～32	20～305
3/PDX_2		单斜边砂轮	75～750	6～50	13～305
1-C/PDX_1		平形 C 型砂轮	175～350	8～25	32～127
1/P	砂轮机及修整用砂轮	平形砂轮	100～600	20～75	20～305
27/JB		钹形砂轮	80～230	3～10	10，22
1/P	其他用途砂轮	曲轴用平形砂轮	650～1 600	22～150	304.8，305
1/P		滚动轴承用砂轮	10～600	2～80	3～203
1/P		钢球用平砂轮	720～820	80～110	290～450
1-N/PH		滚动轴承用弧形砂轮	250～600	8～45	75，203
7-J/JZ		磨针用双面凹 J 型面砂轮	400，450	150，200	100，150
8/JL		量规用双面凹二号砂轮	150～250	10～40	32，75

砂轮规格标记示例：

例如有一个外径 350 mm，厚度 52 mm，孔径 75 mm，棕刚玉磨料(A)，粒度为 70#，硬度为 K，4 号组织，陶瓷结合剂(V)，允许线速为 35 m/s 的平形(1 砂轮。则表示为：

砂轮 1—350×52×75—A70K4V—35 m/s GB 2485—1994)

6. 砂布(JB/T 3889—2006)

【用途】 装在机具上或用手工打磨金属工件表面的锈迹与毛刺，也可磨光工件表面。卷贴的砂布可对金属工件或胶合板进行磨削。

【规格】 (JB/T 3889—2006)。

① 形状代号：页状为 S(旧代号：干磨砂布为 BG，耐水砂布为 BN)，卷状为 R。尺寸：页状(mm)：230×280；卷状：(50，100，150，200，230，300，600，690，920)×(25 000，50 000)。

② 磨料：棕刚玉 A。

③ 粘结剂代号：动物胶为 G/G，半树脂为 R/G，全树脂为 R/R。

④ 磨料粒度号，P6～P240 及 W63，W40。

7. 干磨砂纸和水砂纸

【用途】 干磨砂纸，用于磨光竹、木器具表面。水砂纸用于在水或油中磨光金属件或非金属件表面。

【规格】

干磨砂纸(JB/T 7498—2006)

形状代号	宽×长(mm)		磨料代号	黏结剂代号	磨料粒度号
	页状(S)	卷状(R)			
页状为S，卷状为R	230×280	(50，100，150，200，300，600，690，920)×(25 000，50 000)	玻璃砂为GL，石榴石为G	动物胶为G/G，半树脂为R/G，全树脂为R/R	P24(4#)，P30(3#)，P36$\left(2\frac{1}{2}\right)^{\#}$，P40、P50(2#)，P60$\left(1\frac{1}{2}\right)^{\#}$，P70、P80(1#)，P100$\left(\frac{1}{2}\right)^{\#}$，P120(0#)，P150(210#)

水砂纸(JB/T 7499—2006)

形状代号	宽×长(mm)		磨料	结合剂	磨料粒度号
	页状(S)	卷状(R)			
页状为S，卷状为R	230×280	(50，100，150，200，230，300，600，690，920)×(25 000，50 000)	碳化硅，刚玉	树脂	P70(80#)，P80(100#)，P100(120#、150#)，P120(180#)，P150(200#、220#)，P180(240#、260#、300#)，P240(320#、360#)，W63(400#)，W40(500#)，W28(600#)

8. 金相砂纸

【用途】 专供金相试样抛光用。

【规格】

宽×长(mm)	磨料	结合剂	磨料粒度号
页状：70×230，93×230，140×230，115×140，115×280，230×280，260×260	白刚玉WA	聚醋酸乙烯树脂	W63、W50(280#)，W40、W28、W20(500#)，W14(600#)，W10(800#)，W7(1000#)，W5(1200#)

注：括号内为习惯称号。

9. 纤维增强树脂薄片砂轮

纤维增强树脂薄片砂轮

【用途】 用于切割厚度≤10 mm 的金属型材。

【规格】 （JB/T 4175—2006）

（mm）

<table>
<tr><th>外 径</th><th>单层纤维厚度</th><th>多层纤维厚度</th><th>孔 径</th></tr>
<tr><td>80</td><td rowspan="3">2.5</td><td rowspan="3">3.2</td><td>13</td></tr>
<tr><td>100</td><td>16</td></tr>
<tr><td>150，200</td><td>16，20，25.4，32</td></tr>
<tr><td>250，300</td><td rowspan="2">3.2</td><td rowspan="2">4</td><td rowspan="3">25.4，32</td></tr>
<tr><td>350</td></tr>
<tr><td>400</td><td>3.2，4</td><td>5</td></tr>
<tr><td>500</td><td>4，5</td><td>6</td><td rowspan="2">25.4，32，50.8，76.2</td></tr>
<tr><td>600</td><td>6</td><td rowspan="2">8</td></tr>
<tr><td>750</td><td>—</td><td>50.8，76.2</td></tr>
</table>

注：磨料及粒度为 30# ～36# 棕刚玉；树脂为 BF；允许线速为 60、70、80 m/s 三种。

10. 钹形砂轮（又称角向砂轮）（JB/T 3715—2006）

钹形砂轮

【用途】 装在角向磨光机上，用来打磨焊件的焊缝，清除铸件的毛刺、飞边及修整金属件表面的缺陷等。

【规格】

（mm）

<table>
<tr><td>外径</td><td>80，100</td><td>115，125，150</td><td>180</td><td>205，230</td></tr>
<tr><td>厚度</td><td colspan="2">3，4，6</td><td>4，6，8，10</td><td>6，8，10</td></tr>
<tr><td>孔径</td><td>10</td><td colspan="3">22</td></tr>
</table>

注：同纤维增强树脂薄片砂轮注。

11. 金刚石砂轮整形刀

金刚石砂轮整形刀

【用途】 用于修整磨钝或堵糊的砂轮,使之恢复锋利和平整。

【规格】

金刚石型号		100～300	300～500	500～800	800～1000	1000～2500	≥3000
每粒金刚石重量	克拉	0.10～0.30	0.3～0.50	0.50～0.80	0.80～1.00	1.00～2.50	≥3.00
	mg	20～60	60～100	100～160	160～200	200～500	≥600
修整砂轮尺寸范围(直径×厚度,mm)		≤100×12	100×12～200×12	200×12～300×15	300×15～400×20	400×20～500×30	≥500×40

注:金刚石可磨成 60°、100°、120°等多种角度。柄部长度×直径(mm):120×12。1 克拉=200 mg。

第二十一章　新型电子激光检测工具器件

1. 电子数显卡尺与仪表(GB/T 14899—2008)

本标准适用于分辨率为 0.01 mm,最大测量范围至 500 mm 的电子数显卡尺。

【型式】 推荐电子数显卡尺的型式为Ⅰ、Ⅱ、Ⅲ、Ⅳ型四种(见下四图)。

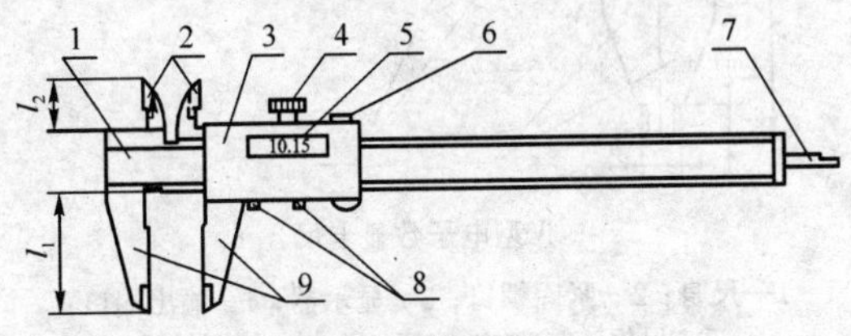

Ⅰ型电子数显卡尺

1—尺身；2—刀口形内测量爪；3—尺框；4—紧固螺钉；5—显示器；
6—输出端口；7—深度尺；8—功能按钮；9—外测量爪

注：图 1~4 仅作图解说明,不供表示详细结构之用。

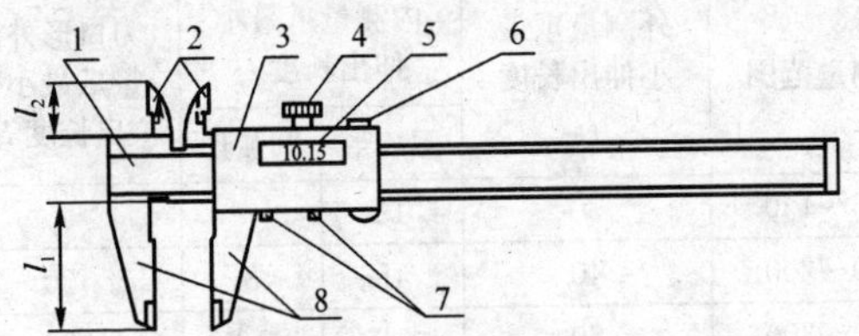

Ⅱ型电子数显卡尺

1—尺身；2—刀口形内测量爪；3—尺框；4—紧固螺钉；
5—显示器；6—输出端口；7—功能按钮；8—外测量爪

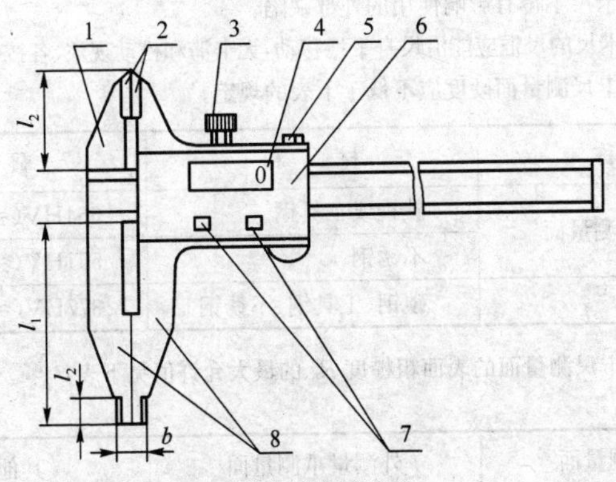

Ⅲ型电子数显卡尺

1—尺身；2—刀口形外测量爪；3—紧固螺钉；4—显示器；
5—输出端口；6—尺框；7—功能按钮；8—内、外测量爪

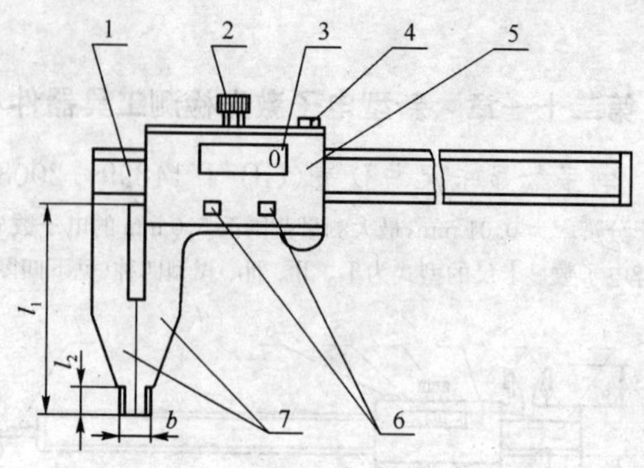

Ⅳ型电子数显卡尺

1—尺身；2—紧固螺钉；3—显示器；4—输出端口；
5—尺框；6—功能按钮；7—内、外测量爪

【结构尺寸】 电子数显卡尺测量爪伸出长度和圆弧形内测量爪的合并宽度应符合下表的规定。

(mm)

型式	测量范围	外测量爪最小伸出长度 l_1	内测量爪最小伸出长度 l_2		刀口形外测量爪最小伸出长度 l_3	圆弧形内测量爪合并宽度 b
			刀口形	圆弧形		
Ⅰ	0～150	30	12	—	—	—
Ⅰ、Ⅱ、Ⅲ	0～200	40	15	8	20	10
Ⅱ、Ⅲ	0～300	50	18	10	30	
Ⅳ	0～500	60		12	—	10 或 20

【技术要求】

① 电子数显卡尺不得有影响使用的外部缺陷。

② 电子数显卡尺的尺框应能沿尺身平稳移动，无卡滞和松动现象，各按钮应灵活、可靠。

③ 电子数显卡尺测量面硬度应不低于下表的规定。

名　称	材　料	硬　度
内外测量爪测量面	碳钢或工具钢	664HV(≈58HRC)
	不锈钢	551HV(≈52.5HRC)
其他测量面	碳钢、工具钢、不锈钢	377HV(≈40HRC)

④ 电子数显卡尺测量面的表面粗糙度 R_a 的最大允许值见下表。

(μm)

内测量爪测量面	外测量爪测量面	其他测量面
*Ra*0.32	*Ra*0.16	*Ra*0.63

⑤ 电子数显卡尺内、外测量爪合并后伸出长度应一致。

21.2

⑥ 电子数显卡尺外测量爪测量面平面度公差为 0.002 mm。

⑦ 电子数显卡尺外测量爪测量面无论尺框紧固与否,其平行度公差见下表。

(mm)

测 量 范 围	外测量爪测量面合并后的最大间隙	在测量范围内任何位置上两测量面间的平行度
0～150　0～200	0.006	0.01
0～300　0～500		0.02

⑧ 电子数显卡尺圆弧形内测量爪尺寸偏差为 $b^{+0.01}_{0}$。

⑨ 具有刀口形内测量爪的电子数显卡尺,当调整外测量爪测量面间的距离到 10 mm 时,其刀口形内测量爪尺寸偏差及其平行度公差见下表。

(mm)

刀口形内测量爪尺寸偏差	平 行 度
$^{+0.015}_{0}$	0.01

上表中内测量爪尺寸偏差是指在平行于尺身方向所测得的值与 10 mm 量块的差值。其他任一方向所测得之值与 10 mm 量块的差值均应不超过内测量爪尺寸偏差的上偏差。

⑩ 电子数显卡尺外测量示值误差和测量深度及台阶尺寸为 20 mm 时的示值误差,无论尺框紧固与否均应不超过下表的规定。

(mm)

测 量 长 度	示 值 误 差
0～200	0.03
>200～300	0.04
>300～500	0.05

⑪ 电子数显卡尺的示值变动性应不大于 0.01 mm。

⑫ 电子数显卡尺两测量面在任意位置时数值的漂移应不大于 0.01 mm。

⑬ 电子数显卡尺的工作环境温度为 0～40 ℃。

⑭ 电子数显卡尺的电流功耗应不大于 25 μA。

⑮ 电子数显卡尺尺框移动的最大速度 1 m/s。

按键数显卡尺

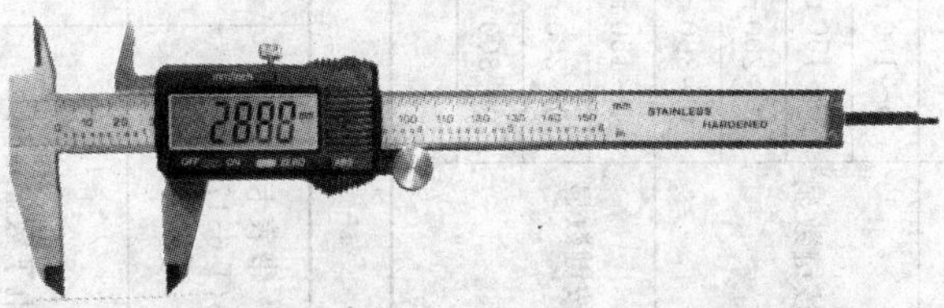

【用途】 替代传统的游标卡尺,特点是测量便捷,读数用数字显示,精度高。

【技术参数】

名　称	型　号	测量范围		分辨力		名　称	型　号	测量范围		分辨力	
		(mm)	(in)	(mm)	(in)			(mm)	(in)	(mm)	(in)
三按键数显卡尺	0～100 mm	100	4	0.01	0.000 5	三按键超大屏数显卡尺	0～75 mm	75	4	0.01	0.000 5
	0～150 mm	150	6	0.01	0.000 5		0～100 mm	100	4	0.01	0.000 5
	0～200 mm	200	8	0.01	0.000 5		0～150 mm	150	6	0.01	0.000 5
	0～300 mm	300	12	0.01	0.000 5		0～200 mm	200	6	0.01	0.000 5
四按键数显卡尺	0～150 mm	150	6	0.01	0.000 5		0～300 mm	300	12	0.01	0.000 5
	0～200 mm	200	8	0.01	0.000 5	四按键超大屏数显卡尺	0～150 mm	150	6	0.01	0.000 5
	0～300 mm	300	12	0.01	0.000 5		0～200 mm	200	8	0.01	0.000 5
							0～300 mm	300	12	0.01	0.000 5

△83

<table>
<tr><td rowspan="2">带表卡尺
(GB/T 6317—2008)
Ⅰ、Ⅱ型</td><td rowspan="2"></td><td>测量范围(mm)</td><td>0～150</td><td>0～200</td><td>0～300</td><td rowspan="6">与游标卡尺相同,但精度高</td></tr>
<tr><td>游标分度值及表的示值</td><td colspan="3">0.01 mm(表的示值:1),0.02 mm(表的示值:2),0.05 mm(表的示值:5)</td></tr>
<tr><td rowspan="4">电子数显卡尺
(GB/T 14899—2008)</td><td rowspan="4"></td><td>型式</td><td colspan="2">测量范围(mm)</td><td>数屏显示值(mm)</td></tr>
<tr><td>Ⅰ型</td><td colspan="2">0～150，0～200</td><td rowspan="3">0.01</td></tr>
<tr><td>Ⅱ、Ⅲ型</td><td colspan="2">0～200，0～300</td></tr>
<tr><td>Ⅳ型</td><td colspan="2">0～500</td></tr>
</table>

（续）

高度游标卡尺 （GB/T 1214.3—2008）		测量范围（mm）	0～200，0～300，0～500，0～1 000	用于划线及测量工件的高度尺寸
		分度值（mm）	0.02，0.05	
电子数显 高度卡尺 （JB 5609—2000）		测量范围（mm）	0～200，0～300，0～500	用于划线及测量工件的高度尺寸，但精度更高
		分度值（mm）	0.01	

21.5

（续）

深度游标卡尺 （GB/T 1214.4—2000）		测量范围（mm）	0～200，0～300，0～500	用于测量工件上孔和沟槽的深度
		分度值（mm）	0.02，0.05	
电子数显深度卡尺 （JB 5608—91）		测量范围（mm）	0～300，0～500	与深度游标卡尺相同，但精度更高
		分度值（mm）	0.01	
外径千分尺 （GB 1216—2004）		测量范围（mm） 0～25，20～50，50～75，75～100，100～125，125～150，150～175，175～200，200～225，225～250，250～275，275～300，300～400，400～500，500～600，600～700，700～800，800～900，900～1 000 分度值（mm） 0.01		主要用于测量工件外径厚度、长度

（续）

厚壁千分尺 （GB 6312—2004）		测量范围(mm)	0～25，25～30	用于测量空心工件及管子壁厚
		分度值(mm)	0.01	
大外径千分尺 （ZBJ 42004—1999）		测量范围(mm)　1 000～1 500，1 500～2 000，2 000～2 500，2 500～3 000 分度值(mm)　0.01		与外径千分尺相同，但可测范围大
电子数显外径千分尺 JB 6079—1992		测量范围(mm)	分度值(mm)	与外径千分尺同，但精度更高
		0～25，25～50，50～75 75～99.999	0.001 0.000 1	

（续）

名称	图示	规格	用途
带计数器千分尺 （JB 4166—1999）	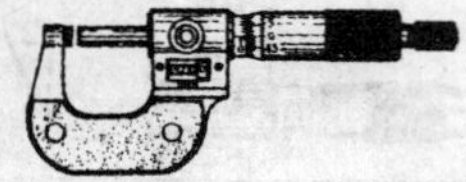	测量范围(mm)　0～25，25～50，50～75，75～100 计数器分度值(mm)　0.01 测微头分度值(mm)　0.002	同外径千分尺
内径千分尺 （GB 8177—2004）		测量范围(mm)　50～250，50～600，100～1 225，100～1 500，100～5 000，150～1 250，150～1 400，150～2 000，150～3 000，150～4 000，150～5 000，250～2 000，250～4 000，200～5 000，1 000～3 000，1 000～4 000，1 000～5 000，2 500～5 000 分度值(mm)　0.01	用于测量工件的孔径、沟槽及卡规等的内尺寸
单杆式内径千分表 （GB 9057—2004）	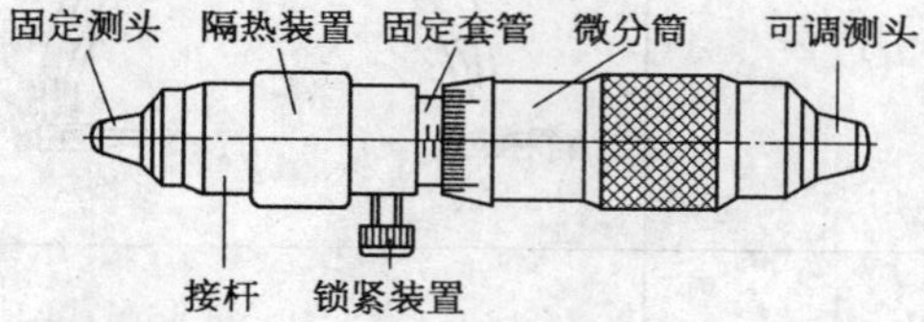 固定测头　隔热装置　固定套管　微分筒　可调测头 接杆　锁紧装置	测量范围(mm)　50～75，75～100，100～125，125～150，150～175，175～200，200～225，225～250，250～275，275～300 分度值(mm)　0.01	与内径千分尺相同
三爪内径千分尺 （GB 6314—2004）		测量范围(mm)　6～8，8～10，10～12，11～14，14～17，17～20，20～25，25～30，30～35，35～40，40～50，50～60，60～70，70～80，80～90，90～100 分度值(mm)　0.01，0.005	用于测量工件的内径，沟槽及卡规等大范围内径，精度高

(续)

<table>
<tr><td rowspan="1">杠杆千分尺
(GB 8061—2004)</td><td></td><td colspan="5">测量范围(mm)　0～25，25～50，50～75，75～100
分度值(mm)　0.001，0.002</td><td>用于测量工件的外径、长度、厚度等外尺寸，精度高</td></tr>
<tr><td rowspan="4">螺纹千分尺
(GB 10932—2004)</td><td rowspan="4"></td><td>测量范围
(mm)</td><td>0～25</td><td>25～50</td><td>50～75
75～100</td><td>100～125
125～150</td><td rowspan="4">测量普通螺纹中径</td></tr>
<tr><td>测头测量螺距范围
(mm)</td><td>0.4～0.5(1)
0.6～0.8(2)
1～1.25(3)
1.5～2(4)
2.5～3.5(5)</td><td>0.6～0.8
1～1.25
1.5～2
2.5～3.5
4～6(6)</td><td>1～1.25
1.5～2
2.5～3.5
4～6</td><td>1.5～2
2.5～3.5
4～6</td></tr>
<tr><td>测量头数
(副)</td><td colspan="2">5</td><td>4</td><td>3</td></tr>
<tr><td>分度值
(mm)</td><td></td><td>0.01</td><td></td><td></td></tr>
<tr><td rowspan="2">公法线千分尺
(GB 1217—2004)</td><td rowspan="2"></td><td>测量范围(mm)</td><td colspan="4">0～25，25～50，50～75，75～100，100～125，125～150</td><td rowspan="2">主要用于测量模数 $m \geqslant 1$ mm 的渐开线外啮合齿轮的公法线长度</td></tr>
<tr><td>分度值(mm)</td><td colspan="4">0.01</td></tr>
</table>

（续）

<table>
<tr><td rowspan="2">齿厚游标卡尺
（GB/T 6316—2008）</td><td rowspan="2"></td><td>测量模数（m）范围（mm）</td><td colspan="2">1～16，1～25，5～32，15～55</td><td rowspan="2">用于测量圆柱齿轮齿厚</td></tr>
<tr><td>分度值（mm）</td><td colspan="2">0.02　0.01</td></tr>
<tr><td rowspan="2">电子数显齿厚卡尺
（JB 6080—1998）</td><td rowspan="2"></td><td>测量模数 m 范围（mm）</td><td colspan="2">1～25，5～32，10～50</td><td rowspan="2">与齿厚游标卡尺相同，精度较高</td></tr>
<tr><td>分度值（mm）</td><td colspan="2">0.01，0.02</td></tr>
<tr><td rowspan="3">百分表
（GB 1219—2008、GB 6311—2008）</td><td rowspan="3"></td><td>品种</td><td>测量范围/mm</td><td>分度值/mm</td><td rowspan="3">测量精密件的形位公差；也可用比较法测量工件长度</td></tr>
<tr><td>百分表（GB 1219—85）</td><td>0～3，0～5，0～10</td><td rowspan="2">0.01</td></tr>
<tr><td>大量程百分表（GB 6311—86）</td><td>0～30，0～50，0～100</td></tr>
</table>

（续）

<table>
<tr><td rowspan="2">电子数显百分表</td><td rowspan="2"></td><td>测量范围(mm)</td><td colspan="2">0～3，0～5，0～10，0～25，0～30</td><td rowspan="2">与百分表相同</td></tr>
<tr><td>分度值(mm)</td><td colspan="2">0.01</td></tr>
<tr><td rowspan="3">杠杆百分表及
杠杆千分表</td><td rowspan="3"></td><td>品种</td><td>测量范围(mm)</td><td>分度值(mm)</td><td rowspan="3">测量工件的形位公差，也可用比较法测量工件长度</td></tr>
<tr><td>杠杆百分表 GB 6310—86</td><td>0～0.8</td><td>0.01</td></tr>
<tr><td>杠杆千分表 GB 8123—87</td><td>0～0.8</td><td>0.002</td></tr>
<tr><td rowspan="3">内径百分表及
内径千分表
(GB 8122—2004)</td><td rowspan="3"></td><td>品种</td><td>测量范围(mm)</td><td>分度值(mm)</td><td rowspan="3">用以测量圆柱孔、深孔的尺寸及形位公差</td></tr>
<tr><td>内径百分表 GB 8122—87</td><td>6～10，10～18，18～35，35～50，50～100，50～160，100～160</td><td>0.01</td></tr>
<tr><td>内径千分表</td><td>100～250，160～250，250～450</td><td>0.001</td></tr>
</table>

（续）

<table>
<tr><td>宽座直角尺
（GB 6092—2004）</td><td></td><td colspan="4">长边×短边(mm)：63×40，125×80，200×125，315×200，500×315，800×500，1 250×800，1 600×1 000
精度等级：0，1，2</td><td>安装定位工件、检验直角、划垂线等</td></tr>
<tr><td rowspan="3">万能角尺及
游标万能角尺</td><td rowspan="3"></td><td>品种</td><td>长度(mm)</td><td>测量范围(0)</td><td>测量精度(1)</td><td rowspan="3">测量角度等，带表万能角尺与游标万能角度尺相同</td></tr>
<tr><td>万能角尺</td><td>300</td><td>—</td><td>—</td></tr>
<tr><td>带表万能角尺</td><td>0～300</td><td>0～360</td><td>2</td></tr>
<tr><td rowspan="3">游标万能角度尺
（GB/T 6315—2008）</td><td rowspan="3">（Ⅰ）　（Ⅱ）</td><td>型号</td><td>测量范围(0)</td><td colspan="2">分度值(1)</td><td rowspan="3">测量精密工件的内、外角度</td></tr>
<tr><td>Ⅰ型</td><td>0～320</td><td colspan="2">2，5</td></tr>
<tr><td>Ⅱ型</td><td>0～360</td><td colspan="2">5</td></tr>
</table>

（续）

		型号	电压(V)	规格(mm)	Qty	
低压测电笔		DCY-202	AC100-250	ϕ4×202	600	
		DCY-203	AC100-250	ϕ4×203	600	
		SAJ-2	AC100-250	ϕ3×140	600	
		SAJ-3	AC100-250	ϕ3.5×140	600	
		SAJ-5	AC100-250	ϕ3×140	600	
		DCY-305	AC100-1 000	ϕ6×220	200	
		DCY-301B	AC100-500	ϕ5×220	600	
		DCY-301C	AC100-500	ϕ4.5×153	960	
		DCY-301	AC100-1 000	ϕ5×165	200	
		DCY-301-2	AC100-500	ϕ4.5×163	500	
		DCY-201	AC100-1 000	ϕ5×190	200	
		DCY-203	AC100-500	ϕ6.3×205	240	
		H66-119	AC100-500	ϕ3×140	600	
		H66-120	AC100-500	ϕ4×190	600	
		DCY-109	AC100-500	ϕ3×140	500	
		DCY-108	AC100-500	ϕ3×140	500	
		SAJ-1	AC100-500	ϕ4×185	240	
		SAJ-2	AC100-500	ϕ3×140	200	
		DCY-135-5	AC100-500	ϕ3×140	400	
		DCY-111	AC100-500	ϕ3×120	500	

（续）

名称	外形图	型号	电压(V)	规格(mm)	Qty	用途
矿用测电笔		DCY - 111. 2	AC100 - 500	ϕ3×120	500	
		DY - K	AC150 - 1 500	ϕ3×150	200	
数显多功能夜视测电笔		DCY - 99 - 6	$\frac{AC}{DC}$110～220	ϕ3×155	200	
数显测电笔		DCY - 99 - 2	AC/DC 110～220	ϕ3×130	600	用于显示被测物是否带电

△3 49

2. 新型激光加工工具设备

我国的激光加工产业近年获得快速发展，正在大规模推广激光技术的应用，使激光打标、激光雕刻、激光打孔、激光焊接等激光加工设备的应用普及到我国的各行各业，本手册收编了常用的激光加工设备。

名　　称	外形图	规格				用　　途
灯泵浦 YAG 激光打标机		型号	HAN'S LASER YAG - M50S	HAN'S LASER YAG - M50	HAN'S LASER YAG - 50	可雕刻金属及多种非金属材料，广泛应用于电子、钟表、眼镜、通信产品、汽车配件、五金工具，医疗器械等行业
		平均功率(W)	50			
		调 Q 频率	50 KHz			
		雕刻范围(mm)	100×100			
		雕刻深度(mm)	≤0. 30	≤0. 20	≤0. 20	
		雕刻线速(mm/s)	≤7 000	≤7 000	≤2 500	

(续)

名称	外形图		规格				用途
			最小线宽(mm)	0.04	0.04	0.04	
			最小字符(mm)	0.3	0.3	0.3	
			重复精度	0.000 2	0.000 2	0.000 2	
CO_2 激光雕刻机(外形同上)	型号	HAN'S LASER CO_2 - 25/30	HAN'S LASER CO_2 - 50	HAN'S LASER CO_2 - 100	HAN'S LASER CO_2 - S50	HAN'S LASER CO_2 - S100	可雕刻多种非金属材料，广泛适用于木器、眼镜、钟表电池、钮扣等行业(外形同上)
	平均功率(W)	25 W/30	50	100	50	100	
	雕刻范围(mm)	100×100	100×100	100×100	300×300	300×300	
	雕刻深度(mm)	≤3	≤5	≤8	≤5	≤5	
	雕刻线速(mm/s)			≤7 000			
	最小线宽(mm)	0.05	0.05	0.05	0.08	0.08	
	最小字符(mm)	0.40	0.40	0.40	0.60	0.60	
	重复精度	0.000 2	0.000 2	0.000 2	0.000 2	0.000 2	
CO_2 钮扣激光镭射机		钮扣激光打标机机型 CO_2 - B50/B100 关键部件由欧美公司提供，具备 24 小时连续工作能力、全自动电脑控制、镭射速度快					用于钮扣打孔、生产效率高，每分钟 120～180 粒

（续）

名　　称	外　形　图	规　　　格			用　　途
半导体端面泵浦激光打标记		主要技术参数			适用标记多种非金属材料，特别适合于更精细、高精度如电子元件、塑胶按键、集成电路(IC)、电工电器、手机通信等行业
		设备型号：	TQL－EP12	TQL－EP25	
		最大激光功率：(W)	12	25	
		光束质量 M2：	<1.5	<2.5	
		调 Q 频率：(kHz)	≤100		
		标准雕刻范围：(mm)	70×70		
		选配雕刻范围：(mm)	100×100	150×150	
		最小线宽：(mm)	0.01		
		重复精度：(mm)	±0.001		
		整机功率：(kW)	1.5	1.8	
		电力需求：	220 V±22 V/50 Hz/8 A		
		控制系统尺寸：	一体化		
		冷却系统：	风冷	高精度恒温冷水机	

产地：△ 19、△54

(续)

名称	外形图	规格			用途
LMS－YQ LMS－YP 激光标刻机		型号	LMS－YQ	LMS－YP	集光、机电，自动控制技术为一体，可作快速精密打标和刻划各种字符、商标、图案适用于生产流水线。
		激光功率(W)	50　70　100	25　50　100	
		激光脉冲频率(千Hz)	1～10	50	
		标刻范围(mm)	50×50　100×100	50×50　100×100	
		标刻深度(mm)	0.05	0.30	
		标刻速度(字符/s)	0～100	0～5	
		标刻重复性(%)	±0.1	—	
		加工对象	汽车零部件、电子元器件、集成电路、家电产品、工具、量具、刃具、磨具、轴承医疗器械、机电产品、小五金类产品		

产地：△54

3. 理化分析系列仪器

名称	外形图	性能特点	用途
德国手持式光谱仪 SPECTROSORT[CCD]		塑胶机体、坚固耐用 符合人体工程学的外形设计 本仪器采用多项创新技术 本仪重量轻，只有1 kg，携带方便 分析时间快，少于4 s 采用电池供电	体积是同类产品中最小，广泛应用于各种工作现场

（续）

名　称	外形图	性能特点	用　途
日本超声波硬度计 SH－21		压痕小（约 0.1 mm^2），对被测表面几乎无影响 硬度值即时读出（HC、HARC、HS、HB 任选，并可相互转换） 测试数据可存贮 4 000 点，校正值存贮 10 点，硬度可换算成抗拉强度，能实现淬火和退火工艺控制的硬度检查，有超限报警功能	适用测量大而复杂的工件，测量仅数秒钟，通过专用软件和打印机可实现数据管理及输出
美国便携式硬度计 HT－2000A		测试范围： 200～900 HL（里氏值） 硬度： HL、HV、HB、HRC、HSD、HRB	携带方便、广泛应用
德国便携式金属分析仪 SPECTROTEST		分析精度高，稳定性好，操作方便、应用灵活、体积小、重量轻 光学系统：16 块 CCD 检测器、光栅焦距 400 mm，波长 174～520 mm ICAL 标准化系统：充电一次可激发 500 次以上。移动工作站、氩气瓶、小车一体化	适用于包括碳（C）元素在内的精确化学分析，也可使用电弧光源用于材料分选和牌号鉴别，可分析钢中 P、S、B、Sn 和 As

经销地：△3 43、△3 47

4. 检测仪表

名称	外形图	规格					用途
手持离心式转速表		型号	测量范围（r/min）	测量线速度（m/min）	表面直径（mm）		测量机械转速，适用环境温度－20～45 ℃，相对湿度≤85％
		LZ－30	30～12 000	3～1 200	81		
		LZ－45	45～18 000	4～1 800	81		
		LZ－60	60～24 000	6～2 400	81		
手持数字式转速表	外形尺寸 192×63×43(mm)	型号	测转速（r/min）	测线速度（m/mim）	适用环境温度(℃)	相对湿度（%）	利用光电转换原理，与机械直接接触测速
		SZG－20A	3～25 000	3～2 500	5～40	≤85	

（续）

名　称	外　形　图	规		格		用　途
		型号	测量转速范围（r/min）	适用相对温度（℃）	表盘外径（mm）	
固定离心式转速表	表速与机械转速比 1∶1	LZ-804	50～300，100～600，150～900，200～1 200，300～1 800，400～2 400，500～3 000，750～4 500，1 000～6 000，1 500～9 000，2 000～12 000	≤85	100	将表固定于机械上，测量其转速，适用环境温度－20～50 ℃
		LZ-806			150	
		型号	测量转速范围（r/min）	相对湿度（%）	表盘外径（mm）	
固定式磁性转速表		CZ-634	0～600，0～1 000，0～1 500，0～2 000，0～2 500，0～3 000，0～4 000，0～5 000，0～8 000，0～10 000	≤85	100	利用切割磁通原理制成，固定于机械上测定转速，适用环境温度－20～50 ℃表速与机械转速比:1∶1
		CZ-636			150	
		CZ-10	0～500，0～1 000，0～1 500，0～2 000		83	
		CZ-20	0～2 000，0～5 000，0～8 000，0～10 000		100	
		CZ-20A	0～200，0～400，0～800，0～1 000		105	

(续)

<table>
<tr><th rowspan="2">名　　称</th><th rowspan="2">外　形　图</th><th colspan="6">规　　　格</th><th rowspan="2">用　　途</th></tr>
<tr><th>型号</th><th>测量转速范围
(r/min)</th><th>适用环境温度
(℃)</th><th>相对湿度(%)</th><th>表速与发动机转速比</th><th>表盘外径(mm)</th></tr>
<tr><td rowspan="2">电动转速表</td><td rowspan="2"></td><td>SZD－1</td><td>0～1 500ⓐ
0～3 000ⓐⓑ
0～5 000ⓑ
0～8 000ⓒ
0～10 000ⓒ
0～15 000ⓓ
0～20 000ⓔ</td><td rowspan="2">－20～50</td><td rowspan="2">≤85</td><td rowspan="2">ⓐ1∶1
ⓑ1∶2
ⓒ1∶3
ⓓ1∶5
ⓔ1∶6</td><td>81</td><td rowspan="2">利用测速电机原理制成，由指示器和测速电机两部分组成，用于远距离测量发动机转速</td></tr>
<tr><td>SZD－2</td><td>0～1 500ⓐ
0～3 000ⓐⓑ
0～5 000ⓒ
0～8 000ⓒ</td><td>174</td></tr>
<tr><td rowspan="4">计数器</td><td rowspan="4">67 型
75－Ⅱ型</td><td>型号</td><td colspan="2">拉动式 67 型</td><td colspan="3">拉动式 75－Ⅱ型</td><td rowspan="4">装在转动机械和往复机械上，累积计数</td></tr>
<tr><td>计数范围</td><td colspan="5">1～99 999</td></tr>
<tr><td>拉杆摆动角度</td><td colspan="5">46°</td></tr>
<tr><td>每分钟计数</td><td colspan="5">350</td></tr>
</table>

（续）

<table>
<tr><th rowspan="3">名　称</th><th rowspan="3">外 形 图</th><th colspan="6">规　　格</th><th rowspan="3">用　途</th></tr>
<tr><th rowspan="2">结构型式</th><th rowspan="2">表壳公称直径(mm)</th><th colspan="2">测量压力范围(MPa)</th><th rowspan="2">精度等级</th><th rowspan="2">接头螺纹(mm)</th></tr>
<tr><th>自</th><th>至</th></tr>
<tr><td rowspan="5">压力表 GB 1226—2001</td><td rowspan="5"> 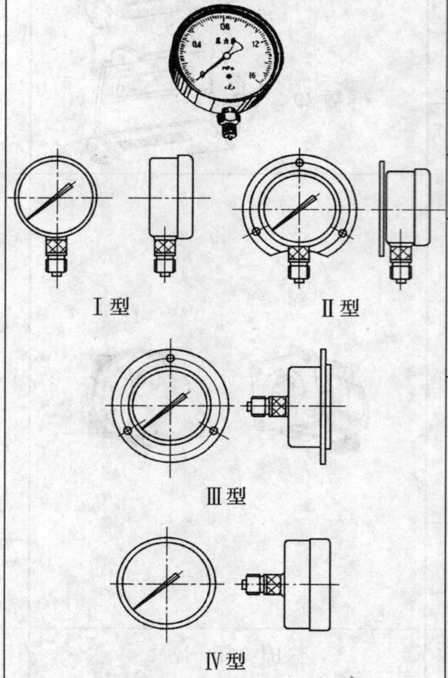Ⅰ型
Ⅱ型
Ⅲ型
Ⅳ型</td><td>Ⅰ、Ⅳ</td><td>40</td><td>0～0.06</td><td>0～60</td><td rowspan="2">2.5，4.0</td><td>M10×1</td><td rowspan="5">测量并指示机器、容器中的水、蒸汽、压缩空气及其他中性气体、液体的压力
正常工作环境温度：－40～70 ℃</td></tr>
<tr><td>Ⅰ～Ⅳ</td><td>60</td><td>0～0.1</td><td>0～60</td><td>M14×1.5</td></tr>
<tr><td rowspan="2">Ⅰ～Ⅲ</td><td>100</td><td rowspan="2">0～0.06</td><td>0～60</td><td>1.5，2.5</td><td rowspan="2">M20×1.5</td></tr>
<tr><td>150　200
250</td><td>0～160</td><td>1.0，1.5</td></tr>
<tr><td colspan="6">安装方式：Ⅰ型直接安装式，Ⅱ型凸装式；Ⅲ型嵌装式；Ⅳ型直接安装式。接头位置：Ⅰ、Ⅱ型径向，Ⅲ Ⅳ型轴向，压力范围系列值：0～0.06，0～0.1，0～0.16，0～0.25，0～0.40，0～0.60，0～1.0，0～1.6，0～2.5，0～0.40，0～6.0，0～10，0～16，0～25，0～46，0～60，0～100，0～160</td></tr>
</table>

(续)

<table>
<tr><th>名　称</th><th>外 形 图</th><th colspan="3">规　　格</th><th>用　途</th></tr>
<tr><td rowspan="3">真空表(GB 1226—2001)</td><td rowspan="3"></td><td>表盘外径(mm)</td><td colspan="2">60，100，150</td><td rowspan="3">测量并指示机器、容器中气体的真空度</td></tr>
<tr><td>测量负压范围(MPa)</td><td colspan="2">−0.1～0</td></tr>
<tr><td colspan="3">结构型式、精度等级、接头螺纹等与压力表相同</td></tr>
<tr><td rowspan="2">压力真空表（GB 1226—2001）</td><td rowspan="2"></td><td>表壳公称直径(mm)</td><td>真空度测量(MPa)</td><td>压力测量(MPa)</td><td rowspan="2">是测量压力及真空度联合用表</td></tr>
<tr><td>60
100
150</td><td>−0.1～0</td><td>0～0.06，0～0.15，0～0.30，0～0.50，0～0.9，0～1.5，0～2.4</td></tr>
</table>

21.24

（续）

<table>
<tr><th>名　称</th><th>外形图</th><th colspan="7">规　格</th><th>用　途</th></tr>
<tr><td rowspan="5">磁电转速表</td><td rowspan="5"></td><td>型号</td><td colspan="2"></td><td>适用环境温度（℃）</td><td>相对湿度（%）</td><td>表速与发动机转速比</td><td>表盘外径（mm）</td><td rowspan="5">该表利用磁电传感器原理，由指示器和转速传感器两部分组成，用于远程测量发动机转速</td></tr>
<tr><td>SZM－1</td><td>50～5 000
200～2 000
400～4 000</td><td>100～1 000
300～3 000
500～5 000</td><td>0～40</td><td>≤85</td><td>1∶1</td><td>107</td></tr>
<tr><td>SZM－2</td><td colspan="2">0～1 000ⓐ
0～1 500ⓐ</td><td rowspan="2">－10～60</td><td rowspan="2">≤85</td><td rowspan="3">ⓐ1∶1
ⓑ1∶2</td><td>107</td></tr>
<tr><td>SZM－3</td><td colspan="2">0～3 000ⓐⓑ</td><td>98</td></tr>
<tr><td>SM－4</td><td colspan="2">0～1 500ⓐ
0～3 000ⓑ</td><td>－25～55</td><td>5～100</td><td>107</td></tr>
<tr><td rowspan="5">数显器电子台秤（又名电子计数器）</td><td rowspan="5"></td><td>型号</td><td>JCS－500Y</td><td>YCS－1000Y</td><td>JCS－2500Y</td><td>JCS－5000Y</td><td>JCS－10000Y</td><td>JCS－25000Y</td><td rowspan="5">称重轻、小物体、可用于计数、均用显示器显示，精度高、使用方便</td></tr>
<tr><td>最大称重（kg）</td><td>0.5</td><td>1</td><td>2.5</td><td>5</td><td>10</td><td>25</td></tr>
<tr><td>最小显示值（g）</td><td>0.1</td><td>0.2</td><td>0.5</td><td>1</td><td>2</td><td>5</td></tr>
<tr><td>最适宜件重（kg）</td><td>0.1</td><td>0.2</td><td>0.5</td><td>1</td><td>2</td><td>5</td></tr>
<tr><td>秤盘尺寸（mm）</td><td colspan="2">180</td><td colspan="4">345×243</td></tr>
</table>

（续）

<table>
<tr><th>名称</th><th>外形图</th><th colspan="5">规格</th><th>用途</th></tr>
<tr><td rowspan="5">电子计价秤（GB 7722—1995）</td><td rowspan="5"></td><td>型号</td><td>ACS－3</td><td>ACS－6</td><td>ACS－15</td><td>ACS－30</td><td rowspan="5">能自动显示秤量结果，并同时显示单价和金额、精度高，可作“公平秤”适宜环境温度 0～40 ℃</td></tr>
<tr><td>最大秤量(kg)</td><td>3</td><td>6</td><td>15</td><td>30</td></tr>
<tr><td>最小显示值(g)</td><td>1</td><td>2</td><td>5</td><td>10</td></tr>
<tr><td>秤盘尺寸(mm)</td><td colspan="2">320×340</td><td colspan="2">333×355</td></tr>
<tr><td>电源</td><td colspan="4">交流 220 V/50 Hz</td></tr>
<tr><td rowspan="7">红外测温仪</td><td rowspan="7"></td><td>型号</td><td colspan="2">MT4</td><td colspan="2">手提式红外测温仪 S/R 1008</td><td rowspan="7">测量铁路机车轴承、电子配电盘热点、供热管道等温度；也可用于钢构件局部热加工表面温度测量、环境工作温度 0～50 ℃</td></tr>
<tr><td>发光率</td><td colspan="2">预置 0.05</td><td colspan="2" rowspan="6">－18～1 000 ℃激光瞄准产地：韩国</td></tr>
<tr><td>温度分辨率(℃)</td><td colspan="2">0.2</td></tr>
<tr><td>光学分辨率</td><td colspan="2">90%能量时 8：1</td></tr>
<tr><td>测温范围(℃)</td><td colspan="2">－18～275</td></tr>
<tr><td>目标温度(℃)</td><td colspan="2">－1～275 ±2%
－18～1 ±3%</td></tr>
<tr><td>外形尺寸(mm)</td><td colspan="2">152×101×38</td></tr>
<tr><td rowspan="2">转数表</td><td rowspan="2"></td><td>型号</td><td colspan="2">计数范围</td><td colspan="2">最高转速(r/min)</td><td rowspan="2">用于测量织带、制线、绕线等长度以及矿井和深水探测等</td></tr>
<tr><td>75－1型</td><td colspan="2">9 999.9</td><td colspan="2">350</td></tr>
</table>

（续）

名　　称	外　形　图	规　　格		用　　途
日本手持式转速计		TM 5000	测定范围：99 999.9(r/min) 精度：0.01％ ±1 digit(r/min) 测量距离：50～300 mm	与德国手持式光谱仪同
日本红外测温仪		SK－8700	测温范围：－25～315 ℃	用于符合测温范围的机件或场所

（续）

名　称	外　形　图	规	格	用　途
美国红外测温仪		ST - 80	测温范围：$-32\sim760$ ℃	用于符合测温范围的机件或场所
日本便携式测振仪		Vm - 63a	测量范围：位移 0.001～1.999 mm 速度 0.1～199.9 mm/s 加速度 0.1～199.9 m/s^2 振动范围：10～1 000 Hz	测量机件或钢结构装置振动、位移

5. 无损检测及测厚仪探伤仪激光仪器

将射线系列、表面检测系列、超声系列及测厚仪系列介绍如下。

(1) 微机控制定向 X 射线机

【用途】 这是工业用便携式 X 射线机,又名 X 光拍片机,常用于检测焊缝内在质量(如气孔、夹渣、未焊透等缺陷)由于不损坏工件能探测内部质量,故又称无损检测。

【技术参数】

机种	200EGM	250EGM	300EGM
管电压	70~200 kV 2 kV/档	110~250 kV 2 kV/档	130~300 kV 2 kV/档
管电流	5 mA(90 kV 以下 4.5 mA)	5 mA(140 kV 以下 4.5 mA)	5 mA(160 kV 以下 4.5 mA)
暂载率	50%(1∶1)	50%(1∶1)	50%(1∶1)
X 射线管	特制高性能陶瓷 X 射线管 焦点尺寸:2.0×2.0 mm	特制高性能陶瓷 X 射线管 焦点尺寸:2.0×2.0 mm	特制高性能陶瓷 X 射线管 焦点尺寸:2.5×2.5 mm
固有滤波片	Be 1 mm+A12 mm	Be 1 mm+A12 mm	Be 1 mm+A12 mm
尺寸	发生器:617×292×262 mm 控制器:344×195×407 mm (不含把手尺寸)	发生器:632×320×320 mm 控制器:344×195×407 mm (不含把手尺寸)	发生器:687×320×320 mm 控制器:344×195×407 mm (不含把手尺寸)
重量	发生器:21 kg 控制器:17.5 kg	发生器:28 kg 控制器:18 kg	发生器:36.5 kg 控制器:18 kg
电源	单相交流 180~240 V 50/60 Hz 耗电 3.1 kV·A	单相交流 180~240 V 50/60 Hz 耗电 3.7 kV·A	单相交流 180~240 V 50/60 Hz 耗电 4.1 kV·A

(2) 定向超小型 X 射线机

型号:200SPS

【技术参数】

X 射线管压		80～200 kV 80～120 kV　10 kV/挡 120 V～200 kV　5 kV/挡
定时器		0.1～6 分　0.1 分/挡
X 射线管流		3 mA 一定(100 kV 以下时:2.5 mA)
管压稳定度		±2%
X 光管		陶瓷 X 射线管
焦点尺寸		2 mm×2 mm
X 射线滤波片		铝 2 mm＋铍 1 mm
穿透能力		铁 27 mm200 kV/5 分 FFD:60 CM/富士＃100＋Pb0.03/黑度:2.0
冷却方式		阳极接地散热器强制空冷方式
使用条件		间歇连续(1∶1、最长 6.0 分钟、25 ℃时)
输入电脑电压范围		单相交流 190～240 V 频率 50/60 Hz
消耗电力		1 KVA(输入电压为 210 V 时)
环境温度范围		－10～＋40 ℃
尺寸(毫米)	发生器 控制器	490 × 200 × 200 360 × 340 × 185
重量(公斤)	发生器 控制器	14.5 15.5

产地:日本　销地⚠77

【表面检测】

日本手提式磁粉探伤仪 N-185		重量:约 4 kg 起磁力:A、C 4000AT 输入功率:220 V 交流电 3 A 50/60 Hz	磁粉探伤是检查机件有无裂缝常用的方法
日本旋转磁场仪 HM - 5AX		起磁力(AT) 3 500Xz 有效探伤面:100 mm 磁化器重量:约 8 000 g 重复使用率:5 s 通电,5 s 休止	
澳大利亚电火花检测仪 PCWI COMP-act		外壳用 ABS 塑料,重量轻 瞬时开关,自动关机 数字显示工作电压及电池状态直流稳压,电压范围:0～15 kV 和 0～30 kV,满量程调节,测试电流恒定,控制精度	
德国裂纹测深仪 RMG4015		数显:可选配二种探头 范围:0～99(mm)	可在钢材或一机件上检测裂纹深度
美国超声波探伤仪 EPOCH4		VGA 动态大屏幕显示 探头自动校正功能 窄带宽滤波器,高灵敏度 数据记录系统可编辑和交换可储存 360 幅波或 12 000 个厚度数据、场致发光或液晶(LCD)显示,任选。 外设可扩冲,并可遥控添加软件,采用高性能镍镉电池,容量大、轻	在钢材表面进行探伤,检查是否有分层(俗称夹灰),也可在机件上进行探伤

（续）

德国超声波探伤仪 USN60	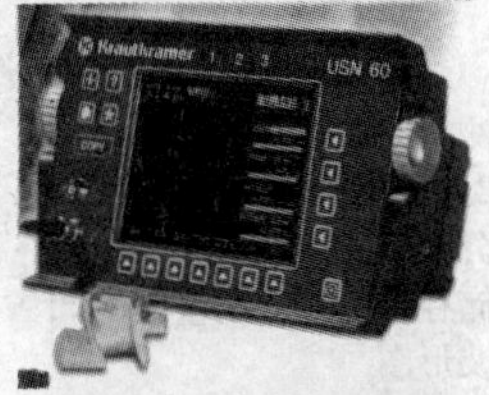	高分辨率显示，色彩显示，具有 8 种 A 扫描颜色选择 RF 显示功能 提供 65 种材料声速选择	可适用对工件进行超声波探伤，检查重要用途的钢板分层缺陷，适用性强
日本超声波探伤仪 AD-3213EX	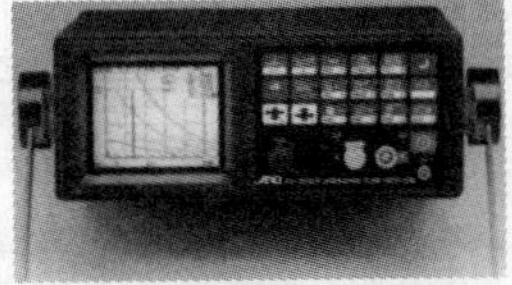	4 英寸彩色液晶显示 DAC 曲线预置 单、双可变测量门值 RS 232 接口	

【测厚仪系列】

日本超声波测厚仪 AD-3253/3253B		测量范围 AD3253：2.0～200(mm) AD3253B：0.8～100(mm) 分辨率：0.1(mm)	超声波测厚仪是修船、锅炉、压力容器等钢结构常用的仪器，新型超声波测厚仪的显著特点是：体积小，重量轻，灵敏度分辨率高，分辨率达到0.01(mm)，可见测量精度显著提高
德国超声波测厚仪 1073	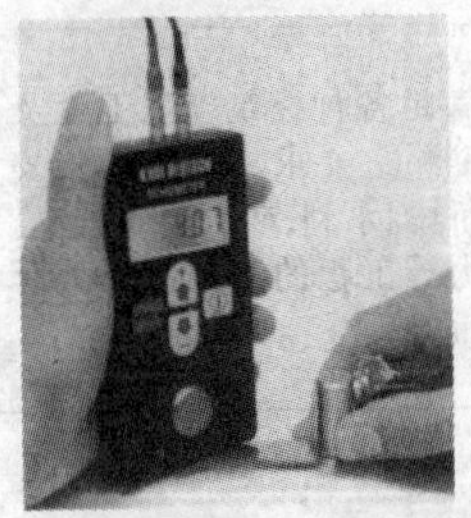	测量范围： 标准探头：1.2～250(mm) 微型探头：0.7～25(mm) 低频探头：5.0～400(mm) 分辨率：0.01(mm)	
日本超声波测厚仪 TI-45N		测量范围： 1.0～199.99(mm) 分辨率：0.01(mm) 2‰的高测试精度	

（续）

日本超声波测厚仪 AD-3252A		测量范围： 2.0～200(mm) 分辨率：0.1(mm) 可储存 8 000 个测量数据，15 幅波形图	

销地：△ 43

【激光仪器】

<table>
<tr><td>SPK 激光投线仪</td><td></td><td>室内装修、铺瓷砖、镶板、墙纸、镂花木匠工、厨卫安装，架设棚架花坛等使用，通过投线作为室内装潢的依据</td><td rowspan="5">新型的激光工具仪器，用它射出的激光红线，在造船船台，建筑工地，施工现场、室内装潢等工程，建立水准系统和铅垂系统，作为施工的依据。
激光工具、仪器正在逐步替代传统的水平尺，铅垂锤，光学水准仪等工具，为提高工程质量，缩短工期而发挥作用</td></tr>
<tr><td>CL2 交叉激光水准仪</td><td></td><td>室内使用，铺瓷砖面板、墙帷、墙纸、和镂花涂装、景观美化、木工工作、水平测量、管道铺设</td></tr>
<tr><td>SAL32ND 激光水准仪工作站</td><td></td><td>满足各种建筑施工工程及水准测量要求，用于铁路、公路桥梁、水利、矿山建筑、造船电力等工程的测量以及地形测量等</td></tr>
<tr><td>PB2 自动调平铅垂仪</td><td></td><td>室内使用：竖立天花板搁栅，建立铅垂或水平基准线，作为室内安装设备的依据</td></tr>
<tr><td>RL350GL 防水自动调平旋转激光水准仪</td><td></td><td>室内使用，进行室内扫平、水平测量、铅垂测量，作为施工的依据，有了依据，可以多个工人同时操作、有序施工</td></tr>
</table>

产地：△ 3

6. 涂层测厚仪

【用途】 钢结构油漆涂刷完毕干燥后，测量干膜厚度，是否符合设计要求，可使用如下仪器。

(1) 干膜测厚仪(345、456)

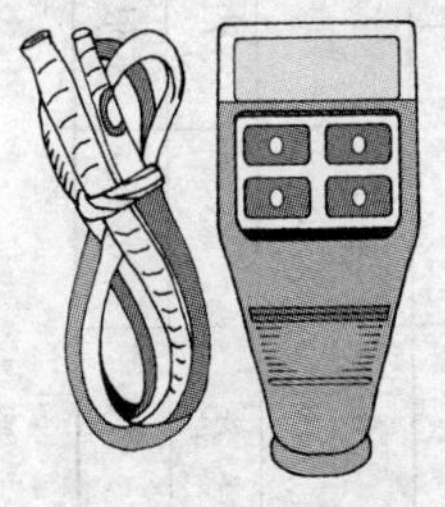

EICOMETER 345 干膜测厚仪

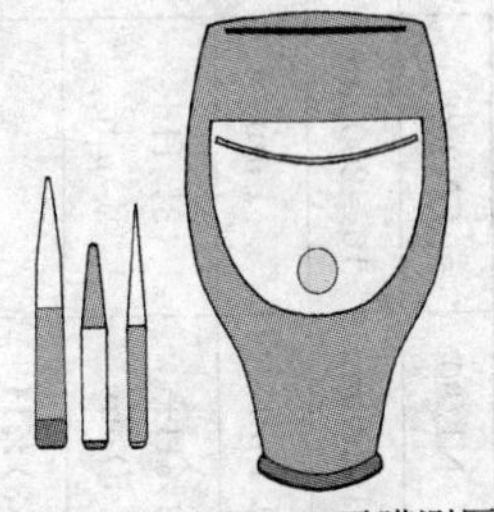

EICOMETER 456 干膜测厚仪

【仪器性能】

EICOMETER 345 干膜测厚仪性能	EICOMETER 456 干膜测厚仪性能
1. 新式组合型探头自动识别基体，可用于钢铁及非钢基体测量	此仪器液晶可作中英文显示，根据测量需要可分为基本类、标准类和先进类，探头分为：标准探头和直角探头。
2. 有分离式探头和整体式探头	
3. 分离式探头分标准探头和直角探头	

(2) TT260 涂层测厚仪

本仪器采用了磁性和涡流两种测厚方法，可无损地测量磁性金属基体(如钢、铁、合金和硬磁性钢等)上非磁性覆盖涂层(如油漆、铝、铬、珐琅、橡胶等)的厚度及非磁性金属材料上非导电复层的厚度。特点如下：

① 内置打印机，可打印数据，图形。

② 可用连续和单次两种测量方式及三种方式进行校正。

③ 可设置界限，有 5 个统计量，贮存 495 个测量值。

④ 计算机接口，直接组成两种工作方式。

⑤ 测试范围：0～10 000 μm，可用 10 种可选探头。

⑥ 电源：1/2AA 镍氢电池 5×1.2 V 600 mA·h。

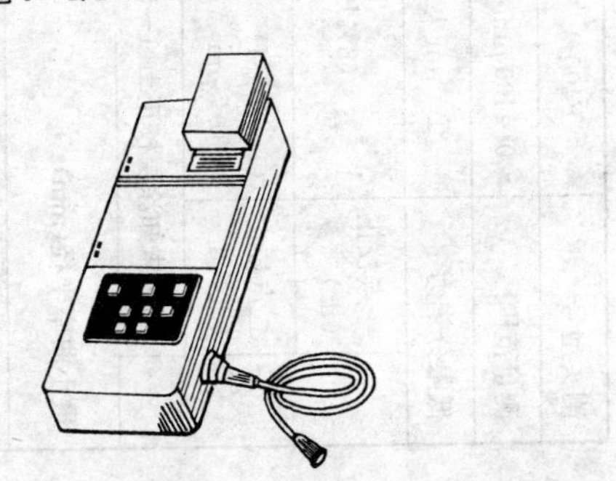

TT260 探头配置表

测头型号		F400	F1	F1/90	F5	F10	N400	N1	N1/90	CN200	N10
测量范围		0～400 μm	0～1 250 μm		0～5 mm	0～10 mm	0～400 μm	0～1 250 μm		10～200 μm	0～1 000 μm
低限分辨力		0. 1 μm	1 μm		10 μm	0. 1 μm	0. 1 μm	0. 1 μm		1 μm	10 μm
示值误差	一点校正(±)	(3%H+1)μm			(3%H+5)μm	(3%H+10)μm	(3%H+0. 7)μm	(3%H+1. 5)μm		(3%H+1)μm	(3%H+2. 5)μm
	二点校正(±)	(1～3)%H+0. 7 μm	(1～3)%H+1 μm		(1～3)%H+5 μm	(1～3)%H+10 μm	(1～3)%H+0. 7 μm	(1～3)%H+1. 5 μm		—	(1～3)%H+2. 5 μm
	通过未知涂层校正±(1～3)%H+1 μm										
最小曲率半径(mm)		凸 凹	1 5	1. 5 9	平直 6	5 16	10 30	1. 5 10	3 10	平直 10	—	25 100
最小面积的直径(mm)			ϕ3	ϕ7	ϕ7	ϕ20	ϕ40	ϕ4	ϕ5	ϕ5	ϕ7	ϕ50
基体临界厚度(mm)			0. 2	0. 5	0. 5	1	2	0. 3	0. 3	0. 3	不限	50 μm 铝箔

注：测头 F1，F5，F10，F1/90，F400 为磁感应，N1，N1/90，N10，CN200，N400 为涡流。

(3) TT220 一体化涂层测厚仪

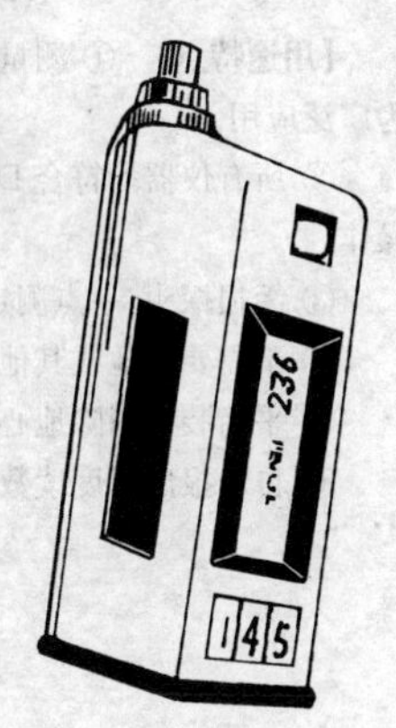

TT220 数字涂层测厚仪是新型一体化涂层测厚仪器,快速精密地进行铁磁性基体上的涂层厚度测量而不损伤涂层。广泛应用于钢结构、化工、商检等领域,该仪器体积小,测头与仪器一体化,特别适用于现场测量。

【特点】 ① 内置探头,连续和单次两种测量方法。

② 便携式一体超小型机,用计算机接口,可进行零点校正及两点校正。

③ 自动关机。有 5 个统计量,可储存、计算 15 个测量值,可存 3 000 个数据。

④ 三点提示:欠压提示、错误提示、操作过程蜂鸣提示。

⑤ 测量范围:0～1 250 μm,示值误差±(1～3)%H+1 (单位:μm)。

(4) MIKROTEST7 系列自动涂层测厚仪

此仪器是 EPK 公司 2002 年推出的全新科技产品,采用电磁原理,用于测量钢铁上的所有非磁性涂(镀)层厚度。

【特点】 数字显示,测量快捷,无需校正,检测简便,可任意方向测量,测量范围更宽,特性见下表。

型 号	MIKROTEST 7G	MIKROTEST 7F	MIKROTEST 7S5	MIKROTEST 7S15
测量范围(μm)	0～300 μm	0～1.5 mm	0.5～5.0 mm	3～15 mm
测量精度(μm 或%)	±2 μm 或±3%	±5 μm 或±3%	±4%	±4%
最小分辨率(μm)	0.5	1	5	20
最小测量区直径(mm)	20	30	50	100
最小曲率(凹凸)半径(mm)	5～25	8～25	15～25	100～150
最小基体厚度(mm)	0.5	0.5	1	7

产地:△43

(5) MIKROTEST 德国自动涂层测厚仪

【用途特点】 ① 测量钢上所有非磁性涂层镀层,测量快速、精确、无损,30 多年来已成为广泛应用。

② 所有仪器均符合 DIN、ISO、BS 及 ASTM 标准,本仪器完全自动操作,不会发生误操作。

③ 无损探头,一点测定,易掌握,具有极高精度。

④ 不需要电池或其他电源。

⑤ 平衡装置消除地心引力影响,可在任何方向及管内正确测量。

⑥ 自动报出厚度读数。

(6) 2041 德国涂镀层测厚仪

【用途特点】 ① 可选配多种探头。

② 适用钢铁或非铁基础材料。

③ 测量范围:1~20 mm(根据所配探头)。

④ 超小型,数据统计分析功能 RS232 接口。

(7) 7500 德国涂镀层测厚仪

【用途特点】 ① 探头可直接固定于仪器,也可用电缆延伸。

② 可选配多种探头,附 RS232 接口。

7. 金刚石玻璃割刀

玻璃割刀名称外形图及规格

<table>
<tr><th>名称</th><th>外形图</th><th colspan="6">规格 (mm)</th></tr>
<tr><td rowspan="10">金刚石玻璃刀
（QB/T 2097.1—1995）</td><td rowspan="10"></td><td>规格代号</td><td colspan="2">全长</td><td>刀板长</td><td>刀板宽</td><td>刀板厚</td></tr>
<tr><td>1～3</td><td colspan="2">182</td><td>25</td><td>13</td><td>5</td></tr>
<tr><td>4～6</td><td colspan="2">184</td><td>27</td><td>16</td><td>6</td></tr>
<tr><td>金刚石规格代号</td><td>金刚石加工前重量(克拉)</td><td>每克拉粒数(≈)</td><td>裁划平板玻璃厚度(mm)</td><td>全长(mm)</td><td rowspan="7">裁划平板玻璃用
1 克拉＝200(mg)</td></tr>
<tr><td>1</td><td>0.010 0～0.012 3</td><td>81～100</td><td>1～2</td><td rowspan="3">182</td></tr>
<tr><td>2</td><td>0.012 4～0.016 4</td><td>61～80</td><td>2～3</td></tr>
<tr><td>3</td><td>0.016 5～0.024 0</td><td>41～60</td><td>2～4</td></tr>
<tr><td>4</td><td>0.025～0.032</td><td>31～40</td><td>3～6</td><td rowspan="3">184</td></tr>
<tr><td>5</td><td>0.033～0.048</td><td>21～30</td><td>3～8</td></tr>
<tr><td>6</td><td>0.033～0.048</td><td>21～30</td><td>4～8</td></tr>
<tr><td rowspan="2">金刚石圆规刀</td><td rowspan="2"></td><td colspan="2">裁划玻璃直径(mm)</td><td colspan="3">200～1 200</td><td rowspan="2">划圆形平板玻璃及镜面玻璃</td></tr>
<tr><td colspan="2">裁划玻璃厚度(mm)</td><td colspan="3">2～6</td></tr>
</table>

21.38

（续）

<table>
<tr><th>名称</th><th>外 形 图</th><th colspan="4">规 格</th><th>(mm)</th></tr>
<tr><td rowspan="2">金刚石圆镜机
（QB/T 2097.3—1995）</td><td rowspan="2"> 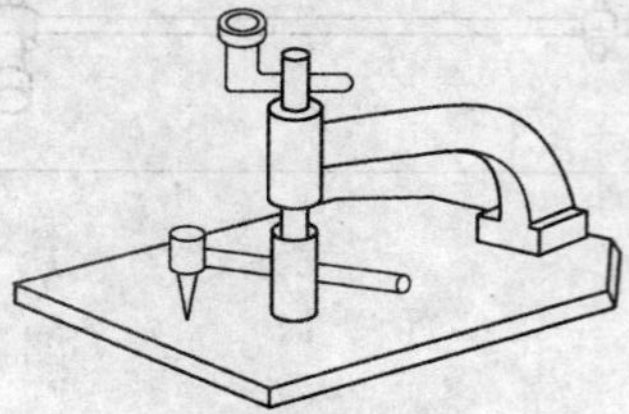</td><td>裁划玻璃直径/厚度(mm)</td><td colspan="2">金刚石每颗粒重量(克拉)</td><td>每克拉金刚石粒数</td><td rowspan="2">划圆形平板玻璃及镜面玻璃</td></tr>
<tr><td>35～200/1～3</td><td colspan="2">0.033～0.067</td><td>15～30</td></tr>
<tr><td rowspan="3">玻璃管割刀
（QB/T 2097.2—1995）</td><td rowspan="3"> 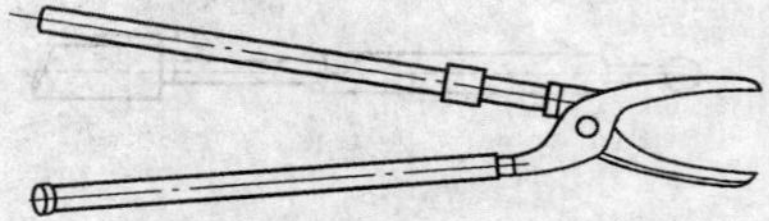钳式 
剑式</td><td>金刚石规格代号</td><td>钳杆长度(mm)</td><td>钳杆直径(mm)</td><td>全长(mm)</td><td rowspan="3">用于裁划1～3 mm 厚的玻璃管</td></tr>
<tr><td rowspan="2">1
2
3
4</td><td rowspan="2">120
220
320
420</td><td>6</td><td rowspan="2">275
378
478
578</td></tr>
<tr><td>8</td></tr>
</table>

第二十二章　新型通用手工工具

1. ASME B107.3G—2002 夹持式和管夹式大力钳

【适用范围】 本标准规定了装配和维修作业用夹持式和管夹式大力钳的尺寸和性能。管夹式大力钳通过对橡皮管或软铜管的夹持阻断可燃气体或其他流体的流通，所注尺寸并非定型，按用户需要，可与制造商协商。

【分类与型号】

类别	型号与名称	说　明
Ⅰ类夹持式大力钳	1A 型固定"C"形大力钳	钳口应倒圆角或开齿夹持面
	1B 型固定带转垫"C"形大力钳	钳口配有平滑且可转动的夹持面
	2 型板金大力钳	钳口有强化的夹持表面
	3 型焊接大力钳	钳口呈 U 形，中心部位呈开放状
Ⅱ类管夹式大力钳		钳子尺寸应符合下表

Ⅰ类 1A 型固定"C"型大力钳

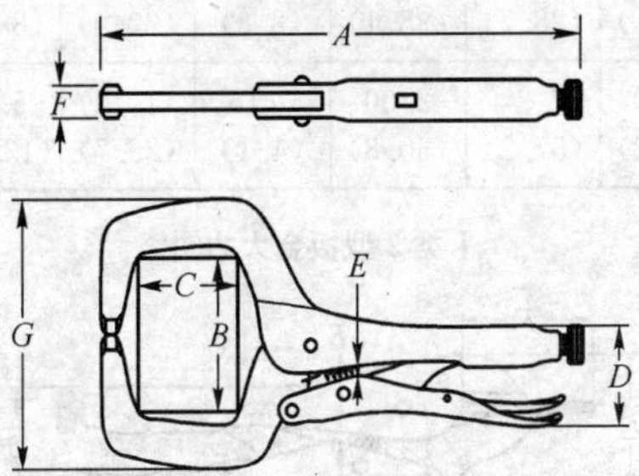

Ⅰ类 1A 型固定"C"形大力钳

公称尺寸 in(mm)	全长 A in(mm) ±1.00 (25.4)	钳口封闭部宽 min B in(mm)	钳口封闭部深 min C in(mm)	手柄宽 D in(mm) ±0.25 (6.4)	手柄间隙 min E in(mm)	钳口宽 F in(mm) ±0.13 (3.3)	高 G in(mm) ±1.00 (25.4)	夹持范围 min in(mm)	锁定手柄最大载荷 (N)
6 (150)	6.50 (165.1)	1.50 (38.1)	1.25 (31.8)	1.50 (38.1)	0.09 (2.3)	0.38 (9.7)	3.50 (88.9)	0～2.00 (0～50.8)	200
11 (280)	10.50 (266.7)	3.00 (76.2)	2.25 (57.2)	2.00 (50.8)	0.16 (4.1)	0.50 (12.7)	5.50 (139.7)	0～3.38 (0～85.9)	200

【表示方法】 购买方应择优选择采购单上的下列所需信息：名称、数量及标准日期；所需钳子的类别、型号和式样；所需钳子的规格；所需涂渡层类型。

Ⅰ类 1B 型固定"C"形大力钳

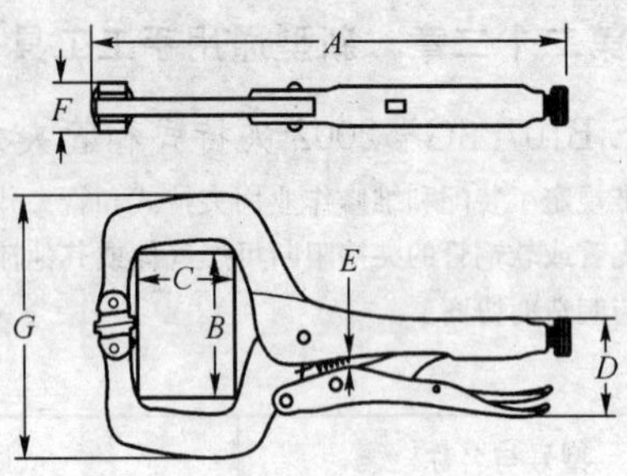

公称尺寸 in(mm)	全长 A in(mm) ±1.00 (25.4)	钳口封闭部宽 min B in(mm)	钳口封闭部深 min C in(mm)	手柄宽 D in(mm) ±0.25 (6.4)	手柄间隙 min E in(mm)	转垫宽 F in(mm) ±0.13 (3.3)	高 G in(mm) ±1.00 (25.4)	夹持范围 min in(mm)	锁定手柄最大载荷 (N)
5 (127)	5.25 (133.4)	1.38 (35.1)	0.90 (22.9)	1.31 (33.3)	0.09 (2.3)	0.63 (16.0)	2.75 (69.9)	0～1.50 (0～38.1)	200
6 (150)	6.50 (165.1)	1.50 (38.1)	1.13 (28.7)	1.50 (38.1)	0.09 (2.3)	0.88 (22.4)	3.50 (88.9)	0～2.00 (0～50.8)	200
11 (280)	10.50 (266.7)	3.00 (76.2)	2.25 (57.2)	2.00 (50.8)	0.16 (4.1)	1.13 (28.7)	5.50 (139.7)	0～3.38 (0～85.9)	200

Ⅰ类 2 型扳金大力钳

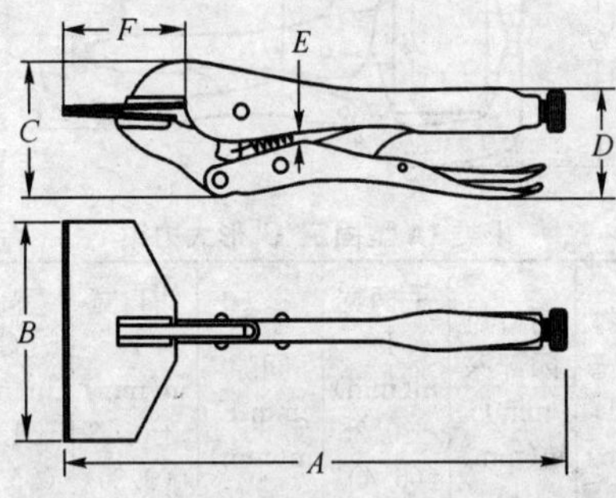

公称尺寸 in(mm)	全长 A in(mm) ±0.63 (16.0)	夹口宽 B in(mm) ±0.13 (3.3)	高 C in(mm) ±0.38 (9.7)	手柄宽 D in(mm) ±0.38 (9.7)	手柄间隙 min E in(mm)	夹口深 F in(mm) ±0.50 (12.7)	夹持范围 min in(mm)	锁定手柄最大载荷 (N)
8 (200)	7.75 (196.9)	3.13 (79.5)	2.25 (57.2)	1.75 (44.5)	0.16 (4.1)	1.75 (44.5)	0～0.50 (0～12.7)	220

Ⅰ类 3 型焊接大力钳

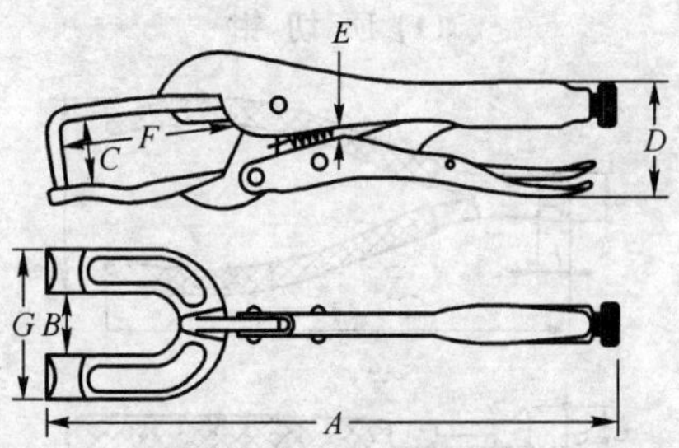

公称尺寸 in(mm)	全长 A in(mm) ±0.50 (12.7)	内宽 B in(mm) ±0.13 (3.3)	内高 C in(mm) ±0.13 (3.3)	手柄宽 D in(mm) ±0.50 (12.7)	手柄间隙 min E in(mm)	内深 F in(mm) ±0.50 (12.7)	外宽 G in(mm) ±0.13 (3.3)	夹持范围 min in(mm)
9 (230)	9.00 (228.6)	1.00 (25.4)	1.00 (25.4)	1.88 (47.8)	0.16 (4.1)	3.00 (76.2)	2.75 (69.9)	0～1.63 (0～41.4)

注：锁定手柄最大载荷 110 N，钳口端最小试验载荷 2 225 N。

Ⅱ类管夹式大力钳

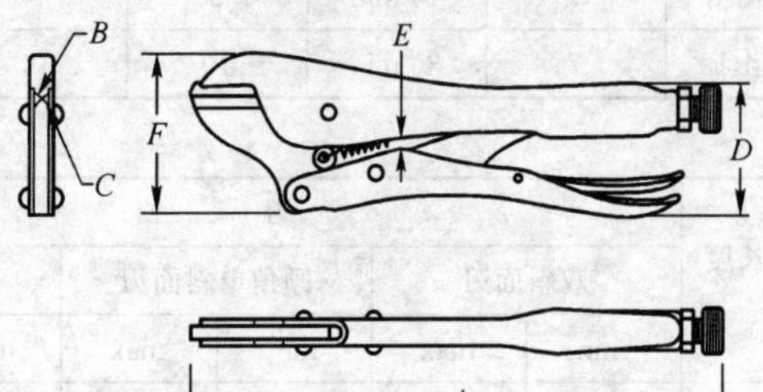

Ⅱ类管夹式大力钳

公称尺寸 in(mm)	全长 A in(mm) ±0.63 (16.0)	上钳口半径 B in(mm) ±0.016 (0.41)	下钳口半径 C in(mm) ±0.016 (0.41)	手柄宽 D in(mm) ±0.38 (9.7)	手柄间隙 min E in(mm)	高 F in(mm) ±0.38 (9.7)
7 (180)	7.00 (177.8)	0.13 (3.3)	0.06 (1.5)	1.75 (44.5)	0.16 (4.1)	2.25 (57.2)

2. ISO 9654:2004(E)电讯专用剪切钳

【适用范围】 本国际标准规定了电讯专用剪切钳的主要尺寸和试验丝直径范围。试验丝是按 ISO 9656 规定验证此类剪切钳的功能特性。适用于电子元器件及印刷电路板等，不适用于电气线路带电作业和静电作业工作。

(1) 顶 切 钳

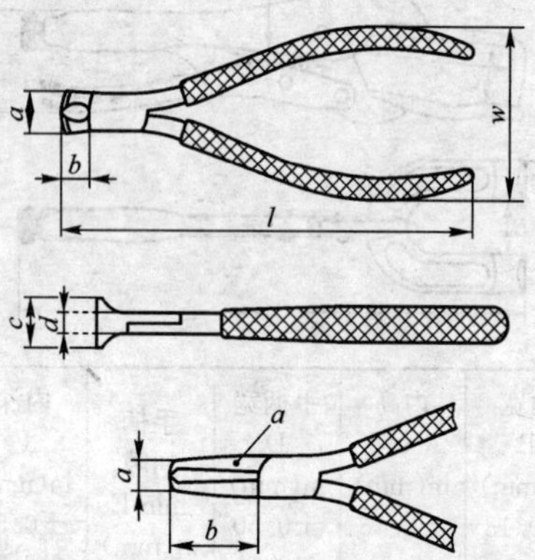

(mm)

钳嘴长度	l	a max	b	c max	d max	w ±5
短嘴	112±7	13	9 max	22	9	48
长嘴	125±8	7	14 min	8	9	50
	160±10	7	36 min	10	10	50

(mm)

钳嘴长度	额定长度 l	刃口					
		双斜面刃		倾角单斜面刃		单斜面刃	
		min	max	min	max	min	max
短嘴	112	0.30	1.25	0.30	1.25	0.2	1.0
长嘴	125	0.3	0.8	0.3	0.8	0.2	0.8
	160	0.3	0.8	0.3	0.8	0.2	0.8

注：1. 3 种类型刃口的设计见 ISO 8979 中参考号 130、131 和 132。

2. 试验丝应与 IEC(国际电气公司)60317-0-1 中的铜-ETP 相符。

(2) 圆头斜嘴钳

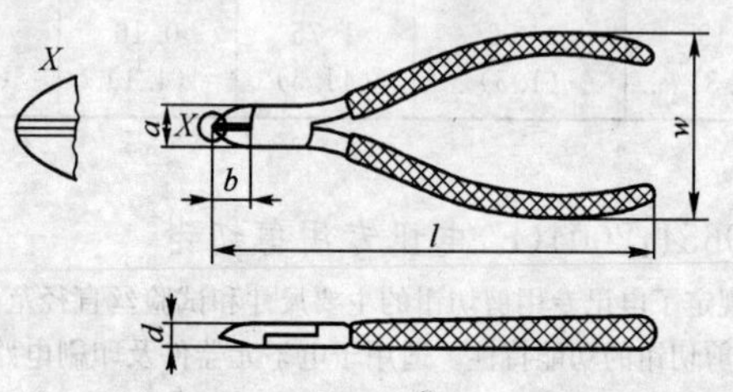

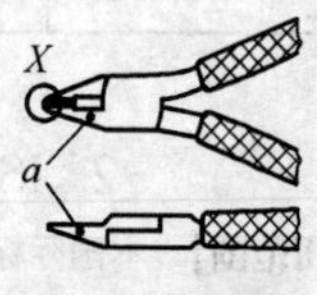

(mm)

l	a max	b max	d max	w ±5
112±7	13	16	8	48
125±8	16	20	10	50

(mm)

额定长度 l	刃口					
	双斜面刃		倾角单斜面刃		单斜面刃	
	min	max	min	max	min	max
112	0.30	1.25c	0.30	1.25c	0.2	1.0
125	0.3	2.0	0.3	2.0	0.2	1.5

注：1. 3 种类型刃口的设计见 ISO 8979 中参考号 130、131 和 132。

2. 试验丝应与 IEC(国际电气公司)60317－0－1 中的铜- ETP 相符。

3. 夹头钳口的剪切钳最大尺寸为 1 mm。

(3) 斜刃顶切钳

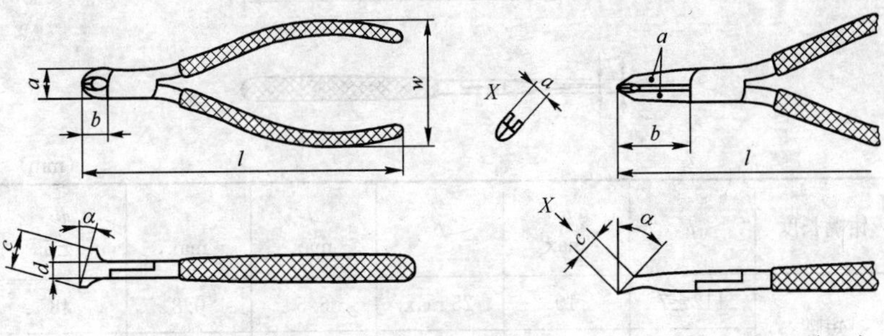

(mm)

钳嘴长度	l	a max	b max	c max	d max	w ±5	α ±5°
短嘴	112±7	14	14	20	8	48	15°
长嘴	125±8	8	25	10	8	50	45°

(mm)

钳嘴长度	额定长度 l	刃口					
		双斜面刃		倾角单斜面刃		单斜面刃	
		min	max	min	max	min	max
短嘴	112	0.30	1.25	0.30	1.25	0.2	1.0
长嘴	125	0.3	0.8	0.3	0.8	0.2	0.8

注：1. 3 种类型刃口的设计见 ISO 8979 中参考号 130、131 和 132。

2. 试验丝应与 IEC(国际电气公司)60317－0－1 中的铜- ETP 相符。

【标志示例】

例 1　顶切钳 121 号，与 ISO 8979 相符，额定长度 $l = 125$ mm，短嘴(S)，双斜面刃(SB)，表示为：顶切钳 121 - ISO 9654 - 125 - S - SB

例 2　带尖嘴圆头斜嘴钳 112 号，与 ISO 8979 相符，额定长度 $l = 112$ mm，倾角单斜面刃(SF)，表示为：圆头斜嘴钳 112 - ISO 9654 - 112 - SF

例 3　斜刃顶切钳 122 号，与 ISO 8979 相符，额定长度 $l = 125$ mm，长嘴(L)，单斜面刃(F)，表示为：斜刃顶切钳 122 - ISO 9654 - 125 - L - F

3. ISO 9655:2004(E)电讯专用夹扭钳

【适用范围】 本国际标准规定了电讯专用夹扭钳的主要尺寸。本夹扭钳适用于电子元器件及印刷电路板等，不适用于带电和静电作业。

(1) 圆嘴夹扭钳

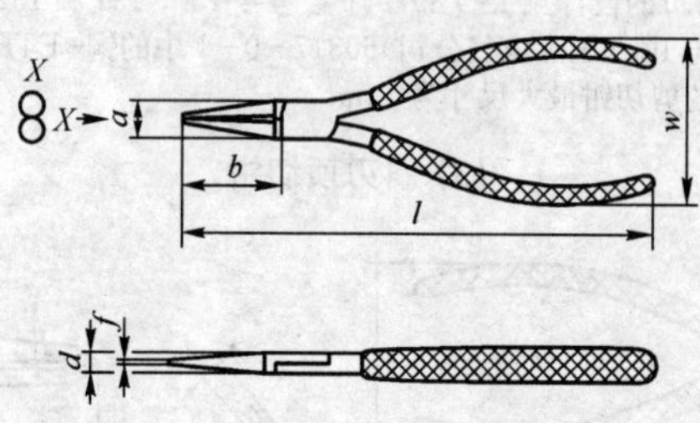

(mm)

钳嘴长度	l	a max	b	d max	f max	w ±5
短嘴	112±7	10	25 max	6.5	0.8	48
	125±8	13	30 max	8	1.5	50
长嘴	125±8	13	30 min	8	1.5	50
	140±9	14	34 min	10	2	50

(2) 扁嘴夹扭钳

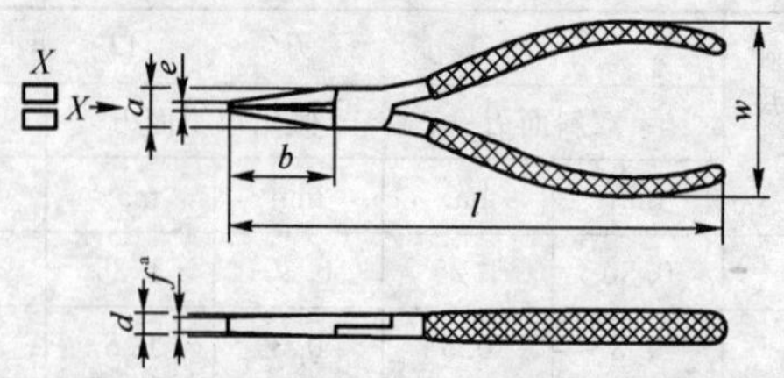

(mm)

钳嘴长度	l	a max	b	d max	e max	f max	w ±5
短嘴	112±5	10	25 max	6.5	1.8	1.8	48
	125±7	13	30 max	8	2.2	2.2	50
长嘴	125±7	13	30 min	8	2.2	2.2	50
	140±8	14	34 min	10	2.8	2.8	50

(3) 尖嘴夹扭钳

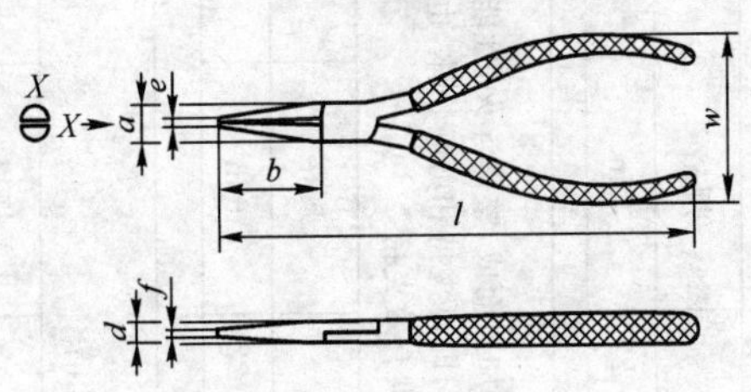

(mm)

钳嘴长度	l	a max	b	d max	e max	f max	w ±5
短嘴	112±5	10	25 max	6.5	1.8	1.8	48
	125±7	13	30 max	8	2.2	2.2	50
长嘴	125±7	13	30 min	8	2.2	2.2	50
	140±7	14	34 min	10	2.8	2.8	50

【标志示例】

例 1　圆嘴夹扭钳 143 号，与 ISO 8979 相符，额定长度 $l=125$ mm，短嘴(S)，表示为：圆嘴夹扭钳 143 - ISO 9655 - 125 - S

例 2　扁嘴夹扭钳 141 号，与 ISO 8979 相符，额定长度 $l=140$ mm，长嘴(L)，表示为：扁嘴夹扭钳 141 - ISO 9655 - 140 - L

例 3　尖嘴夹扭钳 142 号，与 ISO 8979 相符，额定长度 $l=112$ mm，短嘴(S)，表示为：尖嘴夹扭钳 142 - ISO 9655 - 112 - S

4. ISO 9657:2004(E)电讯夹扭钳和剪切钳通用技术条件(摘录)

① 本国际标准规定了扭剪钳和剪切钳适用于电子元器件及印刷电路板等，不适用于电气线路带电作业和静电作业工具。

② 钳柄的硬度应为 40HRC，钳柄应配有握捏舒适的套管，钳柄宽度应将套管厚度包括在内。

③ 钳头的硬度至少达到 40HRC(除非另有规定)。钳腮在正常工作范围内能灵活开闭。

④ 钳口。电讯夹扭钳在闭合时顶端应相互接触；剪切钳刃口硬度≥55HRC，夹扭钳夹持面最小硬度为 40HRC，圆嘴钳钳口无硬度要求。

5. 夹持类工具—钳与扳手

<table>
<tr><th>名　称</th><th>外　形　图</th><th>特点规格和总长度</th><th>用途</th></tr>
<tr><td>黑柄迷你扁嘴钳</td><td></td><td>● 优质高碳钢锻造的钳身，坚固耐用
● 适用于精细工作
<table><tr><td>件号</td><td>规格</td><td>总长度</td></tr><tr><td>84 - 122 - 23</td><td>5 in</td><td>127 mm</td></tr></table></td><td>弯曲金属薄片和金属丝，拔装金属销子、弹簧等零件</td></tr>
<tr><td>重型尖嘴钳</td><td></td><td>● 钳身经锻造精加工而成，整体淬火，性能卓越
● 多功能重型钳，即可夹持和剪断物体，也可压线和剪线
● 钢性牙纹，提供有效夹持
<table><tr><td>件号</td><td>规格</td><td>总长度</td></tr><tr><td>84 - 484 - 22</td><td>6 in</td><td>160 mm</td></tr></table></td><td>夹持和剪线，也可用于压线</td></tr>
<tr><td>双关节省力尖嘴钳(安信)</td><td></td><td>镀珍珠镍：表面光洁
<table><tr><td>件号</td><td>规格</td><td>总长度</td></tr><tr><td></td><td>7″</td><td>180 mm</td></tr><tr><td></td><td>8″</td><td>200 mm</td></tr></table></td><td>拆装金属小零件</td></tr>
</table>

（续）

<table>
<tr><th>名 称</th><th>外 形 图</th><th>特点规格和总长度</th><th>用途</th></tr>
<tr><td>双色柄平嘴钳</td><td></td><td>● 优质高碳钢锻造，加硬钳口处理
● 根据人体工学设计的双材料手柄，使用更舒适
● 钳头采用双色处理方式，样式更新颖
● 超过 ANSI 标准
<table><tr><th>件号</th><th>规格</th><th>总长度</th></tr><tr><td>84 - 423 - 23</td><td>6 in</td><td>160 mm</td></tr></table></td><td>用于剪断、夹扭细金属丝</td></tr>
<tr><td>挡圈钳（卡簧钳）</td><td></td><td>分直嘴式孔用、弯嘴式孔用；直嘴式轴用和弯嘴式轴用。全长(mm)125、175、225</td><td rowspan="2">专门用于装拆弹簧挡圈</td></tr>
<tr><td>德式 Cr - V 卡簧钳（安信）</td><td></td><td>品种有精抛孔直卡簧钳、孔弯卡簧钳、轴直卡簧钳和轴弯卡簧钳，规格(in)有 5、7、9、13</td></tr>
</table>

(续)

<table>
<tr><th>名　称</th><th>外　形　图</th><th>特点规格和总长度</th><th>用途</th></tr>
<tr><td>25″卡簧钳</td><td></td><td>品种有孔直卡簧钳、孔弯卡簧钳、轴直卡簧钳和轴弯卡簧钳，钳长 25 in</td><td></td></tr>
<tr><td>鸭嘴钳</td><td></td><td>柄带塑套和不带塑套柄
<table><tr><td>全长(mm)</td><td>125</td><td>140</td><td>160</td><td>180</td><td>200</td></tr></table></td><td>与扁嘴钳用途相似，多用于纺织厂修理机件</td></tr>
<tr><td>黑柄迷你斜口钳</td><td></td><td>● 优质高碳钢锻造的钳身，坚固耐用
● 最大剪切性能：1.2 mm
● 适用于精细工作
<table><tr><th>件号</th><th>规格</th><th>总长度</th></tr><tr><td>84-124-23</td><td>4 in</td><td>100 mm</td></tr></table></td><td>适用于电子元器件及印刷线路板的精细工作</td></tr>
<tr><td>胡桃钳</td><td></td><td><table><tr><td rowspan="2">全长：(mm)</td><td>125</td><td>150</td><td>175</td><td>200</td><td>225</td></tr><tr><td>250</td><td></td><td></td><td></td><td></td></tr></table></td><td>制鞋、修鞋工用于拔鞋钉及木工起钉子</td></tr>
</table>

（续）

<table>
<tr><th>名　称</th><th>外　形　图</th><th>特点规格和总长度</th><th>用途</th></tr>
<tr><td>新型水泵钳</td><td></td><td>● 优质高碳钢锻造的钳身，坚固耐用
● 头部可调整夹持范围，双色处理
● 铬镍合金钳身更加坚固耐用
<table><tr><th>件号</th><th>规格</th><th>总长度</th></tr><tr><td>84-444-23</td><td>12 in</td><td>300 mm</td></tr><tr><td>84-445-23</td><td>16 in</td><td>400 mm</td></tr></table></td><td>用于夹持拧旋扁形、圆柱形工件</td></tr>
<tr><td>电工钳（克丝钳）</td><td></td><td>分柄带塑套和不带塑套两种，全长(mm)160、180、200</td><td>用于夹持或弯折金属片，细圆柱形工件及切断细金属丝</td></tr>
<tr><td>电缆钳</td><td></td><td><table><tr><th>型号</th><th>手柄长度</th><th>质量(kg)</th></tr><tr><td>XLJ-S-1(a)</td><td>550/400</td><td>2.5</td></tr><tr><td>XLJ-D-300(b)</td><td>230</td><td>1</td></tr><tr><td>XLJ-1(c)</td><td>570/420</td><td>3</td></tr><tr><td>XLJ-2</td><td>600/450</td><td>3.3</td></tr><tr><td>XLJ-G</td><td>560/410</td><td>3</td></tr></table></td><td>用于切断铜、铝导线、电缆钢丝绳等</td></tr>
</table>

（续）

名称	外形图	用途
断线钳	a. 普通式 b. 管柄式	剪断较粗、硬度不大于30HRC的金属丝、电线及线材
紧线钳	(a) 平口式 (b) 虎头式	专用于架设空中线路时拉紧电线或钢绞线

断线钳　特点规格和总长度

a. 普通式

全长(mm)		300	350	450
剪切直径(mm)	黑色金属	≤4	≤5	≤6
	有色金属	2～6	2～7	2～8

b. 管柄式

全长(mm)		600	750	900	1 050
剪切直径(mm)	黑色金属	≤8	≤10	≤12	≤14
	有色金属	2～10	2～12	2～14	2～16

紧线钳　特点规格和总长度

平口式紧线钳

规格号		1	2	3
钳口张开尺寸(mm)		≥21.5	≥10.5	≥5.5
拉线直径(mm)	单股铜钢线	10～20	5～10	1.5～5
	钢绞线	—	5.1～9.6	1.5～4.8
	无芯铝绞线	12.4～17.5	5.1～9	
	钢芯铝绞线	13.7～19	5.4～9.9	

虎头式紧线钳

长度(mm)	200	250	300	350	400	450	500
拉线直径(mm)	1.5～3.5	2～2.5	2～7	3～8.5	3～10.5	3～12	4～13.5
额定拉力(kN)	2.5	3.5	6	8	10	12	15

(续)

<table>
<tr><th>名　称</th><th>外　形　图</th><th colspan="4">特点规格和总长度</th><th>用途</th></tr>
<tr><td rowspan="2">剥线钳</td><td rowspan="2">(a)　(b)
(c)　(d)</td><td>型式</td><td>可调式(a)</td><td>自动式及多功能式(b)(c)</td><td>压接式(d)</td><td rowspan="2">专供电工剥除电线头部表面绝缘层；多功能钳能剥离带状电缆</td></tr>
<tr><td>全长(mm)</td><td>160</td><td>170</td><td>200</td></tr>
<tr><td rowspan="7">压线钳</td><td rowspan="7">(a)
(b)</td><td>型号</td><td>手柄长(mm)</td><td>质量(kg)</td><td>适用范围</td><td rowspan="7">用于冷压接铜、铝导线或封端</td></tr>
<tr><td>JYJ - V_1(a)</td><td>245</td><td rowspan="2">0.35</td><td>围压 0.5～6 mm^2 裸导线</td></tr>
<tr><td>JYJ - V_2(a)</td><td>245</td><td>围压 0.5～6 mm^2 绝缘导线</td></tr>
<tr><td>JYJ - 1</td><td rowspan="2">伸长：600</td><td rowspan="2">0.25</td><td>压接 6～240 mm^2 导线</td></tr>
<tr><td>JYJ - 1A(b)</td><td>围压 6～240 mm^2 导线自动脱模</td></tr>
<tr><td>JYJ - 2</td><td rowspan="2">缩短：450</td><td>3.0</td><td>围压、点压、叠压 6～300 mm^2 导线</td></tr>
<tr><td>JYJ - 3</td><td>4.5</td><td>围压、点压、叠压 6～400 mm^2 导线</td></tr>
</table>

（续）

<table>
<tr><th rowspan="3">名　称</th><th rowspan="3">外　形　图</th><th colspan="6">特点规格和总长度</th><th rowspan="3">用途</th></tr>
<tr><td rowspan="2">全长(mm)</td><td rowspan="2">刃口厚度
(mm)</td><td colspan="4">剪切直径(mm)</td></tr>
<tr><td>低碳钢</td><td>有色金属</td><td colspan="2">碳素弹簧
钢丝</td></tr>
<tr><td>鹰嘴断线钳</td><td>230 mm
450—900 mm</td><td>230
450
600
750
900</td><td>

0. 1
0. 3～0. 5
0. 4～0. 7</td><td>≤4
2～5
2～6
2～8
2～10</td><td>≤5
2～6
2～8
2～10
2～12</td><td colspan="2">≤2. 5</td><td>用于剪断较粗的、抗拉强度 σ_b 小于 980 MPa 及硬度不大于 30HRC 的金属线材</td></tr>
<tr><td>钢丝钳</td><td></td><td colspan="6">有带塑套柄和不带塑套柄两种，全长(mm)160、180、200</td><td>用于夹持或折弯金属薄片、细直径工件</td></tr>
<tr><td>Cr－V 镀镍双关节省力钢丝钳(安信)</td><td></td><td colspan="6">型号：PART No. SIZE
长度(in)：7、8</td><td>同上，由于双关节，用时省力</td></tr>
<tr><td rowspan="2">鲤鱼钳</td><td rowspan="2"></td><td colspan="6">钳口宽度有两档，可按夹持工件尺寸进行调节</td><td rowspan="2">用于夹持扁形或圆柱形金属件、切断金属丝</td></tr>
<tr><td>全长(mm)</td><td>125</td><td>150</td><td>165</td><td>200</td><td>250</td></tr>
</table>

（续）

<table>
<tr><th>名　称</th><th>外　形　图</th><th colspan="5">特点规格和总长度</th><th>用途</th></tr>
<tr><td>组合档圈钳（KTC）</td><td></td><td colspan="5">型号：SOCP－130
长度：145/mm
轴、穴兼用</td><td>专门用于装拆档圈，轴孔通用</td></tr>
<tr><td>黄塑柄直口航空钳（安信）</td><td></td><td colspan="5">型号　RART No SIZE
长度（in）10</td><td></td></tr>
<tr><td>大力钳（多用钳）</td><td></td><td colspan="5">钳口有多档调节位置且钳口可锁紧，夹紧零件不松脱，钳口最大开口×全长：50 mm×220 mm</td><td>用于夹紧、扳扭零件，也可作扳手用</td></tr>
<tr><td rowspan="5">大力钳（钢丝钳）</td><td rowspan="5"></td><td>No</td><td>L</td><td>开口值</td><td>スクメユー</td><td>スブメンク</td><td rowspan="5">起到螺丝板作用，夹持工件钻孔、拧紧螺母；帮助旋具安装螺钉</td></tr>
<tr><td>4WR</td><td>115</td><td>0～23</td><td>No. 91</td><td>No. 92</td></tr>
<tr><td>5WR</td><td>135</td><td>0～31</td><td>No. 51</td><td>No. 52</td></tr>
<tr><td>7WR</td><td>175</td><td>0～41</td><td>No. 21</td><td>No. 22</td></tr>
<tr><td>10WR</td><td>210</td><td>0～47</td><td>No. 07</td><td>No. 08</td></tr>
</table>

（续）

<table>
<tr><th>名称</th><th>外形图</th><th>特点规格和总长度</th><th>用途</th></tr>
<tr><td>大力钳
(KTC)</td><td>(a)　(b)</td><td>
<table>
<tr><td>No</td><td>L</td><td>开口值</td><td>l</td><td>H</td><td>A</td><td>B</td></tr>
<tr><td>6R</td><td>165</td><td>0～50</td><td>35</td><td>57</td><td>10</td><td>10</td></tr>
<tr><td>11R</td><td>260</td><td>0～95</td><td>63</td><td>95</td><td>11</td><td>15</td></tr>
<tr><td>18R</td><td>435</td><td>0～205</td><td>241</td><td>115</td><td>11</td><td>15</td></tr>
<tr><td>24R</td><td>580</td><td>0～315</td><td>393</td><td>115</td><td>11</td><td>15</td></tr>
</table>
<table>
<tr><td>No</td><td>L</td><td>开口值</td><td>B</td><td>スク</td><td>スフリシク</td></tr>
<tr><td>9R</td><td>215</td><td>0—70</td><td>41</td><td>No. 21</td><td>No. 22</td></tr>
</table>
<table>
<tr><td>No</td><td>L</td><td>A</td><td>B</td><td></td><td></td></tr>
<tr><td>8R</td><td>190</td><td>79</td><td>44</td><td>No. 21</td><td>No. 22</td></tr>
</table>
</td><td>（1）常用于压紧小工件，进行钻孔、点焊
（2）用于压紧两个工件，进行焊接
（3）用于扳金薄件折边</td></tr>
<tr><td>红柄精密弯嘴钳 CR－V</td><td></td><td>
● 使用寿命延长两倍
● 更省力，节省 25%
● 钳口精细研磨和处理，工作质量更好
● 经典红色手柄，防滑，握持舒适
● 钳口特殊机加工处理，夹持能力更强
● 铬钒合金钢钳身，经久耐用
● 防锈能力更出色
<table>
<tr><td>件号</td><td>规格</td><td>总长度</td></tr>
<tr><td>84－049－23</td><td>5 in</td><td>130.8 mm</td></tr>
<tr><td>84－054－23</td><td>6 in</td><td>158.6 mm</td></tr>
</table>
</td><td></td></tr>
</table>

(续)

<table>
<tr><th>名称</th><th>外形图</th><th>特点规格和总长度</th><th>用途</th></tr>
<tr><td>Max Steel 加硬绝缘弯嘴钳 CR-V</td><td></td><td>● 双材料手柄，耐压 1 000 V，通过欧共体认证，使用更安全
● 精锻造铬钒合金钢钳身，经久耐用
● 偏心设计结构，使用更省力
● 精抛光钳头处理，特殊锻造钳口，切割更锋利
<table><tr><td>件号</td><td>规格</td><td>总长度</td></tr><tr><td>84-008-22</td><td>8in</td><td>200 mm</td></tr></table></td><td></td></tr>
<tr><td>鹰嘴万用剥线钳</td><td></td><td>● 2 合 1 剥线剪线功能
● 剥线范围：直径 0.2～6 mm 的单股电线或排线
● 自动根据线径调节剥线尺寸，避免损伤电芯
● 轻巧易携带，使用寿命长
<table><tr><td>件号</td><td>线径</td><td>规格</td></tr><tr><td>84-319-22</td><td>0.2—6 mm</td><td>6.5 in</td></tr></table></td><td></td></tr>
</table>

单头呆扳手(GB/T 4388—2008)

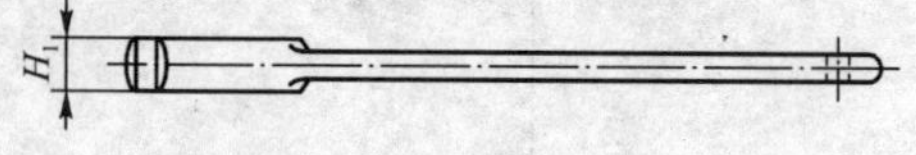

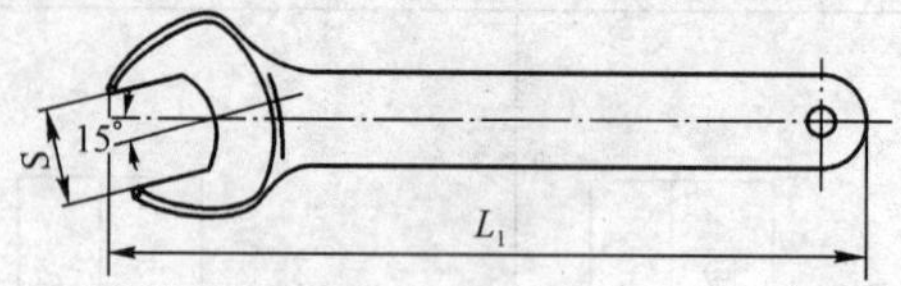

单头梅花扳手(GB/T 4388—2008)

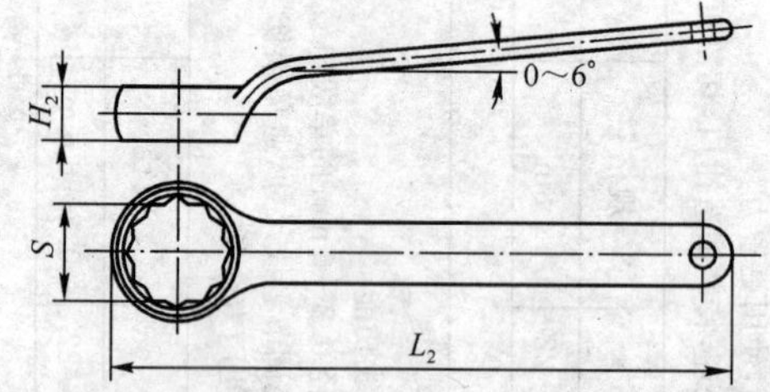

两用扳手(GB/T 4388—2008)

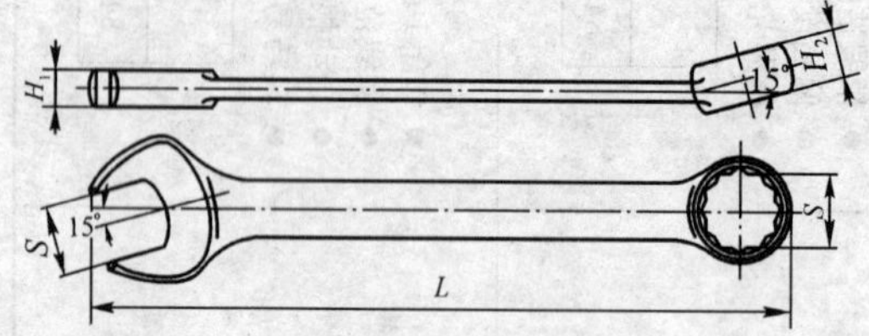

上述三种扳手规格、长度 L、头部厚度 H_1 和 H_2 见下表。

(mm)

规格 S	单头呆扳手		单头梅花扳手		两用扳手		
	$H_{1(max)}$	$L_{1(min)}$	$H_{2(max)}$	$L_{2(min)}$	$H_{1(max)}$	$H_{2(max)}$	$L_{(min)}$
3.2					5	3.3	55
4					5.5	3.5	55
5	4.5				6	4	65
5.5		80			4.5	6.5	70
6		85			4.5	6.5	75
7		90				7	85
8	5	95	—	—	5	8	90
9	5.5	100			5.5	8.5	100

（续）

规格 S	单头呆扳手		单头梅花扳手		两 用 扳 手		
	$H_{1(max)}$	$L_{1(min)}$	$H_{2(max)}$	$L_{2(min)}$	$H_{1(max)}$	$H_{2(max)}$	$L_{(min)}$
10	6	105	9	105	6	9	110
11	6.5	110	9.5	110	6.5	9.5	120
12	7	115	10.5	115	7	10	125
13		120	11	120		11	135
14	7.5	125	11.5	125	7.5	11.5	145
15	8	130	12	130	8	12	150
16		135	12.5	135		12.5	160
17	8.5	140	13	140	8.5	13	165
18	9	150	14	150	9	14	180
19		155	14.5	155		14.5	190
20	9.5	160	15	160	9.5	15	205
21	10	170	15.5	170	10	15.5	215
22	10.5	180	16	180	10.5	16	230
23		190	16.5	190		16.5	240
24	11	200	17.5	200	11	17.5	250
25	11.5	205	18	205	11.5	18	260
26	12	215	18.5	215	12	18.5	265
27	12.5	225	19	225	12.5	19	275
28		235	19.5	235		19.5	280
29	13	245	20	245	13	20	290
30	13.5	255		255	13.5		300
31	14	265	20.5	265	14	20.5	305
32	14.5	275	21	275	14.5	21	315
34	15	285	22.5	285	15	22.5	330
36	15.5	300	23.5	300	15.5	23.5	345
41	17.5	330	26.5	330	17.5	26.5	385
46	19.5	350	28.5	350	19.5	28.5	425
50	21	370	32	370	21	32	455

(续)

规格 S	单头呆扳手		单头梅花扳手		两 用 扳 手		
	$H_{1(max)}$	$L_{1(min)}$	$H_{2(max)}$	$L_{2(min)}$	$H_{1(max)}$	$H_{2(max)}$	$L_{(min)}$
55	22	390	33.5	390	—	—	—
60	24	420	36.5	420			
65	26	450	39.5	450			
70	28	480	42.5	480			
75	30	510	46	510			
80	32	540	49	540			

双头呆扳手(GB/T 4388—2008)

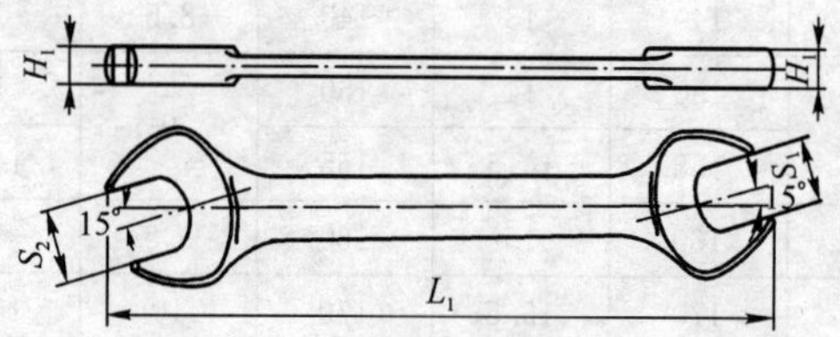

四型双头梅花扳手和二型敲击扳手

① 四型双头梅花扳手。

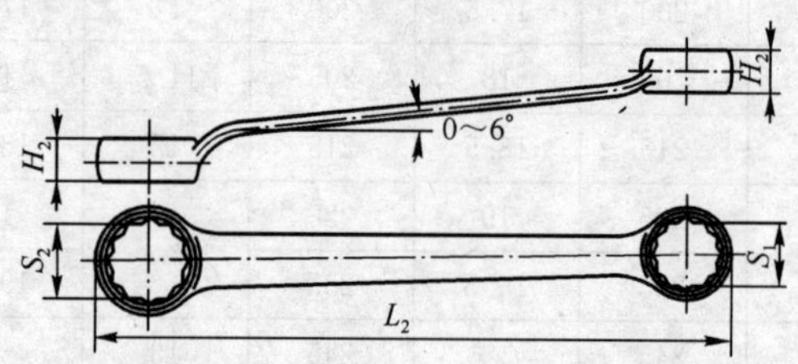

(1) A 型双头梅花扳手(矮颈)

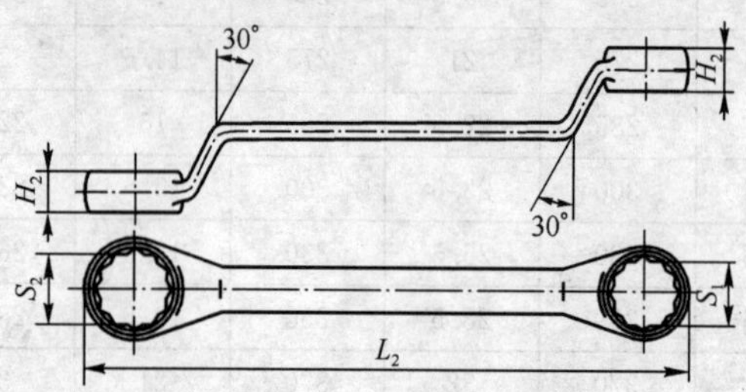

(2) G型双头梅花扳手(高颈)

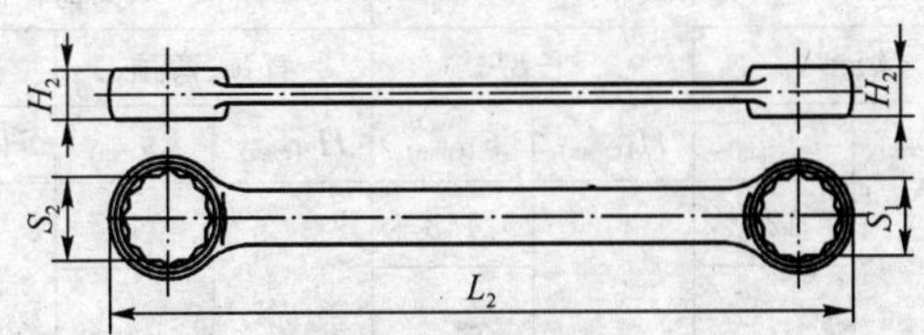

(3) Z型双头梅花扳手(直颈)

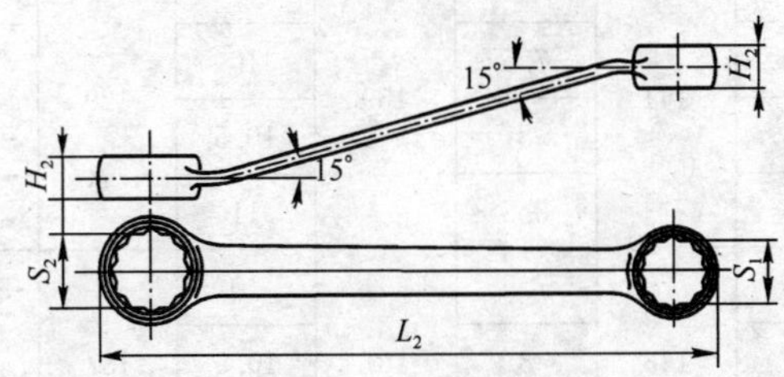

(4) W型15°双头梅花扳手(弯颈)

双头呆扳手和双头梅花扳手规格见下表。

(mm)

<table>
<tr><th rowspan="3">规格
$S_1 \times S_2$</th><th colspan="4">双头呆扳手</th><th colspan="4">双头梅花扳手</th></tr>
<tr><th colspan="2">短型</th><th colspan="2">长型</th><th colspan="2">直颈、弯颈</th><th colspan="2">矮颈、高颈</th></tr>
<tr><th>$H_{1(max)}$</th><th>$L_{1(min)}$</th><th>$H_{1(max)}$</th><th>$L_{1(min)}$</th><th>$H_{2(max)}$</th><th>$L_{2(min)}$</th><th>$H_{2(max)}$</th><th>$L_{2(min)}$</th></tr>
<tr><td>3.2×4</td><td>3.5</td><td>72</td><td>3</td><td>81</td><td rowspan="4">—</td><td rowspan="4">—</td><td rowspan="4">—</td><td rowspan="4">—</td></tr>
<tr><td>4×5</td><td rowspan="2">4</td><td>78</td><td rowspan="2">3.5</td><td>87</td></tr>
<tr><td>5×5.5</td><td>85</td><td>95</td></tr>
<tr><td>5.5×7</td><td rowspan="3">5</td><td>89</td><td rowspan="3">4.5</td><td>99</td></tr>
<tr><td>6×7</td><td>92</td><td>103</td><td>6.5</td><td>73</td><td>7</td><td>(134)</td></tr>
<tr><td>7×8</td><td>99</td><td>111</td><td>7</td><td>81</td><td>7.5</td><td>143</td></tr>
<tr><td>8×9</td><td rowspan="2">5.5</td><td rowspan="2">106</td><td>5</td><td rowspan="2">119</td><td>7.5</td><td rowspan="2">89</td><td>8.5</td><td rowspan="2">(152)</td></tr>
<tr><td>8×10</td><td>5.5</td><td>8</td><td>9</td></tr>
<tr><td>9×11</td><td rowspan="2">6</td><td>113</td><td rowspan="2">6</td><td>127</td><td rowspan="2">8.5</td><td>97</td><td rowspan="2">9.5</td><td>161</td></tr>
<tr><td>10×11</td><td rowspan="3">120</td><td rowspan="3">135</td><td rowspan="3">105</td><td rowspan="3">(170)</td></tr>
<tr><td>10×12</td><td>6.5</td><td>6.5</td><td>9</td><td>10</td></tr>
<tr><td>10×13</td><td>7</td><td>7</td><td>9.5</td><td>11</td></tr>
</table>

（续）

<table>
<tr><th rowspan="3">规格
$S_1 \times S_2$</th><th colspan="4">双头呆扳手</th><th colspan="4">双头梅花扳手</th></tr>
<tr><th colspan="2">短型</th><th colspan="2">长型</th><th colspan="2">直颈、弯颈</th><th colspan="2">矮颈、高颈</th></tr>
<tr><th>$H_{1(max)}$</th><th>$L_{1(min)}$</th><th>$H_{1(max)}$</th><th>$L_{1(min)}$</th><th>$H_{2(max)}$</th><th>$L_{2(min)}$</th><th>$H_{2(max)}$</th><th>$L_{2(min)}$</th></tr>
<tr><td>11×13</td><td rowspan="4">7</td><td>127</td><td rowspan="4">7</td><td>143</td><td rowspan="4">9.5</td><td>113</td><td rowspan="4">11</td><td>179</td></tr>
<tr><td>12×13</td><td rowspan="2">134</td><td rowspan="2">151</td><td rowspan="2">121</td><td rowspan="2">188</td></tr>
<tr><td>12×14</td></tr>
<tr><td>13×14</td><td rowspan="4">141</td><td rowspan="4">159</td><td rowspan="4">129</td><td rowspan="4">197</td></tr>
<tr><td>13×15</td><td>7.5</td><td>7.5</td><td>10</td><td rowspan="2">12</td></tr>
<tr><td>13×16</td><td>8</td><td>8</td><td>10.5</td></tr>
<tr><td>13×17</td><td>8.5</td><td>8.5</td><td>11</td><td>13</td></tr>
<tr><td>14×15</td><td>7.5</td><td rowspan="3">148</td><td>7.5</td><td rowspan="3">167</td><td>10</td><td rowspan="3">137</td><td rowspan="2">12</td><td rowspan="3">206</td></tr>
<tr><td>14×16</td><td>8</td><td>8</td><td>10.5</td></tr>
<tr><td>14×17</td><td>8.5</td><td>8.5</td><td>11</td><td>13</td></tr>
<tr><td>15×16</td><td>8</td><td rowspan="2">155</td><td>8</td><td rowspan="2">175</td><td>10.5</td><td rowspan="2">145</td><td>12</td><td rowspan="2">215</td></tr>
<tr><td>15×18</td><td rowspan="2">8.5</td><td rowspan="2">8.5</td><td>11.5</td><td rowspan="2">13</td></tr>
<tr><td>16×17</td><td>162</td><td>183</td><td>11</td><td>153</td><td>224</td></tr>
<tr><td>16×18</td><td>8.5</td><td>162</td><td>8.5</td><td>183</td><td rowspan="3">11.5</td><td>153</td><td>13</td><td>224</td></tr>
<tr><td>17×19</td><td rowspan="2">9</td><td>169</td><td rowspan="2">9</td><td>191</td><td>166</td><td rowspan="3">14</td><td>233</td></tr>
<tr><td>18×19</td><td rowspan="2">176</td><td rowspan="2">199</td><td rowspan="2">174</td><td rowspan="2">242</td></tr>
<tr><td>18×21</td><td rowspan="4">10</td><td rowspan="4">10</td><td>12.5</td></tr>
<tr><td>19×22</td><td>183</td><td>207</td><td rowspan="4">13</td><td>182</td><td rowspan="4">15</td><td>251</td></tr>
<tr><td>20×22</td><td>190</td><td>215</td><td>190</td><td>260</td></tr>
<tr><td>21×22</td><td rowspan="3">202</td><td rowspan="3">223</td><td rowspan="3">198</td><td rowspan="3">269</td></tr>
<tr><td>21×23</td><td>10.5</td><td>10.5</td></tr>
<tr><td>21×24</td><td rowspan="2">11</td><td rowspan="2">11</td><td rowspan="2">13.5</td><td rowspan="2">16</td></tr>
<tr><td>22×24</td><td>209</td><td>231</td><td>206</td><td>278</td></tr>
<tr><td>24×27</td><td>12</td><td rowspan="2">223</td><td>12</td><td rowspan="2">247</td><td>14.5</td><td rowspan="2">222</td><td>17</td><td rowspan="2">296</td></tr>
<tr><td>24×30</td><td>13</td><td>13</td><td>15.5</td><td>18</td></tr>
<tr><td>25×28</td><td>12</td><td>230</td><td>12</td><td>255</td><td>15</td><td>230</td><td>17.5</td><td>305</td></tr>
</table>

（续）

<table>
<tr><th rowspan="3">规格
$S_1 \times S_2$</th><th colspan="4">双头呆扳手</th><th colspan="4">双头梅花扳手</th></tr>
<tr><th colspan="2">短型</th><th colspan="2">长型</th><th colspan="2">直颈、弯颈</th><th colspan="2">矮颈、高颈</th></tr>
<tr><th>$H_{1(\max)}$</th><th>$L_{1(\min)}$</th><th>$H_{1(\max)}$</th><th>$L_{1(\min)}$</th><th>$H_{2(\max)}$</th><th>$L_{2(\min)}$</th><th>$H_{2(\max)}$</th><th>$L_{2(\min)}$</th></tr>
<tr><td>27×30</td><td>13</td><td rowspan="2">244</td><td>13</td><td rowspan="2">271</td><td>15.5</td><td rowspan="2">246</td><td>18</td><td rowspan="2">323</td></tr>
<tr><td>27×32</td><td rowspan="2">13.5</td><td rowspan="2">13.5</td><td rowspan="2">16</td><td rowspan="2">19</td></tr>
<tr><td>30×32</td><td rowspan="2">265</td><td rowspan="2">295</td><td rowspan="2">275</td><td rowspan="2">330</td></tr>
<tr><td>30×34</td><td rowspan="2">14</td><td rowspan="2">14</td><td rowspan="2">16.5</td><td rowspan="2">20</td></tr>
<tr><td>32×34</td><td rowspan="2">284</td><td rowspan="2">311</td><td rowspan="2">291</td><td rowspan="2">348</td></tr>
<tr><td>32×36</td><td rowspan="2">14.5</td><td rowspan="2">14.5</td><td rowspan="2">17</td><td rowspan="2">21</td></tr>
<tr><td>34×36</td><td>298</td><td>327</td><td>307</td><td>366</td></tr>
<tr><td>36×41</td><td>16</td><td>312</td><td>16</td><td>343</td><td>18.5</td><td>323</td><td>22</td><td>384</td></tr>
<tr><td>41×46</td><td>17.5</td><td>357</td><td>17.5</td><td>383</td><td>20</td><td>363</td><td>24</td><td>429</td></tr>
<tr><td>46×50</td><td>19</td><td>392</td><td>19</td><td>423</td><td>21</td><td>403</td><td>25</td><td>474</td></tr>
<tr><td>50×55</td><td>20.5</td><td>420</td><td>20.5</td><td>455</td><td>22</td><td>435</td><td>27</td><td>510</td></tr>
<tr><td>55×60</td><td>22</td><td>455</td><td>22</td><td>495</td><td>23.5</td><td>475</td><td>28.5</td><td>555</td></tr>
<tr><td>60×65</td><td>23</td><td>490</td><td rowspan="4">—</td><td rowspan="4">—</td><td rowspan="4">—</td><td rowspan="4">—</td><td rowspan="4">—</td><td rowspan="4">—</td></tr>
<tr><td>65×70</td><td>24</td><td>525</td></tr>
<tr><td>70×75</td><td>25.5</td><td>560</td></tr>
<tr><td>75×80</td><td>27</td><td>600</td></tr>
</table>

注：带括号的尺寸仅供设计时参考。

【扳手技术要求】

① 硬度：参见 GB/T 4393—1995。

② 材料：呆扳手　$S \geqslant 39$ 用合金钢板，$S = 39 \sim 48$ mm，$36 \sim 45$ mm 用碳钢。

梅花扳手　$S \geqslant 39$ mm，用合金钢，$S = 39 \sim 48$ mm，$36 \sim 45$ mm 用碳钢。

③ 表面处理：进行电镀、发蓝或其他表面处理。

表面精度：扳手两侧表面粗糙度 $Ra \not< 12.5\ \mu m$，表面粗糙度 $Ra \not< 25\ \mu m$。

④ 敲击呆扳手和敲击梅花扳手。（GB/T 4392—1995）

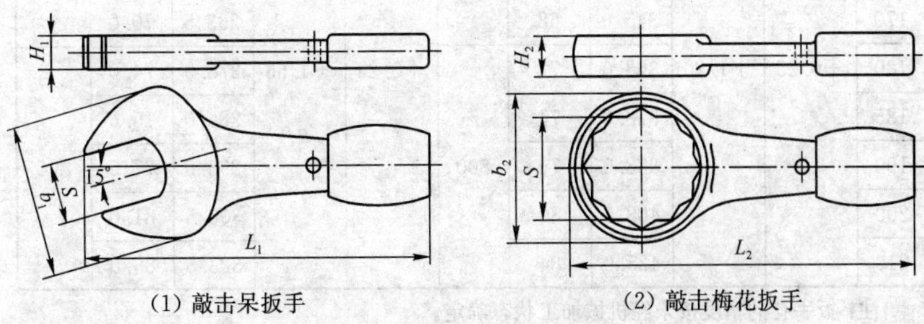

(1) 敲击呆扳手　　(2) 敲击梅花扳手

(mm)

<table>
<tr><th rowspan="3">规格
S</th><th colspan="5">敲击呆扳手</th><th colspan="5">敲击梅花扳手</th></tr>
<tr><th colspan="2">S</th><th rowspan="2">$b_{1(max)}$</th><th rowspan="2">$H_{1(max)}$</th><th rowspan="2">$L_{1(min)}$</th><th colspan="2">S</th><th rowspan="2">$b_{2(max)}$</th><th rowspan="2">$H_{2(max)}$</th><th rowspan="2">$L_{2(min)}$</th></tr>
<tr><th>下偏差</th><th>上偏差</th><th>下偏差</th><th>上偏差</th></tr>
<tr><td>50</td><td>+0.10</td><td>+0.60</td><td>110.0</td><td>20</td><td rowspan="2">300</td><td>+0.10</td><td>+0.70</td><td>83.5</td><td>25.0</td><td rowspan="2">300</td></tr>
<tr><td>55</td><td rowspan="4">+0.12</td><td rowspan="4">+0.72</td><td>120.5</td><td>22</td><td rowspan="4">+0.12</td><td rowspan="4">+0.92</td><td>91.0</td><td>27.0</td></tr>
<tr><td>60</td><td>131.0</td><td>24</td><td rowspan="2">350</td><td>98.5</td><td>29.0</td><td rowspan="2">350</td></tr>
<tr><td>65</td><td>141.5</td><td>26</td><td>106.0</td><td>30.6</td></tr>
<tr><td>70</td><td>152.0</td><td>28</td><td rowspan="2">375</td><td>113.5</td><td>32.5</td><td rowspan="2">375</td></tr>
<tr><td>75</td><td rowspan="6">+0.15</td><td rowspan="6">+0.85</td><td>162.5</td><td>30</td><td rowspan="6">+0.15</td><td rowspan="6">+1.15</td><td>121.0</td><td>34.0</td></tr>
<tr><td>80</td><td>173.0</td><td>32</td><td rowspan="2">400</td><td>128.5</td><td>36.5</td><td rowspan="2">400</td></tr>
<tr><td>85</td><td>183.5</td><td>34</td><td>136.0</td><td>38</td></tr>
<tr><td>90</td><td>188.0</td><td>36</td><td rowspan="2">450</td><td>143.5</td><td>40.0</td><td rowspan="2">450</td></tr>
<tr><td>95</td><td>198.0</td><td>38</td><td>151.0</td><td>42.0</td></tr>
<tr><td>100</td><td>208.0</td><td>40</td><td rowspan="4">500</td><td>158.5</td><td>44.0</td><td rowspan="4">500</td></tr>
<tr><td>105</td><td rowspan="7">+0.20</td><td rowspan="7">+1.00</td><td>218.0</td><td>42</td><td rowspan="7">+0.20</td><td rowspan="7">+1.40</td><td>166.0</td><td>45.6</td></tr>
<tr><td>110</td><td>228.0</td><td>44</td><td>173.5</td><td>47.5</td></tr>
<tr><td>115</td><td>238.0</td><td>46</td><td>181.0</td><td>49.0</td></tr>
<tr><td>120</td><td>248.0</td><td>48</td><td rowspan="4">600</td><td>188.5</td><td>51.0</td><td rowspan="4">600</td></tr>
<tr><td>130</td><td>268.0</td><td>52</td><td>203.5</td><td>55.0</td></tr>
<tr><td>135</td><td>278.0</td><td>54</td><td>211.0</td><td>57.0</td></tr>
<tr><td>145</td><td>298.0</td><td>58</td><td>226.0</td><td>60.6</td></tr>
<tr><td>150</td><td rowspan="9">+0.25</td><td rowspan="9">+1.20</td><td>308.0</td><td>60</td><td rowspan="4">700</td><td rowspan="9">+0.25</td><td rowspan="9">+1.55</td><td>233.5</td><td>62.5</td><td rowspan="4">700</td></tr>
<tr><td>155</td><td>318.0</td><td>62</td><td>241.0</td><td>64.5</td></tr>
<tr><td>165</td><td>338.0</td><td>66</td><td>256.0</td><td>68.0</td></tr>
<tr><td>170</td><td>345.0</td><td>68</td><td>263.5</td><td>70.0</td></tr>
<tr><td>180</td><td>368.0</td><td>72</td><td rowspan="5">800</td><td>278.5</td><td>74.0</td><td rowspan="5">800</td></tr>
<tr><td>185</td><td>378.0</td><td>74</td><td>286.0</td><td>75.6</td></tr>
<tr><td>190</td><td>388.0</td><td>76</td><td>293.5</td><td>77.5</td></tr>
<tr><td>200</td><td>408.0</td><td>80</td><td>308.5</td><td>81.0</td></tr>
<tr><td>210</td><td>425.0</td><td>84</td><td>323.5</td><td>85.0</td></tr>
</table>

注：扳手孔的精度按未经机械加工状态确定。

技术要求：

① 材料：应符合 GB/T 4393 第三章规定或本章 38(扳手技术要求)。

② 硬度：30～36 HRC。

③ 加工形位公差见下图及下表。

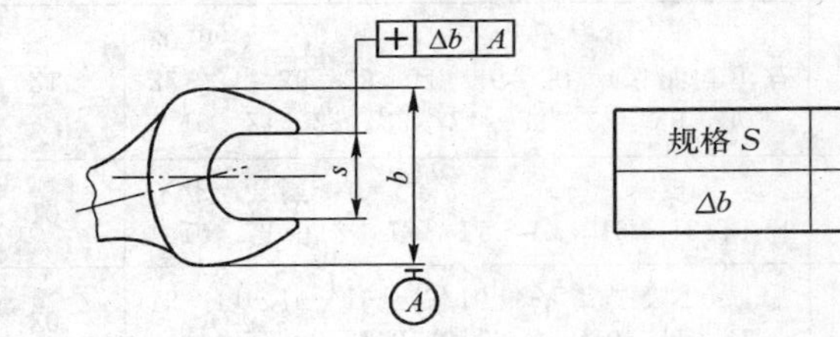

(mm)

规格 S	50～80	85～120	130～210
Δb	2.4	2.6	3

<table>
<tr><td>活扳手</td><td colspan="2"></td><td colspan="7">规格：总长度×最大开口宽度
100×13　150×18　200×24　250×30
300×36　375×46　450×55　600×65</td><td rowspan="2">用于紧固或拆卸六角头、方头螺栓、螺母。</td></tr>
<tr><td>镀镍合金带刻度活扳手</td><td colspan="2"></td><td colspan="7"><table><tr><td>PART NO</td><td>54104</td><td>54106</td><td>54108</td><td>54110</td><td>54112</td><td>54115</td></tr><tr><td>SIZE</td><td>4″</td><td>6″</td><td>8″</td><td>10″</td><td>12″</td><td>15″</td></tr></table></td></tr>
<tr><td rowspan="3">手动套筒扳手</td><td>名称</td><td>每套件数</td><td colspan="3">套　筒</td><td colspan="4">附　件</td><td rowspan="3">用于紧固或拆卸六角头螺栓、螺母，特别适用于空间狭</td></tr>
<tr><td rowspan="2">普通套筒扳手</td><td>9</td><td colspan="3">10、11、12、14、17、19、22、24</td><td colspan="4">弯头手柄</td></tr>
<tr><td>13</td><td colspan="3">10、11、12、14、17、19、22、24、27</td><td colspan="4">滑行头手柄、棘轮扳手、直接头　快速摇柄接杆</td></tr>
</table>

22.25

（续）

	名称	每套件数	套　筒	附　件	
手动套筒扳手	普通套筒扳手	17	10 11 12 14 17 19 22 24 27 30 32	滑行头手柄、快速摇柄、直接头　棘轮扳手接杆	小，位置深凹的工作场合。由各种套筒、连接件及传动附件组成不同的套盒。是机械修理常用工具
		24	10 11 12 13 14 15 16 17 18 19 20 21 22 23 24 27 30 32	滑行头手柄、快速摇柄棘轮扳手、接杆、万向接头	
		28	10 11 12 13 14 15 16 17 18 19 20 21 22 23 24 26 27 28 30 32	滑行头手柄、快速摇柄棘轮扳手、直接头、接杆万向接头、旋具接头	
		32	8 9 10 11 12 13 14 15 16 17 18 19 20 21 22 23 24 26 27 28 30 32 13/16 in 火花塞套筒	滑行头手柄、快速摇柄棘轮扳手、弯柄、万向接头、旋具接头、接杆	
	小型套筒扳手	20	4 4.5 5 5.5 6 7 8 10 11 12 13 14 17 19 13/16 in 火花塞套筒	棘轮扳手、旋柄、接杆、接头	
		10	10 11 12 13 14 17 19 13/16 in 火花塞套筒	棘轮扳手、接杆	
	重型套筒扳手	21	19 21 22 23 24 26 27 28 30 32 34 36 38 41 46 50 （方榫尺寸为 20 mm）	滑行头手柄、套筒箱、棘轮扳手、长接杆、短接杆	
		26	21 22 23 24 26 27 28 29 30 31 32 34 36 38 41 46 50 55 60 65	滑行头手柄　棘轮扳手、加力杆、接杆、大滑行头、万向接头	
		21	30 31 32 34 36 38 41 46 50 55 60 65 70 75 80 （方榫尺寸为 25 mm）	滑行头手柄、棘轮扳手接杆、万向接头、加力杆、滑行头	

（续）

		规格		结构特征与材料	件号	总长(mm)	备　注
		英制(in)	公制(mm)				
梨型头快速脱落棘轮扳手系列（获得美国和中国台湾专利）	双材料胶柄，人体工程学原理设计，握持舒适 最大扭力值比美国ANSI标准高出50% 头部采用无螺钉固定创新设计，防松动性能更佳 快速释放和正反转功能，操作更方便 54齿结构，每齿旋转只需6.67°适用于狭小空间作业	1/4	6.3	钢　柄	92.953-1-22	130	
		1/4	6.3	梨型头	93.636-1-22	130	适合狭小空间
		1/4	6.3	胶　柄	85.576-22	143	适合狭小空间
		3/8	10	钢　柄	92.855-1-22	200	
		3/8	10	梨型头	93-637-1-22	200	适合狭小空间
		3/8	10	胶　柄	85-577-22	206	适合狭小空间
		1/2	12.5	钢　柄	92-951-1-22	250	
		1/2	12.5	梨型头	93-638-1-22	250	适合狭小空间
		1/2	12.5	胶　柄	85-578-22	250	适合狭小空间
		3/4	19		89-999-1-22	510	产地：△3

(续)

<table>
<tr><td rowspan="2">钩形扳手(月牙扳手)又称月牙扳手、圆螺母扳手</td><td rowspan="2"></td><td>圆螺母外径(mm)</td><td>扳手长度(mm)</td><td>圆螺母外径(mm)</td><td>扳手长度(mm)</td><td rowspan="2">专门用于拆装各种机械设备上的圆螺母</td></tr>
<tr><td>22～26
28～32
34～36
38～42
45～52
55～62</td><td>120
130
140
150
170
190</td><td>68～72
78～85
90～95
100～110
115～130</td><td>210
230
250
270
290</td></tr>
<tr><td>内六角扳手</td><td>s
H
L</td><td colspan="4">规格：$S\times L\times H$ (mm)
2.5×56×18，3×63×20，4×70×25，5×80×28，
6×90×32，8×100×36，10×112×40，12×125×45
14×140×56，17×160×63，19×180×70，22×200×80
24×224×90，27×250×100，32×315×125，36×355×140</td><td>专门用于拆装标准件内六角螺钉</td></tr>
<tr><td>内四方扳手</td><td>a
s
a放大
H
L</td><td colspan="4">规格：$S\times L\times H$ (mm)
2×56×18　2.5×56×18　3×63×20
4×70×25　5×80×28　6×90×32
8×100×36　10×112×40　12×125×45
14×140×56</td><td>专门用于拆装内四方螺钉
S—内四方对边距离</td></tr>
</table>

（续）

增力扳手		型号	输出力矩（N·m）≤	输入端方孔边长（mm）	方榫边长（mm）	减速比					紧固或拆卸大型螺栓、螺母。通过减速机构，能增加力矩几倍至几十倍
		Z 120	1 200	12.5	20	5.1					
		Z 180	1 800	12.5	25	6.0					
		Z 400	4 000	12.5	六方对边 32	16.0					
		Z 500	5 000	12.5	六方对边 32	18.4					
		Z 750	7 500	12.5	六方对边 36	68.6					
		Z 1200	12 000	12.5	六方对边 46	82.3					
仪表扳手		扳手号	1	2	3	4	5	6	7	8	维修仪表时拆装小规格螺栓、螺母
		开口宽	4	4.5	5	5.5	6	6.5	7	7.5	
组合扳手		六角头、方头对边尺寸（mm）	10	11	12	13	14	15	17	19	拆装公制、英制六角头和方头螺栓、螺母
		全长（mm）	179	190	200	210	220	229	241	250	

（续）

名称	图	规格						用途
多用扳手（快速管子钳）		公称长度		200	250	300		用于紧固或拆卸小型金属管及其它圆柱工件，也可作普通扳手
		管子外径	(mm)	12～25	14～30	16～40		
		螺栓、螺母尺寸		M6～M14	M8～M18	M10～M24		
T型扳手（KTC）		型号	六角对边距离(mm)	套筒外径(mm)	L(mm)	l(mm)		用于汽车、拖拉机和柴油机修理时拆装螺栓、螺母。
		TH－19	19	29	300	305		
		TH－21	21	31	300	305		
		TH－22	22	32	300	305		

(续)

<table>
<tr><td rowspan="2">手用指针式扭力扳手</td><td rowspan="2"></td><td colspan="2">最大扭矩(N·m)</td><td>30</td><td>135</td><td>340</td><td>1 000</td><td>2 100</td><td rowspan="17">手动扭矩扳手,广泛应用于机修及车辆紧固螺钉;当高强度螺栓应用在建筑工程中,各种高强度螺栓在施工中用手动紧固时,都要使用有示明扭矩值的扳手实拧,使达到高强度螺栓连接副规定的扭矩和轴力值,一般常用的手动扭矩板手有:指针式、度盘式、预置式和带音响式扭矩扳手等品种</td></tr>
<tr><td colspan="2">传动方榫对边尺寸(mm)</td><td>6.3</td><td>10</td><td>12.5</td><td>20</td><td>25</td></tr>
<tr><td rowspan="2">预置式扭力扳手</td><td rowspan="2"></td><td colspan="2">预置力矩(N·m)</td><td>0～10</td><td>20～100
80～300</td><td>280～760</td><td colspan="2">750～2 000</td></tr>
<tr><td colspan="2">方榫边长(mm)</td><td>6.3</td><td>12.5</td><td>20</td><td colspan="2">25</td></tr>
<tr><td rowspan="13">度盘式扭矩扳手(KTC)</td><td rowspan="13">L
H
sq</td><td rowspan="2">NO</td><td rowspan="2">Sq</td><td colspan="2">扭矩</td><td rowspan="2">L</td><td rowspan="2">H</td><td rowspan="2">▼g</td></tr>
<tr><td>N·m</td><td>kg f·cm</td></tr>
<tr><td>CMD 0091</td><td>6.3</td><td>0～9</td><td>(0～90)</td><td>255</td><td>34</td><td>0.46</td></tr>
<tr><td>CMD 0172</td><td>9.5</td><td>0～17.5</td><td>(0～175)</td><td>255</td><td>39</td><td>0.46</td></tr>
<tr><td>CMD 0282</td><td>9.5</td><td>0～28</td><td>(0～280)</td><td>255</td><td>39</td><td>0.46</td></tr>
<tr><td>CMD 072</td><td>12.7</td><td>0～70</td><td>(0～700)</td><td>375</td><td>39</td><td>0.76</td></tr>
<tr><td>CMD 143</td><td>12.7</td><td>0～140</td><td>(0～1 400)</td><td>545</td><td>50</td><td>1.34</td></tr>
<tr><td>CMD 243</td><td>12.7</td><td>0～240</td><td>(0～2 400)</td><td>545</td><td>50</td><td>1.34</td></tr>
<tr><td>CMD 353</td><td>12.7</td><td>0～350</td><td>(0～3 500)</td><td>545</td><td>50</td><td>1.34</td></tr>
<tr><td>CMD 353R</td><td>12.7</td><td>0～350</td><td>(0～3 500)</td><td>618</td><td>40</td><td>1.5</td></tr>
<tr><td>CMD 484</td><td>19</td><td>0～480</td><td>(0～4 800)</td><td>708</td><td>61</td><td>2.78</td></tr>
<tr><td>CMD 804</td><td>19</td><td>0～800</td><td>(0～8 000)</td><td>1 185</td><td>60.5</td><td>4.1</td></tr>
<tr><td>CMD 805</td><td>25.4</td><td>0～800</td><td>(0～8 000)</td><td>1 185</td><td>68</td><td>4.14</td></tr>
</table>

（续）

		NO	Sq	扭矩 N·m	扭矩 （kgf·cm）	L	H	▼g
预置式扭矩扳手（KTC）	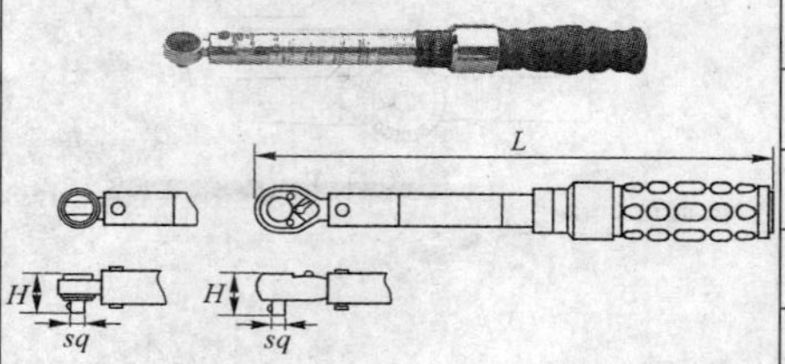	CMPA0151	6.3	3～15	（30～150）	330	24	0.6
		CMPA0252	9.5	5～25	（50～250）	330	27	0.6
		CMPA052	9.5	10～50	（100～500）	330	29	0.8
		CMPA102	9.5	20～100	（200～1 000）	390	29	0.9
		CMPA053	12.7	10～50	（100～500）	330	32	0.8
		CMPA103	12.7	20～100	（200～1 000）	390	32	0.9
		CMPA203	12.7	40～200	（400～2 000）	470	34	1.2
		CMPA303	12.7	60～300	（600～3 000）	475	34	1.2
		CMPA804	19	150～800	（1 500～8 000）	1 050	49	4.5
		CMPA805	25.4	150～800	（1 500～8 000）	1 050	55	4.5
		QWP-4R	9.5	40	（400）	255	30	385

注：KTC产地：③ 16

6. 螺钉旋具创新的特点

紧固类工具中的螺钉旋具，又称螺丝刀、螺丝批，使用十分广泛，其型号的创新和质地的提高直接有益于生产效率的提高，有关工厂纷纷科技创新，在刀头刀杆和刀柄上作了改进，具有如下特点。

① 刀杆采用 Cr－Mo、Cr－V 及 S－2 等高级合金钢制造，在真空条件下热处理而成，刀口硬度可达 56～58 HRC，强度高韧性好。表面经 80# 细砂雾面喷砂处理后电镀，防锈耐蚀性好。

② 刀头发黑处理，带磁性，有防滑专利设计，有效防滑。

③ 手柄采用人体工学原理设计的新型三角手柄，扭力增大 30％以上；手柄采用高级弹性体（TPR）与工程塑料（PP），有防滑花纹，使用舒适，有的手柄用颜色表示刀头形状，黄色为一字头螺钉旋具⊖，黑色为十字头螺钉旋具⊕。有的还适合重型作业，尾端可敲击，敲击面积增大 20％。

④ 根据美国 ANSI 标准精细制作，或按德国 DIN 5264 标准生产。

⑤ 产品进行以下测试：

耐压测试，每只产品都通过 10 000 V 高压电，不被击穿为合格。

扭力测试，以 80％额定扭力设定情况下，一般使用寿命 1～2 万次。

温度测试，在 40～80 ℃的严酷环境下也可使用，手柄通过撞击，测试完好。

耐燃测试，刀杆绝缘通过 20 s 酒精喷灯燃烧测试。

拉力测试，在 70 ℃的环境下放置 168 小时后，手柄通过相应数倍拉力测试。

品种规格：

① “华一”品牌旋具有 33 个系列，215 个品种，质量可靠，设计新颖，造型美观，规格齐全。自主创新确有成效，旋具头型有一字型、十字型、梅花型；头部处理有强磁、弱磁和无磁；形状有方形、圆形、六角形；材料有高碳钢、铬钒钢，手柄材料有聚丙烯、高分子弹性体、组合材料，颜色有透明无色、组合双色、组合多色；形状有橄榄型，葫芦型、菠萝型、手雷型。品种名目繁多。旋具内在质量明显提高，旋杆扭矩比行标提高了 20％，旋柄与旋杆连接强度比国标提高了 25％，磁性强度比国标提高了（2.7～12.7）倍，敲击强度比美国 ASME B107.15－2000 提高了 30％，“华一”产品从内销为主，转变为外销为主，其中 5 个产品得到日本松下电器、丰田汽车等公司的大量订货。“华一”已具有较高的知名度和较高的市场占有率。

② 史丹利（坐落于上海张江高科技园区）新型胶柄螺钉旋具系列。其产品的特色见特点及下图。

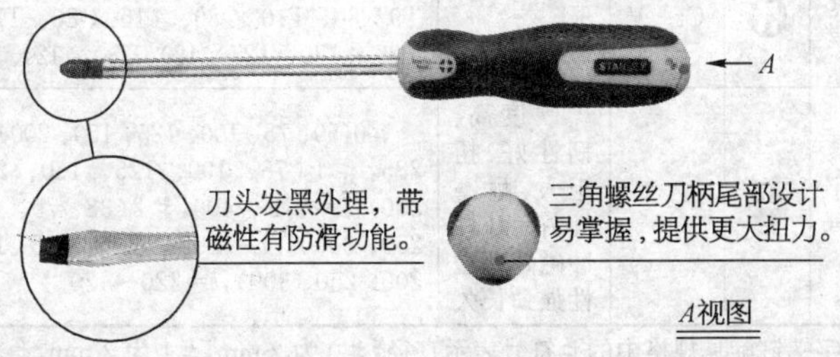
A
刀头发黑处理，带磁性有防滑功能。
三角螺丝刀柄尾部设计易掌握，提供更大扭力。
A视图

【特点】

名　称	标记	材料	特点	杆径规格及总长度 l(mm)
铬钼钢十字头螺钉旋具	⊕	Cr-Mo	五个特点	#0(50、60、75、100、125、150、200),l=135～285、#1(25、75、100、125、150、200、250、300),l=83～408;#2(45、75、100、125、150、200、250、300),l=103～415、#3(150、200、250),l=275、325、375
铬钼钢一字头螺钉旋具	⊖	Cr-Mo	五个特点	3×50－135、3×60－145、3×75－160、3×100－185、3×125－210、3×150－235、3×200－285、5×25－83、5×75－183、5×100－208、5×125－235、5×150－258、5×200－308、5×250－358、5×300－408、8.5×45－103、6.5×75－190、6.5×100－215、6.5×125－240、6.5×150－265、6.5×200－315、6.5×250－365、6.5×300－415、8×150－275、8×200－325、8×250－375
铬钼钢平行一字头螺钉旋具	⊖	Cr-Mo	五个特点	2.0×150－235、2.5×150－235、3.0×200－285、4.0×250－335、4.0×300－385、5.0×250－358、5.0×300－408、6.0×250－305、6.0×300－415、6.0×350－465、6.0×400－515、5.0×100－208、5.0×150－258、5.0×200－308
绝缘十字头螺钉旋具	⊕	Cr-V	具有五个特点,通过德国电器技术协会VDE认证	#0×60－160、#1×80－190、#2×100－215、#3×150－275
绝缘一字头螺钉旋具	⊖	Cr-V		3.0×100－200、4.0×100－200、5.5×125－235、6.5×150－265、8.0×175－300、10×200－325
铬钒钢十字头螺钉旋具	⊕	Cr-V	具有五个特点	规格与Cr-Mo钢十字头螺钉旋具相同
铬钒钢平行一字头螺钉旋具	⊖	Cr-V	五个特点	5×100、5×150、5×200
铬钒钢花型螺钉旋具	✪	Cr-V		T5×80、T6×80、T7×80、T8×80、T9×80、T10×80、T15×80、T20×120、T25×120、T27×120、T30×120、T40×120
塑柄十字头螺钉旋具	⊕		硬度高、韧性好、扭矩大、耐磨性好、刀杆冲磁处理磁性强劲长久	#0(50、75、100、125、150、200),l=135～285,#1(75、100、125、150、200、250、300),l=175～400,#2(38、75、100、200、250、300),l=102～420,#3(100、150、200、250、300),l=220～420

注：十字螺钉旋具规格中的#符号表示直径：#0为2 mm,#1为3 mm,#2为4 mm,#3为5 mm。

③ SATA世达工具——螺钉旋具。

世达螺钉旋具具有五个特点，其品种见下表

(mm)

名　称	标记	材料	特点	杆径规格及总长度 l
A系列一字型螺钉旋具		Cr-Mo	五个特点	3.2(75、100、150、200)l=160：275 5(75、100、150、200)l=165～290 6(38、100、150、200、250)l=96～353 8(150、200、250、300)l=303～415 5(250、300)l=340～390
T系列一字型螺钉旋具		Cr-Mo	五个特点	3(75、100、150、200)l=158～283，5(75、100、150、200)l=283～300 6(38、100、150、200、250)l=98～265 8(150、200)l=265～315
G系列一字型螺钉旋具		Cr-V-Mo	五个特点	3×80，l=168　5.5×250　l=233 6(100、150、200)l=208～308 8(150、200)l=270～320
一字型绝缘螺钉旋具		Cr-V	五个特点	2.5×85－164、4×100－186、5.5×125－220、6.5×150－250
G系列一字型绝缘螺钉旋具		Cr-V-Mo	五个特点	2.5×75－163、3×100－188、4×100－208、5.5×125－233、6.5×150－258
T系列一字型穿心螺钉旋具		Cr-V	六角形批杆贯通、适用于敲击	6×100－221、6×150－271、8×150－272、8×200－322、8×250－372
G系列十字型螺钉旋具		Cr-V-Mo	五个特点	＃0×60－148、＃1×100－208、＃2×100－208、＃2×150－255、＃2×200－308、＃3×150－270、＃3×200－320
十字型绝缘螺钉旋具		Cr-V	刀杆有绝缘保护、手柄耐压1 000(V)	＃0×75－154、＃1×100－188、＃2×100－196
T系列十字型穿心螺钉旋具		$Cr-V_1$	六角批干、加力设计、贯穿式，适用于敲击	＃2×100－221、＃2×150－271、＃3×150－272、＃3×200－322、＃3×250－372
A系列花型螺钉旋具		Cr-Mo	五个特点	T－10×100－190、T－15×100－190、T－20×100－190、T－25×100－203、T－27×100－203、T－30×100－203、T－40×100－203、T－8×75－165
T系列米字型螺钉旋具		Cr-Mo	五个特点	P20×75－168、P21×100－195、P21×150－245、P22×100－203、P22×150－253、P23×150－253

22.36

国标、行标一字槽、十字槽螺钉旋具

名称	图示	型式	旋杆长度 (mm)	工作端口宽×口厚(mm)	旋杆直径 (mm)	方形旋杆边宽(mm)	用途
(1) 一字槽螺钉旋具 (QB/T 2564.4—2002)	1P型(木柄普通式) 1C型(木柄穿心式) 2P型(塑料柄普通式) 2C型(塑料柄穿心式) 3型(方形旋杆) 4型(短形柄)	木质或塑料柄	50	2.5×0.4	3	5	用于紧固或拆卸各种标准的一字槽螺钉穿心式能承受较大扭矩、并可在尾部用手锤敲击
			75	4×0.6	4		
			100	4.0×0.6	5		
			125	5.5×0.8	6	6	
			150	6.5×1.0	7		
			200	8×1.2	8	7	
			250	10×1.6	9		
			300	13×2.0	9	8	
			350	16×2.5	11		
		短柄	25	5.5×0.8	6	6	
			40	8.0×1.2	8	7	

名称	图示	旋杆槽号	旋杆长度 (mm)	旋杆直径 (mm)	方旋杆边宽(mm)	适用螺钉直径(mm)	用途
(2) 十字槽螺钉旋具 (GB 1065—1989、QB/T 3864—1999)	1P型(木柄) 1C型(木柄穿心式) 2P型(塑料柄) 2C型(塑料柄穿心式) 3型(方形旋杆) 4型(短形柄)	0	75	3	4	≤M2	用于紧固或拆卸各种标准十字槽螺钉
		1	100	4	5	M2.5 M3	
		2	150	6	6	M4.0 M5	
		3	200	8	7	M6	
		4	250	9	8	M8 M10	

（续）

<table>
<tr><td>夹柄螺钉旋具</td><td></td><td colspan="8">规格：
长度（连柄）
（mm）
150、200、250、300</td><td>用于紧固或拆卸一字槽螺钉，并可在尾部敲击，比一般旋具耐用。严禁在工件带电场合使用</td></tr>
<tr><td rowspan="2">内六角螺钉旋具（GB 5358—1998）</td><td rowspan="2"></td><td>型号</td><td colspan="4">T40</td><td colspan="3">T30</td><td rowspan="2">专用于旋拧内六角螺钉</td></tr>
<tr><td>旋杆长（mm）</td><td>100</td><td>150</td><td>200</td><td>250</td><td>125</td><td>150</td><td>200</td></tr>
<tr><td rowspan="4">两用螺钉旋具</td><td rowspan="4">分圆杆和方杆两种</td><td colspan="5">旋杆长度×旋杆直径（mm）</td><td colspan="3">总长（mm）</td><td rowspan="4">塑料手柄内装有弹簧夹头或弹性镶件，旋杆插入手柄，可拧紧一字头、十字头螺钉</td></tr>
<tr><td colspan="5">70×6</td><td colspan="3">156</td></tr>
<tr><td colspan="5">100×6</td><td colspan="3">200</td></tr>
<tr><td colspan="5">100×6×6（方旋杆）</td><td colspan="3">210</td></tr>
</table>

（续）

<table>
<tr><td rowspan="3">钟表螺钉旋具</td><td rowspan="3"> </td><td>每套件数</td><td colspan="3">头部尺寸(mm)</td><td rowspan="3">为钟表、珠宝行业装修时装拆带槽螺钉的专用工具</td></tr>
<tr><td>5</td><td colspan="3">0.9　1.0　1.2　1.7　2.0</td></tr>
<tr><td>9</td><td colspan="3">0.8　0.9　0.95　1.0　1.2　1.5　1.7　1.8　2.0</td></tr>
<tr><td>三头螺钉旋具</td><td> 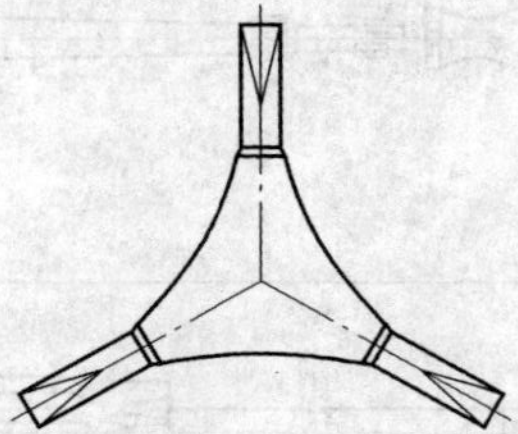</td><td colspan="4">规格：旋杆长×旋杆直径：40×4，40×6(mm)一字槽端口宽：6(mm)　口厚：0.8(mm)</td><td>用于装拆一字槽及十字槽螺钉禁止带电操作</td></tr>
<tr><td>一字槽电讯螺钉旋具</td><td> 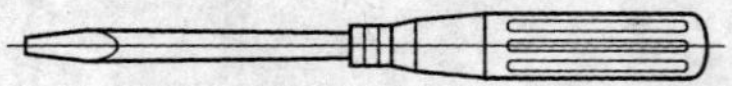</td><td colspan="4">规格：旋杆长×旋杆直径(mm) 65×3，100×3，150×3，200×3，100×3.5，125×3.5，150×3.5，150×4.0，200×4.0，250×4，木质柄旋具不能带电操作</td><td>用于旋拧在深孔中的一字槽螺钉，塑料柄工作电压≤500 V</td></tr>
<tr><td rowspan="3">袖珍螺钉旋具</td><td rowspan="3"> 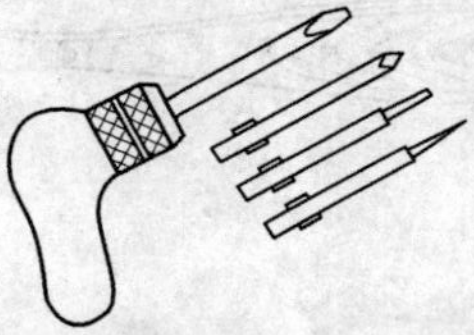</td><td>全长(mm)</td><td>105</td><td>180</td><td>190</td><td rowspan="3">旋拧一字槽、十字槽小螺钉并在软质木材上钻孔</td></tr>
<tr><td>旋杆长(mm)</td><td>40</td><td>70</td><td>80</td></tr>
<tr><td>旋杆直径(mm)</td><td>3</td><td>4</td><td>4.5</td></tr>
</table>

（续）

<table>
<tr>
<td>棘轮螺钉旋具（QB/T 2564.6—2002）</td>
<td></td>
<td>
<table>
<tr><td rowspan="3">型号</td><td rowspan="3">全长
(mm)</td><td colspan="5">附件及数量</td></tr>
<tr><td rowspan="2">一字槽
旋杆</td><td colspan="2">十字槽旋杆</td><td rowspan="2">木钻</td><td rowspan="2">三棱钻</td></tr>
<tr><td>槽号</td><td>数量</td></tr>
<tr><td rowspan="2">A 型</td><td>320</td><td rowspan="2">2</td><td rowspan="2">1
2</td><td rowspan="2">1
1</td><td rowspan="2">1</td><td rowspan="2">1</td></tr>
<tr><td>300</td></tr>
<tr><td>B 型</td><td>450</td><td>3</td><td></td><td></td><td>—</td><td>—</td></tr>
</table>
</td>
<td>旋拧一字槽、十字槽螺钉，旋具有顺旋、倒旋和同旋三种功能</td>
</tr>
<tr>
<td>多用螺钉旋具</td>
<td></td>
<td>
<table>
<tr><td>十字
槽号</td><td>件数</td><td>带柄
总长
(mm)</td><td>一字槽
旋头宽
(mm)</td><td>钢锥
(把)</td><td>刀片
(片)</td><td>小锥
(只)</td><td>木工钻
直径
(mm)</td><td>套筒
(mm)</td></tr>
<tr><td>1，2</td><td>6</td><td>230</td><td>3，4，6</td><td>1</td><td>1</td><td></td><td></td><td></td></tr>
<tr><td>1，2</td><td>8</td><td>230</td><td>3，4，6</td><td>1</td><td>1</td><td></td><td></td><td></td></tr>
<tr><td>1，2</td><td>10</td><td>230</td><td>3，4，6</td><td>1</td><td>1</td><td>1</td><td>6</td><td>6，8</td></tr>
</table>
</td>
<td>用于旋、拧一字槽、十字槽螺钉及木螺钉并在软木料上钻孔</td>
</tr>
<tr>
<td>斯迈德橡塑柄穿心螺钉旋具</td>
<td></td>
<td>
<table>
<tr><td>货号</td><td>规格</td></tr>
<tr><td>352 - 143</td><td>—6 × 100 mm</td></tr>
<tr><td>352 - 145</td><td>—6 × 150 mm</td></tr>
<tr><td>352 - 155</td><td>—8 × 150 mm</td></tr>
<tr><td>352 - 157</td><td>—8 × 200 mm</td></tr>
<tr><td>352 - 158</td><td>—8 × 250 mm</td></tr>
</table>
</td>
<td></td>
</tr>
</table>

（续）

名称		货号	规格	
斯迈德橡塑柄穿心螺钉旋具		货号	规格	
		352-243	PH2×100 mm	
		352-245	PH2×150 mm	
		352-255	PH3×150 mm	
		352-257	PH3×200 mm	
		352-258	PH3×250 mm	
电工 VDE 绝缘螺钉旋具		货号	规格	
		821-112	—3×75 mm	
		821-122	—4×75 mm	
		821-123	—4×100 mm	
		821-134	—5.5×125 mm	
		821-145	—6.5×150 mm	
		821-156	—8.5×175 mm	

（续）

名称	图示	货号	规格	
电工 VDE 绝缘螺钉旋具		货号	规格	
		821 - 221	PH0 × 60 mm	
		821 - 232	PH1 × 80 mm	
		821 - 243	PH2 × 100 mm	
		821 - 255	PH3 × 150 mm	
双色柄绝缘螺钉旋具	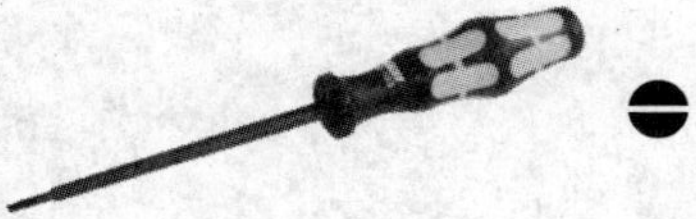	货号	规格	
		83 - 103	— 3.5 × 100 mm	
		83 - 104	— 4.0 × 150 mm	
		83 - 155	— 5.0 × 150 mm	
双色柄绝缘螺钉旋具		货号	规格	
		83 - 200	PH0 × 80 mm	
		83 - 201	PH1 × 80 mm	
		83 - 202	PH2 × 100 mm	

产地：△3 1

7. 最基本的手工工具——锤

(1) 概　　述

锤,又名榔头(口语)。常用的锤基本上分两种,一是八角锤(又名八角榔头),二是半圆头手锤(又名圆头锤、奶子榔头),下部是圆柱体,上部呈球状,在实践中,又派生出羊角锤、电焊锤、敲锈锤、斩口锤、检验锤、泥工锤、钳工锤等品种,满足各种用途。有的历史悠久,已成为传统工具,不再详述,为便于读者参考,将圆头锤和八角锤尺寸列表。

圆头锤。用途:冷作、扳金、组装、打铁。

重量	(kg)	0.11	0.22	0.34	0.45	0.68	0.91	1.13	1.36
	磅(lb)	0.24	0.50	0.75	1.00	1.5	2.0	2.5	3.0

八角锤。用途:开山、筑路、碎石、打桩、钢材加工、打铁。

重量	(kg)	0.9	1.4	1.8	2.7	3.5	4.5	5.4	6.3	7.2	8.1	9.0	10	11
	磅(lb)	2.3	2.5	2.8	6.0	8.0	10	12	14	16	18	20	22	24
长度(mm)		105	115	130	152	165	180	190	198	208	216	224	230	236

(2) 新型锤(鎚)

在生产实践中,为了提高工件表面精度,出现了新型锤方平锤。在敲平钢板时,操作不当,容易在工件表面留下锤痕。用方平锤可使工件表面平整光洁,不留锤痕。

有筋锤。锤的底部有一凹槽,专门用于敲平球扁钢和球形角铝,不使八角锤直接敲在球面上。

硬铝锤。用钢锤直接敲在纯铝、紫铜等工件表面,极易损伤工件表面,为此采用硬铝锤、胶锤、铜头锤、尼龙锤。

敲锈锤	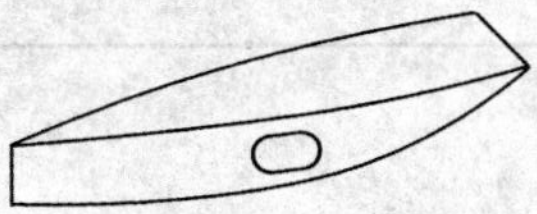	锤重(不含柄,kg)0.25	敲除钢材表面铁锈
尼龙锤	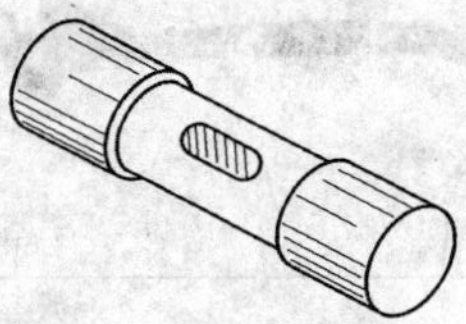	锤直径(mm)25、30、40	加工有色金属薄板工件
木柄橡胶锤	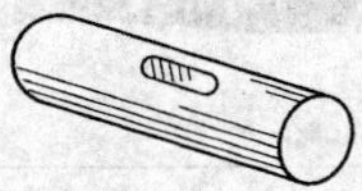	锤直径(mm) 40 50	加工有色金属薄板工件
铜头锤	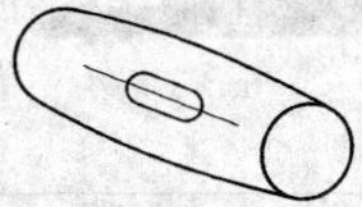	锤重(不含柄,kg)0.5、1.0、1.5、2.5、4.0	钳工、机修工敲击工件,不伤表面
硬铝锤	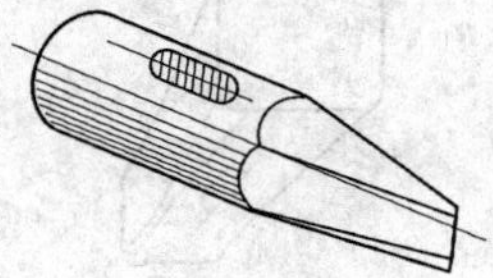	锤直径(mm)50、60	加工铝合金工件

（续）

<table>
<tr><td>方平锤</td><td></td><td colspan="2">锤高（mm），120，底面：80×80
顶端承受敲击，底面接触工件，校正薄板变形</td><td>加工平面要求较高的工件</td></tr>
<tr><td rowspan="2">安信纤维柄镀镍独角锤</td><td rowspan="2"></td><td>PART NO</td><td>35900</td><td rowspan="2"></td></tr>
<tr><td>SIZE（kg）</td><td>0.6</td></tr>
<tr><td rowspan="2">安信纤维柄精抛泥工锥</td><td rowspan="2"></td><td>PART NO</td><td>35902</td><td rowspan="2"></td></tr>
<tr><td>SIZE（kg）</td><td>0.30</td></tr>
<tr><td>FatMax-Xtreme 多功能锤</td><td></td><td colspan="2">● 四合一多用撬棒，可以撬，劈，弯及其他类似工作
● 整体淬火钢条锻造，强劲耐用
● 双材料手柄，舒适防滑
<table><tr><td rowspan="2">件号</td><td colspan="2">重量</td><td colspan="2">长度</td></tr><tr><td>g</td><td>oz</td><td>mm</td><td>in</td></tr><tr><td>55 - 099 - 22</td><td>1 814</td><td>64</td><td>457</td><td>18</td></tr></table></td><td>有四种用途，撬、劈、弯、锤击</td></tr>
</table>

产地：△3

(续)

名称	图示	说明	特点
橡皮防震锤	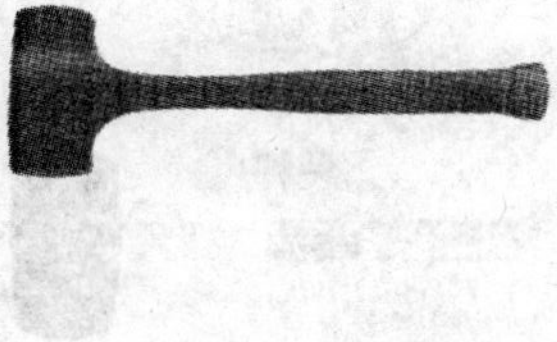	● 橡胶柔软表面,不损伤敲击表面 ● 锤头内含小钢珠,敲击时不反弹 ● 橡胶包钢柄把手,更大施力	保护工件表面不受损伤,钢柄把手包橡皮、手感好,握得紧,施力更大
玻璃纤维柄羊角锤	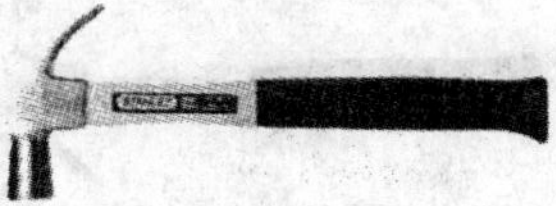	● 优质高碳钢锤头,经特殊镶嵌工艺,防脱性能极佳 ● 玻璃纤维手柄按照掌形设计,握持有力,可最大程度地减少震荡冲击 ● 锤头边缘钢材经特殊回火处理安全系数大大提高	新型羊角锤手柄人性化设计,手感好,防脱性能好

橡皮防震锤:

件号	重量		长度	
	g	oz	mm	in
57-530-81	183	10	257	10⅛
57-531-81	510	18	286	11¼
57-532-81	595	21	327	12⅞
57-533-81	1 190	42	362	14¼
57-534-81	1 473	52	387	18¼

玻璃纤维柄羊角锤:

件号	重量		长度	
	g	oz	mm	in
51-071-23	450	16	355	13¼
51-072-23	570	20	335	13¼

（续）

<table>
<tr><td>钢柄羊角锤</td><td></td><td>● 优质高碳钢锤头，特殊镶嵌工艺，防脱性能极佳
● 管式钢柄镀铬处理
● 坚固的弧形乙烯手柄握持舒适
<table><tr><td rowspan="2">件号</td><td colspan="2">重量</td><td colspan="2">长度</td></tr><tr><td>g</td><td>oz</td><td>mm</td><td>in</td></tr><tr><td>51－081－23</td><td>450</td><td>16</td><td>355</td><td>13¼</td></tr><tr><td>51－082－23</td><td>570</td><td>20</td><td>355</td><td>13¼</td></tr></table></td><td>新型羊角锤，手感好，防脱性好</td></tr>
<tr><td>胶锤</td><td></td><td>● 如担心钢锤在敲击时会破坏表面，可使用胶锤，也可用于防爆作业
<table><tr><td rowspan="2">件号</td><td colspan="2">重量</td><td colspan="2">长度</td></tr><tr><td>g</td><td>oz</td><td>mm</td><td>in</td></tr><tr><td>57－527－23</td><td>450</td><td>16</td><td>350</td><td>13</td></tr><tr><td>57－528－23</td><td>680</td><td>24</td><td>350</td><td>13</td></tr></table></td><td>保护工件表面，或用于防爆</td></tr>
</table>

第二十三章　钳工工具和小型空压机

钳工，按工种细分有：轮机钳工、内燃机钳工、汽轮机钳工、管子钳工、机修钳工、电器钳工、模具钳工等。按场地分，又分外钳（承担外场作业），内钳（承担车间内作业）。本章将钳工常用工具介绍于下，通用的手工电动工具、气动工具、切削工具及检测工具分别列入有关章节。

1. 钳、锉、规、顶类工具

<table>
<tr><th>名　称</th><th>外　形　图</th><th colspan="6">规　　格</th><th>用　途</th></tr>
<tr><td rowspan="2">方孔桌虎钳（QB/T 2096.3—1995）</td><td rowspan="2"></td><td colspan="2">钳口宽度(mm)</td><td>40</td><td>50</td><td>60</td><td>65</td><td rowspan="2">安装在工作台上，用于夹持小工件</td></tr>
<tr><td colspan="2">夹紧力(kN)≥</td><td>4</td><td>5</td><td colspan="2">6</td></tr>
<tr><td rowspan="6">普通台虎钳（QB/T 1558.2—1992）</td><td rowspan="6">固定式　转盘式</td><td rowspan="2">钳口开口度(mm)</td><td colspan="2">夹紧力(kN)≥</td><td rowspan="2">钳口开口度(mm)</td><td colspan="2">夹紧力(kN)≥</td><td rowspan="6">安装在工作台上，用来夹紧工件。旋转式钳体可旋转到适宜位置，是必办工具</td></tr>
<tr><td>轻级</td><td>重级</td><td>轻级</td><td>重级</td></tr>
<tr><td>75</td><td>7.9</td><td>15.0</td><td>125</td><td>12.0</td><td>25.0</td></tr>
<tr><td>90</td><td>9.0</td><td>18.0</td><td>150</td><td>15.0</td><td>30.0</td></tr>
<tr><td>100</td><td>10.0</td><td>20.0</td><td>200</td><td>20.0</td><td>40.0</td></tr>
<tr><td>115</td><td>11.0</td><td>22.0</td><td></td><td></td><td></td></tr>
</table>

（续）

名称	外形图	规格				用途
管子台虎钳（QB/T 2211—1996）		规格号	夹持管子直径(mm)	夹紧力(kN)≥		安装在钳桌上，用于夹持金属管子，进行切割或铰制螺纹
		1	10～60	88.2		
		2	10～90	117.6		
		3	15～115	127.4		
		4	15～165	137.2		
		5	30～220	166.6		
		6	30～300	196.0		
多用台虎钳		钳口开口度(mm)	夹持直径(mm)		夹紧力(kN)	具有普通台虎钳的功能，还可夹持管子等圆柱形工作，适用于管工
			最大	最小		
		60	40	6	12.5	
		80	50	10	14.5	
		100	60	15	19.5	
		120	50	15	19.5	
手虎钳		规格：钳口开口度(mm)				夹持小型工件进行工作
		25、40、50				

（续）

<table>
<tr><th>名　称</th><th>外　形　图</th><th colspan="6">规　　格</th><th>用　　途</th></tr>
<tr><td rowspan="4">钳工锉（又名钢锉）（QB 2569. 1—2002）</td><td rowspan="4">钳工齐头扁锉
钳工尖头扁锉
钳工方链
钳工三角锉
钳工半圆锉
钳工圆锉</td><td>锉纹号</td><td>1</td><td>2</td><td>3</td><td>4</td><td>5</td><td rowspan="4">用于锉削或修正金属件的表面、倒角以及键槽与键类的宽度，达到组装</td></tr>
<tr><td>俗称</td><td>粗</td><td>中</td><td>细</td><td>双细</td><td>油光</td></tr>
<tr><td>锉身长度(mm)</td><td>100
200
350</td><td>125
250
400</td><td>150
300
450</td><td>100　125
150　200
250　300</td><td>100　125
150　200
250　300</td></tr>
<tr><td colspan="6">注：三角锉长(mm)100～350；
半圆锉和圆锉长(mm)100～400，其余均为(mm)100～450</td></tr>
<tr><td>刀锉</td><td></td><td colspan="6">长度：不连柄(mm)100，125，150，200，250，300，350</td><td>用于锉削或修整金属件上的沟槽</td></tr>
<tr><td>锡锉</td><td></td><td colspan="6">半圆锡锉长(mm)：200，250，300，350，400
扁锉长(mm)：200，250，300，350</td><td>锉削锡制件及软金属</td></tr>
<tr><td>铝锉</td><td></td><td colspan="6">扁铝锉长(mm)：200，250，300，350
方铝锉长(mm)：200，250，300</td><td>锉削铝、铜制品及塑料制品表面</td></tr>
<tr><td rowspan="4">异形锉</td><td rowspan="4">各种异形锉长度均为 170 mm</td><td>型式</td><td>齐头扁锉</td><td>尖头扁锉</td><td>半圆锉</td><td>三角锉</td><td>方锉</td><td rowspan="4">广泛用于机械、仪表、电器行业，锉削形状复杂工件，如模具表面</td></tr>
<tr><td>宽/厚(mm)</td><td>5. 4/1. 2</td><td>5. 2/1. 1</td><td>4. 9/1. 6</td><td>宽 3. 3</td><td>宽 2. 4</td></tr>
<tr><td>型式</td><td>圆锉</td><td>单面三角锉</td><td>刀形锉</td><td>双半圆锉</td><td>椭圆锉</td></tr>
<tr><td>宽/厚(mm)</td><td>$\phi 3$</td><td>5. 2/1. 9</td><td>5. 0/1. 6</td><td>4. 7/1. 6</td><td>3. 3/2. 3</td></tr>
</table>

(续)

名称	外形图	规格									用途
		锉身长度(mm)	齐头、尖头三角锯锉宽度(mm)			齐头、尖头扁锯锉(mm)		菱形锯锉(mm)			
			普通型	窄型	特窄型	宽度	厚度	宽度	厚度	刃厚	
锯锉 QB/T 2569.2—2002	1. 齐头三角锯锉 2. 尖头三角锯锉 3. 齐头扁锯锉 4. 尖头扁锯锉 5. 菱形锯锉	60	—	—	—	—	—	16	2.1	0.4	锉修各种木工锯锯齿,又名木工锯锉
		80	6	5	4	—	—	19	2.3	0.45	
		100	8	6	5	12	1.8	22	3.2	0.5	
		125	9.5	7	6	14	2	25	3.5	0.55	
		150	11	8.5	7	16	2.5	28	4	0.7	
		175	12	10	8.5	18	3	—	—	—	
		200	13	12	10	20	3.5	32	5	1	
		250	16	14	—	24	4.5	—	—	—	
		300	—	—	—	28	5	—	—	—	
		350	—	—	—	32	6	—	—	—	
电镀金刚石什锦锉	CP1 CJ1 CJ2 CJ3 CJ4 CJ5 CJ6 CJ7 CJ8 CJ9	编号与品种									用于锉削硬质合金、淬火或修氮的工具钢、合金钢刀具、模具工件
		03831 平头扁锉			03832 平头半圆锉			03835 尖头圆锉			
		03851 平头扁锉			03852 尖头半圆锉			03855 尖头圆锉			

(续)

<table>
<tr><th>名　称</th><th>外　形　图</th><th colspan="6">规　　格</th><th>用　途</th></tr>
<tr><td rowspan="4">电镀金刚石什锦锉</td><td rowspan="4">采用优质45号钢制造表面由高硬度人造钻石电镀而成，工作效率高</td><td colspan="2" rowspan="2">全长×柄部直径(mm)
金刚石工作面长度(mm)</td><td>140×3</td><td>160×4</td><td colspan="2">180×5</td><td rowspan="4">用于锉削硬质合金、淬火或修氮的工具钢、合金钢刀具、模具工件</td></tr>
<tr><td colspan="4">50、70</td></tr>
<tr><td rowspan="2">电镀金刚石</td><td>种类</td><td colspan="4">人造金刚石(RVD、MBD)
天然金刚石</td></tr>
<tr><td>常用粒度</td><td colspan="4">120/140(粗)140/170(中)
170/200(细)</td></tr>
<tr><td rowspan="4">世达钢锉系列产品（符合GB/T 5806—2003）</td><td rowspan="4">L</td><td>品种</td><td colspan="5">粗齿平锉、粗齿半圆锉、粗齿方锉、中齿圆锉、中齿平锉、中齿半圆锉、中齿方锉、中齿三角锉、细齿平锉、细齿半圆锉、细齿方锉</td><td rowspan="4">广泛用于机械制造锉削或修整金属件的表面</td></tr>
<tr><td>规格</td><td>(in)</td><td>6</td><td>8</td><td>10</td><td>12</td></tr>
<tr><td>总长度</td><td>(mm)</td><td>270</td><td>320</td><td>370</td><td>420</td></tr>
<tr><td>新型钢锉四特点</td><td colspan="5">采用含Cr、Mn元素的合金钢制造、锉身HRC 62以上，锉身韧性增强、不易断裂，耐磨性、耐蚀性显著提高。
优化设计的锉齿，锉削快速，每个锉齿均匀同一，保证稳定的工效。
锉齿表面特殊热处理涂层，使锉齿硬度≥HRC56，经久耐用。人体工学设计橡塑手柄，长时间使用不易疲劳</td></tr>
</table>

(续)

名称	外形图	规格	用途
刮刀	半圆刮刀 三角刮刀 平刮刀	刀身长度(mm)50，75，100，125，150，175，200，250，300，350，400	刮削轴瓦凹面、工件上的孔及油槽、平面或刮花纹
两爪顶拔器(JB/T 3411.5—1999)		爪臂长(mm):160，250，380 直径(mm):75、100、125、150、200、250、300、350	在装配、维修工作中,拆卸轴上轴承等部件
划线用V形铁(JB/T 3411.6—1999)	90° N D h H L B N=50～90 mm N=120～400 mm	开口度(mm):50，90，120，150，200，300，350，400	放置圆柱形等零件,划线用

(续)

<table>
<tr><th>名　称</th><th>外 形 图</th><th colspan="5">规　格</th><th>用　途</th></tr>
<tr><td rowspan="3">划线规（JB/T 3411.54—1999)</td><td rowspan="3">(a) (b) (c)</td><td colspan="2">型式</td><td colspan="3">长度(mm)</td><td rowspan="3">划圆
划圆弧
分角度
排孔距</td></tr>
<tr><td colspan="2">普通式划线规(a)
弹簧式划线规(b)</td><td colspan="3">100，150，200，250，300</td></tr>
<tr><td colspan="2">钩头划规(c)</td><td colspan="3">160，200，250，320，400，500</td></tr>
<tr><td rowspan="4">长划规</td><td rowspan="4">H　L　L_1　d</td><td>L</td><td>L_1</td><td>d</td><td colspan="2">H</td><td rowspan="4">大型容器、船舶制造行业用以划圆弧</td></tr>
<tr><td>800</td><td>850</td><td>20</td><td colspan="2">70</td></tr>
<tr><td>1 250</td><td>1 315</td><td rowspan="2">32</td><td colspan="2" rowspan="2">90</td></tr>
<tr><td>2 000</td><td>2 065</td></tr>
<tr><td rowspan="3">划针盘</td><td rowspan="3">活络式　固定式</td><td>型式</td><td colspan="5">主杆长度(mm)</td><td rowspan="3">一般在平板上划线、定位和校正工件</td></tr>
<tr><td>活络式</td><td>200</td><td>250</td><td>300</td><td>400</td><td>450</td></tr>
<tr><td>固定式</td><td>355</td><td>450</td><td>560</td><td>710</td><td>900</td></tr>
</table>

（续）

<table>
<tr><th>名　　称</th><th>外　形　图</th><th colspan="4">规　　　　格</th><th>用　　途</th></tr>
<tr><td rowspan="2">钢号码钢字码</td><td rowspan="2">钢号码</td><td>钢号码</td><td colspan="3">每副 9 只，（由 1～0）6 与 9 共用，字身高度（mm）：1.5，2，2.5，3，4，5，6，8，10，12.5</td><td rowspan="2">在金属制品及硬物上刻印号码及字母</td></tr>
<tr><td>钢字码</td><td colspan="3">英文字母（汉语拼音字母可通用），每副 27 只，俄文字母 33 只，字身高 1 mm 同钢号码</td></tr>
<tr><td rowspan="3">冲子（JB 3439—1999、JB 3440—1999）</td><td rowspan="3">尖冲子
d　φ　l
圆冲子
d　φ　l</td><td>品种</td><td>冲头直径 d(mm)</td><td>外径 φ(mm)</td><td>全长 l(mm)</td><td rowspan="3">尖冲子用于划线冲压眼痕，圆冲子在金属薄板上冲孔</td></tr>
<tr><td>尖冲子</td><td>2、3、4、6</td><td>8、8、10、14</td><td>80、80、80、100</td></tr>
<tr><td>圆冲子</td><td>3、4、5、6、8、10</td><td>8、10、12、14、16、18</td><td>80、80、100
100、125、125</td></tr>
</table>

(续)

名称	外形图	规格					用途
		d(mm)	A型 H 的范围(mm)	B型 H 的范围(mm)			
呆头千斤顶		M6	36～50	36～48			划线时，用于将工件支承和找平
		M8	47～60	42～55			
		M10	56～70	50～65			
		M12	67～80	58～75			
		M16	76～95	65～85			
		d(mm)	D(mm)	A型 H(mm)	B型 H(mm)	C型 H(mm)	
活头千斤顶		M6	30	45～55	42～52	50～60	螺旋升降式，头部可自由转动，用于支承和找平工作
		M8	35	54～65	52～62	60～72	
		M10	40	62～75	60～72	70～85	
		M12	45	72～90	68～85	80～95	
		M16	50	85～105	80～100	92～110	
		M20	60	98～120	94～115	108～130	
		T26×5	80	125～150	118～145	134～160	

（续）

<table>
<tr><th>名　称</th><th>外形图</th><th colspan="11">规　　格</th><th>用　途</th></tr>
<tr><td>三爪顶拔器（JB 3461—1999）</td><td></td><td colspan="11">直径 D(mm)：160、150、200、250、300、350</td><td>拆卸轴系零件</td></tr>
<tr><td rowspan="6">管子钳
铝合金管子钳（两者规格同）</td><td rowspan="6">(a)
(b)</td><td colspan="2">全长(mm)</td><td>150</td><td>200</td><td>250</td><td>300</td><td>350</td><td>450</td><td>600</td><td>900</td><td>1 200</td><td rowspan="6">夹持和拧旋各种管子、管路附件及圆柱形工件，为管工常用工具</td></tr>
<tr><td colspan="2">夹持管子最大直径(mm)</td><td>20</td><td>25</td><td>30</td><td>40</td><td>50</td><td>60</td><td>75</td><td>85</td><td>110</td></tr>
<tr><td rowspan="3">试验扭矩(N·m)</td><td>轻级</td><td>98</td><td>196</td><td>324</td><td>490</td><td>—</td><td>—</td><td>—</td><td>—</td><td>—</td></tr>
<tr><td>普通级</td><td>105</td><td>203</td><td>340</td><td>540</td><td>650</td><td>920</td><td>1 300</td><td>2 260</td><td>3 200</td></tr>
<tr><td>重级</td><td>165</td><td>330</td><td>550</td><td>830</td><td>990</td><td>1 440</td><td>1 980</td><td>3 300</td><td>4 200</td></tr>
<tr><td colspan="2">试验扭矩(N·m)</td><td>150</td><td>300</td><td>500</td><td>750</td><td>1 000</td><td>1 300</td><td>2 000</td><td>3 000</td><td>4 000</td></tr>
</table>

（续）

<table>
<tr><th>名　称</th><th>外　形　图</th><th colspan="9">规　　格</th><th>用　途</th></tr>
<tr><td rowspan="3">管子割刀(QB/T 2350—1999)</td><td rowspan="3">L
通用型割刀</td><td>型号</td><td>L</td><td>ϕ</td><td>L</td><td>ϕ</td><td>L</td><td>ϕ</td><td>L</td><td>ϕ</td><td rowspan="3">用于切割低碳钢管、软金属管及硬塑管</td></tr>
<tr><td>GQ</td><td>124</td><td>25×1</td><td>—</td><td>—</td><td>—</td><td>—</td><td>—</td><td>—</td></tr>
<tr><td>GT</td><td>260</td><td>33.5×325</td><td>375</td><td>60×3.5</td><td>540</td><td>88×4</td><td>665</td><td>114×4</td></tr>
<tr><td rowspan="4">链条管子钳(QB/T 1200—1991)</td><td rowspan="4">D　L
A型
L　D
B型</td><td colspan="3">型号</td><td colspan="2">A型</td><td colspan="4">B型</td><td rowspan="4">用于较大外径管子的安装修理</td></tr>
<tr><td colspan="3">公称尺寸 L(mm)</td><td colspan="2">300</td><td>900</td><td>1 000</td><td>1 200</td><td>1 300</td></tr>
<tr><td colspan="3">夹持管外径 D(mm)</td><td colspan="2">50</td><td>100</td><td>150</td><td>200</td><td>250</td></tr>
<tr><td colspan="3">试验扭矩(N·m)</td><td colspan="2">300</td><td>830</td><td>1 230</td><td>1 480</td><td>1 670</td></tr>
</table>

（续）

名称	外形图	规格							用途
		型号	规格 (mm)	规格 (in)	可夹最大外径 (in)	可夹最大外径 (mm)	L(mm)	▼g	
PW 型管子钳（KTC公司）产品		PW-150	150	6	¾	19	150	185	夹持和拧旋各种管子、管道附件及圆柱状工件
		-200	200	8	¾	19	185	350	
		-250	250	10	1	25	245	740	
		-300	300	12	1¼	31	300	1 080	
		-350	350	14	1½	38	325	1 330	
		-450	450	18	2	50	410	2 140	
		-600	600	24	2½	63	540	3 800	
		-900	900	36	3¾	95	800	7 400	
		型号	规格 (mm)	规格 (in)	可夹最大外径 (in)	可夹最大外径 (mm)	L(mm)	▼g	
APW 型铝管子钳 KTC公司产品		APW-350	350	14	1½	38	324	900	功能同上，用于夹持各种管子，优点是钳身重量轻
		-450	450	18	2	50	410	1 500	
		-600	600	24	2½	63	538	2 500	

注：本章部分手工工具摘自产地△18、△16产品样本，▼g 重量（克）。

2. PUMA® 巨霸空压机

随着船舶、建筑、汽车修理、装潢行业等蓬勃发展。便携式、小型空压机应用日渐广泛，其特点是重量轻、体积小，移动方便。直接传动式（AX2008、AX2025、AX2550 等）适用于家庭室、内外作业，皮带传动单段式（GX20100、等）适用于工厂、汽车维修、涂装、建设工程。摘录的四种型式，如下图及下表所示。

AX2008　　AX2025

AX2550　　GX20100

型式	马力		活塞变位量 (m^3/min)	转速 r/min	气缸数	气柜容量(L)	净重		长×宽×高(cm)	备注
	HP	kW					kg	lbs		
AX2008	2.0	1.50	0.13	2 850	1	8	17	37	48×19×46	有油式
AX2025	2.0	1.50	0.13	2 850	1	25	23	50	60×28×63	有油式
AX2550	2.0	1.50	0.20	2 850	1	46	30	66	70×37×70	有油式
GX20100	2.0	1.50	0.30	794	2	95	97	213	117×49×85	

注：① 设计压力：1.0 MPa(150 psi)，使用压力：0.8 MPa，(120 psi)。

② 压力换算：过去压缩空气常用单位 kg/cm²，现行单位 MPa（兆帕）；0.8 MPa≈8 kg/cm²。产地：△25。

3. 螺纹丝锥与板牙类工具

(1) 普通螺纹丝锥

GB/T 3464。《机用和手用丝锥》分为三个部分：

——第 1 部分:通用柄机用和手用丝锥(GB/T 3464.1—2007)

① 粗柄机用和手用丝锥。

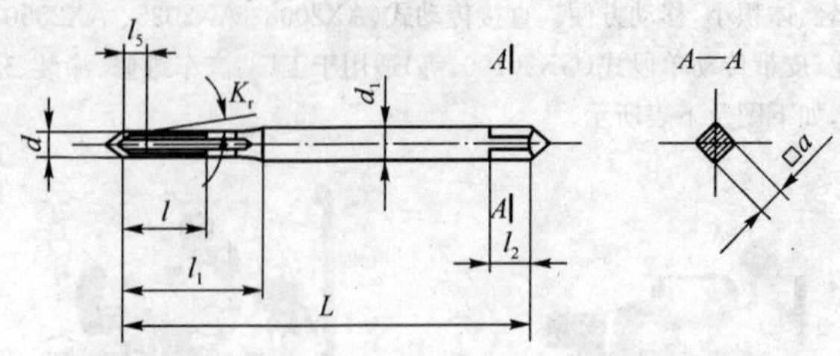

粗牙普通螺纹丝锥 (mm)

<table>
<tr><th rowspan="2">代号</th><th rowspan="2">公称直径 d</th><th rowspan="2">螺距 P</th><th rowspan="2">d_1</th><th rowspan="2">l</th><th rowspan="2">L</th><th rowspan="2">l_1</th><th colspan="2">方头</th></tr>
<tr><th>a</th><th>l_2</th></tr>
<tr><td>M1</td><td>1</td><td rowspan="3">0.25</td><td rowspan="7">2.5</td><td rowspan="3">5.5</td><td rowspan="3">38.5</td><td rowspan="3">10</td><td rowspan="7">2</td><td rowspan="7">4</td></tr>
<tr><td>M1.1</td><td>1.1</td></tr>
<tr><td>M1.2</td><td>1.2</td></tr>
<tr><td>M1.4</td><td>1.4</td><td>0.3</td><td>7</td><td>40</td><td>12</td></tr>
<tr><td>M1.6</td><td>1.6</td><td rowspan="2">0.35</td><td rowspan="3">8</td><td rowspan="3">41</td><td rowspan="2">13</td></tr>
<tr><td>M1.8</td><td>1.8</td></tr>
<tr><td>M2</td><td>2</td><td>0.4</td><td>13.5</td></tr>
<tr><td>M2.2</td><td>2.2</td><td rowspan="2">0.45</td><td rowspan="2">2.8</td><td rowspan="2">9.5</td><td rowspan="2">44.5</td><td rowspan="2">15.5</td><td rowspan="2">2.24</td><td rowspan="2">5</td></tr>
<tr><td>M2.5</td><td>2.5</td></tr>
</table>

细牙普通螺纹丝锥 (mm)

<table>
<tr><th rowspan="2">代号</th><th rowspan="2">公称直径 d</th><th rowspan="2">螺距 P</th><th rowspan="2">d_1</th><th rowspan="2">l</th><th rowspan="2">L</th><th rowspan="2">l_1</th><th colspan="2">方头</th></tr>
<tr><th>a</th><th>l_2</th></tr>
<tr><td>M1×0.2</td><td>1</td><td rowspan="6">0.2</td><td rowspan="7">2.5</td><td rowspan="3">5.5</td><td rowspan="3">38.5</td><td rowspan="3">10</td><td rowspan="7">2</td><td rowspan="7">4</td></tr>
<tr><td>M1.1×0.2</td><td>1.1</td></tr>
<tr><td>M1.2×0.2</td><td>1.2</td></tr>
<tr><td>M1.4×0.2</td><td>1.4</td><td>7</td><td>40</td><td>12</td></tr>
<tr><td>M1.6×0.2</td><td>1.6</td><td rowspan="3">8</td><td rowspan="3">41</td><td rowspan="2">13</td></tr>
<tr><td>M1.8×0.2</td><td>1.8</td></tr>
<tr><td>M2×0.25</td><td>2</td><td rowspan="2">0.25</td><td>13.5</td></tr>
<tr><td>M2.2×0.25</td><td>2.2</td><td rowspan="2">2.8</td><td rowspan="2">9.5</td><td rowspan="2">44.5</td><td rowspan="2">15.5</td><td rowspan="2">2.24</td><td rowspan="2">5</td></tr>
<tr><td>M2.5×0.35</td><td>2.5</td><td>0.35</td></tr>
</table>

② 粗柄带颈机用和手用丝锥。

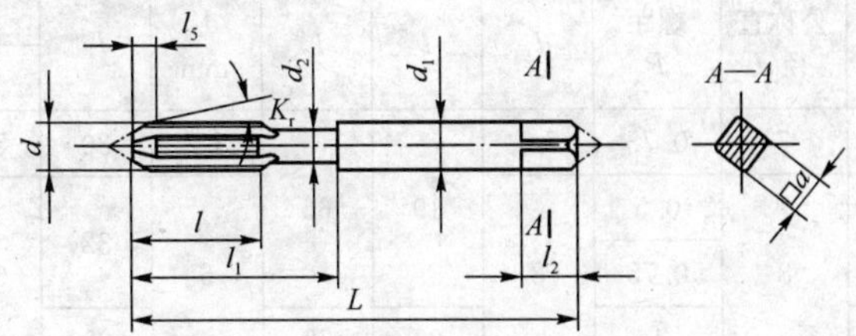

粗牙普通螺纹丝锥

(mm)

代号	公称直径 d	螺距 P	d_1	l	L	d_2 min	l_1	方头	
								a	l_2
M3	3	0.5	3.15	11	48	2.12	18	2.5	5
M3.5	3.5	(0.6)	3.55		50	2.5	20	2.8	
M4	4	0.7	4	13	53	2.8	21	3.15	6
M4.5	4.5	(0.75)	4.5			3.15		3.55	
M5	5	0.8	5	16	58	3.55	25	4	7
M6	6	1	6.3	19	6	4.5	30	5	8
M7	7		7.1			5.3		5.6	
M8	8	1.25	8	22	72	6	35	6.2	9
M9	9		9			7.1	36	7.1	10
M10	10	1.5	10	24	80	7.5	39	8	11

注：1. 括号内的尺寸尽可能不用。

2. 允许无空刀槽，无空刀槽时螺纹部分长度尺寸应为 $l+(l_1-l)/2$。

细牙普通螺纹丝锥

(mm)

代号	公称直径 d	螺距 P	d_1	l	L	d_2 mm	l_1	方头	
								a	l_2
M3×0.35	3	0.35	3.15	11	48	2.12	18	2.5	5
M3.5×0.35	3.5		3.55		50	2.5	20	2.8	
M4×0.5	4	0.5	4	13	53	2.8	21	3.15	6
M4.5×0.5	4.5		4.5			3.15		3.55	
M5×0.5	5		5	16	58	3.55	25	4	7
M5.5×0.5	5.5		5.6	17	62	4	26	4.5	
M6×0.5	6		6.3	19	66	4.5	30	5	8
M6×0.75		0.75							

（续）

代号	公称直径 d	螺距 P	d_1	l	L	d_2 mm	l_1	方头	
								a	l_2
M7×0.75	7	0.75	7.1	19	66	5.3	30	5.6	8
M8×0.5	8	0.5	8			6	32	6.3	9
M8×0.75		0.75							
M8×1		1		22	72		35		
M9×0.75	9	0.75	9	19	66	7.1	33	7.1	10
M9×1		1		22	72		36		
M10×0.75	10	0.75	10	20	73	7.5	35	8	11
M10×1		1		24	80		39		
M10×1.25		1.25							

注：允许无空刀槽，无空刀槽时螺纹部分长度尺寸应为 $l+(l_1-l)/2$。

③ 细柄机用和手用丝锥。

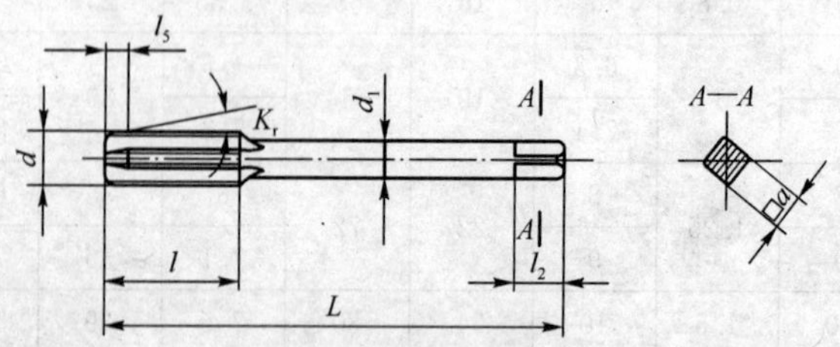

粗牙普通螺纹丝锥

(mm)

代号	公称直径 d	螺距 P	d_1	l	L	方头	
						a	l_2
M3	3	0.5	2.24	11	48	1.8	4
M3.5	3.5	(0.6)	2.5	13	50	2	
M4	4	0.7	3.15		53	2.5	5
M4.5	4.5	(0.75)	3.55			2.8	
M5	5	0.8	4	16	58	3.15	6
M6	6	1	4.5	19	66	3.55	
M7	(7)		5.6			4.5	7
M8	8	1.25	6.3	22	72	5	8
M9	(9)		7.1			5.6	

(续)

代号	公称直径 d	螺距 P	d_1	l	L	方头	
						a	l_2
M10	10	1.5	8	24	80	6.3	9
M11	(11)			25	85		
M12	12	1.75	9	29	89	7.1	10
M14	14	2	11.2	30	95	9	12
M16	16		12.5	32	102	10	13
M18	18	2.5	14	37	112	11.2	14
M20	20						
M22	22		16	38	118	12.5	16
M24	24	3	18	45	130	14	18
M27	27		20		135	16	20
M30	30	3.5		48	138		
M33	33		22.4	51	151	18	22
M36	36	4	25	57	162	20	24
M39	39		28	60	170	22.4	26
M42	42	4.5					
M45	45	4.5	31.5	67	187	25	28
M48	48	5					
M52	52		35.5	70	200	28	31
M56	56	5.5					
M60	60		40	76	221	31.5	34
M64	64	6		79	224		
M68	68		45		234	35.5	38

注：括号内的尺寸尽可能不用。

细牙普通螺纹丝锥

(mm)

代号	公称直径 d	螺距 P	d_1	l	L	方头	
						a	l_2
M3×0.35	3	0.35	2.24	11	48	1.8	4
M3.5×0.35	3.5		2.5	13	50	2	
M4×0.5	4	0.5	3.15		53	2.5	5

(续)

代号	公称直径 d	螺距 P	d_1	l	L	方头	
						a	l_2
M4.5×0.5	4.5	0.5	3.55	13	53	2.8	5
M5×0.5	5		4	16	58	3.15	6
M5.5×0.5	(5.5)			17	62		
M6×0.75	6	0.75	4.5	19	66	3.55	
M7×0.75	(7)		5.6			4.5	7
M8×0.75	8		6.3			5	8
M8×1		1		22	72		
M9×0.75	(9)	0.75	7.1	19	66	5.6	
M9×1		1		22	72		
M10×0.75	10	0.75	8	20	73	6.3	9
M10×1		1		24	80		
M10×1.25		1.25					
M11×0.75	(11)	0.75		22			
M11×1		1					
M12×1	12	1	9			7.1	10
M12×1.25		1.25		29	89		
M12×1.5		1.5					
M14×1	14	1	11.2	22	87	9	12
M14×1.25[①]		1.25		30	95		
M14×1.5		1.5					
M15×1.5	(15)						
M16×1	16	1	12.5	22	92	10	13
M16×1.5		1.5		32	102		
M17×1.5	(17)						
M18×1	18	1	14	22	97	11.2	14
M18×1.5		1.5		37	112		
M18×2		2					
M20×1	20	1		22	102		
M20×1.5		1.5		37	112		

（续）

<table>
<tr><th rowspan="2">代号</th><th rowspan="2">公称直径 d</th><th rowspan="2">螺距 P</th><th rowspan="2">d_1</th><th rowspan="2">l</th><th rowspan="2">L</th><th colspan="2">方头</th></tr>
<tr><th>a</th><th>l_2</th></tr>
<tr><td>M20×2</td><td>20</td><td>2</td><td>14</td><td>37</td><td>112</td><td>11.2</td><td>14</td></tr>
<tr><td>M22×1</td><td rowspan="3">22</td><td>1</td><td rowspan="3">16</td><td>24</td><td>109</td><td rowspan="3">12.5</td><td rowspan="3">16</td></tr>
<tr><td>M22×1.5</td><td>1.5</td><td rowspan="2">38</td><td rowspan="2">118</td></tr>
<tr><td>M22×2</td><td>2</td></tr>
<tr><td>M24×1</td><td rowspan="3">24</td><td>1</td><td rowspan="6">18</td><td>24</td><td>114</td><td rowspan="6">14</td><td rowspan="6">18</td></tr>
<tr><td>M24×1.5</td><td>1.5</td><td rowspan="4">45</td><td rowspan="4">130</td></tr>
<tr><td>M24×2</td><td>2</td></tr>
<tr><td>M25×1.5</td><td rowspan="2">25</td><td>1.5</td></tr>
<tr><td>M25×2</td><td>2</td></tr>
<tr><td>M26×1.5</td><td>26</td><td>1.5</td><td>35</td><td rowspan="2">120</td></tr>
<tr><td>M27×1</td><td rowspan="3">27</td><td>1</td><td rowspan="10">20</td><td>25</td><td rowspan="10">16</td><td rowspan="10">20</td></tr>
<tr><td>M27×1.5</td><td>1.5</td><td rowspan="2">37</td><td rowspan="2">127</td></tr>
<tr><td>M27×2</td><td>2</td></tr>
<tr><td>M28×1</td><td rowspan="3">(28)</td><td>1</td><td>25</td><td>120</td></tr>
<tr><td>M28×1.5</td><td>1.5</td><td rowspan="2">37</td><td rowspan="2">127</td></tr>
<tr><td>M28×2</td><td>2</td></tr>
<tr><td>M30×1</td><td rowspan="4">30</td><td>1</td><td>25</td><td>120</td></tr>
<tr><td>M30×1.5</td><td>1.5</td><td rowspan="2">37</td><td rowspan="2">127</td></tr>
<tr><td>M30×2</td><td>2</td></tr>
<tr><td>M30×3</td><td>3</td><td>48</td><td>138</td></tr>
<tr><td>M32×1.5</td><td rowspan="2">(32)</td><td>1.5</td><td rowspan="5">22.4</td><td rowspan="4">37</td><td rowspan="4">137</td><td rowspan="5">18</td><td rowspan="5">22</td></tr>
<tr><td>M32×2</td><td>2</td></tr>
<tr><td>M33×1.5</td><td rowspan="3">33</td><td>1.5</td></tr>
<tr><td>M33×2</td><td>2</td></tr>
<tr><td>M33×3</td><td>3</td><td>51</td><td>151</td></tr>
<tr><td>M35×1.5[2]</td><td>(35)</td><td rowspan="2">1.5</td><td rowspan="4">25</td><td rowspan="3">39</td><td rowspan="3">144</td><td rowspan="4">20</td><td rowspan="4">24</td></tr>
<tr><td>M36×1.5</td><td rowspan="3">36</td></tr>
<tr><td>M36×2</td><td>2</td></tr>
<tr><td>M36×3</td><td>3</td><td>57</td><td>162</td></tr>
</table>

(续)

代号	公称直径 d	螺距 P	d_1	l	L	方头	
						a	l_2
M38×1.5	38	1.5					
M39×1.5	39			39	149		
M39×2		2	28			22.4	26
M39×3		3		60	170		
M40×1.5	(40)	1.5		39	149		
M40×2		2					
M40×3		3		60	170		
M42×1.5	42	1.5	28	39	149	22.4	26
M42×2		2					
M42×3		3		60	170		
M42×4		(4)					
M45×1.5	45	1.5		45	165		
M45×2		2					
M45×3		3		67	187		
M45×4		(4)					
M48×1.5	48	1.5		45	165		
M48×2		2	31.5			25	28
M48×3		3		67	187		
M48×4		(4)					
M50×1.5	(50)	1.5		45	165		
M50×2		2					
M50×3		3		67	187		
M52×1.5	52	1.5		45	175		
M52×2		2					
M52×3		3		70	200		
M52×4		4	35.5			28	31
M55×1.5	(55)	1.5		45	175		
M55×2		2					
M55×3		3		70	200		

（续）

代号	公称直径 d	螺距 P	d_1	l	L	方头	
						a	l_2
M55×4	(55)	4	35.5	70	200	28	31
M56×1.5	56	1.5		45	175		
M56×2		2					
M56×3		3		70	200		
M56×4		4					
M58×1.5	58	1.5	40	76	193	31.5	34
M58×2		2					
M58×3		(3)			209		
M58×4		(4)					
M60×1.5	60	1.5			193		
M60×2		2					
M60×3		3			209		
M60×4		4					
M62×1.5	62	1.5	40	76	193	31.5	34
M62×2		2					
M62×3		(3)			209		
M62×4		(4)					
M64×1.5	64	1.5		79	193		
M64×2		2					
M64×3		3			209		
M64×4		4					
M65×1.5	65	1.5			193		
M65×2		2					
M65×3		(3)			209		
M65×4		(4)					
M68×1.5	68	1.5	45		203	35.5	38
M68×2		2					
M68×3		3			219		
M68×4		4					

(续)

代号	公称直径 d	螺距 P	d_1	l	L	方头	
						a	l_2
M70×1.5	70	1.5	45	79	203	35.5	38
M70×2		2					
M70×3		(3)			219		
M70×4		(4)					
M70×6		(6)			234		
M72×1.5	72	1.5			203		
M72×2		2					
M72×3		3			219		
M72×4		4					
M72×6		6			234		
M75×1.5	75	1.5			203		
M75×2		2					
M75×3		(3)			219		
M75×4		(4)					
M75×6		(6)			234		
M76×1.5	76	1.5	50	83	226	40	42
M76×2		2					
M76×3		3			242		
M76×4		4					
M76×6		6			258		
M78×2	78	2					
M80×1.5	80	1.5	50	83	226	40	42
M80×2		2					
M80×3		3			242		
M80×4		4					
M80×6		6			258		
M82×2	82	2		86	226		
M85×2	85	2					
M85×3		3			242		

(续)

代号	公称直径 d	螺距 P	d_1	l	L	方头	
						a	l_2
M85×4	85	4	50	86	242	40	42
M85×6		6			261		
M90×2	90	2			226		
M90×3		3			242		
M90×4		4					
M90×6		6			261		
M95×2	95	2	56	89	244	45	46
M95×3		3			260		
M95×4		4					
M95×6		6			279		
M100×2	100	2			244		
M100×3		3			260		
M100×4		4					
M100×6		6			279		

注：括号内的尺寸尽可能不用。

① 仅用于火花塞。

② 仅用于滚动轴承锁紧螺母。

公称直径 $d \leqslant 10$ mm 的丝锥可制成外顶尖。

单支和成组丝锥适用范围、切削锥角、切削锥长度推荐如下表。

丝锥公称切削角度，在径向平面内测量，推荐如下：

前角 γ_p 为 8°～10°；

后角 α_p 为 4°～6°。

分类	适用范围(mm)	名称	切削锥角 κ_r	切削锥长度 l_5	图示
单支和成组（等径)丝锥	$P \leqslant 2.5$	初锥	4°30′	8 牙	
		中锥	8°30′	4 牙	
		底锥	17°	2 牙	

（续）

分类	适用范围(mm)	名称	切削锥角 κ_r	切削锥长度 l_5	图示
成 组 （不等径） 丝锥	$P>2.5$	第一粗锥	6°	6 牙	
		第二粗锥	8°30′	4 牙	
		精锥	17°	2 牙	

注：1. 螺距 $P\leqslant 2.5$ mm 丝锥，优先按中锥单支生产供应。当使用需要时亦可按成组不等径丝锥供应。

2. 成组丝锥每组支数，按使用需要，由制造厂自行决定。

3. 成组不等径丝锥，在第一、第二粗锥柄部应分别切制 1 条、2 条圆环或以顺序号Ⅰ、Ⅱ标志。

【标记示例】

① 右螺纹的粗牙普通螺纹，直径 10 mm，螺距 1.5 mm，H1 公差带，单支初锥(底锥)高性能通用柄机用丝锥：

机用丝锥　初(底)G　M10-H1　GB/T 3464.1—2007

② 右螺纹的细牙普通螺纹，直径 10 mm，螺距 1.25 mm，H4 公差带，单支中锥通用柄手用丝锥：手用丝锥　M10×1.25　GB/T 3464.1—2007

③ 右螺纹的粗牙普通螺纹，直径 12 mm，螺距 1.75 mm，H2 公差带，两支(初锥和底锥)一组普通级等径通用柄机用丝锥：

机用丝锥　初底　M12-H2　GB/T 3464.1—2007

④ 左螺纹(左螺纹代号 LH)的粗牙普通螺纹，直径 27 mm，螺距 3 mm，H3 公差带，三支一组普通级不等径通用柄机用丝锥：

机用丝锥(不等径)　3-M27LH-H3　GB/T 3464.1—2007

注：直径 3～10 mm 的丝锥，有粗柄和细柄两种结构同时并存。在需要明确指定柄部结构的场合，丝锥名称前应加“粗柄”或“细柄”字样。

——第 2 部分：细长柄机用丝锥

(GB/T 3464.2—2003/ISO 2283:2000)

【适用范围】

① ISO 米制螺纹(粗牙、细牙)。

② ISO 英制螺纹。

(a)“统一制粗牙”系列(UNC)及“统一制细牙”系列(UNF)。

(b) 如下不推荐的英制螺纹。

“英国标准惠氏螺纹”(BSW)及“英国标准细牙螺纹”(BSF)。

“英国协会螺纹”(BA″)。

【型式和尺寸】

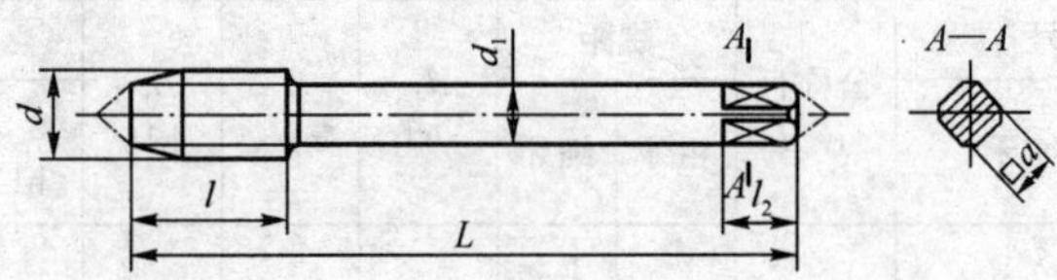

ISO 米制螺纹丝锥 (mm)

<table>
<tr><th colspan="2">代　　号</th><th rowspan="2">公称直径 d</th><th colspan="2">螺距</th><th rowspan="2">d_1 h9①</th><th rowspan="2">l max</th><th rowspan="2">L h16</th><th colspan="2">方头</th></tr>
<tr><th>粗牙</th><th>细牙</th><th>粗牙</th><th>细牙</th><th>a h11②</th><th>l_2 ±0.8</th></tr>
<tr><td>M3</td><td>M3×0.35</td><td>3</td><td>0.5</td><td rowspan="2">0.35</td><td>2.24</td><td>11</td><td>66</td><td>1.8</td><td rowspan="2">4</td></tr>
<tr><td>M3.5</td><td>M3.5×0.35</td><td>3.5</td><td>0.6</td><td>2.5</td><td rowspan="3">13</td><td>68</td><td>2</td></tr>
<tr><td>M4</td><td>M4×0.5</td><td>4</td><td>0.7</td><td rowspan="4">0.5</td><td>3.15</td><td rowspan="2">73</td><td>2.5</td><td rowspan="2">5</td></tr>
<tr><td>M4.5</td><td>M4.5×0.5</td><td>4.5</td><td>0.75</td><td>3.55</td><td>2.8</td></tr>
<tr><td>M5</td><td>M5×0.5</td><td>5</td><td>0.8</td><td rowspan="2">4</td><td>16</td><td>79</td><td rowspan="2">3.15</td><td rowspan="3">6</td></tr>
<tr><td>—</td><td>M5.5×0.5</td><td>5.5</td><td>—</td><td>17</td><td>84</td></tr>
<tr><td>M6</td><td>M6×0.75</td><td>6</td><td rowspan="2">1</td><td rowspan="2">0.75</td><td>4.50</td><td rowspan="2">19</td><td rowspan="2">89</td><td>3.55</td></tr>
<tr><td>M7</td><td>M7×0.75</td><td>7</td><td>5.60</td><td>4.5</td><td>7</td></tr>
<tr><td>M8</td><td>M8×1</td><td>8</td><td rowspan="2">1.25</td><td rowspan="3">1</td><td>6.30</td><td rowspan="2">22</td><td rowspan="2">97</td><td>5.0</td><td rowspan="2">8</td></tr>
<tr><td>M9</td><td>M9×1</td><td>9</td><td>7.1</td><td>5.6</td></tr>
<tr><td rowspan="2">M10</td><td>M10×1</td><td rowspan="2">10</td><td rowspan="3">1.5</td><td rowspan="3">8</td><td rowspan="2">24</td><td rowspan="2">108</td><td rowspan="3">6.3</td><td rowspan="3">9</td></tr>
<tr><td>M10×1.25</td><td>1.25</td></tr>
<tr><td>M11</td><td>—</td><td>11</td><td>—</td><td>25</td><td>115</td></tr>
<tr><td rowspan="2">M12</td><td>M12×1.25</td><td rowspan="2">12</td><td rowspan="2">1.75</td><td>1.25</td><td rowspan="2">9</td><td rowspan="2">29</td><td rowspan="2">119</td><td rowspan="2">7.1</td><td rowspan="2">10</td></tr>
<tr><td>M12×1.5</td><td>1.5</td></tr>
<tr><td rowspan="2">M14</td><td>M14×1.25</td><td rowspan="2">14</td><td rowspan="2">2</td><td>1.25</td><td rowspan="3">11.2</td><td rowspan="3">30</td><td rowspan="3">127</td><td rowspan="3">9</td><td rowspan="3">12</td></tr>
<tr><td>M14×1.5</td><td rowspan="5">1.5</td></tr>
<tr><td>—</td><td>M15×1.5</td><td>15</td><td>—</td></tr>
<tr><td>M16</td><td>M16×1.5</td><td>16</td><td>2</td><td rowspan="2">12.5</td><td rowspan="2">32</td><td rowspan="2">137</td><td rowspan="2">10</td><td rowspan="2">13</td></tr>
<tr><td>—</td><td>M17×1.5</td><td>17</td><td>—</td></tr>
<tr><td rowspan="2">M18</td><td>M18×1.5</td><td rowspan="2">18</td><td rowspan="4">2.5</td><td rowspan="4">14</td><td rowspan="4">37</td><td rowspan="4">149</td><td rowspan="4">11.2</td><td rowspan="4">14</td></tr>
<tr><td>M18×2</td><td>2</td></tr>
<tr><td rowspan="2">M20</td><td>M20×1.5</td><td rowspan="2">20</td><td>1.5</td></tr>
<tr><td>M20×2</td><td>2</td></tr>
</table>

(续)

代号		公称直径 d	螺距		d_1 h9①	l max	L h16	方头	
粗牙	细牙		粗牙	细牙				a h11②	l_2 ±0.8
M22	M22×1.5	22	2.5	1.5	16	38	158	12.5	16
	M22×2			2					
M24	M24×1.5	24	3	1.5	18	45	172	14	18
	M24×2			2					

注：① 根据 ISO 237[1]的规定：公差 h9 应用于精密柄；非精密柄的公差为 h11。

② 根据 ISO 237[1]的规定，当方头的形状误差和方头对柄部的位置误差考虑在内时，为 h12。

ISO 英制螺纹丝锥

(mm)

代号		公称直径 d	螺距(近似)		d_1 h9①	l max	L h16	方头	
"统一制粗牙"(UNC)	"统一制细牙"(UNF)		UNC	UNF				a h11②	l_2 ±0.8
No. 5—40—UNC	No. 5—44—UNF	3.175	0.635	0.577	2.24	11	66	1.80	4
No. 6—32—UNC	No. 6—40—UNF	3.505	0.794	0.635	2.50	13	68	2.00	
No. 8—32—UNC	No. 8—36—UNF	4.166		0.706	3.15		73	2.50	5
No. 10—24—UNC	No. 10—32—UNF	4.826	1.058	0.794	3.55	16	79	2.8	5
No. 12—24—UNC	No. 12—28—UNF	5.486		0.907	4.00	17	84	3.15	6
1/4—20—UNC	1/4—28—UNF	6.350	1.270		4.50	19	89	3.55	
5/16—18—UNC	5/16—24—UNF	7.938	1.411	1.058	6.30	22	97	5.00	8
3/8—16—UNC	3/8—24—UNF	9.525	1.588		7.10	24	108	5.60	8
7/16—14—UNC	7/16—20—UNF	11.112	1.814	1.270	8.00	25	115	6.30	9
1/2—13—UNC	1/2—20—UNF	12.700	1.954		9.00	29	119	7.10	10
9/16—12—UNC	9/16—18—UNF	14.288	2.117	1.411	11.20	30	127	9.00	12
5/8—11—UNC	5/8—18—UNF	15.875	2.309		12.50	32	137	10.00	13
3/4—10—UNC	3/4—16—UNF	19.050	2.540	1.588	14	37	149	11.20	14
7/8—9—UNC	7/8—14—UNF	22.225	2.822	1.814	16	38	158	12.50	16
1—8—UNC	1—12—UNF	25.400	3.175	2.117	18	45	172	14	18

注：① 根据 ISO 237[1]的规定：公差 h9 应用于精密柄；非精密柄的公差为 h11。

② 根据 ISO 237[1]的规定，当方头的形状误差和方头对柄部的位置误差考虑在内时，为 h12。

——第 3 部分：短柄机用和手用丝锥(GB/T 3464.3—2007)

① 粗短柄机用和手用丝锥。

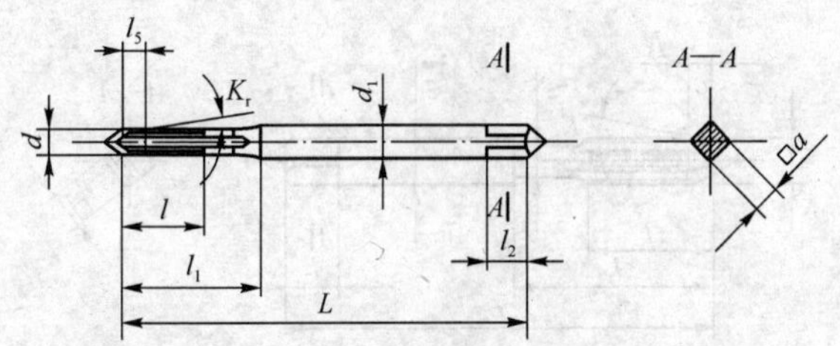

粗牙普通螺纹丝锥 (mm)

<table>
<tr><th rowspan="2">代号</th><th rowspan="2">公称直径 d</th><th rowspan="2">螺距 P</th><th rowspan="2">d_1</th><th rowspan="2">l</th><th rowspan="2">L</th><th rowspan="2">l_1</th><th colspan="2">方头</th></tr>
<tr><th>a</th><th>l_2</th></tr>
<tr><td>M1</td><td>1</td><td rowspan="3">0.25</td><td rowspan="7">2.5</td><td rowspan="3">5.5</td><td rowspan="4">28</td><td rowspan="3">10</td><td rowspan="7">2</td><td rowspan="7">4</td></tr>
<tr><td>M1.1</td><td>1.1</td></tr>
<tr><td>M1.2</td><td>1.2</td></tr>
<tr><td>M1.4</td><td>1.4</td><td>0.3</td><td>7</td><td>12</td></tr>
<tr><td>M1.6</td><td>1.6</td><td rowspan="2">0.35</td><td rowspan="3">8</td><td rowspan="2">32</td><td rowspan="2">13</td></tr>
<tr><td>M1.8</td><td>1.8</td></tr>
<tr><td>M2</td><td>2</td><td>0.4</td><td rowspan="3">36</td><td>13.5</td></tr>
<tr><td>M2.2</td><td>2.2</td><td rowspan="2">0.45</td><td rowspan="2">2.8</td><td rowspan="2">9.5</td><td rowspan="2">15.5</td><td rowspan="2">2.24</td><td rowspan="2">5</td></tr>
<tr><td>M2.5</td><td>2.5</td></tr>
</table>

细牙普通螺纹丝锥 (mm)

<table>
<tr><th rowspan="2">代号</th><th rowspan="2">公称直径 d</th><th rowspan="2">螺距 P</th><th rowspan="2">d_1</th><th rowspan="2">l</th><th rowspan="2">L</th><th rowspan="2">l_1</th><th colspan="2">方头</th></tr>
<tr><th>a</th><th>l_2</th></tr>
<tr><td>M1×0.2</td><td>1</td><td rowspan="6">0.2</td><td rowspan="7">2.5</td><td rowspan="3">5.5</td><td rowspan="4">28</td><td rowspan="3">10</td><td rowspan="7">2</td><td rowspan="7">4</td></tr>
<tr><td>M1.1×0.2</td><td>1.1</td></tr>
<tr><td>M1.2×0.2</td><td>1.2</td></tr>
<tr><td>M1.4×0.2</td><td>1.4</td><td>7</td><td>12</td></tr>
<tr><td>M1.6×0.2</td><td>1.6</td><td rowspan="3">8</td><td rowspan="2">32</td><td rowspan="2">13</td></tr>
<tr><td>M1.8×0.2</td><td>1.8</td></tr>
<tr><td>M2×0.25</td><td>2</td><td rowspan="2">0.25</td><td rowspan="3">36</td><td>13.5</td></tr>
<tr><td>M2.2×0.25</td><td>2.2</td><td rowspan="2">2.8</td><td rowspan="2">9.5</td><td rowspan="2">15.5</td><td rowspan="2">2.24</td><td rowspan="2">5</td></tr>
<tr><td>M2.5×0.35</td><td>2.5</td><td>0.35</td></tr>
</table>

② 粗柄带颈短柄机用和手用丝锥。

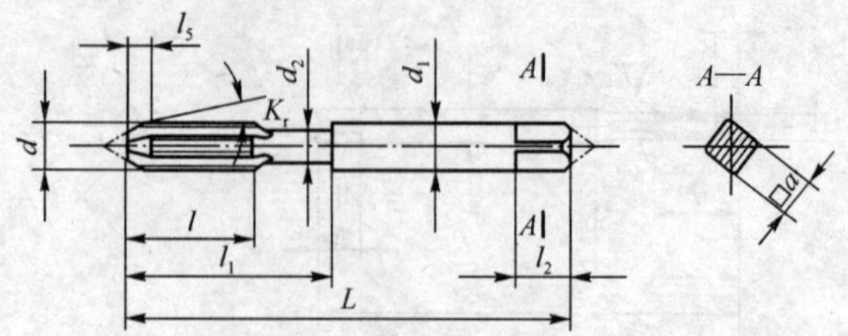

粗牙普通螺纹丝锥

(mm)

<table>
<tr><th rowspan="2">代号</th><th rowspan="2">公称直径 d</th><th rowspan="2">螺距 P</th><th rowspan="2">d_1</th><th rowspan="2">l</th><th rowspan="2">L</th><th rowspan="2">d_2 min</th><th rowspan="2">l_1</th><th colspan="2">方头</th></tr>
<tr><th>a</th><th>l_2</th></tr>
<tr><td>M3</td><td>3</td><td>0.5</td><td>3.15</td><td>11</td><td rowspan="2">40</td><td>2.12</td><td>18</td><td>2.5</td><td rowspan="2">5</td></tr>
<tr><td>M3.5</td><td>3.5</td><td>(0.6)</td><td>3.55</td><td rowspan="3">13</td><td>2.5</td><td>20</td><td>2.8</td></tr>
<tr><td>M4</td><td>4</td><td>0.7</td><td>4</td><td rowspan="2">45</td><td>2.8</td><td rowspan="2">21</td><td>3.15</td><td rowspan="2">6</td></tr>
<tr><td>M4.5</td><td>4.5</td><td>(0.75)</td><td>4.5</td><td>3.15</td><td>3.55</td></tr>
<tr><td>M5</td><td>5</td><td>0.8</td><td>5</td><td>16</td><td>50</td><td>3.55</td><td>25</td><td>4</td><td>7</td></tr>
<tr><td>M6</td><td>6</td><td rowspan="2">1</td><td>6.3</td><td rowspan="2">19</td><td rowspan="2">55</td><td>4.5</td><td rowspan="2">30</td><td>5</td><td rowspan="2">8</td></tr>
<tr><td>M7</td><td>7</td><td>7.1</td><td>5.3</td><td>5.6</td></tr>
<tr><td>M8</td><td>8</td><td rowspan="2">1.25</td><td>8</td><td rowspan="2">22</td><td rowspan="2">65</td><td>6</td><td>35</td><td>6.3</td><td>9</td></tr>
<tr><td>M9</td><td>9</td><td>9</td><td>7.1</td><td>36</td><td>7.1</td><td>10</td></tr>
<tr><td>M10</td><td>10</td><td>1.5</td><td>10</td><td>24</td><td>70</td><td>7.5</td><td>39</td><td>8</td><td>11</td></tr>
</table>

注：1. 括号内的尺寸尽可能不用。

2. 允许无空刀槽，无空刀槽时螺纹部分长度尺寸应为 $l+(l_1-l)/2$。

细牙普通螺纹丝锥

(mm)

<table>
<tr><th rowspan="2">代号</th><th rowspan="2">公称直径 d</th><th rowspan="2">螺距 P</th><th rowspan="2">d_1</th><th rowspan="2">l</th><th rowspan="2">L</th><th rowspan="2">d_2 min</th><th rowspan="2">l_1</th><th colspan="2">方头</th></tr>
<tr><th>a</th><th>l_2</th></tr>
<tr><td>M3×0.35</td><td>3</td><td rowspan="2">0.35</td><td>3.15</td><td>11</td><td rowspan="2">40</td><td>2.12</td><td>18</td><td>2.5</td><td rowspan="2">5</td></tr>
<tr><td>M3.5×0.35</td><td>3.5</td><td>3.55</td><td rowspan="3">13</td><td>2.5</td><td>20</td><td>2.8</td></tr>
<tr><td>M4×0.5</td><td>4</td><td rowspan="5">0.5</td><td>4</td><td rowspan="2">45</td><td>2.8</td><td rowspan="2">21</td><td>3.15</td><td rowspan="2">6</td></tr>
<tr><td>M4.5×0.5</td><td>4.5</td><td>4.5</td><td>3.15</td><td>3.55</td></tr>
<tr><td>M5×0.5</td><td>5</td><td>5</td><td>16</td><td rowspan="4">50</td><td>3.55</td><td>25</td><td>4</td><td rowspan="2">7</td></tr>
<tr><td>M5.5×0.5</td><td>5.5</td><td>5.6</td><td>17</td><td>4</td><td>26</td><td>4.5</td></tr>
<tr><td>M6×0.5</td><td rowspan="2">6</td><td rowspan="2">6.3</td><td rowspan="2">19</td><td rowspan="2">4.5</td><td rowspan="2">30</td><td rowspan="2">5</td><td rowspan="2">8</td></tr>
<tr><td>M6×0.75</td><td>0.75</td></tr>
</table>

（续）

代号	公称直径 d	螺距 P	d_1	l	L	d_2 min	l_1	方头	
								a	l_2
M7×0.75	7	0.75	7.1	19	50	5.3	30	5.6	8
M8×0.5	8	0.5	8		60	6	32	6.3	9
M8×0.75		0.75							
M8×1		1		22			35		
M9×0.75	9	0.75	9	19		7.1	33	7.1	10
M9×1		1		22			36		
M10×0.75	10	0.75	10	20	65	7.5	35	8	11
M10×1		1		24			39		
M10×1.25		1.25							

注：允许无空刀槽，无空刀槽时螺纹部分长度尺寸应为 $l+(l_1-l)/2$。

③ 细短柄机用和手用丝锥。

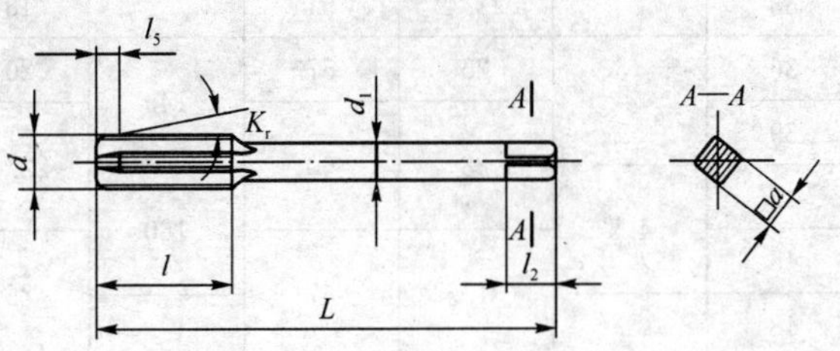

粗牙普通螺纹丝锥

(mm)

代号	公称直径 d	螺距 P	d_1	l	L	方头	
						a	l_2
M3	3	0.5	2.24	11	40	1.8	4
M3.5	3.5	(0.6)	2.5	13		2	
M4	4	0.7	3.15		45	2.5	5
M4.5	4.5	(0.75)	3.55			2.8	
M5	5	0.8	4	16	50	3.15	6
M6	6	1	4.5	19	55	3.55	
M7	(7)		5.6			4.5	7
M8	8	1.25	6.3	22	65	5	8
M9	(9)		7.1			5.6	

（续）

<table>
<tr><th rowspan="2">代号</th><th rowspan="2">公称直径 d</th><th rowspan="2">螺距 P</th><th rowspan="2">d_1</th><th rowspan="2">l</th><th rowspan="2">L</th><th colspan="2">方头</th></tr>
<tr><th>a</th><th>l_2</th></tr>
<tr><td>M10</td><td>10</td><td rowspan="2">1.5</td><td rowspan="2">8</td><td>24</td><td rowspan="2">70</td><td rowspan="2">6.3</td><td rowspan="2">9</td></tr>
<tr><td>M11</td><td>(11)</td><td>25</td></tr>
<tr><td>M12</td><td>12</td><td>1.75</td><td>9</td><td>29</td><td>80</td><td>7.1</td><td>10</td></tr>
<tr><td>M14</td><td>14</td><td rowspan="2">2</td><td>11.2</td><td>30</td><td rowspan="2">90</td><td>9</td><td>12</td></tr>
<tr><td>M16</td><td>16</td><td>12.5</td><td>32</td><td>10</td><td>13</td></tr>
<tr><td>M18</td><td>18</td><td rowspan="3">2.5</td><td rowspan="2">14</td><td rowspan="2">37</td><td rowspan="2">100</td><td rowspan="2">11.2</td><td rowspan="2">14</td></tr>
<tr><td>M20</td><td>20</td></tr>
<tr><td>M22</td><td>22</td><td>16</td><td>38</td><td>110</td><td>12.5</td><td>16</td></tr>
<tr><td>M24</td><td>24</td><td rowspan="2">3</td><td>18</td><td rowspan="2">45</td><td rowspan="2">120</td><td>14</td><td>18</td></tr>
<tr><td>M27</td><td>27</td><td rowspan="2">20</td><td rowspan="2">16</td><td rowspan="2">20</td></tr>
<tr><td>M30</td><td>30</td><td rowspan="2">3.5</td><td>48</td><td rowspan="2">130</td></tr>
<tr><td>M33</td><td>33</td><td>22.4</td><td>51</td><td>18</td><td>22</td></tr>
<tr><td>M36</td><td>36</td><td rowspan="2">4</td><td>25</td><td>57</td><td rowspan="2">145</td><td>20</td><td>24</td></tr>
<tr><td>M39</td><td>39</td><td rowspan="2">28</td><td rowspan="2">60</td><td rowspan="2">22.4</td><td rowspan="2">26</td></tr>
<tr><td>M42</td><td>42</td><td rowspan="2">4.5</td><td rowspan="2">160</td></tr>
<tr><td>M45</td><td>45</td><td rowspan="2">31.5</td><td rowspan="2">67</td><td rowspan="2">25</td><td rowspan="2">28</td></tr>
<tr><td>M48</td><td>48</td><td rowspan="2">5</td><td rowspan="2">175</td></tr>
<tr><td>M52</td><td>52</td><td>35.5</td><td>70</td><td>28</td><td>31</td></tr>
</table>

注：括号内的尺寸尽可能不用。

细牙普通螺纹丝锥

(mm)

<table>
<tr><th rowspan="2">代号</th><th rowspan="2">公称直径 d</th><th rowspan="2">螺距 P</th><th rowspan="2">d_1</th><th rowspan="2">l</th><th rowspan="2">L</th><th colspan="2">方头</th></tr>
<tr><th>a</th><th>l_2</th></tr>
<tr><td>M3×0.35</td><td>3</td><td rowspan="2">0.35</td><td>2.24</td><td>11</td><td rowspan="2">40</td><td>1.8</td><td rowspan="2">4</td></tr>
<tr><td>M3.5×0.35</td><td>3.5</td><td>2.5</td><td rowspan="3">13</td><td>2</td></tr>
<tr><td>M4×0.5</td><td>4</td><td rowspan="4">0.5</td><td>3.15</td><td rowspan="2">45</td><td>2.5</td><td rowspan="2">5</td></tr>
<tr><td>M4.5×0.5</td><td>4.5</td><td>3.55</td><td>2.8</td></tr>
<tr><td>M5×0.5</td><td>5</td><td rowspan="2">4</td><td>16</td><td rowspan="3">50</td><td rowspan="2">3.15</td><td rowspan="3">6</td></tr>
<tr><td>M5.5×0.5</td><td>(5.5)</td><td>17</td></tr>
<tr><td>M6×0.75</td><td>6</td><td>0.75</td><td>4.5</td><td>19</td><td>3.55</td></tr>
</table>

（续）

代号	公称直径 d	螺距 P	d_1	l	L	方头	
						a	l_2
M7×0.75	(7)	0.75	5.6	19	50	4.5	7
M8×0.75	8	0.75	6.3	19	60	5	8
M8×1	8	1	6.3	22	60	5	8
M9×0.75	(9)	0.75	7.1	19	60	5.6	8
M9×1	(9)	1	7.1	22	60	5.6	8
M10×0.75	10	0.75	8	20	65	6.3	9
M10×1	10	1	8	24	65	6.3	9
M10×1.25	10	1.25	8	24	65	6.3	9
M11×0.75	(11)	0.75	8	22	65	6.3	9
M11×1	(11)	1	8	22	65	6.3	9
M12×1	12	1	9	22	70	7.1	10
M12×1.25	12	1.25	9	29	70	7.1	10
M12×1.5	12	1.5	9	29	70	7.1	10
M14×1	14	1	11.2	22	70	9	12
M14×1.25[①]	14	1.25	11.2	30	70	9	12
M14×1.5	14	1.5	11.2	30	70	9	12
M15×1.5	(15)	1.5	11.2	30	70	9	12
M16×1	16	1	12.5	22	80	10	13
M16×1.5	16	1.5	12.5	32	80	10	13
M17×1.5	(17)	1.5	12.5	32	80	10	13
M18×1	18	1	14	22	90	11.2	14
M18×1.5	18	1.5	14	37	90	11.2	14
M18×2	18	2	14	37	90	11.2	14
M20×1	20	1	14	22	90	11.2	14
M20×1.5	20	1.5	14	37	90	11.2	14
M20×2	20	2	14	37	90	11.2	14
M22×1	22	1	16	24	90	12.5	16
M22×1.5	22	1.5	16	38	90	12.5	16
M22×2	22	2	16	38	90	12.5	16

(续)

代号	公称直径 d	螺距 P	d_1	l	L	方头	
						a	l_2
M24×1	24	1	18	24	95	14	18
M24×1.5		1.5		45			
M24×2		2					
M25×1.5	25	1.5					
M25×2		2					
M26×1.5	26	1.5		35			
M27×1	27	1	20	25		16	20
M27×1.5		1.5		37			
M27×2		2					
M28×1	(28)	1		25	105		
M28×1.5		1.5		37			
M28×2		2					
M30×1	30	1		25			
M30×1.5		1.5		37			
M30×2		2					
M30×3		3		48			
M32×1.5	(32)	1.5	22.4	37	115	18	22
M32×2		2					
M33×1.5	33	1.5					
M33×2		2					
M33×3		3		51	125	20	24
M35×1.5②	(35)	1.5	25	39			
M36×1.5	36						
M36×2		2					
M36×3		3		57			
M38×1.5	38	1.5	28	39	130	22.4	26
M39×1.5	39						
M39×2		2					
M39×3		3		60			

（续）

<table>
<tr><th rowspan="2">代号</th><th rowspan="2">公称直径 d</th><th rowspan="2">螺距 P</th><th rowspan="2">d_1</th><th rowspan="2">l</th><th rowspan="2">L</th><th colspan="2">方头</th></tr>
<tr><th>a</th><th>l_2</th></tr>
<tr><td>M40×1.5</td><td rowspan="3">(40)</td><td>1.5</td><td rowspan="7">28</td><td rowspan="2">39</td><td rowspan="7">130</td><td rowspan="3">22.4</td><td rowspan="3">26</td></tr>
<tr><td>M40×2</td><td>2</td></tr>
<tr><td>M40×3</td><td>3</td><td>60</td></tr>
<tr><td>M42×1.5</td><td rowspan="4">42</td><td>1.5</td><td rowspan="2">39</td><td rowspan="4">22.4</td><td rowspan="4">26</td></tr>
<tr><td>M42×2</td><td>2</td></tr>
<tr><td>M42×3</td><td>3</td><td rowspan="2">60</td></tr>
<tr><td>M42×4</td><td>(4)</td></tr>
<tr><td>M45×1.5</td><td rowspan="4">45</td><td>1.5</td><td rowspan="11">31.5</td><td rowspan="2">45</td><td rowspan="4">140</td><td rowspan="11">25</td><td rowspan="11">28</td></tr>
<tr><td>M45×2</td><td>2</td></tr>
<tr><td>M45×3</td><td>3</td><td rowspan="2">67</td></tr>
<tr><td>M45×4</td><td>(4)</td></tr>
<tr><td>M48×1.5</td><td rowspan="4">48</td><td>1.5</td><td rowspan="2">45</td><td rowspan="11">150</td></tr>
<tr><td>M48×2</td><td>2</td></tr>
<tr><td>M48×3</td><td>3</td><td rowspan="2">67</td></tr>
<tr><td>M48×4</td><td>(4)</td></tr>
<tr><td>M50×1.5</td><td rowspan="3">(50)</td><td>1.5</td><td rowspan="2">45</td></tr>
<tr><td>M50×2</td><td>2</td></tr>
<tr><td>M50×3</td><td>3</td><td>67</td></tr>
<tr><td>M52×1.5</td><td rowspan="4">52</td><td>1.5</td><td rowspan="4">35.5</td><td rowspan="2">45</td><td rowspan="4">28</td><td rowspan="4">31</td></tr>
<tr><td>M52×2</td><td>2</td></tr>
<tr><td>M52×3</td><td>3</td><td rowspan="2">70</td></tr>
<tr><td>M52×4</td><td>4</td></tr>
</table>

注：括号内的尺寸尽可能不用。

① 仅用火花塞。

② 仅用于滚动轴承锁紧螺母。

公称直径 $d \leqslant 10$ mm 的丝锥可制成外顶尖；

丝锥公称切削角度、在径向平面内测量，推荐如下：前角 $\gamma_p 8°\sim10°$，后角 $\alpha_p 4°\sim6°$。

【标记示例】

① 右螺纹的粗牙普通螺纹，直径 10 mm，螺距 1.5 mm，H1 公差带，单支初锥（底锥）高性能短柄机用丝锥：

短柄机用丝锥　初(底)G　M10 - H1　GB/T 3464.3—2007

② 右螺纹的细牙普通螺纹，直径 10 mm，螺距 1.25 mm，H4 公差带，单支中锥短柄手用

丝锥:短柄手用丝锥　M10×1.25　GB/T 3464.3—2007

③ 右螺纹的粗牙普通螺纹,直径 12 mm,螺距 1.75 mm, H2 公差带,两支(初锥和底锥)一组普通级　等径短柄机用丝锥:

短柄机用丝锥　初底　M12 - H2　GB/T 3464.3—2007

④ 左螺纹(左螺纹代号 LH)的粗牙普通螺纹,直径 27 mm,螺距 3 mm, H3 公差带,三支一组普通级不等径短柄机用丝锥:

短柄机用丝锥(不等径)　3 - M27LH - H3　GB/T 3464.3—2007

(2) 管螺纹丝锥

外形图	(a)　(b)
用途	用于管路附件及一般机件上攻制内管螺纹

规格

① 55°圆柱管螺纹丝锥(ZBJ 41011—1999)

螺纹尺寸代号	每英寸牙数	丝锥螺纹大径(mm)	螺纹尺寸代号	每英寸牙数	丝锥螺纹大径(mm)
G 1/16	28	7.723	G 1¼	11	41.910
G 1/8	28	9.728	G 1½	11	47.803
G 1/4	19	13.157	G 1¾	11	53.764
G 3/8	19	16.662	G 2	11	59.614
G 1/2	14	20.995	G 2¼	11	65.710
G 5/8	14	22.991	G 2½	11	75.184
G 3/4	14	26.441	G 2¾	11	81.534
G 7/8	14	30.201	G 3	11	87.884
G 1	11	33.249	G 3½	11	100.330
G 1⅛	11	37.897	G 4	11	113.030

② 55°、60°圆锥管螺纹丝锥(ZBJ 41013—1999、GB/T8364.2—2008)

螺纹尺寸代号	55°圆锥管螺纹丝锥(mm)			螺纹尺寸代号	60°圆锥管螺纹丝锥(mm)		
	基面处大径	每英寸牙数	基面至端部距离		基面处大径	每英寸牙数	基面至端部距离
R_c 1/16	—	—	—	NPT 1/16	7.142	27	11
R_c 1/8	9.72	28	12	NPT 1/8	9.489	27	11
R_c 1/4	13.157	19	16	NPT 1/4	12.487	18	16
R_c 3/8	16.662	19	18	NPT 3/8	15.926	18	16
R_c 1/2	20.955	14	22	NPT 1/2	19.772	14	21
R_c 3/4	26.441	14	24	NPT 3/4	25.117	14	21
R_c 1	33.249	11	28	NPT 1	31.461	11.5	26
R_c 1 ¼	41.910	11	30	NPT 1 ¼	40.218	11.5	27
R_c 1 ½	47.803	11	32	NPT 1 ½	46.287	11.5	27
R_c 2	59.614	11	34	NPT 2	58.325	11.5	28

(3) 手用和机用圆板牙(GB/T 970.1—2008)

外形图	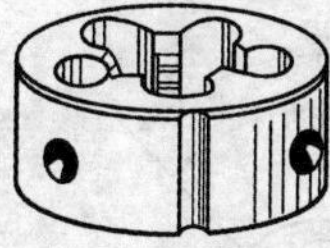
用途	供螺栓或其他机件上的普通螺纹套扣用,可装在圆板牙架上手工套扣或装在机床上套扣

规格

公称直径(mm)	螺距(mm)		公称直径(mm)	螺距(mm)	
	粗牙	细牙		粗牙	细牙
1～1.2	0.25	0.2	18, 20	2.5	—
1.4	0.3	0.2	22, 24	—	1, 1.5, 2
1.6, 1.8	0.35	0.2	22	2.5	—
2	0.4	0.25	24	3	—
2.2	0.45	0.25	25	—	1.5, 2
2.5	0.45	0.35	27～30	—	1, 1.5, 2
3	0.5	0.35	27	3	—
3.5	0.6	0.35	30, 33	3.5	3
4～5.5	—	0.75	32, 33	—	1.5, 2
4	0.7	—	35	—	1.5
4.5	0.75	—	36	—	1.5, 2
5	0.8	—	36	4	3
6	1	0.75	39～42	—	1.5, 2
7	1	0.75	39	4	3
8, 9	1.25	0.75, 1	40	—	3
10	1.5	0.75, 1, 1.25	42	4.5	3, 4
11	1.5	0.75, 1	45～52	—	1.5, 2
12, 14	—	1, 1.25, 1.5	45	4.5	3, 4
12	1.75	—	48, 52	5	3, 4
14	2	—	50	—	3
15	—	1.5	55, 56	—	1.5, 2
16	—	1, 1.5	55, 56	—	3, 4
16	2	—	56, 60	5.5	—
17	—	1.5	64, 68	6	—
18, 20	—	1, 1.5, 2			

(4) 管螺纹板牙

外形图

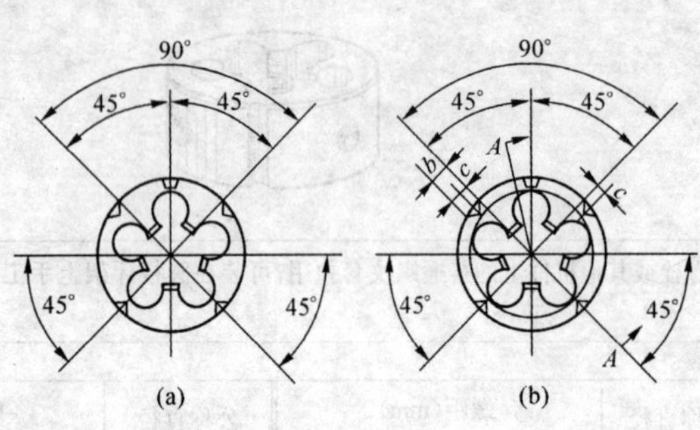

规格

① 55°圆柱管螺纹板牙(ZBJ 41014—1999)

螺纹尺寸代号	每英寸牙数	螺距(mm)
G 1/16	28	0.907
G 1/8		
G 1/4	19	1.337
G 3/8		
G 1/2 G 5/8 G 3/4	14	1,814

螺纹尺寸代号	每英寸牙数	螺距(mm)
G 7/8	14	1.814
G 1 G 1¼ G 1½ G 1¾ G 2 G 2¼	11	2.309

② 55°、60°圆锥管螺纹板牙(ZBJ 41015—1999)、(JB/T 8364.1—2008)

螺纹尺寸代号	每英寸牙数	
	55°	60°
1/16	—	27
1/4	19	18
3/8		
1/2	14	14
3/4	14	14

螺纹尺寸代号	每英寸牙数	
	55°	60°
1/8	28	27
1 1¼ 1½ 2	11	11.5

注：1. 55°圆锥管螺纹规格代号:由 R 与螺纹尺寸代号组成,例如:R2;
2. 60°圆锥管螺纹规格代号:由 NPT 加螺纹尺寸代号组成,例如:NPT1/2。

(5) 圆板牙架(GB/T 970.3—1994,转号 SN 0104—1992)

外形图	
用途	用于夹装圆板牙

规格：

装夹圆板牙尺寸(mm)		装夹圆板牙尺寸(mm)		装夹圆板牙尺寸(mm)	
外径	加工螺纹直径	外径	加工螺纹直径	外径	加工螺纹直径
16	1～2.5	38	12～15	75	39～42
20	3～6	45	16～20	90	45～52
25	7～9	55	22～25	105	55～60
30	10～11	65	27～36	120	64～68

(6) 丝锥扳手

外形图

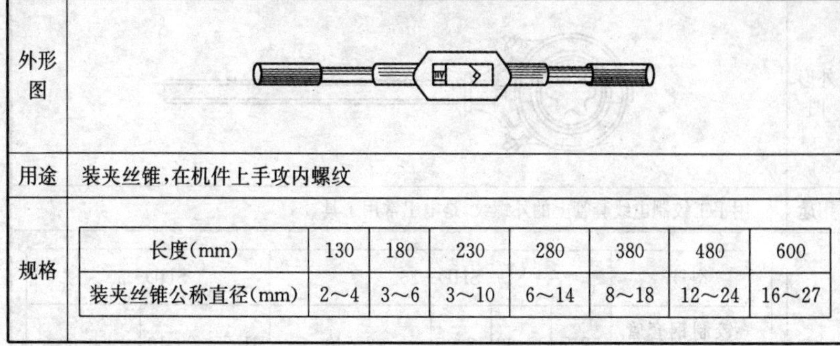

用途	装夹丝锥,在机件上手攻内螺纹

规格：

长度(mm)	130	180	230	280	380	480	600
装夹丝锥公称直径(mm)	2～4	3～6	3～10	6～14	8～18	12～24	16～27

(7) 管子铰板

外形图

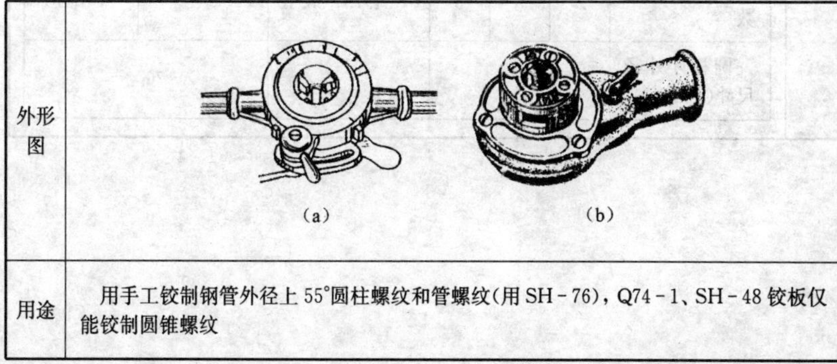

(a)　　(b)

用途：用手工铰制钢管外径上 55°圆柱螺纹和管螺纹(用 SH－76)，Q74－1、SH－48 铰板仅能铰制圆锥螺纹

（续）

规格	① 普通式管子铰板（GB 12110—1989，转号 QB/T 2509—2001）

型号		GJB—60	GJB—60W		GJB—114W	
铰管螺纹范围	管螺纹尺寸代号	1/2～3/4	1～1¼	1½～2	2¼～3	3¼～4
	管子外径(mm)	21.3～26.8	33.5～42.3	48.0～60.0	66.5～88.5	101.0～114.0
结构特点		无间歇机构	有间歇机构			

② 轻便式管螺纹铰板

型号	Q74—1	SH—76	SH—48
管螺纹尺寸代号	1/4，3/8，1/2，3/4，1	1/2，3/4，1，1¼，1½	
管子外径(mm)	13.5～33.5	21.3～38.1	

(8) 电线管铰板及板牙

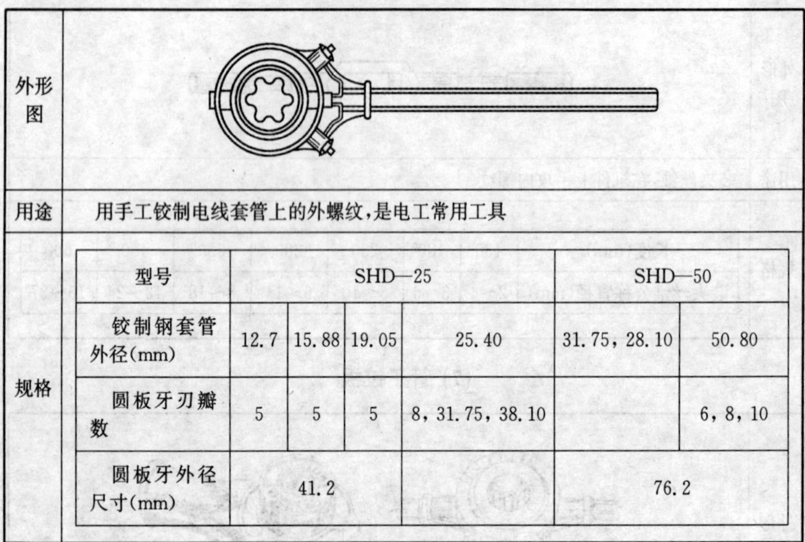

外形图	
用途	用手工铰制电线套管上的外螺纹，是电工常用工具
规格	

型号	SHD—25				SHD—50	
铰制钢套管外径(mm)	12.7	15.88	19.05	25.40	31.75，28.10	50.80
圆板牙刃瓣数	5	5	5	8，31.75，38.10		6，8，10
圆板牙外径尺寸(mm)	41.2				76.2	

第二十四章　冷作工工具

冷作工又名铆工、铁工、冷工，是钢结构工程的主力军，冷作工量大面广，很多行业中均有此工种，对其使用的工具很少介绍。改革开放后，钢结构工程蓬勃发展，冷作工新型工具在18、20、22章中作了介绍。本章对企业自行创新的颇有新意且惯用的工具，首次编入本手册(见下表)。

<table>
<tr><th>名　称</th><th>外　形　图</th><th colspan="4">规　　格</th><th>用　　途</th></tr>
<tr><td>针筒划线笔</td><td> 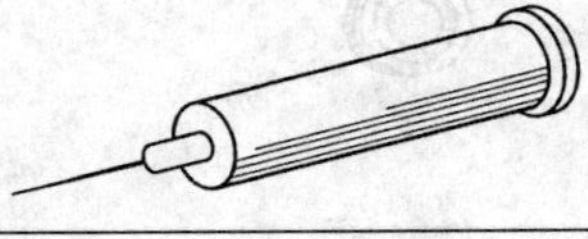</td><td colspan="4">其头部安装针头(注射用的废针头)，与铜管或铝管相通，管内盛有喷漆，从针头流出</td><td>是在钢板型材上划线下料的常用工具</td></tr>
<tr><td rowspan="2">铁枕</td><td rowspan="2"> 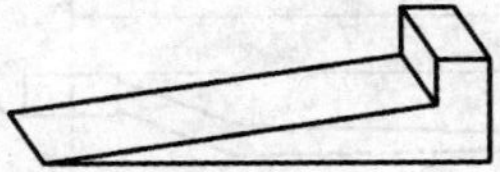</td><td>长度(mm)</td><td>100</td><td>150</td><td>200</td><td rowspan="2">斜面坡度 1∶15</td></tr>
<tr><td>宽度(mm)</td><td>20</td><td>25</td><td>30</td></tr>
<tr><td rowspan="2">塞尺</td><td rowspan="2">65
3.0
0.5 1.0 1.5 2 2.5 3.0 10
60</td><td>长度(mm)</td><td colspan="2">厚度(mm)</td><td colspan="2">坡度</td><td rowspan="2">测量装配间隙</td></tr>
<tr><td>70</td><td colspan="2">3.0</td><td colspan="2">1∶10</td></tr>
</table>

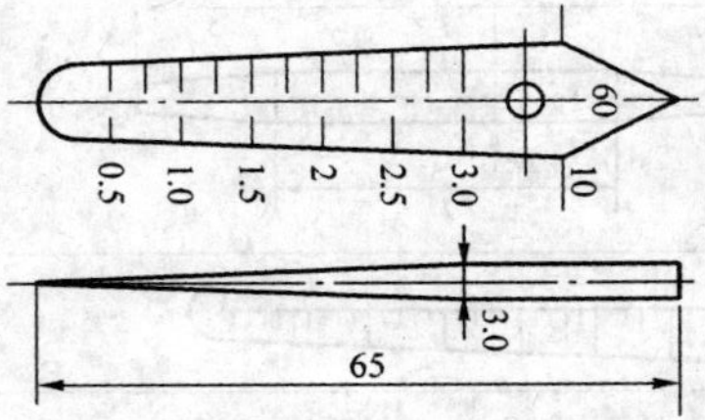

（续）

<table>
<tr><th>名称</th><th>外形图</th><th colspan="7">规格</th><th>用途</th></tr>
<tr><td>钩尺</td><td></td><td colspan="7">长度(mm):150</td><td>测量钢板腐蚀深度</td></tr>
<tr><td rowspan="3">橄榄冲</td><td rowspan="3"></td><td>ϕ(mm)</td><td colspan="2">16</td><td colspan="2">19</td><td colspan="2">22</td><td rowspan="5">用于螺栓、铆接结构装配，使叠接孔重合</td></tr>
<tr><td>l(mm)</td><td colspan="2">50</td><td colspan="2">50</td><td colspan="2">50</td></tr>
<tr><td>L(mm)</td><td colspan="2">150</td><td colspan="2">175</td><td colspan="2">200</td></tr>
<tr><td rowspan="2">锥柄螺丝扳手</td><td rowspan="2"></td><td>名义规格</td><td colspan="2">M16</td><td colspan="2">M19</td><td colspan="2">M22</td></tr>
<tr><td>长度 L(mm)</td><td colspan="2">300</td><td colspan="2">350</td><td colspan="2">400</td></tr>
<tr><td rowspan="8">手拉葫芦
JB/T 7334—1994
（又称倒链）</td><td rowspan="8"></td><td rowspan="2">额定起重量(t)</td><td rowspan="2">标准起升高度(m)</td><td colspan="2">两钩间最小距离(mm)</td><td rowspan="2">额定起重量(t)</td><td rowspan="2">标准起升高度(m)</td><td>两钩间最小距离(mm)</td><td rowspan="8">装配时提升重物，拉紧构件，使尺寸精度符合要求</td></tr>
<tr><td>Z级</td><td>Q级</td><td>Z级</td></tr>
<tr><td>0.5</td><td rowspan="5">2.5</td><td>330</td><td>350</td><td>5.0</td><td rowspan="6">3.0</td><td>700</td></tr>
<tr><td>1.0</td><td>360</td><td>400</td><td>8.0</td><td>850</td></tr>
<tr><td>1.6</td><td>430</td><td>460</td><td>10</td><td>950</td></tr>
<tr><td>2.0</td><td>500</td><td>530</td><td>16</td><td>1 200</td></tr>
<tr><td>2.5</td><td>530</td><td>600</td><td>20</td><td>1 350</td></tr>
<tr><td>3.2</td><td>3.0</td><td>580</td><td>700</td><td>32</td><td>1 600</td></tr>
</table>

(续)

名称	外形图	规格					用途
手扳葫芦		规格:载荷:0.25～9 t					同上。装配常用工具
		型号	起重量(t)	高度(mm)		自重(t)	
				最低	起升		
螺旋千斤顶(又称压勿刹)		QL2	2	170	180	5	为钢结构工程装配时常用的一种起重或顶压工具,用于调整钢结构高度,使相邻构件紧密结合
		QL3.2	3.2	200	110	6	
		QL16	16	320	180	17	
油压千斤顶 JB 2104—2002(又名压勿刹)	QYL表示立式油压千斤顶	QYL3.2	3.2	195	125	3.5	
		QYL5G	5	232	160	5.0	
		QYL8	8	236	160	6.9	
		QYL10	10	240	160	7.3	
		QYL16	16	250	160	11.0	

（续）

<table>
<tr><th>名称</th><th>外形图</th><th colspan="5">规格</th><th>用途</th></tr>
<tr><td>棘轮式双头螺丝</td><td> 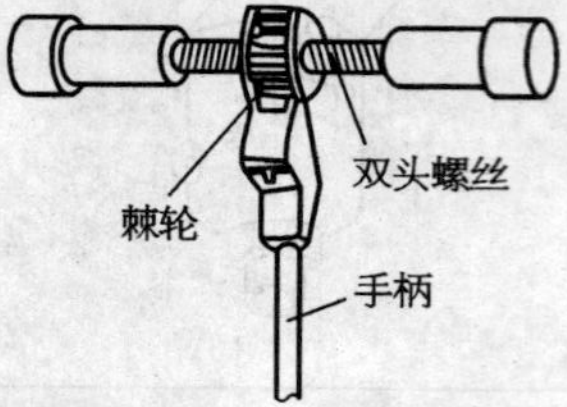双头螺丝
棘轮
手柄</td><td colspan="5">握住手柄，往复向下揿，使双头螺丝旋转，从而拉紧两个工件，使其达到规定尺寸，然后进行定位组装</td><td>在钢结构组装时拉紧工件</td></tr>
<tr><td>筒式软管水准仪</td><td> 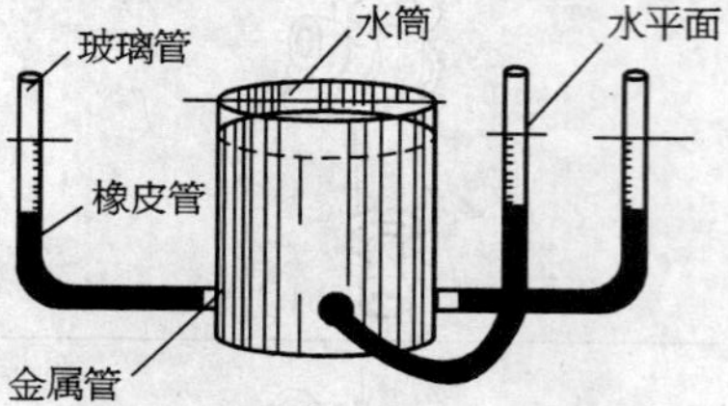水筒
水平面
玻璃管
橡皮管
金属管</td><td colspan="5">是实践中出现的多功能水准仪，操作便捷，精度高，机械式水准仪或激光水准仪，误差与距离成正比，由于会“离散”，终点误差大。本水准仪使用效果佳，水平误差较小，一般为 1 mm</td><td>用于造船、建筑基础及大型工件施工中保持水平</td></tr>
<tr><td rowspan="7">气动铆钉机
（ZBJ48008—1989）</td><td rowspan="7"> 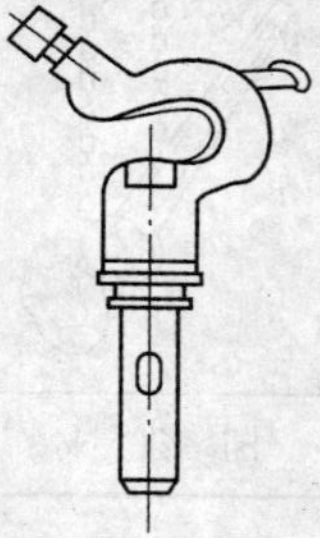</td><td>铆钉直径（mm）</td><td>16</td><td>19</td><td>22</td><td>28</td><td rowspan="7">主要用于金属结构件上铆接直径 16、19、22、28 钢铆钉（窝头及锤体见 X 型小型铆钉机）</td></tr>
<tr><td>全长（mm）</td><td></td><td></td><td>500</td><td>550</td></tr>
<tr><td>机重（kg）</td><td>7.5</td><td>8.5</td><td>9.5</td><td>10.5</td></tr>
<tr><td>冲击功（N·m）</td><td>22</td><td>26</td><td>32</td><td>40</td></tr>
<tr><td>冲击频率（Hz）≥</td><td>20</td><td>18</td><td>15</td><td>14</td></tr>
<tr><td>耗气量（L/s）≥</td><td>18</td><td>18</td><td>19</td><td>22</td></tr>
<tr><td colspan="5">注：验收气压 0.68 MPa，气缸内径 27（mm），窝头尾柄 31×70（mm），气管内径 16（mm），A 声级噪声≤118（dB）</td></tr>
</table>

（续）

名称	外形图	规格	用途
半圆头铆钉和半埋头铆钉窝模	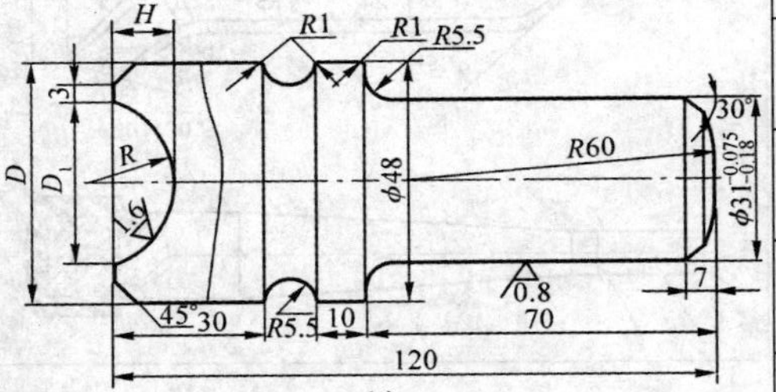 (a) 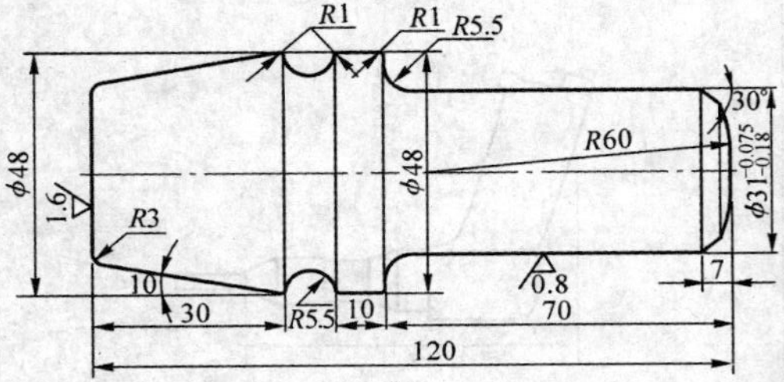 (b)	半圆头铆钉窝模规格(mm)（见下表） 技术要求：窝头材料：T8A，淬火并回火 50～55HRC 颈部 $R5.5$ 处不准留有刀痕，锤体材料 T8A，淬火且回火 60～65HRC	铆接时，将窝头塞入铆钉机内，通过压缩空气驱动锤体和窝头，使钢铆钉热铆成型

半圆头铆钉窝模规格(mm)

铆钉直径	D	D_1	H	$R\approx$
16	45	28.5	9.25	15.5
19	45	33.2	11	18
22	50	38.2	13	20.5
25	55	43.1	15	23
28	60	48.8	17	26

（续）

<table>
<tr><th>名称</th><th>外形图</th><th colspan="7">规格</th><th>用途</th></tr>
<tr><td rowspan="10">X型小型铆钉机</td><td rowspan="10"> 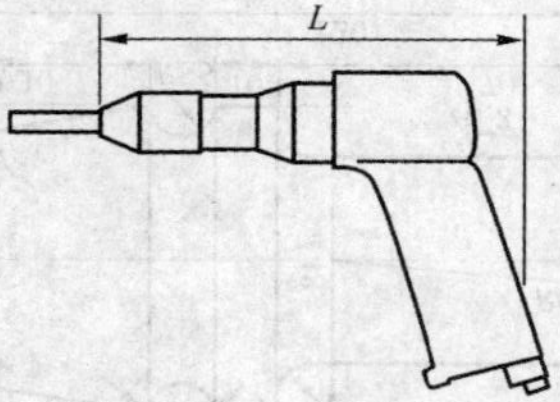L</td><td>型号</td><td>2X</td><td>3X</td><td>4X</td><td>5X</td><td>7X</td><td>9X</td><td rowspan="10">用于轻型及铝合金结构铆接，也适合冷铆d8钢铆钉，已广泛远销国外
③20</td></tr>
<tr><td>铝合金铆钉 d(mm)</td><td>3.0</td><td>4.5</td><td>6.0</td><td>6.5</td><td>8.0</td><td>9.5</td></tr>
<tr><td>验收气压(MPa)</td><td colspan="6">0.63</td></tr>
<tr><td>冲击功(J)</td><td>1.64</td><td>3.0</td><td>4.0</td><td>13</td><td>17</td><td>20</td></tr>
<tr><td>冲击频率(Hz)</td><td>43</td><td>36</td><td>29</td><td>26</td><td>19</td><td>15</td></tr>
<tr><td>耗气量(L/s)</td><td>8.3</td><td>7.0</td><td>6.2</td><td>8.7</td><td>10.3</td><td>12.7</td></tr>
<tr><td>冲击尾柄(mm)</td><td colspan="3">ϕ10.2×40</td><td colspan="3">ϕ12.7×40</td></tr>
<tr><td>全长(mm)</td><td>180</td><td>200</td><td>220</td><td>230</td><td>256</td><td>286</td></tr>
<tr><td>机重(kg)</td><td>1.02</td><td>1.05</td><td>1.23</td><td>2.13</td><td>2.32</td><td>2.72</td></tr>
<tr><td colspan="7">注：进气管内径 ϕ9 mm，进气口螺纹 1/4NPT。</td></tr>
<tr><td>顶具</td><td> 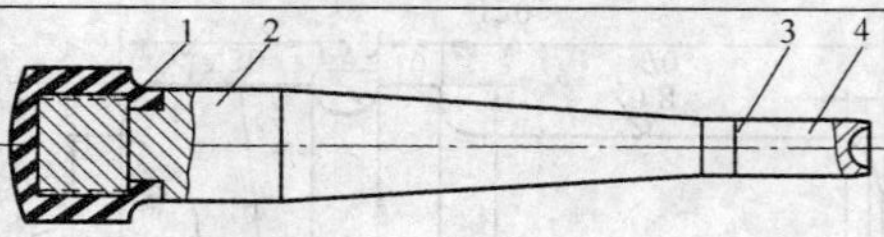1 2 3 4
A
30×30方 R2 60° 45° 40 50 45 R30 8×45° 30° 45 40 350 20×20
B</td><td colspan="7">A. 铝合金半圆头铆钉顶具
1—橡皮托柄　2—顶具体　3—焊缝　4—顶窝
B. 采用反铆法时，铝合金平锥头铆钉顶具，此顶具两端均能操作、工效较高</td><td>轻型钢结构及铝合金结构铆接之顶具</td></tr>
</table>

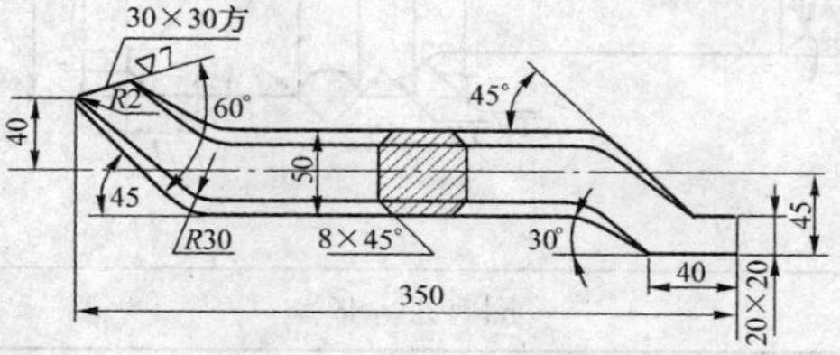

(续)

名 称	外形图	规 格	用 途
减轻孔冲裁工具	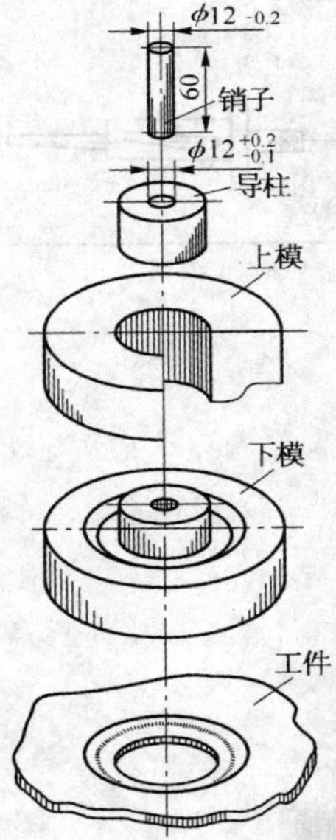 销子 导柱 上模 下模 工件	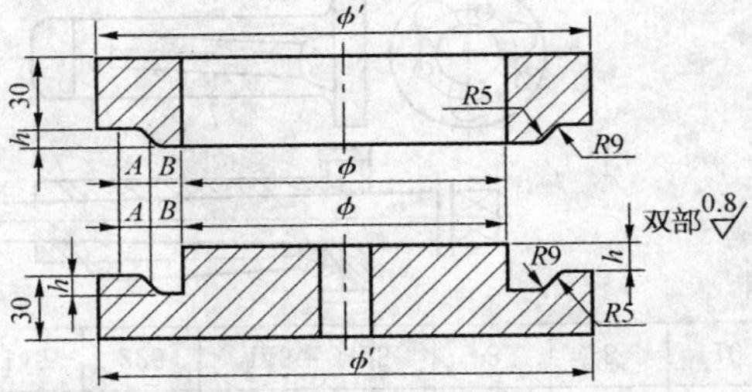 见上模尺寸表	适用于在薄板结构件或铝合金结构上冲裁减轻孔，既减轻了结构重量，又加强了孔缘，增加了刚性，在薄板结构中广泛应用。此结构，源于国外进口的某产品上，后来洋为中用，效果甚佳

上模尺寸表

型式	ϕ'	ϕ	A	B	h
050	130	50.4±0.1	5	5	6
060	140	60.4±0.1	6	6	6
070	150	70.4±0.1	7	7	6
080	160	80.4±0.1	8	8	6
090	170	90.4±0.1	8	8	7
100	180	100.4±0.1	8	8	10
120	200	120.4±0.1	8	8	10
145	225	145.4±0.1	8	8	10

（续）

<table>
<tr><th>名　称</th><th>外　形　图</th><th>规　　格</th><th>用　　途</th></tr>
<tr><td>减轻孔冲裁工具</td><td></td><td>下模尺寸表
<table><tr><th>型式</th><th>ϕ'</th><th>ϕ</th><th>A</th><th>B</th><th>h</th></tr><tr><td>050</td><td>130</td><td>50±0.05</td><td>5</td><td>5</td><td>6</td></tr><tr><td>060</td><td>140</td><td>60±0.05</td><td>6</td><td>6</td><td>6</td></tr><tr><td>070</td><td>150</td><td>70±0.05</td><td>7</td><td>7</td><td>6</td></tr><tr><td>080</td><td>160</td><td>80±0.05</td><td>8</td><td>8</td><td>6</td></tr><tr><td>090</td><td>170</td><td>90±0.05</td><td>8</td><td>8</td><td>7</td></tr><tr><td>100</td><td>180</td><td>100±0.05</td><td>8</td><td>8</td><td>10</td></tr><tr><td>120</td><td>200</td><td>120±0.05</td><td>8</td><td>8</td><td>10</td></tr><tr><td>145</td><td>225</td><td>145±0.05</td><td>8</td><td>8</td><td>10</td></tr></table></td><td>适用于在薄板结构件或铝合金结构上冲裁减轻孔，既减轻了结构重量，又加强了孔缘，增加了刚性，在薄板结构中广泛应用。此结构，源于国外进口的某产品上，后来洋为中用，效果甚佳</td></tr>
<tr><td>胀管器（又名辘管器）</td><td colspan="2">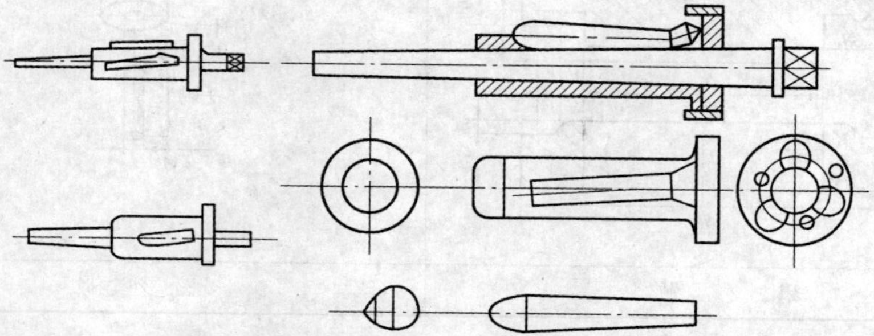</td><td>扩管工具
扩管器（也称辘管器、胀管器），常用于锅炉管与筒体的连接、换热器与管板的连接（扩管）。</td></tr>
</table>

(续)

名称	规格				规格				用途
	型号	公称直径（mm）	全长/胀管长度（mm）	最小内径/最大内径(mm)	型号	公称直径（mm）	全长/胀管长度（mm）	最小内径/最大内径(mm)	
胀管器(又名辘管器)	01型直通胀管器	10	114/20	9/10	02型直通胀管器	57	292/30	51/57	当用手板辘管时，滚珠中心与辘杆中心夹角2°～2°30′，当用风动辘时，夹角1°30′，均为左旋式，有了这一夹角，当转动辘杆时，使滚柱作轴向推进，同时朝径向扩开，起到胀管作用。选择胀管器，必须满足管子胀足程度，及胀管长度。
		13	195/20	11.5/13		64	309/32	57/64	
		14	122/20	12.5/14		70	326/32	63/70	
		16	150/20	14/16		76	345/36	68.5/76	
		18	133/20	16.2/18		82	379/38	74.5/82.5	
	02型直通胀管器	19	128/20	17/19		88	413/40	80/88.5	
		22	145/20	19.5/22		102	477/44	91/102	
		25	161/25	22.5/25	03型特长胀管器	25	170/38	20/23	
		28	177/20	25/28		28	180/50	22/25	
		32	194/20	28/32		32	194/48	27/31	
		35	210/25	30.5/35		38	201/52	33/36	
		38	226/25	33.5/38	04型翻边胀管器	38	240/40	33.5/38	
		40	240/25	35/40		51	290/54	42.5/48	
		44	257/25	39/44		57	380/50	48.5/55	
		48	265/27	43/48		64	360/55	54/64	
		51	274/28	45/51		76	340/61	65/72	

(续)

名称	外形图	规格	用途
开槽双口凿	装入风铲中	当管板厚度≥25～40 mm，管孔中间又铣有一圈 2×0.5 mm 保险槽时，拆管时不能硬打硬砸，只能用开槽双口凿在管内壁先开两条槽，再用平口捻凿拆除	用于修理锅炉、换热器时拆管
角钢切断器		型号：JQ80A；外形尺寸（mm）：270×185×332 工作压力（MPa）：63；可剪角钢最大规格（mm）：L80×80×10 最大剪切力（kN）：294；质量（kg）：30	用于切断角钢及其制品，调换刀片，还可用于切断直径 25 mm 以下的圆钢等

名称	编号	规格（mm）	用途
管子割刀（又名切管器）	97301	3～28	切割直径 3～28 mm 铜、铝管和薄壁导管
	97302	3～32	切割直径 3～32 mm 铜、铝管和薄壁导管

说明：1. 把手内配有备用刀片，2. 关上割刀时，勿将滚轮接触割刀

名称	编号	规格（mm）	用途
管子割刀（又名切管器）	87303	6～64	切割直径 6～64 mm 铜、铝管和薄壁导管

说明：1. 把手内配有备用刀片

2. 关上割刀时，勿将滚轮接触割刀　△ 23

（续）

<table>
<tr><th>名称</th><th>外形图</th><th colspan="4">规格</th><th>用途</th></tr>
<tr><td rowspan="3">PVC 管子割刀</td><td rowspan="3"></td><td>编号</td><td>规格（mm）</td><td colspan="3">用途</td></tr>
<tr><td>97304</td><td>42</td><td colspan="3">专门用于切割 PVC 塑料管</td></tr>
<tr><td>说明</td><td colspan="4">采用热处理不锈钢刀片，可延长使用寿命</td></tr>
<tr><td rowspan="2">迷你切管器</td><td rowspan="2"></td><td>编号</td><td>规格（mm）</td><td colspan="3">用途</td></tr>
<tr><td>97305</td><td>3～16</td><td colspan="3">用于切割直径 3～16 mm 的薄壁导管、铜管及塑料管，适用在狭窄空间使用</td></tr>
<tr><td rowspan="2">2 件套备用切管刀片</td><td rowspan="2"></td><td>编号</td><td>规格（mm）</td><td colspan="3">用途</td></tr>
<tr><td>97311</td><td>3.0×18</td><td colspan="3">采用合金钢加硬处理，用于切割铜管、铝管和薄壁导管，可与 97301、97302、97305 割刀配套</td></tr>
<tr><td rowspan="9">管子钳</td><td rowspan="9"></td><td rowspan="9">规格</td><td>编号</td><td>规格（in）</td><td>总长度（mm）</td><td rowspan="9">安装或拆卸管子及管件</td></tr>
<tr><td>70812</td><td>8</td><td>200</td></tr>
<tr><td>70813</td><td>10</td><td>250</td></tr>
<tr><td>70814</td><td>12</td><td>300</td></tr>
<tr><td>70815</td><td>14</td><td>350</td></tr>
<tr><td>70816</td><td>18</td><td>450</td></tr>
<tr><td>70817</td><td>24</td><td>600</td></tr>
<tr><td>70818</td><td>36</td><td>900</td></tr>
<tr><td>70819</td><td>48</td><td>1 200</td></tr>
</table>

（续）

<table>
<tr><th>名称</th><th>外形图</th><th colspan="4">规格</th><th>用途</th></tr>
<tr><td>管子钳</td><td></td><td>特性</td><td colspan="3">钳头用 Cr－Mo 钢锻制而成，钳牙上、下咬合特殊设计，保证强劲的夹持效果</td><td></td></tr>
<tr><td rowspan="9">铝合金管钳</td><td rowspan="9"></td><td rowspan="8">规格</td><td>编号</td><td colspan="2">规格（in）</td><td rowspan="9">安装或拆卸管子及管件
⚠ 23</td></tr>
<tr><td>70823</td><td colspan="2">10</td></tr>
<tr><td>70824</td><td colspan="2">12</td></tr>
<tr><td>70825</td><td colspan="2">14</td></tr>
<tr><td>70826</td><td colspan="2">18</td></tr>
<tr><td>70827</td><td colspan="2">24</td></tr>
<tr><td>70828</td><td colspan="2">36</td></tr>
<tr><td>70829</td><td colspan="2">48</td></tr>
<tr><td>特性</td><td colspan="3">轻：铝合金手柄；重量只有普通管钳的三分之一，铝合金材料力学性能，满足使用</td></tr>
<tr><td rowspan="7">G 型夹钳
（又名轧来姆）</td><td rowspan="7"></td><td>件号</td><td>规格（in）</td><td>总长度（mm）</td><td>特点</td><td rowspan="7">用于轧紧工件
⚠ 3</td></tr>
<tr><td>83－031－23</td><td>1</td><td>25</td><td rowspan="6">先进的结构设计，有效抗弯折，抗扭曲</td></tr>
<tr><td>83－032－23</td><td>2</td><td>50</td></tr>
<tr><td>83－033－23</td><td>3</td><td>75</td></tr>
<tr><td>83－034－23</td><td>4</td><td>100</td></tr>
<tr><td>83－035－23</td><td>6</td><td>150</td></tr>
<tr><td>83－036－23</td><td>8</td><td>200</td></tr>
</table>

注：管子割刀～铝合金管钳通常属于管工（又名铜工）工具。但是企业实行一专多能，这些工具，钳工、冷作工均能使用，因此在本章中作了介绍。

第二十五章　新型除锈油漆工具

钢材除锈等级：Sa1、Sa2、Sa2½、Sa3、(采用喷丸法除锈)；St2、St3(采用手工和动力工具除锈，手工除锈是用尖头锤、铲刀、刮刀、钨钢铲刀和钢丝刷；动力工具除锈有冲击式气动除锈器，气动针束除锈器，气动角向平面砂轮机，电动角向平面砂轮机等。属于喷丸的机械装置很多，有的作为预处理装置，作为工具的有 SPS－6.5 型吸式喷砂枪等。

喷涂油漆的工具有多种喷枪，在下表中介绍。

早在 20 世纪 90 年代，我国研制成功电弧喷涂长效防腐复合涂层新工艺，防腐寿命可达 30 年以上，是重防腐涂料的 4～5 倍，其基本原理是利用电弧热能将锌、铝等熔化，再利用压缩空气射流使熔化的液态金属呈雾状喷涂到工件表面，将常用的喷涂工具介绍于下。

<table>
<tr><th>名　称</th><th>外　形　图</th><th>规　　格</th><th>用　　途</th></tr>
<tr><td>气动针束除锈机</td><td></td><td>型号：XCD2；除锈针(mm) $\phi2\times29$
工作气压(MPa)0.63；冲击频率(Hz)≥60
耗气量(L/s)≤5；气管内径(mm)10
重量(kg)2</td><td>适用于各类结构件凹凸表面除锈作业以及铸件清砂</td></tr>
<tr><td>冲击式气动除锈器</td><td></td><td><table>
<tr><td rowspan="2">型号</td><td rowspan="2">工作气压(MPa)</td><td rowspan="2">冲击频率(Hz)</td><td rowspan="2">耗气量(L/min)</td><td>活塞直径</td><td>气管内径</td><td>全长</td><td rowspan="2">重量(kg)</td></tr>
<tr><td colspan="3">(mm)</td></tr>
<tr><td>ZHXC2</td><td>0.63</td><td>45</td><td>330</td><td>30</td><td>13</td><td>350</td><td>2.4</td></tr>
<tr><td>ZHXC2－W</td><td></td><td></td><td></td><td></td><td></td><td>450</td><td>2.5</td></tr>
</table></td><td>适用于金属结构的深坑除锈</td></tr>
<tr><td>电动针束除锈机</td><td></td><td><table>
<tr><td>型号</td><td>针束直径(mm)</td><td>电压(V)</td><td>电流(A)</td><td>输入功率(W)</td><td>冲击次(min)</td></tr>
<tr><td>Q10－32</td><td>$\phi3.2$</td><td>220</td><td>0.8</td><td>140</td><td>4 000</td></tr>
</table></td><td>用于凹凸不平表面除锈、清渣等</td></tr>
</table>

(续)

<table>
<tr><th>名称</th><th>外形图</th><th colspan="6">规格</th><th>用途</th></tr>
<tr><td rowspan="10">HP 系列抛丸除锈机</td><td rowspan="10"></td><td colspan="2">型号</td><td>HP6010</td><td>HP6012</td><td>HP6014</td><td>HP6016</td><td rowspan="10">经抛丸清理后，H型钢表面氧化皮、铁锈彻底清除干净、达到 Sa2～2.5 级。

产地：△ 57</td></tr>
<tr><td rowspan="3">H 型钢(mm)</td><td>翌板宽</td><td>600</td><td>600</td><td>600</td><td>600</td></tr>
<tr><td>高</td><td>1 000</td><td>1 200</td><td>1 400</td><td>1 600</td></tr>
<tr><td>长</td><td colspan="4">4 000～12 000</td></tr>
<tr><td colspan="2">抛丸量(kg/min)</td><td>4×280</td><td>4×340</td><td>6×280</td><td>8×210</td></tr>
<tr><td colspan="2">功率(kW)</td><td>4×18.5</td><td>4×22</td><td>6×18.5</td><td>8×15</td></tr>
<tr><td colspan="2">总功率(kW)</td><td>111</td><td>125</td><td>164</td><td>173</td></tr>
<tr><td colspan="2">丸料处理(t/h)</td><td>80</td><td>90</td><td>110</td><td>120</td></tr>
<tr><td colspan="2">轨道承重(t)</td><td>10</td><td>10</td><td>12</td><td>12</td></tr>
<tr><td colspan="2">清理速度(m/min)</td><td colspan="4">0.4～3.8</td></tr>
<tr><td></td><td></td><td colspan="2">通风量(m/h)</td><td colspan="4">10 000～13 000</td><td></td></tr>
<tr><td>PQ－2 型吸上式喷枪(又称扁嘴喷枪)</td><td>1 2 3 4 5 6 7 8</td><td colspan="6">工作压力(MPa)0.3～0.5
喷嘴口径(mm)1.8
喷涂有效距离(mm)250～260</td><td>利用压缩空气喷涂，可获得光滑、均匀、平整的漆膜</td></tr>
</table>

（续）

<table>
<tr><th>名称</th><th>外形图</th><th colspan="10">规格</th><th>用途</th></tr>
<tr><td>电动无气喷枪</td><td></td><td colspan="10">GPD－Y 普通型，GPD－YB 防爆型功率（w）1.1，最大吐出量（L/min）2.8
常用压力（MPa）5～20，电源 50 Hz380 V，
外形尺寸（mm）670×440×600，
重量（kg）：GPD－Y 63，GPD－YB 72。</td><td>气动型无气喷枪特点是安全，容易操作，使用期长</td></tr>
<tr><td rowspan="4">QX－1 型金属线材喷涂枪</td><td rowspan="4"></td><td colspan="10">QX－1 型金属线材喷涂枪是用氧-乙炔气体火焰为热源，压缩空气作雾化，将单根金属丝熔化后喷向经过喷丸处理的工件表面，获取理想涂层</td><td rowspan="4">可手持或夹在机床上进行喷涂，设备分高、中速二种；喷涂材料熔点在 750 ℃ 以下，选用高速枪熔点在 750 ℃以上选中速枪</td></tr>
<tr><td colspan="3">气体工作压力（MPa）</td><td colspan="3">气体消耗量（m^3/h）（m^3/min）</td><td rowspan="2">引力（N）≥</td><td rowspan="2">外形尺寸（mm）</td><td rowspan="2">火花束角度（°）</td><td rowspan="2">重量（kg）</td></tr>
<tr><td>氧气</td><td>乙炔</td><td>空气</td><td>氧气</td><td>乙炔</td><td>空气</td></tr>
<tr><td>0.4～0.5</td><td>0.07～0.1</td><td>0.5～0.6</td><td>≈1.8</td><td>≈1.2</td><td>1.2～1.4</td><td>59</td><td>90×180×215</td><td>≤4</td><td>1.9</td></tr>
</table>

（续）

<table>
<tr><th>名　称</th><th>外　形　图</th><th>规　　格</th><th>用　　途</th></tr>
<tr><td>QX－1 型金属线材喷涂枪</td><td></td><td>
<table>
<tr><td rowspan="2">线材</td><td>材料</td><td>Q235</td><td>T8</td><td>不锈钢</td><td>铜材</td><td>铝材</td><td>钼</td><td>锌</td><td>氧化铝</td></tr>
<tr><td>直径(mm)</td><td>2.3</td><td>2.3</td><td>2～3</td><td>3</td><td>3</td><td>2.3</td><td>3</td><td>2.2</td></tr>
<tr><td colspan="2">效率(kg/h)</td><td>2</td><td>1.6</td><td>1.8</td><td>4.3</td><td>2.7</td><td>0.9</td><td>8.2</td><td>0.4</td></tr>
</table>
</td><td></td></tr>
<tr><td>QD111－250 型高速电弧喷涂枪</td><td></td><td>
QD111－250 型高速电弧喷涂枪是利用二根带不同电荷的金属丝碰撞，产生短路电弧的高热能融化金属丝，然后由高速压缩空气将熔融状态金属丝雾化，喷向经过预处理的工作表面，获得涂层。
<table>
<tr><td>空气压力(MPa)</td><td>空气消耗量(m^3/min)</td><td>送丝引力(kg)</td><td>粒子飞行速度(m/s)</td><td>轴向气流速度(m/s)</td><td>涂层沉积率(%)</td><td>喷枪重量(kg)</td></tr>
<tr><td>>0.5</td><td>>1.85</td><td>>8</td><td>420</td><td>600</td><td>>75</td><td>2.65</td></tr>
</table>
主要技术参数
<table>
<tr><td>喷涂材料</td><td>线材规格(mm)</td><td>常用工作电流(A)</td><td>空载电压(V)</td><td>选用空气帽口径(mm)</td><td>喷涂效率(kg/h)</td></tr>
<tr><td>锌丝</td><td>ϕ2～3</td><td>120～210</td><td>20～30</td><td>ϕ7～8</td><td>16～30</td></tr>
<tr><td>铝丝</td><td>ϕ2～3</td><td>130～240</td><td>25～38</td><td>ϕ7～8</td><td>5.2～9.5</td></tr>
<tr><td>高碳钢丝</td><td>ϕ2</td><td>150～220</td><td>40～44</td><td>ϕ8</td><td>4.0～5.5</td></tr>
</table>
</td><td>主要用于铁塔、灯杆、桥梁、水闸，船舶等钢结构大面积长效防腐。
输入电压≤24 V（直流）；喷枪需和 ZPG－400 A 型电源控制柜组合使用本枪还可用于造纸烘缸印刷辊、曲轴等机件表面磨损的喷涂修复，以及电容电瓷行业的电极喷涂
△3 21</td></tr>
</table>

（续）

<table>
<tr><th>名　称</th><th>外　形　图</th><th colspan="6">规　　格</th><th>用　　途</th></tr>
<tr><td rowspan="3">QD111－250 型高速电弧喷涂枪</td><td rowspan="3"></td><td>不锈钢丝</td><td>$\phi 2$</td><td>150～220</td><td>40～44</td><td>$\phi 8$</td><td>4.0～5.5</td><td rowspan="3"></td></tr>
<tr><td>铜丝</td><td>$\phi 2$</td><td>150～200</td><td>35～40</td><td>$\phi 7$～8</td><td>3.5～6.0</td></tr>
<tr><td>锌铝、铅锡合金</td><td>$\phi 1.2$～2</td><td>80～110</td><td>18～28</td><td>$\phi 7$</td><td></td></tr>
<tr><td rowspan="8">XPB 压送式喷砂机系列</td><td rowspan="8"></td><td colspan="6">型号：
XPBS(M)－1560 人工控制固定(移动)式
XPBSR－1560E 泄压式气(电)遥控式
XPBSR－1560B(E)保压式气(电)遥控式
XPBDR－1760(E)双仓连续加砂式
XPBSⅡ－1990(E)电动遥控气砂分离式
XPB 系列喷砂机容积和尺寸</td><td rowspan="8">喷砂机可借助空气压力将磨料喷射到金属表面、清除杂质及氧化皮，达到 Sa2 $\frac{1}{2}$～Sa3 级

产地：△21</td></tr>
<tr><td>规格</td><td>1530</td><td>1560</td><td>1570</td><td>1760</td><td>1990</td></tr>
<tr><td>直径(mm)</td><td>600</td><td>600</td><td>700</td><td>600</td><td>900</td></tr>
<tr><td>高度(mm)</td><td>1 000</td><td>1 500</td><td>1 500</td><td>1 700</td><td>1 900</td></tr>
<tr><td>容积(m^3)</td><td>0.08</td><td>0.30</td><td>0.30</td><td>0.40</td><td>1</td></tr>
<tr><td>料仓</td><td>1</td><td>1</td><td>1</td><td>1</td><td>1</td></tr>
<tr><td>喷嘴</td><td>1</td><td>1</td><td>1</td><td>1－2</td><td>1－2</td></tr>
<tr><td>工作压力(MPa)</td><td>0.8</td><td>0.8</td><td>0.8</td><td>0.8</td><td>0.8</td></tr>
</table>

（续）

<table>
<tr><th>名称</th><th>外形图</th><th>规格</th><th>用途</th></tr>
<tr><td>AC 系列喷砂机</td><td></td><td>
AC 系列喷砂机容积和尺寸
<table>
<tr><td>型号</td><td>AC(R)-3</td><td>AC(R)-3L</td><td>AC(R)-4</td><td>AC(R)-3P</td><td>AC(R)-3LP</td><td>ACR-5</td></tr>
<tr><td>直径(mm)</td><td>750</td><td>750</td><td>900</td><td>750</td><td>750</td><td>1 200</td></tr>
<tr><td>高度(mm)</td><td>1 500</td><td>1 700</td><td>1 800</td><td>1 500</td><td>1 700</td><td>2 000</td></tr>
<tr><td>容积(m^3)</td><td>0.256</td><td>0.363</td><td>0.400</td><td>0.266</td><td>0.363</td><td>1.000</td></tr>
<tr><td>料仓</td><td>1</td><td>1</td><td>1</td><td>1</td><td>1</td><td>1</td></tr>
<tr><td>喷嘴</td><td>1</td><td>1</td><td>1~2</td><td>1</td><td>1</td><td>1</td></tr>
<tr><td>型式</td><td colspan="3">固定</td><td colspan="2">移动</td><td>固定</td></tr>
</table>
</td><td>喷砂机可借助空气压力将磨料喷射到金属表面、清除杂质及氧化皮，达到 Sa2 $\frac{1}{2}$ ~ Sa3 级
产地：△3 21</td></tr>
<tr><td>PQ - 2H 环保型喷漆枪（新产品）</td><td></td><td>
<table>
<tr><td rowspan="2">型号</td><td rowspan="2">供料方式</td><td rowspan="2">喷嘴口径 φ(mm)</td><td rowspan="2">料罐容积 (mL)</td><td rowspan="2">工作气压 (MPa)</td><td rowspan="2">有效喷距 (mm)</td><td colspan="2">喷涂直径 (mm)</td><td colspan="2">涂料喷出量 (mL/min)</td></tr>
<tr><td>圆形</td><td>椭圆</td><td>圆形</td><td>椭圆</td></tr>
<tr><td rowspan="5">PQ-2H</td><td rowspan="5">吸上式</td><td>0.8</td><td rowspan="5">1 000</td><td rowspan="5">0.25~0.3</td><td rowspan="5">200~250</td><td rowspan="5">50</td><td rowspan="2">180~200</td><td rowspan="5">200</td><td rowspan="5">150</td></tr>
<tr><td>0.2</td></tr>
<tr><td>1.5</td><td rowspan="3">300</td></tr>
<tr><td>1.8</td></tr>
<tr><td>2.2</td></tr>
</table>
</td><td>此新型喷枪适应各种精细工件表面喷漆。如汽车、机械行业
产地：△3 31</td></tr>
</table>

(续)

<table>
<tr><th>名称</th><th>外形图</th><th colspan="8">规格</th><th>用途</th></tr>
<tr><td rowspan="10">喷漆枪系列</td><td rowspan="10"></td><td colspan="2">型号</td><td>No. 2B</td><td>No. 3</td><td>PQ－1</td><td>PQ－2</td><td colspan="2">PQ－2G</td><td rowspan="10">喷涂油漆

产地：△41</td></tr>
<tr><td colspan="2">供料方式</td><td>自流式</td><td colspan="2">吸上式</td><td colspan="3">自流式</td></tr>
<tr><td colspan="2">喷嘴口径 ϕ(mm)</td><td>1.1</td><td>2.1</td><td>1.8</td><td>2.1</td><td>1.3</td><td>1.8</td></tr>
<tr><td colspan="2">料罐容积(mL)</td><td>100～150</td><td>900</td><td>450</td><td>900</td><td colspan="2">250</td></tr>
<tr><td colspan="2">工作压力(MPa)</td><td colspan="2">0.5～0.6</td><td>0.4～0.5</td><td colspan="3">0.5～0.6</td></tr>
<tr><td colspan="2">有效喷距(mm)</td><td colspan="3">200～250</td><td colspan="3">200～300</td></tr>
<tr><td rowspan="2">喷涂直径(mm)</td><td>圆形</td><td>40</td><td>50</td><td>35</td><td>50</td><td colspan="2">50</td></tr>
<tr><td>椭圆形</td><td>80</td><td>140</td><td></td><td>150</td><td colspan="2">150</td></tr>
<tr><td rowspan="2">涂料喷出量≥(mL/min)</td><td>圆形</td><td>60</td><td>200</td><td>70</td><td>300</td><td>60</td><td>70</td></tr>
<tr><td>椭圆形</td><td>40</td><td>120</td><td></td><td>200</td><td>40</td><td>50</td></tr>
<tr><td rowspan="3">SK型自动喷枪</td><td rowspan="3"></td><td colspan="2">型号</td><td colspan="2">SK</td><td colspan="3">有效喷距(mm)</td><td>300～400</td><td rowspan="3"></td></tr>
<tr><td colspan="2">喷嘴口径 ϕ(mm)</td><td colspan="2">1.5　2
2.2　2.5</td><td colspan="4">圆形喷涂直径(mm)：50～80</td></tr>
<tr><td colspan="2">工作气压(MPa)</td><td colspan="2">0.4～0.5</td><td colspan="3">椭圆形喷涂直径(mm)</td><td>400</td></tr>
</table>

（续）

<table>
<tr><th>名　称</th><th>外　形　图</th><th colspan="6">规　　格</th><th>用　　途</th></tr>
<tr><td rowspan="4">AG－3 型喷气枪</td><td rowspan="4"></td><td colspan="6">型号：AG－3</td><td rowspan="4"></td></tr>
<tr><td colspan="2">喷嘴口径 φ(mm)</td><td>3</td><td colspan="2">工作气压(MPa)</td><td>0.3～0.5</td></tr>
<tr><td colspan="2">喷嘴长度(mm)</td><td>35，93</td><td colspan="2">有效喷距(mm)</td><td>150～200</td></tr>
<tr><td colspan="2"></td><td></td><td colspan="2"></td><td></td></tr>
<tr><td rowspan="4">PS－2 型喷砂枪</td><td rowspan="4"></td><td colspan="6">型号：PS－2</td><td rowspan="4"></td></tr>
<tr><td colspan="2">喷嘴口径 φ(mm)</td><td>7，9，11</td><td colspan="2">喷嘴长度(mm)</td><td></td></tr>
<tr><td colspan="2">工作气压(MPa)</td><td>0.6～0.7</td><td colspan="2">进砂喷压(MPa)</td><td>0.03，0.04
0.02</td></tr>
<tr><td colspan="2">喷砂量(kg/mm)</td><td>1，1.4，1.2</td><td colspan="2">砂粒规格</td><td>≥16 目</td></tr>
<tr><td rowspan="3">喷笔系列</td><td rowspan="3"></td><td>型号</td><td>供料方式</td><td>喷嘴口径 φ(mm)</td><td>料罐容量(mL)</td><td>工作压力(MPa)</td><td>喷涂线条宽(mm)</td><td rowspan="3"></td></tr>
<tr><td>V3</td><td>吸上式</td><td>0.3</td><td>70</td><td>0.2～0.4</td><td>2～5</td></tr>
<tr><td>V7
V8</td><td>自流式</td><td>0.3
0.3</td><td>7
2</td><td>0.2～0.4
0.15～0.3</td><td>2～5
1～5</td></tr>
</table>

（续）

名称	外形图	规格										用途
		型号	供料方式	喷嘴口径 ϕ(mm)	料罐容积（mL）	工作压力（MPa）	有效喷距（mm）	喷涂直径（mm）		涂料喷出量(mm）		
								圆形	椭圆	圆形	椭圆	
喷花枪系列		No. 1	自流式	0.8	100～150	0.4～0.5	200～250	40		45		
		No. 2A		0.4				30		25		
		PQ-11		0.35		0.5～0.6	150～200	25		15		
		PQ-11B		0.11			200～250	50	100	60	40	

注：1. 以上喷枪系列摘自中国进入 WTO 推荐产品“荷花牌”喷枪系列，产地⚠ 41。

2. 工件的漆膜厚度，直接关系到建设工程的使用寿命、设计图纸和技术文件中明确规定了工件的漆膜厚度，它是保证钢结构使用年限的重要措施。在第 21 章中介绍了德国 2041 型、2500 型涂镀层检测仪、及二型干膜测厚仪，供选用，使油漆质量步入正规。

3. 喷砂机规格摘自“上海金属结构行业协会《应用手册》。AC—人工控制， ACR—气控。

第二十六章　新型汽车维修工具

汽车维修工具，属于通用工具的如扳手、起子(旋具)扭力扳手、钳子等见第二十二章手工工具、第十八章电动工具、第十九章气动工具以及相关章节。属于专用工具列于下表。

名称	外形图	规格(mm)								用途
		No.	S	D_1	D_2	H	l	L	(kg)	
½″车轮螺母气动套筒“KTC”引进	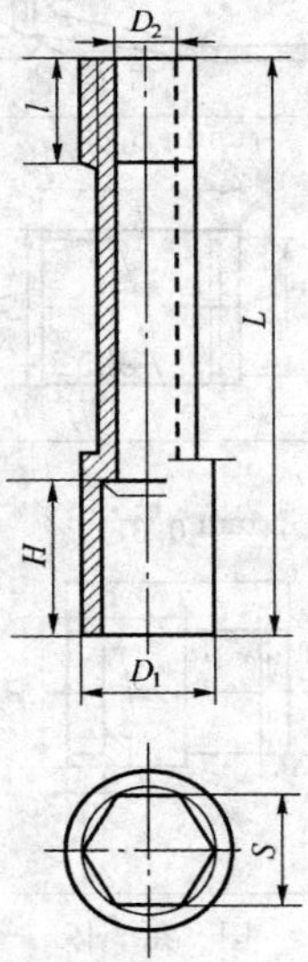 D_2, l, L, H, D_1, S ½″(12.7 mm)	BP47－17	17	24	25	22	18	100	0.2	拆卸车轮螺母½″(12.7)
		BP47－19	19	26		24				
		BP47－21	21	27.5		26				
		BP47－22	22	29.5		27				

（续）

名称	外形图	规格(mm)							用途
3/4″车轮螺母气动套筒	3/4″(19.0 mm)	No.	S_1 六角	S_2 四角	D_1	D_2	H	L	(kg)	拆卸车轮螺母3/4″(19)
		PB43－3217	32	17	47		12	76	0.78	
		PB43－3517	35		50		13	78	0.84	
		PB43－3820	38	20	55	50		75	0.85	
		PB43－4119		19			14			
		PB43－4120	41	20	58			80	0.90	
		PB43－4121		21						
1″车轮螺母气动套筒	1″(25.4 mm)	No.	S	D_1	D_2	H	L	(kg)		拆卸车轮螺母1″(25.4)
		PB54－32H	32	46		25		0.68		
		PB54－35H	35	50	50		80	0.71		
		PB54－38H	38	55		30		0.80		
		PB54－41H	41	58		35		0.84		
轮股罩钳		No.	最大开口	L		(kg)				拆卸轮股罩壳
		HP－4513D	0～130	490		1.35				
		HP－350S	0～95	350		0.75				
制动鼓螺钉用螺钉旋具		No.	先端	L		(kg)				拆卸制动鼓螺钉
		AB－5	クロスN03	270		0.26				

(续)

名称	外形图	规格(mm)					用途
拉簧工具	AB-7 ABX-35	No.	L	l	(kg)		
		AB-7	153	—	0.09		
		AB-35	270	150	0.13		
蹄座弹簧帽工具	D 34 l L ABX-33 D 34 l L ABX-34	No.	D	L	l	(kg)	
		ABX-33	$\phi10$	195	75	0.10	
		ABX-34	$\phi24$	205	85	0.13	
双自紧式制动器弹簧工具	Φ24 Φ20 240 174	No.	适用			(kg)	
		AB-9	中型车(2～4 t)			0.16	
		LAB-9	大型车			0.47	

(续)

<table>
<tr><th>名　称</th><th>外　形　图</th><th colspan="8">规　　格(mm)</th><th>用　　途</th></tr>
<tr><td rowspan="2">电子数显深度卡尺(KTC)</td><td rowspan="2"></td><td>No.</td><td>测定范围(mm)</td><td>最小值(mm)</td><td>精度(mm)</td><td>电池寿命(年)</td><td>使用电池</td><td>全长(mm)</td><td>质量(kg)</td><td rowspan="2">四轮、二轮车测定深度</td></tr>
<tr><td>GDT - 25</td><td>0～25</td><td>0.1</td><td>±0.2</td><td>～2</td><td>SR44</td><td>83</td><td>0.04</td></tr>
<tr><td rowspan="4">轮胎空压测定卡(KTC)</td><td rowspan="4"></td><td rowspan="2">No.</td><td colspan="2">测定范围</td><td rowspan="2">最小测定(kPa)</td><td rowspan="2">厚(mm)</td><td rowspan="2">l(mm)</td><td rowspan="2">L(mm)</td><td rowspan="2">kg</td><td rowspan="3">轮胎空压测定：测乘用车、商用车</td></tr>
<tr><td>(kPa)</td><td>(kgf/cm^2)</td></tr>
<tr><td>AGT 231</td><td>0～500</td><td>0～5</td><td>10</td><td>95</td><td>100</td><td>270</td><td>0.8</td></tr>
<tr><td>AGT 232</td><td>0～1 200</td><td>0～12</td><td>10</td><td>95</td><td>100</td><td>270</td><td>0.8</td><td>测二轮车乘用车</td></tr>
<tr><td>转向臂拉马(KTC)</td><td></td><td>代号适用车质量</td><td colspan="7">PAU - 3747
轻型车、小型乘用车、货物车
1.5 kg</td><td></td></tr>
</table>

(续)

名称	外形图	规	格(mm)			用途
导向轴承和轴套拉马(KTC)		No.	PBU-1219	L(mm)	145	
		使用范围	内径 ϕ12～19	质量(kg)	0.215	
电枢轴承拉马(KTC)	B	No.	适用范围(mm)	B (mm)	质量 (kg)	KTC产地： ⚠3 16
		ABU-1935	外径 ϕ19～35，内径 ϕ7 以上	80	0.21	
		ABU-3262	外径 ϕ32～62，内径 ϕ10 以上	130	0.89	
汽车测电笔		型号	电压(V)	规格(mm)	Qty	⚠3 18
		M-16	DC 12～24	140	100	
		DCY-99-5	DC 0～24	$\phi3\times145$	200	

(续)

名称	外形图	规格(mm)	用途
汽车笔型万用表	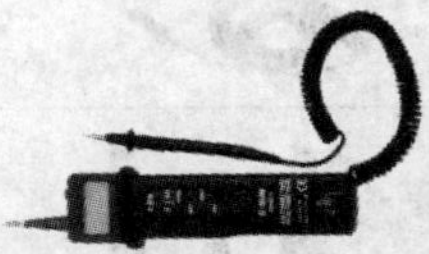	产品号:PARTNO 92101 规格:SIZE EM3214	③18
汽车万用表		产品号:PARTNO 92102 规格:SIZE EA100	③18
汽车感应钳头		产品号:PARTNO 92201 规格:SIZE EA100	③18
汽车断线寻找仪	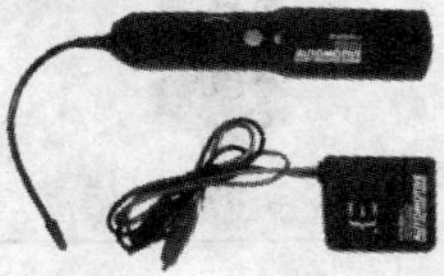	产品号:PARTNO 92210 规格:SIZE EA145 *pvo*	③18

（续）

名称	外形图	规格(mm)		用途
16 件摩托车修理组套		产品号 09512：品种规格：① 9 件公制全抛光两用扳手(mm)(11，12，13，14，15，16，17，18，19) ② 3 件公制全抛光双梅花扳手(mm)(8×10，14×17，19×21) ③ 2 件十字型螺钉旋具(mm)(♯2×38，♯2×150) ④ 2 件一字型螺钉旋具(mm)(6×38，6×150) 适合多种摩托车修理的专用工具结合		修理摩托车专用工具
12 件套汽车修理专用旋具		编号	09055	修车专用
		规格	2 件 50 mm 长六角旋具套筒(12，17 mm) 1 件 70 mm 六角旋具套筒 6 mm 1 件 100 mm 六角旋具套筒 7 mm 1 件 120 mm 六角旋具套筒 8 mm 1 件 250 mm 六角旋具套筒 6 mm 1 件 180 mm 六角旋具套筒 5 mm 1 件 140 mm 六角旋具套筒(6，10 mm) 1 件 100 mm 六角旋具套筒(M-8) 1 件 120 mm 六角旋具套筒(M-10) 1 件 140 mm 六角旋具套筒(M-12)	
汽车修理挑钩组合包		编号	09709	简单便捷，十分耐用
		规格	五件套组合包含：一支带磁加长掘柄。挑钩经热处理，十分耐用。挑拉 O 型圈、密封圈等	

（续）

名称	外形图	规格(mm)			用途
32件套公制塞尺		编号	09407		测量机件装配间隙
		规格	尺片规格 0.02 MM、0.03 MM、0.04 MM、0.05 MM、0.06 MM、0.07 MM、0.08 MM、0.09 MM、0.10 MM、0.13 MM、0.15 MM、0.18 MM、0.20 MM、0.23 MM、0.25 MM、0.28 MM、0.30 MM、0.33 MM、0.38 MM、0.40 MM、0.45 MM、0.50 MM、0.55 MM、0.60 MM、0.63 MM、0.65 MM、0.70 MM、0.75 MM、0.80 MM、0.85 MM、0.90 MM、1.00 MM	尺身架65号Mn钢表面抛光处理 尺身长3.5″(12.5 mm)公英制对照	
塑料铆钉拆卸专用钳		编号	09408		特殊设计的铆钉钳，用于汽车门面板、车轮盖板上铆钉的拆卸
		特点	专拔汽车塑料铆钉，适用于汽车车身和工业中应用的塑料铆钉		
横杆球头拉拔器（欧规）		编号	90652		用于拆除横拉杆球头
		特点	本工具经过热处理，螺栓可经受长期高强度使用当空间受到限制，可直接轻易拆除横拉杆球头		

(续)

名称	外形图	规格(mm)		用途
横杆球头拉拔器(日规)		编号	90653	可适应大多数轿车及轻型卡车的横杆球头拆卸
		规格	开口范围:30～56 mm	
蝶刹调整器		编号	90654	用于专业安装新刹车片时,压回活塞
		特点	专业设计,使用简便 细螺纹设计,精确调整行程用特殊钢制造,性能优良	
12 英寸双插式球头分离器		编号	90665	用于球头从转向节上分离
		特点	使用时,将此工具插在适当位置并用锤敲击,使其分离 可经受强力敲击	
16 英寸双插式球头分离器		编号	90666	用于拆卸转向杆球头
			使用时,将工具拆入适当位置,并用锤敲击使其分离 可经受强力敲击	
8 英寸汽车专用 7 合 1 剥线钳		编号	97521	剥线
		七件套规格	夹钳,剥线钳(0.75～6 mm) 剪线钳,螺丝切断钳(M2.6～M5)绝缘端子压着钳,非绝缘端子压着钳 7～8 mm 汽车用端子钳	

(续)

名称	外形图	规格(mm)		用途
钳式滤清器扳手		编号	97456	用于拆卸难度大的滤清器
		特点	独特的双握柄设计、可承受更大的夹力，黏塑手柄坚固舒适	
链条扳手		编号	97451　97452	32 节链条适用范围 60～180 mm
		规格	97451　12 in 97452　15 in CR－V 钢锻造	
两用滤清器扳手		编号	97422	适用$\frac{1}{2}$DR 驱动工具或$^{13}/_{16}$″的旋柄
		特点	可拆卸直径在 102 mm 以内的滤清器。加厚坚固爪、牢固耐用 适用范围　63～102 mm	
轮胎真空嘴取出器		编号	97101	用于拆卸轮胎真空嘴子
		规格	320 mm	
桑车前减震器拆装套筒		编号	97102	用于拆卸桑车前减震器
		特点	采用 Cr－V 钢制造 适用范围:桑车前减震器	
桑车后减震器拆装套筒		编号	97103	用于拆卸桑车后减震器
		特点	采用 Cr－V 钢制造 适用范围:桑车后减震器	

（续）

<table>
<tr><th>名称</th><th>外形图</th><th colspan="7">规格(mm)</th><th>用途</th></tr>
<tr><td rowspan="6">滤清器扳手</td><td rowspan="6"></td><td>编号</td><td colspan="6">97401、～97403、～97404、～97407</td><td rowspan="6">用途广泛,适用车型见左表</td></tr>
<tr><td rowspan="3">规格
(mm)</td><td>编号</td><td>规格</td><td>编号</td><td>规格</td><td>编号</td><td>规格</td></tr>
<tr><td>47401</td><td>65</td><td>47404</td><td>76</td><td>47406</td><td>90</td></tr>
<tr><td>47403</td><td>74</td><td>47405</td><td>80</td><td>47407</td><td>93</td></tr>
<tr><td>特点</td><td colspan="6">表面镀铬,本扳手配合 3/8 inDR 或 1/2 inDR 驱动工具使用</td></tr>
<tr><td>适用车型</td><td colspan="6">● 14 边 65 mm
适于 TOYOTA, NISSAN, CHAN GAN ALTO, LEXUS, DIAHATSU
● 15 边 74、76 mm,
适于 BUICK, GM, SATURN
● 14 边 76 mm,
适于 MOPAR, VW, PORSCHE, MERCEDES, BMW
● 15 边 80 mm,
适于 HONDA ACCORD, NISSAN, TOYOTA
● 15 边 90 mm,
适于 HONDA ACCORD, MITSUBISHI, MOPAR, ISUZU
● 15 边 93 mm,
适于 GM, FRAM, HASTINGS, PUROLATOR, WIX, NISSAN, VW, PORSCHE, RENAULT</td></tr>
</table>

△3

第二十七章　新型起重工具和液压工具

名　称	外　形　图	规　　格	用　　途
螺旋千斤顶(JB 2592—1991)	普通型 钩型 剪型	见下表	用于汽车、船舶、桥梁机械制造及在机械、非标设备修理与安装中，将工件顶起或压紧

型号	起重量(t)	高度(mm)		自重(kg)
		最低	起升	
QLJ0.5	0.5			2.5
QLJ1	1	110	180	3
QLJ1.6	1.6			4.8
QL16		320	180	1
QLD16	16	225	90	15
QLG16		445	200	19
QLG16		370	180	20
QL5		250	130	7.5
QLD5	5	180	65	7
QLg5		270	130	11
QL8	8	260	140	10
QL10	10	280	150	11
QL20	20	325	180	18

(续)

名　称	外　形　图	规　　格	用　　途

(续)

型号	起重量(t)	高度(mm)		自重(kg)
		最低	起升	
QL2	2	170	180	5
QL3. 2	3. 2	200	110	6
QLD3. 2		160	50	5
QLD10	10	200	75	10
QLg10		310	130	15
QL32	32	395	200	27
QLD32		320	180	24
QLg36	36	470	200	82
QL50	50	452	250	56
QLD50		330	150	52
QLZ50		700	400	109
QL100	100	455	200	86
QLG20	20	445	300	20

注：型号中 QL 表示普通型,G 表示高型,D 表示低型,L 表示自落式,g 表示钩式,J 表示剪式

(续)

名称	外形图	规格	用途
齿条千斤顶（即起道机）		最大起重量(t)：5，15 钩脚起重量(t)：2.5，7.5	利用齿条传动、用钩脚顶起较低位置重物
分离油压千斤顶	分离式油压千斤顶	见下表	可顶起重物及利用钩脚起重、配置附件还可进行侧翻、横顶、倒顶及拉伸、压缩、扩张、夹紧等作业

型号	起重量(t)		工作压力(MPa)	最大行程(mm)	油泵尺寸(mm)	起顶机尺寸(mm)	总质量(kg)
	顶举	钩脚			长×宽×高	长×宽×高	
LQD—5	5	2.5	40	100	583×110×118	180×120×225	16
LQD—10	10	5	63	125		180×120×310	20
LQD—30	30	—		150	714×140×145	95×95×287	19

注：该机的附件有：拉马(用于拆卸胶带轮、轴承等)、接长管及顶头(橡胶 V 型及尖形顶头)。LQD—5 型附带拉马一只，LQD—30 型不带钩脚

（续）

<table>
<tr><th>名 称</th><th>外 形 图</th><th>规 格</th><th>用 途</th></tr>
<tr>
<td>液压千斤顶(JB 2104—2002)</td>
<td>立式</td>
<td>
<table>
<tr><td>型号</td><td>QYL1.6</td><td>QYL3.2</td><td>QYL5G</td><td>QYL5D</td><td>QYL8</td><td>QYL10</td><td>QYL2.5</td></tr>
<tr><td>起重量(t)</td><td>1.6</td><td>3.2</td><td colspan="2">5</td><td>8</td><td>10</td><td>12.5</td></tr>
<tr><td>最低高度(mm)</td><td>158</td><td>195</td><td>232</td><td>200</td><td>236</td><td>240</td><td>245</td></tr>
<tr><td>起升高度(mm)</td><td>90</td><td>125</td><td>160</td><td>125</td><td colspan="3">160</td></tr>
<tr><td>螺旋调整高度(mm)</td><td colspan="2">60</td><td colspan="5">80</td></tr>
<tr><td>起升行程(mm)</td><td>50</td><td>32</td><td colspan="2">22</td><td>16</td><td>14</td><td>11</td></tr>
<tr><td>自重(kg)</td><td>3.2</td><td>3.5</td><td>5.0</td><td>4.6</td><td>6.9</td><td>7.3</td><td>9.3</td></tr>
</table>
</td>
<td>是起重、顶压的常用工具，常用在工矿、汽车运输、船舶、建筑、钢结构及市政工程等行业中应用</td>
</tr>
</table>

(续)

<table>
<tr><th>名称</th><th>外形图</th><th>规格</th><th>用途</th></tr>
<tr>
<td>液压千斤顶（JB 2104—2002）</td>
<td>立卧两用</td>
<td>
<table>
<tr><td>型号</td><td>QYL16</td><td>QYL20</td><td>QYL32</td><td>QYL50</td><td>QYL71</td><td>QW100</td><td>QW200</td><td>QW320</td></tr>
<tr><td>起重量(t)</td><td>16</td><td>20</td><td>32</td><td>50</td><td>71</td><td>100</td><td>200</td><td>320</td></tr>
<tr><td>最低高度(mm)</td><td>250</td><td>280</td><td>285</td><td>300</td><td>320</td><td>360</td><td>400</td><td>450</td></tr>
<tr><td>起升高度(mm)</td><td>160</td><td colspan="4">180</td><td colspan="3">200</td></tr>
<tr><td>螺旋调整高度(mm)</td><td>80</td><td colspan="7">—</td></tr>
<tr><td>起升行程(mm)</td><td>9</td><td>9.5</td><td>6</td><td>4</td><td>3(快进10)</td><td>4.5</td><td>2.5</td><td>1.6</td></tr>
<tr><td>自重(kg)</td><td>11.0</td><td>15.0</td><td>23.0</td><td>33.5</td><td>66.0</td><td>120</td><td>250</td><td>435</td></tr>
</table>
注：型号中的L表示立式，W表示卧式。起升行程指油泵工作10次的活塞上升量。
</td>
<td></td>
</tr>
<tr>
<td>卧式液压千斤顶（车用液压千斤顶）JB 5315—2008</td>
<td>卧式液压千斤顶</td>
<td>
<table>
<tr><td>额定起重量(t)</td><td>1</td><td>1.25</td><td>1.6</td><td>2</td><td>2.5</td><td>3.2</td><td>4</td><td>5</td><td>6.3</td><td>8</td><td>10</td><td>12.5</td><td>16</td><td>20</td></tr>
<tr><td>最低高度(mm)</td><td colspan="6">140</td><td colspan="2">160</td><td colspan="3">170</td><td colspan="3">210</td></tr>
<tr><td>起升高度(mm)</td><td>200</td><td>250</td><td>220,260</td><td>275,350</td><td>285,350</td><td>350,400</td><td colspan="4">400</td><td>400,450</td><td>400</td><td colspan="2">430</td></tr>
</table>
</td>
<td>主要用于汽车、拖拉机等车辆维修和各种机械设备安装时作起重或顶举</td>
</tr>
</table>

（续）

<table>
<tr><th>名　称</th><th>外　形　图</th><th>规　　格</th><th>用　　途</th></tr>
<tr>
<td>分离式液压起顶机</td>
<td>分离式液压起顶机</td>
<td>
<table>
<tr><td colspan="2">型号</td><td>LQD—5</td><td>LQD—10</td><td>LQD—30</td></tr>
<tr><td rowspan="2">起重量(t)</td><td>顶举</td><td>5</td><td>10</td><td>30</td></tr>
<tr><td>钩脚</td><td>2.5</td><td>5</td><td>—</td></tr>
<tr><td colspan="2">工作压力(MPa)</td><td>40</td><td colspan="2">63</td></tr>
<tr><td colspan="2">最大行程(mm)</td><td>100</td><td>125</td><td>150</td></tr>
<tr><td rowspan="3">起顶机尺寸(mm)</td><td>长</td><td colspan="2">180</td><td rowspan="2">95</td></tr>
<tr><td>宽</td><td colspan="2">120</td></tr>
<tr><td>高</td><td>225</td><td>310</td><td>287</td></tr>
<tr><td rowspan="3">油泵尺寸(mm)</td><td>长</td><td colspan="2">583</td><td>714</td></tr>
<tr><td>宽</td><td colspan="2">110</td><td>140</td></tr>
<tr><td>高</td><td colspan="2">118</td><td>145</td></tr>
<tr><td colspan="2">总重(kg)</td><td>16</td><td>20</td><td>19</td></tr>
</table>
</td>
<td>作顶举、利用挂钩起重：装上附件可进行侧顶、横顶、倒顶及拉、压、扩张、夹紧等作业，操作方便、安全、广泛用于机修和修车</td>
</tr>
<tr>
<td>拉马（附件之一）</td>
<td>三角拉马</td>
<td>
<table>
<tr><td>规格(t)</td><td>5</td><td>10</td></tr>
<tr><td>三爪受力(kg)≤</td><td>50</td><td>100</td></tr>
<tr><td>调节范围(mm)</td><td>50～250</td><td>50～300</td></tr>
<tr><td>外径尺寸：高×外径(mm)</td><td>385×333</td><td>470×420</td></tr>
<tr><td>质量(kg)</td><td>7</td><td>11</td></tr>
</table>
</td>
<td>用于拆卸胶带轮及轴承等作业</td>
</tr>
</table>

（续）

<table>
<tr><th>名称</th><th>外形图</th><th>规格</th><th>用途</th></tr>
<tr><td>接长管及顶头（附件之二）</td><td>普通式接长管　快速式接长管　管接头　橡胶顶头　V形顶头　尖形顶头</td><td>
<table>
<tr><td rowspan="2">附件名称</td><td colspan="2">接长管</td><td rowspan="2">橡胶顶头</td><td rowspan="2">V形顶头</td><td rowspan="2">尖形顶头</td><td rowspan="2">管接头</td></tr>
<tr><td>普通式</td><td>快速式</td></tr>
<tr><td>长度(mm)</td><td>136，260，380，600</td><td>330</td><td>81</td><td>60</td><td>106</td><td>60</td></tr>
<tr><td>外径(mm)</td><td colspan="2">42</td><td>82</td><td>56</td><td>52</td><td>55</td></tr>
</table>
注：各种附件上之连接螺纹均为M42×1.5 mm。
</td><td>当起顶机与被顶举重物之间有空隙时，需用接长管弥补，球形橡胶顶头用于顶挤瘪坑；V形尖头顶举用于顶型钢</td></tr>
<tr><td>生铁管铡断器</td><td>生铁管铡断器</td><td>
<table>
<tr><td rowspan="2">铡管公称直径(mm)</td><td colspan="3">主要尺寸(mm)</td><td rowspan="2">质量(kg)</td><td rowspan="2">外形尺寸（长×宽×高）(mm)</td><td rowspan="2">净重(kg)</td><td rowspan="2">载荷(t)≤</td><td rowspan="2">行程(mm)≤</td><td rowspan="2">工作压力(MPa)</td></tr>
<tr><td>长</td><td>宽</td><td>厚</td></tr>
<tr><td>100</td><td>226</td><td>192</td><td>60</td><td>8</td><td rowspan="5">工作油缸：140×97×177
手动油泵：174×190×145</td><td rowspan="5">工作油缸：7.5
手动油泵：12.5</td><td rowspan="5">10</td><td rowspan="5">60</td><td rowspan="5">63</td></tr>
<tr><td>150</td><td>292</td><td>264</td><td rowspan="2">80</td><td>13.5</td></tr>
<tr><td>200</td><td>357</td><td>324</td><td>17</td></tr>
<tr><td>250</td><td>420</td><td>380</td><td>73</td><td>26.5</td></tr>
<tr><td>300</td><td>500</td><td>460</td><td>90</td><td>36</td></tr>
</table>
</td><td>煤气管道和供水管道在修理时铡断铸铁管</td></tr>
</table>

（续）

<table>
<tr><th>名称</th><th>外形图</th><th>规格</th><th>用途</th></tr>
<tr><td>液压弯排机</td><td></td><td>
<table>
<tr><td>型号</td><td>YWP-10</td><td colspan="2">最大行程(mm)</td><td colspan="2">200</td></tr>
<tr><td>工作压力(MPa)</td><td>63</td><td colspan="2">外形尺寸(mm)</td><td colspan="2">826×780×255</td></tr>
<tr><td>最大载荷(t)</td><td>10</td><td colspan="2">重量(kg)</td><td colspan="2">82</td></tr>
<tr><td colspan="7">弯排范围</td></tr>
<tr><td>弯曲半径(mm)</td><td colspan="6">2.5×排宽</td></tr>
<tr><td>弯曲角(°)</td><td colspan="6">≥90</td></tr>
<tr><td>排宽(mm)</td><td>40</td><td>50</td><td>60</td><td>80</td><td>100</td><td>120</td></tr>
<tr><td>排厚(mm)</td><td colspan="3">4，5，6，8，10</td><td colspan="3">8，10</td></tr>
</table>
</td><td>在安装供电线路时，用于把铝排、铜排弯制成弧度</td></tr>
<tr><td>钢丝绳液压切断器</td><td>液压钢丝绳切断器</td><td>
型号：YQ
<table>
<tr><td>重量(kg)</td><td>15</td><td>动刀主刃口厚度(mm)</td><td>0.3～0.4</td></tr>
<tr><td>剪切力(kN)</td><td>75</td><td>可切断钢绳直径(mm)</td><td>10～32</td></tr>
<tr><td>手柄作用力(kN)</td><td>0.2</td><td>外形尺寸(mm)</td><td>400×200×104</td></tr>
</table>
</td><td>用于切断钢丝缆绳及起吊钢丝网兜、等</td></tr>
</table>

（续）

<table>
<tr><th>名 称</th><th>外 形 图</th><th>规 格</th><th>用 途</th></tr>
<tr><td>导线压接钳</td><td>导线压接钳</td><td>
<table>
<tr><td colspan="2">适用导线断面积（mm^2）</td><td rowspan="2">活塞最大行程（mm）</td><td rowspan="2">最大作用力（kN）</td><td rowspan="2">压模规格（mm^2）</td></tr>
<tr><td>铜线</td><td>铝线</td></tr>
<tr><td>16～150</td><td>16～240</td><td>17</td><td>100</td><td>16，25，35，50，70，95，120，150，185，240</td></tr>
</table>
</td><td>专用于压接多股铜、铝芯电缆接头或封头</td></tr>
<tr><td>高压电动油泵</td><td>高压电动油泵</td><td>
型号：CZB 6302
<table>
<tr><td>工作压力（MPa）</td><td>63</td><td>储油量（L）</td><td>7.5</td></tr>
<tr><td>流量（L/min）</td><td>0.4</td><td>外形尺寸（mm）</td><td>290×200×420</td></tr>
<tr><td>电动机（kW）</td><td>0.55</td><td>质量（kg）</td><td>≈16</td></tr>
</table>
注：另备有与工具进行连接的高压软管和快速接头
</td><td>用作前面介绍的各种液压工具的液压动力源</td></tr>
<tr><td>高压电动油泵站</td><td>高压电动油泵站</td><td>
<table>
<tr><td rowspan="2">型号</td><td rowspan="2">工作压力（MPa）</td><td rowspan="2">流量（L/min）</td><td rowspan="2">电动机功率（kw）</td><td rowspan="2">高压软管（m）</td><td rowspan="2">储油量（L）</td><td colspan="3">外形尺寸（mm）</td><td rowspan="2">重量（kg）≈</td></tr>
<tr><td>长</td><td>宽</td><td>高</td></tr>
<tr><td>BZ70—1</td><td rowspan="4">68.6</td><td>1</td><td>1.5</td><td rowspan="4">3×2根</td><td>20</td><td>490</td><td>325</td><td>532</td><td>88</td></tr>
<tr><td>BZ70—2.5</td><td>2.5</td><td>4</td><td rowspan="3">50</td><td rowspan="3">800</td><td rowspan="3">500</td><td>760</td><td>150</td></tr>
<tr><td>BZ70—4</td><td>4</td><td>5.5</td><td>763</td><td>160</td></tr>
<tr><td>BZ70—6</td><td>6</td><td>7.5</td><td>858</td><td>180</td></tr>
</table>
</td><td>用作各类液压机械，如分离式液压千斤顶液压钳等的动力源</td></tr>
</table>

27.10

（续）

名称	外形图	规格	用途
液压弯管机	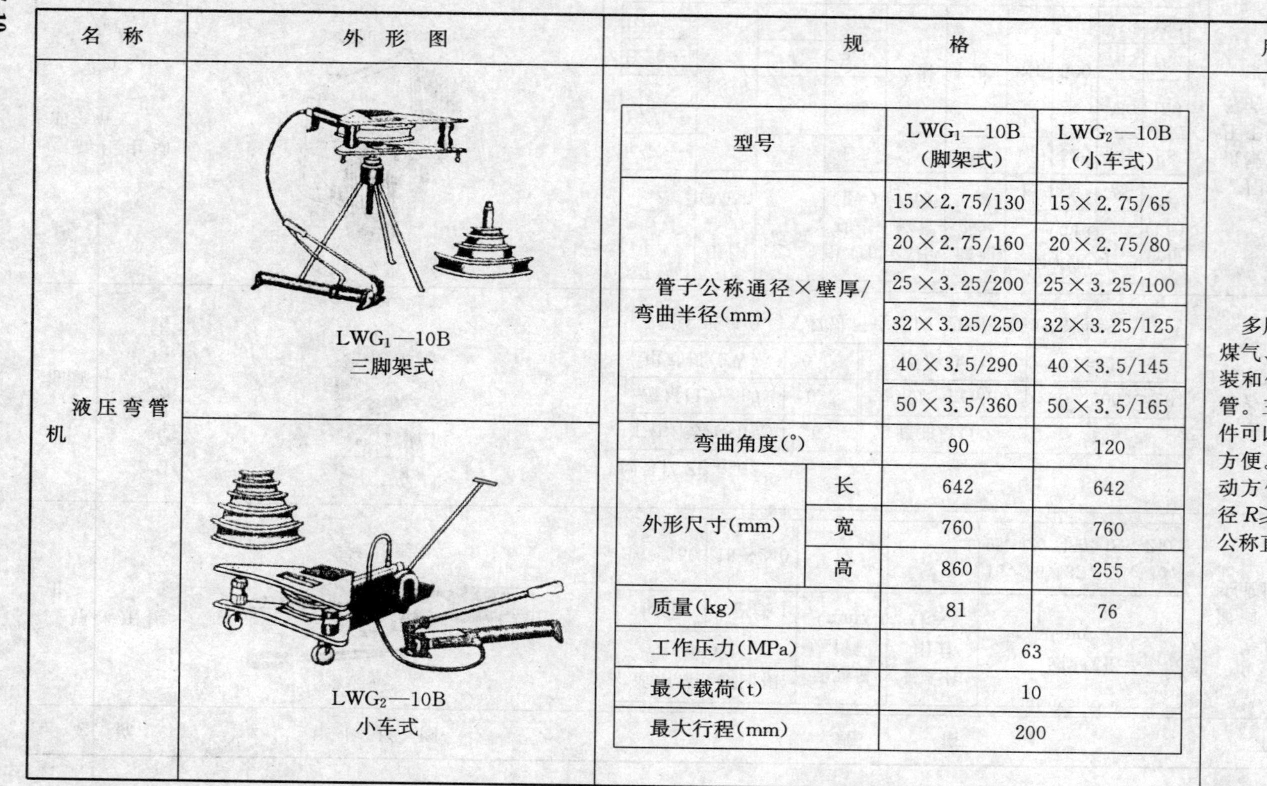 LWG_1—10B 三脚架式 LWG_2—10B 小车式	见下表	多用于水、蒸汽煤气、油等管路安装和修理时的弯管。三脚架式零件可以拆开，携带方便。小车式移动方便。弯曲半径 $R \geqslant 6DN$（DN－公称直径）

型号		LWG_1—10B（脚架式）	LWG_2—10B（小车式）
管子公称通径×壁厚/弯曲半径(mm)		15×2.75/130	15×2.75/65
		20×2.75/160	20×2.75/80
		25×3.25/200	25×3.25/100
		32×3.25/250	32×3.25/125
		40×3.5/290	40×3.5/145
		50×3.5/360	50×3.5/165
弯曲角度(°)		90	120
外形尺寸(mm)	长	642	642
	宽	760	760
	高	860	255
质量(kg)		81	76
工作压力(MPa)		63	
最大载荷(t)		10	
最大行程(mm)		200	

（续）

名称	外形图	用途
钢丝绳用套环—普通套环、重型套环 GB 5974.1 GB 5974.2—2006	普通套环 普通套环最大承载能力应不低于钢丝绳最小破断力的 32% 重型套环 重型套环最大承载能力不低于钢丝绳的最小破断拉力	用于钢丝绳端部的固定连接附件、将钢丝绳一端嵌在套环的凹槽中，形成环状，保护钢丝绳弯曲部分受力时不易折断。钢丝绳之间的连接或与吊环及耳板连接则采用卸扣。

规格

钢丝绳最大直径	槽宽 F		环宽 C	槽深 G≥		孔径 φA	孔高 D	宽度 B	高度 L	件重	
	最小	最大		普通	重型		普通		重型	普通	重型
(mm)										(kg)	
6	6.5	6.9	10.5	3.3	—	15	27	—	—	0.032	—
8	8.6	9.2	14.0	4.4	6.0	20	36	40	56	0.075	0.08
10	10.8	11.5	17.5	5.5	7.5	25	45	50	70	0.150	0.17
12	12.9	13.8	21.0	6.6	9.0	30	54	60	84	0.250	0.32
14	15.1	16.1	24.5	7.7	10.5	35	63	70	98	0.393	0.50
16	17.2	18.4	28.0	8.8	12.0	40	72	80	112	0.605	0.78
18	19.4	20.7	31.5	9.9	13.5	45	81	90	126	0.867	1.14
20	21.5	23.0	35.0	11.0	15.0	50	90	100	140	1.205	1.41
22	23.7	25.3	38.5	12.1	16.5	55	99	110	154	1.563	1.96
24	25.8	27.6	42.0	13.2	18.0	60	108	120	168	2.045	2.41
26	28.0	29.9	45.5	14.3	19.5	65	117	130	182	2.620	3.46
28	30.1	32.2	49.0	15.4	21.0	70	126	140	196	3.290	4.30
32	34.4	36.8	56.0	17.6	24.0	80	144	160	224	4.854	6.46

27.12

（续）

名称	外形图	规格	用途

（续）

钢丝绳最大直径	槽宽 F		环宽 C	槽深 $G\geqslant$		孔径 ϕA	孔高 D	宽度 B	高度 L	件重	
	最小	最大		普通	重型		普通		重型	普通	重型
(mm)										(kg)	
36	38.7	41.4	63.0	19.8	27.0	90	162	180	252	6.972	9.77
40	43.0	46.0	70.0	22.0	30.0	100	180	200	280	9.624	12.94
44	47.3	50.6	77.0	24.2	33.0	110	198	220	308	12.81	17.02
48	51.6	55.2	84.0	26.4	36.0	120	216	240	336	16.60	22.75
52	55.9	59.8	91.0	28.6	39.0	130	234	260	361	20.95	28.41
56	60.2	64.4	98.0	30.8	42.0	140	252	280	392	26.31	35.56
60	64.5	69.0	105	33.0	45.0	150	270	300	420	31.40	48.35

型钢套环（市场产品）

型钢套环

套环号码	最大起重量 (kg)	钢丝绳最大直径(mm)	套环尺寸(mm)				自重 (kg)
			槽宽 B	孔宽 D	孔高 H	槽半径 r	
0.1	100	6.5	9	15	26	3.5	0.02
0.2	200	8	11	20	32	4.5	0.05
0.3	300	9.5	13	25	40	5.5	0.07

（续）

名称	外形图	规格	用途
		（续）见表1	
D形卸扣（JB 8112—1999）	D型钢卸扣	见表2	用于连接钢丝绳或链条等，适用于冲击性不大的场合。M、S、T指卸扣强度级别，T级是M级的2倍

（续）

套环号码	最大起重量（kg）	钢丝绳最大直径（mm）	套环尺寸（mm）				自重（kg）
			槽宽 B	孔宽 D	孔高 H	槽半径 r	
0.4	400	11.5	15	30	48	6.5	0.10
0.8	800	15	20	40	64	8.5	0.22
1.3	1 300	19	25	50	80	10.5	0.43
1.7	1 700	21.5	27	55	88	11.5	0.62
1.9	1 900	22.5	29	60	96	12.5	1.06
2.4	2 400	28	34	70	112	14.5	1.58
3.0	3 000	31	38	75	120	16	2.32
3.8	3 800	34	48	90	144	18	3.50
4.5	4 500	37	54	105	168	20	4.45

起吊重量（t）			主要尺寸（mm）				
M级	S级	T级	d_1	D	H	B	d
—	—	0.63	8.0	9.0	18.0	9.0	M8
—	0.63	0.80	9.0	10.0	20.0	10.0	M10
—	0.80	1.00	10.0	12.0	22.4	12.0	M12
0.63	1.00	1.25	11.2	12.0	25.0	12.0	M12

（续）

名　称	外　形　图	规　　格	用　　途

（续）

起吊重量(t)			主要尺寸(mm)				
M级	S级	T级	d_1	D	H	B	d
0.80	1.25	1.60	12.5	14.0	28.0	14.0	M14
1.00	1.60	2.00	14.0	16.0	31.5	16.0	M16
1.25	2.00	2.50	16.0	18.0	35.5	18.0	M18
1.60	2.50	3.20	18.0	20.0	40.0	20.0	M20
2.00	3.20	4.00	20.0	22.0	45.0	22.0	M22
2.50	4.00	5.00	22.4	24.0	50.0	24.0	M24
3.20	5.00	6.30	25.4	30.0	56.0	30.0	M30
4.00	6.30	8.00	28.0	33.0	63.0	33.0	M33
5.00	8.00	10.00	31.5	36.0	71.0	36.0	M36
6.30	10.00	12.50	35.5	39.0	80.0	39.0	M39
8.00	12.50	16.00	40.0	45.0	90.0	45.0	M45
10.00	16.00	20.00	45.0	52.0	100.0	52.0	M52
12.50	20.00	25.00	50.0	56.0	112.0	56.0	M56
16.00	25.00	32.00	56.0	64.0	125.0	64.0	M64
20.00	32.00	40.00	63.0	72.0	140.0	72.0	M72
25.00	40.00	50.00	71.0	80.0	160.0	80.0	M80

（续）

名　称	外　形　图	规　　格	用　　途

（续）

起吊重量(t)			主要尺寸(mm)				
M级	S级	T级	d_1	D	H	B	d
32.00	50.00	63.00	80.0	90.0	180.0	90.0	M90
40.00	63.00	—	90.0	100.0	200.0	100.0	M100
50.00	80.00	—	100.0	115.0	224.0	115.0	M115
63.00	100.00	—	112.0	125.0	250.0	125.0	M125
80.00	—	—	125.0	140.0	280.0	140.0	M140
100.00	—	—	140.0	160.0	315.0	160.0	M160

弓形卸扣
(JB 8112—1999)

弓型钢卸扣

起吊重量(t)			主要尺寸					
M级	S级	T级	d_1	D	H	B	$2r$	d
—	—	0.63	9.0	10.0	22.4	10.0	16.0	M10
—	0.63	0.80	10.0	12.0	25.0	12.0	18.0	M12
—	0.80	1.00	11.2	12.0	28.0	12.0	20.0	M12
0.63	1.00	1.25	12.5	14.0	31.5	14.0	22.4	M14
0.80	1.25	1.60	14.0	16.0	35.5	16.0	25.0	M16
1.00	1.60	2.00	16.0	18.0	40.0	18.0	28.0	M18
1.25	2.00	2.50	18.0	20.0	45.0	20.0	31.5	M20
1.60	2.50	3.20	20.0	22.0	50.0	22.0	35.5	M22

用于连接钢丝绳或链条，由于弓形卸扣开档较大，适用于连接麻绳、白棕绳等

(续)

名称	外形图	规格	用途
		(续)	

起吊重量(t)			主要尺寸					
2.00	3.20	4.00	22.4	24.0	56.0	24.0	40.0	M24
2.50	4.00	5.00	25.0	27.0	63.0	27.0	45.0	M27
3.20	5.00	6.30	28.0	33.0	71.0	33.0	50.0	M33
4.00	6.30	8.00	31.5	36.0	80.0	36.0	56.0	M36
5.00	8.00	10.00	35.5	39.0	90.0	39.0	63.0	M39
6.30	10.00	12.50	40.0	45.0	100.0	45.0	71.10	M45
8.00	12.50	16.00	45.0	52.0	112.0	52.0	80.0	M52
10.00	16.00	20.00	50.0	56.0	125.0	56.0	90.0	M56
12.50	20.00	25.00	56.0	64.0	140.0	64.0	100.0	M64
16.00	25.00	32.00	63.0	72.0	160.0	72.0	112.0	M72
20.00	32.00	40.00	71.0	80.0	180.0	80.0	125.0	M80
25.00	40.00	50.00	80.0	90.0	200.0	90.0	140.0	M90
32.00	50.00	63.00	90.00	100.0	224.0	100.0	160.0	M100
40.00	63.00	—	100.0	115.0	250.0	115.0	180.0	M115
50.00	80.00	—	112.0	125.0	280.0	125.0	200.0	M125
63.00	100.00	—	125.0	140.0	315.0	140.0	224.0	M140
80.00	—	—	140.0	160.0	355.0	150.0	250.0	M160
100.00	—	—	160.0	180.0	400.0	180.0	280.0	M180

（续）

名称	外形图	规格									用途
		卸扣号码	最大钢丝绳直径（mm）	最大起重量（kg）	主要尺寸（mm）					质量（kg）	
					销螺纹直径 d	扣体直径 d_1	间距 A	环孔高度 H	销长 L		
普通卸扣（市场产品）	普通钢卸扣	0.2	4.7	200	M8	6	12	35	35	0.039	用于连接钢丝绳及链条等
		0.3	6.5	330	M10	8	16	45	44	0.089	
		0.5	8.5	500	M12	10	20	50	55	0.162	
		0.9	9.5	930	M16	12	24	60	65	0.304	
		1.4	13	1 450	M20	16	32	80	86	0.661	
		2.1	15	2 100	M24	20	36	90	101	1.145	
		2.7	17.5	2 700	M27	22	40	100	111	1.560	
		3.3	19.5	3 300	M30	24	45	110	123	2.210	
		4.1	22	4 100	M33	27	50	120	137	3.115	
		4.9	26	4 900	M36	30	58	130	153	4.050	
		6.8	28	6 800	M42	36	64	150	176	6.270	
		9.0	31	9 000	M48	42	70	170	197	9.280	
		10.7	34	10 700	M52	45	80	190	218	12.40	
		16.0	43.5	16 000	M64	52	99	235	262	20.90	
		21.0	43.5	21 000	M76	65	100	256	321	—	

（续）

名称	外形图	用途
索具螺旋扣	C—C型；O—O型	用于拉紧钢丝绳，并起到调节松紧作用，其中OO型、OU型用于不经常拆卸的场合，例如桅杆、天线的拉索；CC型用于经常拆卸的场合。例如用于钢结构装配时拉紧构件；CO型、CU型用于一端常拆、一端不经常拆卸的场合

规格：

螺旋扣号码	最大起重量 (kg)	钢索直径 (mm)	左右螺纹外径 d (mm)	L (mm)	OO型 L_1 (mm)	OO型 L_2 (mm)	OO型 质量 (kg)	UU型 L_1 (mm)	UU型 L_2 (mm)	UU型 质量 (kg)	OU型 L_1 (mm)	OU型 L_2 (mm)	OU型 重量 (kg)
0.07	70	2.2	M6	100	180	258	0.111	175	250	0.113	182	260	0.132
0.1	170 (100)	3.3	M8	125	225	317	0.238	210	304	0.245	227	319	0.276
0.2	230 (250)	4.5	M10	150	270	380	0.395	260	370	0.386	265	337	0.423
0.3	320	5.5	M12	200	334	480	0.795	320	468	0.768	332	478	0.839
0.6	630	8.5	M16	250	446	638	1.605	420	610	1.489	434	626	1.653
0.9	980	9.5	M20	300	520	740	2.701	500	720	2.520	525	745	2.805
0.1	100	6.5	M6	100	164	242	0.115	184	262	0.153	174	252	0.134
0.2	200	8	M8	125	199	291	0.242	229	321	0.304	214	306	0.273
0.3	300	9.5	M10	150	250	318	0.377	260	368	0.451	255	363	0.414
0.4	430	11.5	M12	200	310	416	0.737	330	476	0.883	320	466	0.810
0.8	800	15	M16	250	390	582	1.373	422	614	1.701	406	598	1.537
1.3	1 300	19	M20	300	470	690	2.330	530	750	3.080	500	720	2.705
1.7	1 700	21.5	M22	350	540	806	3.420	600	866	4.196	570	836	3.808
1.9	1 900	22.5	M24	400	610	923	4.760	700	1 012	5.710	655	967	5.235
2.4	2 400	28	M27	450	680	1 035	7.230	760	1 110	8.582	720	1 070	7.906
3.0	3 000	31	M30	450	700	1 055	8.096	790	1 140	9.840	745	1 095	8.968

(续)

名称	外形图	规格	用途
	C—O 型：CO型、CU型	见下表（续）	
钢丝绳夹（非标准）（又称钢丝卡子、钢丝绳轧头）		见下表	用于夹紧钢丝绳末端直径，阻止钢丝松散

(续)

螺旋扣号码	最大起重量 (kg)	钢索直径 (mm)	左右螺纹外径 d (mm)	L	OO型 L_1	OO型 L_2	OO型 质量 (kg)	UU型 L_1	UU型 L_2	UU型 质量 (kg)	OU型 L_1	OU型 L_2	OU型 重量 (kg)
				(mm)	(mm)	(mm)		(mm)	(mm)		(mm)	(mm)	
3.8	3 800	34	M33	500	770	1 158	11.110	880	1 268	13.710	830	1 218	12.410
4.5	4 500	37	M36	550	840	1 270	14.67	960	1 410	18.390	910	1 340	16.530
注：括号中数字只适用于CC型螺旋扣。螺旋扣有开式与闭式两种。													
0.07	70	2.2	M6	100	180	258	0.11	175	250	0.113	182	260	0.132
0.1	170	3.3	M8	125	225	304	0.24	210	300	0.245	227	319	0.276
0.2	230	4.5	M10	150	270	368	0.40	260	370	0.38	265	317	0.423
0.3	320	5.5	M12	200	334	466	0.80	320	468	0.77	332	478	0.840
0.6	630	8.5	M16	250	446	610	1.60	420	610	1.49	434	426	1.650
0.9	980	9.5	M20	300	520	740	2.70	500	720	2.52	525	745	2.80

型号	钢丝绳直径 d	螺纹公称直径 d_0	螺栓中心距 A	底板长度 B	螺栓全高 H	底板宽度 L	重量 (kg)
	(mm)	(mm)	(mm)	(mm)	(mm)	(mm)	
Y—6	6	M6	13(14)	25	30(35)	18	0.03
Y—8	8	M8	17(18)	34	38(44)	24	0.07
Y—10	10	M10	21(22)	41	48(55)	30	0.15

（续）

名 称	外 形 图	规 格	用 途
		见下表	

（续）

型号	钢丝绳直径 d	螺纹公称直径 d_0	螺栓中心距 A	底板长度 B	螺栓全高 H	底板宽度 L	重量 (kg)
	(mm)						
Y—12	12	M12	25(28)	47	58(69)	35	0.24
Y—15	15	M14	30(33)	56	69(83)	40	0.35
Y—20	20	M16	37(39)	65	86(96)	48	0.57
Y—22	22	M18	41(44)	73	94(108)	52	0.82
Y—25	25	M20	46(49)	81	106(122)	58	1.13
Y—28	28	M22	51(55)	88	119(137)	62	1.49
Y—32	32	M24	57(60)	99	130(149)	70	2.01
Y—40	40	M24	65(67)	107	148(164)	75	2.44
Y—45	45	M27	73(78)	121	167(188)	82	3.63
Y—50	50	M30	81(88)	135	185(210)	92	4.75

注：括号内数字是底板材料为一般可锻铸铁（KTH330—08），未加括号的相应数字是底板材料为高强度可锻铸铁（CKTH350—10）

（续）

名称	外形图	规格	用途
标准钢丝绳夹 GB 5476—1996	标准钢丝绳夹	见下表	用于夹紧钢丝绳末端

公称尺寸（mm）	6	8	10	12	14	16	18	20	22	24
螺栓直径 d	M6	M8	M10	M12	M14		M16		M20	
螺栓中心距 A	13.0	17.0	21.0	25.0	29.0	31.0	35.0	37.0	43.0	45.5
螺栓全高 H	31	41	51	62	72	77	87	92	108	113
夹座厚度 G	6	8	10	12	14		16		20	

注：用于起重机时，夹座材料可用 Q235 或 ZG35；其他用途时夹座材料用。

名称	外形图	规格	用途
通用起重滑车(ZB J 80008—1999)	开口钩型　开口链环型	见下表	是一种使用简单、携带方便、起重能力较大的起重工具，常与绞车配套使用，广泛用于水利、建筑、工厂、矿山、交通运输等工程

结构型式及型号					最大起重量系列(t)
单轮	开口	滚针轴承	吊钩型	HQGZK1	0.32，0.5，1，2，3.2，5，8，10
			链环型	HQLZK1	
		滑动轴承	吊钩型	HQGZK1HY	0.32，0.5，1#，2#，3.2#，5#，8#，10#，16#，20#
			链环型	HQLZK1	
	闭口	滚针轴承	吊钩型	HQGZ1	0.32，0.5，1，2，3.2，5，8，10
			链环型	HQLZ1	
		滑动轴承	吊钩型	HQG1HY	0.32，0.5，1#，2#，3.2#，5#，8#，10#，16#，20#
			链环型	HQL1	
			吊环型	HQD1	1，2，3.2，5，8，10

（续）

名 称	外 形 图	规 格	用 途
	闭口吊环型	（见下表）	HY 型轴承采用滚动轴承，因而结构比较紧凑、质量也较轻。HY 型一般用于林业

（续）

结构型式及型号					最大起重量系列(t)
双轮	双开口	滑动轴承	吊钩型	HQGK2	1，2，3.2，5，8，10
			链环型	HQLK2	
	闭口		吊钩型	HQG2	1，2，3.2，5，8，10,16，20
			链环型	HQL2	
			吊环型	HQD2HY	1,2$^{\#}$，3.2$^{\#}$，5$^{\#}$，8$^{\#}$，10$^{\#}$，16$^{\#}$，20$^{\#}$，32$^{\#}$
三轮	闭口	滑动轴承	吊钩型	HQG3	3.2，5，8，10，16，20
			链环型	HQL3	
			吊环型	LQD3HY	2.3$^{\#}$，5$^{\#}$，8$^{\#}$，10$^{\#}$，16$^{\#}$，20$^{\#}$，32$^{\#}$，50$^{\#}$
四轮	闭口	滑动轴承	吊环型	HQD4HY	8$^{\#}$，10$^{\#}$，16$^{\#}$，20$^{\#}$，32$^{\#}$，50$^{\#}$
五轮				HQD5HY	20$^{\#}$，32$^{\#}$，50$^{\#}$，80
六轮				HQD6HY	32$^{\#}$，50$^{\#}$，80，100
八轮				HQD8	80，100，160，200
十轮				HQD10	200，250，320

注：① 表中带#号数字为林业滑车（HY）的规格。

② 最大起重量与滑轮数、轮直径、钢丝绳直径的对应如下：

(续)

名称	外形图	规格	用途
		(续)	

轮直径 (mm)			63	71	85	112	132	160	180	210	240	280	315	355	400	455
最大起吊重量 (t)	0.32	滑轮数目	1													
	0.5			1												
	1			2	1#											
	2				2#	1#										
	3.2				3#	2#	1#									
	5					3#	2#	1#								
	8					4#	3#	2#		1#						
	10						4#	3#	2#		1#					
	16							4#	3#		2#		1#			
	20							5#	4#	3#		2#		1#		
	32								6#	5#	4#	3#		2#		
	50										6#	5#	4#	3#		
	80											6	6	5		
	100												8	6		
	160													8		
	200													10	8	
	250														10	
	320															10
钢丝绳直径范围(mm)			6.2	6.2～7.7	7.7～11	11～14	12.5～15.5	15.5～18.5	17～20	20～23	23～24.5	26～28	28～31	31～35	34～38	40～43

		型号	开口尺寸(mm)	额定起重量(kg)	试验载荷(kg)	重量(kg)	
L 型平吊吊夹具（Q/UCAC01～05－91）	60° max 60° max	L－0.8	0～15	800	1 600	2	将吊夹具夹紧钢板边缘，进行水平吊运钢板
		L－1.6	0～25	1 600	3 200	8	
		L－2.5	25～50	2 500	5 000	10	
		L－5	50～80	5 000	10 000	19	
LA 型平吊吊夹具		型号	开口尺寸(mm)	额定起重量(kg)	试验载荷(kg)	重量(kg)	
		LA－1.6	0～30	1 600	3 200	4.8	
		LA－3.2	0～40	3 200	6 400	7.9	
LB 型平吊吊夹具	60° max	型号	开口尺寸(mm)	额定起重量(kg)	试验载荷(kg)	重量(kg)	
		LB－1	20～50	1 000	2 000	3.1	
		LB－3	20～80	3 000	6 000	7.6	
LZ 型平吊吊夹具		型号	开口尺寸(mm)	额定起重量(kg)	试验载荷(kg)	重量(kg)	吊运钢板、钢管、工字钢等型材及结构件
		LZ－1	0～40	1 000	2 000	1	
		LZ－3.2	0～50	3 200	6 400	5	

（续）

名称	图示	型号	开口尺寸 (mm)	额定起重量 (kg)	试验载荷 (kg)	重量 (kg)	用途
PDB 型平吊吊夹具		PDB-1.6	0～30	1 600	3 200	4	水平吊运钢板
		PDB-4	0～50	4 000	8 000	7	
		PDB-6	50～130	6 000	12 000	20	
PDL 型薄钢板吊夹具		型号	开口尺寸 (mm)	额定起重量 (每对)kg	试验载荷 (每对)kg	重量 (kg)	水平吊运弯曲形或窄小形钢板
		PDL-0.8	0～45	800	1 600	7	
		PDL-1.6	0～45	1 600	3 200	9	
PDK 型层叠钢板吊夹具	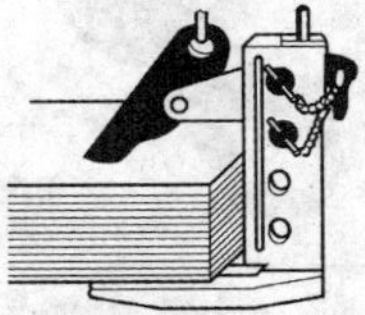	型号	开口尺寸 (mm)	额定起重量 (每对)kg	试验载荷 (每对)kg	重量 (kg)	水平吊运叠厚钢板和金属构件
		PDK-3.2	0～180	3 200×2	6 400×2	18	
		PDK-4.5	0～240	4 500×2	9 000×2	28	
		PDK-6.3	0～300	6 300×2	12 600×2	40	
		PDK-7.6	0～420	7 500×2	15 000×2	50	
PDD 型大型钢板吊夹具		型号	开口尺寸 (mm)	钢板厚度 (mm)(最大)	额定起重量 (kg)	重量 (kg)	吊运大型钢板
		PDD-5	700～1 200	160	5 000	365	
		PDD-5A	600～1 000	160	5 000	375	
		PDD-10	1 000～1 500	200	10 000	680	
		PDD-15A	1 500～2 000	250	15 000	860	
		PDD-20	1 500～2 000	250	20 000	1 030	

（续）

名称	图示	型号	开口尺寸（mm）	额定起重量（kg）	试验载荷（kg）	重量（kg）	说明
CD、CD K型垂吊吊夹具	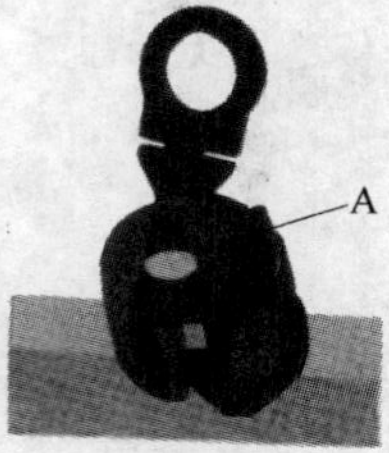	CD-0.8	0～15	800	1 600	2	垂直吊运钢板，具有安全锁紧装置A，吊环具有方向装置
		CD-1.6	0～20	1 600	3 200	7.6	
		CD-3.2	0～25	3 200	6 400	16.2	
		CD-8	0～45	8 000	16 000	34	
	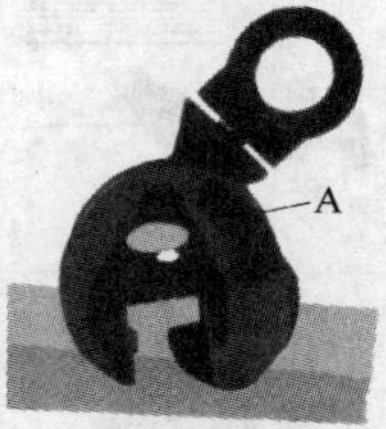	CD-12	0～54	12 000	24 000	47	
		CD-16	0～76	16 000	32 000	55	
		CDK0.8	15～30	800	1 600	2	
		CDK-1.6	20～40	1 600	3 200	7.6	
		CDK-3.2	25～50	3 200	6 400	16.7	
		CDK-4.5	25～50	4 500	9 000	16.8	
CDH型垂吊吊夹具	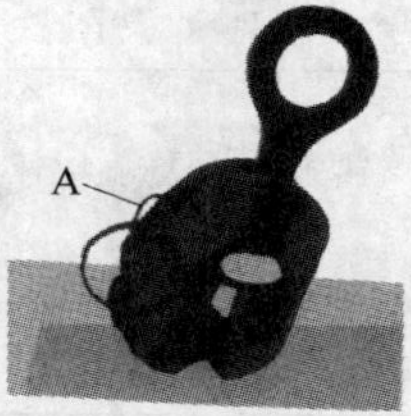	型号	开口尺寸（mm）	额定起重量（kg）	试验载荷（kg）	重量（kg）	垂直吊运钢板，具有安全锁紧拉环A
		CDH-0.5	0～16	500	1 000	2.8	
		CDH-1.0	0～20	1 000	2 000	5.8	
		CDH-3.2	0～30	3 200	6 400	11.5	
		CDH-5	0～50	5 000	10 000	16.8	
		CDH-8	0～50	8 000	16 000	33	

（续）

名称	图示	型号	开口尺寸（mm）	额定起重量（kg）	试验载荷（kg）	重量（kg）	用途
CDD 型圆桶吊夹具		型号	开口尺寸（mm）	额定起重量（kg）	试验载荷（kg）	重量（kg）	吊运大型钢桶及油桶，具有锁紧装置
		CDD－0.8	0～15	800	1 600	1.9	
		CDD－1.6	0～20	1 600	3 200	7.5	
QD 球扁钢吊夹具	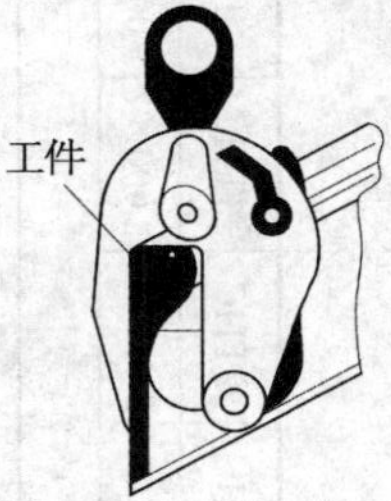 工件	型号	开口尺寸（mm）	额定起重量（kg）	试验载荷（kg）	重量（kg）	适用于吊运球扁钢和特殊球扁钢，严禁吊运厚钢板
		QD－0.8	6～42	800	1 600	7	
		QD－1.6	9～90	1 600	3 200	15	
		QD－3.75	9～90	3 750	7 500	29	
		开口 6～42 适用于 P12。9～90 适用于 P20～P27。					
YDG 型工字钢吊夹具		型号	开口尺寸（mm）	额定起重量（kg）	试验载荷（kg）	重量（kg）	吊运钢梁，尤其适用于吊运工字梁
		YDG－1	3～24	1 000	2 000	7	
		YDG－2	3～30	2 000	4 000	11	

注：上述吊夹具，产地：△52 型号可能改进，技术参数会有变化，采用时以该生产单位产品样本技术参数为准。

防爆电动葫芦

【用途】

电动葫芦是常见的通用吊具，随着工业生产中可燃气体的增多，开发了 BCD_1 型防爆电动葫芦，具有结构新颖、操作方便，防爆性能可靠的特点。该系列产品是根据国家标准 GB 3836《爆炸性环境用防爆电气设备》的规定设计制造，达到有关防爆等级，适用于工厂爆炸性气体混合物存在的危险场所。

【规格】

防爆等级		d Ⅱ BT4　d Ⅱ CT4　de Ⅱ BT4　de Ⅱ CT4					
起重量(t)		0.5	1.0	2.0	3.0	5.0	10
起升速度(米/分)		8	8	8	8	8	8
运行速度(米/分)		10	10	10	10	10	10
钢丝绳直径(mm)		4.8	7.4	11	13	15.5	15.5
起升电动机	型号	20.21－4	20.22－4	20.31－4	20.32－4	20.41－4	20.51－4
	功率(kW)	0.8	1.5	3	4.5	7.5	13
	转速(r/min)	1 380	1 380	1 380	1 380	1 400	1 400
	电源	三相 380 V　50 Hz					
	电流(A)	2.4	4.3	7.6	11	18	30
运行电动机	功率(kW)	0.2	0.2	0.4	0.4	0.8	0.8×2
	转速(r/min)	1 380	1 380	1 380	1 380	1 380	1 380
	电源	三相 380 V　50 Hz					
	电流(A)	0.72	0.72	1.25	1.25	2.4	2.4×2
起升高度(m)		6、9、12	6、9、12、18、24、30				

注：上述资料摘自制造厂产品样本，产地：⚠ 84。

cas 电子吊钩称

【技术参数】

型号	0.5THC	1THC	2THC	3THC	5THC
称重范围(kg)	500×0.2	1 000×0.5	2 000×1	3 000×2	5 000×2
显示形式	LED(1.2 英寸)				
使用电源(V)	DC　6 V				
电源变压器	AC110/120/220/240 V，50/60 Hz				
功耗(W)	1.2				
使用温度(℃)	－10～＋40				
产品自重(kg)	20		28		31

第二十八章　新型农林园艺工具

28.1

名　称	外　形　图	规　　格	用　　途
农用锹（QB/T 2095—1995）	B　B NA 型　NB 型 农用尖锹	锹身长(mm)：340～350，前幅宽 B(mm) 225～235，锹裤外径(mm)：42 厚度(mm)1.7 农用尖锹，身长（mm）380、430、460，宽度（mm），200、220、240	多用于挖渠，开河、兴修水利
农用锄钯		狭者又名锄头，用于细作，宽者又名铁钯，用于深耕，其特点是与泥土摩擦阻力小，不易被泥土粘住，容易铇土并方便出土，操作较方便	苏南农村传统田间作业农具

(续)

<table>
<tr><th>名称</th><th>外形图</th><th colspan="6">规格</th><th>用途</th></tr>
<tr><td rowspan="4">家用花具</td><td rowspan="4"></td><td>品种</td><td>草叉</td><td>小铲</td><td>三叉</td><td>移植泥刀</td><td>草锄</td><td rowspan="4">用于家庭种植花木时松土、移植和锄草</td></tr>
<tr><td>全长(mm)</td><td>305</td><td>265</td><td>255</td><td>315</td><td>325</td></tr>
<tr><td>全宽(mm)</td><td>82</td><td>155</td><td>140</td><td>80</td><td>180</td></tr>
<tr><td>头长(mm)</td><td>—</td><td>60</td><td>55</td><td>—</td><td>—</td></tr>
<tr><td rowspan="2">起苗器</td><td rowspan="2"></td><td colspan="2">型号</td><td colspan="2">G516-2</td><td colspan="2">G504-1</td><td rowspan="2">用于花卉及林木育苗</td></tr>
<tr><td colspan="2">全长×全宽×高(mm)</td><td colspan="4">320×46×45</td></tr>
<tr><td>移苗器</td><td></td><td colspan="6">型号:5Y,全长×全宽×头长(mm):
348×22×206</td><td>用于移苗</td></tr>
<tr><td rowspan="3">挠</td><td rowspan="3"></td><td colspan="2">型号</td><td colspan="4">全长×全宽×头长(mm)</td><td rowspan="3">用于松土</td></tr>
<tr><td colspan="2">N275</td><td colspan="4">275×74×133</td></tr>
<tr><td colspan="2">电泳挠</td><td colspan="4">295×79×175</td></tr>
</table>

(续)

<table>
<tr><th>名称</th><th>外形图</th><th colspan="5">规格</th><th>用途</th></tr>
<tr><td rowspan="2">两用耙</td><td rowspan="2"></td><td colspan="5">型号:G516 - 6</td><td rowspan="2">用于种植花卉与林木育苗</td></tr>
<tr><td colspan="5">长×高×宽(mm):416×150×64</td></tr>
<tr><td rowspan="4">平耙</td><td rowspan="4"></td><td>型号</td><td>R104</td><td>R105</td><td>R106</td><td>R104A</td><td rowspan="4">用于平整花园、果木园等地</td></tr>
<tr><td>全长(mm)</td><td>263、319</td><td>260、315、370、430</td><td>271 327</td><td>348</td></tr>
<tr><td>全宽(mm)</td><td>80</td><td>95</td><td>80</td><td>108</td></tr>
<tr><td>头长(mm)</td><td>53</td><td>65</td><td>55.5</td><td>67</td></tr>
<tr><td rowspan="3">园艺锄</td><td rowspan="3">(1)
(2)</td><td>型号</td><td colspan="2">P275</td><td colspan="2">C702 - 2</td><td rowspan="3">用于花卉、林木育苗及松土等</td></tr>
<tr><td>长×宽×高(mm)</td><td colspan="2">275×95×105</td><td colspan="2">415×96×105</td></tr>
<tr><td>头长(mm)</td><td colspan="2">133</td><td colspan="2">133</td></tr>
</table>

(续)

名称	外形图	规格							用途
园艺铲		型号	G 702-1	G 516-5	G 504-2	GN 295	5 CN		用于移植花草、栽培幼苗、园艺培土等
		长×宽(mm)	315×96	520×83	330×70	395×78	295×56	305×79	
剪枝剪 GB 6868—1997		全长(mm)	150	180	200	230	250		用于修剪桃李，苹果等各种果树，葡萄枝及花卉等
		头长×头厚(mm)	45×6.5	60×7.5	65×8.0	70×9.0	76×1.0		
高枝剪 QB/T 2289.3—1997	高枝剪	型号	GE290	GE295	GE280	270	530	357	用于修剪离地较高的各种果树及人行道树枝等
		全长(mm)	290	295	280	270	530	357	
		全宽(mm)	205	124	165	110	143	681	
		剪头长(mm)	60	—	—	—	—	295	

(续)

<table>
<tr><th>名称</th><th>外形图</th><th colspan="3">规格</th><th>用途</th></tr>
<tr><td>桑剪 QB/T 2289.2—1997</td><td>桑剪</td><td colspan="3">全长(mm)203,头长(mm)72,头厚(mm)4</td><td>用于剪桑枝叶、修剪桑树,柞蚕树和其他果树</td></tr>
<tr><td>稀果剪 QB/T 2289.1—1997</td><td>稀果剪</td><td colspan="3">全长(mm):190　头长(mm):65　头厚(mm):4</td><td>用于各种果树稀果、葡萄采摘及棉花整枝</td></tr>
<tr><td rowspan="3">手锯</td><td rowspan="3">手锯</td><td>全长(mm)</td><td>锯身长×宽×厚(mm)</td><td>齿距(mm)</td><td rowspan="3">用于截锯各种树枝、绿化乔木等</td></tr>
<tr><td>340</td><td>215×34×0.8</td><td rowspan="2">3.5</td></tr>
<tr><td>400</td><td>260×38×0.9</td></tr>
<tr><td>农用锯</td><td>农用锯</td><td colspan="3"></td><td>江南农村,居家必备,是常用的工具。用于修剪桑、桃及其他树枝,修理家具</td></tr>
<tr><td>大修剪</td><td></td><td colspan="3">长度(mm)230、250、300、400</td><td>供园艺工人修整花草用</td></tr>
</table>

（续）

<table>
<tr><th>名　称</th><th>外　形　图</th><th>规　　格</th><th>用　　途</th></tr>
<tr><td>镰刀</td><td>镰
(A)
镰刀
(B)</td><td><table><tr><th>型号</th><th>A型</th><th>B型</th></tr><tr><td>长度(mm)(不含柄)</td><td>250 300</td><td>150 200</td></tr></table></td><td>专供手工收割水稻,小麦等农作物之用。并常用于割草和青饲料</td></tr>
<tr><td>自动喷水装置
(1) 插入式
(2) 接管式
(3) 放置式</td><td></td><td>(1) 插入式,将下端插入草地,在进水口处接通软管,通水并喷水。规格如下：<table><tr><th>型号</th><th>GL981</th><th>GL971</th><th>GL988</th><th>GL978</th></tr><tr><td>毛/净重(kg)</td><td>10/9</td><td>7/6</td><td>15/14</td><td>19/18</td></tr><tr><td>外形尺寸(mm)</td><td>520×370×340</td><td>520×375×450</td><td>520×375×450</td><td>520×375×450</td></tr></table>(2) 接管式:喷水管预先埋入地下,仅管口露出草坪,喷洒水时可将喷水装置装上,使用比较方便,不需软管,规格如下：<table><tr><th>型号</th><th>9939</th><th>9718</th><th>9719</th></tr><tr><td>通径(in/mm)</td><td>¾"/19</td><td>1"/25.4</td><td>¾"/19</td></tr><tr><td>毛重/净重(kg)</td><td>12/11</td><td>26/24</td><td>16/15</td></tr><tr><td>外形尺寸(mm)</td><td>680×400×310</td><td>390×305×420</td><td>440×185×310</td></tr></table></td><td>园林、绿地喷洒水。也可用于温室浇灌蔬菜花卉</td></tr>
</table>

（续）

<table>
<tr><th>名　称</th><th>外　形　图</th><th>规　　格</th><th>用　　途</th></tr>
<tr><td></td><td></td><td>（3）H 形底架放置式。使用时就地放置。在 H 形底部接通软管，顶部三通管即喷洒水流。规格如下：
<table><tr><td>型号</td><td>0304</td><td>0302</td><td>0303</td><td>0306</td></tr><tr><td>GW 毛重(kg)</td><td>12</td><td>12</td><td>19</td><td>12</td></tr><tr><td>NW 净重(kg)</td><td>11</td><td>11</td><td>18</td><td>11</td></tr><tr><td>外形尺寸(mm)</td><td>620×350×430</td><td>620×350×430</td><td>620×350×430</td><td>620×350×430</td></tr></table></td><td>△28</td></tr>
<tr><td>LB－2 型高压自锁自动喷雾器(是专利产品，已通过国家植保机械检测中心检测

产地：△27</td><td></td><td>（1）用途：适用于棉花、果树、水稻、小麦、油菜、园林等除虫防病，还可用于车辆环卫防疫等
（2）特点说明：是以机内高压空气为原始动力迫使药液喷射，喷射结束时，机内自锁阀会自动关闭，加液时会自动打开，一年只需加一次气
（3）优点
省工省力，不用打气、不用电、不用油、自动喷雾，在保持筒内 0.18～0.2 MPa 压力，能对作物大面积喷雾，中途不必加气，能喷完筒内所有药液，安全可靠，使用寿命十年</td><td>该机使用时，可背负喷射，也可把主机放在原地，加长皮管 30～50 m 使用，每次喷药 12 kg，平喷达 8 m，喷高达 5～7 m，可使用单喷头：双喷头和三喷头</td></tr>
</table>

第二十九章　新型防爆防磁特种工具

1. 概　　述

现代工业系统已离不开氧、氢、乙炔、液化石油等可燃气体，应用可燃气体是工业生产的主要手段。其实，可燃气体具有两重性，控制它，严格按操作规程，能使可燃气体为工业生产作出贡献；若疏忽大意，违反操作法规，它就会“咬”人、“吃”人，甚至引发灾难性事故，媒体的报道屡见不鲜。

炼油厂、化工厂以及可燃气体集结场所，入口处贴有一张醒目告示“交出火种”。其目的是杜绝火种，防止事故。举四个例子，说明火种的危害性。某造船厂，工人在舱内工作，因氧、乙炔皮管漏气，致使舱内已充满可燃气体，遇到火星，引发爆燃；某油船，卸掉重油，用江水清洗油舱，虽然擦干油渍，可是舱内充满油气，当遇到火星，爆炸气浪将人从舱口冲出离甲板 10 m 高处；某蓄电池舱，积聚大量氢气，火星引发爆燃，将钢门冲掉；某油漆车间，涂装工件的溶剂挥发出可燃气体，遇到电瓶车发出的火星，引发一场大火。事故的根源来自“火种”，钢锤及钢质工具敲击或摩擦工件会产生火种，因此在有可燃气体的舱、柜、储罐等容器及环境中工作，必须使用防爆防磁特种工具，杜绝火种，防止事故。

防爆工具制造材料为铍青铜(硬度≥35 HRC)；铝青铜(硬度≥25HRC)。标志，产品上应有防爆工具代号 Fx、防爆类别代号和检验单位代号标志，例如 ExⅡBN 表示防爆性能代号 N，经检验合格的Ⅱ类 B 级防爆工具(Ⅰ类：甲烷浓度 6.5%，Ⅱ类 A：丙烷浓度 5.3%，Ⅱ类B：乙烯浓度 7.8%，Ⅱ类 C：氢气浓度 21%)。

本手册附录一，企业名录产地△22，是国家认定的高新技术企业，专业制造铍青铜、铝青铜防爆工具和高档钢制特种工具三大系列产品，广泛用于石化，矿山、煤矿、采油、采气、油气管道、发电、冶金、航空、储运、制药、制气、化纤、烟火以及与可燃气体接触的行业。在国内设立 31 个分销商，在美、日、欧洲、新加坡、中东等地区设立 5 个分销商。其部分产品见下表。表中名称栏标有 NO.×××为中泊产品。把上述信息告知读者，目的是防爆保安。

2. 防爆工具品种(见下表)

防爆工具名称规格和用途

<table>
<tr><th>名称</th><th>外形图</th><th colspan="7">规格</th><th>用途</th></tr>
<tr><td>防爆用活扳手</td><td></td><td colspan="7">扳手全长×最大开口(mm):150×19,200×24,250×30,300×36,375×46,450×55,600×65</td><td>专供在易燃易爆场合使用</td></tr>
<tr><td rowspan="2">防爆用管钳</td><td rowspan="2"></td><td>全长(mm)</td><td>200</td><td>300</td><td>350</td><td>450</td><td>600</td><td>900</td><td rowspan="2">专供在易燃易爆场合中拧紧金属管</td></tr>
<tr><td>夹持管子最大直径(mm)</td><td>25</td><td>40</td><td>50</td><td>60</td><td>75</td><td>85</td></tr>
<tr><td rowspan="6">防爆用錾子(GB 10688—89、QB/T 2613.2—2003)</td><td rowspan="6"></td><td>全长 $L \geqslant$ (mm)</td><td colspan="2">工作部分长 L_1(mm)</td><td colspan="2">八角断面 E (mm)</td><td colspan="2">圆断面 D (mm)</td><td rowspan="6">专供在易燃易爆场合进行铲、凿工作</td></tr>
<tr><td rowspan="2">180</td><td colspan="2" rowspan="2">70</td><td colspan="2">19</td><td colspan="2">16</td></tr>
<tr><td colspan="2">25</td><td colspan="2">18</td></tr>
<tr><td rowspan="2">200</td><td colspan="2">50</td><td colspan="2">19</td><td colspan="2">20</td></tr>
<tr><td colspan="2">70</td><td colspan="2">25</td><td colspan="2">27</td></tr>
<tr><td>250</td><td colspan="2">70</td><td colspan="2">25</td><td colspan="2">27</td></tr>
</table>

（续）

名称	外形图	规格									用途
防爆八角锤（GB 10692—89、QB/T 2613.6—2003）		质量(kg)不带柄	0.9	1.4	1.8	2.7	3.6	4.5	5.4		在易燃易爆场合中用于锤击钢铁件
		锤头高(mm)	98	108	122	142	155	170	178		
		质量(kg)不带柄	6.4	7.3	8.2	9.1	10.2	10.9			
		锤头高(mm)	186	195	203	210	216	222			
防爆用检查锤(GB 10689—89、QB/T 2613.3—2003)		不带柄质量(kg)0.25，锤总高(mm)：120									检查盛装易燃易爆物品的容器及输气管道等
防爆用圆头锤(GB 10693—89、QB/T 2613.7—2003)		不带柄质量(kg)	0.11	0.22	0.33	0.44	0.66	0.88	1.10	1.32	专供在易燃易爆场合中工作
		锤头高(mm)	66	80	90	101	116	127	137	147	

（续）

名称	外形图	规格	用途
防爆用梅花扳手(GB 10691—89、QB/T 2613.5—2003)		单头梅花扳手系列(mm)：18、19、20、21、22、23、24、25、26、27、28、29、30、31、32、34、38、41、46、50、55、60、65、70、75、80 双头梅花扳手系列(mm)：5.5×7　6×7　7×8　8×9　9×10　9×11　10×11　10×12　11×13　12×13　12×14　13×14　14×15　13×17　14×17　16×17　17×19　18×19　19×22　20×22　21×23　19×24　22×24　24×27　25×28　24×30　27×30　30×32　30×36　32×36　36×41　38×41　41×46　46×50。 市场上尚有规格：10×13　13×16　16×18　18×21　21×24　30×34	在易燃易爆场所拧紧拆卸六角头螺栓(母)
防爆轻型链钳		规格(mm)：100	
防爆猴式活扳手		规格(mm)：240、254、305、350、380	
防爆欧式活扳手		规格(in)：6、8、10、12、15	

（续）

名　称	外　形　图	规　　格	用　途
防爆三用活扳手		规格(mm)：350	
防爆万能扳手		规格(mm)：10～30、30～60	
防爆英制呆梅两用扳手		规格(in)：1/4，5/16，3/8，7/16，1/2，9/16，19/32，5/8，11/16，3/4，13/16，7/8，15/16，1，1～1/16，1～1/8，1～3/16，1～1/4，1～5/16，1～3/8	
防爆呆梅两用扳手		规格(mm)：6，7，8，9，10，11，12，13，14，15，16，17，18，19，20，21，22，23，24，25，26，27，28，29，30，31，32，34，35，36，38，40，41，46，50，55，60，65，70，75，80，85，90	
防爆弯柄呆扳手		规格(mm)：12，14，17，19，22，24，27，30，32，34，36，41，46，50，55	
防爆美式管钳子		规格(mm)：200×25，250×30，300×40，350×50，450×60，600×75，900×85，1 200×110	

29.5

(续)

名　称	外　形　图	规　　　格	用　　途
防爆英制双头呆扳手		规格:1/4 *5/16, 5/16 *3/8, 3/8 *7/16, 3/8 *1/2, 7/16 *1/2, 1/2 *9/16, 9/16 *5/8, 5/8 *11/16, 5/8 * 3/4, 11/16 * 3/4, 3/4 * 13/16, 3/4 *7/8, 13/16 *7/8, 7/8 *15/16, 15/16 *1, 1 *1—1/16, 1—1/16 *1—1/8, 1—1/8 *1—3/16, 1—3/16 * 1—1/4, 1—1/4 * 1—5/16, 1—5/16 *1—3/8, 1—3/8 *1—7/16, 1—7/16 *1—5/8, 1—1/2 *1—9/16, 1—5/8 *1—13/16, 1—13/16 *2, 2 *2—3/16, 2 *2—3/8,2—3/16 *2—3/8, 2—3/8 *2—9/16	
防爆敲击梅花扳手		规格(mm):17, 19, 22, 24, 26, 27, 28, 30, 32, 34, 36, 38, 40, 41, 42, 45, 46, 50, 52, 55, 60, 65, 70, 75, 80, 85, 90, 95, 100, 105, 110, 120, 130, 140	
防爆英制德式敲击梅花扳手		规格:11/16, 3/4, 7/8, 1, 1—1/16, 1—1/8, 1—3/16, 1—1/4, 1—3/8, 1—13/32, 1—1/2, 1—5/8, 1—3/4, 1—13/16, 2, 2—1/16, 2—3/16, 2—13/64, 2—5/16, 2—3/8, 2—1/2, 2—9/16, 2—5/8, 2—3/4, 2—15/16, 3, 3—1/16, 3—1/8, 3—3/8, 3—9/16, 3—3/4, 3—15/16, 4—1/8	

（续）

名 称	外形图	规 格	用 途
防爆重型敲击梅花扳手		规格(mm):32, 36, 41, 46, 50, 55, 60, 65, 70, 75, 80	
防爆高颈敲击梅花扳手		规格(mm):27, 30, 32, 36, 41, 46, 50, 55, 60, 65, 70, 75, 80, 85, 90, 95, 100, 110, 120	
防爆弯柄敲击梅花扳手		规格(mm):24, 27, 30, 32, 36, 41, 46, 50, 55, 60, 65, 70	
防爆带爪阀门扳手		规格(mm):60, 80, 102	
防爆带爪阀门扳手		规格(mm):30, 40, 50, 60, 130	
防爆单头开桶扳手		规格(mm):300	

（续）

名称	外形图	规格	用途
防爆多用开桶扳手		规格(mm):300	
防爆撬棒棘轮扳手		规格(mm):22，24，27，30，32，36，38，41	
防爆扁柄六角棘轮扳手		规格(mm):17，19，21，22，24，26，27，30，36，41	
防爆重型六角棘轮扳手		规格(mm):17，19，21，22，24，26，27，30，32，35，36	
防爆欧式棘轮扳手		规格(mm):9，11，13，14，17，19，22，24，32，36，41，46，50，55，60	
防爆多用开桶扳手		规格(mm):385	

（续）

名称	外形图	规格	用途
防爆剪刀		规格(mm):290，360	
防爆铁皮剪刀		规格(g):300	
防爆克丝钳		规格(mm):150，175，200，250	
防爆起钉器		规格(mm):250	
防爆羊角起钉钳		规格(mm):400，600，800，1 200	
防爆起钉锤		规格(mm):230	

（续）

名　称	外　形　图	规　　格	用　　途
防爆斜口钳		规格(mm)：150，200	
防爆胡桃钳		规格(mm)：200	
防爆鸭嘴钳		规格(mm)：150，200	
防爆叠置式水泵钳		规格(mm)：150，250，300，360	
防爆新式水泵钳		规格(mm)：250，300	

（续）

名　称	外 形 图	规　　格	用　　途
防爆尖嘴钳		规格（mm）：150，200	
防爆 A 型尖嘴钳		规格（mm）：150，200	
防爆圆嘴钳		规格（mm）：150	
防爆内挡圈钳		规格（mm）：200，250	
防爆 G 型夹		规格（mm）：76，290，370	

（续）

名　称	外　形　图	规　　格	用　　途
防爆四齿叉子		规格(mm)：327	
防爆划规		规格(mm)：200，400	
防爆锯条		规格(mm)：300	
防爆手摇油泵		规格(mm)：1 350	
防爆液压铲车		规格(mm)：2 000	

(续)

名 称	外 形 图	规 格	用 途
防爆锄头		规格(mm):130，200	
防爆管子割刀	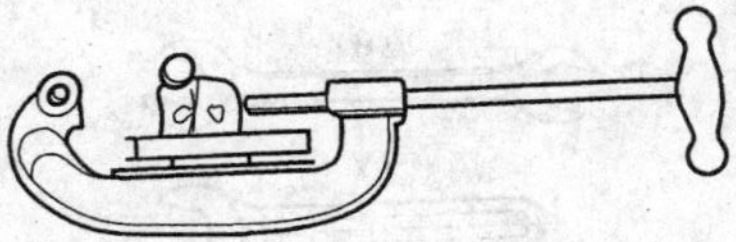	规格(mm):50	
防爆索具卸扣	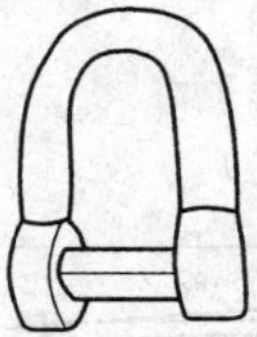	规格(mm):30，37	
防爆外挡圈钳	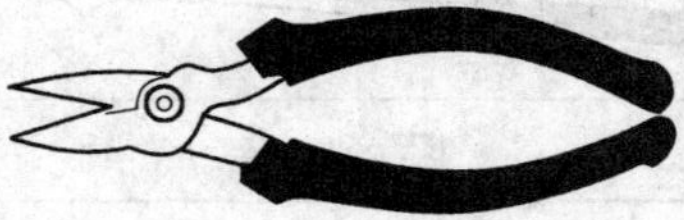	规格(mm):200，250	

(续)

名称	外形图	规格	用途
防爆断线钳		规格(mm):600	
防爆用呆扳手(GB 10687—89、QB/T 2613.1—2003)	(A) (B)	单头呆扳手系列(mm):5.5 6 7 8 9 10 11 12 13 14 15 16 17 18 19 20 21 22 23 24 25 26 27 28 29 30 31 32 34 36 38 41 46 50 60 65 70 75 80 双头呆扳手系列(mm):5 5.5×7 6×7 7×8 8×9 8×10 9×11 10×11 10×12 11×13 12×13 12×14 13×14 14×15 13×17 14×17 16×17 17×19 18×19 19×22 20×22 21×23 19×24 22×24 24×27 25×28 24×30 27×30 30×32 30×36 32×36 36×41 38×41 41×46 46×50 50×55 55×60 60×65 65×70 70×75 75×80。市场上尚有规格:10×13 13×16 16×18 18×21 21×24 30×34	用于易燃易爆场所中拧紧、拆卸六角头或方头螺栓(母)
		规格　全长 350 mm	旋下或旋合盛有易燃易爆品的金属桶盖

注:标准号已由GB(国家标准)转成QB(轻工行业标准)。

第四篇　新能源及节能减排五金器材

第三十章 新能源产业及相关五金器材

1. 新能源产业概述

目前世界上的主要能源是石油、煤或核发电，然而石油危机已经显现，世界石油价格飞涨，燃煤又产生大量污染，令煤的应用受到限制，这些势必严重影响世界经济的发展，能源危机正在向人类袭来。解决能源危机的办法，一是提高燃煤效率以减少资源消耗，实现清洁煤燃烧以减少污染；二是开发新能源，积极利用再生能源；三是开发新材料、新工艺，最大限度地实现节能。

新能源开发的重点是光伏产业，全球光伏电池产量，2004 年比 2003 年增长了 62%，光伏电池的制造与应用主要集中在日、美和德国。单晶片、多晶片及背膜等元件，前几年我国尚依靠进口，然后将其加工组装成太阳能电池板。"中国太阳能网"是一个涵盖能源领域各方面信息的综合网站，积极倡导太阳能产业在中国的推广。风能是一种清洁的可再生能源，我国的微、小风力发电机组的应用技术处于世界先进水平，已达到小批量生产阶段，目前正在研制中、大型风力发电机组。氢是 21 世纪人类最理想的能源之一，将氢能直接转化为高效燃料电池，实现氢能应用。

2. 光伏电池

太阳能电池是 N 型半导体和 P 型半导体形成 PN 结，当太阳光线射入太阳能电池后，由于光电效应产生电子和空穴，电子便向 N 型半导体一侧转移，空穴向 P 型半导体一侧移动，此时在两个电极间接入负载，太阳能电池就会输出电力，将光直接转换成电能。

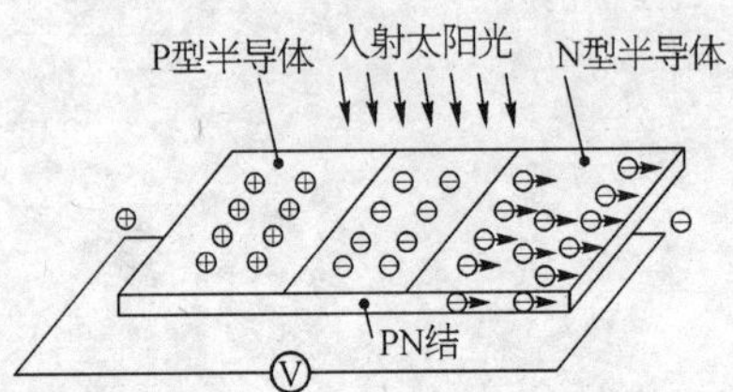

光伏电池(太阳能电池板)，由晶片(单晶片或多晶片，也可用高效晶片，单晶片性能比多晶片优)、背膜、连接件和铝合金框架组合而成。背膜贴在晶片背面。太阳能电池板使用年限，通常为 20 年。其价格按功率(W)计算，QSM125 型和 QSP156 型主要技术参数列于下表。

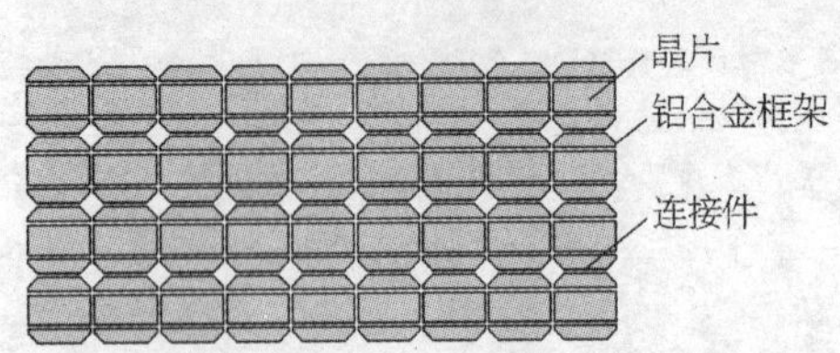

(1) 太阳电池型号命名方法(摘自 GB/T 2296—2001)

① 范围。本标准规定了太阳电池(包括单体、组件、板、子方阵、方阵)型号命名方法。

适用于同质结、异质结、肖特基势垒及光电化学型的太阳电池。

② 单体太阳电池型号命名方法。单体元素半导体太阳电池型号命名由五部分组成。

第一部分 第二部分 第三部分 第四部分 第五部分

- 第五部分：其他特征
- 第四部分：表示太阳电池尺寸
- 第三部分：表示太阳电池主要特征或预区材料
- 第二部分：表示太阳电池基体材料或基体材料 / 衬底材料
- 第一部分：表示太阳电池类型

第一部分　符号表

符号	T	Y	X	G
含义	同质结太阳电池	异质结太阳电池	肖特基势垒太阳电池	光电化学太阳电池

第二部分　符号表

符号	含　义	符号	含　义
C	N 型单晶硅材料	G	玻璃
D	P 型单晶硅材料	F	不锈钢
P	多晶硅材料	T	陶瓷
H	非晶硅材料	K	聚酰亚胺膜
X	其他材料		

第三部分　(同质结电池特征)符号表

符号	含　义	符号	含　义
A	常规太阳电池	N	弱光型太阳电池
B	有背表面场的太阳电池	Q	叠层太阳电池
D	有表面钝化层的太阳电池	R	有绒面的太阳电池
E	有防阴影功能的太阳电池	S	有双面栅电极的太阳电池
F	有背反射器的太阳电池	T	薄膜太阳电池
J	浅结密栅的太阳电池	V	有 V 形槽表面的太阳电池
K	有孔式卷包电极的太阳电池	W	有边缘卷包电极的太阳电池
L	有表面场的太阳电池	Z	有局部背扩散结构的太阳电池
M	聚光型太阳电池		

注：1. 第五部分特征符号与前四部分用短线连接，此部分符号见表中。

2. 肖特基势垒电池顶区材料符号：S(银)、U(铂)、V(铬)、W(金)、X(其他)。

【单体元素半导体太阳电池型号命名示例】

示例 1： T D B 100×100

- 100×100 表示长 100 mm，宽 100 mm 的矩形单体太阳电池
- B 表示有背表面场的太阳电池
- D 表示基体材料为 P 型单晶硅
- T 表示同质结

示例 2： T D A 75

- 75 表示直径为 75 mm 的圆形单体太阳电池
- A 表示常规太阳电池
- D 表示基体材料为 P 型单晶硅
- T 表示同质结

示例 3： T C A75/2

- 75/2 表示直径为 75 mm 的半圆形单体太阳电池
- A 表示常规太阳电池
- C 表示基体材料为 N 型单晶硅
- T 表示同质结

③ 单体化合物半导体太阳电池型号命名方法。

第一部分 第二部分 第三部分

- 第三部分：表示单体化合物半导体太阳电池尺寸
- 第二部分：表示单体化合物半导体太阳电池 p－n 结材料、基体材料或基体材料 / 衬底材料(见第二部分 符号表)
- 第一部分：表示单体化合物半导体太阳电池 p－n 结的数目(见下表)

单体化合物半导体太阳电池符号表

符号	1J	2J	3J	4J	*n*J
含义	单结	双结	三结	四结	*n* 结

【单体化合物半导体太阳电池型号命名示例】

示例 1： 1J GaAs/GaAs 20×40×0.4

- 20×40×0.4 表示长 20 mm，宽 40 mm，厚 0.4 mm 的矩形单体太阳电池
- GaAs/GaAs 表示有砷化镓 p－n 结，以砷化镓为衬底的单体整片太阳电池
- 1J 表示单结

示例2： 2J GaInP/GaAs/Ge 50

表示直径为 50 mm 的圆形单体太阳电池

表示有镓铟磷 p－n 结，砷化镓 p－n 结，以锗为衬底的单体整片太阳电池

表示双结

④ 太阳电池组件、板、子方阵、方阵的型号命名方法。

第一部分 第二部分 第三部分 第四部分

表示太阳电池组件或板外形尺寸

表示太阳电池组件、板、子方阵或方阵中单体电池材料

表示太阳电池组件、板、子方程或方程的额定电压(V)

表示太阳电池组件、板、子方程、或方程的额定功率(W)

第三部分单体元素半导体太阳电池，按“第二部分 符号表”规定表示；单体化合物半导体太阳电池，用化学元素符号表示 p－n 结材料、基体材料或基体材料/衬底材料，当衬底材料不是半导体材料时，其符号见“第二部分 符号表”。

【太阳电池组件、板、子方阵、方阵的型号命名示例】

示例14： 34 (16.9) H/G 400×1 200

表示长 400 mm，宽 1 200 mm 的太阳电池板

表示太阳电池板的基体材料为非晶硅，衬底材料为玻璃

表示在标准测试条件下的额定电压为 16.9 V

表示在标准测试条件下的额定功率为 34 W

示例15：1 340 (48) D

表示太阳电池方阵的基体材料为 P 型单晶硅

表示在标准测试条件下的额定电压为 48 V

表示在标准测试条件下的额定功率为 1 340 W

(2) 光伏电池技术参数

① SUNTECH(尚德电力)太阳能光伏电池技术参数。

产品特征	STP280S－24/Vb	STP270S－24/Vb	STP260S－24/Vb	STP210－18/Vb	STP200－18/Vb	STP190－18U/Vb
开路电压(V)	44.8	44.8	44.3	33.6	33.4	33

（续）

产品特征	STP280S-24/Vb	STP270S-24/Vb	STP260S-24/Vb	STP210-18/Vb	STP200-18/Vb	STP190-18U/Vb
工作电压(V)	35.2	35	35	26.4	26.2	26
工作电流(A)	7.95	7.71	7.43	7.95	7.63	7.31
短路电流(A)	8.33	8.14	8.04	8.33	8.12	7.89
功率(WP)	280	270	260	210	200	190
温度范围(℃)	−40～+85	−40～+85	−40～+85	−40～+85	−40～+85	−40～+85
最大系统电压(V)	1 000(DC)	1 000(DC)	1 000(DC)	1 000(DC)	1 000(DC)	1 000(DC)
保险丝最大电流(A)	20	20	20	20	20	20
功率允差(%)	±3	±3	±3	±3	±3	±3
外形：长×宽×高(mm)	1 956×992×50			1 482×992×35		
质量(kg)/(lbs)	27/59.5			16.8/37		

产品特征	STP180S-24/Ad	STP175S-24/Ad	STP170S-24/Ad	STP210S-18/Ud	STP200S-18/Ud	STP190S-18/Ud
开路电压(V)	44.8	44.7	44.4	33.6	33.6	33.2
工作电压(V)	36	35.8	35.6	26.4	26.2	26.2
工作电流(A)	5	4.9	4.8	7.95	7.63	7.25
短路电流(A)	5.29	5.23	5.15	8.33	8.10	7.84
功率(WP)	180	175	170	210	200	190
温度范围(℃)	−40～+85	−40～+85	−40～+85	−40～+85	−40～+85	−40～+85
最大系统电压(V)	1 000(DC)	1 000(DC)	1 000(DC)	1 000(DC)	1 000(DC)	1 000(DC)
保险丝最大电流(A)	15	15	15	20	20	20
功率允差(%)	±3	±3	±3	±3	±3	±3
外形：长×宽×高(mm)	1 580×808×35			1 482×995×35		
质量(kg)/(lbs)	15.5/34.1			16.8/37		

（续）

产品特征	STP160S-24/A6-1	STP165S-24/Ab-1	STP170S-24/Ab-1	STP175-24/Ab-1	STP180S-24/Ab-1	STP170-24/AC	STP175-24/AC	STP180-24/AC
开路电压(V)	43.2	43.6	43.8	44.2	44.4	44.4	44.7	45
工作电压(V)	34.4	34.8	35.2	35.2	35.6	35.5	35.9	36.2
工作电流(A)	4.65	4.74	4.83	4.95	5.05	4.79	4.87	4.97
短路电流(A)	5	5.04	5.14	5.2	5.4	5.11	5.18	5.26
功率(WP)	160	165	170	175	180	170	175	180
温度范围(℃)	−40～+85	−40～+85	−40～+85	−40～+85	−40～+85	−40～+85	−40～+85	−40～+85
最大系统电压(V)	600(DC)	600(DC)	600(DC)	600(DC)	600(DC)	1 000(DC)	1 000(DC)	1 000(DC)
保险丝最大电流(A)	15 AMPS	15 AMPS	15 AMPS	15 AMPS	15 AMPS	15	15	15
功率允差(%)	±3	±3	±3	±3	±3	±3	±3	±3
外形:长×宽×高(mm)	1 580×808×35					1 580×808×35		
质量(kg)/(lbs)	15.5/34					15.5/34		

产地:⚠20

STP200S-18/Ud
STP210S-18/Ud
STP190S-18/Ud
外形图

STP210-18/Ud
STP200-18/Ud
STP190-18/Ud
外形图

② QSP125-HSeries 技术参数。

型号	QSP125－180X	QSP125－170X	QSP125－160X	QSP125－130X	QSP125－120X	QSP125－80X	QSP125－40X	QSP125－20X
功率(W)	180	170	160	130	120	80	40	20
开路电压(V)	44.06	43.42	42.91	32.67	32.72	22.14	22.14	22.14
最大工作电压(V)	36.58	36.10	35.32	27.31	26.7	18.38	18.2	18.2
短路电流(I)	5.29	5.10	4.93	5.16	4.89	4.86	2.52	1.37
最大工作电流(I)	4.92	4.71	4.53	4.76	4.49	4.57	2.36	1.18
温度系数(%/K)	－0.37	－0.37	－0.37	－0.37	－0.37	－0.37	－0.37	－0.37
温度系数(%/K)	－0.34	－0.34	－0.34	－0.34	－0.34	－0.34	－0.34	－0.34
温度系数(%/K)	0.09	0.09	0.09	0.09	0.09	0.09	0.09	0.09
最大系统电压(V)	1 000	1 000	1 000	1 000	1 000	1 000	1 000	1 000
功率公差(%)	±5	±5	±5	±5	±5	±10	±10	±5
长×宽(mm)	1 602×812	1 602×812	1 602×812	1 208×812	1 218×812	1 126×556	636×556	556×374
边框宽(mm)	35	35	35	35	35	35	35	35
质量(kg)	16	16	16	12	12	8.6	4.8	2.8

③ QSP156－HSeries 技术参数。

型号	QSP156－235X	QSP156－220X	QSP156－210X	QSP156－200X
功率(W)	235	220	210	200
开路电压(V)	36.6	36.48	36.24	32.83
最大工作电压(V)	30.52	30	29.53	27.00
短路电流(I)	8.33	7.93	7.7	8.03
最大工作电流(I)	7.7	7.33	7.11	7.47
温度系数(%/K)		－0.37		
温度系数(%/K)		－0.34		
温度系数(%/K)		0.09		
最大系统电压(V)		1 000		

（续）

型号	QSP156－235X	QSP156－220X	QSP156－210X	QSP156－200X
功率公差(%)		±3		
长×宽(mm)		1 655×999		1 498×999
边框宽(mm)		47.5		
质量(kg)		22.9		20.6

产地：⑤14

3. 太阳能灯饰

(1) SYD－LT800 型太阳能路灯系列

【用途】 广泛适用于城市公路、步行街道、跨域高速公路、市区广场、景点公园、住宅小区、院校厂区等场所，安装维护方便且安全可靠，无需铺设地下线缆；零电费，零污染，使用寿命长，节约能源。

【主要性能指标】

功率：60～120 W

光通量：4 000～8 400 lm

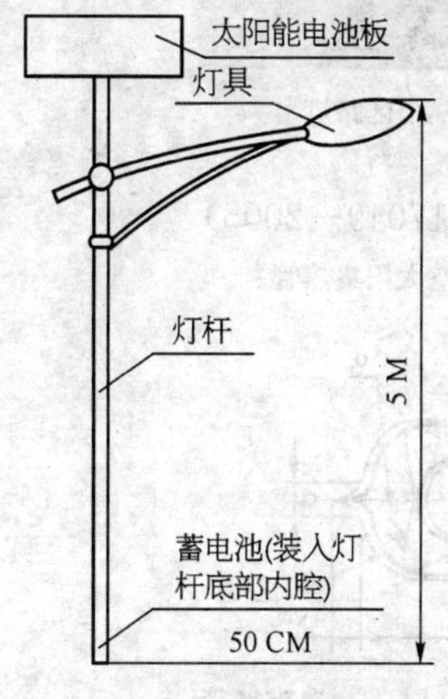

中心照度：60 W－6 m－53lX/7 m－40lX/8 m－30lX
120 W－10 m－27lX/12 m－20lX

发光角度：120°～150°

灯具适用高度：6～12 m

光源：超高亮度、大功率、白光、LED 光源

太阳能电池：高转换率，单晶硅、多晶硅太阳能电池组件

蓄电池：全密封、免维护、铅酸蓄电池

控制系统：专用智能控制器，过充、过放保护

灯体：优质钢管，表面镀锌后喷塑

使用年限：灯体，组件 15 年以上

工作时间：整晚连续工作，阴雨天可持续工作 7 天左右

太阳能灯饰已趋实用，产地⚠16，近年开发出了性能稳定，HID 太阳能节能路灯，用太阳能供电，功耗仅 35 W，其实际亮度相当于 500 W 的传统路灯。

(2) SYD－TT600 型太阳能庭院灯系列

【用途】 广泛用于景点公园、住宅小区庭院、度假村、别墅区庭院、高尔夫、酒店等场所的亮化装饰。

【主要技术指标】

功率：10～60 W

光通量：700～2 100 lm

中心照度：10 W　6 m－30lX/7 m－21lX60 W　6 m－30lX/7 m－21lX

发光角度 120°～150°

适用高度：2.6～3.5 m

光源：超高亮度、大功率、白光、LED 光源

太阳能电池：高转换率，单晶硅、多晶硅太阳能电池组件

蓄电池：全密封、免维护、铅酸蓄电池

适用温度：－30～65 ℃

（其他参数与路灯系列相同）

庭院

小区路灯

4. 全玻璃真空太阳集热管(GB/T 17049—2005)

本标准适用于接收太阳辐射并转换成热能的全玻璃真空太阳集热管。

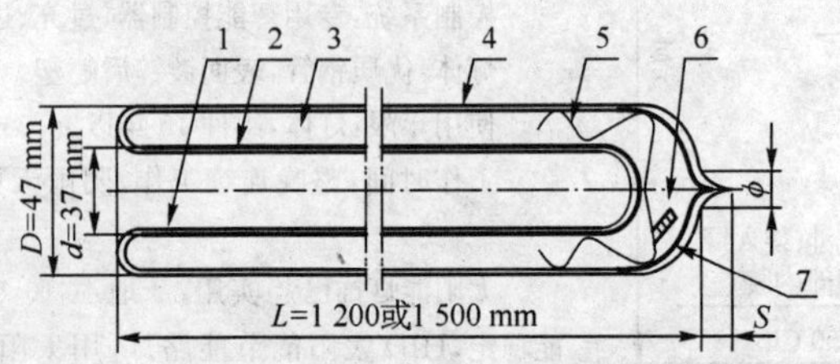

1—内玻璃管；2—太阳选择性吸收涂层；3—真空夹层；4—罩玻璃管；5—支承件；6—吸气剂；7—吸气膜

全玻璃真空太阳集热管结构及组成部件

全玻璃真空太阳集热管由太阳选择性吸收涂层的内玻璃管和同轴的罩玻璃管构成，内玻璃管一端为封闭的圆顶形状，由罩玻璃管封离端内带吸气剂的支承件支承，另一端与罩玻璃管一端熔封成为环状开口端。

【标记】 吸收层为铝底层、多层铝-氮复合材料的太阳选择性吸收涂层。其标记示例如下：

QB－AI－N/Al－37/47－1200－1

QB—代表全玻璃真空太阳集热管；Al－N/Al—代表多层 Al－N/Al 太阳选择性吸收涂层；37/47：37—内玻璃管外径，47—罩玻璃管外径；L 为长度 1 200 mm，1—普通型。

【材料】

玻璃管材料应采用硼硅玻璃 3.3，性能符合 ISO3585：1991 要求，玻璃管太阳透射比 $\tau\geqslant$ 0.89（大气质量 1.5，即 AM1.5，按 ISO9806－1，1994 计算）。太阳选择性吸收涂层的太阳吸收比 $\alpha\geqslant 0.86$（AM1.5）、半球发射比 $\varepsilon_b\leqslant 0.09$（80 ℃±5 ℃）。吸气剂应符合 GB/T 9505。

空晒性能参数：太阳辐照度 $G\geqslant 800\ W/m^2$，环境温度 8 ℃$\leqslant t_a\leqslant$30 ℃，全玻璃真空太阳集热管以空气为传热工质，空晒温度 t_a，空晒性能参数 $Y=(t_s-t_a)/G$，$Y\geqslant 175\ m^2$ ℃/kW。

闷晒太阳曝辐量：太阳辐照度 $G\geqslant 800\ W/m^2$，环境温度 8 ℃ $\leqslant t_a\leqslant$ 30 ℃，全玻璃真空太阳集热管以水为传热工质，初温不低于环境温度，闷晒至水温增加 35 ℃ 所需太阳曝辐量 $H\leqslant 3.8\ MJ/m^2$。

真空夹层内的气体压强 $P\leqslant 5\times 10^{-2}$ Pa，全玻璃真空太阳集热管内应能承受 0.6 MPa 的压力，并能在径向抗＜25 mm 冰雹的袭击下无损坏。应能承受 25 ℃以下冷水与 90 ℃以上热水交替反复冲击三遍而不损坏。

【外观与尺寸及选购要点】

全玻璃真空太阳集热管的弯曲度不应大于 0.3%，排气管的封离部分长度 $S\leqslant 15$ mm，罩玻璃管的径向最大尺寸与最小尺寸之比不大于 1.02。

选购时要检查真空管质量，涂层颜色应均匀，无划痕、起皮或脱落，更不应有"结石"或"节瘤"。热水器容量，一般以人均 40 L 水为宜，选择优质品牌。

5. 市场品—太阳能热水器系列产品

系列	型号	管径 (mm)	管长 (mm)	管数	国标型号	面积 (m²)	压力 (Mpa)	容水量 (L)	总容量 (L)	简图
锁热 777 系列	TP 777	58	2 008	16	Q-	2.4		170	220	
		58	2 008	18	B-	2.7		190	245	
		58	2 008	20	J-	3.0	0.05	210	270	
		58	2 008	30	1	4.5		305	400	
		70	2 008	16		2.8		195	270	
		70	2 008	20		3.5		245	345	
		70	2 008	30		5.4		365	510	支架倾角 38°/45°
		47	1 600	16	Q-	1.5		110	135	
锁热 757	TP 757	47	1 600	20	B-	1.9		140	170	
		58	1 800	14	J-	1.8	0.05	115	155	
系列		58	1 800	16	1	2.1		130	175	
		58	1 800	18		2.4		150	200	
		58	1 800	20		2.7		165	220	
		58	1 800	24		3.2		195	265	
		58	1 800	30		4.0		245	330	支架倾角 48°

（续）

系列	型号	管径	管长	管数	国标型号	面积 (m^2)	压力 (Mpa)	容水量 (L)	总容量 (L)	简图
		(mm)								
锁热 737 系列	TP 737	58	1 800	16	Q-B-J-1	2.1	0.05	130	175	支架倾角 38°/48°
		58	1 800	18		2.4		150	200	
		58	1 800	20		2.7		165	220	
		58	1 800	24		3.2		195	265	
		58	1 800	30		4.0		245	330	
锁热阳光系列	TPSY	47	1 600	14	Q-B-J-1	1.3	0.05	95	115	支架倾角 45°
		47	1 600	18		1.7		125	150	
		58	1 800	14		1.8		115	155	
		58	1 800	18		2.4		150	200	

产地：△5 12

注：1. 采用特硬高硼硅玻璃 3.3 材料高效集热管。
2. 水箱内胆采用 SUS 304 奥氏体不锈钢板，用加厚聚氨酯整体发泡，高效保温。保温性能持久。锁住更多热量。
3. ϕ70×2 008 系列产品，采用母子高效双$^+$聚能管，ϕ58×2 008 系列产品采用三靶双$^+$聚能管。具有高热力、超保温、大水量、智能双保险等优点。
4. 支架材料，采用镀锌钢板或铝合金型材，有利于抵抗酸雨侵蚀。

市场品—太阳能热水器

技术参数

水箱直径(mm)	真空管			容量(L)	采光面积(m^2)	安装面积(m^2)
	直径(mm)	长度(m)	管数			
420	ϕ47	1.5	15	97.5	1.52	1.23×1.5
			18	117	1.807	1.44×1.5
			20	130	2.01	1.58×1.5
			24	156	2.416	1.86×1.5
			30	195	3.025	2.28×1.5
460	ϕ58	1.8	15	157	2.08	1.38×1.8
			18	189	2.50	1.62×1.8
			20	210	2.765	1.78×1.8
			24	255	3.18	2.10×1.8
			30	318	4.165	2.58×1.8
490	ϕ70	2.0	14	170	2.69	1.58×2.0
			16	193	3.08	1.78×2.0
			18	215	3.47	1.98×2.0
			20	238	3.86	2.18×2.0

产地：△13

注：1. 高硼硅全玻璃真空管，材料：ISO 硼硅玻璃 3.3；涂层：溅射渐变铝-氮/铝。太阳吸收率(AM1.5)0.93，玻璃热胀系数 3.3×10^{-6}，夹层真空度 $P\leqslant\times10^{-4}$ Pa，空晒温度 200 ℃，耐压 1 MPa，抗冰雹性能，直径 25 mm 冰雹冲击不破损。
2. 内胆采用 SUS 304 - 2B 奥氏体不锈钢(属于食品级不锈钢)。
3. 保温层采用进口聚氨酯整体高压发泡，厚度 50 mm。
4. 水箱外壳采用进口珠光板。
5. 支架采用进口塑粉冷镀锌钢板，厚度 1.2 mm。
6. 反射夹角 45°。

6. 新型电池—高性能锂电池

电池是电动自行车的心脏，目前市场上使用的电动自行车多是铅酸电池，虽然售价便宜，但是体积大、笨重，使用寿命短，基本上充放电 200 次后要更换新电池，冬夏两季也时常受气温影响，使续行里程大幅下降，且铅酸电池会严重污染环境，每年 800～1 000 万组电动车铅酸电池在生产和回收中会出现大量污染。相比之下，锂电池质量较小，大部分在 4 kg 以下，可使用两年以上。

装载星恒锰锂电池的电动车逐年增多，批量使用。

锂是自然界最轻的金属，锂电池质量一般是铅酸电池质量的 25%，是氢-镍电池质量的 50%。锂电池的平台电压 3.7 V，铅酸电池、镍-氢电池平台电压 1.2 V，因此组成同瓦的电池组时，锂电池使用的串、并联数目会大大少于铅酸、镍氢电池，使电池的一致性能够做得更好，使用寿命更长；锂离子电池放电电压平坦，无记忆效应，自放电小，循环寿命长。

小型锂电池主要用于手机、数码相机、笔记本电脑、MP3 等小电流产品上，而动力型锂离子电池多用于电力驱动车（包括：电动自行车、电动轿车、电动大巴）和设备上，电压和电流都比较大，对安全性要求较高。

目前锂电池比较主流的正极材料有：钴酸锂（$LiCoO_2$），氧化温度 150 ℃，是极不适合用在动力型锂离子电池领域；磷酸铁锂（$LiFePO_4$），氧化温度＞400 ℃，不是动力型锂电池主流的正极材料，其能量密度比较低，导致生产出来的电池体积较大，质量亦较大，目前还不能在兼顾大电流放电和低温性能的同时满足轻便小巧的要求，其低温性能是应用于动力电池的另一障碍。锰酸锂在容量和循环性能上表现优异，国际上普遍采用锰酸锂作为动力锂电池正极材料，其氧化温度 250 ℃左右，其承受大电流，高电压的能力强，锰酸锂（$LiMn_2O_4$）以其良好的安全性和优越的大容量、高功率性能，最适合用在电动车电池领域。目前，锰锂电池发展很快，锰锂离子动力电池的比功率已达 1 200 Wh/kg，已占国内电动自行车锂子动力电池市场 80％以上，部分产品已进入国际市场。

(1) 锰锂电池技术参数

分子式：$LiMn_2O_4$
可逆容量：107 mA·h/g
55 ℃循环 200 次容量保持率：＞90％
比功率：1 200 W/kg
星恒 10 A·h 高能量型通过美国 UL 安全测试
星恒 7.5 A·h 高功率型通过美国 UL 安全测试
质量：一般为铅酸电池的 25％（约 3 kg）
氧化温度：约 250 ℃
电池能承受 3 C/10 V 的过充条件，电池以 2 A 的电流充电至 4.2 V：具有良好的安全性、优越的大容量和高功率性
使用寿命：－20～55 ℃可正常充放电，完全充放电可达 800 次，是铅酸电池 3～4 倍。
价格：2008 年，每辆锂电动车基本价约 2 000 元，届时，锂电池的综合成本将会低于铅酸电池，在我国市场将形成购买热潮。
安全性：认准锰锂电池及品牌，确保使用安全。

产地：△15

(2) 锂原电池分类型号命名及基本特征（摘自 GB/T 10077—2008）

① 范围。本标准规定了锂-氟化碳电池、锂-二氧化碳电池、锂-亚硫酰氯电池、锂-二硫化铁电池和锂-二氧化硫电池的分类、命名及基本特性。本标准适用于上述锂电池的生产、检测和验收。

② 锂原电池的分类。

电池类别	电化学体系代码	负极	电解质	正　极	标称电压(V)	最大开路电压(V)
锂-氟化碳电池	B	锂	有机电解质	氟化碳(CF)	3.0	3.7
锂-二氧化锰电池	C	锂	有机电解质	二氧化锰(MnO_2)	3.0	3.7
锂-亚硫铣氯电池	E	锂	非水无机物	亚硫铣氯($SOCl_2$)	3.6	3.9

（续）

电池类别	电化学体系代码	负极	电解质	正　极	标称电压(V)	最大开路电压(V)
锂-二硫化铁电池	F	锂	有机电解质	二硫化铁(FeS_2)	1.5	1.83
锂-二氧化硫电池	W	锂	有机、无机混合电解质	二氧化硫(SO_2)	2.8	3.0

③ 锂原电池型号命名法。

(a) 电池型号命名按 GB/T 8897.1，必要时可在基本型号后面加修饰符号表示不同的电性能特征，用 S 表示容量型，用 M 代表功率型。

(b) 电化学体系代码见上表。

④ 锂原电池基本特性。

(a) 圆柱形锂-氟化碳电池的基本特性。

型号	标称电压(V)	最大开路电压(V)	最大外形尺寸		放电条件			最小平均放电量(初始期)
			直径(mm)	高度(mm)	电阻/电流	每天放电时间	终止电压(V)	
BR17335	3.0	3.7	17.0	33.5	0.1 kΩ	24 h	2.0	40 h
BR17345	3.0	3.7	17.0	34.5	900 mA	*	1.55	1 200 次

注：* 放电 3 s，停放 27 s，每天 24 h。

(b) 扣式锂-氟化碳电池的基本特性。

型号	标称电压(V)	最大开路电压(V)	最大外形尺寸		放电条件			最小平均放电量(初始期)(h)
			直径(mm)	高度(mm)	电阻(kΩ)	每天放电时间(h)	终止电压(V)	
BR1225	3.0	3.7	12.5	2.5	30	24	2.0	395
BR2016	3.0	3.7	20.0	1.6	30	24	2.0	636
BR2020	3.0	3.7	20.0	2.0	15	24	2.0	490
BR2320	3.0	3.7	23.0	2.0	15	24	2.0	468
BR2325	3.0	3.7	23.0	2.5	15	24	2.0	696
BR3032	3.0	3.7	30.0	3.2	7.5	24	2.0	1 310

(c) 其他锂-氟化碳电池的基本特性。

型号	标称电压(V)	最大开路电压(V)	最大外形尺寸(mm)	电阻(kΩ)	每天放电时间(h)	终止电压(V)	最小平均放电量(初始期)
BR－P2 (2BP4036)	6.0	7.4	见 GB 8897.2—2005	0.2 kΩ 900 mA	24 h	4.0 3.1	40 h 1 000 次

注：放电 3 s，停放 27 s，每天 24 h。

(d) 圆柱形锂-二氧化锰电池的基本特性。

<table>
<tr><th rowspan="2">型号</th><th rowspan="2">标称电压(V)</th><th rowspan="2">最大开路电压(V)</th><th colspan="2">最大外形尺寸</th><th colspan="3">放电条件</th><th rowspan="2">最小平均放电量(初始期)</th></tr>
<tr><th>直径(mm)</th><th>高度(mm)</th><th>电阻/电流</th><th>每天放电时间</th><th>终止电压(V)</th></tr>
<tr><td>CR14250</td><td>3.0</td><td>3.7</td><td>14.5</td><td>25.0</td><td>3 kΩ</td><td>24 h</td><td>2.0</td><td>750 h</td></tr>
<tr><td>CR14250M</td><td>3.0</td><td>3.7</td><td>14.5</td><td>25.0</td><td>0.56 kΩ</td><td>24 h</td><td>2.0</td><td>110 h</td></tr>
<tr><td>CR14505</td><td>3.0</td><td>3.7</td><td>14.5</td><td>50.5</td><td>0.27 kΩ</td><td>24 h</td><td>2.0</td><td>130 h</td></tr>
<tr><td>CR14505S</td><td>3.0</td><td>3.7</td><td>14.5</td><td>50.5</td><td>1 kΩ</td><td>24 h</td><td>2.0</td><td>600 h</td></tr>
<tr><td rowspan="2">CR17345
(CR123A)</td><td rowspan="2">3.0</td><td rowspan="2">3.7</td><td rowspan="2">17.0</td><td rowspan="2">34.5</td><td>0.1 kΩ</td><td>24 h</td><td>2.0</td><td>40 h</td></tr>
<tr><td>900 mA</td><td>*</td><td>1.55</td><td>1 400 次</td></tr>
<tr><td>CR17345S</td><td>3.0</td><td>3.7</td><td>17.0</td><td>34.5</td><td>1 kΩ</td><td>24 h</td><td>2.0</td><td>600 h</td></tr>
<tr><td>CR17450</td><td>3.0</td><td>3.7</td><td>17.0</td><td>45.0</td><td>1 kΩ</td><td>24 h</td><td>2.0</td><td>710 h</td></tr>
<tr><td>CR17505</td><td>3.0</td><td>3.7</td><td>17.0</td><td>50.5</td><td>5 Ω</td><td>24 h</td><td>2.0</td><td>1.8 h</td></tr>
<tr><td rowspan="2">CR15H270
(CR2)</td><td rowspan="2">3.0</td><td rowspan="2">3.7</td><td rowspan="2">15.6</td><td rowspan="2">27.0</td><td>0.2 kΩ</td><td>24 h</td><td>2.0</td><td>48 h</td></tr>
<tr><td>900 mA</td><td>*</td><td>1.55</td><td>840 次</td></tr>
<tr><td>2CR13252</td><td>6.0</td><td>7.4</td><td>13</td><td>25.2</td><td>30 kΩ</td><td>24 h</td><td>4.0</td><td>620 h</td></tr>
</table>

注：* 放电 3 s，停放 27 s，每天 24 h。

(e) 扣式锂-二氧化锰电池的基本特性。

<table>
<tr><th rowspan="2">型号</th><th rowspan="2">标称电压(V)</th><th rowspan="2">最大开路电压(V)</th><th colspan="2">最大外形尺寸</th><th colspan="3">放电条件</th><th rowspan="2">最小平均放电量(初始期)(h)</th></tr>
<tr><th>直径(mm)</th><th>高度(mm)</th><th>电阻(kΩ)</th><th>每天放电时间(h)</th><th>终止电压(V)</th></tr>
<tr><td>CR927</td><td>3.0</td><td>3.7</td><td>9.5</td><td>2.7</td><td>62</td><td>24</td><td>2.0</td><td>480</td></tr>
<tr><td>CR1025</td><td>3.0</td><td>3.7</td><td>10.0</td><td>2.5</td><td>68</td><td>24</td><td>2.0</td><td>630</td></tr>
<tr><td>CR1216</td><td>3.0</td><td>3.7</td><td>12.5</td><td>1.6</td><td>62</td><td>24</td><td>2.0</td><td>480</td></tr>
<tr><td>CR1220</td><td>3.0</td><td>3.7</td><td>12.5</td><td>2.0</td><td>62</td><td>24</td><td>2.0</td><td>700</td></tr>
<tr><td>CR1225</td><td>3.0</td><td>3.7</td><td>12.5</td><td>2.5</td><td>30</td><td>24</td><td>2.0</td><td>480</td></tr>
<tr><td>CR1616</td><td>3.0</td><td>3.7</td><td>16.0</td><td>1.6</td><td>30</td><td>24</td><td>2.0</td><td>480</td></tr>
<tr><td>CR1620</td><td>3.0</td><td>3.7</td><td>16.0</td><td>2.0</td><td>47</td><td>24</td><td>2.0</td><td>900</td></tr>
<tr><td>CR1632</td><td>3.0</td><td>3.7</td><td>16.0</td><td>3.2</td><td>15</td><td>24</td><td>2.0</td><td>550</td></tr>
<tr><td>CR2012</td><td>3.0</td><td>3.7</td><td>20.0</td><td>1.2</td><td>30</td><td>24</td><td>2.0</td><td>530</td></tr>
<tr><td>CR2016</td><td>3.0</td><td>3.7</td><td>20.0</td><td>1.6</td><td>30</td><td>24</td><td>2.0</td><td>675</td></tr>
<tr><td>CR2025</td><td>3.0</td><td>3.7</td><td>20.0</td><td>2.5</td><td>15</td><td>24</td><td>2.0</td><td>540</td></tr>
</table>

（续）

型号	标称电压(V)	最大开路电压(V)	最大外形尺寸		放电条件			最小平均放电量(初始期)(h)
			直径(mm)	高度(mm)	电阻(kΩ)	每天放电时间(h)	终止电压(V)	
CR2320	3.0	3.7	23.0	2.0	15	24	2.0	590
CR2032	3.0	3.7	20.0	3.2	15	24	2.0	920
CR2330	3.0	3.7	23.0	3.0	15	24	2.0	1 320
CR2335	3.0	3.7	23.0	3.5	15	24	2.0	1 350
CR2430	3.0	3.7	24.5	3.0	15	24	2.0	1 300
CR2354	3.0	3.7	23.0	5.4	7.5	24	2.0	1 260
CR3032	3.0	3.7	30.0	3.2	7.5	24	2.0	1 250
CR2450	3.0	3.7	24.5	5.0	7.5	24	2.0	1 200
CR2477	3.0	3.7	24.5	7.7	4.7	24	2.0	1 300
CR11108	3.0	3.7	11.6	10.8	15	24	2.0	620

(f) 异形锂-二氧化锰电池基本特性。

型号	标称电压(V)	最大开路电压(V)	外形尺寸(mm)	放电条件			最小平均放电量(初始期)
				电阻/电流	每天放电时间	终止电压(V)	
CR－P2 (2CP4036)	6.0	7.4	参见 GB 8897.2—2005	200 Ω	24 h	4.0	40 h
				900 mA	*	3.1	1 400 次
2CR5 (2CP3845)	6.0	7.4	参见 GB 8897.2—2005	200 Ω	24 h	4.0	40 h
				900 mA	*	3.1	1 400 次

注：* 放电3 s，停放 27 s，每天24 h。

(g) 圆柱形锂-亚硫铣氯电池的基本特性。

型号	标称电压(V)	最大开路电压(V)	最大外形尺寸		放电条件			最小平均放电量(初始期)(h)
			直径(mm)	高度(mm)	电阻/电流	每天放电时间(h)	终止电压(V)	
ER14250	3.6	3.9	14.5	25.0	2.0 mA	24	2.0	450
					1.6 kΩ			
ER14335	3.6	3.9	14.5	33.5	2.0 mA	24	2.0	700
					1.6 kΩ			
ER14505	3.6	3.9	14.5	50.5	5.0 mA	24	2.0	360
					0.68 kΩ			

（续）

型号	标称电压(V)	最大开路电压(V)	最大外形尺寸		放电条件			最小平均放电量(初始期)(h)
			直径(mm)	高度(mm)	电阻/电流	每天放电时间(h)	终止电压(V)	
ER14505M	3.6	3.9	14.5	50.5	10 mA	24	2.0	160
					0.33 kΩ			
					200 mA	24	2.0	5
ER17505	3.6	3.9	17.0	50.5	10 mA	24	2.0	280
					0.33 kΩ		2.0	
ER17505M	3.6	3.9	17.0	50.5	10 mA	24	2.0	260
					0.33 kΩ			
					200 mA	24	2.0	8
ER18G505	3.6	3.9	18.5	50.5	10 mA	24	2.0	300
					0.33 kΩ			
ER18G505M	3.6	3.9	18.5	50.5	10 mA	24	2.0	280
					0.33 kΩ			
					200 mA	24	2.0	10
ER26500	3.6	3.9	26.2	50.0	10 mA	24	2.0	700
					0.33 kΩ			
ER26500M	3.6	3.9	26.2	50.0	10 mA	24	2.0	600
					0.33 kΩ			
					400 mA	24	2.0	11
ER34615	3.6	3.9	34.2	61.5	30 mA	24	2.0	400
					0.11 kΩ			
ER34615M	3.6	3.9	34.2	61.5	30 mA	24	2.0	350
					0.11 kΩ			
					400 mA	24	2.0	21

(h) 矩形锂-亚硫铣氯电池的基本特性。

型号	标称电压(V)	最大开路电压(V)	尺寸(mm)	放电条件			最小平均放电量(初始期)(h)
				电阻(kΩ)	每天放电时间(h)	终止电压(V)	
2EP3863	7.2	7.8	参见 GB 8897.2—2005	3.3	24	3.0	650

30.18

(i) 圆柱形锂-二氧化硫电池的基本特性。

型号	标称电压(V)	最大开路电压(V)	最大外形尺寸		放电条件			最小平均放电量(初始期)(h)
			直径(mm)	高度(mm)	电阻/电流	每天放电时间(h)	终止电压(V)	
WR14505	2.9	3.0	14.5	50.5	61 Ω	24	2.0	20
WR17505	2.9	3.0	17.0	50.5	50 mA	24	2.0	30
WR20C590	2.9	3.0	20.2	59.0	180 mA	24	2.0	5
WR26500	2.9	3.0	26.2	50.0	22.4 Ω	24	2.0	28
WR26600	2.9	3.0	26.2	60.0	200 mA	24	2.0	20
WR34615	2.9	3.0	34.2	61.5	2 000 mA	24	2.0	3.4
WR38L50D	2.9	3.0	38.9	50.3	2 000 mA	24	2.0	4

(j) 圆柱形锂-二硫化铁电池的基本特性。

型号	标称电压(V)	最大开路电压(V)	最大外形尺寸		放电条件			最小平均放电量(初始期)
			直径(mm)	高度(mm)	电阻/电流	每天放电时间	终止电压(V)	
FR14505	1.5	1.83	14.5	50.5				
FR10G445	1.5	1.83	10.5	44.5				

7. 新能源——水煤浆

水煤浆是一种新型代油、代煤、洁净、环保的煤基流体燃料，国际上称为 Coal Water CWM，是国家科委认定的高新技术，为国家重点发展的新能源产品。

水煤浆主要技术特点是将 69%煤炭、30%的水、1%添加剂放入湿式球磨机，经磨碎后成为一种类似重油一样的可以流动的煤基流体燃料。国外是在 20 世纪 70 年代世界范围石油危机中诞生出的以煤代油的新能源。

【技术指标】

项　目	单　位	指　标
质量浓度	%	(66 ～ 70) ± 1.0
黏度	MPa. S(100 s)	1 200 ± 200
粒度(上限)	微米(μm)	300
(平均)	微米(μm)	38～45
灰粉 Ad	%	6.7 ± 1.0
硫粉 Sid	%	0.3～0.5

（续）

项　目	单　位	指　标
灰发粉 vdaf	%	28.02～34.53
发热量 Qnef. P	MJ/kg	18.8～20.1
灰熔点 ST	℃	1 270～1 300
稳定期	天	90

【环保特性及技术优点】

项　目	环保特性及技术优点
灰粉、硫粉	较低（干基灰粉＜10%，硫粉＜0.5%），SO_2、NO_2 排放浓度低
氮氧化合物	由于水煤浆中存在30%水分，火焰温度低，抑制了氮氧化物
燃烧温度	1 200～1 300 ℃（比燃油和粉煤温度低 100～150 ℃）
燃烧效率	96%～99%（粘度比重油低，易于调节，最低负荷可调至 40%）
锅炉效率	～90%（达到燃油同等水平，燃烧调节方便，运行稳定可靠）。锅炉受热面磨损低于燃煤，排灰场占地仅为燃煤的 1/4

注：1. 采用管道、罐车输送、不会产生流失及污染环境，煤渣可综合利用。　⚠28

2. 水煤浆制备过程中可加入脱硫剂、达到脱硫效果。

【水煤浆应用中烟尘排放监测数据】

单位	中石化燕山民用能源热力分公司	苏州东泰纺织实业公司	青岛华盾实业有限公司	苏州林通染料化工有限公司	杭州食品酿造公司西湖酒厂
锅炉型号	QXS14－1.25－YZ	DZS6－1.25	DZS2－0.069－A	DZL－4	DHS－1.25
烟尘排放浓度（监测数据）mg/m^2	23	64.3	72.3	19.43	39.8
SO_2 排放浓度（监测数据）mg/m^2	42	386	456	343	253.8
除尘器型号、型式	XD 多管旋风除尘器＋XS－P 喷淋泡沫脱硫	多管旋风及水膜除尘器	FS－2T 翻水湿法脱硫除尘器	组合式烟气脱硫装置＋离心除尘器	布袋除尘器＋脱硫

注：烟尘排放浓度标准指标：

一类区：80，二类区：200，三类区 250（Ⅱ时段）单位：mg/m^2，SO_2 排放浓度标准指标：900（Ⅱ时段）单位：mg/m^2，烟尘及 SO_2 排放监测数据均低于标准指标。

【运行成本比较】

燃料名称	热值(大卡)	单价(元)	1 000 大卡热值成本(元)	锅炉效率(%)	燃料成本比值煤基准:100
煤(kg)	5 000	0.55	0.11	65	100
水煤浆(kg)	4 800	0.80	0.166	82	120
重油(kg)	10 000	3.70	0.37	83	262
天然气(m^3)	8 400	3.00	0.357	88	240
轻柴油(kg)	10 000	5.20	0.52	86	358
城市煤气(m^3)	3 400	1.40	0.412	88	277
电(kW·h)	860	0.80	0.93	98	561

产生热量:2.2 kg 水煤浆=1 kg 重油

2.2 kg 水煤浆=1 kg 轻柴油

运行成本比较:① 2.2 kg 水煤浆(2.2×0.8)=1.76 元;1 kg 重油(1×3.7)=3.70 元,产生 10 000 cal,应用 2.2 kg 水煤浆,可产生 10 500 cal 热量,可节约 1.94 元;

② 水煤浆与轻柴油比,2.2 kg 水煤浆产生 10 500 cal 热量,1 kg 轻柴油产生 10 000 cal 热量,热量相当,可节约:5.2 元-1.76 元=3.44元。

综上所述:应用水煤浆,运行成本明显降低,经济效益可观。

注:上述资料摘自产地⑤ 11。

8. 风力发电机组及器材

风力发电是作为可再生能源的主要组成部分,是国际上发展的热点,它可增加电力供应、减少环境污染,是真正的绿色能源。与火力机组相比,1 MW 的风电机组,每年可减排二氧化碳 2 000 t,二氧化硫 10 t、二氧化氮 6 t,风力发电每生产 100 万度电量,能少排 1 000 t 二氧化碳。

我国在风力发电工程上长期作了技术投入,发展很快。有大型风电机、小型风电机和微型风电机等类型。

(1) 大型风力发电机

市场主力机型:1.5 MW 直驱永磁风电机组;1.5 MW 双馈式变速恒频风电机组

2006 年机组装机容量:136.7 万 kW(超过 20 年总量)

我国装机总容量:259.9 万 kW,为世界第六位。

产品国产化率:>90%,国产风电机组叶片已具备自主创新优化能力

【特点】

① 升力型风力发电机组;

② 结构型式:螺旋桨水平轴,叶片翼型采用机翼形,风力涡轮转子直径大,发电功率高;

③ 发电并入国家电网。

北京官厅风电场,每年生产1亿度电力,供应奥运场馆及市民

⑥ 2.0 MW 风电机组齿轮箱

【产品简介】

序号	制 造 厂	机组及配件	
1	沈阳工业大学研制	1.5 MW 风电机组	
2	上海电气集团股份有限公司研制	风电机组	
3	湘潭电机股份有限公司开发	永磁单轴承风力发电机	① 1.5 MW 风机组
4	浙江运达风力发电工程有限公司生产	风电机组生产线	
5	中航(保定)惠鹏风电设备有限公司制造	1.5 MW 风机叶片	
6	南京高速齿轮制造有限公司研制	2.0 MW 风电机组齿轮箱	⑤ 1.5 MW 风机叶片

【实例】 SUT-1000 变速恒频风电机组

该机组是国家"863"计划重大课题,完全自主设计,国产率达到85%以上。该机特点是风机在变速条件下运行,采用全翼展变浆距功率调节,输出恒频恒压的高质量电能。由于采用变速变距技术,可以实现机组在低风速时保持最高效率运行,高风速时保持恒功率运行,风电转换效率比定浆距,失速型机组有明显提高。

【技术参数】

设计参数	额定功率(MW)	1
	功率控制方式	变距变速
	额定风速(m/s)	13.5
	切入风速(m/s)	3.5
	切出风速(m/s)	25
	机组安全等级	IECIIA
	设计寿命(年)	20
	环境温度(℃)	-30~+40

(续)

风轮	叶片数(片) 直径(m) 轮廓中心高(m) 转速(r/min) 扫掠面积(m^2)	3 60.62 61.64 12~21.5 2 886
叶片	长度(m) 材料 翼型 重量(kg)	29.1 GFR NACA63 - XX 4 000
变距机构	形式:液压驱动/曲柄连杆、同步盘	
	变距速率(°/s) 变距角度(°) 滑环(路)	7.5~12.5 −2~90 29
齿轮箱	形式:1 级 NGW 行星齿轮/2 级圆柱斜齿轮	
	传动比 油润滑方式	1.78 1.58 飞溅/强制
机械刹车	位置:	高速轴
	形式:安全型弹簧制动/液压松闸	
发电机	形式:双馈绕线式异步电机	
	转速(r/min) 额定电压(V) 频率(Hz) 防护等级(IP) 冷却方式 变流器	937~1 680 690 50 54 强制风冷 转子侧
	(PWM 调制 1GBT)	
联轴器	型号: 最大角向偏差(°) 动平衡等级(级)	KTRRADEX - N 2 6.3
塔架	形式: 高度(m) 最大直径(m)	管状锥形 57.19 3.875
控制系统	核心处理器 通讯 组成	微处理器 工业总线 机舱柜、塔底柜、电源开关柜

（续）

重量	风轮(t) 机舱(t) 塔架(t) 整机(t)	26 39.7 76.6 144.3
安全系统	气动刹车 机械高速轴二级刹车 全部等电位二级刹车 手动偏航功能	

(2) 小型风力发电机组

在广阔的农、林、牧地区，全部安装电网不太可能。开始盛行小型风力发电机组，适用于农村、林园、牧场、山区、海岛等地区供电，它的特点是：风力涡轮盘面较小，直径 $\phi 2.0 \sim \phi 7.0$ m，一般 2～3 叶的升力型翼片，也有采用多翼的阻力型风力涡轮；制造较简单，投资较少，用途广。几种小型风力发电机组型号及技术参数见下表。

10 种小型风力发电机组型号及技术参数

序号	产品型号	风轮直径(m)	叶片数	风轮中心高(m)	启动风速(m/s)	额定风速(m/s)	停机风速(m/s)	额定功率(W)	额定电压(V)	配套发电机	重量(kg)
1	FD2—100	2	2	5	3	6	18	100	28	铁氧体永磁交流发电机	80
2	FD2—150	2	2	6	3	7	40	150	28		100
3	FD2.1—200	2.1	3	7	3	8	25	200	28		150
4	FD2.5—300	2.5	3	7	3	8	25	300	42		175
5	FD3—500	3	3	7	3	8	25	500	42	钕铁硼永磁交流发电机	185
6	FD4—1K	4	3	9	3	8	25	1 000	56		285
7	FD5.4—2K	5.4	3	9	4	8	25	2 000	110		1 500
8	FD6.6	6.6	3	10	4	8	20	3 000	110	电刷爪极	1 500
9	FD7—5K	7	2	12	4	9	40	5 000	220	电容励磁异步电机	2 500
10	FD7—10K	7	2	12	4	11.5	60	10 000	220		3 000

注：上表摘自参考文献。

4 种小型风力发电机参数

型号	100 W	200 W	300 W	1 000 W
最大功率(W)	225	300	450	1 500
叶片数	3	3	3	3
风轮直径(m)	1.8	2.0	2.6	3.9
风速(m/s)	3	3	3	3
利用系数(cm)	0.27	0.206	0.304	0.35
额定电压(V)	28	28	28	56
支架高度(m)	6	6	6	6

发电系统中的五金器材

序号	名　称	用　　途
1	蓄电池	从实用性看,最方便、经济和有效的储能方式是采用蓄电池,目前充放电次数已超过 500 次
2	控制器	作用是:风力发电机组向蓄电池充电时,防止过充或向用电设备过放,保持电压稳定,能全天候供电
3	逆变器	作用是:将蓄电池的直流电转化成电器设备需用的交流电
4	泄荷器	对于输出功率较大的小型风力发电机,当风速较高时,它的输出电压也迅速提高,在发电系统中设置泄荷器,以确保控制器、逆变器和风力发电机的安全
5	防雷设施	风力发电机组安装在室外塔架加风轮有十几米高,防雷击、保安全十分重要
6	发电机	风力机驱动的发电机,一般是低速发电机,其型式是永磁、三相,发出交流电,为防止绕线,使用滑环和碳刷结构

(3) 微型风力发电机组

自然界中,微风概率比狂风多,捕捉微风发电具有吸引力,此机组盘面更小,直径 $\phi\leqslant$ 0.9 m,采用立轴式,结构简单,造价低,用途广,是风力发电机组的后起之秀。

第三十一章　“节能减排”及新型五金器材

1. 电光源选用原则及节能灯类型

(1) 选用原则

满足使用场所的照明需求，高的光效，稳定的发光，包括频闪、电压波动、光通量变化等，显色性好，光虽小，启动性能良好，使用寿命长及性能价格比好。选择有 3C 标志和有节能认证标志的节能灯，光效、使用寿命、安全、谐波等各项性能指标有保障，使用寿命期内省电有实效。

(2) 电光源类型及用途

白炽灯，是老式的电光源，只将 10%～20%的电能转换为可见光，因此光效较低，正在被新型节能灯替代。

气体放电灯，是新型电光源，可将 50%～60%的电能转换为紫外线，再照射荧光粉发出可见光，在亮度相同情况下，气体放电灯比白炽灯节电 70%～80%，一般白炽灯使用寿命 1 000 h左右，而气体放电灯使用寿命高达 5 000～10 000 h 以上。

节能型荧光灯，是新型电光源，它的镇流器与灯管组成一休，且制成与白炽灯相对应的螺口灯头，在亮度相同的情况下，可节电 70%～80%，有多种色温可供选择，可直接替代白炽灯。选择细管荧光灯(直径 ϕ<26 mm)如 T8、T5 等较好。粗管荧光灯(ϕ>38 mm)如 T12 等。例如 36 W T8 比 40 W T12 省电 10%，且亮度提高；细管径用汞少，有利于环保；更易使用三基色荧光粉。三基色与普通卤素荧光粉荧光灯相比，具有光效提高 15%～20%，显色性好、光衰小，使用寿命长等优点。

2. 新型节能灯及配件

(1) 3U 电子节能灯(灯管 ϕ10 mm)

电压：220～240V/50～60 Hz，110～130 V/50～60 Hz

灯管：ϕ10 mm

选择：YPZ/3UAP. F(功率因素)>0. 90，

色温：(Colour Temp)：2 700～6 400 K

平均使用寿命：6 000 h

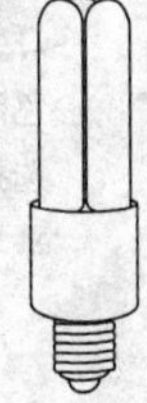

型　号	功率 (W)	光通量 (lm)	灯　头	直径×长度 (mm)	包　装 (cm)	重量 (kg/ctn)
YPZ/3UC	9	500	E14/E27/E26/ B22	40×116	50/45×22. 5×14. 1	5. 0
YPZ - 3UC	11	600		40×126	50/45×22. 5×15. 1	5. 0
YPZ - 3UC	15	900		40×136	50/45×22. 5×16. 1	5. 5

(2) 3U 电子节能灯(灯管 ϕ12 mm)

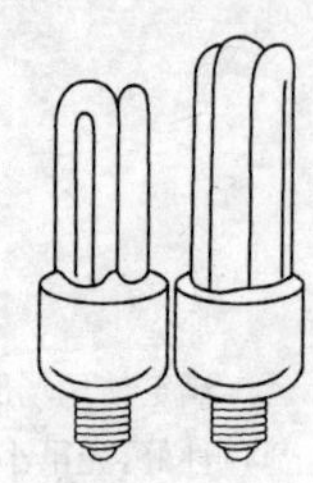

电压　220～240 V/50～60 Hz
　　　110～130 V/50～60 Hz

灯管　ϕ12 mm

选择　YPZ/3UAP. F　功率因数＞0. 90

色温(Colour Temp):2 700～6 400 K

平均使用寿命:6 000 h

技术参数

型号	功率(W)	光通量(lm)	灯　头	直径×长度(mm)	包　装(cm)	重量(kg)
YPZ/3UA	10	500	E27/E26/B22	52×125	50/58×30. 5×15	5. 0
YPZ/3UA	13	750	E27/E26/B22	52×145	50/58×30. 5×17	5. 5
YPZ/3UA	15	900	E27/E26/B22	52×155	50/58×30. 5×18	5. 5
YPZ/3UA	20	1 100	E27/E26/B22	52×165	50/58×30. 5×19	6. 0
YPZ/3UA	23	1 400	E27/E26/B22	52×175	50/58×30. 5×20	6. 0
YPZ/3UA	26	1 600	E27/E26/B22	52×185	50/58×30. 5×21	6. 5
YPZ/3UB	15	900	E27/E26/B22	58×150	50/65×32×17. 5	5. 5
YPZ/3UB	20	1 100	E27/E26/B22	58×160	50/65/32×18. 5	6. 0
YPZ/3UB	26	1 600	E27/E26/B22	58×175	50/65×32×20	6. 5

(3) 2U 电子节能灯(灯管 ϕ12 mm)

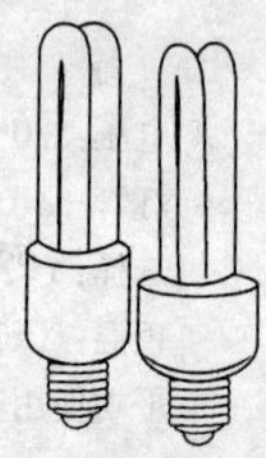

电压:220～240 V－60 Hz or 110～130 V/50－60 Hz

灯管:ϕ12 mm

色温:(colour Temp)2 700～6 400 K

选择:YPZ/2UB P. F(功率因数)＞0. 90

平均寿命:6 000 h

技术参数

型号	功率(W)	光通量(lm)	灯　头	直径×长度(mm)	包　装	重量(kg/ctn)
YPZ/2UA	5	250	E27/E26/B22/E14	40×120	50/45×22. 5×14	4. 0
YPZ/2UA	7	350	E27/E26/B22/E14	40×130	50/45×22. 5×14. 8	4. 5
YPZ/2UA	9	500	E27/E26/B22/E14	40×140	50/45×22. 5×15. 8	4. 5
YPZ/2UA	11	600	E27/E26/B22/E14	40×150	50/45×22. 5×16. 8	5. 0
YPZ/2UA	13	750	E27/E26/B22/E14	40×160	50/45×22. 5×17. 8	5. 5

(续)

型号	功率(W)	光通量(lm)	灯 头	直径×长度(mm)	包 装	重量(kg/ctn)
YPZ/2UA	15	850	E27/E26/B22/E14	40×175	50/45×22.5×19	5.5
YPZ/2UB	5	250	E27/E26/B22	48×114	50/50×25×13.2	4.0
YPZ/2UB	7	350	E27/E26/B22	48×124	50/50×25×14.2	4.5
YPZ/2UB	9	500	E27/E26/B22	48×134	50/50×25×15.2	4.5
YPZ/2UB	11	600	E27/E26/B22	48×144	50/50×25×16.2	5.0
YPZ/2UB	13	750	E27/E26/B22	48×154	50/50×25×17.2	5.5
YPZ/2UB	15	850	E27/E26/B22	48×164	50/50×25×18.7	5.5

(4) 细管螺旋电子节能灯(灯管 ϕ10 mm)

电压:220～240 V/50—60 Hz or 110—130 V/50—60 Hz

灯管:ϕ10 mm

色温:(colour Temp)2 700～6 400 K

平均寿命:6 000 h

型号	功率(W)	光通量(lm)	灯 头	直径(mm)	长度(mm)	包 装(cm)	重量(kg/ctn)
YPZ/SB	10	500	E14/E27/E26/B22	40	120	50/45×22.5×14	4.0
YPZ/SB	11	600	E14/E27/E26/B22	40	126	50/45×22.5×14.5	4.5
YPZ/SB	15	900	E14/E27/E26/B22	40	136	50/45×22.5×15.5	5.0

注:对灯具要定期清灰,积灰会严重影响灯具发光效率及灯具使用寿命,会使光通量减少 20%～70%。

(5) 螺旋电子节能灯

电压:220～240 V/50～60 Hz or 110—130 V/50—60 Hz

灯管:ϕ12 mm

色温:2 700～6 400 K

平均寿命:8 000 h

型号	功率(W)	光通量(lm)	灯　头	直径(mm)	长度(mm)	包　装(cm)	重量(kg/ctn)
YPZ/SA	10	500	E27/E26/B22	60	114	30/37.8×31.5×15.5	4
YPZ/SA	15	850	E27/E26/B22	60	128	30/37.8×31.5×16.5	5
YPZ/SA	20	1 200	E27/E26/B22	60	140	30/37.8×31.5×18.5	5.5
YPZ/SA	23	1 400	E27/E26/B22	60	150	30/37.8×31.5×20.5	6

(6) 电子、节能型电感镇流器

采用电子、节能型电感镇流器替代传统电感镇流器，可达到节能效果，见下表。

	传统电感镇流器	电子镇流器	节能型电感镇流器
结　构	铁心线圈，体积大	电子线路，体轻	铁心线圈，体积大
自身功率(W)	8～10	3～4	5～6
功率因数	0.55	0.95～1.0	0.90
频闪(Hz)	100	无	有
启　动	慢	快	慢
光　效	无提高	提高10%以上	
温升	有	无	有
噪声	有	无	有
价格	便宜	稍贵	稍贵
谐波	无	有	无

注：1. 以36 W荧光灯为例。
2. 从上表可知，电子镇流器、节能型电感镇流器自身功耗可降低50%，功率因数高、光效高，完全可以替代传统电感镇流器。

① 金属卤化物灯电子镇流器。

电压：220/230 V/50～60 Hz；功率：70 W，功率因数＞0.95

型号	功率(W)	密封	长度(mm)	宽(mm)	高(mm)	包装(cm)	重量(kg)
MEB70W-A	70	无	140	114	43	20/64.5×32.7×13	1.0
MEB70W-B	70	有	140	114	43	20/64.5×32.7×13	2.3

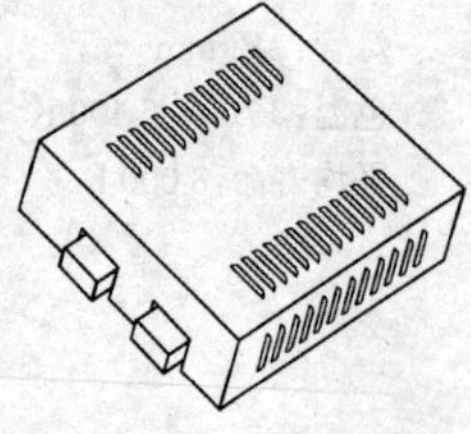

② 紧凑型荧光灯电子镇流器。

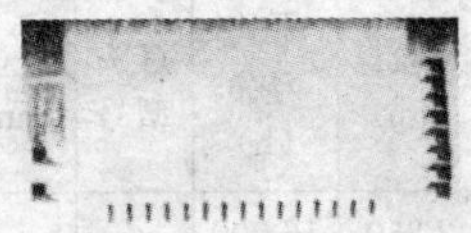

型号	功率(W)	安装孔(mm)		长×宽×高(mm)	包　装(cm)	重量(kg)
		直径	距离			
EB/C	6	ϕ4	143	156×28×24	100/33.2×30×14	6.5
EB/C	8	ϕ4	143	156×28×24	100/33.2×30×14	6.5
EB/C	13	ϕ4	143	156×28×24	100/33.2×30×14	6.5
EB/2C	2×13	ϕ4	120	131×47×27	100/28.2×49×15.5	14
EB/2C	2×18	ϕ4	120	131×47×27	100/28.2×49×15.5	14
EB/2C	2×26	ϕ4	120	137×47×27	100/28.2×49×15.5	14

电压:220～240 V/50—60 Hz 或 110～130 V/50—60 Hz,功率因数 PF＞0.9,平均寿命:2 万时(h),外壳材料:塑壳。

(7) 荧光灯灯具

电压:220～240 V/50～60 Hz 或 110～130 V/50～60 Hz

功率因数 P.F＞0.90。

选择可配灯管 ϕ26(T8)。

型　号	功率(W)	安装孔(mm)		长×宽×高(mm)	包　装(cm)	重量(kg)
		直径	距离			
EL-10 W-A	10	ϕ7	234	375×30×50	12/24.5×13×39	2.5
EL-18 W-A	18	ϕ10	358	636×30×50	12/24.5×13×65	3.5
EL-30 W-A	30	ϕ10	513	940×30×50	12/24.5×13×95	4.5
EL-36 W-A	36	ϕ10	832	1 246×30×50	12/24.5×13×126	5.0
EL-58 W-A	58	ϕ10	1 120	1 548×30×50	12/24.5×13×164	6.0

(8) 高压钠灯

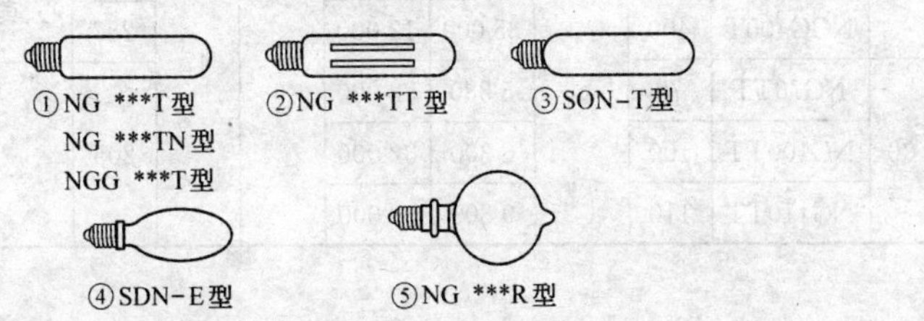

高压钠灯技术参数

图号	灯泡型号	功率(W)	电源电压(V)	光通量(lm)	平均寿命(h)	灯头型号	直径(mm)	全长(mm)	用途
	NG35T	35		2 250	16 000				
	NG50T	50		3 600	18 000			155	
	NG70T	70		6 000	18 000	E27	39		
	NG100T1	100		8 500	18 000			180	
	NG100T2	100		8 500	18 000	E40	49	210	
	NG110T	110		10 000	18 000	E27	39	180	
	NG150T1	150	220	16 000	18 000	E40	49	210	
①	NG150T2	150		16 000	18 000	E27	39	180	
	NG215T	215		23 000	16 000			259	
	NG250T	250		28 000	18 000			259	
	NG360T	360		40 000	16 000		49	287	适用于工矿企业车间照明;适用于道路、机场、码头、车站及广场照明
	NG460T	400		48 000	18 000	E40		287	
	NG1000T1	1 000		130 000	18 000		67	385	
	NG1000T2	1 000	380	120 000	16 000		67	385	
	NG100TN	100		6 800	12 000		39	180	
	NG110TN	110		8 000	12 000	E27	39	180	
	NG150TN	150		1 280	20 000		39	180	
	NG215TN	215		19 200	20 000		49	252	
①	NG250TN	250		23 300	20 000		49	252	
	NG300TN	360		32 600	20 000		49	280	
	NG400TN	400		39 200	20 000		49	280	
	NG1000TN	1 000	220	96 200	20 000		62	375	
	NGG150T	150		12 250	12 000	E40		211	
①	NGG250T	250		21 000	12 000			259	适用于大型商场、娱乐厅、体育馆、展览中心、宾馆和道路照明
	NGG400T	400		35 000	12 000			287	
	NG70TT	70		5 880	32 000		47		
②	NG100TT	100		8 300	32 000			205	
	NG110TT	110		9 800	32 000				

（续）

图号	灯泡型号	功率(W)	电源电压(V)	光通量(lm)	平均寿命(h)	灯头型号	直径(mm)	全长(mm)	用途
②	NG150TT	150	220	15 600	48 000	E40	47	205	适用于道路、机场、码头、车站、高空照明和不能间断照明的场所
	NG215TT	215		21 800	32 000			252	
	NG250TT	250		26 600	48 000			252	
	NG360TT	360		38 000	32 000			280	
	NG400TT	400		45 600	48 000			280	
⑤	NG70R	70	220	4 900	9 000	E27	125	180	适用于广场、机场、码头、车站、广告牌及展览馆等聚光照明
	NG100R	100		7 000	9 000	E27	125	180	
	NG110R	110		8 000	9 000	E27	125	180	
	NG150R	150		12 000	16 000	E40	180	292	
	NG215R	215		20 000	16 000	E40	180	292	
	NG250R	250		23 000	16 000	E40	180	292	
④	SON－T50	50	220	3 600	—	E27	38	156	适用于工矿企业车间、工地、广场照明； 适用于道路、机场、码头及车站照明
	SON－T70	70		6 000	—	E27	38	156	
	SON－T150	150		16 000	—	E40	48	211	
	SON－T250	250		28 000	—		48	257	
	SON－T400	400		48 000	—		48	283	
	SON－T1000	1 000		13 000	—		67	390	
	SON－T100 PLUS	100		10 500	—		48	211	
	SON－E50	50		3 500	—	E27	71	156	
	SON－E70	70		5 600	—	E27	71	156	
	SON－E150	150		14 500	—	E40	91	226	
	SON－E250	250		27 000	—		91	226	
	SON－E400	400		48 000	—		122	290	
	SON－E1000	1 000		13 000	—		166	400	
	SON－E100 PLUS	100		1 000	—		76	186	

注：1. 产地△10

2. 高压钠灯或金属卤化物灯替代高压汞灯可节电50%以上(例如200 W高压钠灯可替代400 W高压汞灯)；或用高透光球形荧光灯替代高压汞灯。

3. 用2～5 W发光二极管信号灯替代40 W白炽灯，寿命可由5 000小时增加到25年，不仅可大量节约电费、更可节约维修费用。

4. 新型高效照明反射罩可成倍增加局部光源。

(9) 高透光球形荧光灯

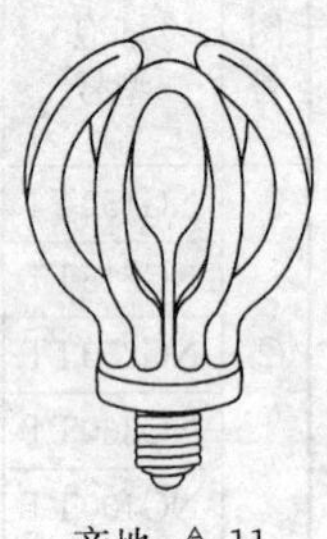

【特点和用途】

① 克服了传统紧凑型荧光灯(俗称节能灯)灯管内侧光透率低,光利用率低,灯管散热差、温升高,光通量输出低的缺点。综合性能指标大幅提升并达到国际先进水平。

② 高效节电,与各传统光源相比,可节电 40%～80%。

③ 光源平均使用寿命长达 15 000 h(小时)。

④ 灯管光效 90 lm/W 左右,整灯光效高达 75～80 lm/W。

⑤ 光源光衰小,2 000 h 光通量维持率≥90%。

⑥ 属于低温光源,特别适合在密封和防爆灯具中使用。

产地:△11

⑦ 光污染少,没有频闪和眩光,保护人眼健康。

⑧ 快速启亮和重复启动,能在 187～242 V 范围内正常工作。

⑨ 一般情况,采用此新光源后,6～12 个月节省的电费就能回收投资改造的全部费用。

⑩ 可以代替目前使用白炽灯的场所。

白 炽 灯	一体化高透光球形荧光灯	节 电 率
100～150 W	18～25 W	80%～85%
200 W	25～36W	80%～85%
300 W	36～48 W	80%～85%
500 W	65～85 W	80%～85%

可以代替目前使用高压汞灯的场所。

自镇流高压汞灯及荧光高压汞灯	一体化球形灯/分体式球形灯	节电率
125 W	25～36 W	80%或 70%
250 W	48～65 W	80%或 70%
400 W	—75～95 W	80%或 75%
1 000 W	110 W 或 3×65 W	85%或 80%

可以代替目前使用高压钠灯的场所(当原用高压钠灯使用寿命已到需更新时,建议采用高透光球形灯)。

高 压 钠 灯	一体化球形荧光灯/分体式球形灯	节电率
70＋10(镇流器耗电)＝80 W	36 W	55%
110＋15(镇流器耗电)＝125 W	36～48 W	60%～70%
250＋30(镇流器耗电)＝280 W	75～95 W	65%～70%
400＋60(镇流器耗电)＝460 W	120 W 或 3×65 W	70%～55%

【使用典型实例】

节能改造企业(机关)	改 造 前	改 造 后
上海三菱电梯有限公司	400 W 高压汞灯+250 W 高压钠灯(混合灯具),每套光源+镇流器耗电 740 W	3×65 W 高透光球形荧光灯,每套灯具耗电 195 W,节省功率 545 W,节电率 74%
上海汽轮发电机有限公司	400 W 高压汞灯+400 W 高压钠灯(混合灯具),每套灯具光源+镇流器耗电 920 W	3×65 W 高透光球形荧光灯,每套灯具耗电 195 W,节省功率 725 W,节电率 78%
上海市委党校	金属卤化物灯 1 000 W×2 只,400 W×2 只,光源+镇流器实际功率 3 220 W	4×110 W 高透光球形荧光灯,实际功率 440 W,节省功率 2 780 W,节电率 84%

注:资料来源:中国国际工业博览会,2007 上海新国际博览中心。

3. 节水新型五金器材

水是人类赖以生存的宝贵资源,节水势在必行。以下介绍用于节水的新型五金器材。

(1) 多功能组合式不锈钢水箱

【特点】

① 材料新型,价格较低,抗腐蚀性能好(见第二章)。

② 水箱多功能组合式,规格见下表。

③ 属于专利产品,专利号 ZL96230405。

【用途】

① 已应用在大型工程(水箱群达 6 000 m^3,单体最大为 2 080 m^3)。

② 用于高层建筑、宾馆饭店、多层公寓、住宅小区以及火车船舶、医药食品等行业。

③ 自来水重复利用是一种重要的节能手段,可作为家庭自来水节能水箱,对洗澡洗衣等水重复利用。

【规格】

1 m^2

0.5 m^2

多功能组合式不锈钢水箱

<table>
<tr><th rowspan="3">型式</th><th rowspan="3">容量
(m^3)</th><th colspan="3">尺寸(mm)</th><th colspan="6">板　厚(mm)</th><th rowspan="3">重量
(kg)</th><th rowspan="3">底座
重量
(kg)</th></tr>
<tr><th rowspan="2">长度
A</th><th rowspan="2">宽度
B</th><th rowspan="2">高度
H</th><th rowspan="2">顶板</th><th rowspan="2">底板</th><th colspan="4">侧板</th></tr>
<tr><th>1段</th><th>2段</th><th>3段</th><th>4段</th></tr>
<tr><td>THSX-1</td><td>1</td><td>1 000</td><td>1 000</td><td>1 000</td><td>1.5</td><td>3</td><td>1.5</td><td></td><td></td><td></td><td>100</td><td>38</td></tr>
<tr><td>THSX-2</td><td>6</td><td>3 000</td><td>2 000</td><td>1 000</td><td>1.5</td><td>3</td><td>1.5</td><td></td><td></td><td></td><td>494</td><td>170</td></tr>
<tr><td>THSX-3</td><td>12</td><td>3 000</td><td>2 000</td><td>2 000</td><td>1.5</td><td>3</td><td>1.5</td><td>2.0</td><td></td><td></td><td>777</td><td>232</td></tr>
<tr><td>THSX-4</td><td>24</td><td>6 000</td><td>2 000</td><td>2 000</td><td>1.5</td><td>3</td><td>1.5</td><td>2.0</td><td></td><td></td><td>1 696</td><td>425</td></tr>
<tr><td>THSX-5</td><td>30</td><td>5 000</td><td>3 000</td><td>2 000</td><td>1.5</td><td>3</td><td>1.5</td><td>2.0</td><td></td><td></td><td>1 839</td><td>516</td></tr>
<tr><td>THSX-6</td><td>40</td><td>5 000</td><td>4 000</td><td>2 000</td><td>1.5</td><td>3</td><td>1.5</td><td>2.0</td><td></td><td></td><td>2 335</td><td>659</td></tr>
<tr><td>THSX-7</td><td>50</td><td>5 000</td><td>5 000</td><td>2 000</td><td>1.5</td><td>3</td><td>1.5</td><td>2.0</td><td></td><td></td><td>2 730</td><td>803</td></tr>
<tr><td>THSX-8</td><td>100</td><td>10 000</td><td>5 000</td><td>2 000</td><td>1.5</td><td>3</td><td>1.5</td><td>2.0</td><td></td><td></td><td>4 309</td><td>1 841</td></tr>
<tr><td>THSX-9</td><td>500</td><td>25 000</td><td>5 000</td><td>4 000</td><td>1.5</td><td>3</td><td>1.5</td><td>2.0</td><td>3</td><td>3</td><td>19 273</td><td>9 998</td></tr>
<tr><td>THSX-10</td><td>1 000</td><td>25 000</td><td>10 000</td><td>4 000</td><td>1.5</td><td>3</td><td>1.5</td><td>2.0</td><td>3</td><td>3</td><td>36 389</td><td>19 934</td></tr>
</table>

产地:④ 23

(2) QYKS-55C型金龙卡洗澡控水系统

【特点与效果】

工矿企业、学校等通常采用淋浴器洗澡,过去由于缺乏计量手段,无法对个人实行用水考核,用多用少一个样,浪费严重。为了节约洗澡用水,利用电子技术控制水流,节水效果明显。

新中新公司开发金龙卡洗浴控水系统,以卡控制阀门开关,插卡出水,撤卡断水,方便快捷,变人工收费为自助收费,实现洗浴收费按时进行计量,公平合理。控制器设有备用电池,控制器与电磁阀电压均12 V以下,确保使用者安全。适用于大中专院校、企事业单位公共浴室、公寓洗澡间和开水房的用水管理。安装后,人均用水为安装前的28%,月耗水为安装前36%,某企业浴室安装"QYKS-5SC"后节水效果明显,通常可节约50%以上。

4. 三机一泵节能

正确选用高效电机、风机、水泵和电焊机,搞好企业节能。

高效电机。电动机常年运行,其效率高低直接决定电耗,例如:一台45 kW电机效率提高1%,年节电近4 000 kW·h。Y系列电机比JO系列电机效率平均提高1.5%左右,YX系列高效率三相异步电动机,在较宽的负载率(50%～100%)内具有高的效率,对于载荷高的场合,具有明显的节能效果,而高效电机比Y系列电机效率还要提高3%左右,所以企业在淘汰、更新、调换电机时,就应优先用YX、YE、YD、YZ系列的高效电机,节能效果明显,一般在1～3年内可回收全部更新电机的投资。

YX系列高效率三相异步电动机是Y系列(IP44)派生的新型节能产品。广泛用于化工、冶金、煤炭、纺织、机械、电力等部门各种机械。最适合于长期连续运行,载荷率高,消耗电能总量相对较多的场合。

普通风机、水泵。其效率一般在 60%～75%，而高效风机、水泵的效率一般在 85%左右，选用高效风机、水泵，一方面可以较大幅度提高效率，节省电力，另一方面在满足需求的同时，可以减少其配套电动机的功率，降低电力负荷。

高效节能电焊机。半自动 CO_2 气体保护焊效率高且节能。其生产成本仅是使用焊条手工电弧焊的 50%左右，所以企业在淘汰，更新、调换焊机时，针对产品焊接特点，优先选用半自动 CO_2 气体保护焊机或其他高效节能电源(电焊机)。

5. 半导体照明新型节能灯具

【显著特点】

发光二极管，称 LED、又称固态光源、半导体光源，是第四代光源。其显著特点是将电直接转化为光。高效、节能、环保、使用寿命长，易维护。通过“十五”国家半导体照明工程的实施，初步形成了科研基础和完整的产业链，已成功地应用在如下方面并显现节能效果。

应 用 部 位	被替代的灯饰	节能效果
景观照明	霓虹灯	节能 70%
交通信号灯	白炽灯	节能 80%
次干道路灯	高压钠钉	节能 70%

【巨大的节能潜力】

我国每年照明电力消耗已超过 3 000 亿度，占电力消耗总量的 12%，专家预测，2015 年以后，LED 应用于普通照明，每年节电将超过 1 000 亿度，可减少温室气体排放 1 亿多吨，国家“863”计划已经启动“半导体照明工程”重大项目，将进一步促进 LED 照明节能工作。科技部已批准上海、深圳、厦门、南昌、大连为国家半导体照明工程产业化基地，促进区域技术集成创新，形成相对合理的产业布局。

【产品应用】

LED 新型灯具品种参数摘录(一)

灯具名称	路灯	隧道灯	天花灯
输入(V)	交流(AC)110～250	宽电压交流 110～250	宽电压交流 110～250
输出	采用恒流驱动电路：工作电压 12～24 V，工作电流 2.5～4.0(A)		
发光效率(lm/W)	60～70		
颜色和色温	正色(色温 6 000 K)，暖色(色温 3 000 K)		
功率(W)	50、60、80、90、100、120、160	50、60、80、100、120	3、5、7
特点与用途	可广泛用于道路、小区等场所照明	防水 1P68，可用于隧道、矿道和铁道区域照明	有白、绿、蓝、黄等多种颜色。 广泛用于高档酒店商业区、商务会所等场合

注：天花灯工作电流 350～700 mA。　　产地：⚠ 21

LED 新型灯具品种参数摘录(二)

灯具名称	庭院灯	泛光灯	高炮投射灯	螺口节能灯	汽车灯	水晶射灯
工作电压(V)	AC 220				DC12	AC220
工作频率(Hz)	50～60				—	50～60
产品颜色	白色				—	单色、七彩
使用寿命(h)	≥50 000				≥50 000	≥50 000
工作温度(℃)	−40～80				−40～60	−40～60
防水等级	1P65					
特点与用途	光线均匀 亮度高 适用于庭院、小区、景区、主题公园等	节能＞70% 主要应用在楼宇等建筑	用25 W灯可代替传统的150 W灯具,用于广告投射灯具	功率:3 W、5 W、7 W 亮度相当于25～60 W白炽灯,节电80%,可用于室内照明	功率(W):刹车灯0.9、转向灯0.6、小灯1.0 W,无灯丝,不发热,与传统灯亮度相当,耗电仅6%	可呈现红、黄、蓝、绿、白,七彩渐变,七彩跳跃效果,广泛用于商场、酒店、展馆等场合

部分灯具图片

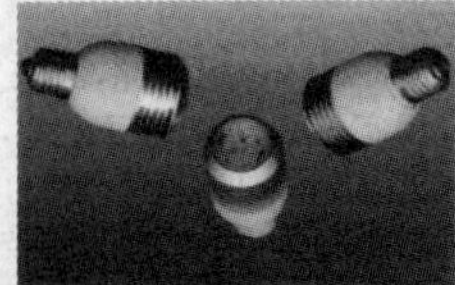

LED 室内大功率照明系列

LED 户外大功率照明系列

6. 节能减排五金器材

节能减排五金器材及应用效果:

序号	节能项目	节 能 效 果	要 点 说 明
1	半导体光源	比传统光源至少可节能80%,使用寿命是白炽灯的100倍以上	利用发光二极管(LED)(又称固态光源,半导体光源),是继白炽灯、荧光灯和高强度气体放电灯之后的第四代光源。可将电直接转变为光

（续）

<table>
<tr><th>序号</th><th>节能项目</th><th>节 能 效 果</th><th>要 点 说 明</th></tr>
<tr><td>2</td><td>待机开关和节能插座</td><td>有利于家用电器的节电，节能插座使用了最新的嵌入式技术，可使处于待机状态的电器在30秒钟后自动切断电源而不需拔掉插头</td><td>待机开关是一种可以明显减少待机功耗的开关，功耗低、安全工作区域宽等优点，是以场效应晶体管为基础，可在各种家用电器上采用。采用这种技术的带遥控的电源接线板，可节电</td></tr>
<tr><td>3</td><td>节能冰箱和冰箱节能</td><td>按 GB 12021. 2—2003（家用电冰箱电量限定值及能源效率等级），分5级，1级电冰箱最节能，达到国际先进水平，2级电冰箱达到国内先进水平，5级电冰箱耗电最多、属淘汰产品</td><td><table>
<tr><th>技术参数</th><th>节能冰箱</th><th>普通冰箱</th></tr>
<tr><td>容量(L)</td><td>～190</td><td>～190</td></tr>
<tr><td>能效等级</td><td>1级</td><td>3级</td></tr>
<tr><td>耗电量(kW/天)</td><td>0. 59</td><td>0. 95</td></tr>
<tr><td colspan="3">节能冰箱每年可节电 131. 4 kW・h</td></tr>
</table>
使用中节能：1. 减少开门次数，每开门一次，压缩机要多运转十多分钟，才能恢复原有温度
2. 箱内物品应适当，过少会耗电多、存放物品的量，以容积80%为宜，食品与冰箱内壁之间应留>10 mm空隙
3. 冰箱门应关闭紧密</td></tr>
<tr><td>4</td><td>省电的抽油烟机</td><td>在具有相同的抽净率前提下，选用风机功率和风量较小的产品可省电、噪音小，如选CCC标志的抽油烟机、安全可靠</td><td>“CCC”是国家对强制性产品认证使用的标志，英文名称：
China Compulsory Certification ation</td></tr>
<tr><td>5</td><td>节能空调和空调节能</td><td>按国标 GB 12021. 3—2000（房间空气调节器能耗限定值及节能评价值），应选用能效标识等级较优的空调。分成5级，1级最节能、价贵；2级次之；5级耗电量最大，普通家庭选择。其中2级较适中</td><td>空调节能：
1. 空调内机离地>1. 6 m，外机离地>0. 75 m；
2. 不宜频繁开关，不但不省电，还相当费电，并会损坏压缩机；
3. 经常清洗空调过滤器；
4. 空调开几小时后关闭，马上开吊扇，可省电约50%；
5. 国务院为节能减排规定：家庭空调，夏天最高温度设定26～28 ℃，冬季16～18 ℃可省电</td></tr>
</table>

（续）

<table>
<tr><th>序号</th><th>节能项目</th><th>节 能 效 果</th><th>要 点 说 明</th></tr>
<tr><td>6</td><td>电饭煲(锅)(合理使用省电)</td><td>将米洗好，煮前浸泡10分钟左右，饭熟即拔掉插头，充分利用电饭锅余热，省电</td><td>不然，电饭锅将进入保温状态，当温度低于70 ℃，又会自动启动，如此反复，既费电，还会缩短使用年限</td></tr>
<tr><td>7</td><td>电饭煲(锅)(选购合适的锅)</td><td>定时式电饭煲比保温式电饭煲省电
较大功率的电饭煲比较小功率的电饭煲省电</td><td><table><tr><th>技术参数</th><th>500 W电饭煲</th><th>700 W电饭煲</th></tr><tr><td>米饭量(g)</td><td>1 000</td><td>1 000</td></tr><tr><td>时间(min)</td><td>30</td><td>20</td></tr><tr><td>耗电(kW·h)</td><td>0.25</td><td>0.23</td></tr></table></td></tr>
<tr><td>8</td><td>新型节水马桶</td><td>新型节水马桶，采用3/6 L双键水箱，可按照需要冲出3 L或6 L水量，以一家三口采用此项目，每月可节水2 000 L</td><td></td></tr>
<tr><td>9</td><td>小排量汽车</td><td>用油省、排污少，保养费低，利国利民</td><td><table><tr><th>技术参数</th><th>1 L排量</th><th>1.6 L排量</th></tr><tr><td>行驶距离(km)</td><td>100</td><td>100</td></tr><tr><td>耗油量(L)</td><td>4</td><td>10</td></tr></table></td></tr>
<tr><td>10</td><td>节能燃气灶</td><td>能提高热效率20%烹饪时间缩短很多</td><td>普通燃气灶，燃烧器位于台板上部，燃烧时火焰外窜、热效率低。
节能燃气灶，燃烧器置于台板下部，燃烧时火焰呈螺旋式上升，热量集中对准锅底，热效率高</td></tr>
<tr><td>11</td><td>节能低辐射玻璃</td><td>可将80%以上的远红外辐射反射回去，具有良好的阻隔热辐射透过的作用</td><td>在普通玻璃上贴一层涂膜。该膜具有极低的表面辐射率，简称低辐射玻璃</td></tr>
<tr><td>12</td><td>高效节能日光温室
(蔬菜、花卉大棚)</td><td>有效采光时间增加33%～50%采光更合理，保温性更好</td><td>结构上，改进了立面与地面的夹角，棚内北面采用白色泡沫弧形墙、集聚光源反射给作物，成为更节能大棚</td></tr>
<tr><td>13</td><td>省电声控开关</td><td>省电80%</td><td>普遍安装在楼梯过道，晚上不再是长明灯，利用人的脚步声使它自动开灯，人走后自动熄灯</td></tr>
</table>

(续)

序号	节能项目	节能效果	要点说明
14	变风量空调系统,国际上已占空调系统30%份额,国外高层建筑使用率已达95%	空调负荷率为60%时,可降低风机耗能78%	通过改变关风量来调节室温,在过渡季节可大量采用新风作为天然冷源,大幅度减少制冷机能耗 不会产生冷凝水、风口位置可通过软管连接任意改变,噪音低,不过热,寿命长
15	S_{11}型节能变压器	与S_0型变压器相比,空载损耗平均降低30%,空载电流平均下降70%,噪声下降7%~10%,使用寿命长	应用范围广、节约能源、经济指标适中。已列入推荐的节能产品
16	非晶合金配电变压器	空载损耗比硅钢片变压器降低70%~80% 是目前节能效果最好的变压器	特点:高磁导率、低矫顽力、高电阻力、低铁损
17	圆筒形电炉	圆形电炉,表面积比同容量箱式炉小,炉衬散热量少20%左右,炉壁表面温度可降低10℃。单位电耗降低7%,有利于回收炉气,回收余热	箱式电炉炉壁结构不合理,散热量大、电热元件效率低 电炉最大的热能损耗20%~30%是炉体、国产箱式、井式等标准型号电阻炉,大多采用黏土砖和硅藻土砖组合炉衬保温性差,若改用硅酸铝纤维可省电30%
18	YX3型高效三相异步电动机	额定输出功率0.55~315 kW,效率高、功率因数好,性能优于普通Y型电动机节能评价已达到GB 18613—2002规定,是高效电动机	YX3型电动机的机座号与Y型直接对接,互换方便 我国各类电动机总用电量占全国总用电量的60%,能源利用率比国际先进水平低10%~30%,因此节能潜力很大
19	蒸汽锅炉三位一体节能	采用硅酸铝保温,可节电28%~30% 三位一体节能、锅炉热效率高	1. 炉壳及蒸汽管道保温材料采用硅酸铝纤维包扎,提高保温性能,提高热效率 2. 余热利用,用热管空气预热器和热管省煤器,提高炉水温度 3. 采用微电脑、自动控制炉温、降低能耗

注:1. 高红外线加热,优于远红外加热。远红外加热需15~25 min预热,电能辐射能转换效率约60%,高红外线加热,无需预热,电源开启后1~3 s即可投入正常工作,可瞬时提供高能量、高密度、高强度红外辐射,用于干燥设备,转换效率85%。温度均匀,加热速度快。

2. 等离子加热技术,工艺简单,离子弧中心温度可达数万摄氏度,节能效果好。用于焊接、冶金等。

3. 热处理时选用煤气热源,能源利用率为电加热的三倍。

第五篇　建筑工程新型五金器材

第三十二章　新型建材及装饰材料

1. 新型建材

(1) 彩涂压型钢板(GB/T 12755—2008)

彩涂压型钢板是国内外建筑中广泛采用的轻质高强度材料，我国起步较晚，发展迅速，轻钢彩板建筑在我国获得很快发展。

① 板型与构造，典型板型示意如下。

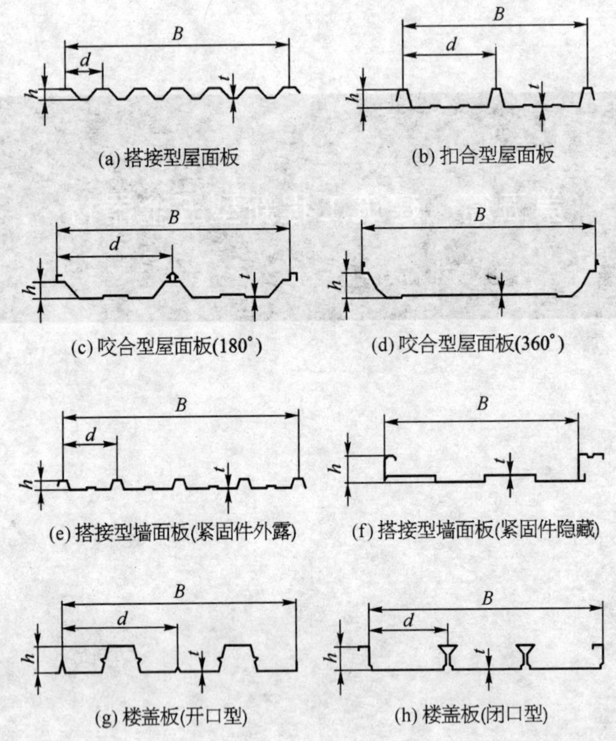

(a) 搭接型屋面板　(b) 扣合型屋面板

(c) 咬合型屋面板(180°)　(d) 咬合型屋面板(360°)

(e) 搭接型墙面板(紧固件外露)　(f) 搭接型墙面板(紧固件隐藏)

(g) 楼盖板(开口型)　(h) 楼盖板(闭口型)

② 热镀锌、热镀铝锌基板化学成分与力学性能。

热镀锌、铝锌基板的化学成分(熔炼分析)应符合下表的规定。

钢　种	化学成分(质量分数)(%)，≤			
	C	Mn	P*	S
结构级钢	0.25	1.7	0.05	0.035

注：* 350 以上级别的磷含量不应大于 0.2%。

热镀锌、铝锌基板的力学性能应符合下表的规定。

结构钢强度级别(MPa)	上屈服强度*(R_{eH})(MPa) ≥	抗拉强度(R_m)(MPa) ≥	断后伸长率(L_a=80 mm, b=20 mm)(%), ≥	
			公称厚度(mm)	
			≤0.70	>0.70
250	250	330	17	19
280	280	360	16	18
320	320	390	15	17
350	350	420	14	16
550	550	560	—	—

注：1. 拉伸试验样的方向为纵向(延轧制方向)。

* 屈服现象不明显时采用 $R_{p0.2}$。

2. 摘自规范性附录 A(GB/T 2518、GB/T 14978)。

③ 基材及其性能。

压型钢板的耐久性，主要取决于原材料的防腐蚀性能，特别是基材的防护性能，目前常用的基材有镀锌钢板基材、镀铝锌钢板基材和合金化热镀锌钢板基材。

(a) 镀锌钢板基材。

锌是一种比较活泼的金属，人们常用锌被腐蚀、消耗来保护钢板。镀锌钢板的寿命同锌层的消耗年限有关，而锌层的消耗主要取决于建筑物所处环境和空气介质。

当压型钢板处于恶劣的介质环境中时，为提高耐久性，宜采用较厚镀锌层的钢板作基材。彩色镀锌钢板除了基材镀锌外，还采用钝化层、底层油漆涂层、面层油漆涂层(见下图)，有效地保护镀锌层不受侵蚀，因此具有良好的耐久性。提高镀锌彩色压型钢板耐久性的关键在于运输、堆放、制作时，不能划破保护层，必须妥善保护，经常维护，适时补漆，才能提高使用年限。国外有使用 30 年以上的例子，国内早期的工程也已超过 30 年。

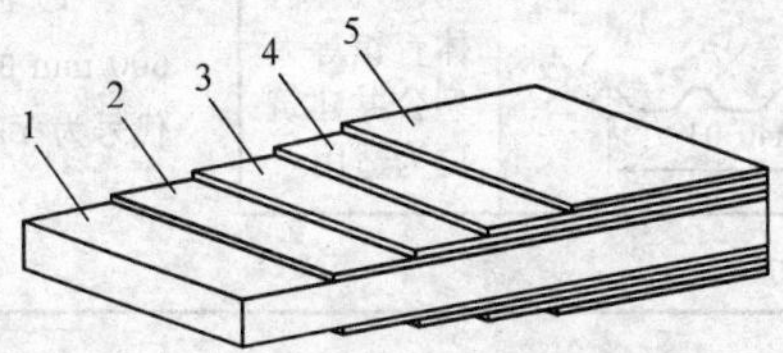

1—冷轧钢板；2—镀锌层；3—化学转化膜；4—初涂层(底漆)；5—精涂层(正面漆)

镀锌钢板基材压型彩色钢板产品的性能试验结果如下所示，供参阅。

耐热性：涂层放在 120 ℃烘箱中连续加热 96 h，涂层光泽、颜色无明显变化。

耐低温性：涂层在 −54 ℃低温下放置 24 h，涂层弯曲性能、冲击性无明显变化。

耐沸水性：在 90 ℃以上沸水中浸泡 60 min，表面光泽、颜色无任何变化，无起泡、软化、膨胀。

耐溶剂性能：将试样分别浸泡在 5%氢氧化钠、50%乙醇、5%盐酸、3%醋酸、0.4%洗涤剂中 24 h，无任何变化(在 5%氢氧化钠溶液中有轻微褪色)。

(b) 镀铝锌钢板基材。

镀铝锌钢板采用优质冷轧卷板，经过连续热浸过程制造出来，具有优越的防锈性，目前在国际上已广泛使用,其镀层组成见下表。

镀铝锌钢板镀层组成

镀层名称(%)	铝:55	锌:43.5	硅:1.5

注:重量 150 g/m² 以上。

据介绍,镀铝锌钢板寿命比一般的镀锌钢板高 4 倍,防锈能力得到国际公认。该板的涂料是含氟树脂(PVF 2),能对付恶劣的环境、距离海边 1 km 以内范围、工业地区腐蚀气体特别严重或缺乏雨水冲洗地区。镀铝锌钢板基材的防锈能力很强,而 PVF 2 涂料又特别耐老化,防损毁,防碰撞,防磨损,若能正确安装使用,可保持 20 年内不褪色,不起泡,不脱皮,使用寿命可达 30 年以上。

④ 标准、板型系列及标记示例。

彩涂钢板基材化学成分和力学性能应符合相应标准,彩涂层性能符合 GB/T 12754—2006《彩色涂层钢板和钢带》规定。

彩涂钢板剖面形状见 GB/T 12755—2008(见下图),压型特征见下表,与彩涂钢板配套的五金件(如自钻自攻螺钉)耐腐蚀性能要与彩涂钢板相当。根据国外经验,选择奥氏体不锈钢 AISI304 或 316L 自钻自攻螺钉比较合适。

建筑用压型钢板(摘自 GB/T 12755—2008)

截面形状及尺寸	用途
YX28－100－800(Ⅱ) 100　60　R5　45　28　20　800　25	用于作屋面板、楼板、墙板及装饰板等,对于工业厂房、仓库电厂围护结构、影剧院、体育馆等大型公共建筑更为适用
YX21－180－900 180　22　R5　30　21　40　108　40°03′　900	

【型号标记示例】

(a) 波高 51 mm、覆盖宽度 760 mm 的屋面用压型钢板,其代号为 YW51－760。

(b) 波高 35 mm、覆盖宽度 750 mm 的墙面用压型钢板,其代号为 YQ35－750。

(c) 波高 50 mm、覆盖宽度 600 mm 的楼盖用压型钢板,其代号为 YL50－600。

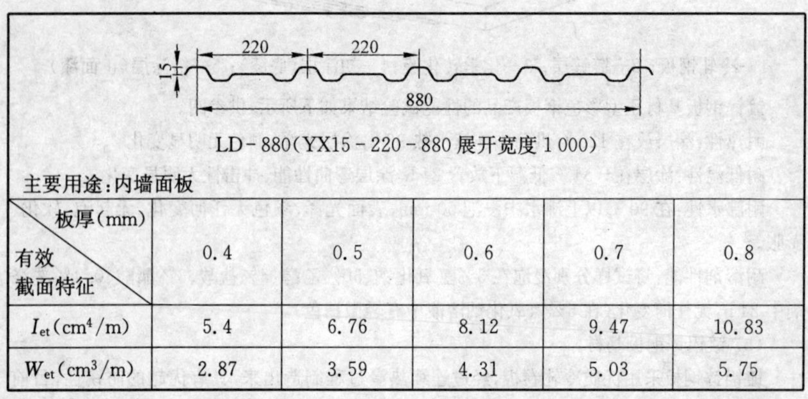

LD－880(YX15－220－880 展开宽度 1 000)

主要用途:内墙面板

板厚(mm) / 有效截面特征	0.4	0.5	0.6	0.7	0.8
I_{et}(cm⁴/m)	5.4	6.76	8.12	9.47	10.83
W_{et}(cm³/m)	2.87	3.59	4.31	5.03	5.75

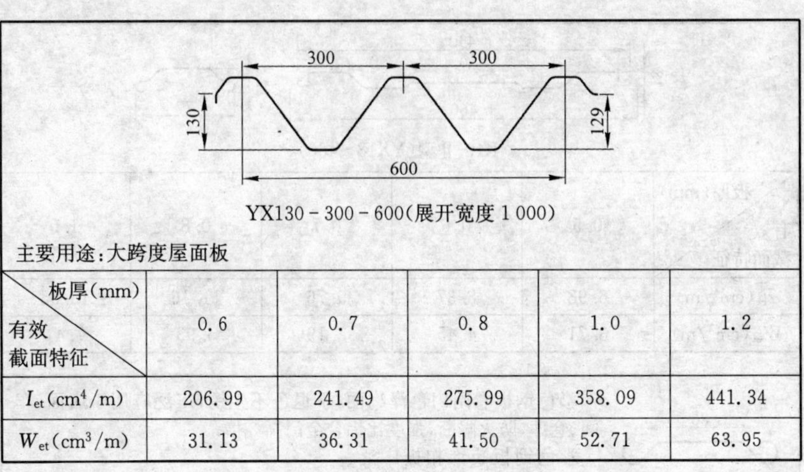

YX130－300－600(展开宽度 1 000)

主要用途:大跨度屋面板

板厚(mm) 有效截面特征	0.6	0.7	0.8	1.0	1.2
I_{et}(cm^4/m)	206.99	241.49	275.99	358.09	441.34
W_{et}(cm^3/m)	31.13	36.31	41.50	52.71	63.95

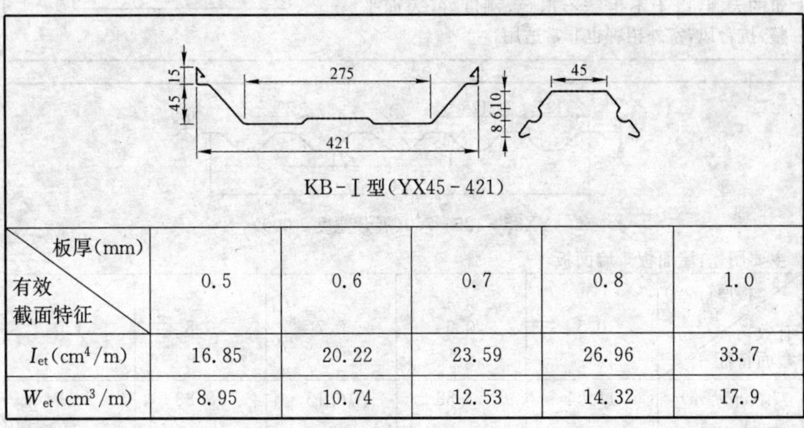

KB－Ⅰ型(YX45－421)

板厚(mm) 有效截面特征	0.5	0.6	0.7	0.8	1.0
I_{et}(cm^4/m)	16.85	20.22	23.59	26.96	33.7
W_{et}(cm^3/m)	8.95	10.74	12.53	14.32	17.9

KB－Ⅲ型(YX15－377)

板厚(mm) 有效截面特征	0.4	0.5	0.6	0.7	0.8
I_{et}(cm^4/m)	5.41	6.76	8.12	9.47	10.83
W_{et}(cm^3/m)	2.87	3.59	4.31	5.03	5.75

KB-Ⅱ型(YX18-460)

板厚(mm) / 有效截面特征	0.5	0.6	0.7	0.8	1.0
I_{et}(cm^4/m)	6.98	8.37	9.76	11.16	13.95
W_{et}(cm^3/m)	3.71	4.45	5.19	5.93	7.41

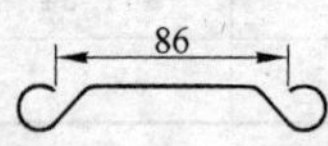

彩色钢板卷闸门色泽绚丽,不退色不生锈,广泛应用于店面、车间、仓库、防火隔断,强度比铝合金门高3倍。

彩色钢板装饰扣板广泛应用于办公室、大型公共建筑的天棚,由于不生锈不退色,刚度好,表面平整,抗台风,室外招牌也非常适用

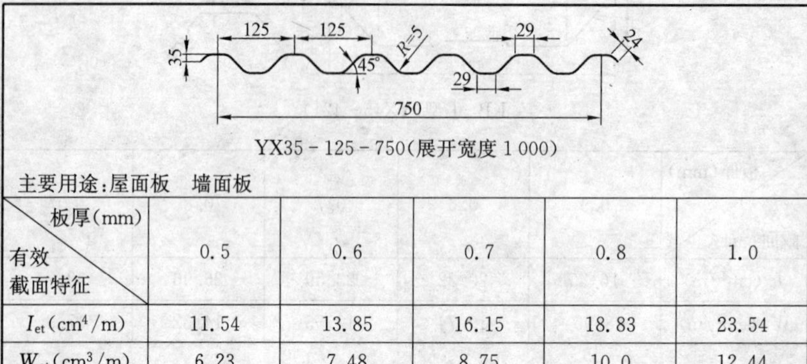

YX35-125-750(展开宽度1 000)

主要用途:屋面板　墙面板

板厚(mm) / 有效截面特征	0.5	0.6	0.7	0.8	1.0
I_{et}(cm^4/m)	11.54	13.85	16.15	18.83	23.54
W_{et}(cm^3/m)	6.23	7.48	8.75	10.0	12.44

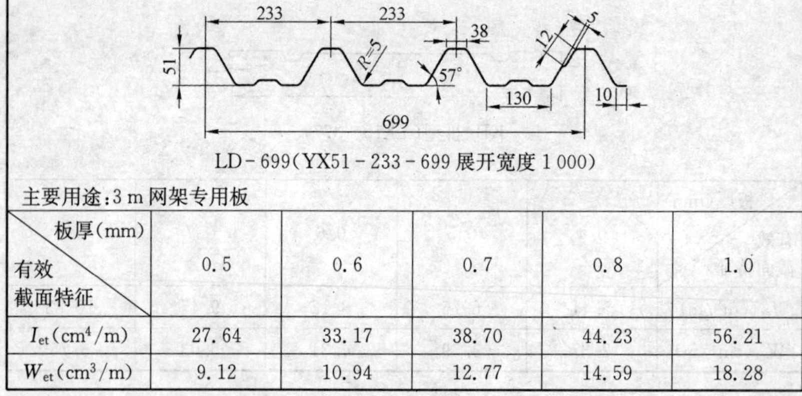

LD-699(YX51-233-699展开宽度1 000)

主要用途:3 m网架专用板

板厚(mm) / 有效截面特征	0.5	0.6	0.7	0.8	1.0
I_{et}(cm^4/m)	27.64	33.17	38.70	44.23	56.21
W_{et}(cm^3/m)	9.12	10.94	12.77	14.59	18.28

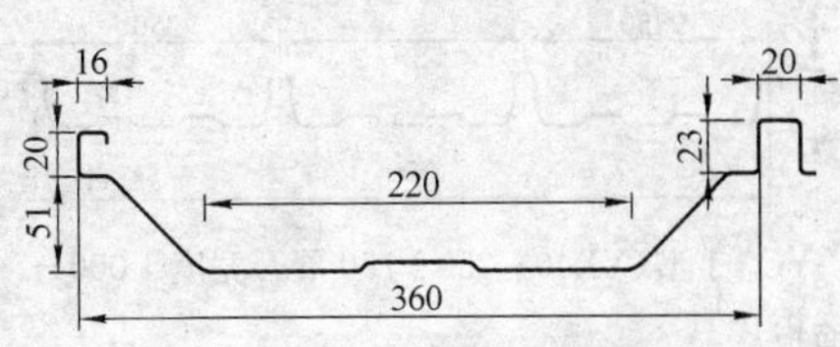

YC－Ⅱ型（YX51－360 展开宽度 500）

主要用途：隐藏式屋面板

板厚(mm) / 有效截面特征	0.6	0.7	0.8	1.0	1.2
I_{et}(cm^4/m)	37.59	43.86	50.13	62.66	75.19
W_{et}(cm^3/m)	12.67	14.77	16.89	21.11	25.34

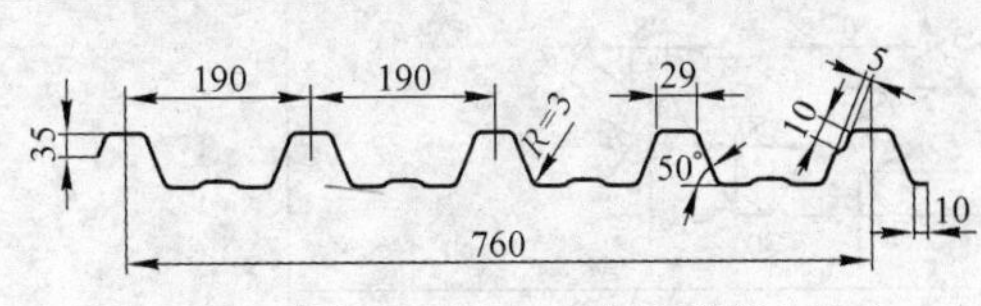

LD－760（YX35－190－760 展开宽度 1 000）

主要用途：屋面板　墙面板

板厚(mm) / 有效截面特征	0.5	0.6	0.7	0.8	1.0
I_{et}(cm^4/m)	11.38	13.66	15.94	18.56	23.21
W_{et}(cm^3/m)	6.15	7.38	8.61	9.86	12.26

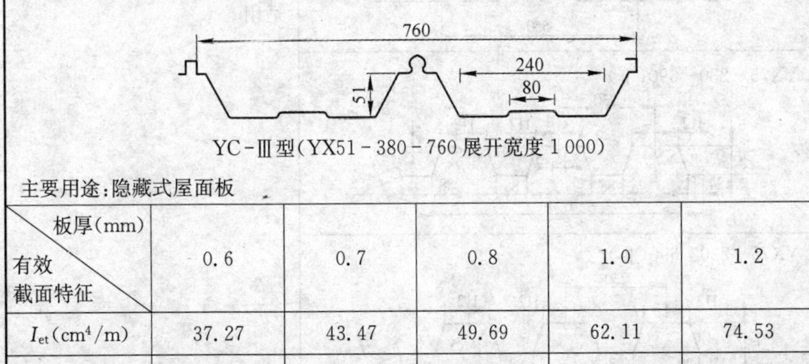

YC－Ⅲ型（YX51－380－760 展开宽度 1 000）

主要用途：隐藏式屋面板

板厚(mm) / 有效截面特征	0.6	0.7	0.8	1.0	1.2
I_{et}(cm^4/m)	37.27	43.47	49.69	62.11	74.53
W_{et}(cm^3/m)	12.29	14.34	16.39	20.48	24.59

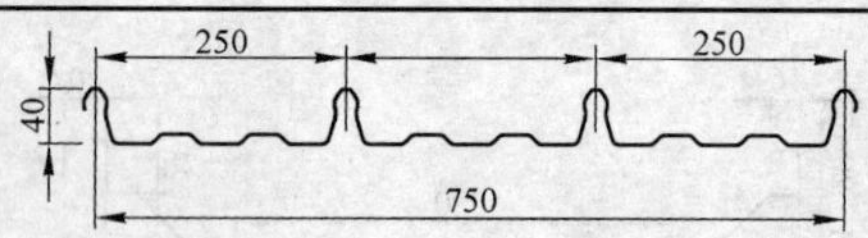

YC-Ⅰ型(YX40-250-750 展开宽度 1 000)

主要用途:隐藏式屋面板

板厚(mm) 有效截面特征	0.5	0.6	0.7	0.8	1.0
I_{et}(cm^4/m)	16.85	20.22	23.59	26.96	33.7
W_{et}(cm^3/m)	8.95	10.74	12.53	14.32	17.9

截面形状及尺寸	用　途
YX173-300-300 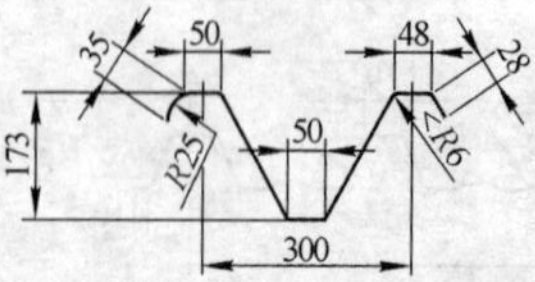 (35, 50, 48, 28, 173, R25, 50, ≤R6, 300)	用于作屋面板、楼板、墙板及装饰板等,对于工业厂房、仓库电厂围护结构、影剧院、体育馆等大型公共建筑更为适用
YX130-300-600 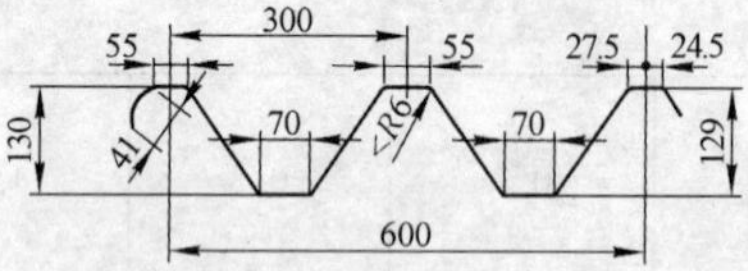 (300, 55, 55, 27.5, 24.5, 130, 41, 70, ≤R6, 70, 129, 600)	
YX130-275-550* (275, 40, 40, 20, 17, 35, R15, 50, ≤R6, 50, 27, 130, 129, 550) 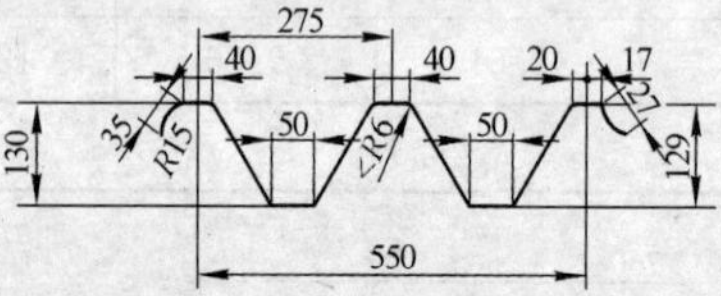	
YX75-230-690(Ⅰ) 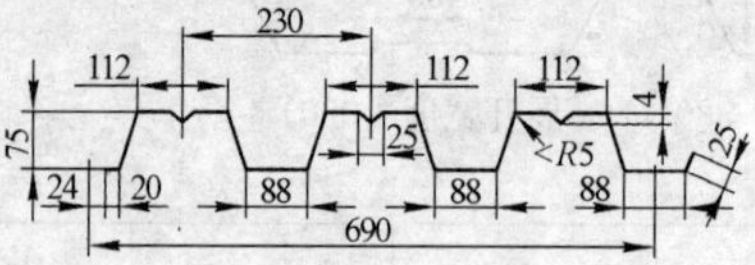 (230, 112, 112, 112, 4, 75, 25, ≥R5, 25, 24, 20, 88, 88, 88, 690)	
YX75-230-690(Ⅱ)* 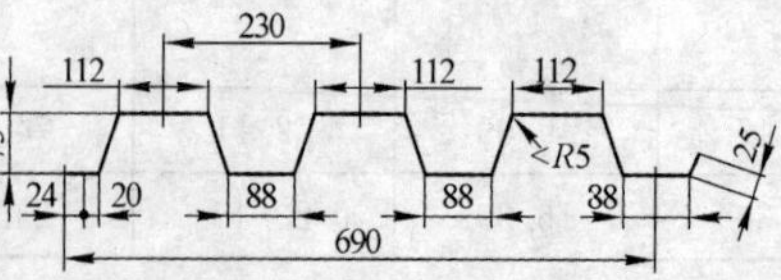 (230, 112, 112, 112, 75, ≥R5, 25, 24, 20, 88, 88, 38, 690)	

型号 截面形状及尺寸	用途
YX35-115-690* 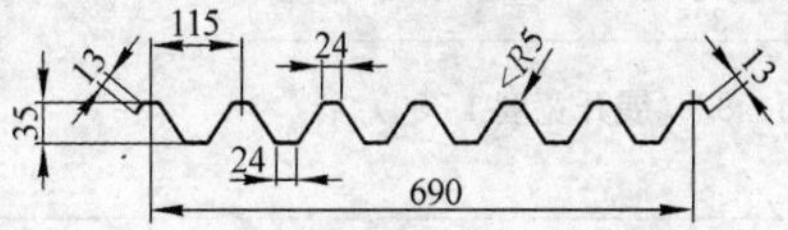	用于作屋面板、楼板、墙板及装饰板等，对于工业厂房、仓库电厂围护结构、影剧院、体育馆等大型公共建筑更为适用
YX35-115-677 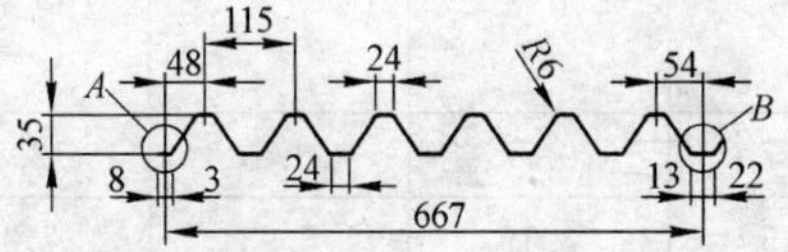	
YX28-300-900(Ⅰ) 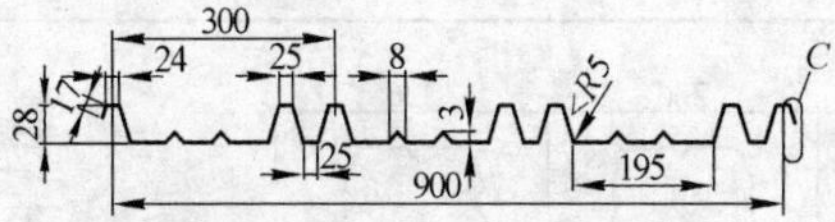	
YX28-300-900(Ⅱ) 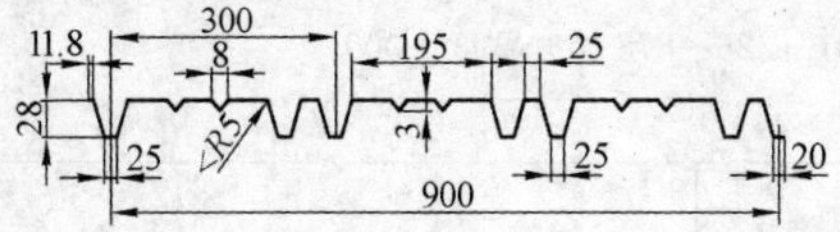	
YX28-100-800(Ⅰ) 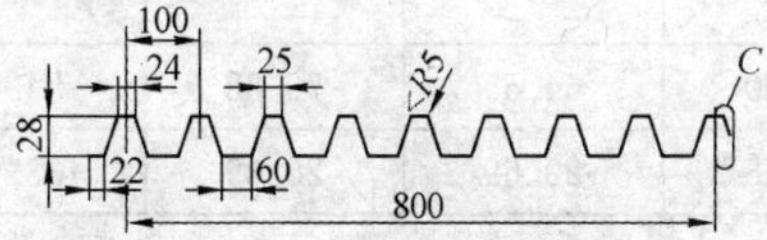	

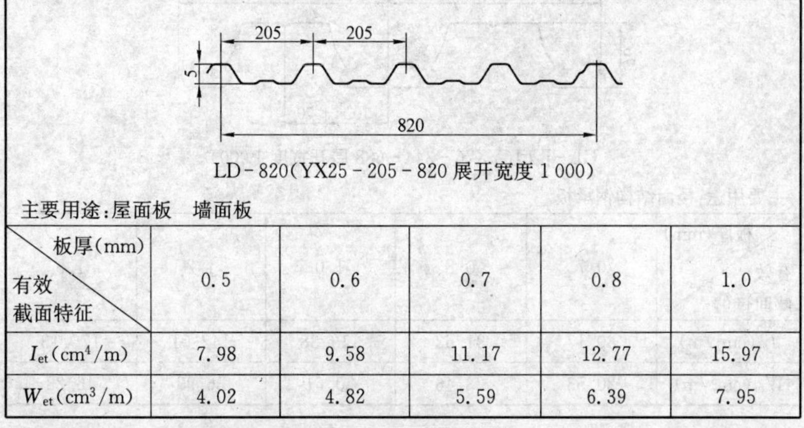

LD-820(YX25-205-820 展开宽度 1 000)

主要用途:屋面板　墙面板

板厚(mm) / 有效截面特征	0.5	0.6	0.7	0.8	1.0
I_{et}(cm^4/m)	7.98	9.58	11.17	12.77	15.97
W_{et}(cm^3/m)	4.02	4.82	5.59	6.39	7.95

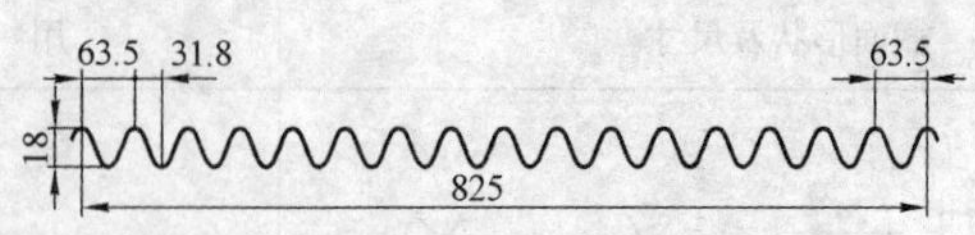

YX18－63.5－825(展开宽度 1 000)

主要用途:屋面板　墙面板

板厚(mm) 有效截面特征	0.5	0.6	0.7	0.8	1.0
I_{et}(cm^4/m)	6.98	8.37	9.76	11.16	13.95
W_{et}(cm^3/m)	3.71	4.45	5.19	5.93	7.41

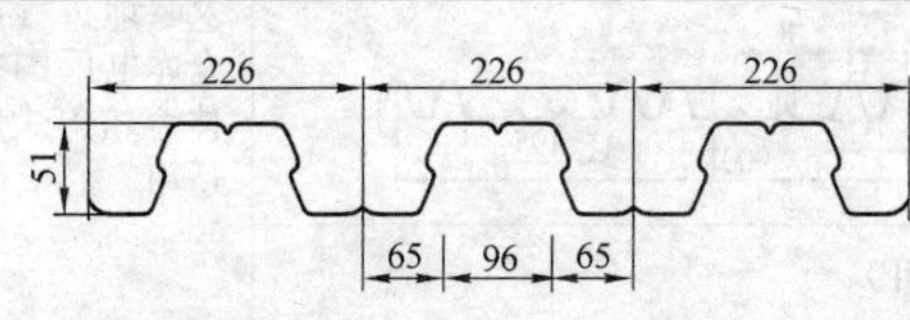

GL－Ⅰ型(YX51－226－678 展开宽度 1 000)

主要用途:楼面结构钢承板

板厚(mm) 有效截面特征	0.7	0.8	1.0	1.2	1.5
I_{et}(cm^4/m)	46.20	52.80	64.55	76.38	94.45
W_{et}(cm^3/m)	14.39	16.45	20.69	26.39	33.61

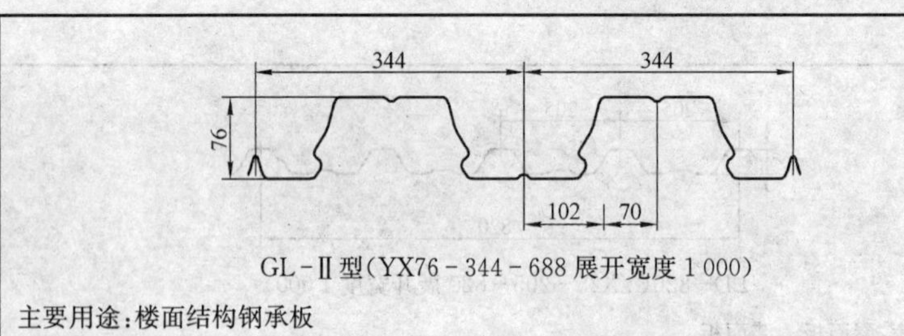

GL－Ⅱ型(YX76－344－688 展开宽度 1 000)

主要用途:楼面结构钢承板

板厚(mm) 有效截面特征	0.7	0.8	1.0	1.2	1.5
I_{et}(cm^4/m)	80.17	91.62	119.38	142.01	176.13
W_{et}(cm^3/m)	20.53	23.46	30.61	36.98	46.23

⑤ 25 种压型钢板的截面特性值见下表。

序号	压型钢板型号	板厚 t(mm)	有效截面特性	
			I_{et}(cm^4/m)	W_{et}(cm^3/m)
1	YX 173－300－300	0.8	560.52	57.90
		1.0	728.45	73.71
		1.2	903.60	89.81
2	YX 130－300－600	0.8	275.99	41.50
		1.0	358.09	52.71
		1.2	441.34	63.95
3	YX 130－275－550	0.8	273.14	39.77
		1.0	349.44	50.22
		1.2	421.12	60.30
4	YX 75－230－690（Ⅰ）	0.8	121.93	31.53
		1.0	154.42	39.47
		1.2	186.15	47.32
5	YX 75－230－690（Ⅱ）	0.8	89.31	20.10
		1.0	118.76	27.44
		1.2	151.48	36.01
6	YX 75－200－600	0.8	89.90	21.95
		1.0	119.30	29.99
		1.2	151.84	39.39
7	YX 70－200－600	0.8	76.57	20.31
		1.0	100.64	27.37
		1.2	128.19	35.96
8	YX 75－210－840	0.8	94.33	24.59
		1.0	123.73	31.26
		1.2	150.91	37.66
9	YX 38－175－700	0.6	16.99	8.37
		0.8	24.44	12.56
		1.0	32.94	16.11
10	YX 35－125－750	0.6	13.85	7.48
		0.8	18.83	10.00
		1.0	23.54	12.44

(续)

序号	压型钢板型号	板厚 t(mm)	有效截面特性	
			I_{et}(cm^4/m)	W_{et}(cm^3/m)
11	YX 35－115－690	0.6	13.55	7.29
		0.8	18.13	9.69
		1.0	22.67	12.05
12	YX 35－115－677	0.6	13.39	7.44
		0.8	17.85	9.86
		1.0	22.31	12.26
13	YX 35－187.5－750	0.6	13.47	5.16
		0.8	17.97	6.85
		1.0	22.46	8.53
14	YX 28－150－900(Ⅰ)	0.6	9.58	4.82
		0.8	12.77	6.39
		1.0	15.97	7.95
15	YX 28－150－750(Ⅰ)	0.6	9.71	4.90
		0.8	12.95	6.50
		1.0	16.19	8.09
16	YX 28－100－800(Ⅰ)	0.6	11.58	6.62
		0.8	15.44	8.78
		1.0	19.30	10.92
17	YX 28－150－900(Ⅱ)	0.6	6.74	4.20
		0.8	9.86	5.76
		1.0	13.64	7.39
18	YX 28－150－750(Ⅱ)	0.6	6.72	4.26
		0.8	9.84	5.83
		1.0	13.65	7.50
19	YX 28－100－800(Ⅱ)	0.6	9.69	6.11
		0.8	14.63	8.45
		1.0	18.79	10.60
20	YX 51－250－750	0.8	44.23	14.59
		1.0	56.21	18.28
		1.2	67.88	21.91

（续）

序号	压型钢板型号	板厚 t(mm)	有效截面特性	
			I_{et}(cm^4/m)	W_{et}(cm^3/m)
21	YX 28－300－900(Ⅰ)	0.6	9.58	4.82
		0.8	12.77	6.39
		1.0	15.97	7.95
22	YX 28－300－900(Ⅱ)	0.6	6.15	4.07
		0.8	8.76	5.52
		1.0	11.60	7.00
23	YX 21－180－900	0.6	4.81	3.19
		0.8	6.41	4.22
		1.0	8.01	5.25
24	YX 28－200－600(Ⅰ)	0.6	12.93	7.70
		0.8	17.24	10.21
		1.0	21.55	12.69
25	YX 28－200－600(Ⅱ)	0.6	10.45	6.99
		0.8	14.63	9.42
		1.0	19.30	11.93

注：1. 截面特性值按压型钢板基材为 3 号钢，设计强度取 205 MPa 计算。

2. 表内 I_{et}(cm^4/m)、W_{et}(cm^3/m)系指 1 m 宽压型钢板有效截面惯性矩及有效截面抵抗矩。

⑥ 涂层板的分类及代号。

分　类	项　目	代　号
按用途分	建筑外用	JW
	建筑内用	JN
	家电	JD
	其他	QT
按基板类型分	热镀锌基板	Z
	热镀锌铁合金基板	ZF
	热镀铝锌合金基板	AZ
	热镀锌铝合金基板	ZA
	电镀锌基板	ZE

（续）

分　类	项　目	代　号
按涂层表面状态分	涂层板	TC
	压花板	YA
	印花板	YI

（2）新型建材—铝及铝合金压型板和波纹板

① 铝及铝合金压型板(摘自 GB/T 6891—2006)。

【特点】 重量轻(仅钢的 1/3),并具有良好的机械性能和耐腐蚀性。

【用途】 用途与彩涂压型钢板相同,可用在工业及民用建筑、设备维护结构材料用的铝及铝合金压型板。

【型号、板型、牌号、状态及规格】

型号	板型	牌号	状态	规　格(mm)				
				波高	波距	坯料厚度	宽度	长度
V25－150 Ⅰ	见图 1	1050A、1050、1060、1070A、1100、1200、3003、5005	H18	25	130	0.6～1.0	635	1 700～6 200
V25－150 Ⅱ	见图 2						935	
V25－150 Ⅲ	见图 3						970	
V25－150 Ⅳ	见图 4						1 170	
V60－187.5	见图 5		H16、H18	60	187.5	0.9～1.2	826	1 700～6 200
V25－300	见图 6		H16	25	300	0.6～1.0	985	1 700～5 000
V35－115 Ⅰ	见图 7		H16、H18	35	115	0.7～1.2	720	≥1 700
V35－115 Ⅱ	见图 8						710	
V35－125	见图 9		H16、H18	35	125	0.7～1.2	807	≥1 700
V130－550	见图 10		H16、H18	130	550	1.0～1.2	625	≥6 000
V173	见图 11		H16、H18	173	—	0.9～1.2	387	≥1 700
Z295	见图 12		H18	—	—	0.6～1.0	295	1 200～2 500

注：1. 新、旧牌号、状态代号对照见第五章,压型板的化学成分应符合 GB/T 3190 的规定。(见第五章)

2. 需方需要其他规格或板型的压型板时,供需双方协商。

【规格】

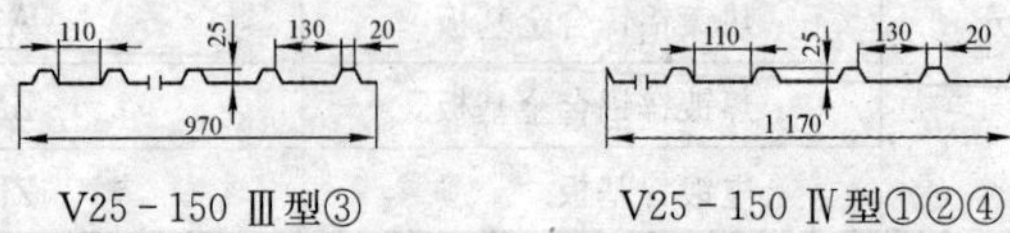

V25－150 Ⅲ型③　　V25－150 Ⅳ型①②④

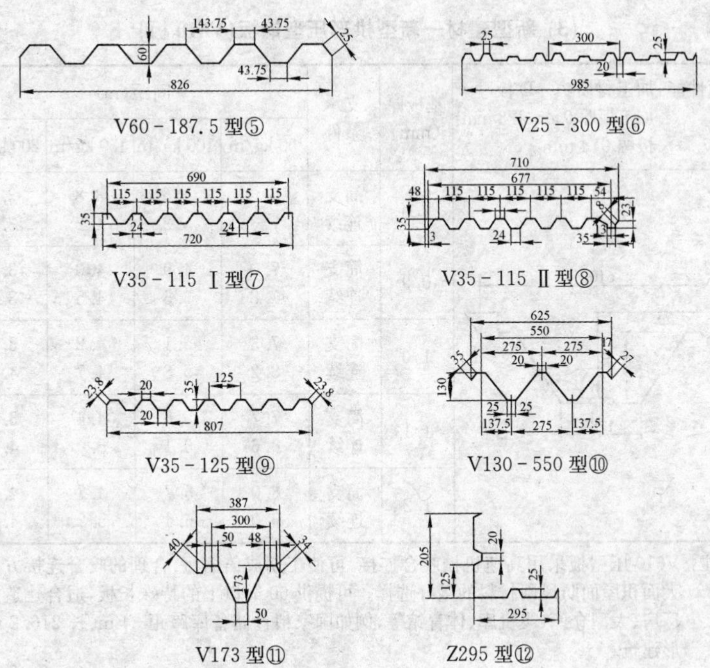

V60－187.5 型⑤　　V25－300 型⑥

V35－115 Ⅰ型⑦　　V35－115 Ⅱ型⑧

V35－125 型⑨　　V130－550 型⑩

V173 型⑪　　Z295 型⑫

注：○内数字表示上表中图号。

【标记示例】

用 3003 合金制造的、供应状态为 H18、型号为 V60－187.5、坯料厚度为 1.00 mm、宽度为 826 mm、长度为 3 000 mm 的压型板，标记为：

V60－187.5 3003－H18 1.0×826×3 000 GB/T 6891—2006

② 铝及铝合金波纹板

铝及铝合金波纹板（摘自 GB/T 4438—2006）　　（mm）

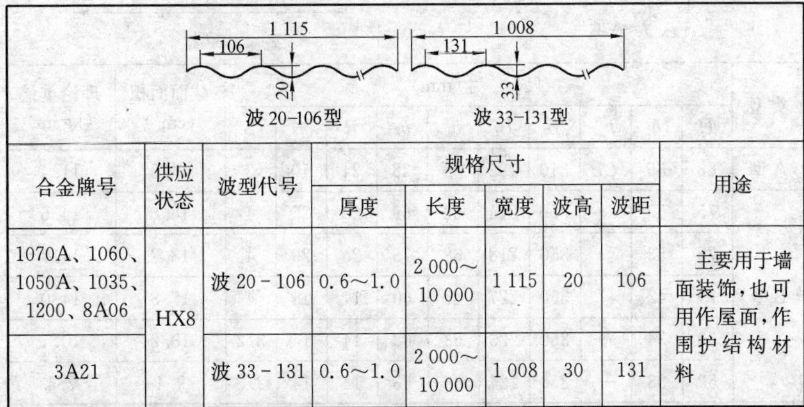

波 20-106型　　波 33-131型

合金牌号	供应状态	波型代号	规格尺寸					用途
			厚度	长度	宽度	波高	波距	
1070A、1060、1050A、1035、1200、8A06	HX8	波 20－106	0.6～1.0	2 000～10 000	1 115	20	106	主要用于墙面装饰，也可用作屋面，作围护结构材料
3A21		波 33－131	0.6～1.0	2 000～10 000	1 008	30	131	

注：厚度尺寸系列：0.6，0.7，0.8，0.9，1.0 mm。

(3) 新型建材—新型拱形压型钢板(V610 板)

断面性能:加工材质 A-D 板 加工板厚 0.4～1.3 mm 板幅 914 mm	基板厚(mm)	支承条件	间距(m)			
			50 kg/m	100 kg/m	150 kg/m	200 kg/m
	0.8	简支 连续	6.0 7.3	4.6 5.2	3.8 4.2	3.3 3.7
	0.9	简支 连续	7.0 7.8	4.9 5.5	4.0 4.5	3.5 3.9
	1.0	简支 连续	7.3 8.2	5.1 5.8	4.2 4.7	3.7 4.1
	1.1	简支 连续	7.7 8.6	5.5 6.1	4.4 5.0	3.9 4.3
	1.2	简支 连续	8.0 9.0	5.7 6.4	4.7 5.2	4.0 4.5

注：V610 压型板采用高速机械咬合连接,可使工期成倍缩短,合理的咬合连接方式是大面积屋面防风雨材料的最好选择。可提供 60 m 以上的特殊长板,适合建造大型厂房、大型仓库、飞机库、体育馆等,例如国家粮食储备库跨距 34 m、长 216.2 m 拱形建筑。

(4) 新型建材—新型护栏波形梁用冷弯型钢

护栏波形梁用冷弯型钢(摘自 YB/T 4081—2007)

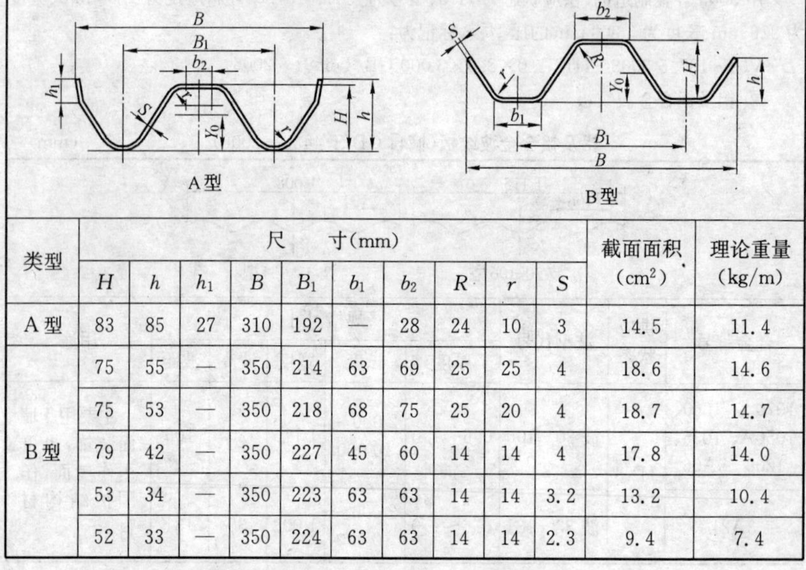

类型	尺寸(mm)									截面面积(cm²)	理论重量(kg/m)
	H	h	h_1	B	B_1	b_1	b_2	R	r	S		
A 型	83	85	27	310	192	—	28	24	10	3	14.5	11.4
B 型	75	55	—	350	214	63	69	25	25	4	18.6	14.6
	75	53	—	350	218	68	75	25	20	4	18.7	14.7
	79	42	—	350	227	45	60	14	14	4	17.8	14.0
	53	34	—	350	223	63	63	14	14	3.2	13.2	10.4
	52	33	—	350	224	63	63	14	14	2.3	9.4	7.4

注：表中理论重量按密度为 7.85 g/cm³ 计算。

【用途】 高架、高速车道的护栏。广泛使用的新型型材。

(5) 新型建材—新型轻质隔热夹芯板

【用途】 轻质隔热夹芯板外形美观，色泽艳丽，安装迅速，应用范围极广。目前生产世界流行的公母型对接式夹芯板，瓦楞公母对接式夹芯板，标准型夹芯板及防雨型扣顶夹芯板等轻型建筑围护板材，产品可广泛应用于食品加工业、冷库、仓库、活动房屋、民居、工业厂房及体育馆、展览馆等建筑领域。

① 夹芯板类型。

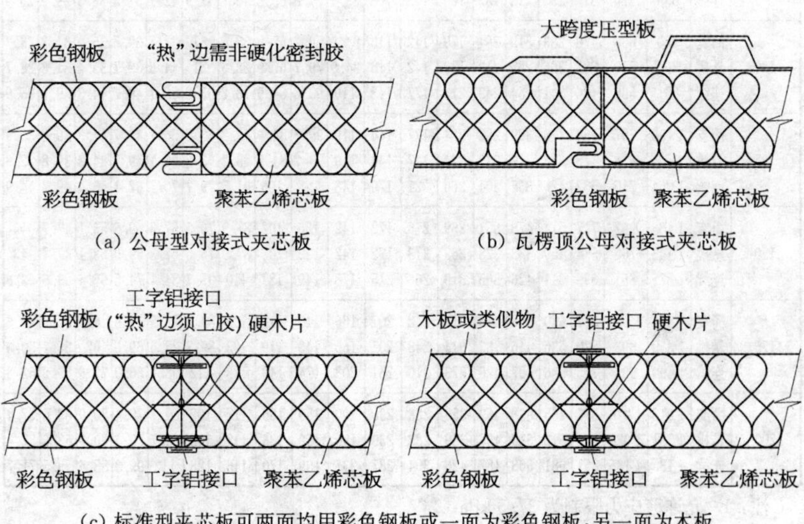

(a) 公母型对接式夹芯板　　(b) 瓦楞顶公母对接式夹芯板

(c) 标准型夹芯板可两面均用彩色钢板或一面为彩色钢板，另一面为木板。

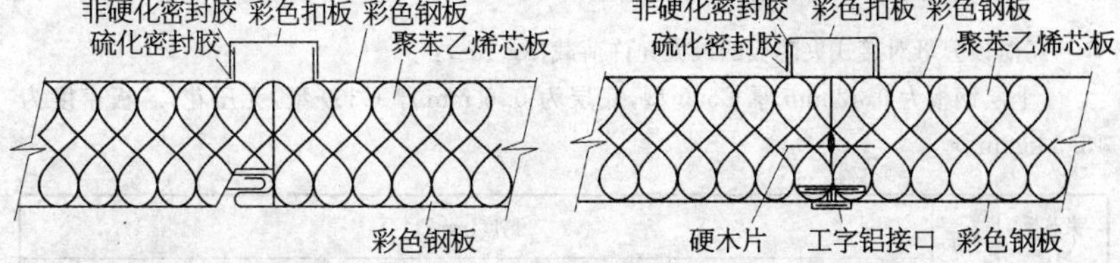

(d) 防雨型扣顶夹芯板(下部钢板接口形式可采用标准型接口或公母型对接式)

② 夹芯板技术参数。

标准型或公母型夹芯板每平方米重量：

板厚(mm)	50	75	100	125	150	200	250
板重(kg/m^2)	9.4	9.8	10.1	10.5	10.8	11.5	12.2

注：彩钢板厚度为 0.5 mm，芯板密度为 13.5 kg/m^3。

公母型对接式夹芯板在安全状态下可承受的荷载(kg/m^2)：

(彩钢厚 0.6 mm，带压花，芯板密度为 13.5 kg/m^3)

夹芯板厚度(mm)	支承类别	跨度(mm)																		
		0.8	1.2	1.6	2.0	2.4	2.8	3.2	3.6	4.0	4.4	4.8	5.2	5.6	6.0	6.4	6.8	7.2	7.6	8.0
50	简支	478	319	239	191	159	117	89.7	70.9	57.4	47.4	39.9	34	29.3	25.5	22.4	19.9	17.7	15.9	14.3
	悬挑	383	255	191	153	128	109	89.7	70.9	57.4	47.4	39.9	34	29.3	25.5	22.4	19.9	17.7	15.9	14.3
	连续	426	284	213	170	142	122	106	88.6	71.1	59.3	49.8	42.5	36.6	31.9	28	24.8	22.1	19.9	17.9
75	简支	717	478	359	287	239	176	135	106	86.2	71.3	59.9	51	44	38.3	33.7	29.8	26.6	23.9	21.6
	悬挑	574	383	287	230	191	164	135	106	86.2	71.3	59.9	51	44	38.3	33.7	29.8	26.6	23.9	21.6
	连续	639	426	319	255	213	182	160	133	108	89.1	74.8	63.8	55	47.9	42.1	37.3	33.3	29.9	26.9
100	简支	920	638	478	383	319	234	179	142	115	94.9	79.7	67.9	58.6	51	44.8	39.7	35.4	31.8	28.7
	悬挑	765	510	383	306	255	219	179	142	115	94.9	79.7	67.9	58.6	51	44.8	39.7	35.4	31.8	28.7
	连续	851	568	426	341	284	243	213	177	143	119	99.6	84.9	73.2	63.8	56.1	49.7	44.3	39.7	35.9
125	简支	1 196	797	598	478	399	293	224	177	144	119	99.7	84.9	73.2	63.8	56.1	49.7	44.3	39.8	35.9
	悬挑	957	638	478	383	319	273	224	177	144	119	99.7	84.9	73.2	63.8	56.1	49.7	44.3	39.8	35.9
	连续	1 064	710	532	426	355	304	266	221	179	148	125	106	91.5	79.7	70.1	62.1	55.4	49.7	44.9
150	简支	1 435	957	717	574	478	351	269	213	172	142	120	102	87.9	76.5	67.3	59.6	53.1	47.7	43
	悬挑	1 148	765	574	459	383	328	269	213	172	142	120	102	87.9	76.5	67.3	59.6	53.1	47.7	43
	连续	1 277	851	639	511	426	365	319	266	215	178	149	127	110	95.7	84.1	74.5	66.4	59.6	53.8
175	简支	1 674	1 116	837	670	558	410	314	248	201	166	140	119	103	89.3	78.5	69.6	62	55.7	50.3
	悬挑	1 339	893	870	536	446	383	314	248	201	166	140	119	103	89.3	78.5	69.6	62	55.7	50.3
	连续	1 490	993	745	586	497	426	373	310	251	208	174	149	128	112	98.2	86.9	77.6	69.6	62.8
200	简支	1 913	1 276	975	765	638	469	359	283	230	190	159	136	117	102	89.7	79.4	70.9	63.6	57.4
	悬挑	1 531	1 020	765	612	510	437	359	283	230	190	159	136	117	102	89.7	79.4	70.9	63.6	57.4
	连续	1 135	1 135	851	681	568	487	426	354	287	237	199	170	146	128	112	99.3	88.6	79.5	71.7

注：1. 允许剪应力限制为 37.5 kPa；

2. 以上荷载计算未考虑挠度影响；

3. 荷载计算时未考虑夹芯板的自重。

瓦楞顶公母对接式夹芯板的最大允许荷载(kg/m^2)：

(上层钢板为 0.42 mm 厚 G550 型，底层为 0.6 mm 厚 G300 型，无压花，芯板密度为 13.5 kg/m^3)

夹芯板厚度(mm)	支承类别	跨度(mm)													
		800	1 200	1 600	2 000	2 400	2 800	3 200	3 600	4 000	4 400	4 800	5 200	5 600	6 000
50	简支	675.0	450.0	337.5	270.0	215.3	158.2	121.1	95.7	77.5	64.0	53.8	45.9	39.5	34.4
	悬挑	540.0	360.0	270.0	216.0	180.0	154.3	121.1	95.7	77.5	64.0	53.8	45.9	39.5	34.4
	连续	600.8	400.5	300.4	240.3	200.3	171.6	150.2	119.6	96.9	80.1	67.3	57.3	49.4	43.1
75	简支	702.5	468.3	351.3	281.0	234.2	200.7	173.4	137.0	111.0	91.7	77.1	65.7	56.6	49.3
	悬挑	562.0	374.7	281.0	224.8	187.3	160.6	140.5	124.9	111.0	91.7	77.1	65.7	56.6	49.3
	连续	625.2	416.8	312.6	250.1	208.4	178.6	156.3	138.9	125.0	113.7	96.4	82.1	70.8	61.7
100	简支	720.0	600.0	468.8	375.0	312.5	267.9	227.3	179.6	145.5	120.2	101.0	86.1	74.2	64.7
	悬挑	720.0	480.0	360.0	288.0	240.0	205.7	180.0	160.0	144.0	120.2	101.0	86.1	74.2	64.7
	连续	800.1	533.3	400.0	320.0	266.7	228.6	220.0	177.8	160.0	145.5	116.3	107.6	92.8	80.8

③ 晓宝轻质夹芯板

重量(板材表层为 0.5～0.6 mm 彩色钢板)

板厚(mm)	40	50	75	100	150	200	250
板重(kg/m^2)	10.3	10.5	11.0	11.5	12.5	13.5	14.3

传热系数 *K*

板厚(mm)	50	75	100	150	200	250
K(W/m^{2}k)	0.663	0.442	0.331	0.221	0.166	0.133

夹芯板允许垂直荷载(kN/m)(用于墙板)

板长(m) / 垂直荷载 / 板厚(mm)	2.5	3.5	4	5	5.5	6	7.5
50	15	12	10	8	7	6	4
75	25	21	19	15	14	12	9
100	35	30	28	23	21	19	15
150	56	50	47	41	38	36	28

夹芯板允许最大跨度(m):控制挠度≤*L*/240

板厚(mm) / 跨度(m) / 荷载(kN/m)	50	75	100	150	200	250
0.25	5.1	6.9	8.0	9.9	11.4	12.8
0.50	3.7	4.9	5.7	7.0	8.0	9.0
1.00	2.5	3.4	4.0	4.9	5.7	6.4
1.50	1.9	2.7	3.3	4.0	4.6	5.2
2.00	1.4	2.1	2.8	3.5	4.0	4.5

注：1. 上表为彩钢夹芯板(聚苯乙烯)的参数聚苯乙烯代号 EPS,板的有效宽度 965 mm,平板型 EPS 有效宽度 1 200 mm。

2. 平板型轻质隔热夹芯板,夹芯材料还有岩棉和玻璃棉,其有效宽度 1 150 mm。

3. 宝钢新昕生产聚氨酯夹芯板(墙板、屋面板),岩棉夹芯板(墙板、屋面板)厚度 60 mm、80 mm、100 mm。(产地⚠15)

(6) 新型建材—冷弯薄壁型钢

【特点】 冷弯薄壁型钢,是改革开放以来,适应新型钢结构建筑—轻钢建筑压型彩板房发展起来的新型建材。屋面檩条、墙板檩条均用 C 型、Z 型钢与压型钢板连接,他们占轻钢建筑用钢量的 50%～60%,用量很大,C 型、Z 型钢壁很薄,热轧型钢无法满足要求,于是出现了冷弯薄壁型钢,其最大特点是壁厚 1.6～3.0 mm,很轻,用于轻钢彩板房十分合适。

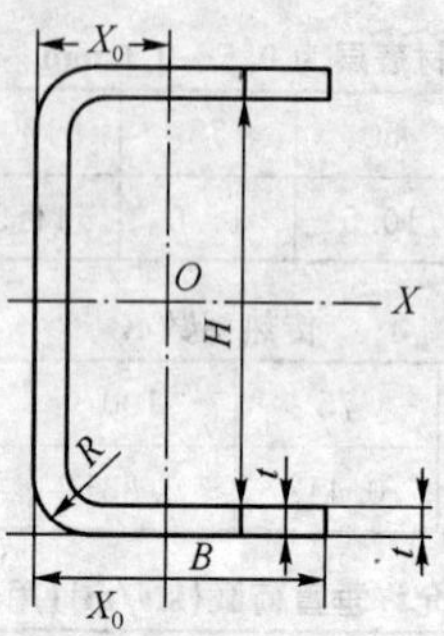

冷弯等边槽钢(CD)

冷弯等边槽钢(GB/T 6723—2008)

规格(mm) $H×B×t$	理论重量(kg/m)	截面面积(cm^2)	重心X_0(cm)	规格(mm) $H×B×t$	理论重量(kg/m)	截面面积(cm^2)	重心X_0(cm)
20×10×1.5	0.401	0.511	0.324	300×150×10	43.566	55.854	4.277
20×10×2.0	0.505	0.643	0.349	350×180×8.0	42.235	54.147	4.983
50×30×2.0	1.604	2.043	0.922	350×180×10	52.146	66.854	5.092
50×30×3.0	2.314	2.947	0.975	350×180×12	61.799	79.230	5.501
50×50×3.0	3.256	4.147	1.850	400×200×10	59.166	75.854	5.522
100×50×3.0	4.433	5.647	1.398	400×200×12	70.223	90.030	5.630
100×50×4.0	5.788	7.373	1.448	400×200×14	80.366	103.033	5.791
140×60×3.0	5.846	7.447	1.527	450×220×10	66.186	84.854	5.956
140×60×4.0	7.672	9.773	1.575	450×220×12	78.647	100.830	6.063
140×60×5.0	9.436	12.021	1.623	450×220×14	90.194	115.633	6.219
200×80×4.0	10.812	13.773	1.966	500×250×12	88.943	114.030	6.876
200×80×5.0	13.361	17.021	2.013	500×250×14	102.206	131.033	7.032
200×80×6.0	15.849	20.190	2.060	550×280×12	99.239	127.230	7.691
250×130×6.0	22.703	29.107	3.630	550×280×14	114.218	146.433	7.846
250×130×8.0	29.755	38.147	3.739	600×300×14	124.046	159.033	8.276
300×150×6.0	26.915	34.507	4.062	600×300×16	140.624	180.287	8.392
300×150×8.0	35.371	45.347	4.169				

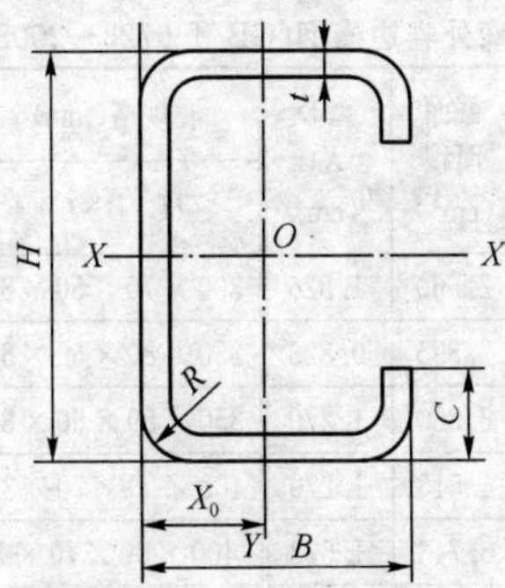

冷弯内卷边槽钢(CN)

冷弯内卷边槽钢(GB/T 6723—2008)

规格(mm) $H \times B \times C \times t$	理论重量 (kg/m)	截面面积 (cm²)	重心 X_0 (cm)	规格(mm) $H \times B \times C \times t$	理论重量 (kg/m)	截面面积 (cm²)	重心 X_0 (cm)
60×30×10×2.5	2.363	3.010	1.043	400×50×15×3.0	11.928	15.195	0.783
60×30×10×3.0	2.743	3.495	1.036	450×70×30×6.0	28.092	36.015	1.421
100×50×20×2.5	4.325	5.510	1.853	450×70×30×8.0	36.421	46.693	1.429
100×50×20×3.0	5.098	6.495	1.848	500×100×40×6.0	34.176	43.815	2.297
140×60×20×2.5	5.503	7.010	1.974	500×100×40×8.0	44.533	57.093	2.293
140×60×20×3.0	6.511	8.295	1.969	500×100×40×10	54.372	69.708	2.289
180×60×20×3.0	7.453	9.495	1.739	550×120×50×8.0	51.397	65.893	2.940
180×70×20×3.0	7.924	10.095	2.106	550×120×50×10	62.952	80.708	2.933
200×60×20×30	7.924	10.095	1.644	550×120×50×12	73.990	94.859	2.926
200×70×20×3.0	8.395	10.695	1.996	600×150×60×12	86.158	110.459	3.902
250×40×15×3.0	7.924	10.095	0.790	600×150×60×14	97.395	124.865	3.840
300×40×15×3.0	9.102	11.595	0.707	600×150×60×16	109.025	139.775	3.819

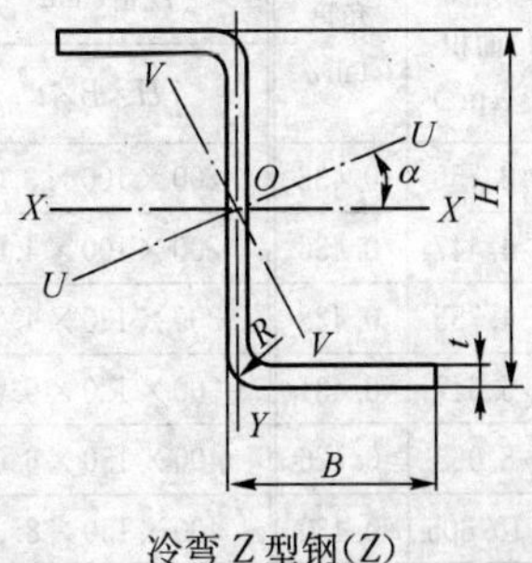

冷弯 Z 型钢(Z)

冷弯外卷边槽钢(GB/T 6723—2008)

规格(mm) $H\times B\times C\times t$	理论重量(kg/m)	截面面积(cm^2)	重心 X_0(cm)	规格(mm) $H\times B\times C\times t$	理论重量(kg/m)	截面面积(cm^2)	重心 X_0(cm)
30×30×16×2.5	2.009	2.560	1.526	300×70×50×8.0	29.557	37.893	2.191
50×20×15×3.0	2.272	2.895	0.823	350×80×60×6.0	27.156	34.815	2.533
60×25×32×2.5	3.030	3.860	1.279	350×80×60×8.0	35.173	45.093	2.475
60×25×32×3.0	3.544	4.515	1.279	400×90×70×8.0	40.789	52.293	2.773
80×40×20×4.0	5.296	6.746	1.573	400×90×70×10	49.692	63.708	2.868
100×30×15×3.0	3.921	4.995	0.932	450×100×80×8.0	46.405	59.493	3.206
150×40×20×4.0	7.497	9.611	1.176	450×100×80×10	56.712	72.708	3.205
150×40×20×5.0	8.913	11.427	1.158	500×150×90×10	69.972	89.708	5.003
200×50×30×4.0	10.305	13.211	1.525	500×150×90×12	82.414	105.659	4.992
200×50×30×5.0	12.423	15.927	1.511	550×200×100×12	98.326	126.059	6.564
250×60×40×5.0	15.933	20.427	1.856	550×200×100×14	111.591	143.065	6.815
250×60×40×6.0	18.732	24.015	1.853	600×250×150×14	138.891	178.065	9.717
300×70×50×6.0	22.944	29.415	2.195	600×250×150×16	156.449	200.575	9.700

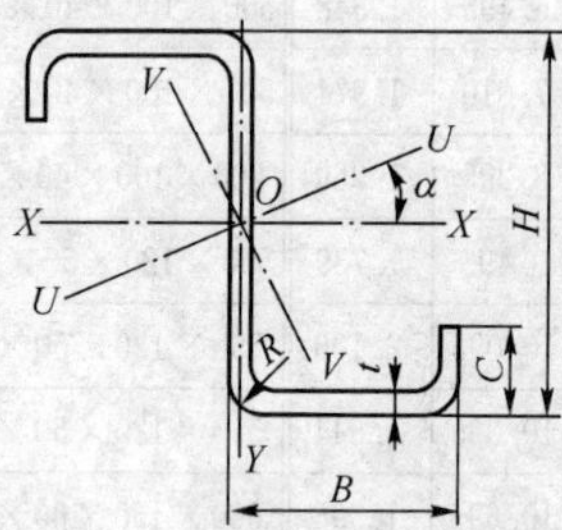

冷弯卷边 Z 型钢(ZJ)

冷弯 Z 型钢(GB/T 6723—2008)

规格(mm) $H\times B\times t$	理论重量(kg/m)	截面面积(cm^2)	角度 $\tan\alpha$	规格(mm) $H\times B\times t$	理论重量(kg/m)	截面面积(cm^2)	角度 $\tan\alpha$
80×40×2.5	2.947	3.755	0.432	200×100×3.0	9.099	11.665	0.422
80×40×3.0	3.491	4.447	0.436	200×100×4.0	12.016	15.405	0.425
100×50×2.5	3.732	4.755	0.428	300×120×4.0	16.384	21.005	0.307
100×50×3.0	4.433	5.647	0.431	300×120×5.0	20.251	25.963	0.311
140×70×3.0	6.291	8.065	0.426	400×150×6.0	31.595	40.507	0.283
140×70×4.0	8.272	10.605	0.430	400×150×8.0	41.611	53.347	0.285

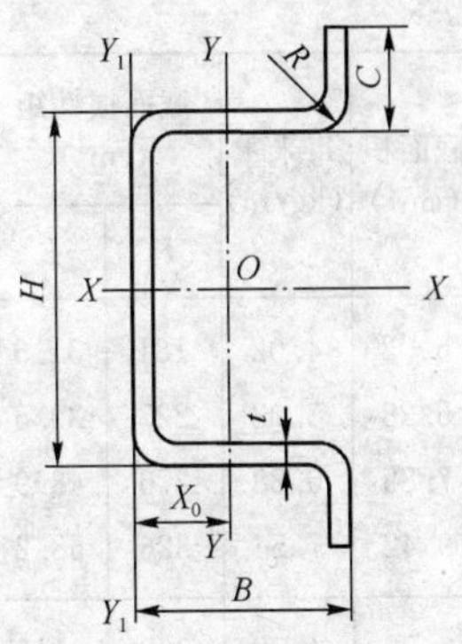

冷弯外卷边槽钢(CW)

冷弯卷边 Z 形钢(GB/T 6723—2008)

规格(mm) $H\times B\times C\times t$	理论重量(kg/m)	截面面积(cm^2)	角度 $\tan\alpha$	规格(mm) $H\times B\times C\times t$	理论重量(kg/m)	截面面积(cm^2)	角度 $\tan\alpha$
100×40×20×2.0	3.208	4.086	0.445	230×75×25×4.0	12.518	15.946	0.292
100×40×20×2.5	3.933	5.010	0.440	250×75×25×3.0	10.044	12.795	0.264
140×50×20×2.5	5.110	6.510	0.352	250×75×25×4.0	13.146	16.746	0.259
140×50×20×3.0	6.040	7.695	0.348	300×100×30×4.0	16.545	21.211	0.300
180×70×20×2.5	6.680	8.510	0.371	300×100×30×6.0	23.880	30.615	0.291
180×70×20×3.0	7.924	10.095	0.368	400×120×40×8.0	40.789	52.293	0.254
230×75×25×3.0	9.573	12.195	0.298	400×120×40×10	49.692	63.708	0.248

(7) C 型冷弯薄壁型钢规格及截面特性

【特点】

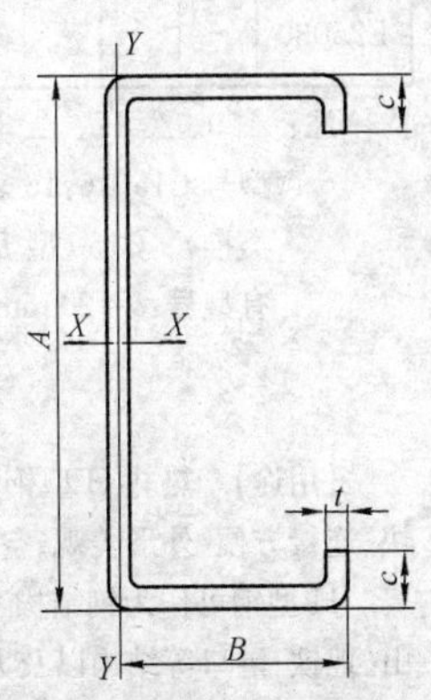

① 材质。C 型冷弯薄壁型钢采用 Q345(16 Mn)钢，强度比 Q235(A3)提高 38%，其单位面积用钢量低，在强度相当时，用钢量比 Q235 下降 72%。

② 长度。通常为 12 m，也可按需供应。

③ 交货时表面状态。

(a) 表面镀锌；

(b) 表面涂刷快干铁红底漆二度。

【规格】

型号	截面尺寸(mm)				截面积 (cm²)	每米重 (kg/m)	截面惯性矩 (cm⁴)		截面抵抗矩 (cm³)		回转半径 (cm)	
	A	B	c	t			I_x	I_y	W_x	W_y	R_x	R_y
C15016	150	65	20	1.6	5.02	4.02	181	31.9	24.1	7.4	5.95	2.49
C15020				2.0	6.28	5.03	223	39.5	29.8	9.2	5.91	2.48
C15025				2.5	7.85	6.28	276	48.9	36.8	11.3	5.87	2.47
C15030				3.0	9.42	7.54	326	58.2	43.5	13.5	5.83	2.46
C20016	200	70	20	1.6	5.98	4.78	369	41.6	36.9	8.4	7.79	2.61
C20020				2.0	7.47	5.97	457	51.6	45.7	10.5	7.75	2.60
C20025				2.5	9.35	7.46	564	63.9	56.6	13.0	7.71	2.59
C20030				3.0	11.22	8.95	670	75.9	67.0	15.5	7.66	2.58
C25016	250	75	20	1.6	6.49	5.53	647	52.3	51.8	9.5	9.59	2.72
C25020				2.0	8.68	6.91	803	64.9	64.2	11.8	9.55	2.71
C25025				2.5	10.85	8.64	994	80.3	79.5	14.7	9.50	2.70
C25030				3.0	13.02	10.36	1 181	95.6	94.5	17.5	9.46	2.69
E20016	200	85	20	1.6	6.46	5.15	416	65.6	41.6	11.2	7.96	3.16
E20020				2.0	8.08	6.44	515	81.5	51.6	13.9	7.93	3.15
E20025				2.5	10.1	8.05	638	100.9	63.8	17.3	7.89	3.14
E20030				3.0	12.12	9.66	757	120.1	75.7	20.6	7.85	3.12
E25016	250	85	20	1.6	7.26	5.78	696	70.3	55.7	11.4	9.73	3.09
E25020				2.0	9.08	7.22	864	87.3	69.2	14.2	9.69	3.08
E25025				2.5	11.35	9.03	1 070	108.2	85.6	17.7	9.65	3.06
E25030				3.0	13.62	10.83	1 272	128.7	101.8	21.1	9.60	3.05

注：△4 9、△4 17、△5 37。

型号 C15016：16 表示厚度为 1.6 mm，150 表示高度 A=150 mm；(其他型号，以此类推)。C150 型 B=65 mm，C200 型 B=70 mm，E200 型、E250 型 B=85 mm，所有型号：c=20 mm。

(8) 新型建材—热轧 H 型钢

【用途】 热轧 H 型钢是我国近 10 年内发展起来的新型建筑材料，具有重量轻、施工快、连接方便、外形美观、空间大、节能降耗等特点，能实现很好的经济效益。

H 型钢可作为钢结构工程的主要构件，广泛用于工业建筑、石化、炼油、冶金、电力、矿山、地铁、港口等结构以及大型工业设备和非标设备。

各国热轧 H 型钢标准及代号

我国现行标准 GB/T 11263—2005

(1) 宽翼型(柱型)代号　HW
(2) 中翼型代号　HM
(3) 窄翼型代号　HN
(4) 钢桩型代号　HP

例:
HW400×400×13×21

- 400（第一个）：高度
- 400（第二个）：宽度
- 13：腹板厚度(t_1)
- 21：翼板厚度(t_2)

(5) 对应工字钢规格的 H 型钢:
H100×75×6×8
H126×75×6×8
H140×90×5×8
H160×90×5×8
H180×90×5×8
H220×125×6×9
H280×125×6×9
H320×150×6.5×9
H360×150×7×11
H560×175×11×17
H630×200×13×20

美国标准 ASTM Standard

例:
W6——表示高(A)为 6 in
6×4

- 4：表示宽(B) 为 4 in
- 6：表示高(A) 为 6 in

上述所示规格,表示名义规格,具体规格再细分,以单位质量(lb/ft)凑成整数。

例: W12 / 12×4 有 14、16、19、22 四种 HP 型钢

标准中列出四种钢桩:

HP8	HP10	HP12	HP14
8×8	10×10	12×12	$14\times14\frac{1}{2}$

其特点是:翼缘和腹板厚度基本相同

日本标准 JIS Standard

(1) 宽翼缘(柱型)代号　HW
(2) 中翼缘　HM
(3) 窄翼缘　HN

例:
HW400×400×8×13

- 400（第一个）：高度
- 400（第二个）：宽度
- 8：腹板厚度(t_1)
- 13：翼板厚度(t_2)

英国标准 BS Standard

例:
H203×102×23

- 23：单位质量(kg/mm)
- 102：宽度:b(mm)(英制为 4 in,合 101.6 mm)
- 203：高度 h(mm)(英制为 8 in,合 203.2 mm)

中国热轧H型钢(GB/T 11263—2005)。

宽、中、窄翼缘H型钢截面尺寸、截面面积、理论重量

类别	型号(高度×宽度)(mm)	截面尺寸(mm)				截面面积(cm^2)	理论重量(kg/m)
		$H\times B$	t_1	t_2	r		
HW	100×100	100×100	6	8	10	21.90	17.2
	125×125	125×125	6.5	9	10	30.31	23.8
	150×150	150×150	7	10	13	40.55	31.9
	175×175	175×175	7.5	11	13	51.43	40.3
	200×200	200×200	8	12	16	64.28	50.5
		#200×204	12	12	16	72.28	56.7
	250×250	250×250	9	14	16	92.18	72.4
		#250×255	14	14	16	104.7	82.2
	300×300	#294×302	12	12	20	108.3	85.0
		300×300	10	15	20	120.4	94.5
		300×305	15	15	20	135.4	106
	350×350	#344×348	10	16	20	146.0	115
		350×350	12	19	20	173.9	137
	400×400	#388×402	15	15	24	179.2	141
		#394×398	11	18	24	187.6	147
		400×400	13	21	24	219.5	172
		#400×408	21	21	24	251.5	197
		#414×405	18	28	24	296.2	233
		#428×407	20	35	24	361.4	284
		*458×417	30	50	24	529.3	415
		*498×432	45	70	24	770.8	605
HM	150×100	148×100	6	9	13	27.25	21.4
	200×150	194×150	6	9	16	39.76	31.2
	250×175	244×175	7	11	16	56.24	44.1
	300×200	294×200	8	12	20	73.03	57.3
	350×250	340×250	9	14	20	101.5	79.7
	400×300	390×300	10	16	24	136.7	107
	450×300	440×300	11	18	24	157.4	124

（续）

类别	型号（高度×宽度）(mm)	截面尺寸(mm)				截面面积 (cm^2)	理论重量 (kg/m)
		$H \times B$	t_1	t_2	r		
HM	500×300	482×300	11	15	28	146.4	115
		488×300	11	18	28	164.4	129
	600×300	582×300	12	17	28	174.5	137
		588×300	12	20	28	192.5	151
		#594×302	14	23	28	222.4	175
HN	100×50	100×50	5	7	10	12.16	9.54
	125×60	125×60	6	8	10	17.01	13.3
	150×75	150×75	5	7	10	18.16	14.3
	175×90	175×90	5	8	10	23.21	18.2
	200×100	198×99	4.5	7	13	23.59	18.5
		200×100	5.5	8	13	27.57	21.7
	250×125	248×124	5	8	13	32.89	25.8
		250×125	6	9	13	37.87	29.7
	300×150	298×149	5.5	8	16	41.55	32.6
		300×150	6.5	9	16	47.53	37.3
	350×175	346×174	6	9	16	53.19	41.8
		350×175	7	11	16	63.66	50.0
	#400×150	#400×150	8	13	16	71.12	55.8
	400×200	396×199	7	11	16	72.16	56.7
		400×200	8	13	16	84.12	66.0
	#450×150	#450×150	9	14	20	83.41	65.5
	450×200	446×199	8	12	20	84.95	66.7
		450×200	9	14	20	97.41	76.5
	#500×150	#500×150	10	16	20	98.23	77.1
	500×200	496×199	9	14	20	101.3	79.5
		500×200	10	16	20	114.2	89.6
		#506×201	11	19	20	131.3	103
	600×200	596×199	10	15	24	121.2	95.1
		600×200	11	17	24	135.2	106

（续）

类别	型号 （高度×宽度） （mm）	截面尺寸（mm）				截面面积 （cm²）	理论重量 （kg/m）
		$H\times B$	t_1	t_2	r		
HN	600×200	#606×201	12	20	24	153.3	120
	700×300	#692×300	13	20	28	211.5	166
		700×300	13	24	28	235.5	185
	*800×300	*792×300	14	22	28	243.4	191
		*800×300	14	26	28	267.4	210
	*900×300	*890×299	15	23	28	270.9	213
		*900×300	16	28	28	309.8	243
		*912×302	18	34	28	364.0	286

注：1. “#”表示规格为非常用规格。

2. “*”表示的规格，目前国内未生产。

3. 型号属同一范围的产品，其内侧尺寸高度是一致的。

4. 截面面积计算公式为：$t_1(H-2t_2)+2Bt_2+0.858r^2$。

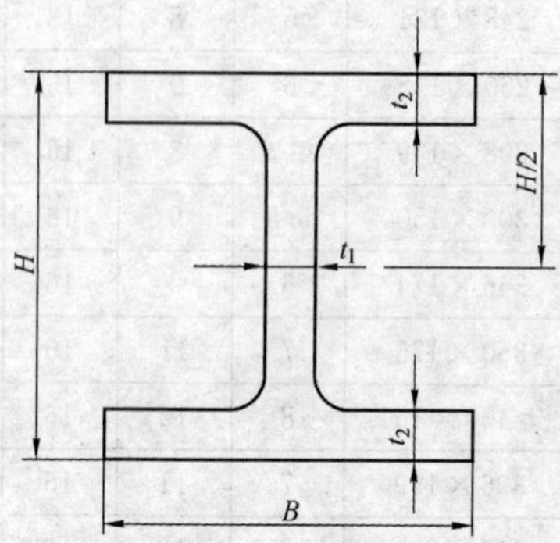

H型钢桩截面尺寸、截面面积、理论重量

类别	型号 （高度×宽度） （mm）	截面尺寸（mm）				截面面积 （cm²）	理论重量 （kg/m）
		$H\times B$	t_1	t_2	r		
HP	200×200	200×204	12	12	16	72.28	56.7
	250×250	244×252	11	11	16	82.05	64.4
		250×255	14	14	16	104.7	82.2
	300×300	294×302	12	12	20	108.3	85.0
		300×300	10	15	20	120.4	94.5
		300×305	15	15	20	135.4	106

（续）

类别	型号（高度×宽度）(mm)	截面尺寸(mm)				截面面积 (cm^2)	理论重量 (kg/m)
		$H\times B$	t_1	t_2	r		
HP	350×350	338×351	13	13	20	135.3	106
		344×354	16	16	20	166.6	131
		350×350	12	19	20	173.9	137
		350×357	19	19	20	198.4	156
	400×400	388×402	15	15	24	179.2	141
		394×405	18	18	24	215.2	169
		400×400	13	21	24	219.5	172
		400×408	21	21	24	251.5	197
		414×405	18	28	24	296.2	233
		428×407	20	35	24	361.4	284
	*500×500	*492×465	15	20	28	260.5	204
		*502×465	15	25	28	307.0	241
		*502×470	20	25	28	332.1	261

注：1. “*”表示的规格，目前国内尚未生产。

2. 型号属同一范围的尺寸，其内侧尺寸高度是一致的。

3. 截面面积计算公式为：$t_1(H-2t_2)+2Bt_2+0.858r^2$。

(9) 新型高频焊接H型钢(JG/T 137—2001)

【特点】 使用高频焊接，生产薄壁小规格H型钢；填补热轧H型钢无此规格的空白，适应钢结构工程的需要，其特点如下：

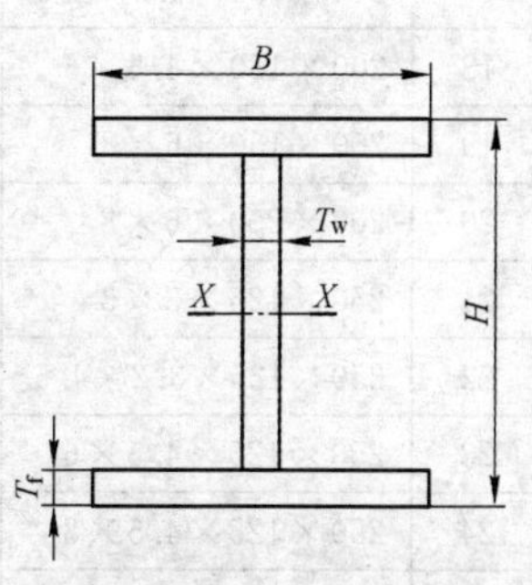

① 材质：GB 700—2006 碳素结构钢 Q235，GB/T 1591—2008 低合金高强度结构钢 Q345。

② 规格：有40余个品种。

③ 定尺：6 m，7 m，8 m，9 m，10 m，11 m，12 m。

④ 截面尺寸范围：

截面高度 H 最小为 80 mm，最大为 400 mm；

截面宽度 B 最小为 40 mm，最大为 200 mm；

腹板厚度 T_w 最小为 2.2 mm，最大为 6.3 mm；

翼缘板厚度 T_f 最小为 2.3 mm，最大为 9.0 mm。

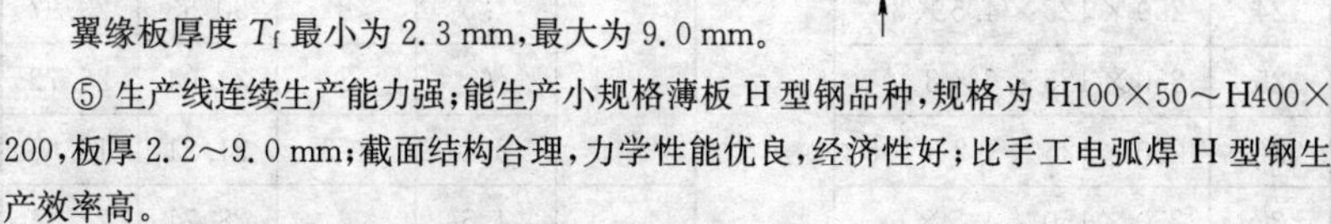

⑤ 生产线连续生产能力强；能生产小规格薄板H型钢品种，规格为H100×50～H400×200，板厚2.2～9.0 mm；截面结构合理，力学性能优良，经济性好；比手工电弧焊H型钢生产效率高。

【用途】 广泛应用于轻钢建筑，如浦东国际机场候机楼、昌河直升机机库、大众汽车三期工程以及民用住宅等工程。

高频焊接 H 型钢规格如下表所示。

高频焊接 H 型钢规格

序号	规　格(mm)	高 H (mm)	宽 B (mm)	腹板厚 T_w (mm)	翼缘板厚 T_f(mm)	截面积 $S(cm^2)$	理论重量 (kg/m)
1	100×50×2.3×3.2	100	50	2.3	3.2	5.35	4.2
2	100×50×3.2×4.5		50	3.2	4.5	7.41	5.82
3	100×100×4.5×6.0		100	4.5	5.6	15.96	12.53
4	100×100×6×8		100	6	8	21.04	16.52
5	120×120×3.2×4.5	120	120	3.2	4.5	14.35	11.27
6	120×120×4.5×6		120	4.5	6	19.26	15.12
7	150×75×3.2×4.5	150	75	3.2	4.5	11.26	8.84
8	150×75×4.5×6		75	4.5	6	15.21	11.94
9	150×100×3.2×4.5		100	3.2	4.5	13.51	10.61
10	150×100×4.5×6		100	4.5	6	18.21	14.29
11	150×150×4.5×6		150	4.5	6	24.21	19.00
12	150×150×6×8		150	6	8	32.04	25.15
13	200×100×3×3	200	100	3	3	11.82	9.28
14	200×100×3.2×4.5		100	3.2	4.5	15.11	11.86
15	200×100×4.5×6		100	4.5	6	20.46	16.06
16	200×100×6×8		100	6	8	27.04	21.23
17	200×150×3.2×4.5		150	3.2	4.5	19.61	15.40
18	200×150×4.5×6		150	4.5	6	26.46	20.77
19	200×150×6×8	250	150	6	8	35.04	27.51
20	200×200×6×8		200	6	8	43.04	33.79
21	250×125×3×3		125	3	3	13.32	10.46
22	250×125×3.2×4.5			3.5	4.5	18.96	14.89
23	250×125×4.5×6			4.5	6	25.71	20.18
24	250×125×4.5×8			4.5	8	30.53	23.97
25	250×125×6×8			6	8	34.04	26.72
26	250×125×3.2×4.5			3.2	4.5	21.21	16.65
27	250×150×4.5×6		150	4.5	6	28.71	22.54
28	250×150×4.5×8			4.5	8	34.53	27.11

(续)

序号	规　　格(mm)	高 H (mm)	宽 B (mm)	腹板厚 T_w (mm)	翼缘板厚 T_f(mm)	截面积 $S(cm^2)$	理论重量 (kg/m)
29	250×150×6×8	250	150	6	8	38.04	29.86
30	250×200×6×8		200	6	8	46.04	36.14
31	300×150×3.2×4.5	300	150	3.2	4.5	22.81	17.91
32	300×150×4.5×6.0			4.5	6	30.96	24.30
33	300×150×4.5×8			4.5	8	36.78	28.87
34	300×150×6×8			6	8	41.04	32.22
35	300×200×6×8		200	6	8	49.04	38.50
36	350×150×3.2×4.5	350	150	3.2	4.5	24.41	19.16
37	350×150×4.5×6			4.5	6	33.21	26.07
38	350×150×6×8			6	8	44.04	34.57
39	350×175×4.5×6		175	4.5	6	36.21	28.42
40	350×175×4.5×8			4.5	8	43.03	33.78
41	350×175×6×8			6	8	48.04	37.71
42	350×200×6×8		200	6	8	52.04	40.85
43	400×150×4.5×8	400	150	4.5	8	41.28	32.40
44	400×200×6×8		200	6	8	55.04	43.21
45	400×200×4.5×9			4.5	9	49.28	38.68

产地:⚠14

高频焊接H型钢技术参数

序号	$I_x(cm^4)$	$W_x(cm^3)$	$i_x(cm)$	$S_x(cm^3)$	$I_y(cm^4)$	$W_y(cm^3)$	$i_y(cm)$	表面积 (m^2/t)
1	90.71	18.14	4.12	10.26	6.68	2.67	1.12	95.2
2	122.77	24.55	4.07	14.06	9.40	3.76	1.13	68.7
3	291	58.20	4.27	32.56	100.07	20.01	2.50	47.9
4	369.05	73.81	4.19	42.09	133.48	26.70	2.52	36.3
5	369.84	66.14	5.26	36.11	129.63	21.61	3.01	63.9
6	515.53	85.92	5.17	47.60	172.88	28.81	3.00	47.6
7	432.11	57.62	6.19	32.51	31.68	8.45	1.68	67.9
8	565.38	75.38	6.10	43.11	42.29	11.28	1.67	50.3

(续)

序号	I_x(cm^4)	W_x(cm^3)	i_x(cm)	S_x(cm^3)	I_y(cm^4)	W_y(cm^3)	i_y(cm)	表面积(m^2/t)
9	551.24	73.50	6.39	40.69	75.04	15.01	2.36	66
10	720.99	96.13	6.29	53.91	100.10	20.02	2.34	49
11	1 032.21	137.63	6.53	75.51	337.60	45.01	3.73	47.4
12	1 331.43	177.52	6.45	98.67	450.24	60.03	3.75	35.8
13	764.71	76.47	8.04	43.66	50.04	10.01	2.06	86.2
14	1 045.92	104.59	8.32	58.58	75.05	15.01	2.23	67.4
15	1 378.62	137.86	8.21	78.08	100.14	20.03	2.21	49.8
16	1 786.89	178.69	8.13	102.19	133.66	26.73	2.22	37.7
17	1 475.97	147.60	8.63	80.57	253.18	33.76	3.59	65
18	1 943.34	194.33	8.57	107.18	337.64	45.02	3.57	48.1
19	2 524.60	252.46	8.49	140.59	450.33	60.04	3.58	36.4
20	3 262.30	326.23	8.71	178.99	1 067.00	106.7	4.98	35.5
21	1 278.35	102.27	9.80	59.38	50.05	10.01	1.94	86.1
22	2 068.56	165.48	10.44	92.28	146.55	23.45	2.78	67.2
23	2 738.60	219.09	10.32	123.36	195.49	31.28	2.76	49.5
24	3 409.75	272.78	10.57	151.80	260.59	41.70	2.92	41.7
25	3 569.91	285.59	10.24	162.07	260.84	41.73	2.77	37.4
26	2 407.62	192.61	10.65	106.09	253.19	33.76	3.45	66.1
27	3 185.21	254.82	10.53	141.66	337.68	45.02	3.43	48.8
28	3 995.60	319.65	10.76	176.00	450.18	60.02	3.01	40.6
29	4 155.77	232.46	10.45	186.27	450.42	60.06	3.44	36.8
30	5 327.47	426.20	10.76	234.67	1 067.09	106.71	4.81	36.0
31	3 604.41	240.29	12.57	133.60	253.20	33.76	3.33	67
32	4 785.96	319.08	12.43	178.96	337.72	45.03	3.30	49.4
33	5 976.11	398.41	12.75	220.57	450.22	60.03	3.50	41.6
34	6 262.44	417.50	12.35	235.69	450.51	60.07	3.31	37.2
35	7 968.14	531.21	12.75	294.09	1 067.18	106.72	4.66	36.4
36	5 086.36	290.65	14.43	163.12	253.22	33.76	3.22	67.8
37	6 773.70	387.07	14.28	219.06	337.76	45.03	3.19	49.09
38	8 882.11	507.55	14.20	288.87	450.60	60.08	3.20	37.6

(续)

序号	$I_x(cm^4)$	$W_x(cm^3)$	$i_x(cm)$	$S_x(cm^3)$	$I_y(cm^4)$	$W_y(cm^3)$	$i_y(cm)$	表面积 (m^2/t)
39	7 661.31	437.79	14.56	244.86	536.19	61.28	3.85	49.3
40	9 586.21	547.78	14.93	302.15	714.84	81.70	4.08	41.4
41	10 051.96	574.4	14.47	323.07	715.18	81.74	3.86	37.1
42	11 221.81	641.25	14.68	357.27	1 067.27	106.73	4.53	36.7
43	11 344.49	567.22	16.58	318.14	450.29	60.04	3.30	43.2
44	15 125.98	756.30	16.58	424.19	1 067.36	106.74	4.40	37.0
45	14 418.19	720.91	17.10	396.54	1 066.96	106.70	4.65	41.4

上述介绍的九种新型材料构成了轻型彩钢建筑，发挥了优越性，获得蓬勃发展，已从我国南方向北方和西部地区扩展，由于其抗地震防腐蚀轻型结构建造快、工期短、造型美观亮丽，因此新区工业小区工业厂房普遍大面积营造轻钢彩板房，其用途如下：

① 用于工业建筑的同时向多层民宅发展。

② 用于积木式抗震房，实践证明，在地震中损坏轻微。

③ 走出国门，输出轻钢彩板房建筑，拉动外需。

④ 普及提高，扩大在国内机械、造船、化工等行业应用。

2. 新型装饰材料

(1) 新型装饰材料——不锈钢装饰板

【用途】 不锈钢薄钢板经过不同方法的表面加工，可以获得各种特征，应用于各种场合。

现将装饰常用的板列表如下。

不锈钢装饰板品种加工方法及用途

品　种	特　征	用　途
2D 板	表面呈暗灰色，无光泽	用作一般工业材料和建筑材料、特别适合于拉伸加工的工件
2B 板	比 2D 板光滑，略有光泽	一般用作工业材料和建筑材料
BA 板	类似镜面光泽	用于汽车零件、家电用品、厨房设备和装饰件
4 号板	卷板油性研磨，表面细腻，具有银白色光泽	用于浴缸、厨房设备、食品设备、建筑内、外装饰
400 号板	表面具有类似镜面光泽	用途同上

(续)

品　　种	特　　征	用　　途
发纹板(HL)亚光板	表面呈现轻淡的光泽磨纹,类似发纹	适宜于作建筑物的墙面、柱子、门、电梯的侧板以及不产生光污染的场合
镜面板(又名8号板8K板或8S板)	具有反射率极高的镜面状(厚度:0.6～1.0 mm)	多用于需镜面状的装饰部位,如门、窗、柱子等装饰以及食品、医药设备
镜面雕花板	又名刻花板,在镜面上呈现雕花图案	作为美术品用于装饰部位
彩色不锈钢板	见(3)彩色不锈钢板	用于商场、娱乐场所、室内外墙面、柱子、屋面
钛金板	将镜面板或亚光板镀一层钛金色	用于银行大门、门柱、转门、感应自动门门框等装饰

注:1. 常用不锈钢牌号:0Cr18Ni9(SUS304)、0Cr17Ni12Mo2(SUS316)、1Cr17(SUS430)、1Cr17主要用于灯具反光板等。板的厚度(mm):0.5、0.6、0.7、0.8、0.9、1.0、1.2、1.5、2.0、3.0,宽度(mm):1 000、1 220,长度(mm):2 000、2 440、3 048(镜面板、拉丝板常见宽度),卷板厚度(mm):500、1 000、1 219,油性研磨,No.4、HL等工艺板。

2. 华美不锈钢物流加工中心,其产品有系列装饰板(8K、8S、钛金、亚光蚀刻花纹、和纹、三维立体)。

不锈钢镜面板:表面呈镜面,适用于高级餐厅、宾馆、娱乐场所、展示橱窗、墙饰及门窗包柱等。

型　号	规　　格(mm)			颜　　色
	厚度	宽度	长度	
8K板	0.3～2.0 0.3～2.0	1 220 1 220	2 440 3 050	单彩色、素面花纹、彩色花纹等多个品种(按用户需要定制)
8S板	0.6～1.5 0.6～1.5	1 219 1 219	2 430 3 048	

彩色不锈钢板。

	厚度(mm)	宽度(mm)	长度(mm)	颜　　色
彩色不锈钢板	0.6 0.8 1.0	1 210	2 438 3 048 4 880	玫瑰红、玫瑰紫、宝石蓝、天蓝、深蓝、翠绿、荷绿、青铜、金黄色、茶色

产地:△33

彩色不锈钢镜面板。

名称	厚度	宽度(mm)×长度(mm)	颜色
彩色不锈钢镜面板	0.4 0.5 0.6 0.8 1.0 1.2	600×800 600×1 000 600×1 200 1 000×2 000 1 220×2 400 1 220×3 048	金色 银色 玫瑰红 宝石蓝 绿色 咖啡色

产地:④ 14

钛金不锈钢镜面板:通过多弧离子镀膜设备,把氯化钛、掺金离子镀金复合涂层镀在不锈钢板、不锈钢镜面板、铝合金等装饰物品上,可获得豪华、高档装饰材料,如钛金板、钛金镜面板,钛金刻花板。钛金镀膜不会褪色脱落,可替代镀金而优于镀金。通常用于旋转门及感应自动门门框。

厚度(mm)	宽度(mm)	长度(mm)
0.6, 0.7, 0.8, 0.9, 1.0, 1.2, 1.5	1 220	2 440~3 050

产地:⑤ 38、⑤ 39

(2) 新型盒式蜂窝铝板(吊顶或内墙装饰)

【规格】 板型:条状板型、方块板型、异型板型。

品种:普通吊顶板、装饰吸音板,厚度:12 mm。

模数长度:600~4 500±0.5, 1 500±0.5。模数宽度 600±0.5, 900±0.5, 1 200±0.5

【技术性能】

项目		技术指标	备注
面材	抗拉强度(MPa) 规定非比例伸长应力(MPa) 伸长率(50 mm 定标距)(%)	165~215 ≥135 ≥3	耐火等级:难燃 B1 级 吸音性能(针孔型) 1 级 表面火焰扩散性 1 级 板的四边密封,具有抗冷凝作用(板内无冷凝水出现) 用途:用作室内吊顶及内墙装饰板(用于内墙时,面材铝板厚度为 1.0 mm)
表面涂层	厚度(μm) 光泽度 耐高温性能 柔韧性/粘结力(T) 耐盐、盐雾腐蚀性 铅笔硬度	19~27 25±5 80 ℃, 1 h 涂层无变化 ≤1 1 000 h 蠕变<3 mm ≥H	

(3) 铝塑板

【其他名称】 铝塑饰面板、铝塑复合板、铝复合板

【特点】 铝塑板实质是"三夹板",芯材是 PE 或 PVC 塑料,厚度 2~5 mm,两面包覆 AA 3003 铝板(铝锰合金见第五章),厚度 0.5 mm,外表喷涂新型的氟碳面漆。表面平整美观,装饰效果很好。

【用途】 商厦门面,厅堂墙面,柱面,顶部等装饰。

【规格】 常用规格(mm):3×2 440×1 220, 4×2 440×1 220, 5×2 440×1 220, 5×

2 440×1 220。

【性能】

	项　　目	技术指标	铝塑板氟碳涂层性能
铝塑板的综合性能	面密度(kg/m²) 弯曲强度(MPa) 弯曲弹性模量(MPa) 贯穿阻力(kN) 剪切强度(MPa) 180°剥离强度(MPa) 耐盐雾性 热膨胀系数(1/0 ℃) 热变形温度(℃)	2.78±0.5 ≥10 $\geqslant 2.0\times10^{4}$ ≥9.0 ≥28.0 ≥7.0 不次于 2 级 $\leqslant 4.0\times10^{-5}$ ≥105	氟碳涂料(PVDF)是在氟树脂基础上经改进、加工而成的一种新型涂层材料。性能： 1. 超耐候性，可在户外使用 20 年以上，外观仍完美如初 2. 耐腐蚀和耐化学品腐蚀，耐酸、耐碱性优异，是其他涂料无法相比的 3. 耐盐雾能力 1 万 h 以上

中名(WENG/N)铝塑板

【用途】 商厦商店门面装饰

【规格】

型号	颜色	型号	颜色	型号	颜色	型号	颜色	型号	颜色	型号	颜色
JX831	咖啡色	JX833	彩玉	JX835	邮电绿	JX837	苹果绿	JX839		JX841	中灰
JX832	玫瑰红	JX834	香槟	JX836	翠绿	JX838	芬兰绿	JX840	黑色	JX842	棕棚

注：铝板牌号：进口高纯度铝片，规格(mm)：3×1 220×2 440(英制 4 ft×8 ft)。
　　品种有：单面铝塑板和双面铝塑板，用 PE 聚乙烯树脂，经高温高压加工而成。

(4) 新型铝纤维吸声板

【产品介绍及用途】 铝纤维吸声板是采用进口材料，经特殊工艺制成，具有厚度薄、质量轻、防火、防水、耐腐蚀、耐候性好，吸声性能稳定，它是集玻璃棉、岩棉吸声的优点，加工成各种斜面、曲面组合形式的吸声制品。

广泛使用于电视台演播室、电台播音室、机场候机室、高架轻轨道路声屏障、体育馆、医院等处。

【规格】 铝纤维吸声板规格

型　　号	长×宽(mm)	板厚(mm)	面密度(g/m²)
POAL—FS—550—1.0	1 200×600	1	550
POAL—FS—550—1.35	1 200×600	1.35	550
POAL—FS—550—1.35	2 000×600	1.35	550
POAL—FS—550—1.35	2 400×600	1.35	550
POAL—FS—550—1.35	1 500×1 000	1.35	550
POAL—FS—850—1.6	1 200×600	1.6	850

(5) 新型螺旋风管管系

螺旋风管及附件的特点是阻力小，内表面光滑平整，密封性好。它不但适用于船舶空调通风系统，还适用于陆上建筑、大厦空调通风系统。螺旋风管有绝热螺旋风管与非绝热螺旋风管及附件两大类产品，经同济大学暖通实验室测试，风管性能与国外同类产品相当。风管连接处均有阻燃橡胶密封环，因此防燃性与密封性良好。风管绝热层分 12.5 mm 与 15 mm 两种厚度，材料为硅酸铝陶瓷棉。

非绝热风管管系

螺旋风管 R	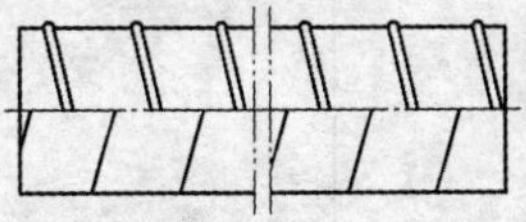	三通 T	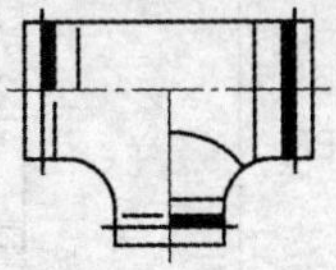
软管 S	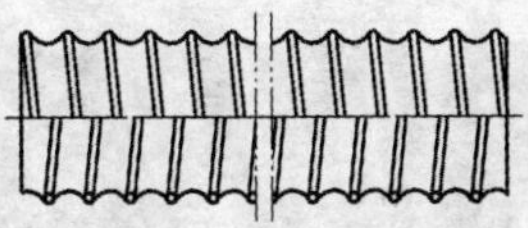	异径接头 F	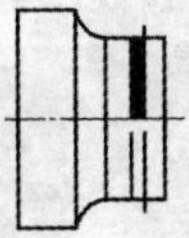
弯头 B	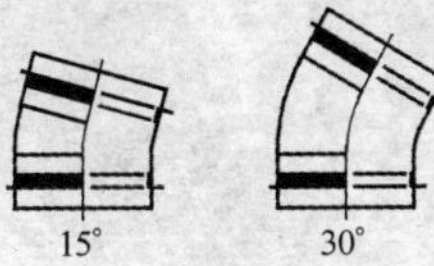 15° 30°	接头 N	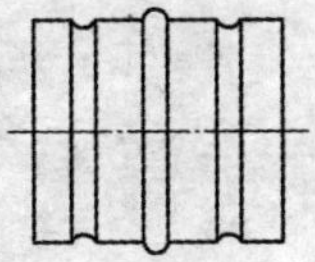
弯头 B	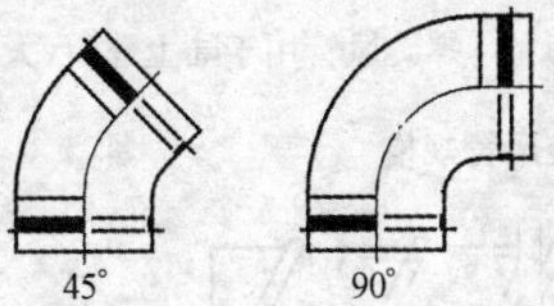 45° 90°		

绝热风管管系

螺旋风管 PR、PR_1	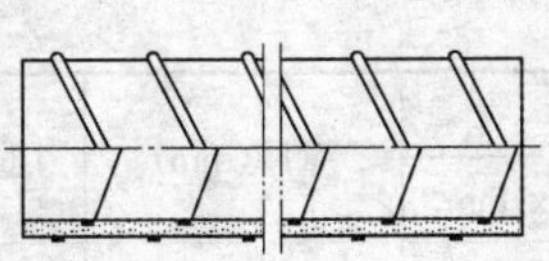	弯头 PB、PB_1	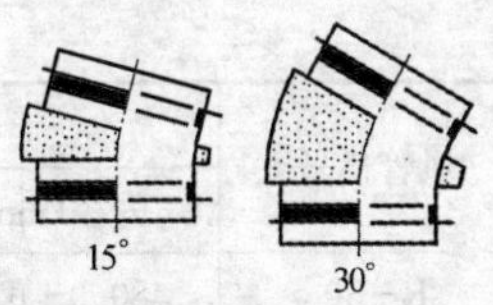 15° 30°
软管 PS	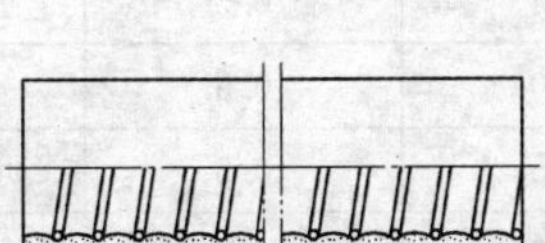	弯头 PB、PB_1	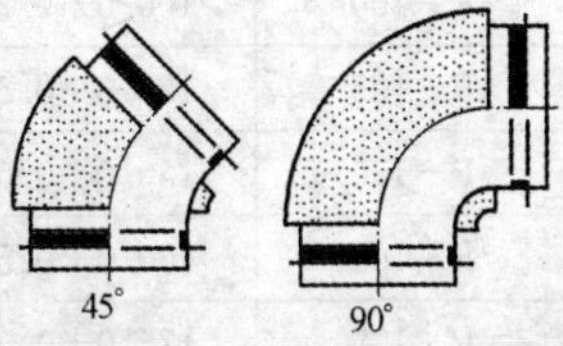 45° 90°

(续)

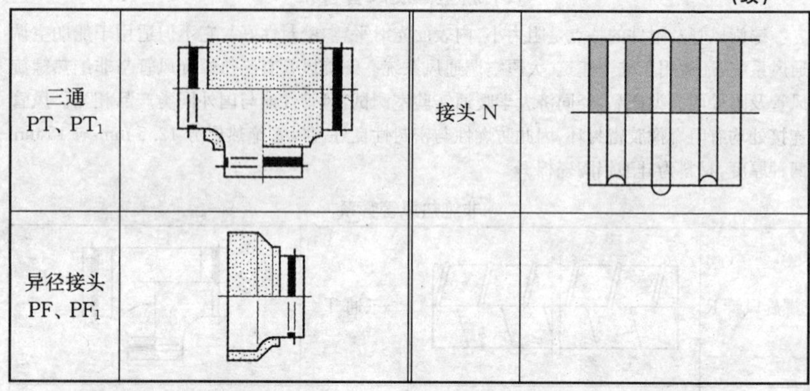

三通 PT、PT_1		接头 N	
异径接头 PF、PF_1			

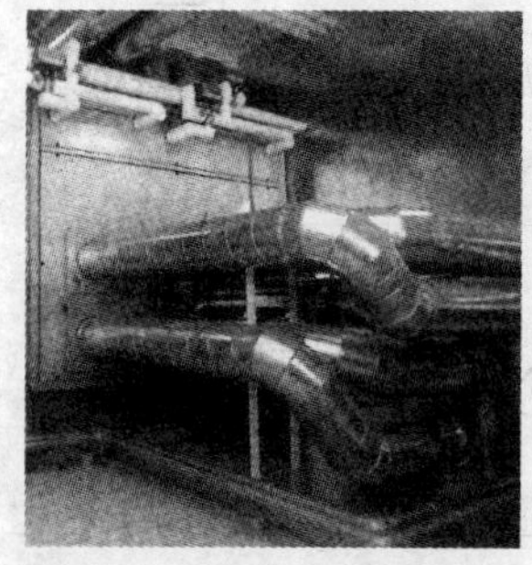

螺旋风管用于上海商城大厦

螺旋风管用于陆上建筑(大厦)

非绝热螺旋风管规格

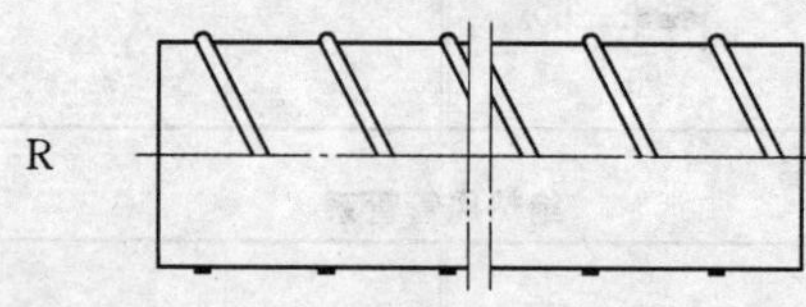

风管代号	直　　径		壁厚(mm)	重量(kg/m)
	内径(mm)	外径 max(mm)		
R－80	80.0＋0.5	84	0.5	1.00
R－100	100.0＋0.5	104	0.5	1.25
R－125	125.0＋0.5	130	0.5	1.63
R－150	150.0＋0.5	155	0.5	1.95
R－160	160.0＋0.5	165	0.5	2.08
R－175	175.0＋0.5	180	0.5	2.28

(续)

风管代号	直　径		壁厚(mm)	重量(kg/m)
	内径(mm)	外径 max(mm)		
R-200	200.0+0.5	205	0.5	2.75
R-250	250.0+0.5	255	0.5	3.69
R-300	300.0+0.5	305	0.5	4.44
R-400	400.0+1	408	0.8	9.47
R-450	450.0+1	458	0.8	10.65
R-500	500.0+1	508	0.8	11.83
R-560	560.0+1	568	0.8	13.25
R-630	630.0+1	638	1	18.63
R-700	700.0+1	708	1	20.70
R-800	800.0+1	808	1	23.66
R-850	850.0+1	858	1	25.14

弯头 B 90°

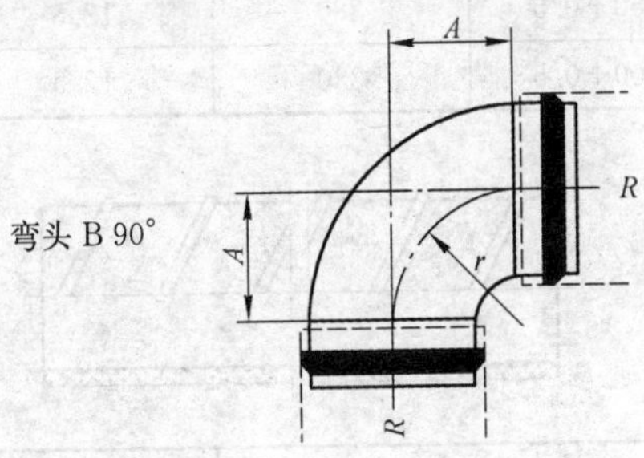

弯头代号	A	r	R	kg
B-80/90	100	100	R-80	0.45
B-100/90	100	100	R-100	0.56
B-125/90	125	125	R-125	0.83
B-150/90	150	150	R-150	1.18
B-160/90	160	160	R-160	1.32
B-175/90	175	175	R-175	1.56
B-200/90	200	200	R-200	1.95
B-250/90	250	250	R-250	3.25
B-300/90	300	300	R-300	4.78

带金属保护层、预绝热螺旋风管及接头

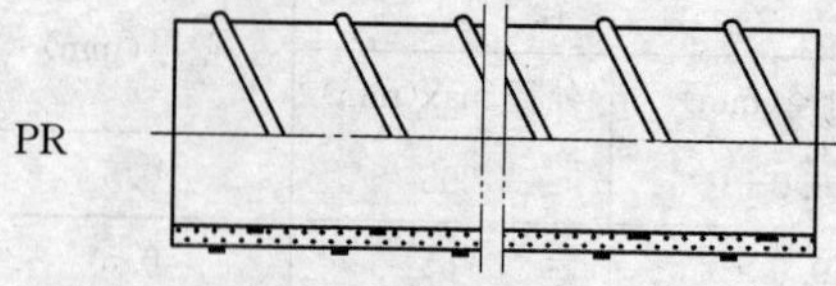

风管代号	直径		绝热层厚(mm)	重量(kg/m)
	内径(mm)	外径(mm)		
PR-80	80+0.5	110	12.5	2.7
PR-100	100+0.5	130	12.5	3.2
PR-125	125+0.5	155	12.5	3.9
PR-150	150+0.5	180	12.5	4.7
PR-160	160+0.5	190	12.5	4.9
PR-175	175+0.5	205	12.5	5.3
PR-200	200+0.5	230	12.5	6.0
PR-250	250+0.5	280	12.5	8.0
PR-300	300+0.5	330	12.5	10.0

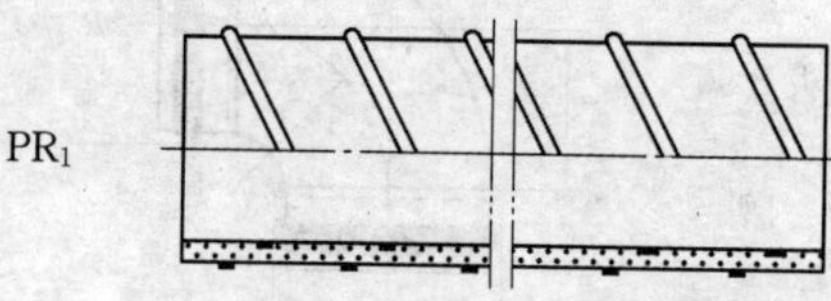

风管代号	直径		绝热层厚(mm)	重量(kg/m)
	内径(mm)	外径(mm)		
PR_1-80	80+0.5	115	15	2.8
PR_1-100	100+0.5	135	15	3.3
PR_1-125	125+0.5	160	15	4.0
PR_1-150	150+0.5	185	15	4.8
PR_1-160	160+0.5	195	15	5.0
PR_1-175	175+0.5	210	15	5.4
PR_1-200	200+0.5	235	15	6.1
PR_1-250	250+0.5	285	15	8.3
PR_1-300	300+0.5	335	15	10.4

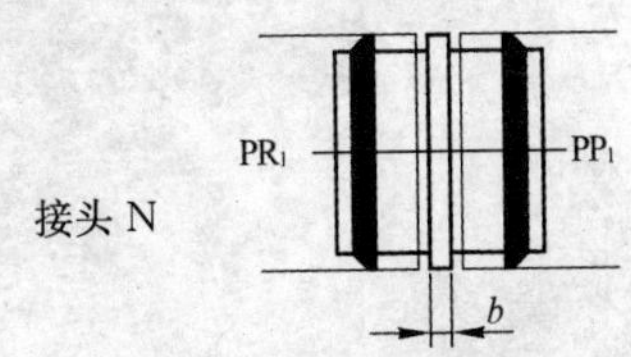

接头代号	PR_1	kg	接头代号	PR_1	kg
N-80	PR_1-80	0.19	N-175	PR_1-175	0.39
N-100	PR_1-100	0.24	N-200	PR_1-200	0.45
N-125	PR_1-125	0.28	N-250	PR_1-250	0.51
N-150	PR_1-150	0.35	N-300	PR_1-300	0.57
N-160	PR_1-160	0.36			

注：1. 产地：⚠3。

2. 螺旋风管管系附件，仅示出弯头和接头，其余附件：三通、异径接头、支管、套管、吊架，贯通件未在上表列出。

部件名称	有毒有害物质或元素(Keyboard)					
	铅(Pb)	汞(Hg)	镉(Cd)	六价铬[Cr(Ⅵ)]	多溴联苯(PBB)	多溴联苯醚(PBDE)
上盖	○	○	○	○	○	○
下盖	○	○	○	○	○	○
键帽	○	○	○	○	○	○
薄膜板	○	○	○	○	○	○
五金	○	○	○	○	○	○
橡胶	○	○	○	○	○	○
电路板	×	○	○	○	○	○
连接线	○	○	○	○	○	○

○ 表示该有毒有害物质在该部件所有均质材料中的含量均在 SJ/T11363　2006 标准规定的限量要求以下。

× 表示该有毒有害物质至少在该部件的某一均质材料中含量超出 SJ/T11363　2006 标准规定的限量要求。

注：电路板中陶瓷振荡器及二极管中铅含量超出 SJ/T11363　2006 标准，在欧盟 RoHS 中此项为豁免项(因目前技术无法有符合 SJ/T11363　2006 标准之替代材料)

第三十三章　建筑新型门窗

建筑新型门窗向节能型门窗发展。在保证强度(抗风)的基础上,应考虑气密性、保温性、采光性、耐腐蚀性、装饰性,塑料门窗还应考虑耐候性、防火安全性(阻燃自熄)等综合因素,新型门窗的特点是节能环保、美化建筑、质轻、色泽鲜艳和改善居住条件。

常用的新型门窗有铝合金门窗、全塑料(PVC-U)门窗、玻璃纤维增强塑料(玻璃钢)门窗和彩色涂层钢门窗。

1. 铝合金门窗

① 特点:铝合金门窗重量轻(是钢的 1/3)、用料省、型材表面经过阳极氧化处理,可以防腐蚀,又可通过填充工艺普成银白、古铜、金黄、暗红等颜色或带色花纹,色泽牢固、亮丽美观。

② 材料。

标准号	GB/T 8478—2008　铝合金门 GB/T 8479—2008　铝合金窗 GB/T 5237.1—2004　铝合金建筑型材
牌号	6063(旧代号 LD31)6063A　供应状态　T4、T6(旧代号 CZ、CS) 6061(旧代号 LD36)　供应状态　T5、T6(旧代号 RCS、CS)
用途	用于制造各种铝合金门窗、建筑配件
壁厚选用	通常建筑型材厚度,不宜低于下列规定: 窗框型材 1.4 mm,门框型材 2.2 mm(供参考)
型材长度	一般 1～6 m
型材剖面、规格、形状	38、55、70、70B、90 系列(见图) 铝合金门窗部件,一般采用异型材,型材代号及断面尺寸,尚无统一标准,生产铝合金异型材的厂商较多,产品在市场供应,本手册所列铝型材型号,供参考。

铝合金门窗技术参数和用途

质量等级	抗风压性能(kPa)	空气渗透性能[$m^3/(m \cdot h)$]	雨水渗漏性能(Pa)	保温性能	隔声性能(dB)	用途
高档窗	≥3.5	≤0.5	≥500	满足 JGJ 26—1995 要求	≥35	高档楼、堂馆、所、别墅、豪华住宅
中档窗	≥3.0	≤1.5	≥350	满足 JGJ 26—1995 要求	≥30	公共建筑、宾馆、写字楼、公寓楼
普通窗	符合当地要求	符合当地要求	符合当地要求		≥25	一般性低层住宅

推、拉门、窗用铝型材

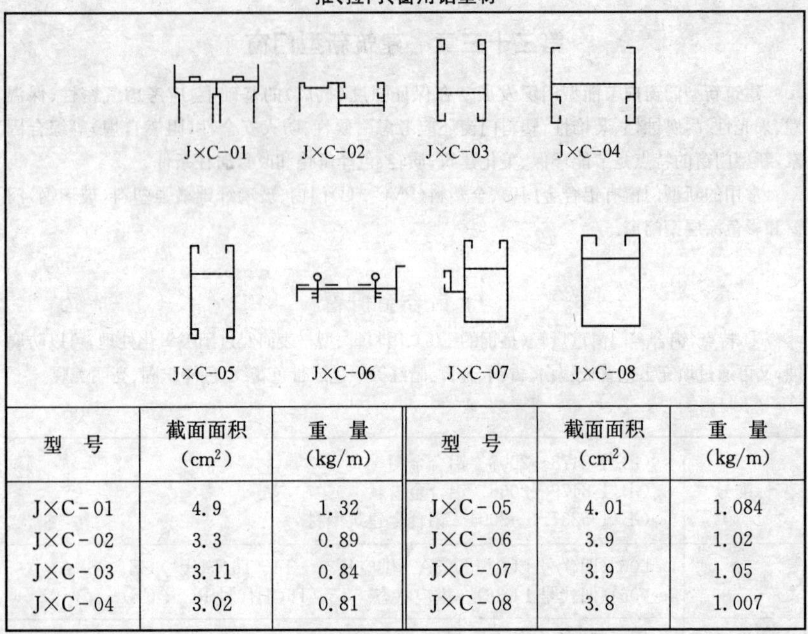

型　号	截面面积 (cm²)	重　量 (kg/m)	型　号	截面面积 (cm²)	重　量 (kg/m)
J×C-01	4.9	1.32	J×C-05	4.01	1.084
J×C-02	3.3	0.89	J×C-06	3.9	1.02
J×C-03	3.11	0.84	J×C-07	3.9	1.05
J×C-04	3.02	0.81	J×C-08	3.8	1.007

平开门窗、卷帘门用铝型材

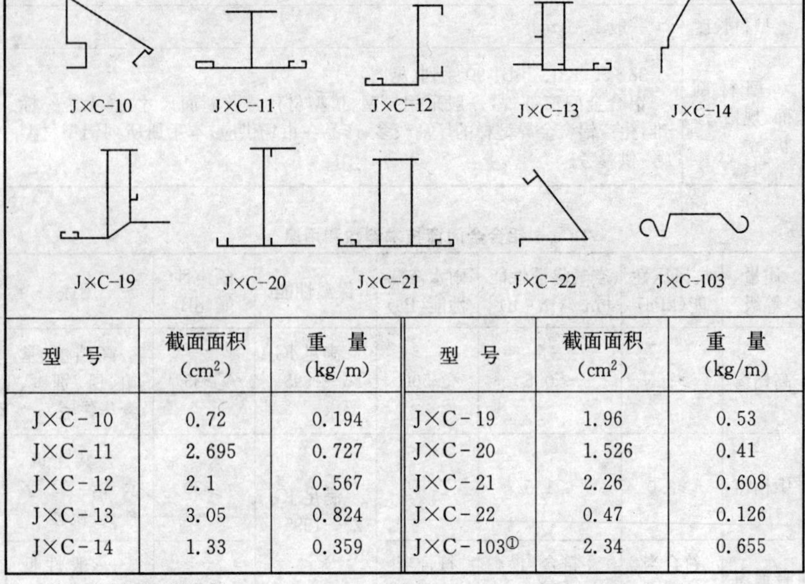

型　号	截面面积 (cm²)	重　量 (kg/m)	型　号	截面面积 (cm²)	重　量 (kg/m)
J×C-10	0.72	0.194	J×C-19	1.96	0.53
J×C-11	2.695	0.727	J×C-20	1.526	0.41
J×C-12	2.1	0.567	J×C-21	2.26	0.608
J×C-13	3.05	0.824	J×C-22	0.47	0.126
J×C-14	1.33	0.359	J×C-103①	2.34	0.655

注：①仅用于卷帘门。

自动门用铝型材

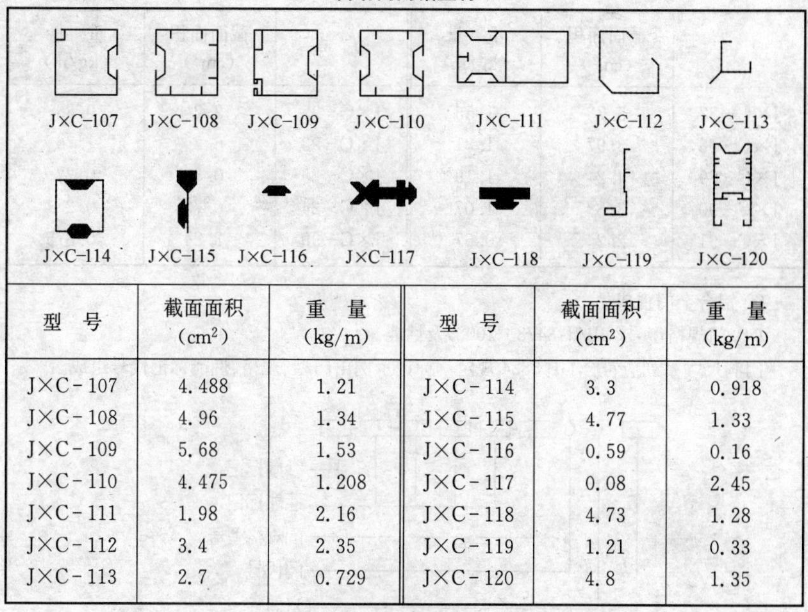

型　号	截面面积 (cm²)	重　量 (kg/m)	型　号	截面面积 (cm²)	重　量 (kg/m)
J×C-107	4.488	1.21	J×C-114	3.3	0.918
J×C-108	4.96	1.34	J×C-115	4.77	1.33
J×C-109	5.68	1.53	J×C-116	0.59	0.16
J×C-110	4.475	1.208	J×C-117	0.08	2.45
J×C-111	1.98	2.16	J×C-118	4.73	1.28
J×C-112	3.4	2.35	J×C-119	1.21	0.33
J×C-113	2.7	0.729	J×C-120	4.8	1.35

其他门窗用铝型材

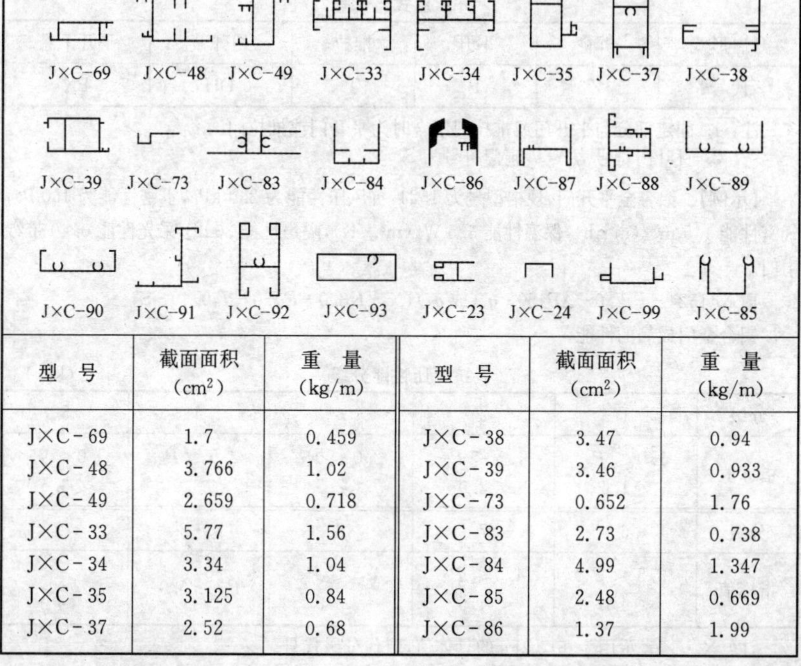

型　号	截面面积 (cm²)	重　量 (kg/m)	型　号	截面面积 (cm²)	重　量 (kg/m)
J×C-69	1.7	0.459	J×C-38	3.47	0.94
J×C-48	3.766	1.02	J×C-39	3.46	0.933
J×C-49	2.659	0.718	J×C-73	0.652	1.76
J×C-33	5.77	1.56	J×C-83	2.73	0.738
J×C-34	3.34	1.04	J×C-84	4.99	1.347
J×C-35	3.125	0.84	J×C-85	2.48	0.669
J×C-37	2.52	0.68	J×C-86	1.37	1.99

(续)

型号	截面面积 (cm^2)	重量 (kg/m)	型号	截面面积 (cm^2)	重量 (kg/m)
J×C-87	5.73	1.55	J×C-92	3.2	0.86
J×C-88	3.97	1.31	J×C-93	6.2	1.76
J×C-89	4.2	1.19	J×C-23	0.83	0.22
J×C-90	3.8	1.07	J×C-24	0.73	0.2
J×C-91	2.2	0.57	J×C-99	3.24	0.875

③ 铝合金门窗成品。

(a) 门规格型号(GB/T 8478—2008)及性能。

门洞尺寸系列应符合 GB 5824 规定。标记示例由门型、规格、性能标记代号组成。

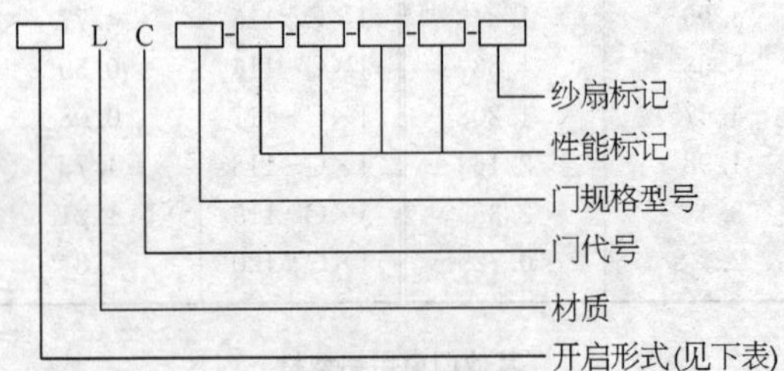

开启形式与代号

开启形式	折叠	平开	推拉	地弹簧	平开下悬
代号	Z	P	T	DH	PX

注:1. 固定部分与平开门或推拉门组合时为平开门或推拉门。

2. 百叶门符号为 Y、纱扇门符号为 S。

【示例】 铝合金平开门,规格型号为 1524,抗风压性能为 2.0 kPa,水密性能为 150 Pa,气密性能 1.5 $m^3/(m \cdot h)$,保温性能 3.5 $W/(m^2 \cdot K)$,隔声性能 30 dB,采光性能 0.40 带纱扇门。

PLM 1524 - $P_3$2.0 - ΔP150 - q_1(或 q_2)1.5 - K3.0 - R_w30 - T_r0.40 - S。

铝合金门成品的性能。

抗风压性能分级 (kPa)

分级	1	2	3	4	5
指标值	$1.0 \leqslant P_3 < 1.5$	$1.5 \leqslant P_3 < 2.0$	$2.0 \leqslant P_3 < 2.5$	$2.5 \leqslant P_3 < 3.0$	$3.0 \leqslant P_3 < 3.5$
分级	6	7	8	×·×	
指标值	$3.5 \leqslant P_3 < 4.0$	$4.0 \leqslant P_3 < 4.5$	$4.5 \leqslant P_3 < 5.0$	$P_3 \geqslant 5.0$	

注:×·×表示用≥5.0 kPa 的具体值,取代分级代号。

水密性能分级 (Pa)

分级	1	2	3	4	5	××××
指标值	$100 \leqslant \Delta P < 150$	$150 \leqslant \Delta P < 250$	$250 \leqslant \Delta P < 350$	$350 \leqslant \Delta P < 500$	$500 \leqslant \Delta P < 700$	$\Delta P \geqslant 700$

注：××××表示用≥700 Pa的具体值取代分级代号，适用于热带风暴和台风袭击地区的建筑。

气密性能分级

分级	2	3	4	5
单位缝长指标值 q_1[m³/(m·h)]	$4.0 \geqslant q_1 > 2.5$	$2.5 \geqslant q_1 > 1.5$	$1.5 \geqslant q_1 > 0.5$	$q_1 \leqslant 0.5$
单位面积指标值 q_2[m³/(m²·h)]	$12 \geqslant q_2 > 7.5$	$7.5 \geqslant q_2 > 4.5$	$4.5 \geqslant q_2 > 1.5$	$q_2 \leqslant 1.5$

保温性能分级 [W/(m²·K)]

分级	5	6	7	8	9	10
指标值	$4.0 > K \geqslant 3.5$	$3.5 > K \geqslant 3.0$	$3.0 > K \geqslant 2.5$	$2.5 > K \geqslant 2.0$	$2.0 > K \geqslant 1.5$	$K < 1.5$

空气声隔声性能分级 (dB)

分级	2	3	4	5	6
指标值	$25 \leqslant R_w < 30$	$30 \leqslant R_w < 35$	$35 \leqslant R_w < 40$	$40 \leqslant R_w < 45$	$R_w \geqslant 45$

(b) 窗规格型号性能(GB/T 8479—2008)。

【规格和型号】 窗洞口尺寸系列宜符合GB/T 5824规定，窗框厚度基本尺寸按窗框型材无拼接组合时的最大厚度公称尺寸确定。

【标记示例】

型号由窗型、规格、性能标记代号组成。

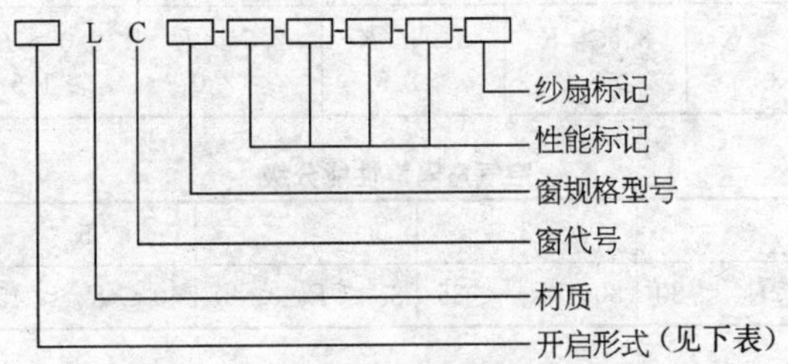

开启形式与代号

开启形式	固定	上悬	中悬	下悬	立转	平开	滑轴平开	滑轴	推拉	推拉平开	平开下悬
代号	G	S	C	X	L	P	HP	H	T	TP	PX

注：1. 固定窗与平开窗或推拉窗组合时为平开窗或推拉窗。

2. 百叶窗符号为Y、纱扇窗符号为A。

【示例】 铝合金推拉窗，规格型号为1521，抗风压性能为2.0 kPa，水密性能为150 Pa，气密性能1.5 $m^3/(m \cdot h)$，保温性能3.5 $W/(m^2 \cdot K)$，隔声性能30 dB，采光性能0.40带纱扇窗。

TLC 1521 - $P_3$2.0 - ΔP150 - q_1（或q_2）1.5 - K3.5 - R_W30 - T_r40 - A

铝合金窗成品的性能

抗风压性能分级 (kPa)

分级	1	2	3	4	5
指标值	$1.0 \leqslant P_3 < 1.5$	$1.5 \leqslant P_3 < 2.0$	$2.0 \leqslant P_3 < 2.5$	$2.5 \leqslant P_3 < 3.0$	$3.0 \leqslant P_3 < 3.5$
分级	6	7	8	×·×	
指标值	$3.5 \leqslant P_3 < 4.0$	$4.0 \leqslant P_3 < 4.5$	$4.5 \leqslant P_3 < 5.0$	$P_3 \geqslant 5.0$	

注：×·×表示用≥5.0 kPa的具体值，取代分级代号。

水密性能分级 (Pa)

分级	1	2	3	4	5	××××
指标值	$100 \leqslant \Delta P < 150$	$150 \leqslant \Delta P < 250$	$250 \leqslant \Delta P < 350$	$350 \leqslant \Delta P < 500$	$500 \leqslant \Delta P < 700$	$\Delta P \geqslant 700$

注：××××表示用≥700 Pa的具体值取代分级代号，适用于热带风暴和台风袭击地区的建筑。

气密性能分级

分级	3	4	5
单位缝长指标值q_1[$m^3/(m \cdot h)$]	$2.5 \geqslant q_1 > 1.5$	$1.5 \geqslant q_1 > 0.5$	$q_1 \leqslant 0.5$
单位面积指标值q_2[$m^3/(m^2 \cdot h)$]	$7.5 \geqslant q_2 > 4.5$	$4.5 \geqslant q_2 > 1.5$	$q_2 \leqslant 1.5$

保温性能分级 [$W/(m^2 \cdot K)$]

分级	5	6	7	8	9	10
指标值	$4.0 > K \geqslant 3.5$	$3.5 > K \geqslant 3.0$	$3.0 > K \geqslant 2.5$	$2.5 > K \geqslant 2.0$	$2.0 > K \geqslant 1.5$	$K < 1.5$

空气声隔声性能分级 (dB)

分级	2	3	4	5	6
指标值	$25 \leqslant R_w < 30$	$30 \leqslant R_w < 35$	$35 \leqslant R_w < 40$	$40 \leqslant R_w < 45$	$R_w \geqslant 45$

采光性能分级

分级	1	2	3	4	5
指标值	$0.20 \leqslant T_r < 0.30$	$0.30 \leqslant T_r < 0.40$	$0.40 \leqslant T_r < 0.50$	$0.50 \leqslant T_r < 0.60$	$T_r \geqslant 0.60$

注：启闭力应不大于50 N。

33.6

(c) 铝合金门窗市场品。

品牌	名　称	型号规格	产地
南汕牌	铝合金推拉门窗 铝合金平开窗 铝合金平开门 铝合金推拉门 铝合金地弹簧门 铝合金固定窗	70C 系列、87 系列、828 系列(壁厚 1.4 m/m) 50 系列、70 系列(壁厚 1.4 m/m) 50 系列、70 系列(壁厚 2.0 m/m) 87 系列、90 系列(壁厚 2.0 m/m) 46 系列(有框)(壁厚 2.0 m/m) 50 系列(壁厚 1.4 m/m)	④19
巨鑫	彩色铝合金固定窗 彩色铝合金推拉窗 彩色铝合金平开窗 彩色铝合金无框门 彩色铝合金消声百页窗	50 系列 80～88 系列 50 系列 100 系列、外扣板、内平板、双面平板 300 m/m、400 m/m、600 m/m	④18
住总	铝合金拉推窗(阳极氧化) 铝合金平开窗(阳极氧化) 铝合金平开门(阳极氧化) 铝合金地弹簧门(阳极氧化)	55、70、73、90 系列(壁厚 1.4 m/m) 38、50 系列(壁厚 1.4 m/m) 50 系列(壁厚 2.0 m/m) 46 系列(壁厚 2.0 m/m)	
	铝合金推拉窗(彩色静电粉喷)	70C 系列、705、80、75、768、828、858、868、Jm90A 系列(壁厚 1.4 m/m)	
	铝合金平开窗(彩色静电粉喷)	38、50 系列(壁厚 1.4 m/m)	
	铝合金平开门(彩色静电粉喷)	50 系列(壁厚 2.0 m/m)	

(d) 铝质双层中空玻璃隔声窗。

本隔声窗适用于海上、陆上建筑，如各种船舶、甲板室的采光；也可用于陆上建筑物要求隔声、隔热、保温的居室及办公室。

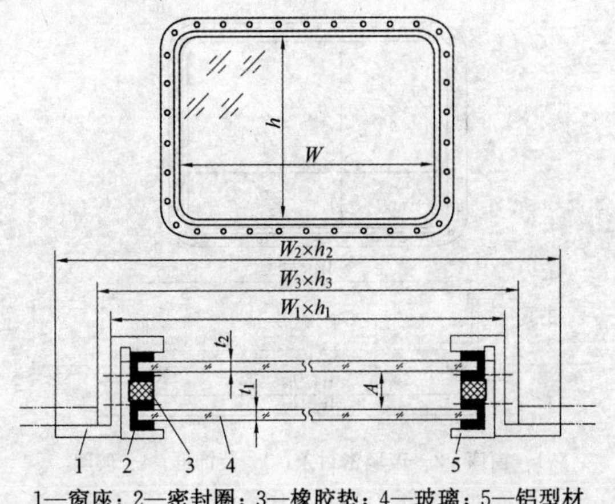

1—窗座；2—密封圈；3—橡胶垫；4—玻璃；5—铝型材

(mm)

透光尺寸	窗 座 尺 寸		围壁开口尺寸	玻璃	中空	玻璃	重量(kg)
$W\times h$	$W_1\times h_1$	$W_2\times h_2$	$W_3\times h\times R$	t_1	A	t_2	
300×425	350×475	403×528	355×480×80	5	14	5	5.5
300×425	350×475	403×528	355×480×80	6	12	6	6.2
355×500	405×550	458×608	410×555×80	5	14	5	7.2
355×500	405×550	458×608	410×555×80	6	12	6	8.1
400×560	450×610	503×663	455×615×80	5	14	5	8.6
400×560	450×610	503×663	455×615×80	6	12	6	9.8
450×630	500×680	553×733	505×685×80	5	14	5	10.5
450×630	500×680	553×733	505×685×80	6	12	6	12.1
500×710	550×760	603×813	555×765×80	5	14	5	12.8
500×710	550×760	603×813	555×765×80	6	12	6	14.7
900×630	950×680	1 003×733	955×685×80	5	14	5	19.0
900×630	950×680	1 003×733	955×685×80	6	12	6	21.9
1 000×800	1 050×850	1 103×903	1 055×855×80	5	14	5	24.8
1 000×800	1 050×850	1 103×903	1 055×855×80	6	12	6	28.8

产地：④11

注：具有隔声，隔热，保温要求的舱室。一般可降低噪声 30 dB。根据订货要求可配钢化玻璃，杂色玻璃或夹层玻璃。

(e) 铝质固定窗。

【用途】 用于建筑物室内采光，特点是质轻、透光面大。

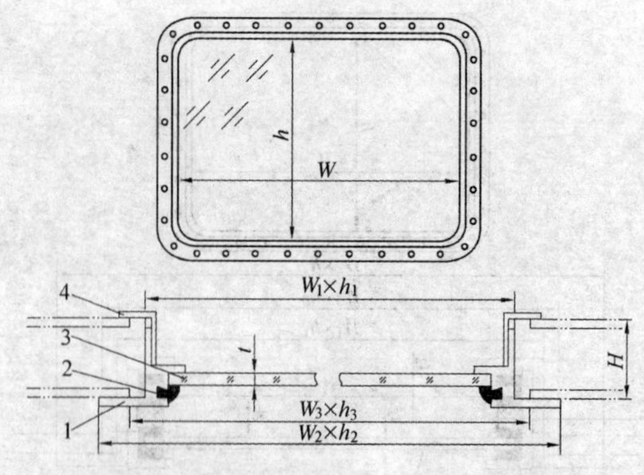

1—窗座；2—玻璃密封条；3—装饰框；4—玻璃

(mm)

透光尺寸	窗座尺寸		围壁开孔尺寸	玻璃厚度	装修厚度	重量(kg)	
$W \times h$	$W_1 \times h_1$	$W_2 \times h_2$	$W_3 \times h_3 \times R_3$	t	H	$t=6$	$t=8$
425×300	465×340	515×390	470×345×80			3.5	4.2
500×355	540×395	590×445	545×400×80			4.5	5.6
630×400	670×440	720×490	675×445×80			6.0	7.5
700×500	740×540	790×590	745×545×80			7.8	9.8
750×550	790×590	840×640	795×595×80	6、8	40~120	9.0	11.3
800×600	840×640	890×690	845×645×80			10.2	12.8
850×650	890×690	940×740	895×695×80			11.5	14.6
900×650	940×690	990×740	945×695×80			12.1	15.3
1 000×700	1 040×740	1 090×790	1 045×745×80			14.1	17.9

产地:④11

④ 铝合金门窗配件(五金)。

(a) 铝合金门窗开启上、下撑挡。

品种		基本尺寸L						安装孔距		用途
								壳体	拉搁脚	
平开窗	上	—	260	—	300	—	—	50	25	用于平开铝合金窗启闭、定位
	下	240	260	280	—	310	—	—		
带纱窗	上撑挡	—	260	—	300	—	320	50		
	下撑挡	240	—	280	—	—	320	85		

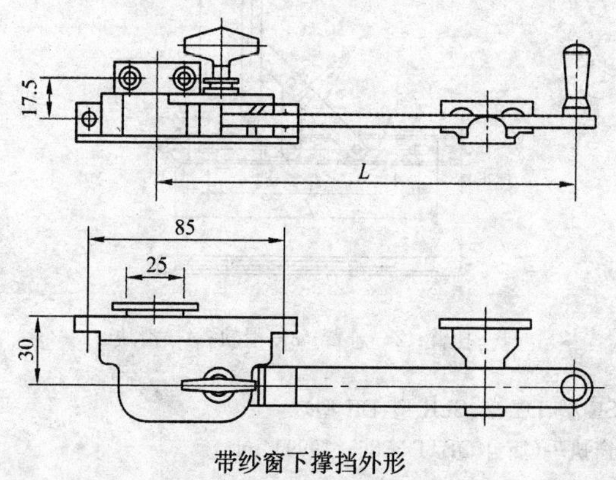

带纱窗下撑挡外形

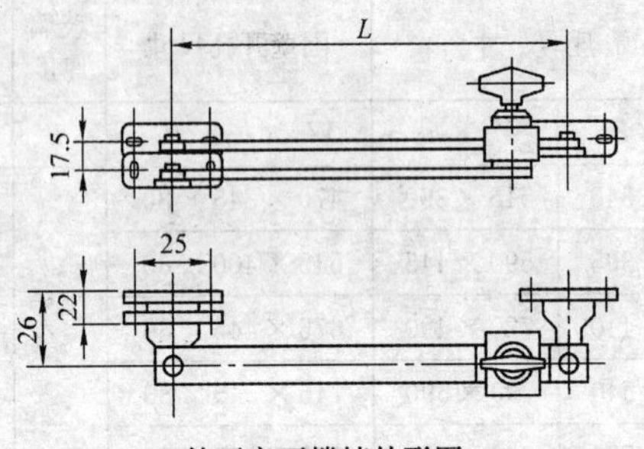

外开启下撑挡外形图

(b) 铝合金门窗不锈钢滑撑(QB/T 3888—1999)。

【用途】 安装在铝合金上悬窗、平开窗上作支撑开启并定位门窗。

规格	长度	滑轨安装孔距 l_1	托臂安装孔距 l_2	滑轨宽度 a	托臂悬臂材料厚度 δ	高度 h	开启角度
200	200	170	113	18～22	⩾2	⩽135	60°±2°
250	250	215	147				85°+3°
300	300	260	156		⩾2.5	⩽15	
350	350	300	195			⩽165	
400	400	360	205		⩾3		
450	450	410	205				

注：规格 200 mm 适用于上悬窗。

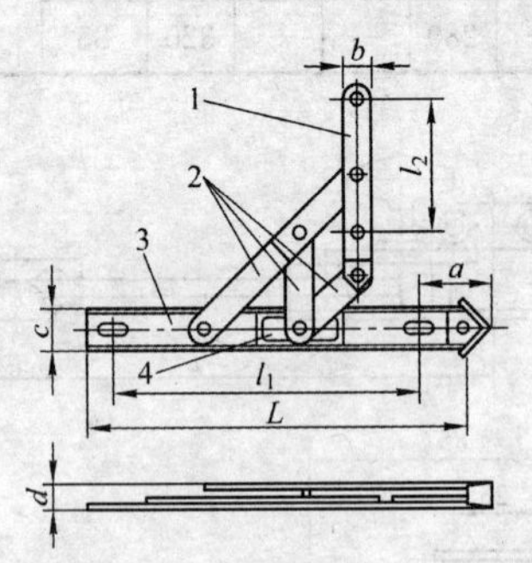

1—托臂；2—悬臂；3—滑轨；4—滑块

(c) 执手(DSK 型、DY 型、SLK 型、DK 型)。

平开铝合金窗执手(摘自 QB/T 3886—1999)(mm)

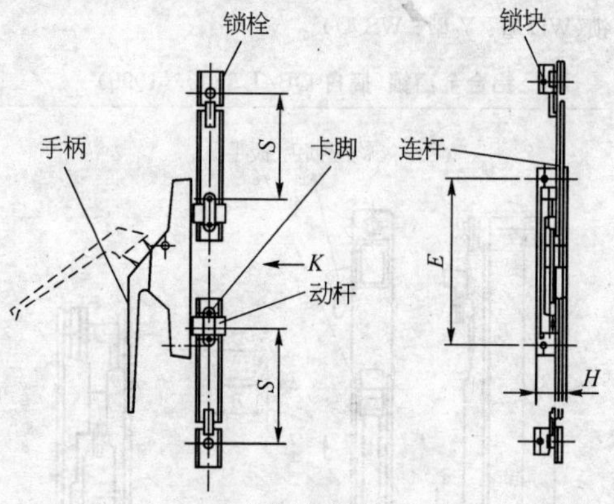

单头双向板扣型(DSK型)

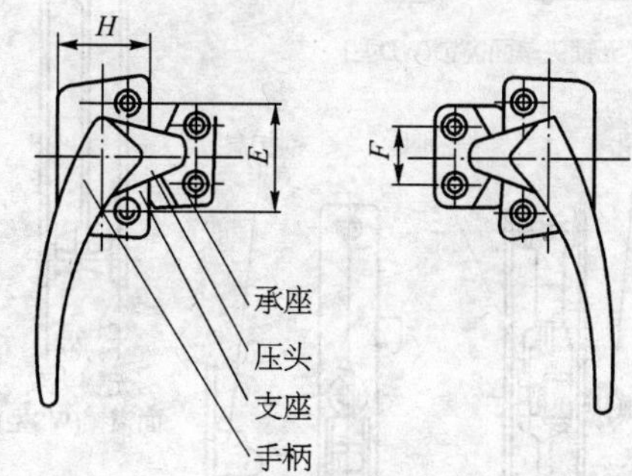

单动旋压型(DY型)

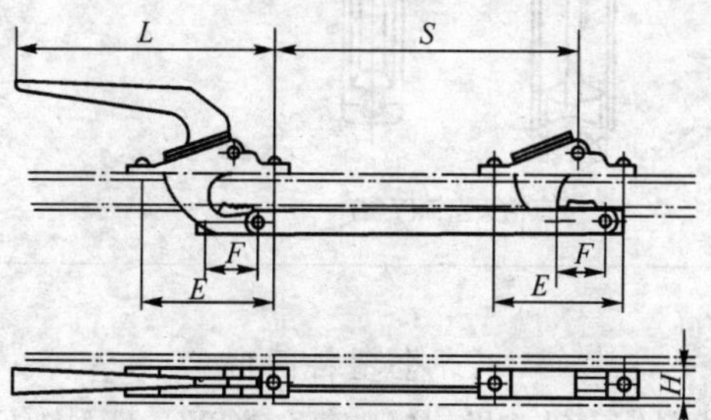

双头联动板扣型(SLK型)

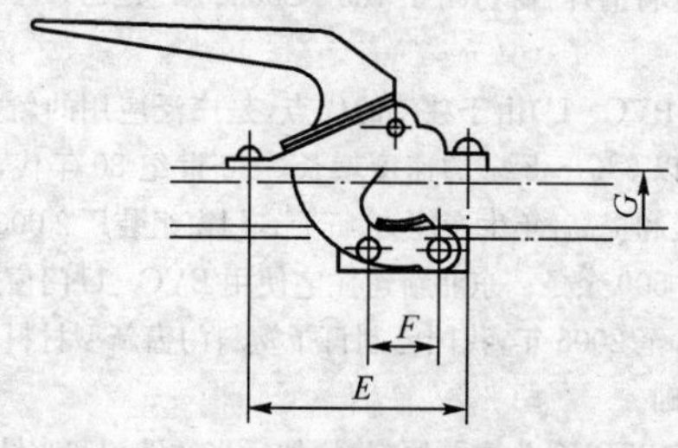

单动板扣型(DK型)

(d) 铝合金窗锁(WD型、Y型、WS型)。

铝合金窗锁(摘自 QB/T 3890—1999)　　(mm)

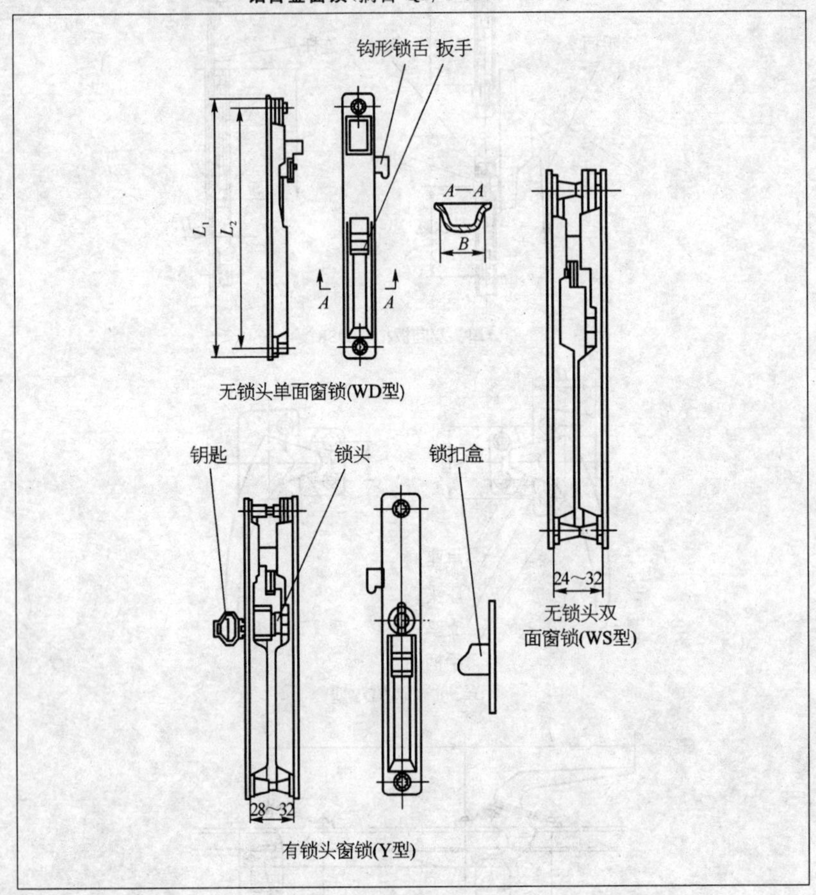

2. 全塑料门窗

塑料门窗按其材料分,有门、窗用未增塑聚氯乙烯(PVC-U)型材(GB/T 8814—2004),和玻璃纤维增强塑料(玻璃钢)门窗(JG/T 185—2006、JG/T 186—2006),前者称为全塑料PVC,后者称为玻璃钢。

① 发展:塑料门窗(PVC-U)由于独特的优点,是广泛应用的新型门窗,国外应用比例高达40%以上,每年仍以7%~8%的速度增长。20世纪80年代,我国从国外引进该技术,消化吸收有较大发展和提高,年生产能力45万t,门窗组装厂2 000余家,型材生产厂300余家,拥有型材生产线1 500余条。东北新建住宅使用PVC-U门窗达30%以上(其中大连达50%)。青岛达70%,至2006年,我国已制订了塑料门窗新型材料的标准体系,从技术上打下了进一步发展的基础。

② 特点:全塑料门窗以PVC为主要原料,添加适当的助剂和改性剂,经挤压成各种异型

材组装而成，其特点是质轻、阻燃、隔热、隔声、防潮、耐腐，可用于公共建筑、宾馆、商厦及民用住宅等建筑的门窗，安装工艺要求高，不宜用于长期高热环境，塑料门窗保温性能的合格指标为传热系数不大于 5.00 W/(m^2·K)，保温性好是独特优点，例如以窗为例，单玻璃窗 10%～33%，双玻璃窗 52%～66%，中空玻璃门窗(LOW-E)75%。(塑料窗传热系数，单玻 4.7，双玻 2.8，LOW-E 玻璃 1.9。)

(1) 塑料门窗型材

塑料(PVC)窗技术参数：主型材焊角强度≥3 500 N，抗风压≥3 500 Pa，水密性≥500 Pa。平开窗空气渗透性 q_0≤0.5 m^3/(h·m)(10 Pa 下)，保温 1.5～2.5 W/(m^2·K)，隔声≥3.5 dB(玻璃钢门窗技术参数同上)。

PVC 塑料平开门窗型材 (mm)

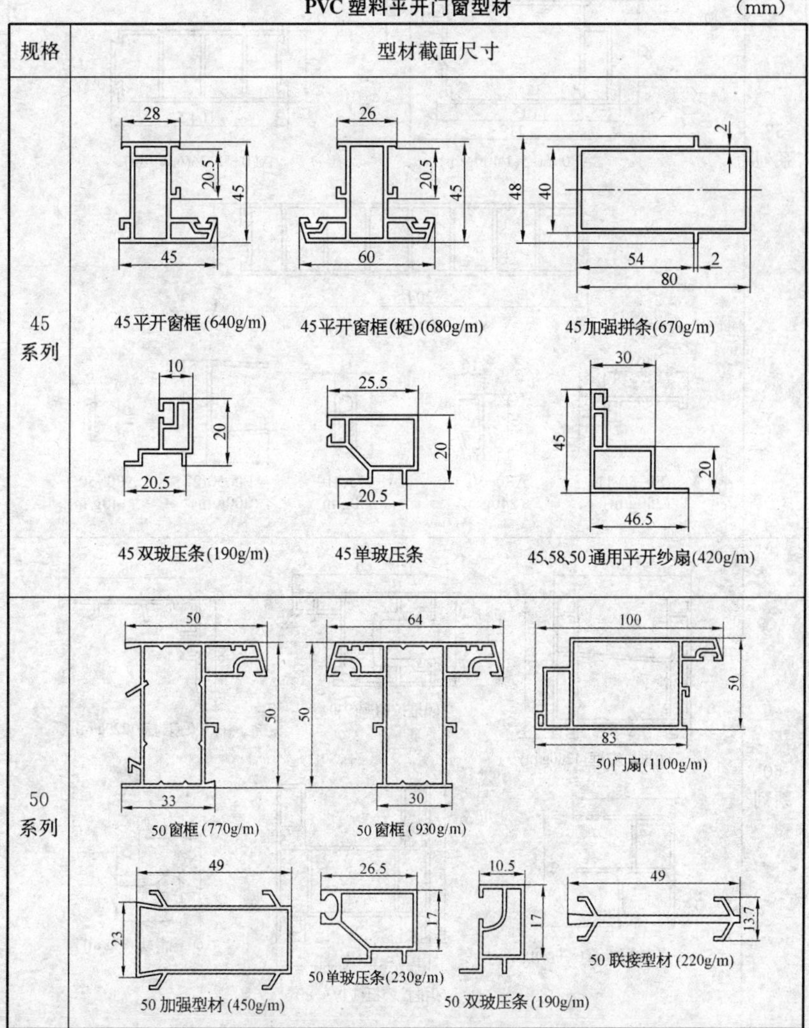

45 平开窗框(640g/m)　45 平开窗框(梃)(680g/m)　45 加强拼条(670g/m)

45 双玻压条(190g/m)　45 单玻压条　45、58、50 通用平开纱扇(420g/m)

50 窗框(770g/m)　50 窗框(930g/m)　50门扇(1100g/m)

50 加强型材(450g/m)　50 单玻压条(230g/m)　50 双玻压条(190g/m)　50 联接型材(220g/m)

（续）

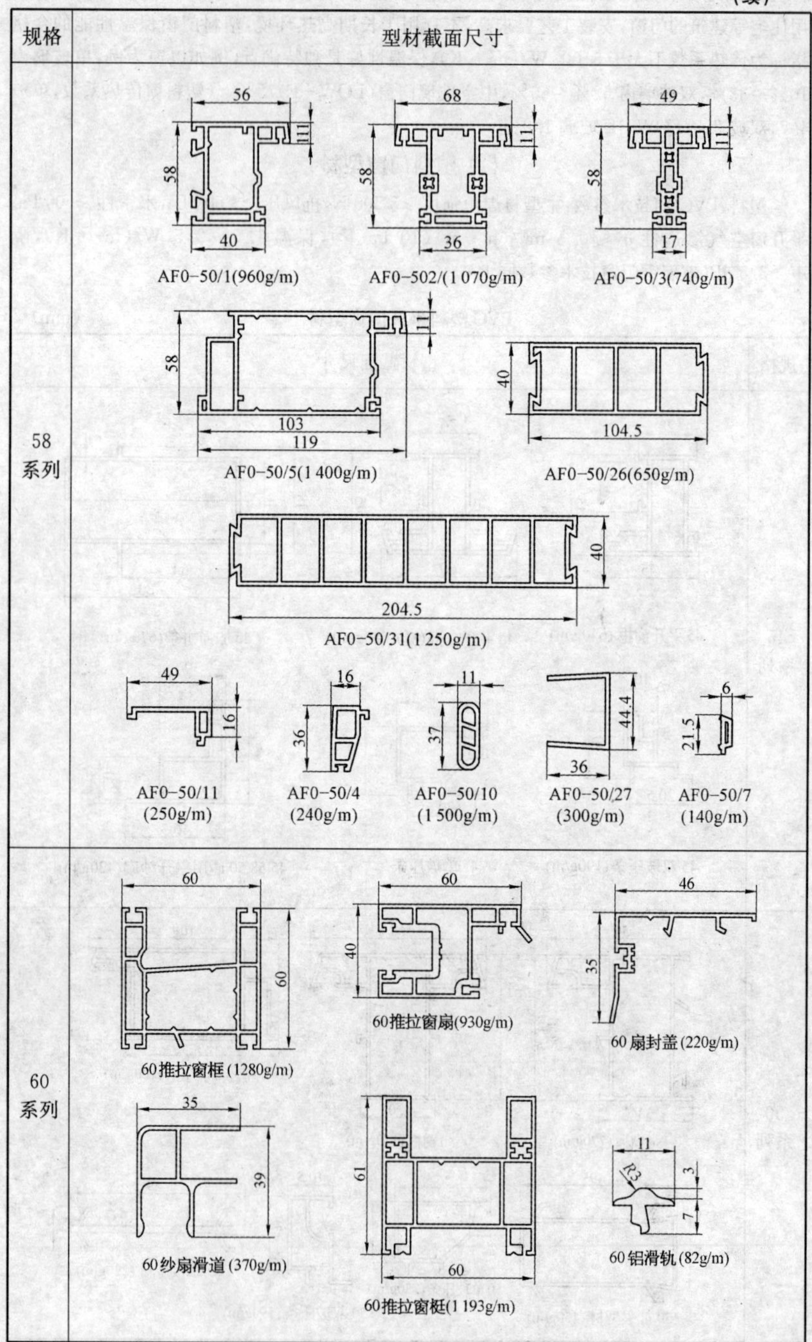
规格
型材截面尺寸
58
系列
56
11
58
40
AF0-50/1(960g/m)
68
11
58
36
AF0-502/(1 070g/m)
49
11
58
17
AF0-50/3(740g/m)
11
58
103
119
AF0-50/5(1 400g/m)
40
104.5
AF0-50/26(650g/m)
40
204.5
AF0-50/31(1 250g/m)
49
16
AF0-50/11
(250g/m)
16
36
AF0-50/4
(240g/m)
11
37
AF0-50/10
(1 500g/m)
44.4
36
AF0-50/27
(300g/m)
6
21.5
AF0-50/7
(140g/m)
60
系列
60
60
60推拉窗框(1280g/m)
60
40
60推拉窗扇(930g/m)
46
35
60扇封盖(220g/m)
35
39
60纱扇滑道(370g/m)
61
60
60推拉窗梃(1 193g/m)
11
R3
3
7
60铝滑轨(82g/m)

（续）

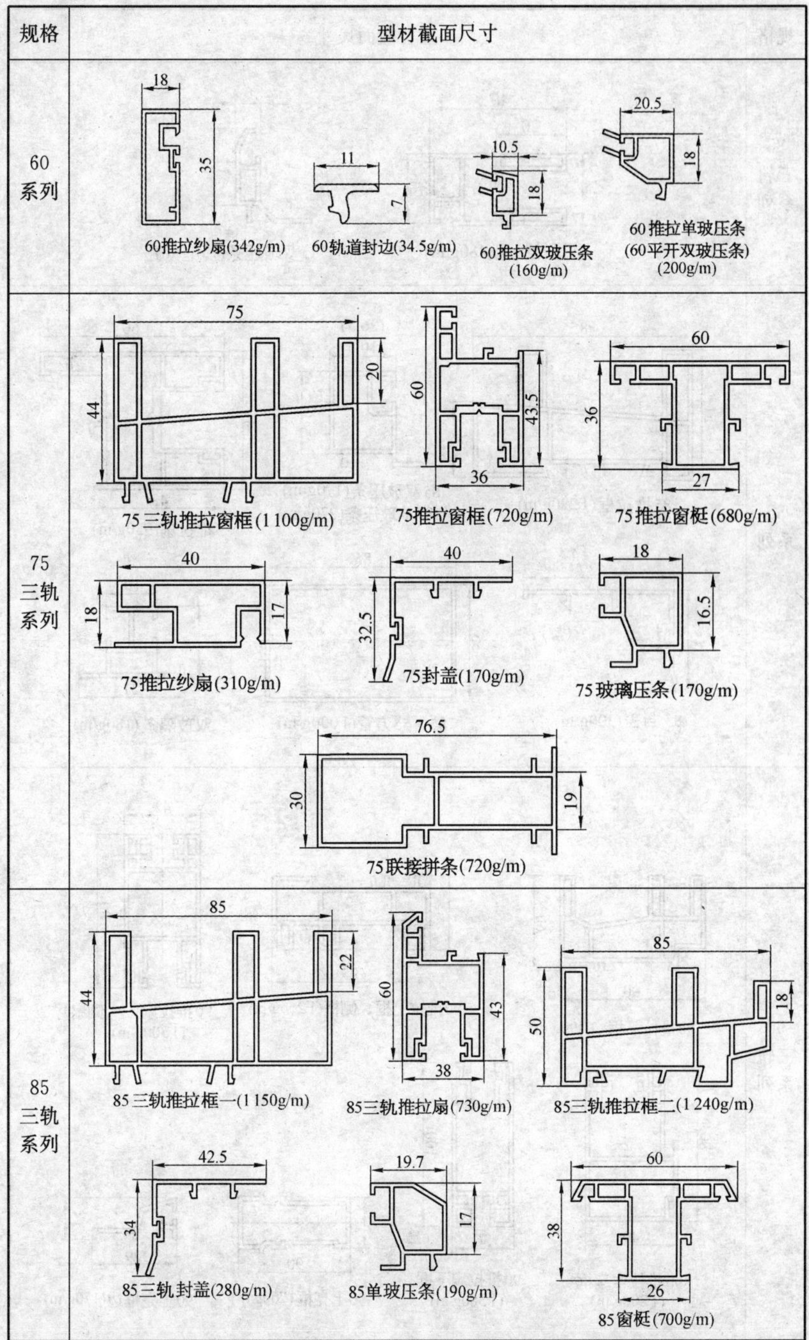
规格
型材截面尺寸
60系列
18
35
60推拉纱扇(342g/m)
11
7
60轨道封边(34.5g/m)
10.5
18
60推拉双玻压条
(160g/m)
20.5
18
60推拉单玻压条
(60平开双玻压条)
(200g/m)
75三轨系列
75
20
44
75三轨推拉窗框(1 100g/m)
60
43.5
36
75推拉窗框(720g/m)
60
36
27
75推拉窗梃(680g/m)
40
18
17
75推拉纱扇(310g/m)
40
32.5
75封盖(170g/m)
18
16.5
75玻璃压条(170g/m)
76.5
30
19
75联接拼条(720g/m)
85三轨系列
85
22
44
85三轨推拉框一(1 150g/m)
60
43
38
85三轨推拉扇(730g/m)
85
50
18
85三轨推拉框二(1 240g/m)
42.5
34
85三轨封盖(280g/m)
19.7
17
85单玻压条(190g/m)
60
38
26
85窗梃(700g/m)

（续）

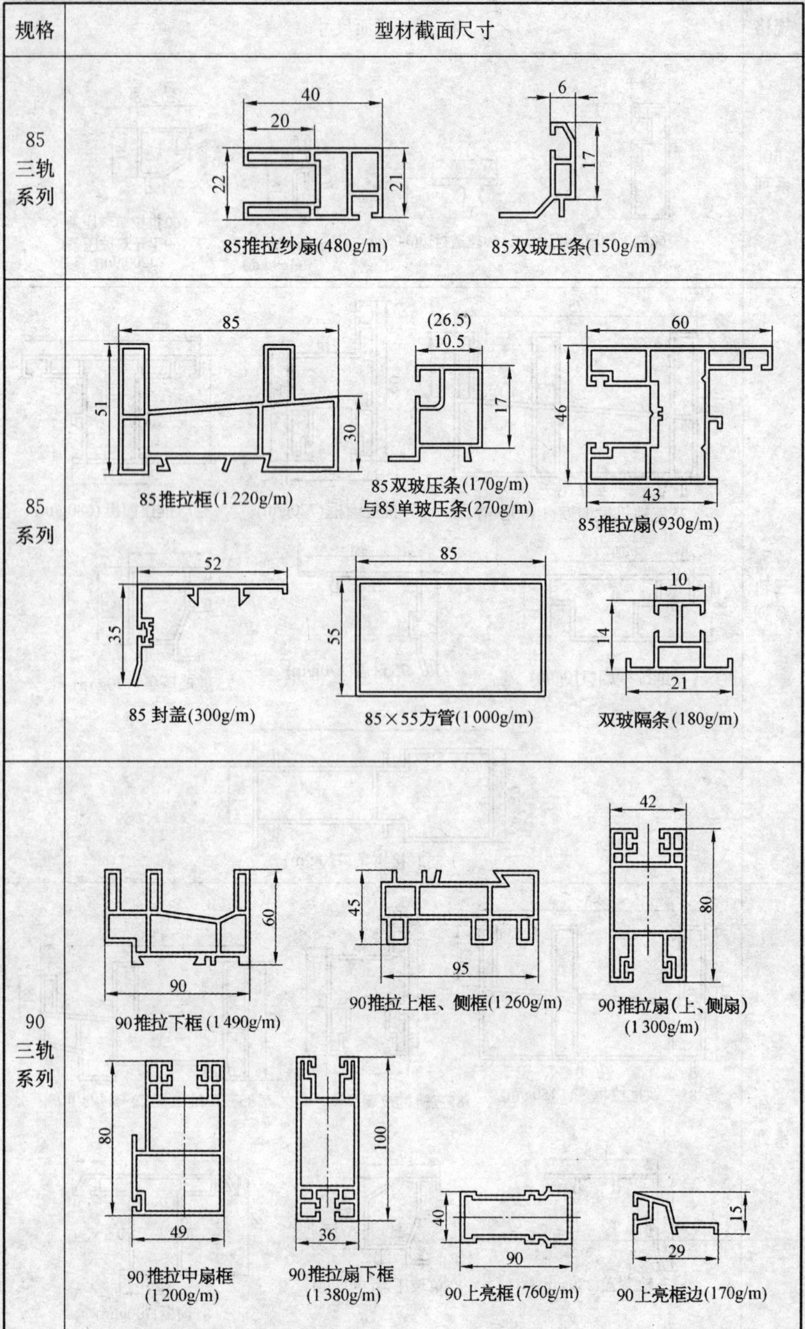

规格
型材截面尺寸
85
三轨
系列
40
20
22
21
85推拉纱扇(480g/m)
6
17
85双玻压条(150g/m)
85
系列
85
51
30
85推拉框(1 220g/m)
(26.5)
10.5
17
85双玻压条(170g/m)
与85单玻压条(270g/m)
60
46
43
85推拉扇(930g/m)
52
35
85 封盖(300g/m)
85
55
85×55方管(1 000g/m)
10
14
21
双玻隔条(180g/m)
90
三轨
系列
60
90
90推拉下框(1 490g/m)
45
95
90推拉上框、侧框(1 260g/m)
42
80
90推拉扇(上、侧扇)
(1 300g/m)
80
49
90推拉中扇框
(1 200g/m)
100
36
90推拉扇下框
(1 380g/m)
40
90
90上亮框(760g/m)
15
29
90上亮框边(170g/m)

（续）

规格	型材截面尺寸
90三轨系列	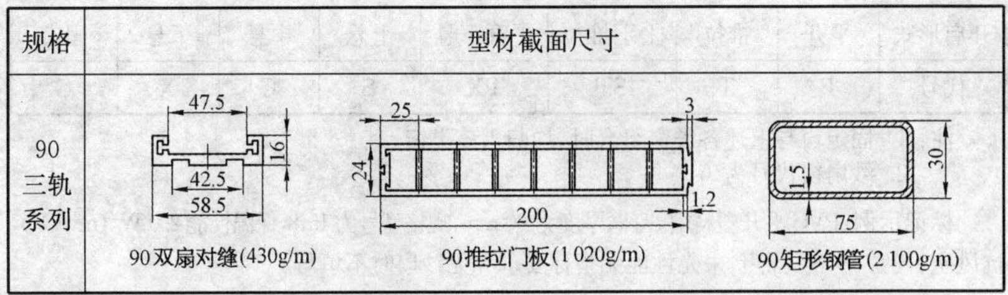 90双扇对缝(430g/m)　90推拉门板(1 020g/m)　90矩形钢管(2 100g/m)

【钢窗、塑料窗主要技术参数和用途】

	品　种	主要技术性能	用　途
钢窗	普通碳素钢门窗	抗风压≥3.5 kPa 气密≤0.5 $m^3/(h \cdot m)$ 水密≥500 Pa 保温：按 JGJ 26—1995 要求，多腔材料优生 隔声≥30 dB	空气湿度小、强度要求高的各种住宅、工业及公共建筑
	镀锌钢门窗		各种住宅、工业及公共建筑
	彩板门窗		各种住宅、工业及公共建筑
	不锈钢门窗		主要用于防腐蚀要求高的部位或有装饰要求的场所
	冷弯型材门窗		用于各种空腹门窗型材生产，如彩板门窗、不锈钢门窗、防火门门框、防盗门门框等
塑料窗	PVC 塑料窗（JG/T 3018—1994、JG/T 3017—1994）	焊角强度（主型材）≥3 500 抗风压≥3 500 Pa　水密性≥500 Pa　气密性≤0.5q_0 $m^3/(h \cdot m)$　保温：1.5～2.5 $W/(m^2 \cdot K)$　隔声≥35 dB	工业厂房、民用建筑及公共建筑的门窗 洞口尺寸一般以 300 mm 为模数。组合窗洞口尺寸符合 GB/T 5824 的规定
	玻璃纤维增强塑钢（玻璃钢）门窗		

注：旧式的普通碳素钢门、窗已由铝合金塑料门窗代替，上表中列出钢窗技术参数，供对照参考。

(2) 未增塑聚氯乙烯(PVC-U)塑料窗(JG/T 140—2005)

【窗规格和型号标记】 窗洞口尺寸系列宜符合 GB/T 5824 的规定，窗框厚度基本尺寸按窗框型材无拼接组合时的最大厚度公称尺寸确定。

产品标记由名称代号、规格、性能代号组成。

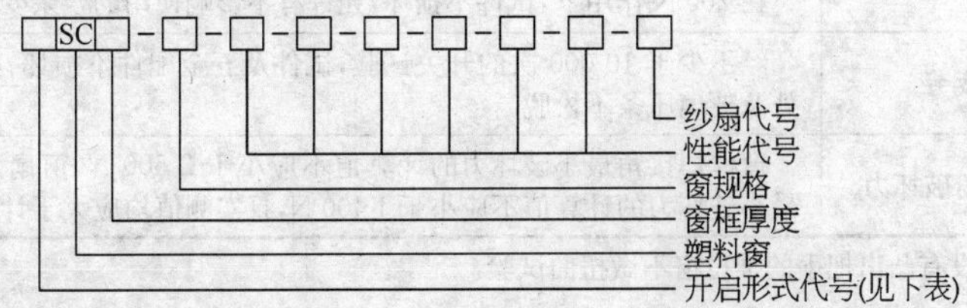

开启形式与代号

开启形式	平开	推拉	上下推拉	平开下悬	上悬	中悬	下悬	固定
代号	P	T	ST	PX	S	C	X	G

注：1. 固定窗与上述各类窗组合时，均归入该类窗。
2. 纱扇窗代号为 A。

标记示例：PVC 平开塑料窗，窗框厚度为 60 mm，规格型号为 1518，保温性能 2.0 W/(m^2·K)，抗风压、气密、水密、隔声、采光性能无指标要求和无纱扇时不填写。

PSC60－1518－K2.0

【性能】

平开窗、平开下悬窗、上悬窗、中悬窗、下悬窗的力学性能

项　目	技　术　要　求			
锁紧器（执手）的开关力	≤80 N（力矩≤10 N·m）			
开关力	平合页	≤80 N	摩擦铰链	≥30 N，≤80 N
悬端吊重	在 500 N 力作用下，残余变形不大于 2 mm，试件不损坏，仍保持使用功能			
翘曲	在 300 N 作用力下，允许有不影响使用的残余变形，试件不损坏，仍保持使用功能			
开关疲劳	经不少于 10 000 次的开关试验，试件及五金配件不损坏，其固定处及玻璃压条不松脱，仍保持使用功能			
大力关闭	经模拟 7 级风连续开关 10 次，试件不损坏，仍保持开关功能			
焊接角破坏力	窗框焊接角最小破坏力的计算值不应小于 2 000 N，窗扇焊接角最小破坏力的计算值不应小于 2 500 N，且实测值均应大于计算值			
窗撑试验	在 200 N 力作用下，不允许位移，联接处型材不破裂			
开启限位装置（制动器）受力	在 10 N 力作用下，开启 10 次，试件不损坏			

注：大力关闭只检测平开窗和上悬窗。

推拉窗的力学性能

项　目	技　术　要　求			
开关力	推拉窗	≤100 N	上下推拉窗	≤135 N
弯曲	在 300 N 力作用下，允许有不影响使用的残余变形，试件不损坏，仍保持使用功能			
扭曲	在 200 N 作用下，试件不损坏，允许有不影响使用的残余变形			
开关疲劳	经不少于 10 000 次的开关试验，试件及五金配件不损坏，其固定处及玻璃压条不松脱			
焊接角破坏力	窗框焊接角最小破坏力的计算值不应小于 2 500 N，窗扇焊接角最小破坏力的计算值不应小于 1 400 N，且实测值均应大于计算值			

注：没有凸出把手的推拉窗不做扭曲试验。

抗风压性能分级 (kPa)

分级代号	1	2	3	4	5	6	7	8	×·×
分级指标值	$1.0 \leqslant P_3 < 1.5$	$1.5 \leqslant P_3 < 2.0$	$2.0 \leqslant P_3 < 2.5$	$2.5 \leqslant P_3 < 3.0$	$3.0 \leqslant P_3 < 3.5$	$3.5 \leqslant P_3 < 4.0$	$4.0 \leqslant P_3 < 4.5$	$4.5 \leqslant P_3 < 5.0$	$P_3 \geqslant 5.0$

注：表中×·×表示用≥5.0 kPa 的具体值，取代分级代号。

气密性能分级

分　　级	3	4	5
单位缝长分级指标值 $m^3/(m \cdot h)$	$2.5 \geqslant q_1 > 1.5$	$1.5 \geqslant q_1 > 0.5$	$q_1 \leqslant 0.5$
单位面积分级指标值 $m^3/(m^2 \cdot h)$	$7.5 \geqslant q_2 > 4.5$	$4.5 \geqslant q_2 > 1.5$	$q_2 \leqslant 1.5$

水密性能分级 (Pa)

分　级	1	2	3	4	5	××××
分级指标值	$100 \leqslant \Delta P < 150$	$150 \leqslant \Delta P < 250$	$250 \leqslant \Delta P < 350$	$350 \leqslant \Delta P < 500$	$500 \leqslant \Delta P < 700$	$\Delta P \geqslant 700$

注：××××表示用≥700 Pa 的具体值取代分级代号。

保温性能分级 [$W/(m^2 \cdot k)$]

分　级	7	8	9	10
分级指标值	$3.0 > K \geqslant 2.5$	$2.5 > K \geqslant 2.0$	$2.0 > K \geqslant 1.5$	$K < 1.5$

空气声隔声性能分级 (dB)

分　级	2	3	4	5	6
分级指标值	$25 \leqslant R_w < 30$	$30 \leqslant R_w < 35$	$35 \leqslant R_w < 40$	$40 \leqslant R_w < 45$	$45 \leqslant R_w$

采光性能分级

分　级	1	2	3	4	5
分级指标值	$0.20 \leqslant T_r < 0.30$	$0.30 \leqslant T_r < 0.40$	$0.40 \leqslant T_r < 0.50$	$0.50 \leqslant T_r < 0.60$	$T_r \geqslant 0.60$

塑料门窗(南汕牌)

名　称	品种系列	名　称	品种系列
塑料推拉门窗	90 系列磁白色(三轨) 80 系列磁白色(二轨) 75 系列磁白色(三轨)	塑料平开窗 塑料平开门 塑料中悬窗	60 系列(磁白色) 60 系列(磁白色) 50 系列(磁白色)
塑料玻璃隔断	50、60、80 系列(磁白色)		

海尔 PVC 塑钢门窗

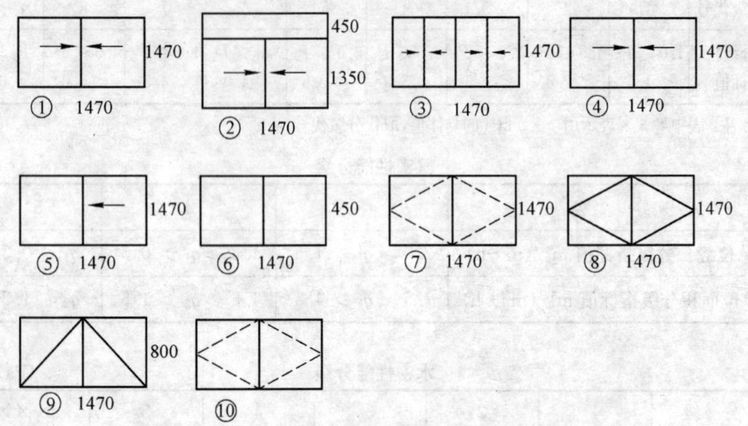

示意图

<table>
<tr><th>系　列</th><th>图　号</th><th>成品窗主要技术性能</th><th>用　途</th></tr>
<tr><td>80－1 系列推拉窗</td><td>1</td><td rowspan="17">焊角强度>4 000 N
开关移动力≤50 N
抗风压>3 kPa
气密性：
平开窗≤1.0 $m^3/(m \cdot h)$
推拉窗≤1.5 $m^3/(m \cdot h)$
保温性能：
平开单玻≤4.0 $W/(m^2 \cdot K)$
平开双玻≤3.0 $W/(m^2 \cdot K)$
推拉单玻≤5.0 $W/(m^2 \cdot K)$
推拉双玻≤4.0 $W/(m^2 \cdot K)$
水密性≥250 Pa
隔声性能≥30 dB</td><td rowspan="17">工业厂房、民用建筑及公共建筑的门窗</td></tr>
<tr><td>80－2 系列推拉窗</td><td>1</td></tr>
<tr><td>85 系列推拉窗</td><td>1</td></tr>
<tr><td>60 系列推拉窗</td><td>1</td></tr>
<tr><td>80－80 系列组合窗</td><td>2</td></tr>
<tr><td>80－60 系列组合窗</td><td>2</td></tr>
<tr><td>60 系列组合窗</td><td>2</td></tr>
<tr><td>80－85 系列组合窗</td><td>2</td></tr>
<tr><td>80 连体窗</td><td>3</td></tr>
<tr><td>80 整体窗</td><td>2</td></tr>
<tr><td>71 单推拉窗</td><td>5</td></tr>
<tr><td>80～85 固定窗</td><td>6</td></tr>
<tr><td>60 固定窗</td><td>6</td></tr>
<tr><td>60 系列内平开窗</td><td>8</td></tr>
<tr><td>60 系列外平开窗</td><td>7</td></tr>
<tr><td>60 系列内平开窗</td><td>9</td></tr>
<tr><td>60 系列外平开窗</td><td>10</td></tr>
</table>

注：1. 上述窗是由硬聚氯乙烯(PVC)异型材组成，执行标准：GB/T 8814—2004 PVC－U 型材，JG/T 140—2005 PVC－U 塑料窗。

2. 主型材厚度：推拉窗 2.2，平拉窗 2.3。

3. 产地：④10。

实德塑钢门窗

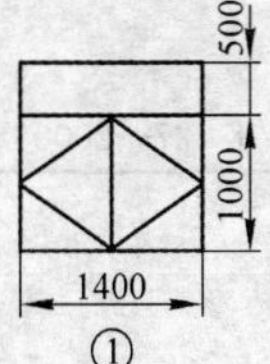

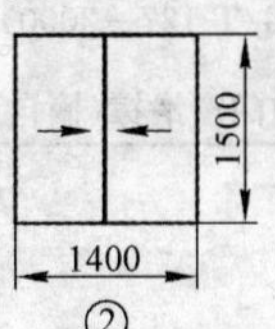

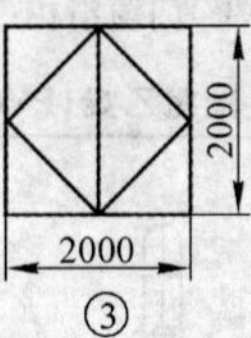

系　　列	图号	成品窗主要技术性能	用　途
60系列带传动器外平开窗(不带纱、双玻)	1	抗风压≥3.5 kPa 气密性≤0.5 m^3/(m·K) 水密性≥250 Pa 焊角强度>4 000 N 防火性能:氧指数为47%	适用于宾馆、饭店、医院、学校、写字楼等工业或民用建筑
60系列不带传动器外平开窗(不带纱、双玻)	1		
60系列带传动器内平开窗(不带纱、双玻)	1		
66系列高档四腔结构平开窗(双玻)	1		
95系列最高档推拉窗(不带纱、双玻)	2		
88系列高档配置推拉窗(不带纱、双玻)	2		
88系列低档配置推拉窗(不带纱、双玻)	2		
80系列推拉窗(不带纱、双玻)	2		
73系列推拉窗(不带纱、双玻)	2		
85系列推拉窗(不带纱、双玻)	2		
65系列带传动器内平开窗(不带纱、双玻)	1		
70系列带传动器内平开窗(不带纱、双玻)	1		
70系列带传动器外开窗(不带纱、双玻)	1		
日式推拉系列带传动器推拉窗(双玻)	1		

1. 执行标准:GB/T 1039—1992　GB/T 1040—1992
   GB/T 1043—1993　GB/T 1633—2000
   GB/T 2406—1993　GB/T 3681—2000
   GB/T 7141—1992　GB/T 14153—1993
2. 主型材厚度2.0~3.0 mm。
3. 产地:△16。

(3) 塑料门窗配件(五金)

① 聚氯乙烯(PVC)门窗滑撑(JG/T 127—2000)。

聚氯乙烯(PVC)门窗滑撑(摘自 JG/T 127—2000)

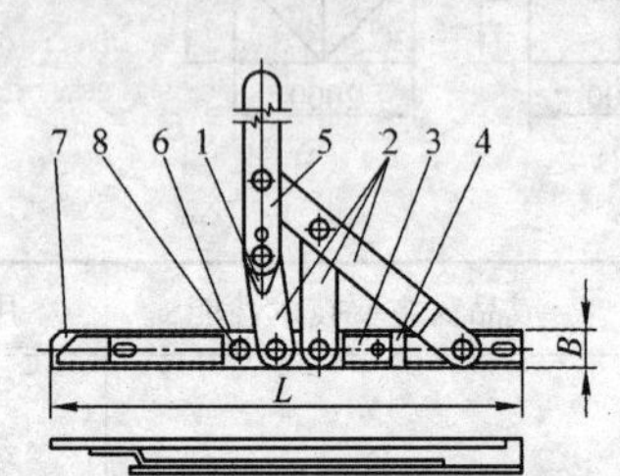

1—托臂；2—悬臂；3—滑轨；4—助升块；5—滑动块；6—剑头；7—包角；8—紧定轮

滑轨长度 L/mm	滑轨宽度 B/mm	外形高度 H/mm	最大窗扇宽度/mm		最大窗扇高度/mm		最大窗扇重量/kg		最大开启角度/(°)	用途
			平开窗	上、下悬窗	平开窗	上、下悬窗	平开窗	上、下悬窗		
200	18，20，22	$13.5^{+0.5}_{0}$ $15^{+0.5}_{0}$	—	1 200	—	350	—	24	≥60°	适用于聚氯乙烯(PVC)门窗
250			—	1 200	—	400	—	32		
300			600	1 200	1 200	550	26	40		
350			600	—	1 200	—	28	—		
400			600	1 200	1 200	750	30	42		
500			—	1 200	—	1 000	—	48		

注：1. 材料：滑轨、托臂、悬臂：0Cr18Ni9　1Cr18Ni9　1Cr18Ni9T(GB/T 3280)；铆钉：1Cr18Ni9Ti、0Cr17Ni12Mo2(GB/T 4232)；滑动块、助升块、剑头、包角：H62(GB/T 2041)；紧定件：HPb59－1(GB/T 4423)、ZZnA14Cu1Mg(GB/T 16746)。

2. 滑撑开启后角度与额定开启角度之差不大于 3°。

3. 滑撑启闭力在不调紧定件时为 10～30 N；调整紧定件时≤80 N。

【标记示例】

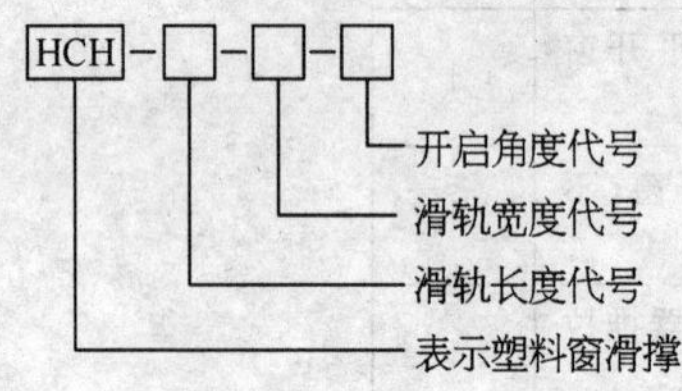

示例：塑料窗用滑撑，滑轨长 300 mm，宽 18 mm。开启角 90°。标记为：SCH3018 - 90

② 塑料窗撑挡(JG/T 128—2000)。

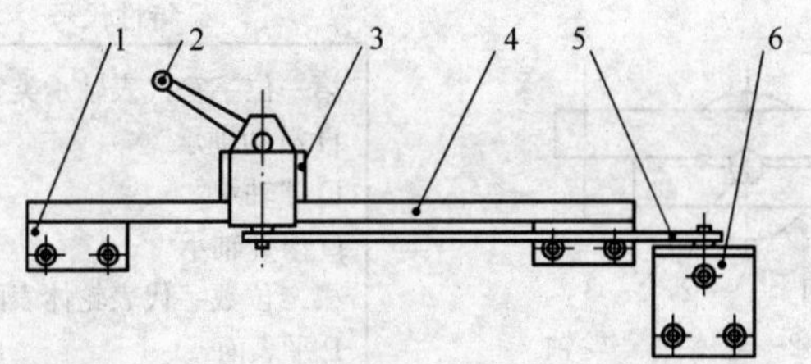

1—槽杆支架；2—手柄；3—滑块；4—槽杆；5—摆杆；6—摆杆支架

锁定式撑挡(代号 SD)

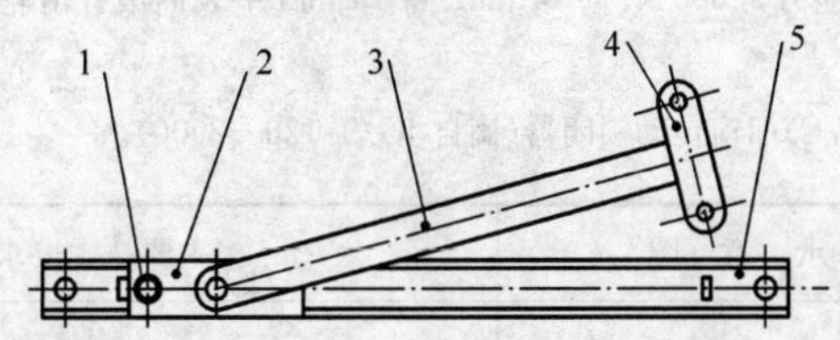

1—调整螺钉；2—滑块；3—摆杆；4—固定件；5—槽杆

摩擦式撑挡(代号 MC)

材料：主体材料：0Cr18Ni9

0Cr17Ni12Mo2

1Cr18Ni9Ti

6063 T5 铝合金滑块：聚甲醛

【标记示例】

塑料窗摩擦式撑挡，规格 200 mm，标记为：SCD・MC200。

③ 塑料门窗滑轮(JG/T 129—2000)。

【标记方法和示例】

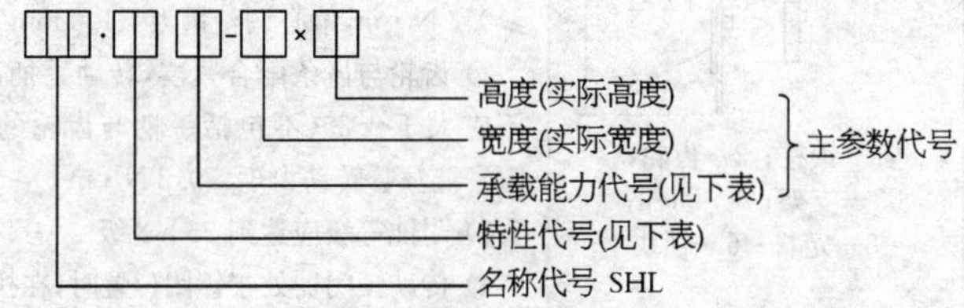

承载能力代号表 (N)

承载能力代号	02	04	06	08	10	13
承载能力	200≤・<400	400≤・<600	600≤・<800	800≤・<1 000	1 000≤・<1 300	1 300≤

注：承载能力按 2 个滑轮计算。

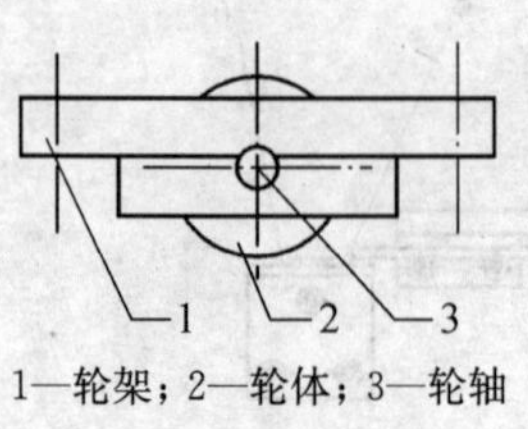

1—轮架；2—轮体；3—轮轴

滑轮结构示意图

特性代号

第一位字符代表轴承类型
H 滑动轴承
Q 球轴承
G 滚针轴承
第二位数字代表轮体表面形状
P 平表面
A 凹表面

标记示例：承载能力为 600 N、宽 14 mm、高 16 mm 平表面滚针滑轮。标记为：SHL · GP06 - 14 × 16

④ 聚氯乙烯(PVC)门窗传动锁闭器(摘自 JG/T 126—2000)。

品种	示 意 图	主要技术要求
推拉传动锁闭器、平开传动锁闭器	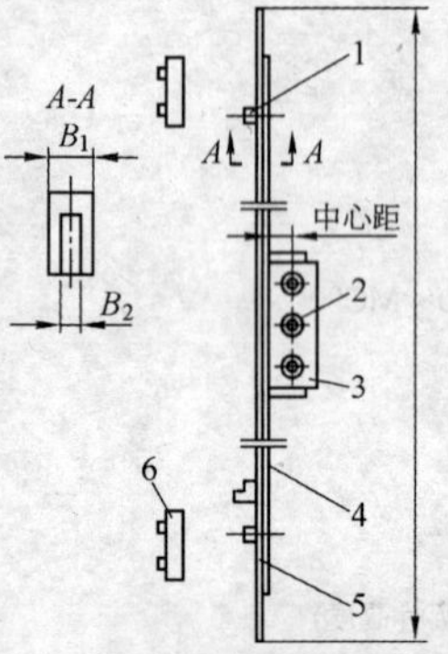 A-A B_1 B_2 1 A A 中心距 2 3 6 4 5 1—锁柱；2—齿轮； 3—支架；4—动杆； 5—定杆；6—锁块	(1) 材料 1) 动杆、定杆：Q235(GB/T 11253) 2) 锁块、支架：ZZnAl4Cu1Mg(GB/T16746) 3) 锁柱：Q235(GB/T 905) 4) 齿轮：08F(GB/T 702) (2) 尺寸偏差 1) 齿轮方孔：$7^{+0.2}_{+0.1}$ mm×$7^{+0.2}_{+0.1}$ mm 2) 定杆、动杆：$B^{\ 0}_{-0.1}$ mm (3) 性能 1) 锁柱为偏心可调式时，初调时，调整力矩不应大于 0.5 N · m，再调时调整力矩≥0.3 N · m，偏心调整量为±1.0 mm 2) 齿轮与齿条配合紧凑，转动手柄，间隙量不应大于±3°(不包括手柄与齿轮的配合间隙)。空载，转动力矩≤0.2 N · m 3) 耐蚀等级应达到 96 h 8 级 4) 传动锁闭器处于锁闭位置时，在执手处向锁闭方向施 26 N · m 力矩，各零部件无任何损坏，无明显变形

【用途】 适用于聚氯乙烯(PVC)门窗。

3. 玻璃钢门窗(玻璃纤维增强塑料门窗)

【特点】 轻质、强度高，耐久、耐热、绝缘、抗低温、成型简单、色泽鲜艳，有优异的耐蚀性，是建筑新型门窗材料，特别适用于具有腐蚀性的环境，如化工建筑门窗。

(1) 玻璃纤维增强塑料(玻璃钢)门(JG/T 185—2006)

门框厚度基本尺寸按门框型材无拼接组合的最大厚度公称尺寸。

【标记方法示例和技术要求】

标记方法：

产品标记由名称代号、规格、性能代号组成。

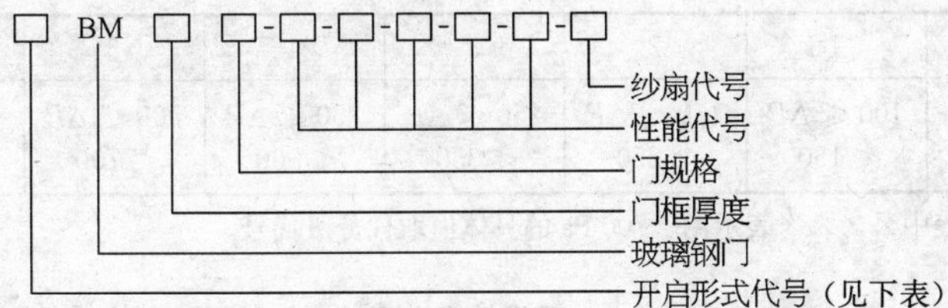

开启形式与代号

开启形式	平开	平开下悬	推拉	推拉下悬	折叠
代号	P	PX	T	TX	Z

注：1. 固定部分与上述各类门组合时，均归入该类门。
2. 纱扇代号为 S。

示例：

示例 1：平开玻璃钢门，门框厚度为 60 mm，规格型号为 1524，抗风压性能为 2.0 kPa，气密性能为 1.5 $m^3/(m \cdot h)$或表示为 4.5 $m^3/(m^2 \cdot h)$，水密性能为 250 Pa，保温性能为 2.0 $W/(m^2 \cdot K)$，隔声性能为 30 dB，带纱扇门。

PBM60 - 1524 - P_3 2.0 - q_1 1.5(或 q_2 4.5)- ΔP 250 - K 2.0 - R_w 30 - S

示例 2：平开玻璃钢门，门框厚度为 60 mm，规格型号为 1524。抗风压、气密、水密、保温、隔声性能无指标要求和无纱扇时不填写。

PBM60 - 1524

技术要求：

门用型材外壁厚不应小于 2.2 mm。

型材涂层附着力不应大于 GB/T 9286 规定的 1 级。

门用型材横向弯曲强度不应小于 50 MPa，其余应符合 JC/T 941 的要求。

【性能】

抗风压性能分级 (kPa)

分级	1	2	3	4	5	6	7	8	×·×
分级指标 P_3	$1.0 \leqslant P_3 < 1.5$	$1.5 \leqslant P_3 < 2.0$	$2.0 \leqslant P_3 < 2.5$	$2.5 \leqslant P_3 < 3.0$	$3.0 \leqslant P_3 < 3.5$	$3.5 \leqslant P_3 < 4.0$	$4.0 \leqslant P_3 < 4.5$	$4.5 \leqslant P_3 < 5.0$	$P_3 \geqslant 5.0$

注：表中×·×表示用≥5.0 kPa 的具体值取代分级代号。

气密性能分级

分　级	3	4	5
单位缝长分级指标值 q_1/m³/(m·h)	$2.5 \geqslant q_1 > 1.5$	$1.5 \geqslant q_1 > 0.5$	$q_1 \leqslant 0.5$
单位面积分级指标值 q_2/m³/(m²·h)	$7.5 \geqslant q_2 > 4.5$	$4.5 \geqslant q_2 > 1.5$	$q_2 \leqslant 1.5$

水密性能分级　(Pa)

分级	1	2	3	4	5	××××
分级指标值 ΔP	$100 \leqslant \Delta P < 150$	$150 \leqslant \Delta P < 250$	$250 \leqslant \Delta P < 350$	$350 \leqslant \Delta P < 500$	$500 \leqslant \Delta P < 700$	$\Delta P \geqslant 700$

注：表中××××表示用≥700 Pa 的具体值取代分级代号。

保温性能分级　[W/(m²·K)]

分　级	7	8	9	10
分级指标值 K	$3.0 > K \geqslant 2.5$	$2.5 > K \geqslant 2.0$	$2.0 > K \geqslant 1.5$	$K < 1.5$

空气声隔声性能分级　(dB)

分　级	2	3	4	5	6
分级指标 R_w	$25 \leqslant R_w < 30$	$30 \leqslant R_w < 35$	$35 \leqslant R_w < 40$	$40 \leqslant R_w < 45$	$R_w \geqslant 45$

(2) 玻璃纤维增强塑料(玻璃钢)窗(JG/T 186—2006)

材料：窗用型材外壁厚度应不小于 2.2 mm，横向弯曲强度不应小于 50 MPa，其余应符合 JG/T 941 的要求，紧固件应采用不锈钢 304、316 L 自钻自攻螺钉。

【标记方法和示例】

标记方法：产品标记由名称代号、规格、性能代号组成。

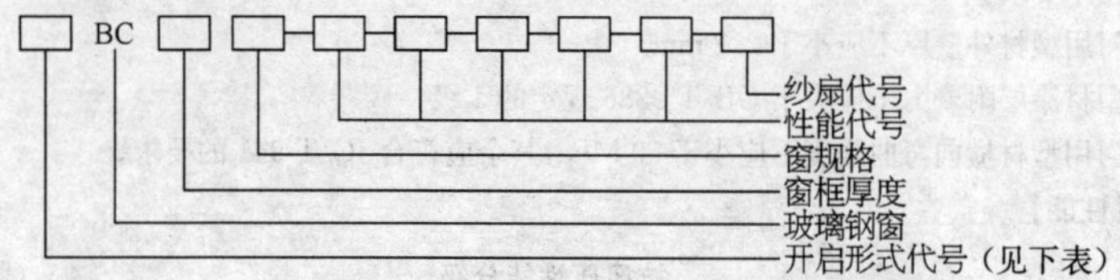

开启形式与代号

开启形式	平开	推拉	上下推拉	平开下悬	上悬	中悬	下悬	固定
代号	P	T	ST	PX	S	C	X	G

注：1. 固定窗与上述各类窗组合时，均归入该类窗。
　　2. 纱扇代号为 S。

示例：

示例 1：平开玻璃钢窗，窗框厚度为 60 mm，规格型号为 1518，抗风压性能为 2.5 kPa，气密性能为 1.5 $m^3/(m \cdot h)$ 或表示为 4.5 $m^3/(m^2 \cdot h)$，水密性能为 250 Pa，保温性能为 2.0 $W/(m^2 \cdot K)$，隔声性能为 30 dB，采光性能为 0.40，带纱扇窗。

PBC60 - 1518 - P_3 2.5 - $q_1$1.5(或 $q_2$4.5)- ΔP 250 - K2.0 - R_w30 - T_r0.40 - S

示例 2：平开玻璃钢窗，窗框厚度为 60 mm，规格型号为 1518，保温性能 2.0 $W/(m^2 \cdot K)$，抗风压、气密、水密、隔声、采光性能无指标要求和无纱扇时不填写。

PBC60 - 1518 - K2.0

【性能】

抗风压性能分级 (kPa)

分级代号	1	2	3	4	5	6	7	8	×·×
分级指标值	$1.0 \leqslant P_3 < 1.5$	$1.5 \leqslant P_3 < 2.0$	$2.0 \leqslant P_3 < 2.5$	$2.5 \leqslant P_3 < 3.0$	$3.0 \leqslant P_3 < 3.5$	$3.5 \leqslant P_3 < 4.0$	$4.0 \leqslant P_3 < 4.5$	$4.5 \leqslant P_3 < 5.0$	$P_3 \geqslant 5.0$

注：表中×·×表示用≥5.0 kPa 的具体值，取代分级代号。

气密性能分级

分　级	3	4	5
单位缝长分级指标值 $m^3/(m \cdot h)$	$2.5 \geqslant q_1 > 1.5$	$1.5 \geqslant q_1 > 0.5$	$q_1 \leqslant 0.5$
单位面积分级指标值 $m^3/(m^2 \cdot h)$	$7.5 \geqslant q_2 > 4.5$	$4.5 \geqslant q_2 > 1.5$	$q_2 \leqslant 1.5$

水密性能分级 (Pa)

分级	1	2	3	4	5	××××
分级指标值	$100 \leqslant \Delta P < 150$	$150 \leqslant \Delta P < 250$	$250 \leqslant \Delta P < 350$	$350 \leqslant \Delta P < 500$	$500 \leqslant \Delta P < 700$	$\Delta P \geqslant 700$

注：××××表示用≥700 Pa 的具体值取代分级代号。

保温性能分级 [$W/(m^2 \cdot K)$]

分级	7	8	9	10
分级指标值	$3.0 > K \geqslant 2.5$	$2.5 > K \geqslant 2.0$	$2.0 > K \geqslant 1.5$	$K < 1.5$

空气声隔声性能分级 (dB)

分级	2	3	4	5	6
分级指标值 R_w	$25 \leqslant R_w < 30$	$30 \leqslant R_w < 35$	$35 \leqslant R_w < 40$	$40 \leqslant R_w < 45$	$45 \leqslant R_w$

采光性能分级

分级	1	2	3	4	5
分级指标值 T_r	$0.20 \leqslant T_r < 0.30$	$0.30 \leqslant T_r < 0.40$	$0.40 \leqslant T_r < 0.50$	$0.50 \leqslant T_r < 0.60$	$T_r \geqslant 0.60$

(3) 玻璃钢门窗成品(摘自:Q/FSFYS 001～003—2002、QB/FYSJ 246—2000)

玻璃钢门窗

系列	窗型及尺寸/mm	成品窗主要技术性能
50 平开 58 平开	500, 1000, 1500; 500, 500, 500, 1500	风压≥3 500 Pa 气密≤0.5 $m^3/(m \cdot h)$ 水密:50 平开≥250 Pa 58 平开≥350 Pa 保温:50 平开为 2.24 $W/(m^2 \cdot K)$ 58 平开为 3.18 $W/(m^2 \cdot K)$ 隔声:33 dB 主型材厚度 2.4～3.0 mm
系列	窗型及尺寸/mm	成品窗主要技术性能
66 推拉 75 推拉	500, 1000, 1500; 1500	风压≥3 500 Pa 气密≤1.5 $m^3/(m \cdot h)$ 水密≥350 Pa 保温:66 推拉≤4.0 $W/(m^2 \cdot K)$ 75 推拉为 3.05 $W/(m^2 \cdot K)$ 隔声:33 dB 主型材厚度:2.4～3.0 mm

【特点及用途】 具有坚固性、耐蚀性、保温节能性,耐老化,使用寿命长,适用于工业与民用建筑。特别适用于腐蚀环境建筑的门窗。

4. 彩色涂层钢门窗(彩钢门窗)

彩色涂层钢板是一种复合材料,既有钢材的力学性能和易加工成型的性能,又有有机材料优良的耐蚀性和装饰性。彩钢门窗比传统钢门窗轻,耐蚀性好,采光面大,保温性能好,造型美观,气密性、水密性、防尘隔音均优。彩涂钢板已广泛用于轻钢彩板房建筑,发展很快,该材料作为建筑新型门窗,其独特的优点在门窗上体现出来。

彩板门窗,通常与轻钢彩板建筑的住宅楼、别墅、商场及工业单层、底层厂房配套。用作彩板全板无框消声门、彩板无框平开门(50 系列～60 系列)、彩板带框平板门、彩板固定窗(45 系列、85 系列)、彩板推拉窗(85 系列带亮子)、彩板平开窗(45 系列带亮子)、彩板百页窗(300 mm, 400 mm, 600 mm)。

5. 门配件(五金)

(1) 地弹簧(落地闭门器)

【用途】 用于比较高级建筑物门扇下端的自动闭门器,当门扇向里或向外开启不到 90°时,能使门扇自动关闭,当门扇旋转到 90°位置时,可使门扇固定不动。关门速度可调节,门扇不须另装合页或定位器。(365 型地弹簧外形示意图见下图,地弹簧型号及适用门扇尺寸见下表)

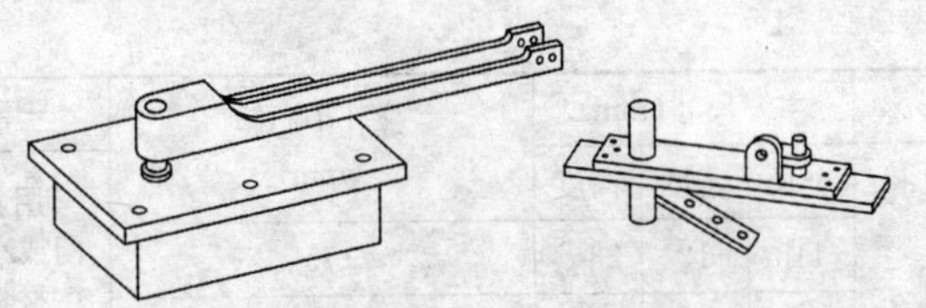

365 型回转轴套及底座　　　　365 型顶轴及顶轴套板

门板规格和地弹簧型号

型　号	结构型式	面板		适用门扇尺寸			门重	底座总高
		长	宽	门高	门宽	门厚		
		(mm)		(cm)			(kg)	(mm)
365 轻型	液压	277	136	200～210	65～75	>5	35～40	45
365 中型		290	150	210～240	75～85	>5	40～55	45
365 重型		300	170	220～260	85～95	>5	55～90	55
845		224	114	180～210	60～85	4～5	25～65	40
841		305	152	210	90	5	40	45
639		275	135	180～210	75～90	4～5	60～80	50
739		265	140	210～240	80～100	4～5	100～150	90
785 轻型	机械	318	93	180～250	70～100	4.5～5.5	35～70	55

注：产地△25

(2) 大门拉手(一般用于有框门)

(mm)

名称及图形	规格	手柄长度	托柄长度	底板尺寸		木螺钉		用途及材料
				长×宽	厚度	直径×长度	数量	
1. 方形大门拉手	250	250	190	80×60	3.5	4×25	8	常装在进出比较频繁的大门上，作推拉门扇之用 材料：手柄、底板桩脚为低碳钢，表面镀铬或用黄铜，表面抛光，托柄为塑料
	300	300	240					
	350	350	290					
	400	400	320					
	450	450	370					
	500	500	420					
	550	550	470					
	600	600	520					
	650	650	550					
	700	700	600					
	750	750	650					
	800	800	680					
	850	850	730					
	900	900	780					
	950	950	830					
	1 000	1 000	880					

（续）

名称及图形	主要尺寸(mm)			螺孔中心距(mm)	用途及材料
	全长	宽度	高度		
2. 锌合金凤凰拉手	115	12	23	75	用途：安装在橱门或小门上 材料：拉手表面镀铬(古铜、仿金)或喷塑(红、白、黑、灰色等)
	135	14	23.5	75	
	165	16	24	100	

名称及图形	规格	底板长	普通式		方柄式		木螺钉		用途及材料
			底板宽	底板厚	底板宽	底板厚	直径×长度	数量	
3. 底板拉手 普通式 方柄式	150	150	40	1.0	30	2.5	3.5×25	8	适用于安装在一般中型门扇上，用作推拉门扇 材料：底板、手柄为低碳钢、表面镀铬；方柄式手柄也可用锌合金制造，表面镀铬、托柄为塑料
	200	200	48	1.2	35	2.5	3.5×25	8	
	250	250	58	1.2	50	3.0	4.0×2.5	8	
	300	300	66	1.6	55	4.0	4.0×25	8	

名称及图形	管子尺寸			每副配木螺钉		用途及材料
	长度	外径	厚度	直径×长度	数目	
4. 管子拉手	250 300 350 400 450	25	1.5	4×25	12	装在大门或车门上，既可用于拉启，还可兼作扶手 拉手材料：管子为低碳钢、桩头为铸铁、表面镀铬或全为黄铜，表面镀铬
	500 550 600 650 700 750 800 850 900 950 1 000	32	2	4×25	12	

名称及图形	规格	总长	管子尺寸		桩脚底座直径	木螺钉		用途及材料
			外径	高度		直径×长度	数量	
5. 梭子拉手	200	200	19	65	51	3.5×18	12	装在一般房门或大门上，作推拉门扇用 材料：管子为低碳钢，桩脚、梭头为灰铸铁，表面镀铬
	350	350	25	69	51	3.5×18	12	
	450	450	25	69	51	3.5×18	12	

(续)

名称及图形	型号	规格	主要尺寸			用途及材料
			长	宽	高	
6. 推板拉手	X-3	200 250 300	200 250 300	100 100 100	40 40 40	安装在一般房门或大门上，作推拉门扇用 材料：拉手材料为铝合金。表面可阳极氧化处理(金黄色)
	228	300	300	100	40	
	备注	螺栓孔数：M6×65　2只(X-3　300拉手，三孔M6×65　3只，228型拉手　二孔M6×85　2只)。				

(3) 无框玻璃门配件(五金)

沿街商店门面新建或翻造装潢，广泛采用无框玻璃门及新型的五金配件，如新型亮丽的拉手、LY-010下夹、LY-020上夹、LY-030顶夹、LY-040曲夹、LY-050锁夹以及玻璃门锁具系列：LY-118双门锁、LY-428双门锁、LY-828A双门插销锁等。

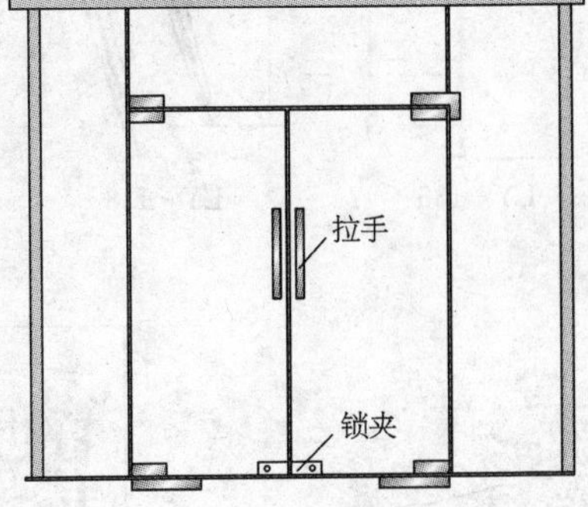

① 新型拉手(技术规格见下表)。

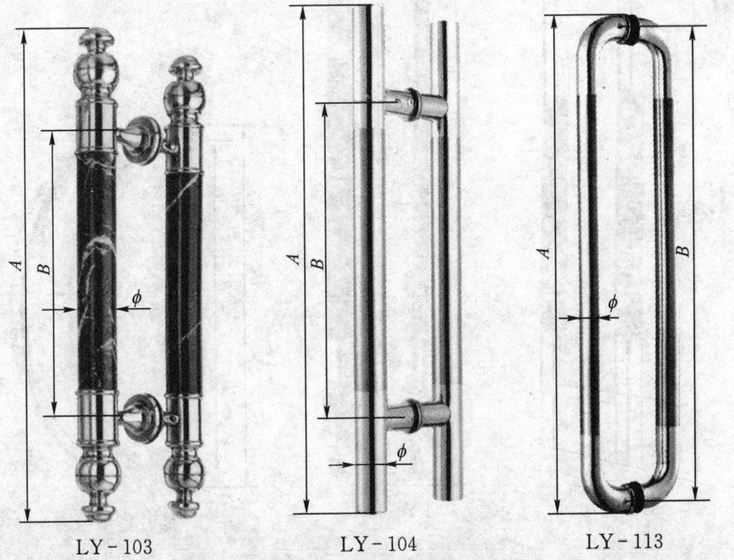

LY-103　　LY-104　　LY-113

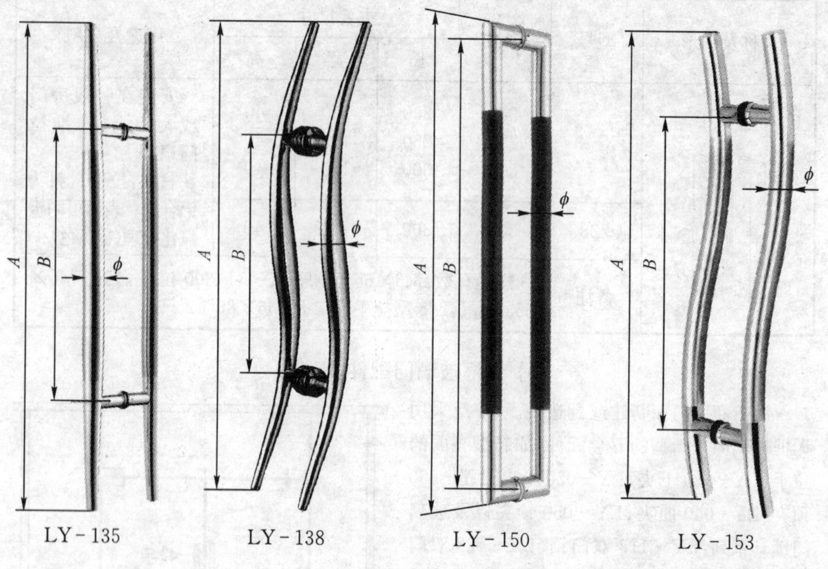

LY－135　　LY－138　　LY－150　　LY－153

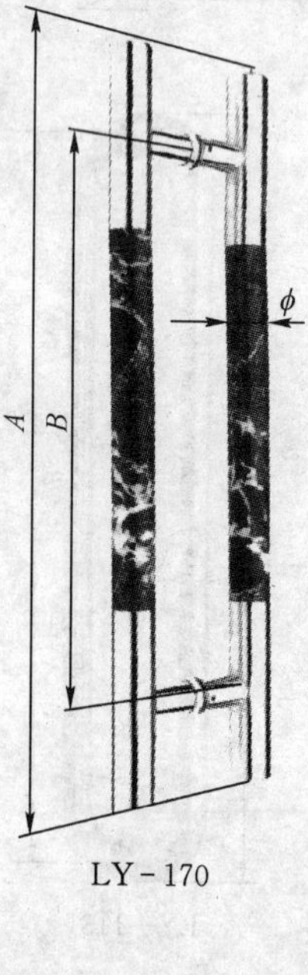

LY－170 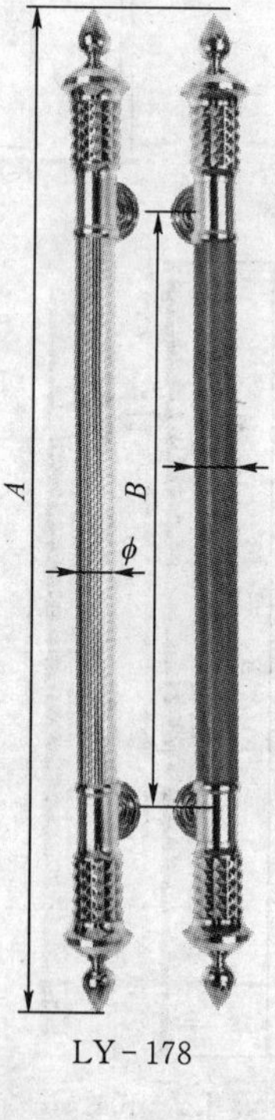　　LY－178 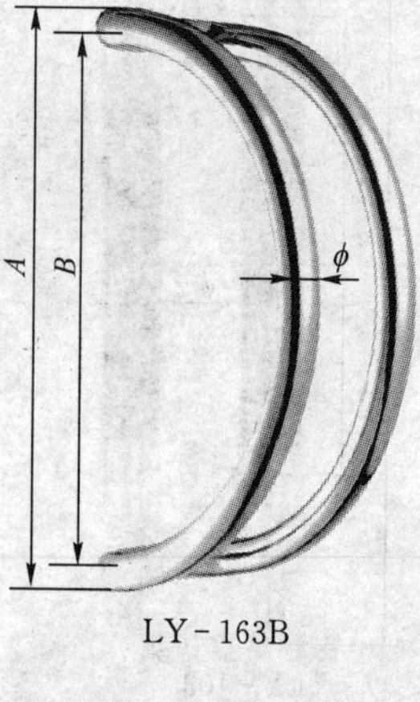　　LY－163B

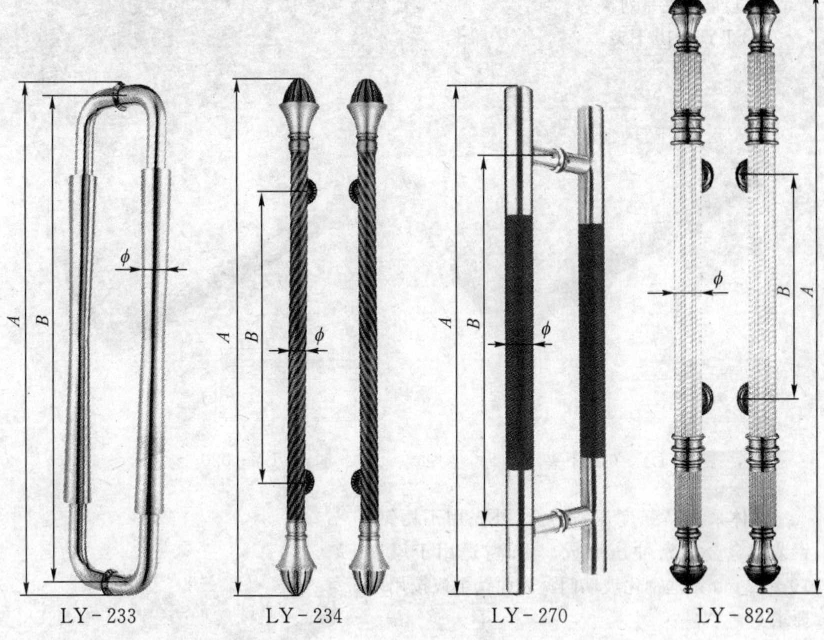

新型拉手技术规格参数

型号	A				B				ϕ				材　质
	短	中$_1$	中$_2$	长	短	中$_1$	中$_2$	长					
LY 103	200	450	650	800	175	285	380	485	25	32	38	51	石材/木材
LY 104	320	450	650	800	200	286	400	500	25	32	38	51	有线砂、光中砂
LY 113	320	457	600	600	295	425	562	549	25	32	38	51	全砂/中砂/全亮光
LY 135	450	600	750	800	225	300	375	400	32	32	32	38	砂光
LY 138				600				300				38	金色、银色
LY 150	600			800	568			762	32			38	黑桃木
LY 153	600			800	400			500	32			38	拉丝银砂光
LY 170	450	600		800	350	450		620	32	38		51	石材/木材
LY 178				1 200				635				51	钛金/花梨木
LY 163B	200	250	255	305	175	225	230	280	25	25	25	25	全砂亮光
LY 233				600				575				31	中砂
LY 234				1 600				900				51	青古铜
LY 270	500			600	350			400	33			38	黑桃木、花梨木
LY 822	800	1 300		1 600	380	700		950	38	51		51	直纹钛金

产地：△4 22

② 玻璃门夹系列。

(a) LY-010 下夹。

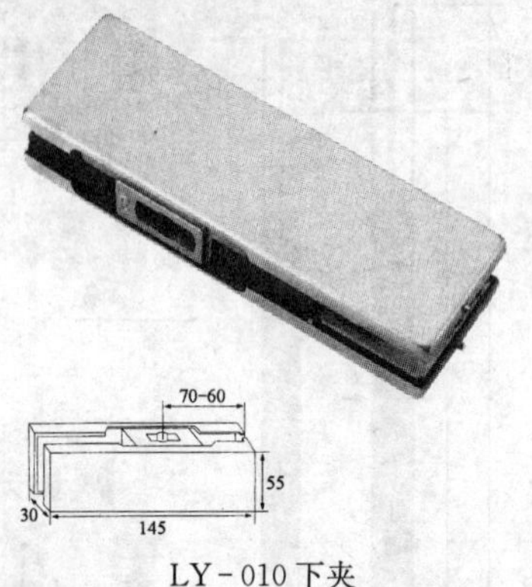

LY-010 下夹

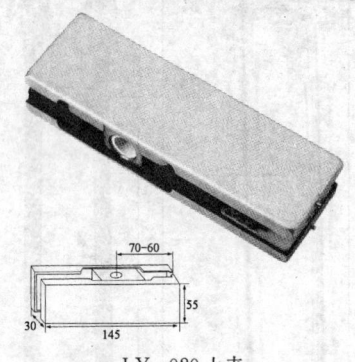

LY-020 上夹

本体采用高强度压铸合金，外壳用不锈钢、钢或铝合金精密冲压而成。用途：适用于厚度10～12 mm无框钢化玻璃门。表面钛金或按用户要求。

(b) LY-020 上夹。

材料及用途同上，表面处理：镜面、砂光、钛金或按用户要求。

(c) LY-030 顶夹，材料、用途及表面处理与下夹同。

(d) LY-040 曲夹，材料、用途及表面处理与下夹同。

(e) LY-050 锁夹，材料、用途及表面处理与下夹同。

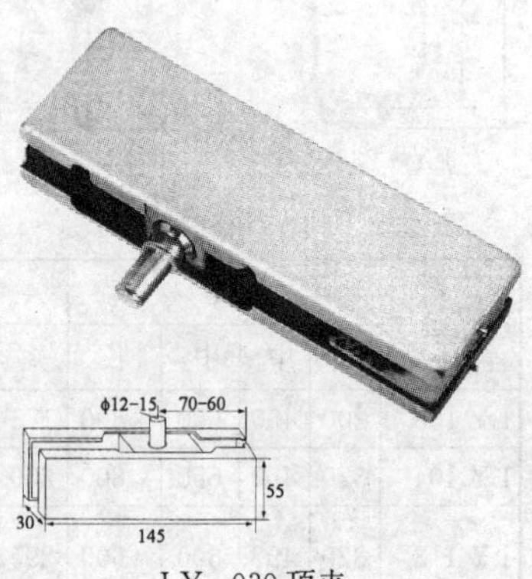

LY-030 顶夹

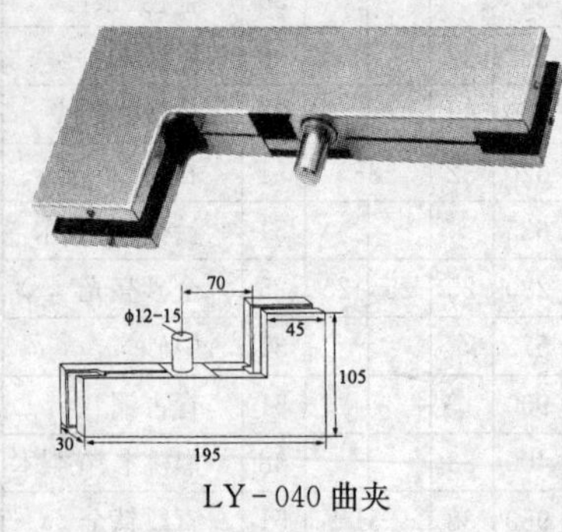

LY-040 曲夹

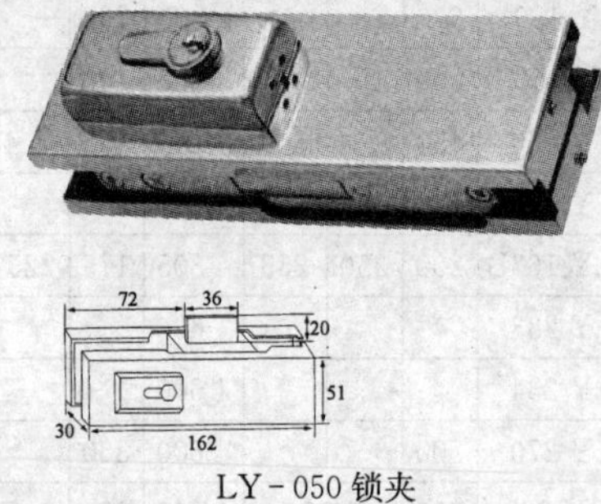

LY-050 锁夹

③ 玻璃门锁系列。

型号	外 形 图	结构图	用途	材料	表面处理
LY-118 双门锁		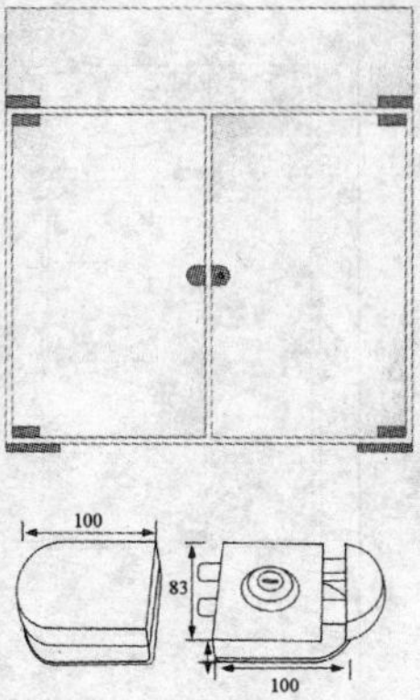			
LY-428 双门锁	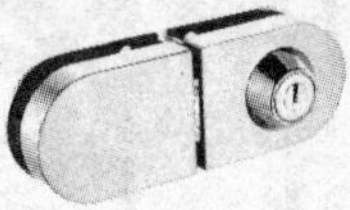	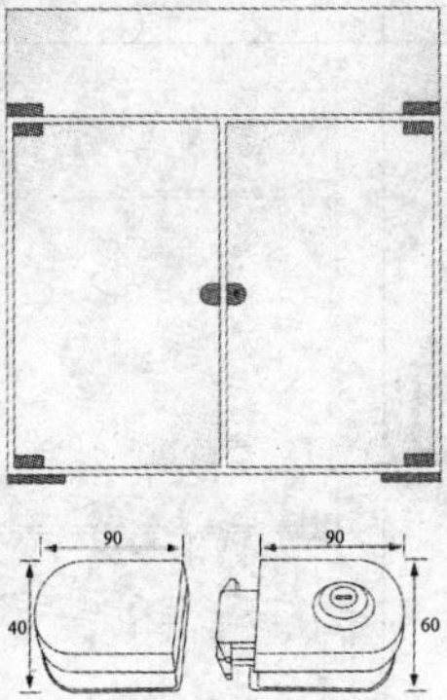	适用于厚度 10 ～ 12 mm 钢化玻璃门使用	使用高强度合金压铸而成，结构紧凑，外形美观	表面处理颜色有镜面、砂光和镀金等，也可根据要求定制
LY-429 单门锁		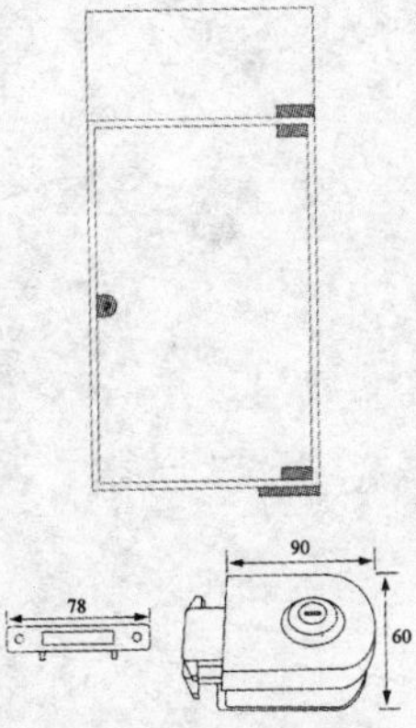			

(续)

型号	外 形 图	结构图	用途	材料	表面处理
LY-220A双门推拉两用	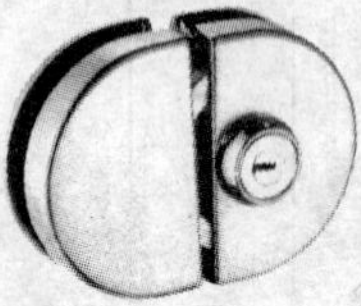	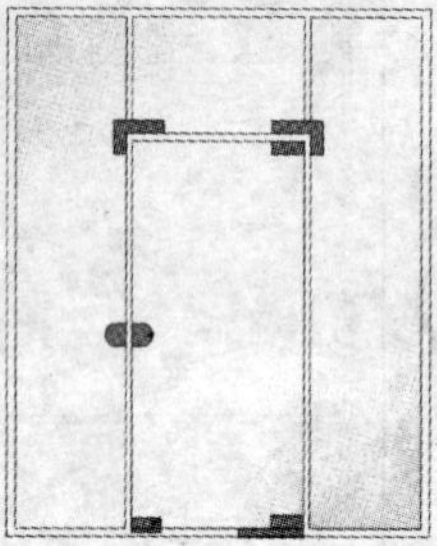 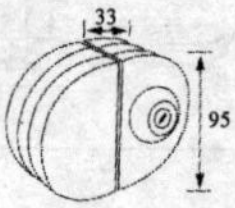 33 95	适用于厚度10 ～12 mm钢化玻璃门使用	使用高强度合金压铸而成,结构紧凑,外形美观	表面处理颜色有镜面、砂光和镀金等,也可根据要求定制
LY-828A双门插销锁		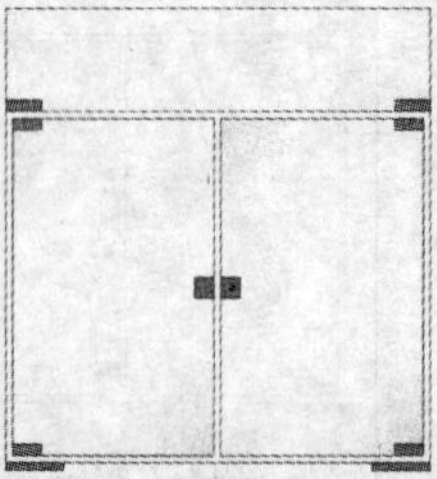 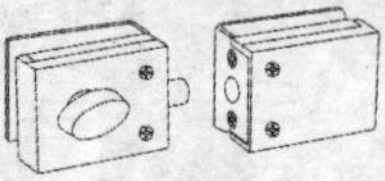			

产地:△4 21

第三十四章　新型玻璃采光板及密封胶

1. 概　　述

玻璃是建筑物的主要材料，它直接关系到建筑的美观、幕墙的安全性、艺术风格和节约能源等因素。如果玻璃选用不当，会产生相当严重后果。因此必须慎重挑选玻璃。

新型玻璃的基础是“原片”，先熟悉普通玻璃和浮法玻璃的特点和规格。

透明玻璃（普通玻璃和浮法玻璃），广泛应用于门窗，生产玻璃原片有引上法和浮法，引上法是直接从玻璃液中引上缓慢冷却形成普通玻璃板，其表面平整度较低。浮法玻璃是目前较先进的生产工艺，由玻璃液在溶化的锡液上凝结而成，表面质量良好，平整光洁，普通平板玻璃规格、重量箱折算系数和性能参考数据见下表。

(1) 普通平板玻璃

普通平板玻璃生产规格

幅面尺寸(mm)	厚度(mm)	厚度(in)	幅面尺寸(mm)	厚度(mm)	厚度(in)
900×600	2、3	36×24	1 300×1 000	3、4、5	52×40
1 000×600	2、3	40×24	1 300×1 200	4、5	52×48
1 000×800	3、4	40×32	1 350×900	5、6	54×36
1 000×900	2、3、4	40×36	1 400×1 000	3、5	56×40
1 100×600	2、3	44×24	1 500×750	3、4、5	60×30
1 100×900	3	44×36	1 500×900	3、4、5、6	60×36
1 100×1 000	3	44×40	1 500×1 00	3、4、5、6	60×40
1 150×950	3	46×38	1 500×1 200	4、5、6	60×48
1 200×500	2、3	48×20	1 800×900	4、5、6	72×36
1 200×600	2、3、5	48×24	1 800×1 000	4、5、6	72×40
1 200×700	2、3	48×28	1 800×1 200	4、5、6	72×48
1 200×800	2、3、4	48×32	1 800×1 350	5、6	72×54
1 200×900	2、3、4、5	48×36	2 000×1 200	5、6	80×48
1 200×1 000	3、4、5、6	48×40	2 000×1 300	5、6	80×52
1 250×1 000	3、4、5	50×40	2 000×1 500	5、6	80×60
1 300×900	3、4、5	52×36	2 400×1 200	5、6	96×48

普通平板玻璃的尺寸偏差及透光率

厚度(mm)	允许偏差(mm)	可见光总透过率(%)	幅面尺寸及其偏差	用　途
2	±0.15	88	玻璃为矩形,尺寸一般不小于600 mm×400 mm,长≤1 500 mm,偏差±3 mm,长>1 500 mm,偏差±4 mm;尺寸偏斜,长1 000 mm不超过±2 mm;直线度不得超过0.3%	采用拉引法生产,用于建筑和其他方面的普通平板玻璃
3	±0.20	87		
4		86		
5	±0.25	84		

普通平板玻璃重量箱折算系数

玻璃厚度(mm)	重量箱		重量箱折算系数	每重量箱玻璃的平方米数(m^2)	计 算 举 例
	每10 m^2 玻璃质量(kg)	折合重量箱数(箱)			
2	50	1	1.0	10.00	例:3 mm厚的普通平板玻璃25 m^2,折合重量箱若干? 答:折合重量箱 $=\frac{25}{10}\times1.5=3.75$ 箱
3	75	1.5	1.5	6.667	
4	100	2	2.0	5.00	
5	125	2.5	2.5	4.00	
6	150	3	3.0	3.333	
8	200	4	4.0	2.50	
10	250	5	5.0	2.00	
12	300	6	6.0	1.667	

普通平板玻璃力学、光学、热工性能的参考数据

力 学 性 能			光学性能			热 工 性 能	
项目		指标	项目		指标	项目	指标
密度(kg/cm^3)		2.5	透光率(%)	2 mm厚	≮88	比热容/[J/(kg·K)]	0.8×10^3 (0～50 ℃)
硬度	莫氏	5.5～6.5					
	肖氏	120				软化温度/℃	720～730
抗压强度(MPa)		880～930		3、4 mm厚	≮86		
抗弯强度(MPa)		40～60				线胀系数/K	8×10^{-6} ～ 10×10^{-6}
弹性模量(MPa)		5×10.5～10×15.5		5、6 mm厚	≮82		
最大耐风压力		见产品质保书				热导率/[W/(m·K)]	0.76～0.82

注:本表所列数据仅供参考之用,不能作为产品的出厂标准或验收依据。

(2) 浮法玻璃(GB 11614—2009)

【分类和用途】 浮法玻璃是由玻璃液浮在金属液上成型而“浮法”制成,所以称浮法玻璃。浮法玻璃按用途分为制镜级、汽车级和建筑级三种,性能优于普通平板玻璃。

【用途】 适用于高级建筑门窗、橱窗、指挥塔窗、夹层玻璃原片、制镜玻璃、有机玻璃模具以及汽车、火车、船舶风窗玻璃等场合。

浮法玻璃的规格尺寸

<table>
<tr><th colspan="2">厚度及厚度允许偏差(mm)</th><th rowspan="2">可见光透射比(%)</th><th colspan="2">长度和宽度尺寸允许偏差(mm)</th></tr>
<tr><th>厚度</th><th>厚度允许偏差</th><th>尺寸＜3 000</th><th>尺寸 3 000～5 000</th></tr>
<tr><td>2</td><td rowspan="5">±0.2</td><td>89</td><td rowspan="3">±2</td><td rowspan="3">—</td></tr>
<tr><td>3</td><td>88</td></tr>
<tr><td>4</td><td>87</td></tr>
<tr><td>5</td><td>86</td><td rowspan="2">±2</td><td rowspan="2">±3</td></tr>
<tr><td>6</td><td>84</td></tr>
<tr><td>8</td><td rowspan="2">±0.3</td><td>82</td><td rowspan="2">+2
−3</td><td rowspan="2">+3
−4</td></tr>
<tr><td>10</td><td>81</td></tr>
<tr><td>12</td><td>±0.4</td><td>78</td><td rowspan="2">±3</td><td rowspan="2">±4</td></tr>
<tr><td>15</td><td>±0.6</td><td>76</td></tr>
<tr><td>19</td><td>±1.0</td><td>72</td><td>±5</td><td>±5</td></tr>
<tr><td>22</td><td>±1.0</td><td>69</td><td>±5</td><td>±5</td></tr>
<tr><td>25</td><td>±1.0</td><td>67</td><td>±5</td><td>±5</td></tr>
</table>

注:平板玻璃对角线差应不大于其平均长度的0.2%。

2. 新型装饰玻璃

装饰玻璃品种较多,传统品种有压花玻璃、磨砂玻璃,雕花玻璃、颜色玻璃、乳浊玻璃、彩绘玻璃和镜面玻璃等。随着科学技术的发展和装潢装饰的需要,近几年又有很多新型装饰玻璃投放建筑领域(见下表)。

新型装饰玻璃品种特点和用途:

序号	名 称	特 点	用 途
1	激光玻璃	是国际上十分流行的新一代建筑装饰玻璃,在任何光源照耀下,能呈现多种色彩和图案,五光十色的变幻,使室内显得华贵,有一种梦幻般感受,装饰效果很好	广泛用于酒店、宾馆、舞厅及文娱场所。 根据需要,也有专门用于柱面的曲形激光玻璃及激光玻璃砖

(续)

序号	名 称	特 点	用 途
2	微晶玻璃	具有石材相似的外观和更优的性能,在墙、地装饰材料中属于较高档,主要优点是吸水率近于零,且有高的耐磨性,在使用中不受污染,可长期保持光泽	在建筑装饰中应用,前景看好,用于墙、地装饰
3	彩釉玻璃	在普通平板玻璃上,经过上釉,使玻璃表面形成图案,成为彩釉玻璃,也可用钢化玻璃制造	用于建筑幕墙有很好的装饰效果
4	屏蔽玻璃	随着信息产业的发展,电磁波干扰和污染日趋严重,出现了屏蔽玻璃,有三种规格:即丝网屏蔽、膜层屏蔽、丝层与膜层复合屏蔽 目前屏蔽玻璃常用多层膜和金属效网的复合结构,在 40 MHz～1 GHz 范围内,屏蔽效果 40～70 dB,最高为 85 dB	1. 防止自己的信息泄露 2. 防止外来电磁波的干扰,保证仪器和计算机正常工作
5	玻璃砖与槽形玻璃 玻璃砖又名玻璃马赛克	外观上具有透光不透明的效果,与压花玻璃相似 国外应用玻璃砖已多年,我国已有企业作批量生产,规格,主要有 19 mm×19 mm×8 mm , 24 mm×24 mm×8 mm, 30 mm×30 mm×10 mm 三种矩形产品 玻璃砖的特点:质量轻,保温性好,隔音及透光率高,每立方米的质量 600～900 kg,传热系数约 2.5 W/(m^2 · K),隔音＞40 dB,透光率＞75% 颜色:淡红色、绛紫色、浅黄色、草绿色等 槽形玻璃性能与玻璃砖相似,外观与槽钢相同,一般长 3 m 以上,两块玻璃槽钢凹面相合可组成矩形空心柱,作内、外墙使用,比玻璃砖效果更好	在建筑工业中,常用于砌筑室内隔断墙、厨卫间隔断墙、通道隔墙、屏风墙、女儿墙,及内墙及柱面装饰等 组合成玻璃柱作内、外墙使用
6	调光玻璃(又名窗帘玻璃)	采用液晶、胶片制成夹层玻璃,通电后,呈透明状态 断电后,呈磨砂玻璃,光线不透明状态	建筑工程中用于隐私场所的门窗玻璃,如会议室、更衣室、卧室、舞厅、浴室等 有调光和窗帘的作用

3. 新型安全玻璃

(1) 钢化玻璃

又名安全玻璃、强化玻璃。

普通玻璃和浮法玻璃经过热处理,可成为半钢化玻璃和钢化玻璃,热处理程度较低称作半钢化玻璃,其强度为一般平板玻璃的 1.5～2.0 倍,表面比钢化玻璃平整,但破碎后仍为大片状碎片，不属于安全玻璃。

【特点】 ① 高强度：弯曲和冲击强度比同厚度玻璃高 3～5 倍。

② 安全性：破碎后呈颗粒状，无尖端，避免伤人。

③ 热稳定性：抗热冲击性是普通玻璃的 3 倍，可承受 300 ℃温差变化而不破裂。

④ 加工性：平面钢化玻璃弯曲度，弓形时不超过 0.5%，波形时不超过 0.3%；钢化后不能再切割，必须下料精确后再进行热处理。

【用途】 钢化玻璃用途进入了前所未有的新领域，广泛用于高层建筑幕墙、玻璃顶、商店门窗、汽车、火车、舰船的窗玻璃，凡是安全部位的玻璃几乎都要应用钢化玻璃，例如钢化中空玻璃、钢化镀膜玻璃，因为采用钢化玻璃作中空玻璃可提高强度、增加抗风压能力，有利于安全性。

【规格】

钢化玻璃厚度 (mm)

种　类	浮法玻璃	普通玻璃
平面钢化玻璃	4、5、6、8、10、12、15、19	4、5、6
曲面钢化玻璃	5、6、8	5、6

钢化玻璃品种和规格

品种(mm)	标准厚度(mm)	最大尺寸(mm)	重量(kg/m)
4	4	1 800×1 000	10
5	5	2 400×1 200	12
6	6	2 400×1 800	15
8	8	2 800×2 200	20
10	10	3 000×2 400	25
12	12	3 500×3 000	30
15	15	3 500×3 000	37

钢化玻璃边长允许偏差 (mm)

<table>
<tr><th>玻璃厚度 / 允许偏差 / 边长 b</th><th>$b\leqslant 1\,000$</th><th>$1\,000<b\leqslant 2\,000$</th><th>$2\,000<b\leqslant 3\,000$</th></tr>
<tr><td>4
5</td><td>+1
−2</td><td rowspan="2">±3</td><td rowspan="2">±4</td></tr>
<tr><td>6
8</td><td>+2
−3</td></tr>
<tr><td>10
12</td><td>±4</td><td>±4</td><td></td></tr>
<tr><td>15
19</td><td>±5</td><td>±5</td><td>±6</td></tr>
</table>

(2) 夹丝玻璃

又名安全玻璃,铅丝玻璃,压丝玻璃。

在成型时,同时送入经热处理的金属丝或金属网压延而成。按生产工艺分为:平板夹丝玻璃、压花夹丝玻璃、彩色压丝玻璃、波形夹丝玻璃和磨光夹丝玻璃。

【用途】 通常用于游泳池天棚、天窗以及振动较大的厂房、商厦顶部采光场所及高层建筑、仓库、机车、船舶门窗玻璃。

【夹丝玻璃的规格】

名称	类 别	标定厚度		允许厚度 (mm)	自重		标 准 尺 寸	
		(mm)	(in)		(kg/m²)	(1 bs/100 SQh)	(mm)	(in)
磨光加网玻璃	磨光菱形 磨光正方	6.8	1/4	6.2~7.4	17	349	3 280×2 527 2 527×1 984 2 527×1 905	150⅜×99½ 99½×78 2/16 99½×75
	磨光线格	6.8	1/4	6.2~7.4	17	349	3 280×2 527 2 527×1 905	150⅜×99½ 99½×75
花纹加网玻璃	小花交叉网形	6.8	1/4	6.2~7.4	17	349	2 515×1 829 1 829×1 219 1 829×914	99×72 72×48 72×36
	大花交叉网形	6.8	1/4	6.2~7.4	17	349	同上	99×72 72×48 72×36
	小花方网形	6.8	1/4	6.2~7.4	17	349	同上	99×72 72×48 72×36
	小花线网形	6.8	1/4	6.2~7.4	17	349	同上	99×72 72×48 72×36

注:新型夹丝玻璃,还有压花夹丝、彩色夹丝;形状有平板夹丝,波瓦夹丝和槽形夹丝等。

(3) 夹层玻璃(GB/T 15763.3—2009)

又名安全玻璃、夹片玻璃。

夹层玻璃属安全玻璃,它以两片或多片普通平板、磨光、浮法、钢化、吸热或其他玻璃为原片,中间夹以透明塑料衬片,经热压黏合而成。

【用途】 建筑顶棚,大堂门厅、天窗,幕墙以及需要安全的门窗玻璃。此玻璃被撞击时,由于衬片的黏合作用,玻璃虽出现裂纹但不落碎片,具有防弹、防震、防爆性能。

【规格】

夹层玻璃品种和规格

品 种		玻璃组合(mm)	最大尺寸(mm)	重量(kg/m²)
合成	厚度(mm)			
浮法合成	5	2+3	900×800 1 200×600	12
	6	3+3	1 800×1 200	15

（续）

品　　种		玻璃组合(mm)	最大尺寸(mm)	重量(kg/m^2)
合成	厚度(mm)			
热线吸收合成	8	3＋5	1 800×1 200	20
	10	5＋5	2 000×2 500	25
	12	6＋6	2 000×2 500	30
热线反射合成	16	8＋8	2 500×3 400	40
	20	10＋10	2 500×3 400	50
	24	12＋12	2 500×3 400	60
	30	15＋15	2 500×3 400	75
种类				
1	浮法夹片玻璃			
2	热吸收夹片玻璃			
3	热反射夹片玻璃			
4	加网夹片玻璃			
5	钢化夹片玻璃			

注：新型夹层玻璃还有电致变色玻璃(光致变色玻璃、电致变色玻璃、电加温玻璃等)、夹层液晶玻璃、阳光控制夹层玻璃等。

夹层玻璃光学特性

厚度(mm)	光透射(%)	光反射(%)	能反射(%)	能吸收(%)	能透射(%)	总反射(%)	TET/TS 总透射(%)	SC
涂层透明玻璃＋透明玻璃(反射性涂层在外)								
4＋4	42	30	24	29	47	55	55	△63
5＋5	41	30	24	31	45	47	53	△61
6＋6	41	30	24	33	43	49	51	△59
8＋8	40	30	24	37	39	52	48	△55
10＋10	39	30	24	41	35	54	46	△53
涂层铜色玻璃＋透明玻璃(反射涂层在外)								
4＋4	24	33	27	42	31	58	42	△48
5＋5	22	33	27	45	28	61	39	△45
6＋6	20	32	27	49	24	63	37	△43
8＋8	16	32	27	55	18	67	33	△38
10＋10	13	32	26	59	15	70	30	△34

【材料】 夹层玻璃可使用符合 GB 4871 一等品的普通平板玻璃、GB 11614 一等品浮法玻璃、磨光玻璃、夹丝抛光玻璃、平钢化玻璃、镀膜玻璃等。

(4) 新型钛金铁甲玻璃

【简介及用途】 简称为 AMS 的铁甲箔膜，由 PEI(聚乙烯对酞酸)提炼后加入钛金属复制而成的一种世界先进的高科技产品。它具有 25 000 psi 高张力 160%高伸张度，强抗酸、碱性，熔点为 250 ℃。在−70～180 ℃的高温下，均能保持良好的物理状态，具有优良的隔热、阻燃效果，还能有效防止紫外线穿透。这种箔膜经特殊药水处理可与普通玻璃黏合成一体，成为钛金铁甲玻璃(也称安全玻璃)，使玻璃强度增加四倍，其优良的隔热防火性能经特殊工艺处理后可与任何形状普通玻璃复合成新型防火玻璃，达到 A 类防火玻璃甲级标准。

钛金铁甲玻璃还具有抗冲击、抗贯穿的防弹功能。20 世纪 90 年代初期，AMS 被引入我国，并通过国家建材局安全玻璃检测中心的检测及公安部检测中心的防弹测试。1995 年，上海市金融系统率先推广使用 AMS，上海市建筑业管理办公室向美国 AMS 中国总代理上海申程实业有限公司核发了《铁甲箔膜》(安全玻璃)施工专业资质。

可广泛应用于宾馆、机场、金融、商务楼等重要场所作为替代传统夹层防火玻璃之用。目前，机场、地铁主要站口顶棚、浦东强生大厦、东樱广场等建筑物玻璃幕墙上均加贴了美国铁甲箔膜。

4. 新型保温绝热(节能)玻璃

(1) 中空玻璃(GB/T 11944—2002)

【用途】 保温、隔热、控光、隔声性能优良。用于建筑门窗、幕墙、采光顶棚、冰柜门、细菌培养箱、防辐射透视窗以及车船挡风玻璃等。

【中空玻璃的规格】

原玻璃厚度(mm)	中空厚度(mm)	长边 max(mm)	短边 max(mm)	面积(m^2)	正方形边长(mm)	安装示意图(两种方法)
3＋3	6 9～12	2 110	1 270	2.4	1 200	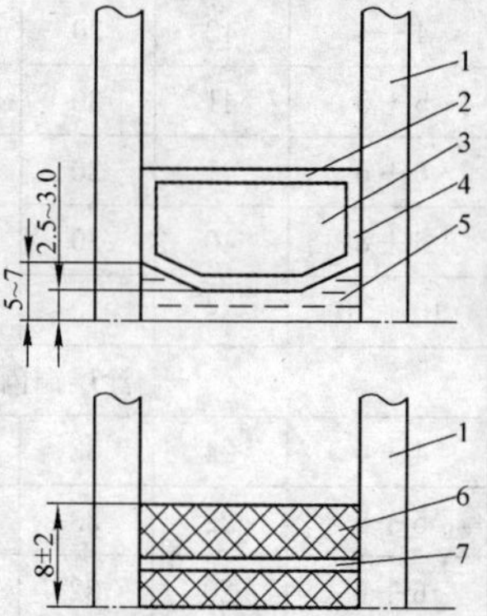 1—玻璃；2—间隔框；3—干燥剂；4—内层密封胶；5—外层密封胶；6—胶条；7—铝带
4＋4	6 9～10 12～20	2 420 2 440 2 440	1 300	2.86 3.17 3.17	1 300	
5＋5	6 9～10 12～20	3 000	1 750 1 750 1 815	4.0 4.8 5.1	1 750 2 100 2 100	
6＋6	6 9～10 12～20	4 550	1 980 2 280 2 440	5.88 8.54 9.00	2 000 2 440	
10＋10	6 9～10 12～20	4 270 5 000 5 000	2 000 3 000 3 180	8.54 15.0 15.9	2 440 3 000 3 250	
12＋12	12～20	5 000	3 180	15.9	3 250	

【结构】 如上图所示，使玻璃层间形成有干燥气体的中空层，玻璃原片厚度(mm)，采用3、4、5、6、10、12，可用平板玻璃、夹层玻璃、钢化玻璃、吸热玻璃、镀膜热反射玻璃等，浮法玻璃应符合GB 11614规定的一级品，优等品，夹层玻璃应符合GB 9962规定，钢化玻璃应符合GB 9963的规定。中空玻璃特性如下。

【特性】 ① 光学性能，光透射(%) 3+3 82.1，5+5 80.2，6+6 79.3，8+8 77.5，10+10 76。

② 防止结露，露点−40 ℃，在一般情况下结露温度比普通玻璃低15 ℃左右。

③ 隔声性能，优良，可降低室外噪声27～40 dB，使室内为安静房间。

④ 热性能，有优良的绝热性，这是最本质的特性，热传导系数1.6～3.23 W/m²℃。

【发展】 中空玻璃在不断发展，新品种有：多功能中空玻璃、内置低辐射镀膜塑料中空玻璃等，在中空部位创新，能出现性能各异的新型中空玻璃。

(2) 镀膜玻璃(GB/T 18915.1～18915.2—2002)

阳光控制镀膜玻璃，又称低辐射玻璃，“Low-E”节能玻璃。

它对波长范围4.5～25 μm的远红外光线有较高反射作用，并且可对波长350～1 800 nm的太阳光具有一定控制作用，建筑门窗用玻璃围护，受太阳热辐射相当厉害，上海地区的太阳辐射强度约700 W/m²，普通玻璃的透射率以70%计，采用低辐射玻璃或贴反射膜可降低空调电耗50～100 W/m²。

【性能】

热反射镀膜玻璃光学性能参考值

反射颜色	可见光(%)			太阳能		
	透射率(%)	反射率(%)		透射率(%)	反射率(%)	遮阳系数
		室外	室内			
银灰3	8	38	35	8	33	0.23
银灰12	12	31.9	—			
银灰14	14	29	33	10	24	0.29
银灰20	20	23	32	16	18	0.37
银灰32.5	32.5	12.9	—	30		
灰色8	8	36	42	7	30	0.24
灰色32	32	12	24	29	10	0.52
金色10	10	21	31	8	21	0.28
浅茶8	8	34	39	7	28	0.25
浅茶14	14	26	38	12	22	0.32
浅茶20	20	21	30	18	17	0.40
浅茶35	35	13	21	28	12	0.51
茶色8	8	29	40	6	26	0.24
茶色14	14	21	41	12	20	0.32

【规格】

低辐射"Low－E"节能玻璃技术参数

品　　种	可见光透射率(％)	辐射率(％)	遮阳系数
双银 DLE	60	0.05	0.45
三银 ELE	60	0.03	0.55

低辐射镀膜玻璃(Low－E),近几年内,美国在建筑中广泛采用。我国已具备推广"Low－E"节能玻璃的基本条件,第一节能是我国国策,第二我国能生产"Low－E"玻璃,自给自足。

【用途】 镀膜玻璃可将大部分的太阳能吸收和反射掉,降低室内空调费用,取得节能效果,并能减轻眩光作用,使工作和居住环境舒适。

(3) 吸热玻璃

吸热玻璃又称茶色玻璃。

在普通玻璃中加入钴、铁、硒等元素或其氧化物使玻璃呈茶、蓝、灰、绿等颜色,可吸收大量红外线辐射(30％～40％)的太阳热量,又能保持良好光透过率的平板玻璃。

【特点】 吸热玻璃的吸热性和颜色对玻璃的光学性有直接关联,建筑师在选用时,应在考虑建筑物外装效果的同时考虑玻璃光学性能,决定选择何种吸热玻璃。

【性能】

吸热玻璃吸热性能

吸热玻璃颜色	可见光透射率(％)	太阳光直接透射率	吸热玻璃颜色	可见光透射率(％)	太阳光直接透射率
茶色	≥45	≤60	蓝色	≥50	≤70
灰色	≥30	≤60	绿色	≥46	≤65

【规格】

吸热玻璃一般规格

类型	名称	厚度(mm)	最大尺寸(mm)	自重(kg/m²)
浮法玻璃	蓝色 灰色 铜色	3.0	1 676×1 219,1 829×914	7
		5.0	3 658×2 438	12
		6.0	4 572×2 921	15
		8.0	4 572×2 921	20
		10.0	6 096×2 921	25
		12.0	6 096×2 921,4 572×2 921	30
		15.0	4 572×2 438	37
加网玻璃	灰色,铜色	6.8	2 438×1 829	17
磨光加网玻璃	灰色,铜色	6.8	2 438×1 829	17
花纹加网玻璃	铜色	6.8	2 438×1 829	17

【用途】 用于炎热地区，需设置空调及避免眩光的门窗，或用于外墙体及火车，汽车、舰船挡风玻璃，起到隔热、调节空气和防眩作用。

(4) 真空玻璃(JC/T 1079—2008)

真空玻璃基于保温瓶原理，外表与普通玻璃相似，其传热系数是普通玻璃的 1/6，是普通中空玻璃的 1/3，节能效果明显。北京新立基真空玻璃技术有限公司生产的真空玻璃已在北京天恒大厦的窗户及幕墙上应用了 9 500 m^3，尚处于个案阶段 *。

真空玻璃应用范围技术要求及结构(JC/T 1079—2008)

【应用范围】 适用于建筑、家电和其他保温隔热、隔音等用途的真空玻璃，包括用于夹层、中空等复合制品中的真空玻璃。

技术要求及结构

厚度允许偏差(mm)	
公称厚度	允许偏差
≤12	±0.4
>12	供需双方商定

尺寸允许偏差(mm)			
公称厚度	$L \leqslant 1\,000$	$1\,000 < L \leqslant 2\,000$	$L > 2\,000$
≤12	±2.0	+2.0 −3.0	±3.0
>12	±2.0	±3.0	±3.0

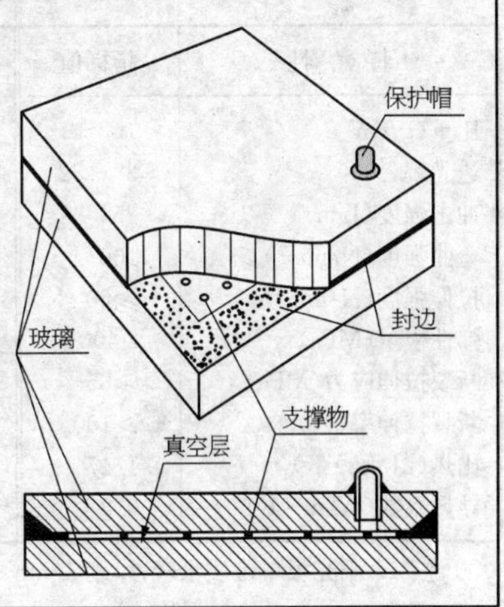

注：*L*—边长。

5. 采 光 板

(1) 聚碳酸酯采光板

普特阳光板又称玻璃卡布隆、不碎玻璃。上海产品汇丽阳光板(又称玻璃卡普隆、PC 板)。

【用途】 用于办公楼、大厅、商场、体育场、娱乐中心及公共设施的采光顶篷；车站、停车场、走廊的雨棚；现代化农业与养殖业及室内游泳池的天幕；高速公路隔音屏；菜场天篷；办公室、居室的室内隔断及家庭卫生间淋浴房的隔断。

---

* 摘自《建材与装饰》2007.4。玻璃 · 门窗重点报导，作者佚名。

【产品性能】

特　　性	指标值	特　　性	指标值
比重(g/cm^3)	1.2	热变形温度(℃)	135
透光率(%)	35～82	热膨胀系数(mm/m·℃)	0.067
冲击强度(J/m)	850	使用温度(℃)	－40～120
弯曲强度(N/mm^2)	100	隔音效果(10 mm 中空板)	衰减 20 dB
拉伸强度(N/mm^2)	≥60	安全性	有不碎特点
弹性模量(MPa)	2 400	隔热效果	良好
断裂拉伸应力(MPa)	≥65	耐候性(不受污染空气影响)	良好
断裂拉伸率(%)	>100	抗紫外线能力	良好
比热(kJ/kg·K)	1.17	阻燃性(自燃温度)(℃)	630
导热系数(W/m·K)	0.2	节能	有效降低能耗

注：1. 阳光板单位质量轻：厚度 4 mm　1.0 kg/m^2，厚度 6 mm　1.3 kg/m^2，厚度 8 mm　1.5 kg/m^2，厚度 10 mm　1.7 kg/m^2。

2. PC 是热塑性塑料中抗冲击性最佳的一种，普特阳光板冲击强度是玻璃的 250 倍，是有机玻璃的 14 倍。

3. 普特阳光板对紫外线辐射具有稳定性，10 年后透光率流失估计 4%～6%，透光率具体参数见下表：

颜色 / 透光率(%) / 厚度(mm)	透明	乳白	绿色	蓝色	茶色
4	82	—	—	—	—
6	82	58	45	35	35
8	80	53	40	25	35
10	78	48	40	25	35

4. 耐热、耐寒性：低温脆化温度为－100 ℃，高温软化温度为 146 ℃，长期承载允许温度－40～120 ℃，短期承载允许温度－100～135 ℃。

5. 隔音性能：在国际上是高速公路隔音的首选材料，与同厚度玻璃相比，隔音效果显著，路段交通噪声下降 17 dB。

6. 阻燃性：自燃温度 630 ℃(木材 220 ℃)。火焰燃烧时仅会熔化滴落，不会助长火势蔓延，不会产生氰化物、丙烯醛、氯化氢、二氧化硫等毒性气体，且离火后自动熄灭，普特阳光板达到 GB 8625—88 标准中“难燃一级”(B1 级)。

7. 节能。普特阳光板热导率(*K*)低，因而热量损失降低，可有效降低能耗，6 mm 阳光板与 6 mm 玻璃比，可节能 40%～60%(见下表)。

材料 \ 热导率 *K*	[W/(m^2·K)]	材料 \ 热导率 *K*	[W/(m^2·K)]
4 mm 玻璃	5.8	6 mm 阳光板(双层)	3.6
4/12/16 双层玻璃	3.0	8 mm 阳光板(双层)	3.2
4 mm 实心有机玻璃	5.3	10 mm 阳光板(双层)	3.6

8. 弯曲半径：阳光板可以顺着肋的方向冷弯成不同曲率半径的拱形，弯曲半径见下表：

厚度(mm)	建议最小曲率半径(mm)	极限曲率半径(mm)
4	700	600
6	1 050	900
8	1 400	1 200
10	1 750	1 500

9. 钻孔：当需要在板上钻孔时，应先钻出小孔，然后逐步扩大到所需直径，钻孔时应防止铁屑掉入阳光板空腔内，日久生锈而影响美观。钻孔离板边缘的尺寸不应小于 40 mm。

10. 节点安装法(见下图)：

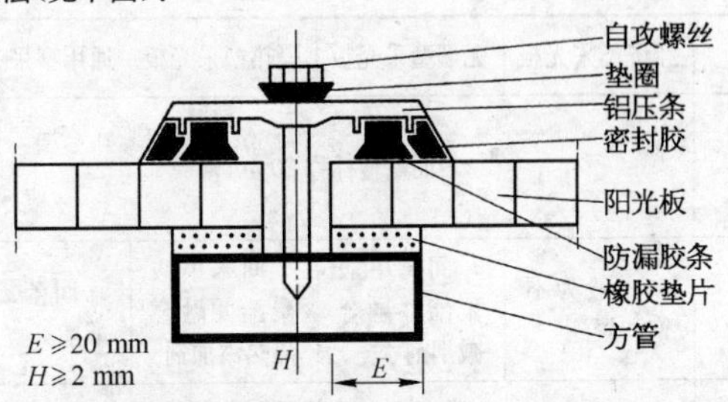

注：销售点配套供应铝压条及密封胶

类型		厚度(mm)	宽×长(mm)	重量(kg/m^2)	颜色
中空		4 6 8 10	2 100×5 800 或 11 800	0.9 1.3 1.5 1.7	宝蓝、透明绿色、乳白 茶色(棕色) 黄色、白色
实心	平板	3	2 050×3 000	3.5	
	波纹板	0.8	1 260×5 800	1.17	

注：其中平板厚度为 3～10 mm，波纹板厚度为 0.8～1.2 mm。上述参数摘自普特阳光板技术手册。

(2) 玻璃纤维增强聚酯采光板

其又称为玻璃钢采光板、玻璃钢采光瓦。

玻璃纤维增强聚酯采光板，是用玻璃纤维毡或无捻玻璃布与不饱和聚酯树脂用手工糊制或机械成型方法制成。用机械成型制成的玻璃钢瓦，其特点是含树脂量高，断面尺寸准确，厚度均匀，透光率高，表面光洁。用手工糊制的玻璃钢瓦，多用无捻玻璃布增强，透光率差，断面尺寸不精确，厚度不均，表面质量不理想。

玻璃钢采光瓦有不着色透光型、着色透光型和着色半透光型，其表面覆盖耐氧化膜，使用寿命可达 15～20 年。

① 玻璃钢采光瓦的选择。

(a) 按 GB/T 14206—2005《玻璃纤维增强聚酯波纹板》规定选择尺寸极限公差：长度 $^{+20}_{-5}$ mm、宽度 $^{+25}_{-5}$ mm、厚度 $^{+0.2}_{-0.1}$ mm，波高±2 mm、波长±2 mm。

(b) 主要物理力学参数。

项　目	参　数	项　目	参　数
抗拉强度(MPa)	100	导热系数[W/(m·k)]	0.158
弯曲强度(MPa)	190	密度(t/m^3)	1.4
剪切强度(MPa)	125	适用温度范围(℃)	−50～130
巴氏硬度	40	闪点(℃)	410
弯曲弹性模量(MPa)	0.54×10^4	吸水率	24 h 0.32%

(c) 类型及性能。

指　标	经济型采光板	无烟型采光板	隔热型采光板	通用型采光板	耐候型采光板
涂层	表面贴覆标称 20 μm 薄膜				表面涂覆 100 μm 防紫外线胶膜
树脂成分	一般为不饱和聚酯	间苯甲酸聚酯并融合减烟剂	间苯甲酸聚酯并融合隔热添加剂	间苯二甲酸酯	特种强化聚酯
强化玻璃	含量最少 22%的玻璃纤维				
单位重量(g/m^2)	1 800～2 200	1 800、2 400、3 050	1 800、2 400、3 050	1 800、2 400、3 050	2 400、3 050
标称厚度(mm)	1.2～1.5	1.2、1.5、2.0	1.2、1.5、2.0	1.2、1.5、2.0	1.5、2.0
透光率(%)	1.5 mm 75%(浅绿) 1.5 mm 75%(蛋白色)	1.5 mm 64%(浅蓝) 60%(蛋白色)	1.5 mm 38%(乳白)	1.5 mm 72%(淡蓝) 62%(蛋白色)	1.5 mm 70%(淡蓝) 68%(蛋白色)
热能穿透率(%)	1.5 mm 70%(浅绿) 65%(蛋白色)	1.5 mm 64%(浅蓝) 60%(蛋白色)	1.5 mm 23.5%(乳白色)	1.5 mm 72%(淡蓝) 62%(蛋白色)	1.5 mm 68%(淡蓝) 64%(蛋白色)

（续）

指标		经济型采光板	无烟型采光板	隔热型采光板	通用型采光板	耐候型采光板
耐温限度(℃)		−20～+80 ℃	−40～+120 ℃	−40～+120 ℃	−40～+120 ℃	−60～+140 ℃
热膨胀系数[cm/(cm·℃)]		2.6×10^{-5}	2.6×10^{-5}	2.6×10^{-5}	2.6×10^{-5}	2.6×10^{-5}
抗紫外线率(%)		>90	>90	>90	>90	>100
使用年限(a)		10	15	15	15	25
物理性能	弯曲强度(Mpa)	180	123	123	123	123
	弯曲模量(Mpa)	5.31	5.64	5.64	5.64	5.64
	拉伸强度(Gpa)	88	68.7	68.7	68.7	68.7
	拉伸模量(Cpa)	6.69	6.85	6.85	6.85	6.85
	冲剪强度(Mpa)	83	90.5	90.5	90.5	90.5
	密度(g/cm^3)	1.44	1.39	1.39	1.39	1.39
	巴氏硬度	55	53	53	53	53

注：网状形采光板，强化玻纤单位重量 600 g/m^2 扎实紧密织状纤维网，单位重量 3 660 g/m^2，其余性能与耐候型采光板相当。

6. 辅助材料—密封胶及胶带

(1) 密封胶的分类

密封胶有结构密封胶、建筑密封胶(耐候胶)，中空玻璃二道密封胶，幕墙工程用贴面胶带，轻钢彩板屋面围护结构防水密封胶等，以及用于轻钢或铝合金水密铆缝使用的多硫橡胶密封带和多硫橡胶密封腻子胶。

(2) 建筑密封胶(耐候胶)

建筑密封胶主要有硅酮密封胶和聚硫密封胶，此两种密封胶相容性能差，不能配合使用。

【聚硫密封胶性能】

项　　目	性　　能	
	高模量	低模量
可操作时间(h)	≤3	
表干时间(h)	6～8	

（续）

项　　目	性　能	
	高模量	低模量
渗出性(mm)	≤4	
密度(g/cm³)	≤3	
低温性能(−30 ℃)	仍保持弹性	
拉伸粘结强度(MPa)	≥4	
伸长率(%)	≥100	≥200
恢复率(%)	≥80	≥70
硬度邵氏 A(度)	20～50	15～50

【耐候硅酮密封胶性能】

项　　目	技术指标	项　　目	技术指标
表干时间(h)	1.5～10	极限拉伸强度(N/mm²)	0.11～0.14
流淌性(mm)	无	污染	无
凝固时间(25 ℃·d)	3	撕力(N/mm²)	38
全面附差(d)	7～14	凝固 14 d 后的变形(%)	≥25
邵氏硬度	26	有效期(月)	9～12

注：1. 若需变位能力大于 30%的胶，要有厂专门供货。

2. 表中数据摘自钢结构行业协会《应用手册》有关表格。

(3) 结构密封胶(结构胶)

结构胶用于幕墙的玻璃与玻璃、玻璃与铝材，承受风力、地震力、自重及其他载荷和温度变化，在幕墙结构中起重要的连接作用，故对力学性能有较高要求。

结构密封胶有单组份与双组份两种，单组份密封胶有醋酸基的酸性密封胶和乙醇基的中性密封胶，酸性密封胶在水解反应时会释放醋酸，对镀膜玻璃的镀膜层和中空玻璃的组件有腐蚀作用，不能用于隐框玻璃幕墙。

双组份结构密封胶的固化机理是靠向基胶中加入固化剂并充分搅拌混合以触发密封胶固化，固化时表里同时进行固化反应。双组份结构密封胶的基胶和固化剂混合比不同，其固化时间也随之变化，且固化后性能也会有所不同，因此必须根据产品说明书参数决定配合比，不能任意配合。

结构密封胶只能是硅酮密封胶，它的主要成分是二氧化硅，由于紫外线不能破坏硅氧链，因此硅酮密封胶具有良好的抗紫外线性能。

结构硅酮胶性能

项 目	性 能	项 目	性 能
有效期(月)	双组份≥6，单组份9～12	抗拉强度(N/mm²)	极限拉伸强度 20
施工温度(℃)	双组份 10～32，单组份 20～70	延伸率(%)	200
使用温度(℃)	−48～88	蠕变	不明显
表干时间(h)	≤3	流淌性(mm)	2.4
初步固化时间(d)	7	剥离强度(N/mm²)	5.6
完全固化时间(d)	14～21	耐热性(℃)	150
操作时间(min)	30	接口变位承载能力(10 d)后不小于 12.5%，若需大于 25%的硅酮胶，可由生产厂专供。	
邵氏硬度	35～45		

三种硅酮密封胶的牌号是：MF881，CE4400，DC983，其中的国产 MF881 结构胶性能与国外产品基本相同。最常用的是 DC983。

(4) 中空玻璃密封胶

中空玻璃由两块玻璃经密封胶双道密封黏结而成，其中第一道为丁基胶，第二道为硅酮密封胶。常用的第二道密封硅酮结构胶有：GE3103 单组份，GE3723 双组份，DC982 双组份。

GEIGS 3103 性能

项 目	技术参数
硬度(邵 A)	35
极限抗拉强度(N/mm²)	300 PSI(2.1 N/mm)
剥离强度(N/mm²)	50 PPI(8.8 N/mm)
变位承受能力(%)	±5
指触干时间(h)	2.5
固化时间(d)	5～7
抗臭氧及紫外线性能	极良

GEIGS 3723(12.5∶1 混合固化 7 d 后性能)

项目	技术参数	
	基胶	12.5∶1 混合固化 7 d 后
颜色	白色	黑色
比重	1.4	1.37
储存时间	6 个月	
可操作时间(min)		20～50
硬度(邵 A)		40
抗拉强度(MPa)		290 PSI(2 MPa)
伸长率(%)		200
剥离强度(MPa)		130 PSI(0.88 MPa)
耐热性(℃)		150

DC 982 中空玻璃二道密封胶固化后(室温下 7 d)性能

项 目	技术参数
抗拉强度(MPa)	320 PSI(2.2 MPa)
撕裂强度(N/mm)	56 PPI(9.8 N/mm)
剥离强度(铝片)(MPa)	205 PSI(1.4 MPa)
剥离强度(玻璃)(MPa)	205 PSI(1.4 MPa)
伸长率(%)	200
硬度(邵 A)	45
可操作时间(h)	3
贮存时间(月)	12
流体蠕变	可忽略
抗热度(℃)	190

注：1. 主剂与固化剂以 12∶1(重量比)比率混合(主剂比重 1.4，固化剂比重 1.03)

2. 上列三种密封胶仅用于中空玻璃第二道密封，它们与硅酮结构(建筑)密封胶性能相容，可配套使用，即凡是使用硅酮密封胶作中空玻璃结构性玻璃装配或防风雨填缝的中空玻璃必须作相容性试验。

GEIGS不同配比的固化时间

基剂/固化剂	7∶1	8∶1	9∶1	10∶1	11∶1	13∶1	16∶1
固化时间(h)	50 min	1	2	2⅓	2½	3	3½

(5) 国内幕墙工程用贴面胶带及发泡填充料

【用途】 幕墙风荷载大于1.8 kN/m² 时,宜选用中等硬度的聚氨基甲酸乙酯低发泡间隔双面胶带。风载小于1.8 kN/m² 时,宜选用聚乙烯低发泡间隔双面胶带。将玻璃黏结在铝框上时,双面贴条会被压缩10%左右,因此双面贴的厚度应比结构胶厚度大1 mm,例如经计算结构胶厚度需6 mm时,可采用7 mm厚的双面贴胶带。

【聚氨基甲酸乙酯双面胶带性能】

项　目	技术指标
密度(g/cm³)	0.682
邵氏硬度	35
拉伸强度(N/mm²)	0.91
延伸率(%)	125
承受压应力(N/mm²)	压缩10%时,0.11
动态拉伸黏结性(N/mm²)	0.39,停留15 min
静态拉伸黏结性(N/mm²)	7×10^{-3},2 000 h
动态剪切力(N/mm²)	0.28,停留15 min
隔热值[W/(m²·K)]	0.55
抗紫外线(300 W 25～30 m 3 000 h)	不变
烤漆耐污染性(70 ℃)200 h	不污染

【聚乙烯双面胶带性能】

项　目	技术指标	项　目	技术指标
密度(g/cm³)	0.205	剥离强度(N/mm²)	2.76×10^{-2}
邵氏硬度	40	剪切强度(N/mm²)	4×10^{-2},保持24 h
拉伸强度(N/mm²)	0.87	隔热值[W/(m²·K)]	0.41
延伸率(%)	125	使用温度(℃)	－44～75
承受压应力(N/mm²)	压缩10%时0.18	施工温度(℃)	15～52

(6) 氯乙烯发泡填充料(小圆棒)

【用途】 小圆棒用于垫充空隙,以便进行注入硅酮密封胶(见下表及简图)。

【氯乙烯发泡填充料性能】

项　目	技 术 指 标		
	10 mm	30 mm	50 mm
拉伸强度(N/mm²)	0.36	0.24	0.52
延伸率(%)	46.5	52.3	64.3

(续)

项目	技术指标		
	10 mm	30 mm	50 mm
压缩后变形率(纵向%)	4.0	4.1	2.5
压缩后恢复(纵向%)	3.2	3.6	3.5
永久压缩变形率半径(%)	3.0	3.4	3.4
25%压缩时,纵向变形率(%)	0.75	0.77	1.12
50%压缩时,纵向变形率(%)	1.35	1.44	1.65
75%压缩时,纵向变形率(%)	3.21	3.44	3.70

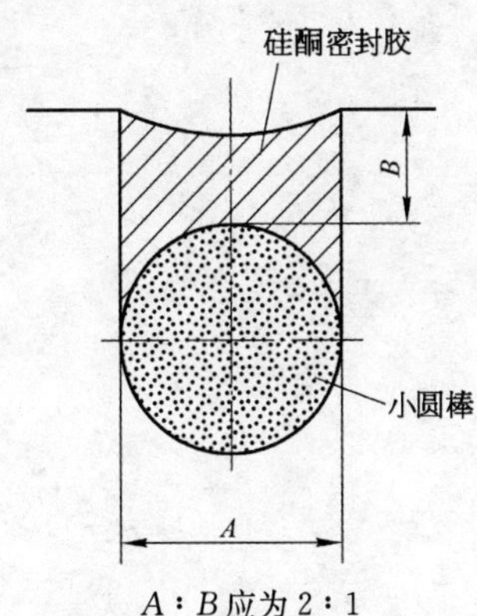

$A:B$应为2∶1

氯乙烯发泡填充料(小圆棒)

第三十五章　新型金属梯钢钉膨胀螺钉及筛网

1. 钢质斜梯(摘自“国家建筑标准设计图集 02J401”)

钢质斜梯又称金属扶梯、斜扶梯。

【用途】 大楼中钢筋混凝土斜梯,在建造时托浇成整体。钢质斜梯,一般在装修时现场配制。金属梯已成为大楼及居家用户的生活必需品,与安全紧密相连。近几年,创新扶梯时有出现,如独梁扶梯,踏步两端悬空,有的用钢化玻璃制作踏步,将扶手设计成艺术品,华而不实。

本例摘录了建筑金属梯现行标准,其扶手造形新颖,采用钢化玻璃或钻孔铝板作护栏,踏步及五金件注意防滑(见下图)。

【构造】

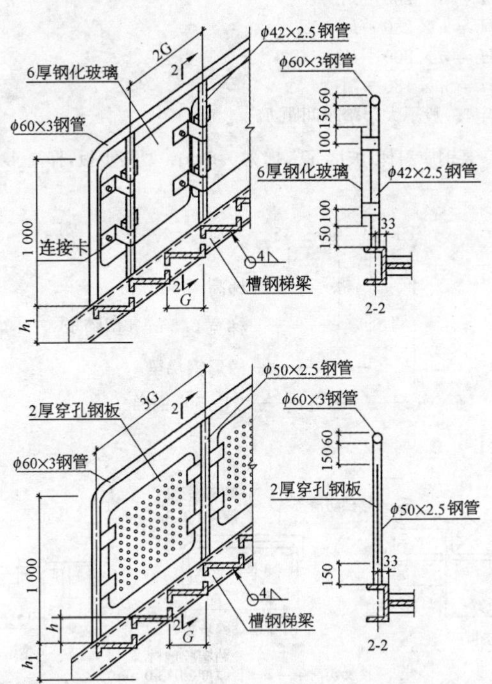

多层建筑的平台栏杆高度≥1 050 mm,超高层建筑的平台栏杆高度≥1 200 mm,Z 型踏步折边距离应大于 250 mm。

B 型斜钢梯参数(见下表)。

种类	坡度 α	梯型号	梯宽(mm)	梯梁	梯高(m)
斜钢梯 B	73°(1∶0.3)	T2B06	600	[12.6	4.8
	59°(1∶0.6)	T3B06 T3B07	600 700	[16a	5.10

（续）

种类	坡度 α	梯型号	梯宽(mm)	梯梁	梯高(m)
斜钢梯 B	45°(1∶1)	T4B07 T4B09 T4B12	700 900 1 200	[16a	4.50
	35.5°(1∶1.4)	T5B09 T5B12	900 1 200	[16a	3.60

材质：Q235Q

具体梯高 $H = n \times h + h_1$(mm)

n—踏步数。

h—踏步间距(斜梯梁与地面夹角 α 有关)

$\alpha = 73°$ 时，$H = n \times 260 + h_1$

$\alpha = 59°$ 时，$H = n \times 230 + h_1$

$\alpha = 45°$ 时，$H = n \times 200 + h_1$

$\alpha = 35°$ 时，$H = n \times 180 + h_1$

h_1 按构造而定，一般不大于踏步间距 h。

【标记示例】 某钢质斜梯，坡度 59°，梯宽 0.6 m，a 型踏步板，梯高 4.5 m，槽型钢梁，其标记示例如下：

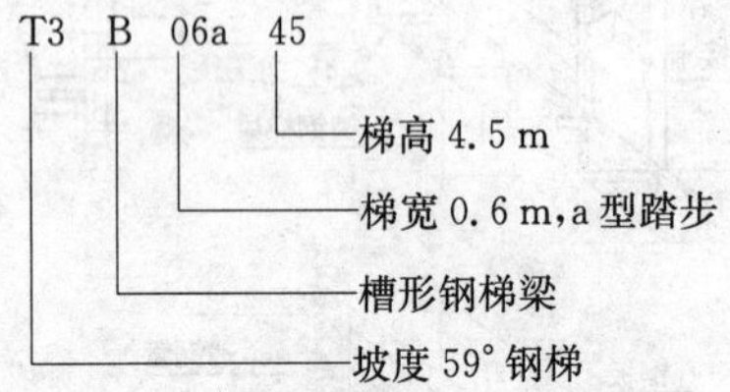

【踏步及五金】

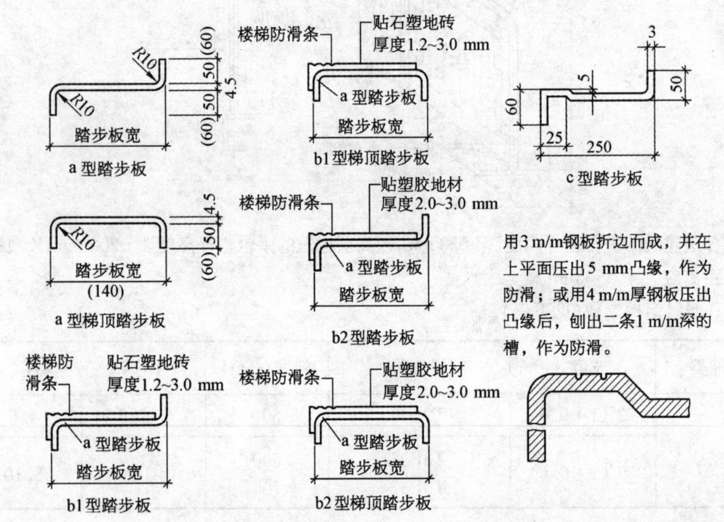

2. 旋转钢梯

螺旋形钢梯是一种新型扶梯，其特点是盘旋而上，造型美观、结构紧凑，占地面积较小，其踏步形状呈梯形有锥度，锥度大小取决于立柱的外径，一般应等于或大于 1.2 m，转梯的外径应为 3.2 ～4.2 m，因此能否选用旋转梯，必须由现场的基本尺寸而定，若立柱直径太小，则踏步靠近立柱处的尺寸很小，脚立不稳，影响安全。例如有一家银行，从底层到二楼安装了旋转梯，其踏步的锥端宽不足 10 cm，若采用斜梯，其效果能优于旋转梯。因此安装旋转梯时，要从实际效果出发，旋转梯可以用碳钢或不锈钢制作。

旋转梯标准结构见下图。

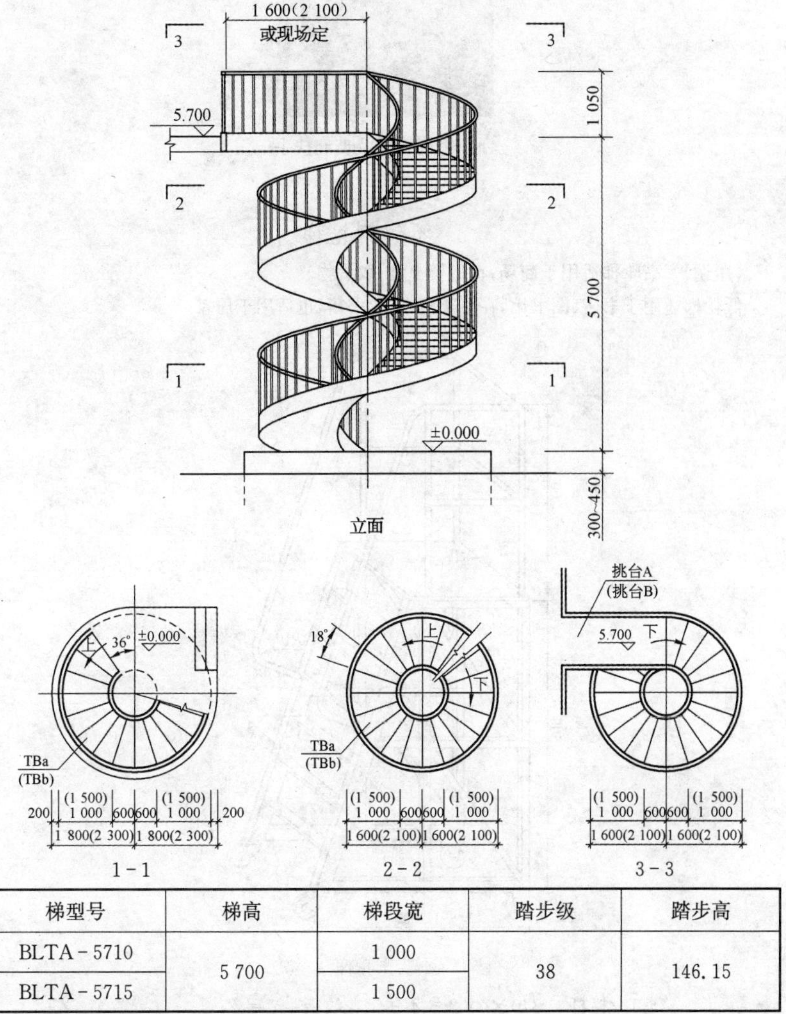

梯型号	梯高	梯段宽	踏步级	踏步高
BLTA－5710	5 700	1 000	38	146.15
BLTA－5715		1 500		

注：1. 括号内尺寸用于 BLTA－5715。

2. 板式钢螺旋梯基础及上部平台连接详见项目设计。

【用途】 用于多层楼房、宾馆、商厦、一般装在室外紧靠山墙与每层楼道贯通。(见下图)

不锈钢旋转梯及玻璃扶手

3. 不锈钢轮梯

【用途】 高轮梯适用于商场,在货架上堆、取货物。

低轮梯适用于书店、图书馆,在书架上堆、取书籍,也适用于居家。

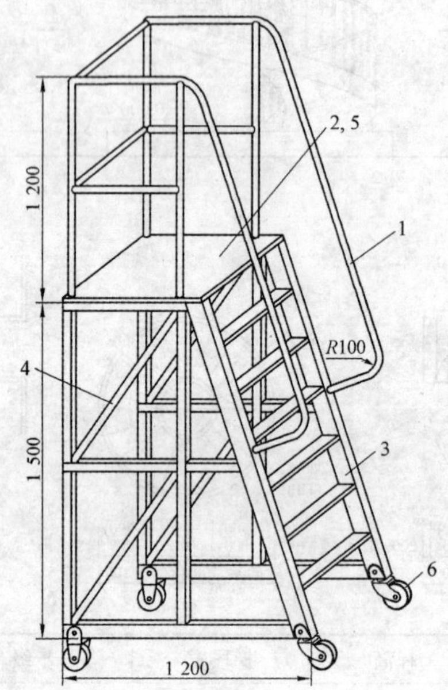

不锈钢轮梯

1—栏杆 $\phi40\times2$; 2— 不锈钢花纹板 $\delta=2$;
3—扶梯,矩形管▭ 80×40 ; 4—斜杆 $\phi40\times2$;
5—平台 600×600 ; 6—脚轮

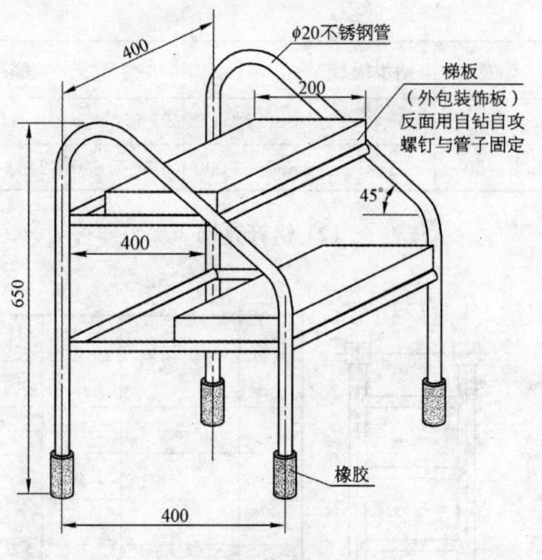

不锈钢轮梯

4. 铝 质 梯

(1) 铝质斜梯

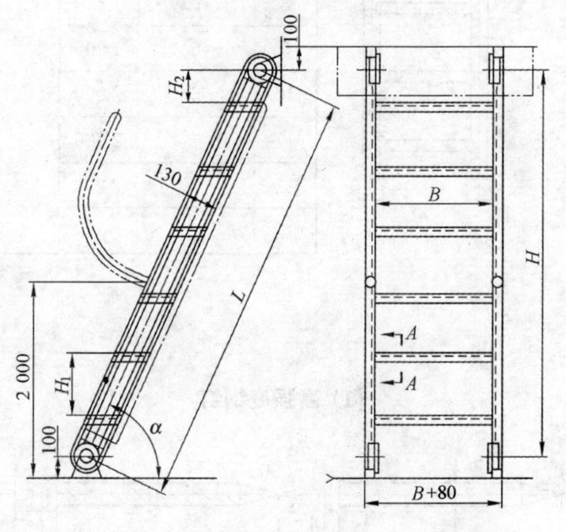

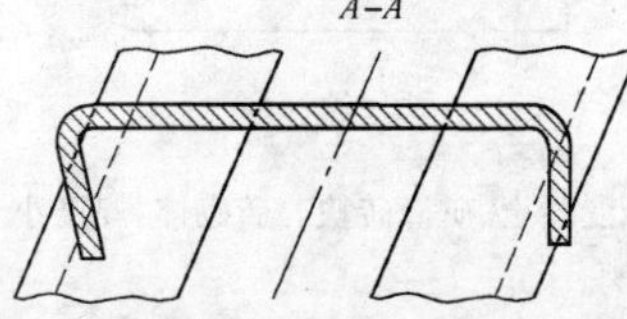

材料：2A12
淬火时效后，进行阳极氧化处理。

(mm)

斜度 α	梯宽	踏步级数	梯长	梯高		
	B		L	H	H_1	H_2
60°、65°、70°	500～600	3～10	800～3 000	700～2 800	240～260	83～130

(2) 铝管直梯

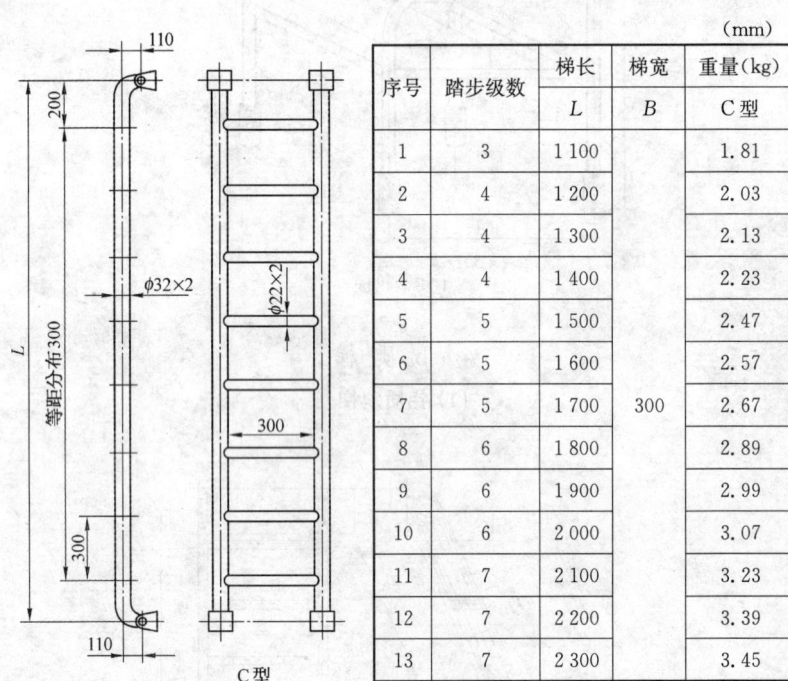

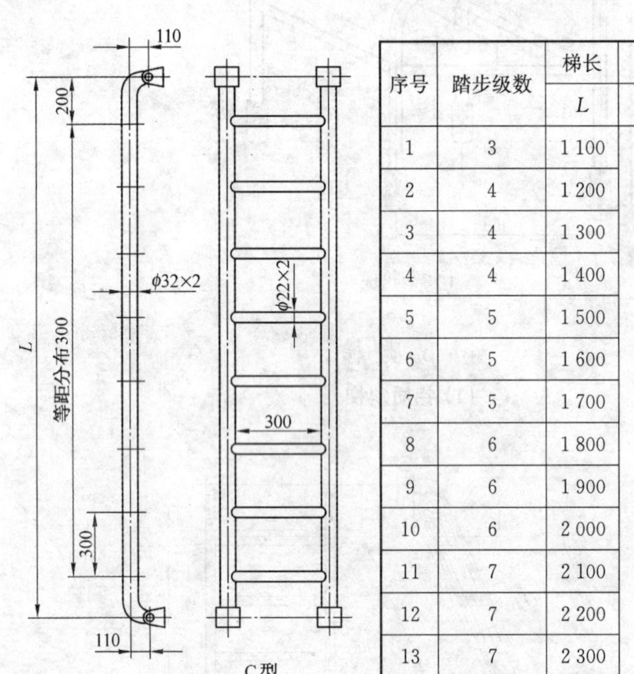

C型

(mm)

序号	踏步级数	梯长	梯宽	重量(kg)
		L	B	C型
1	3	1 100	300	1. 81
2	4	1 200		2. 03
3	4	1 300		2. 13
4	4	1 400		2. 23
5	5	1 500		2. 47
6	5	1 600		2. 57
7	5	1 700		2. 67
8	6	1 800		2. 89
9	6	1 900		2. 99
10	6	2 000		3. 07
11	7	2 100		3. 23
12	7	2 200		3. 39
13	7	2 300		3. 45

5. 钢　　钉

(1) 高强度钢钉

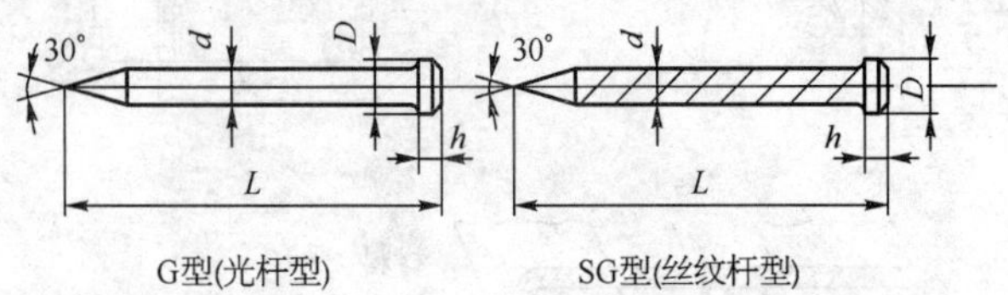

G型(光杆型)　　SG型(丝纹杆型)

【用途】 可用于下列材料：小于200号混凝土、矿渣砖块。砖砌体，厚度小于3 mm的薄钢板。钉入方法：用手锤敲入。

【规格】

产品形式	型式代号(旧代号)	钉帽直径 D	钉帽高度 h	钉杆直径 d	钉杆全长 L
标准产品 WJ/T 9020—1994(mm)	G (T)	4.0	1.5	2.0	20
		4.5	1.5	2.2	20 25 30
		5.0	1.5	2.5	20 25 30 35
		5.6	1.5	2.8	20 25 30 35
		6.0	2.0	3.0	25 30 35 40
		7.5	2.0	3.7	30 35 40 50 60
		9.0	2.0	4.5	60 80
		10.5	2.5	5.5	100 120
	SG (ST)	8.0	2.0	4.0	30 40 50 60
		9.0	2.0	4.8	40 50 60 70 80

市场产品(mm)										
	钉杆直径	1.2	1.6	1.6	1.8	2.2	2.5	2.8	3.2	3.6
	全长	10	13	15	20	25	30	35	40	45
	钉杆直径	4.0	4.5	5.0	5.5	6.0	6.5	7.0	8.0	9.0
	全长	50	60	70	80	90	100	110	130	150

(2) 麻 花 钉

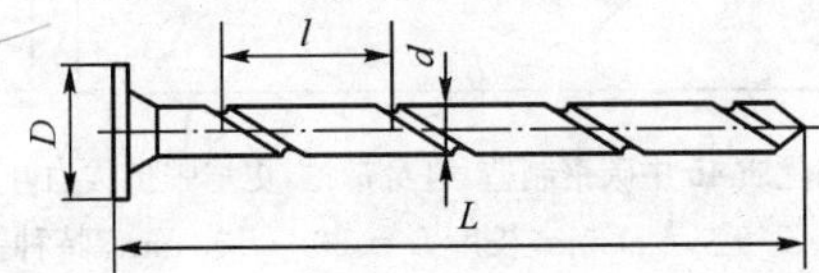

【特点和用途】 钉杆上有麻花状凹纹，钉着力特强，适用于需要钉着力强的部位。

【规格】

规格(mm)	钉杆长 L(mm)	钉杆直径 d(mm)	千只约重(kg)
50	50.8	2.77	2.40
50	50.8	3.05	2.91
55	57.2	3.05	3.28
60	63.5	3.05	3.64
75	76.2	3.40	5.43
75	76.2	3.76	6.64
85	88.9	4.19	9.62

(3) ST-64 钢排钉

【特点和用途】 设计新颖独特，工效快，质量好，是水泥钉理想的更新换代产品。广泛用于装潢钉入混凝土、木条，还能打入建筑工程上 2 mm 深的金属框架。

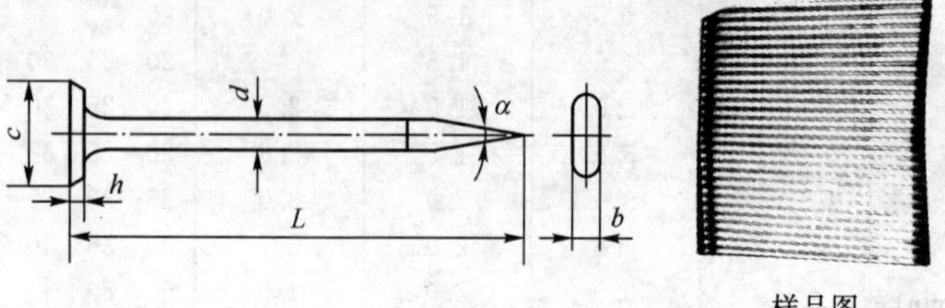

样品图

【规格】

长度 L(mm)	18	25	32	38	45	50	57	64

每箱 10 盒
每盒 1 000 支
产地：⚠ 8

(4) 镀锌水泥钉

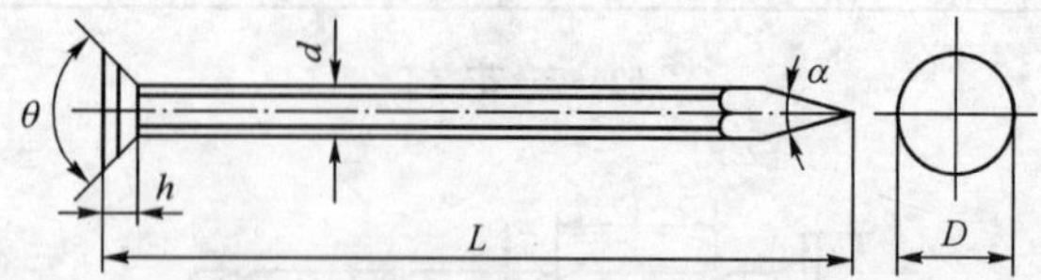

【特点用途】 采用优质 45 中碳钢制造，钉身带槽，更增强抗拔力，广泛适用于装潢装饰。

【规格】 直径 $d = 2.5 \sim 5.0$ mm，长度 $L = 30 \sim 100$ mm，特种钢钉/彩线外形及材质与镀锌水泥钉同。直径 $d = 1.7 \sim 4.5$ mm，长度 $L = 20 \sim 100$ mm，结构合理，外观精致，适用于轻质木龙骨连接。

(5) 瓦 楞 钉

【用途】 将瓦楞铁皮固定在木质屋面上，由于其钉帽直径较大，加上合适的垫料，易密贴，保证水密性。

【规格】

规　格	长度(mm)	线径(mm)	规　格	长度(mm)	线径(mm)
8G×2″			9G×2.5″	63.5	4.19
8G×2.5″			9G×3″	76.2	4.19
8G×3″			10G×1.75″	38	3.73
9G×1.5″			10G×2″	50.8	3.75
9G×2″	50.8	4.19	10G×2.5″	76.2	3.73

(续)

规　格	长度(mm)	线径(mm)	规　格	长度(mm)	线径(mm)
11G×2.0″			12G×2.0″	4.45	2.38
11G×1.5″	44.5　50.8	3.37	13G×1.5″	50.8	2.38
11G×1.75″	63.5　38	3.37	13G×2″		
11G×2.5″	50.8　63.5	3.02			

6. 建筑用特种膨胀螺栓

(1) 公制套管膨胀螺栓

其又称为高级套管壁虎。

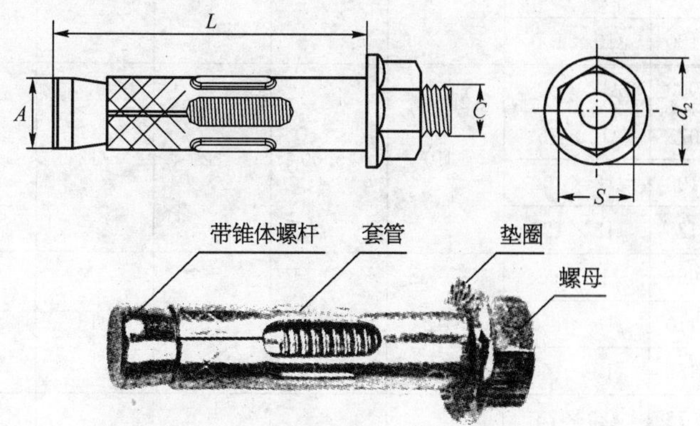

【使用要领】 又名金属膨胀螺栓，是建筑及装潢工程上常用的紧固件，将设备及工件固定安装在混凝土地基或墙体上，安装时用冲击钻在地基或墙体上钻孔(应严格控制孔径比螺杆端锥体 A 大 0.5～1.0 mm)，并检查地基或墙体上所钻孔的周围不准存在缩孔、疏松或不结实，否则会影响膨胀效果及牢度，孔合格后，把螺栓、套管塞入孔中，接着装上垫圈和螺母，并拧紧螺母，使锥体进入套管，将套管开槽部位膨胀而紧贴孔壁，通过摩擦力与地基或墙体连接成整体，达到紧固目的。

(mm)

代　号	A(锥体直径) L(长度)	螺杆螺纹直径 C	螺母尺寸 S	垫圈直径 d_2	钻孔直径 (mm)	重量(kg) (1 000 个)
HNM65018	ϕ6.5×18	M5.0	8.00	12	ϕ7	600
HNM65036	ϕ6.5×36					
HNM65056	ϕ6.5×56					
HNM65075	ϕ6.5×75					
HNM65100	ϕ6.5×100					

（续）

代　号	A(锥体直径) L(长度)	螺杆螺纹 直径 C	螺母尺寸 S	垫圈直径 d_2	钻孔直径 (mm)	重量(kg) (1 000 个)
HNM80025	$\phi8\times25$	M6.0	10.00	14	$\phi8$	800
HNM80040	$\phi8\times40$					
HNM80065	$\phi8\times65$					
HNM80085	$\phi8\times85$					
HNM10040	$\phi10\times40$	M8.0	13.00	18	$\phi10$	1 300
HNM10050	$\phi10\times50$					
HNM10060	$\phi10\times60$					
HNM10075	$\phi10\times75$					
HNM10100	$\phi10\times100$					
HNM12060	$\phi12\times60$	M10	15.00	22	$\phi12$	2 500
HNM12075	$\phi12\times75$					
HNM12100	$\phi12\times100$					
HNM12125	$\phi12\times125$					
HNM16065	$\phi16\times65$	M12	18.00	26	$\phi16$	3 700
HNM16110	$\phi16\times110$					
HNM16150	$\phi16\times150$					
HNM20075	$\phi20\times75$	M16	24	35	$\phi20$	5 000
HNM20110	$\phi20\times110$					
HNM20150	$\phi20\times150$					

产地：△ 93

钢膨胀螺栓(市场品)主要尺寸(mm)					许用负荷(kN)			
					静止状态		吊悬状态	
螺纹直径	胀管直径	胀管长度	钻孔直径	公称长度 L	抗拉	抗剪	抗拉	抗剪
M6	10	35	10.5	65、75、85	2.35/1.77		1.67/1.23	
M8	12	45	12.5	80、90、100	4.31/3.24		2.35/1.77	
M10	14	55	14.5	95、100、110、120、130、150	6.86/5.10		4.31/3.24	
M12	16	65	16.5	110、120、130、150、180、200	10.1/7.25		6.36/5.10	
M14	18	75	19	130	14.6/10.7		6.23/6.18	

(续)

钢膨胀螺栓(市场品)主要尺寸(mm)					许用负荷(kN)	
					静止状态	吊悬状态
螺纹直径	胀管直径	胀管长度	钻孔直径	公称长度 L	抗拉/抗剪	抗拉/抗剪
M16	22	90	23	150、175、200、250、300	19.0/14.1	10.1/7.26
M18	25	100	26	175、200、250、300	24.3/18.2	13.4/10
M20	25	100	26	175、200、250、300	31/23.3	16.4/12.3

产地:⚠ 90

(2) 美制套管膨胀螺栓

① 六角头膨胀螺栓。

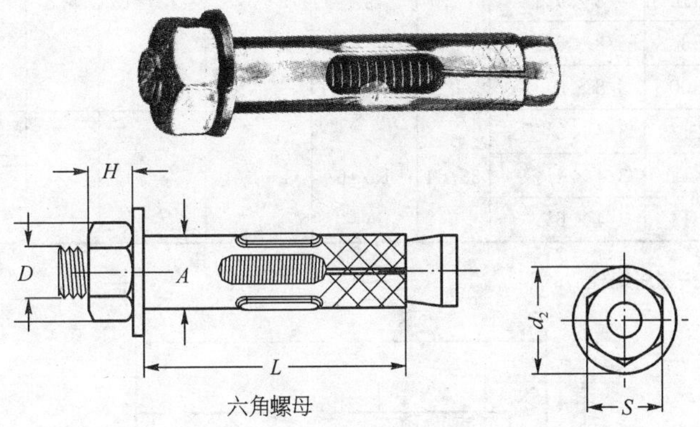

六角螺母

(mm)

品种代号	胀管直径 胀管长度	螺母高 H	螺母直边间距 S	垫圈直径 d_2	螺纹直径 D	钻孔直径	重量(kg)(1 000 个)
HNW14138	1/4×1⅜″	5/32	5/16	13/32	3/16	1/4	700
HNW14214	1/4×2¼″						700
HNW14434	1/4×4¾″						700
HNW516112	5/16×1½″	7/32	7/16	5/8	1/4—20	5/16	1 000
HNW516158	5/16×1⅝″						1 000
HNW516212	5/16×2½″						1 000
HNW38178	3/8×1⅞″	17/64	1/2	13/16	5/16—18	3/8	1 200
HNW38214	3/8×2¼″						1 200
HNW38300	3/8×3″						1 200
HNW38400	3/8×4″						1 200

（续）

品种代号	胀管直径 胀管长度	螺母高 H	螺母直边间距 S	垫圈直径 d_2	螺纹直径 D	钻孔直径	重量(kg) (1 000 个)
HNW12214	1/2×2¼″	21/64	9/16	1	3/8—16	1/2	2 000
HNW12212	1/2×2½″						2 000
HNW12234	1/2×2¾″						2 000
HNW12300	1/2×3″						2 000
HNW12400	1/2×4″						2 000
HNW12600	1/2×6″						2 000
HNW58214	5/8×2¼″	7/16	3/4	1—3/8	1/2—13	5/8	2 900
HNW58300	5/8×3″						2 900
HNW58414	5/8×4¼″						2 900
HNW58534	5/8×5¾″						2 900
HNW58600	5/8×6″						2 900
HNW34212	3/4×2½″	35/64	15/16	1—3/4	5/8—11	3/4	4 000
HNW34414	3/4×4¼″						4 000
HNW34614	3/4×6¼″						4 000

② 平头膨胀螺栓。

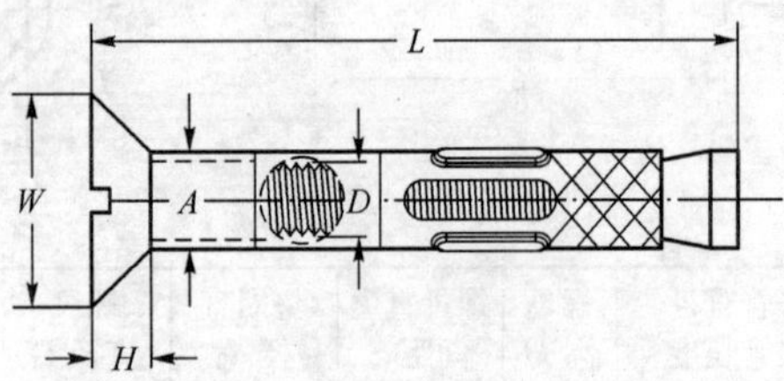

(mm)

品种代号	胀管直径、长度	钉头高	钉头直径	螺纹直径	钻孔直径	重量(kg/千个)
FHW14200	1/4×2″	5/32	1/2	10—20	1/4	700
FHW14300	1/4×3″					700
FHW14400	1/4×4″					700
FHW38234	3/8×2¾″	16/64	3/4	5/16—18	3/8	1 200
FHW38400	3/8×4″					1 200
FHW38500	3/8×5″					1 200
FHW38600	3/8×6″					1 200
	1/4×2″	5/64	23/64	10～24	1/4	

35. 12

③ 半圆头膨胀螺栓。

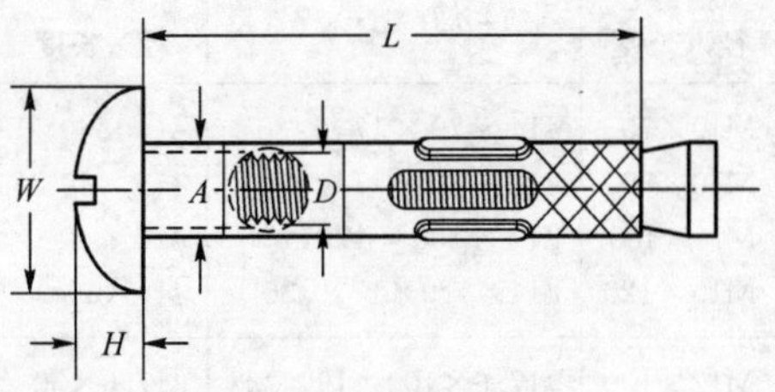

(mm)

品种代号	胀管直径长度 $A\times L$	钉头高 H	钉头直径 W	螺纹直径 D	钻孔直径	重量 kg/千个
RUN14200	1/4×2″	11/64	29/64	10—24	1/4	700
RUM14234	1/4×2¾″					700
RUN14334	1/4×3¾″					700
RUN38212	3/8×2½″	15/64	43/64	5/16—18	3/8	1 200
RUN38334	3/8×3¾″					1 200

(3) 增强型膨胀螺栓

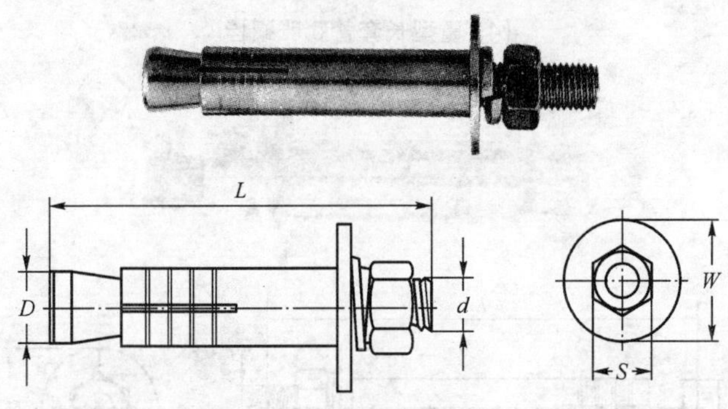

(mm)

品种代号	螺纹规格	螺栓直径×长度	$D\times L\times S\times W$	套管直径×长度	钻孔直径	重量(kg/千个)
BA0650	M6	M6×50	ϕ9.8×50×10×ϕ18	ϕ9.8×30	ϕ10	890
BA0660	M6	M6×60	ϕ9.8×60×10×ϕ18	ϕ9.8×30	ϕ10	890
BA0865	M8	M8×65	ϕ12×65×13×ϕ24	ϕ12×35	ϕ12	1 390
BA0870	M8	M8×70	ϕ12×70×13×ϕ24	ϕ12×35	ϕ12	1 390

(续)

品种代号	螺纹规格	螺栓直径×长度	$D\times L\times S\times W$	套管直径×长度	钻孔直径	重量(kg/千个)
BA1070	M10	M10×70	ϕ14×70×17×ϕ30	ϕ14×40	ϕ14	1 600
BA1080	M10	M10×80	ϕ14×80×17×ϕ30	ϕ14×40	ϕ14	1 600
BA10100	M10	M10×100	ϕ14×100×17×ϕ30	ϕ14×40	ϕ14	1 600
BA10120	M10	M10×120	ϕ14×120×17×ϕ30	ϕ14×40	ϕ14	1 600
BA12100	M12	M12×100	ϕ17.6×100×19×ϕ37	ϕ17.6×50	ϕ18	2 550
BA12120	M12	M12×120	ϕ17.6×120×19×ϕ37	ϕ17.6×50	ϕ18	2 550
BA12150	M12	M12×150	ϕ17.6×150×19×ϕ37	ϕ17.6×50	ϕ18	2 550
BA12200	M12	M12×200	ϕ17.6×200×19×ϕ37	ϕ17.6×50	ϕ18	2 550
BA16110	M16	M16×110	ϕ21.6×110×24×ϕ50	ϕ21.6×60	ϕ22	3 300
BA16120	M16	M16×120	ϕ21.6×120×24×ϕ50	ϕ21.6×60	ϕ22	3 300
BA16150	M16	M16×150	ϕ21.6×150×24×ϕ50	ϕ21.6×60	ϕ22	3 300
BA16200	M16	M16×200	ϕ21.6×200×24×ϕ50	ϕ21.6×60	ϕ22	3 300
BA20160	M20	M20×160	ϕ25.4×160×30×ϕ60	ϕ25.4×80	ϕ26	4 950
BA20200	M20	M20×200	ϕ25.4×200×30×ϕ60	ϕ25.4×80	ϕ26	4 950
BA22200	M22	M22×200	ϕ28.6×200×32×ϕ66	ϕ28.6×90	ϕ29	6 500
BA24200	M24	M24×200	ϕ31.8×200×32×ϕ72	ϕ31.8×110	ϕ32	8 650

(4) 重型长套管膨胀螺栓

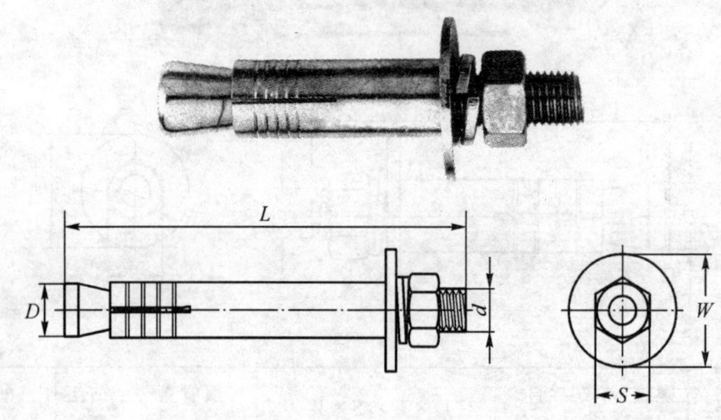

(mm)

品种代号	螺纹规格	螺栓直径×长度	$D\times L\times S\times W$	套筒直径×长度	钻孔直径	重量(kg/千个)
HBA0670	M6	M6×70	ϕ9.8×7.0×10×ϕ18	ϕ9.8×45	ϕ10	1 000
HBA0890	M8	M8×90	ϕ12×90×13×ϕ24	ϕ12×50	ϕ12	1 500

(续)

品种代号	螺纹规格	螺栓直径×长度	$D\times L\times S\times W$	套筒直径×长度	钻孔直径	重量(kg/千个)
HBA1090		M10×90	ϕ14×90×17×ϕ30			
HBA10100	M10	M10×100	ϕ14×100×17×ϕ30	ϕ14×60	ϕ14	1 800
HBA10120		M10×120	ϕ14×120×17×ϕ30			
HBA12120		M12×120	ϕ17.6×120×19×ϕ37			
HBA12150	M12	M12×150	ϕ17.6×150×19×ϕ37	ϕ17.6×80	ϕ18	3 000
HBA12200		M12×200	ϕ17.6×200×19×ϕ37			
HBA16150	M16	M16×150	ϕ21.6×150×24×ϕ50	ϕ21.6×90	ϕ22	4 200
HBA16200		M16×200	ϕ21.6×200×24×ϕ50			
HBA20180	M20	M20×180	ϕ25.4×180×30×ϕ60	ϕ25.4×110	ϕ26	5 600
HBA20200		M20×200	ϕ25.4×200×30×ϕ60			
HBA22200	M22	M22×200	ϕ28.6×200×32×ϕ66	ϕ28.6×125	ϕ29	7 500
HBA22250		M22×250	ϕ28.6×250×32×ϕ66			
HBA24200	M24	M24×200	ϕ31.8×200×36×ϕ72	ϕ31.8×140	ϕ32	9 800
HBA24250		M24×250	ϕ31.8×250×36×ϕ72			

(5) 锤钉式强力膨胀螺栓

【使用说明】 首先是通过工件上的孔向混凝土或墙体钻孔，然后塞入锤钉式强力膨胀螺栓，用锤在锤钉端部敲击，使胀管开槽处膨胀，压缩孔壁，达到强力紧固。

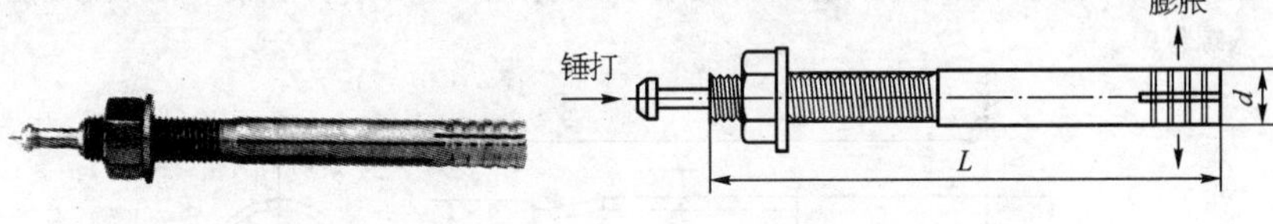

(mm)

品种代号	螺纹直径	长度 L	套管 D	套管长	钻孔直径	重量(kg/千个)
HAC06045	M6	45	ϕ6	15	ϕ6.4	475
HAC06060	M6	60	ϕ6	20	ϕ6.4	
HAC08050	M8	50	ϕ8	20	ϕ8.5	705
HAC08070	M8	70	ϕ8	25	ϕ8.5	
HAC10050	M10	50	ϕ10	20	ϕ10.5	870
HAC10060	M10	60	ϕ10	25	ϕ10.5	
HAC10080	M10	80	ϕ10	25	ϕ10.5	
HAC10090	M10	90	ϕ10	30	ϕ10.5	1 180
HAC10100	M10	100	ϕ10	30	ϕ10.5	

（续）

品种代号	螺纹直径	长度 L	套管 D	套管长	钻孔直径	重量(kg/千个)
HAC10120	M10	120	ϕ10	30	ϕ10.5	
HAC12060	M12	60	ϕ12	25	ϕ12.7	1 460
HAC12070	M12	70	ϕ12	25	ϕ12.7	
HAC12090	M12	90	ϕ12	30	ϕ12.7	1 826
HAC12100	M12	100	ϕ12	30	ϕ12.7	
HAC12120	M12	120	ϕ12	35	ϕ12.7	
HAC16100	M16	100	ϕ16	40	ϕ17	3 215
HAC16120	M16	120	ϕ16	40	ϕ17	
HAC16150	M16	150	ϕ16	40	ϕ17	
HAC20130	M20	130	ϕ20	50	ϕ21.5	4 450
HAC20150	M20	150	ϕ20	50	ϕ21.5	
HAC20190	M20	190	ϕ20	50	ϕ21.5	

(6) 锤击式底脚膨胀螺母

【用途】 是用于底脚的一种特殊螺纹连接件，由管状螺母和锥轴两个零件组成，管状螺母上端为内螺纹，下端为内锥体(在锥体上开槽)，为使管螺纹下端膨胀后紧紧“吱住”地基或墙基，在管螺纹下端四周制成环状突缘。其安装方法是在地基上钻孔，然后塞入膨胀螺母，检查安装位置正确后，在螺母内腔塞入锤轴并敲击，使开槽处锥体膨胀到位而牢牢地固定在地基中，于是安装设备或机件，在螺孔中依次装上平垫圈、弹簧垫圈及六角头螺栓旋入螺母中。

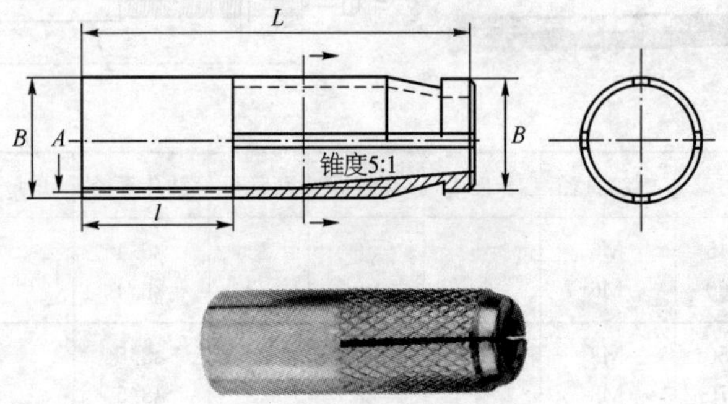

(mm)

品种代号	螺纹规格 A	外径 B	长度 L	螺纹全长 l	钻孔直径	重量(kg/千个)
DRM06	M6	8	25	10	8	950
DRM08	M8	10	30	14	10	1 350

(续)

品种代号	螺纹规格 A	外径 B	长度 L	螺纹全长 l	钻孔直径	重量(kg/千个)
DRM10	M10	12	40	15	12	1 950
DRM12	M12	16	50	20	16	2 900
DRM16	M16	20	65	25	20	4 850
DRM20	M20	25	80	35	25	5 900

注：碳钢镀锌钝化,混凝土抗拉强度不小于 27 MPa。

(7) 隔热层墙塞

【用途】 装潢、装饰工程中经常遇到将隔热层安装固定在墙壁上,若固定在金属壁上,过去经常采用"碰电",通过特种工具及钉垫将钉焊于金属墙上。若将隔热层安装在混凝土墙壁时,可采用"墙塞",安装方法是先在混凝土上钻孔,将"墙塞"塞入孔内,然后用圆钉打入"墙塞",使"墙塞"柱体膨胀而达到固定隔热层。

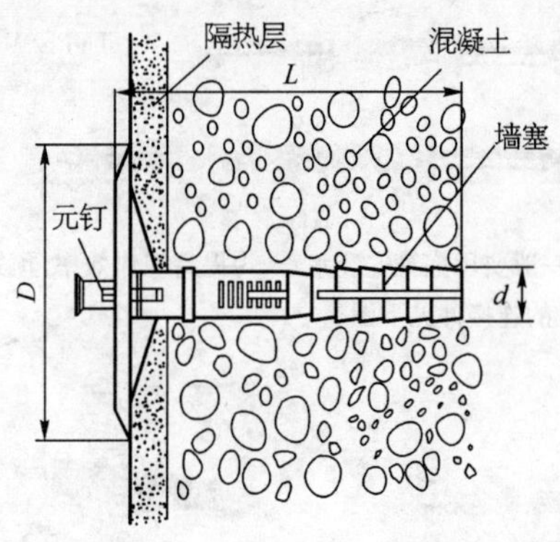

(mm)

品种代号	套管规格	$D\times L\times d$	钻孔直径	品种代号	套管规格	$D\times L\times d$	钻孔直径
FIP10070	10×70	ϕ60×70×ϕ10	ϕ10	FIP10140	10×140	ϕ60×140×ϕ10	ϕ10
FIP10090	10×90	ϕ60×90×ϕ10	ϕ10	FIP10160	10×160	ϕ60×160×ϕ10	ϕ10
FIP10110	10×110	ϕ60×110×ϕ10	ϕ10	FIP10180	10×180	ϕ60×180×ϕ10	ϕ10
FIP10120	10×120	ϕ60×120×ϕ10	ϕ10	FIP10200	10×200	ϕ60×200×ϕ10	ϕ10

(8) 尼龙螺丝塞

其又称为塑料胀管,又分 A、B 型,A 型,通常拧入螺钉固定;B 型,通常用圆钉敲入,又称锤击式尼龙膨胀锚钉。

【用途】 广泛用于装潢、装饰工程,如小型金属装饰件,挂件及电器,通常用于卫浴安装螺丝,A 型尼龙螺丝塞安装方式如下图。

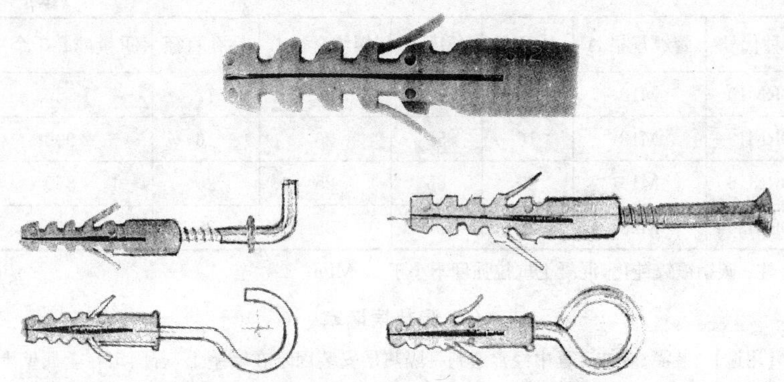

用钢钉打入塑料胀管内腔，使其膨胀紧压孔壁达到固定（也可用木螺钉拧入内腔），如下图所示。

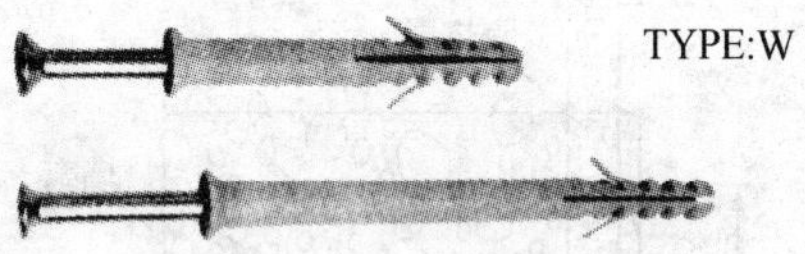

厨房、卫浴装潢中，一般要用抱箍安装水管，为提高工作效率，预先将锤击式尼龙膨胀锚钉与抱箍连成一体，常见的连接件见下图。

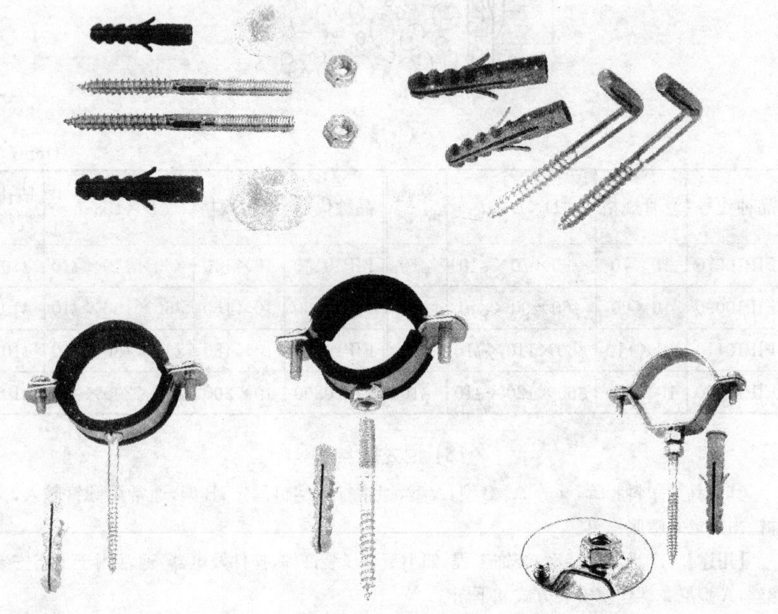

【市场品规格及参数】

<table>
<tr><th rowspan="2">型式</th><th rowspan="2">直径
(mm)</th><th rowspan="2">长度
(mm)</th><th colspan="2">适用木螺钉</th><th colspan="2">钻孔尺寸(mm)</th></tr>
<tr><th>直径(mm)</th><th>长度(mm)</th><th>直径</th><th>深度</th></tr>
<tr><td rowspan="4">A</td><td>6</td><td>31</td><td>3.5　4.0</td><td rowspan="4">构件厚度+胀管长度+10</td><td rowspan="8">混凝土工胀管直径 0.3
加气混凝土，小于胀管直径 0.5～1.0
硅酸盐砌块，小于胀管直径 0.3～0.5</td><td rowspan="8">A 型：
大于胀管长度 10～12.
B 型：
大于胀管长度 3～5</td></tr>
<tr><td>8</td><td>48</td><td>4.0　4.5</td></tr>
<tr><td>10</td><td>59</td><td>5　5.5</td></tr>
<tr><td>12</td><td>60</td><td>5.5　6.0</td></tr>
<tr><td rowspan="4">B</td><td>6</td><td>36</td><td>3.5　4.0</td><td rowspan="4">构件厚度+胀管长度+3</td></tr>
<tr><td>8</td><td>42</td><td>4.0　4.5</td></tr>
<tr><td>10</td><td>48</td><td>5.0　5.5</td></tr>
<tr><td>12</td><td>64</td><td>5.5　6.0</td></tr>
</table>

7. 网筛及丝网

(1) 网筛(成品)

【用途】 测量各种物料的颗粒大小和过滤用。

【规格】

不锈钢网筛(成品)

<table>
<tr><th>丝 网 规 格</th><th>筛直径(mm)</th><th>草　图</th></tr>
<tr><td>4 目</td><td>ϕ300</td><td rowspan="9">不锈钢丝网
外壳
外壳材料：
铝合金或不锈钢薄板</td></tr>
<tr><td>5 目</td><td>ϕ300～ϕ400</td></tr>
<tr><td>6 目</td><td>ϕ300～ϕ400</td></tr>
<tr><td>8 目</td><td>ϕ300～ϕ400</td></tr>
<tr><td>100 目</td><td>ϕ300</td></tr>
<tr><td>120 目</td><td>ϕ300</td></tr>
<tr><td>150 目</td><td>ϕ300</td></tr>
<tr><td>180 目</td><td>ϕ300</td></tr>
<tr><td>200 目</td><td>ϕ300</td></tr>
</table>

注：每 1 in(25.4 mm)长度的目数。

(2) 不锈钢丝网			(3) 黄铜丝布			(4) 磷铜丝布		
孔径	丝径	宽度(m)	孔径	丝径	宽度(m)	孔径	丝径	宽度(m)
50 目	38#	1	20 目	32#	0.914	10 目	48#	1
60 目	40#	1	24 目	33#	0.914	80 目	48#	1
80 目	42#	1	35 目	40#	0.914	160 目	46#	1
100 目	44#	1	40 目	37#	1	180 目	47#	1
120 目	44#	1	80 目	37#	1	220 目	47#	1
50 目	46#	1	28 目	34#	0.914	250 目	48#	1
80 目	47#	1	50 目	38#	1	320 目	48#	1
200 目	47#	1	60 目	40#	1	350 目	49#	1
250 目	48#	1	80 目	43#	1			
300 目	0.04①	1	100 目	44#	1			
325 目	0.04①	1	150 目	46#	1			
400 目	49#	1						
500 目	50#	1						
6 目	23#	1						
10 目	20#	1						
16 目	28#	1						
18 目	30#	1						

注：1. 表示 0.04 mm。
2. 金属丝直径，习惯上用线规号数(#)表示，后来我国用毫米(mm)表示，国外仍惯用线规号数(#)表示，SWG(英国线规代号)，AWG(美国线规代号)。

(2) 钢丝六角网(QB/T 1925—1993)及涂塑六角网

① 钢丝六角网。

【用途】 在建筑保温及围栏工程中应用。

【规格】

分类		代号	网孔尺寸(mm)	钢丝直径 *d*(mm)
按镀锌方式分	先编网后镀锌	B	10	0.40～0.60
	先电镀锌后织网	D	13	0.40～0.90
	先热锌后织网	R	16	0.40～0.90
按编织形式分	单向搓捻式	Q	20	0.40～1.00
			25	0.40～1.30
	双向搓捻式	S	30	0.45～1.30
			40	0.50～1.30
	双向搓捻式有加强筋	J	50	0.50～1.30
			75	0.50～1.30

钢丝直径系列 d(mm)：0.40，0.45，0.50，0.55，0.60，0.70，0.80，0.90，1.00，1.10，1.20，1.30

网宽(m)：0.5，1.1，1.5，2

网长(m)：25，30，50

单向搓捻式 (Q)　双向搓捻式 (S)　双向搓捻式有加强筋 (J)

② 涂塑六角网。

【特点】 处在化工气氛和工业大气中的金属网易遭腐蚀，本涂塑网选用优质低碳钢丝加工成型后，利用先进的涂塑设备，将 PVC 粉末或 PE 粉末涂敷于网丝表面，涂层均匀，附着力强，表面光洁，网穿上“防护衣”后，具有良好的防腐蚀性。

【用途】 应用于动物园、植物园的防护、宾馆、住宅、街道、运动场所防护，还可以用于养鱼、捕鱼和动物养殖及家庭装饰等。

【规格】

丝号		网目		宽×长(m)	参考重量(kg)	盘卷直径(mm)
公制	AWG	公制(mm)	(in)			
	18#	12.7	½″	0.914×30.48 (英制 3′～100)	46	360
	19#	12.7	½″		32	320
	14#	100×50	4″×2″		27	380

(3) 镀锌电焊网

(QB/T 3897—1999)(GB 12108—1989)电焊网代号：DHW

【用途】 用于建筑、养殖、种植等行业的围栏，并广泛用于工业、农业、交通运输等方面。

【规格】

(mm)

网号	网孔尺寸($J\times W$)	丝径(D)	网边露头长(C)	网宽(m)：0.914 网长(m)：30、30.48
20×20 10×20 10×10	50.8×50.8 25.4×50.8 25.4×25.4	1.80～2.50	≤2.5	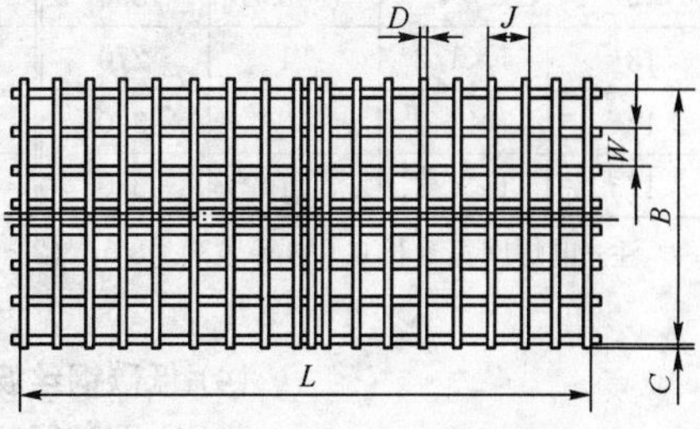
04×10 06×06	12.7×25.4 19.05×19.05	1.00～1.80	≤2.0	
04×04 03×03 02×02	12.70×12.70 9.53×9.53 6.35×6.35	0.50～0.90	≤1.5	

	丝径(mm)	抗拉力(N)	丝径(mm)	抗拉力(N)	丝径(mm)	抗拉力(N)
电焊网焊点抗拉力	0.50	>20	0.90	>65	1.80	>270
	0.55	>25	1.00	>80	2.00	>330
	0.60	>30	1.20	>120	2.20	>400
	0.70	>40	1.40	>160	2.50	>500
	0.80	>50	1.60	>210		

先织后镀和光镀后织电焊网

【特点和用途】 选用优质低碳钢丝，采用自动焊接而成，网面平整，网目均匀，焊点紧固，先织后镀电焊网，采用热镀锌工艺，防腐性能好，先镀后织电焊网色泽光亮，表面光洁度高，广泛用于工、农业及建筑、交通运输业。

【规格】

丝号	网孔尺寸(in)	参考重量(kg)	盘卷直径(mm)	丝号	网孔尺寸(in)	参考重量(kg)	盘卷直径(mm)
21#	3/8	23	240	16#	1×1/2	53	250
23#	1/4	22	220	20#	1	12	250
22#	1/2	14	220	19#	1	15	270
21#	1/2	17	230	18#	1	18	300
20#	1/2	22	250	17#	1	27	320
19#	1/2	28	270	16#	1	34	350
18#	1/2	39	320	15#	1	40	360
17#	1/2	54	340	14#	1	53	380
18#	1/2	70	360	18#	2	9	300
21#	3/4	10	230	16#	2	17	340
20#	3/4	13	240	15#	2	20	360
19#	3/4	18	270	14#	2	27	370
18#	3/4	27	320	16#	2×1	27	350
17#	3/4	34	330	15#	2×1	29	360
16#	3/4	48	350	14#	2×1	39	380
18#	1×1/2	21	270	14#	4×2	23	360
18#	1×1/2	30	320	16#	3×2	15	350
17#	1×1/2	41	330				

注：电焊网宽×长 0.914 m×30.48 m，(2′～6′)×(100′～300′)。

产地：⚠ 7

(4) 低碳钢丝波纹方孔网

(QB/T 1925.3—1993)

其又称为轧花网、矩形网、方眼网。

【用途】 主要用于矿山、冶金、建筑及农业生产中筛选固体物料颗粒，过滤液体和泥浆，以及用作防护网。

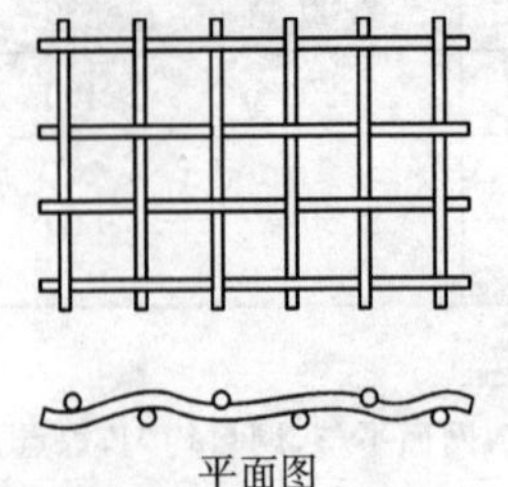

平面图

立体图

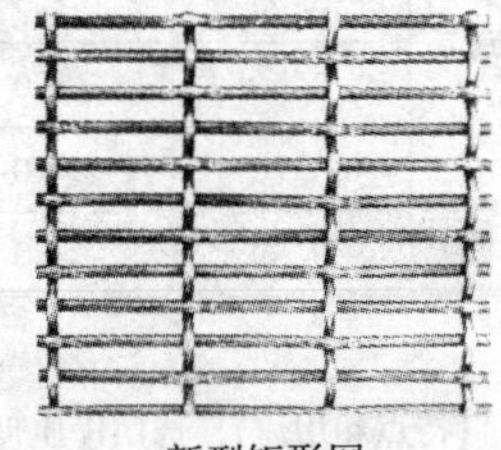

新型矩形网

【规格】

<table>
<tr><td colspan="3">类　别</td><td colspan="12">规　　格(mm)</td></tr>
<tr><td colspan="3">钢丝直径</td><td>0.70</td><td>0.90</td><td>1.20</td><td>1.60</td><td>2.20</td><td>2.80</td><td>3.5</td><td>4.0</td><td>5.0</td><td>6.0</td><td>8.0</td><td>10.0</td></tr>
<tr><td rowspan="6">网孔尺寸</td><td rowspan="6">A型网</td><td rowspan="3">Ⅰ系(优选)</td><td>—</td><td>—</td><td>6</td><td>8</td><td>12</td><td>15</td><td>20</td><td>20</td><td>25</td><td>30</td><td>40</td><td>80</td></tr>
<tr><td>—</td><td>—</td><td>—</td><td>10</td><td>—</td><td>20</td><td>25</td><td>30</td><td>40</td><td>50</td><td>50</td><td>100</td></tr>
<tr><td>—</td><td>—</td><td>—</td><td>—</td><td>—</td><td>—</td><td>—</td><td>—</td><td>—</td><td>50</td><td>—</td><td>125</td></tr>
<tr><td rowspan="3">Ⅱ系(一般)</td><td></td><td></td><td>8</td><td>12</td><td>15</td><td>25</td><td>30</td><td>30</td><td>28</td><td>28</td><td>45</td><td>70</td></tr>
<tr><td>—</td><td>—</td><td>—</td><td>—</td><td>20</td><td>—</td><td>—</td><td>—</td><td>36</td><td>35</td><td>—</td><td>90</td></tr>
<tr><td>—</td><td>—</td><td>—</td><td>—</td><td>—</td><td>—</td><td>—</td><td>—</td><td>—</td><td>45</td><td>—</td><td>110</td></tr>
<tr><td rowspan="5">网孔尺寸</td><td rowspan="5">B型网</td><td rowspan="2">Ⅰ系(优选)</td><td>1.5</td><td>2.5</td><td>—</td><td>3</td><td>4</td><td>6</td><td>6</td><td>6</td><td>20</td><td>20</td><td>30</td><td>—</td></tr>
<tr><td>2.0</td><td>—</td><td>—</td><td>—</td><td>—</td><td>—</td><td>—</td><td>8</td><td>—</td><td>25</td><td>—</td><td>—</td></tr>
<tr><td rowspan="3">Ⅱ系(一般)</td><td>—</td><td>—</td><td>—</td><td>5</td><td>6</td><td>10</td><td>8</td><td>12</td><td>22</td><td>18</td><td>35</td><td>—</td></tr>
<tr><td>—</td><td>—</td><td>—</td><td>—</td><td>—</td><td>12</td><td>10</td><td>16</td><td>—</td><td>22</td><td>—</td><td>—</td></tr>
<tr><td>—</td><td>—</td><td>—</td><td>—</td><td>—</td><td>—</td><td>15</td><td>—</td><td>—</td><td>—</td><td>—</td><td>—</td></tr>
<tr><td colspan="3">网宽(m)</td><td colspan="2" rowspan="2">片网</td><td colspan="2">0.9</td><td colspan="2">1.0</td><td colspan="2">1.5</td><td rowspan="2">卷网</td><td colspan="3">2</td></tr>
<tr><td colspan="3">网长(m)</td><td colspan="2"><1</td><td colspan="2">1～5</td><td colspan="2">>5～10</td><td colspan="3">10～30</td></tr>
</table>

注：Ⅰ系为优选规格，Ⅱ系为一般规格。用代号 BW 表示，另外有一种矩形方孔网；孔距宽、长比约：1∶4。

产地：④ 8、6

【应用举例】 护栏网

(5) 不锈钢网类

【材料】 SUS302、304、316、304 L、316 L 不锈钢丝。

【编织及特点】 席型网/斜织，席型网/平织；耐酸、耐碱、耐温、耐磨、清洁。

【用途】 石油、化工、矿业、食品、医药、机械制造等行业。

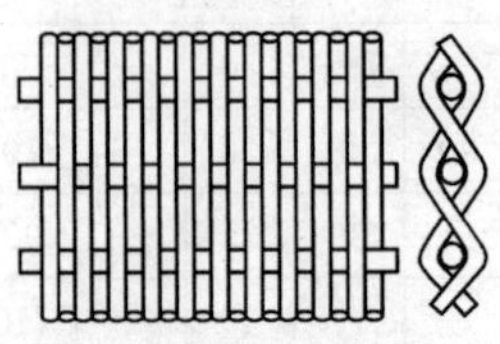

Plain dutch weave
（席型网/平织）

Twilled dutch weave
（席型网/斜织）

产地：⚠6

(6) 斜 方 网

其又称为菱形网。

【用途】 用作围墙、窗栏以及运动场等隔离栏。

【规格】

钢丝直径(mm)	1.2	1.6				2.2						
网孔宽度(mm)	12.5	12.5	16	20	25.4	12.5	16	20	25.4	32	38	40
开孔率(%)	82	76	81	85	88	69	74	79	83	87	89	89
重量(kg/m²)	1.9	3.4	2.5	2	1.45	6	5	3.7	2.8	2.2	1.8	1.7

钢丝直径(mm)	2.8						3.0				
网孔宽度(mm)	20	25.4	32	38	40	50	25.4	32	38	40	50
开孔率(%)	74	79	83	86	86	89	78	82	85	85	88
重量(kg/m²)	6.4	4.8	3.7	3	2.9	2.3	5.6	4.3	3.5	3.3	2.6

钢丝直径(mm)	3.5						4.0		
网孔宽度(mm)	32	38	40	50	64	76	50	64	76
开孔率(%)	81	82	83	86	89	91	85	88	90
重量(kg/m²)	5.9	4.9	4.5	3.6	2.7	2.3	4.7	3.5	3

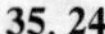

(7) 钢板网(QB/T 2959—2008)

【用途】 按不同的板厚(d)、丝梗宽(b)、网面尺寸,分别可使用于以下部位:①钢筋混凝土钢筋;②水泥船基体;③电站、码头、大型机械设备的平台、踏板、搁栅;④造选船、建筑业的脚手架铺板;⑤机械设备的防护罩,仓库和工地隔离网、工业过滤设施;⑥门窗防护层、养鸡场隔离网;⑦码头浮桥、引桥的行人走道等。

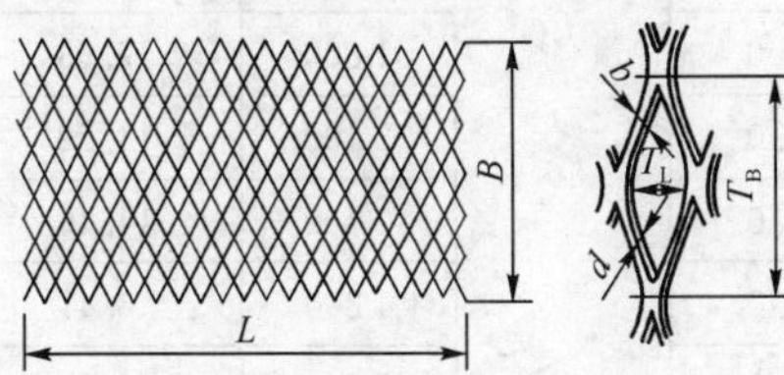

T_L—短节距;T_B—长节距;d—板厚;b—丝梗宽;B—网面宽;L—网面长

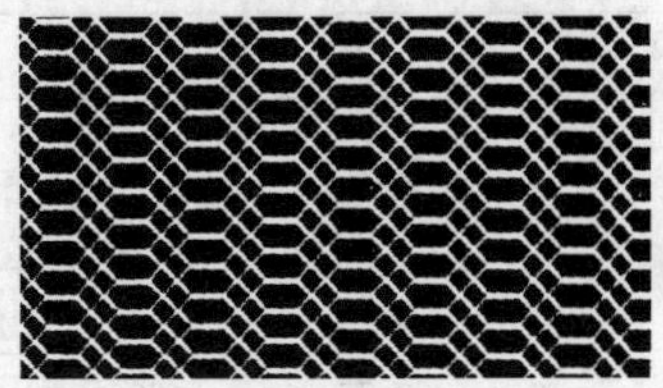

新型钢板网

【规格】

d	网格尺寸(mm)			网面尺寸(mm)		理论质量(kg/m²)
	T_L	T_B	b	B	L	
0.5	5	12.5	1.11	2 000	1 000	1.74
	10	25	0.96	2 000	600 1 000	0.75
	14	25	0.62	2 000	600	0.35
			0.70		1 000	0.39
	5	12.5	1.10	1 000 或 2 000	2 000	1.73
	8	20			3 000	1.08
	10	25	1.12	2 000	4 000	0.88
	12	30	1.35			
0.8	10	25	0.96	2 000	600	1.20
			1.14		1 000	1.43
			1.12		4 000	1.41
	12 15	30 40	1.35 1.68			
4.0	22	60	4.5	1 500 或 2 000	2 200	12.85
	30	80	5.0		2 700	10.47
	38	100	6.0		2 800	9.92
4.5	22	60	5.0		2 000	16.05

（续）

d	网格尺寸(mm)			网面尺寸(mm)		理论质量(kg/m²)
	T_L	T_B	b	B	L	
4.5	30	80	6.0	1 500 或 2 000	2 200	14.13
	38	100	6.0		2 800	11.16
5.0	24	60	6.0		1 800	19.63
	32	80	6.0		2 400	14.72
	38	100	7.0		2 400	14.46
	56	150	6.0		4 200	8.41
	76	200	6.0		5 700	6.20
6.0	32	80	7.0		2 000	20.60
	38	100	7.0		2 400	17.35
	56	150	7.0		3 600	11.78
	76	200	8.0		4 200	9.92
7.0	40	100	8.0		2 200	21.98
	60	150	8.0		3 400	14.65
	80	200	9.0		4 000	12.36
8.0	40	100	8.0		2 200	25.12
	40	100	9.0		2 000	28.26
	60	150	9.0		3 000	18.84
	80	200	10.0		3 600	15.70

产地：△8

(8) 铝 板 网

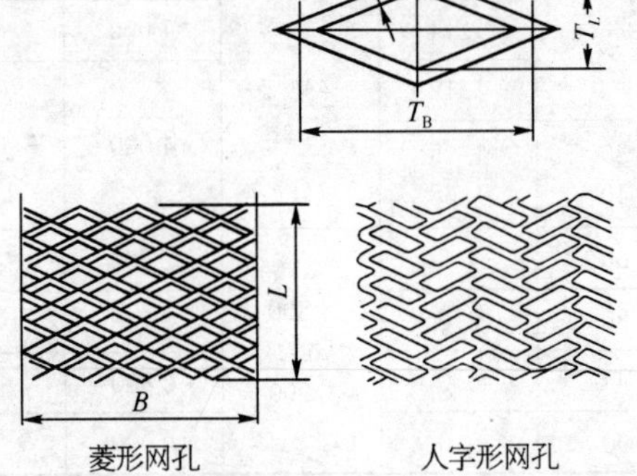

T_L—短节距
T_B—长节距
d—板厚
b—丝梗宽
B—网面宽
L—网面长

【用途】 用于通风、防护装置和装潢装饰，也可用于汽车、拖拉机滤清器滤网等。

【规格】

分类	d	菱形网孔铝板网					人字形网孔铝板网					
		0.4	0.5			1.0	0.4		0.5			1.0
网格尺寸（mm）	T_L	2.3	2.3	3.2	5.0	5.0	1.7	2.2	1.7	2.2	3.5	3.5
	T_B	6	8	10	12.5	12.5	6	8	6	8	12.5	12.5
	b	0.7	0.7	0.8	1.1	1.1	0.5	0.5	0.5	0.6	0.8	1.1
网面尺寸（mm）	B	200～500				1 000	200～500		200～500			1 000
	L	500、600、1 000				2 000	500、600、1 000		500、600、1 000			2 000
理论质量（kg/m^2）		0.657	0.822	0.657	0.594	1.188	0.635	0.491	0.794	0.736	0.617	1.697

(9) 金属阳极电解槽网

【用途】 氯碱主要设备金属钛阳极电解槽。阴极网袋使用镀锌低碳钢丝预弯曲后再经平纹编织而成，其规格有4目，5目，6目，钢丝直径分别为3 mm、2.8 mm、2.2 mm。门幅宽度为0.8～1.6 m；长度为2 m。钛（Ti）阳极网片，其规格为菱形网孔钛板网：（参考铝板网图形）T_L＝4 mm，T_B＝12.5 mm，板厚d＝1.0 mm，丝梗宽b＝1.1 mm。网片长、宽尺寸按阳极规格而定。

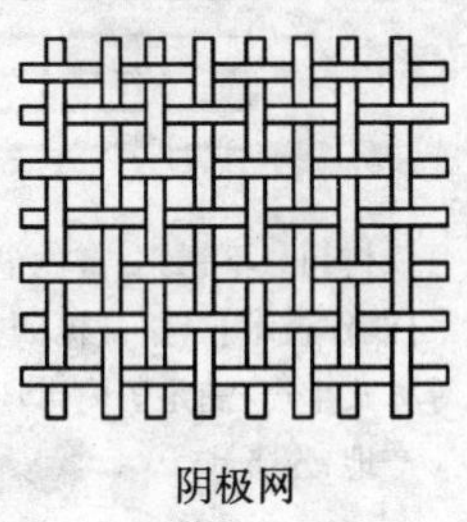

阴极网

(10) 各类金属筛网系列

【用途】 各类金属筛网，广泛用于五金、建筑，装潢装饰，机筛网，过滤网、滤清器、音响喇叭网、石油滤网、矿山网等。

【规格】

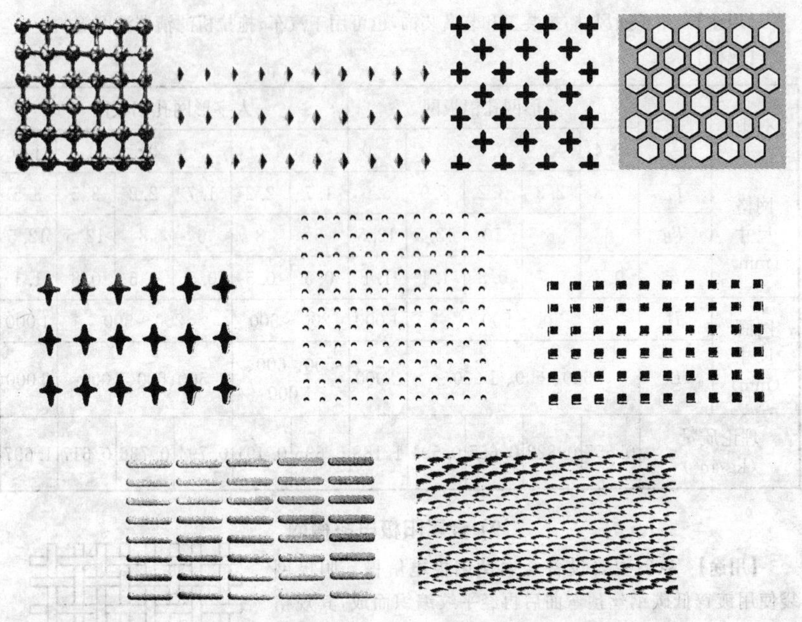

【材料】 不锈钢、有色金属、塑料等。

【制作技术】 集微机、电子、精密数控冲床于一体的高科技产品；或铣切、金加工、电加工等方式生产，满足国内市场外，还出口到欧美、东南亚等国家。

产地：△5

(11) 刺 网

其又称为刀片网。

【用途】 网上嵌有刀片，一般用作防护网。

【规格】

型号	示 意 图	规 格(mm)
A1		刀片厚 0.5±0.05，刀片长 15±1 刀宽 16±1.0，刀间 33±1.0 心线直径 2.5±0.1
A2		刀片厚 0.5±0.05，刀片长 22±1 刀宽 16±1.0，刀间 35±1 心线直径 2.5±0.1
A3		刀片厚 0.6±0.05，刀长 65±2 刀宽 21±1.0，刀间 10±2.0 心线直径 2.5±0.1

产地：△7

【用途】

在护栏顶加设环形刺绳

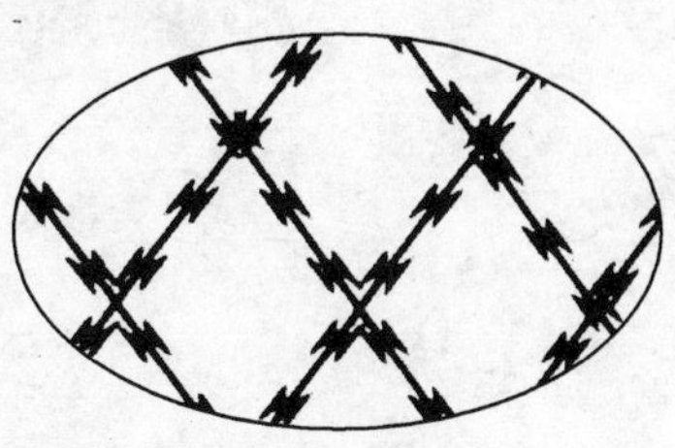

用刺绳组成护栏

(12) 石油用网

【用途】 采用不锈钢板(1Cr18Ni9、1Cr18Ni9Ti、2Cr18Ni9、2Cr18Ni10)制成高频振动网筛、高频框架振动筛、新型网筛以及方孔网(轧花网)制成波浪形筛网、新型波浪网。

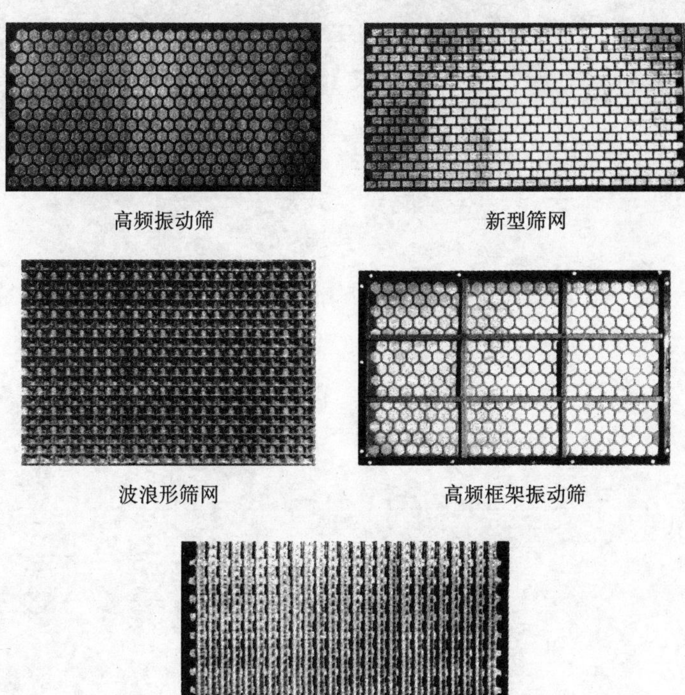

高频振动筛　新型筛网

波浪形筛网　高频框架振动筛

新型波浪网

产地:④ 8

第三十六章　水暖器材(管件)

1. 新型管件五要素

由管材、管件(接头、弯头、三通、四通等)、阀门及其他设备组成管路系统(俗称管系)。

随着科技进步,管材新品不断涌现,应用新型管材,也促使管件向新型发展,有五个要素。

① 提高管件力学性能,承压强度与管材匹配。

② 提高耐腐蚀性。现行管路受工业大气、酸雨、水膜、水中氯离子、杂散电流等介质影响,腐蚀程度加剧,管系爆裂引发事故时有出现。天然气已进入千家万户,钢质管道的防腐蚀防泄漏,至关重要。北方某市地下管道遭受杂散电流腐蚀(俗称电蚀),壁厚 15 mm 的钢管,不到一年被腐蚀穿孔。可见管系防腐如此的重要。

③ 提高管件与管材连接的密固性。

④ 内腔光滑,防堵塞,防积垢。

⑤ 外形要美观。采取新型而有效的防腐措施:如热镀锌,喷锌、喷铝、喷塑或采用高新技术锌加、氟碳(PEDF)涂料。

举例说明:

① 新型 PP-R 塑料管,正在普及应用,管件与管材的连接采用热熔即插连接,不用螺纹连接,数秒钟即可完成一个接头连接,虽然管件外形没有变,但提高了使用功能,是属于新型管件。UPVC 管件同样如此。

② 薄壁不锈钢管件,采用卡压式连接方式,16 种管件,序号 1～6 外形作了改变,序号 7～15 卡压式与螺纹连接相结合,安装方便,功能提高。

③ ProfIPressG 铜管管件,采用卡压钳或卡压环,不用气焊钎焊,可节约 30%的工时。

④ 建筑用铜管管件采用承插形式加钎焊。

⑤ 可锻铸铁管件,采用管螺纹连接,结构合理,拆装方便,我国应用这种管件已有 140 余年历史。这种可锻铸铁管件适用于 10 号无缝钢管,若使用高档次的钢管,管件材质应与管材一致,同时提高其余四个要素,使用功能提高,但一般不去更改其外形。虽然维持原有外形,但管件内在质量在提高,趋向于新型。

⑥ 法兰。法兰也属于管件。从结构力学分析,钢结构切忌应力集中,钢法兰尽可能做成带颈式(见 GB/T 9116.1—2000),整体铸铁管法兰(见 GB/T 17241.6—2008)通径 *DN* 小的管法兰三个螺孔能承受压力时,可采用三孔三角形法兰,三角形角部用圆弧过度,圆角半径=螺孔中心至斜边的垂直距离。

2. 国际管子系列标准

压力管道设计及施工,首先考虑压力管道及其管件标准系列的选用。世界各国应用的标准体系可分成两大类。压力管道及法兰标准见下表。

<table>
<tr><th>标准</th><th>分类</th><th>大外径系列</th><th>小外径系列</th></tr>
<tr><td>压力管道标准</td><td>规格
DN—
公称直径
ϕ—外径</td><td>DN15 - ϕ22 mm，DN20 - ϕ27 mm，
DN25 - ϕ34 mm，DN32 - ϕ42 mm，
DN40 - ϕ48 mm，DN50 - ϕ60 mm，
DN65 - ϕ76(73)mm，DN80 - ϕ89 mm，
DN100 - ϕ114 mm，DN125 - ϕ140 mm，
DN150 - ϕ168 mm，DN200 - ϕ219 mm，
DN250 - ϕ273 mm，DN300 - ϕ324 mm，
DN350 - ϕ360 mm，DN400 - ϕ406 mm，
DN450 - ϕ457 mm，DN500 - ϕ508 mm，
DN600 - ϕ610 mm</td><td>DN15 - ϕ18 mm，DN20 - ϕ25 mm，
DN25 - ϕ32 mm，DN32 - ϕ38 mm，
DN40 - ϕ45 mm，DN50 - ϕ57 mm，
DN65 - ϕ73 mm，DN80 - ϕ89 mm，
DN100 - ϕ108 mm，DN125 - ϕ133 mm，
DN150 - ϕ159 mm，DN200 - ϕ219 mm，
DN250 - ϕ273 mm，DN300 - ϕ325 mm，
DN350 - ϕ377 mm，DN400 - ϕ426 mm，
DN450 - ϕ480 mm，DN500 - ϕ530 mm，
DN600 - ϕ630 mm</td></tr>
<tr><td rowspan="2">法兰标准</td><td>分类</td><td>欧式法兰(以 200 ℃为计算基准温度)</td><td>美式法兰(以约 430 ℃为计算基准温度)</td></tr>
<tr><td>规格
PN—压力等级</td><td>压力等级：PN0.1，PN0.25，PN0.6，PN1.0，PN1.6，PN2.5，PN4.0，PN6.3，PN10.0，PN16.0，PN25.0，PN40.0</td><td>压力等级：PN2.0(CL150)，PN5.0(CL300)，PN6.8(CL400)，PN10(CL600)，PN15.0(CL600)，PN25(CL1500)，PN42.0(CL2500)</td></tr>
</table>

注：对于 CL150(150lb 级)是以 300 ℃作计算基准温度。

3. 中国的管子系列标准

(1) *DN*—公称通径

DN：用于管道系统元件的字母和数字组合的尺寸标识。它由字母 *DN* 和后跟无因次的整数数字组成。这个数字与端部连接的孔径或外径(用 mm 表示)等特征尺寸直接相关。通常，用于结构的钢管通径为外径；用于流体输送的管道，其通径为内径，按我国 GB/T 1047—2005 标准，*DN* 系列如下：

优先选用的 *DN* 数值如下：

*DN*6 *DN*100 *DN*700 *DN*2200
*DN*8 *DN*125 *DN*800 *DN*2400
*DN*10 *DN*150 *DN*900 *DN*2600
*DN*15 *DN*200 *DN*1000 *DN*2800
*DN*20 *DN*250 *DN*1100 *DN*3000
*DN*25 *DN*300 *DN*1200 *DN*3200
*DN*32 *DN*350 *DN*1400 *DN*3400
*DN*40 *DN*400 *DN*1500 *DN*3600
*DN*50 *DN*450 *DN*1600 *DN*3800
*DN*65 *DN*500 *DN*1800 *DN*4000
*DN*80 *DN*600 *DN*2000

(2) *PN*—公称压力

PN：与管道系统元件的力学性能和尺寸特征相关，由字母 *PN* 和后跟无因次的数字组

成。管道元件许用压力取决于元件的 *PN* 数值、材料和设计以及允许工作温度等，许用压力在相应标准的压力、温度等级表中给出。具有同样 *PN* 和 *DN* 数值的所有管道元件同与其相配的法兰应具有相同配合尺寸。

PN 数值应从以下系列中选择：

DIN 系列	ANSI 系列
*PN*2.5、*PN*6、*PN*10、*PN*16、*PN*25、*PN*40、*PN*63、*PN*100	*PN*20、*PN*50、*PN*110、*PN*150、*PN*260、*PN*420

必要时允许选用其他 *PN* 数值(摘自 GB/T 1048—2005)。

4. 可锻铸铁管路连接件
(GB/T 3287—2000)

【名称】 又名可锻铸铁螺纹管件、马铁管子配件、玛钢零件。是管子间及管子与阀门、水嘴连接用。

【用途】 用于输送公称压力 *PN*≤1.6 MPa，工作温度 *t*≤200 ℃的中性流体的管路上。表面镀锌的称白铁管件，用于输水、油、空气、煤气及蒸气等管路上，表面不镀锌的称黑铁管件，用于输送蒸气和油品等管路上。

【螺纹】 锁紧螺母和通丝外接头必须采用 55°圆柱内螺纹；其余都采用 55°圆锥管螺纹(内、外螺纹)。

【规格】

序号	名 称	代 号	用 途	简 图
1	外接头 又名：束结、内螺丝管子箍、套筒、外接管、直接头	M2	不通丝外接头用于连接两根公称通径相同的管子上，通丝外接头常与锁紧螺母和短管配合，用于常需拆卸的管路上	外接头
2	异径外接头 又名异径束接、异径内螺纹、异径管子箍大小头	M2	用于连接两根公称通径不同的管子，使通径缩小或变大	异径外接头
3	活接头 又名：活螺丝、连接螺母、由任	U_1(平座) U_{11}(锥形座)	与通丝外接头相同，但比它拆装方便，用于常拆装管路上	活接头

（续）

序号	名 称	代 号	用 途	简 图
4	内接头 又名：六角内接头、六角外螺丝、外丝箍	N8	用于连接两个公称通径相同的内螺纹管件或阀门	内接头
5	内外螺丝 又名：补心、管子衬、内外螺母、内外接头	N4	外螺纹一端，配合外接头与大通径管子或内螺纹管件连接；内螺纹一端直接与小通径管子连接，使管端通径缩小	内外螺丝
6	锁紧螺母 又名：防松螺母、纳子、根母	P4	锁紧装在管路上的通丝外接头或其他管件	锁紧螺母
7	弯头 又名：90°弯头、直角弯、角尺弯、爱尔弯	A1	用来连接两根公称通径相同的管子，使管路作90°转弯	端面 a 轴线 a 弯头
8	异径弯头 又名：异径90°弯头、大小弯	A1	连接两根公称通径不同的管路，作为90°转弯过渡	b a 异径弯头
9	月弯和外丝月弯 又名90°肘弯	月弯 G1 外丝月弯 G8	用于弯曲半径较大的管路上；外丝月弯，须与外接头配套使用	a a 月弯 外丝月弯
10	45°弯头 又名：直弯、直冲、半弯	A1/45°	连接两根通径相同的管子，使管路45°转弯	a 轴线交点 a 45° 弯头

36.4

(续)

序号	名 称	代 号	用 途	简 图
11	三通 又名:T字弯、三路通、三路天	B1	连接三根公称通径相同的管子	 三通
12	中、小异径三通 又名:中小三通、异径三叉、中小天	B1	与三通相似。但通径不等,从中部接出管子的通径小于两端通径	 中小异径三通
13	中大异径三通 又名:中大三通、中大天	B1	与三通相似,从中部接出的管子通径大于两端通径	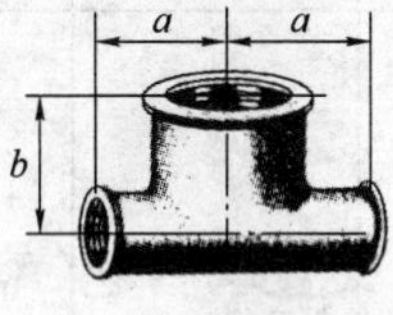 a a b 中大异径三通
14	四通 又名:四叉、十字接头、十字天	C1	用于连接四根通径相同的管子,并形成垂直相交	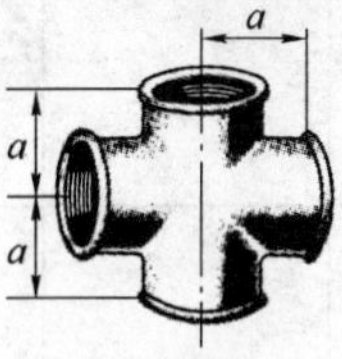 a a a 四通
15	异径四通 又名:异径四叉、中小十字天	C1	用途与四通相似,但是上、下两管通径小,两端管径通径大	 异径四通
16	外方管堵 又名:塞头、管子堵、闷头	T8	用于堵塞管路、阻止介质泄漏,防止异物入管	 外方管堵
17	管帽 又名:盖头、管子盖	T1	与外方管堵相同,可直接旋在管子上,不需要其他管件配合	 管帽

注:序号1~17管件尺寸见表(3)(4)

(续)

序号	名 称	代 号	用 途	简 图
18	短月弯	D1(2a)	连接两根通径相同的管子,使管子呈 90°转弯(尺寸见表 1)	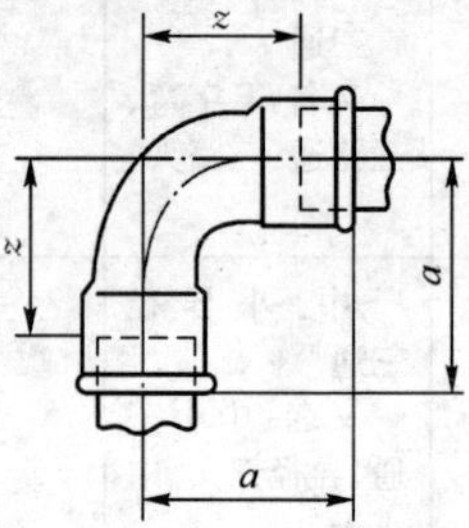
19	内外丝短月弯	D4(1a)	连接两根通径相同的管子,使管子呈 90°转弯尺寸见表(1)	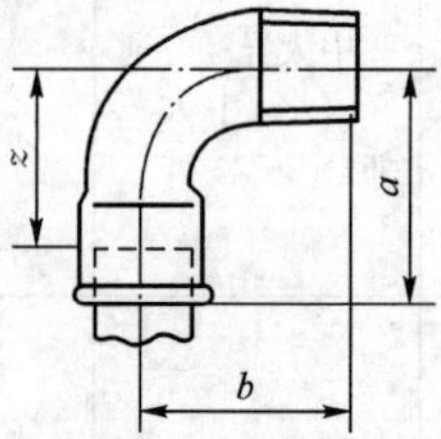
20	单弯三通	E1(131)	连接两根通径相同的管子,和一根中、大异径管,尺寸见表(1)	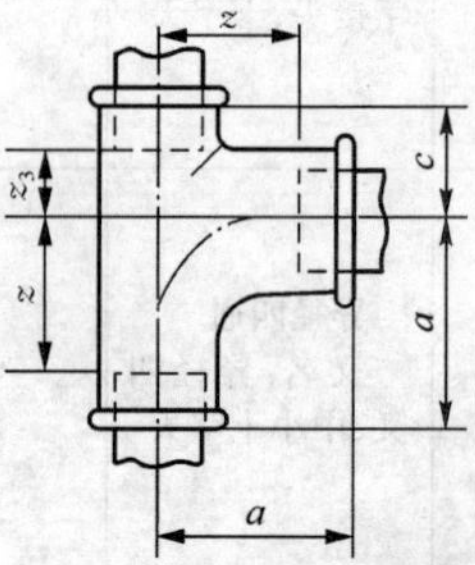
21	双弯弯头	E2(132)	与三通管子相似,接出的两根通径相同的管子,水流顺畅,尺寸见表(1)	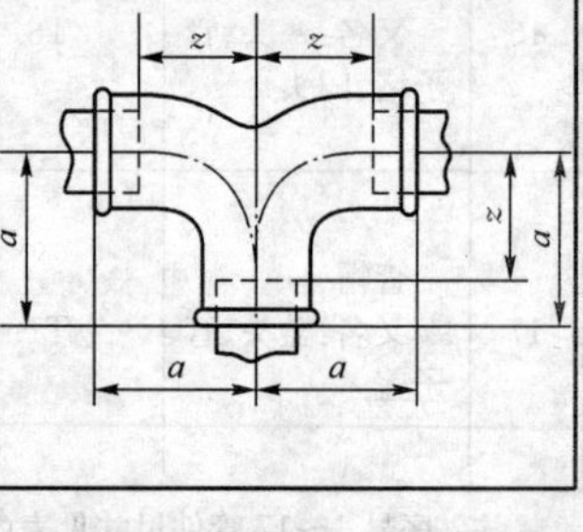

(续)

序号	名称	代号	用途	简图
22	中小异径单弯三通	E1(131)	侧面接出的异径管,水流畅通,比直角三通效果好,尺寸见表(2)	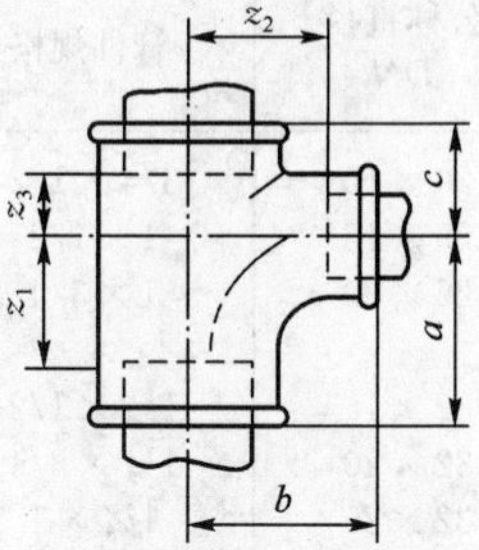
23	侧小异径单弯三通	E1(131)	侧小异径单管属于支流,尺寸见表(2)	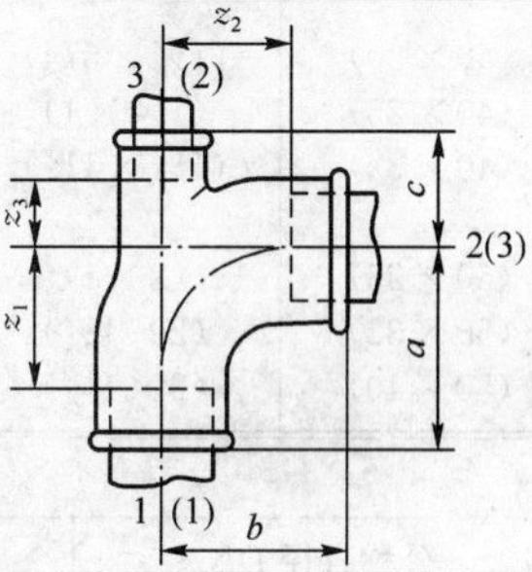
24	异径单弯三通	E1(131)	同上 尺寸见表(2)	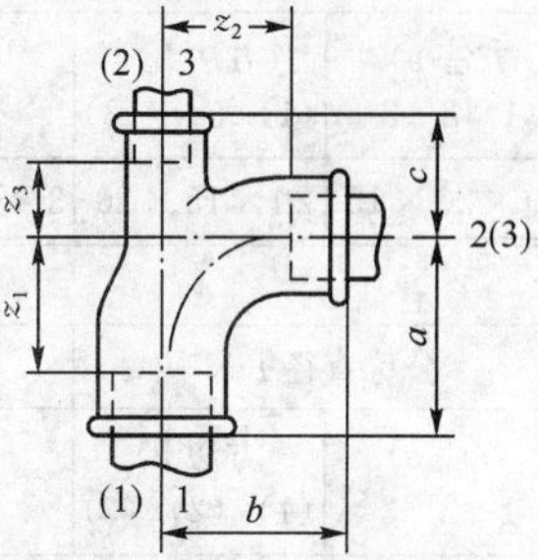

注:序号18~24管件尺寸,见表(1)(2)

表(1)　短月弯、内外丝短月弯、单弯三通、双弯弯头、管件规格尺寸

公称通径 DN				管件规格				尺寸(mm)		安装长度(mm)	
D1	D4	E1	E2	D1	D4	E1	E2	$a=b$	c	z	z_3
8	8			1/4	1/4	—	—	30	—	20	—
10	10	10	10	3/8	3/8	3/8	3/8	36	19	26	9
15	15	15	15	1/2	1/2	1/2	1/2	45	24	32	11
20	20	20	20	3/4	3/4	3/4	3/4	50	28	35	13
25	25	25	25	1	1	1	1	63	33	46	16
32	32	32	32	1¼	1¼	1¼	1¼	76	40	57	21
40	40	40	40	1½	1½	1½	1½	85	43	66	24
50	50	50	50	2	2	2	2	102	53	78	29

表(2)　中小异径单弯三通、侧小异径单弯三通、异径单弯三通管件规格尺寸

中小异径单弯三通

公称直径 DN	管件规格	尺寸(mm)			安装长度(mm)		
		a	b	c	z_1	z_2	z_3
20×15	3/4×1/2	47	48	25	32	35	10
25×15	1×1/2	49	51	28	32	38	11
25×20	1×3/4	53	54	30	36	39	13
32×15	1¼×1/2	51	56	30	32	43	11
32×20	1¼×3/4	55	58	33	36	43	14
32×25	1¼×1	66	68	36	47	51	17
(40×20)	(1½×3/4)	55	61	33	36	46	14
(40×25)	(1½×1)	66	71	36	47	54	17
(40×32)	(1½×1¼)	77	79	41	58	60	22
(50×25)	(2×1)	70	77	40	46	60	16
(50×32)	(2×1¼)	80	85	45	56	66	21
(50×40)	(2×1½)	91	94	48	57	75	24

侧小异径单弯三通

公称直径 DN		管件规格		尺寸(mm)			安装长度(mm)		
方法 a) 1　2　3	方法 b) (1)　(2)　(3)	方法 a) 1　2　3	方法 b) (1)　(2)　(3)	a	b	c	z_1	z_2	z_3
20×20×15	20×15×20	3/4×3/4×1/2	3/4×1/2×3/4	50	50	27	35	35	14

异径单弯三通

公称直径 DN		管件规格		尺寸(mm)			安装长度(mm)		
方法 a) 1　2　3	方法 b) (1)　(2)　(3)	方法 a) 1　2　3	方法 b) (1)　(2)　(3)	a	b	c	z_1	z_2	z_3
20×15×15	20×15×15	3/4×1/2×1/2	3/4×1/2×1/2	47	48	24	32	35	11
25×15×20	25×20×15	1×1/2×3/4	1×3/4×1/2	49	51	25	32	38	10
25×20×20	25×20×20	1×3/4×3/4	1×3/4×3/4	53	54	28	36	39	13

表(3)　通径相同管件主要尺寸

公称直径 DN (mm)	管件规格 (in)	外接头 通丝外接头	活接头	内接头	锁紧螺母	弯头	三通	四通	长月弯	外丝月弯	45°弯头	外方管堵	管帽
		尺寸 a(mm)											
6	1/8	25	38	29	—		19		—	—	—	11	13

（续）

公称直径 DN (mm)	管件规格 (in)	外接头通丝外接头	活接头	内接头	锁紧螺母	弯头	三通	四通	长月弯	外丝月弯	45°弯头	外方管堵	管帽
		尺寸 a(mm)											
8	1/4	27	42	36	6	21			40	—	—	14	15
10	3/8	30	45	38	7	25			48	48	20	15	17
15	1/2	36	48	44	8	28			55	55	22	18	19
20	3/4	39	52	47	9	33			69	69	25	20	22
25	1	45	58	53	10	38			85	85	28	23	24
32	1¼	50	65	—	11	45			105	105	33	29	27
40	1½	55	70	59	12	50			116	116	36	30	27
50	2	65	78	68	13	58			140	140	43	36	32
65	2½	74	85	75	16	69			176	—	—	39	35
80	3	80	95	83	19	78			205	—	—	44	38
100	4	94	—	95	—	96			260	—	—	54	45
125	5	109	—	—	—	115			—	—	—	—	—
150	6	120	—	—	—	131			—	—	—	—	—

注：1. 尺寸 a 见简图。
　　2. 活接头(平座)无公称通径 DN6。

表(4)　异径管件主要尺寸　　(mm)

公称直径 DN(mm)	管件规格 (in)	异径外接头	内外螺丝	异径弯头		中小异径三通		中大异径三通		异径四通	
		a	a	a	b	a	b	a	b	a	b
8×6	1/4×1/8	27	28	—	—	—	—	—	—	—	—
10×6	3/8×1/8	30	20	—	—	—	—	—	—	—	—
10×8	3/8×1/4	30	20	23	23	23	23	—	—	—	—
15×6	1/2×1/8	—	24	—	—	—	—	—	—	—	—
15×8	1/2×1/4	36	24	—	—	24	24	—	—	—	—
15×10	1/2×3/8	36	24	26	26	26	26	26	26	26	26
20×8	3/4×1/4	39	26	—	—	26	27	—	—	—	—
20×10	3/4×3/8	39	26	28	28	28	28	—	—	—	—
20×15	3/4×1/2	39	26	30	31	30	31	31	30	30	31
25×8	1×1/4	—	29	—	—	28	31	—	—	—	—
25×10	1×3/8	45	29	—	—	30	32	—	—	—	—

（续）

公称直径 DN(mm)	管件规格 (in)	异径外接头	内外螺丝	异径弯头		中小异径三通		中大异径三通		异径四通	
		a	*a*	*a*	*b*	*a*	*b*	*a*	*b*	*a*	*b*
25×15	1×1/2	45	29	32	34	32	34	34	32	32	34
25×20	1×3/4	45	29	35	36	35	36	36	35	35	36
32×10	1¼×3/8	—	31	—	—	32	36	—	—	—	—
32×15	1¼×1/2	50	31	—	—	34	38	—	—	—	—
32×20	1¼×3/4	50	31	36	41	36	41	41	36	36	41
32×25	1¼×1	50	31	40	42	40	42	42	40	40	42
40×10	1½×3/8	—	31	—	—	—	—	—	—	—	—
40×15	1½×1/2	55	31	—	—	36	42	—	—	—	—
40×20	1½×3/4	55	31	—	—	38	44	—	—	—	—
40×25	1½×1	55	31	42	46	42	46	46	42	42	46
40×32	1½×1¼	55	31	46	48	46	48	48	46	—	—
50×15	2×1/2	65	35	—	—	38	48	—	—	—	—
50×20	2×3/4	65	35	—	—	40	50	—	—	—	—
50×25	2×1	65	35	—	—	44	52	—	—	—	—
50×32	2×1¼	65	35			48	54	54	48	—	—
50×40	2×1½	65	35	52	56	52	55	55	52	—	—
65×25	2½×1	—	40	—	—	47	60	—	—	—	—
65×32	2½×1¼	74	40	—	—	52	62	—	—	—	—
65×40	2½×1½	74	40	—	—	55	63	—	—	—	—
65×50	2½×2	74	40	61	66	61	66	—	—	—	—
80×25	3×1	—	44	—	—	51	67	—	—	—	—
80×32	3×1¼	—	44	—	—	55	70	—	—	—	—
80×40	3×1½	80	44	—	—	58	71	—	—	—	—
80×50	3×2	80	44	—	—	64	73	—	—	—	—
80×65	3×2½	80	44	—	—	72	76	—	—	—	—
100×50	4×2	94	51	—	—	70	86	—	—	—	—
100×65	4×2½	94	51	—	—	—	—	—	—	—	—
100×80	4×3	94	51	—	—	84	93	—	—	—	—

注：1. *a*、*b* 值见简图所示。

2. 管件材料：可锻铸铁，材料牌号、设计符号、螺纹型式如下：设计符号 A、圆锥外螺纹（*R*）、圆柱内螺纹（R_P）材料 KTB 400－05，或 KTH 350－10；设计符号 B（*R*、R_P），材料 KT 350－04 或 KT 300－06；设计符号 C。圆锥外螺纹（*R*），圆锥内螺纹（*R*c），材料 KTB 400－05，或 KTH 350－10；设计符号 D，圆锥外螺纹（*R*）、圆锥内螺纹（*R*c）。材料 KTB 350－04 或 KTH 300－06。

管件表面处理：热镀锌(代号 Zn)，不进行处理，俗称黑品管(代号 Fe)；工作温度－20～300 ℃；管件允许工作压力：在－20～120 ℃时为 2.5 MPa；在 300 ℃时为 2 MPa；在 120～300℃之间的压力值用线性法确定；在 150 ℃时为 2.4 MPa。管件试验压力：规格为 1/8～4 时，压力为 10 MPa，规格为 5 和 6 时，压力为 5.4 MPa。

管件标记举例：

弯头 GB/T 3287　Al-3/4-Fe-A(表示：管件规格为 3/4，黑色表面、设计符号为 A 的弯头)。

三通 GB/T 3287　C1-1/2×3/8ZnC(表示管件规格为 1/2×3/8 热镀锌表面，设计符号为 C 的中小异型三通)。

5. 不锈钢和铜螺纹管路连接件(QB/T 1059—2005)

【名称、材料、用途】

名称	材　料	用　途
不锈钢管件	ZGCr18Ni9Ti 不锈铸钢	输送水、蒸汽、非强酸、碱流体
铜管件	ZCuZn40Pb2 铸造黄铜	输送水、蒸汽、非腐蚀性液体

注：管件适用于公称压力(PN)，分Ⅰ系列和Ⅱ系列。Ⅰ系列 PN≤3.4 MPa，Ⅱ系列 PN≤1.6 MPa，其试验压力 PS=1.5 PN。管件应作压扁试验，压扁量：不锈钢管为外径的 20%，铜管为外径的 15%，管件上螺纹、通丝外接头用 55°圆柱螺纹，其余用 55°圆锥螺纹。

通径相同管件主要尺寸

公称直径 DN (mm)	管螺纹尺寸 (in)	弯头、三通、四通、45°弯头，侧孔弯头 a		通丝外接头 L		内接头 L	活接头 L	管帽 L		管堵 L
		Ⅰ	Ⅱ	Ⅰ	Ⅱ	Ⅰ、Ⅱ	Ⅰ、Ⅱ	Ⅰ	Ⅱ	Ⅰ、Ⅱ
6	1/8	19	—	17	—	21	38	13	14	13
8	1/4	21	20	25	26	28	42	17	15	16
10	3/8	25	23	26	29	29	45	18	17	18
15	1/2	28	26	34	34	36	48	22	19	22
20	3/4	33	31	36	38	41	52	25	22	26
25	1	38	35	43	44	46.5	58	28	25	29
32	1¼	45	42	48	50	54	65	30	28	33
40	1½	50	48	48	54	54	70	31	31	34
50	2	58	55	56	60	65.5	78	36	35	40
65	2½	70	65	65	70	76.5	85	41	38	46
80	3	80	74	71	75	85	95	45	40	50
100	4	—	90	—	85	90	116			57
125	5		110		95	107	132			62
150	6		125		105	119	146			71

异径外接头、内外接头管件主要尺寸

公称直径 $DN_1\times DN_2$ (mm)	管螺纹尺寸代号 $d_1\times d_2$	全长 L(mm)				公称直径 $DN_1\times DN_2$ (mm)	管螺纹尺寸代号 $d_1\times d_2$	全长 L(mm)			
		异径外接头		内外接头				异径外接头		内外接头	
		Ⅰ	Ⅱ	Ⅰ	Ⅱ			Ⅰ	Ⅱ	Ⅰ	Ⅱ
8×6	1/4×1/8	27	—	17	—	40×32	1½×1¼	55	53	32.5	—
10×8	3/8×1/4	30	29	17.5	—	50×32	2×1¼	65	59	40	39
15×10	1/2×3/8	36	36	21	—	50×40	2×1½	65	59	40	39
20×10	3/4×3/8	39	39	24.5	—	65×40	2½×1½	74	65	46.5	44
20×15	3/4×1/2	39	39	24.5	—	65×50	2½×2	74	65	46.5	44
25×15	1×1/2	45	43	27.5	—	80×50	3×2	80	72	51.5	48
25×20	1×3/4	45	43	27.5	—	80×65	3×2½	80	72	51.5	48
32×20	1¼×3/4	50	49	32.5	—	100×65	4×2½	—	85	—	56
32×25	1¼×1	50	49	32.5	—	100×80	4×3	—	85	—	56
40×25	1½×1	55	53	32.5							

注：管件用途见下表。

不锈钢和铜螺纹管件

【规格】

序号	名称	用途	简图
1	90°弯头 又名直角弯，矮而弯	用于连接两根通径相同的管子作90°转弯	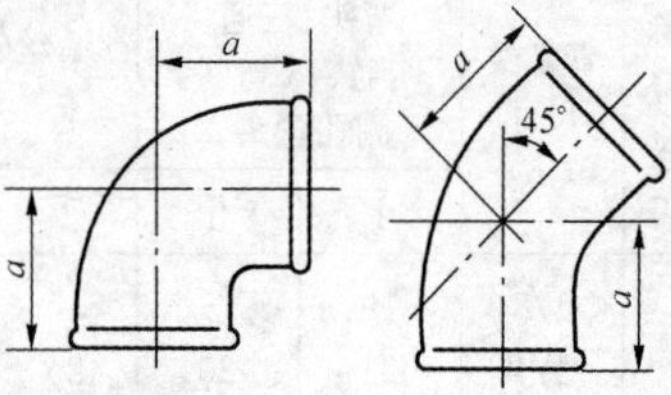 弯头
2	45°弯头	用于连接两根通径相同的管子作45°转弯	45°弯头
3	侧孔弯头	在90°弯头弯管侧面连接管子	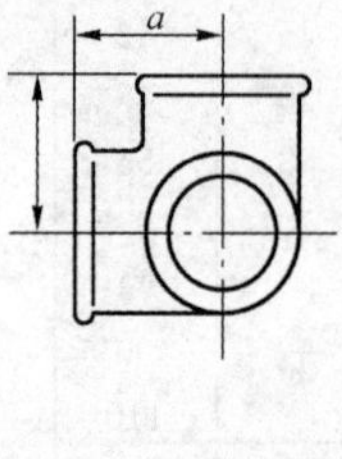 侧孔弯头

（续）

序号	名　称	用　途	简　图
4	三通 又称T字弯、三路通	主管与支管通径相同，连接三根管子	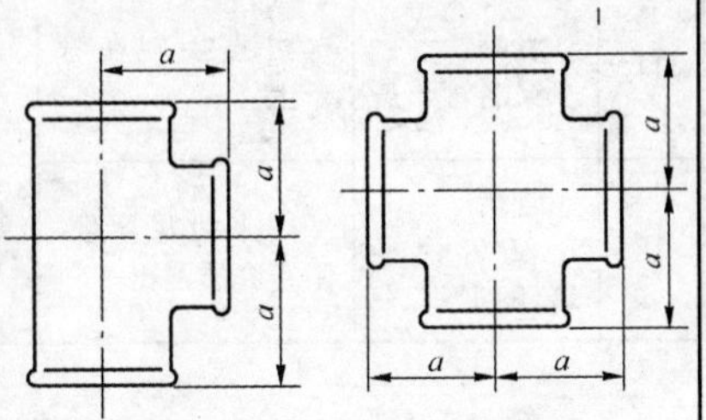 三通　四通
5	四通 又称十字接头，十字天	连接四根公称通径相同的管子	
6	通丝外接头 又称束节、套筒、外接管	用于二根公称通径相同的直管对接	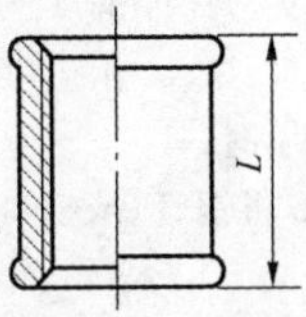 通丝外接头
7	异径外接头 又称：异径束结、大小头	用于二根公称通径不同直管的对接	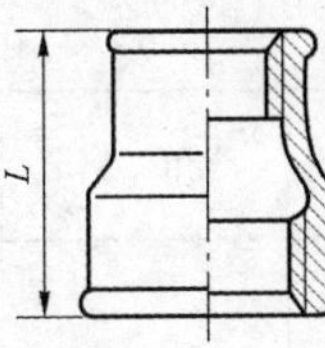 异径外接头
8	内外接头 又称补心，管子衬	外螺纹一端，配合外接头与大通径管子或内螺纹管件连接； 内螺纹一端，直接与小通径管子连接使管路通径缩小	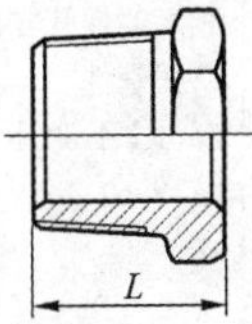 内外接头
9	内接头 又名六角内接头	用于连接两个公称通径相同的内螺纹管件或阀门	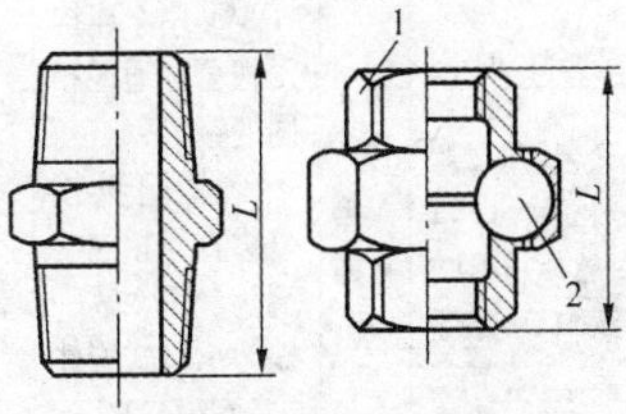 内接头　活接头
10	活接头 又名：活螺丝、由任	与通丝外接头相同，但拆装方便，多用于经常拆装的管路上	

(续)

序号	名　称	用　途	简　　图
11	管帽 又名管子盖	可直接旋在管子上	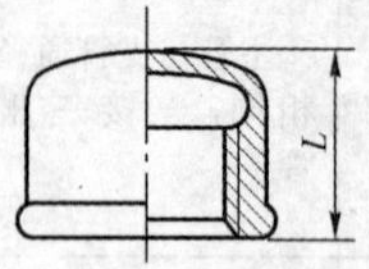 管帽 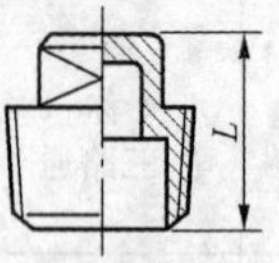　　管堵
12	管堵 又名管子堵、闷头	用来堵塞管路，阻止介质涌出	

6. 建筑用铜管管件(QC/T 727—2007)

【名称】 钢管接头，紫铜管接头、焊接铜管接头，承插式铜管管件。

【用途】 输送冷水、热水、制冷、供热、燃气及医用气体等介质的管路连接件。

【材料】 T_2 或 T_3 铜。

【连接】 连接时，将铜管(或插口式铜管管件)插入管件的承口端中，用钎焊焊接为整体。

【压力】 公称压力(MPa)有 *PN*1.0 和 *PN*1.6 两种，管帽仅 *PN*1.0，工作温度≤135 ℃。

【规格】

序号	名　称	代号	用　途	简　　图
1	套管接头 又名：等径接头，承口外接头		连接两根通径相等的铜管或插口式管件 (JG/T 3031.7—1996)	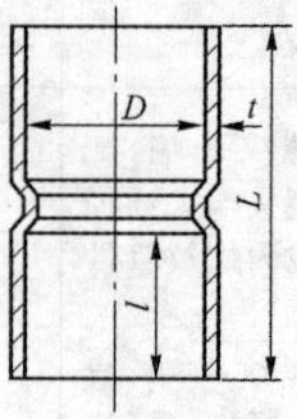 套管接头 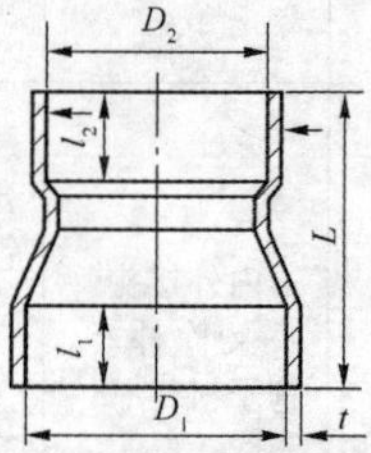　　异径接头
2	90°弯头 又名：角尺弯头，90°承口弯头(A 型)、90°单承口弯头(B型)	A型 B型	A型用于连接两根公称通径相同的铜管； B型用于连接公称直径相同一端为铜管、另一端为承口式管件 (JG/T 3031.5—1996)	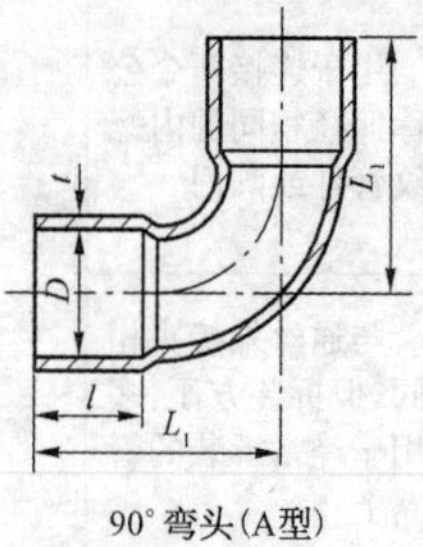 90° 弯头(A型) 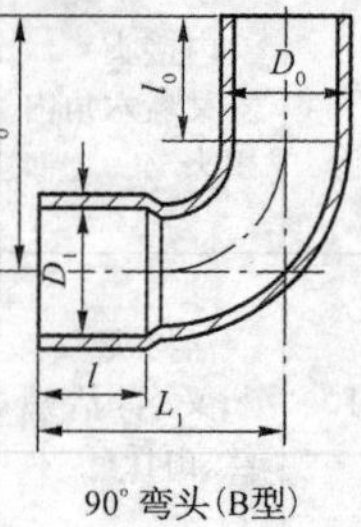　　90° 弯头(B型)

（续）

序号	名称	代号	用途	简图
3	异径接头		用于连接两根通径不同的铜管（JG/T 3031.6—1996）	
4	45°弯头 又名：45°弯头（A型） 45°承口弯头（B型）	A、B型	连接对象与90°弯头相同，但它使管路作45°转弯（JG/T 3031.4—1996）	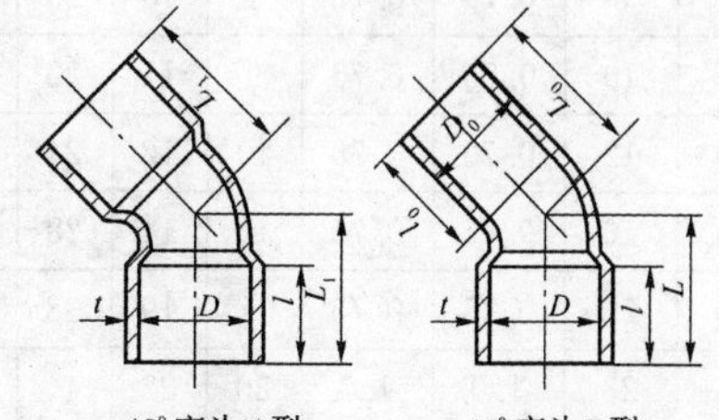 45°弯头（A型） 45°弯头（B型）
5	180°弯头 又称U形弯头 180°承口弯头（A） 180°单承口弯头（B） 180°插口弯头（C）	A、B、C型	A、B型的连接对象与90°弯头相同，C型用于连接两个承口式管件并作180°转弯	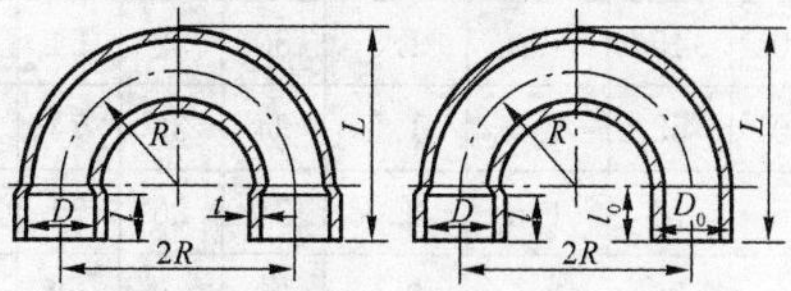 180°弯头（A型） 180°弯头（B型）
6	三通接头 又称等径三通、承口三通		用于连接三根公称通径相同的铜管（JG/T 3031.2—1996）	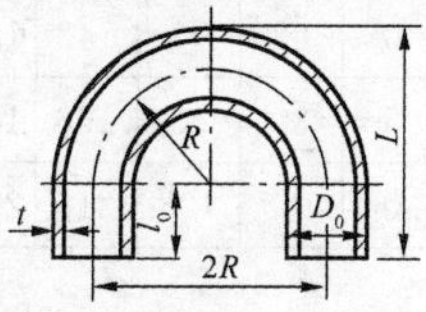 180°弯头（C型） 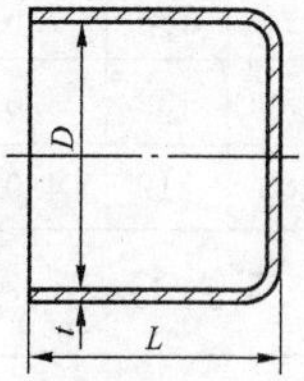 管帽
7	异径三通接头 又称异径三通、承口中、小三通		用途与三通接头类似，从主管道侧部接出的支管，其公称通径小于主管通径（JG/T 3031.3—1996）	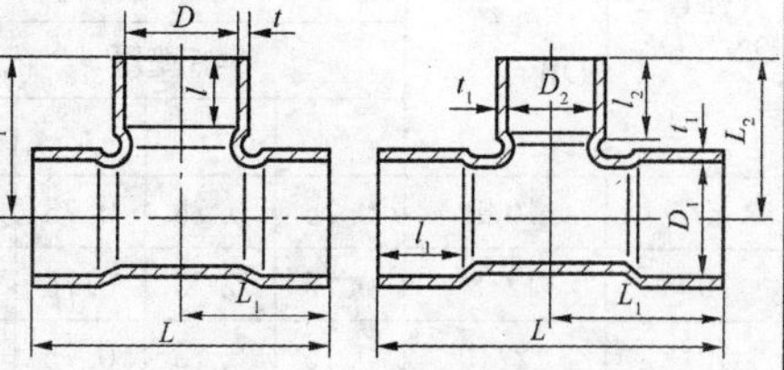 三通接头 异径三通接头
8	管帽 又称承口管帽		用于封闭管路（JG/T 3031.8—1996）	

通径相同管件主要尺寸

公称直径 DN	配用铜管外径 Dw	公称压力 PN1.0	公称压力 PN1.6	承口长度 l	插口长度 l_0	套管接头 L	45°弯头 L_1	45°弯头 L_0	90°弯头 L_1	90°弯头 L_0	180°弯头 L	180°弯头 R	三通接头 L_1	管帽 L
		壁厚 t												
(mm)		(mm)		(mm)										
6	8	0.75	0.75	8	10	20	12	14	16	18	25.5	13.5	15	10
8	10	0.75	0.75	9	11	22	15	17	17	19	28.5	14.5	17	12
10	12	0.75	0.75	10	12	24	17	19	18	20	34	18	19	13
15	16	0.75	0.75	12	14	28	22	24	22	24	39	19	24	16
20	22	0.75	0.75	17	19	38	31	33	31	33	62	34	32	22
25	28	1.0	1.0	20	22	44	37	39	38	40	79	45	37	24
32	35	1.0	1.0	24	26	52	46	48	46	48	93.5	52	43	28
40	45	1.0	1.5	30	32	64	57	59	58	60	120	68	55	34
50	55	1.0	1.5	34	36	74	67	69	72	74	143.5	82	63	38
65	70	1.5	2.0	34	36	74	75	77	84	86	—	—	71	—
80	85	1.5	2.5	38	40	82	84	86	98	100	—	—	88	—
100	105	2.0	3.0	48	50	102	102	104	128	130	—	—	111	—
125	133	2.5	4.0	68	70	142	134	136	168	170	—	—	139	—
150	159	3.0	4.5	80	83	166	159	162	200	203	—	—	171	—
200	219	4.0	6.0	105	108	216	209	212	255	258	—	—	218	—

承口长度异径管件主要尺寸

(mm)

公称直径 DN_1/DN_2	配用铜管外径 DW_1/DW_2	公称压力 壁厚 PN1.0 t_1	PN1.0 t_2	PN1.6 t_1	PN1.6 t_2	承口长度 t_1	承口长度 t_2	异径接头 L	异径三通接头 L_1	异径三通接头 L_2
8/6	10/8	0.75	0.75	0.75	0.75	9	8	25	17	13
10/6	12/8	0.75	0.75	0.75	0.75	10	8	—	19	15
10/8	12/10	0.75	0.75	0.75	0.75	10	9	25	—	—
15/8	16/10	0.75	0.75	0.75	0.75	12	9	30	24	19
15/10	16/12	0.75	0.75	0.75	0.75	12	10	36	24	20
20/10	22/12	0.75	0.75	0.75	0.75	17	10	40	—	—
20/15	22/16	0.75	0.75	0.75	0.75	17	12	46	32	25

(续)

公称直径 DN_1/DN_2	配用铜管外径 DW_1/DW_2	公称压力				承口长度		异径接头	异径三通接头	
		PN1.0		PN1.6						
		壁厚								
		t_1	t_2	t_1	t_2	t_1	t_2	L	L_1	L_2
25/15	28/16	1.0	0.75	1.0	0.75	20	12	48	37	28
25/20	28/22	1.0	0.75	1.0	0.75	20	17	48	37	34
32/15	35/16	1.0	0.75	1.0	0.75	24	12	52	39	32
32/20	35/22	1.0	0.75	1.0	0.75	24	17	56	39	38
32/25	35/28	1.0	1.0	1.0	1.0	24	20	56	39	39
40/15	44/16	1.0	0.75	1.5	0.75	30	12	—	55	37
40/20	44/22	1.0	0.75	1.5	0.75	30	17	64	55	40
40/25	44/28	1.0	1.0	1.5	1.0	30	20	66	55	42
40/32	44/35	1.0	1.0	1.5	1.0	30	24	66	55	44
50/20	55/22	1.0	0.75	1.5	0.75	34	17	—	63	48
50/25	55/28	1.0	1.0	1.5	1.0	34	20	70	63	50
50/32	55/35	1.0	1.0	1.5	1.0	34	24	70	63	54
50/40	55/44	1.0	1.0	1.5	1.5	34	30	75	63	60
65/25	70/28	1.5	1.0	2.0	1.0	34	20	—	71	58
65/32	70/35	1.5	1.0	2.0	1.0	34	24	75	71	62
65/40	70/44	1.5	1.0	2.0	1.5	34	30	82	71	68
65/50	70/55	1.5	1.0	2.0	1.5	34	34	82	71	71
80/32	85/35	1.5	1.0	2.5	1.0	38	24	—	88	69
80/40	85/44	1.5	1.0	2.5	1.5	38	30	92	88	75
80/50	85/55	1.5	1.0	2.5	1.5	38	34	98	88	79
80/65	85/70	1.5	1.5	2.5	2.0	38	34	92	88	79
100/50	105/55	2.0	1.0	3.0	1.5	48	34	112	111	89
100/65	105/70	2.0	1.5	3.0	2.0	48	34	112	111	89
100/80	105/85	2.0	1.5	3.0	2.5	48	38	116	111	93
125/80	133/85	2.5	1.5	4.0	2.5	68	38	150	139	101
150/100	159/105	3.0	2.0	4.5	3.0	80	48	178	171	131
150/125	159/133	3.0	2.5	4.5	4.0	80	68	194	171	151
200/100	219/105	4.0	2.0	6.0	3.0	105	48	—	218	163
200/125	219/132	4.0	2.5	6.0	4.0	105	68	238	218	183
200/150	219/159	4.0	3.0	6.0	4.5	105	80	245	218	195

7. 卫生级不锈钢管件

① 采用工业标准：ISO、DIN、IDF、3A。

② 连接方式：形式多样，有符合 DIN1887 标准的圆螺纹式，DIN1850 标准的三段法兰式、焊接式；DIN 标准的卡箍式；IDF、ISO 标准的卡箍式、焊接式和 SMS 标准的圆螺纹式等，也可按用户需要制造。

③ 工作条件：DN25（或 1″～4″）蝶阀的使用压力 1.0MPa，标准密材料为 EPDM（三元乙丙）；使用温度－40～＋135 ℃。

④ 材料：SUS304、316 L，密封圈标准材料 EPDM，可供选择硅橡胶（Q），氟化橡胶（FPM）（材料可用抗菌不锈钢）。

⑤ 表面状态：外表面标准由数控车床加工，与物料接触的内表面精度达到 0.8 μm 和人工抛光，磨粒为 320～400。

⑥ 规格。

序号	外形图	简图	规格					
1	不锈钢卫生快装端头	（工业标准有：ISO、DIN、IDF、3A 等）	尺寸	ϕ	A	B	C	D
			3/4″	19.05	50.5	43.5	16.5	21.0
			1″	25.4	50.50	43.5	22.4	21.0
			1 1/4″	31.8	50.5	43.5	28.8	21.0
			1 1/2″	38.1	50.5	43.5	35.1	21.0
			2″	50.8	64	56.5	47.8	21.0
			2 1/2″	63.5	77.5	70.5	59.5	21.0
			3″	76.3	91	83.5	72.3	21.0
			3 1/2″	89.1	106	97	85.1	21.0
			4″	101.6	119	110	97.6	21.0
2	不锈钢卫生快装式 90°弯头	（工业标准有：ISO、DIN、IDF、3A 等）	尺寸	ϕ	A	B	C	
			1″	25.4	50.5(34)	23	55	
			1 1/4″	31.8	50.5	28.5	60	
			1 1/2″	38.6	50.5	35.5	70	
			2″	50.8	64	47.8	80	
			2 1/2″	63.5	77.6	59.5	105	
			3″	76.2	91.1	72.3	110	
			3 1/2″	89.1	106	85	146	
			4″	101.6	119	97.6	160	

(续)

序号	外形图	简图	规格
3	 不锈钢卫生快装三通	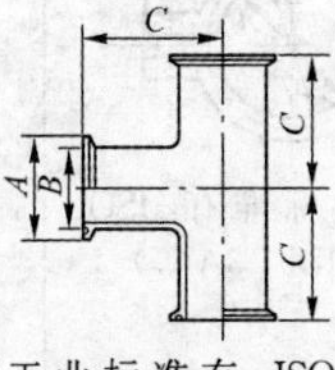 (工业标准有：ISO、DIN、IDF、3A等)	尺寸 / ϕ / A / B / C 1″ / 25.4 / 50.5(34) / 23 / 55 $1\frac{1}{4}''$ / 31.8 / 50.5 / 28.5 / 60 $1\frac{1}{2}''$ / 38.6 / 50.5 / 35.5 / 70 2″ / 50.8 / 64 / 47.8 / 80 $2\frac{1}{2}''$ / 63.5 / 77.6 / 59.5 / 105 3″ / 76.2 / 91.1 / 72.3 / 110 $3\frac{1}{2}''$ / 89.1 / 106 / 85 / 146 4″ / 101.6 / 119 / 97.6 / 160
4	 不锈钢卫生级快装四通	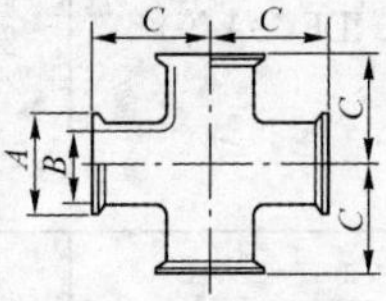 (工业标准有：ISO、DIN、IDF、3A等)	尺寸 / ϕ / A / B / C 1″ / 25.4 / 50.5(34) / 23 / 55 $1\frac{1}{2}''$ / 38.1 / 50.5 / 35.5 / 70 2″ / 50.8 / 64 / 47.8 / 82 $2\frac{1}{2}''$ / 63.5 / 77.5 / 59.5 / 105 3″ / 76.2 / 91 / 72.3 / 110 4″ / 101.6 / 119 / 97.6 / 160
5	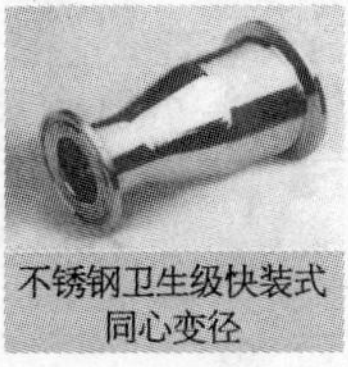 不锈钢卫生级快装式同心变径	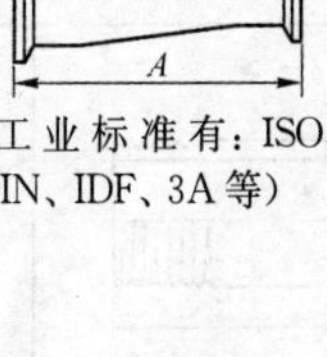 (工业标准有：ISO、DIN、IDF、3A等)	尺寸 / A $1''\times\frac{3''}{4}$ / 60 $1\frac{1}{2}''\times1''$ / 75 $2''\times1\frac{1}{4}''$ / 85 $2''\times1\frac{1}{2}''$ / 90 $2\frac{1}{2}''\times1\frac{1}{2}''$ / 100 $2\frac{1}{2}''\times2''$ / 100 $3''\times2\frac{1}{2}''$ / 120 4″×3″ / 160

（续）

序号	外形图	简图	规格			
6	 不锈钢卫生级卡	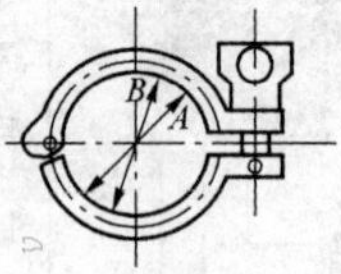 （工业标准有：ISO、DIN、IDF、3A等）	尺寸	ϕ	A	B
			$1''\sim1\frac{1''}{2}$	19.38	53.5	44.5
			$2''$	50.8	66.5	57.5
			$2\frac{1''}{2}$	63.5	81	72.0
			$3''$	76.2	94	85.0
			$3\frac{1''}{2}$	89.1	108	102
			$4''$	101.6	122	113
7	 不锈钢卫生级快装胶管接头	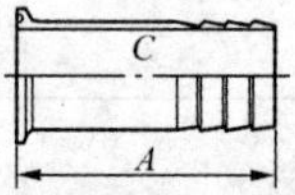 （工业标准有：ISO、DIN、IDF、3A等）	尺寸	ϕ	A	
			$1''$	25.4	70	
			$1\frac{1''}{4}$	31.8	80	
			$1\frac{1''}{2}$	38.1	90	
			$2''$	50.8	100	
			$2\frac{1''}{2}$	63.5	120	
			$3''$	76.2	140	
			$4''$	101.6	160	
8	 不锈钢卫生级快装式U型三通管	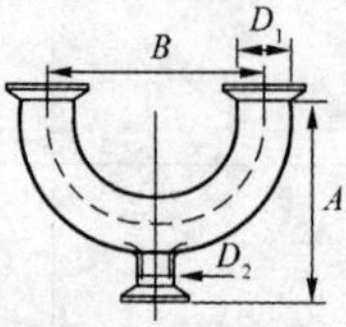 （工业标准有：ISO、DIN、IDF、3A等）	D_1	D_2	A	B
			$2''$	$1''$	200	170
			$2''$	$2''$	200	170
			$2''$	$1\frac{1''}{2}$	200	170
			$1\frac{1''}{2}$	$1''$	180	150
			$1\frac{1''}{2}$	$\frac{3''}{4}$	180	150
			$1\frac{1''}{4}$	$1''$	145	125
			$1''$	$\frac{3''}{4}$	145	125
			$\frac{3''}{4}$	$\frac{3''}{4}$	135	100
9	 不锈钢卫生级快装丝扣接头	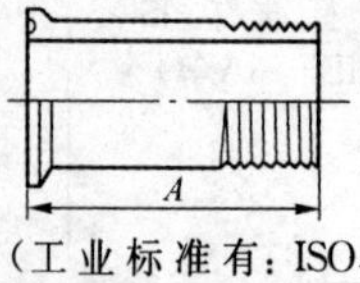 （工业标准有：ISO、DIN、IDF、3A等）	尺寸	A		
			$1''$	70		
			$1\frac{1''}{2}$	90		
			$2''$	100		
			$2\frac{1''}{2}$	120		
			$3''$	140		
			$4''$	160		

（续）

序号	外形图	简图	规格
10	不锈钢卫生级焊接式 900弯头	B　D　A　A (工业标准有：ISO、DIN、IDF、3A等)	尺寸　D　A $1''$　25.4　33.5 $1\frac{1}{4}''$　31.8　41 $1\frac{1}{2}''$　38.1　48.5 $2''$　50.8　60.5 $3\frac{1}{2}''$　63.5　83.5 $3''$　76.3　88.5 $4\frac{1}{2}''$　89.1　403.5 101.6　127
11	不锈钢卫生级快装堵头	B　A (工业标准有：ISO、DIN、IDF、3A等)	尺寸　ϕ　A　B $1''\sim1\frac{1}{2}''$　19～38　50.5　6.4 $2''$　50.8　64　6.4 $2\frac{1}{2}''$　63.5　77.5　6.4 $3''$　76.2　91　6.4 $3\frac{1}{2}''$　89.1　106　6.4 $4''$　101.6　119　6.4
12	不锈钢卫生级焊接式三通	D　A　A　A (工业标准有：ISO、DIN、IDF、3A等)	尺寸　D　A $1''$　25.4　33.5 $1\frac{1}{4}''$　31.8　43 $1\frac{1}{2}''$　38.1　48.5 $2''$　50.8　60.5 $2\frac{1}{2}''$　63.5　83.5 $3''$　76.3　88.5 $3\frac{1}{2}''$　89.1　403.5 $4''$　101.6　127
13	不锈钢卫生级焊接式 异径管	L　D_1　D_2 (工业标准有：ISO、DIN、IDF、3A等)	尺寸　D_1　D_2　L 25×19　25.4　19.1　38 38×25　38.1　25.4　50 50×38　50.8　38.1　67 50×25　50.8　25.4　67 63×50　63.5　50.8　67

（续）

序号	外形图	简图	规格			
13			63×38	63.5	38.1	67
			76×63	76.3	63.5	67
			76×50	76.3	50.8	67
			89×76	89.1	76.3	67
			89×63	89.1	63.5	67
14	不锈钢管支架	A D B （工业标准有：ISO、DIN、IDF、3A 等）	尺寸	D	A	B
			1″	25.4	70	62
			$1\frac{1}{2}''$	31.8	82	69
			2″	50.8	100	75
			$2\frac{1}{2}''$	63.5	112	82
			3″	76.3	128	88
			$3\frac{1}{2}''$	89.1	140	95
			4″	101.6	154	100
15	卫生级硅橡胶衬垫	A （工业标准有：ISO、DIN、IDF、3A 等）	尺寸	ϕ	A	B
			$1''\sim1\frac{1}{2}''$	19～38	52.2	2
			2″	50.8	66.2	2
			$2\frac{1}{2}''$	63.5	79.7	2
			3″	76.2	93.8	2
			$3\frac{1}{2}''$	89.1	106	2
			4″	101.6	121	2

产地：△5 24

8. 塑料管管件

(1) 新型 PP－R 塑料管管件

又称为无规共聚聚丙烯塑料管管件。

【特点】 聚丙烯塑料管(包括 PP、PP－R)，经科研单位不断创新，开发出无规共聚聚丙烯塑料管(PP－R)，其特点，具有优良的耐温性(长期使用温度可达 70 ℃)，轻质，耐腐蚀，无锈蚀，不结垢，有较高的强度并具有良好的冲击性，施工速度快，操作简便。

【用途】 民用建筑冷热水，饮用水等。

(2) 新型聚氯乙烯(UPVC)管管件

又称为给水用硬聚氯乙烯管材(GB/T 10002.1—2006)。

【特点】 物理性能：密度 1 350～1 460 kg/m³，纵向收缩率≤5%，吸水性≤40 g/cm³，抗腐蚀力强，易于黏合，质硬。

【用途】 在建筑工程上，主要用于给水、排水管道。

管件规格见下表，管件应与管材相配套，保持材质一致。

9. 塑料管 PP-R 管材管件

【规格】

简　图	规　格	简　图	规　格
	外丝弯头 20×½″ 25×½″ 25×¾″ 32×1″	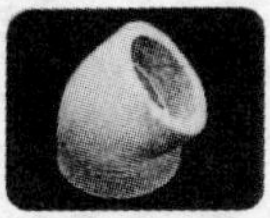	45°弯头 20　63 25　75 32　90 40　110 50　160
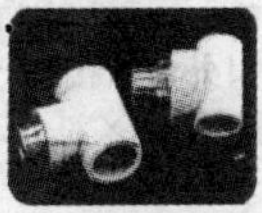	外丝三通 20×½″ 25×½″ 25×¾″ 32×¾″ 32×1″		管　套 20　63 25　75 32　90 40　110 50　160
	正四通 20　40 25　50 32　63		内丝三通 20×½″　32×1″ 25×½″　40×½″ 25×¾″　40×¾″ 32×½″　40×1″ 32×¾″
	双承活接 20 25 32		承口内丝活接 20×½″　40×1¼″ 25×¾″　50×1½″ 32×1″　63×2″
	高、低夹头 20 25 32		法兰用短管 40　90 50　110 63　160 75
	管　卡 20　63 25　75 32　90 40　110 50		活接内丝铜球阀 20　40 25　50 32　63
	冷热水管 20　63 25　75 32　90 40　110 50　160		

(续)

简图	规格	简图	规格
	管帽 20 63 25 75 32 90 40 110 50 160		异径弯头 25×20 32×20 32×25
	堵头 ½″ ¾″	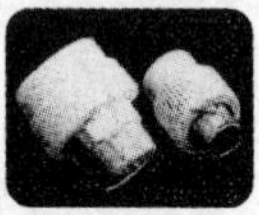	外丝管套 20×½″ 32×1″ 25×½″ 40×1¼″ 25×¾″ 50×1½″ 32×½″ 63×2″ 32×¾″
	90°弯头 20 63 25 75 32 90 40 110 50 160		承口外丝活接 20×½″ 40×1¼″ 25×¾″ 50×1½″ 32×1″ 63×2″
	正三通 20 63 25 75 32 90 40 110 50 160		双活接铜球阀 20 40 25 50 32 63
			截止阀 20 40 25 50 32 63
	异径三通 25×20 40×32 63×20 75×32 90×50 110×90 32×20 50×20 63×25 75×40 90×63 160×110 32×25 50×25 63×32 75×50 90×75 40×20 50×32 63×40 75×63 110×63 40×25 50×40 63×50 90×40 110×75		
	内丝弯头 20×½″ 25×¾″(板) 20×½″(板) 32×½″ 25×½″ 32×¾″ 25×¾″ 32×1″		

（续）

	异径管套 25×20　40×32　63×20　75×40　90×63　110×75 32×20　50×20　63×25　75×50　90×75　110×90 32×25　50×25　63×32　75×63　110×40　160×110 40×20　50×32　63×40　90×40　110×50 40×25　50×40　63×50　90×50　110×63
	内丝管套 20×½″　32×1″ 25×½″　40×1¼″ 25×¾″　50×1½″ 32×½″　63×2″ 32×¾″

UPVC塑料管应用实例：多层居民住宅楼，过去排水用铸铁管，因内表面毛糙，容易堵塞和生锈，后来改装采用PVC－U管及管件，用PVC专用胶水胶接，由于管内表面光洁不会生锈，使用效果很好。

10. 管法兰及盖

(1) 平面、突面板式平焊钢制管法兰(GB/T 9119—2000)

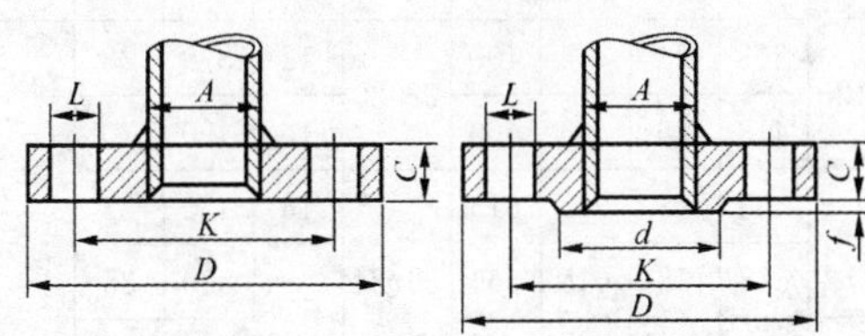

PN　0.25 MPa
PN　0.6 MPa
PN　1.0 MPa
PN　1.6 MPa
PN　2.5 MPa
PN　4.0 MPa

(2) 平面、突面带颈平焊钢制管法兰(GB/T 9116.1—2000)

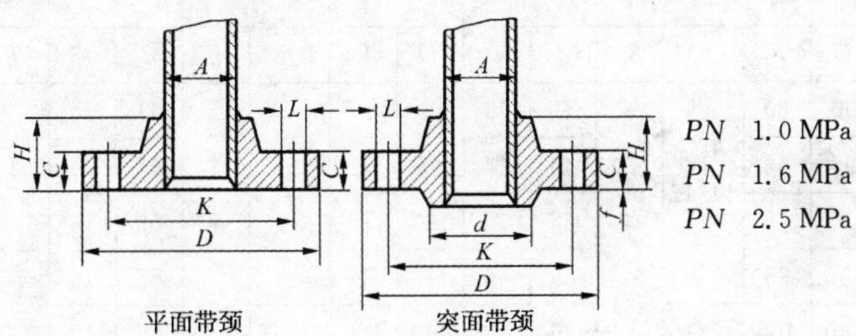

平面带颈　　突面带颈

PN　1.0 MPa
PN　1.6 MPa
PN　2.5 MPa

【规格】

平面、突面板式平焊钢制法兰的连接及密封面尺寸 (mm)

公称通径 DN	公称压力 $PN\leqslant0.6$ MPa						公称压力 $PN=1.0$ MPa						各种公称压力	
	D	K	L/M	n	d	c	D	K	L/M	n	d	c	f	A
10	75	50	11/10		33	12	90	60			41	14		17.2
15	80	55	11/10		38		95	65	14/12		46	14	2	21.3
20	90	65	11/10		48	14	105	75			56	16		26.9
25	100	75	11/10		58		115	85		4	65	16		33.7
32	120	90	14/12	4	69		140	100			76	18		42.4
40	130	100	14/12		78	16	150	110			84	18		48.3
50	140	110	14/12		88		165	125			99	20		60.3
65	160	130	14/12		108		185	145	18/16		118	20		76.1
80	190	150	18/16		124	18	200	160			132	20	3	88.9
100	210	170	18/16		144		220	180			156	22		114.3
125	240	200	18/16		174	20	250	210		8	184	22		139.7
150	265	225	18/16	8	199		285	240			211	24		168.3
200	320	280	18/16		254	22	340	295	22/20		266	24		219.1
250	375	335	18/16	12	309	24	395	350		12	319	26		273
300	440	395		12	363	24	445	400	22/20	12	370	28		323.9
350	490	445			413	26	505	460		16	420	30		355.6
400	540	495	22/20	16	463	28	565	515		16	480	32	4	406.4
450	595	550			518	28	615	565	26/24		530	35		457.0
500	645	600		20	568	30	670	620		20	582	38		508.0
600	755	705	26/24		667	36	780	725	30/27		682	42	5	610.0

公称通径 DN	公称压力 $PN=1.6$ MPa						公称压力 $PN=2.5$ MPa						各种公称压力	
	D	K	L/M	n	d	c	D	K	L/M	n	d	c	f	A
10	90	60			41	14	90	60			41	14		17.2
15	95	65	14/12		46	14	95	65	14/12		46	14	2	21.3
20	105	75		4	56	16	105	75		4	56	16		26.9
25	115	85			65	16	115	85			65	16	3	33.7
32	140	100	18/16		76	18	140	100	18/16		76	18		42.4

（续）

<table>
<tr><th rowspan="2">公称通径
DN</th><th colspan="6">公称压力 PN=1.6 MPa</th><th colspan="6">公称压力 PN=2.5 MPa</th><th colspan="2">各种公称压力</th></tr>
<tr><th>D</th><th>K</th><th>L/M</th><th>n</th><th>d</th><th>c</th><th>D</th><th>K</th><th>L/M</th><th>n</th><th>d</th><th>c</th><th>f</th><th>A</th></tr>
<tr><td>40</td><td>150</td><td>110</td><td rowspan="6">18/16</td><td rowspan="3">4</td><td>84</td><td>18</td><td>150</td><td>110</td><td rowspan="4">18/16</td><td rowspan="2">4</td><td>84</td><td>18</td><td rowspan="9">3</td><td>48.3</td></tr>
<tr><td>50</td><td>165</td><td>125</td><td>99</td><td>20</td><td>165</td><td>125</td><td>99</td><td>20</td><td>60.3</td></tr>
<tr><td>65</td><td>185</td><td>145</td><td>118</td><td>20</td><td>185</td><td>145</td><td rowspan="5">8</td><td>118</td><td>22</td><td>76.1</td></tr>
<tr><td>80</td><td>200</td><td>160</td><td rowspan="4">8</td><td>132</td><td>20</td><td>200</td><td>160</td><td>132</td><td>24</td><td>88.9</td></tr>
<tr><td>100</td><td>220</td><td>180</td><td>156</td><td>20</td><td>235</td><td>190</td><td>22/20</td><td>156</td><td>26</td><td>114.3</td></tr>
<tr><td>125</td><td>250</td><td>210</td><td>184</td><td>22</td><td>270</td><td>220</td><td rowspan="3">26/24</td><td>184</td><td>28</td><td>139.7</td></tr>
<tr><td>150</td><td>285</td><td>240</td><td rowspan="2">22/20</td><td>211</td><td>24</td><td>300</td><td>250</td><td>211</td><td>30</td><td>168.3</td></tr>
<tr><td>200</td><td>340</td><td>295</td><td rowspan="3">12</td><td>266</td><td>26</td><td>360</td><td>310</td><td rowspan="2">12</td><td>274</td><td>32</td><td>219.1</td></tr>
<tr><td>250</td><td>405</td><td>355</td><td rowspan="3">26/24</td><td>319</td><td>29</td><td>425</td><td>370</td><td rowspan="2">30/27</td><td>330</td><td>35</td><td>273.0</td></tr>
<tr><td>300</td><td>460</td><td>410</td><td>370</td><td>32</td><td>485</td><td>430</td><td rowspan="3">16</td><td>389</td><td>38</td><td rowspan="5">4</td><td>323.9</td></tr>
<tr><td>350</td><td>520</td><td>470</td><td rowspan="2">16</td><td>429</td><td>35</td><td>555</td><td>490</td><td>33/30</td><td>448</td><td>42</td><td>355.6</td></tr>
<tr><td>400</td><td>580</td><td>525</td><td rowspan="2">30/27</td><td>480</td><td>38</td><td>620</td><td>550</td><td rowspan="3">36/33</td><td>503</td><td>46</td><td>406.4</td></tr>
<tr><td>450</td><td>640</td><td>585</td><td rowspan="3">20</td><td>648</td><td>42</td><td>670</td><td>600</td><td rowspan="3">20</td><td>548</td><td>50</td><td>457.0</td></tr>
<tr><td>500</td><td>715</td><td>650</td><td>33/30</td><td>609</td><td>46</td><td>730</td><td>660</td><td>600</td><td>56</td><td>508.0</td></tr>
<tr><td>600</td><td>840</td><td>770</td><td>36/33</td><td>720</td><td>52</td><td>845</td><td>770</td><td>39/36</td><td>720</td><td>68</td><td>5</td><td>610.0</td></tr>
</table>

注：表中 L/M，L—螺栓孔直径，M—螺栓公称直径。

平面、突面带颈平焊钢制管法兰的连接及密封面尺寸　（mm）

公称通径 DN	PN 1.0		PN 1.6		PN 2.5		公称通径 DN	PN 1.0		PN 1.6		PN 2.5	
	C	H	C	H	C	H		C	H	C	H	C	H
10	14	20	14	20	14	22	125	22	44	22	44	26	48
15	14	20	14	20	14	22	150	24	44	24	44	28	52
20	16	24	16	24	16	26	200	24	44	24	44	30	52
25	16	24	16	24	16	28	250	26	46	26	46	32	60
32	18	26	18	26	18	30	300	26	46	28	46	34	67
40	18	26	18	26	18	32	350	26	53	30	57	38	72
50	20	28	20	28	20	34	400	26	57	32	63	40	78
60	20	32	20	32	22	38	450	28	63	34	68	42	84
80	20	34	20	34	24	40	500	28	67	36	73	43	90
100	22	40	22	40	24	44	600	30	75	38	83	46	100

注：突面带颈螺纹钢制管法兰(GB/T 9114—2000)，尺寸(C，H)与上表同，用来旋在两端带 55°管螺纹的钢管上，以便与其他带法兰管的钢管或阀门、管件进行连接。

11. 不锈钢卡压式管件(GB/T 19228.1—2003)

【用途】 适用于薄壁不锈钢水管,(标准号 CJ/T 151—2001,或 GB/T 1228.2—2003)与本卡压式管件配套使用,用于输送工作压力≤1.6 MPa 的饮用净水、生活用水、热水和温度不大于 135 ℃的高温水,其他如海水、空气及医用气体等管道亦可参照使用。连接时须采用专用卡压工具,使卡压处钢管和管件变形成六角形断面,确保密封性。

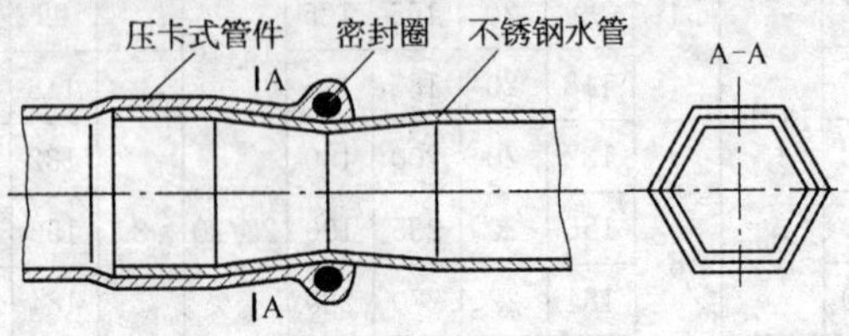

【规格】

序号	代号	名称	用途	简图
1	CAP	管帽	用于封闭同径管口	
	SC	等径接头	用于等径管连接或带插口管件	
	RC	异径接头	Ⅰ系列:一端为承口结构,另一端为插口结构 Ⅱ系列:两端均为承口结构,用于连接钢管或带插口管件	异径接头(Ⅰ系统) 异径接头(Ⅱ系统)

(续)

序号	代号	名称	用途	简图
1	T(S)	等径三通	用于连接T形管路上的三根同径三通钢管或带插口管件	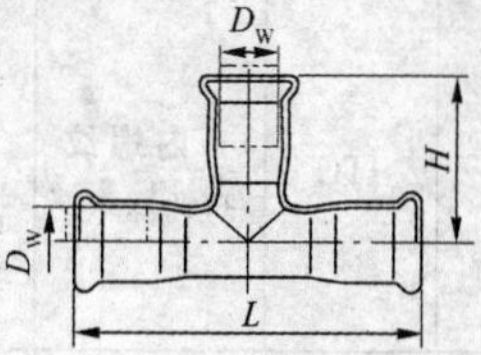 等径三通
2	T(R)	异径三通	连接三通管路、但支管通径小于主管通径，适用于T型接头	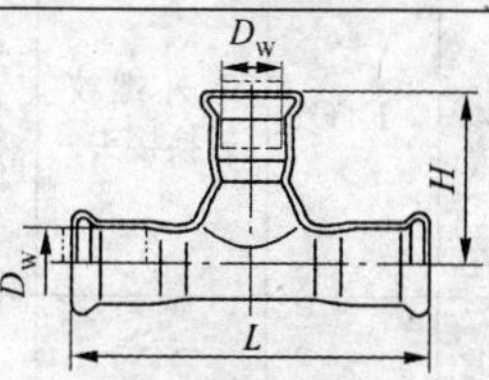 异径三通
3	90E(A)	90°弯头(A型)	用于两根通径夹角呈90°的等径管道或带插口管件	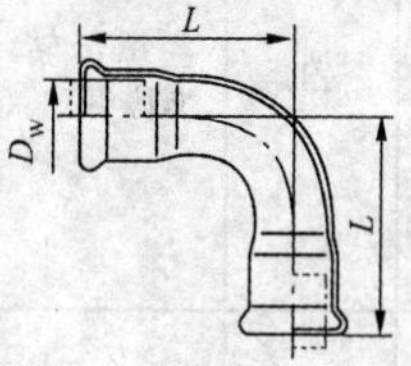 90° 弯头(A型)
4	90E(B)	90°弯头(B型)	一端为承口结构，用于与同径钢管或带插口管件连接；另一端为插口管结构，用于其他带承口结构的同径管件连接	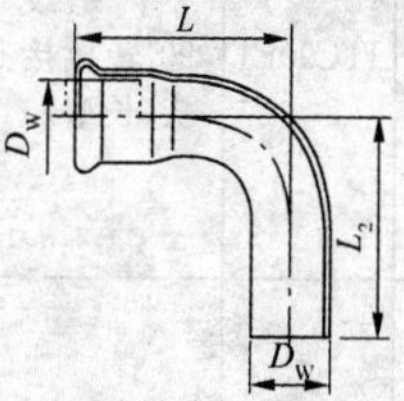 90° 弯头(B型)
5	45E(A)	45°弯头(A型)	用于45°相交管连接，同径钢管或带插口管件	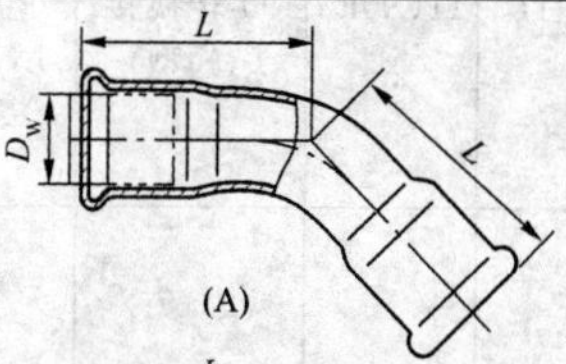 (A)
6	45E(B)	45°弯头(B型)	用于45°相交的管道连接，两端结构如图所示	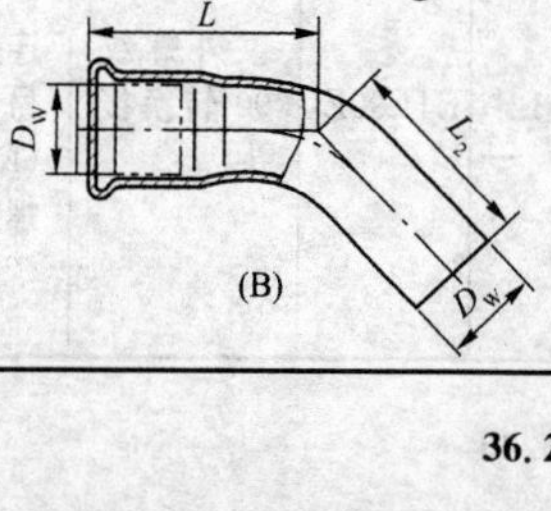 (B)

（续）

序号	代号	名称	用途	简图
7	ITC	内螺纹转换接头	一端是承口结构，用于连接钢管或带插口管件，另一端带圆柱内螺纹(Rp)，用于与其他管件连接	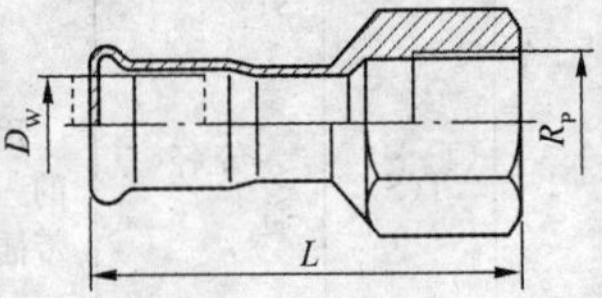 D_W R_p L
8	ETC	外螺纹转换接头	一端是承口结构，用于连接钢管或带插口管件，另一端带圆锥外螺纹(R_1)，用于其他带内螺纹管件	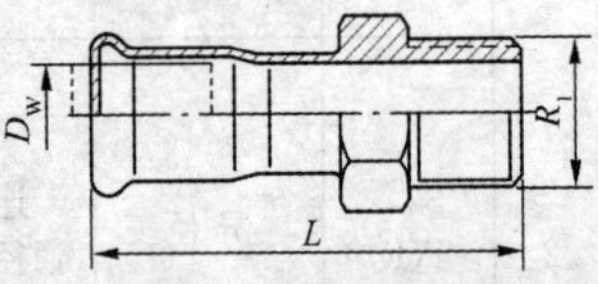 D_W R_1 L
9	ZL	螺母转换接头	一端为承口结构，用于连接钢管或带插口管件，另一端带圆柱内螺纹(G)，用于连接带圆柱外螺纹管件	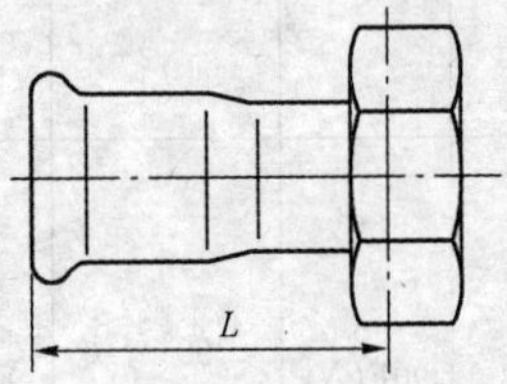 L (B)
10	ITC90E1	内螺纹90°转换接头(长型)	一端为承口结构，用于连接钢管或带插口管件，另一端为螺纹结构，有两种型式，一为圆锥螺纹(R_2)，另一种为圆柱内螺纹(Rp)	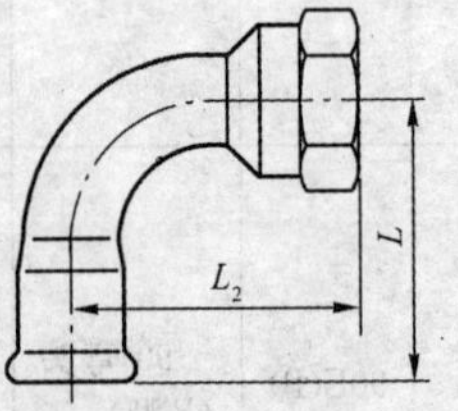 L L_2
11	ITC90E2	内螺纹90°转换接头(短型)	内螺纹90°转换接头(短型)与长型相似，仅其L_2较短	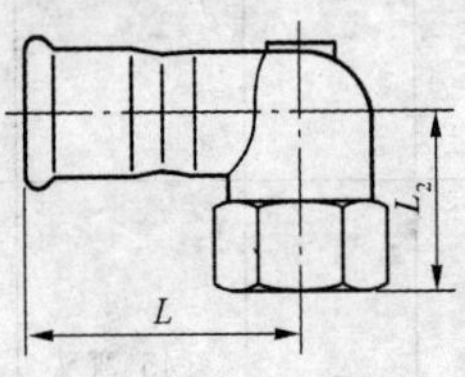 L_2 L
12	ETC90E1	外螺纹90°转换接头	一端为承口结构，用于连接钢管或带插口管件，另一端带圆锥外螺纹(R)，用于连接带圆柱内螺纹(Rp)	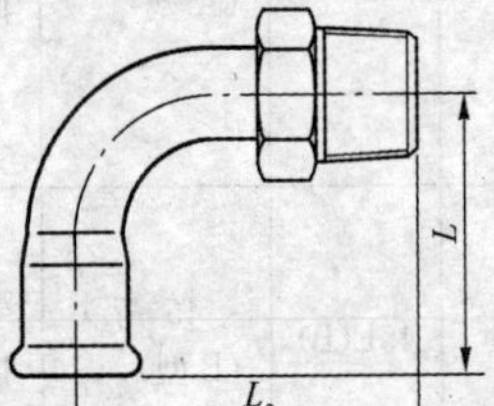 L L_2

(续)

序号	代号	名称	用途	简图
13	ITC90E3	90°座盘水栓弯头	一端为承口结构，用于连接钢管或带插口管件，另一端带圆柱内螺纹(Rp)，用于连接带圆锥外螺纹(R)的水栓；与带圆柱内螺纹一端相对的另一端为底座	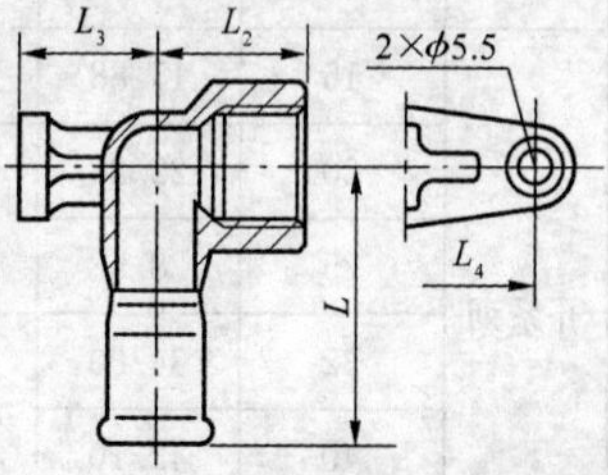 L_3 L_2 2×ϕ5.5 L_4 L
14	ITCT	座盘水栓三通接头	用于连接钢管或带插口管件；支管路一端带圆柱内螺纹(Rp)	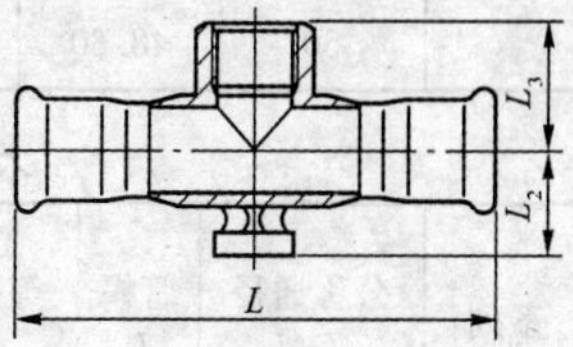 L_3 L_2 L
15	HJG	直管式活接头	两端分别用于连接在一根轴线上的钢管，拆开活接头，钢管两端即分开	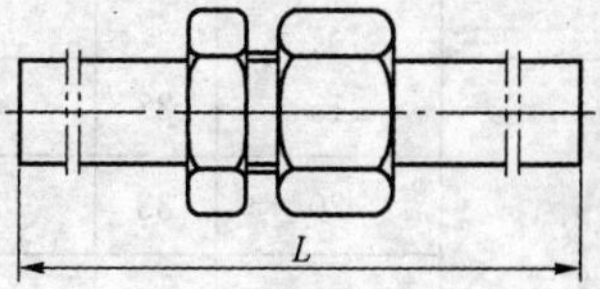 L
16	B	管桥	分别用于等径接头，连接两根钢管	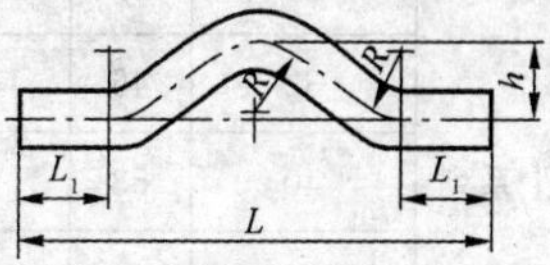 R R h L_1 L_1 L

不锈钢卡压式管件承口基本尺寸 (mm)

系列	公称通径 DN	管子外径 D_w	壁厚 $T\geqslant$	承口内径 d_1	承口端内径 d_2	承口端外径 D	承口长度 L_1
Ⅰ系列	15	18	1.2	18.2	18.9	26.2	20
	20	22		22.2	23.0	31.6	21
	25	28		28.2	28.9	37.2	23
	32	35		35.3	36.5	44.3	26
	40	42		42.3	43.0	53.3	30
	50	54		54.5	55.0	65.4	35
	65	76.1	1.5	76.7	78.0	94.7	53
	80	88.9		89.5	91.0	109.5	60
	100	108.0		108.8	111.0	132.8	75

（续）

系列	公称通径 DN	管子外径 D_w	壁厚 $T \geqslant$	承口内径 d_1	承口端内径 d_2	承口端外径 D	承口长度 L_1
Ⅱ系列	15	15.88	0.6	16.3	16.6	22.2	21
	20	22.22	0.8	22.5	22.8	30.1	24
	25	28.58		28.9	29.2	36.4	24
	32	34.00	1.0	34.8	36.6	45.4	39
	40	42.70		43.5	46.0	56.2	47
	50	48.60		49.5	52.4	63.2	52

不锈钢卡压式管件基本尺寸

（mm）

系列	公称通径 DN	管帽 L	等径接头 L	等径三通管尺寸		90°弯头（A、B型）		45°弯头（A、B型）	
				L	H	L	L_2	L	L_2
Ⅰ系列	15	28	48	68	42	53	59	37	42
	20	33	50	74	45	61	67	42	48
	25	39	54	84	52	72	78	48	54
	32	46	62	100	58	86	120	72	81
	40	53	71	114	63	112	140	89	99
	50	61	83	138	78	138	165	115	127
	65	94	141	230	106	235	147	180	185
	80	104	162	260	123	237	292	211	225
	100	125	194	310	146	341	358	258	275
Ⅱ系列	15	31	53	76	38	48	120	36	113
	20	42	60	92	46	58	127	42	116
	25	44	60	105	51	66	135	46	120
	32	85	100	198	99	91	241	66	217
	40	93	116	214	107	110	252	78	222
	50	98	126	204	102	122	259	87	225

不锈钢管卡压式管件内螺纹转换接头基本尺寸

(mm)

系列	公称通径 DN	螺纹 R_P (in)	L
Ⅰ系列	15	1/2	59
	15	3/4	62
	20	1/2	60
	20	3/4	52
	20	1	66
	25	3/4	63
	25	1	69
	25	1¼	71
	32	1	67
	32	1¼	76
Ⅰ系列	32	1½	75
	40	1¼	71
	40	1½	79
	50	1½	77
	50	2	97
Ⅱ系列	15	1/2	53
	20	1/2	57
	20	3/4	59
	25	1/2	63
	25	3/4	65
	25	1	62

不锈钢管卡压式管件外螺纹转换接头基本尺寸

系列	公称通径 DN	螺纹 R_P (in)	L
Ⅰ系列	15	1/2	53
	15	3/4	57
	20	1/2	54
	20	3/4	58
	20	1	61
	25	1/2	61
	25	1	64
	25	1¼	68
	32	1	68
	32	1¼	72
	32	1½	72
	40	1¼	73
	40	1½	77
Ⅰ系列	50	1½	89
	50	2	88
	65	2½	123
	80	3	137
Ⅱ系列	15	1/2	57
	20	3/4	64
	25	1	68
	32	1	87
	32	1¼	104
	40	1¾	98
	40	1½	112
	50	1½	105
	50	2	128

注：R_P—与圆锥外螺纹(R_1)配合的圆柱内螺纹。

不锈钢管卡压式管件异径接头基本尺寸 (mm)

系列	L	$DN \times DN_1$	系列	L	$DN \times DN_1$	系列	L	$DN \times DN_1$
Ⅰ系列	57	20×15	Ⅰ系列	96	50×15	Ⅱ系列	60	20×15
	64	25×15		95	50×25		75	25×15
	59	25×20		95	50×32		64	25×20
	71	32×15		89	50×40		103	32×20
	71	32×20		147	65×50		90	32×25
	68	32×25		163	80×50		121	40×25
	80	40×15		160	80×65		122	40×32
	79	40×20		172	100×50		131	50×25
	79	40×25		184	100×65		146	50×32
	72	40×32		204	100×80		133	50×40

不锈钢管卡压式管件异径三通基本尺寸 (mm)

系列	$DN \times DN_1$	L	H	系列	$DN \times DN_1$	L	H	系列	$DN \times DN_1$	L	H
Ⅰ系列	20×15	74	55	Ⅰ系列	65×32	230	77	Ⅱ系列	20×15	92	42
	25×15	84	45		65×40	230	80		25×15	102	53
	25×20	84	47		65×50	230	85		25×20	102	51
	32×15	100	50		80×20	260	83		32×15	198	67
	32×20	100	51		80×25	260	81		32×20	198	70
	32×25	100	52		80×32	260	84		32×25	198	70
	40×20	114	53		80×40	260	88		40×15	214	69
	40×25	114	56		80×50	260	91		40×20	214	72
	40×32	114	61		80×65	260	110		40×25	214	72
	50×20	138	59		100×20	310	100		40×32	214	99
	50×25	138	64		100×25	310	102		50×15	205	73
	50×32	138	67		100×32	310	105		50×20	205	76
	50×40	138	70		100×40	310	105		50×25	205	82
	65×20	230	73		100×50	310	105		50×32	205	109
	65×25	230	73		100×65	310	123		50×40	205	107
					100×80	310	134				

不锈钢卡压式管件螺母转换接头基本尺寸

系列	公称通径 DN	螺纹 G	全长 L	系列	公称通径 DN	螺纹 G	全长 L
Ⅱ系列	15	G½	37.5	Ⅱ系列	25	G1	56
	15	G¾	40.2		32	G1¼	64.5
	20	G½	46.5		40	G1½	94.5
	20	G¾	49.5		50	G2	94

注：G—圆柱管螺纹(英制)。

不锈钢卡压式管件内螺纹90°转换接头基本尺寸

系列	公称通径 DN	螺纹 (Rc)	L	L_2	系列	公称通径 DN	螺纹 (Rc)	L	L_2
Ⅰ系列(长型圆锥形)	15	1/2	48	45.5	Ⅱ系列长型圆锥形	50	1½	122	94
	20	1/2	58	56		50	2	122	111
	20	3/4	58	53	Ⅱ系列短型水栓用	15	1/2	48	48
	25	1	66	65		20	1/2	58	57
	32	1	94	75		20	3/4	58	57
	32	1½	91	85		25	1	66	67
	40	1¼	110	86		15	1/2	48	27
	40	1¼	110	97		20	1/2	52	28
						20	3/4	57	35

注：Rc—与圆锥外螺纹(R_2)配合的圆锥内螺纹。

不锈钢卡压式管件外螺纹90°转换接头基本尺寸 (mm)

系列	公称通径 DN	螺纹 (R)	L	L_2	系列	公称通径 DN	螺纹 (R)	L	L_2
Ⅱ系列	15	1/2	48	53	Ⅱ系列	32	1	91	100
	20	1/2	58	60		40	1¼	110	96
	20	G½	58	60		40	1½	110	111
	20	3/4	58	61		50	1½	122	107
	25	1	66	75		58	2	122	129
	32	1	91	83					

注：R(R_1、R_2)圆锥外螺纹。

不锈钢卡压式管件座盘水栓弯头、三通接头基本尺寸

座盘水栓弯头(Ⅱ系列)

公称通径 DN	15	20	20
螺纹(R_p)	1/2	1/2	3/4
L	48	52	57
L_2	27	27	36
L_3	25	25	25
L_4	45	50	50

座盘水栓三通接头(Ⅱ系列)

公称通径 DN	15	20
螺纹(R_p)	1/2	1/2
全长 L	114	110
L_2	25	25
L_3	27	27
L_4	45	45

不锈钢卡压式管件弯管及直管式活接头(Ⅱ系列)基本尺寸

管件名称	弯管			直管式活接头		
公称通径 DN	15	20	25	15	20	25
全长 L	178	201	268	164	184	204
直段长度 L_1	40	40	53.5			
两轴线距 h	25	30	40			
弯曲半径 R	27	27	36			

不锈钢钢管插入卡压式管件的长度基准值 (mm)

公称直径 DN		15	20	25	32	40	50	65	80	100
插入长度基准值	Ⅰ系列	20	21	23	26	30	35	53	60	75
	Ⅱ系列	21	24	24	39	47	52	—	—	—

不锈钢卡压式管件用橡胶O形密封圈基本尺寸

公称通径 DN		15	20	25	32	40	50	65	80	100
内径 D_2	Ⅰ系列	18.2	22.2	28.2	35.3	42.3	54.3	77.0	90.0	109
	Ⅱ系列	16.04	22.45	28.85	34.5	43.3	49.3	—	—	—
直径 d	Ⅰ系列	2.5	3.2	3.0	3.0	4.0	4.0	7.0	8.0	10
	Ⅱ系列	2.47	3.04	4.0	4.0	5.0	5.5	—	—	—

注：1. 材料:采用氯化丁基橡胶或三元乙丙橡胶,其中不应含有对输送介质、密封圈的使用寿命及钢管、管件有危害作用的物质,不对管件、钢管造成腐蚀。
2. 物理性能和卫生性能。

不锈钢卡压式管件卡压工具

型　式	型　号	产　地
手动分离式	SYB-2	△59
电动卡压式	DYB-1 DYB-2	

薄壁不锈钢水管材料力学性能和用途

<table>
<tr><th rowspan="2">序号</th><th colspan="2">不锈钢牌号</th><th rowspan="2">抗拉强度
(MPa)</th><th rowspan="2">伸长率
(%)</th><th rowspan="2">用　途</th></tr>
<tr><th>GB</th><th>日本 SUS</th></tr>
<tr><td>①</td><td>0Cr18Ni9</td><td>304</td><td>≥520</td><td>≥35</td><td>为饮用净水、生活饮用水、空气、医用气体、冷水热水等管路</td></tr>
<tr><td>②</td><td>0Cr17Ni12Mo2</td><td>316</td><td>≥520</td><td>≥35</td><td>为耐腐蚀要求高于 304 的场合</td></tr>
<tr><td>③</td><td>00Cr17Ni14Mo2</td><td>316 L</td><td>≥480</td><td>≥35</td><td>耐腐蚀性比上述高，可作为燃气、海水或高氯介质的管路</td></tr>
</table>

注：一般自来水中含有氯离子，易出现应力腐蚀，使工件开裂，建议采用新型不锈钢材，牌号是“宝钢 444 不锈钢”(见第二章)。

薄壁不锈钢水管尺寸规格(CJ/T 151—2001)

<table>
<tr><th>公称通径 DN</th><th>管子外径 D_w</th><th>外径允许偏差</th><th colspan="2">壁厚 t</th><th>备　注</th></tr>
<tr><td rowspan="2">10</td><td>10</td><td rowspan="8">±0.10</td><td rowspan="6">0.6</td><td rowspan="4">0.8</td><td rowspan="22">用于工作压力不大于 1.5 MPa、输送饮用净水、生活用水、热水和温度不大于 135 ℃的高温水管，其他如海水、空气、医用气体等管道亦可参照使用</td></tr>
<tr><td>12</td></tr>
<tr><td rowspan="2">15</td><td>14</td></tr>
<tr><td>16</td></tr>
<tr><td rowspan="2">20</td><td>20</td><td rowspan="4">1.0</td></tr>
<tr><td>22</td></tr>
<tr><td rowspan="2">25</td><td>25.4</td><td rowspan="2">0.8</td></tr>
<tr><td>28</td></tr>
<tr><td rowspan="2">32</td><td>35</td><td rowspan="3">±0.12</td><td rowspan="4">1.0</td><td rowspan="6">1.2</td></tr>
<tr><td>38</td></tr>
<tr><td rowspan="2">40</td><td>40</td></tr>
<tr><td>42</td><td rowspan="2">±0.15</td></tr>
<tr><td rowspan="2">50</td><td>50.8</td><td rowspan="4">1.2</td></tr>
<tr><td>54</td><td>±0.18</td></tr>
<tr><td rowspan="2">65</td><td>67</td><td rowspan="2">±0.20</td><td rowspan="2">1.5</td></tr>
<tr><td>70</td></tr>
<tr><td rowspan="2">80</td><td>76.1</td><td>±0.23</td><td rowspan="4">1.5</td><td rowspan="5">2.0</td></tr>
<tr><td>88.9</td><td>±0.25</td></tr>
<tr><td rowspan="2">100</td><td>102</td><td rowspan="4">±0.4%D_w</td></tr>
<tr><td>108</td></tr>
<tr><td>125</td><td>133</td><td rowspan="2">2.0</td></tr>
<tr><td>150</td><td>159</td><td>3.0</td></tr>
</table>

12. 纯铜管件快捷安装

应用纯铜管给水是一次飞跃，美、英等国应用分别已达 81%、95%，中国应用 1.5%，安装纯铜管已成趋势。

（1）Profipress G 铜管管件卡压安装

铜管接头有 500 多个品种，“G”拥有 200 多种产品，规格从通径 *DN* 12～108 mm，采用先进的卡压技术，经济合理地实现全套铜管安装。不用焊接，不用钎焊，应用十分简单：可采用压紧钳子直至相应的压紧夹具或卡环，与黏结或钎焊相比可以节省 1/3 工作时间，压紧力保持均匀，形成的压紧连接可靠，若采用双重压紧更牢靠。

产地设备较齐，有电动液压压紧工具，备有 PT3 - EH 型电动液压压紧工具；还有采用蓄电池驱动的 PT3 - AH 压紧工具，都装有电子永久监控装置和彩色显示器（LED），还有一个可转动 90°的压头，它适用于 *DN*10（外径 12）、*DN*12（外径 15）、*DN*15（外径 18）、*DN*20（外径 22）、*DN*25（外径 28）、*DN*32（外径 35）、*DN*40（外径 42）、*DN*50（外径 54）直至 *DN*100（外径 108）所有接头规格，*DN*10～*DN*50 用压紧卡钳，*DN*65～*DN*100 用压紧卡环（见下图）。

产地：△5 36　　　　工件

（2）UIK® 快捷管业

浙江 UIK® 快捷管业有限公司专业安装紫铜管（又称纯铜管）、提供 UIK® 纯铜管件、产品说明书介绍、具有坚固密实、卫生健康等优点，已获国际 NSF 认证。产品已进入欧、美、东南亚市场、获得大量客商好评。

13. 整体铸铁管法兰

（1）*PN*0.6 MPa 整体铸铁管法兰（GB/T 17241.6—2008）

【特点】 ① 整体性好。

② 根部外壁呈锥颈，避免截面突变、减少应力集中，有利于提高整体强度。

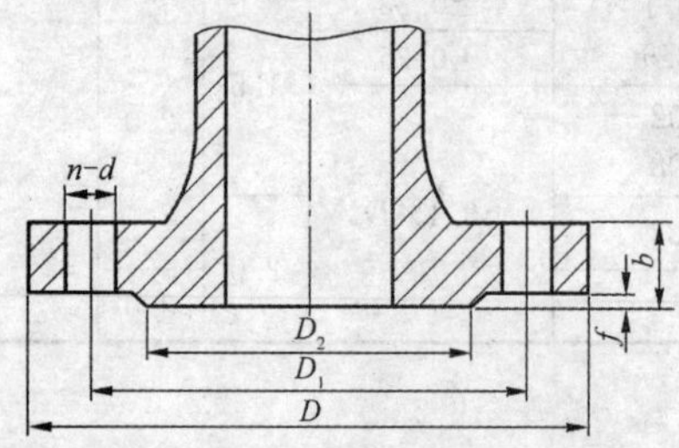

PN0.6 MPa 的整体铸铁管法兰尺寸 (mm)

DN	连接尺寸					密封面尺寸		法兰厚度 b	
	法兰外径 D	螺孔中心圆直径 D_1	螺栓			外径 D_2	高度 f	灰铸铁	可锻铸铁
			通孔直径 d	数量 n	螺纹规格				
10	75	50	11	4	M10	33	2	12	12
15	80	55	11	4	M10	38	2	12	12
20	90	65	11	4	M10	48	2	14	14
25	100	75	11	4	M10	58	3	14	14
32	120	90	14	4	M12	69	3	16	16
40	130	100	14	4	M12	78	3	16	16
50	140	110	14	4	M12	88	3	16	16
65	160	130	14	4	M12	108	3	16	16
80	190	150	19	4	M16	124	3	18	18
100	210	170	19	4	M16	144	3	18	18
125	240	200	19	8	M16	174	3	20	20
150	265	225	19	8	M16	199	3	20	20
200	320	280	19	8	M16	254	3	22	22
250	375	335	19	12	M16	309	3	24	24
300	440	395	23	12	M20	363	4	24	24
350	490	445	23	12	M20	413	4	26	—
400	540	495	23	16	M20	463	4	28	—
450	595	550	23	16	M20	518	4	28	—
500	645	600	23	20	M20	568	4	30	—
600	755	705	26	20	M24	667	5	30	—
700	860	810	26	24	M24	772	5	32	—
800	975	920	31	24	M27	878	5	34	—
900	1 075	1 020	31	24	M27	978	5	36	—
1 000	1 175	1 120	31	28	M27	1 078	5	36	—
1 200	1 405	1 340	34	32	M30	1 295	5	40	—
1 400	1 630	1 560	37	36	M33	1 510	5	44	—
1 600	1 830	1 760	37	40	M33	1 710	5	48	—
1 800	2 045	1 970	40	44	M36	1 918	5	50	—
2 000	2 265	2 180	43	48	M39	2 125	5	54	—

(2) *PN*1.0 MPa 整体铸铁管法兰(GB/T 17241.6—2008)

【特点】 ① 整体性好。

② 根部呈锥颈,避免截面突变,减少应力集中,有利于整体强度。

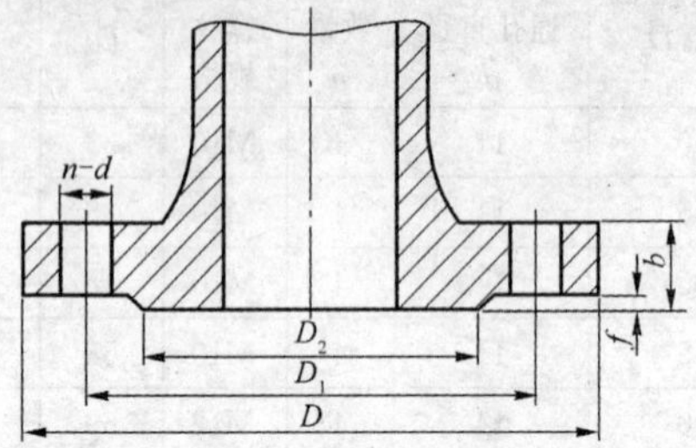

PN1.0 MPa 的整体铸铁管法兰尺寸 (mm)

DN	连接尺寸					密封面尺寸		法兰厚度 b		
	法兰外径 D	螺孔中心圆直径 D_1	螺栓			外径 D_2	高度 f	灰铸铁	球墨铸铁	可锻铸铁
			通孔直径 d	数量 n	螺纹规格					
15	95	65	14	4	M12	46	2	14	—	14
20	105	75	14	4	M12	56	2	16	—	16
25	115	85	14	4	M12	65	3	16	—	16
32	140	100	19	4	M16	76	3	18	—	18
40	150	110	19	4	M16	84	3	18	19	18
50	165	125	19	4	M16	99	3	20	19	20
65	185	145	19	4	M16	118	3	20	19	20
80	200	160	19	8	M16	132	3	22	19	20
100	220	180	19	8	M16	156	3	24	19	22
125	250	210	19	8	M16	184	3	26	19	22
150	285	240	23	8	M20	211	3	26	19	24
200	340	295	23	8	M20	266	3	26	20	24
250	395	350	23	12	M20	319	3	28	22	26
300	445	400	23	12	M20	370	4	28	24.5	26
350	505	460	23	16	M20	429	4	30	24.5	—
400	565	515	28	16	M24	480	4	32	24.5	—
450	615	565	28	20	M24	530	4	32	25.5	—
500	670	620	28	20	M24	582	4	34	26.5	—

(续)

DN	连接尺寸					密封面尺寸		法兰厚度 b		
	法兰外径 D	螺孔中心圆直径 D_1	螺栓			外径 D_2	高度 f	灰铸铁	球墨铸铁	可锻铸铁
			通孔直径 d	数量 n	螺纹规格					
600	780	725	31	20	M27	682	5	36	30	—
700	895	840	31	24	M27	794	5	40	32.5	—
800	1 015	950	34	24	M30	901	5	44	35	—
900	1 115	1 050	34	28	M30	1 001	5	46	37.5	—
1 000	1 230	1160	37	28	M33	1 112	5	50	40	—
1 200	1 455	1 380	40	32	M36	1 328	5	56	45	—
1 400	1 675	1 590	43	36	M39	1 530	5	62	46	—
1 600	1 915	1 820	49	40	M45	1 750	5	68	49	—
1 800	2 115	2 020	49	44	M45	1 950	5	70	52	—
2 000	2 325	2 230	49	48	M45	2 150	5	74	55	—

(3) 1.6 MPa 整体铸铁管法兰(GB/T 17241.6—2008)

【特点】 ① 整体性好。

② 根部外壁呈锥颈,避免截面突变、减少应力集中,有利于整体强度。

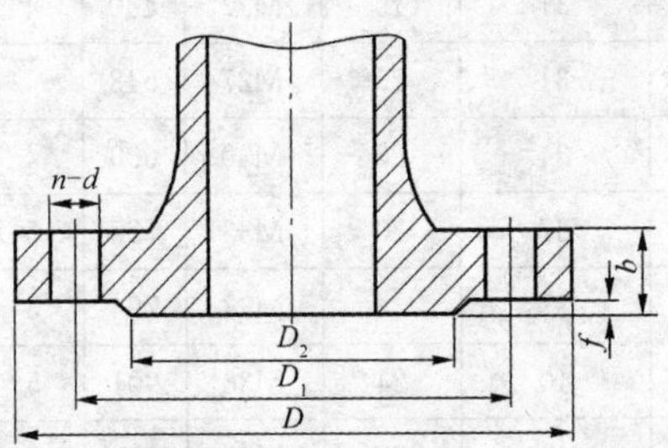

PN1.6 MPa 的整体铸铁管法兰尺寸 (mm)

DN	连接尺寸					密封面尺寸		法兰厚度 b		
	法兰外径 D	螺孔中心圆直径 D_1	螺栓			外径 D_2	高度 f	灰铸铁	球墨铸铁	可锻铸铁
			通孔直径 d	数量 n	螺纹规格					
15	95	65	14	4	M12	46	2	14	—	14
20	105	75	14	4	M12	56	2	16	—	16

（续）

DN	连接尺寸					密封面尺寸		法兰厚度 b		
	法兰外径 D	螺孔中心圆直径 D_1	螺栓			外径 D_2	高度 f	灰铸铁	球墨铸铁	可锻铸铁
			通孔直径 d	数量 n	螺纹规格					
25	115	85	14	4	M12	65	3	16	—	16
32	140	100	19	4	M16	76	3	18	—	18
40	150	110	19	4	M16	84	3	18	19	18
50	165	125	19	4	M16	99	3	20	19	20
65	185	145	19	4	M16	118	3	20	19	20
80	200	160	19	8	M16	132	3	22	19	20
100	220	180	19	8	M16	156	3	24	19	22
125	250	210	19	8	M16	184	3	26	19	22
150	285	240	23	8	M20	211	3	26	19	24
200	340	295	23	12	M20	266	3	30	20	24
250	405	355	28	12	M24	319	3	32	22	26
300	460	410	28	12	M24	370	4	32	24.5	28
350	520	470	28	16	M24	429	4	36	26.5	—
400	580	525	31	16	M27	480	4	38	28	—
450	640	585	31	20	M27	548	4	40	30	—
500	715	650	34	20	M30	609	4	42	31.5	—
600	840	770	37	20	M33	720	5	48	36	—
700	910	840	37	24	M33	794	5	54	39.5	—
800	1 025	950	40	24	M36	901	5	58	43	—
900	1 125	1 050	40	28	M36	1 001	5	62	46.5	—
1 000	1 255	1 170	43	28	M39	1 112	5	66	50	—
1 200	1 485	1 390	49	32	M45	1 328	5	—	57	—
1 400	1 685	1 590	49	36	M45	1 530	5	—	60	—
1 600	1 930	1 820	56	40	M52	1 750	5	—	65	—
1 800	2 130	2 020	56	44	M52	1 950	5	—	70	—
2 000	2 345	2 230	62	48	M56	2 150	5	—	75	—

14. 凸面整体铸钢管法兰

(1) *PN*1.6 MPa 凸面整体铸钢管法兰(JB/T 79.1—1994)

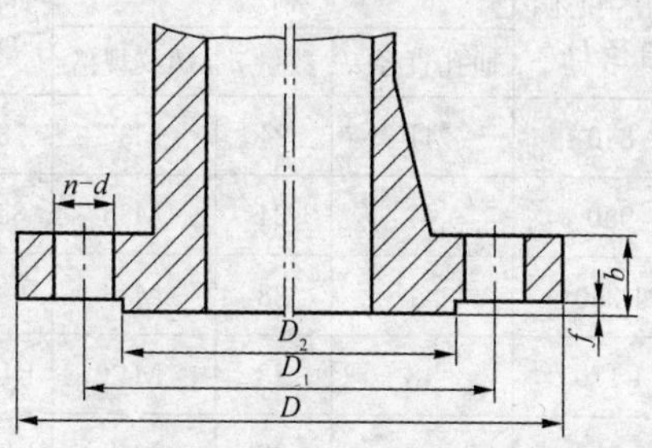

PN1.6MPa 的凸面整体铸钢管法兰尺寸 (mm)

DN	连接尺寸					密封面尺寸		法兰厚度 *b*
	法兰外径 *D*	螺孔中心圆直径 D_1	螺栓			外径 D_2	高度 *f*	
			通孔直径 *d*	数量 *n*	螺纹规格			
15	95	65	14	4	M12	45	2	14
20	105	75	14	4	M12	55	2	14
25	115	85	14	4	M12	65	2	14
32	135	100	18	4	M16	78	2	16
40	145	110	18	4	M16	85	3	16
50	160	125	18	4	M16	100	3	16
65	180	145	18	4	M16	120	3	18
80	195	160	18	8	M16	135	3	20
100	215	180	18	8	M16	155	3	20
125	245	210	18	8	M16	185	3	22
150	280	240	23	8	M20	210	3	24
200	335	295	23	12	M20	265	3	26
250	405	355	25	12	M22	320	3	30
300	460	410	25	12	M22	375	4	30
350	520	470	25	16	M22	435	4	34
400	580	525	30	16	M27	485	4	36
450	640	585	30	20	M27	545	4	40
500	705	650	34	20	M30	608	4	44
600	840	710	41	20	M36	718	5	48

（续）

DN	连　接　尺　寸					密封面尺寸		法兰厚度 b
	法兰外径 D	螺孔中心圆直径 D_1	螺栓			外径 D_2	高度 f	
			通孔直径 d	数量 n	螺纹规格			
700	910	840	41	24	M36	788	5	50
800	1 020	950	41	24	M36	898	5	52
900	1 120	1 050	41	28	M36	998	5	54
1 000	1 255	1 170	48	28	M42	1 110	5	56
1 200	1 485	1 390	54	32	M48	1 325	5	58
1 400	1 685	1 590	54	36	M48	1 525	5	60
1 600	1 930	1 820	58	40	M52	1 750	5	68

(2) *PN*2.5 MPa 凸面整体铸钢管法兰(JB/T 79.1—1994)

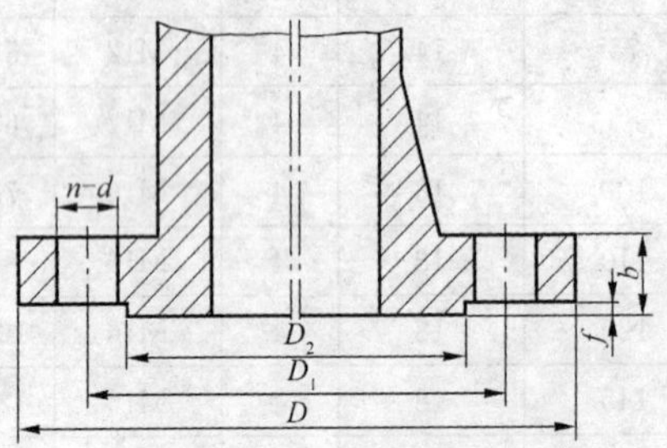

PN2.5 MPa 的凸面整体铸钢管法兰尺寸　　(mm)

DN	连　接　尺　寸					密封面尺寸		法兰厚度 b
	法兰外径 D	螺孔中心圆直径 D_1	螺栓			外径 D_2	高度 f	
			通孔直径 d	数量 n	螺纹规格			
15	95	65	14	4	M12	45	2	16
20	105	75	14	4	M12	55	2	16
25	115	85	14	4	M12	65	2	16
32	135	100	18	4	M16	78	2	18
40	145	110	18	4	M16	85	3	18
50	160	125	18	4	M16	100	3	20
65	180	145	18	8	M16	120	3	22

（续）

DN	连接尺寸					密封面尺寸		法兰厚度 b
	法兰外径 D	螺孔中心圆直径 D_1	螺栓			外径 D_2	高度 f	
			通孔直径 d	数量 n	螺纹规格			
80	195	160	18	8	M16	135	3	22
100	230	190	23	8	M20	160	3	24
125	270	220	25	8	M22	188	3	28
150	300	250	25	8	M22	218	3	30
200	360	310	25	12	M22	278	3	34
250	425	370	30	12	M27	332	3	36
300	485	430	30	16	M27	390	4	40
350	555	490	34	16	M30	448	4	44
400	610	550	34	16	M30	505	4	48
450	660	600	34	20	M30	585	4	50
500	730	660	41	20	M36	610	4	52
600	840	770	41	20	M36	718	5	56
700	955	875	48	24	M42	815	5	60
800	1 070	990	48	24	M42	930	5	64
900	1 180	1 090	54	28	M48	1 025	5	66
1 000	1 305	1 210	58	28	M52	1 140	5	68
1 200	1 525	1 420	58	32	M52	1 350	5	72
1 400	1 750	1 640	65	36	M56	1 560	5	78

第三十七章　新型水嘴(水龙头)及配件

1. 标准水嘴(QB/T 1334—2004)

(1) 产品分类

水嘴是实现启闭及控制出水口流量或水温的一种阀,又称水龙头,英文名 faucet。

标记:

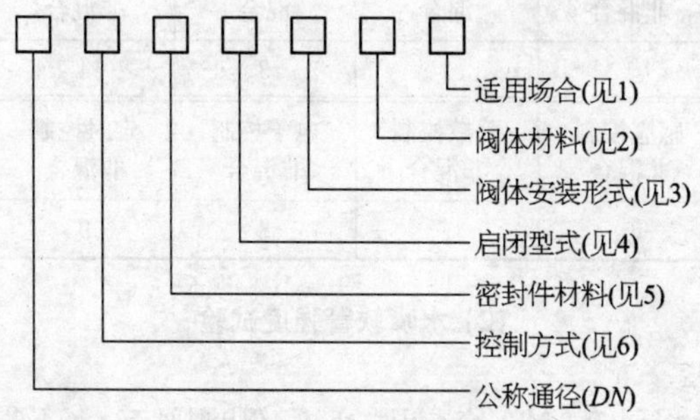

示例:通径 DN 单手把控制,陶瓷平面式密封,台式明装铜洗面器混合水嘴标记示例如下:

152CPITM QB/T 1334—2004

【分类】 ① 按适用场合分。

产品名称	代号	产品名称	代号	产品名称	代号	产品名称	代号
普通水嘴	P	洗涤水嘴	D	沐浴水嘴	L	洗衣房水嘴	F
洗面器水嘴	M	便池水嘴	B	化验水嘴	H	其他水嘴	Q
浴缸水嘴	Y	净身水嘴	C	接管水嘴	J		

② 按阀体材料分。

材料名称	灰铸铁	可锻铸铁	铜合金	不锈钢	塑料	其他
代号	H	K	T	B	S	Q

③ 按阀体安装型式分。

阀体安装型式	台式明装	台式暗装	壁式明装	壁式暗装	其他
代号	1	2	3	4	5

④ 按启闭结构型式分。

启闭结构	螺旋升降式	柱塞式	弹簧式	平面式	圆球式	铰链式	其他
代　号	L	Z	T	P	Y	J	Q

⑤ 按密封件材料分。

材料名称	橡胶	工程塑料	陶瓷	铜合金	不锈钢	其他
代　号	J	S	C	T	B	Q

⑥ 按控制方式分。

控制方式	单手控制 非混合	单手控制 混合	双手控制 混合	肘控制 非混合	脚踏控制 非混合
代　号	1	2	3	4	5
控制方式	感应控制 非混合	手撳控制 非混合	电子控制 非混合	定时控制 非混合	双手控制 非混合
代　号	6	7	8	9	0

(2) 水嘴软管强度试验

连接软管强度:

进水软管,静水压力 0.9 MPa,介质温度≥65 ℃,保压时间,60 min 不渗漏。

出水软管,静水压力 0.4 MPa,介质温度≤30 ℃,保压时间,60 min 不渗漏。

(3) 水嘴品种

(图形仅为示意,不作为典型结构图)

① 壁式明装单控普通水嘴。

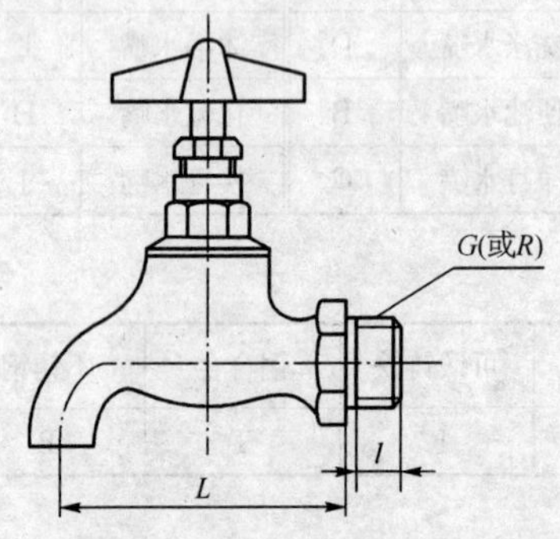

【规格】

(mm)

公称通径 DN	螺纹尺寸代号	螺纹有效长度 l_{min}		L_{min}
		圆柱管螺纹	圆锥管螺纹	
15	1/2	10	11.4	55
20	3/4	12	12.7	70
25	1	14	14.5	80

② 明装洗面器(台式)水嘴。

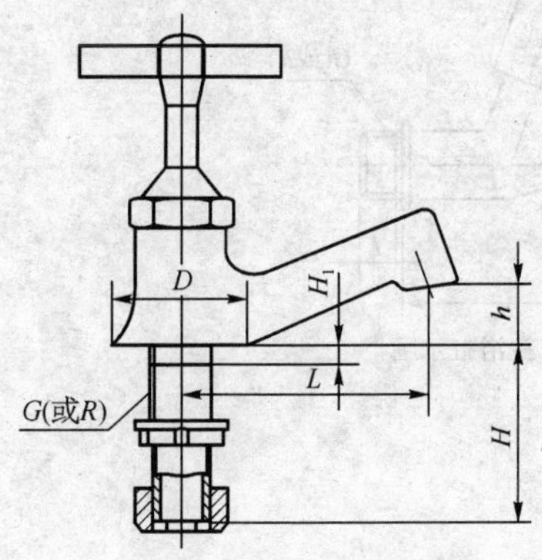

台式明装单控洗面器水嘴

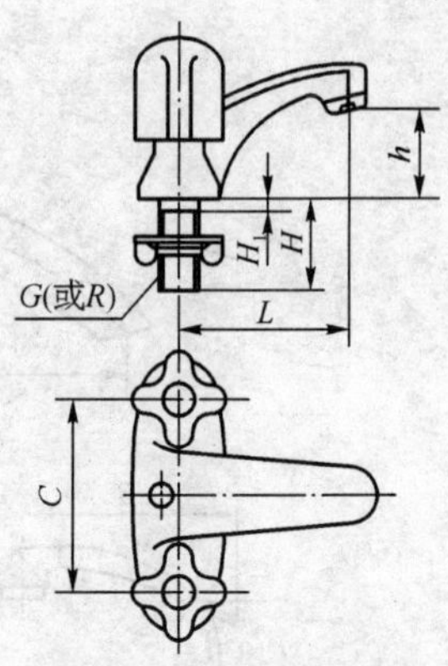

台式明装双控洗面器水嘴

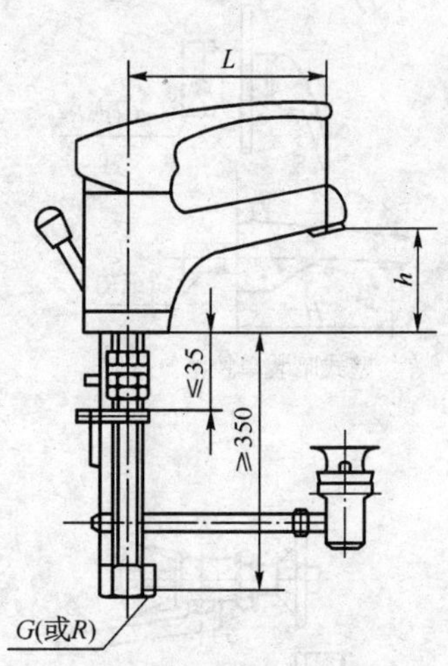

台式明装单控洗面器水嘴

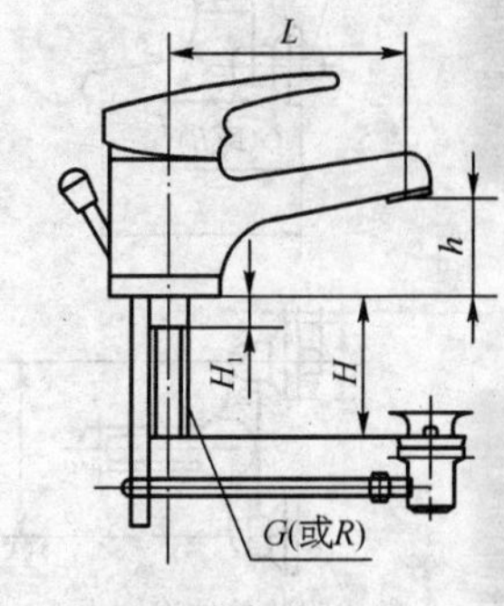

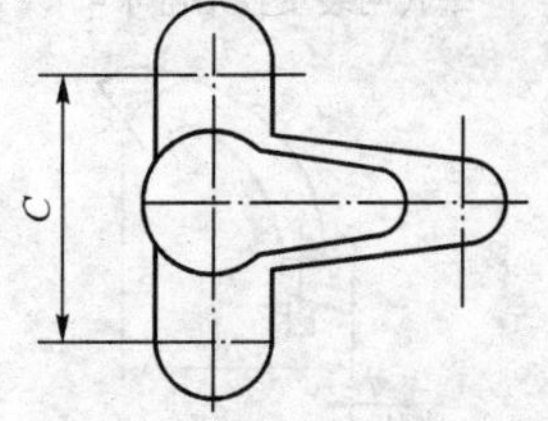

台式明装单控洗面器水嘴

【规格】

(mm)

公称通径 DN	螺纹尺寸代号	H_{max}	H_{1min}	h_{min}	D_{min}	L_{min}	C	
							基本尺寸	基本偏差
15	1/2	48	8	25	40	65	100 150 200	+2 0

37. 3

③ 浴缸水嘴。

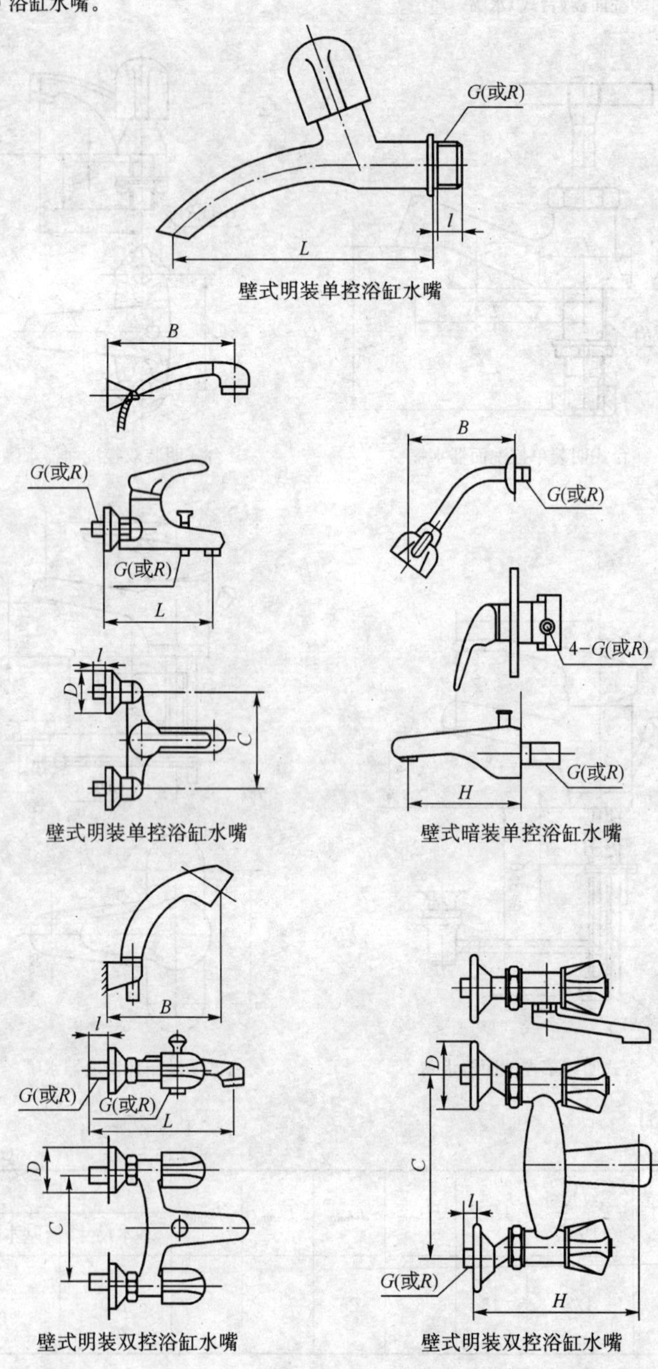

壁式明装单控浴缸水嘴

壁式明装单控浴缸水嘴　　壁式暗装单控浴缸水嘴

壁式明装双控浴缸水嘴　　壁式明装双控浴缸水嘴

【规格】

(mm)

<table>
<tr><th rowspan="2">公称通径
DN</th><th rowspan="2">螺纹尺寸
代号</th><th rowspan="2">L_{min}</th><th rowspan="2" colspan="3">螺纹有效长度 l_{min}</th><th rowspan="2">D_{min}</th><th rowspan="2">C</th><th colspan="2">B_{min}</th><th rowspan="2">H_{min}</th></tr>
<tr><th>明装
水嘴</th><th>暗装
水嘴</th></tr>
<tr><td rowspan="2">15</td><td rowspan="2">1/2</td><td rowspan="4">120</td><td colspan="3">13</td><td rowspan="2">45</td><td rowspan="4">150±30</td><td rowspan="4">120</td><td rowspan="4">150</td><td rowspan="4">110</td></tr>
<tr><td rowspan="2">混合
水嘴</td><td colspan="2">非混合水嘴</td></tr>
<tr><td rowspan="2">20</td><td rowspan="2">3/4</td><td>圆柱螺纹</td><td>圆锥螺纹</td><td rowspan="2">50</td></tr>
<tr><td>15</td><td>12.7</td><td>14.5</td></tr>
</table>

注：淋浴喷头软管长度不小于 1 350 mm。

④ 洗涤水嘴。

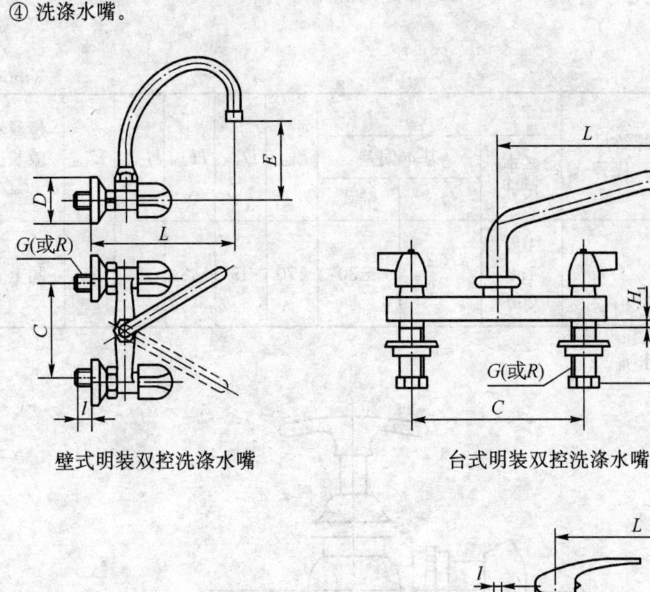

壁式明装双控洗涤水嘴　　台式明装双控洗涤水嘴

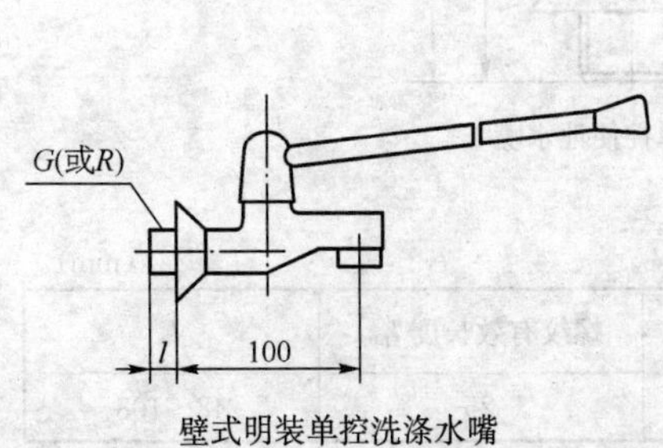

壁式明装单控洗涤水嘴

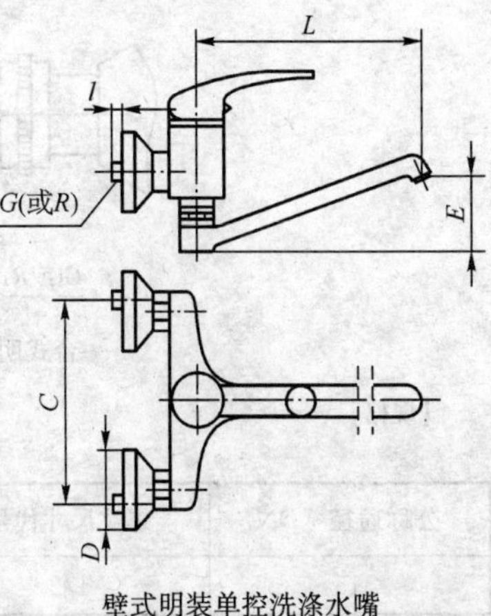

壁式明装单控洗涤水嘴

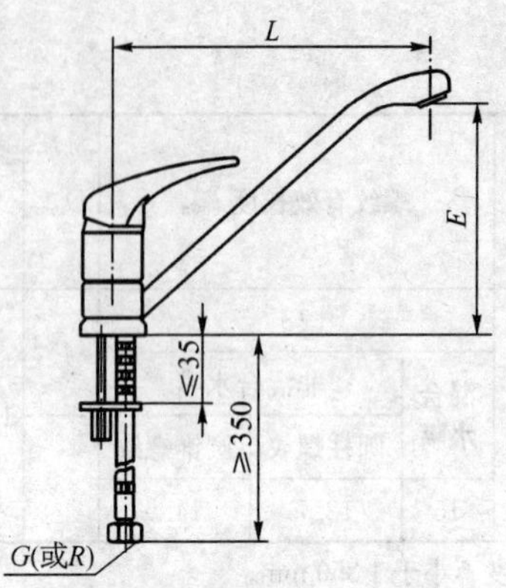

台式明装单控洗涤水嘴

【规格】

（mm）

公称通径 DN	螺纹尺寸代号	C_{min}			L_{min}	D_{min}	H_{min}	H_{1max}	E_{min}	螺纹有效长度 l_{min}
		基本尺寸	基本偏差							
			台式	壁式						
15	1/2	100 150 200	$^{+2}_{0}$	±30	170	45	48	8	25	同上表

⑤ 便池水嘴。

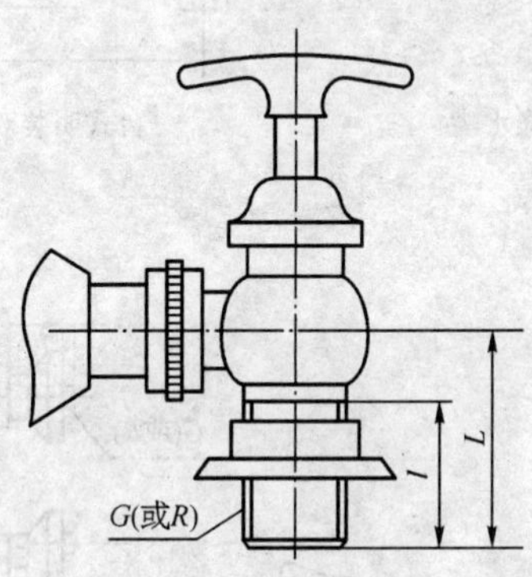

台式明装单控便池水嘴

【规格】

（mm）

公称通径　DN	螺纹尺寸代号	螺纹有效长度 l_{min}	L
15	1/2	25	48～108

⑥ 净身水嘴。

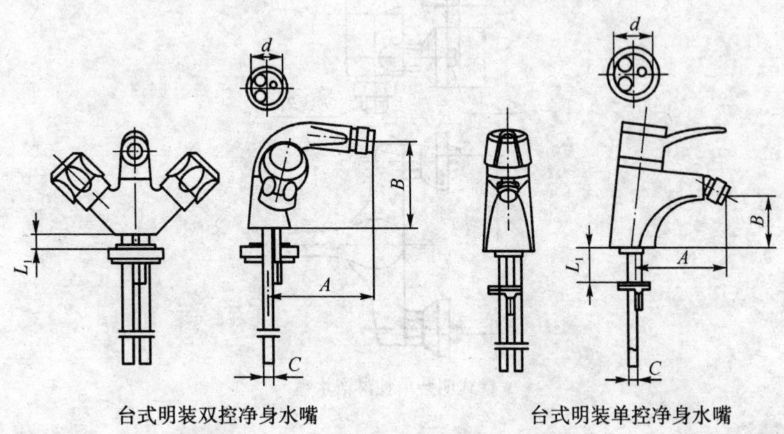

台式明装双控净身水嘴　　台式明装单控净身水嘴

【规格】

(mm)

A_{min}	B_{min}	C	d_{max}	L_{1min}
105	70	ϕ10	ϕ33	35

⑦ 淋浴水嘴。

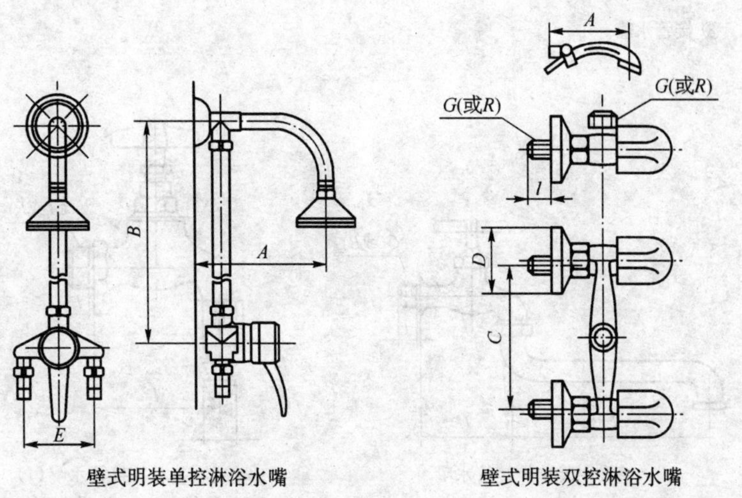

壁式明装单控淋浴水嘴　　壁式明装双控淋浴水嘴

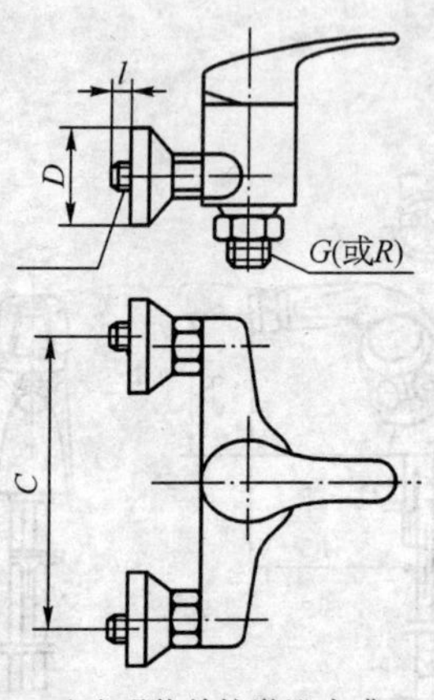

壁式明装单控淋浴水嘴

【规格】

(mm)

A_{min}		B	C			D_{min}	l_{min}	E_{min}
非移动喷头	移动喷头		基本尺寸	基本偏差				
				台式	壁式			
395	120	1 015	100 150 200	$^{+2}_{0}$	±30	45	同表 B3	95

⑧ 接管水嘴。

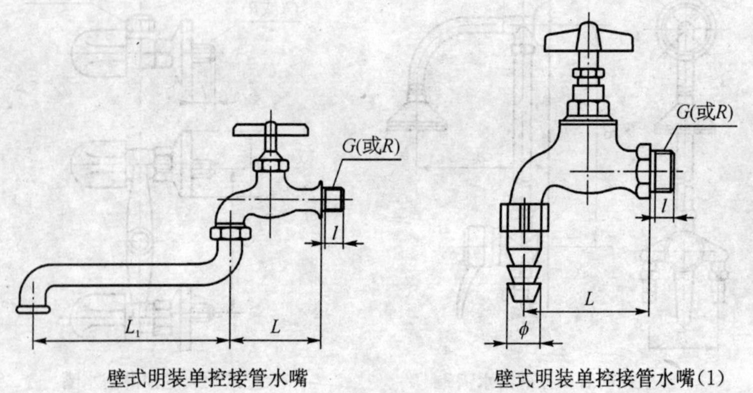

壁式明装单控接管水嘴　　壁式明装单控接管水嘴(1)

【规格】

(mm)

公称通径 DN	螺纹尺寸代号	螺纹有效长度 l_{min}		L_{1min}	L_{min}	ϕ
		圆柱管螺纹	圆锥管螺纹			
15	1/2	10	11.4	170	55	15
20	3/4	12	12.7		70	21
25	1	14	14.5		80	28

⑨ 化验水嘴。

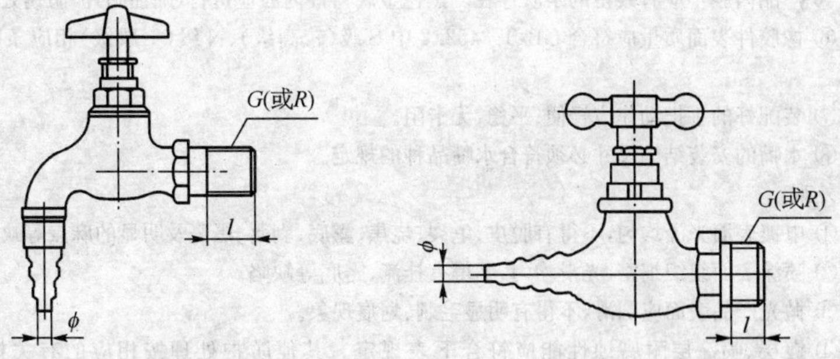

⑩ 单控化验水嘴。

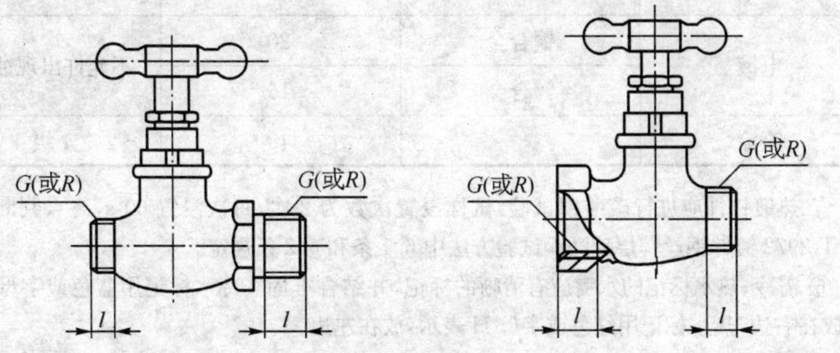

单控化验水嘴

【规格】

(mm)

公称通径 DN	螺纹尺寸代号	螺纹有效长度 l_{min}		ϕ
		圆柱管螺纹	圆锥管螺纹	
15	1/2	10	11.4	12

(4) 水嘴技术要求

【材质】

① 在保证产品技术要求的条件下，产品使用的材料应符合相应的有关标准。

② 所有材料在规定的使用条件下，不应对人体健康造成危害。

加工与装配：

① 产品安装连接管螺纹应符合 GB/T 7306 或 GB/T 7307 的规定，其中按 GB/T 7307 的外螺纹应高于 B 级精度。

② 螺纹表面不得有凹痕、断牙等明显缺陷，表面粗糙度 Ra 不大于 6.3 μm。

③ 铸件表面不得有明显的砂眼、缩孔、裂纹、气孔等缺陷。

④ 塑料件表面不应有溢料、缩痕、翘曲、熔接痕等缺陷。

⑤ 产品内腔不应有残留的杂质存在。黑色金属铸件内腔应进行(除油脂外)防锈处理。

⑥ 橡胶件表面质量应符合 GB/T 3452.2 中 S 级(较高级)、N 级(一般级)相应条款的要求。

⑦ 装配好的手把动作应轻便、平稳、无卡阻。

⑧ 水嘴的安装结构尺寸必须符合水嘴品种的规定。

外观：

① 电镀表面光泽均匀，不得有脱皮、龟裂、烧焦、露底、剥落、黑斑及明显的麻点等缺陷。

② 喷涂表面组织细密、光滑均匀，不得有挂流、露底等缺陷。

③ 抛光产品表面应圆滑，不得有明显毛刺、划痕现象。

④ 镀层、喷涂层耐腐蚀性能应符合下表规定。其他防护处理按相应的有关标准执行。

镀(涂)层种类	基体材料	试验时间(h)	评定结果
电镀	铜合金	20	不允许出现蚀点
	锌合金	16	
喷涂	—	48	1 级

⑤ 热镀锌件应进行硫酸铜试验，试样浸置次数为 2 次，每次浸置 60 s，终点判断符合 GB/T 2972 镀锌钢丝锌层硫酸铜试验方法中 6.1 条和 6.2 条规定。

⑥ 需冷、热水标记的水嘴应有清晰的标记，并结合牢固。冷水标记用蓝色或字母 C 表示，放在右边，热水标记用红色或字母 H 表示，放在左边。

2. 新型水嘴

我国加入“WTO”，在五金国际贸易中，变化最大，发展最快的则是水龙头产品，其出口一直以 30%、40%，甚至 50%的速度持续增长。其主要原因：一是产品档次提高，质量上了一个台阶，达到国际中、高档水平，国际市场信任它，能够接纳它；二是产品出口企业规模比较大，实力雄厚，管理科学，主要生产设备都是从国外引进，工艺先进，能保证产品质量。出口产品的企业基本上都是与外商合作生产，多数产品往往都是外商设计好带来的图纸，按图加工。不过，通过多年的实践，一些企业意识到研发实力是决定一个企业生存的主要因素，已经开始将经营重心转向 ODM，甚至 OBM 型式，其核心在于公司科研实力的真实提高，企业投入大量科研力量，不断进行高质量新产品的研发、试验、生产，增强企业获利能力。

目前，我国水嘴出口的生产基地，主要分布在浙江、福建和广东等省市。其中规模较大的著名品牌企业有埃美柯、奥雷士、外冈、精艺、希恩、鸿升、申鹭达等企业。从宁波埃美柯铜阀门有限公司产品样本中摘录部分水嘴，介绍于下。

水嘴系列产品一览表

名称和用途	结构形式	型号
淋浴水嘴（代号 L）	单柄双控	LG88 YG88 LG10 LG27 LG78 LG38F8 LG57F8 LG41
	双柄双控	LG8 LG68F10 LG2·HW·F6
	恒温淋浴	LG2·HW LG24·HW LG3·HWF11
洗涤水嘴（代号 X）	单柄单控	XL11 XL0552 XG16 XG15
	单柄双控	XG62 XG37 XG48 XG71 XG29 XG17 XG35 XG50 XG41 XG30 XG31 XG2 XG8 XG62
	双柄双控	XG4 XG68 XG56(不锈钢) XG40
	双柄单控	XG20
面盆水嘴（代号 M）	单柄单控	ML5、ML6、ML7、ML8、ML9
	单柄双控	MG18、MG29、MG30、MG31、MG35、MG36、MG78、MG27、MD2、MD12、MD28、MD29、MD30、MD37、MD85、MG41、MD46、MD56(不锈钢)、MD50、MD57、MD66
		MD52、MD86、MD62、MD78、MD27、MD35、MD36、MD41、MD38、MD48、MS40
	双柄双控	MD3、MS70A、MS70、MS66、MS65、MS63(不锈钢)、MS43、MD40、XG56(不锈钢)
	单控感应	ML1·GY ML2·GY MD14·GY ML6(延时面盆水嘴)
浴盆水嘴（代号 Y）	单柄双控	YG29、YG52、YG50、YG41、YG37·16T3L17、YG78、YG37·90、YG37·14T1L15、YG16T3L151、YG35AYG14、T1L153、YG62－16T7L27、YG35、YG36、YG66
	双柄双控	YG40
	恒温水嘴	YG2A·HW YG2·HW YG2B·HW

（续）

名称和用途	结构形式	型号
饮用水水嘴	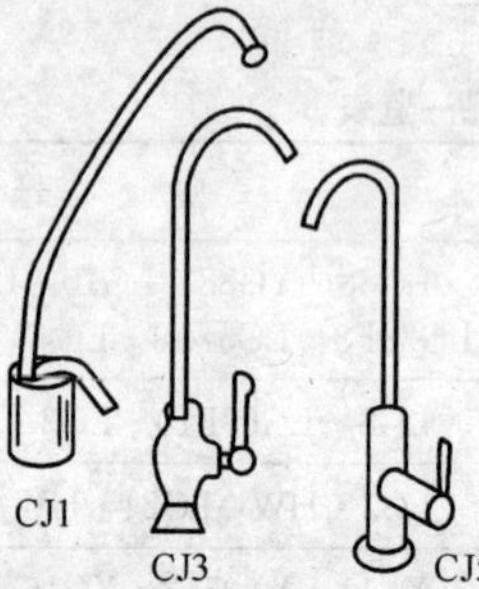 CJ1 CJ3 CJ5	CJ1 CJ3 CJ5（不锈钢）
洗衣机水嘴	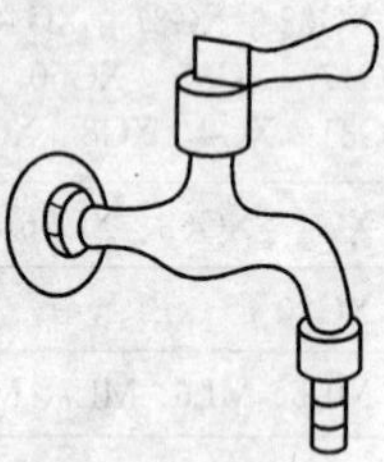	XG15A、XL35A、XL36A、XL28A、XL31A、XL32A
净身水嘴	单柄双控 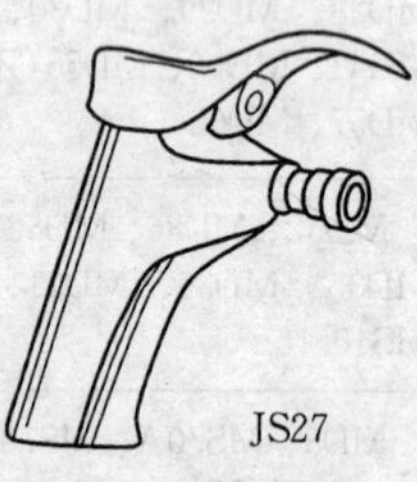 JS27	JS27、JS29
感应水嘴	单控感应面盆水嘴 ML2. GY　　双控感应面盆水嘴 MD14. GY 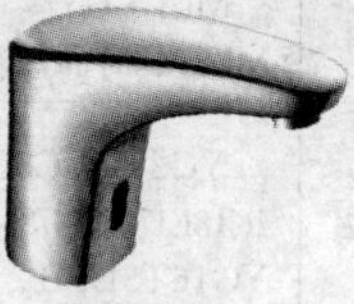 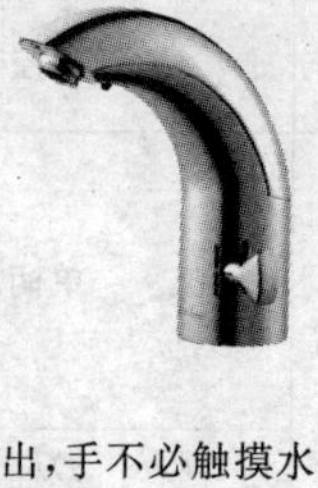 特点： 用手掌心对准水嘴出水口，产生感应，水流出，手不必触摸水嘴，防止感染，特别适用医院及防感染场合	

注：结构形式见产品外形图。

(1) 水嘴外形图

① 洗涤水嘴外形图。

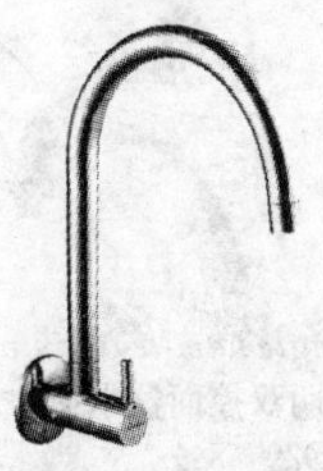

Single handle sink faucet
单柄单控洗涤水嘴
XL11

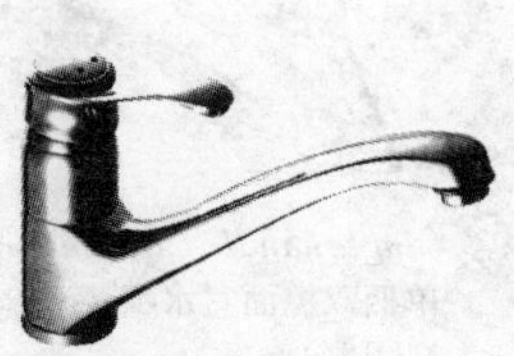

Single handle sink mixer
单柄双控洗涤水嘴
XG29

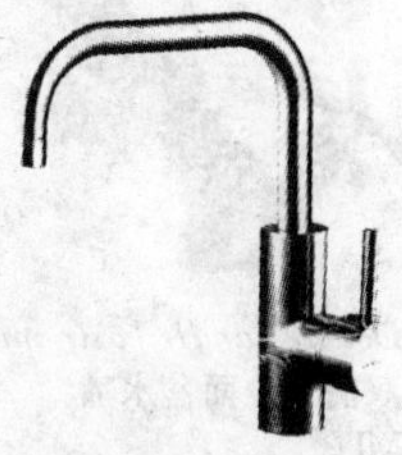

Single handle sink mixer
单柄双控洗涤水嘴
XG37

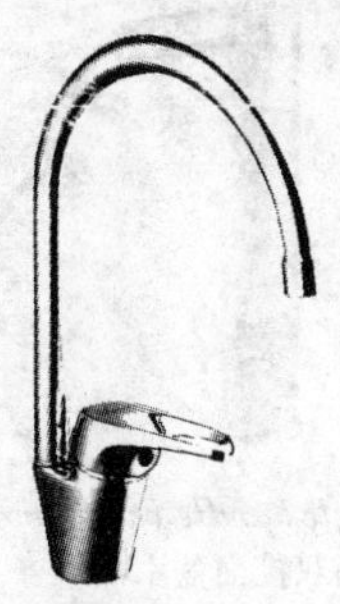

Single handle sink mixer
单柄双控洗涤水嘴
XG50

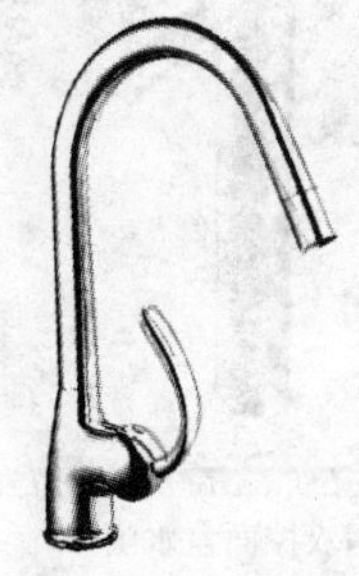

Single handle sink mixer
单柄双控洗涤水嘴
XG52

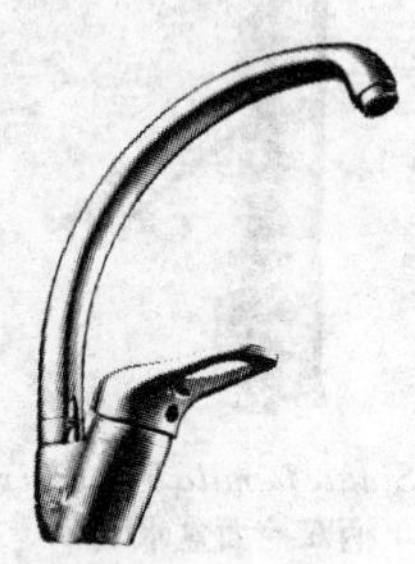

Single handle sink mixer
单柄双控洗涤水嘴
XG78

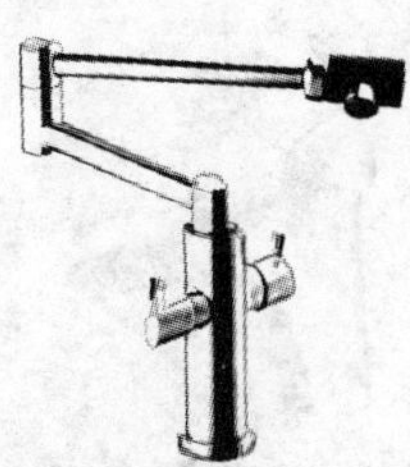

Double handle sink mixer
双柄双控洗涤水嘴
XG68

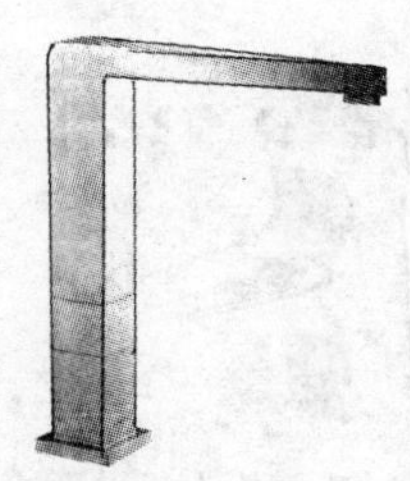

Single handle sink mixer
(*stainless steel mixer*)
单柄双控洗涤水嘴
(不锈钢水嘴)
XG71

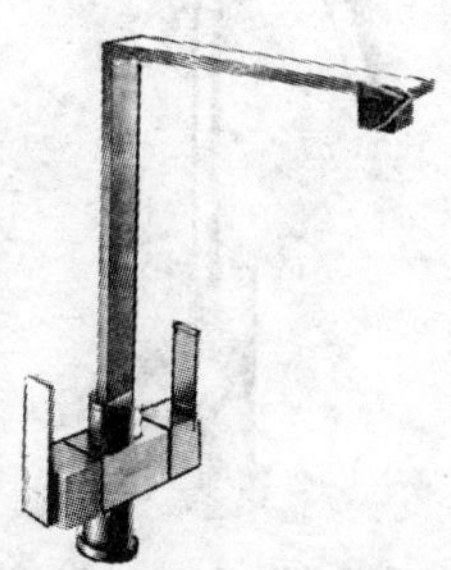

Double handle sink mixer
(*stainless steel mixer*)
双柄双控洗涤水嘴
(不锈钢水嘴)
XG56

② 面盆水嘴外形图。

Double handle basin mixer
双柄双控面盆水嘴
MD3

Single handle basin mixer
单柄双控面盆水嘴
MD12

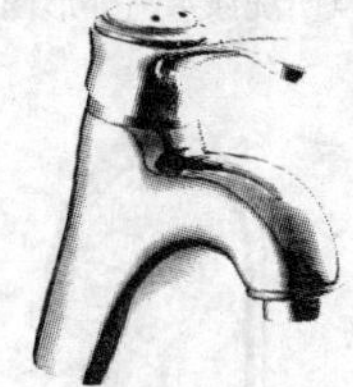

Single handle basin mixer
单柄双控面盆水嘴
MD29

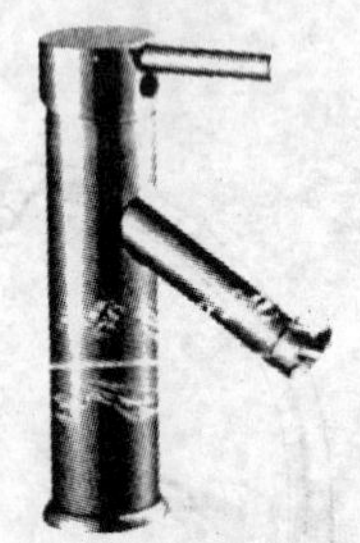

Single handle basin mixer
单柄双控面盆水嘴
MD37

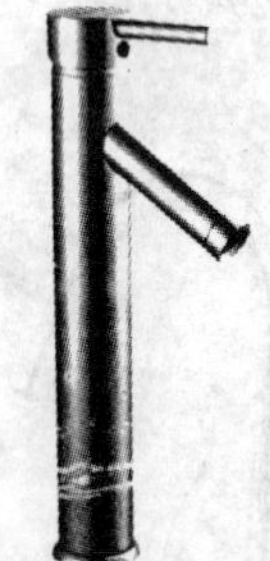

Single handle basin mixer
单柄双控面盆水嘴
MD38

Single handle basin mixer
单柄双控面盆水嘴
MD46

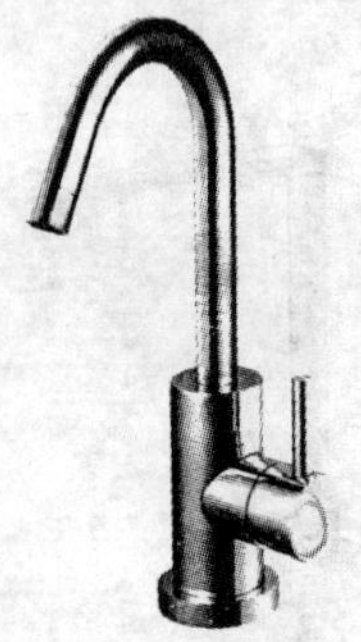

Single handle basin mixer
单柄双控面盆水嘴
MD48

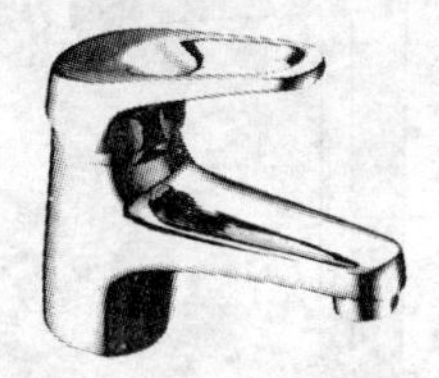

Single handle basin mixer
单柄双控面盆水嘴
MD50

Single handle basin mixer
单柄双控面盆水嘴
MD52

Single handle basin mixer
单柄双控面盆水嘴
MD270

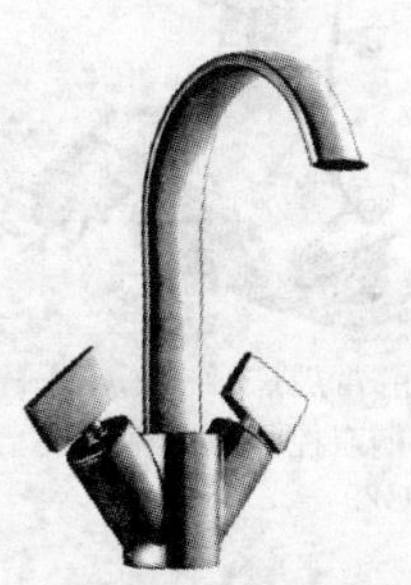

Double handle basin mixer
双柄双控面盆水嘴
MD268

Single handle basin mixer
(*stainless steel mixer*)
单柄双控面盆水嘴
(不锈钢水嘴)
MD56

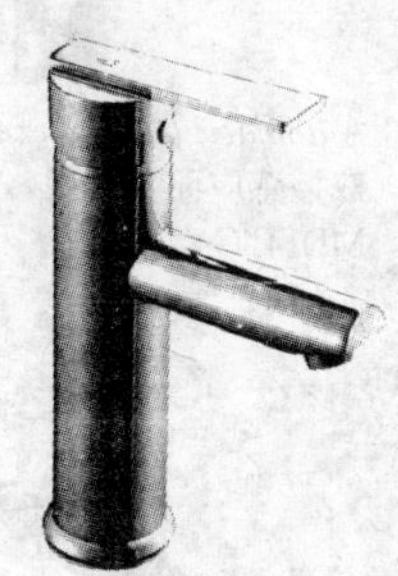

Single handle basin mixer
单柄双控面盆水嘴
MD57

Single handle basin mixer
单柄双控面盆水嘴
MD62

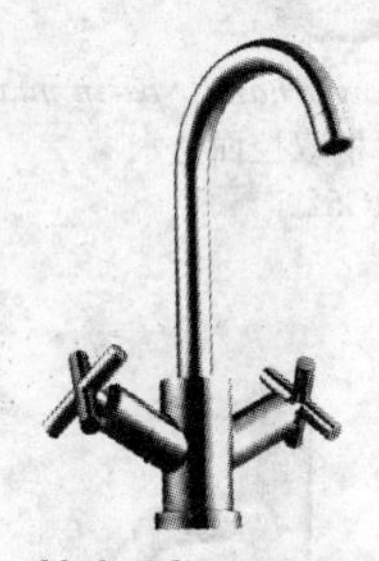

Double handle basin mixer
双柄双控面盆水嘴
MD68

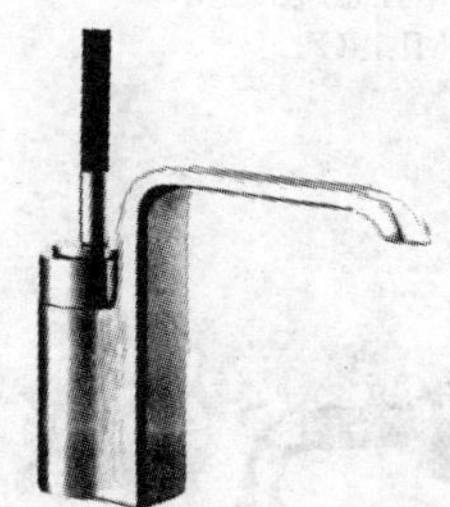

Single handle basin mixer
单柄双控面盆水嘴
MD85

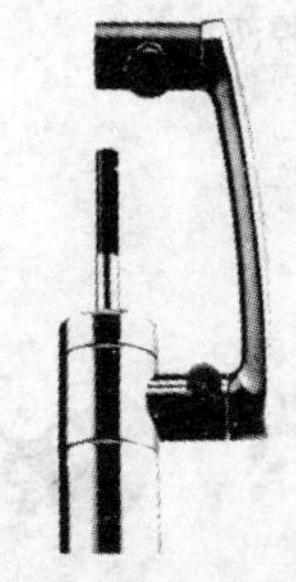

Single handle basin mixer
单柄双控面盆水嘴
MD86

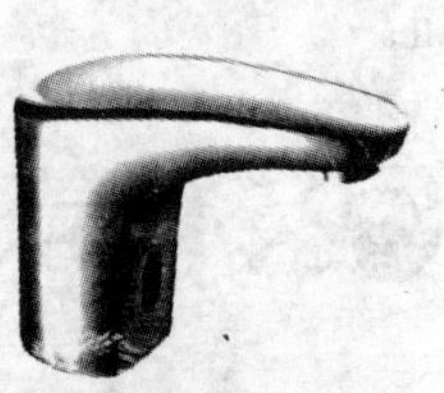

Automatic basin faucet
单控感应面盆水嘴
ML2. GY

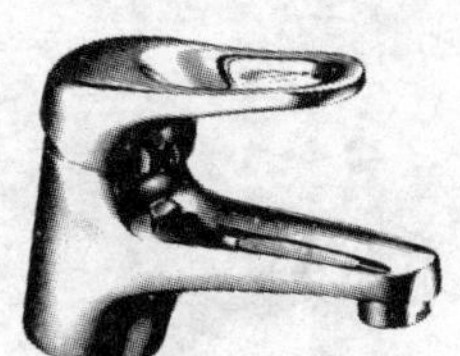

Single handle basin mixer
单柄双控面盆水嘴
MD78

Single handle basin mixer
单柄双控面盆水嘴
MG29

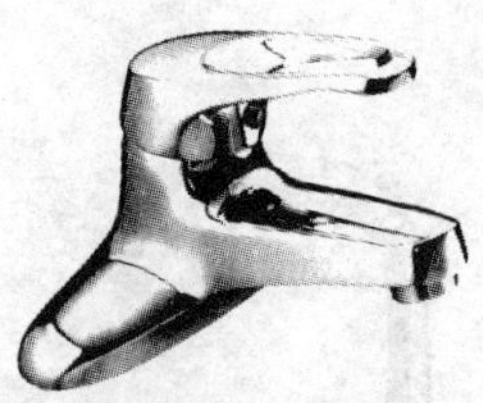

Single handle basin mixer
单柄双控面盆水嘴
MG50

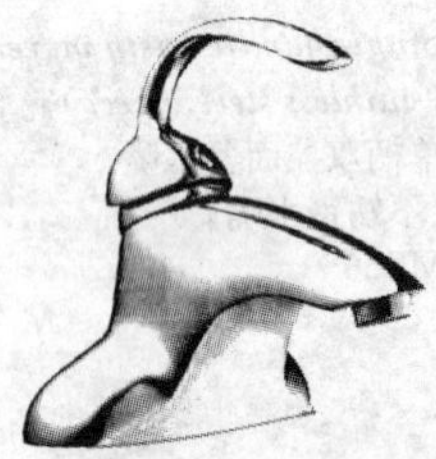

Single handle basin mixer
单柄双控面盆水嘴
MG52

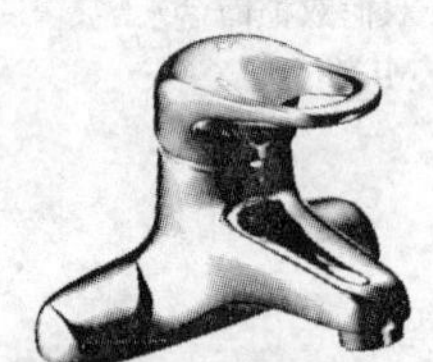

Single handle basin mixer
单柄双控面盆水嘴
MG78

Automatic basin mixer
双控感应面盆水嘴
MD14. GY

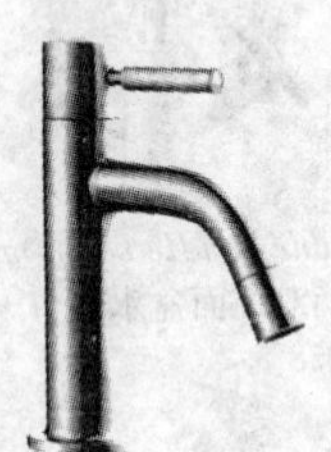

Single handle basin faucet
(*stainless steel faucet*)
单柄单控面盆水嘴
(不锈钢水嘴)
ML5

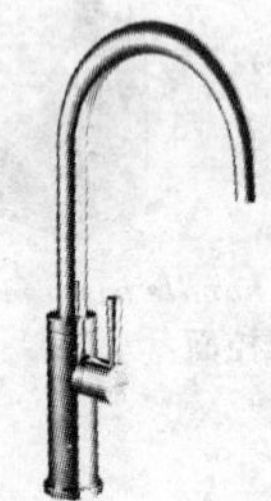

Single handle basin faucet
单柄单控面盆水嘴
ML8

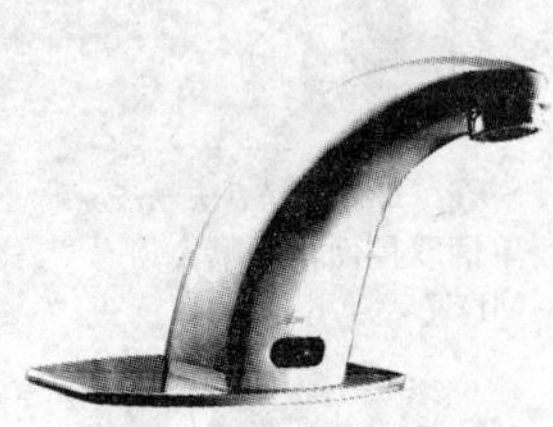

Automatic basin faucet
单控感应面盆水嘴
ML1. GY

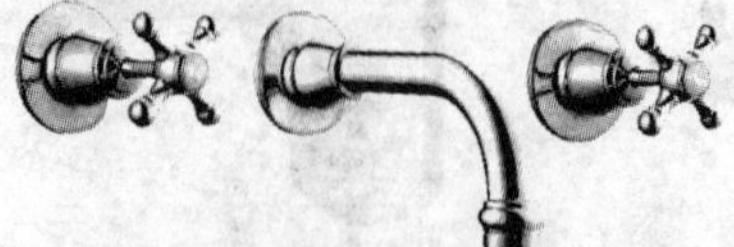

Double handle basin mixer
双柄双控面盆水嘴
MS70A

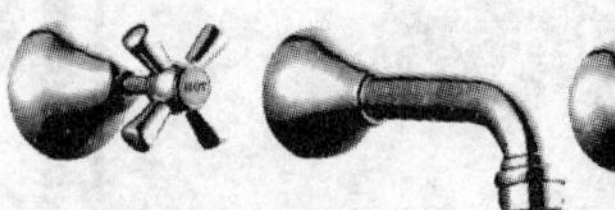

Double handle basin mixer
双柄双控面盆水嘴
MS70

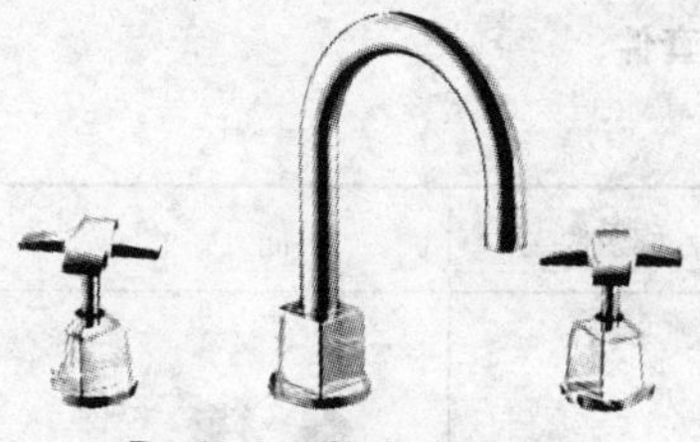

Double handle basin mixer
双柄双控面盆水嘴
MS66

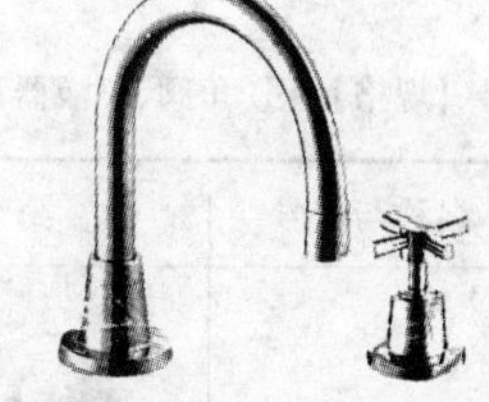

Double handle basin mixer
双柄双控面盆水嘴
MS65

③ 浴盆水嘴外形图。

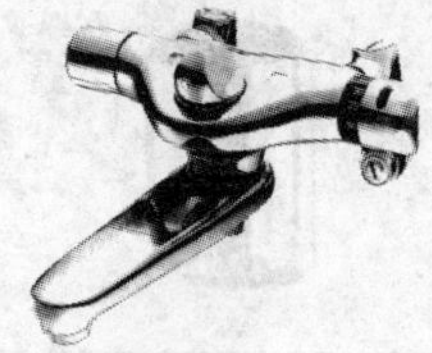

Thermostatic bathtub mixer
恒温浴盆水嘴
YG2・HW

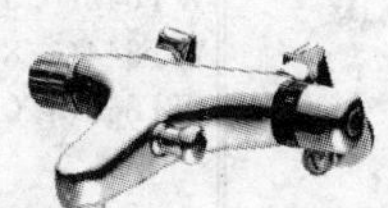

Thermostatic bathtub mixer
恒温浴盆水嘴
YG2A・HW

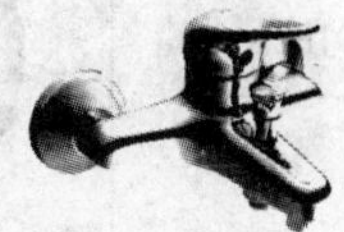

Single handle bathtub mixer
单柄双控浴盆水嘴
YG78

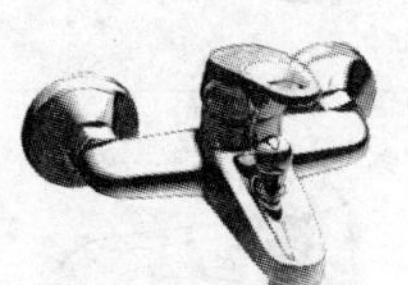

Single handle bathtub mixer
单柄双控浴盆水嘴
YG50

Single handle bathtub mixer
单柄双控浴盆水嘴
YG57

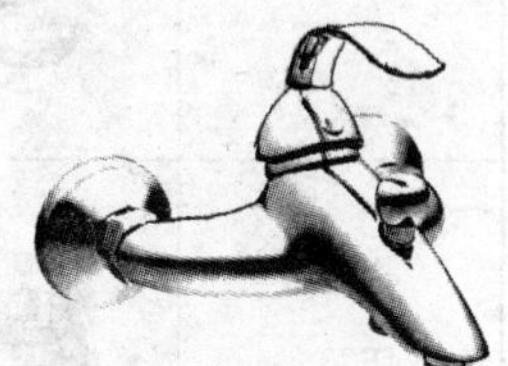

Single handle bathtub mixer
单柄双控浴盆水嘴
YG52

(2) 净身水嘴外形图

Single handle bidet tap
单柄双控净身水嘴
JS29

(3) 水嘴配套件

【规格】 ① 角阀、皂液器和冲洗阀。

名称与符号	简　　图	名称及型号	简　　图
角阀 JF18	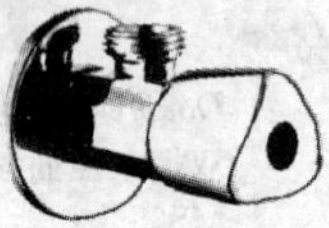	角阀 JF24	
角阀 JF21	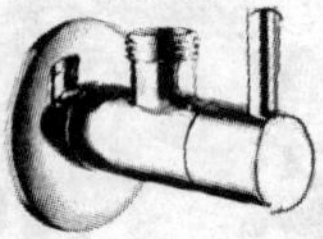	皂液器 WT643(0.5L) WT644(0.8L) WT645(1.0L)	
角阀 JF22		皂液器 CP2	
角阀 JF23	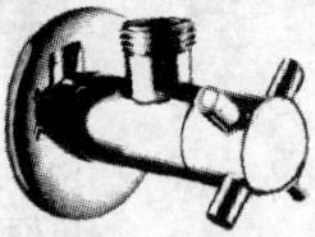	皂液器 CP3	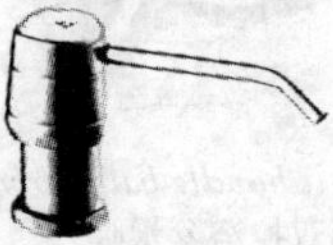
角阀 JF3	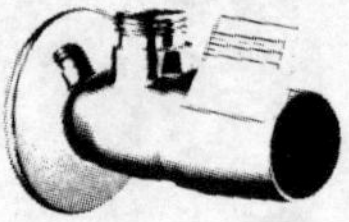	大便冲洗阀 BD81	
角阀 JF5		大便冲洗阀 BD91	

(续)

名称与符号	简　图	名称及型号	简　图
角阀 JF8		(两用)感应/手动大便冲洗阀 BD7. GY	
角阀 JF11		大便冲洗阀 BD31	
角阀 JF16		小便冲洗阀 BC4	
给水阀 JG6		小便冲洗阀 BC3	
大便冲洗阀 BD81		小便冲洗阀 BC5	

② 放水阀、返水弯和升降架。

名称和型号	简　图
面盆放水阀 MP6、MP8、MP15、MP18	

（续）

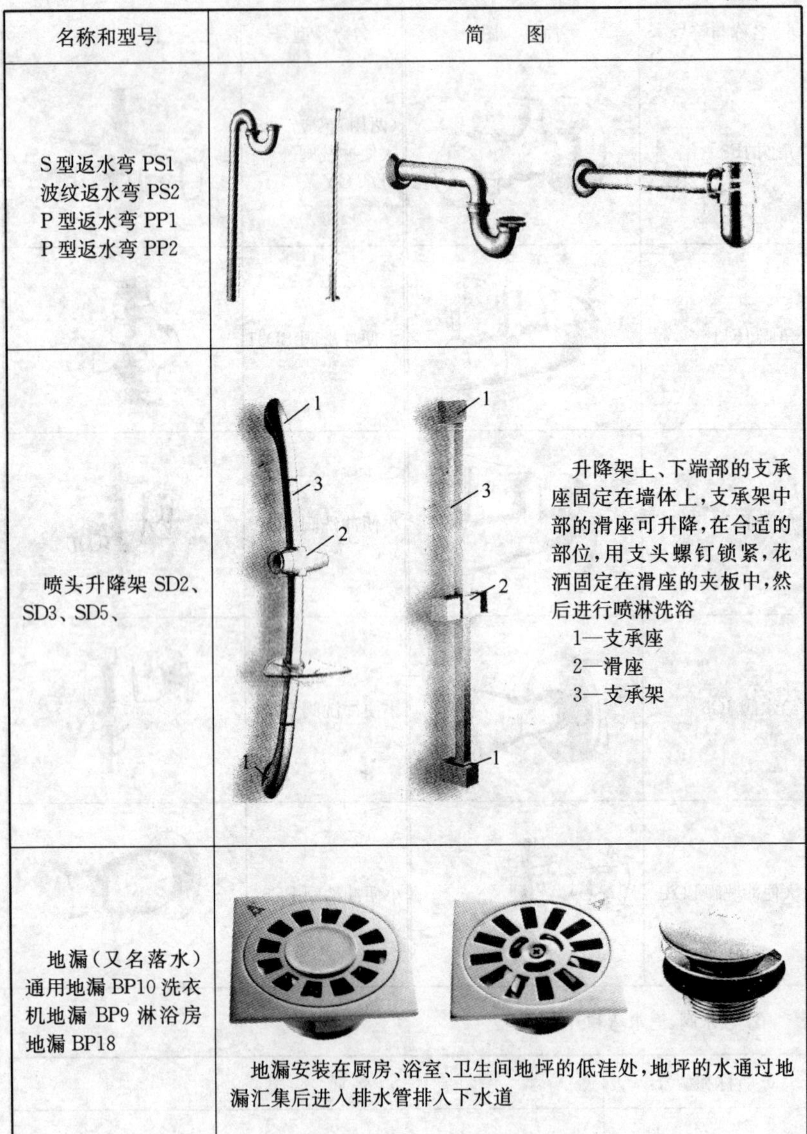

名称和型号	简　图
S型返水弯 PS1 波纹返水弯 PS2 P型返水弯 PP1 P型返水弯 PP2	
喷头升降架 SD2、SD3、SD5、	升降架上、下端部的支承座固定在墙体上，支承架中部的滑座可升降，在合适的部位，用支头螺钉锁紧，花洒固定在滑座的夹板中，然后进行喷淋洗浴 1—支承座 2—滑座 3—支承架
地漏（又名落水）通用地漏 BP10 洗衣机地漏 BP9 淋浴房地漏 BP18	地漏安装在厨房、浴室、卫生间地坪的低洼处，地坪的水通过地漏汇集后进入排水管排入下水道

(4) 盘式淋浴装置

又称莲蓬头淋浴器、豪华型淋浴器。

【用途】 用于宾馆、别墅、企事业单位浴室、营业性浴室以及豪华住宅。

【技术参数】 公称通径：*DN*15，公称压力：1.0 MPa，适用介质：水，温度：≤90 ℃，给水管道孔径：G½内螺纹，结构方式如下图。

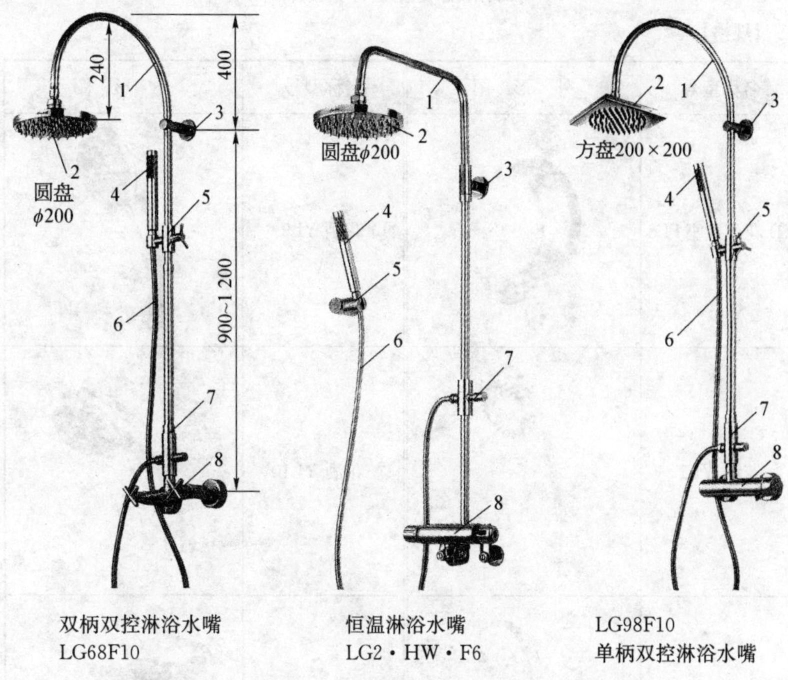

双柄双控淋浴水嘴 LG68F10　　恒温淋浴水嘴 LG2·HW·F6　　LG98F10 单柄双控淋浴水嘴

1—出水弯管；2—盘式花晒；3—支架；4—手执喷头；5—滑座(固定件 4 用)；
6—软管；7—套管；8—水嘴

(5) 简易式淋浴装置

又称经济型淋浴器，莲蓬头淋浴器。

【用途】 三口之家家庭浴室，其水盘直径较小，比较节水。花洒型号有 YL1、YL2、YL4、YL8、YL9、YL10、YL21、YL23、YL31、YL32、LY33、YL34、YL35 等，常用的有 YL78，盘面直径 φ70(mm)。

【结构形式】 由花洒、喷头升降架(SD2、SD3、SD5)、软管和水嘴组成。花洒可握在手中喷淋身体，也可以把花洒卡在升降支架上进行喷淋，方便灵活，经济实惠。

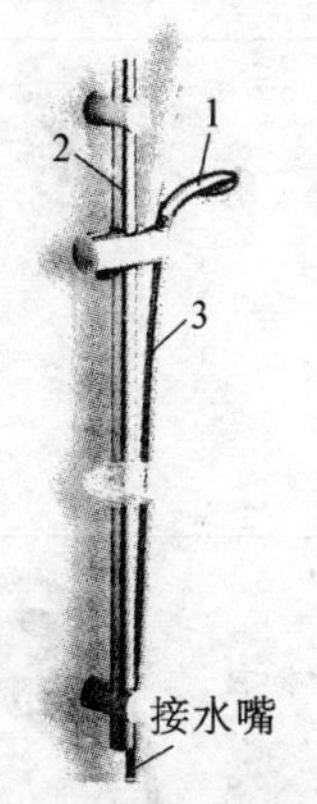

1—花洒；2—喷头升降架(SD3 型)；
3—软管(与水嘴相接)

(6) 淋浴装置配件(花洒)

【规格】

名称型号	外 形 图	名称型号	外 形 图
① 花洒接座 PD3		⑥ 花洒 YL9	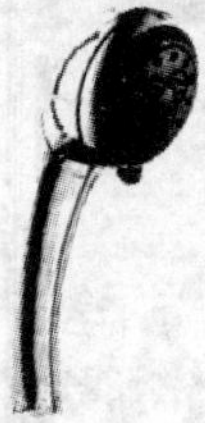
② 花洒 YL1		⑦ 花洒 YL10	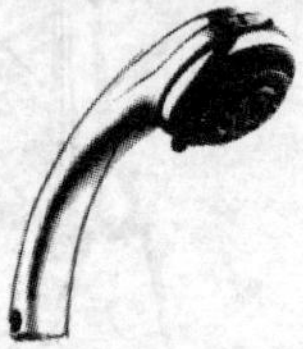
③ 花洒 YL2		⑧ 花洒 YL11	
④ 花洒 YL4		⑨ 花洒 YL18	
⑤ 花洒 YL8		⑩ 花洒 YL20 直径:8″(200 mm)	

(续)

名称型号	外 形 图	名称型号	外 形 图
⑪ 花洒 YL20A		⑯ 花洒 YL31	
⑫ 花洒 YL20B		⑰ 花洒 YL32	
⑬ 花洒 YL21	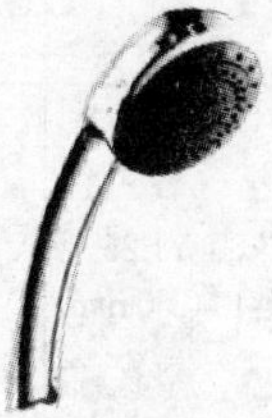	⑱ 花洒 YL33	
⑭ 花洒 YL23		⑲ 花洒 YL34	
⑮ 花洒 YL28		⑳ 花洒 YL35	

（续）

名称型号	外　形　图	名称型号	外　形　图
㉑ 花洒 YL150		㉕ 花洒 YL154	
㉒ 花洒 YL151		㉖ 花洒 YL155	
㉓ 花洒 YL152		㉗ 花洒 YL30 直径：12″(300 mm)	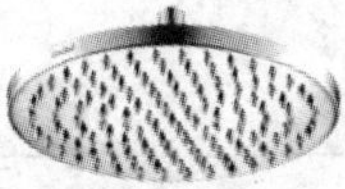
㉔ 花洒 YL153		㉘ 花洒 YL25 直径：10″(250 mm)	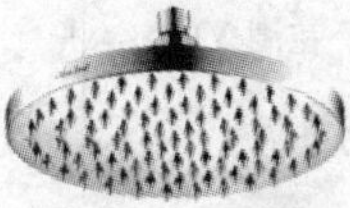

(7) 不锈钢软管

【用途】 连接水嘴与花洒，使水流从水嘴，经过不锈钢软管，通过花洒进行喷淋。

【规格】

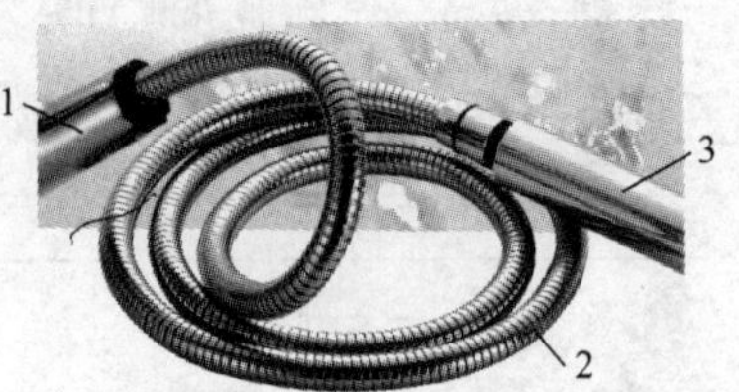

1—水嘴；2—不锈钢软管；3—花洒

不锈钢软管由总管与外壳组成，总管是橡胶管，通径 $DN=8$ mm，外层由不锈钢皮组成，外径 ϕ14 mm，长度 1 500 mm，与水嘴用六角螺母连接，与花洒手柄是用½″内螺纹连接，外表是锥体，小头 ϕ20 mm，大头 ϕ28 mm，里面有尼龙垫圈保证水密性。

不锈钢软管是易损件，平时应妥善保管，选购时，市场品有三种价格，应择优选购。

第三十八章　阀　　件

1. 阀门型号的表示方法及命名

(1) 阀门型号的编制方法(GB 308—2002)

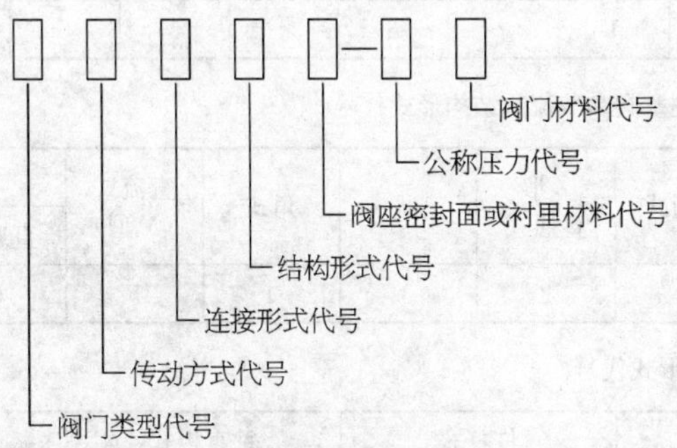

(2) 各单元具体内容表示方法

① 公称压力的表示方法。公称压力用压力数字(MPa 数字的 10 倍)表示。

② 阀门类型代号。

类型	闸阀	球阀	截止阀	节流阀	蝶阀	隔膜阀	旋塞阀	止回阀	底阀	安全阀	疏水阀	排污阀	柱塞阀
代号	Z	Q	J	L	D	G	X	H	H	A	S	P	U

注：低温(低于－40℃)、保温(带加热套)和带波纹管的阀门，在类型代号前分别加“D”、“B”和“W”汉语拼音字母。

③ 传动方式代号。

传动方式	电磁传动	电磁液动	电液传动	蜗轮	正齿轮	锥齿轮	气动	液动	气液动	电动
代号	0	1	2	3	4	5	6	7	8	9

注：1. 用手柄、手轮或扳手传动的阀门及安全阀、减压阀、疏水阀省略本代号。
2. 对于气动或液动：常闭式用 6B、7B 表示；常开式用 6K、7K 表示；气动带手动用 6S 表示；防爆电动用 9B 表示。

④ 连接形式代号。

连接形式	内螺纹	外螺纹	法兰	焊接	对夹	卡箍	卡套
代号	1	2	4	6	7	8	9

⑤ 闸阀结构形式代号。

结构形式	明杆					暗杆			
	楔式			平行式		楔式		平行式	
	弹性闸板	刚性		刚性		刚性		刚性	
		单闸板	双闸板	单闸板	双闸板	单闸板	双闸板	单闸板	双闸板
代号	0	1	2	3	4	5	6	7	8

⑥ 截止阀、柱塞阀和节流阀结构形式代号。

结构形式	直通式	Z形直通式	三通式	角式	直流式（Y型）	平衡	
						直通式	角式
代号	1	2	3	4	5	6	7

⑦ 蝶阀结构形式代号。

结构形式	杠杆式	垂直板式	斜板式
代号	0	1	3

⑧ 球阀结构形式代号。

结构形式	浮动阀				固定球				
	直通式	三通式			四通式	直通式	三通式		半球通式
		Y形	L形	T形			T形	L形	
代号	1	2	4	5	6	7	8	9	0

⑨ 止回阀和底阀结构形式代号。

结构形式	升降			旋启			回转蝶形止回式	截止止回式
	直通式	立式	角式	单瓣式	多瓣式	双瓣式		
代号	1	2	3	4	5	6	7	8

⑩ 旋塞阀结构形式代号。

结构形式	填料密封				油封密封			静配	
	L形	直通	T形三通	四通	L形	直通	T形三通	直通	T形三通
代号	2	3	4	5	6	7	8	9	0

⑪ 隔膜阀结构形式代号。

结构形式	屋脊式	截止式	直流板式	直通式	闸板式	角式Y形	角式T形
代号	1	3	5	6	7	8	9

38. 2

⑫ 减压阀结构形式代号。

结构形式	薄膜式	弹簧薄膜式	活塞式	波纹管式	杠杆式
代号	1	2	3	4	5

⑬ 疏水阀结构形式代号。

结构形式	浮球式	迷宫或孔板式	浮桶式	液体或固体膨胀式	钟形浮子式	蒸汽压力式	双金属片式或弹簧式	脉冲式	圆盘式
代号	1	2	3	4	5	6	7	8	9

⑭ 安全阀结构形式代号。

<table>
<tr><td rowspan="4">结构形式</td><td colspan="8">弹 簧 式</td><td rowspan="4">杠杆式</td><td rowspan="4">脉冲式</td></tr>
<tr><td colspan="4">封闭式</td><td colspan="4">不封闭</td></tr>
<tr><td rowspan="2">带散热片全启式</td><td rowspan="2">微启式</td><td rowspan="2">全启式</td><td rowspan="2">带扳手全启式</td><td colspan="3">带扳手</td><td rowspan="2">带控制机构全启式</td></tr>
<tr><td>双弹簧微启式</td><td>微启式</td><td>全启式</td></tr>
<tr><td>代号</td><td>0</td><td>1</td><td>2</td><td>4</td><td>3</td><td>7</td><td>8</td><td>6</td><td>5</td><td>9</td></tr>
</table>

⑮ 排污阀结构形式代号。

<table>
<tr><td rowspan="2">结构形式</td><td colspan="2">液面连续</td><td colspan="4">液底间断</td></tr>
<tr><td>截止型直通式</td><td>截止型角式</td><td>截止型直流式</td><td>截止型直通式</td><td>截止型角式</td><td>浮动闸板型直通式</td></tr>
<tr><td>代号</td><td>1</td><td>2</td><td>5</td><td>6</td><td>7</td><td>8</td></tr>
</table>

⑯ 阀座密封面或衬里材料代号。

阀座密封面或衬里材料	代号	阀座密封面或衬里材料	代号	阀座密封面或衬里材料	代号
锡基轴承合金	B	Cr13 系不锈钢	H	衬铅	Q
搪瓷	C	Mo2Ti 系不锈钢	R	塑料	S
渗氮钢	D	衬胶	J	钢合金	T
18－8 系不锈钢	E	蒙乃而合金	M	橡胶	X
氟塑料	F	尼龙塑料	N	硬质合金	Y
玻璃	G	渗硼钢	P		

⑰ 阀体材料代号。

阀体材料	代号	阀体材料	代号	阀体材料	代号
钛及钛合金	A	球墨铸铁	Q	铜及铜合金	T
碳素钢	C	铝合金	L	铬钼钒钢	V
Cr13 系不锈钢	H	Mo2Ti 系不锈钢	R	塑料	S
铬钼钢	I	18－8 系列不锈钢	P		
可锻铸铁	K	灰铸铁	Z		

2. 截 止 阀

【用途】 广泛用于管路或其他设备上。

(a) 内螺纹连接截止阀

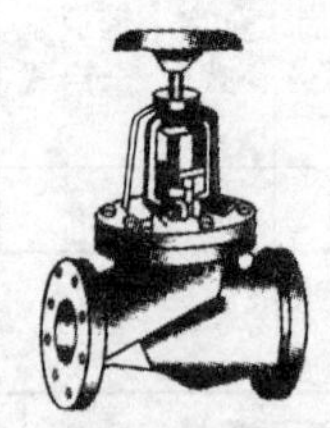

(b) 法兰连接截止阀

【规格】

型　号	阀体材料	适用介质	适用温度（℃）≤	公称压力（MPa）	公称通径（mm）
J41F—16K	可锻铸铁	水、蒸汽	200	1.6	15～65
J41T—16K	可锻铸铁	水、蒸汽	200	1.6	15～65
J41T—16	灰铸铁	水、蒸汽	200	1.6	15～200
J41W—16	灰铸铁	油、煤气	100	1.6	15～200
J11F—10T	铜合金	水、蒸汽	200	1.0	6～65
J11W—10T	铜合金	水、蒸汽	200	1.0	6～65
J11T—16K	可锻铸铁	水、蒸汽	200	1.6	15～65
J11X—10K	可锻铸铁	水	50	1.0	15～65
J11W—16	灰铸铁	油、煤气	100	1.6	15～65

（续）

型　号	阀体材料	适用介质	适用温度（℃）≤	公称压力（MPa）	公称通径（mm）
J11W—16K	可锻铸铁	油、煤气	100	1.6	15～65
J11F—16K	可锻铸铁	水、蒸汽	200	1.6	15～65
J11T—16	灰铸铁	水、蒸汽	200	1.6	15～65
J11H—16K	可锻铸铁	水、蒸汽	200	1.6	15～65
J14F—10T	铜合金	水、蒸汽	200	1.0	15～50
J41W—10T	铜合金	水、蒸汽	200	1.0	6～80
JHSA—16K	可锻铸铁	水、蒸汽	200	1.6	15～65
J41W—16K	可锻铸铁	油、煤气	100	1.6	15～40
J41SA—16K	可锻铸铁	水、蒸汽	200	1.6	15～40
J41SA—16	铸铁	水、蒸汽	200	1.6	50～200
J41H—16K	可锻铸铁	水、蒸汽、油	200	1.6	15～50
J41H—16	铸铁	水、蒸汽、油	200	1.6	65～200
J44H—16Q	球墨铸铁	水、蒸汽、油	200	1.6	50～100
J13H—25	碳钢	石油产品	250	2.5	6～25
J13H—40	碳钢	石油产品	250	4.0	6～25
J13H—160	碳钢	石油产品	250	16	6～25
J24H—25	碳钢	液体氨	200	2.5	6～15
J24H—40	碳钢	液体氨	200	4.0	6～15
J41H—25	碳钢	水、蒸汽、油	425	2.5	10～200
J941H—40	碳钢	水、蒸汽、油	425	4.0	50～200
J41H—40	碳钢	水、蒸汽、油	425	4.0	10～200
J941H—25	碳钢	水、蒸汽、油	400	2.5	50～200
J41N—40	碳钢	液化石油气	80	4.0	15～200
J41H—64	碳钢	水、蒸汽、油	425	6.4	10～200
J941H—64	碳钢	水、蒸汽、油	425	6.4	50～100
H11T—16K	可锻铸铁	水、蒸汽、油	200	1.6	15～65
H41T—16	铸铁	水、蒸汽、油	200	1.6	40～200
H41W—16	铸铁	油、煤气	200	1.6	50～200

黄铜截止阀

【规格】

DN	尺寸(in)	L	D	H(开启)	d
15	½	46	53	85	12.8
20	¾	55	53	94	17
25	1	64	58	110	22
32	1¼	78	78	122	26.5
40	1½	85	98	132	35
50	2	106	108	152	43.5

注：公称压力：20 MPa；工作介质：水、油、气；饱和蒸汽工作压力：0.9 MPa；工作温度 $t \leqslant 150$ ℃；管螺纹符合 ISO228 标准。

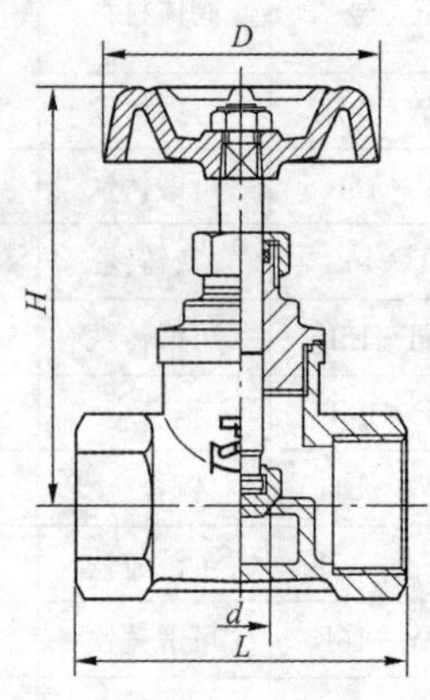

3. 闸　阀

【用途】 暗杆闸阀的阀杆不作升降运动，适用于空间高度受限制的场合；明杆闸阀的阀杆能升降，用于空间高度不受限制的场合。

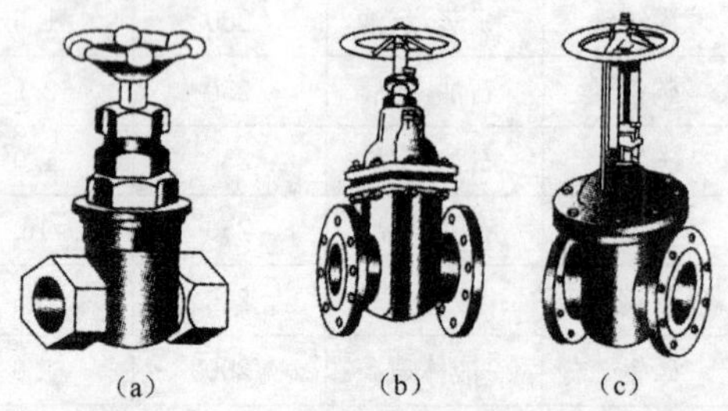

闸阀

(a) 内螺纹连接暗杆楔式单闸板闸阀；(b) 法兰连接暗杆楔式单闸板闸阀；(c) 法兰连接明杆平行式双闸板闸阀

【规格】

型　号	阀体材料	适用介质	适用温度(℃)≤	公称压力(MPa)	公称通径(mm)
Z15W—10	灰铸铁	煤气、油	100	1.0	15～80
Z15W—10K	可锻铸铁	煤气、油	100	1.0	15～50
Z15W—10T	铜合金	水	100	1.0	15～100
Z15T—10	灰铸铁	水	100	1.0	15～80

(续)

型　号	阀体材料	适用介质	适用温度(℃)≤	公称压力(MPa)	公称通径(mm)
Z15T—10K	可锻铸铁	水	100	1.0	15～100
Z44T—16	灰铸铁	水、蒸汽	200	1.6	50～150
Z44W—10	灰铸铁	煤气、油	100	1.0	40～500
Z44T—10	灰铸铁	水、蒸汽	200	1.0	40～500
Z45T—10	灰铸铁	水	100	1.0	40～1 000
Z45W—10	灰铸铁	煤气、油	100	1.0	40～700
Z41T—10	灰铸铁	水、蒸汽	200	1.0	40～500
Z41W—10	灰铸铁	煤气、油	100	1.0	40～500
Z942W—0.3	灰铸铁	煤气	100	0.03	2 000
Z42W—1	灰铸铁	煤气	100	0.1	300～600
Z542W—1	灰铸铁	煤气	100	0.1	600～1 000
Z942W—1	灰铸铁	煤气	100	0.1	400～1 400
Z744W—2.5	灰铸铁	蒸汽	100	0.25	200，400
Z946T—2.5	灰铸铁	水	100	0.25	1 600，1800
Z945T—6	灰铸铁	水	100	0.6	1 200，1 400
Z541T—10	灰铸铁	水	100	1.0	700～1 000
Z6s41T—10	灰铸铁	水、蒸汽	200	1.0	50
Z6s41F—10	灰铸铁	水、蒸汽	200	1.0	80,100
Z741T—10	灰铸铁	水	100	1.0	100～700
Z941T—10	灰铸铁	水、蒸汽	200	1.0	100～400，700，800
Z941W—10	灰铸铁	蒸汽、油	100	1.0	100～400
Z644T—10	灰铸铁	水	100	1.0	15，200，300
Z744W—10	灰铸铁	油	50	1.0	100～500
Z744T—10	灰铸铁	水	100	1.0	100～400，500，600
Z944W—10	灰铸铁	油	100	1.0	100～450
Z944T—10	灰铸铁	水、蒸汽	200	1.0	100～450
Z545W—10	灰铸铁	水、蒸汽	100	1.0	500～600
Z545T—10	灰铸铁	水、蒸汽	100	1.0	500～600，1 000
Z945W—10	灰铸铁	油	100	1.0	100～400，500～800

（续）

型　号	阀体材料	适用介质	适用温度（℃）≤	公称压力（MPa）	公称通径（mm）
Z945T—10	灰铸铁	水	100	1.0	100～1 600
Z40H—16c	铸钢	水、蒸汽、油	400	1.6	200～400
Z40W—16p	铬镍钛钢	硝酸类	100	1.6	200～400
		醋酸类			65～400
Z41H—16c	铸钢	水、蒸汽	350	1.6	15～400，500
Z41H—16Q	球墨铸铁	水、蒸汽	350	1.6	65～100，150
Z41Y—16c	铸钢	油、蒸汽	350	1.6	50～250
Z41H—16c	铸钢	油、蒸汽	350	1.6	50～400
Z6s40H—16c	铸钢	油、蒸汽	400	1.6	200～400
Z641H—16c	铸钢	油、水、蒸汽	350	1.6	125～500
Z6s41Y—16c	铸钢	油、水、蒸汽	350	1.6	50～250
Z941H—16c	碳钢	油、水、蒸汽	425	1.6	50～400，500
Z41H—25	碳钢	油、水、蒸汽	425	2.5	15～400，500
Z941H—25	碳钢	油、水、蒸汽	425	2.5	50～400，500
Z11H—40	碳钢	油、水、蒸汽	425	4.0	15～50
Z41H—40	碳钢	油、水、蒸汽	425	4.0	15～400，500
Z941H—40	碳钢	油、水、蒸汽	425	4.0	50～400，500
Z41H—64	碳钢	油、水、蒸汽	425	6.4	50～300
Z941H—64	碳钢	油、水、蒸汽	425	6.4	50～200
Z41H—100	碳钢	油、水、蒸汽	425	10.0	50～300
Z941H—100	碳钢	油、水、蒸汽	425	10.0	50～200

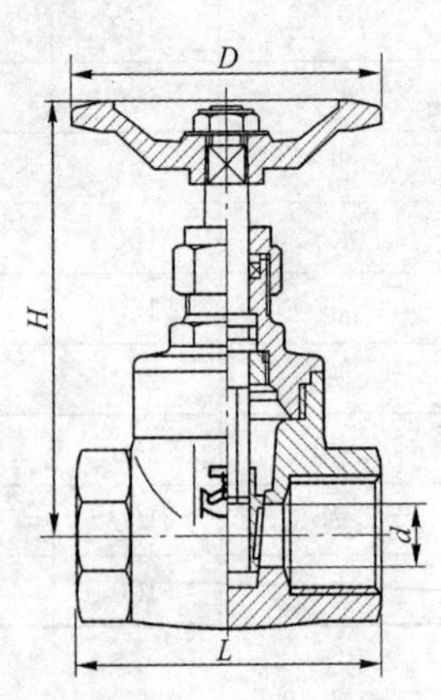

38.8

黄铜闸阀

【规格】

DN	尺寸(in)	*L*	*D*	*H*	*d*
15	½	48	60	80	13
20	¾	59.5	65	95	19
25	1	62	65	110	25
32	1¼	75	85	125	32
40	1½	85	100	145	40
50	2	95	105	170	50

产地：△5 2

注：公称压力：2.0 MPa　工作介质：水、油、气　饱和蒸汽工作压力：0.9 MPa，工作温度 $t \leqslant 150$ ℃　管螺纹符合：ISO228 标准。

4. 止 回 阀

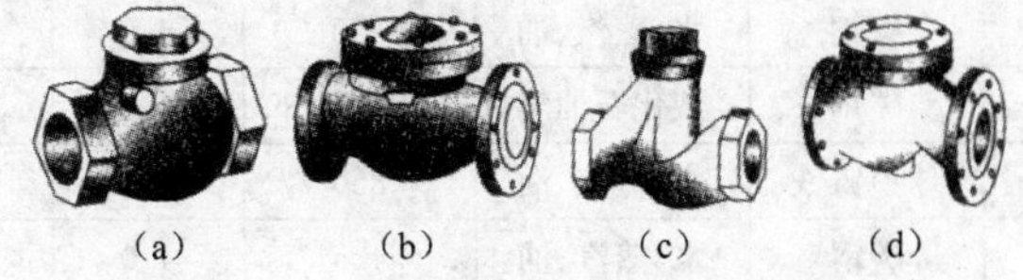

(a)　　(b)　　(c)　　(d)

止回阀

(a) 内螺纹旋启式止回阀；(b) 法兰连接旋启式止回阀；
(c) 内螺纹连接升降式止回阀；(d) 法兰连接升降式止回阀

【用途】 升降式止回阀，用于水平管路及设备；旋启式止回阀，用于水平或垂直管路及设备。

【规格】

型　号	阀体材料	适用介质	适用温度(℃)≤	公称压力(MPa)	公称通径(mm)
H12X—2.5	灰铸铁	水	50	0.25	40～80
H42X—2.5	灰铸铁	水	50	0.25	50～300
H44X—2.5	灰铸铁	水	50	0.25	50，80～100
H45X—2.5	灰铸铁	水	50	0.25	300
H46X—2.5	灰铸铁	水	50	0.25	125～250
H41T—16	灰铸铁	水、蒸汽	200	1.6	15～150
H41W—16	灰铸铁	煤气、油	100	1.6	15～150
H41T—16K	可锻铸铁	水、蒸汽	200	1.6	25～100

（续）

型　号	阀体材料	适用介质	适用温度（℃）≤	公称压力（MPa）	公称通径（mm）
H11T—16	灰铸铁	水、蒸汽	200	1.6	15～65
H11W—16	灰铸铁	煤气、油	100	1.6	15～65
H11T—16K	可锻铸铁	水、蒸汽	200	1.6	15～65
H44T—10	灰铸铁	水、蒸汽	200	1.0	50～600
H44X—10	灰铸铁	水	50	1.0	50～600
H44W—10	灰铸铁	煤气、油	100	1.0	50～600
H14T—16K	可锻铸铁	水、蒸汽	200	1.6	15～65
H14W—10T	铜合金	水、蒸汽	200	1.0	15～65
H41H—25	碳钢	水、蒸汽、油	425	2.5	15～200
H41H—25K	可锻铸铁	蒸汽	300	2.5	30～80
H41H—25Q	球墨铸铁	水、蒸汽、油	300	2.5	25～150
H44H—25	碳钢	水、蒸汽、油	350	2.5	50～150
H41H—40	碳钢	水、蒸汽、油	425	4.0	10～200
H41H—N40	碳钢	液化石油气	－40～＋80	4.0	25～80
H41H—40Q	球墨铸铁	水、蒸汽、油	350	4.0	32～150
H44H—40	碳钢	水、蒸汽、油	425	4.0	50～400
H44H—H64	碳钢	水、蒸汽、油	425	6.4	50～500，700
H41H—H64	碳钢	水、蒸汽、油	425	6.4	20～100
H41H—100	碳钢	水、蒸汽、油	425	10.0	10～100
H44H—100	碳钢	水、蒸汽、油	425	10.0	65～300
H44H—160	碳钢	水、油	425	16.0	50～300
H44Y—200	碳钢	水、蒸汽	200	20.0	65～80
H64H—200	碳钢	水	160	20.0	175
H44Y—250	碳钢	蒸汽、油	－40～＋100	25.0	65～200

5. 球　　阀

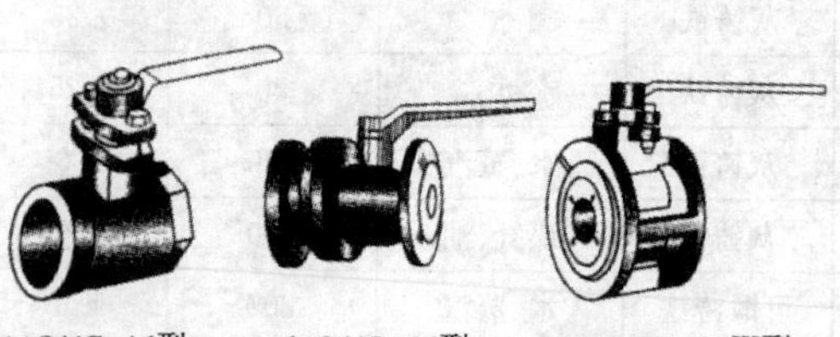

(a)Q11F-16型　(b)Q41F-16型　(c)Q41F-6CⅢ型

【规格】

型　号	阀体材料	适用介质	适用温度（℃）≤	公称压力（MPa）	公称通径（mm）
Q41F—6CⅢ	铸钢衬聚四氟乙烯	酸、碱性液体或气体	100	0.6	25，40，50
Q41F—10	灰铸铁	水、气体	100	1.0	15～150
Q41F—16C	铸钢	水、油	150	1.6	15～350
Q476—16C	铸钢	水、油	100	1.6	200～500
Q341F—16	灰铸铁	水、油	150	1.6	200
Q641F—16C	铸钢	水、油	150	1.6	15～150
Q41F—16	灰铸铁	水、蒸汽、油	150	1.6	15～200
Q611F—16	灰铸铁	水、油	150	1.6	15～50
Q941F—16C	铸钢	水、油	150	1.6	80～200
Q641F—10	灰铸铁	水、气体	100	1.0	40～150
Q41F—25Q	球墨铸铁	水、油	150	2.5	25～150
Q43F—25	碳钢	水、油	150	2.5	15～25
Q41F—25	碳钢	水、油	150	2.5	15～150
Q941—25Q	球墨铸铁	水、蒸汽、油	150	2.5	50，80
Q947F—25	碳钢	天然气、油	80	2.5	150～350
Q11F—16T	铜合金	水、蒸汽、油	150	1.6	15～65
Q11F—16	灰铸铁	水、蒸汽、油	150	1.6	6～50
Q11F—25	碳钢	水、气体	100	2.5	25，32
Q14F—16	灰铸铁	水、油	100	1.6	15～150
Q14F—16Q	球墨铸铁	水、油	150	1.6	15～150
Q947—16Q	球墨铸铁	水、气体	100	1.6	40～50
Q21F—40	碳钢	水、油	150	4.0	10～25
Q11F—40	碳钢	水、油	100	4.0	15～50
Q41F—40	碳钢	水、油	100	4.0	15～125
Q47F—40	碳钢	水、油	100	4.0	100，150，300，400，600
Q41F—40Q	球墨铸铁	水、蒸汽、油	150	4.0	25～100
Q641F—40	球墨铸铁	水、油	150	4.0	15～100

（续）

型　号	阀体材料	适用介质	适用温度 (℃)≤	公称压力 (MPa)	公称通径 (mm)
Q641F—40Q	球墨铸铁	蒸汽、油	150	4.0	50～100
Q941F—40	碳钢	蒸汽、油	150	4.0	65～200
Q347F—64	碳钢	天然气、油	80	6.4	150～300
Q41N—64	碳钢	天然气、油	80	6.4	32～100
Q947F—64	碳钢	天然气、油	80	6.4	200～300
QF2	铜	氧气	—	—	4
QF10	铜	氯气	—	—	6
QF11	锻钢	氨气	—	—	6
QF13	铜	氟利昂	—	—	6
QF30	铜	氢气	—	—	4

产地：△5 2

Q41F-16^P_R Gb 标准硅溶胶精铸法兰球阀

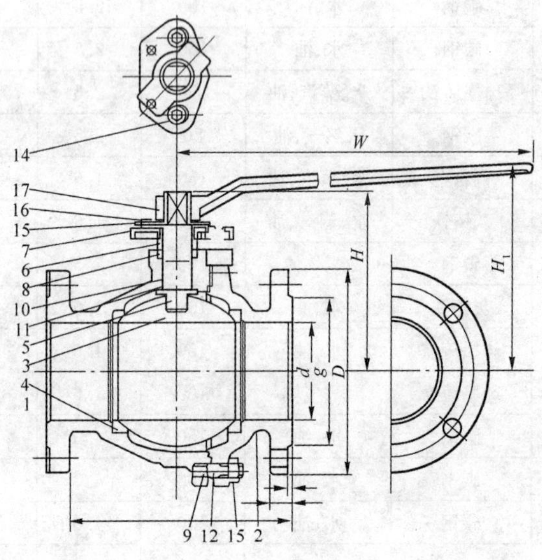

序号	件　号	名称	材　料	数量	备　注
1	Q41F-16^P_R-01	体	OCr18Ni9 OCr18Ni12M02Ti	1	
2	Q41F-16^P_R-02	盖	OCr18Ni9 OCr18Ni12M02Ti	1	

（续）

序号	件　号	名称	材　　料	数量	备　注
3	Q41F-16^P_R-03	球	OCr18Ni9 OCr18Ni12M02Ti	1	
4	Q41F-16^P_R-04	密封圈	聚四氟乙烯	2	
5	Q41F-16^P_R-05	阀杆	OCr18Ni9 OCr18Ni12M02Ti	1	
6	Q41F-16^P_R-06	压套	OCr18Ni9	1	
7	Q41F-16^P_R-07	压套板	OCr18Ni9	1	
8	Q41F-16^P_R-08	中填料	聚四氟乙烯	3	
9	Q41F-16^P_R-09	调整垫	聚四氟乙烯	1	
10	Q41F-16^P_R-10	阀杆衬	聚四氟乙烯	1	
11	Q41F-16^P_R-11	止推垫	聚四氟乙烯	1	
12	GB 898-76	螺柱	A3	4	
13	GB 52-76	螺母	A3	4	
14	GB 30-76	螺栓	A3	2	圆头内六角
15	Q41F-16^R_P-12	锁片	OCr18Ni9	1	
16	GB 894-76	弹簧挡圈	OCr18Ni9	2	
17	Q41F-16^R_P-13	手柄	OCr18Ni9	1	

产地：⑤2

【规格】

（mm）

DN	*L*	*H*	*H*	*W*	*D*	*C*	*N*	*d*	*G*	*g*	*T*	*f*
15	130	55	74	115	95	65	4	14	M12	46	14	2
20	130	59	78	115	105	75	4	14	M12	56	14	2
25	140	70	95	150	115	85	4	14	M12	65	14	3
32	165	76	100	150	140	100	4	18	M16	76	16	3
40	165	97	126	200	150	110	4	18	M16	84	16	3
50	203	106	134	200	165	125	4	18	M16	99	16	3
65	222	141	164	320	185	145	4	18	M16	118	18	3
80	241	150	173	320	200	160	4	18	M16	132	20	3
100	305	183	210	450	220	180	4	18	M16	156	20	3

DH-01T一片式内螺纹球阀

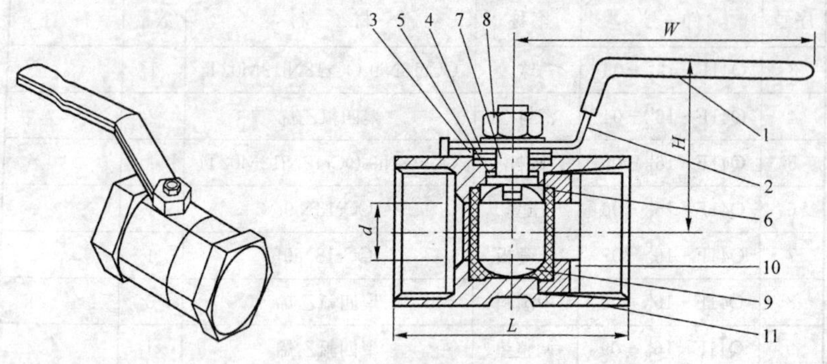

【规格】

(mm)

尺寸(in)	*d*	*L*	*H*	*W*
1/4	4.6	39	22	80
3/8	6.8	44	26	80
1/2	9.2	56	31	88
3/4	12.5	59	34	88
1	15	71	38	105
1¼	20	78	43	105
1½	25	83	50	124
2	32	100	57	124

产地:⑤ 2

【材料】

序号	部　件	规　格
1	手柄套	VINYL GRIP 乙烯基
2	手套	0Cr18Ni9
3	止推垫圈	PTFE　聚四氟乙烯
4	填料垫	0Cr18Ni9
5	阀杆填表料	PTFE　聚四氟乙烯
6	阀座	PTFE　聚四氟乙烯
7	阀杆	0Cr18Ni12M02
8	螺母	0Cr18Ni9

（续）

序号	部　件	规　格
9	阀球	0Cr18Ni12M02
10	阀盖	0Cr18Ni12M02
11	阀体	0Cr18Ni12M02

DH－02T 二片式内螺纹球阀

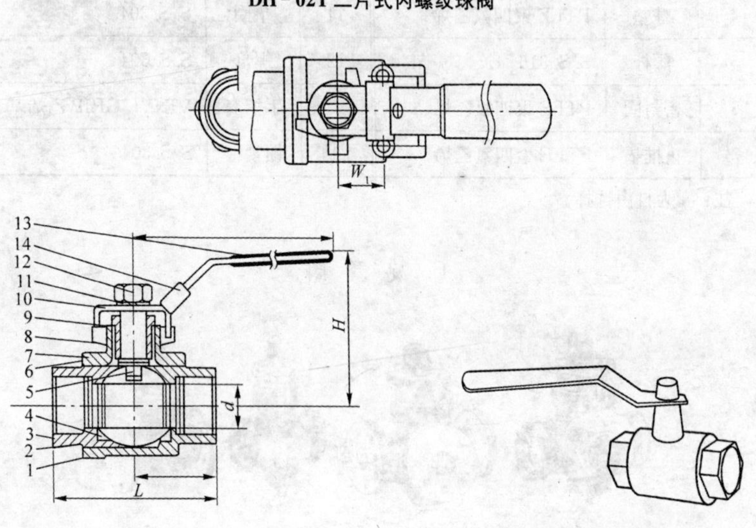

【规格】

（mm）

尺寸 (in)	d	L	H	DI	W_1	W_2	h	Cv FACTOR
1/4	11.2	55	50	97	12.7	28.5	10－24 UNC	6.0
3/8	12.7	55	50	97	12.7	28.5	10－24 UNC	12.0
1/2	16.0	65	60	126	12.7	28.5	10－24 UNC	19.0
3/4	20.0	77	63	126	22.4	35.0	10－24 UNC	37.0
1	25.0	88	80	145	22.4	35.0	10－24 UNC	64.0
1¼	32.0	102	84	145	25.4	38.1	1/4－20 UNC	103.0
1½	38.1	110	96	204	25.4	38.1	1/4－20 UNC	143.0
2	50.8	126	104	204	25.4	38.1	1/4－20 UNC	360.0
2½	65.0	163	144	248	N/A	58.0	1/4－20 UNC	440.0
3	80.0	182	156	248	N/A	70.0	1/4－20 UNC	520.0

产地：△5 2

【材料】

序号	部件	规　格	序号	部件	规　格
1	阀体	ASTM A351 GR CF8M	8	填料	PTFE 聚四氟乙烯
2	阀盖	ASTM A351 GR CF8M	9	牛楠	S. S. 304
3	球体	ASTM A351 GR CF8M	10	手柄	S. S. 304
4	球垫	PTFE 聚四氟乙烯	11	垫圈	S. S. 304
5	阀杆	S. S. 316	12	螺母	S. S. 304
6	密封圈	PTFE 聚四氟乙烯	13	手柄套	VINYL GRIP 乙烯基
7	止推垫	PTFE 聚四氟乙烯	* 14	锁紧板	S. S. 304

注：* 为自由选择。

6. 旋 塞 阀

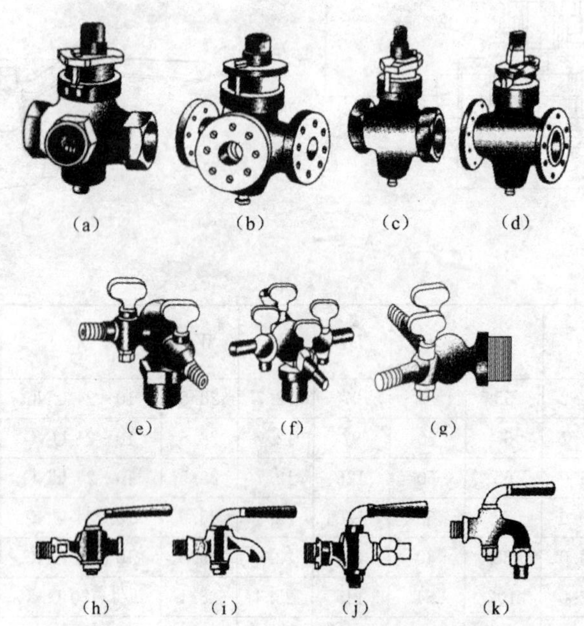

(a) 内螺纹连接三通旋塞阀；(b) 法兰连接三通旋塞阀；(c) 内螺纹连接直通旋塞阀；(d) 法兰连接直通旋塞阀；(e) 台式双叉煤气用旋塞阀；(f) 台式四叉煤气用旋塞阀；(g) 墙式双叉煤气用旋塞阀；(h) 直喷式放水用旋塞阀；(i) 直嘴带活接头式放水用旋塞阀；(j) 弯嘴式放水用旋塞阀；(k) 弯嘴带活接头式放水用旋塞阀

【旋塞阀常见类型及规格】

型　号	阀体材料	密封面材料	适用介质	适用温度(℃)≤	公称压力(MPa)	公称通径 *DN*(mm)
X43W—10	灰铸铁	灰铸铁	水、石油	100	1.0	25～200
X43W—16	灰铸铁	灰铸铁	煤气、油	100	1.6	20～100
X47W—10	灰铸铁	灰铸铁	水、石油	100	1.0	150～200
X43T—10	灰铸铁	铜合金	水、蒸汽	100	1.0	25～200
X43T—16	灰铸铁	铜合金	水、蒸汽	100	1.6	20～100
X43W—6	灰铸铁	灰铸铁	煤气、油	100	0.6	100～150
X43W—6T	铜合金	铜合金	水、蒸汽	100	0.6	32～150
X43T—6	灰铸铁	铜合金	水、蒸汽	100	0.6	32～150
X13T—10	灰铸铁	铜合金	水、蒸汽	100	1.0	15～50
X13T—16	灰铸铁	铜合金	水、蒸汽	100	1.6	15～50
X13T—10K	可锻铸铁	铜合金	水、蒸汽	100	1.0	15～65
X13W—10	灰铸铁	灰铸铁	煤气、油	100	1.0	15～50
X13W—16	灰铸铁	灰铸铁	煤气、油	100	1.6	15～50
X13W—10K	可锻铸铁	可锻铸铁	煤气、油	100	1.0	15～50
X13W—10T	铜合金	铜合金	水、蒸汽	100	1.0	15～65
X44W—6	灰铸铁	灰铸铁	煤气、油	100	0.6	25～100
X44W—6T	铜合金	铜合金	水、蒸汽	100	0.6	25～100
X44W—10	灰铸铁	灰铸铁	水、油	100	1.0	15～80
X44T—6	灰铸铁	铜合金	水、蒸汽	100	0.6	25～100
X14W—6T	铜合金	铜合金	水、蒸汽	100	0.6	15～65
X13F—25	铸铁	—	液化石油气	−40～+80	2.5	15
BX43W—10Q	球墨铸铁	—	硫、磷	133	1.0	25～80

【煤气用旋塞阀常见类型及规格】

型　式	墙　式				台　式		
	单叉			双叉	单叉	双叉	四叉
公称通径 *DN*(mm)	6	10	15	15	15	15	15
管螺纹尺寸代号	1/4	3/8	1/2	1/2	1/2	1/2	1/2
密封材料	铜合金				铜合金		
阀体材料	铜合金				铜合金		

【放水用旋塞阀常见类型及规格】

公称通径(mm)		3	6	10	15	20
管螺纹尺寸(in)	直嘴式	1/8	1/4	3/8	1/2	3/4
	直嘴带活接头式	—	1/4	3/8	1/2	3/4
	弯嘴式	—	1/4	3/8	1/2	3/4
	弯嘴带活接头式	—	1/4	3/8	1/2	3/4

7. 底　　阀

【用途】 是专用阀，安装在水泵进水管末端，阻止水流中杂物入管，阻止管水倒流。

(a)

(b)

底阀
(a) 内螺纹连接升降式底阀；
(b) 法兰连接升降式或旋启式底阀

【常见类型及规格】

型　号	阀体材料	密封面材料	适用介质	适用温度(℃)⩽	公称压力(MPa)	公称通径(mm)
H42X—2.5	灰铸铁	橡胶	水	50	0.25	50～200
H12X—2.5	灰铸铁	橡胶	水	50	0.25	50～80
H46X—2.5	灰铸铁	橡胶	水	50	0.25	250～500

8. 疏水阀(GB 12247～GB 12251—89)

【用途】 疏水阀常用于蒸汽管路或加热器、散热器等蒸汽设备上。

【常见类型及规格】

(a)

(b)

(c)

疏水阀
(a) 钟形浮子式疏水阀；(b) 圆盘热动力式；
(c) 双金属片式疏水阀

型　号	阀体材料	适用介质	适用温度(℃)≤	公称压力(MPa)	公称通径(mm)
S17H—16	灰铸铁	蒸汽、水	200	1.6	15～25
S15H—16	灰铸铁	蒸汽、水	200	1.6	15～50
S19H—16	灰铸铁	蒸汽、水	200	1.6	15～50
S19H—16C	铸钢	蒸汽、水	350	1.6	10～50
S19W—16P	铸钢	蒸汽、水	400	1.6	10
S39H—16C	铸钢	蒸汽、水	350	1.6	15～50
S49H—16K	可锻铸铁	蒸汽、水	225	1.6	25
S19H—40	碳钢	蒸汽、水	425	4.0	15～50
S49H—40	碳钢	蒸汽、水	425	4.0	15～50
S19H—64	碳钢	蒸汽、水	425	6.4	15～25
S49H—64	碳钢	蒸汽、水	425	6.4	15～25
S41H—16C	铸钢	蒸汽、水	350	1.6	10～100
S41H—40	碳钢	蒸汽、水	425	4.0	15～100
S18H—25	碳钢	蒸汽、水	225	2.5	15～40
S48H—25	碳钢	蒸汽、水	225	2.5	15～50
S43H—10	灰铸铁	蒸汽、水	200	1.0	15～50

注：1. CS15H—16 型疏水阀最大工作压力差(即疏水阀进口端与出口端两个介质工作压力之差)又分 0.35，0.85，1.2，1.6 MPa 四种规格。
2. 公称通径系列 *DN*(mm)：15，20，25，32，40，50。
3. 市场产品中，有的在型号前加字母“C”。

9. 活塞式减压阀

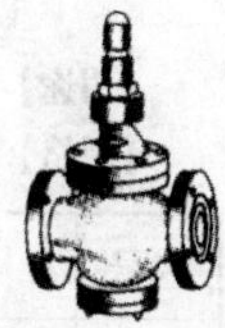

【用途】 安装在蒸汽或压缩空气管道上(工作压力≤1.3 MPa，工作温度<300 ℃)，作用是自动将管内蒸汽或压缩空气压力减到符合规定，并稳定不变。

【规格】

型　号	阀体材料	适用介质	适用温度(℃)≤	公称压力(MPa)	公称通径(mm)
Y43H—16	灰铸铁	蒸汽、空气	200	1.6	20～200
Y43H—16Q	球墨铸铁	蒸汽、空气	300	1.6	20～200

（续）

型　号	阀体材料	适用介质	适用温度(℃)≤	公称压力(MPa)	公称通径(mm)
Y43H—25	碳钢	蒸汽	450	2.5	25～200
Y43H—40	碳钢	蒸汽	350	4.0	25～150
Y43H—64	碳钢	蒸汽	450	6.4	25～150

10. 外螺纹弹簧式安全阀

【用途】 自动控制介质压力不超标，保证生产安全。

【规格】

型号	阀体材料	适用介质	适用温度(℃)≤	公称压力(MPa)	公称通径(mm)
A27W—10	球墨铸铁	空气、蒸汽	425	1.0	60
A27W—16Q	球墨铸铁	氨、蒸汽	225	1.6	50
A2Ⅲ—25	锻钢	空气、液氮、水	300	2.5	15

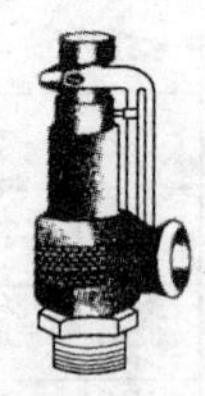

11. 快开式排污闸阀

【用途】 安装在工况（工作温度＜300 ℃，工作压力 P＜1.3 MPa）的蒸汽锅炉底部，作用是排除锅炉内沉淀的污物污垢。

【规格】

型号	阀体材料	适用介质	适用温度(℃)≤	公称压力(MPa)	公称通径(mm)
Z44H—16	球墨铸铁	水	300	1.6	25，40，50，65

12. 暖气直角式截止阀(QB 2759—2006)

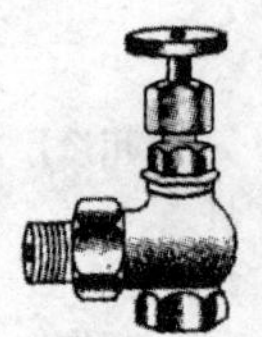

【用途】 作为室内供暖管道的散热器上，作为开关及调节流量的装置。

【规格】

代号	阀 体 材 料	适用温度	公称压力	公称通径(mm)
JN	灰铸铁可锻铸铁、铜合金	≤225 ℃	1.0 MPa	15，20，25

13. 冷水嘴和铜水嘴

【用途】 冷水嘴又称水龙头，安装在自来水管道上；作为放水用；铜水嘴安装在热水管、热水筒、茶筒或茶缸上，作为放水用。

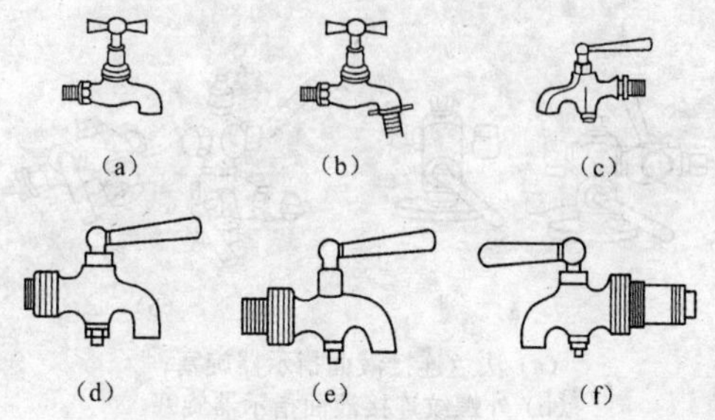

冷水嘴和铜水嘴

(a) 普通式冷水嘴；(b) 接管水嘴冷水嘴；(c) 铜热水嘴；
(d) 普通式铜茶壶水嘴；(e) 长螺纹式铜茶壶水嘴；(f) 铜保暖水嘴

【冷水嘴和铜水嘴规格】

型号	阀体材料	适用温度(℃)≤	公称压力(MPa)	公称通径(mm)	备 注
冷水嘴	可锻铸铁、灰铸铁、铜合金	50	0.6	15，20，25	装于自来水管路上
铜热水嘴	铜合金	225	0.6	15，20，25	装在热水锅炉的出口管或热水桶上
铜茶壶水嘴	铜合金	225	—	8，20，25	普通式供装于搪瓷茶缸上，长螺纹式供装于陶瓷茶缸上
铜保暖水嘴	铜合金	225	—	8，20，25	装在保暖茶桶上

14. 旋　塞

【用途】 常安装在压力表或液面指示器附近，调节旋塞，指示液面高度或测定压力。

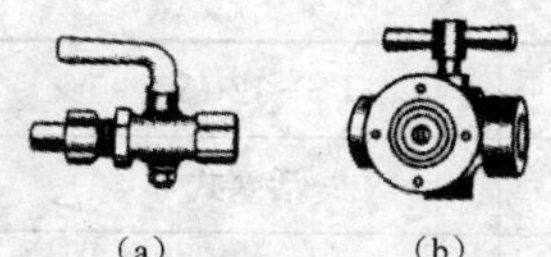

(a) 带活接头直通铜压力表旋塞；
(b) 三通式铜压力表旋塞

【常见类型及规格】

型号	阀体材料	适用介质	适用温度(℃)≤	公称压力(MPa)	公称通径(mm)
三通式	铜	水、蒸汽、空气	200	0.6	15
带活接头式	铜	水、蒸汽、空气	200	0.6	6，10，15

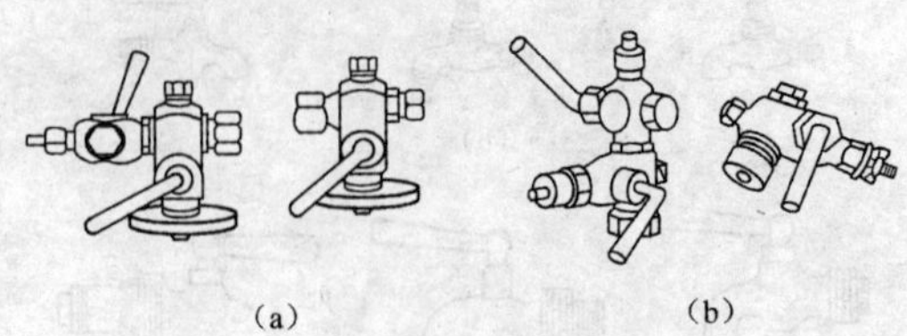

(a) (b)

(a) 法兰连接液面指示器旋塞；
(b) 外螺纹连接液面指示器旋塞

【常见类型及规格】

型　号	阀体材料	密封面材料	适用介质	适用温度(℃)≤	公称压力(MPa)	公称通径(mm)
X49F—16K	可锻铸铁	聚四氟乙烯	水、蒸汽	200	1.6	20
X49F—16T	铜合金	聚四氟乙烯	水、蒸汽	200	1.6	20
X49W—16T	铜合金	聚四氟乙烯	水、蒸汽	200	1.6	20
X29F—6T	铜合金	聚四氟乙烯	水、蒸汽	200	0.6	15，20
X29W—6T	铜合金	聚四氟乙烯	水、蒸汽	200	0.6	15，20
X29F—6K	可锻铸铁	聚四氟乙烯	水、蒸汽	200	0.6	15，20
M21W—6T	铜合金	聚四氟乙烯	水、蒸汽	200	0.6	15，20
M41W—16T	铜合金	聚四氟乙烯	水、蒸汽	200	1.6	20

15. 可以横、竖向安装的桃太郎电磁阀

【用途】 用在生物发酵罐等制药设备上。

【规格】

型号	PS-12 (W)	PS-12C (W)
型式	活塞式	活塞式
动作	通电开	通电闭
适用流体	蒸气、水、空气、油、煤油、轻油	
流体温度(℃)	5～180(热水场合 100 ℃以下)	
适用压力(MPa)	0～1.0 (0～10 K)	
流体黏度(cst)	<20	

（续）

型号	PS-12（W）	PS-12C（W）
定格电压(V)	AC 100/200　50/60 Hz	
	AC 110/220　60 Hz 共用	
保护构造	防尘、防水(室外使用加上端子箱)	
连接方式	丝牙螺纹	
阀体材料	CAC(青铜)	
阀座材料	SUS(不锈钢)	
口径(mm)	10～65	

【规格】

型号	PF-12(W)	PF-12C（W）
型式	活塞式	活塞式
动作	通电开	通电闭
适用流体	蒸汽、水、空气、油(煤油、轻油)	
流体温度(℃)	5～180(热水场合 100 ℃以下)	
适用压力(MPa)	0～1.0(0～10 K)口径为 80 mm，为 0.05～1.0	
流体黏度(cst)	<20	
定格电压(V)	AC 100/200　50/60 Hz	
	AC 110/220　60 Hz 共用	
保护构造	防尘、防水(室外使用加上端子箱)	
连接方式	法兰连接	
阀体材料	CAC(青铜)口径 80 mm 单铸铁	
阀座材料	SUS(不锈钢)	
口径(mm)	15～80	

注：可以横向及竖向安装的桃太郎电磁阀　　产地：⚠5 3

16. 隔膜、活塞式桃太郎电磁阀

【规格】

型号	WS-13（F）	WS-13C（F）
形式	准直动式	

（续）

动作		通电开	通电闭
适用流体		水、空气、不活性气体、油（灯油、轻油程度）	
流体温度（℃）		5～60	
适用压力（MPa）		0～1.0（0～10 K）	
流体黏度		<20 cst	
定格电压（V）		AC 100/200　50/6 Hz　AC 110/220　60 Hz 共用	
保护构造		防尘、防水（室外使用加上端子箱）	
连接方式		细牙	
材质	阀体	CAC（青铜）	
	阀座	C3604（黄铜）	
口径（mm）		15～50	
过滤网		不锈钢网（内置 60 筛孔）	

【规格】

型号		PS-13（W）	PS-13C（W）
形式		准直动式	
动作		通电开	通电闭
适用流体		蒸汽、水、空气、油（煤油、轻油程度）	
流体温度（℃）		5～180（热水场合 100 ℃以下）	
适用压力（MPa）		0～10（0～10 K）	
流体黏度（cst）		<20	
定格电压（V）		AC 100/200　50/60 Hz　AC 110/220　60 Hz 共用	
保护构造		防尘、防水（室外使用加上端子箱）	
连接方式		丝牙	
材质	阀体	CAC（青铜）	
	阀座	要部：SUS（不锈钢）	
口径（mm）			
过滤网		不锈钢网（内置 60 筛孔）	

产地：△5 3

17. 代表国际水平的新技术泵的泵型号名称性能及用途

型号	名称	技术参数						用途
		通径 DN (mm)	流量 Q	H(m)	压力 P (bar)	温度 t (℃)	转速 n (r/mim)	
CHTA	超高压筒形抽芯式锅炉给水泵	150～450	1 360(L/s)	4 200	525	＋230	6 700	用于相应锅炉给水
CHTB CHTC	高压筒形抽芯式锅炉给水泵	100～250	400(L/s)	4 200	.420	＋200	7 000	用于相应锅炉给水
CHTD	超高压筒形抽芯式锅炉给水泵	250	540(L/s)	4 500	450	＋220	6 200	用于相应锅炉给水
HGA HGC HGB	节段式高压多段泵	40～250	400(L/s)	4 200	420	＋200	7 000	输送锅炉给水、凝结水和增压水
YNK MBH YNKN	涡壳泵	125～500	1 800(L/s)	320	50	＋210	3 500	用于供水及前置泵
NLT	凝结水泵	150～1 200	100～2 400	32～380		80	495～2 975	火力发电厂输送凝结水
NW	疏水泵	80～150	36～190(m^3/h)	30～230		130	2 950	发电厂抽送加热器内疏水
SEZ	立式混流泵	700～2 400	18 000(L/s)	33	10	＋80	1 000	电厂输送循环冷却水及城市给排水

(续)

型号	名称	技术参数						用途
		通径 DN (mm)	流量 Q	H(m)	压力 P (bar)	温度 t (℃)	转速 n (r/mim)	
PHZ	可调叶片抽芯式立式混流泵	900～2 400	18 000(L/s)	25	6	−10 +80	600	
ISKM	斜式轴流泵	1 600～3 000	12 750～144 000	2～4.5	—	50	150～250	水利工程和排灌泵站
ZL	轴流泵	900～3 000	4 500～149 000	1.7～23	—	50	150～585	水利工程、农业排灌、城市给排水
HL	叶片全调节和固定叶片立式混流泵	450～6 000	1 228～360 000	7～24	—	50	75～980	电厂输送循环冷却水及水利工程、城市给排水
AMarex KRT	直联潜水泵	40～700	2 800(L/s)	95	16	60	2 900	输送城市污水和工业污水
Amamix Amaprop	污水处理搅拌器				1.0～16	≤60		环保工程处理污水、废水和污泥水
MF MN	立式和卧式污水泵	75～1 150	51～11 700	3.1～58	—	80	290～1 470	用于污水泵站和污水处理厂
Amacan K	直联式潜水污水泵	700～1 400	2 000	30	～500 (kW)	+60	～1 450	用于排灌、污水处理，防洪和一般水源供应
Amacan S	直联式潜水混流泵	650～1 800	～6 000	40	～1 250 (kW)	+60	～1 450	用于排灌、污水处理、防洪和一般水源供应

(续)

型号	名称	技术参数						用途
		通径 DN (mm)	流量 Q	H(m)	压力 P (bar)	温度 t (℃)	转速 n (r/mim)	
Amacan P	水泵	500～2 200	～8 000	≤13	～700 (kW)	+60	1 450	用于水利灌溉、排水泵站、水厂和污水泵站、工业供水、防洪
RDL	涡壳泵	400～1 400	8 300	200	25	+105	1 800	用于输送未处理水、清水和非饮用水
RPK	RPK 泵	25～400	970	240	40	−70 +400	2 900	石化工业输送碳氢化合物
HPK HPKY	热水循环泵	32～400 25～250	970 334	185 240	25 40	～400	2 900	工业系统输送高压热水或热煤
HPH	涡壳式热水循环泵	40～250	360	190	80	+280	2 900	输送热水
CPK/CPKN	标准型化工泵	32～400	970	185	25	−40～+400	2 900	输送腐蚀介质
CPK - H	CPK - H 泵	32～300	470	150	25	+300	2 900	主要用于石油化工工业
LCC	特殊耐磨涡壳泵	50～300	890	107	11	−20～+120	3 600	输送含固体颗粒和高磨损物质的液体
RSV RSL RSN	立式船用离心泵	200～510	27～3 850 (m^2/h)	13.7～125	—	80	970～1 750	能满足 65 000 吨级远洋船使用
AELC AELB	自吸装置							用于泵的预排气，体积小，重量轻，适合船用泵配套使用

注：①流量栏内，未注单位的数据，其单位均为：m^2/h。

产地：△1

第六篇　新型农业五金器材

第三十九章　农用温室

农业产业化正逐步成为实现农业增长的主要组织形式，把温室当车间，不受季节性限制，可以满足农业的需求，从商业化栽培蔬菜、花卉、果树、育苗到用于科学研究，可以让"阳光房"在广阔的中国大地上四处安家。

上海电气集团都市绿色工程有限公司开发出以玻璃、PC 板、塑料薄膜为覆盖材料的十几种型号的温室；如为上海鲜花港承建了国内最具现代化的 20 多公顷 PC 板、玻璃和塑料薄膜温室群；在国家级高新农业示范园(如上海孙桥、河北)，在浙江大学、中国科学院、铁岭农科院等教学科研机构，在上海农业科技种子、浙江森禾种业、上海种业系统，在华东花卉流通中心、上海园林集团，青岛石老人等园林行业都承建颇有特色，风格各异的温室。

普及型温室，实用和经济的塑料温室及简单的塑料大棚，是辽阔农村的一道风景线。

1. 普及型温室

又称为塑料大棚。造价低，使用价值高，经济实用，深受广大农村地区欢迎。

单跨塑料大棚

技术参数

屋顶型式	拱形
屋顶覆盖物	PE 薄膜
宽度(m)	7.0 8.0 9.6
高度(m)	3.5 4.0 4.8
横骨架	镀锌元钢
纵骨架	镀锌元钢

多跨塑料大棚

2. 高效节能日光温室

高效节能温室是一种通过改进设计的配套装置，采光更合理，保温性更好，如改进了棚体南立面与地面夹角，使有效采光时间增加 33%～50%；棚内北面采用白色泡沫塑料作弧墙，一是可保温，二是将集聚的光热反射给作物，因而成为更节能的蔬菜、花卉大棚。

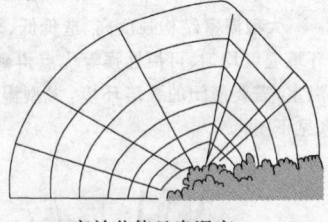

高效节能日光温室

【标准塑料温室技术参数】

名称	人字形 PC 板温室	锯齿形温室	拱形温室	GLP622 连栋管棚
覆盖物	PC 板	PC 板、PE 薄膜	PE 薄膜、PC 板	PE 薄膜　PE filM
跨度(m)	6.4　8.0　9.6　10.8	9.0　9.6	7.0　8.0　9.6	6.0
柱高(m)	3.5～5.0	3.0～5.0	3.0～5.0	2.3
开间(m)	4	4	4	4
顶窗结构	交错、连续开窗或无窗	卷帘	连续齿轮齿条	卷帘
侧窗结构	推拉、上悬、外翻或无窗	卷帘、齿轮、齿条	卷帘、齿轮、齿条	卷帘

3. 大型塑料顶温室

（连栋管棚）

连栋管棚温室

屋顶：PE 薄膜，跨度 9.6 m，柱高：4 m，连栋温室内还配有电动顶开窗、电动内帘幕、侧卷帘和滴、喷灌。必要时可配办热风机、移动式喷灌车、自控系统。

4. 超大型高低跨温室

大型温室结构强度高、造价低、土地利用率高，加热能耗低。适用于机械操作、室内环境温度均匀、可控性强等优点得到快速发展。特别针对种植出口产品检疫要求高的温室，需要密闭的栽培环境，大型温室具有明显优势。在高跨上安装排风扇和进风口（见下图）。

5. WSORZ 屋顶全开式玻璃温室

上海南大门鲜花港温室

屋顶可开启的温室，是采用一套可靠的齿轮、齿条驱动系统，将一个屋顶的两个屋面打开或关闭，从而吸收 100%空气和阳光。东海鲜花港占地 2 公顷的生态园就是这种玻璃屋顶温室，是现代的高端温室。

WSBRZ 型自控玻璃温室

部　件	参　数
覆盖物	玻璃，厚 4 mm，单层或双层 4 mm
跨度(m)	6.4　8.0　9.6
柱高(m)	3.5～5.0
开间(m)	4　4.5
顶窗	交错、连续开窗或无窗
侧窗	推拉、上悬、外翻或无窗

现代化温室配置的器材

① 热浸镀锌钢结构和铝合金结构。

② 铝合金顶窗、侧窗和开窗系统。

③ 加热系统。

④ 遮阳保温系统。

⑤ 灌溉系统(喷灌、滴灌)。

⑥ 湿帘、风机降温系统。

⑦ 人工补光系统。

⑧ 室内迷雾降温和加湿系统。

⑨ 屋顶喷淋降温和清洗系统。

⑩ 计算机控制系统。

6. 上海市郊现代农业园区温室

上海市郊现代农业园区温室

7. 上海农业科技种子温室

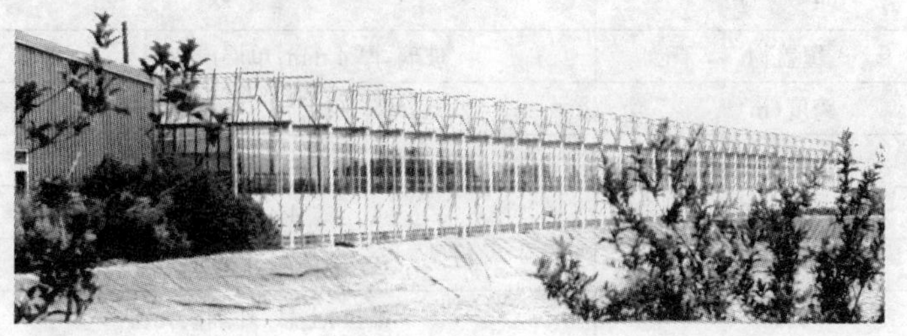

科技种子温室

8. 上海金山区优质农产品展示中心展览温室

农产品展示中心展览温室

9. 浙江大学温室项目

浙江大学温室项目

第四十章　新型农、林、园艺小型机械

1. 钻 地 机

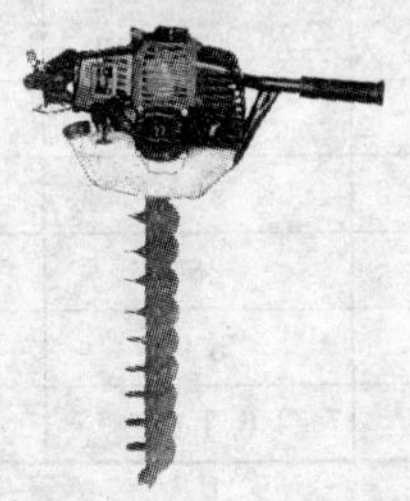

【技术参数】

型号	SD－GD43	SD－GB49
发动机型号	Single cylinder two strokes air-cooled	
额定功率(kW)	1.25 kW/6 000 r/min	1.7 kW/6 000 r/min
持续功率(kW)	1.125 kW/5 500 r/min	1.6 kW/5 500 r/min
最大功率(kW)	1.4 kW/7 000 r/min	1.9 kW/7 000 r/min
燃油消耗率(g/kWh)	≤610	≤610
最大扭矩(N·m)	2.2 N·m/6 000 r/min	2.7 N·m/6 500 r/min
缸径×行程(mm)	ϕ40×34	ϕ44×32.8
排量(cc)	42.7	49.9
压缩比	8.1	7.1
超载功率(kW)	1.32 kW/6 500 r/min	1.83 kW/6 500 r/min

产地：⑤27

2. 汽 油 锯

【特点和用途】 体型轻巧、动力强劲，是园林和森林作业的必备工具。

【技术参数】

型号	SD－3800	SD－4500	SD－5200	SD－7900
发动机型号	SD IE39F TWO strokes	SD IE43F TWO strokes	SD 5200 TWO strokes	SD YD78A

（续）

型号	SD－3800	SD－4500	SD－5200	SD－7900
排量(cc)	37.2	45	53.2	78.5
标准功率(kW)	1.1 kW/ 7 000 r/min	1.7 kW/ 7 000 r/min		2.8 kW/6 000～ 6 500 r/min
点火方式	C. D. 1	C. D. 1		
燃油箱容积(mL)	310	550	670	700
机油箱容积(mL)	210	260	350	300
燃油混合比	25∶1	25∶1	25∶1	20∶1
压缩比	6.1∶1	6.1∶1	6.1∶1	

产地：△21

3. 采 茶 机

【技术参数】

型号	SD IE43F
排量(cc)	26
功率	0.75 kW/7 500 r/min
化油器	Pump-filmtyqe
工作杠长度(mm)	525
燃油混合比	25∶1

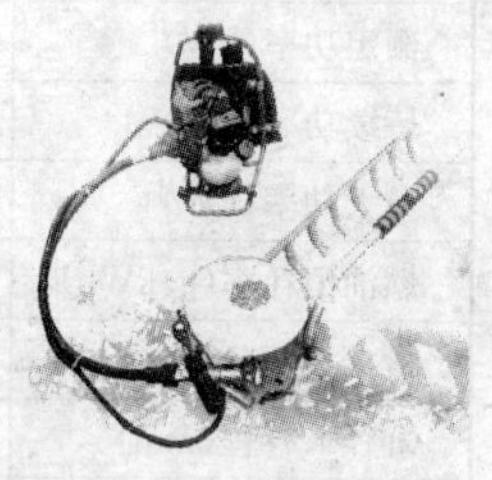

产地：△21

4. 汽油机动力绿篱机

【用途】 用冬青作为绿篱笆，过去用刀剪修齐平顶，现用绿篱机修剪，效率高，且整齐美观。

【技术参数】

型号	SD－22A	SD－22B
发动机型号	SD IE32F	SD IE32F
排量(cc)	22	22
标准功率(kW)	0.6	0.6
燃油混合比	25∶1	25∶1
燃油箱容积(mL)	600	600
刀片	Metallic blade	Metallic blade
刀片长度(mm)	750	600

产地：△21

5. 电动绿篱机

<table>
<tr><td>型号</td><td>NT/
HT1550</td><td>NT/
HT1350</td><td>NT/
HT1551</td><td>NT/
HT3181</td></tr>
<tr><td>电压(V)</td><td>230～240</td><td>120</td><td>230～240</td><td rowspan="2">18</td></tr>
<tr><td>频率(Hz)</td><td>50</td><td>60</td><td>50</td></tr>
<tr><td>功率(W)</td><td>550</td><td>3.2A</td><td>550</td><td></td></tr>
<tr><td>Tooth Space
(mm)</td><td>14</td><td>11</td><td>12</td><td></td></tr>
<tr><td>Cutting Width
(mm)</td><td>450</td><td>16″(406)</td><td>550</td><td></td></tr>
<tr><td>No-Load Speed</td><td>3 300 SPM</td><td>3 300</td><td>3 300</td><td>2 400</td></tr>
</table>

产地：Ⓐ 28

6. 电 动 锯

<table>
<tr><td></td><td></td><td>型　号</td><td>NT/CS1200</td><td>NT/CS1140</td><td>NT/CS1220</td></tr>
<tr><td colspan="2">电压(V)/(Hz)</td><td>Pated Voltage</td><td>230～
240 V/50 Hz</td><td>230～240 V
/50 Hz</td><td>230～240 V
/50 Hz</td></tr>
<tr><td rowspan="2">功率</td><td>(W)</td><td>Rated Power</td><td>2 000</td><td>1 400</td><td>2 200</td></tr>
<tr><td>(mm)</td><td>Length of Bar</td><td>400</td><td>400</td><td>400</td></tr>
<tr><td rowspan="2">速度</td><td>(m/s)</td><td>Cutting Speed</td><td>13.5</td><td>13.5</td><td>13.5</td></tr>
<tr><td>(min^{-1})</td><td>No-Load Speed</td><td>7 600</td><td>7 600</td><td>7 600</td></tr>
</table>

产地：Ⓐ 22

注：另有 2 种型号：NT/CS1160，功率 1 600 W，速度 17 m/s；
NT/CS1121，功率 2 200 W，速度 17 m/s。

7. 高枝割机(割灌机)(BRUSH CUTTER)

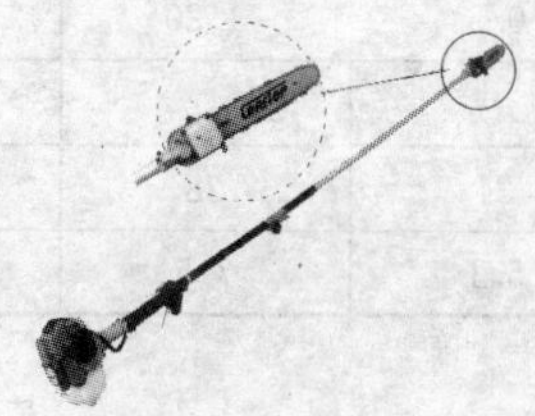

型号	NTPS265	NTPS254
汽油机型号	IE34FN	
排量(cc)	26.5	25.4
功率(kW)	0.75	0.85
转速(r/min)	7 500	8 500 r/min
工作杆长度(m)	2.3	
工作杆直径(mm)	26	
汽油箱容积(mL)		700
机油箱容积(mL)		400

产地：△3 22

8. 割灌机(BRUSH CUTTER)

【技术参数】

型号	NTBG 328A	NTBG 520	NTBG 330	NTBG 415
汽油机型号	IE36F	IE44F	IE36F－2	IE401－3A
排量(cc)	30.5	51.7	32	41.5
功率(kW)/(r/min)	0.81/6 000	1.46/6 500	0.9/6 500	1.47/7 000
燃油混合比	25∶1	25∶1	25∶1	25∶1
燃油箱容积(L)	1.20	1.30	1.21	1.21
工作杆长度(m)				
工作杆直径(mm)	26	26	26	26
重量(kg)	10	11	10	10
型号	NTCG 245	NTCG 400	NTCG 260(A)	NTCG 411
汽油机型号	134F	IE40F－7	IE34F	IE40F－6
排量(cc)	24.5	40.2	26	40.2
功率(kW)/(r/min)	0.5/7 000	1.45/7 000	0.75/7 500	1.45/7 000
燃油混合比		25∶1	25∶1	25∶1
燃油箱容积(L)	0.5	1.20	0.65	0.951
工作杆长度(m)				
工作杆直径(mm)	24	28	26	28
重量(kg)	5.1	7.5	5.6	8.0

【用途说明】

割灌机由汽油机、工作杆、刀片及锯组成，有两种用途：①在工作杆上装锯，作为高锯机：可修剪树上支杆。②将锯去掉，换上刀片，可在低洼草地割草、粉碎并收集草屑。

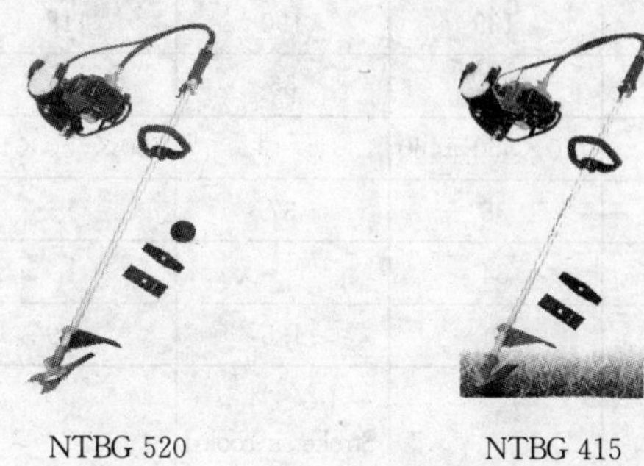

NTBG 520　　NTBG 415

产地：△3 28

9. 汽油机割草机(GASOLINE LAWN MOWER)

型号	NT/ LM 218H-16	NT/ LM 221H-18	NT/ LM 221S-18	NT/ LM 221H-18S
行走方式	手推式	手推式	机动车	手推车
切割直径(mm)	400(16 in)	460(18 in)	460(18 in)	460
刀片高度(mm)	(20～50)×3 片	(25～75)×5 片	(25～75)×5 片	(25～75)×6 片
功率/转数(kW/r/min)	1.8/3 000	2.1/3 000	2.1/3 000	2.1/3 000
汽油机排量(cc)	123	139	139	139
草箱容积(L)	50	60	60	
外形尺寸(mm)	720×450×460	770×550×460	770×550×460	735×550×434
毛重 G. W(kg)	28	36	38	33
净重 N. W (kg)	25	32	34	29
型号	NT/ LM 221H-19	NT/ LM 240S-22BS	NT/ LM 230-19BS	NT/ LM 244-19BS
车行走方式	手推式	机动车	机动车	机动车
切割直径(mm)	480(19 in)	560(22 in)	485(19 in)	485(19 in)
刀片高度(mm)	30～90/12	25～70/8	15～75	15～75
功率/转数(kW/r/min)	2.1/3 000	4.0/2 800	4.0 hp/3 000 W 3 000 r/min	6.0 hp/4 400 W 3 000 r/min

(续)

型号	NT/ LM 221H－19	NT/ LM 240S－22BS	NT/ LM 230－19BS	NT/ LM 244－19BS
汽油机排量(cc)	139	190	118	190
草箱容积(L)	60	55		
外形尺寸(mm)	770×550×460		760×550×420	
毛重 G. W(kg)	38	37		
净重 N. W(kg)	34			
汽油箱容积(L)		1.5	0.9	2.0
发动机型号		B&S. 4－ Stroke air-cooled		

产地：③ 28

NT/LM221H－19
割草机

手推车

NT/LM240S－22BS
割草机

机动车

10. 电动割草机

型号	MIG－ZP3－ 340	MIG－ZP－ 380	MIG－ZP3－ H340	MIG－ZP4－ 300
电力参数(V－Hz)	230 V－50 Hz	230 V－50 Hz	230 V－50 Hz	230 V－50 Hz
电流(A)				
功率(W)	1 000	1 600	1 320	1 100
转数(r/min)	2 800	2 800	5 700	2 800
割盘直径(mm)	38	38	34	30
刀片高度(mm)	30/40/64	25/38/48/58/68	15/25/35	15/25
草箱容积(L)	30	50	30	

（续）

型号	MIG－ZP3－340	MIG－ZP－380	MIG－ZP3－H340	MIG－ZP4－300
毛重/净重(kg)	16/14	19/16.6	11.5/10	8.5/7.5
尺寸(mm)	730×420×34.5	730×490×470	930×480×400	640×390×270

产地：△3 46

MIG－ZP3－340

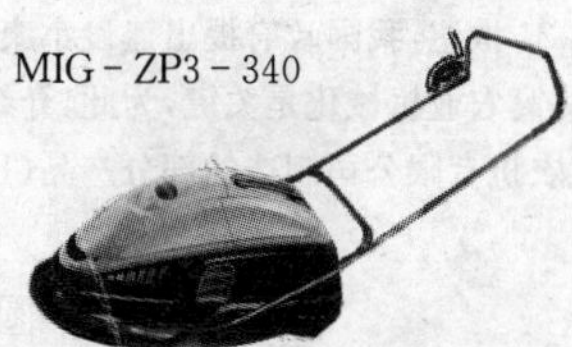
MIG－ZP3－340

11. 二冲程汽油发动机

型号	SDIE36F－2	SDIE40F－5A	SDIE44F－6	SDIE37S－B
额定功率(kW/r/min)	0.91/6 000	1.25/6 000	1.70/6 000	3.8/1 000
持续功率(kW/r/min)	0.86/5 500	1.125/5 500	1.65/5 500	3.3/9 000
超载功率(kW/r/min)	1.0/6 500	1.32/6 500	1.80/6 500	4.0/11 500
最大功率(kW/r/min)	1.1/7 000	1.40/7 000	1.85/7 000	4.3/12 000
燃油消耗率(g/kW·h)	≤610	≤610	≤610	≤610
最大扭矩(N·m/r/min)	1.6/5 500	2.2/6 000	3.1/6 000	3.42/6 500
缸径×行程(mm)	ϕ36×32	ϕ40×34	ϕ43×34	ϕ37×37
排量(cc)	33	42.7	49.4	40
压缩比	7.6	8.1	7.5	9.5

产地：△5 29

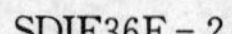
SDIE36F－2

SDIE37S－B

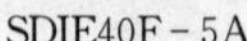

SDIE40F－5A　　　　SDIE44F－6

进入21世纪，我国政府提出建设小康社会和开发西部的战略目标，要实现这一目标，发展农业、提高农业机械化是关键，为此，介绍我国首家专业从事现代化农机具开发的上海世达尔现代农机有限公司制造的部分产品(12～17)。

12. 圆盘式割草机

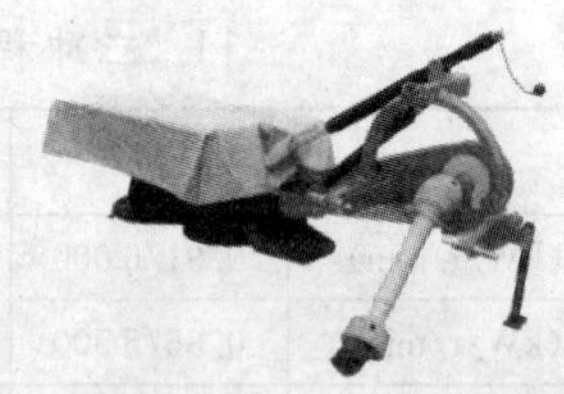

【用途】 用于收割各类牧草，如紫花苜蓿、黑麦草、燕麦草等，此机工作效率高、割草盘装有螺旋手柄、易升降、采用双弹簧悬挂，适应地面凹凸，不损伤草地。

【技术参数】

型号	MDM 1300	MDM 1700
割草宽度(cm)	125	165
长×宽×高(cm)	263×98×91	323×98×92
重量(kg)	270	300
圆盘数	2	4
每个圆盘刀片数	3	2
配套动力	18－37(25～50)kW/hp	25－59(35～80)kW/hp
作业速度(km/h)	4～10	4～10

产地：⚠7

13. 旋转式搂草机

【用途】 一机多用，具有搂草、摊晒、反转三种功能；搂草均匀干净、减少作物损失，提高工作效率。操作简单、性能稳定、耐用、配套动力范围广。

【技术参数】

型号	MGR 2500
工作宽度(cm)	250
搂草宽度(cm)	250
摊晒宽度(cm)	160
长×宽×高(cm)	210×(195～250)×95
重量(kg)	160
齿轮数	12
配套动力	13-30(18～50)kW/hp
作业速度(km/h)	4～8

14. 小圆捆机

【用途】 MRBO850、MRBO870型圆捆机均能自动完成牧草、水稻和经揉搓的玉米秸秆的捡拾、打捆和放捆。广泛用于干青牧草、水稻、小麦、玉米秸秆的收集捆扎，便于运输、储存和深加工，可与包膜机配套，实现青贮饲料的包膜。

【主要参数】

型号	MRBO 850	MRBO 870
草捆尺寸直径(cm)	ϕ50×70	ϕ61×70
外形尺寸(cm)	115×130×120	130×130×135
重量(kg)	390	440
捡拾宽度(cm)	80	80
作业速度(km/h)	2～5	2～5
轮胎尺寸	16×6.5-8-4PR	16×6.5-8-4PR
配套动力	20～50马力拖拉机	30～50马力拖拉机
匹配PTO转速(r/min)	540	540
工作效率(捆/h)	80～120	60～90

产地：⑤7

15. 方 捆 机

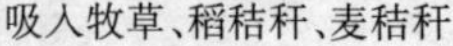

吸入牧草、稻秸秆、麦秸秆　　　　在机内打包成方草捆后吐出

【用途】 THB 2060、THB 3060 型方捆打捆机主要用于捡拾牧草、水稻秸秆、小麦秸秆并打成方草捆，可自动连续作业成方草捆，运输、储存和深加工，该机可适合在农场、草场等场合作业。

【主要参数】

型号	THB 2060	THB 3060
草捆截面尺寸(cm)	32×42	36×48
草捆长度(cm)	30～100(可调)	30～120(可调)
外形尺寸(cm)	410×215×130	500×280×140
重量(kg)	1 030	1 460
捡拾宽度(张口)(cm)	144	180
弹齿数	32	44
齿条排数	4	4
活塞行程次数(次/min)	92	90
作业速度(km/h)	4～10	4～15
轮胎尺寸	10/80-12-6PR(左) 7.0-12-6PR(右)	11L-15-8PR(左) 7.00-12-6PR(右)
配套动力	25～30 马力拖拉机	35～80 马力拖拉机
匹配 PTO 转速(r/min)	540	540

16. 青贮包膜机

SWM0810 型包膜机能自动完成圆草捆的青贮裹包。圆草捆包后，贮存时间较长，拉伸膜能有效地阻隔紫外线侵入，与空气隔绝，进行乳酸发酵，提高牧草的营养价值，用于饲喂乳牛后，提高乳量及乳质。此设备投资少，见效快，是奶牛养殖场上青贮项目的首选设备。

青贮包膜机外形

正在包裹青贮饲料

【主要参数】

型号	SWM0810
草捆直径×宽度(cm)	ϕ50×70
外形尺寸：长×宽×高(cm)	150×87×103
重量(kg)	85
配套动力(自带)	14 马力汽油机或 1.1 千瓦电动机

产地：⑤ 7

17. 喷灌管滴灌管和维塑管

传统的大水漫灌、沟灌等农业灌溉方式已不能适应当今我国农业发展需要，正在逐步采用先进灌溉技术，如低压管道输水灌溉技术和喷滴灌技术均能有效地减少田间灌水损失，它比大水漫灌、沟灌节水 30%～50%，通常使用硬聚氯乙烯管、聚丙烯喷灌管和维塑管等。滴灌是利用管道系统和灌水器，将水和作物所需养分直接送到作物附近的土壤中，比喷灌省水 15%～25%。因此采用滴灌节水有着极大潜力，目前在节水灌溉中已开发了如下塑料管用于新型农业灌溉。

① 聚丙烯喷灌管。
② 硬聚氯乙烯低压管。
③ 聚乙烯滴灌管。
④ 维塑管。

(1) 聚丙烯喷灌管

一般采用移动式或半移动式，要求能承受 0.4～0.6 MPa 压力和冲击负荷，能承受弯曲和拉伸应力，并具有一定的韧性和刚性，耐低温、耐老化、承受冷热交替作用。

聚丙烯管材最大特点是耐热性优良，正常情况可在 80 ℃长期使用，短期内可达 100 ℃以上，其缺点是脆化温度较高，尺寸收缩率较大，对低温敏感性较强、耐老化较差，因此用于农业喷灌管的聚丙烯材料应作改性处理，以提高其耐低温及老化性能。

【产品标准及性能】

项　目	单　位	指　标
屈服拉伸强度(18 ℃)	(MPa)	28.03

(续)

项　　目	单　　位	指　　标
抗弯强度(18 ℃)	(MPa)	40.57
缺口冲击韧度(20 ℃)	(kJ/m^2)	11.2
破坏压力(20 ℃)	按平均壁厚(MPa)	23
	按起爆点壁厚(MPa)	26
爆破纹路		整齐的纵向裂纹
脆化温度(℃)		−5～10

(2) 滴 灌 管

明水漫灌方式,存在着严重渠道渗漏,水面蒸发,田间渗漏等水量损失,水的有效利用率只有 25%左右(先进国家为 70%～80%),也就是说,我国淡水总用量的 50%以上被落后的传统灌溉方式浪费了。我国每立方米水的粮食生产能力仅 1 kg 左右,先进国家为 2～2.35 kg,我国 20 世纪末,滴灌、微喷灌等先进节水措施仅占总灌溉面积 2‰左右,而发达国家以色列已达 50%以上。

【滴灌优点】

① 是迄今世界上最省水的灌溉技术,水利用率可达 95%左右。从水源到作物全部采用管道输水,减少渠道渗漏和蒸发损失,节水 60%～80%,节约劳动力 50%～70%。

② 有利于随水施肥,提高肥效,节约化肥;

③ 减少田埂及渠占农地,增加种植面积;

④ 减少病虫害及杂草丛生,防止土壤板结;适应不平坦地形、梯田,倾斜地块也可均匀灌溉;

⑤ 不破坏土壤结构,为作物生长创造良好的土壤环境,可提高作物产量 20%～30%,作物可提早 10～20 天上市。

⑥ 滴灌技术仅限于在产值高的经济作物上应用。

我国科研人员正在探索一条适合我国滴灌技术发展道路,成功地在温室大棚、果园推广应用,并在大田粮食作物区试点。

滴灌技术应用方式有:微孔滴灌,毛细管(发丝管)滴灌(燕山滴灌技术),重力微滴灌,脉冲式滴灌,可调式滴灌及渗灌(将带有微孔的管道埋入地下用于灌溉)。

微孔滴管是最原始,最简单,投资最少的滴灌方式,由泵、文丘里施肥器、输水主管、微孔支管及接头等管件组成。管道规格见下表。

【规格】

名　称	规格(mm)	工作压力 (mH_2O)	流量 (L/h·m)	使用长度 (m)	备　注
双上孔微管	ϕ25	1～3	12～22	≤60	推荐使用
单孔微管	ϕ25	1～3	6～11	≤100	

注:1 mH_2O=9.806 65 kPa≈10 MPa。

毛细(发丝)滴灌管——(燕山滴灌管)

其结构,是在 $D10$ mm 的滴灌支管上螺旋式缠绕蛇形毛细管(或称发丝管),此项技术由中国水科院北京燕山滴灌技术开发研究所研制成功,因此称燕山滴灌管。

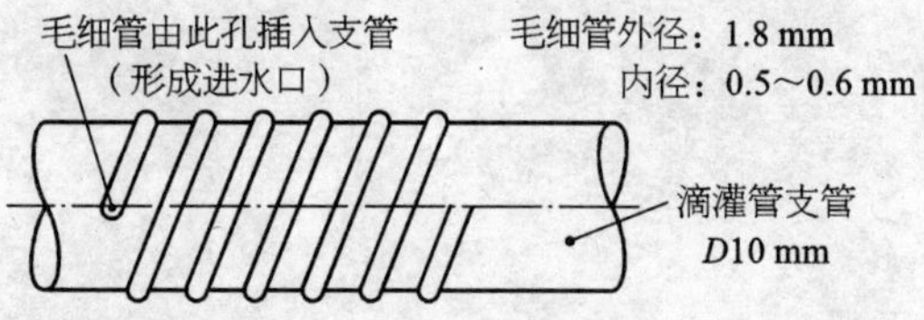

燕山滴灌管滴头示意图

【燕山滴灌的管材规格】

序号	内径 D(mm)	壁厚 δ(mm)	质量(g/m)	截面积(mm^2)
1	(0.5～0.6)	0.5+0.1	1.9	2.0
2	0.95±0.1	0.6+0.1	2.9	3.1
3	4－0.2	0.5+0.15	7.2	7.69
4	6－0.2	0.7+0.2	15.6	16.8
5	10－0.4	0.8+0.2	28.1	30.25
6	12－0.6	1.0+0.3	43.2	46.42
7	15－0.6	1.5+0.3	78.8	84.75
8	20－0.8	2.1+0.4	140	150.67
9	25－0.8	2.1+0.5	176	189.08
10	32－1.0	2.3+0.5	254	272.8
11	40－1.0	2.5+0.6	339	365.0
12	50－1.6	3.3+0.8	572	614.9
13	65－1.6	4.2+0.8	925	994.2

产地：⑤ 8

第七篇　民生工程五金器材

第四十一章　电工器材

1. 概　　述

现代社会离不开电工器材，用电离不开电线电缆。工业、农业、各行各业、千家万户均必须用电，电线电缆的安全可靠和经久耐用，是安全用电的基本保证。国际各国对安全用电高度关注，对电线电缆及电工器材实施极其严密的质量监督，甚至强制认证。

现代工业的飞跃发展和科技的进步，对电工器材提出了更严的要求并创造了日益臻于完美的条件，一个小小的开关、熔断器、灯具、一根电线，从设计，选料、加工直至检测，涉及物料、电气、机械、物理、化学，标准化等多种专门技术和专业人才及全面质量管理，并在各个环节经受政府主管部门的严格抽查。那种不顾质量，只贪价廉的用户会贻害无穷。

只有高质量的电工器材才能保证用电安全。

本章内容分两大部分，一是介绍常用电工器材市场品；二是摘录电缆产品国家最新标准。

2. 电线分类和代号

类　别	代号和名称
一、裸铜线类	1. 电解镀锡铜线 2. TJ　硬铜绞线 3. TZ、TZX 铜编织线 4. TZXP　防波套
二、聚氯乙烯和聚乙烯绝缘电线类	1. JV、JLV、JY、JLY 架空绝缘电线 2. BV、BV－105、BVB、BVS 铜芯聚氯乙烯绝缘电线 3. BVR BVR105　铜芯聚氯乙烯绝缘软电线。BVV、BVVB、BVV—1 铜芯聚氯乙烯绝缘与护套 4. 电线 5. BLV、BLV－105 铝芯聚氯乙烯绝缘电线 6. BLVV－1　铝芯聚氯乙烯绝缘与护套电线 7. AV、AV－105 铜芯聚氯乙烯绝缘安装线
三、聚氯乙烯绝缘软线类	1. AVR AVR－105　铜芯聚氯乙烯绝缘安装软线 2. RV、RV－105　铜芯聚氯乙烯安装软线 3. AVRB、AVRS 铜芯聚氯乙烯安装软线 4. RVB、RVS　铜芯聚氯乙烯平型、绞型连接软线 5. AVVR　铜芯聚氯乙烯绝缘及护套安装软线 6. RVVB、RVV　铜芯聚氯乙烯绝缘与护软线
四、聚氯乙烯绝缘屏蔽线类	1. AVP　AVP－105 铜芯聚氯乙烯绝缘屏蔽安装线 2. RVP　PVP－105 聚氯乙烯绝缘屏蔽软线 3. BVP　BVP－105 铜芯聚氯乙烯绝缘屏蔽线 4. BVVP 聚氯乙烯绝缘铜丝屏蔽聚氯乙烯护套线 5. RVVP　RVVP1 聚氯乙烯绝缘铜丝屏蔽聚氯乙烯护套线

（续）

类　别	代号和名称
五、方形和方平形线类	RVFB、RVFB－1 特软聚氯乙烯绝缘方形和方平形线
六、复合绝缘屏蔽线类	RVFP－1　丁腈聚氯乙烯复合绝缘屏蔽软线
七、聚乙烯绝缘线类	1. BYR 聚乙烯绝缘软电线 2. BYBR 聚乙烯绝缘聚氯乙烯护套软电线 3. RY 聚乙烯绝缘软线 4. RYV 聚乙烯绝缘聚氯乙烯护套软线 5. RYVP 聚乙烯绝缘聚氯乙烯屏蔽软线
八、耐水绕组线类	1. SV 铜芯聚氯乙烯绝缘耐水绕组线 2. SQV 漆包铜芯聚氯乙烯绝缘耐水绕组线 3. SYN 铜芯聚乙烯绝缘尼龙护套耐水绕组线 4. SQYN 漆包铜芯聚乙烯绝缘尼龙护套耐水绕组线
九、尼龙护套线类	1. FVN 聚氯乙烯绝缘尼龙护套线 2. PVNP 聚氯乙烯绝缘尼龙护套屏蔽线 3. FNZ－105、FNZP－105、105 ℃阻燃聚氯乙烯绝缘、阻燃尼龙护套线与屏蔽线 4. FNZS－105、105 ℃阻燃聚氯乙烯、绝缘阻燃尼龙护套绞型线 5. FNZSP－105 FNZBP－105、105 ℃阻燃聚氯乙烯绝缘阻燃尼龙护套绞型屏蔽线与平行屏蔽线 6. ENZPNZ－105、105 ℃ 阻燃聚氯乙烯绝缘双层阻燃尼龙护套屏蔽线 7. FNZSPNZ－105、FNZBPNZ－105、105 ℃阻燃聚氯乙烯绝缘双层阻燃尼龙护套绞型屏蔽线和平行屏蔽线
十、公路车辆用线类	1. QVR、QVR－105 公路车辆用铜芯聚氯乙烯绝缘低压电线 2. QFR 公路车辆用铜芯聚氯乙烯一丁腈复合绝缘低压电线 3. QVVR 公路车辆用铜芯聚氯乙烯绝缘及护套低压电缆 4. QGV 公路车辆用铜芯聚氯乙烯绝缘高压点火线 5. QGVP 公路车辆用铜芯聚氯乙烯绝缘高压点火屏蔽线 6. 桑塔纳轿车专用电线
十一、电机引接线类	1. JBF 丁腈聚氯乙烯绝缘引接线 2. XLJY－B－500，XLJV－B－1140B 级电机用交联聚氯乙烯绝缘引接线 3. XLJV－F－500，XLJV－F－1140F 级电机用交联聚氯乙烯绝缘引接线

（续）

类　别	代号和名称
十二、聚氯乙烯绝缘双色线类	1. RV-双色铜芯聚氯乙烯绝缘双色双分软线 2. RV-双色四分铜芯聚氯乙烯绝缘双色四分软线 3. RVB-铜芯聚氯乙烯绝缘平行双色软线 4. BV-双色铜芯聚氯乙烯绝缘双色电线 5. BVR-双色铜芯聚氯乙烯绝缘双色软电线
十三、电器安装导线	1. AWM 系列电子线 2. SPT-12 聚氯乙烯绝缘电源软线
十四、通信线缆类	1. 程控交换机用聚氯乙烯绝缘电线 2. CSVB、CSYB 电视机用 300Ω 带状馈线 3. ATV-1.2 聚氯乙烯绝缘单色、彩色通讯安装线 4. ATVS-1.2 聚氯乙烯绝缘单色、彩色绞型通讯安装线 5. HBGV 聚氯乙烯绝缘铁芯通信线 6. HBVV 聚氯乙烯绝缘和护套铁芯通信线 7. ZV-1.2 铁芯叶形扎线 8. 聚烯烃绝缘系列铝塑综合护层市内通信电缆
十五、射频电缆类	1. 实芯乙烯绝缘射频电缆 2. SYFV、SYFY 泡沫聚乙烯绝缘聚氯乙烯、聚乙烯护套射频电缆 3. SYKV、SYKY 纵孔聚乙烯绝缘、聚氯乙烯、聚乙烯护套射频电缆 4. 国外标准同轴射频电缆 5. DJYVP 电子计算机用聚氯乙烯绝缘及护套铜带绕包屏蔽电缆 6. DJYVP20 电子计算机用聚氯乙烯绝缘及护套铜带绕包钢带铠装电缆
十六、控制电缆与电力电缆类	1. KVV、KVVP 聚氯乙烯绝缘及护套控制电缆、屏蔽控制电缆 2. KVV22 聚氯乙烯绝缘及护套钢带铠装控制电缆 3. KVVR、KVVRP 聚氯乙烯绝缘及护套、屏蔽控制软电缆 4. EVV(E)电梯用控制电缆 5. TATF、EVVF 扁形电梯电缆 6. VV、VLV 聚氯乙烯绝缘及护套电力电缆 7. VV29、VLV29 聚氯乙烯绝缘及护套钢带铠装电力电缆
十七、船用聚氯乙烯绝缘线类	1. CBV 船用聚氯乙烯绝缘电线 2. CBVR 船用聚氯乙烯绝缘软电线
十八、冰箱线	PS-HVSF 耐聚苯乙烯无毒聚氯乙烯绝缘冰箱线
十九、氟塑料绝缘耐高温电缆	
二十、阻燃聚氯乙烯绝缘电线电缆（在普通型号电线、电缆前加“ZR”）	

（续）

<table>
<tr><th>类　别</th><th>代号和名称</th></tr>
<tr><td colspan="2">二十一、热电偶用补偿导线</td></tr>
</table>

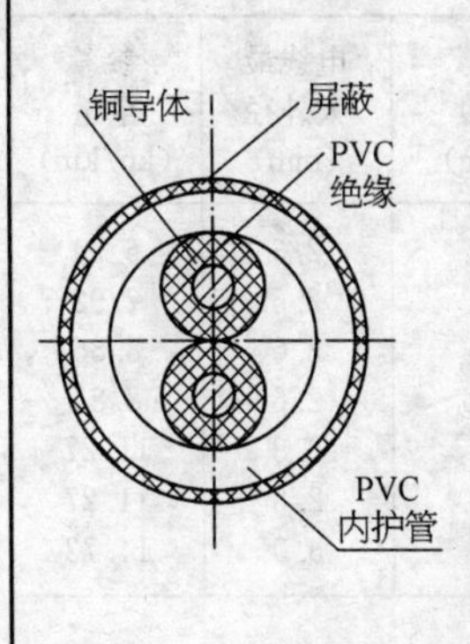

补偿导线型号	配用热电偶分度号	配用热电偶	线芯材料	
			正极	负极
BB	B	铂铑 30～铂铑 6	铜	铜
SC	S 或 R	铂铑 10－铂或铂铑 13－铂	SPC 铜	SNC 铜镍
KC	K	镍铬—镍硅	KPC 铜	KNC 康铜
KX			KPXNi－Cr	ENXCu－Ni
JX	T	铁—铜镍	JPXFe	JNX CuNi
TX	J	铜—铜镍	JPX1Cu	TNX CuNi
EX	E	镍铬—铜镍	EPXNiCr	ENXCuNi

3. 部分聚氯乙烯聚苯乙烯绝缘软线规格参数和用途

(1) AVR、AVR－105 铜芯聚氯乙烯绝缘安装软线

【用途】 适用于交流额定电压 300/300 V 及以下电器、仪表、电子设备、自动化装置及汽车，拖拉机低压系统。

【标准】 GB 5023.4—2008

【规格尺寸】

标称截面 (mm^2)	规　格	绝缘厚度 (mm)	电线最大外径 (mm)	参考重量 (kg/km)
0.035	7/0.08	0.3	1.0	1.1
0.06	7/0.10	0.3	1.1	1.37
0.08	7/0.12	0.4	1.3	2.19
0.12	7/0.15	0.4	1.4	2.77
0.20	12/0.15	0.4	1.6	3.94
0.30	16/0.15	0.5	1.9	5.52
0.40	23/0.15	0.5	2.1	7.16

(2) RV、RV－105 铜芯聚氯乙烯绝缘软线

【用途】 用作交流额定电压 450/750 V 及以下或直流电压 500 V 及以下的各种电器、仪表、电信设备、自动化装置等安装接线电线的线芯长期允许工作温度≤＋70 ℃，电线安装

温度≥－15 ℃。

【产品标准】 GB 5023. 3—2008 Q/JBOR2－91

【规格尺寸】

RV(国标 GB 5023. 3—2008) RV－105(国标 GB 5023. 3—2008)105 ℃

RV・RV－105(企标 Q/JBOR2－91)105 ℃

型号（标准号）	额定电压（V）	标称截面（mm^2）	规格	绝缘厚度（mm）	电线最大外径（mm）	参考重量（kg/km）
RV（GB 5023. 3—2008）	300/500	0. 3*	16/0. 15	0. 6	2. 3	6. 24
		0. 4*	23/0. 15		2. 5	7. 92
		0. 5	16/0. 2		2. 6	8. 85
		0. 5	28/0. 15		2. 6	8. 85
		0. 75	24/0. 20		2. 8	11. 27
		0. 75	42/0. 15		2. 8	11. 27
		1. 0	32/0. 2		3. 0	14. 73
	450/750	1. 5	30/0. 25	0. 7	3. 5	20. 8
		1. 5	48/0. 2	0. 7	3. 5	20. 8
		2. 5	49/0. 25	0. 8	4. 2	33. 58
		2. 5	77/0. 2	0. 8	4. 2	33. 58
		4	56/0. 3	0. 8	4. 8	50. 4
		4	77/0. 26	0. 8	4. 8	50. 4
		4	84/0. 3	0. 8	6. 4	72. 12
		6	84/0. 4	1. 0	8. 0	121. 0
		10				
PV－105（GB 5023. 3—2008）	450/750	0. 5	16/0. 2	0. 7	2. 8	9. 88
		0. 5	28/0. 15		2. 8	9. 88
		0. 75	24/0. 2		3. 0	13. 0
		0. 75	42/0. 15		3. 0	13. 0
		1	32/0. 2		3. 2	15. 96
		1. 5	30/0. 25		3. 5	20. 8
		1. 5	48/0. 2		3. 5	20. 8
		2. 5	49/0. 25	0. 8	4. 2	33. 56
		2. 5	77/0. 2		4. 2	33. 56
		4	56/0. 3		4. 8	50. 4
		4	77/0. 26		4. 8	50. 4
		6	84/0. 3		6. 4	72. 12
RV. RV－105（企标 Q/JBOR2－91）105 ℃	450/750	2	64/0. 2	0. 8	4. 2	29. 4
RV－1（技术协议）	300/300	0. 5	28/0. 15	0. 5	2. 2	8. 34

注：标＊者，推荐选用 AVR 型号。

(3) AVRB 铜芯聚氯乙烯绝缘平型安装软线、AVRS 铜芯聚氯乙烯绝缘绞型安装软线

【用途】 适用于交流额定电压 300/300 V 及以下的电器、仪表、电子设备及自动化装置

【产品标准】 GB 5023.4—2008

【规格尺寸】

型号及标准号	标称截面 (mm^2)	规 格	绝缘厚度 (mm)	电线最大外径 (mm)		参考重量 (kg/km)	
				AVRB	AVRS	AVRB	AVRS
AVRB、AVRS (GB 5023.4—2008)	0.12 0.2	2×7/0.15 2×12/0.15	0.5 0.6	1.9×3.4 2.2×4.1	3.5 4.2	6.9 11.0	7.1 11.3

(4) RVB 铜芯聚氯乙烯绝缘平型连接软线、RVS 铜芯聚氯乙烯绝缘绞型连接软线

【用途】 适用于交流额定电压 300/300 V 及以下的照明、收音机、扬声器及轻便移动式的日用电器电源连接。

电线的线芯长期允许工作温度≤70 ℃,电线的安装温度或移动时使用温度应≥15 ℃。

【产品标准】 GB 5023.5—2008Q/JBOR2－91。

型号及标准号	标称截面 (mm^2)	规 格	绝缘厚度 (mm)	电线最大外径(mm)	参考质量 (kg/km)
RVB (GB 5023.3—2008)	0.4	2×16/0.15	0.6	2.3×4.3	12.47
	0.4	2×23/0.15	0.6	2.5×4.6	15.85
	0.5	2×28/0.15	0.8	3.0×5.8	21.85
	0.75	2×42/0.15	0.8	3.2×6.2	28.84
	1.0	2×32/0.2	0.8	3.4×6.6	34.57
RVB (企标 Q/JBOR2－91)	1.5	2×48/0.2	0.7	3.5×7.0	43.2
	2	2×64/0.2	0.7	4.1×8.2	58.22
	2.5	2×77/0.2	0.8	4.5×9.0	68.54
RVS (GB 5023.3—2008)	0.3	2×16/0.15	0.6	4.3	12.87
	0.4	2×23/0.15	0.6	4.6	16.39
	0.5	2×28/0.15	0.8	5.8	23.2
	0.75	2×42/0.15	0.8	0.2	28.73
RVS (企标 Q/JBOR2－91)	1	2×32/0.2	0.7	6.4	32.78
	1.5	2×46/0.2	0.7	7.0	44.2

（续）

型号及标准号	标称截面（mm^2）	规格	绝缘厚度（mm）	电线最大外径（mm）	参考质量（kg/km）
RVS（企标 Q/JBOR2-91）	2	2×64/0.2	0.8	8.2	59.56
	2.5	2×72/0.2	0.8	9.0	70.13

(5) AVVR 铜芯聚氯乙烯绝缘及护套安装软线

【用途】 适用于交流额定电压 300/300 V 及以下电器、仪表、电子设备及自动化装置等移动场合安装连接。

电线线芯长期允许工作温度≤+70 ℃，安装及移动温度≥－15 ℃

【产品标准】 GB 5023.4—2008。

【AVVR 规格尺寸】

标准截面（mm^2）	规格	绝缘厚度（mm）	电线最 大外径(mm)参考重量(kg/km)					
			2 芯（平行）		2 芯（圆形）		3 芯	
			外径	重量	外径	重量	外径	重量
0.08	7/0.12	0.4	2.7×4.1	12	4.2	13.9	—	—
0.12	7/0.15	0.4	2.9×4.3	13.63	4.4	15.8	4.6	19.1
0.2	12/0.15	0.4	3.1×4.6	16.78	4.7	19.4	4.9	23.7
0.3	16/0.15	0.5	3.4×5.2	21.4	5.4	24.7	5.6	31.1
0.4	23/0.15	0.5	3.5×5.6	25.63	5.6	29.64	6.0	37.7

标准截面（mm^2）	规格	电线最大外径(mm)及参考重量(kg/km)							
		4 芯		5 芯		6 芯		7 芯	
		外径	重量	外径	重量	外径	重量	外径	重量
0.12	7/0.15	4.9	23	5.4	26.9	5.8	31.2	5.8	33.2
0.2	12/0.15	5.4	29	5.8	34.1	6.2	40.1	6.2	43.1
0.3	16/0.15	6.2	38.3	6.6	44.5	7.2	52.9	7.2	57.2
0.4	23/0.15	6.6	46.7	7.0	54.6	7.6	65.2	7.6	70.7

标准截面（mm^2）	规格	电线最大外径(mm)及参考重量(kg/km)					
		10 芯		12 芯		14 芯	
		外径	重量	外径	重量	外径	重量
0.12	7/0.15	7.2	46.3	7.4	52.47	7.8	59.3
0.2	12/0.15	7.8	60.5	8.0	69.2	8.8	86.6
0.3	16/0.15	9.4	89.6	9.8	102.1	10.5	115.5
0.4	23/0.15	10.0	110.1	10.5	125.8	11.0	144.1

标准截面 (mm^2)	规格	电线最大外径(mm)及参考重量(kg/km)					
		16 芯		19 芯		24 芯	
		外径	重量	外径	重量	外径	重量
0.12	7/0.15	8.0	65.9	9.0	74.6	10.5	103.8
0.2	12/0.15	9.2	96.3	9.6	108	11.5	137.9
0.3	16/0.15	11.0	129.3	11.5	146.1	13.5	197.8
0.4	23/0.15	11.5	160.2	12.0	180.1	14.5	245.1

(6) RVVB 铜芯聚氯乙烯绝缘聚氯乙烯护套两芯平型软线、RVV 铜芯聚氯乙烯绝缘聚氯乙烯护套软线

【用途】 用于交流 300/300 V 和 300/500 V 及以下的电器设备、照明自动化装置等在干燥及潮湿场所可移动的连接。

电线线芯长期允许工作温度≤+70 ℃,移动时使用温度≥−15 ℃。

【RVVB 规格】

型号及标准	额定电压(U_0/UCV)	标称截面(mm^2)	规　格	绝缘外径(mm)	护套厚度(mm)	电线最大外径(mm)	参考重量(kg/km)
RVVB (GB 5023.3—2008)	300/300	0.5	16/0.2	1.94	0.6	3.8×6	27.3
		0.5	23/0.15	2.01	0.6	3.8×6	27.3
		0.75	24/0.2	2.20	0.6	3.9×6.4	35.0
		0.75	42/0.15	2.26	0.6	3.9×6.4	35.0
	300/500	0.75	24/0.2	2.40	0.8	5×7.6	43.6
		0.75	12/0.15	2.40	0.8	5×7.6	43.6
RVVB (企标 Q/JBOR2-91)	300/500	1	32/0.2	1.41	0.8	4.8×7.8	51.53
		1.5	48/0.2	2.91	0.8	5.2×8.4	65.06
		2	64/0.2	3.70	1.0	6.3×10.5	97.17
		2.5	77/0.2	4.09	1.0	6.7×11.5	111.7
		4	77/0.26	4.84	1.0	7.5×1.3	156.3
		6	77/0.32	5.99	1.2	9.4×16.1	236

【国标 RVV 规格(2 芯,3 芯)】

型号及标准	额定电压(V)	标称截面(mm^2)	规格	绝缘外径(mm)	护套厚度(mm)电线最大外径(mm)重量(kg/km)					
					2 芯			3 芯		
					厚度	外径	重量	厚度	外径	重量
RVV (GB 5023.3—2008)	300/300	0.5	16/0.2	1.94	0.6	6.2	31.3	0.6	6.6	
		0.5	23/0.15	2.01						
		0.75	24/0.2	2.20		6.6	39.46		7.0	
		0.75	42/0.15	2.26						

（续）

型号及标准	额定电压（V）	标称截面（mm^2）	规格	绝缘外径（mm）	护套厚度（mm）电线最大外径（mm）重量（kg/km）					
					2 芯			3 芯		
					厚度	外径	重量	厚度	外径	重量
RVV（GB 5023.3—2008）	300/500	0.75	24/0.2	2.40	0.8	7.6	48.86	0.8	8.0	
		0.75	42/0.15	2.40						
		1.0	32/0.2	2.61		7.8	57.47		8.4	
		1.5	30/0.25	3.00		8.8	74.01	0.9	9.6	
		1.5	48/0.2	3.11			75.21			
		2.5	49/0.25	3.85	1.0	11.0	118	1.1	11.5	
		2.5	77/0.2	4.09			121			

【国标 RVV 规格（4 芯、5 芯）】

型号及标准	额定电压（V）	标称截面（mm^2）	规格	绝缘外径（mm）	护套厚度（mm），电线最大外径（mm）及参考重量（kg/km）					
					4 芯			5 芯		
					厚度	外径	重量	厚度	外径	重量
RVV（GB 5023.3—2008）	300/500	0.75	24/0.2	2.4	0.8	8.6	79.1	0.9	9.4	97.4
		0.75	42/0.15	2.46	0.8	8.6	80.2	—	—	—
		1.0	32/0.2	2.61	0.9	9.2	97.5	0.9	11.0	115.5
		1.5	30/0.25	3.00	1.0	11.0	133.7	1.1	12.0	163.2
		1.5	48/0.2	3.11	1.0	11.0	134.7	1.1	12.0	169.6
		2.5	49/0.25	3.85	1.1	12.5	203.7	1.2	14.0	250.1

【企标 RVV 规格（2 芯、3 芯、4 芯、5 芯）】

型号标准电压	额定截面（mm^2）	规格	绝缘外径（mm）	护套厚度（mm），电线最大外径（mm）及参考重量（kg/km）					
				2 芯			3 芯		
				厚度	外径	重量	厚度	外径	重量
RVV 企标 Q/JQOR2－91 300/500 V	2	64/0.2	3.70	1.0	10.5	108.2	1.0	11.5	140.2
	4	77/0.26	4.84	1.0	13.0	173.3	1.2	14.5	241.7
	6	77/0.32	5.99	1.2	16.1	263.3	1.2	17.1	348.8

型号标准电压	额定截面（mm^2）	规格	绝缘外径（mm）	护套厚度（mm），电线最大外径（mm）及参考重量（kg/km）					
				4 芯			5 芯		
				厚度	外径	重量	厚度	外径	重量
RVV 企标 Q/JQOR2－91 300/500 V	0.5	28/0.15	2.01	0.8	7.4	57.78	0.6	7.6	61.9
	2	64/0.2	3.70	1.0	12.5	176.7	0.8	13.0	198.3
	4	77/0.26	4.84	1.2	15.5	305.9	1.0	16.6	357
	6	77/0.32	5.99	1.2	18.9	444.6	1.0	20.0	518.8

【企标 RVV 规格(6/7 芯、8 芯、10 芯)】

型号/标准/电压	标称截面(mm^2)	规格	绝缘外径(mm)	护套厚度(mm),电线最大外径(mm)及参考重量(kg/km)								
				6/7 芯			8 芯			10 芯		
				厚度	外径	重量	厚度	外径	重量	厚度	外径	重量
RVV 企标 Q/JQOR2－91 300/500 V	*0.5	28/0.15	2.01	0.8	8.2	79.52	0.8	9.1	97.6	0.8	11.0	122.1
	0.75	42/0.15	2.46	0.8	10.0	110.5/121.3	0.8	10.7	136.9	0.8	13.0	173
	1	32/0.2	2.61	0.8	10.5	129.7/143.1	0.8	11.2	162.8	1.0	14.0	216.8
	1.5	48/0.2	2.91	0.8	11.5	169.4/188	0.8	12.3	214	1.0	15.0	281
	2	64/0.2	3.7	1.0	14.5	249.7/276	1.0	15.6	315.4	1.0	18.5	400.3
	2.5	77/0.2	4.09	1.0	16.0	292.4/323.2	1.0	17.0	369.2	1.0	20.2	464.7
	4	77/0.26	4.84	1.0	18.2	423.2/471.1	—	—	—	—	—	—
	6	77/0.32	5.99	1.0	22.0	617.4/690.3	—	—	—	—	—	—

【企标 RVV 规格(12 芯、14 芯、16 芯)】

型号/标准/电压	标称截面(mm^2)	护套厚度(mm)电线最大外径(mm)参考重量(kg/km)								
		12 芯			14 芯			16 芯		
		厚度	外径	重量	厚度	外径	重量	厚度	外径	重量
RVV 企标: Q/JQOR2-91 300/500 V	*0.5	0.8	11.0	140	0.8	11.5	159.3	0.8	12.5	180
	0.75	1.0	13.5	211.6	1.0	14.2	240.6	1.0	15.0	267.8
	1	1.0	14.5	249.4	1.0	15.0	284.2	1.0	15.5	320.4
	1.5	1.0	15.5	328.2	1.0	16.5	378.8	1.0	17.3	423.4
	2	1.0	19.1	463.4	1.0	20.2	531.1	1.0	21.3	549.6
	2.5	1.0	20.9	539	1.0	22.1	618	1.0	23.3	692.1

【企标 RVV 规格(19 芯、24 芯)】

型号/标准/电压	额定截面(mm^2)	规格	绝缘外径(mm)	护套厚度(mm)电线最大外径(mm)参考重量(kg/km)					
				19 芯			24 芯		
				厚度	外径	重量	厚度	外径	重量
RVV 企标 Q/JQOR2-91 300/500 V	*0.5	28/0.15	2.01		13.0	217.8		15.7	278.7
	0.75	42/0.15	2.46		16.0	315.1		18.9	394.6
	1	32/0.2	2.61	1.0	16.6	373.4	1.0	19.9	468.7
	1.5	48/0.2	2.91		18.2	490.7		21.9	617.1
	2	64/0.2	3.70		22.6	690.3			
	2.5	77/0.2	4.09		24.7	804.5			

注:1. *此规格电线等级为:300/300 V。

2. 若用户需要 1.5 mm^2 可生产到 37 芯、2.5mm^2 可生产到 30 芯。

(7) 电器安装导线

【用途】 适用于彩色或黑白电视机、组合音响及收录机、洗衣机、电冰箱、电子测量仪器、仪表、电气自动装置。

本产品采用或参照采用美国 UL 标准,部分产品已获 UL 认可。

【型号名称】 UL62、758、Q/JBRE2-91

UL 认可号	类　别	电压额定值(V)	温度额定值(℃)	用　　途
E　117674	AWM1007 AWM1095	300 300	80 80	机内连线
E　109819	AWM1015 AWM1032 AWM1617	600 1 000 600	105	
	AWM1642			

（续）

UL 认可号	类　别	电压额定值(V)	温度额定值(℃)	用　　途
E　117674	AWM1618	300	80	双层绝缘电线
E　117674	AWM2468			带状电线
E　117674	AWM2468C			彩色带状电线
E　117674	AWM2468P			间距式带状电线
	AWM1185			一芯屏蔽护套线
	AWM2405	600		二芯屏蔽护套线
	AWM2127	600	105	二芯屏蔽护套线
	AWM2128			三芯屏蔽护套线
	AWM2129			四芯屏蔽护套线
	AWM 2481	300	105	二芯屏蔽护套线
	AWM 2482			三芯屏蔽护套线
	AWM 2483			四芯屏蔽护套线
	AWM3239	20 000～50 000 (DC)	105	电视机用高压电线
E　109822	SPT	300	60(75、90、105)	聚氯乙烯电源软线真空除尘器用(非耐油)重载供电用
	SVT	600		
E　109822	SJT	600		
E　109821	J、TW、THW THWN、THHW THHN OR THWN	600	60、75、90	建筑物用电线
E　117676	FXT	125 300	60	圣诞树电线
E　119496	XT CXT CLOCK CORD	125 300	60	圣诞树和时钟电线软线
	CSVW 105	300	105	电视机消磁线圈用电线
	CSVB CSVB	300	80	电视机用 300 Ω 带状馈线
	CSGV CSGV105		70 105	圆形软线
	AVRD	300	80	带状电线
	异 AWM 1007	300	80	机内连线
	1015	600	105	
	仿 AWM 1672	300	105	双层绝缘电线
	仿 AWM 2405	300	105	三芯屏蔽护套线

注：上述表格，摘自产地③ 70 产品目录。

(8) 程控交换机用聚氯乙烯绝缘电线

【用途】 本电线为上海贝尔电话设备制造有限公司配套,适用于数字程控电话交换机及其他类似电器装置的内部连接。

【产品标准】 Q/JBRE 15－16－91。

型 号	名 称
RV－CK－Ⅰ、Ⅱ	铜芯聚氯乙烯绝缘连接软线
RVV－CK－Ⅰ	铜芯聚氯乙烯绝缘及护套连接软线
BV－CK－Ⅰ	铜芯聚氯乙烯绝缘固定敷设电线
BVV－CK－Ⅰ	铜芯聚氯乙烯绝缘及护套固定敷设电线
AV－CK－Ⅱ	铜芯聚氯乙烯绝缘安装电线
AVR－CK－Ⅱ	铜芯聚氯乙烯绝缘安装软电线

注:Ⅱ型采用半硬聚氯乙烯绝缘。

【规格】

型号	电压 (V)	标称 截面 (mm^2)	规格	绝缘 厚度 (mm)	护套 厚度 (mm)	电线最 大外径 (mm)	参考 重量 (kg/km)
RV－CK－Ⅰ	300/500		24/0.2 32/0.2	0.5 0.5		2.3 2.6	11.08 13.74
	450/750		48/0.2 49/0.26 77/0.26 304/0.37	0.7 0.8 0.7 1.2		3.5 4.2 4.8 12.5	21.63 36.68 53.84 378.5
	450/750		7/0.52	0.7		3.5	21.15
RVV－CK－Ⅰ	300/500		3×32/0.2 3×48/0.2 3×77/0.2 4×32/0.2 5×24/0.2	0.6 0.7 0.8 0.6 0.6	0.8 0.9 1.1 0.9 0.9	8.4 9.8 12.0 9.4 9.6	78.11 111 183.8 98.72 101.1
BVV－CK－Ⅰ	600/1 000		7/1.7 19/2.5	1.1 1.6	1.4 1.6	11.1 21.1	234.9 1 125
AVR－CK－Ⅱ AV－CK－Ⅱ AVR－CK－Ⅱ	300/300	0.2 0.3 0.45	7/0.2 1/0.6 14/0.2	>0.33 >0.33 >0.455		1.4 1.4 1.9	3.28 3.77 6.87
RV－CK－Ⅱ	450/750	1.5 4.0 10 16	48/0.2 49/0.32 133/0.31 133/0.39	0.8 0.9 1.0 1.2		3.4 4.8 6.8 8.7	22.58 54.04 123.4 194.5

(9) 聚氯乙烯绝缘通信用安装电线

【用途】 适用于交流额定电压 250 V 及以下电话交换机、铁道通信设备、无线电设备、仪器、仪表自动化装置及汽车拖拉机等低压系统。

产品标准	企业标准
型　号	名　称
ATV-1	聚氯乙烯绝缘单色通信安装电线
ATV-2	聚氯乙烯绝缘彩色通信安装电线
ATVS-1	聚氯乙烯绝缘单色绞型通信安装电线
ATVS-2	聚氯乙烯绝缘彩色绞型通信安装电线

ATV-1

ATVS-2

【规格尺寸】

型　号	标称截面 (mm^2)	规格	绝缘厚度 (mm)	电线最大外径(mm)	重量 (kg/km)
ATV-1、ATV-2	0.03	1/0.2	0.25	0.8	0.8
	0.06	1/0.2		0.9	1.27
	0.08	1/0.32		0.92	1.6
	0.12	1/0.4		1.0	1.88
	0.20	1/0.5	0.3	1.3	2.86
	0.30	1/0.6	0.35	1.5	4.05
	0.40	1/0.7	0.40	1.7	5.44
	0.50	1/0.8	0.45	1.9	7.07
ATVS-1、ATVS-2	0.03	2×1/0.2	0.7	1.6	1.63
	0.06	2×1/0.3	0.8	1.8	2.59
	0.08	2×1/0.32	0.82	1.82	2.84
	0.12	2×1/0.4	0.9	2.0	3.9
	0.20	2×1/0.5	1.1	2.6	5.92
	0.30	2×1/0.6	1.3	3.0	8.4
	0.40	2×1/0.7	1.5	3.4	11.27
	0.50	2×1/0.8	1.7	3.8	14.57

注：绝缘颜色与 IEC 出版物 304《低频电缆和电线聚氯乙烯绝缘的标准色》中所示的标准色一致。

(10) 耐聚苯乙烯无毒聚氯乙烯绝缘电线(冰箱线)

【用途】 适用于交流额定电压 300 V 及以下各种类型的电冰箱、食品机械等电器设备，电线允许工作温度为－20～＋75 ℃。

产品标准：Q/JBRE7-91

【规格】

型　号	标称截面 (mm²)	规　格	绝缘厚度 (mm)	电线最大外径(mm)	参考重量 (kg/km)
PS-HVSF	0.5 0.75	20/0.18 30/0.18	0.8	2.7 2.9	10.87 13.99

4. 电 能 表

(1) 三相电能表

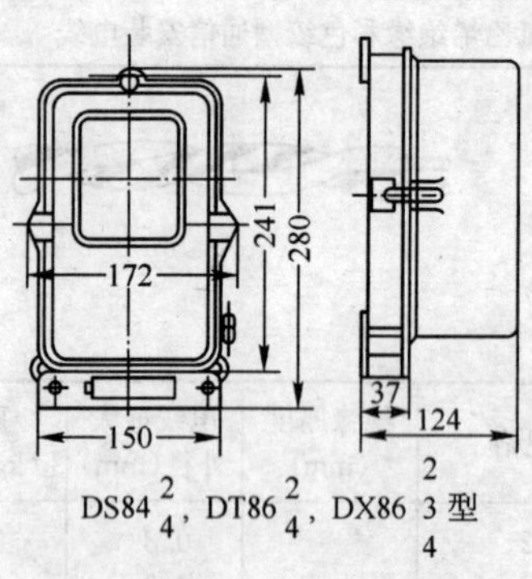

DS84 2/4，DT86 2/4，DX86 2/3/4 型

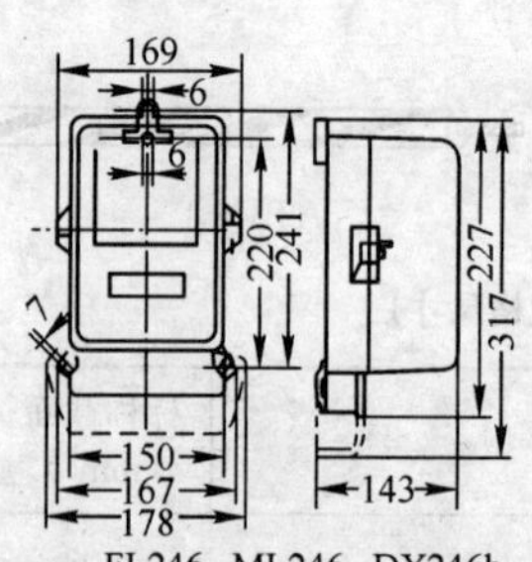

FL246、ML246、DX246b 型(胶木外壳)

【规格】

型　号	名　称	准确度/级	额定电压(V)	标定电流(最大电流)(A)	生产厂家
DS862-2	三相三线有功电能表	2.0	100、380	3(6)	△5 32
DS862-4			380	5(20)、10(40) 1.5(60)、30(100)	
DS35③		0.5	100	5	
DS38②		0.5	100	5(6)	
FL246 (DS246)①		1.0 1.0 1.0	100 220 380	0.3(1.2)、1.5(6) 0.5(2) 2.5(10)	
AN31R③		0.5 1.0	100	5(6)	
AS31③	三相三线无功电能表	2.0	100	5(6)	

（续）

型　号	名　称	准确度/级	额定电压(V)	标定电流(最大电流)(A)	生产厂家
ML246[①] (DT246)	三相四线有功电能表	1.0	100/57.7 200/127 380/220	0.3(1.2) 1.5(6.0) 0.5(2.0) 2.5(10)	△5 32
DX246b[②]	三相无功电能表	2.0	100 220 380	0.3(1.2) 0.5(2.0) 0.6(2.4) 1.5(6.0) 2.5(10)	

注：① 引进瑞士兰迪斯·盖尔公司技术和设备生产的产品。
② 引进技术基础上开发派生的产品。
③ 引进日本大崎电气工业株式会社技术和设备生产的产品。

(2) DDF502 型单相多费率电能表(GB/T 15284—2002)

【用途】 按白天、晚上不同的单价计算电费。

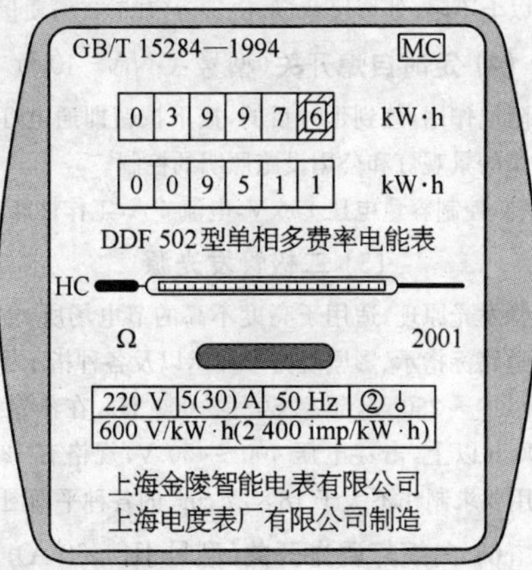

① 接入线路方式和测量电能类别表。

接入线路方式	单　相	三相三线	三相四线
直接接入式	有功或/和无功	有功或/和无功	有功或/和无功
经互感器接入式	有功或/和无功	有功或/和无功	有功或/和无功

② 多费率电能表电压范围。

规定的工作范围	0.9～1.1 Un
极限工作范围	0～1.15 Un

③ 分类：按结构型式分。

(a) 整体式多费率电能表。

(b) 分体式多费率电能表。

5. 节电开关

(1) 节电自动控制器(型号 JDK－1)

【用途】 适用于工矿企业、机关学校等，对供电线路作定时供电及控制光线强弱之用。

【性能】 双重控制“时”、“光”，进行送电、断电，通、断周期可在24小时内任选。光控范围在50 Ix以内。

(2) 自动关灯器(型号：ZG－1)

【用途】 适用于厕所、走廊等公共场所，开灯后延时自动关灯。

【性能】 电源电压220 V，输出触点电流0.24 A，延时时间10 s～15 mim。

(3) 路灯自动控制器(型号：LK－1)

【用途】 天黑自动开灯，天亮自动关灯，并能根据天气晴、阴调节开灯时间，适用于路灯、航标等场域使用。

【性能】 电源电压220 V，稳定电流15 A，(相当于30个100 W灯泡)；光控范围＜30 Ix，工作时间24 h以上不限，外形尺寸(mm)175×125×90，质量1.2 kg。

(4) 定时自熄开关(型号：GNA－40 J)

【用途】 利用空气阻尼作用，达到延时目的，按下按钮即通电灯亮，经过预定时间后电灯熄灭。适用于各种建筑的景观灯和公用设施照明的控制。

【性能】 延时三分钟，控制容量电压250 V，电流4 A，工作性能，连续工作。

(5) 二极管发光源

【用途】 利用二极管发光原理，适用于亮度不高的节电场所，主要用于字符显示，仪表刻度照明、暗室照明，坑道路标指示、影剧院排号显示以及各种指示标志。

【性能】 额定电压110～250 V，频率50～2 000 Hz，在额定条件下，消耗功率2～3 mW/cm^2，寿命为5 000 h以上，击穿电压400～450 V，规格有12×4.12×15、14×20、15×9 cm^2，并可根据使用要求制作不大于18×27 cm^{2}的各种平面图形字符的发光源。

(6) 白炽灯调光开关(型号 JK－60 A)

【用途】 用于室内60 W以下白炽灯调光。

【性能】 额定电压220 V，额定电流小于0.25 A，在40 ℃环境中，配用60 W灯泡连续工作6 h，开关内装二极管耐压≥400 V。

6. 小型断路器

断路器又名熔断器，主要作用是作短路保护。当通过熔断器的电流大于规定值时，以其自身产生的热量使熔体(俗称保险丝)熔化而自动分断电路。常用有：①RC1A插入式，分瓷座、瓷盖，瓷座中装有静触头，瓷盖中装有动触头及熔丝，额定电流(A)5、10、15、30、60、100、200。熔丝直径分别为(mm)0.98、1.51、1.98、3.14、4.91，熔丝化学成分：铅≥98%，锑0.3%～1.5%，杂质总量≤1.5%。②RL1螺旋式熔断器，额定电流(A)15、60、100、

200。③RM10 无填料封闭管式熔断器，额定电流(A)15、60、100、200、350、600、1 000，国内出口十强企业引进国外先进技术，开发了新型的小型断路器，将其主要用途和技术参数介绍如下。

(1) LEB7－63 小型断路器

【用途】 主要用于工业、商业、高层建筑和民用住宅等，电性能为额定工作电压 230～400 V，交流 50 Hz 额定电流 63 A 及以下，额定运行短路分断能力不超过 6 000 A 或 10 000 A 的配电线路中，作为过载、短路保护用 LEB7G－63，超线路过压保护作用。

【技术参数】

<table>
<tr><th>额定工作电压(V)</th><th>极数</th><th>额定电流(A)</th><th>额定短路电流(A)</th><th>瞬时动作保护特性(In)</th><th>频率</th><th>短路保护动作时间(s)</th><th>机电寿命</th></tr>
<tr><td rowspan="6">230/400</td><td rowspan="6">1 P、2 P、3 P、4 P</td><td>6、10、16、20、25、32、40</td><td>10 000</td><td rowspan="2">3～5</td><td rowspan="6">50/60 Hz</td><td rowspan="6"><0.1</td><td rowspan="6">机械寿命 20 000 次
电寿命 6 000次</td></tr>
<tr><td>50、63</td><td>6 000</td></tr>
<tr><td>6、10、16、20</td><td>10 000</td><td rowspan="2">5～10</td></tr>
<tr><td>25、32、40、50、63</td><td>6 000</td></tr>
<tr><td>6、10、16、20、25、32、40</td><td>10 000</td><td rowspan="2">10～20</td></tr>
<tr><td>50、63</td><td>6 000</td></tr>
</table>

产地：△40

(2) LEB71－40 小型断路器

【用途】 主要应用于民用建筑如写字楼、酒店、商场等终端出现回路等场合，特别适用于家庭住宅中的照明与插座的回路保护，中线断开更加安全可靠。本系列断路器可对电气线路的过载与断路起保护作用。

【主要优点】

优　　点	指标与效果
相线＋中线	采用“相线＋中线”技术，具有 3 级分流特性
高分断能力	额定分段电流达到 6 000 A
结构紧凑	仅相当于普通 1P 断路器，额定工作电流 40 A
独立的指示位置	可判断触头工作状态
高可靠性	相线和中线同时分开，提升系统对人体的安全性
快速闭合技术，灭弧能力	大大提高断路器的电气寿命

【技术参数】

符合标准	IEC60898　GB 10963.1
额定电压(Uc)	230 V、50/60 Hz
额定电流(In)	6、10、16、20、25、32、40 A
额定分析能力(Icn)	6 000 A
脱扣特性	C 曲线
最大可接熔断器	最大 100 AgL/Gg(>6 000 A)
选择性级别	3
工作温度(℃)	−5～40
防护等级(1P)	1P40
寿命(次)	不小于 8 000 次通断动作

产地:△17

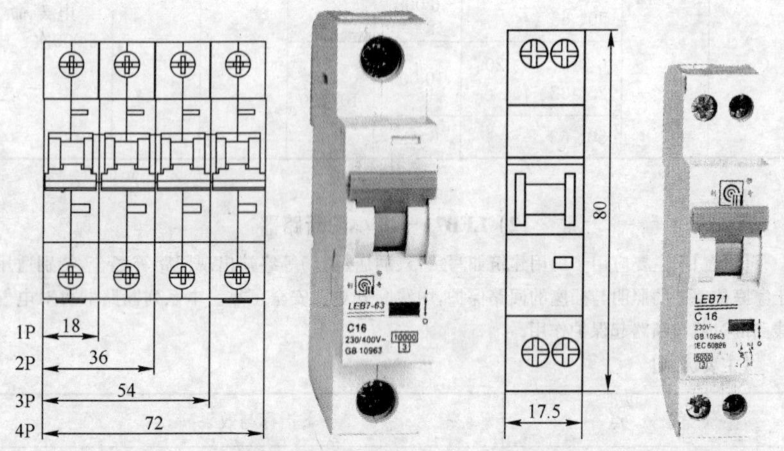

LEB7－63 小型断路器　　　LEB71－40 小型断路器

(3) LEB7H－125 高分断小型断路器

【用途】 主要用于交流 50 Hz,额定工作电压 230 V/400 V、额定电流至 125 A 及以下、额定运行短路分断能力不超过 20 000 A 的配电线路中作为过载、短路保护作用。亦可作为线路不频繁通断操作与转换之用。本断路器主要用于工业、商业、高层建筑和民用住宅等各种场所。

【技术参数】

额定工作电压(V)	极数	额定电流(A)	瞬时动作保护特性(In)	频率	短路保护动作时间(s)	机电寿命
230/400	1 P、2 P、3 P、4 P	50、63、80、100、125	5～10	50/60 Hz	＜0.1	机电寿命 20 000 次 电寿命 6 000次
		50、63、80、100、125	10～20			

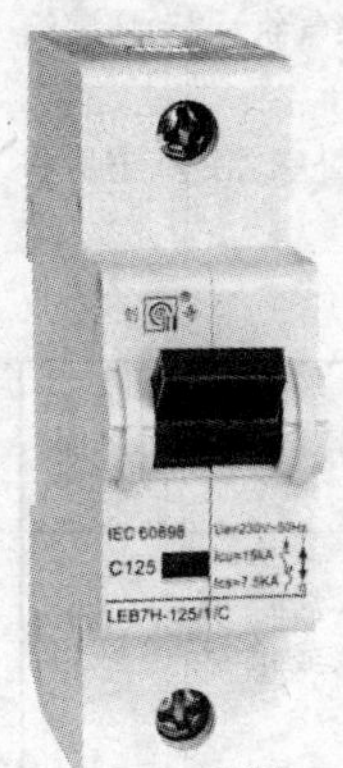

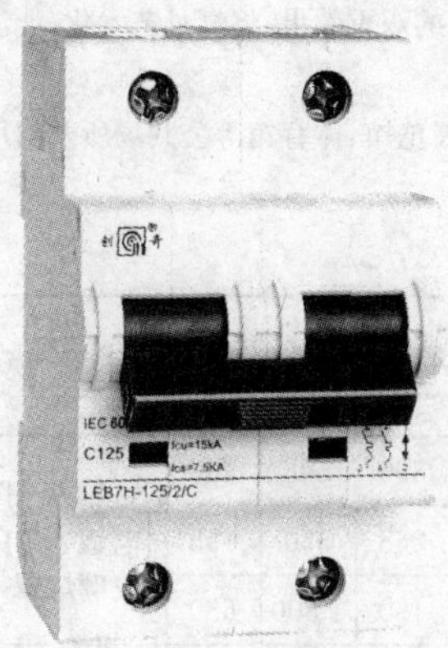

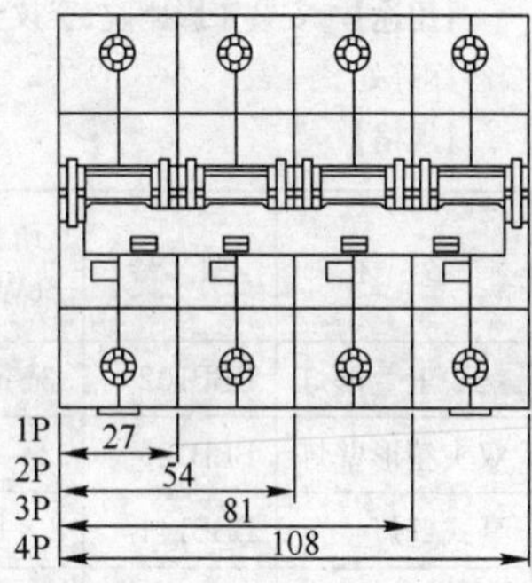

LEB7H－125 小型断路器外形图

7. 装饰灯具

(1) LED 庭院灯

以大功率 LED 为光源，利用透镜，使光线均匀透散、节能高效、高亮度。并有欧式、仿古等多种式样供选择、适用于庭院、小区、主题公园、旅游景区等场所。

【技术参数】

工作电压(V)	AC220	使用寿命(h)	≥50 000
工作频率	50～60(Hz)	工作温度(℃)	40～80
产品颜色	白色	防水等级	1P65

(2) LED 水晶射灯

该系列产品采用优质 LED 光源，内置微电脑芯片，可实现红、黄、蓝、绿、白等七彩渐变，七彩跳变等多种效果。通过优质水晶透镜，色彩呈现更加绚烂，双耳弹簧卡条，使安装更加便捷，被广泛应用于商场、酒店、展馆等场所的装饰照明。

【技术参数】

产品名称	工作电压 (V)	工作频率	产品功率 (W)	使用寿命 (h)	工作温度 (℃)
单色射灯	AC 220 V	50～60 Hz	0.35～1.35	≥50 000	40～60
七彩射灯	AC 220 V	50～60 Hz	0.5～0.9	≥50 000	40～60
单色食人鱼射灯	AC 220 V	50～60 Hz	0.6～1.0	≥50 000	40～60

注：AC—表示直流电。 产地：△5 5、△5 18

(3) 壁 灯

壁灯是小型灯具，起到照明兼装饰的双重效果，将灯具艺术化，能渲染气氛，调动情感给人一种华丽高雅的情操。

【用途】 安装于影剧院、会议室、展览馆、体育馆等公共场所及门厅、卧室、浴室、书房和会客厅等处。

【规格】

名 称	型 号	功率 (W)	外形尺寸(mm)			说 明	产地
			D	H	B		
三头玉兰壁灯	BBB102	3～60	390	608	280	钢板灯架，烤漆或电镀、乳白色或磨砂玻璃灯罩	△5 30
双头笙形壁灯	BBB120	2～60	268	350	155		
亭式壁灯	BBB144	2～100	480	1 300	630		
单叉波纹方座壁灯	JXB68 - 1	1～100	160	260	250	灯架，灯托钢质，底座表面是压塑装饰板，乳白色或彩色玻璃罩	△5 35

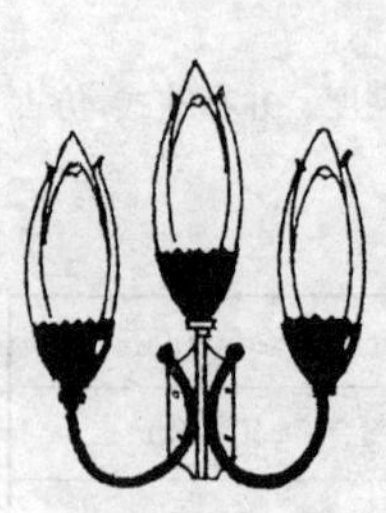
三头玉兰壁灯

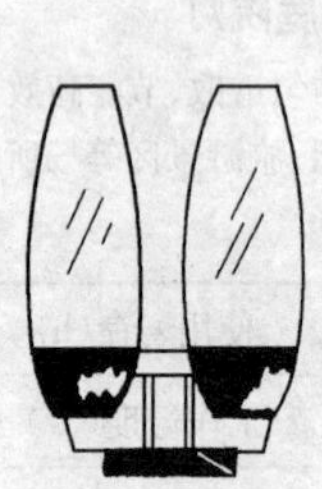
双头笙形壁灯

亭式壁灯

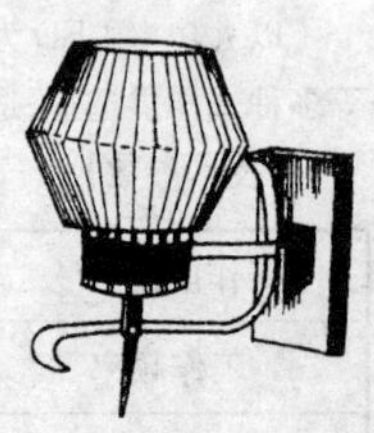
单叉波纹方座壁灯

(4) 吊 灯

吊灯具有照明及装饰功能，通常悬挂在房顶或天花板上，能美化空间，给人一种华丽高雅的感觉。吊灯挂点必须牢固，吊灯造型、大小必须与室内装饰布局相匹配和匀称，吊灯要有一种轻巧和谐的美感，一看就平添舒适，因此选择吊灯一定要注重造型，不宜臃肿笨重而产生压抑感。大型吊灯有各异的造型风格和特色，如皇冠水晶吊灯、七彩水晶宫灯、垂帘大型宫灯、蜡烛水晶吊灯、菱锥形罩花灯、晶杯罩花灯、玉兰罩吊灯以及橄榄罩吊灯等。

豪华水晶吊灯支架用精铜镀金，再镶上各种形状的水晶玻璃制品，有的还在水晶玻璃制品的一面，利用静电喷涂，经高温处理变成七彩颜色、娇艳夺目，美不胜收。

【用途】 吊灯一般用在宾馆、饭店大厅、宴会厅、影剧院、会堂、机场候机室、贵宾厅及体育馆建筑的门厅、会议室等。

【规格】

名　称	型　号	功率(W)	外形尺寸(mm)		说　明	产地
			宽	高		
菱锥形罩花灯	HBB210	6～60	940	1 200	灯架用钢管 灯托用钢板 表面镀铬 乳白色灯罩	
晶杯罩花灯	HKB211	13～100	2 000	2 500	材料用钢板钢管，表面涂漆	△5 30 △5 35
玉兰罩吊灯	HBB202	36～60	1 940	2 350		
橄榄罩吊灯	HKB205-1 HKB205-2 HKB205-3 HKB205-4	3～40 5～40 7～40 9～40	810 810 810 810	800 800 800 800	钢管灯架、钢板灯托、表面镀铬、乳白灯罩	

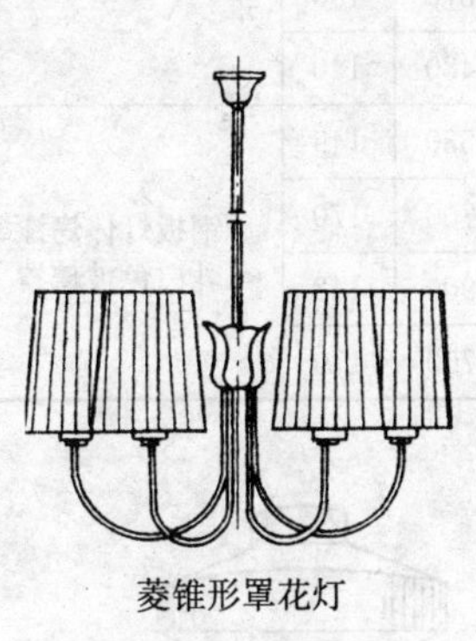
菱锥形罩花灯

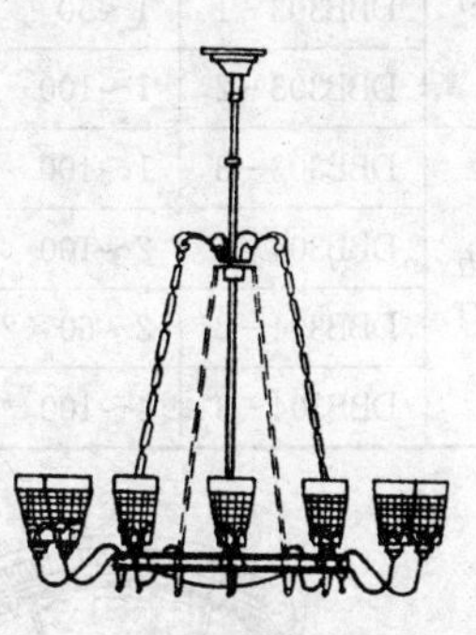
晶杯罩花灯

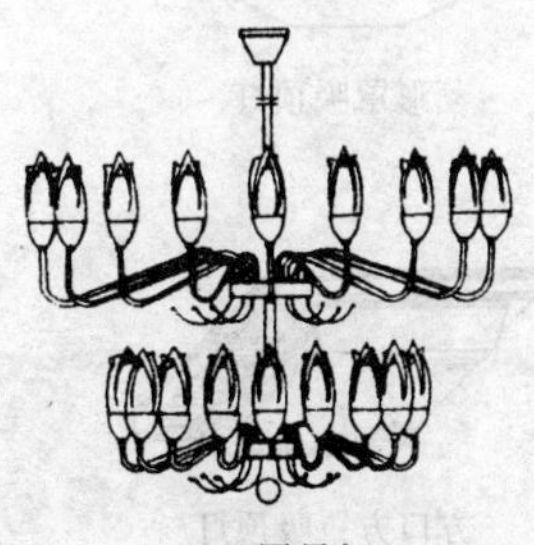
玉兰罩吊灯

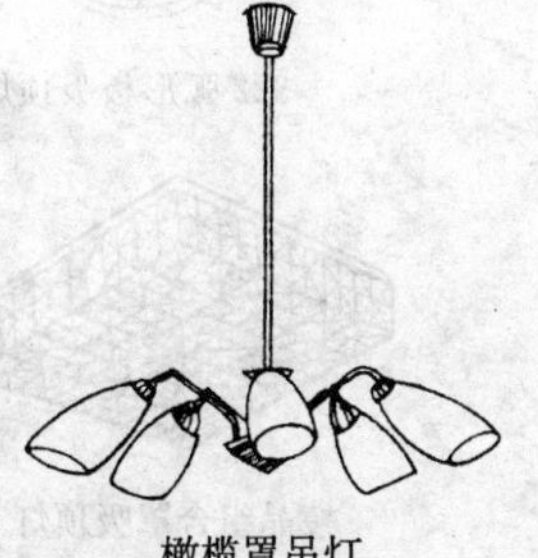
橄榄罩吊灯

(5) 吸 顶 灯

吸顶灯是现代建筑，室内豪华装饰广泛采用的照明灯具，嵌入居室顶部，仿佛是居室内的一颗夜明珠，清新优雅，富丽堂皇。

吸顶灯造型别致，做工精巧，品种繁多，美观大方，其外形有方形、圆形单体和组合多种形式，表面有仿金电镀、清漆封闭或烤漆，分别配用各种式样的灯罩或水晶玻璃装饰品。

【用途】 吸顶灯多用于门厅、走廊、办公室、会议室、家庭会客室、书房、居室，影剧院、体育馆、展览馆等处，同时满足照明兼装饰两个功能。

【规格】

名称	型 号	功率(W)	外形尺寸(mm)			说 明	产地
			B	*L*	*H*		
322弧形板吸顶灯	D323-1			ϕ462			
菱形罩吸顶灯	BBB313e	1～60	B300		194	灯体钢板烤漆乳白色玻璃灯罩	
棱晶组合形吸顶灯	QXD4-1	1～30	400	400	100	有机玻璃灯座及灯罩	
	QXD4-2	1～30	480	480	100		
方口方罩吸顶灯	DBB302-1	1～200×3	265	896	250	钢板灯体烤漆，乳白色玻璃罩	△5 30 △5 35
	DBB302-2	2～200×3	645	896	250		
	DBB303-1	1～60	370	370	150		
	DBB303-2	1～100	480	480	140		
方口方罩吸顶灯	DBB303-3	1～100	530	530	149	钢板灯体烤漆乳白色玻璃罩	
	DBB304-1	2～100	343	700	170		
	DBB304-2	2～60×2	443	900	142		
	DBB304-3	4～100	700	700	170		

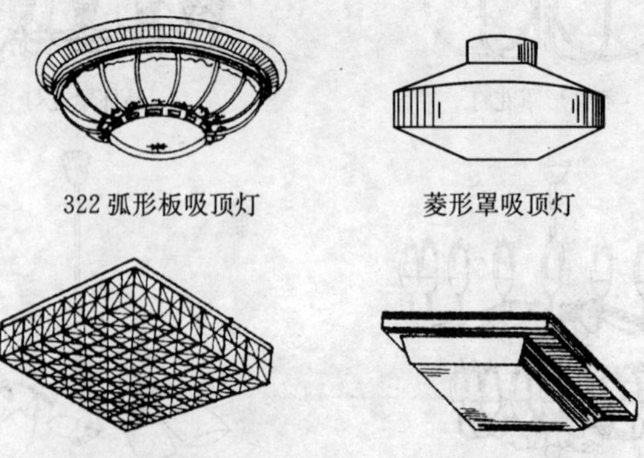

322弧形板吸顶灯　　菱形罩吸顶灯

棱晶组合罩吸顶灯　　方口方罩吸顶灯

8. 电工辅助材料—绝缘胶带

(1) 1500 通用型 PVC 绝缘胶带

【用途】 是电工行业黑胶布的最佳替代品，是做电线绝缘、防潮等工作的好帮手。

【规格】

颜色	彩色
厚度(mm)	0.127(5 mil)
介质强度(V/mil)	>1 000
断裂伸长率(%)	150
黏力(g/mm)	20.1
抗张强度(g/mm)	250
使用温度(℃)	最高 80

(2) 1700 优质型 PVC 绝缘胶带

【用途】 本胶带具有优良的阻燃性和柔软性，电解腐蚀系数为 1 的特纯胶黏剂，使它成为彩色电视机消磁线圈及其他线束捆扎绝缘材料的最佳选择。

【规格】

颜色	黑色
厚度(mm)	178(7 mil)
介质强度(V/mil)	>1 000
断裂伸长率(%)	200
黏力(g/mm)	26.8
抗张强度(g/mm)	304
阻燃性	通过 UL510(1 Sec)
使用温度(℃)	80

产地：△24

9. 国家标准 GB/T 5023.3—2008/IEC 60227—3：1997 固定布线用无护套电缆

(1) 一般用途单芯硬导体无护套电缆

型号：60227 IEC 01(BV)。

额定电压：450/750 V。

60227 IEC 01(BV)型电缆的综合数据

导体标称截面积(mm^2)	导体种类	绝缘厚度规定值(mm)	平均外径(mm)		70 ℃时最小绝缘电阻(MΩ·km)
			下限	上限	
1.5	1	0.7	2.6	3.2	0.011

(续)

导体标称截面积(mm²)	导体种类	绝缘厚度规定值(mm)	平均外径(mm)		70 ℃时最小绝缘电阻(MΩ·km)
			下限	上限	
1.5	2	0.7	2.7	3.3	0.010
2.5	1	0.8	3.2	3.9	0.010
2.5	2	0.8	3.3	4.0	0.009
4	1	0.8	3.6	4.4	0.008 5
4	2	0.8	3.8	4.6	0.007 7
6	1	0.8	4.1	5.0	0.007 0
6	2	0.8	4.3	5.2	0.006 5
10	1	1.0	5.3	6.4	0.007 0
10	2	1.0	5.6	6.7	0.006 5
16	2	1.0	6.4	7.8	0.005 0
25	2	1.2	8.1	9.7	0.005 0
35	2	1.2	9.0	10.9	0.004 3
50	2	1.4	10.6	12.8	0.004 3
70	2	1.4	12.1	14.6	0.003 5
95	2	1.6	14.1	17.1	0.003 5
120	2	1.6	15.6	18.8	0.003 2
150	2	1.8	17.3	20.9	0.003 2
185	2	2.0	19.3	23.3	0.003 2
240	2	2.2	22.0	26.6	0.003 2
300	2	2.4	24.5	29.6	0.003 0
400	2	2.6	27.5	33.2	0.002 8

使用导则：在正常使用时，导体最高温度 70 ℃。

(2) 一般用途单芯软导体无护套电缆

型号：60227 IEC 02(RV)。

额定电压：450/750 V。

60227 IEC 02(RV)型电缆综合数据

导体标称截面积(mm²)	绝缘厚度规定值(mm)	平均外径(mm)		70 ℃时最小绝缘电阻(MΩ·km)
		下限	上限	
1.5	0.7	2.8	3.4	0.010
2.5	0.8	3.4	4.1	0.009
4	0.8	3.9	4.8	0.007
6	0.8	4.4	5.3	0.006
10	1.0	5.7	6.8	0.005 6
16	1.0	6.7	8.1	0.004 6

（续）

导体标称截面积(mm²)	绝缘厚度规定值(mm)	平均外径(mm)		70 ℃时最小绝缘电阻(MΩ·km)
		下限	上限	
25	1.2	8.4	10.2	0.004 4
35	1.2	9.7	11.7	0.003 8
50	1.4	11.5	13.9	0.003 7
70	1.4	13.2	16.0	0.003 2
95	1.6	15.1	18.2	0.003 2
120	1.6	16.7	20.2	0.002 9
150	1.8	18.6	22.5	0.002 9
185	2.0	20.6	24.9	0.002 9
240	2.2	23.5	28.4	0.002 8

使用导则：在正常使用时，导体最高温度为 70 ℃。

(3) 内部布线用导体温度为 70 ℃的单芯实心导体无护套电缆

型号：60227 IEC 05(BV)。

额定电压：300/500 V。

60227 IEC 05(BV)型电缆综合数据

导体标称截面积(mm²)	绝缘厚度规定值(mm)	平均外径(mm)		70 ℃时最小绝缘电阻(MΩ·km)
		下限	上限	
0.5	0.6	1.9	2.3	0.015
0.75	0.6	2.1	2.5	0.012
1	0.6	2.2	2.7	0.011

使用导则：在正常使用时，导体最高温度为 70 ℃。

(4) 内部布线用导体温度为 70 ℃的单芯软导体无护套电缆

型号：60227 IEC 06(RV)。

额定电压：300/500 V。

60227 IEC 06(RV)型电缆的综合数据

导体标称截面积(mm²)	绝缘厚度规定值(mm)	平均外径(mm)		70 ℃时最小绝缘电阻(MΩ·km)
		下限	上限	
0.5	0.6	2.1	2.5	0.013
0.75	0.6	2.2	2.7	0.011
1	0.6	2.4	2.8	0.010

使用导则：在正常使用时，导体最高温度为 70 ℃。

(5) 内部布线用导体温度为 90 ℃的单芯实心导体无护套电缆

型号:60227 IEC 07(BV-90)。

额定电压:300/500 V。

60227 IEC 07(BV-90)型电缆的综合数据

导体标称截面积(mm^2)	绝缘厚度规定值(mm)	平均外径(mm)		90 ℃时最小绝缘电阻(MΩ·km)
		下限	上限	
0.5	0.6	2.1	2.5	0.013
0.75	0.6	2.2	2.7	0.012
1	0.6	2.4	2.8	0.010
1.5	0.7	2.8	3.4	0.009
2.5	0.8	3.4	4.1	0.009

使用导则:在正常使用时,导体最高温度为 90 ℃。

(6) 内部布线用导体温度为 90 ℃的单芯软导体无护套电缆

型号:60227 IEC 08(RV-90)。

额定电压:300/500 V。

60227 IEC 08(RV-90)型电缆综合数据

导体标称截面积(mm^2)	绝缘厚度规定值(mm)	平均外径(mm)		90 ℃时最小绝缘电阻(MΩ·km)
		下限	上限	
0.5	0.6	1.9	2.3	0.015
0.75	0.6	2.1	2.5	0.013
1	0.6	2.2	2.7	0.012
1.5	0.7	2.6	3.2	0.011
2.5	0.8	3.2	3.9	0.009

使用导则:在正常使用时,导体最高温度为 90 ℃。

在电缆的使用环境可防止热塑流动和允许减小绝缘电阻的情况下,能连续在 90 ℃使用的 PVC 混合物,在缩短总工作时间的前提下,其工作温度可提高至 105 ℃。

10. 国家标准 GB/T 5023.4—2008/IEC60277.4:1997 固定布线用护套电缆

额定电压:450/750 V 及以下。

轻型聚氯乙烯护套电缆

型号:60277 IEC 10(BVV)。

额定电压:300/500 V。

使用导则:正常使用时,导体最高温度 70 ℃。

60277 IEC 10(BVV)型电缆综合数据

导体芯数和标称截面积(mm^2)	导体种类	绝缘厚度规定值(mm)	内护层厚度近似值(mm)	护套厚度规定值(mm)	平均外径(mm)		70 ℃时最小绝缘电阻(MΩ·km)
					下限	上限	
2×1.5	1	0.7	0.4	1.2	7.6	10.0	0.011
	2	0.7	0.4	1.2	7.8	10.5	0.010
2×2.5	1	0.8	0.4	1.2	8.6	11.5	0.010
	2	0.8	0.4	1.2	9.0	12.0	0.009
2×4	1	0.8	0.4	1.2	9.6	12.5	0.008 5
	2	0.8	0.4	1.2	10.0	13.0	0.007 7
2×6	1	0.8	0.4	1.2	10.5	13.5	0.007 0
	2	0.8	0.4	1.2	11.0	14.0	0.006 5
2×10	1	1.0	0.6	1.4	13.0	16.5	0.007 0
	2	1.0	0.6	1.4	13.5	17.5	0.006 5
2×16	2	1.0	0.6	1.4	15.5	20.0	0.005 2
2×25	2	1.2	0.8	1.4	18.5	24.0	0.005 0
2×35	2	1.2	1.0	1.6	21.0	27.5	0.004 4
3×1.5	1	0.7	0.4	1.2	8.0	10.5	0.011
	2	0.7	0.4	1.2	8.2	11.0	0.010
3×2.5	1	0.8	0.4	1.2	9.2	12.0	0.010
	2	0.8	0.4	1.2	9.4	12.5	0.009
3×4	1	0.8	0.4	1.2	10.0	13.0	0.008 5
	2	0.8	0.4	1.2	10.5	13.5	0.007 7
3×6	1	0.8	0.4	1.4	11.5	14.5	0.007 0
	2	0.8	0.4	1.4	12.0	15.5	0.006 5
3×10	1	1.0	0.6	1.4	14.0	17.5	0.007 0
	2	1.0	0.6	1.4	14.5	19.0	0.006 5
3×16	2	1.0	0.8	1.4	16.5	21.5	0.005 2
3×25	2	1.2	0.8	1.6	20.5	26.0	0.005 0
3×35	2	1.2	1.0	1.6	22.0	29.0	0.004 4
4×1.5	1	0.7	0.4	1.2	8.6	11.5	0.011
	2	0.7	0.4	1.2	9.0	12.0	0.010
4×2.5	1	0.8	0.4	1.2	10.0	13.0	0.010
	2	0.8	0.4	1.2	10.0	13.5	0.009
4×4	1	0.8	0.4	1.4	11.5	14.5	0.008 5
	2	0.8	0.4	1.4	12.0	15.0	0.007 7
4×6	1	0.8	0.6	1.4	12.5	16.0	0.007 0
	2	0.8	0.6	1.4	13.0	17.0	0.006 5
4×10	1	1.0	0.6	1.4	15.5	19.0	0.007 0
	2	1.0	0.6	1.4	16.0	20.5	0.006 5
4×16	2	1.0	0.8	1.4	18.0	23.5	0.005 2

(续)

导体芯数和标称截面积（mm²）	导体种类	绝缘厚度规定值（mm）	内护层厚度近似值（mm）	护套厚度规定值（mm）	平均外径（mm）		70 ℃时最小绝缘电阻（MΩ·km）
					下限	上限	
4×25	2	1.2	1.0	1.6	22.5	28.5	0.005 0
4×35	2	1.2	1.0	1.6	24.5	32.0	0.004 4
5×1.5	1	0.7	0.4	1.2	9.4	12.0	0.011
	2	0.7	0.4	1.2	9.8	12.5	0.010
5×2.5	1	0.8	0.4	1.2	11.0	14.0	0.010
	2	0.8	0.4	1.2	11.0	14.5	0.009
5×4	1	0.8	0.6	1.4	12.5	16.0	0.008 5
	2	0.8	0.6	1.4	13.0	17.0	0.007 7
5×6	1	0.8	0.6	1.4	13.5	17.5	0.007 0
	2	0.8	0.6	1.4	14.5	18.5	0.006 5
5×10	1	1.0	0.6	1.4	17.0	21.0	0.007 0
	2	1.0	0.6	1.4	17.5	22.0	0.006 5
5×16	2	1.0	0.8	1.6	20.5	26.0	0.005 2
5×25	2	1.2	1.0	1.6	24.5	31.5	0.005 0
5×35	2	1.2	1.2	1.6	27.0	35.0	0.004 4

注：电缆平均外径上下限的计算未遵从 IEC 60719：1992 的规定。

第四十二章　新型厨电卫浴洁具

1. 厨房电气及燃具设备

(1) 吸油烟机

光芒欧式系列油烟机技术参数

名　称 (型号)	电源 (V)	电机 功率 (W)	照明 功率 (W)	标准 风压 (Pa)	最大 风压 (Pa)	风量 (m^3/min)	风口 直径 (mm)	噪声 dB(A)	外形尺寸 (mm)
智・风 CXW-206-56	220 V/ 50 Hz	206	≤2	180	300	15±1	160	(声压级) 52	900×520×580
雅・风 CXW-218-68	220 V/ 50 Hz	218	≤2	180	300	15±1	F160	52	900×500×550
和・风 CXW-228-28p	220 V/ 50 Hz	228	≤2×2	180	300	15±1	160	52	900×560×580
玉晶星 CXW206-06	220 V/ 50 Hz	206	≤2	180	300	15±1	160	52	900×540×620 重量:22 kg
玲珑星 CXW208-56	220 V/ 50 Hz	208	≤6×2	180	300	15±1	160	52	900×500×560 重量:24kg

CXW-206-56　智・风

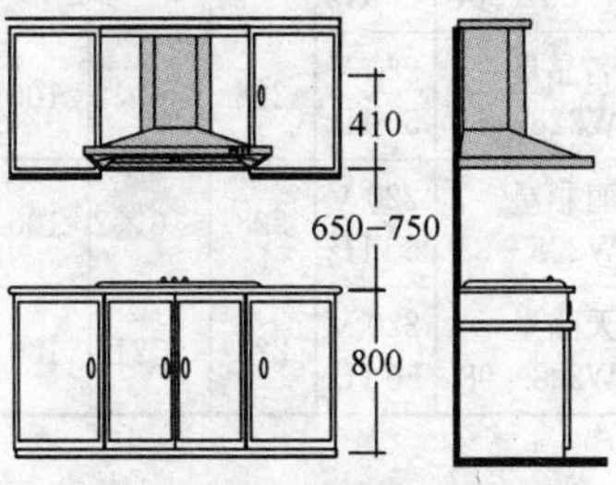

吸油烟机与厨房吊柜标准组合尺寸

CXW-218-68　雅・风

CXW-228-28P　和・风

CXW206-06　玉晶星

CXW208-56　玲珑星

（续）

名　称 （型号）	电源 （V）	电机 功率 （W）	照明 功率 （W）	标准 风压 （Pa）	最大 风压 （Pa）	风量 （m^3/mim）	风口 直径 （mm）	重量 （kg）	外形尺寸及 材质（mm）
黑金星 CXW218-58H	220 V 50 Hz	218	≤6×2	120	—	15±1	100	30	方型油网结构 900×510×540
白洁星 CXW218-58	220V 50 Hz	218	≤6×2	100	—	15±1	160	30	不锈钢与钢化 玻璃结合 900×510×520
钛金星 CXW218-58T	220V 50 Hz	218	≤6×2	100	—	15±1	160	30	钛金光泽 900×530×550
平贵星 CXW218-58	220V 50 Hz	218	≤6×2	100	—	15±1	160	30	平板型玻璃 900×510×540
丽人星 CXW228-28R	220 V 50 Hz	228	≤6×2	100	—	15±1	160	22	不锈钢外表 900×520×550
名晶星 CXW228-68	220 V 50 Hz	228	≤6×2	100	—	15±1	160	22	镀钛玻璃 900×510×560
丽彩星 CXW228-88	220 V 50 Hz	228	≤6×2	100	—	15±1	160	22	优质彩钢板 900×510×560
天晶星 CXW228-98	220 V 50 Hz	228	≤21	100	—	15±1	160	22	900×520×520 无焊缝、焊点

CXW228-68 名晶星
外观端庄大方、超薄型设计，上盖采用镀钛玻璃，光洁耐用，配以弧形面板，铝合金标牌点缀，面板色彩丰富

CXW218-58 平贵星
平板型玻璃，线条简洁流畅，尽显高贵，典雅气派；方型油网结构集油效果好，快卸式油杯拆卸更方便

CXW218－58H 黑金星
方型油网结构集油效果好，快卸式油杯拆卸更方便；烟罩外嵌镀铬装饰圈，款式大方、典雅

CXW228－28B 丽人星
超薄面板结构，造型新颖、大气、富有质感，全不锈钢外表和内腔均采用整体拉伸工艺，无接缝、吸力强、易拆卸、噪音低、无泄漏

CXW228－98 天晶星
外观端庄大方、整体无焊缝、无焊点、无螺钉；亚克力蓝光条装饰，光线柔和，更添浪漫情怀

CXW218－58T 钛金星
烟腔整体拉伸，钛金光泽，流光溢彩，和谐的色彩，完美的玻璃流线，独特延时功能，扫尽剩余油烟

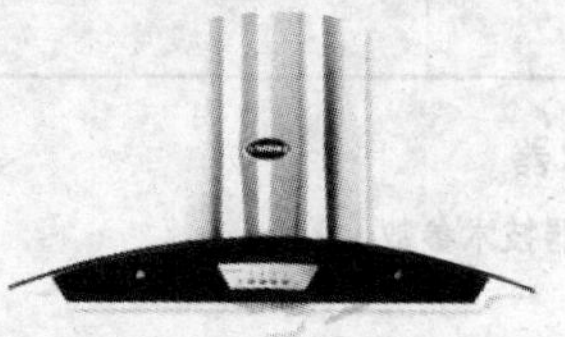

CXW218－58 白洁星
柔和的色彩，完美的玻璃流线形外观，不锈钢与高强度钢化玻璃相结合，极具视觉冲击力；内腔整体拉伸，清洗更方便

CXW228－88 丽彩星
采用优质彩钢精制而成，与现代厨房相配套，尽显高贵、典雅气派；超大风量、低噪音、运转更平稳、更安静

(2) 欧式灶具

聚焦内焰强火新技术

30 年厨卫专家源于对灶具的精心设计理念专业生产灶具的光芒凭借多年的实践经验，技术创新“聚焦内焰强火”技术，具有火力强、加热快的特点，新技术之一是“聚焦式强火”，(一般灶具)燃烧器外焰燃烧，火焰呈外扩散式，当将锅放在火焰上时，火焰呈“外逃”现象，使热量无功消耗。(周灶王Ⅲ)采用聚焦激光燃烧原理，使火焰内聚而产生火焰激光束，使蓝色火焰集中在锅底，火力强劲，功率利用率比普通灶提高 1.5 倍左右。

新技术之二是内燃外置式炉头，(一般灶具)炉头的发火孔呈外露式，外焰燃烧，火苗易随风飘动。热量难以集中，在燃烧过程中易产生黄火、脱火现象，不能完全燃烧，有害气体污染环境。(周灶王Ⅲ)，发火孔采用内置式结构，作内焰燃烧，360°-PLRS全息供氧，上下全进风，充分供氧，强化燃烧，热量集中火力强，燃烧效果好。

新技术之三是“聚焦内焰”强火燃烧新技术，能量释放相当于普通燃烧的1.5倍，在热流量一样的两个炉头上烧等量的一壶水，经温度测试，当水温均达到80℃时，“聚焦内焰强火”燃烧比普通炉燃烧提前三分钟，省时省气，热效率高于国家标准5%以上，确实高效节能。燃烧物中的CO和氮氧化物的PPM浓度是一般灶具的50%，对厨房清洁环境保护有利。

新技术之四是欠电压显示，人性化设计，用合金支架。(一般灶具)发火孔与锅之间的距离通常30～33 mm，锅周边温度，因空气对流而造成热量损失。(周灶王Ⅲ)，引进台湾新技术，锅架采用精密合金铸造，表面用亚光珐琅特殊工艺处理，结构平稳、耐高温，使锅底充分吸收火焰释放的热量。

JZY(T/R)2-GM 2168.ⅢX(周灶王.Ⅲ产品规格)

面板材料	不锈钢/珐琅	热流量	3.8 KW	简　图
炉头	聚焦内燃外置式	点火方式	连续脉冲点火	GM2168-ⅢX 周灶王Ⅲ号(欧式)
火盖	铜合金	通风方式	360°,上下全进风	
炉架	合金铸钢	外形尺寸(mm)	750×450	
阀体	三气兼容	开孔尺寸(mm)	684×403	
熄火保护装置	日本(MIKUNI)			

(3) 电热水器

商务楼中央电热水器技术参数

【用途】 专供商务楼和别墅使用

【产品特点】

① 内胆采用特种加厚材料整体拉伸成型并将特种硅化物采用德国新工艺涂在内外表面上，经900 ℃烘烤后与内胆钢壁熔为一体，形成蓝金刚特护内胆，使水与钢板隔离，具有不生锈，高强度和防氯离子锈蚀的优点，能适应中国不同地区的盐碱、海水和深井水。

② 采用加厚高密度环保型聚氨酯保温层，保温效果好。

③ 防漏电保护。漏电电流达到0.01 A，光芒设计的漏电保护器可在0.1 s内自选切断电源。

④ 超温保护。当水温异常升高时，双极温度保护开关会自动同时切断火线和零线，停止加热。保障使用安全。

⑤ 超压保护。内压超过8 kg/cm^2(0.8 MPa)，安全泄压阀自动泄压。

⑥ 单向过压排污，当水压过大时，安全阀自动溢流减压，将热水器中污垢排出。

⑦ 具有防干烧保护、防倒流保护、防溅安全保护和外壳安全保护。采用单向止回阀，即使停水，内胆里的水也不会倒流；外壳耐腐蚀、防潮、绝缘性佳，适合在浴室潮湿环境中使用；防结垢，使用阳极镁棒，使内胆不结垢，不锈蚀。

中央电热水器技术参数

产品型号	100L	150L	200L	250L	300L	简 图
安装方式	立式					
额定容量(L)	100	150	200	250	300	
温度范围(℃)	30～70					
单向安全阀额定压力(MPa)	0.6					
最大供水压力(MPa)	0.55					
压力阀设定压力(MPa)	0.6 MPa					
额定功率(KW)	1.5，2.5					
额定电流(A)	6.8，11.4					
电源	AC220 V，50 Hz					
重量(kg)	29	40	64	80	96	
水管安装尺寸	G1/2″(G3/4)″					立式电热水器
外形尺寸	ϕ480×920	ϕ480×1 360	ϕ610×1 106	ϕ610×1 340	ϕ610×1 586	

锐至智能电热水器技术参数

类 别	型 号	GD5025FY	GD6025FY	GD8025FY
无线遥控版 技术参数	容积(L)	50	60	80
	净重(kg)	19	23	26
	外形尺寸(mm)	ϕ395×810	ϕ395×924	ϕ458×910
	输出功率(W)	最大额定功率 2 500、可选择功率 1 000/1 500		
	电压/频率	220 V/50 Hz		
	温度范围(℃)	35～80		
	额定水压(MPa)	0.7		
	进(出)水口	1/2″直管外螺纹		

类 别	型 号	GD4025FD	GD5025FD	GD6025FD	GD8025FD
电脑版 技术参数	容积(L)	40	50	60	80
	净重(kg)	16	19	23	26
	外形尺寸(mm)	ϕ390×670	ϕ390×800	ϕ390×914	ϕ453×900
	输出功率(W)	最大额定功率 2 500、可选择功率 1 500			
	电压/频率	220 V/50 Hz			
	温度范围(℃)	35～80			
	额定水压(MPa)	0.7			
	进(出)水口	1/2″直管外螺纹			

（续）

类　别	型　号	GD4025FJ	GD5025FJ	GD6025FJ	GD8025FJ
机械版　技术参数	容积(L)	40	50	60	80
	净重(kg)	16	19	20	26
	外形尺寸(mm)	ϕ390×670	ϕ390×800	ϕ390×914	ϕ453×900
	输出功率(W)	最大额定功率 2 500、可选择功率 1 500			
	电压/频率	220 V/50 Hz			
	温度范围℃	35～75			
	额定水压(MPa)	0.75			
	进(出)水口	½″直管外螺纹			

注：表中技术参数摘自产品样本。

(4) 不锈钢水槽系列

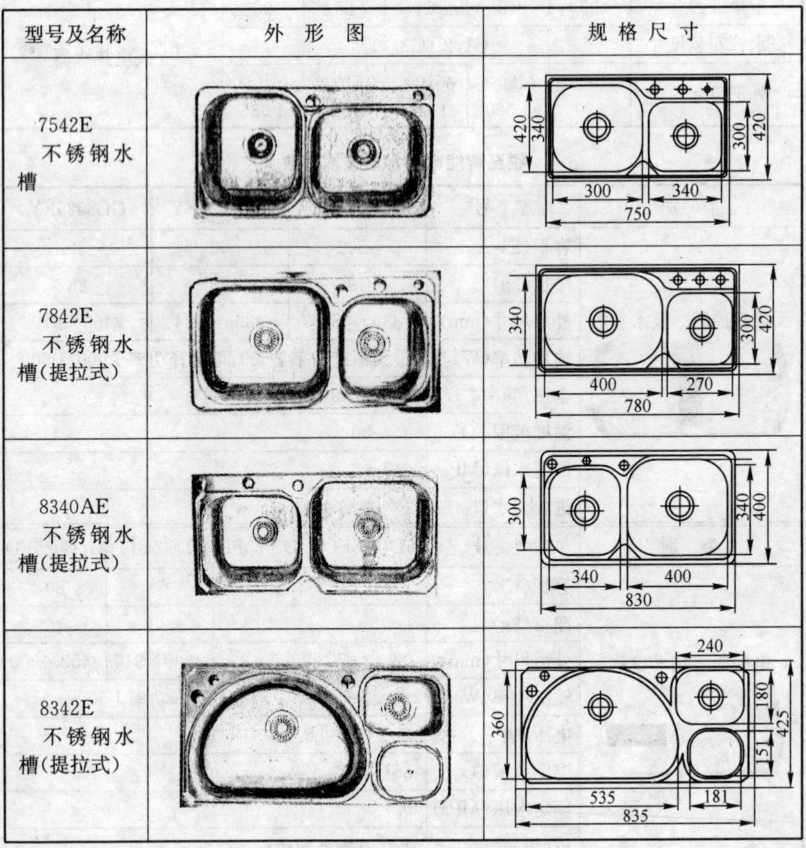

型号及名称	外　形　图	规　格　尺　寸
7542E 不锈钢水槽		420, 340, 300, 420; 300, 340; 750
7842E 不锈钢水槽(提拉式)		340, 300, 420; 400, 270; 780
8340AE 不锈钢水槽(提拉式)		300, 340, 400; 340, 400; 830
8342E 不锈钢水槽(提拉式)		240; 360, 180, 425, 151; 535, 181; 835

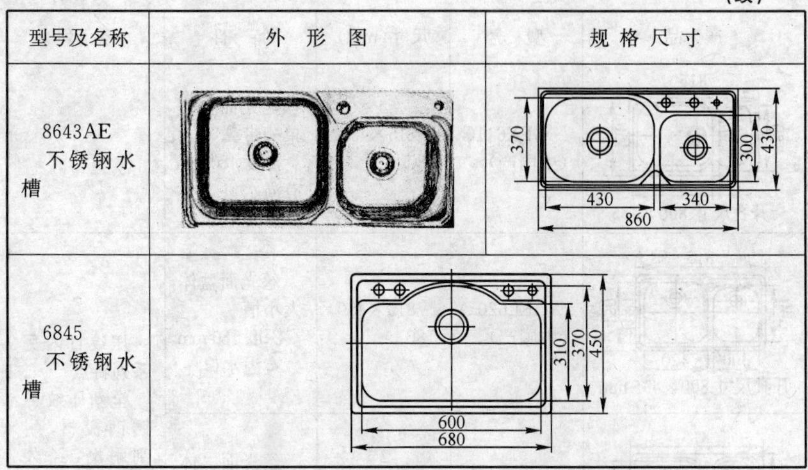

（续）

型号及名称	外 形 图	规格尺寸
8643AE 不锈钢水槽		370　300　430　430　340　860
6845 不锈钢水槽	310　370　450　600　680	

苏黎世、日内瓦、石材、巴比伦水槽系列

产　品	型　号	尺寸(mm)	特　性	系　列
840　470　420　380　380 开孔尺寸:828×458	ZRX620B/20F（中国产）	840×470×200	丝光面盆体等大双槽 深度 200 mm 有溢水口	苏黎世系列特点 特有丝光表面，方便清洗，直边设计，显现代气息
795　430　340　380　300　420 开孔尺寸:723×418	ZRX620 F（中国产）	735×430×180	丝光面盆体大小双槽 深度 180 mm 有溢水口	
815　450　380　360　360 开孔尺寸:800×435	GEX620B（中国产）	815×450×180	丝光面盆体等双槽 深度 180 mm 有溢水口	日内瓦系列特点 纤薄的挡水边设计，让台面与盆体严丝合缝，防漏万无一失
550　380　450　480 开孔尺寸:535×435	GEX610（中国产）	550×450×180	丝光面盆体单槽 深度 180mm 有溢水口	

(续)

产　品	型　号	尺寸(mm)	特　性	系　列
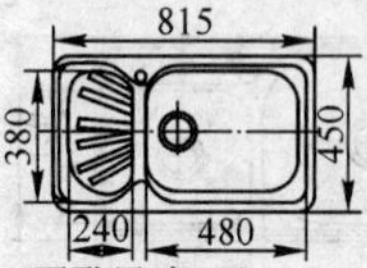 开孔尺寸:800×435	GEX611C (中国产)	815×450×180	丝光面盆体 单槽带翼 深度 180 mm 有溢水口	
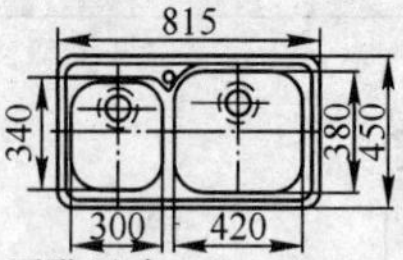 开孔尺寸:800×435 mm	GEL620 A (中国产)	815×450×180	丝光面盆体 大小槽 深度 180 mm 有溢水口	压纹日内瓦系列特点 全新压纹不锈钢板材，耐刮耐磨，经久耐用
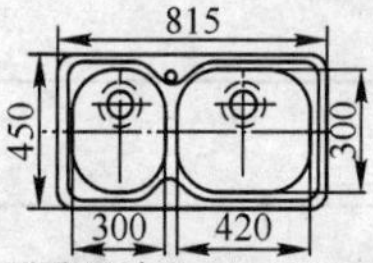 开孔尺寸:760×480 mm	GEL620D (中国产)	815×450×180	丝光面盆体 大小槽 深度 180 mm 有溢水口	
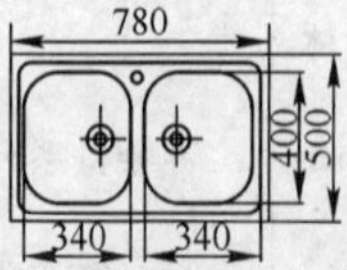 开孔尺寸:760×480 mm	AIX620 (意大利产)	780×500×145	亚光面盆体 双槽 深度 145 mm 有溢水口	埃菲特系列特点 一次成型，工程用经济水槽
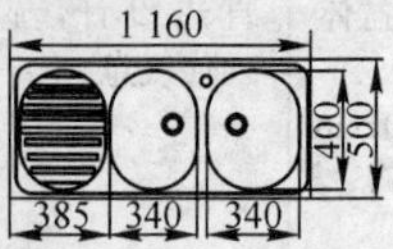 开孔尺寸:1 140×480 mm	AIX621 (意大利产)	1 160×500×145	亚光面盆体 双槽带翼 深度 145 mm 有溢水口	
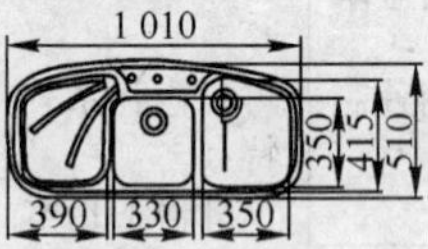 开孔尺寸:按模板	PAX624 (瑞士产)	1 010×510×180	亚光面盆体 大小槽带翼 深度 180 mm 有溢水口	巴比伦系列特点 蝴蝶技术设计造型，充满大自然气息
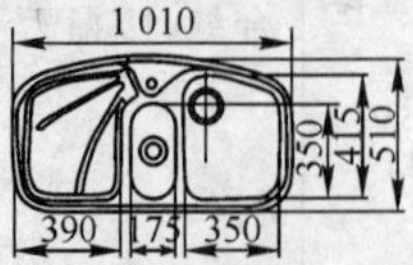 开孔尺寸:按模块	PAX654 (瑞士产)	1 010×510×180	亚光面盆体 子母槽带翼 深度 180 mm 有溢水口	

(续)

产　品	型　号	尺寸(mm)	特　性	系　列
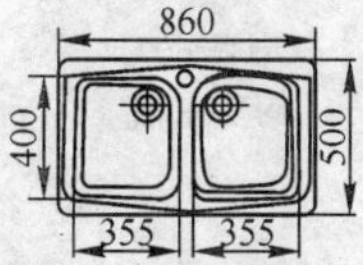 开孔尺寸:835×475 mm	ATG620(英国产)	860×500×180	双槽 深度 180 mm 有溢水口	石材系列特点 坚如花岗岩，耐刮耐冲击，保温抗烫，色彩丰富
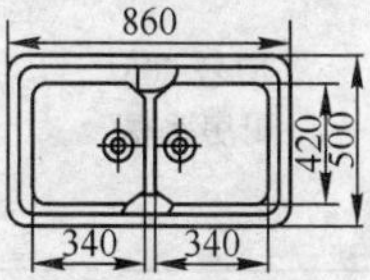 开孔尺寸:835×475 mm	COG620(英国产)	860×500×180	双槽 深度 180 mm 有溢水口	
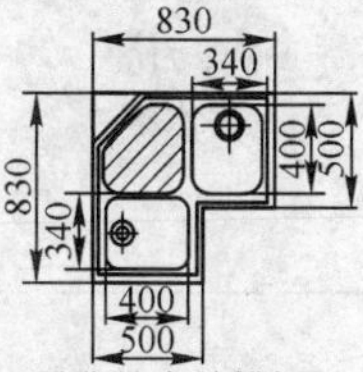 开孔尺寸:按模板	PNX621-E PNL621-E(意大利产)	830×830×180	丝光面盆体/压纹面盆体 转角槽 双槽带翼 深度 180 mm 有溢水口	转角系列特点 睿智的几何形状，适用于橱柜转角处，节省空间
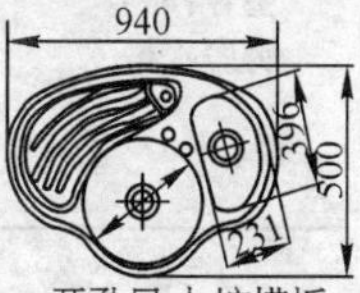 开孔尺寸:按模板	PMX654-E(瑞士产)	940×710×175	丝光面盆体/水滴形 转角形 大小槽带翼 深度 175 mm 有溢水口	
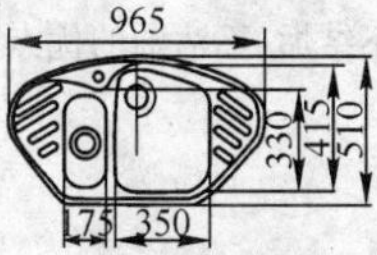 开孔尺寸:按模板	PAX652-E(瑞士产)	965×510×180	丝光面盆体 子母槽带翼 深度 180 mm 有溢水口	

杰克龙水槽系列

	尺　寸(mm)	
	480×430×200	型号 601 厨房水槽

（续）

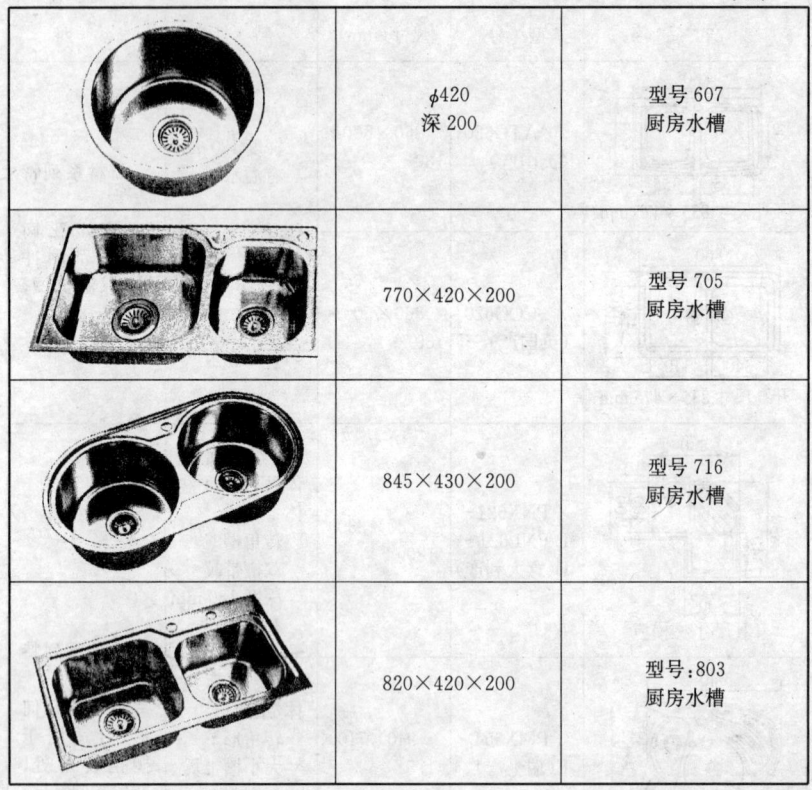

	ϕ420 深 200	型号 607 厨房水槽
	770×420×200	型号 705 厨房水槽
	845×430×200	型号 716 厨房水槽
	820×420×200	型号：803 厨房水槽

产地：⚠ 29

水槽发展到今天，也创造了多种表面处理方式。目前市场上普遍能接受的有亚光面（珍珠、亚银、磨砂面）和拉丝面。水槽在中国这么多年的发展，易清洗、不结垢、不沾油的优点已经家喻户晓。

2. 浴卫洁具

(1) 综　述

十年来，卫浴行业发展迅速，我国已成为世界卫浴五金产品的制造和消费及出口大国，正在向先进国家技术水平靠拢。卫生间功能产品，在五金行业中占 70%，卫浴的发展，也带动了其他五金的发展。

淋浴房行业，每年出口十多亿美元，欧美国家的采购点纷纷从欧美转移到中国。

近几年内，厨房、卫浴需求量激增，每年有 300 万户搬入新居，按厨卫五金件使用年限七年计算，每年有 200 万户厨卫五金需要更新，市场规模已达 630 亿。淋浴房生产竞争优势的企业有万家乐、万和、阿波罗、金沙丽、长青、宣城、银河、华帝及欧派等，其中阿波罗、银河获 2007 年"中国名牌"产品称号。卫浴产品生产企业还有舒奇蒙、摩尔舒、奥雷士、埃美柯及外冈等。

名牌是一个企业生产经营水平的市场信誉标志，同时也是一个国家经济实力的象征，是民族素质的体现。实践证明,实施名牌发展战略是推动我国经济发展的重要途径。

卫浴产品不断发展,已成为人们居家生活的必需品,不仅具有洗澡功能,还溶入抗菌、防污、电脑智能技术的新型产品。卫浴产品研发创新不仅在简单的外形变化上,更是贯穿了智能、节水、实用、休闲相结合的综合性能。把卫浴产品作为高科技艺术品打造,溶入中西方传统文化,为人们提供休闲享乐的乐趣。

阿波罗(中国)有限公司最早研制、生产蒸汽淋浴房,拥有国家专利几十项,多项技术指标达到国际水平,该公司以蒸汽淋浴房,按摩浴缸等极具个性的产品,在市场上发挥优势。

中国厨卫行业,现已有 2 500 亿产值,300 亿美元出口,已成为全球采购中国厨卫产品的最大平台。在国内不少家庭,开始青睐智能化和环保型并重的卫浴设施,目前市场上推出的许多功能先进,造型美观、充分体现人本主义的新设计和新产品,例如安装红外线感应装置龙头,自动放水输出皂液、声控淋浴喷头可根据口头指令调节水温或喷水量,智能坐便器温水冲洗,暖风烘干、坐圈加热、自动防污除臭等多功能。先进的纳米技术,使陶瓷具有抗菌功能,智能坐便器成为检查身体健康状况的先进仪器。

全透明浴缸,洗脸盆千姿百态,半圆形、三角形、五角形、花瓣形、扇形,色彩有紫色、橙色和蓝色等。

节水坐便器,推出既静音又节水的产品,喷射虹吸式,推出 4 升节水洁具。

关于浴霸,出现一些质量问题,涉及人身安全,例如取暖灯泡爆炸,选用软质玻璃灯泡遇冷易爆炸,安全性很低,应采用硬质石英玻璃灯泡;电机发生故障,原因是使用含油轴承,使用一段时间后故障频发,出现质量问题是有些无证浴霸生产企业在生产时往往偷工减料,采用质量差的原材料,选购时必须把住质量关。

浴室电加热器(浴霸)已成为人们装修家庭卫浴的必备产品,伴随浴霸的热销,质量问题越来越突出,已成为人们关注的焦点,我国第一部规范浴霸产品生产的行业标准出台,对产品安全性,使用寿命、噪声、通风及保障服务等方面提出更高具体要求,浴霸国家标准出台后,消费者维护自身利益有了依据。

(2) 浴缸系列

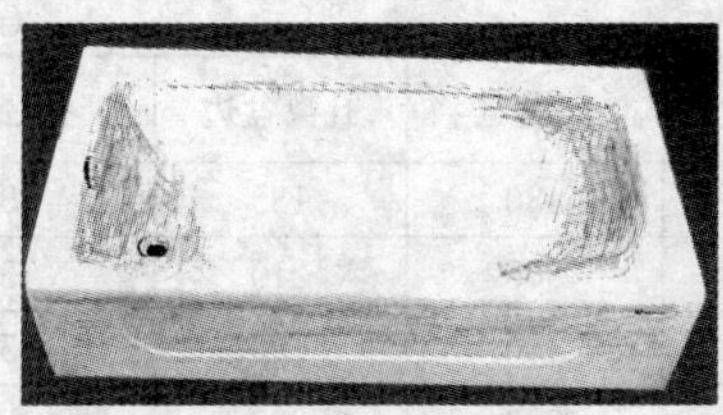

Y103 外形图

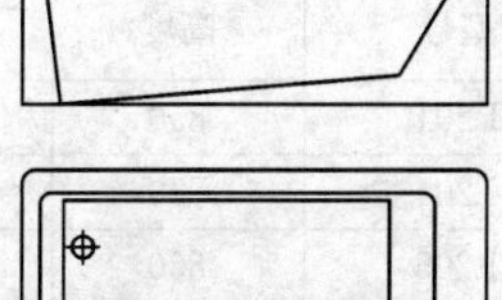

【规格】

型号	名称及材质	规格尺寸			
		长	宽	高	孔距墙
		(mm)			
Y101	豪华铸铁浴缸	1 510	750	420	280
Y102	豪华铸铁浴缸	1 500	700	420	280

(续)

型号	名称及材质	规格尺寸			
		长	宽	高	孔距墙
		(mm)			
Y103	钢板铸铁裙边浴缸	1 520	760	380	200 240
Y104	钢板裙边浴缸(1.5厚度)	1 524	760	380	280
Y105	钢板宝石浴缸	1 524	800	400	290
Y106	钢板双月浴缸	1 520	750	390	290
Y110	高档铸铁搪瓷浴缸	1 510	750	390	270
Y111	高档铸铁搪瓷浴缸	1 500	750	380	280
Y112	高档铸铁搪瓷浴缸	1 500	750	370	290

产地:△30

(3) 立式面盆、立柱系列

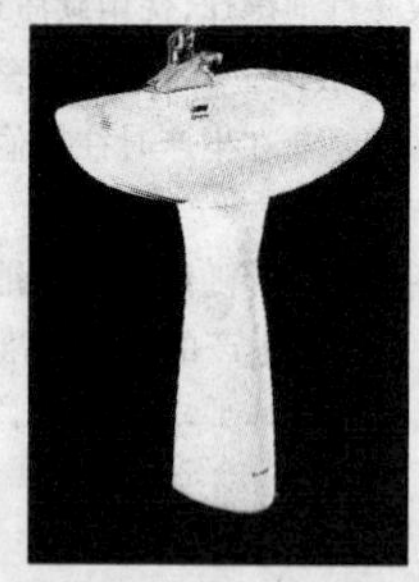

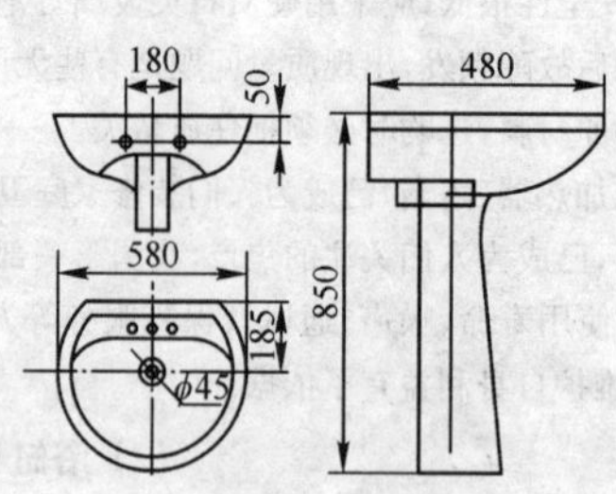

(mm)

型号	高度	面盆长	面盆宽	孔离盆边	孔径 φ
L201	850	580	480	185	45
L204	850	610	505	210	45
L205	850	580	480	185	45
L207	805	470	390	220	—
L208	815	570	400	220	—

(4) 台式面盆系列

(mm)

型 号	长 度	宽 度	深 度	孔离内盆边	孔径 φ
T204 台下盆	566	420	195	150	45
T205 台式面盆	570	470	200	210	45

（续）

型　号	长　度	宽　度	深　度	孔离内盆边	孔径 ϕ
T206 台式面盆	550	460	220	—	—
T207 台式面盆	540	470	220	—	—

(5) 坐便器、水箱四件套

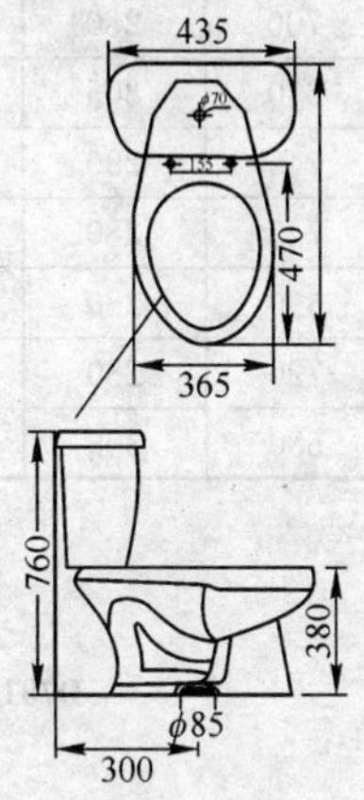

Z304 坐便器、水箱四件套

(6) 联体坐便器

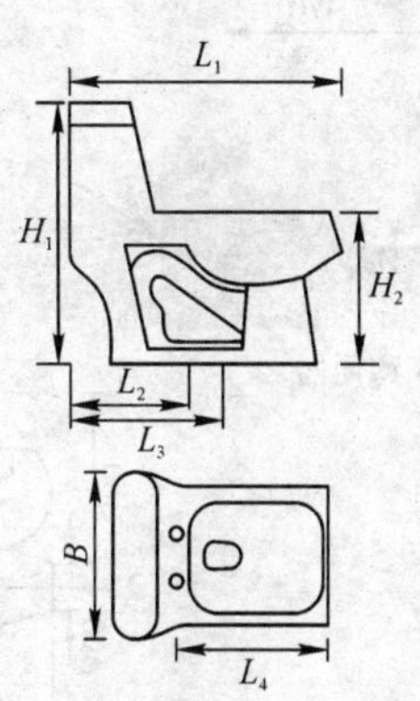

Z315 联体坐便器

联体坐便器规格尺寸 (mm)

型　号	L_1	L_2	L_3	L_4	H_1	H_2	B
Z313	760	280	380	435	550	380	460
Z316	685	305	400	430	650	390	380

（续）

型　号	L_1	L_2	L_3	L_4	H_1	H_2	B
Z317	640	305	400	430	740	360	350
Z318	750	305	—	460	730	380	390
Z319	755	305	400	430	665	380	435
Z320	720	305	400	445	800	350	355
Z327	700	280	380	—	710	400	370
Z315	670	305	400	400	760	390	390
Z331	745	290	340	450	640	360	395
Z332	745	280	380	380	655	380	380
Z325	690	280	380	—	685	400	370
Z326	720	280	380	—	700	400	370
Z328	680	305	400	—	756	400	430

产地：④ 30

(7) 蹲 便 器

D701 蹲便器、D704 蹲便器

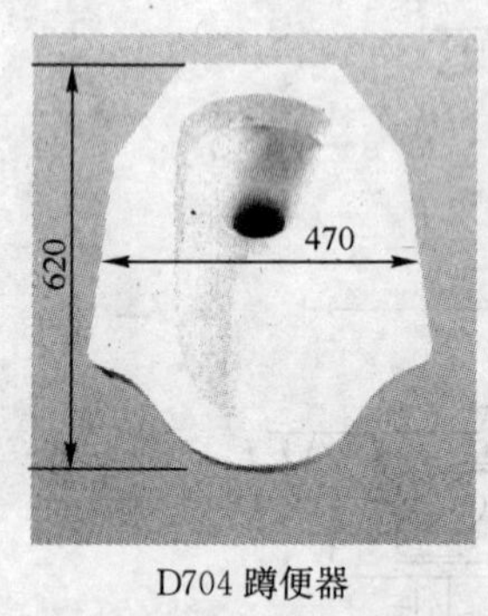

D704 蹲便器

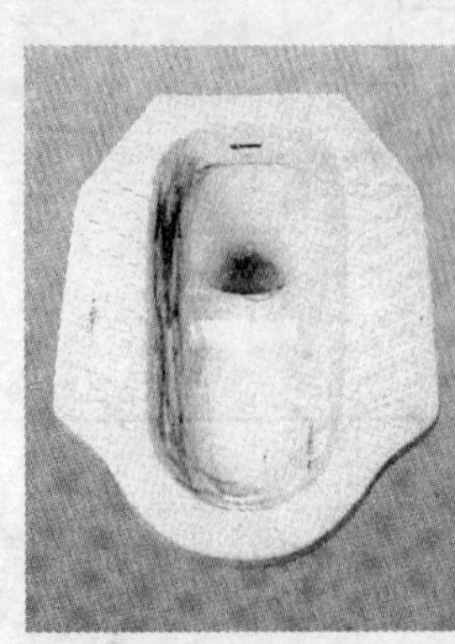

D701 蹲便器

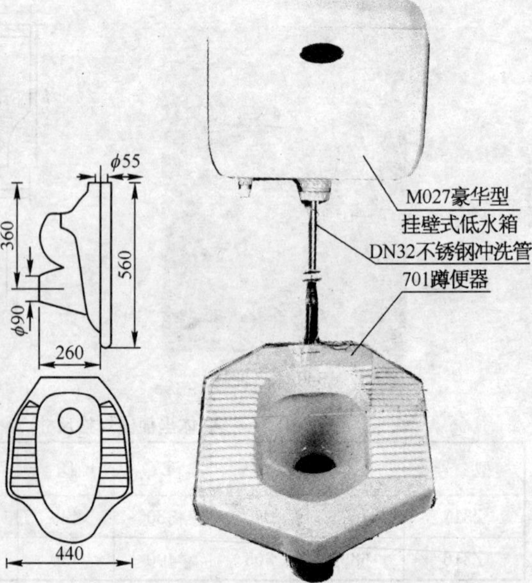

(8) 挂便器系列

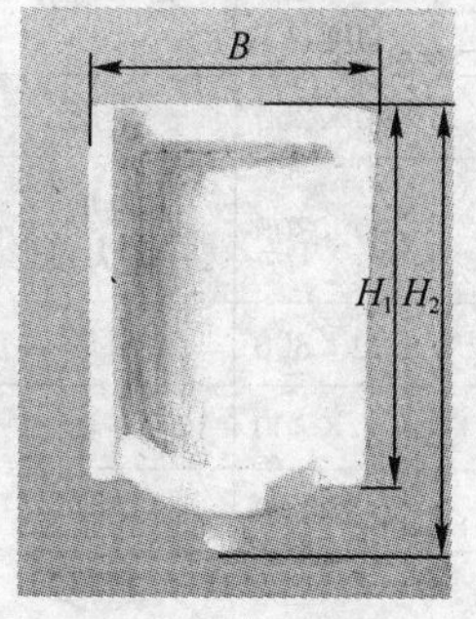

G610C 挂便器(横落水)

型号	名　称	B	H_1	H_2
		(mm)		
G610	挂便器(直落水)	350	425	530
G610C	挂便器(横落水)	350	—	590
G700	挂便器	480	645	

(9) 淋 浴 房

LY501 整体低缸淋浴房

LY504 整体高缸淋浴房

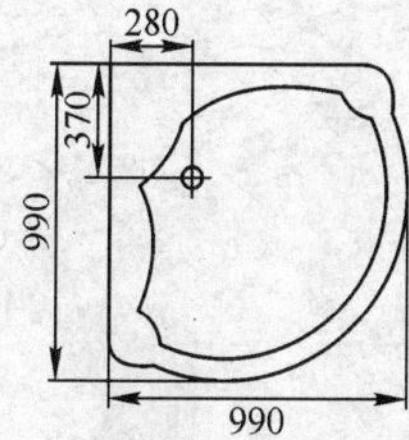

长:990 mm
宽:990 mm
高:2 120 mm
缸高:160 mm

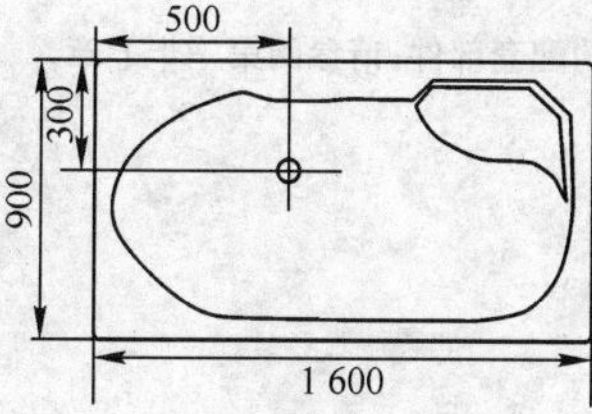

长:1 600 mm
宽:990 mm
高:2 100 mm
缸高:400 mm

型号	名称	长度(mm)	宽度(mm)	高度(mm)	缸高(mm)	孔离边(mm)	投影形状
LY420	整体高缸淋浴房	990	990	2 050	480	590×220	扇形
LY424		990	990	2 100	470	420×350	扇形
LY503		1 200	990	2 100	400	700×300	矩形
LY504		1 600	990	2 100	400	500×300	矩形

（续）

型号	名称	长度（mm）	宽度（mm）	高度（mm）	缸高（mm）	孔离边（mm）	投影形状
LY505		920	920	2 100	470	500×250	扇形
LY506		1 500	850	2 120	500	700×300	矩形（一边为弧形）
LY507		1 180	900	2 120	420	580×300	扇形
LY508		1 180	900	2 120	420	580×300	扇形
LY509		1 300	1 300	2 400	500	500×500	扇形
LY501	整体低缸淋浴房	990	990	2 120	160	370×280	扇形
LY502		990	990	2 100	160	200×200	扇形
LY421		990	990	2 050	160	200×200	扇形

（10）LY510 按摩浴房

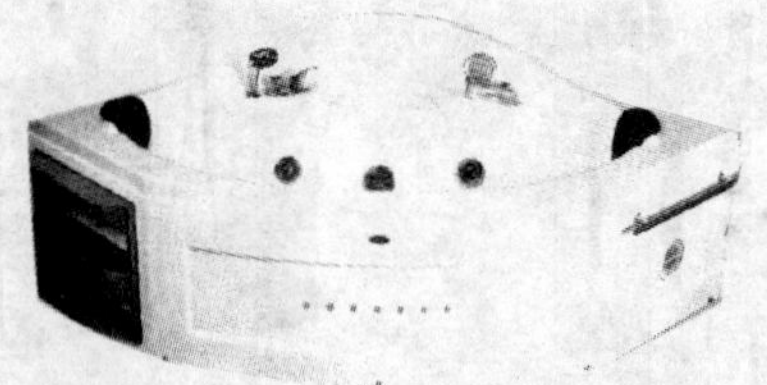

规格：长 1 540 mm，宽 1 540 mm，
缸高 620 mm，浴缸呈椭圆形
浴房投影面呈扇形

淋浴房内的配套部件，请参阅第三十七章。

附录一　五金器材供应商信息

表①　金属材料及管材企业

序号	企业名称及通讯地址	产 品 摘 要
1	宝山钢铁股份有限公司 上海宝山区富锦路	见第1章
2	上海天宝不锈钢有限公司 TBS. www. chinatbs. com	2205、3RE60、双相不锈钢
3	上海上上不锈钢有限公司 上海南翔镇翔江公路1118号	不锈钢管、弯头、法兰、焊管、无缝管、304、304L、316、316L、317L、310S
4	浙江久立集团股份有限公司 浙江湖州市 0572－7362999	双相不锈钢、焊管
5	江苏昆山大庚不锈钢有限公司 江苏昆山开发区龙灯路66号　0512－57900998	304
6	江苏昆山建昌不锈钢有限公司 江苏昆山张浦镇　浦东路1699号	钢卷、角钢、扁钢、H型钢、热轧抛光板
7	上海第一铜棒厂,上海太和路1006号 改称:中铝上海铜业有限公司	生产铜材、铜棒、铜丝 生产铜带、箔材
8	四川鑫炬矿业资源开发股份有限公司 http://www. xinju. com	环保新铜材—高纯碲
9	华美不锈钢物流加工中心 江苏省无锡市江海东路989号	不锈钢系列装饰板 8K. 钛金刻蚀花纹、和纹、三维立体. N04　HL
10	上海白蝶管业科技股份有限公司 上海梅陇路170号　021－64250586	PPR管
11	上海清远管业有限公司 上海青浦工业园区崧春路195号	HOPE双壁缠绕管
12	上海米兰塑胶有限公司 浦东新区高桥界浜路388号	PPR钢塑复合管
13	上海宝钢彩板制品发展公司 上海江杨路79号	压型彩涂钢板制品
14	上海大通钢结构有限公司 上海宝杨路2040号　021－33790932	高频焊接轻型H型钢
15	上海埃力生钢管有限公司 中国上海金山卫北门	ϕ219～ϕ610 mm焊管
16	上海申花钢管有限公司 徐汇区华泾路1277号　021－64967808	不锈钢圆管、方管、异型管、双金属复合管、普碳高频焊管

（续）

序号	企业名称及通讯地址	产 品 摘 要
17	马鞍山钢铁股份有限公司 中国·安徽·马鞍山 http://www.magang.com.cn	热轧H型钢 0555-2883492
18	上海宝钢不锈钢加工贸易有限公司 上海市宝山区园和路555号	不锈钢板材 021-56933311
19	上海异型钢管厂	
20	浙江嘉善东方氟塑厂	

表⚠ 通用机械五金配件、紧固件及焊材企业

摘自参考文献[5]

序号	企业名称及通讯地址	产 品 摘 要
1	上海大隆机器厂	
2	上海唐行链条厂	
3	天津市纺织机械第四配件厂	
4	天津市东亚链条厂	
5	大港油田集团中成机械制造有限公司链条厂	
6	包头市链条输送机械制造有限公司	
7	石家庄链轮总厂	
8	唐山市晶品链条集团公司	
9	河北长城链条输送设备总厂	
10	河北省香河县链条厂	
11	承德市输送机集团有限责任公司	
12	张家口市石油机械六分厂	
13	河北宣化华兴重型链条厂	
14	河北宣化重型链条厂	
15	沈阳丰牌链条制造有限责任公司(原沈阳链条厂)	
16	辽宁省辽阳市链条厂	
17	抚顺市金属配件厂	
18	大连天元链条链轮厂	
19	吉林省营城煤矿机械厂	
20	四平市红嘴链条厂	
21	吉林工大四平实验厂	

（续）

序号	企业名称及通讯地址	产品摘要
22	四平市长隆链条有限公司	
23	哈尔滨市机械链条厂	
24	牡丹江市北方链条制造厂	
25	牡丹江市链条厂	
26	齐齐哈尔雄鹰链传动有限公司	
27	齐齐哈尔北钢集团公司昂昂溪机电厂	
28	南京利民集团公司	
29	江苏省武进链条厂	
30	江苏省武进特种链条厂	
31	无锡市怡昌链条有限公司	
32	无锡不锈钢链条厂	
33	苏州环球链传动有限公司	
34	吴县市振华动力链条有限公司	
35	江苏省泰兴市神力链条有限公司	
36	江苏省泰州市精工链条厂	
37	江苏省海门市斯必克链条有限公司	
38	安徽省黄山链轮厂	
39	安徽省黄山链传动有限公司	
40	安徽省小小科技实业有限公司	
41	威海市海星链条厂	
42	青岛魁峰机械有限公司	
43	杭州盾牌链传动集团公司	
44	杭州盾牌链传动有限公司	
45	杭州东华链条总厂	
46	杭州华翔链条总厂	
47	杭州铁陵链条总厂	
48	杭州市顺峰链业公司(杭州余杭市仓前链条厂）	
49	杭州钱江链传动有限公司	
50	诸暨链条设备总厂	
51	浙华诸暨链条制造厂	
52	诸暨金盾链条制造有限公司	

（续）

序号	企业名称及通讯地址	产品摘要
53	诸暨市链条装备厂	
54	诸暨市工业链条厂	
55	诸暨链条总厂	
56	诸暨市特种链条厂	
57	绍兴铁马链轮制造有限公司	
58	浙江省上虞市机械链轮厂	
59	浙江省嵊州市机械链轮厂	
60	湖州高精链传动有限公司	
61	湖州市南浔通惠链条厂	
62	湖州锐狮链传动集团公司	
63	湖州金华桥链条制造有限公司	
64	浙江武义鸿烁链条有限公司	
65	浙江省永康链条厂	
66	浙江省青田链条厂	
67	浙江省江南链条有限公司	
68	江西省南丰长红链条厂	
69	福建省明溪链条厂	
70	株洲市特种链条厂	
71	洛阳链条厂	
72	广州摩托集团公司五羊链条厂	
73	广东省韶关链条厂	
74	桂盟链条(深圳)有限公司	
75	广东省肇庆市恒远链条制造有限公司(原肇庆市链条厂)	
76	广西柳州市链条总厂	
77	云南雷吉那自行车传动件有限公司	
78	陕西国营群峰机械厂	
79	新疆伊犁链条厂	
80	上海胶带聚氨酯制品有限公司 上海海门路 626 号　021－65120532	同步带

（续）

序号	企业名称及通讯地址	产品摘要
81	上海仁发合成材料有限公司 上海南翔镇老翔黄路208号　021-69122426	新型轴承　MC合金尼龙　MCO含油尼龙 铸型尼龙系列产品
82	上海山峰密封件商行 上海北京东路805号111室	NQK®密封件　TT0油封
83	中船重工集团公司武汉船用机械厂 中国武汉市青山区武东街9号，网址：www.whtm.com.cn	高效结构钢焊条、新型不锈钢焊条
84	上海华盟电焊机有限公司 上海市同心路723号，网址：www.huahan.net.cn	WS系列逆变，直流氩弧焊/电弧焊两用机
85	上海气焊机厂 上海长阳路2467号	新型切割机（数控相贯线切割机）
86	上海耐火材料厂 浙江象山焊接材料厂	焊接陶瓷衬垫
87	ESAB伊萨中国指定代理：汕头市龙兴机电设备有限公司、上海办事处	逆变、多功能焊接电源
88	上海金通电子设备有限公司 成套部：龙吴路410弄79号	新型焊机（IGBT逆变式）
89	上海高强度螺栓厂　021-65803921	高强度螺栓、螺母、连接副
90	上海沪西高强度螺栓螺母厂中山南一路449号（021-63761925）	高强度螺栓、螺母、连接副
91	上海远东国际桥梁高强度紧固件厂 上海浦东南汇三灶镇东首	钢结构用高强度螺栓、螺母、焊钉、锚具
92	上海申光高强度螺栓有限公司 上海市东宝兴路157号精武大厦17楼	钢结构用高强度螺栓、焊钉、申光螺栓系列、美标高强度螺栓
93	宁波奥特紧固件制造有限公司宁波余姚市丈亭镇工业开发区鲻山西路98号	新型膨胀螺栓　574-62981288　(0)13605847779
94	宁波余姚市宝山金属制品有限公司 http://www.n6-bs.com	多型紧固件
95	瑞士SFS紧固件系统（上海代表处）上海北京西路1277号国旅大厦1303室　网址：www.sfsintec.biz	新型自钻自攻螺钉
96	上海松仕机械设备有限公司 http://www.cnsongshi.com	不锈钢容器及设备配套件

表③　工具五金企业

国内外工具五金十五强排行榜企业

序号	企业名称及通讯地址	产 品 摘 要
1	卡恩捷特工具(上海)有限公司(昆杰) 上海市河南南路 1 号星腾大厦 8 层	电锤钻、四坑二刃　麻花钻 HSS 黑白水泥钻、玻璃钻、金刚石割片
2	丹纳赫工具(上海)有限公司 上海市碧波路 572 弄 115 号 19 幢　021-50806680	SATA(世达),专业手动工具、专业汽保工具
3	史丹利五金工具(上海)有限公司 上海市张江高科技园区祖冲之路 899 号 12 号楼 202 室	STANLEY 机工、夹持、紧固、切割、测量、敲击类工具、激光
4	江苏宏宝五金股份有限公司 江苏省张家港大新镇人民西路 128 号	生产最大活络扳手
5	文登威力工具集团有限公司 网址:www. cw-maxpower. com(山东文登)	高档扳手、钳类工具,国内最大管钳,商标:威力达
6	张家港天达特种刀具有限公司 江苏张家港市大新镇	断线钳、管子钳、拉马系列
7	宁波长城精工实业有限公司 浙江省余姚市富港路 60 号	钢卷尺、钢直尺、角尺、活络扳手、钳子、旋具、架式长尺
8	中外合资龙游亿洋工具制造有限公司 http://www. YP-TOOL. com	扳手、螺丝批、钢丝钳、砂轮切割片等手工工具
9	上海西玛工具有限公司 http://www. cmarttools. com	手动工具　园艺类工具
10	上海申裕五金工具制造有限公司(原上海跃进工具厂)眉州路 470 号	品牌:申工,双头呆扳手、双头梅花扳手、两用扳手
11	上海田野工具制造有限公司(021-57201274) 上海市金山区干巷镇金石北路 1285 号	“TY”牌呆扳手、梅花扳手、两用扳手、活扳手、锤子类产品
12	上海星光里克工具制造有限公司 上海市浦东新区高桥镇大同路 53 号	专用扳手、双口套筒扳手、套筒扳手　汽车维修工具
13	上海沪工实业有限公司 上海市北京东路 384 号　021-63290865	KSD 沪中品牌,拉马、扳手、钳子六角扳手、线钳、锤子等系列
14	上海瑞峰工具制造有限公司上海南汇新港镇新府路 121 号　021-58196101	宝马品牌,美式钢丝钳、尖嘴钳,欧式钢丝钳、尖嘴钳、鸭嘴钳
15	上海美伦实业发展有限公司 上海市东台路 279 号国际广场 A 座 1901 室	各种手动工具系列,欧美式钳子 (021)-53832899
16	日本京都机械工具株式会社(KTC) 中国总部总代理　(021)-63237591	中国总代理,上海申阳五金机电有限公司,上海广东路 131 弄 10 号

(续)

序号	企业名称及通讯地址	产品摘要
17	日本日立工机亚洲有限公司(上海事务所) 上海市娄山关路85号东方国际大厦701	日立电动工具 HITACHI
18	上海安信工具有限公司(ACTUaL®) 上海市富联三路56号　021-36042770	双关节省力钢丝钳、斜嘴钳,卡簧钳、直口航空钳
19	深圳市大族激光科技有限公司 深圳市福田区燕南路405栋三楼	CO_2 激光雕刻机、激光打标机
20	青岛前哨精密机械有限公司青岛洛阳路11号(0532-84855619)	小型铆钉枪
21	上海新亚喷涂机械有限公司 上海浦东南路4560弄12号	QX-1型金属线材喷涂枪 QD111-250型高速电弧喷涂枪
22	河北中泊防爆工具(集团)有限公司 河北省泊头市武港路2号　0317-8319018	新型防爆工具
23	福建泉州市国辉坚信机电有限公司福建泉州西郊桃源工业区　0595-86799508	电钻　电锤　充电起子　磨光机　电刨　电圆锯等
24	上海鸣皋五金制造有限公司 上海市崇明港西镇港庙路8号　021-59671393	华一工具,旋具(上海市著名商标)
25	爱家园艺用品有限公司 浙江省东阳湖溪镇工业园区	园艺工具、用具
26	浙江永康市利强园林工具 永康市古山工业园	园林剪刀、杠铇、折叠枝腰锯、手扳锯
27	浙江金华恒宇工具有限公司 浙江金华婺城区长山乡长山三村	园林工具、喷水器
28	上海友拓国际贸易有限公司　021-51692022上海民生路1518号金鹰大厦A503室	园林工具、汽油锯、割灌机,绿篱机、割草机
29	常州市万绥工具有限公司 http://www.wstools.com	新型钻具、切削工具、空芯钻
30	享钻王企业有限公司(上海/北京有联络处)台湾省高雄市前镇区凯旋三路117号	舍弃式快速留芯钻头 http://www.stwang.com.tw
31	浙江瑞丰五福气动工具有限公司浙江省温岭市城北南山闸工业区	浙江省名牌产品:各类喷枪、油枪气动工具
32	江苏省丹阳市华天工具 丹阳市后巷镇	HSS直柄麻花钻、½″短柄钻¼″锯钻、非标短钻、左旋钻系列
33	江苏省丹阳市利达五金工具厂 江苏丹阳后巷	美标直柄麻花钻、直柄麻花钻、硬质合金锯片、金刚石锯片、电锤钻

(续)

序号	企业名称及通讯地址	产品摘要
34	浙江省永康市鹏翔工具厂 古山镇孙宅 0579-87513975	专业生产各型铝合金水平尺及各种水准仪
35	山东九鑫机械工具有限公司 网址:(URL):http://www.sddpgi.com	双头呆扳手、梅花扳手、两用扳手、活络扳手、管子钳、断线钳
36	上海民星劳动工具有限公司	劳动牌活扳手
37	宁波蓝达实业有限公司 浙江省余姚市城东路68号 0574-62766818	钢卷尺系列、纤维尺系列、扳钳系列、旋具系列、测电笔/电工刀系列
38	上海托恩机械有限公司(风动工具) 上海市老沪闵路1351弄102号 电话:800-828-3902	气动铆螺母枪、气动铆钉枪
39	上海船厂五金工具门市部 上海市虎丘路95号	叶牌,安全吊夹具
40	苏氏精密工具股份有限公司 网址:www.yuhua-nsttools.com	高速钢钻头、高钴端铣刀、钨钢钻头、立铣刀、螺旋攻
41	上海冠钻精密工具有限公司 www.ubtool.com 上海市沪南公路5390号	UBT硬质合金铝合金专用铣刀
42	禾邦木工机械刀具厂 佛山市顺德区伦教木工机械商贸城一幢3号	锯机系列
43	上海宏达检测设备有限公司 上海共和新路966号共和大厦604室 021-56320371	磁粉探伤仪、硬度计涂层测厚仪 CO检测仪、可燃气体检测仪
44	杭州史丹卡量具有限公司 http://www.measuringtool.cn	各类数显游标卡尺
45	浙江余姚市广绿喷灌园艺设备有限公司余姚市丈亭工业园区朝阳西路5号	园艺喷水设备、洒水装置
46	BAIDA GARDEN TOOLS公司 http://www.huaffngtools.com	各种电动割草机
47	上海隆强检测仪器设备有限公司(西光仪器) 上海天津路251号 021-63513080	甲醛检测仪 多功能甲醛测定仪
48	好帮手企业有限公司(台北市州子街61号) 上海高手机电(科技)有限公司(上海七宝镇中春路7166号)	全自动电动起子/防静电型
49	上海利安测电笔厂 上海闵行华翔路2110弄98号	低压测电笔
50	宜兴市恒盛焊接设备有限公司 江苏省宜兴市川埠洛涧 (0)13806151575	CO_2推丝式焊枪、氩弧焊枪、等离子切割枪、焊枪易损件

（续）

序号	企业名称及通讯地址	产品摘要
51	上海得喜机械科技有限公司 上海浦东东方路1381号兰村大厦22－A座	Dexi进口磁座钻欧霸、获劲、百德、泛音 www.dexichina.com
52	浙江欣兴工具有限公司 网址：www.ch-toois.com	用于欧霸、百德、麦太保锐科、台湾地区等各种品牌的磁座钻机
53	上海呈祥机电设备有限公司 上海市普陀星云开发区 021－66512688	金刚石钻孔机 磁座钻系列
54	武汉天琪激光设备制造有限公司 武汉市江岸区新江岸五村188号，公司网址：www.tqlaser.com.cn	激光产品
55	中国广东省佛山市南海区环球工业脚轮厂 广东省佛山市南海区狮山科技工业园C区创业路12号	环球脚轮 528225
56	中国代理商：济南市高新开发区七里河路6号602室 电话：0531－8028003	扭剪型、扭矩型电动扳手
57	无锡阳通机械设备有限公司江苏省无锡市阳山 0510－83691427	抛丸除锈机

表④ 新型建筑装饰五金器材企业

序号	企业名称及通讯地址	产品摘要
1	上海晓宝轻质建材有限公司 闸殷路155号 021－65746613	夹芯板
2	无锡华联科技集团 http://www.wxhlhg.com 无锡市新安镇312国道旁	美国海宝HT2000等离子电源 美国海宝HPR130等离子电源
3	无锡市港杨暖通配套设备厂 江苏省无锡市杨市镇(0510－83551434)	建筑用螺旋风管
4	上海申程实业有限公司(复兴中路1号，中能国际大厦604室) 021－33763340	经销美国钛金铁甲玻璃(钛金箔膜防弹、防爆、防震、防火)
5	河北安平县丝网大世界丝网产销有限公司 http://www.wiremeshworld.com	不锈钢网、钢板网、六角网、电焊网、铜网类、方眼网、刀片刺网
6	河北省黄骅市方正电焊网有限公司 http://www.hardwarecloth.com.cn	各种电焊网
7	河北省安平县远东金属制品厂 (0318－7978063)安平县网都东街87号	气液过滤网、护栏网、刺绳、建筑用网、连环网、轧花网
8	浙江临海市王开机筛有限公司浙江省临海经济开发区东方大道218号，http://www.wangkai.com	筛板系列、各种结构及孔形

（续）

序号	企业名称及通讯地址	产品摘要
9	无锡市恒昌型钢有限公司 0510－83883591 无锡市玉祁镇武玉路	Z、C型钢、压型板、夹芯板
10	青岛海尔塑料门窗有限公司	塑料门窗
11	广东省番禺市桥联铝窗厂 番禺市沙湾大桥北草河工业区	铝质门、窗、梯
12	天津跃进工艺玻璃厂	装饰工程玻璃
13	北京天龙鑫钢化玻璃厂	艺术玻璃、安全玻璃、夹胶玻璃
14	北京太阳金属工业有限公司北京顺义林河工业开发区顺和路51号	不锈钢发纹板、镜面板 010-89495630
15	湖北省新晨自动化技术有限公司	筛网板
16	大连实德塑料门窗有限公司	塑料门窗
17	无锡美联钢品有限公司（钢材配供中心） 无锡市玉祁镇武玉路 Http://www.wxmlgqp.com	彩钢压型板、夹芯复合板、方、矩形焊管、C、Z冷弯型钢
18	上海巨鑫钢制品有限公司 上海沪太路6285号 021－56012689	彩色铝合金门窗、断桥隔热门窗
19	上海南汕门窗有限公司 上海东塘路773号	门窗
20	杭州钱江彩色不锈钢厂	彩色不锈钢板，有十种不同颜色的品种
21	广州市雅迪装饰五金制品厂 广州市花都区炭步镇环山工业区，http://gzlizhlya.cnalioaba.com	玻璃门配件、玻璃门夹、拉手
22	上海彪跃装潢材料有限公司 上海九星市场星中路五金新区九区九幢3－7号，http://www.shbiaoyue.com	新颖拉手
23	上海通华不锈钢压力容器工程有限公司 上海浦东东塘路8号（021－68466855）	多功能、组合式新型不锈钢水箱
24	3M（中国）有限公司（021－62753535） 上海市兴义路8号万都中心大厦38楼	玻璃贴膜（3M）、太阳隔热膜、四季通用膜
25	中山市新型化工材料厂（0760－8308344） 中山市普特阳光板有限公司，广东省中山市东区起湾道，http://www.plastech.com.cn	普特阳光板（玻璃卡普隆）
26	上海汇丽—塔格板材有限公司 上海浦东康桥东路268号（021－58135111）	汇丽阳光板（玻璃卡普隆板）
27	上海麦登复合材料有限公司 上海市闵行曲吴路600号（021－64505666）	FRP采光板系列（有波纹/平板型玻璃钢）产品

（续）

序号	企业名称及通讯地址	产品摘要
28	宁波埃美柯铜阀门有限公司(574－87675588)宁波大闸路228号　网址:http://www.amico.cn	水龙头系列、浴室配件系列
29	宁波杰克龙阀门有限公司(574－87857672) 宁波市慈城城西西路1号　http://www.iklong.com	水龙头系列、挂件系列
30	上海新业建筑五金(集团)有限公司 上海市外冈水暖器材厂(嘉定区外冈镇嘉松北路55号)	水龙头(水嘴)、卫浴洁具 http://www.shwaigang.com
31	上海捷舟工程机械有限公司 上海市工业综合开发区公谊路89号(021－51363255)	建筑用抹平机、平板夯、冲击夯、切割机、刻纹机、砂浆泵
32	上海佳艺冷弯型钢厂　021－39108842 上海嘉定区嘉松北路385号	方管、矩形管、槽钢等(GB/T 6723—2008)
33	江门市日盈不锈钢材料有限公司 上海分公司:上海虹口区溧阳路1088号308室	第二代彩色不锈钢
34	北京新立基真空玻璃技术有限公司 www.bi.sng.com　(010－81501234)	真空玻璃
35	中国厦门黎明彩板制品开发公司 中国厦门曾厝垵西边社	镀锌钢板基材、合金化钢板基材、镀铝锌钢板基材
36	上海汇丽防火工程有限公司 浦东新区周浦镇繁荣路89号(59119197)	防火涂料
37	上海衡峰氟碳材料有限公司 上海四平路1147弄8号8楼(021－65976727)	新型涂料(氟碳)
38	尚峰建筑工程产品(上海)有限公司上海长宁区金浜路100号22幢12号	新型涂料,引进比利时锌加涂层系统(ZINGA)
39	上海塑胶线厂 上海松江洞泾张泾路505号　021－63010860	电线、电缆
40	上海异型铆钉厂(制造局路804号)	安宇牌抽心铆钉(北京东路384号)经销
41	上海喷枪厂 上海市马当路493号	荷花牌喷枪

表⑤　新能源、节能减排阀件水暖农林五金器材企业

序号	企业名称及通讯地址	产品摘要
1	上海凯士比泵有限公司(中德合资) 上海闵行江川路1400号(021－64302888)	KSB新型泵

（续）

序号	企业名称及通讯地址	产品摘要
2	上海东海阀门管件总部 上海北京东路649～661号(021-63516460)，网址：http://www.ddh.com.cn	阀门、管件
3	日本株式会社弁阀门(桃太郎电磁阀) 展示部：上海北京东路167号-2	活塞式电磁阀(蒸汽、气体、水、油类用)
4	广州树典阀门设备有限公司(各型阀门) http://www.snw.cn 上海展示部：上海市北京东路167号-2 021-63391569	
5	无锡唐金照明电器上海总代理(上海奇臣展示服务) 长寿路569弄6号101—106，www.shqichen.com.cn	LED新光源、灯具和灯饰
6	上海电气集团现代农业装备成套有限公司 上海芷江西路788号华舟大厦6楼 021-62154675	温室项目、牧草机械
7	上海世达尔现代农机有限公司(021-64300143) 上海市华宁路1300号 www.shanghai-star.com	牧草机械、青贮收获机械水稻、小麦秸秆打捆机械
8	北京水科院燕山滴灌技术开发研究所	滴灌节水
9	上海都市绿色工程有限公司销售部 上海芷江西路788号华舟大厦 021-62154675	温室工程
10	上海光达照明有限公司浦东 曹路镇 上海亚明灯泡有限公司 嘉定马六 021-65898833	螺旋电子节能灯、2U、3U电子节能灯等
11	沪港合资上海海龙光电科技有限公司 上海市漕河泾开发区桂平路471号十栋四层	高透光球型灯(SHL)URL:www.e-shl.com
12	北京天普太阳能工业有限公司 北京市大兴区芦城工业区 www.tianpu.com	太阳能热水器
13	浙江申豪光能技术有限公司(海宁市袁花工业开发区) www.shenhaosolar.cn(573-87871177)	太阳能热水器(高硼硅全玻璃真空管)
14	东莞光旭太阳能灯饰有限公司(0769-86261866-618) 炘源太阳能科技有限公司(021-62959165)	太阳能灯饰、HID太阳能节能路灯及庭院灯系列
15	苏州星恒电源有限公司(0512-68094266) 苏州市新区向阳路81号 http://www.xingheng.com.cn	锰锂电池(用于电动自行车)
16	西安盛运达电子有限公司 西安市高新区科技路70号梧桐朗座A11608室	太阳能路灯系列、庭院灯系列

（续）

序号	企业名称及通讯地址	产品摘要
17	中外合资温州罗格朗电器有限公司 浙江温州市北象镇旺林工业区 28 号；http://legend. en. alibabe. com	小型断路器
18	上海隆光唇景光电科技有限公司 上海市闵行区中春路 7615 号，www. shhjbbb. cnalibaba. com　021－51699889	LED 新光源灯饰系列产品
19	OSRAM 欧司朗（中国）照明有限公司 上海市西藏中路 18 号港陆广场 29 楼（021－63853079），www. osram. com. cn	光学半导体、LED 原件
20	上海尚德太阳能科技有限公司 上海闵行浦江镇立跃路 1888 号	太阳能光伏电池
21	浙江升达动力制造有限公司 http://www. CNSDDL. com（579－7712906）	汽油机动力绿篱机、钻地机等农林园艺设备
22	无锡张华医药设备有限公司 无锡市杨市镇北开发区（0510－83551210）	不锈钢医药设备 双锥形回转真空干燥机系列
23	上海高机生物制药设备公司 上海市浦东新区康桥工业开发区康桥东路 1360 号	新型发酵罐
24	北京青云航空仪表有限公司北京海淀区北三环西路 43 号（010－82123850）	（卫生级管件）
25	上海国电机械商城（经销美国巨霸空压机） 上海市北京东路 465 号（021－63606995）	PUMA® 巨霸空压机（手机：13817908642）
26	昆山亿卡迪机电有限公司（昆山市花桥镇蓬青路 918 号），网址：www. ecady. cn	OLS 欧力神空压机（静音无油）电话：0512－57961788
27	江苏丹阳市运河镇双马特种喷雾器厂　电话：0511－86455287　手机　13506100782	农用特种喷雾机（国内专利产品）射程 8 米，高度 6 米
28	百联集团上海动力燃料有限公司上海市天津路 50 号，电话：021－63213418	新能源（水煤浆）手机：13816402033
29	哈尔滨新中新电子股份有限公司 上海销售：上海万美金卡技术有限公司	金龙卡控水系统（一卡通数字化节水）
30	上海照明灯具厂	灯具
31	上海电表厂有限公司	电表
32	兰州长新电表厂 中国兰州安宁区长新路 4 号　0931－766441	单三相电度表和新型复费率多功能电度表
33	杭州电度表厂	电表

(续)

序号	企业名称及通讯地址	产 品 摘 要
34	哈尔滨电表仪器厂	电表
35	北京照明器材厂	灯具
36	上海新铧钢金属工程公司闵行七宝新镇路 1591 号　电话:021－64191107	不锈钢旋转梯
37	美联钢结构建筑系统(上海)有限公司 上海漕宝路 509 号新漕河泾大厦 10 楼	C、Z 钢
38	郑州鸿发实业总公司	彩色不锈钢镜面板
39	北京捷强装饰公司	钛金不锈钢镜面板
40	浙江快捷管业有限公司 浙江省台州市经济开发区纬五路 229 号	紫铜管道

注：在市场环境中，有些企业面临调整、整合、兼并或重组，名录中有些企业会有变动，请关注市场信息。

附录二　五金产品应用科技常识

1. 阀门的选择安装和使用*

阀门是控制介质的部件，承受压力和温度，必须正确选择、安装、使用和维护才能发挥阀门的正常功能，确保人身和财产的安全。

① 选择按工况要求和阀门的技术规范选用阀门。常温工作压力不可超过阀门的公称压力。工作温度应在阀门规范的范围内，同时其工作压力不可超过该温度下的允许值。用于蒸汽时，压力不可超过额定的饱和蒸汽工作压力。阀门的工作压力和工作温度受组成阀门零件的材料的制约。不可使用对阀门材料有腐蚀作用的介质。可燃性气、液体应选用专用阀门。国家标准 GB/T 13927—92《通用阀门压力试验》规定了金属密封阀门的允许泄漏率，因此该类阀门（例如闸阀、金属密封的截止阀）不可用于密封要求较高的场合和管路终端。为避免密封面受介质冲蚀，闸阀和球阀宜全开或全关。对于压力、流量、液位控制类阀门，机动阀门（电动、液动、气动），自动阀门（如温控阀、自动排气阀）的选择，必须考虑其输入、输出和操作的全部参数。选用任何种类阀门前，都应仔细阅读其生产厂的产品说明书。

② 安装各类阀门的安装必须由具有相关资格的专业人员进行；安装后须按标准要求进行试压调试合格。安装阀门的管路应有足够的位置精度；强行连接到同轴度偏差或距离偏移过大的管路会产生过量的装配应力，使阀门失效或破坏。管螺纹连接的阀门，安装旋紧时应扳旋该螺纹同侧的六角或八角部位；应控制管端外螺纹的尺寸，以免过量旋入阀门而顶压内端面，造成阀座变形影响密封性或破坏阀门。管路中的杂物会破坏阀门密封性，加快密封面的磨损，或使阀门失效。因此在安装阀门的过程中，必须彻底清洗所有的阀门和管件的通路，并尽可能在管路的进口处安装过滤器。调节类阀门和自动阀门（如：减压阀、电动阀、自动排气阀等）的安装，还须在安装前仔细阅读其说明书，按要求安装调试。

③ 使用不可用加大力臂的操作件替代原装的手轮、手柄，以免因操作力矩过大而损坏阀门。对蝶阀和球阀，过大的关闭速度会产生水锤效应，使阀门瞬间压力增大数倍，可能破坏阀门和管件，应予注意。管路压力或温度的频繁波动会降低阀门寿命或造成破坏，应设法避免。阀杆用填料结构密封的阀门，使用一段时间后可能因填料磨蚀而泄漏，可旋紧填料压盖进行补偿：如需要更换填料，必须卸去介质压力。

④ 附录。

按体壳材料，黄铜阀门的温度压力额定值如下：

介质温度(℃) / 允许工作压力(MPa) / 公称压力(MPa)	−20～120	120～200
0.6	0.6	0.5
1.0	1.0	0.8
1.6	1.6	1.3

* 摘自《五金科技 2006 年第 5 期“为您服务”栏》。

(续)

公称压力(MPa) \ 允许工作压力(MPa) \ 介质温度(℃)	-20～120	120～200
2.5	2.5	2.0
4.0	4.0	3.2

非金属密封材料允许的最高工作温度如下：

材　料	最高使用温度℃
聚四氟乙烯	180
丁腈橡胶	120
硅橡胶	150

饱和蒸汽的温度压力的对应关系如下：

压力(表压)(MPa)	0.2	0.4	0.6	0.8	1.0	1.2	1.4	1.6	1.8	2.0
饱和温度	133	152	165	175	184	192	198	204	210	215

⑤ 建议　为确保购买的阀门达到其生产厂产品说明书表述的技术规范，尽可能采用质量管理良好的厂家的产品，并注意冒牌产品的可能性。如发现冒牌产品或产品质量问题，可与公司市场办或质量保证部联系，电话：(市场办)0574－86590933

(质量保证部)0574－86590990

2. 水龙头的选用和安装*

选用水龙头主要依据水源的要求，如果是单一供水，则应选择一个进水口的水龙头，如果是冷、热水分流供应，一个进水口的水龙头就不能选用。

从外观上划分有单柄的与双柄的两种。单柄龙头只有一个孔，而双柄还可分四寸孔和八寸孔两种，这可以根据购买的台盆式样而定。

如果需要很快地调节水的温度和流量，就不宜选用双柄式的水龙头，最好使用单柄式的。如果需要变换用水的位置，就不宜选用固定式的水龙头，而应使用移动式的。所以，要根据水源及使用的要求正确选用水龙头。

水龙头从使用形式上划分有旋转式与抬启式两种。如果是经常性的手上带油、肥皂液时使用，就不应选择旋转式的水龙头，选择抬启式的水龙头更为方便。抬启式冷热混水龙头有较大的适用范围，在不好确定准确的使用方式时，可以选用此种水龙头。

水龙头从构成材质上划分有铸铁、钢、不锈钢等。不锈钢水龙头的表面处理方式很多，有仿金、镀金、仿铜、仿青铜等多种，家庭可以根据不同的装饰风格及需要进行选择。

目前市场上的水龙头的内置阀芯种类大多都采用钢球阀和陶瓷阀。

---

* 摘自《五金科技 2006 年第 5 期"为您服务"栏》。

钢球阀以其坚实耐用的钢球体、顽强的抗耐压能力，成为新一代阀芯的佼佼者，缺点是起密封作用的橡胶圈易损耗，很快会老化。而陶瓷阀本身就具有良好的密封性能，而且采用陶瓷阀芯的水龙头手感上更能体现的舒适、顺滑。龙头以铜制的为上品，铜有杀菌、消毒作用。但铜的质量好坏消费者难以识别，最好的办法就是购买有一定知名度的品牌产品。

水龙头从内部结构上划分有垫圈式和无垫圈式两种，垫圈式是传统的老产品。

挑选水龙头的基本方法：

① 表面。

看表面的光亮度。在选购时，要注意表面的光泽，以光亮无气泡、无疵点、无划痕为合格标准。

水龙头的本体一般均由铜铸成，经成型磨抛后，表面镀镍和铬。正规产品的镀层都有具体的工艺要求，并通过中性盐雾试验，在规定的时限内无锈蚀现象。挑选时用手指按一下龙头表面，指纹很快散去的，说明涂层不错；指纹越印越花的就差一些。另外，手摸无毛刺、无气孔、无氧化斑点。

② 检查。

外观选好后，还要试试水龙头的手感。轻轻转动手柄，看看是否轻便灵活，有无阻塞，开关是否顺畅，上下左右开关能否稳定地调节水温的幅度，一般上下达到 30 度，左右达到 90 度的为最佳。但有一点要注意，水龙头轻并不代表手感好。还要检查水龙头的各个零部件，尤其是主要零部件装配是否紧密，应无松动感觉。

③ 阀芯。

现在的水龙头一般都采用陶瓷阀芯，其使用方便，不易磨损。

④ 水压要求。

一般家里的水压要求不低于 0.05 MPa（即 0.5 kgf/cm^2），在不低于此水压情况下，使用一段时间后，如发现出水量减小，甚至出现热水器熄火的现象，则可在水龙头的出水口处轻轻拧下筛网罩，清除杂质，一般都能恢复如新。

⑤ 水龙头需配置的配件。

一般龙头在出厂时都附有安装尺寸图和使用说明书。打开包装应检查配件是否齐全。

一个冷热水混用的脸盆龙头一般配件应装有全套固定螺栓及固定铜片和垫片、全套面盆提拉去水器、进水管两根。面盆龙头和厨房龙头一般都装在台面上，因此它的进水管可为硬管和软管两种，长度一般在 35 厘米左右。

浴缸龙头有花洒、两根进水软管、支架等标准配件。

购买花洒时请注意：如果购买套件则不需购买任何产品，如果单买花洒则需要购买软管、升降杆或者固定器。

需自行配置的龙头配件

三角阀

为了便于连接，在家用水管和水龙头进水管的衔接处必须安装一种阀门，这种阀门称作为三角阀，在购买水龙头的同时千万不要忘了一起配好。三角阀有不同的尺寸，要根据所买的水龙头进水管的尺寸而定，一般有 3 分和 4 分两种。另外要注意的是安装三角阀时不要装得太低，以免水龙头进水管不够长，接不上，而造成不必要的麻烦，一般装在离地约 50 至 60 厘米处即可。

龙头的安装

安装时一定按厂方提供的图纸一步步进行，要请有经验和有资质的专业人员进行施工安装。

正确安装：

① 首先多次彻底冲洗进水管中的泥沙、麻丝及脏物。

② 安装时将两只进水管一端安装在龙头上，另一端接在两只角阀上，为的是增加保险控制和以后的检修用，面盆去水安装在盆底，连接好提拉，去水末端接在S或P形弯管上。水龙头与冷热供水管必须连接正确，面对水龙头，左边接热水，右边接冷水。

③ 安装时必须用力均衡，选用合适的扳手，切忌用力过度，强行安装、损坏部件。

④ 安装成功的标准是：不漏一滴水；不留一点痕。

注意：水龙头不可与硬物磕碰和摩擦，不要将水泥、胶水等残留在水龙头表面。

3. 电热水器的选用安装和使用*

随着人们生活水平的提高，小家电开始进入平常家庭。在热水器市场上，电热水器具有清洁、环保、节能、使用方便等优点而越来越受欢迎。电热水器是以电力为热源进行水加热的热水器。目前的产品主要有即热型热水器、贮水式热水器等。

电热水器的优点：

① 电热水器具有寿命持久、节能高效、安全环保、不受水压影响等特点。

② 安装方便，普通家庭可直接安装使用，长时间通电可以大流量供应热水。

③ 使用时不产生废气，较为安全卫生。

④ 目前市场上销售的电热水器多带防触电装置。

电热水器的缺点：

① 体积庞大，占用室内空间大。

② 阳极镁棒需两年更换一次，保养麻烦。

③ 浪费电能。

④ 在长期湿热的空间中，热水器电绝缘材料的绝缘性能可能会有所下降，产生漏电现象。虽装有漏电保护装置，但也时有触电事故发生。

电热水器的选购：

① 因为涉及安全问题，所以选择信誉好的热水器生产厂家和通过相关安全及质量认证的热水器很重要。

② 制作材料关系到热水器的使用寿命，应尽可能选高级材质的，而不要过于在意价格。

③ 贮水式电热水器分为敞开式和封闭式。前者的内胆与外壳有保温层，通过自来水的压力连续进出水，内胆不承受压力，专供于淋浴；后者则可多路供水，使用方便，可优先选择。即热式电热水器即开即热，体积更小巧，但对功率的要求大。

④ 电热水器内胆是选购电热水器质量的关键。现有的内胆中，不锈钢内胆材质好，不易生锈，但焊缝隐患不易发现，时间长了可能会在焊接处漏水；搪瓷内胆表面的瓷釉为非金属材料，不生锈，防腐蚀，以厚钢板做胆体，有较强的耐压能力。

⑤ 电热水器要具有多种保护功能，如防干烧、防超温、防超压装置等，高档产品还有漏电保护和无水自动断开以及附加断电指示功能。

电热水器的安装：

① 由于即热型电热水器功率大，因此使用即热型电热水器必须注意家庭的电线是否符

---

* 摘自《五金科技 2006 年第 5 期“为您服务”栏》。

合要求，否则应单独安装一条专用电线。

② 安装电热水器时，要确保热水器不会从墙上滑落；确保热水器安全接地；确保墙上的拴钩紧扣住内胆。

③ 为电热水器配置能保证其正常工作的电源插座。出口敞开式热水器出水口不能加装阀门或规定外的任何接头，否则会影响热水器使用寿命，或导致内胆爆裂，引起漏水触电。

使用注意事项：

使用时，电源插头要尽可能插紧。第一次使用必须先注满水，然后再通电。冬天，积存在器具内的水结冰易使器具损坏，所以每次使用后要注意排水。不用电热水器时，应注意通风，保持电热水器干燥。要严格按照使用说明书的要求操作。每半年或一年要请专业人员做一次全面的维修保养。

4. 麻花钻头主要几何角度

<table>
<tr><th colspan="2">名称</th><th>作　用</th><th>简　图</th></tr>
<tr><td rowspan="6">主要几何角度</td><td>锋角 2φ</td><td>锋角大、钻头强度高、切削时轴向力大；
钻硬质材料：锋角选大一些；
钻软质材料：锋角选小一些；
标准麻花钻：转角 $2\varphi = 118° \pm 2°$</td><td rowspan="2">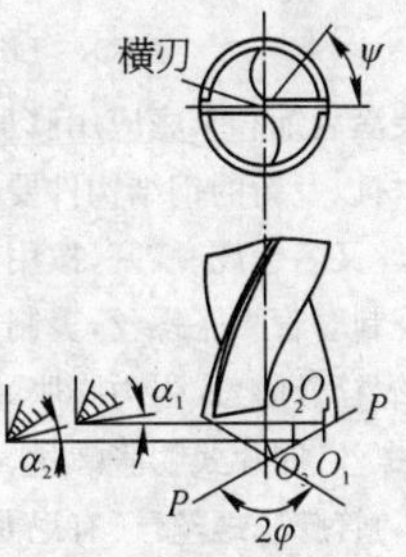</td></tr>
<tr><td rowspan="3">后角 α</td><td rowspan="3">主切削刃上任一点的切削平面与后面之间夹角。α大，近面与工件切削面之间的摩擦力越小，切削刃强度降低；越靠近中心处 α 越大，近边缘处的后角为 10°～15°</td></tr>
<tr><td>一般材料 $2\varphi = 116° \sim 118°$
$\alpha = 12° \sim 15°$
$\psi = 35° \sim 45°$</td></tr>
<tr><td>一般硬材料 $2\varphi = 116° \sim 118°$
$\alpha = 6° \sim 9°$
$\psi = 25° \sim 35°$</td></tr>
<tr><td rowspan="2">横刃斜角 ψ</td><td rowspan="2">标准麻花钻 ψ=50°～55°</td><td>铝合金 $2\varphi = 90° \sim 120°$
$\alpha = 12°$
$\psi = 35° \sim 45°$</td></tr>
<tr><td>高速钢 $2\varphi = 135°$
$\alpha = 5° \sim 7°$
$\psi = 25° \sim 35°$</td></tr>
</table>

（续）

名称	作　用	简　图
工件的固定方式	(1) 小而薄的工件可用钳子钳紧； (2) 小而厚的工件可用小型台虎钳夹持； (3) 中型或较大型工件可用压板固定	
薄板钻孔	用标准麻花钻在薄板上钻孔时，钻出的孔不圆，毛刺大，应将麻花钻切削部分磨成三个顶尖，这种钻头称薄板钻	90°　30°　1~1.5　δ+1　δ=板厚

5. 膨胀螺丝的选购与安装

建筑、装潢装饰和家庭应用膨胀螺丝已十分广泛，在钢筋混凝土或砖墙上安装电器设备、管道、器材以及新的钢结构件要与钢筋混凝土及墙体连结，一般均采用膨胀螺丝。

膨胀螺丝又名壁虎、墙塞，按用途分有电梯膨胀螺丝，卫浴膨胀螺丝等，其品种已发展到十多种，如公制套管膨胀螺丝，美制套管膨胀螺丝、增强型膨胀螺栓、重型长套管膨胀螺栓、楔桩式膨胀螺栓、锤钉式强力膨胀螺栓、化学螺栓（是通过化学品粘结栓体与墙体而增强）、三片式膨胀螺丝、四片式膨胀螺丝、内迫式膨胀螺母、外迫式膨胀螺母、锥帽套管膨胀螺丝以及尼龙（金属）管膨胀螺丝，还有尼龙窗式壁虎、尼龙双翅壁虎、尼龙打入式壁虎、尼龙轻型壁虎（与羊眼圈、灯钩连体）、尼龙锤钉垫，花式品种繁多。

螺丝（栓）虽小，承载千斤，选购和安装要达到双牢，——螺栓本身应牢、安装的基础要牢。必须注意五点。

① 注重螺丝（栓）的制造质量。

一般来说，正规钢铁厂出品的钢材，信任度较高。媒体报导，经质监部门抽查，建筑用圆钢有 30%不合格，电视媒体报导，某居民因膨胀螺丝断裂，墙上的搁板塌下，损失惨重，供销商赔偿巨款。可见小螺丝的质量至关重要。

有的膨胀螺栓，材料不正规，化学成分不合格，质量保证书对不上号（张冠李戴）。因此选材是关键，质量是根本，一定要选高端膨胀螺栓，高端产品质量上台阶，合格率高，但仍应查看质保书，把住产品质量关。

② 基础要牢靠，有的基础有缩孔、质地松散，打入膨胀螺栓不坚固，要选可靠的部位安装膨胀螺栓。

③ 钻孔直径应尽量小，一般比套筒直径大 0.5 m/m，膨胀效果好，牢固。

④ 在钢筋混凝土承重梁上安装膨胀螺栓，要注意部位，在受力大的部位，例如梁的下缘，离中和轴愈远，正应力愈高，最好不要打孔。

⑤ 按设计图纸规定的直径及数量选用安装膨胀螺栓，确保强度，维护使用安全。

6. 安全使用燃气常识

(1) 城市燃气基本知识

名称	特性与避险	成　分
天然气(是一种绿色能源)	属于易燃易爆气体,当空气中的天然气含量达到5%～10%,遇明火会发生燃烧或爆炸。	主要成分为甲烷等碳氢化合物,不含一氧化碳毒性气体,燃烧的烟气中不含腐蚀性的二氧化硫,是一种高效、清洁的优质燃料
人工煤气	一氧化碳是一种剧毒气体,当人吸入较多CO后,会因血液中缺氧而窒息,甚至死亡。 当空气中的人工煤气含量5%～50%时遇火会发生燃烧或爆炸。	由数种单一气体组成的混合气体,它含有一氧化碳(是可燃成分之一,是主要发热成分)
液化石油气	气体密度大,易挥发,热值高,虽然不含CO,在空气中所含浓度较高,会导致人麻醉发晕,若不及时采取措施,有致命危险; 室内空气中的液化石油气含量达到2%～10%,遇有火种即可引发爆炸。	主要成分是丙烷、丁烷、丙烯、丁烯馏分等,其中丁烷、丙烷占比率较大,不含CO

(2) 安全使用燃气常识

① 使用燃气时,请保持室内外的良好通风,并应有人照看,防止火焰被风吹灭。

② 停用燃气时,关闭所有燃气开关,确保安全。

③ 经常检查连接灶具的橡胶管或金属软管接头,是否有松动现象,发现胶管老化应立即更换,正常情况下,橡胶管每18个月必须换新,金属软管每五年更换一次。

④ 不要自行接装、改装燃气设施,如有需要应请专业人员施工。

⑤ 装有燃气设备的场所不能充当卧室,勿用明火取暖,以防火灾和室内缺氧窒息。

⑥ 发现灶间有泄漏燃气的迹象时,不能开灯、不能明火、不能在灶间打手机,要立即开窗通风并关掉燃气表前的总阀门。

⑦ 发现有人燃气中毒,对于轻度中毒者到室外吸入新鲜空气,症状会自行消失;对于中度或重度中毒病人,必须立即送往备有高压氧舱的医院救治(沪地有高压氧舱的医院:公利、浦南、七院、海员)。

⑧ 遵守用气法规,不得有下列行为:

(a) 盗用或损坏燃气设施;

(b) 擅自改装,迁移或者拆除用户设施;

(c) 倒灌液化石油气或者倾倒液化石油气残液,涂改瓶体标记,损坏瓶体及附件;

(d) 在不具备安全条件的场所存放和使用燃气;

(e) 危及公共安全的其他用气行为。

(3) 安全使用灶具、器具

选择安全节能型燃气器具

【选购】

① 选购燃气器具应注意器具产品所标注的燃气种类与用户所使用的燃气种类一致。

② 必须有产品质量检查合格证和质保书。

③ 请选用带有自动熄火保护装置的安全型燃气灶具。

④ 请选用“烟道式强排风”或“平衡式强排风”燃气热水器。禁止使用“直排式”或“自动排气式”燃气热水器。

⑤ 根据燃气器具的产品说明书要求，规范安装和使用燃气器具，并按产品说明书要求定期对燃气器具做好维护保养工作。

为确保用户用气安全，由主管单位上门服务，派员每两年进行一次燃气安全检查，安全检查主要内容：燃气管道、阀门、燃气表出口后的设施及燃气器具的安装、使用是否符合安全要求。

⑥ 不准在燃气器具周围堆放易燃易爆物品，燃气管道上不要悬挂重物，不准将燃气管道当作接地线。

【节能】

① 使用燃气保持良好通风，燃烧时供氧不足，既浪费燃气，又易因燃烧不充分，产生一氧化碳而导致的危险。

② 选用高效灶具。使用时根据锅底形状调整支架，使锅底置于火焰约三分之二处，不让火焰窜出锅底。发现火焰发红、发软，应调大“风门”，发现火焰矮短或根部离开火头(离焰)，应调小“风门”，使内外焰清晰，不离焰不发软、呈蓝色，保证完全燃烧。

③ 燃气器具在使用一段时间后，喷嘴烟道会产生积垢和老化，引发不完全燃烧，不但影响热效率，甚至因不充分燃烧而产生大量废气，导致安全隐患，因此通常热水器一年、灶具1～2年应及时清除积垢、提高热效保安全。

④ 热水器不准安装在吊厨内，应安装在空气畅通充足的部位，确保完全燃烧。

(4) 家用燃气软管

【用途】 用于家用管道天然气、煤气及液化石油气球阀与燃器具间连接的软管。

【规格】

<table>
<tr><td>标准产品</td><td colspan="5">HG/T 2486—1993</td></tr>
<tr><td>品种</td><td colspan="5">单层软管：表面光滑的黑色胶管；
双层软管：外胶层，橘黄色，纵向有凹槽花。
三层软管：外胶层，橘黄色，表面带有与轴线平行的凹槽花。</td></tr>
<tr><td rowspan="3">规格</td><td rowspan="2">内径×壁厚(mm)</td><td rowspan="2">流量 mL/n</td><td rowspan="2">适用温度
(℃)</td><td colspan="2">密性试验(MPa)</td></tr>
<tr><td>气密</td><td>耐压</td></tr>
<tr><td>ϕ9×3
ϕ13×3.3</td><td>≤5
≤7</td><td>树脂－10～70
橡胶－10～90</td><td>0.1</td><td>0.2</td></tr>
</table>

7. 安全栅与逃生窗

又称防盗栅、防护栅。

【用途】 在居家住宅的1～3楼窗户外，用不锈钢方管或圆钢安装一套防护栅，在心理上产生了安全感，也确实有一定的防护效果。每当遇到突发的火灾，安全栅阻碍了逃生出路。媒体曾报导过南方某城市因安全栅妨碍火灾时逃生而葬身火海的惨剧。人们若能反思，应该在安全栅上开一扇逃生窗，学会在危急时保护自己。

8. 安全使用熔断丝

又称保险丝、软铅丝、铅锡合金熔断丝。

【用途】 这是有电表住家必备的五金件，每台电表有两根熔断丝安装在白瓷料内，它的作用是确保安全用电，每当用电量超过额定值时，熔断丝即熔化而切断电源，维护居家安全。如果使用不当，不按规定配置熔断丝，而是擅自用相同直径铜丝替代熔断线，在危急时，铜丝难熔断，电流仍通过，都会对用户的生命财产安全带来极大的危害，为此必须按规范配置熔断丝，确保居家用电安全。

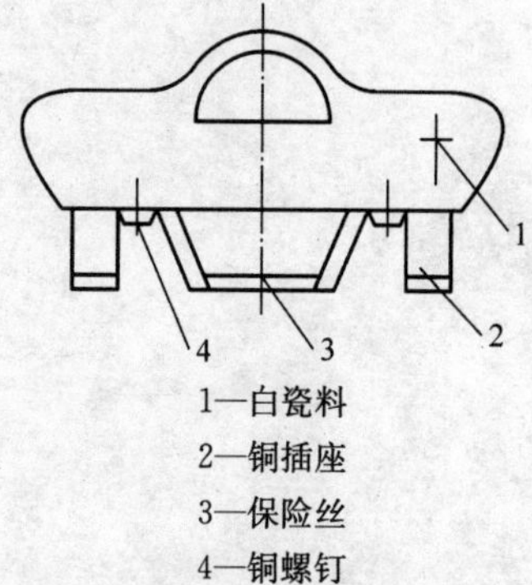

1—白瓷料
2—铜插座
3—保险丝
4—铜螺钉

【计算】 1. 已知英制 18 号熔断丝（直径 1.2 mm），估算熔断电流 $I = K \times (1.2)^{3/2}$ A

K 系数：圆截面的锡铅合金或纯铅 $K = 10$，则 $I = 10 \times (1.2)^{3/2} = 13$ A

铜丝：$K = 80$，则 $I = 80 \times (1.2)^{3/2} = 105$ A。

2. 已知额定电流 50 A，求熔断丝直径. 用铅锡合金，直径 $\phi = (1/10 \times 50)^{2/3} = 2.9$ mm（即 12 号熔断丝）

用铜丝　直径 $\phi = (1/80 \times 电流)^{2/3} = (1/80 \times 50)^{2/3} = 0.73$ mm，即 22 号铜丝。

9. 慎防甲醛，维护安全

甲醛的分子式为 CH_2O 或 HCHO，水溶液又称福尔马林，是无色或略带黄色的透明液体，是一种易挥发的物质。

在居室里甲醛的释放源有未释放完的游离甲醛的涂料涂装的墙壁、家具，用脲醛、酚醛和三聚氰胺等合成树脂胶黏剂生产的刨花板、中密度纤维板、胶合板、细木工板、各种复合空心板装修房子，做家具，都将成为甲醛释放源污染环境。保护环境，保护健康，国家已淘汰含游离甲醛的某些涂料，例如 106、107、803 内墙涂料，同类型的外墙涂料严格限制使用。

室内空气中甲醛浓度的限制如下：

一类：据《居室空气中甲醛卫生标准》限制值 0.08 mg/m³；(GB/T 16127—1995)。

二类：据《旅店业卫生标准》，限制标准 0.12 mg/m³；(GB 9663—1996)。

游离甲醛对人体危害的症状

当空气中含有少量游离甲醛时会引起眼睛刺痛、流泪；当甲醛浓度升高时，会出现咽喉痛痒、鼻痛胸闷，呼吸困难、软弱无力、头痛等症状。长期工作或生活在高浓度甲醛环境中，人会慢性中毒，会产生消化道障碍，呼吸道黏膜及眼睛溃烂。

【实例】

某厂退休职工张老迁入经过装修一新的新居后，总感到喉部不适，有痛痒感，咳嗽气喘呼吸困难、疑是气管炎发作，求医服药无效，经查是甲醛惹的祸，慢性中毒，病情越发严重，哮喘耐忍，2～3 min 就得对喉部喷药雾，发展到一病不起。

附录三　新型五金器材选用与采购指南

提示：选材与采购是工程的基础，搞得好，工程顺利，若失误，全局皆输。以下实例鲜为人知，很有参考价值。

1. 总　　则

① 首选机械化大生产的新品、合适的标准件、通用件。例如热轧 H 型钢比用手工焊条电弧焊自制的 H 型钢质量稳定，价格低 50%；工程中用的风管，普遍应用机制螺旋形风管系列，比小作坊钣金工自制的风管，使用效果好。

② 尽量应用拉拔成形的异型金属管，减少单件金切加工。例如某电化设备用一批 M30 铜螺母，老办法是先热锻毛坯，再金切加工、工作效率低，耗料多，成本高，后来外协加工成六角铜管后再金加工，经济效益翻了两番。

③ 关注牌号上的每一个代号。采购时切莫搞错。

对钢材牌号在正式设计文件如图纸、材料订单等中应采用全称，其完整的称呼包含四个部分：代表屈服点的 Q 以 N/mm^2 为单位的屈服点数值、钢材质量等级符号(A、B、C、D、E)和脱氧方法符号(F、b、Z、TZ)。符号依次代表沸腾钢、半镇静钢、镇静钢和特殊镇静钢。Q235 钢中 Z、TZ 可省略；低合金高强度结构钢中无沸腾钢和半镇静钢；因而其全称中无脱氧方法符号。Q235 钢不同质量级别及脱氧方法见下表。

钢材牌号及质量级别	冲击韧性试验温度(℃)	合格标准(J)	脱氧方法
Q235 A	不做冲击	韧性试验	F、b、Z
Q235 B	20	27	F、b、Z
Q235 C	0	27	Z
Q235 D	−20	27	TZ

合格的冲击韧性，可防钢材脆性断裂，特别是低温冷脆断裂。低合金高强度结构钢冲击韧性标准(见第一章)。

焊接结构钢不能用 Q235 A 钢(该钢含碳量不作交货条件)；处于低温工作条件下需验算疲劳的结构钢不能选用 Q235 B 钢。总之，钢材牌号中每个符号均有含义，务必正确理解。一念之差，会造成失误。举例如下：

① 某工程需用一大批 A3 结构钢，采购员不了解“F”的含义，认为只要牌号对，多个“F”无所谓，误订了 A3F(沸腾钢)，到货后，厂内有关部门认为是专料专用，不予查核，直到焊接竣工，质量检验员对照图纸检验，才发现用错材料，产品只得报废，误了工期，损失惨重，全局皆输。

② 跑对大门走错小门。钢材牌号是对的，质量级别失误，冲击韧性不达标，不能保证低温冲击韧性，只得报废。

③ 不了解材料技术标准，用于焊接结构的材料，误订“Q235A”，钢中含碳量是可焊性的主要依据，钢厂供货不能确保含碳量达标，说明可悍性是一个未知数。订货时必须注意。

材料应用及采购订货前，应仔细阅读国家技术标准有关条款，诸如冶炼方法、交货状态、力学性能、化学成分、表面质量、检验规则、验收标准和质量证明书等。有何要求，必须有言在先，及早提出、订入供货协议，不得含糊。

④ 关注五金商品名称。

五金商品名称有术语、学名和方言，在采购前，必须克服语言障碍，了解所购商品的术语。现将常见的有多种名称的五金商品列于下表，供参考。

序号	术语	南方话	北方话	其他名称	说明
1	巴氏合金 metal		乌金	硬铅、白合金	以铅为主要成分的合金，含锡约 90%
2	boss	搭子（江南话）		薄斯	机件在安装螺丝销子的部位，有一块凸缘，呈圆形
3	轴衬 bushing	婆司		步司 布司	镶在异种材料中的管状轴承
4	键 key			销子	嵌在轴上的销子用于固定齿轮、皮带轮等
5	铰链 hinge		合页合页	铰页	一个销子为轴，连接两片铰页
6	旋塞 cock			考克 卡克	简单的阀，由阀体和阀塞组成，旋转阀塞控制流量
7	蝶形螺母	元宝螺帽		元宝螺母	螺母外壳有两蝶形，用于旋转螺母
8	狭錾 cape chisel	扣槽錾	尖錾子	冷錾	头部狭窄有开口，用于焊缝清根
9	分层	夹灰		层状撕裂	钢板内在缺陷
10	扁钢	样板铁		扁铁、钢带	GB/T 708—2006
11	圆头手锤	奶子榔头		圆顶手锤	最常用、顶部呈半球形
12	八角锤	义榔头	铁匠鎯头	大锤钢锤	截面呈八角形、广泛用于锻工及钢结构加工 QB/T 1290.1
13	羊角锤	羊角鎯头		木匠鎯头	木工常用工具 QB/T 1290.8

（续）

序号	术语	南方话	北方话	其他名称	说明
14	螺钉旋具	螺丝刀、旋凿	螺丝起子	螺丝批	用于旋紧或拆卸一字槽螺钉(GB 10639)或十字槽，螺钉(GB 1064)
15	钢丝钳	克丝钳		花腮钳	夹持、弯曲或折断金属片或丝 GB 6295.1
16	手虎钳		手拿子		夹持小型工件
17	螺旋千斤顶	压弗杀(江南话)	千斤顶	螺旋起重顶	有普通型、钩式和剪式 JB 2592
18	油压千斤顶	液压压弗杀	液压千斤顶	油泵	有立式和立卧两种 JB 2104
19	千分尺	分厘卡	千分尺	外径千分尺	GB 1216 GB 6312 有外径千分尺，壁厚千分尺等
20	塞尺	飞纳片(江南话)	塞尺	厚薄规，间隙规	测量工件间隙，有 A 型 B 型。JB/T 7979
21	滚珠轴承 bali-bearing	弹子盘罗勒培令(江南话)	滚珠、球架(商名)	钢珠轴领(商名)	包括各种滚子轴承在内
22	活扳手 spanner	活络扳头(江南话) 士班拿(广东话)	搬子	螺丝扳(头) 螺丝扳手	用于拆装螺栓、螺母、GB/T 4440
23	管子钳 pipe-wreneh	管子扳头(江南话)水喉候士班拿(广东话)	管搬子	管子钳	管道及其附件的安装和拆卸，常用工具(GB 8406)
24	起重卸扣 shackle	钩环卸甲	沙钩	钢卸扣	连接钢丝绳或链条用 JB 8112
25	离合器 eluteh	克拉子(江南话)	靠背轮	靠必林	联结两轴，可随时分离或再联结的机件时离时合

⑤ 尽量选购节能型器材。新能源有光伏电池、锂电池、LED 新光源；节能型有节能焊机，节能光源、“三机一泵”节能器材、节水器材装置、农田灌溉节水装置(可节水 30%～50%)，金龙卡洗澡节水装置(节水 50%)。

2. 材　　料

(1) 不锈钢材好,选用有窍门

应用不锈钢当然首选其“不锈”性能。但必须具体分析,全面掌握其特性之后,才能有的放矢地合理选用。由于信息不通,缺乏了解,业内有些人士仍陷入误区,选材失误工件报废。一名工人去仓库领用1Cr18Ni9Ti不锈钢,管理员告之只有1Cr18Ni9,工人回答只要是不锈钢,缺Ti无所谓,擅自领用,制成工件后,由于抗蚀性不合格,只得报废。有的不问腐蚀介质和环境,非用牌号前有“0”或“00”的不锈钢,有的片面认为价格贵的不锈钢就是好,造成功能过剩,浪费资源。以常用的三种不锈钢材料为例,价格相差悬殊,“316L”是“304”的1.8倍,“304”是“430”的1.8倍左右。合理选用可显见效益。有的选对了牌号,用错了焊条,使焊缝开裂。普及不锈钢材料知识,掌握选用窍门是不锈钢应用现实问题。

(2) 选用“硬铝”指南

硬铝是铝铜合金,又名杜拉铝,现行牌号2A12,曾用牌号LY12、凸16,(相当于美国2024、CG42A;德国ACuMg)。

硬铝特性:比重小,2.6～2.8 g/cm^3,仅钢的1/3左右;强度高,淬火状态σ_b40.6 MPa,$\sigma_{0.2}$ 27 MPa;是通过热处理手段提高力学性能。上述两特点深受设计师青睐,但必须注重另外两个特点:焊接性能差,焊缝达不到母材强度,通常采用铆接结构;抗腐蚀性能差,板材被腐蚀后坑坑洼洼或穿孔。型材用作扶强材后被烂断,成甘蔗楂状态,支离破碎。要延长使用年限,必须采用有效的防腐蚀措施(摘自《应用实例》)。

(3) 选用“钛及钛合金”指南

工业纯钛和钛合金是我国迅速发展,应用渐广的新型材料。特点如下:

① 密度小,4.51 g/cm^3,比强度高于铝合金和钢。

② 钛合金工作温度范围较宽;−253～550 ℃。

③ 抗蚀性优良,不发生局部腐蚀和晶间腐蚀,一般为均匀腐蚀。抗腐蚀能力比不锈钢强15倍,使用寿命比不锈钢长10倍以上。制碱厂氨盐水溶液中工作的铸钛叶轮使用寿命比铸铁叶轮提高50余倍。在制盐生产中,某盐矿用钛氨蒸发器替代碳钢蒸发器,15年节约资金155万元,经济效益可观。由于钛材和钢材的价格在经常变动,应根据当时当地实际情况作经济技术分析后,可得到提高效益的确切数据。

④ 钛合金常应用在喷气发动机、航空构架,化工设备、制盐设备、氯碱工业、滨海核电站、海洋工程、舰艇配件(钛推进器、海水泵、球阀等),在海军和空军装备中具有很大应用潜力(如深潜艇壳体)。汽车工业应用钛制品市场巨大,在新一代汽车上主要用作发动机元件、底盘部件、阀门系统、连杆、排气系统、半轴和紧固件,钛材在汽车业的广泛应用,其用量将超过目前航天航空业。钛材已走进百姓家,在日常生活领域已得到广泛应用,例如手表、运动器械、自行车、网球拍、珠宝行业等。

(4) 提高材料利用率指南

① 精打细算统筹策划。

在计划经济年代,材料由上级统配,来什么规格用什么规格,遇到不合适的规格,使边料角料一大堆,材料利用率低;现在市场经济,企业自主采购材料,对所用材料规格,事先精打细算,编制采购清单,到市场去寻找最佳规格。

② 挑选最佳宽度和长度的板料。钢板用于开料,焊制⊥形钢或H形钢(特殊规格),板

宽合适，可以无边料或少边料，使利用率约100%；最佳长度，可不拼接或少拼接。

③ 挑选型钢最佳长度；对于栓结构，按照实用长度，采购时定尺，制作时不再火焰切割，仅在两端铣切，只需加放微余量作铣切之用；对于焊接结构，先算出焊接收缩余量和气割余量，有的放矢确定订货长度，不必像过去那样“头戴三尺帽，准备砍几刀”的做法。某厂承造国外工程，需用22米长的热轧H型钢，按过去方法是在工地上把数根拼焊成一根，工艺烦琐。现在当运输条件许可时，从钢厂订购22米的H型钢，整根交货，发往国外工地安装。

3. 工具五金

① 技术标准是采购和使用工具的依据，采购前吃透技术标准，关注工具材料、冲击韧性、热处理规范、表面硬度表面处理、手柄形状及技术要求，逐一对照产品说明书，这是采购工具五金必须要做的功课。手柄形状直接关系到使用安全、使用寿命和生产效率；表面处理有进行电镀、发黑或其他表面处理及表面粗糙度，扳手两侧表面粗糙度 $Ra \geqslant 12.5\ \mu m$，扳手表面粗糙度 $Ra \geqslant 25\ \mu m$。

合金工具钢，常用牌号有：Cr12MoV、4CrW2Si；高速工具钢，常用牌号有：W18Cr4V、WbMo5Cr4V2。

② 防爆工具(Non Sparking Tools)是铍铜合金、铝铜合金材料制成的特殊工具，适合煤矿、化工等高危行业现场使用，是易燃易爆工作环境中，预防火灾和爆炸事故必用的专用工具，要认真了解此工具的适用范围、性能、特点及使用保养方法。还应严格注意产品是否标有“EX”标志。采购及使用防爆工具前，必须熟知使用说明书上技术要求。

4. 紧 固 件

(1) 彩涂钢板自钻自攻螺钉选用指南

我国压型彩钢板房发展很快，从南到北都在兴建。由于设计或制作过程选择螺钉不妥，在使用中出现了一些问题，例如，有的建筑竣工没有几年就出现螺钉烂断而漏水，只得中途抢修。其实压型钢板房屋，早在50多年前已有了，当时解决不了防腐蚀问题，不能获得推广，直到1978年，从国外引进的压型彩涂钢板，具有高效防腐保护膜，一般可使用30年以上，但因片面地认为它的基板是碳素钢，因而选择碳素钢螺钉。实践证明，碳素钢螺钉防腐性能无法与彩涂板相比，虽然碳素钢螺钉也作了镀锌防腐处理，但是在自钻自攻过程中锌层磨损，防腐效果不佳，半截螺钉埋在孔穴中，无法拔出，只得再在屋面上覆盖防水涂料，维修费剧增。

实践证明，要使彩板房达到30年以上的使用年限，必须选用AISI 304或316奥氏体不锈钢自钻自攻螺钉，可从根本上杜绝腐蚀的发生，这是欧美钢结构建筑首选的紧固件，该紧固件配有防水垫圈，螺杆顶部能紧贴垫圈内层，防止水分入侵。△98

(2) 木螺钉选用指南

木螺钉种类有：开槽沉头木螺钉(GB 100—86)、十字槽沉头木螺钉(GB 951—86)、开槽元头木螺钉(GB 99—86)、十字槽元头木螺钉(GB 950—86)、开槽半沉头木螺钉(GB 101—86)、十字槽半沉头木螺钉(GB 952—86)。用途：在木质器具上紧固金属件或物品。根据适用和需要，选择适当形式钉头，沉头木螺钉应用最广。公制木螺钉直径 d(mm)：1.6 2 2.5 3 3.5 4 5 6 8 10，钉长系列(mm)、6～22(间距2)、25～90(间距5)、100、

120。材料：一般用低碳钢制造，表面滚光或镀锌钝化、镀铬等。

使用中常见缺陷有：1. 钉杆太软，易产生弯曲变形，2. 头部槽壁太软，易变形。在旋入木质时，旋具顶部在槽中打滑。特别是用低端旋具拧紧低端木螺钉时，旋具不听使唤，进退两难，螺钉报废，工效降低。采购时务必选择中、高档螺钉。

(3) 螺栓螺钉螺柱螺母选用指南

① 熟知技术标准：机械性能等级，材料和热处理，产品等级、螺纹公差、表面处理、硬度等技术要求；

② 精通规格表示方法。螺栓、螺钉、螺柱、螺母等紧固件，其规格用“标记”表示，“标记”是无声的语言，采购必须精通商品的标记，标记中的每一个符号、数字均有特定的含义，反映商品的特征，不熟悉“标记”，可能造成采购失误。紧固件是如此，机电产品同样如此，有的用字母表示安装位置（左或右），该订购左用的，误订了右用。设备器材来了不能用。商品“标记”示例繁多，不胜枚举，可参阅本手册、国家标准或产品说明书，从中查到“标记”的含义。

③ 开槽机器螺钉、开槽自攻螺钉、开槽紧定螺钉都是用旋具插入槽中进行拧紧，务必关注开槽的质量，槽形精度，槽口的硬度，确保能用旋具可靠拧紧螺钉。

④ 宜向机械化大批量生产的专业厂订购。

5. 玛钢管件选购指南 *

玛钢管件是可锻铸铁管路连接件，用于水管、气管及油管等管道的连接（见本册第 36 章）。随着我国新兴产业飞速发展，需求量与日俱增，要求质量越来越高。小小管件关系到使用安全及使用年限。如何选购玛钢管件。

① 以国家技术标准 GB/T 3287—2000 为依据，按照国家标准的质量要求对照识别玛钢管件。

② 按照产品标记逐批逐个检查玛钢管件。例如产品标记 Al - 3/4 - Zn - D(*DN*20 mm 弯头)，规定单件重大于 150 克，偷工减料的玛钢管件，其重量一般轻 10%以上，管壁厚度必然减薄，影响使用年限。因此称重是辨别玛钢管件质量是否达标的方法之一。

③ 检查管件抗腐蚀性能。管件必须热镀锌，伪劣产品在加工螺纹后再进行电镀锌或其他涂料处理，防腐蚀性能较差，安装使用后，管道内有黄水（锈水）流出。

④ 观看螺纹长度是否合格，确保管接长度牢固密配。

⑤ 检查管件韧性，如用外力敲击，应无裂纹。

6. 指点迷津，应用金点子选择器材

读者应用新型五金器材有成功的经验，也遇到难点，陷入迷津，现举例并用金点子解读。

① 装饰用不锈钢管，量大面广。有人惯用 SUS 316L（00Cr17Ni14Mo2）超低碳奥氏体不锈钢管制作栏杆，很不经济。

【金点子】 选用焊接不锈钢管 SUS 304（0Cr18Ni9）或 SUS 302（1Cr18Ni9）比较合适，能满足耐城市大气腐蚀的要求，价格较低，304 是 316 价格的 60%。经济实用。

② 盛放自来水的不锈钢水箱，过去制作惯用 SUS 304 或 SUS 316L，价格贵，使用效果

---

* 摘自《中国五金与厨卫》2010. No7

并不好。众所周知，自来水中有漂白粉，含有氯离子，易造成应力腐蚀(代号 SCC)，使水箱破裂。

【金点子】 可选用新型材料“宝钢 444 不锈钢”，耐 SCC 腐蚀性能好，价格适中。

③ 石化、造纸和乳品等行业使用的冷却器、换热器。常规应用 SUS 304、SUS 304L、SUS316L 奥氏体耐酸不锈钢，美中不足是耐应力腐蚀(SCC)差，有的使用 2～4 个月腐蚀开裂，报废。

【金点子】 不妨选用双相不锈钢“3RE60”，使用十年未见腐蚀。

④ 警惕装饰房甲醛超标，危害人身健康。

老张退休后，居室装饰一新，搬入新居后，并发严重的呼吸道疾病，一病不起而去世。事后才知道是甲醛惹的祸。

【金点子】 装饰竣工后必须检测室内空气中的甲醛含量；不得超过 0.08 mg/m^3，旅店卫生标准限甲醛 0.12 mg/m^3。(GB 16127—1995、GB 9663—1996)。测量甲醛仪器型号：GDYQ-201SA 或 GDYQ-201MA。

⑤ 应用新型漆膜测厚仪，保障钢结构使用年限。过去钢结构漆膜厚度不测量，设计图纸上的规定是纸上谈兵，漆膜厚度不达标，加速腐蚀，维修费猛增，甚至缩短使用年限。

【金点子】 漆膜厚度作为质量考核指标，施工企业必须配备涂层测厚仪，检测数据记入竣工质量文件。(漆膜测厚仪见 21 章)

⑥ 新型高强度螺栓是钢结构工程的主心骨，有的工程尚未交付使用，个别高强度螺栓头已掉下，这是十分危险的隐患。

【金点子】 原材料强度过高会产生滞后断裂，安装时拧得过紧、螺栓头会掉下。

高强度螺栓广泛应用，有一套成熟的工艺，严格执行规范、规程和规则，严格按规定使用工具。

⑦ 新型异型管。某厂加工一批 M50 纯铜螺母，净重 1 kg，锻制毛坯 2 kg，耗料多，工费高。

【金点子】 先拉拔成六角异型铜管，然后切割加工成六角铜螺母，省工省料经济效益好。

⑧ 新型焊接器材。有些焊接工程企业电焊机老化，功能下降，工效低，成本高。

【金点子】 新型节能焊机可节电 50%，高效焊条可提高工效。应用新型焊接器材，助你降本增利。

⑨ 新型螺旋风管管系。船舶、宾馆、商厦等建筑应用中央空调，配套的风管，靠老办法手工钣金制作，很难满足大工程的需求。

【金点子】 宜应用机械化生产的螺旋风管管系。其特点是：风阻小，耐腐蚀，防燃与密封性良好。

⑩ 新型钻具。老式钻头较难提高工效。

【金点子】 新型钻头用新材料，新涂层，高硬度、高精度，排屑阻力极小。适合钻大直径的孔有空心钻或取芯钻，钻孔效率提高数倍。

⑪ 居家、宾馆饮用水管道，即使使用全套净化装置，仍易产生二次污染，不利于身体保健。

【金点子】 现代家庭“紫铜管”装修新概念。紫铜管能抑菌、将紫铜管用于给水，卫生健康。工业发达国家普遍采用，美国达 81%，英国 95%，澳大利亚 85%。

产地：⚠ 40。

附录四 六国字母标准代号与钢材标记

提示：与法、德交往日渐频繁，在本附录中增加了“法语”和“德语”字母。在化学元素周期表中，增加了纯金属及部分非金属性能。

1. 六国字母及符号

(1) 汉语拼音字母及英语字母

大写	小写	字母名称		大写	小写	字母名称		大写	小写	字母名称	
		汉语	英语			汉语	英语			汉语	英语
A	a	啊	爱	J	j	捷	捷	S	s	爱司	爱司
B	b	倍	比	K	k	开	开	T	t	态	梯
C	c	猜	西	L	l	爱尔	爱尔	U	u	乌	由
D	d	歹	地	M	m	爱姆	爱姆	V	v	维	维
E	e	鹅	衣	N	n	乃	恩	W	w	蛙	达勃留
F	f	爱富	爱富	O	o	喔	喔	X	x	希	爱克司
G	g	该	忌	P	p	排	批	Y	y	呀	哇爱
H	h	喝	爱去	Q	q	丘	扣乌	Z	z	再	谁
I	i	衣	阿爱	R	r	啊尔	啊				

注：1. 汉语拼音字母和英语字母同源于拉丁字母，故也称拉丁字母。

2. 字母名称均是普通话近似注音，两字以上的注音须快速连读。以下表中相同。

(2) 希腊字母

大写	小写	字母名称	大写	小写	字母名称
A	α	阿耳法	N	ν	纽
B	β	倍塔	Ξ	ξ	克西
Γ	γ	伽马	O	o	奥米克隆
Δ	δ	迭尔塔	Π	π	派
E	ε	厄普西隆	P	ρ	罗
Z	ζ	捷塔	Σ	σ, ς	西格玛
H	η	厄塔	T	τ	掏
Θ	θ, ϑ	西塔	Υ	υ	宇普西隆
I	ι	约塔	Φ	φ, ϕ	斐
K	κ	卡帕	X	χ	西
Λ	λ	兰姆达	Ψ	ψ	普西
M	μ	谬	Ω	ω	欧米伽

(3) 日文假名表*

① 清音(五十音图)

	わワ 行	らラ 行	やヤ 行	まマ 行	はハ 行	なナ 行	たタ 行	さサ 行	かカ 行	あア 行	行／段
んン	わワ	らラ	やヤ	まマ	はハ	なナ	たタ	さサ	かカ	あア	あア
n	wa	ra	ya	ma	ha	na	ta	sa	ka	a	段
	(ゐヰ)	りリ	(いイ)	みミ	ひヒ	にニ	ちチ	しシ	きキ	いイ	いイ
	i	ri	i	mi	hi	ni	chi	shi	ki	i	段
	(うウ)	るル	ゆユ	むム	ふフ	ぬヌ	つツ	すス	くク	うウ	うウ
	u	ru	yu	mu	fu	nu	tsu	su	ku	u	段
	(ゑヱ)	れレ	(えエ)	めメ	へヘ	ねネ	てテ	せセ	けケ	えエ	えエ
	e	re	e	me	he	ne	te	se	ke	e	段
	をヲ	ろロ	よヨ	もモ	ほホ	のノ	とト	そソ	こコ	おオ	おオ
	o	ro	yo	mo	ho	no	to	so	ko	o	段

② 浊音

ばバ 行	だダ 行	ざザ 行	がガ 行	行／段
ばバ	だダ	ざザ	がガ	あア
ba	da	za	ga	段
びビ	ぢヂ	じジ	ぎギ	いイ
bi	ji	ji	gi	段
ぶブ	づヅ	ずズ	ぐグ	うウ
bu	zu	zu	gu	段
べベ	でデ	ぜゼ	げゲ	えエ
be	de	ze	ge	段
ぼボ	どド	ぞゾ	ごゴ	おオ
bo	do	zo	go	段

③ 半浊音

ぱパ 行	行／段
ぱパ	あア
pa	段
ぴピ	いイ
pi	段
ぷプ	うウ
pu	段
ぺペ	えエ
pe	段
ぽポ	おオ
po	段

* 右边的假名是片假名(楷书),左边的假名是平假名(草书),下面的拉丁字母是“黑本式”的日语注音字母。括号中的假名是重复的或已废弃的假名。

(4) 俄语字母

大写	小写	字母名称	大写	小写	字母名称
А	а	啊	Р	р	爱耳
Б	б	勃埃	С	с	爱斯
В	в	弗埃	Т	т	台
Г	г	格埃	У	у	乌
Д	д	待埃	Ф	ф	爱富
Е	е	耶	Х	х	哈
Ё	ё	哟	Ц	ц	茨
Ж	ж	日	Ч	ч	切
З	з	兹	Ш	ш	沙
И	и	依	Щ	щ	夏
Й	й	伊(短音)	Ъ	ъ	(硬音符号)
К	к	克	Ы	ы	厄
Л	л	爱尔	Ь	ь	(软音符号)
М	м	爱姆	Э	э	埃
Н	н	恩	Ю	ю	由
О	о	喔	Я	я	雅
П	п	迫			

(5) 法语字母

大写字母	小写字母	音标	近似读音(汉语拼音)	大写字母	小写字母	音标	近似读音(汉语拼音)
A	a	[ɑ]		N	n	[ɛn]	
B	b	[bc]		O	o	[ʊ]	
C	c	[sc]		P	p	[pc]	
D	d	[dc]		Q	q	[ky]	
E	e	[ə]		R	r	[ɛːc]	
F	f	[ef]		S	s	[ɛs]	
G	g	[ʒc]		T	t	[tc]	
H	h	[af]		U	u	[ʏ]	
I	i	[i]		V	v	[vc]	
J	j	[ʒi]		W	w	[dubləvc]	
K	k	[kɑ]		X	x	[iks]	
L	l	[ɛi]		Y	y	[igrɛk]	
M	m	[ɛm]		Z	z	[zɛd]	

(6) 德语字母(印刷体)

大写	小写	名称	近似读音(汉语拼音)	大写	小写	名称	近似读音(汉语拼音)
A	a	a	ɑ	N	n	onn	ein
B	b	be	bei	O	o	o	ou
C	c	tse	cei	P	p	pe	pei
D	d	de	dei	Q	q	ku	ku
E	e	e	ei	R	r	evv	ri
F	f	eff	eif	S	s	ess	eis
G	g	ge	gei	T	t	te	tei
H	h	ha	hɑ	U	u	u	u
I	i	i	i	V	v	fau	fɑo
J	j	jott	yɑot	W	w	we	vei
K	k	ka	kɑ	X	x	iks	eiks
L	l	ell	eil	Y	y	ypsilon	yupisilong
M	m	emm	eim	Z	z	tsett	ceit

注：ö　wo　ü　yu　β　eiscit　发音规则按照中文拼音的第一声发音。

(7) 罗马数字

罗马数字	表示意义	罗马数字	表示意义	罗马数字	表示意义
Ⅰ	1	Ⅶ	7	C	100
Ⅱ	2	Ⅷ	8	D	500
Ⅲ	3	Ⅸ	9	M	1 000
Ⅳ	4	Ⅹ	10	$\overline{X}$	10 000
Ⅴ	5	Ⅺ	11	$\overline{C}$	100 000
Ⅵ	6	L	50	$\overline{M}$	1 000 000

例：ⅩⅦ＝17，ⅩL＝40，CⅩ＝110，MDCCCⅩⅣ＝1 814，MCMLⅩⅩⅦ＝1 977。

2. 化学元素周期表(含主要纯金属及部分非金属的性能)

原子序数	符号	名称	读音	密度(g/cm^3)	熔点(℃)	相对电导率(%)	布氏硬度(HB)
1	H	氢	qīng				
2	He	氦	hài				
3	Li	锂	lǐ				
4	Be	铍	pí	1.85	1 285	23	120
5	B	硼	péng	2.34	2 100	—	—

（续）

原子序数	符号	名称	读音	密度(g/cm³)	熔点(℃)	相对电导率(%)	布氏硬度(HB)
6	C	碳	tàn	2.25	3 727	—	—
7	N	氮	dàn				
8	O	氧	yǎng				
9	F	氟	fú				
10	Ne	氖	nǎi				
11	Na	钠	nà				
12	Mg	镁	měi	1.74	649	34	36
13	Al	铝	lǚ	2.70	660.2	60	25
14	Si	硅	guī	2.33	1 414	—	—
15	P	磷	lín	1.83	44.1	—	—
16	S	硫	liú	2.07	115	—	—
17	Cl	氯	lǜ				
18	Ar	氩	yà				
19	K	钾	jiǎ				
20	Ca	钙	gài				
21	Sc	钪	kàng				
22	Ti	钛	tài	4.51	1 672	3.4	115
23	V	钒	fán	6.1	1 917	6.1	264
24	Cr	铬	gè	7.19	1 857	12	110
25	Mn	锰	měng	7.43	1 244	0.8	210
26	Fe	铁	tiě	7.87	1 538	16	50
27	Co	钴	gǔ	8.9	1 492	30	125
28	Ni	镍	niè	8.9	1 455	22	80
29	Cu	铜	tóng	8.9	1 083	90	40
30	Zn	锌	xīn	7.14	419.5	26	35
31	Ga	镓	jiā				
32	Ge	锗	zhě				

(续)

原子序数	符号	名称	读音	密度 (g/cm³)	熔点(℃)	相对电导率(%)	布氏硬度 (HB)
33	As	砷	shēn	5.73	814	—	—
34	Se	硒	xī	4.81	221	—	—
35	Br	溴	xiù				
36	Kr	氪	kè				
37	Rb	铷	rú				
38	Sr	锶	sī				
39	Y	钇	yǐ				
40	Zr	锆	gào	6.49	1 852	3.8	125
41	Nb	铌	ní	8.57	2 468	10	75
42	Mo	钼	mù	10.22	2 622	29	160
43	Tc	锝	dé				
44	Ru	钌	liǎo				
45	Rh	铑	lǎo				
46	Pd	钯	bǎ				
47	Ag	银	yín	10.49	960.5	100	25
48	Cd	镉	gé	8.65	321.1	20	20
49	In	铟	yīn				
50	Sn	锡	xī	7.4	231.9	13	5
51	Sb	锑	tī	6.68	630.5	3.9	45
52	Te	碲	dì				
53	I	碘	diǎn				
54	Xe	氙	xiān				
55	Cs	铯	sè				
56	Ba	钡	bèi				
57	La	镧	lán				
58	Ce	铈	shì				
59	Pr	镨	pǔ				
60	Nd	钕	nǚ				

(续)

原子序数	符号	名称	读音	密度(g/cm³)	熔点(℃)	相对电导率(%)	布氏硬度(HB)
61	Pm	钷	pǒ				
62	Sm	钐	shān				
63	Eu	铕	yǒu				
64	Gd	钆	gá				
65	Tb	铽	tè				
66	Dy	镝	dī				
67	Ho	钬	huǒ				
68	Er	铒	ěr				
69	Tm	铥	diū				
70	Yb	镱	yì				
71	Lu	镥	lǔ				
72	Hf	铪	hā				
73	Ta	钽	tǎn	16.67	2 996	11	85
74	W	钨	wū	19.3	3 410	29	350
75	Re	铼	lái				
76	Os	锇	é				
77	Ir	铱	yī	22.4	2 447	31	170
78	Pt	铂	bó	21.45	1 772	16	40
79	Au	金	jīn	19.32	1 063	73	20
80	Hg	汞	gǒng				
81	Tl	铊	tā				
82	Pb	铅	qiān	11.34	327.4	8.0	5
83	Bi	铋	bì	9.8	271.2	1.4	9
84	Po	钋	pō				
85	At	砹	ài				
86	Rn	氡	dōng				
87	Fr	钫	fāng				
88	Ra	镭	léi				

(续)

原子序数	符号	名称	读音	密度(g/cm^3)	熔点(℃)	相对电导率(%)	布氏硬度(HB)
89	Ac	锕	ā				
90	Th	钍	tǔ				
91	Pa	镤	pú				
92	U	铀	yóu				
93	Np	镎	ná				
94	Pu	钚	bù				
95	Am	镅	méi				
96	Cm	锔	jú				
97	Bk	锫	péi				
98	Cf	锎	kāi				
99	Es	锿	āi				
100	Fm	镄	fèi				
101	Md	钔	mén				
102	No	锘	nuò				
103	Lr	铹	láo				
104	Rf	𬬻	lú				
105	Db	𬭊	dù				
106	Sg	𬭳	xǐ				
107	Bh	𬭛	bō				
108	Hs	𬭶	hēi				
109	Mt	鿏	mài				

注：1. 57～63 为轻稀土；21、39、64～71 为重稀土；RE 称混合稀土采用"R"表示。

2. 相对电导率为其他金属的电导率与银的电导率之比。

3. 国内外部分标准代号

(1) 我国国家标准、行业标准、专业标准代号

代号		意 义	代号		意 义
国家标准	GB	国家标准(强制性标准)	国家标准	GBn	国家内部标准
	GB/T	国家标准(推荐性标准)		GJB	国家军用标准

（续）

代号		意 义	代号		意 义
	GBJ	国家工程建设标准	行业标准	LY	林业行业标准
行业标准	□□	□□行业标准(强制性标准)		MH	民用航空行业标准
	□□/T	□□行业标准(推荐性标准)		MT	煤炭行业标准
	BB	包装行业标准		MZ	民政行业标准
	CB	船舶行业标准		NY	农业行业标准
	CBM	船舶外贸行业标准		QB	轻工行业标准
	CECS	工程建设行业标准		QC	汽车行业标准
	CH	测绘行业标准		QJ	航天行业标准
	CJ	城镇建设行业标准		SB	商业行业标准
	CY	新闻出版行业标准		SC	水产行业标准
	DA	档案工作行业标准		SD	水利电力行业标准
	DL	电力行业标准		SH	石油化工行业标准
	DZ	地质矿产行业标准		SJ	电子行业标准
	EJ	核工业行业标准		SL	水利行业标准
	FZ	纺织行业标准		SN	商检行业标准
	GA	公共安全行业标准		SY	石油天然气行业标准
	GY	广播电影电视行业标准		TB	铁路运输行业标准
	HB	航空行业标准		TD	土地管理行业标准
	HG	化工行业标准		TY	体育行业标准
	HJ	环境保护行业标准		WB	物资行业标准
	HY	海洋行业标准		WH	文化行业标准
	JB	机械行业标准(含机械、电工、仪器仪表等)		WJ	兵工民品行业标准
				WS	卫生行业标准
	JC	建材行业标准		XB	稀土行业标准
	JG	建筑工业行业标准		YB	黑色冶金行业标准
	JR	金融行业标准		YC	烟草行业标准
	JT	交通行业标准		YD	通信行业标准
	JY	教育行业标准		YS	有色冶金行业标准
	LD	劳动和劳动安全行业标准		YY	医药行业标准

注：1989 年，我国将国内标准分为：国家标准、行业标准、地方标准和企业标准四类，其中国家标准和行业标准又各分强制性标准和推荐性标准（尾端用符号/T 表示）。我国每年出版《国家标准目录》，在 2002 年出版了《中华人民共和国行业标准目录》。过去使用的部颁标准、专业标准均不再存在。可从行业标准中查找相关标准。

(2) 常见国际标准及外国标准代号

代号		意义
国际标准	ISO	国际标准
	ISO/DIS	国际标准草案
	ISO/R	国际标准(推荐标准)(1972年以前)
	IEC	国际电工委员会标准
	BIPM	国标计量局标准
	IDO	联合国工业发展组织标准
	CEN	欧洲标准化委员会标准
	EN	欧洲共同体标准
	EEC	欧洲经济共同体标准
	EURONORM	欧洲煤钢联盟标准
	ABC	英、美、加联合标准
	ASAC	亚洲标准咨询委员会标准
外国标准	ANSI	美国国家标准
	FS	美国联邦规格和标准
	AISI	美国钢铁学会标准
	ASTM	美国材料与试验协会标准
	UNS	美国金属与合金统一数字代号体系
	MIL	美国军用标准与规格
	ASME	美国机械工程师协会标准
	SAE	美国机动车工程师协会标准
	BHMA	美国建筑小五金制造商协会标准
	AS	澳大利亚标准
	BS	英国标准
	CSA	加拿大国家标准
	CSN	前捷克斯洛伐克标准
	DIN	德国标准
外国标准	DS	丹麦标准
	ELOT	希腊标准
	ES	埃及标准
	IRAM	阿根廷标准
	I. S	爱尔兰标准
	IS	印度标准
	ISIRI	伊朗标准与工业研究所标准
	JIS	日本工业标准
	KS	韩国工业标准
	MS	马来西亚标准
	MSZ	匈牙利标准
	NB	巴西标准
	SMPTE	美国电影电视工程协会标准
	SNV	瑞士国家标准
	NEMA	美国电气制造商协会标准
	VDE	德国电工标准
	BV	法国船级社标准
	UL	美国保险商试验所安全标准
	SLS	斯里兰卡标准
	SNS	叙利亚国家标准
	YCT	蒙古国家标准
	나ㅊ	朝鲜国家标准
	NBN	比利时标准
	NC	古巴标准
	NCh	智利标准
	NEN	荷兰标准
	NF	法国标准
	NI	印度尼西亚标准
	NOM	墨西哥官方标准

（续）

	代号	意　义		代号	意　义
外国标准	NP	葡萄牙标准	外国机构代号	DIN	德国国家标准
	NS	挪威标准		EBU	欧洲广播联盟
	NZS	新西兰标准		IAEA	国际原子能机构
	ÖNORM	奥地利标准		IATA	国际航空运输协会
	PN	波兰标准		ICAC	国际棉花咨询委员会
	PS	巴基斯坦标准		ICAO	国际民航组织
	PS	菲律宾标准		ICRP	国际辐射防护委员会
	SABS	南非标准规格		ICRU	国际辐射单位和测量委员会
	SFS	芬兰标准协会标准		IDF/FIL	国际乳品业联合会
	S. I.	以色列标准		GL	德国劳氏船级社标准
	SIS	瑞典标准		AMS	美国宇宙航空材料规范
	SN	瑞士标准		BSI	英国工业标准
	SOI	伊朗标准		IFLA	国际图书馆协会与学会联合会
	S. S.	新加坡标准		IIR/IIF	国际制冷学会
	STAS	罗马尼亚标准		IIW	国际焊接学会
	TCVN	越南国家标准		IP	英国石油学会
	TIS	泰国工业标准		ISTA	国际种子检验协会
	TS	土耳其标准		ITU	国际电信联盟
	UNE	西班牙标准		IWO/OIV	国际葡萄与葡萄酒局
	UNI	意大利标准		IWS	国际羊毛局
	БДС	保加利亚标准		LR	英国劳氏船级社《船舶入级规范和条例》
	ГОСТ	俄罗斯标准		UNESCO	联合国教科文组织
外国机构代号	CCIR	国际无线电咨询委员会		UNFAO	联合国粮农组织
	CCITT	国际电报电话咨询委员会		WTPO/	世界知识产权组织
	CEE	国际电气设备合格认证委员会		UPU	万国邮政联盟
	CEN	欧洲标准化委员会		WHO/	世界卫生组织
	CENELEC	欧洲电工标准化委员会		ABS	美国船级社
	CIE	国际照明委员会		NK	日本船级社
	CISPR	国际无线电干扰特别委员会		DnV	挪威船级社

4. 钢铁产品的名称、用途、特性和工艺方法表示符号(GB/T 221—2000)

名称	采用的汉字及汉语拼音		采用符号	字体	位置	名称	采用的汉字及汉语拼音		采用符号	字体	位置
	汉字	汉语拼音					汉字	汉语拼音			
炼钢用生铁	炼	LIAN	L	大写	牌号头	电工用冷轧取向硅钢	取	QU	Q	大写	牌号中
铸造用生铁	铸	ZHU	Z	大写	牌号头	电工用冷轧取向高磁感硅钢	取高	QU GAO	QG	大写	牌号中
球墨铸铁用生铁	球	QIU	Q	大写	牌号头						
脱碳低磷粒铁	脱炼	TUO LIAN	TL	大写	牌号头	(电讯用)取向高磁感硅钢	电高	DIAN GAO	DG	大写	牌号头
含钒生铁	钒	FAN	F	大写	牌号头						
耐磨生铁	耐磨	NAI MO	NM	大写	牌号头	电磁纯铁	电铁	DIAN TIE	DT	大写	牌号头
碳素结构钢	屈	QU	Q	大写	牌号头	碳素工具钢	碳	TAN	T	大写	牌号头
低合金高强度钢	屈	QU	Q	大写	牌号头	塑料模具钢	塑模	SU MO	SM	大写	牌号头
耐候钢	耐候	NAI HOU	NH	大写	牌号尾	船用钢			采用国际符号		
保证淬透性钢			H	大写	牌号尾	汽车大梁用钢	梁	LIANG	L	大写	牌号尾
易切削非调质钢	易非	YI FEI	YF	大写	牌号头	矿用钢	矿	KUANG	K	大写	牌号尾
						压力容器用钢	容	RONG	R	大写	牌号尾
热锻用非调质钢	非	FEI	F	大写	牌号头	桥梁用钢	桥	QIAO	q	小写	牌号尾
易切削钢	易	YI	Y	大写	牌号头	锅炉用钢	锅	GUO	g	小写	牌号尾
电工用热轧硅钢	电热	DIAN RE	DR	大写	牌号头	焊接气瓶用钢	焊瓶	HAN PING	HP	大写	牌号尾
电工用冷轧无取向硅钢	无	WU	W	大写	牌号中	车辆车轴用钢	辆轴	LIANG ZHOU	LZ	大写	牌号头

（续）

名称	采用的汉字及汉语拼音		采用符号	字体	位置
	汉字	汉语拼音			
机车车轴用钢	机轴	JI ZHOU	JZ	大写	牌号头
管线用钢			S	大写	牌号头
沸腾钢	沸	FEI	F	大写	牌号尾
半镇静钢	半	BAN	b	小写	牌号尾
镇静钢	镇	ZHEN	Z	大写	牌号尾
特殊镇静钢	特镇	TE ZHEN	TZ	大写	牌号尾
质量等级			A	大写	牌号尾
			B	大写	牌号尾
质量等级			C	大写	牌号尾
			D	大写	牌号尾
			E	大写	牌号尾
（滚珠）轴承钢	滚	GUN	G	大写	牌号头
焊接用钢	焊	HAN	H	大写	牌号头
钢轨钢	轨	GUI	U	大写	牌号头
铆螺钢	铆螺	MAO LUO	ML	大写	牌号头
锚链钢	锚	MAO	M	大写	牌号头
地质钻探钢管用钢	地质	DI ZHI	DZ	大写	牌号头

注：没有汉字及汉语拼音的，采用符号为英文字母。

5. 钢铁材料力学性能常用符号表

量的符号	量的名称	单位符号
A_K	冲击吸收功	J
A_{KU}	U型缺口试样冲击吸收功	J
A_{KV}	V型缺口试样冲击吸收功	J
a_K	冲击韧度	J/cm^2
a_{KU}	U型缺口试样冲击韧度	J/cm^2
a_{KV}	V型缺口试样冲击韧度	J/cm^2
B	磁感应强度	T
c	比热容	J/(kg·K)
E	弹性模量	GPa
G	切变模量	GPa
H	磁场强度	A/m
HBS、HBW	布氏硬度	
H_C	矫顽力	A/m
HRA、HRB、HRC	洛氏硬度	
HS	肖氏硬度	
HV	维氏硬度	
P	铁损	W/kg
R	腐蚀率	mm/a
ω_B	B的质量分数	%
α_L	线胀系数	10^{-6}/K
α_P	电阻温度系数	1/℃
$\delta(A)$	伸长率	%

(续)

量的符号	量的名称	单位符号	量的符号	量的名称	单位符号
ε	相对耐磨系数		σ_P	比例极限	MPa
κ	电导率	s/m	σ_S	屈服点	MPa
λ	热导率	W/(m·K)	σ_{100}	高温持久(100 h)强度极限	MPa
	磁导率	H/m			
μ	泊松比		$\sigma_{-1}(R_{-1})$	对称循环疲劳极限	MPa
	摩擦因数		$\sigma_{0.2}(R_{0.2})$	屈服强度	MPa
ρ	电阻率	10^{-6} Ω·m	$\sigma_{0.1}(R_{0.1})$	弯曲疲劳极限	MPa
	密度	g/cm^3	σ_τ、τ	抗剪强度	MPa
$\sigma_b(R_m)$	抗拉强度	MPa	$\sigma_{r0.2}(R_{r0.2})$	规定残余伸长应力	MPa
σ_{bb}	抗弯强度	MPa	$\sigma_{p0.2}(R_{p0.2})$	规定非比例伸长应力	MPa
σ_{bc}	抗压强度	MPa	τ_b	抗扭强度	MPa
σ_D	疲劳强度	MPa	$\tau_{0.3}$	扭转屈服强度	MPa
σ_e	弹性极限	MPa	τ_{-1}	扭转疲劳强度	MPa
σ_N	疲劳强度	MPa	$\psi(Z)$	断面收缩率	%

注：表中括号内的符号为现行新标准采用的符号。

6. 焊条牌号第三位数字后面的符号(表示特殊用途)

符号	表示特殊用途的焊条	举　例
Fe	表示药皮中含铁粉，Fe13 表示铁粉熔敷效率 130%	J 42 3 ×(见左表) 3—表示钛铁矿药皮 42—表示金属抗拉强度不低于420 MPa J—表示结构钢焊条
X	表示立向下专用焊条	
G	表示高韧性焊条	
D	表示封底焊专用焊条	
Z	表示重力焊条，Z15 表示熔敷效率 150%	
H	表示超低氢焊条	
CuP	用于铜磷钢焊接，抗大气、和 H_2S，耐海水腐蚀	
GM	表示盖面层专用焊条	
R	压力容器焊条	
GR	高韧性压力容器焊条	
LMA	表示耐潮焊条	
DF	表示低氟焊条	

7. 钢材的标记

① 钢材标记代号(GB/T 15575—1995)

钢材标记代号

序号	类　别	标记代号
1	加工状态： (1) 热轧(含热扩、热挤、热锻) (2) 冷轧(含冷挤压) (3) 冷拉(拔)	W WH WC WCD
2	截面形状和型号 用表示产品截面形状特征的英文字母作为标记代号。例如：方型空心型钢的代号为 QHS 如果产品有型号，应在表示产品形状特征的标记代号后面加上型号	
3	尺寸精度： (1) 普通精度 (2) 较高精度 (3) 高级精度 (4) 厚度较高精度 (5) 宽度较高精度 (6) 厚度宽度较高精度	P PA PB PC PT PW PTW
4	边缘状态： (1) 切边 (2) 不切边 (3) 磨边	E EC EM ER
5	表面质量： (1) 普通级 (2) 较高级 (3) 高级	F FA FB FC
6	表面种类： (1) 酸洗(喷丸) (2) 剥皮 (3) 光亮 (4) 磨光 (5) 抛光 (6) 麻面 (7) 发蓝 (8) 热镀锌 (9) 电镀锌 (10) 热镀锡 (11) 电镀锡	S SA SF SL SP SB SG SBL SZH SZE SSH SSE
7	表面化学处理： (1) 钝化(铬酸)	ST STC
7	(2) 磷化 (3) 锌合金化	STP STZ
8	软化程度： (1) 半软 (2) 软 (3) 特软	S S1/2 S S2
9	硬化程度： (1) 低冷硬 (2) 半冷硬 (3) 冷硬 (4) 特硬	H H1/4 H1/2 H H2
10	热处理： (1) 退火 (2) 球化退火 (3) 光亮退火 (4) 正火 (5) 回火 (6) 淬火+回火 (7) 正火+回火 (8) 固溶	T TA TG TL TN TT TQT TNT TS
11	力学性能： (1) 低强度 (2) 普通强度 (3) 较高强度 (4) 高强度 (5) 超高强度	M MA MB MC MD ME
12	冲压性能： (1) 普通冲压 (2) 深冲压 (3) 超深冲压	Q CQ DQ DDQ
13	用途： (1) 一般用途 (2) 重要用途 (3) 特殊用途 (4) 其他用途 (5) 压力加工用 (6) 切削加工用 (7) 顶锻用 (8) 热加工用 (9) 冷加工用	U UG UM US UO UP UC UF UH UC

注：1. 本标准适用于钢丝、钢板、型钢、钢管等的标记代号。
2. 钢材标记代号采用与类别名称相应的英文名称首位字母(大写)和阿拉伯数字组合表示。
3. 其他用途可以指某种专门用途，在"U"后加专用代号。

② 钢材的涂色标记见下表

钢材的涂色标记

类别	牌号或组别	涂色标记	类别	牌号或组别	涂色标记
优质碳素结构钢	05～15	白色	高速工具钢		
	20～25	棕色＋绿色		W12Cr4V4Mo	棕色一条＋黄色一条
	30～40	白色＋蓝色		W18Cr4V	棕色一条＋蓝色一条
	45～85	白色＋棕色		W9Cr4V2	棕色二条
	15 Mn～40 Mn	白色二条		W9Cr4V	棕色一条
	45 Mn～70 Mn	绿色三条			
合金结构钢	锰钢	黄色＋蓝色	铬轴承钢		
	硅锰钢	红色＋黑色			
	锰钒钢	蓝色＋绿色			
	铬钢	绿色＋黄色		GCr6	棕色一条＋白色一条
	铬硅钢	蓝色＋红色		GCr9	白色一条＋黄色一条
	铬锰钢	蓝色＋黑色		GCr9SiMn	绿色二条
	铬锰硅钢	红色＋紫色		GCr15	蓝色一条
	铬钒钢	绿色＋黑色		GCr15SiMn	绿色一条＋蓝色一条
	铬锰钛钢	黄色＋黑色			
	铬钨钒钢	棕色＋黑色			
合金结构钢	钼钢	紫色	不锈耐酸钢		
	铬钼钢	绿色＋紫色		铬钢	铝色＋黑色
	铬锰钼钢	绿色＋白色		铬钛钢	铝色＋黄色
	铬钼钒钢	紫色＋棕色		铬锰钢	铝色＋绿色
	铬硅钼钒钢	紫色＋棕色		铬钼钢	铝色＋白色
	铬铝钢	铝白色		铬镍钢	铝色＋红色
	铬钼铝钢	黄色＋紫色		铬锰镍钢	铝色＋棕色
	铬钨钒铝钢	黄色＋红色		铬镍钛钢	铝色＋蓝色
	硼钢	紫色＋蓝色		铬镍铌钢	铝色＋蓝色
	铬钼钨钒钢	紫色＋黑色			

附录五　常用计量单位及其换算

1. 我国法定计量单位

国际单位制(SI)的基本单位

量的名称	单位名称	单位符号	量的名称	单位名称	单位符号
长度	米	m	热力学温度	开[尔文]	K
质量	千克(公斤)	kg	物质的量	摩[尔]	mol
时间	秒	s	发光强度	坎[德拉]	cd
电流	安[培]	A			

国际单位制(SI)的辅助单位

量的名称	单位名称	单位符号	量的名称	单位名称	单位符号
[平面]角	弧度	rad	立体角	球面度	sr

国际单位制(SI)中具有专门名称的导出单位

量 的 名 称	单位名称	单位符号	其他表示示例
频率	赫[兹]	Hz	s^{-1}
力	牛[顿]	N	$kg \cdot m/s^2$
压力,压强,应力	帕[斯卡]	Pa	N/m^2
能[量],功,热量	焦[耳]	J	$N \cdot m$
功率,辐[射能]通量	瓦[特]	W	J/s
电荷[量]	库[仑]	C	$A \cdot s$
电压,电动势,电位(电势)	伏[特]	V	W/A
电容	法[拉]	F	C/V
电阻	欧[姆]	Ω	V/A
电导	西[门子]	S	Ω^{-1}
磁通[量]	韦[伯]	Wb	$V \cdot s$
磁通[量]密度,磁感应强度	特[斯拉]	T	Wb/m^2
电感	亨[利]	H	Wb/A
摄氏温度	摄氏度	℃	K
光通量	流[明]	lm	$cd \cdot sr$

（续）

量 的 名 称	单位名称	单位符号	其他表示示例
[光]照度	勒[克斯]	lx	lm/m^2
[放射性]活度	贝可[勒尔]	Bq	s^{-1}
吸收剂量	戈[瑞]	Gy	J/kg
剂量当量	希[沃特]	Sv	J/kg

可与国际单位制单位并用的我国法定计量单位

量的名称	量的符号	单位名称	单位符号	与 SI 单位的关系
时间	t	分	min	1 min = 60 s
		[小]时	h	1 h = 60 min = 3 600 s
		日(天)	d	1 d = 24 h = 86 400 s
[平面]角	α, β, γ, θ, φ	度	°	$1° = (\pi/180)$rad
		[角]分	′	$1' = (1/60)° = (\pi/10\ 800)$rad
		[角]秒	″	$1'' = (1/60)' = (\pi/648\ 000)$rad
体积	V	升	L, (l)	$1\ L = 1\ dm^3 = 10^{-3}\ m^3$
质量	m	吨 原子质量单位	t u	$1\ t = 10^3\ kg$ $1\ u \approx 1.660\ 540 \times 10^{-27}\ kg$
旋转速度	n	转每分	r/min	$1\ r/min = (1/60)s^{-1}$
长度	l, L	海里	n mile	1 n mile = 1 852 m(只用于航行)
速度	v	节	kn	1 kn = 1 n mile/h = (1 852/3 600)m/s (只用于航行)=0.514 444 m/s
能	E	电子伏	eV	$1\ eV \approx 1.602\ 177 \times 10^{-19}\ J$
级差	L	分贝	dB	
线密度	ρ_l	特[克斯]	tex	$1\ tex = 10^{-6}\ kg/m$
面积	A, (S)	公顷	hm^2	$1\ hm^2 = 10^4\ m^2$

注：1. 平面角单位度、分、秒的符号，在组合单位中应采用(°)、(′)、(″)的形式。例如，不用°/s而用(°)/s。

2. 升的符号中，小写字母 l 为备用符号。

3. 公顷的国际通用符号为 ha。

2. 常用计量单位换算

常用计量单位的换算

项目	单位名称	单位符号	与SI单位的关系	备注
旋转频率,(转速)	转每分	min^{-1}, rpm	1 rpm = $(1/60)s^{-1}$	
长度	海里		1 海里 = 1 852 m	只用于航程
	公里		1 公里 = 10^3 m	
	费密		1 费密 = 1 fm = 10^{-15} m	
	埃	Å	1 Å = 0.1 nm = 10^{-10} m	
面积	公亩	a	1 a = 1 dam^2 = 10^2 m^2	
	公顷	ha	1 ha = 1 hm^2 = 10^4 m^2	
质量	米制克拉		1 米制克拉 = 200 mg = 2×10^{-4} kg	米制克拉也叫国际克拉,是第四届国际计量大会通过作为珠宝钻石的质量单位
力	达因	dyn	1 dyn = 10^{-5} N	
	千克力,(公斤力)	kgf	1 kgf = 9.806 65 N	
	吨力	tf	1 tf = $9.806\,65\times10^3$ N	
速度	节		1 节 = 1 海里 / 小时 = (1 852/3 600)m/s	用于航行速度
加速度	伽	Gal	1 Gal = 1 cm/s^2 = 10^{-2} m/s^2	
力矩	千克力米	kgf·m	1 kgf·m = 9.806 65 N·m	
压强,(压力)	巴	bar	1 bar = 0.1 MPa = 10^5 Pa	
	标准大气压	atm	1 atm = 101 325 Pa	
	托	Torr	1 Torr = (101 325/760)Pa	1 托= 133.322 Pa(帕)
	毫米汞柱	mmHg	1 mmHg = 133.322 4 Pa	
	千克力每平方厘米(工程大气压)	kgf/cm^2(at)	1 kgf/cm^2 = $9.806\,65\times10^4$ Pa 1 大气压 ≈ 98.066 5 kPa(千帕)	1 kgf/cm^3 = 0.1 MPa(兆帕)
	毫米水柱	mmH_2O	1 mmH_2O = 9.806 65 Pa	
应力	千克力每平方毫米	kgf/mm^2	1 kgf/mm^2 = $9.806\,65\times10^6$ Pa	

(续)

项　目	单位名称	单位符号	与 SI 单位的关系	备　注
[动力]黏度	泊	P	1 P = 1 dyn · s/cm^2 = 0.1 Pa · s	
运动黏度	斯[托克斯]	St	1 St = 1 cm^2/s = 10^{-4} m^2/s	
能,功	千克力米	kgf · m	1 kgf · m = 9.806 65 J	
	瓦[特]小时	W · h	1 W · h = 3 600 J	
功率	马力		1 马力 = 735.498 75 W = 75 kgf · m/s	指米制马力
能量:功:热量	焦[耳](J) 卡 热化学卡	卡(cal) cal cal_{th}	1 千卡 = 4.186 8 千焦(kJ) 1 cal = 4.186 8 J 1 cal_{th} = 4.184 0 J	第一个卡指国际蒸汽表卡,国际符号是 cal_{IT},但各国常用 cal 作符号
比热容	卡每克摄氏度	cal/(g · ℃)	1 cal/(g · ℃) = 4.186 8 × 10^3 J/(kg · K)	
	千卡每千克摄氏度	kcal/(kg · ℃)	1 kcal/(kg · ℃) = 4.186 8 × 10^3 J/(kg · K)	
传热系数	卡每平方厘米秒摄氏度	cal/(cm^2 · s · ℃)	1 cal/(cm^2 · s · ℃) = 4.186 8 × 10^4 W/(m^2 · K)	
热导率,(导热系数)	卡每厘米秒摄氏度	cal/(cm · s · ℃)	1 cal/(cm · s · ℃) = 4.186 8 × 10^2 W/(m · K)	
磁场强度	奥斯特	Oe	1 Oe $\hat{=}$ (1 000/4π) A/m	$\hat{=}$ 表示相当于,下同
磁感应[强度],磁通密度	高斯	Gs, G	1 G_s $\hat{=}$ 10^{-4} T	
磁通[量]	麦克斯韦	Mx	1 Mx $\hat{=}$ 10^{-8} Wb	
截面	靶恩	b	1 b = 10^{-18} m^2	
[放射性]活度,(放射性强度)	居里	Ci	1 Ci = 3.7 × 10^{10} Bq	
照射量	伦琴	R	1 R = 2.58 × 10^{-4} C/kg	
照射率	伦琴每秒	R/s	1 R/s = 2.58 × 10^{-4} C/(kg · s)	
吸收剂量	拉德	rad①	1 rad = 10^{-2} Gy	

注:① 当这个符号与平面角单位弧度的符号 rad 混淆时,可以用 rd 作为其符号。

常用比热容单位换算

焦/(千克·K)[1] [J/(kg·K)]	焦/(千克·K) [J/(kg·K)]	千卡/(千克·K) [kcal/(kg·K)]	千卡(th)/(千克·K) [$kcal_{th}$/(kg·K)]	千卡(15)/(千克·K) [$kcal_{15}$/(kg·K)]
1	1×10^{-3}	$0.238\,846\times10^{-2}$	$0.239\,066\times10^{-3}$	$0.238\,926\times10^{-3}$
1×10^{2}	1	0.238 846	0.239 066	0.238 20
4 186.8	4.186 8	1	1.000 67	1.000 31
4 184	4.184	0.999 331	1	0.999 642
4 185.5	4.185 5	0.999 690	1.000 36	1

注：① J/(kg·K)常用 J/(kg·℃)表示。

1 kcal/(kg·K) = 1 Btu/(lb·℉) = 1 CHU/(lb·℃)。

常用热导率单位换算

瓦/(米·K) [W/(m·K)]	千米/(米·时·℃) [kcal/(m·h·℃)]	卡/(厘米·秒·℃) [cal/(cm·s·℃)]	焦耳/ (厘米·秒·℃) [J/(cm·s·℃)]	英热单位/ (英尺·时·℉) [Btu/(ft·h·℉)]
1.16	1	0.002 78	0.011 6	0.672
418.68	360	1	4.186 8	242
1	0.859 8	0.002 39	0.01	0.578
100	85.98	0.239	1	57.8
1.73	1.49	0.004 13	0.017 3	1

常用强度(应力)及压力(压强)单位换算

牛/毫米^2 (N/mm^2) 或兆帕(MPa)	千克力/毫米^2 (kgf/mm^2)	千克力/厘米^2 (kgf/cm^2)	千磅力/英寸^2 (1 000 lbf/in^2)	英吨力/英寸^2 ($tonf/in^2$)
1	0.101 972	10.197 2	0.145 038	0.064 749
9.806 65	1	100	1.422 33	0.634 971
0.098 067	0.01	1	0.014 223	0.006 350
6.894 76	0.703 070	70.307 0	1	0.446 429
15.444 3	1.574 88	157.488	2.24	1

帕(Pa)或牛/米^2 (N/m^2)	千克力/厘米^2 (kgf/cm^2)	磅力/英寸^2 (1 bf/in^2)	毫米水柱 (mmH_2O)	毫巴 (mbar)
1	0.000 01	0.000 145	0.101 972	0.01
98 066.5	1	14.223 3	10 000	980.665
6 894.76	0.070 307	1	703.070	68.947 6
9.806 65	0.000 102	0.001 422	1	0.098 067
100	0.001 020	0.014 504	10.197 2	1

常用质量单位换算

吨(t)	千克(公斤)(kg)	英吨(ton)	美吨(sh. ton)	磅(lb)
1	1 000	0. 984 2	1. 102 3	2 204. 6
0. 001	1	0. 000 984	0. 001 102	2. 204 6
1. 016 05	1 016. 05	1	1. 120 0	2 240
0. 907 19	907. 19	0. 892 9	1	2 000
0. 000 454	0. 453 6	0. 000 446	0. 000 5	1

常用面积单位换算

平方米 (m^2)	平方厘米 (cm^2)	平方毫米 (mm^2)	平方 [市]尺	平方英尺 (ft^2)	平方英寸 (in^2)
1	10 000	1 000 000	9	10. 763 9	1 550
0. 000 1	1	100	0. 000 9	0. 001 076	0. 155
0. 000 001	0. 01	1	0. 000 009	0. 000 011	0. 001 55
0. 111 111	1 111. 11	111 111	1	1. 195 99	172. 223
0. 092 903	929. 03	92 903	0. 836 127	1	144
0. 000 645	6. 451 6	645. 16	0. 005 806	0. 006 944	1

常用体积单位换算

立方米(m^3)	升(L)	立方英寸(in^3)	英加仑(UKgal)	美加仑(液量)(USgal)
1	1 000	61 023. 7	219. 969	264. 172
0. 001	1	61. 023 7	0. 219 969	0. 264 172
0. 000 016	0. 016 387	1	0. 003 605	0. 004 329
0. 004 546	4. 546 09	277. 420	1	1. 200 95
0. 003 785	3. 785 41	231	0. 832 674	1

kg(公斤)-lb(磅)换算表

1 kg = 2. 204 622 6 lb　　1 lb = 0. 453 592 37 kg

kg		lb	kg		lb	kg		lb
0. 454	**1**	2. 205	2. 722	**6**	13. 228	4. 990	**11**	24. 251
0. 907	**2**	4. 409	3. 175	**7**	15. 432	5. 443	**12**	26. 455
1. 361	**3**	6. 614	3. 629	**8**	17. 637	5. 897	**13**	28. 660
1. 814	**4**	8. 818	4. 082	**9**	19. 842	6. 350	**14**	30. 865
2. 268	**5**	11. 023	4. 536	**10**	22. 046	6. 804	**15**	33. 069

(续)

kg		lb	kg		lb	kg		lb
7.257	**16**	35.274	20.865	**46**	101.41	34.473	**76**	167.55
7.711	**17**	37.479	21.319	**47**	103.62	34.927	**77**	169.76
8.165	**18**	39.683	21.772	**48**	105.82	35.380	**78**	171.96
8.618	**19**	41.888	22.226	**49**	108.03	35.834	**79**	174.17
9.072	**20**	44.092	22.680	**50**	110.23	36.287	**80**	176.37
9.525	**21**	46.297	23.133	**51**	112.44	36.741	**81**	178.57
9.979	**22**	48.502	23.587	**52**	114.64	37.195	**82**	180.78
10.433	**23**	50.706	24.040	**53**	116.84	37.648	**83**	182.98
10.886	**24**	52.911	24.494	**54**	119.05	38.102	**84**	185.19
11.340	**25**	55.116	24.948	**55**	121.25	38.555	**85**	187.39
11.793	**26**	57.320	25.401	**56**	123.46	39.009	**86**	189.60
12.247	**27**	59.525	25.855	**57**	125.66	39.463	**87**	191.80
12.701	**28**	61.729	26.308	**58**	127.87	39.916	**88**	194.01
13.154	**29**	63.934	26.762	**59**	130.07	40.370	**89**	196.21
13.608	**30**	66.139	27.216	**60**	132.28	40.823	**90**	198.42
14.061	**31**	68.343	27.669	**61**	134.48	41.277	**91**	200.62
14.515	**32**	70.548	28.123	**62**	136.69	41.730	**92**	202.83
14.969	**33**	72.753	28.576	**63**	138.89	42.184	**93**	205.03
15.422	**34**	74.957	29.030	**64**	141.10	42.638	**94**	207.23
15.876	**35**	77.162	29.484	**65**	143.30	43.091	**95**	209.44
16.329	**36**	79.366	29.937	**66**	145.51	43.545	**96**	211.64
16.783	**37**	81.571	30.391	**67**	147.71	43.998	**97**	213.85
17.237	**38**	83.776	30.844	**68**	149.91	44.452	**98**	216.05
17.690	**39**	85.980	31.298	**69**	152.12	44.906	**99**	218.26
18.144	**40**	88.185	31.751	**70**	154.32			
18.597	**41**	90.390	32.205	**71**	156.53			
19.051	**42**	92.594	32.659	**72**	158.73			
19.504	**43**	94.799	33.112	**73**	160.94			
19.958	**44**	97.003	33.566	**74**	163.14			
20.412	**45**	99.208	34.019	**75**	165.35			

使用方法：以表中黑体字为中轴、左右开弓，向左查 kg，向右查 lb，例如将 10 kg 换算成 lb 时，从中轴向右开弓，得 22.046 lb；将 10 lb 换算成 kg 时，向左开弓，得 4.536 kg。

N－kgf 换算表

1 N＝0. 101 971 6 kg，1 kgf＝9. 806 65 N

N		kgf	N		kgf	N		kgf
9. 806 6	**1**	0. 102 0	333. 43	**34**	3. 467 0	657. 05	**67**	6. 832 1
19. 613	**2**	0. 203 9	343. 23	**35**	3. 569 0	666. 85	**68**	6. 934 1
29. 420	**3**	0. 305 9	353. 04	**36**	3. 671 0	676. 66	**69**	7. 036 0
39. 227	**4**	0. 407 9	362. 85	**37**	3. 772 9	686. 47	**70**	7. 138 0
49. 033	**5**	0. 509 9	372. 65	**38**	3. 874 9	696. 27	**71**	7. 240 0
58. 840	**6**	0. 611 8	382. 46	**39**	3. 976 9	706. 08	**72**	7. 342 0
68. 647	**7**	0. 713 8	392. 27	**40**	4. 078 9	715. 89	**73**	7. 443 9
78. 453	**8**	0. 815 8	402. 07	**41**	4. 180 8	725. 69	**74**	7. 545 9
88. 260	**9**	0. 917 7	411. 88	**42**	4. 282 8	735. 50	**75**	7. 647 9
98. 066	**10**	1. 019 7	421. 69	**43**	4. 384 8	745. 31	**76**	7. 749 8
107. 87	**11**	1. 121 7	431. 49	**44**	4. 486 8	755. 11	**77**	7. 851 8
117. 68	**12**	1. 223 7	441. 30	**45**	4. 588 7	764. 92	**78**	7. 953 8
127. 49	**13**	1. 325 6	451. 11	**46**	4. 690 7	774. 73	**79**	8. 055 8
137. 29	**14**	1. 427 6	460. 91	**47**	4. 792 7	784. 53	**80**	8. 157 7
147. 10	**15**	1. 529 6	470. 72	**48**	4. 894 6	794. 34	**81**	8. 259 7
156. 91	**16**	1. 631 5	480. 53	**49**	4. 996 6	804. 15	**82**	8. 361 7
166. 71	**17**	1. 733 5	490. 33	**50**	5. 098 6	813. 95	**83**	8. 463 6
176. 52	**18**	1. 835 5	500. 14	**51**	5. 200 6	823. 76	**84**	8. 565 6
186. 33	**19**	1. 937 5	509. 95	**52**	5. 302 5	833. 57	**85**	8. 667 6
196. 13	**20**	2. 039 4	519. 75	**53**	5. 404 5	843. 37	**86**	8. 769 6
205. 94	**21**	2. 141 4	529. 56	**54**	5. 506 5	853. 18	**87**	8. 871 5
215. 75	**22**	2. 243 4	539. 37	**55**	5. 608 4	862. 99	**88**	8. 973 5
225. 55	**23**	2. 345 3	549. 17	**56**	5. 710 4	872. 79	**89**	9. 075 5
235. 36	**24**	2. 447 3	558. 98	**57**	5. 812 4	882. 60	**90**	9. 177 4
245. 17	**25**	2. 549 3	568. 79	**58**	5. 914 4	892. 41	**91**	9. 279 4
254. 97	**26**	2. 651 3	578. 59	**59**	6. 016 3	902. 21	**92**	9. 381 4
264. 78	**27**	2. 753 2	588. 40	**60**	6. 118 3	912. 02	**93**	9. 483 4
274. 59	**28**	2. 855 2	598. 21	**61**	6. 220 3	921. 83	**94**	9. 585 3
284. 39	**29**	2. 957 2	608. 01	**62**	6. 322 2	931. 63	**95**	9. 687 3
294. 20	**30**	3. 059 1	617. 82	**63**	6. 424 2	941. 44	**96**	9. 789 3
304. 01	**31**	3. 161 1	627. 63	**64**	6. 526 2	951. 25	**97**	9. 891 2
313. 81	**32**	3. 263 1	637. 43	**65**	6. 628 2	961. 05	**98**	9. 993 2
323. 62	**33**	3. 305 1	647. 24	**66**	6. 730 1	970. 86	**99**	10. 095

使用方法：以表中黑体字为中轴，左右开弓，向左查 N(牛顿)，向右查 kgf，例如将 10 N 换算成 kgf 时，从中轴 10 处左右开弓，向右看，可得 1. 019 7 kgf，向左看，得 98. 066 N。(以上二表摘自“NSK”附表)。

附录五.8

黑色金属硬度对照表(GB 1172—1974)

洛氏 HRC	维氏 HV	布氏($30D^2$)		洛氏 HRC	维氏 HV	布氏($30D^2$)	
		HBS	$d_{10}\cdot 2d_5$ $4d_{2.5}$			HBS	$d_{10}\cdot 2d_5$ $4d_{2.5}$
70	103 7	—	—	42	399	391	3.087
69	997	—	—	41	388	380	3.130
68	959	—	—	40	377	370	3.171
67	923	—	—	39	367	360	3.214
66	889	—	—	38	357	350	3.258
65	856	—	—	37	347	341	3.299
64	825	—	—	36	338	332	3.343
63	795	—	—	35	329	323	3.388
62	766	—	—	34	320	314	3.434
61	739	—	—	33	312	306	3.477
60	713	—	—	32	304	298	3.522
59	688	—	—	31	296	291	3.563
58	664	—	—	30	289	283	3.611
57	642	—	—	29	281	276	3.655
56	620	—	—	28	274	269	3.701
55	599	—	—	27	268	263	3.741
54	579	—	—	26	261	257	3.783
53	561	—	—	25	255	251	3.826
52	543	—	—	24	249	245	3.871
51	525	—	—	23	243	240	3.909
50	509	—	—	22	237	234	3.957
49	493	—	—	21	231	229	3.998
48	478	—	—	20	226	225	4.032
47	463	449	2.886	19	221	220	4.075
46	449	436	2.927	18	216	216	4.111
45	436	424	2.967	17	211	211	4.157
44	423	313	3.006	16	—	—	—
43	411	401	3.049	15	—	—	—

注：1. $30D^2$——试验载荷，kgf；D——钢球直径，D=10.5 mm 和 2.5 mm。

2. d_{10}——钢球直径为 10 mm 时的压痕直径，mm；

$2d_5$——2×钢球直径为 5 mm 时的压痕直径，mm；

$4d_{2.5}$——4×钢球直径为 2.5 mm 时的压痕直径，mm。

℃-℉温度换算表

[表的使用方法]：例如将 38 ℃换算成℉时，请看第 2 组中央一栏的 38 右侧℉栏，便可知道 38 ℃为 100.4 ℉。此外，将 38 ℉换算成℃时，请看左栏的℃栏，便可知道为 3.3 ℃。

$$C=\frac{5}{9}(F-32),\ F=32+\frac{9}{5}C$$

(续)

℃		℉	℃		℉	℃		℉
−73.3	−100	−148.0	−0.6	31	87.8	20.6	69	156.2
−62.2	−80	−112.0	0.0	32	89.6	21.1	70	158.0
−51.1	−60	−76.0	0.6	33	91.4	21.7	71	159.8
−40.0	−40	−40.0	1.1	34	93.2	22.2	72	161.6
−34.4	−30	−22.0	1.7	35	95.0	22.8	73	163.4
−28.9	−20	−4.0	2.2	36	96.8	23.3	74	165.2
−23.2	−10	14.0	2.8	37	98.6	23.9	75	167.0
−17.8	0	32.0	3.3	38	100.4	24.4	76	168.8
−17.2	1	33.8	3.9	39	102.2	25.0	77	170.6
−16.7	2	35.6	4.4	40	104.0	25.6	78	172.4
−16.1	3	37.4	5.0	41	105.8	26.1	79	174.2
−15.6	4	39.2	5.6	42	107.6	26.7	80	176.0
−15.0	5	41.0	6.1	43	109.4	27.2	81	177.8
−14.4	6	42.8	6.7	44	111.2	27.8	82	179.6
−13.9	7	44.6	7.2	45	113.0	28.3	83	181.4
−13.3	8	46.4	7.8	46	114.8	28.9	84	183.2
−12.8	9	48.2	8.3	47	116.6	29.4	85	185.0
−12.2	10	50.0	8.9	48	118.4	30.0	86	186.8
−11.7	11	51.8	9.4	49	120.2	30.6	87	188.6
−11.1	12	53.6	10.0	50	122.0	31.1	88	190.4
−10.6	13	55.4	10.6	51	123.8	31.7	89	192.2
−10.0	14	57.2	11.1	52	125.6	32.2	90	194.0
−9.4	15	59.0	11.7	53	127.4	32.8	91	195.8
−8.9	16	60.8	12.2	54	129.2	33.3	92	197.6
−8.3	17	62.6	12.8	55	131.0	33.9	93	199.4
−7.8	18	64.4	13.3	56	132.8	34.4	94	201.2
−7.2	19	66.2	13.9	57	134.6	35.0	95	203.0
−6.7	20	68.0	14.4	58	136.4	35.6	96	204.8
−6.1	21	69.8	15.0	59	138.2	36.1	97	206.6
−5.6	22	71.6	15.6	60	140.0	36.7	98	208.4
−5.0	23	73.4	16.1	61	141.8	37.2	99	210.2
−4.4	24	75.2	16.7	62	143.6	37.8	100	212.0
−3.9	25	77.0	17.2	63	145.4	38.3	101	213.8
−3.3	26	78.8	17.8	64	147.2	38.9	102	215.6
−2.8	27	80.6	18.3	65	149.0	39.4	103	217.4
−2.2	28	82.4	18.9	66	150.8	40.0	104	219.2
−1.7	29	84.2	19.4	67	152.6	40.6	105	221.0
−1.1	30	86.0	20.0	68	154.4	41.1	106	222.8

(续)

℃		℉	℃		℉	℃		℉
41.7	107	224.6	87.8	190	374	343	650	1 202
42.2	108	226.4	93.3	200	392	371	700	1 292
42.8	109	228.2	98.9	210	410	399	750	1 382
43.3	110	230	104.4	220	428	427	800	1 472
						454	850	1 562
46.1	115	239	110.0	230	446			
48.9	120	248	115.6	240	464	482	900	1 652
51.7	125	257	121.1	250	482	510	950	1 742
54.4	130	266	148.9	300	572	538	1 000	1 832
57.2	135	275	176.7	350	662	593	1 100	2 012
						649	1 200	2 192
60.0	140	284	204	400	752			
65.6	150	302	232	450	842	704	1 300	2 372
71.1	160	320	260	500	932	760	1 400	2 552
76.7	170	338	288	550	1 022	816	1 500	2 732
82.2	180	356	316	600	1 112	871	1 600	2 912

3. 长度单位及其换算

法定长度单位

单位名称	旧名称	符号	对基本单位的比
微米	公忽	μm	0.000 001 米
毫米	公里	mm	0.001 米
厘米	公分	cm	0.01 米
分米	公寸	dm	0.1 米
米	公尺	m	基本单位
十米	公丈	dam	10 米
百米	公引	hm	100 米
千米(公里)	公里	km	1 000 米

注：米制又称公制。如公尺、公寸、公分等。根据现行的法定计量单位制，除考虑使用习惯，承认个别同义词(如公里)之外，其他均不再使用；同时，原通用的丝米(=0.1 mm)和忽米(=0.01 mm)，因不符合法定计量单位制规定，也不再使用。

市制长度单位

1[市里]=150[市]丈	1[市]丈=10[市]尺	1[市]尺=10[市]寸
1[市]寸=10[市]分	1[市]分=10[市]厘	1[市]厘=10[市]毫

注：按国务院统一实行法定计量单位的命令，我国的市制计量单位，在1990年底完成向法定计量单位过渡后，停止使用。列出上表是为了便于对照并参考。

英制长度单位

1 英里(哩)mile=1 760 码,1 码(yd)=3 英尺, 1 英尺(呎)ft=12 英寸　1 英寸(吋)in=8 英分 1 英寸=1 000 密耳(英毫,mil)

注：1. 哩、呎、吋等旧名称属一字多音特造汉字。自 1977 年 7 月起,国家规定淘汰不用。
2. 在书写中,英尺和英寸两单位也可用符号表示,如 5 英尺 4 英寸,可写成 5′4″。
3. 英分(1/8 英寸)是我国工厂的习惯称呼,英制中无此长度计量单位。

长度单位换算

米(m)	厘米(cm)	毫米(mm)	[市]尺	英尺(ft)	英寸(in)
1	100	1 000	3	3. 280 84	39. 370 1
0. 01	1	10	0. 03	0. 032 808	0. 393 701
0. 001	0. 1	1	0. 003	0. 003 281	0. 039 37
0. 333 333	33. 333 3	333. 333	1	1. 093 61	13. 123 4
0. 304 8	30. 48	304. 8	0. 914 4	1	12
0. 025 4	2. 54	25. 4	0. 076 2	0. 083 333	1

注：1. 1 密耳=0. 025 4 毫米。
2. 1 码=0. 914 4 米。
3. 1 英里=5 280 英尺=1 609. 34 米。
4. 1 海里(n mile)=1. 852 千米=1. 150 78 英里。

4. 常用数据对照

英寸的分数、小数与毫米对照

英寸分数/in	英寸小数/in	我国习惯称呼	毫米/mm
1/16	0. 062 5	半分	1. 587 5
1/8	0. 125 0	一分	3. 175 0
3/16	0. 187 5	一分半	4. 762 5
1/4	0. 250 0	二分	6. 350 0
5/16	0. 312 5	二分半	7. 937 5
3/8	0. 375 0	三分	9. 525 0
7/16	0. 437 5	三分半	11. 112 5
1/2	0. 500 0	四分	12. 700 0
9/16	0. 562 5	四分半	14. 287 5
5/8	0. 625 0	五分	15. 875 0
11/16	0. 687 5	五分半	17. 462 5
3/4	0. 750 0	六分	19. 050 0

(续)

英寸分数/in	英寸小数/in	我国习惯称呼	毫米/mm
13/16	0.8125	六分半	20.6375
7/8	0.8750	七分	22.2250
15/16	0.9375	七分半	23.8125
1	1.0000	一英寸	25.4000

英寸与毫米对照

英寸整数/in	英寸的分数(in)							
	0	1/8	1/4	3/8	1/2	5/8	3/4	7/8
	相当的毫米(mm)							
0	0	3.175	6.350	9.525	12.700	15.875	19.050	22.225
1	25.400	28.575	31.750	34.925	38.100	41.275	44.450	47.625
2	50.800	53.975	57.150	60.325	63.500	66.675	69.850	73.025
3	76.200	79.375	82.550	85.725	88.900	92.075	95.250	98.425
4	101.60	104.78	107.95	111.13	114.30	117.48	120.65	123.83
5	127.00	130.18	133.35	136.53	139.70	142.88	146.05	149.23
6	152.40	155.58	158.75	161.93	165.10	168.28	171.45	174.63
7	177.80	180.98	184.15	187.33	190.50	193.68	196.85	200.03
8	203.20	206.38	209.55	212.73	215.90	219.08	222.25	225.43
9	228.60	231.78	234.95	238.13	241.30	244.48	247.65	250.83
10	254.00	257.18	260.35	263.53	266.70	269.88	273.05	276.23
11	279.40	282.58	285.75	288.93	292.10	295.28	298.45	301.63
12	304.80	307.98	311.15	314.33	317.50	320.68	323.85	327.03

毫米与英寸对照

毫米(mm)	英寸(in)	毫米(mm)	英寸(in)	毫米(mm)	英寸(in)
1	0.0394	6	0.2362	11	0.4331
2	0.0787	7	0.2756	12	0.4724
3	0.1181	8	0.3150	13	0.5118
4	0.1575	9	0.3543	14	0.5512
5	0.1969	10	0.3937	15	0.5906

（续）

毫米(mm)	英寸(in)	毫米(mm)	英寸(in)	毫米(mm)	英寸(in)
16	0.629 9	25	0.984 3	34	1.338 6
17	0.669 3	26	1.023 6	35	1.378 0
18	0.708 7	27	1.063 0	36	1.417 3
19	0.748 0	28	1.102 4	37	1.456 7
20	0.787 4	29	1.141 7	38	1.496 1
21	0.826 8	30	1.181 1	39	1.535 4
22	0.866 1	31	1.220 5	40	1.574 8
23	0.905 5	32	1.259 8	41	1.614 2
24	0.944 9	33	1.299 2	42	1.653 5

标准筛常用网号与目数对照

网号(号)	目数(目)	孔/cm²	网号(号)	目数(目)	孔/cm²
5	4	2.56	0.425	38	231
4	5	4	0.4	40	256
3.22	6	5.76	0.375	42	282
2.5	8	10.24	0.36	44	310
2	10	16	0.345	46	339
1.6	12	23.04	—	48	369
1.43	14	31.36	0.325	50	400
1.24	16	40.96	—	55	484
1	18	51.84	0.301	60	576
0.95	20	64	0.28	65	676
—	22	77.44	0.261	70	784
0.7	24	92.16	0.25	75	900
0.71	26	108.16	0.2	80	1 024
0.63	28	125.44	0.18	85	—
0.6	30	144	0.17	90	1 296
0.55	32	163.84	0.15	100	1 600
0.525	34	185	0.14	110	1 936
0.5	36	207	0.125	120	2 304

（续）

网号(号)	目数(目)	孔/cm²	网号(号)	目数(目)	孔/cm²
0.12	130	2 704	—	240	9 216
—	140	3 136	0.06	250	10 000
0.1	150	3 600	0.052	275	12 100
0.088	160	—	—	280	12 544
0.077	180	5 184	0.045	300	14 400
—	190	5 776	0.044	320	16 384
0.076	200	6 400	0.042	350	19 600
0.065	230	8 464	0.034	400	25 600

注：1. 网号系指筛网的公称尺寸，单位为：mm。例如：1 号网，即指正方形网孔每边长 1 mm。

2. 目数系指一英寸(in)长度上的孔眼数目，单位为：目/英寸(目/in)。例如：1 in (25.4 mm)长度上有 20 孔眼，即为 20 目。

3. 一般英美各国用目数表示，前苏联用网号表示。

常用线规号与公称直径对照

线规号	SWG 英国线规		BWG 伯明翰线规		AWG 美国线规	
	in	mm	in	mm	in	mm
3	0.252	6.401	0.259	6.58	0.229 4	5.83
4	0.232	5.893	0.238	6.05	0.204 3	5.19
5	0.212	5.385	0.220	5.59	0.181 9	4.62
6	0.192	4.877	0.203	5.16	0.162 0	4.11
7	0.176	4.470	0.180	4.57	0.144 3	3.67
8	0.160	4.064	0.165	4.19	0.128 5	3.26
9	0.144	3.658	0.148	3.76	0.114 4	2.91
10	0.128	3.251	0.134	3.40	0.101 9	2.59
11	0.116	2.946	0.120	3.05	0.090 74	2.30
12	0.104	2.642	0.109	2.77	0.080 81	2.05
13	0.092	2.337	0.095	2.41	0.071 96	1.83
14	0.080	2.032	0.083	2.11	0.064 08	1.63
15	0.072	1.829	0.072	1.83	0.057 07	1.45
16	0.064	1.626	0.065	1.65	0.050 82	1.29
17	0.056	1.422	0.058	1.47	0.045 26	1.15

(续)

线规号	SWG 英国线规		BWG 伯明翰线规		AWG 美国线规	
	in	mm	in	mm	in	mm
18	0.048	1.219	0.049	1.24	0.040 30	1.02
19	0.040	1.016	0.042	1.07	0.035 89	0.91
20	0.036	0.914	0.035	0.89	0.031 96	0.812
21	0.032	0.813	0.032	0.81	0.028 46	0.723
22	0.028	0.711	0.028	0.71	0.025 35	0.644
23	0.024	0.610	0.025	0.64	0.022 57	0.573
24	0.022	0.559	0.022	0.56	0.020 10	0.511
25	0.020	0.508	0.020	0.51	0.017 90	0.455
26	0.018	0.457	0.018	0.46	0.015 94	0.405
27	0.016 4	0.416 6	0.016	0.41	0.014 20	0.361
28	0.014 8	0.375 9	0.014	0.36	0.012 64	0.321
29	0.013 6	0.345 4	0.013	0.33	0.011 26	0.286
30	0.012 4	0.315 0	0.012	0.30	0.010 03	0.255
31	0.011 6	0.294 6	0.010	0.25	0.008 928	0.227
32	0.010 8	0.274 3	0.009	0.23	0.007 950	0.202
33	0.010 0	0.254 0	0.008	0.20	0.007 080	0.180
34	0.009 2	0.233 7	0.007	0.18	0.006 304	0.160
35	0.008 4	0.213 4	0.005	0.13	0.005 615	0.143
36	0.007 6	0.193 0	0.004	0.10	0.005 000	0.127

5. 常用面积及体积计算公式

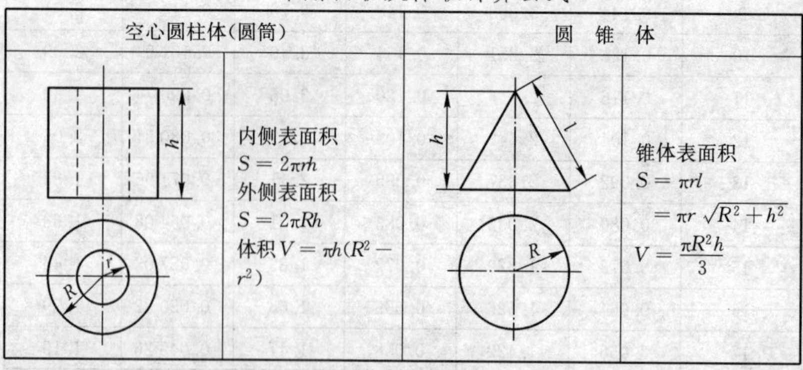

空心圆柱体(圆筒)		圆 锥 体	
	内侧表面积 $S = 2\pi rh$ 外侧表面积 $S = 2\pi Rh$ 体积 $V = \pi h(R^2 - r^2)$		锥体表面积 $S = \pi rl$ $= \pi r\sqrt{R^2 + h^2}$ $V = \dfrac{\pi R^2 h}{3}$

(续)

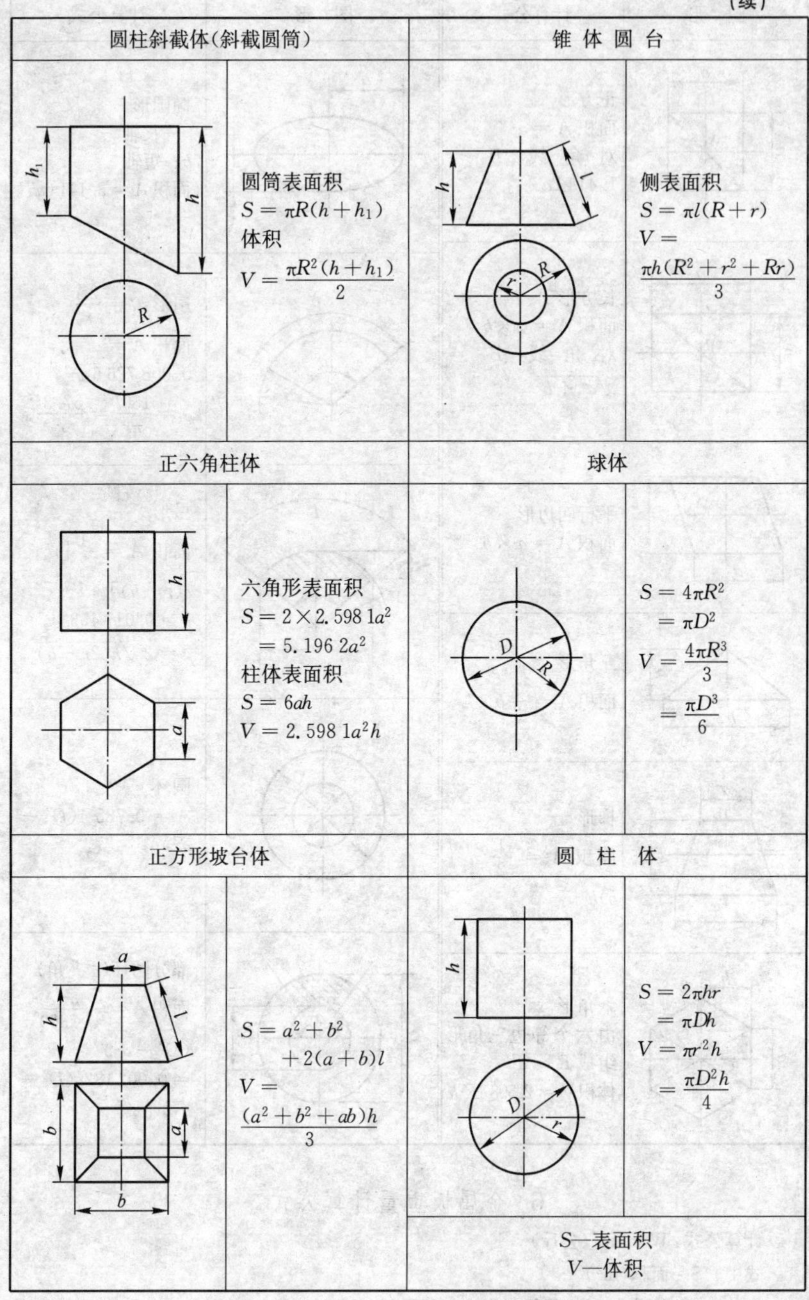

圆柱斜截体(斜截圆筒)		锥体圆台	
	圆筒表面积 $S = \pi R(h + h_1)$ 体积 $V = \dfrac{\pi R^2 (h + h_1)}{2}$		侧表面积 $S = \pi l(R + r)$ $V =$ $\dfrac{\pi h(R^2 + r^2 + Rr)}{3}$
正六角柱体		**球体**	
	六角形表面积 $S = 2 \times 2.598\,1a^2$ $= 5.196\,2a^2$ 柱体表面积 $S = 6ah$ $V = 2.598\,1a^2 h$		$S = 4\pi R^2$ $= \pi D^2$ $V = \dfrac{4\pi R^3}{3}$ $= \dfrac{\pi D^3}{6}$
正方形坡台体		**圆柱体**	
	$S = a^2 + b^2$ $+ 2(a + b)l$ $V =$ $\dfrac{(a^2 + b^2 + ab)h}{3}$		$S = 2\pi hr$ $= \pi Dh$ $V = \pi r^2 h$ $= \dfrac{\pi D^2 h}{4}$
		S—表面积 V—体积	

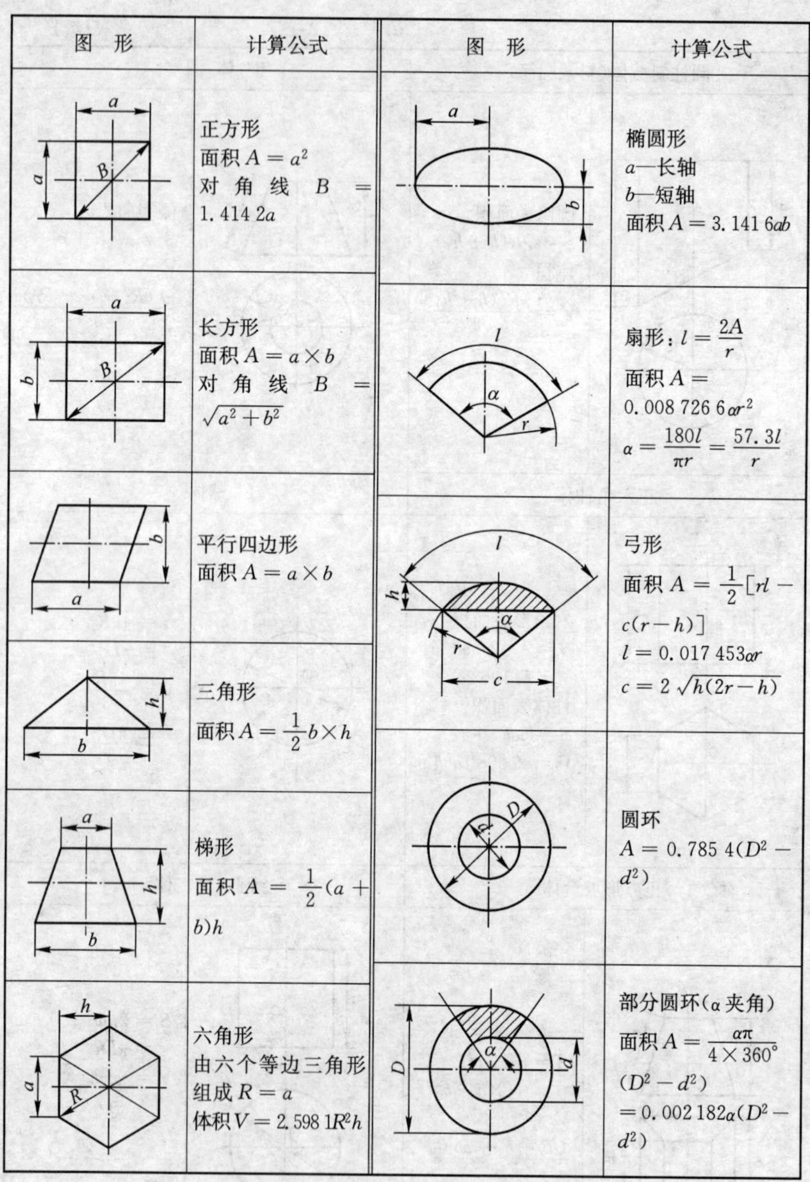

图　形	计算公式	图　形	计算公式
	正方形 面积 $A = a^2$ 对角线 $B = 1.4142a$		椭圆形 a—长轴 b—短轴 面积 $A = 3.1416ab$
	长方形 面积 $A = a \times b$ 对角线 $B = \sqrt{a^2 + b^2}$		扇形：$l = \frac{2A}{r}$ 面积 $A = 0.0087266\alpha r^2$ $\alpha = \frac{180l}{\pi r} = \frac{57.3l}{r}$
	平行四边形 面积 $A = a \times b$		弓形 面积 $A = \frac{1}{2}[rl - c(r-h)]$ $l = 0.017453\alpha r$ $c = 2\sqrt{h(2r-h)}$
	三角形 面积 $A = \frac{1}{2} b \times h$		圆环 $A = 0.7854(D^2 - d^2)$
	梯形 面积 $A = \frac{1}{2}(a+b)h$		部分圆环（α 夹角） 面积 $A = \frac{\alpha\pi}{4 \times 360^\circ}(D^2 - d^2)$ $= 0.002182\alpha(D^2 - d^2)$
	六角形 由六个等边三角形组成 $R = a$ 体积 $V = 2.5981R^2h$		

6. 金属板重量计算公式

计算公式：$W = S\rho'$（公斤）

式中　S=面积（m^2）

ρ'—厚度（mm），面积（m^2）金属板重量（见下表）。

材料名称	牌　号	ρ'(kg/m²)	材料名称	牌　号	ρ'(kg/m²)
钢板	Q235	7.85	铝及铝合金	LF5　LF10 LF11	2.65
加工青铜	QSn4－3 QMn1.5	8.8		LF3　LF4	2.67
黄铜	H96、H90	8.8		LY9　LY12	2.78
	H85	8.75	不锈钢板	0Cr19Ni9 (304)	7.93
	H65 H62	8.5		0Cr17Ni12 Mo2(316)	7.98
加工白铜	B0.6　B5 B10　B19	8.9		1Cr17(430)	7.70
	B30	8.9			

7. 型钢理论质量计算公式

型钢材的理论质量计算公式

名称	横断面形状	说　明	理论质量计算公式
圆钢 钢丝		d——直径	$W = 0.006\,17 \times d^2$
方钢		a——边宽	$W = 0.007\,85 \times a^2$
六角钢		a——对边距离	$W = 0.006\,8 \times a^2$
中空 六角钢		d——芯孔直径 D——内切圆直径	$W = 0.006\,8 \times D^2 - 0.006\,17 \times d^2$
扁钢 钢板		δ——厚度 b——宽度	$W = 0.007\,85 \times b \times \delta$
		δ——厚度(mm) S——面积	$W = 7.85 \times \delta \times S$
等边 角钢		b——边宽 d——边厚	$W = 0.007\,95 \times d(2b - d)$

（续）

名称	横断面形状	说明	理论质量计算公式
不等边角钢		B——长边宽度 b——短边宽度 d——边厚	$W = 0.007\,95 \times d(B + b - d)$
工字钢		h——高度 b——腿宽 d——腰厚	① $W = 0.007\,85 \times d[h + 3.34(b - d)]$ ② $W = 0.007\,85 \times d[h + 2.65(b - d)]$ ③ $W = 0.007\,85 \times d[h + 2.26(b - d)]$
槽钢		h——高度 b——腿宽 d——腰厚	① $W = 0.007\,85 \times d[h + 3.26(b - d)]$ ② $W = 0.007\,85 \times d[h + 2.44(b - d)]$ ③ $W = 0.007\,85 \times d[h + 2.24(b - d)]$
无缝钢管或电焊钢管		D——外径 t——壁厚	$W = 0.024\,66 \times t \times (D - t)$

注：1. 钢的密度为 7.85 g/cm^3。

2. W 为每米长度（钢板公式中指每平方米）的理论质量（kg）。

3. 螺纹钢筋的规格以计算直径表示；预应力混凝土用钢绞线以公称直径表示；水、煤气输送钢管及电线套管以公称口径或英寸表示。

4. 表中①、②、③公式分别用于计算 a 型、b 型、c 型三种型号的钢材理论质量。

参 考 文 献

[1] 上海市经济委员会,上海市节能监察中心工业节能60计.2005.

[2] 上海市科学技术委员会,上海市科普工作者联席会议办公室节能减排手册.2005.

[3] 李晓斌.公制美制英制螺纹标准手册.北京:中国标准出版社,2004.

[4] 吉林工业大学链条传动研究所.中国链轮产品样本.北京:机械工业出版社,2004.

[5] 张喜燕,赵永庆,晨光.钛及钛合金应用.北京:化学工业出版社,2005.

[6] 曾正明.机械工程材料手册.北京:机械工业出版社,2010.

[7] 王石健.工业常用紧固件优选手册.北京:中国标准出版社,2002.

[8] 祝燮权.实用紧固件手册.上海:上海科学技术出版社,2004.

[9] 祝燮权.实用五金手册(第七版).上海:上海科学技术出版社,2006.

[10] 廖红.建筑装饰五金手册.南昌:江西科学技术出版社,2004.

[11] 于智勇,季秉厚.小型风力发电机.北京:中国环境科学出版社,2002.

[12] 张静菊,王桂华,殷鸿梁.特种胶带传动设计与使用手册.北京:化学工业出版社,1990.

[13] 聚继龙,陈增强,陈亚秋.实用有色金属材料手册.广州:广东科学技术出版社,2006.

[14] (德)C·卡默等编著.铝手册.卢惠民等译.北京:化学工业出版社,2009.

[15] 国家轻工业工具五金质量监督检测上海站等.国内外工具五金十五强排行榜.上海市工具工业研究所,2005.

[16] 钢结构设计手册编委会.钢结构设计手册(第三版).北京:中国建筑工业出版社,2004.

[17] 王国新,陈建平.钢结构材料设备应用手册.上海市金属结构行业协会,2006.

[18] 顾纪清.焊接器材手册.上海:上海科学技术出版社,2005.

[19] 顾纪清.不锈钢应用手册.北京:化学工业出版社,2008.

[20] 顾纪清.钢结构制作数据速查手册.北京:化学工业出版社,2010.